国外名校最新教材精选

U0719698

Multivariable Feedback Control: Analysis and Design

(Second Edition)

多变量反馈控制

——分析与设计

(第2版)

〔挪〕 西格德·斯科格斯特德
〔英〕 伊恩·波斯尔思韦特 著

Sigurd Skogestad

Norwegian University of Science and Technology

Trondheim, Norway

Ian Postlethwaite

University of Leicester, UK

韩崇昭 张爱民 刘晓风 等 译

西安交通大学出版社

XI'AN JIAOTONG UNIVERSITY PRESS

图书在版编目(CIP)数据

多变量反馈控制—分析与设计(第2版)/(挪)斯科格斯特德(Skogestad,S),(英)波斯尔思韦特(Postlethwaite,I)著;韩崇昭张爱民,刘晓风译.—西安:西安交通大学出版社,2011.12(2025.2重印)

书名原文:Multivariable Feedback Control: Analysis and Design

ISBN 978-7-5605-3971-3

Ⅰ.①多… Ⅱ.①斯… ②波… ③韩… ④张… ⑤刘…
Ⅲ.①多变量控制:反馈控制 Ⅳ.①TP271

中国版本图书馆CIP数据核字(2011)第143449号

书　　名　多变量反馈控制——分析与设计(第2版)
著　　者　(挪)西格德·斯科格斯特德　(英)伊恩·波斯尔思韦特
译　　者　韩崇昭　张爱民　刘晓风　等

出版发行　西安交通大学出版社
(西安市兴庆南路1号　邮政编码710048)
网　　址　http://ligong.xjtupress.com
电　　话　(029)82668357　82667874(市场营销中心)
(029)82668315(总编办)
传　　真　(029)82668280
印　　刷　西安五星印刷有限公司

开　　本　787mm×1 092mm　1/16　**印张**　32.375　**字数**　786千字
版次印次　2011年12月第1版　2025年2月第3次印刷
书　　号　ISBN 978-7-5605-3971-3
定　　价　109.00元

如发现印装质量问题,请与本社市场营销中心联系。
订购热线:(029)82665248　(029)82667874
投稿热线:(029)82665379
读者信箱:banquan1809@126.com

译者序言

呈现在读者面前的这本《多变量反馈控制——分析与设计》(第2版),是近年来国际上所出版的同类书籍中难得的一本非常实用的好书。正如作者在“前言”中所说,本书讨论的是实际的反馈控制,而不是一般的系统理论。

自动控制界长期以来困惑于理论研究与工程实际需求的严重脱节。一方面每年有大量的控制理论文献发表,而这些理论很难得到工程实践的验证,难免步入理论上的空谈;另一方面,实际工程中遇到的种种技术难题却很难找到理论成果的强有力支持,因而很多工程应用带有一定的盲目性。这种怪圈对于控制学科的发展是致命的,在国际范围内形成控制学科理论严重脱离工程实际的强烈印象,有些国家的科学研究基金甚至对控制理论的研究做出了某些限制。

该书最具吸引力之处,正是从工程的观点深入分析多变量反馈控制问题,并不拘泥于控制理论的现成结论,而是根据实际问题衍生出新的概念,并采用新的方法解决这些问题。书中大量列举蒸馏过程控制、飞机发动机控制系统设计等实际工程问题,采用新的理论方法进行设计或控制系统实现,得到非常好的结果。该书另一个特点是,把传统方法和现代理论成果的密切结合,许多分析都是基于经典频域法、奇异值分解和μ分析等。书中还给出了许多实用的计算机可执行程序,可用于一类控制问题的设计或实现。本书关于经典反馈控制、多变量控制,以及线性系统理论给出了具有独到见解的介绍,而重点给出输入-输出能控性的新概念，并由此给出 SISO 系统和 MIMO 系统性能的限制，各种系统的不确定性和鲁棒性等性能的分析，由此产生的各种控制器设计方法和控制系统结构设计方法等。这本书内容浩瀚，不仅涉及控制工程各种尖端技术领域，而且利用了控制理论发展的最新成果，是一本理论联系实际，而不受现成理论束缚的科学巨著。

本书前 8 章的初稿由刘晓风副教授提供，张爱民副教授对其中第 1、第 2、第 3 和第 7 章进行了重新整理和修改，韩崇昭教授对第 4、第 5、第 6 和第 8 章进行了重新整理和修改。韩崇昭教授还提供了第 9 到第 13 章以及两个附录的翻译初稿，张爱民副教授对其进行了认真勘误和修改。张爱民副教授还整理了索引部分。需要提及的是，王勇博士参与了第 7 章的重新整理和修改工作，任志刚博士参与了第 1、第 9、第 10、第 11 和第 12 章的勘误和修改工作。最后，由韩崇昭教授对全书稿件进行了统编，任志刚博士对全书进行了校对。

尽管我们做出很大努力，也对原著中明显的错误进行了修订，但译书中难免出现用词不当或概念偏差之类的翻译错误，望广大读者不吝赐教，我们将不胜感激。

译　者
2011 年 9 月于西安交通大学自动化系

作者前言

本书讨论的是实际的反馈控制，而不是一般的系统理论。反馈在控制系统中是用来改变系统的动态行为（通常是使系统稳定且充分快速），降低系统对信号不确定性（扰动）和模型不确定性的灵敏度。本书涵盖的重要题目包括：

- 经典频域法；
- 利用奇异值分解的多变量系统方向性分析；
- 输入-输出能控性（对于对象固有的控制限制）；
- 模型不确定性与鲁棒性；
- 性能要求；
- 控制器设计与模型简化方法；
- 控制结构选择与分散控制；
- 线性矩阵不等式 LMI。

我们的讨论限于线性系统，这样涉及的理论会简单很多，而且也发展得相当完善，大量的实践经验告诉我们用线性方法设计出的线性控制器用于现实中的非线性对象也能有满意的效果。

我们力图使书中用到的数学知识保持在一个合理的简单水平，强调的是提高洞察力和直觉的结果。目前可用的线性系统的设计方法已发展得颇为完备，对于大多数多变量对象来说，在软件的帮助下控制器的设计相对来说比较便捷。然而，如果没有洞察力和直觉，就很难评估一个解决方案，同时也不清楚如何进一步去改进这个设计（例如怎样调整权值）。

本书适合作为研究生多变量控制方面的入门教材，也可用于高年级本科课程。我们认为，本书对于那些想要了解多变量控制、其种种限制因素，以及在工业实际中如何应用的读者来说也是很有用的。关于控制结构设计的分析方法和素材，在新兴的系统生物学领域将被证明也是极为有用的。书中有多个已完成的例题、习题和案例研究，并经常用到 Matlab™①。

阅读本书所需的基础知识仅为单输入单输出（SISO）控制方面的一个入门课程以及矩阵和线性代数方面的一些基础知识。某些章节可以单独阅

① Matlab 是 MathWorks，Inc. 的注册商标。

读，还可作为一些本科和研究生在线性控制方面课程的素材，这些内容有：经典回路整形控制、多变量控制导论、高级多变量控制、鲁棒控制、控制器设计、控制结构设计与能控性分析。也许有人想按与书中不同的次序来讲授这些内容。例如，Manfred Morari 教授在苏黎世 ETH 的授课中，在讲授多输入多输出(MIMO)系统（第 3、6、8、9 章）之前，先讲 SISO 系统（第 1、2、5、7 章），然后再讲系统理论（第 4 章）。

本书部分内容基于第一作者在特隆赫姆(Trondheim)挪威科技大学控制论系给研究生讲授的多变量控制课程。学生来自电气工程系、化学系和机械工程系，每周 3 节课，共 12 周。除了平常的作业外，学生还要利用 Matlab 完成一个 50 小时的设计项目。在附录 B 中有项目的介绍，同时还有一套测试样题。

例题与网络资源

所有的数值计算例题都采用了 Matlab 求解。书中也有一些样本程序以说明所包含的步骤。这些程序或是采用新版的鲁棒控制工具箱(Robust Control Toolbox)，或控制工具箱(Control Toolbox)，不过这些例题用其他软件包也易求解。

以下是可通过互联网获取的资源：

- 例题和图解所用到的 Matlab 文件；
- 部分习题的解（标有 * 号）①；
- 案例研究中对象的线性状态空间模型；
- 勘误、评介、增补的习题和试题；
- 基于本书的授课注记。

以上信息可从作者主页获取，其网址用 Google 之类的搜索引擎容易获取。目前的网址为：

- http://www.nt.ntnu.no/users/skoge
- http://www.le.ac.uk/engineering/staff/Postlethwaite

评论和问题

您若有关于本书的任何疑问，发现任何错误或者有评论意见可通过 Email 发给作者，地址如下：

- skoge@chemeng.ntnu.no
- ixp@le.ac.uk

致谢

John Doyle 教授和 Manfred Morari 教授的课程与思想对本书内容有着很大的影响，当时本书第一作者从 1983～1986 年作为研究生就读于加州理工学院，而更早一些，1975～1981 年期间，第二作者曾师从于剑桥大学的 Alistair MacFarlane 教授。我们非常感谢 1993 年欧洲控

① 讲授有关课程者若需要其他习题的解答可与作者联系。

制会议邀请作者们讲授一个关于应用$\mathcal{H}_\infty$控制的短期讲座，从此开始了我们的合作。本书第1版的最终稿开始成形于1994～1995年间，在此期间作者们都在加州大学伯克利分校，我们要感谢 Andy Packard、Kameshwar Poolla、Masayoshi Tomizuka 以及 BCCI 实验室的其他人，还有 *Brewed Awakening* 沁人心扉的咖啡。

我们感谢 Yi Cao、Kjetil Havre、Ghassan Murad 和 Ying Zhao 在技术与编辑方面所做的大量工作。在伯克利与作者同处一间办公室的 Roy S. Smith 为我们完成了例 4.5 的计算。还有 Richard Braatz、Jie Chen、Atle C. Christiansen、Wankyun Chung、Bjørn Glemmestad、John Morten Godhavn、Finn Are Michelsen、Per Johan Nicklasson 给予的颇有助益的评论，以及对内容的增补与指正。很多人参与了书稿各个版本的编辑与录入，有 Zi-Qin Wang、Yongjiang Yu、Greg Becker、Fen Wu、Regina Raag 和 Anneli Laur。在此也要感谢我们的研究生们所做的工作，特别是 Neale Foster、Morten Hovd、Elling W. Jacobsen、Petter Lundström、John Morud、Raza Samar 和 Erik A. Wolff。

我们感谢 Vinay Kariwala 为本书第2版所做的许多技术上的工作和编辑上的更改。在特隆赫姆的其他学者也给予了帮助，我们特别要感谢 Vidar Alstad 和 Espen Storkaas。在莱斯特(Leicester)的 Matthew Turner 和 Guido Herrmann 对关于线性矩阵不等式新的章节的准备工作给予了极大的帮助。最后，本书的第一作者要感谢在特隆赫姆和加州理工学院现在和以前的同事，而第二作者则要感谢在莱斯特、牛津和剑桥现在和以前的同事。

书中所用的飞机发动机模型(第11章和第13章)和直升机模型(第13章)分别得到了劳斯莱斯军用航空发动机公司、英国国防部、贝德福德 DRA(现为 QinetiQ)的许可，在此谨表谢意。

书中采用了另外几本书中的内容。特别值得推荐的是 Zhou 等(1996)的著作，这是系统理论和$\mathcal{H}_\infty$控制方面的一本非常好的参考书。此外《控制手册》(Levine，1996)作为一般性的参考书也很不错。此外我们心怀谢意地建议读者参阅以下文献：Rosenbrock(1970)、Rosenbrock(1974)、Kwakernaak 与 Sivan(1972)、Kailath(1980)、Chen(1984)、Francis(1987)、Anderson 与 Moore(1989)、MacieJowski(1989)、Morari 与 Zafiriou(1989)、Boyd 与 Barratt(1991)、Doyle 等(1992)、Boyd 等(1994)、Green 与 Limebeer(1995)、Grace 等编写的 Matlab toolbox 手册(1992)、Balas 等(1993)、Chiang 与 Safonov(1992)、Balas 等(2005)。

第2版

在第2版中，我们改正了许多小错误并对全书做了多处修改与增补，这一方面是由于来自读者的许多问题和意见，而另一方面则是为了能够反映出在该领域的新发展。主要的增补和修改如下：

第2章：增加了关于不稳定对象、反馈放大器、低端增益裕度、PID控制的简单IMC整定规则、估计有效延时的对分法则等内容。

第3章：一些关于相对增益阵列的资料从第10章移动到这一章。

第4章：对状态能控性和能观测性的检验方法进行了修改(当然必须与原来的方法等效)。

第 5 章与第 6 章：在 RHP 极点与 RHP 零点产生的基本性能限制方面添加了新的结果。

第 6 章：重写了关于不确定性产生限制的一节。

第 7 章：关于参数不确定性的例子移到前面并有所缩减。

第 9 章：增加了在 LQG 控制中加入积分作用的明确策略。

第 10 章：重新组织了这一章的内容。增加了关于被控变量选择和自优化控制的新内容。重写了关于分散控制的一节并增加了几个例子。

第 12 章：关于线性矩阵不等式全新的一章。

附录：对正定矩阵和全通分解做了微小改动。

实际上全书增加了一百多页，此外每页的长度也有所增加。

所有的 Matlab 程序都进行了更新以便和新的鲁棒控制工具箱兼容。

Siguard Skogestad

Ian Postlethwaite

2005 年 8 月

目　录

第1章

引　言

本章首先概括介绍控制系统的设计过程，然后讨论线性模型与传递函数，它们是本书分析与设计技术的基本构件。变量的尺度变换在应用中非常重要，为此给出一个简单的尺度变换方法。此外，采用一个例子说明在实际应用中如何依据偏差变量推导线性模型。最后，总结本书用到的一些重要记法。

1.1　控制系统的设计过程

所谓控制，就是调节可支配的自由度（调节变量）使系统（过程或对象）达到可接受的运行状态。（自动）控制系统的设计过程通常对设计人员或设计团队有许多要求，而这些要求体现在如下所示的逐步设计过程中：

1. 对被控系统（过程或对象）进行研究，获得关于控制目标的初始信息；
2. 建立系统的模型，并在必要时对模型进行简化；
3. 对变量进行尺度变换，并分析由此得到的模型，了解其性质；
4. 确定对哪些变量进行控制（被控输出）；
5. 确定量测和调节变量：确定采用何种传感器与执行机构，并确定它们的安放位置；
6. 选择控制构成；
7. 确定将要使用的控制器类型；
8. 根据总体控制目标，确定性能指标；
9. 设计控制器；
10. 分析得到的控制系统是否满足性能指标；若不满足，则修改指标或控制器的类型；
11. 在计算机或试验对象上，对设计出的控制系统进行仿真；
12. 若有必要，重复步骤2～11；
13. 选择软硬件，并实现控制器；
14. 测试并验证控制系统的有效性；若有必要，对控制器进行在线调整。

控制课程和教材通常重点讲述上述过程中的步骤 9 和 10，即控制器设计与控制系统分析的方法。有趣的是，在许多真实控制系统的设计过程中根本没有考虑这两步。举例来说，即使对于具有多个输入输出的复杂系统，通常基于级联控制回路的层次结构，仅通过在线调整（包括步骤 1、4、5、6、7、13 和 14），便能设计出可用的控制系统。然而，对于这种情况，可能无法预先确定合适的控制结构，而需要利用系统工具，通过深入分析，以帮助设计人员完成步骤 4、5、6。本书的一个特色就是提供了输入输出能控性分析（步骤 3）与控制结构设计（步骤 4、5、6、7）的工具。

输入输出能控性是指系统达到可接受的控制性能的能力，该性能与传感器和执行机构的位置有关，但不能被人为改变。简而言之，“最好的控制系统也无法将大众汽车变为法拉力”。因此在有些情况下，控制系统的设计过程还需包括一个步骤 0，即过程设备本身的设计。将过程设备设计和控制系统设计看作一个整体的想法并不新鲜，如下选自 Ziegler 与 Nichols (1943)论文中的引用清楚地说明了这一点：

> 在自动控制器的应用中，将控制器和过程看作一个整体非常重要，二者对控制结果好坏的影响程度相差不多。对于容易控制的过程，一个较差的控制器也能给出可接受的性能；而对于一个设计得很糟糕的过程，再精准的控制器也无法提供令人满意的性能。当然，对于这类过程，先进的控制器能够提供优于老式控制器的结果，但控制方法所能产生的效果是非常有限的，不可能达到完美。

Ziegler 与 Nichols 还注意到，在设备设计中存在一个被忽略的因素，他们阐述道：

> 这个被忽略的特性可称为“能控性”，即过程达到并保持期望平衡值的能力。

第 5 章与第 6 章的目标就是推导简单的工具，用以量化对象内在的输入-输出能控性。

1.2 控制问题

控制系统的目标就是通过调节对象的输入 u，使输出 y 按照期望的方式变化。调节器问题就是调节 u 以抵消扰动 d 的影响；伺服问题则是调节 u 以保持输出 y 接近给定的参考输入 r。因此，在这两种情况下，我们都希望控制误差 $e=y-r$ 较小。根据可获取的信息调节 u 的算法就是控制器 K。为设计出性能良好的控制器 K，需要知道预期扰动和参考输入，以及对象模型(G)和扰动模型(G_d)的先验信息。本书将采用具有如下形式的线性模型：

$$y = Gu + G_d d \tag{1.1}$$

面临的主要困难是模型 (G, G_d) 可能不准确或随时间改变。由于对象是反馈回路的一部分，G 的不准确性可能引起很多问题。为处理该问题，我们将利用模型不确定性的概念。例如，我们可能研究一类模型 $G_p = G + E$ 而不是单个模型 G 的行为，其中的模型“不确定性”或“摄动”E 是有界的，但其它方面并不知道。在很多情况下，采用权函数 $w(s)$，并根据标准化的摄动 Δ 表示 $E = w\Delta$，其中 Δ 的幅值(范数)小于等于 1。本书将会用到如下一些术语：

标称稳定性(Nominal Stability，NS)：在不考虑模型不确定性的条件下，系统是稳定的。

标称性能(Nominal Performance，NP)：在不考虑模型不确定性的条件下，系统满足性能指标。

鲁棒稳定性(Robust Stability，RS)：对于所有相对于标称模型的摄动对象，甚至包括最坏情况下的模型不确定性，系统仍是稳定的。

鲁棒性能(Robust Performance,RP):对于所有相对于标称模型的摄动对象,甚至包括最坏情况下的模型不确定性,系统仍满足性能指标。

1.3 传递函数

本书广泛使用了传递函数 $G(s)$ 和频域,它们在应用中非常有用,原因如下:

- 从简单的频域图中可以得到非常有价值的信息;
- 可以为反馈定义闭环传递函数的带宽和峰值等重要概念;
- $G(\mathrm{j}\omega)$ 给出了系统对频率为 ω 的正弦输入的响应;
- 若干个系统串联后,只需在频域将各个传递函数相乘,但在时域需要进行复杂的卷积运算;
- 因式分解后的标量传递函数直观显示了极点和零点;
- 在频域中更易处理不确定性,这是因为如果两个系统具有相似的频率响应,那么可以认为它们很接近(即具有相似的行为);而另一方面,状态空间描述中参数的微小变化,便可能导致完全不同的系统响应。

本书考虑线性时不变系统,其输入输出响应由线性常微分方程决定。这类系统的一个例子为:

$$
\begin{aligned}
\dot{x}_1(t) &= -a_1 x_1(t) + x_2(t) + \beta_1 u(t) \\
\dot{x}_2(t) &= -a_0 x_1(t) + \beta_0 u(t) \\
y(t) &= x_1(t)
\end{aligned}
\tag{1.2}
$$

其中,$\dot{x}(t) \equiv \mathrm{d}x/\mathrm{d}t$。这里的 $u(t)$ 表示输入信号,$x_1(t)$ 与 $x_2(t)$ 表示状态,$y(t)$ 表示输出信号;系数 a_1、a_0、β_1 和 β_0 均与时间无关,因此这是一个时不变系统。如果对式(1.2)作 Laplace 变换,则有

$$
\begin{aligned}
s\bar{x}_1(s) - x_1(t=0) &= -a_1\bar{x}_1(s) + \bar{x}_2(s) + \beta_1\bar{u}(s) \\
s\bar{x}_2(s) - x_2(t=0) &= -a_0\bar{x}_1(s) + \beta_0\bar{u}(s) \\
\bar{y}(s) &= \bar{x}_1(s)
\end{aligned}
\tag{1.3}
$$

这里的 $\bar{y}(s)$ 表示 $y(t)$ 的 Laplace 变换,其它依此类推。为简化描述,根据惯例,将 $\bar{y}(s)$ 写为 $y(s)$;此外,在不产生混淆的情况下,略去自变量 s 和 t。

如果 $u(t)$、$x_1(t)$、$x_2(t)$ 和 $y(t)$ 表示相对于标称运行点或运行轨迹的偏差变量,那么可以假定 $x_1(t=0) = x_2(t=0) = 0$,从式(1.3)中消去 $\bar{x}_1(s)$ 和 $\bar{x}_2(s)$ 可得传递函数

$$
\frac{y(s)}{u(s)} = G(s) = \frac{\beta_1 s + \beta_0}{s^2 + a_1 s + a_0}
\tag{1.4}
$$

重要的是,对于线性系统,传递函数与输入信号(强制函数)无关。请注意,式(1.4)所示传递函数也可表示如下系统:

$$
\ddot{y}(t) + a_1\dot{y}(t) + a_0 y(t) = \beta_1\dot{u}(t) + \beta_0 u(t)
\tag{1.5}
$$

其中,$u(t)$ 为输入,$y(t)$ 为输出。

全书会频繁使用如式(1.4)所示的传递函数 $G(s)$,用以对系统或其构件进行建模。更一般地,考虑如下有理传递函数

$$
G(s) = \frac{\beta_{n_z} s^{n_z} + \cdots + \beta_1 s + \beta_0}{s^n + a_{n-1}s^{n-1} + \cdots + a_1 s + a_0}
\tag{1.6}
$$

对于多变量系统，$G(s)$ 是一传递函数矩阵。在式(1.6)中，n 是分母(极点多项式)的阶数，也称为系统的阶数，n_z 是分子(零点多项式)的阶数，$n-n_z$ 则称为极零差值或相对阶数。

定义 1.1

- 如果当 $\omega\to\infty$时 $G(j\omega)\to 0$，则称 $G(s)$ 为严格真系统。
- 如果当 $\omega\to\infty$时 $G(j\omega)\to D\neq 0$，则称 $G(s)$ 为半真系统。
- 严格真或半真系统都称为真实系统。
- 如果当 $\omega\to\infty$时 $G(j\omega)\to\infty$，则称 $G(s)$ 为非真系统。

对于 $n\geqslant n_z$ 的真实系统，可以用类似于式(1.2)的状态空间描述 $\dot{x}=Ax+Bu$，$y=Cx+Du$ 实现式(1.6)，此时，传递函数可以写为

$$G(s)=C(sI-A)^{-1}B+D \tag{1.7}$$

注：所有实际系统在足够高频率下的增益均为零，故为严格真系统。然而，采用非零的 D 项描述高频影响具有很多便利性，因此通常会用到半真模型。此外，某些推导得到的传递函数，如 $S=(I+GK)^{-1}$，也是半真的。

通常采用 $G(s)$ 表示输入 u 对输出 y 的作用，而用 $G_d(s)$ 表示扰动 d(“过程噪声”)对 y 的作用，从而可得如下关于偏差变量的线性过程模型：

$$y(s)=G(s)u(s)+G_d(s)d(s) \tag{1.8}$$

这里利用了线性系统的叠加原理，即通过简单累加由各个自变量(这里为 u 和 d)的变化引起的单独作用，而得到因变量(即 y)的变化。

所有的信号 $u(s)$、$d(s)$ 和 $y(s)$ 均为偏差变量。对于这一点，文中有时会明确说明，例如采用记号 $\delta u(s)$，但当涉及到 Laplace 变换时，总是采用偏差变量，故通常将 δ 省略。

1.4 尺度变换

由于尺度变换可以大大简化模型分析与控制器设计(权函数选择)，所以在实际应用中非常重要。它要求工程师在设计过程的初始阶段就要弄清楚系统的性能需求。为此，需要确定扰动和参考变化量的预计幅值、每个输入信号的容许幅值以及每个输出的容许偏差。

假设在尺度变换前(或初始尺度)，过程关于偏差变量的线性模型为

$$\hat{y}=\hat{G}\hat{u}+\hat{G}_d\hat{d};\hat{e}=\hat{y}-\hat{r} \tag{1.9}$$

这里采用符号 ^ 表示相应变量所用单位未经调整。进行尺度变换的一个有用方法是使变量的幅值小于1，这可以通过将每个变量都除以其预计最大值或容许的最大变化值实现。对于扰动和调节输入，使用尺度变换后的变量

$$d=\hat{d}/\hat{d}_{\max};u=\hat{u}/\hat{u}_{\max} \tag{1.10}$$

其中，

- $\hat{d}_{\max}$——扰动的最大预计变化量；
- $\hat{u}_{\max}$——输入的最大容许变化量。

可以将相对于标称值的偏差量看作时间的函数，通过考虑预计的或允许的最大值来选择最大偏差量。

变量 $\hat{y}$、$\hat{e}$ 和 $\hat{r}$ 具有相同的单位，因此可以使用同一个尺度变换因子。存在两个可能的选择：

- $\hat{e}_{max}$——容许的最大控制误差；
- $\hat{r}_{max}$——参考值的最大预计变化量。

由于控制的主要目标是使控制误差 $\hat{e}$ 达到最小，所以通常选择根据最大控制误差进行尺度变换：

$$y = \hat{y}/\hat{e}_{max};r = \hat{r}/\hat{e}_{max};e = \hat{e}/\hat{e}_{max} \tag{1.11}$$

为形式化描述尺度变换过程，引入如下尺度变换因子：

$$D_e = \hat{e}_{max};D_u = \hat{u}_{max};D_d = \hat{d}_{max};D_r = \hat{r}_{max} \tag{1.12}$$

对于多输入-多输出(Multi-Input Multi-Output，MIMO)系统，向量 $\hat{d}$、$\hat{r}$、$\hat{u}$ 和 $\hat{e}$ 中的每个变量可能具有不同的最大值，在这种情况下，D_e、D_u、D_d 和 D_r 变为对角型尺度变换矩阵。这样做有很多好处，例如，可以确保所有误差(输出)就其幅值而言具有同等重要性。

尺度变换后用于控制目的的相应变量为

$$d = D_d^{-1}\hat{d},u = D_u^{-1}\hat{u},y = D_e^{-1}\hat{y},e = D_e^{-1}\hat{e},\ r = D_e^{-1}\hat{r} \tag{1.13}$$

把式(1.13)代入式(1.9)，得到

$$D_e y = \hat{G}D_u u + \hat{G}_d D_d d;D_e e = D_e y - D_e r$$

通过引入尺度变换传递函数

$$\boxed{G = D_e^{-1}\hat{G}D_u,\ G_d = D_e^{-1}\hat{G}_d D_d} \tag{1.14}$$

可以得到如下关于尺度变换后变量的模型：

$$y = Gu + G_d d;e = y - r \tag{1.15}$$

这里 u 和 d 的幅值都应小于 1。在某些情况下，引入一个幅值小于 1 的参考量 $\tilde{r}$ 是很有用的，这可以通过将参考量除以最大预计参考变化量实现：

$$\tilde{r} = \hat{r}/\hat{r}_{max} = D_r^{-1}\hat{r} \tag{1.16}$$

此时有

$$r = R\tilde{r},\text{其中 } R \triangleq D_e^{-1}D_r = \hat{r}_{max}/\hat{e}_{max} \tag{1.17}$$

这里的 R 指的是参考值相对于容许控制误差的最大预计变化量(通常 $R\geqslant 1$)。系统关于尺度变换后变量的方块图可以表示成图 1.1 所示形式，相应的控制目标为：

- 就尺度变换后的变量而言，有 $|d(t)|\leqslant 1$，$|\tilde{r}(t)|\leqslant 1$。控制目标是调节满足 $|u(t)|\leqslant 1$ 的 u，使得 $|e(t)| = |y(t) - r(t)|\leqslant 1$(至少在大多数时间内成立)。

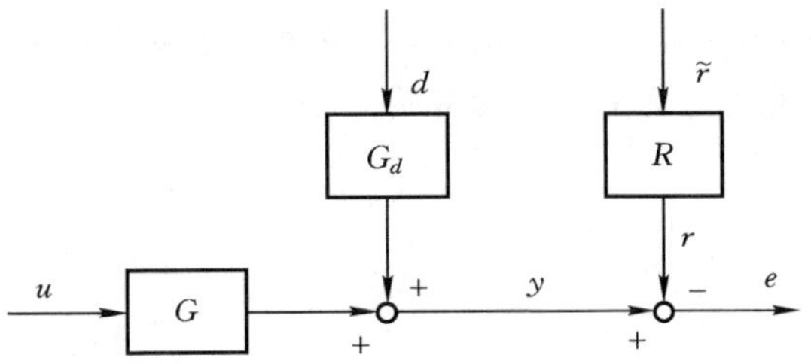

图 1.1　关于尺度变换后变量的模型

注 1　正确的尺度变换对本书中许多讨论都是至关重要的，特别是对第 5、6 章介绍的输入-输出能控性分析更是如此。此外，对于 MIMO 系统而言，输出误差必须具有合适的幅值，否则灵敏度函数 $S=(I+GK)^{-1}$ 就无法正确使用。

注 2　根据上述尺度变换，就可以通过考虑幅值为 1 的扰动 d 和幅值为 1 的参考 $\tilde{r}$，分析系统在最坏情况下的行为。

注 3　控制误差为

$$e = y - r = Gu + G_d d - R\tilde{r} \tag{1.18}$$

从中可以看出，标准化后的参考变化量 $\tilde{r}$ 可以看作扰动的一个特例，此时 $G_d = -R$，而 R 通常是一个常值对角阵。有时我们会采用该方法统一处理扰动和参考输入。

注 4　当分析一个给定对象时，经常根据式(1.11)，采用控制误差对输出进行尺度变换。然而，如果待解决的问题是选择控制哪一个输出(见 10.3 节)，则可根据输出的预计变化值(通常类似于 $\hat{r}_{\max}$)对其进行尺度变换。

注 5　如果一个变量相对于其标称值的预计变化量或容许变化量是不对称的，那么为了包含最坏情况，在对 $\hat{d}_{\max}$ 进行尺度变换时，应使用最大变化量，而在对 $\hat{u}_{\max}$ 和 $\hat{e}_{\max}$ 进行尺度变换时，应使用最小变化量。

具体地讲，采用～表示原始物理变量(引入任意偏差或尺度变换之前)，采用 * 表示标称值。此外，假定物理变量存在如下关系：

$$\tilde{d}_{\min} \leqslant \tilde{d} \leqslant \tilde{d}_{\max}$$
$$\tilde{u}_{\min} \leqslant \tilde{u} \leqslant \tilde{u}_{\max}$$
$$-|\tilde{e}_-| \leqslant \tilde{e} \leqslant |\tilde{e}_+|$$

其中，$\tilde{e} = \tilde{y} - \tilde{r}$。那么可得如下尺度变换因子(“范围”或“跨度”)：

$$\hat{d}_{\max} = \max(|\tilde{d}_{\max} - \tilde{d}^*|, \quad |\tilde{d}_{\min} - \tilde{d}^*|) \tag{1.19}$$

$$\hat{u}_{\max} = \min(|\tilde{u}_{\max} - \tilde{u}^*|, \quad |\tilde{u}_{\min} - \tilde{u}^*|) \tag{1.20}$$

$$\hat{e}_{\max} = \min(|\tilde{e}_-|, \quad |\tilde{e}_+|) \tag{1.21}$$

举例来说，如果未经尺度变换的物理输入满足 $0 \leqslant \tilde{u} \leqslant 10$，其标称值为 $\tilde{u}^* = 4$，那么输入尺度变换因子为 $\hat{u}_{\max} = \min(|10-4|, |0-4|) = \min(6, 4) = 4$。

请注意，为了包含最坏情况，对扰动取“最大”，而对输入和输出取“最小”。例如，如果扰动满足 $-5 \leqslant \tilde{d} \leqslant 10$，其标称值为 $\tilde{d}^* = 0$，则 $\hat{d}_{\max} = 10$；如果调节输入满足 $-5 \leqslant \tilde{u} \leqslant 10$，其标称值为 $\tilde{u}^* = 0$，则 $\hat{u}_{\max} = 5$。如果多个变量的变化都是非对称的，那么这种方法可能有些保守。由此得到尺度变换后的变量为

$$d = (\tilde{d} - \tilde{d}^*)/\hat{d}_{\max} \tag{1.22}$$

$$u = (\tilde{u} - \tilde{u}^*)/\hat{u}_{\max} \tag{1.23}$$

$$y = (\tilde{y} - \tilde{y}^*)/\hat{e}_{\max} \tag{1.24}$$

第 5.1.2 节还会对尺度变换及其性能进行更深入的讨论。

1.5　推导线性模型

线性模型可以根据物理的“基本原理”获得，也可以通过分析输入-输出数据来建立，还可

以结合这两种方法来完成。虽然本书并不涉及系统建模和辨识，但对于控制工程师而言，充分理解模型的来源总是非常重要的。当根据基本原理方法推导线性模型以进行控制器设计时，通常遵循如下步骤：

1. 根据物理知识，建立非线性状态空间模型；
2. 确定作为线性化参照的稳态运行点（或运行轨迹）；
3. 引入偏差变量，并建立线性化模型，这一步实质上由三个部分组成：
   (a)利用 Taylor 展开将方程线性化，略去其中的二阶项和其它高阶项；
   (b)引入偏差变量，例如由下式定义的 $\delta x(t)$：

$$\delta x(t) = x(t) - x^*$$

   此处上标 * 代表作为线性化参照的稳态运行点或轨迹；
   (c)减去稳态运行点（或轨迹），以消除只包含稳态量的项。

以上工作实际上是同时完成的。例如，对于具有如下形式的非线性状态空间模型：

$$\frac{\mathrm{d}x(t)}{\mathrm{d}t} = f(x,u) \tag{1.25}$$

关于偏差变量（δx，δu）的线性模型为

$$\frac{\mathrm{d}\delta x(t)}{\mathrm{d}t} = \underbrace{\left(\frac{\partial f}{\partial x}\right)^*}_{A}\delta x(t) + \underbrace{\left(\frac{\partial f}{\partial u}\right)^*}_{B}\delta u(t) \tag{1.26}$$

这里的 x 和 u 可以是向量，此时 A 与 B 均为 Jacobian 矩阵。

4. 对变量进行尺度变换以得到更适于控制的模型。

大多数情况下，步骤 2 和步骤 3 是根据步骤 1 得到的模型，通过数值计算完成的。此外，由于式(1.26)是关于偏差变量的方程，其 Laplace 变换变为 $s\delta x(s) = A\delta x(s) + B\delta u(s)$，或

$$\delta x(s) = (sI - A)^{-1}B\delta u(s) \tag{1.27}$$

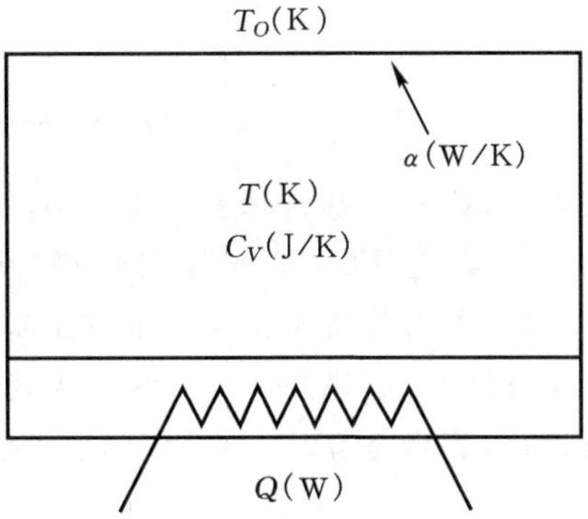

图 1.2 室内供热过程

例 1.1 室内供热过程的物理模型。该例将采用图 1.2 所示的简单例子说明上述推导线性模型的步骤。其中的控制问题是调节热量输入 Q 以维持室内温度 T 恒定（在 ±1 K 内），主要扰动来自于室外温度 T_O。括号内给出了它们的单位。

1. 物理模型。室内的能量平衡要求室内能量的损失量必须等于进入室内的净能量（单位时间内），由此得出如下状态空间模型：

$$\frac{\mathrm{d}}{\mathrm{d}t}(C_V T) = Q + \alpha(T_O - T) \tag{1.28}$$

其中，T(K)为室温，C_V(J/K)是房间的热容量，Q(W)是输入热量（来自某个供热装置），而 $\alpha(T_O - T)$(W)项则代表由于空气流动和通过墙壁的热传导而引起的净热量损失。

2. 运行点。考虑下述情况：热输入 Q^* 为 2000 W，室内外温差 $T^* - T_O^*$ 为 20 K，那么由稳态的热平衡可得 $\alpha^* = 2000/20 = 100$ W/K。假定房间的热容量为常数：$C_V = 100$ kJ/K（近似等于 100 立方米的房间内空气的热容量；忽略了墙壁中积累的热量）。

3. 关于偏差变量的线性模型。若假定 α 为常数，则式(1.28)所示模型已经为线性形式。那么，引入偏差变量

$$\delta T(t)=T(t)-T^*(t),\delta Q(t)=Q(t)-Q^*(t),\delta T_O(t)=T_O(t)-T_O{}^*(t)$$

可得

$$C_V\frac{\mathrm{d}}{\mathrm{d}t}\delta T(t)=\delta Q(t)+\alpha(\delta T_O(t)-\delta T(t)) \tag{1.29}$$

注：如果 α 依赖于状态变量（在本例中为 T）或某个相关的自变量（在本例中为 Q 或 T_O），那么式(1.29)的右边还得再加上一项$(T^*-T_O^*)\delta\alpha(t)$。

对式(1.29)进行 Laplace 变换，假定在 $t=0$ 时，$\delta T(t)=0$，经过重新整理可得

$$\delta T(s)=\frac{1}{\tau s+1}\left(\frac{1}{\alpha}\delta Q(s)+\delta T_O(s)\right);\tau=\frac{C_V}{\alpha} \tag{1.30}$$

本例中的时间常数为 $\tau=100\cdot 10^3/100=1000\mathrm{s}\approx 17\ \mathrm{min}$，该取值合理，这意味着当热输入量有一个阶跃增量时，室温需要 17 min 到达稳态增量的 63%。

4. 关于尺度变换后变量的线性模型。引入如下尺度变换后的变量：

$$y(s)=\frac{\delta T(s)}{\delta T_{\max}};u(s)=\frac{\delta Q(s)}{\delta Q_{\max}};d(s)=\frac{\delta T_O(s)}{\delta T_{O,\max}} \tag{1.31}$$

在本例中，室温 T 可接受的变化范围是 $\pm 1\mathrm{K}$，即 $\delta T_{\max}=\delta e_{\max}=1\mathrm{K}$；此外，输入热量可在 0 W 到 6000 W 的范围内变化，又由于其标称值为 2000 W，故取 $\delta Q_{\max}=2000\mathrm{W}$(见 1.4 节的注 5)；最后，室外温度的预计变化范围是 $\pm 10\mathrm{K}$，即 $\delta T_{O,\max}=10\ \mathrm{K}$。那么，关于尺度变换后变量的模型变为

$$\begin{aligned}G(s)&=\frac{1}{\tau s+1}\frac{\delta Q_{\max}}{\delta T_{\max}}\frac{1}{\alpha}=\frac{20}{1000s+1}\\ G_d(s)&=\frac{1}{\tau s+1}\frac{\delta T_{O,\max}}{\delta T_{\max}}=\frac{10}{1000s+1}\end{aligned} \tag{1.32}$$

可以看出，输入的静态增益为 $k=20$，而扰动的静态增益为 $k_d=10$。$|k_d|>1$ 意味着当有幅值为 $|d|=1$ 的扰动时，需要控制作用（反馈或前馈）才能把输出控制在容许的范围内 $|e|\leqslant 1$。$|k|>|k_d|$ 意味着输入在稳态下有足够的“能力”抑制扰动；也就是说，对于最大扰动($|d|=1$)，采用幅值满足 $|u|\leqslant 1$ 的输入即可达到完美的抑制性能($e=0$)。第 5.15.2 节将对此进行更详细的讨论，其中会分析室内供热过程的输入-输出能控性。

1.6 记 法

由于没有标准的记法涵盖本书的所有论题，我们尽可能使用文献中最常见的记法。贯穿全书的指导思想是确保读者顺利地理解不同章节所包含的思想和技术。

图 1.3 汇总了最重要的一些记法，其中一个是带有负反馈的单自由度控制构成，另一个是两自由度控制构成①，还有一个是一般控制构成。最后一种结构可表示一大类控制器，包括单自由度和两自由度控制构成、前馈、估计以及许多其它控制构成。后面将会看到，它还可以用来描述控制器设计中的优化问题。表 1.1 列出了图 1.3 中使用的符号，除了一般构成中表示

① 单自由度控制器仅以控制误差 $r-y_m$ 为输入，而两自由度控制器具有两个输入：r 和 y_m。

控制器输入的 v 外，这些符号相当规范。

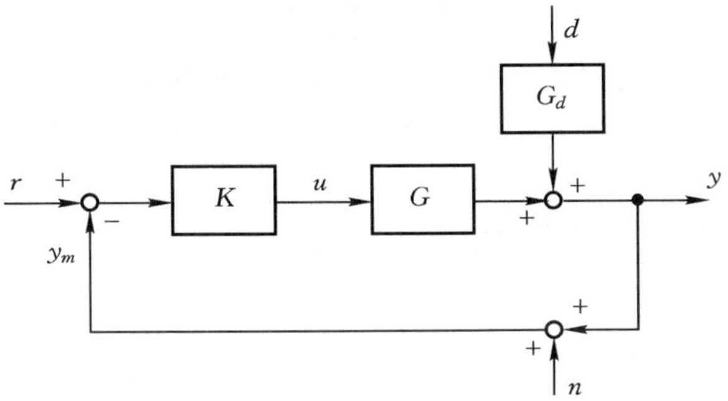

(a) 单自由度控制构成

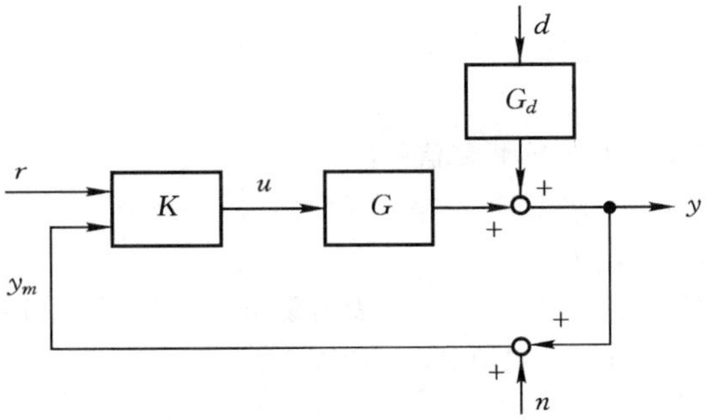

(b) 两自由度控制构成

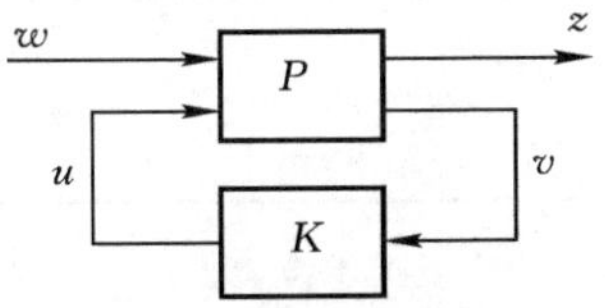

(c) 一般控制构成

图 1.3 控制构成

我们采用小写字母表示向量和信号（如 u、y、n），大写字母表示矩阵、传递函数和系统（如 G、K）。矩阵元素通常用小写字母表示，例如 g_{ij} 表示矩阵 G 中的第 ij 个元素，但有时也使用大写字母 G_{ij}。例如将 G 分块后，G_{ij} 本身也是一个矩阵，或者需要避免符号冲突。为简单起见，通常略去 Laplace 变量 s，所以经常把 $G(s)$ 简写为 G。

我们采用标准符号 (A,B,C,D) 表示状态空间实现；也就是说，状态空间实现为 (A,B,C,D) 的系统 G 具有传递函数 $G(s)=C(sI-A)^{-1}B+D$。有时也采用式

$$G(s) \stackrel{s}{=} \left[\begin{array}{c:c} A & B \\ \hdashline C & D \end{array}\right] \tag{1.33}$$

表示传递函数 $G(s)$ 具有由四元组 (A,B,C,D) 给出的状态空间实现。

对于闭环传递函数，采用 S 表示对象输出端的灵敏度，而用 $T=I-S$ 表示互补灵敏度。在负反馈情况下，$S=(I+L)^{-1}$，而 $T=L(I+L)^{-1}$，其中 L 表示从输出端所见回路的传递函数。在大多数情况下，$L=GK$，但如果考虑量测动态特性（$y_m=G_m y+n$），那么 $L=GKG_m$。在对象输入

端所见的相应传递函数为 $L_I = KG$(或 $L_I = KG_mG$),$S_I = (I+L_I)^{-1}$,且 $T_I = L_I\,(I+L_I)^{-1}$。

表 1.1 符号命名说明

K 无论在哪种构成中都代表控制器。有时控制器会分解为几个部分。例如,在图 1.3(b)所示的两自由度控制器中,$K=[K_r \quad K_y]$,其中 K_r 为前置滤波器,K_y 为反馈控制器。

传统控制构成(图 1.3(a)与(b))中的符号:

G	对象模型
G_d	扰动模型
r	参考输入(指令,设定点)
d	扰动 (过程噪声,DV)
n	量测噪声
y	对象输出(被控变量,CV)
y_m	被量测的 y
u	对象输入(调节变量,MV,控制信号)

一般控制构成(图 1.3(c))中的符号:

P	广义对象模型,它包含了 G 与 G_d,以及对象和控制器之间的互连结构;此外,如果 P 用于描述设计问题时,它还包括权函数。
w	外部输入:指令、扰动和噪声
z	外部输出:需要最小化的"误差"信号,例如 $y-r$
v	一般构成中的控制器输入:例如指令、量测的对象输出、量测的扰动等;在具有准确量测的单自由度控制器中,$v=r-y$。
u	控制信号

本书采用摄动 E(未经标准化处理)或 Δ(经过标准化处理,其幅值(范数)小于等于 1)表示不确定性;采用 G 表示对象的标称模型,而采用 G_p(通常指一组可能的摄动对象)或 G'(通常指某一特定的摄动对象)表示具有不确定性的摄动模型。例如,对于加性不确定性,有 $G_p = G+E_A = G+\omega_A\Delta_A$,其中 ω_A 为权函数,表示不确定性的幅值。

右半平面(Right-Half Plane,RHP)是指复平面的右半闭平面,即包含虚轴(jω 轴)在内;左半平面(Left-Half Plane,LHP)是指复平面的左半开平面,它不包含虚轴。RHP 极点(不稳定极点)是指位于右半平面的极点,因此也包括位于虚轴的极点;类似地,RHP 零点("不稳定"零点)是指位于右半平面的零点。

我们采用 A^{T} 表示矩阵 A 的转置,A^{H} 表示矩阵 A 的复数共轭转置。

数学术语

符号≙表示按定义相等,$\overset{\text{def}}{\Leftrightarrow}$表示按定义等价,$A\equiv B$ 则表示 A 恒等于 B。

假定 A 与 B 表示两个逻辑陈述,那么如下表述是等价的:

A⇐B

A 成立的前提是 B 成立;或者,如果 B 成立则 A 成立

A 是 B 的必要条件

B⇒A;或者,B 意味着 A

B 是 A 的充分条件

仅当 B 成立,A 才成立

A 不成立⇒B 不成立

其它记法、专用术语和缩写将在书中适时定义。

第2章

经典反馈控制

本章将回顾用于单回路(单输入-单输出,SISO)反馈控制系统分析与设计的经典频率响应技术。数十年来,这些回路整形技术已得到工业控制工程师们成功地应用,事实也证明,这些技术在深入了解反馈控制存在的优势、限制和问题方面是不可或缺的。在20世纪80年代,通过采用加权灵敏度函数的$\mathcal{H}_\infty$范数等技术对闭环传递函数进行整形,人们已把经典方法发展成为一种更为规范的方法。我们将会在本章末介绍该方法。

相同的基本思想和技术,将贯穿于本书对于多变量(多输入-多输出,MIMO)控制系统分析与设计的实际步骤中。

2.1 频率响应

在传递函数模型$G(s)$中用$\mathrm{j}\omega$代替s,可以得到所谓的频率响应描述。频率响应可以用来描述:

1. 系统对于不同频率正弦函数的响应;
2. 确定性信号经过 Fourier 变换后的频率含量;
3. 随机信号按功率谱密度函数的频率分布。

本书采用第一种解释,即频率到频率正弦响应的解释。这种解释的优点是能直接和时域联系起来,而且在每个频率ω上,复数$G(\mathrm{j}\omega)$(对 MIMO 系统则为复数矩阵)都有明确的物理解释,它给出了系统对频率为ω的正弦输入的响应,这一点在下面还要详细讨论。关于另外两种描述,我们无法在某个特定频率下给$G(\mathrm{j}\omega)$或$y(\mathrm{j}\omega)$规定一个明确的物理意义——因为这是相对于和其它频率相匹配的分布。

系统频率响应分析的一个重要优点,就是能够深入揭示反馈控制的优点和不足。尽管如同 Kwakernaak 和 Sivan(1972)的出色论证所说明的那样,根据功率谱密度之间的关系,通过观察频率响应也可以了解到这一点,但是我们认为频率到频率正弦响应的描述是最容易理解,也是最有用的。

频率到频率的正弦函数

首先需要通过系统对持续正弦函数的响应，给出频率响应的物理概念，以便读者在阅读本书剩余部分时有一个直观的印象。例如，在理解基于奇异值分解的多变量系统响应时，就需要这个概念。对于稳定的线性系统 $y=G(s)u$，其频率响应的物理解释如下：假设正弦输入信号的频率为 ω(rad/s)，幅值为 u_0，使得

$$u(t)=u_0\sin(\omega t+\alpha)$$

该输入信号是持续的，即从 $t=-\infty$ 时就作用于系统，那么输出信号也是一个同频率的持续正弦信号，即

$$y(t)=y_0\sin(\omega t+\beta)$$

这里 u_0 和 y_0 表示幅值，因此均为非负值。由上式可知，输出正弦函数的幅值 y_0 与输入不同，并且相对于输入的相位移为

$$\phi\triangleq\beta-\alpha$$

重要的是，可以看到只要在拉普拉斯变换 $G(s)$ 中代入纯虚数 $s=\mathrm{j}\omega$，算出复数 $G(\mathrm{j}\omega)$ 的幅值和相位即可直接得到 y_0/u_0 和 ϕ，即

$$y_0/u_0=|G(\mathrm{j}\omega)|;\phi=\angle G(\mathrm{j}\omega)\ \ (\mathrm{rad}) \tag{2.1}$$

例如，令 $G(\mathrm{j}\omega)=a+\mathrm{j}b$，有实部 $a=\mathrm{Re}\,G(\mathrm{j}\omega)$，虚部 $b=\mathrm{Im}\,G(\mathrm{j}\omega)$，则

$$|G(\mathrm{j}\omega)|=\sqrt{a^2+b^2};\angle G(\mathrm{j}\omega)=\arctan(b/a) \tag{2.2}$$

换句话说，式(2.1)表明正弦信号通过系统 $G(s)$ 后，信号的幅值放大了 $|G(\mathrm{j}\omega)|$ 倍，其相位移动了 $\angle G(\mathrm{j}\omega)$。图 2.1 采用一阶延迟系统说明了这一点(时间以秒为单位)：

$$G(s)=\frac{k\mathrm{e}^{-\theta s}}{\tau s+1};k=5,\theta=2,\tau=10 \tag{2.3}$$

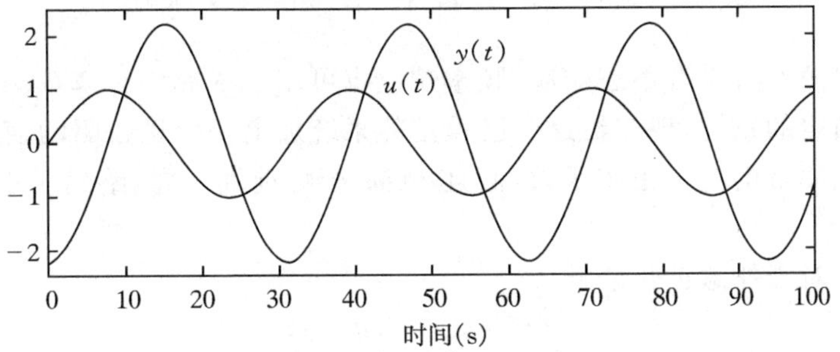

图 2.1 频率 $\omega=0.2$ rad/s 时，系统 $G(s)=5\mathrm{e}^{-2s}/(10s+1)$ 的正弦响应

在频率 $\omega=0.2$ rad/s 处，我们看到输出滞后于输入大约四分之一个周期，幅值则约 2 倍于输入。更精确地放大倍数为

$$|G(\mathrm{j}\omega)|=k/\sqrt{(\tau\omega)^2+1}=5/\sqrt{(10\omega)^2+1}=2.24$$

相位移为

$$\phi=\angle G(\mathrm{j}\omega)=-\arctan(\tau\omega)-\theta\omega=-\arctan(10\omega)-2\omega=-1.51\ \mathrm{rad}=-86.5^\circ$$

$G(\mathrm{j}\omega)$称为系统 $G(s)$ 的*频率响应*，它描述了系统对频率为 ω 持续正弦输入的响应过程。频率响应的幅值$|G(\mathrm{j}\omega)|$等于$|y_0(\omega)|/|u_0(\omega)|$，也称为*系统增益*。有时增益也以 dB(分贝)为单位，定义如下：

$$A(\mathrm{dB}) = 20\log_{10}A \tag{2.4}$$

例如，$A=2$ 对应于 $A=6.02\mathrm{dB}$，$A=\sqrt{2}$对应于 $A=3.01\ \mathrm{dB}$，$A=1$ 对应于 $A=0\ \mathrm{dB}$。

$|G(\mathrm{j}\omega)|$和$\angle G(\mathrm{j}\omega)$都依赖于频率 ω。从 Bode 图（ω 作为自变量）中可以清晰地看出这种依赖性，但在 Nyquist 图（相平面图）中却不明显。在 Bode 图中，频率和增益通常采用对数坐标，而相位则采用线性坐标。

图 2.2 所示为式(2.3)中系统的 Bode 图。从图中可以看出，增益和相位都随频率单调下降，这在过程控制应用中是很常见的。延迟 θ 只使正弦函数产生时间上的平移，因而只影响相位，不影响增益。在低频段，系统增益$|G(\mathrm{j}\omega)|$等于 k，即稳态增益，可以采用在$|G(\mathrm{j}\omega)|$中代入 $s=0$（或 $\omega=0$）的方法来得到。增益在到达转折频率 $1/\tau$ 前相对恒定，此后急剧下降。其物理意义是，系统响应过于迟缓，从而使高频（“快速”）的输入对输出影响不大。

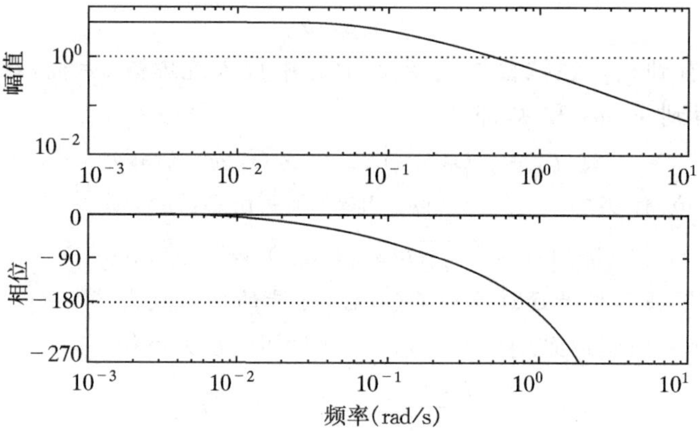

图 2.2 $G(s)=5\mathrm{e}^{-2s}/(10s+1)$的频率响应（Bode 图）

尽管不稳定对象本身没有稳态响应，频率响应也可用于不稳定对象 $G(s)$。假设 $G(s)$是一个通过反馈而被镇定的系统，现在给这个已镇定的系统加上一个正弦驱动信号，此时系统内所有信号均为同一频率 ω 的持续正弦函数，而且 $G(\mathrm{j}\omega)$会像前面一样，给出对于 $G(s)$的由输入到输出的正弦响应。

相量表示法。对于任意正弦信号

$$u(t)=u_0\sin(\omega t+\alpha)$$

通过定义下面的复数，可以引入相量表示法

$$\boxed{u(\omega)\triangleq u_0\mathrm{e}^{\mathrm{j}\alpha}} \tag{2.5}$$

于是有

$$u_0 = |u(\omega)|;\quad \alpha = \angle u(\omega) \tag{2.6}$$

我们以 ω 为自变量是为了明确地表明，该记法是应用于正弦信号的，同时也是因为 u_0 和 α 一般都依赖于 ω。注意，$u(\omega)$并不等于在 $u(s)$中代入 $s=\omega$ 或 $s=\mathrm{j}\omega$，也不等于在 $u(t)$中代入 $t=\omega$。根据复数的 Euler 公式，有 $\mathrm{e}^{\mathrm{j}z}=\cos z+\mathrm{j}\sin z$，因此 $\sin(\omega t)$等于复函数 $\mathrm{e}^{\mathrm{j}\omega t}$的虚部，时域的正弦响应可用复数形式表示为：

$$u(t) = u_0\,\mathrm{Im}\,\mathrm{e}^{\mathrm{j}(\omega t+\alpha)}\text{，当 } t\to\infty \text{ 时，有 } y(t) = y_0\,\mathrm{Im}\,\mathrm{e}^{\mathrm{j}(\omega t+\beta)} \tag{2.7}$$

其中

$$y_0 = |G(j\omega)|u_0, \beta = \angle G(j\omega) + \alpha \tag{2.8}$$

式(2.2)已给出$|G(j\omega)|$和$\angle G(j\omega)$的定义。由于$G(j\omega)=|G(j\omega)|e^{j\angle G(j\omega)}$，式(2.7)和式(2.8)的正弦响应可以简洁地用相量法表示为：

$$y(\omega)e^{j\omega t} = G(j\omega)u(\omega)e^{j\omega t} \tag{2.9}$$

由于$e^{j\omega t}$在上式两边同时出现，故又可写为

$$\boxed{y(\omega) = G(j\omega)u(\omega)} \tag{2.10}$$

对应于每一个频率，$u(\omega)$、$y(\omega)$和$G(j\omega)$都是复数，通常复数相乘的规则在这里也都适用。我们在全书中都会采用这种相量表示法。无论何处如果有形如$u(\omega)$的表达式(自变量是ω而不是$j\omega$)，读者都应该将其视为是(复数)正弦信号$u(\omega)e^{j\omega t}$。表达式(2.10)也适用于MIMO系统，这时$u(\omega)$和$y(\omega)$都是复向量，分别表示输入和输出通道的正弦信号，$G(j\omega)$则为复数矩阵。

最小相位系统。对于稳定的最小相位系统(没有时延或右半平面(RHP)零点)，其频率响应的增益和相位之间存在着唯一的对应关系。这可用Bode相位-增益关系来定量表示，Bode相位-增益关系给出了整个频率范围内，作为$|G(j\omega)|$的函数的G(标准化后①使得$G(0)>0$)在某个给定频率ω_0处的相位为：

$$\angle G(j\omega_0) = \frac{1}{\pi}\int_{-\infty}^{\infty} \underbrace{\frac{d\ln|G(j\omega)|}{d\ln\omega}}_{N(\omega)} \ln\left|\frac{\omega+\omega_0}{\omega-\omega_0}\right| \times \frac{d\omega}{\omega} \tag{2.11}$$

最小相位的名称是指对于给定的幅值响应$|G(j\omega)|$，系统具有可能的最小相位滞后。$N(\omega)$表示对数幅频特性在频率ω处的斜率。具体地说，在频率ω_0处的局部斜率为

$$N(\omega_0) = \left(\frac{d\ln|G(j\omega)|}{d\ln\omega}\right)_{\omega=\omega_0}$$

式(2.11)中的$\ln\left|\frac{\omega+\omega_0}{\omega-\omega_0}\right|$项，在$\omega=\omega_0$处为无穷大，这样$\angle G(j\omega_0)$基本上是由局部斜率$N(\omega_0)$决定的。此外$\int_{-\infty}^{\infty}\ln\left|\frac{\omega+\omega_0}{\omega-\omega_0}\right|\times\frac{d\omega}{\omega}=\frac{\pi^2}{2}$则说明对于稳定的最小相位系统，如下的常用近似表达式成立

$$\angle G(j\omega_0) \approx \frac{\pi}{2}N(\omega_0)(\text{rad}) = 90^\circ \times N(\omega_0) \tag{2.12}$$

上述近似表达式不仅对于系统$G(s)=1/s^n$(其中$N(\omega)=-n$)是精确的，而且对于稳定的最小相位系统，除了接近谐振(复数)极点或零点的那些频率外，在其它频率处也很精确。

与相同增益的最小相位系统相比，RHP零点和时延引起了系统附加的相位滞后(从而被称为非最小相位系统)。例如，系统$G(s)=\frac{-s+a}{s+a}$有一个RHP零点$s=a$，其增益为常数1，而相角却是$-2\arctan(\omega/\alpha)$(rad)(不是0(rad)，而有相同增益的最小相位系统$G(s)=1$的相角却是0(rad))。类似地，延迟系统$e^{-\theta s}$的增益也是一个常数1，而相角却是$-\omega\theta$ (rad)。

---

① 对于像$\frac{1}{s+2}$和$\frac{-1}{s+2}$这样系统的标准化是必需的，它们具有相同的增益，稳定且为最小相位，但他们的相位相差180°。含积分器的系统可用$\frac{1}{s+\varepsilon}$来代替$\frac{1}{s}$，其中ε是一个很小的正数。

直线近似(渐近线)。对于本书所采用的设计方法，能够快速绘制 Bode 图，尤其是幅频(增益)图是很有用的。因此读者最好能熟练掌握渐近的 Bode 图(即用直线来近似)的绘制方法。例如，对于传递函数

$$G(s)=k\frac{(s+z_1)(s+z_2)\cdots}{(s+p_1)(s+p_2)\cdots}\tag{2.13}$$

$G(j\omega)$的渐近的 Bode 图可这样绘制：对于每一项$(s+a)$，当$\omega<a$时，用$j\omega+a\approx a$来近似，而当$\omega>a$时，则用$j\omega+a\approx j\omega$来近似。在对数坐标图上，用上述方法得到的近似直线在被称为转折频率$\omega=a$处相交。式(2.13)中的频率$z_1, z_2, \cdots, p_1, p_2, \cdots$都是渐近线相交的转折点。对于复极点或零点$s^2+2\zeta s\omega_0+\omega_0^2$(其中$|\zeta|<1$)项，当$\omega<\omega_0$时，可用$\omega_0^2$近似，当$\omega>\omega_0$时，则取$s^2=(j\omega)^2=-\omega^2$。传递函数的实际幅值一般都和渐近线很接近，唯一较大的偏差发生在阻尼系数$|\zeta|$约为 0.3 或更小的复极点或零点的谐振频率ω_0处。图 2.3 给出了如下传递函数的 Bode 图

$$L_1(s)=30\frac{(s+1)}{(s+0.01)^2(s+10)}\tag{2.14}$$

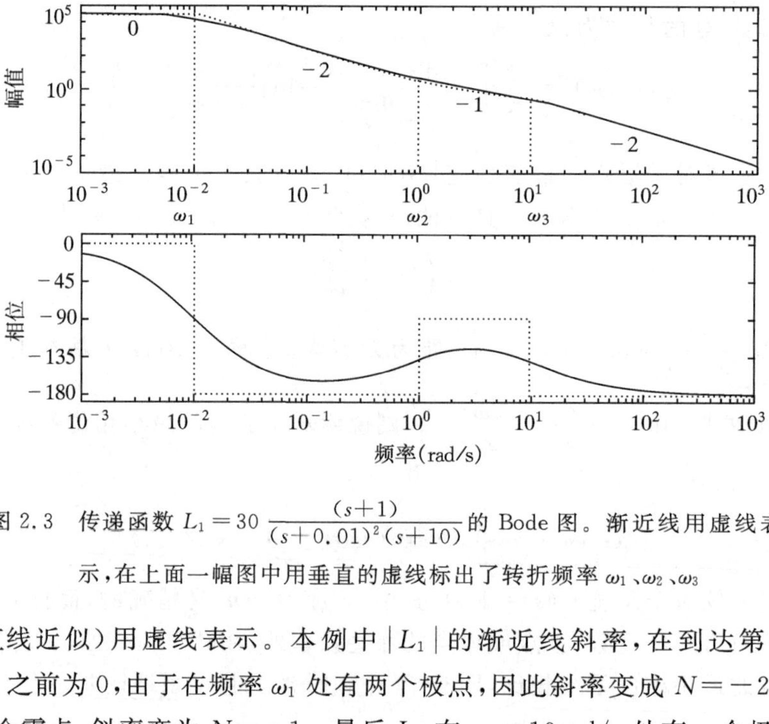

图 2.3　传递函数 $L_1=30\frac{(s+1)}{(s+0.01)^2(s+10)}$ 的 Bode 图。渐近线用虚线表示，在上面一幅图中用垂直的虚线标出了转折频率ω_1、ω_2、ω_3

其中渐近线(直线近似)用虚线表示。本例中$|L_1|$的渐近线斜率，在到达第一个转折频率$\omega_1=0.01\text{rad/s}$之前为 0，由于在频率$\omega_1$处有两个极点，因此斜率变成$N=-2$。在频率$\omega_2=1\text{rad/s}$处有一个零点，斜率变为$N=-1$。最后$L_1$在$\omega_3=10\text{rad/s}$处有一个极点，因此，在该转折频率以及更高的频率处，斜率变为$N=-2$。由图可知，实际的幅频特性曲线与渐近线很接近，而相频特性则不然。渐近的相频特性在转折频率处会有$-90°$(LHP 极点或 RHP 零点)或$+90°$(LHP 零点或 RHP 极点)的剧变。

注：下列方法可以明显改进对相频特性曲线的近似程度。对于每一项$j\omega+a$，当$\omega\leqslant 0.1a$时，取相位为 0，而当$\omega\geqslant 10a$时，取相位为$\pi/2(90°)$。然后再用在$\omega=a$处穿过精确相位值$\pi/4$的第三条线，从$(0,\omega=0.1a)$到$(\pi/2,\omega=10a)$把它们连接起来。对于$s^2+2\zeta s\omega_0+\omega_0^2$，$\zeta<1$，则当

$\omega \leqslant 0.1\omega_0$ 时，相位为 0，而当 $\omega \geqslant 10\omega_0$ 时，相位为 π，然后再用在 $\omega=\omega_0$ 处穿过精确值 $\pi/2$ 的第三条线把$(0,\omega=0.1\omega_0)$和$(\pi,\omega=10\omega_0)$两点连接起来。

2.2 反馈控制

2.2.1 单自由度控制器

本章大部分内容将研究图 2.4 所示的简单的单自由度负反馈结构。这里 $r-y_m$ 是控制器 $K(s)$ 的输入，$y_m=y+n$ 是输出的量测值，n 为量测噪声。于是，对象的输入为

$$u = K(s)(r-y-n) \tag{2.15}$$

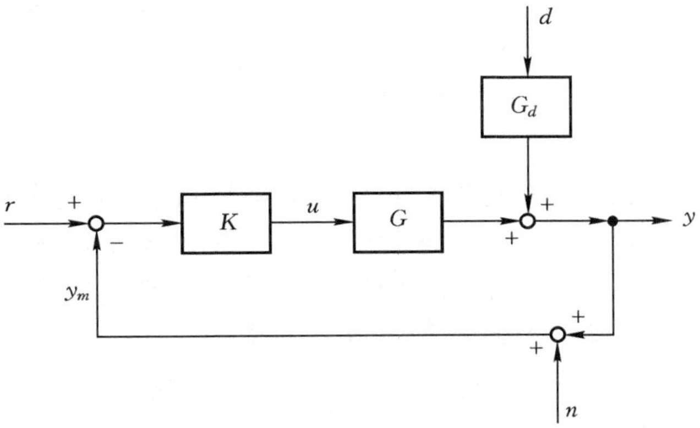

图 2.4 单自由度反馈控制系统的方块图

控制目标是在存在扰动 d 的情况下，通过改变 u(设计控制器 K)使得控制误差 e 能保持很小。控制误差 e 定义为

$$e = y - r \tag{2.16}$$

这里 r 表示输出量的参考值(设定值)。

注：在文献中，也经常把控制器的输入 $r-y_m$ 定义为控制误差，然而这并不是一个好的误差变量定义。首先，误差通常被定义为实际输出(即 y)减去期望值(即 r)；其次，误差应包括实际输出值(y)，而不是量测值(y_m)。所以我们将采用式(2.16)的定义。

2.2.2 闭环传递函数

被控对象的模型可表示为

$$y = G(s)u + G_d(s)d \tag{2.17}$$

对于单自由度控制器，将式(2.15)代入式(2.17)，有

$$y = GK(r-y-n) + G_d d$$

或

$$(I+GK)y = GKr + G_d d - GKn \tag{2.18}$$

从而闭环响应为

$$y = \underbrace{(I+GK)^{-1}GK}_{T}r + \underbrace{(I+GK)^{-1}}_{S}G_d d - \underbrace{(I+GK)^{-1}GK}_{T}n \tag{2.19}$$

控制误差为

$$e = y - r = -Sr + SG_d d - Tn \tag{2.20}$$

这里有关系 $T-I=-S$。相应的对象输入信号为

$$u = KSr - KSG_d d - KSn \tag{2.21}$$

下面是一些记法和术语：

$L = GK$ 回路传递函数

$$S=(I+GK)^{-1}=(I+L)^{-1} \qquad \text{灵敏度函数}$$
$$T=(I+GK)^{-1}GK=(I+L)^{-1}L \qquad \text{互补灵敏度函数}$$

S 是由输出扰动到输出的闭环传递函数，而 T 是由参考输入信号到输出的闭环传递函数。把 T 称为互补灵敏度，是由于有

$$S+T=I \tag{2.22}$$

如果把 $S+T$ 写为 $(I+L)^{-1}+(I+L)^{-1}L$，然后把因子 $(I+L)^{-1}$ 分解出来，即可得到式(2.22)。由于 S 给出了由反馈提供的灵敏度降低，因此将其称为灵敏度函数是很自然的。为了说明这一点，考虑"开环"模式，即没有控制作用($K=0$)时的情况，此时误差为

$$e=y-r=-r+G_d d+0\times n \tag{2.23}$$

与式(2.20)比较就可看出，除了噪声外，在方程右边各项左乘 S，就可得到具有反馈时的响应。

注1 实际上，上面的解释并不是"灵敏度"这个说法的最初原因。Bode 首先称 S 为灵敏度，是因为它给出了闭环传递函数关于相应对象模型误差的灵敏度。尤其是在某个给定频率 ω 下，对于 SISO 被控对象，对 T 直接微分，则有

$$\frac{\mathrm{d}T/T}{\mathrm{d}G/G}=S \tag{2.24}$$

注2 方程式(2.15)～(2.23)都适用于 MIMO 系统，因此可以将其写成矩阵形式。当然，对 SISO 系统，有 $S+T=1$，$S=\frac{1}{1+L}$，$T=\frac{L}{1+L}$ 等。

注3 一般来说，具有负反馈的 SISO 系统的闭环传递函数可以表示为

$$\text{输出}=\frac{\text{“前向”}}{1+\text{“回路”}}\times\text{输入} \tag{2.25}$$

其中"前向"表示输入对输出前向影响部分的传递函数(反馈部分断开)，"回路"则表示环绕整个回路的传递函数(用 $L(s)$ 表示)，在上述情况下有 $L=GK$。如果回路中还有一个测量装置 $G_m(s)$，则 $L(s)=GKG_m$。式(2.25)是对式(2.18)的推广，在 3.2 节中将给出这一规则适用于多变量控制系统更一般的形式。

2.2.3 两自由度系统与前馈控制

我们把图 2.4 所示的控制结构称为单自由度，是因为控制器 K 的作用只依赖于一个偏差信号 $r-y_m$。在图 2.5 所示的两自由度结构中①，引入一个对于参考输入的"前馈"控制器 K_r，从而能够独立地处理两个信号 y_m 和 r。在图 2.5 中，还引进了一个对于被测扰动 d 的前馈控制器 K_d。图 2.5 中被控对象的输入就是反馈控制器和两个前馈控制器的输出之和，

$$u=\underbrace{K(r-y)}_{\text{反馈}}+\underbrace{K_r r-K_d d}_{\text{前馈}} \tag{2.26}$$

此处为了简化，假定 y 与 d 的量测都是精确的。将式(2.26)代入式(2.17)，从中解出 y，我们有

$$y=(I+GK)^{-1}[G(K+K_r)r+(G_d-GK_d)d] \tag{2.27}$$

利用关系式 $SGK-I=T-I=-S$，可求出控制误差为

---

① 还有其它很多引进两自由度控制的方法，例如图 2.25 中用了一个"前置滤波器"。在这里采用图 2.5 的形式，是因为它统一了对参考输入和对扰动的处理。

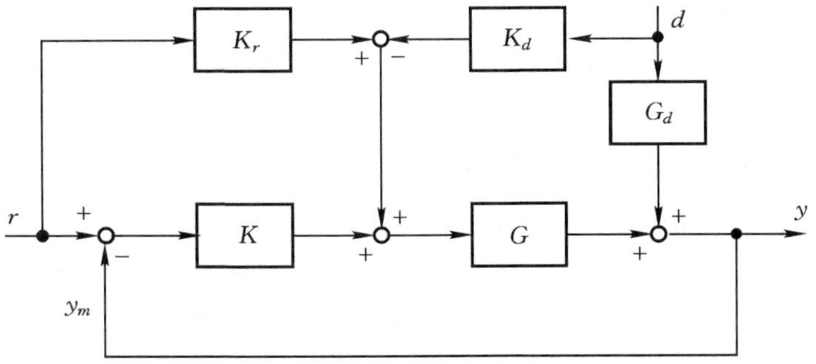

图 2.5 两自由度反馈与前馈控制。假定对 y 与 d 的测量都是精确的

$$e = y - r = S(-S_r r + S_d G_d d) \tag{2.28}$$

这里表示控制效果的三个"灵敏度"函数，可分别定义如下：

$$S = (I + GK)^{-1}, S_r = I - GK_r, S_d = I - GK_d G_d^{-1} \tag{2.29}$$

这里 S 实际上是经典反馈的灵敏度函数，而 S_r 和 S_d 则是分别对应于参考输入和扰动的"前向灵敏度函数"。如果没有反馈控制（$K=0$），则有 $S=I$，相应的如果没有前馈控制（$K_r=0$ 且 $K_d=0$），则有 $S_r=I, S_d=I$。我们期望灵敏度函数的值尽量小，使得到的误差 e 也小。更精确地说，

- 为了跟踪参考输入，期望乘积 SS_r 足够小；
- 为了抑制扰动，期望乘积 SS_d 足够小。

由此可以看出，前馈控制的基本目标，是在反馈控制不起作用的那些频率上（$|S|\geqslant 1$）改善系统的性能（当需要时）。

2.2.4 为什么要反馈?

即使没有反馈（$K=0$），用下面的前馈控制器也能得到"完美的"控制。

$$K_r(s) = G^{-1}(s); K_d(s) = G^{-1}(s)G_d(s) \tag{2.30}$$

为了证实这一点，令 $u=K_r r - K_d d$，有

$$y = G(G^{-1}r - G^{-1}G_d d) + G_d d = r$$

这些控制器还可使式(2.28)中的 $S_r=0, S_d=0$。然而在式(2.30)中，必须假设能够从物理上实现被控对象的逆 G^{-1}，并且被控对象 G 与含 G^{-1} 的控制器必须都是稳定的。前面这些都必须认真对待，而更让人关心的是，由以下原因引起的不可避免地性能降低：(1)扰动的量测不可能完全精确；(2)模型 G 也不可能完全精确。采用反馈控制的根本原因是：

1. 信号不确定性——存在未知扰动(d)；
2. 模型不确定性(Δ)；
3. 被控对象不稳定。

因为不稳定的被控对象只有通过反馈才能使其镇定（见 4.7 节关于内在稳定性的注 2），因此上述第 3 条也是采用反馈控制的根本原因。另外，对于非线性的被控对象，反馈有能使系统行为线性化的作用，这一点将在下一节讨论。

2.2.5 高增益反馈

要从反馈控制中获益需要使用"高"增益。如式(2.30)所示，完美的前馈控制器采用了对象逆的显式模型作为控制器的一部分。另一方面，按反馈在 GK 中采用高增益，隐含着产生一个逆。为了说明这一点，注意当 $L=GK$ 很大时，有 $S=(I+GK)^{-1}\approx 0$，$T=I-S\approx I$。由式(2.21)知，反馈产生的输入信号为 $u=KS(r-G_d d-n)$，由等式 $KS=G^{-1}T$ 可知，高增益反馈时的输入信号为 $u\approx G^{-1}(r-G_d d-n)$，从而有 $y\approx r-n$。这样，高增益反馈并不需要显式模型来产生逆的效果。这也说明了反馈控制对不确定性的灵敏度要比前馈控制低很多的原因。

这只是反馈控制的优势之一，问题是高增益反馈可能导致不稳定。解决的办法是只在一个有限的频率范围内(典型做法是在低频段)使用高反馈增益，而在稳定性成问题的较高频率范围内使增益"衰减"下来。在回路增益 $|L|$ 降到1以下的"带宽"频率处的设计是最重要的。因此反馈控制器的设计，主要取决于在"带宽"频率处是否有一个好的模型描述 G。下一节将简要讨论闭环稳定性，这是一个会反复提到的问题。

正如前面说过的那样，反馈的另一个好处是能使系统的行为趋向"线性化"。实际上有两种不同的线性化作用：

1. 在保持模型有效性方面的"局部"线性化效果：通过反馈我们可以把输出 y 控制在其工作点附近，并防止它偏离期望状态太远。这样系统能保持在线性模型 $G(s)$ 和 $G_d(s)$ 都有效的"线性区域"内。这种局部线性化效果，肯定了在反馈控制器设计与分析中采用线性模型的做法，这也是本书所采用并为多数控制工程师们所应用的方法。
2. 使输出 y 能跟踪参考输入 r 的"全局"线性化效果：正如上面所讨论的，高增益反馈使得 $y\approx r-n$。当我们改变 r，非线性作用使线性模型 G 发生显著改变时，这个表达式也能成立。这样，即使系统有明显的非线性(和不确定性)，输入-输出响应依然具有常数增益1的近似线性(和确定的)响应。

例 2.1 反馈放大器。1927年，Harold Black 设计了用于电话通信的反馈放大器，其基础就是负反馈的"全局"线性化作用(Kline，1993)。在反馈放大器中，想利用高增益放大器 G，把输入信号 r 放大到 α 倍。这样在开环(前向)方式下 $y=Gr$，就需要调节放大器使得 $G=\alpha$。Black 的想法是依旧让放大器保持高增益，而通过减去 $(1/\alpha)y$ 的办法来调节输入 r，这里 y 是测量到的输出信号。这相当于在负反馈通路上加入一个控制器 $K_2=1/\alpha$(示例见4.7.1节图4.4(d))，以得到 $y=G(r-K_2 y)$。这时闭环响应为 $y=\dfrac{G}{1+GK_2}r$，在 $|GK_2|\gg 1$ 时，(这要求 $|G|\gg\alpha$)，将得到期望的 $y\approx\dfrac{1}{K_2}r=\alpha\times r$。注意，这里闭环增益 α 由反馈回路($K_2=1/\alpha$)决定，并且与放大器的参数变化无关。另外，在系统的闭环带宽范围内，所有的信号(任意幅值或频率)都被放大相同的倍数 α，这一特性也与放大器本身的动态特性 $G(s)$ 无关。显然，Black 宣称用简单的负反馈达到优于当时标准的前馈方法的改进似乎是不可能的，以至于他的专利申请最初竟然未被批准。

注：在 Black 的设计方案中，放大器的增益必须远大于期望的闭环放大系数(即 $|G|\gg\alpha$)。这似乎是不必要的，因为按前馈控制方式，令 $|G|=\alpha$ 是充分的。的确，如果在回路中加入积分

作用，就可以不要求 $|G|\gg\alpha$。这可以用一个两自由度控制器来实现，即在被控对象（放大器）前面增加一个控制器 K_1，使 $y=GK_1(r-K_2y)$（见 4.7.1 节图 4.4）。这时闭环响应变为 $y=\frac{GK_1}{1+GK_1K_2}r$，在 $|GK_1K_2|\gg1$（这要求 $|GK_1|\gg\alpha$）时，可得到 $y\approx\frac{1}{K_2}r=\alpha r$。$|GK_1K_2|\gg1$ 这个要求只需要在期望有放大作用的频率范围内能满足就可以了，并且可用一个比例增益为 1 的简单 PI（比例-积分）控制器 K_1 来实现，即取 $K_1=1+\frac{1}{\tau_I s}$，这里 τ_I 为可调整的积分时间。

当然，负反馈的“全局”线性化作用是有条件的，首先要能实现高增益反馈，同时还不能引起闭环不稳定。大家都知道音频放大器如果不稳定，就会发出刺耳的“啸叫”声。下一节将讨论闭环稳定的条件。

2.3 闭环稳定性

反馈控制器设计的一个关键问题是要确保稳定性。如前所述，如果反馈增益过大，则有可能“作用过度”，而导致闭环系统不稳定。下面以一个简单的例子来说明这一点。

例 2.2 逆向响应过程。被控对象（时间以秒计）如下

$$\boxed{G(s)=\frac{3(-2s+1)}{(10s+1)(5s+1)}} \tag{2.31}$$

这是本章中用以说明经典控制技术的两个主要示例之一。该模型在 $s=0.5$ rad/s 处有一个右半平面（RHP）零点。这使控制受到了根本性的限制，而且高控制器增益会引起闭环不稳定。

图 2.6 用一个比例（P）控制器 $K(s)=K_c$ 来说明这种情况，图中绘制了四种不同 K_c 时，系统对参考输入阶跃变化（$r(t)=1,\ t>0$）产生的响应 $y=Tr=GK_c(1+GK_c)^{-1}r$。从图中可以看到，系统在 $K_c<2.5$ 时是稳定的，$K_c>2.5$ 则不稳定。在不稳定的边缘控制器增益 $K_u=2.5$，有时也被称为临界增益，此时系统以周期 $P_u=15.2$ s，即频率 $\omega_u\triangleq2\pi/P_u=0.42$ rad/s 连续周期振荡。

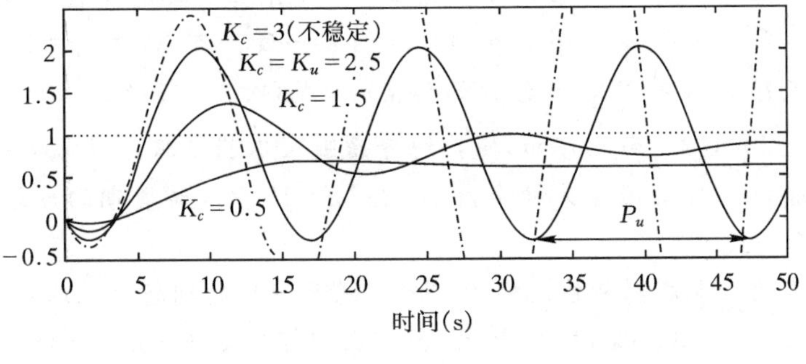

图 2.6 比例增益 K_c 对闭环响应 $y(t)$ 的逆向响应过程的影响

通常用两种方法确定闭环稳定性：

1. 计算闭环系统的极点。也就是计算 $1+L(s)=0$ 的根，其中 L 是环绕回路的传递函数。系统稳定的充分与必要条件是所有的闭环极点都在左半开平面（LHP）内（即虚轴上的极点也

被认为是"不稳定的")。这里的极点实际上也是状态空间 A 矩阵的特征值,通常都是用这种方法来对极点进行数值计算的。

2. 在复平面上绘制 $L(s)$ 的频率响应曲线(包括负频率),并确定围绕临界点 -1 的次数。根据 Nyquist 判据(定理 4.9 给出了详细说明),当围绕次数等于开环不稳定极点(RHP 极点)的个数时,闭环系统是稳定的。

对于开环稳定的系统,若 $\angle L(j\omega)$ 随频率增加而减少,并且 $\angle L(j\omega)$ 穿越 $-180°$ 仅一次(在频率 ω_{180} 处自上而下),Bode 稳定性判据可描述为:闭环系统稳定的充分必要条件是在此频率处的回路增益 $|L|$ 小于 1,也就是说

$$\text{闭环稳定} \Leftrightarrow |L(j\omega_{180})| < 1 \tag{2.32}$$

其中 ω_{180} 是使 $\angle L(j\omega_{180}) = -180°$ 的相位穿越频率。

方法 1 需要计算极点,最适合于数值计算。然而时延环节必须要先采用如 Padé 近似法等,将其近似为有理传递函数。基于频率响应的方法 2 具有直观的图形表示,适用于时延系统。此外,这种方法还提供了对于相对稳定性的判断方法,从而成为本书后面将要用到的几种鲁棒性判据的基础。

例 2.3　带有比例控制的逆向响应过程的稳定性分析。现在要确定式(2.31)表示的对象 G 在采用比例控制时的闭环稳定条件,这里 $K(s)=K_c$(常数),回路传递函数 $L(s)=K_cG(s)$。

1. 系统稳定的充分必要条件是所有的闭环极点都在 LHP 内。闭环极点就是方程 $1+L(s)=0$ 的解,也就是下列方程的解

$$(10s+1)(5s+1)+K_c3(-2s+1)=0$$
$$\Leftrightarrow 50s^2+(15-6K_c)s+(1+3K_c)=0 \tag{2.33}$$

因为这里我们只关心极点是否位于左半平面,因此没有必要求解方程(2.33)。而只需要考虑式(2.33)的特征方程 $a_ns^n+\cdots+a_1s+a_0=0$ 的系数 a_i,然后用 Routh-Hurwitz 判据判断系统的稳定性。对于二阶系统,由 Routh-Hurwitz 判据可知,稳定的充分必要条件是所有系数都具有相同的符号,具体有

$$(15-6K_c)>0;(1+3K_c)>0$$

即 $-1/3<K_c<2.5$。在负反馈条件下($K_c\geqslant 0$),只有上限具有实际意义,最大容许增益("临界增益")为 $K_u=2.5$,这与图 2.6 的仿真结果一致。将 $K_c=K_u=2.5$ 代入式(2.33),可以求出系统开始进入不稳定状态时的极点,由式(2.33)可得到 $50s^2+8.5=0$,即 $s=\pm j\sqrt{8.5/50}=\pm j0.412$。由此可知,使系统开始进入不稳定状态的极点位于虚轴上,此时系统将产生以 $\omega=0.412$ rad/s 为频率,$P_u=2\pi/\omega=15.2$ s 为周期的连续周期振荡。这也与图 2.6 的仿真一致。

2. 根据 $L(s)$ 的频率响应也能判断系统的稳定性。基于图形的判断可以给人很多启发。图2.7 给出了对象(即 $L(s)$ 在 $K_c=1$ 时)的 Bode 图。由图可确定使 $\angle L=-180°$ 的频率 ω_{180},以及与其对应的增益值,$|L(j\omega_{180})|=K_c|G(j\omega_{180})|=0.4K_c$。由式(2.32)可知,系统稳定的充分必要条件是 $|L(j\omega_{180})|<1 \Leftrightarrow K_c<2.5$(与前面结论一致)。另一方面,从方程

$$\angle L(j\omega_{180}) = -\arctan(2\omega_{180}) - \arctan(5\omega_{180}) - \arctan(10\omega_{180}) = -180°$$

可求解出相位穿越频率 $\omega_{180}=0.412$ rad/s,这也与上述极点计算的方法所得的结果相符。在相位穿越频率处的回路增益为

$$|L(j\omega_{180})| = K_c \frac{3\times\sqrt{(2\omega_{180})^2+1}}{\sqrt{(5\omega_{180})^2+1}\times\sqrt{(10\omega_{180})^2+1}} = 0.4K_c$$

根据图 2.7 也可得到相同的结果。正如预期的那样，根据系统稳定的条件 $|L(j\omega_{180})|<1$，

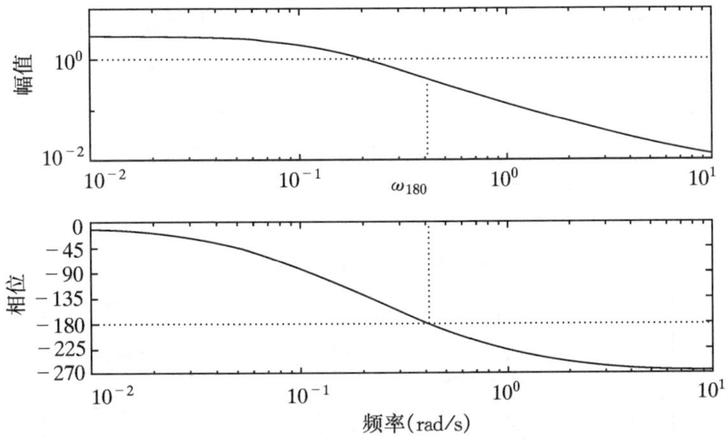

图 2.7 $K_c=1, L(s)=K_c\frac{3(-2s+1)}{(10s+1)(5s+1)}$的 Bode 图

得到预期的 $K_c<2.5$。

2.4 闭环性能评估

虽然稳定性很重要，但控制的真正目标是改善系统性能；也就是说，使输出 $y(t)$ 的特性更为理想。事实上，反馈的一大缺点就是可能导致系统不稳定，因此需要在系统的性能与稳定性之间寻求某种折衷。本节将讨论评价系统性能的几种方法。

2.4.1 典型的闭环响应

下面将以式(2.31)描述的具有比例积分(PI)控制的稳定逆向响应过程为例，来说明期望的闭环系统性能类型。

例 2.4 逆向响应过程的 PI 控制。 前面已经研究过对式(2.31)的过程采用比例控制的情况。我们发现当控制器增益为 $K_c=1.5$ 时，系统响应良好，但存在稳态误差(见图 2.6)。存在稳态误差的原因是灵敏度函数的稳态值 $S(0)=\frac{1}{1+K_cG(0)}=0.18$ 不为零(这里 $G(0)=3$ 是对象的稳态增益)。由式(2.20)$e=-Sr$ 可知，当 $r=1$ 时，稳态误差 $e=-0.18$(图 2.6 的仿真结果也证明了这一点)。为了消除稳态误差，可采用以 PI 控制器的形式引入积分作用

$$K(s) = K_c\left(1+\frac{1}{\tau_I s}\right) \tag{2.34}$$

根据经典的 Ziegler 和 Nichols 整定规则(1942)，可以确定 K_c 与 τ_I 的取值：

$$K_c = K_u/2.2,\quad \tau_I = P_u/1.2 \tag{2.35}$$

这里 K_u 是最大(临界)的 P 控制器增益，P_u 是此时的振荡周期。本例有 $K_u=2.5$，$P_u=15.2$ s(就像在图 2.6 的仿真结果看到的那样)，由此可算出 $K_c=1.14$，$\tau_I=12.7$ s。另外，也可采用

解析的方法从模型 $G(s)$ 计算出 K_u 和 P_u

$$K_u = 1/|G(j\omega_u)|, P_u = 2\pi/\omega_u \tag{2.36}$$

其中 ω_u 是使 $\angle G(j\omega_u) = -180°$ 的频率。

图 2.8 给出了具有 PI 控制的系统对于阶跃输入的闭环响应。由于 RHP 零点的存在，输出 $y(t)$ 先有一个逆向的响应，但随即快速上升，在 $t=8.0$ s(上升时间)时 $y(t)=0.9$。系统响应应有较大振荡，直到 65 s(调整时间)后才稳定到稳态值的 ±5% 范围之内。超调量(最大峰值高度相对于稳态值的比率)高达 62%，与通常参考输入跟踪期望的超调量相比大得多。超调量是由于控制器的调节作用引起的，因此减小控制器增益可避免产生过大的超调量。衰减比是连续两个波峰之间的比值，在这里约为 0.35，也有点过大。

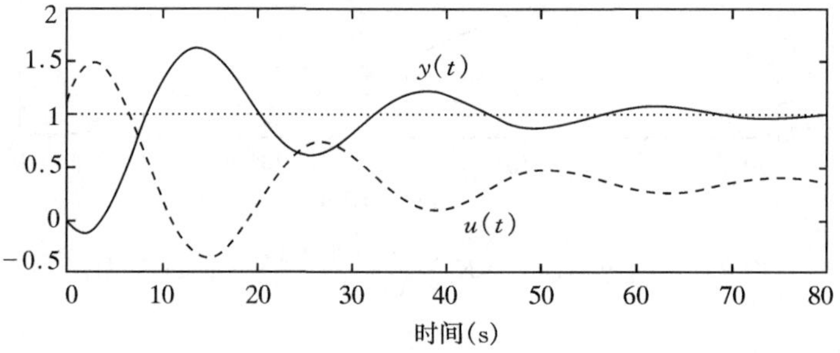

图2.8 按 PI 控制，式(2.31)描述的稳定逆向响应过程，对于参考输入的单位阶跃变化的闭环响应

习题 2.1* 利用式(2.36)，对于式(2.31)给出的过程，计算 K_u 和 P_u。

综上所述，对于本例，Ziegler-Nichols PI 整定有点过于"强烈"，结果使得闭环系统稳定裕量偏小，振荡则大于通常所能接受的水平。对于抑制扰动来说，可以更合理地进行控制器参数设置，也可以采用增加前置滤波器的方法来改善参考输入跟踪的响应，这就是所谓的两自由度控制器。然而这一切都不改变系统的稳定鲁棒性。

例 2.5 不稳定过程的 PI 控制。 考虑下面的不稳定过程

$$G(s) = \frac{4}{(s-1)(0.02s+1)^2} \tag{2.37}$$

如果没有控制作用($K=0$)，则对于输入的任何变化输出响应都将发散。要使系统稳定，可采用式(2.34)给出的 PI 控制，参数配置如下[①]：

$$K_c = 1.25, \tau_I = 1.5 \tag{2.38}$$

图 2.9 是所得稳定闭环系统的阶跃响应。由图可知，其响应没有振荡，并且选择的整定是鲁棒的，增益裕量高达 18.7(参见 2.4.3 节)。输出 $y(t)$ 有些超调(约 30%)，对于不稳定的过程这是不可避免的。有趣的是，输入 $u(t)$ 从正值开始，最终的稳态值却是负的。这表明输入有一个逆向响应。对于不稳定的过程这是期望的，因为传递函数 KS(从对象输出到对象输入)必定存在一个 RHP 零点，参见 4.7 节。

---

① 对这个不稳定系统，所得到的 PI 控制器，与根据式(2.112)与(2.113)所得到的 H 无穷大($\mathcal{H}_\infty$)S/KS 控制器相同，其中取权函数 $w_u=1$ 和 $w_P=1/M+\omega_B^*/s$，且有 $M=1.5$，$\omega_B^*=10$；参见 2.8.3 节习题 2.5。

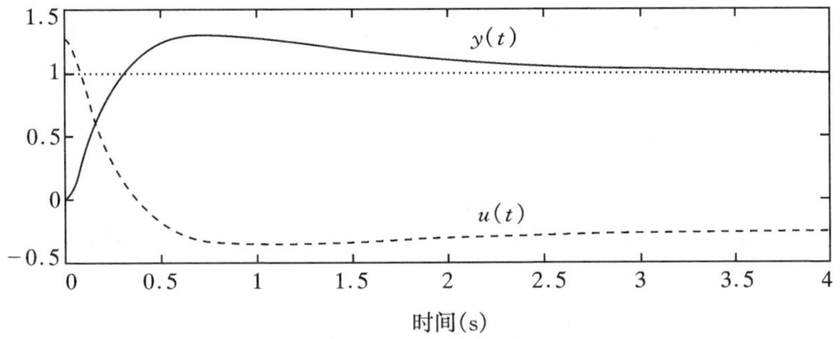

图 2.9 式(2.37)中不稳定系统按 PI 控制，对参考输入的单位阶跃响应

2.4.2 时域性能

阶跃响应分析。上面的例子说明了工程上常用于评价控制系统性能的方法。常用的方法就是对系统的阶跃响应进行仿真，并考虑以下特征(参见图 2.10)：

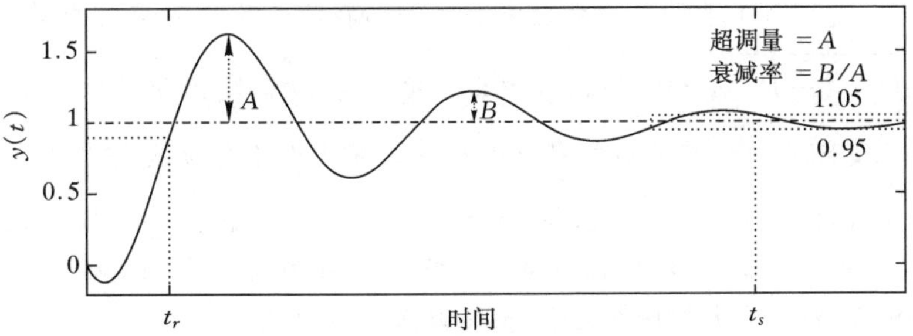

图 2.10 对参考输入阶跃闭环响应的各种特征

- 上升时间(t_r)：上升时间是输出首次到达稳态值 90%所需的时间，通常要求小一些。
- 调整时间(t_s)：调整时间是输出进入并保持在其最终值±ε%范围内所需的时间(典型值为 ε=5)，通常要求小一些。
- 超调量：峰值除以终值，典型值为 1.2(20%)或更小。
- 衰减比：第二个峰值与第一个峰值之比，典型值为 0.3 或更小。
- 稳态误差：终值与期望值之差，通常要求小一些。

上升时间与调整时间用来衡量*响应速度*，而超调量、衰减比和稳态误差则与响应的质量有关。对系统响应质量的另一种衡量是：

- 波动总和(TV)：指信号(输入或输出)上下移动的总和，越小越好。图 2.11 给出了波动总和的计算方法。采用 Matlab 仿真时，TV=sum(abs(diff(y)))。

上述度量方法均是针对输出响应 $y(t)$的，此外还应考虑调节输入(控制信号 u)的幅值，通常要求其幅值尽可能小而且平滑。对"平滑度"的一种衡量方法是要求有较小的波动总和。值得注意的是，要减小输入信号的波动总和，就相当于限制输入的变化幅度，通常在采用模型预测控制(MPC)的时候都是这样做的。如果存在严重的扰动，就需要考虑系统对这些扰动的响

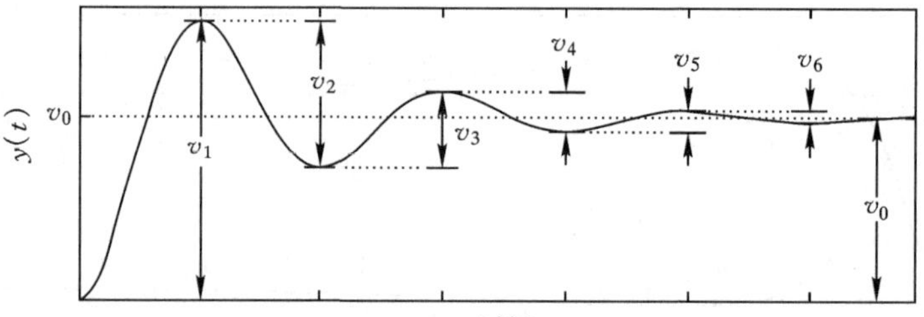

图 2.11　波动总和为 $\mathrm{TV}=\sum_{i=1}^{\infty}|v_i|$

应。最后还可以通过仿真来研究控制器在被控对象模型参数偏离其标称值时的工作情况。

注 1　另一种量化时域性能的方法是采用误差信号 $e(t)=y(t)-r(t)$ 的某种范数。例如，可以用误差平方的积分(ISE)，或它的平方根，即误差信号的 2 范数 $\|e(t)\|_2=\sqrt{\int_0^{\infty}|e(\tau)|^2 d\tau}$。用这种方法，可以将与响应速度和质量相关的各种目标结合成一个。实际上在多数情况下，将 2 范数最小化似乎能给出上述各种指标间的一种合理的折衷。2 范数的另一优点是由此得到的优化问题(例如最小化 ISE)容易进行数值求解。这样，在指标中也可以考虑输入的幅值，例如 $J=\sqrt{\int_0^{\infty}(Q|e(t)|^2+R|u(t)|^2)\mathrm{d}t}$，其中 Q 与 R 均为正常数。这就类似于线性二次型(LQ)最优控制，但在 LQ 控制中通常考虑的是 $r(t)$ 的冲击变化而不是阶跃变化。

注 2　阶跃响应等于相应冲击响应的积分，例如在式(4.11)中令 $u(\tau)=1$。稍加思索便可知，可以通过对相应冲击响应绝对面积(1 范数)的积分来得到*总积分*(Boyd and Barratt，1991，p.98)。即令 $y=Tr$，对应于 r 的阶跃变化，y 的波动总和为

$$\mathrm{TV}=\int_0^{\infty}|gT(\tau)|\mathrm{d}\tau\triangleq\|gT(t)\|_1 \tag{2.39}$$

这里 $gT(t)$ 为 T 的冲击响应，也就是与 $r(t)$ 的冲击变化对应的 $y(t)$。

2.4.3　频域性能

回路传递函数 $L(\mathrm{j}\omega)$ 或者各种闭环传递函数的频率响应，也可用于描述系统的闭环性能。图 2.14 给出了典型的 L、T 和 S 的 Bode 图。与阶跃响应分析相比，频域分析的一个优点是它可以考虑更多类型的信号(任何频率的正弦信号)。这就更容易显示出反馈特性的特征，特别是系统在穿越(带宽)区域的行为。下面将要介绍用于评价系统性能的一些重要频域指标，例如增益和相位裕量，S 和 T 的最大峰值，以及可用于描述响应速度的各种穿越和带宽频率的定义。

增益与相位裕量

$L(s)$ 是具有负反馈闭环稳定系统的回路传递函数。图 2.12 和 2.13 分别给出了标有增益裕量(GM)与相位裕量(PM)典型的 Bode 图与 Nyquist 图。根据 Nyquist 稳定判据，在复平面上曲线 $L(\mathrm{j}\omega)$ 与 -1 点的接近程度，可以很好地衡量稳定闭环系统接近不稳定的程度。从图 2.13 可以看出，GM 表示 $L(\mathrm{j}\omega)$ 沿着实轴与 -1 点的接近程度，而 PM 则表示沿着单位圆与

−1点的接近程度。

更精确地说，如果 L 的 Nyquist 曲线在 −1 与 0 之间穿越负实轴，则(上)增益裕量可定义为

$$\mathrm{GM} = 1/\,|\,L(\mathrm{j}\omega_{180})\,| \tag{2.40}$$

其中的相位穿越频率 ω_{180} 是 $L(\mathrm{j}\omega)$ 的 Nyquist 曲线在 −1 与 0 之间穿越负实轴时的频率，即

$$\angle L(\mathrm{j}\omega_{180}) = -180^\circ \tag{2.41}$$

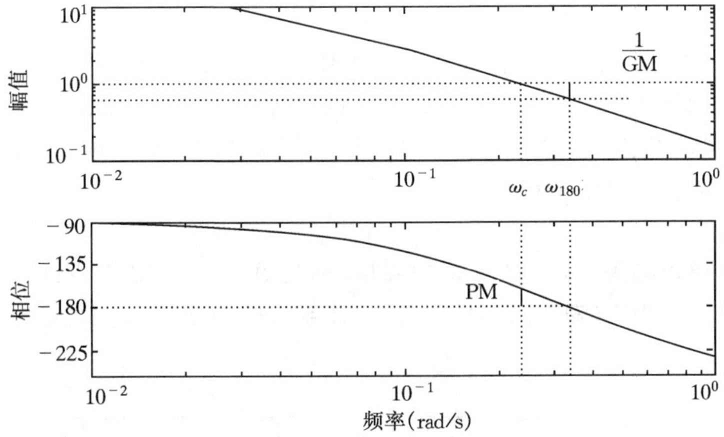

图 2.12 标有 PM 和 GM 的 $L(\mathrm{j}\omega)$ 典型 Bode 图

如果在 −1 和 0 之间有多于一次的穿越，则取最靠近 −1 的一次穿越，这次穿越对应于 $|L(\mathrm{j}\omega_{180})|$ 的最大值。对某些低阶最小相位系统，可能没有任何穿越，此时 GM＝∞。GM 就是在闭环系统变成不稳定系统以前，回路增益 $|L(\mathrm{j}\omega)|$ 可以增加的倍数。这样 GM 就是对稳态增益不确定性(误差)的一个直接防护措施。典型情况下要求 GM＞2。在 $|L|$ 对数坐标的 Bode 图上，GM 就是从单位幅值线向下到 $|L(\mathrm{j}\omega_{180})|$ 的垂直距离(dB)，见图 2.12。注意 $20\log_{10}\mathrm{GM}$ 是 GM 的分贝(dB)值。

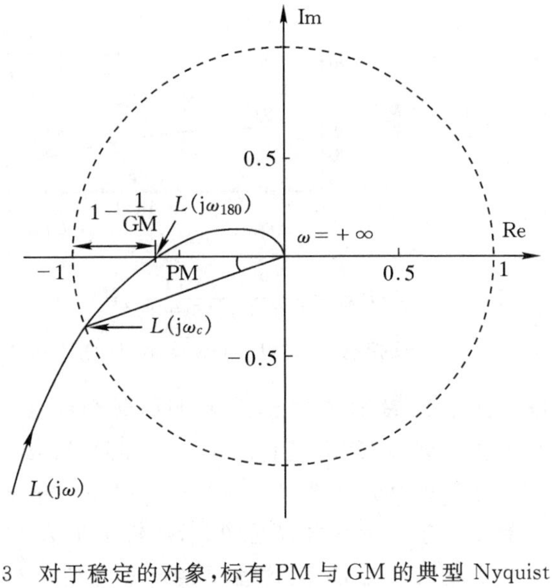

图 2.13 对于稳定的对象，标有 PM 与 GM 的典型 Nyquist 曲线。如果 $L(\mathrm{j}\omega)$ 包围临界点 −1，则闭环系统不稳定

对于某些不稳定的对象，L 的 Nyquist 曲线会在 −∞ 与 −1 之间穿越负实轴，这时可以类似地定义一个下增益裕量(或称增益减小裕量)

$$\mathrm{GM}_L = 1/\,|\,L(\mathrm{j}\omega_{L180})\,| \tag{2.42}$$

其中 ω_{L180} 是 $L(\mathrm{j}\omega)$ 的 Nyquist 曲线在 $-\infty$ 与 -1 之间穿越负实轴时的频率。若有多于一次的穿越，则取最靠近 -1 的那一次，这一点对应于 $|L(\mathrm{j}\omega_{180})|$ 的最小值。对于大多数稳定的系统，没有这样的穿越，此时 $\mathrm{GM}_L=0$。GM_L 是闭环系统变成不稳定系统以前，回路增益 $|L(\mathrm{j}\omega)|$ 可以降低的倍数。

相位裕量定义为

$$\mathrm{PM} = \angle L(\mathrm{j}\omega_c) + 180^\circ \tag{2.43}$$

这里增益穿越频率 ω_c 是 $|L(\mathrm{j}\omega)|$ 穿越 1 时的频率，即

$$|L(\mathrm{j}\omega_c)| = 1 \tag{2.44}$$

如果有多于一次的穿越，则取给出最小 PM 值的那一次穿越。PM 表示在 ω_c 处使相位变为 -180°，即出现闭环不稳定前(见图 2.13)$L(s)$ 可以增加的负相位(相位滞后)。典型情况下，要求 PM 大于30°或者更多。要求一定的 PM 值可防止系统因时延不确定性而变得不稳定；如果增大下面的时延就会使系统不稳定

$$\theta_{\max} = \mathrm{PM}/\omega_c \tag{2.45}$$

应该注意的是单位必须一致，如果 ω_c 以弧度/秒为单位，则 PM 也应该是弧度。还有一点也很重要，通过降低 ω_c 的值(降低闭环带宽，从而使系统响应变慢)，就能使系统容许较大的时延误差。

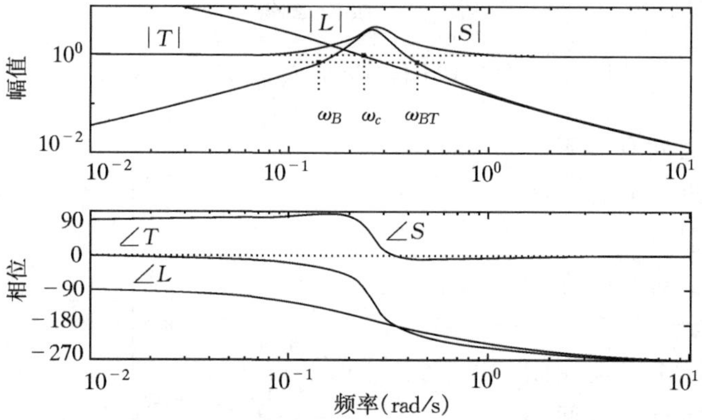

图 2.14 当 $G(s)=\dfrac{3(-2s+1)}{(10s+1)(5s+1)}$，$K(s)=1.136\left(1+\dfrac{1}{12.7s}\right)$(一个 Ziegler-Nichols PI 控制器)时，$L=GK$、S 和 T 的 Bode 幅值与相位图

例 2.4 续。图 2.14 给出了对于 PI 控制的逆向响应过程，L、S 和 T 的 Bode 图。由 $L(\mathrm{j}\omega)$ 的曲线可以得出相位裕量(PM)是19.4°(0.34 rad)，增益裕量(GM)是 1.63，而 ω_c 等于0.236 rad/s。从而得到容许的时延误差为 $\theta_{\max}=0.34\ \mathrm{rad}/0.236\ \mathrm{rad/s}=1.44\ \mathrm{s}$。根据通常的实际经验，这些裕量值都太小了。由图可以看出，$|S|$ 的峰值为 $M_S=3.92$，$|T|$ 的峰值为 $M_T=3.35$，稍后会给出这两个量的相关定义，这些值按通常的设计原则也都太高。

例 2.5 续。图 2.15 给出了不稳定过程采用 PI 控制的 L、S 和 T 的 Bode 图，其增益裕量(GM)，下增益裕量(GM_L)，相位裕量(PM)，以及 S 峰值(M_S)和 T 的峰值(M_T)分别为

$$\mathrm{GM}=18.7,\ \mathrm{GM}_L=0.21,\ \mathrm{PM}=59.5^\circ,\ M_S=1.19,\ M_T=1.38$$

在本例中,$L(\mathrm{j}\omega)$的相位曲线穿越$-180°$两次。第一次,$\angle L$在低频处(ω约为0.9)穿越$-180°$,此时$|L|$约为4.8,下增益裕量为$\mathrm{GM}_L=1/4.8=0.21$。第二次,$\angle L$在高频处(ω约为40)穿越$-180°$,此时$|L|$约为0.054,(上)增益裕量为$\mathrm{GM}=1/0.054=18.7$。这样将回路增益减小4.8倍或将其增大18.7倍,都会引起系统不稳定。

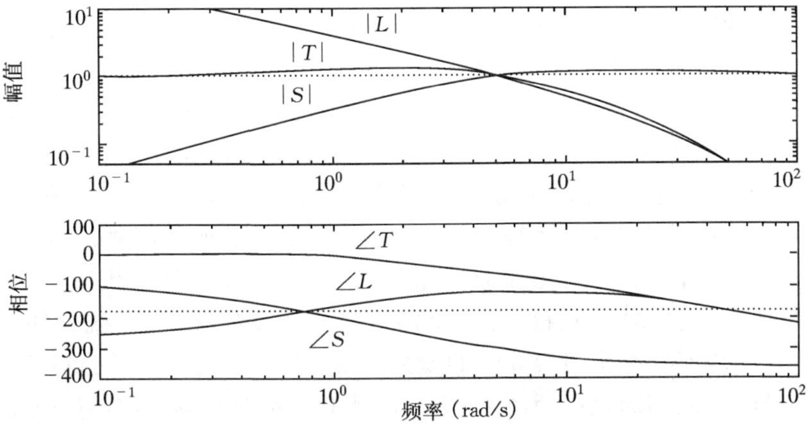

图 2.15[①] 对于不稳定过程 $G(s)=\frac{4}{(s-1)(0.02s+1)^2}$ 采用 PI 控制 $K(s)=1.25\left(1+\frac{1}{1.5s}\right)$,$L=GK$,$S$ 与 T 的幅值和相位 Bode 曲线

习题 2.2 证明由式(2.45)给出的能够保持系统稳定的最大附加延迟。

习题 2.3* 对于一阶延迟系统,推导式(5.96)给出的 $K_u=1/|G(\mathrm{j}\omega_u)|$ 的近似表达式。

稳定裕量用来衡量一个稳定的闭环系统与不稳定的接近程度。从上面的讨论可以看到,GM与PM给出了关于增益和延迟不确定性的稳定裕量。更一般地,为了保持闭环稳定性,Nyquist稳定条件告诉我们,$L(\mathrm{j}\omega)$包围-1的次数不能改变。因此,频率响应$L(\mathrm{j}\omega)$与临界点-1的接近程度也可以很好地衡量系统与不稳定状态的接近程度。GM表示沿负实轴与不稳定状态的接近程度,PM则是沿单位圆与不稳定状态的接近程度。后面将会讨论,实际的最近距离等于$1/M_S$,这里M_S是灵敏度$|S(\mathrm{j}\omega)|$的峰值。正如预期的那样,GM和PM与M_S密切相关,而由于$|S|$是一种性能指标,GM和PM在描述系统性能方面也很有用。总之,对GM和PM的具体规定(例如,GM>2和PM>30°),在系统性能与稳定鲁棒性之间提供了一种适当的折衷。

最大峰值判据

灵敏度函数和互补灵敏度函数的最大峰值定义为

$$M_S=\max_{\omega}|S(\mathrm{j}\omega)|;\ M_T=\max_{\omega}|T(\mathrm{j}\omega)| \tag{2.46}$$

(注意后面将介绍,基于$\mathcal{H}_\infty$范数有$M_S=\|S\|_\infty$,$M_T=\|T\|_\infty$。)由于$S+T=1$,利用式(A.51),可知在任何频率上都有

① 原图标注有错。——译者注

$$||S|-|T||\leqslant|S+T|=1$$

因此，M_S 与 M_T 之差最多为 1。M_S 出现大值的充分必要条件是 M_T 也为大值。对于稳定的被控对象，通常在较高频率时(见图 2.14)会出现 $|S|$ 的峰值高于 $|T|$ ($M_S>M_T$)的现象。对于不稳定的对象，则 M_T 通常大于 M_S(见图 2.15)。注意这并非一般性的规则。

典型情况下，要求 M_S 小于 2(6dB)，M_T 小于 1.25(2dB)。M_S 与 M_T 的值过大(大于 4)表明系统性能和鲁棒性都很差。在经典控制中，M_T 的上限一直是一个常用的设计指标，读者可能会熟悉 M 圆在 Nyquist 图中的应用，以及 Nichols 图在从 $L(j\omega)$ 中确定 M_T 时的应用。

现在要给出限制 M_S 取值范围的一些根据。在没有控制作用时($u=0$)，有 $e=y-r=G_dd-r$，而在有反馈控制时，有 $e=S(G_dd-r)$。这样反馈控制是通过在所有 $|S|<1$ 的频率范围内减小 $|e|$ 来改善系统性能的。通常，$|S|$ 的值在低频时很小：例如对于有积分作用的系统，有 $|S(0)|=0$。但是因为所有实际的系统都是严格真的系统，因此在高频时必然有 $L\rightarrow 0$，或等价地 $S\rightarrow 1$。实际中，在中频段不可避免会有峰值 M_S 大于 1(见下面的注释)。这样，在中频范围反馈会使系统性能变差，M_S 的值就是一个衡量在最严重情况下，系统性能变差程度的指标。也可以把 M_S 看作是一个衡量鲁棒性的指标。为了闭环稳定，我们期望 $L(j\omega)$ 能够远离临界点 -1。$L(j\omega)$ 与 -1 之间的最小距离为 M_S^{-1}，因此对于系统的鲁棒性，M_S 越小越好。总之，对于稳定性和系统性能来说期望 M_S 接近于 1。

这些峰值与 GM 和 PM 之间有着密切的关系。具体地，对于给定的 M_S，可以确保有

$$\mathrm{GM}\geqslant\frac{M_S}{M_S-1};\quad \mathrm{PM}\geqslant 2\arcsin\left(\frac{1}{2M_S}\right)\geqslant\frac{1}{M_S}(\mathrm{rad}) \tag{2.47}$$

例如对于 $M_S=2$，则会有 $\mathrm{GM}\geqslant 2$，$\mathrm{PM}\geqslant 29.0°$。类似地，对于给定的 M_T，GM 和 PM 保证能满足

$$\mathrm{GM}\geqslant 1+\frac{1}{M_T};\quad \mathrm{PM}\geqslant 2\arcsin\left(\frac{1}{2M_T}\right)\geqslant\frac{1}{M_T}(\mathrm{rad}) \tag{2.48}$$

具体地，对于 $M_T=2$，则有 $\mathrm{GM}\geqslant 1.5$ 和 $\mathrm{PM}\geqslant 29.0°$。

式(2.47)和式(2.48)的证明：要推导 GM 的不等式，需要注意到 $L(j\omega_{180})=-1/\mathrm{GM}$(因为 $\mathrm{GM}=1/|L(j\omega_{180})|$，且在 ω_{180} 处 L 为一负实数)，由此可得到

$$T(j\omega_{180})=\frac{-1}{\mathrm{GM}-1};S(j\omega_{180})=\frac{1}{1-\frac{1}{\mathrm{GM}}} \tag{2.49}$$

从而 GM 的不等式成立。要推导式(2.47)和式(2.48)中 PM 的不等式，需要考虑图 2.16，在图中有 $|S(j\omega_c)|=1/|1+L(j\omega_c)|=1/|-1-L(j\omega_c)|$，于是有

$$|S(j\omega_c)|=|T(j\omega_c)|=\frac{1}{2\sin(\mathrm{PM}/2)} \tag{2.50}$$

从而不等式成立。有时也会用到其它的公式，这些公式可由等式 $2\sin(\mathrm{PM}/2)=\sqrt{2(1-\cos(\mathrm{PM}))}$ 推出。

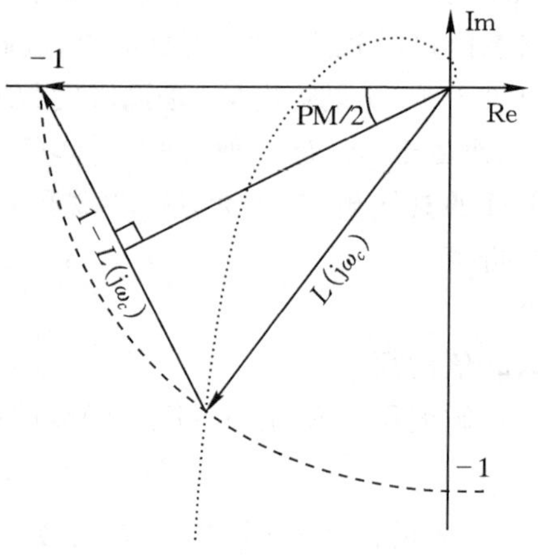

图 2.16 向量 $L(j\omega)$ 的 Nyquist 曲线，在 ω_c 处有 $|1+L(j\omega_c)|=2\sin(\mathrm{PM}/2)$

□

注：因为 GM>1，我们颇感兴趣地看到式(2.49)要求$|S|$在频率ω_{180}处大于1。这意味着只要ω_{180}存在，即在某个频率上$L(\mathrm{j}\omega)$有大于$-180°$的相位滞后(实际系统确实如此)，那么$|S(\mathrm{j}\omega)|$的峰值必定大于1。

综上所述，可以看到$|S(\mathrm{j}\omega)|$或$|T(\mathrm{j}\omega)|$峰值(M_S或M_T)的性能指标，显得比 GM 与 PM 指标的要求更重要。例如，要求$M_S<2$，就意味着常用的实际经验 GM>2，PM>30°。

2.4.4 时域与频域峰值之间的关系

对于参考输入 r 的变化，输出为$y(s)=T(s)r(s)$。那么在$T(\mathrm{j}\omega)$的频域峰值M_T与时域阶跃响应的超调量以及波动总和之间有没有关系呢？为了回答这个问题，需要考虑具有如下互补灵敏度函数的典型二阶系统

$$T(s)=\frac{1}{\tau^2 s^2+2\tau\zeta s+1} \tag{2.51}$$

对于$\zeta<1$的欠阻尼系统，具有复极点和振荡的阶跃响应。表2.1以ζ为变量，列出了$y(t)$的超调量、波动总和以及M_T和M_S对于单位阶跃输入$r(t)=1$的对应值。从表2.1可见，波动总和 TV 与M_T有很好的相关性。由式(A.137)和式(2.39)可进一步证实这一点，并可以得出 TV 的一般性取值范围为

$$M_T\leqslant \mathrm{TV}\leqslant(2n+1)M_T \tag{2.52}$$

这里n是$T(s)$的阶数，对式(2.51)中的典型系统而言，n的值就是2。假设许多系统的响应可以粗略地用相对低阶的系统来近似，那么式(2.52)中的M_T则是对波动总和的合理近似。这为经典控制中采用M_T来衡量系统响应的质量提供了依据。

表 2.1 式(2.51)中典型二阶系统的阶跃响应特性与频域峰值，程序见表 2.2

ζ	时域，$y(t)$		频域	
	超调量	波动总量	M_T	M_S
2.0	1	1	1	1.05
1.5	1	1	1	1.08
1.0	1	1	1	1.15
0.8	1.02	1.03	1	1.22
0.6	1.09	1.21	1.04	1.35
0.4	1.25	1.68	1.36	1.66
0.2	1.53	3.22	2.55	2.73
0.1	1.73	6.39	5.03	5.12
0.01	1.97	63.7	50.0	50.0

表 2.2 用于生成表 2.1 的 Matlab 程序

```
% Uses the Control toolbox
tau=1;zeta=0.1;t=0:0.01:100;
T = tf(1,[tau*tau 2*tau*zeta 1]); S = 1-T;
[A,B,C,D]=ssdata(T); y = step(A,B,C,D,1,t);
overshoot=max(y),tv=sum(abs(diff(y)))
Mt=norm(T,inf,1e-4),Ms=norm(S,inf,1e-4)
```

2.4.5 带宽与穿越频率

要理解反馈控制带来的好处与折衷，带宽的概念非常重要。前面已经考虑过闭环传递函数的峰值 M_T 与 M_S，这些都与响应的质量有关。然而为使系统能有好的性能，还必须考虑响应速度，这就需要研究系统的带宽频率。一般来说，带宽大则上升时间短，因为高频信号更容易到达输出端。带宽大也意味着系统将对噪声比较敏感。反之，带宽小则时间响应一般会慢，但系统通常会具有更好的鲁棒性。

泛泛地讲，带宽可定义为使控制有效的频率范围[ω_1, ω_2]。大多数情况下要求对稳态值能有严苛的控制，于是有 $\omega_1=0$，这样可以简单地把 $\omega_2=\omega_B$ 称为带宽。

对"有效"一词的不同解释，会引申出带宽的不同定义。如果控制有效是指在性能方面能得到改善，那么对于跟踪性能而言，误差 $e=y-r=-Sr$，只要相对误差 $|e|/|r|=|S|$ 合理地小，例如可定义为 $|S|\leqslant 0.707$[①]，我们就认为反馈是有效的(就改善性能而言)。于是可得到如下定义：

定义 2.1 (闭环)带宽频率 ω_B，就是 $|S(j\omega)|$ 自下而上第一次穿越 $1/\sqrt{2}=0.707(\approx -3\ \text{dB})$ 时的频率。

注：另一种对控制有效的解释，是指控制能够显著地改变系统的输出响应。就跟踪性能而言，输出为 $y=Tr$，因为不会出现控制 $T=0$ 的情况，因此只要 T 足够大，我们就认为控制有效，例如可以定义 T 大于 0.707。这就引申出带宽的另一种定义，也是传统上用来表示控制系统带宽的方法。依据 T 的带宽 ω_{BT} 是 $|T(j\omega)|$ 自上而下穿越 $1/\sqrt{2}=0.707(\approx -3\ \text{dB})$ 时的最高频率。但我们认为这种定义虽然与其它领域的用法更为接近，但就反馈控制而言使用较少。

增益穿越频率 ω_c，定义为 $|L(j\omega_c)|$ 首次自上而下穿越 1 时的频率，这个频率有时也用来定义闭环带宽。它的优点是计算简单，给出的值通常介于 ω_B 与 ω_{BT} 之间。具体地说，对于 PM $<90^\circ$ 的系统(多数实际系统)，我们有

$$\omega_B < \omega_c < \omega_{BT} \tag{2.53}$$

式(2.53)的证明：因为 $|L(j\omega_c)|=1$，所以有 $|S(j\omega_c)|=|T(j\omega_c)|$。从而当 PM$=90^\circ$ 时，有 $|S(j\omega_c)|=|T(j\omega_c)|=0.707$(见式(2.50))，故有 $\omega_B=\omega_c=\omega_{BT}$。当 PM$<90^\circ$ 时，有 $|S(j\omega_c)|=|T(j\omega_c)|>0.707$，而由于 ω_B 是 $|S(j\omega_c)|$ 自下而上穿越 0.707 时的频率，所以必然有 $\omega_B<\omega_c$。与此类似，由于 ω_{BT} 是 $|T(j\omega)|$ 自上而下穿越 0.707 时的频率，所以有 $\omega_{BT}>\omega_c$。 □

由此可以得到下面的一般规律：在到达 ω_B 之前，$|S|$ 小于 0.7，控制对改善系统性能是有效的。在频率范围[ω_B, ω_{BT}]内，控制仍然对系统响应有影响，但并不改善系统性能。在多数情况下，我们发现在此频率范围内，$|S|$ 是大于 1 的，控制会使性能变差。最后，在频率高于 ω_{BT} 时 $S\approx 1$，控制对系统响应没有明显作用。下面的例 2.7 会说明上述情况(见图 2.18)。

例 2.4 续。 被控对象 $G(s)=\dfrac{3(-2s+1)}{(10s+1)(5s+1)}$ 有一 RHP 零点，采用 Ziegler - Nichols PI 整定

---

① 选择 0.707 这个值来定义带宽 ω_B 的原因是，对于简单具有 $S=s/(s+a)$ 的一阶闭环响应，S 的低频渐近线 s/a 在频率 $\omega=a$ 时穿越幅值 1，在这一频率处有 $|S(j\omega)|=1/\sqrt{2}=0.707$。

($K_c=1.14$，$\tau_I=12.7$)使 GM＝1.63，PM＝19.4°，显得过分强烈。带宽与穿越频率为 $\omega_B=0.14$，$\omega_c=0.24$，$\omega_{BT}=0.44$，与式(2.53)一致。

例 2.6　考虑如下简单的一阶闭环系统

$$L(s)=\frac{k}{s},\ S(s)=\frac{s}{s+k};\ T(s)=\frac{k}{s+k}$$

在这种理想情况下，所有的带宽和穿越频率都相等：$\omega_c=\omega_B=\omega_{BT}=k$。另外 L 的相位始终为常数$-90°$，故有 PM＝90°，$\omega_{180}=\infty$(即无定义)，GM＝∞。

例 2.7　**ω_B 与 ω_{BT} 作为性能指标的比较。**下面的例子表明 ω_{BT} 是一个较差的性能指标(我们也不认为这个控制器设计得很好！)：

$$L=\frac{-s+z}{s(\tau s+\tau z+2)};T=\frac{-s+z}{s+z}\frac{1}{\tau s+1};z=0.1,\tau=1 \qquad (2.54)$$

在该系统中 L 和 T 都有一个在 $z=0.1$ 的 RHP 零点，且有 GM＝2.1，PM＝60.1°，$M_S=1.93$，$M_T=1$。我们发现 $\omega_B=0.036$ 和 $\omega_c=0.054$ 都小于 $z=0.1$(正如预期的那样，RHP 零点的存在限制了响应速度)，而 $\omega_{BT}=1/\tau=1.0$ 却比 z 大 10 倍。图 2.17 给出了对于参考输入的单位阶跃变化的闭环响应。上升时间为 31.0 s，接近于 $1/\omega_B=28.0$ s，但与 $1/\omega_{BT}=1.0$ s 则相差甚远。这说明 ω_B 是比 ω_{BT} 更好的闭环性能指标。

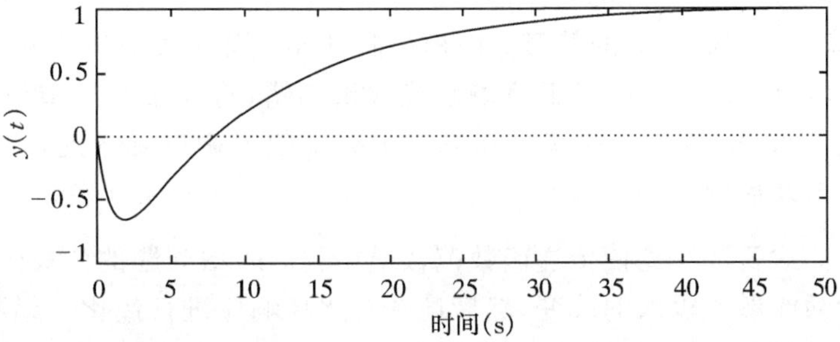

图 2.17　系统 $T=\frac{-s+0.1}{s+0.1}\frac{1}{s+1}$的阶跃响应

图 2.18 给出了 S 和 T 的幅值 Bode 图。由图可知，对于$|T|$来说直到 ω_{BT} 前都有$|T|\approx 1$。然而在 ω_B 到 ω_{BT} 频率范围内 T 的相位(未画出)却从$-40°$降低到$-220°$，因此实际上参考

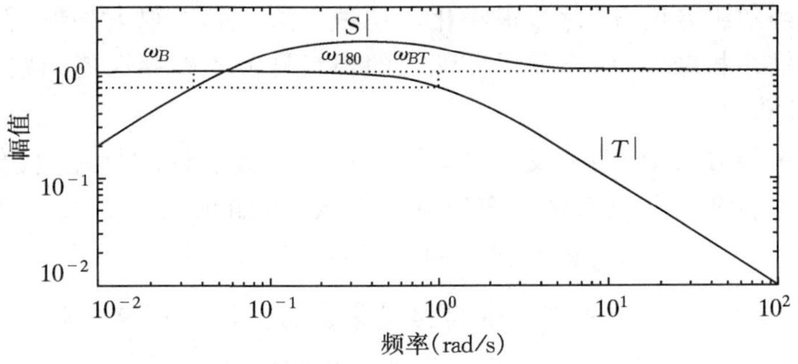

图 2.18　系统 $T=\frac{-s+0.1}{s+0.1}\frac{1}{s+1}$的$|S|$和$|T|$曲线

值的跟踪超出了相位范围，在此频率范围内控制效果不佳。

结论是，ω_B（根据$|S|$定义）与ω_c（根据$|L|$定义）都是很好的闭环性能指标，而ω_{BT}（根据$|T|$定义）则有时会产生误导。原因在于，要想系统性能好，需要使$T\approx 1$，但仅仅只有$|T|\approx 1$是不充分的，还必须考虑其相位。另一方面，要想系统性能好，需要使S接近于0，这时只要$|S|\approx 0$就足够了，不必考虑其相位。

2.5 控制器设计

有许多控制器的设计方法，其中一些会在第9章讨论。除了启发式规则和在线调整外，我们能够区别三种主要的控制器设计方法：

1. **传递函数整形。** 在该方法中，设计人员先将一些传递函数的幅值规定为频率的函数，然后设计控制器使之具有期望的形状。
   (a) **回路整形。** 这是一种经典的方法，校正对象是开环传递函数$L(j\omega)$的幅值。通常不涉及到优化问题，设计目标是获得具有期望带宽和斜率等的$|L(j\omega)|$。在稍后的2.6节将详细讨论这种方法。然而对于复杂系统，经典的回路整形方法很难使用，取而代之的是第9章介绍的 Glover - McFarlane $\mathcal{H}_\infty$ 回路整形设计。在这种方法的第二步中，通过优化使初始的整形设计具有更好的鲁棒性。
   (b) **如 S、T、KS 等闭环传递函数的整形。** 内模控制(IMC)设计法是一种解析的方法，其目标是直接确定$T(s)$。这种方法对于简单系统效果不错，将在第2.7节讨论。然而一般来说，都需要进行优化，这就产生了一系列像混合加权灵敏度函数这样的$\mathcal{H}_\infty$最优控制问题，见第2.8节及后续章节。

2. **基于信号的方法。** 这要涉及到使传递函数范数最小化的时域问题的公式化描述。现在来考虑一个具体的扰动或参考输入的改变，然后试图对闭环响应进行优化。起源于上世纪60年代的“现代”状态空间方法，例如线性二次高斯(LQG)控制，就是基于这种面向信号的方法。在 LQG 方法中，假设输入信号是随机的(或者在确定性环境下用冲击函数代替)，然后使输出方差的期望值(或2范数)最小化。这些方法可以推广到关于信号按频率加权的方法，这种按频率加权的方法引出了所谓的 Wiener-Hopf(或$\mathcal{H}_2$范数)设计方法。

   通过考虑不同频率的正弦信号，可以推导出一种基于信号的$\mathcal{H}_\infty$最优控制方法，该方法可以使闭环传递函数组合的$\mathcal{H}_\infty$范数最小化。这种方法引起了很大兴趣，而且这种方法可能与模型不确定性描述相结合，引出需要μ综合的相当复杂的鲁棒性能问题，在后续章节将会讨论这个重要问题。

   在第1和第2种方法中，整个设计过程需要在控制器设计和性能(代价)评估之间反复进行。如果性能不满意则必须直接改变控制器参数(例如减小由 Ziegler-Nichols 规则得到的K_c的值)，或者改变用于综合控制器中的目标函数的某些加权因子。

3. **数值优化。** 在数值优化时，经常涉及到直接优化真实目标的打算，例如在满足给定的稳定裕量等前提条件下，使上升时间最小化。这种优化问题在计算上很困难，特别是当控制器参数非凸时更困难。此外，对于一步完成性能评估与控制器设计的算法，问题表述的重要性远高于反复进行的两步法。

使用上述的离线方法，可以事先计算出一个反馈控制器，然后再在被控对象上实现，这是本书讨论的主要焦点。此外，已经有一些计算方法能够用于在线求解优化问题，这些方法很适合某些无法或很难获得显式反馈控制器的非线性问题。例如在过程控制中，采用模型预测控制来解决具有输入和输出约束的问题。随着计算机速度的提高，以及更加有效和可靠算法的出现，将来在线优化方法会得到更广泛的应用。

2.6 回路整形

在反馈控制器设计的经典回路整形方法中，“回路整形”是针对回路传递函数 $L=GK$ 的幅值而言的，而回路传递函数是频率的函数。理解如何选择 K 来改变回路增益形状，为本书后续给出多变量技术与概念提供了无价的参考，因此这个问题将在本节进行比较详细的讨论。

2.6.1 根据 L 的折衷

回顾式(2.20)可知，用控制误差 $e=y-r$ 表示的闭环响应为

$$e=-\underbrace{(I+L)^{-1}}_{S}r+\underbrace{(I+L)^{-1}}_{S}G_d d-\underbrace{(I+L)^{-1}L}_{T}n \tag{2.55}$$

要实现“完美控制”，我们期望 $e=y-r=0$；也就是说，我们想要

$$e\approx 0\times d+0\times r+0\times n$$

这个方程中的前两个要求，称为扰动抑制与指令跟踪，可以通过使 $S\approx 0$，或等价于 $T\approx I$ 来获得。因为 $S=(I+L)^{-1}$，意味着回路传递函数 L 的幅值必须很大。另一方面，要求噪声零传输，意味着 $T\approx 0$，或等价于 $S\approx I$，可通过使 $L\approx 0$ 来实现。这充分说明了反馈设计的本质，即总是要在相互冲突的目标之间寻求折衷，在这里就是既想用大的回路增益来抑制扰动和跟踪输入变化，又想要用小的回路增益来降低噪声的影响。

其实，研究控制作用 u（即实际作用于被控对象的输入量）的幅值也很重要。我们想要 u 小的原因，既是因为这样可以减小系统损耗，节约输入能量，也是因为 u 也经常是系统其它部分的一种扰动（例如你为了更舒适一些，打开办公室窗户的时候，就会对大楼空调系统产生不期望的扰动）。特别要提到的是，通常都期望避免 u 的快速变化。控制作用由公式 $u=K(r-y_m)$ 给出，就像预期的那样，想要 u 小，就要求控制器增益小，并且 $L=GK$ 也要小。

在反馈控制中，需要折衷的一些最重要的设计目标总结如下：

1. 性能方面，良好的扰动抑制能力：这需要大的控制器增益，即 L 要大；
2. 性能方面，良好的指令跟踪能力：L 要大；
3. 不稳定对象的稳定性方面：L 要大；
4. 减小被控对象输出端测量噪声方面：L 要小；
5. 输入信号的小幅值问题：K 和 L 都要小；
6. 物理系统必须是严格真的：L 在高频必须趋于 0；
7. 稳定性（稳定的被控对象）方面：L 要小。

幸运的是，上述相互冲突的设计目标通常处于不同的频率范围内，可以在穿越频率以下低频段范围内采用大的回路增益（$|L|>1$），在穿越频率以上高频段范围内采用小的增益（$|L|<1$），以满足大多数目标的需求。

2.6.2 回路整形设计的基础

回路整形意味着一种设计步骤，它包括对回路传递函数幅值曲线$|L(j\omega)|$进行明显的整形。这里$L(s)=G(s)K(s)$，而$K(s)$是要设计的反馈控制器，$G(s)$则是回路内所有其它传递函数的乘积，包括对象、调节器、测量装置等。一般来说，为了从反馈控制中获益，总是期望回路增益$|L(j\omega)|$在频带范围内尽可能大。然而由于时延、RHP零点以及模型中未体现的高频动态特性的影响，以及对容许调节输入的限制，回路增益必须在称之为穿越频率ω_c这一点处或之前降到1以下。这样，在不考虑稳定性时，理想的情况是期望$|L(j\omega)|$随频率急剧下降。可以通过考虑对数斜率$N=\mathrm{d}\ln|L|/\mathrm{d}\ln\omega$来衡量$|L|$随频率下降的情况。例如斜率$N=-1$，意味着$\omega$每增加10倍，$|L|$就下降10倍。如果增益用分贝(dB)来度量，则斜率$N=-1$相当于-20 dB/10倍频程。在高频段$-N$的值经常被称为衰减率。

在ω_c($|L|=1$处的频率)与ω_{180}($\angle L=-180°$处的频率)之间的穿越区，$L(s)$的设计是最关键同时也是最困难的。为使系统稳定，至少要求回路增益在穿越频率ω_{180}处小于1，即$|L(j\omega_{180})|<1$。这样，为了能有大的带宽(快的响应)，想要使ω_c和ω_{180}都能大一些，也就是说期望L的相位滞后要小一些。不幸的是，这与希望$|L(j\omega)|$快速下降的愿望是矛盾的。例如，回路传递函数$L=1/s^n$(在对数与对数曲线上其斜率为$N=-n$)的相位为$\angle L=-n\times 90°$。这样如果要有45°的PM，就需要$\angle L>-135°$，并且$|L|$的斜率不能超过$N=-1.5$。

另外，如果使斜率在较低或较高的频率上变大，则会在中间频率范围内增加不期望的相位滞后。以式(2.14)给出的$L_1(s)$为例，$L_1(s)$的Bode图见图2.3，其中在增益穿越频率处(此处$|L_1(j\omega_c)|=1$)，$|L|$渐近线的斜率为-1，本身就会产生$-90°$相位滞后。可是由于在稍低和稍高的频段有较陡的斜率-2，其“不利结果”是在穿越频率处增加了$-35°$的相位滞后，所以L_1在ω_c处实际相位约为$-125°$。

如果$L(s)$有时延或RHP零点，则不会增加想要的负斜率，却会给L带来不期望的相位滞后，情况会变得更糟。实际中，在增益穿越频率ω_c处由于时延和RHP零点所增加的相位滞后会有$-30°$或更大。

综上所述，典型地期望$|L(j\omega)|$具有的回路形状是在穿越区斜率约为-1，而在高于此频率外的斜率为-2或更大些，即衰减为2或更大。还有，对于任何实际系统需要的真的控制器，必须使$L=GK$衰减的至少和G一样快。在低频段，期望$|L|$具有的形状取决于设计时针对的扰动和参考输入。例如，如果我们考虑的是参考输入的阶跃变化或者影响输出的阶跃形式的扰动，那么在低频段$|L|$为-1是可以接受的。如果在参考输入与扰动作用下，输出变化呈斜坡形式，则需要$|L|$斜率为-2。在实际中，在控制器中引入积分器可以得到期望的低频性能，若要实现无误差的参考输入跟踪，其规则如下：

- 对于$r(s)$中的每一个积分项，$L(s)$至少要有一个积分器。

证明：令$L(s)=\hat{L}(s)/s^{n_I}$，其中$\hat{L}(0)$非零且为有限值，n_I是$L(s)$中积分器的个数，有时n_I也被称为**系统类型**。考虑形如$r(s)=1/s^{n_r}$的参考输入。例如如果$r(t)$是单位阶跃，则$r(s)=1/s$ ($n_r=1$)，如果$r(t)$是斜坡输入，则$r(s)=1/s^2$ ($n_r=2$)。Laplace变换的终值定理为

$$\lim_{t\to\infty} e(t)=\lim_{s\to 0} se(s) \tag{2.56}$$

在这里，控制误差为

$$e(s) = -\frac{1}{1+L(s)}r(s) = -\frac{s^{n_I - n_r}}{s^{n_I} + \hat{L}(s)} \tag{2.57}$$

如果要使误差为零(即,$e(t\to\infty)=0$),则由式(2.56)知必须有 $n_I \geqslant n_r$。 □

总结上述讨论,可用以下几项指标来定义期望的回路传递函数:

1. 增益穿越频率 ω_c,ω_c 为 $|L(j\omega_c)|=1$ 时的频率。
2. $L(j\omega)$的形状,例如 $|L(j\omega)|$ 在某些频段的斜率所呈现的形状。典型地期望在穿越频率附近具有 $N=-1$ 的斜率,在高频段则有较大衰减。在低频段期望的斜率则取决于参考输入与扰动信号的性质。
3. 系统类型,定义为 $L(s)$所含纯积分项的个数。

在 2.6.4 节,将讨论在控制的主要目标是扰动抑制的情况下,如何规定回路特性曲线形状的问题。回路整形设计法是一种典型的反复交替进行的过程,设计人员在计算 PM 和 GM、闭环频率响应峰值(M_T 和 M_S)以及选择闭环时域响应和输入信号大小之后,需要反复修正 $|L(j\omega)|$ 的形状。下面将通过一个例子来说明上述过程。

例 2.8　逆向响应过程的回路整形设计。 式(2.31)表示的过程实例,在 $s=0.5$ 处有一个 RHP 零点,现在要为其设计一个回路整形控制器。RHP 零点不能用控制器的极点来对消,否则将使系统内部不稳定。这样,L 必须包含 G 的 RHP 零点。另外,RHP 零点限制了系统能达到的带宽,从而使得穿越区(定义为 ω_c 与 ω_{180} 之间的频率范围)在 0.5 rad/s 附近。我们要求该系统含有一个积分器(Ⅰ型系统),合理的做法是使回路传递函数在低频时斜率为-1,在高于 0.5 rad/s 的频率时,则以较大的斜率衰减。被控对象以及为了修正回路特性形状进行的选择如下:

$$G(s) = \frac{3(-2s+1)}{(10s+1)(5s+1)};L(s) = 3K_c\frac{(-2s+1)}{s(2s+1)(0.33s+1)} \tag{2.58}$$

图 2.19 给出了 $K_c=0.05$ 时 L 的频率响应(Bode 图)。这里选择的控制器增益 K_c 已具有合理的稳定裕量(PM 与 GM)。在到达 3 rad/s 之前,$|L|$ 的渐近线斜率都是-1,此后变为-2。

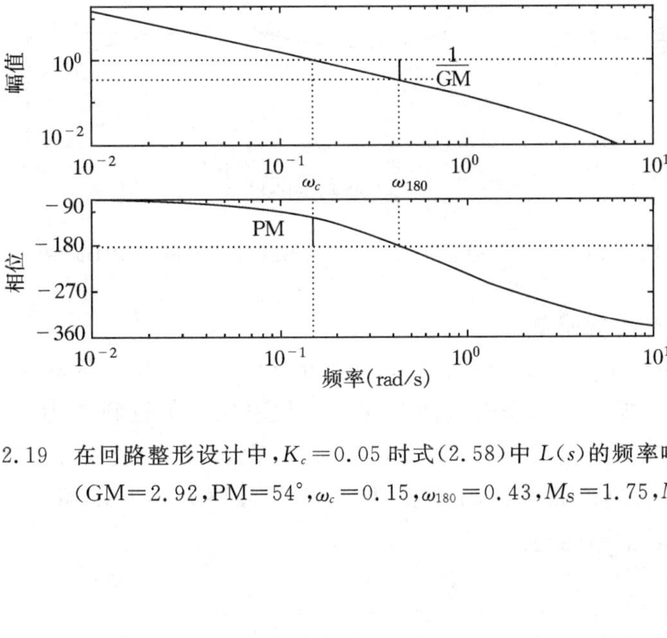

图 2.19　在回路整形设计中,$K_c=0.05$ 时式(2.58)中 $L(s)$的频率响应
($GM=2.92, PM=54°, \omega_c=0.15, \omega_{180}=0.43, M_S=1.75, M_T=1.11$)

与式(2.58)描述的回路形状相应的控制器为

$$K(s)=K_c\frac{(10s+1)(5s+1)}{s(2s+1)(0.33s+1)},K_c=0.05 \tag{2.59}$$

由式(2.59)可以看到,控制器的零点与对象极点相同。这是我们所期望的,因为不想让回路响应的斜率在到达穿越频率前的两个转折频率 $1/10=0.1\text{rad/s}$ 和 $1/5=0.2\text{rad/s}$ 处变小。在低频时,L 的相位为$-90°$,在 $\omega=0.5\text{rad/s}$ 处,由式(2.58)中$\frac{-2s+1}{2s+1}$项增加的相位是$-90°$,所以要使系统稳定,需要 $\omega_c<0.5\text{rad/s}$。选择 $K_c=0.05$ 可以得到 $\omega_c=0.15\text{rad/s}$,同时有稳定裕量 GM=2.92 和 PM=54°。图2.20给出了对应的时域响应。图2.20给出的时域响应,显然要比图2.8采用简单PI控制器和图2.6采用P控制器的情况都要好得多。从图2.20可看出,输入信号的值在大多数时间内都保持在1以下,这意味着控制器增益在高频时也不太大。图2.21给出了式(2.59)控制器Bode图的幅值曲线。有趣的是,在 $\omega=0.5\text{rad/s}$ 附近的穿越区域增益是常数,接近于1,这与用P控制器得到的"最佳"增益颇为相似(见图2.6)。

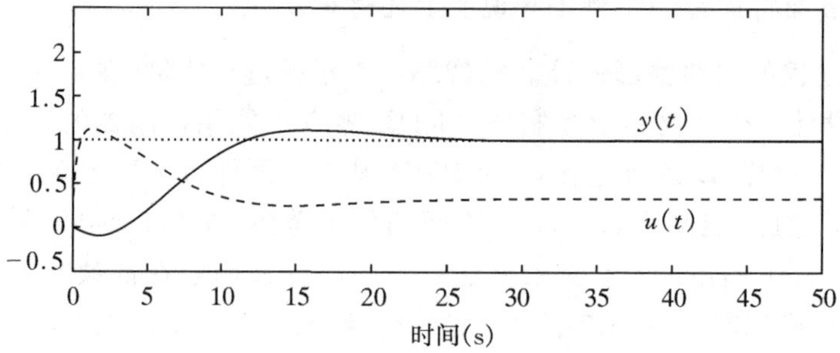

图2.20 式(2.59)回路整形设计对于阶跃参考输入的响应

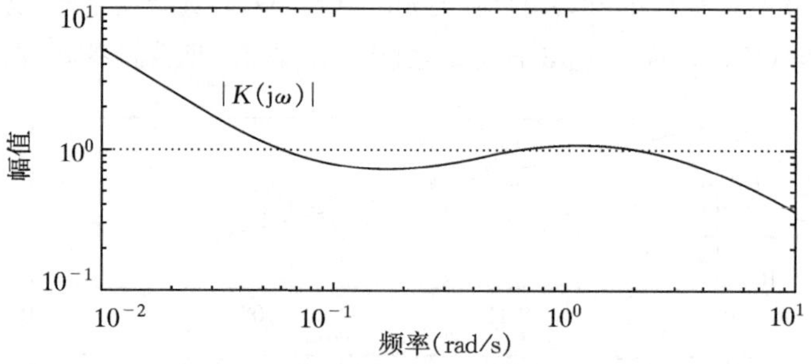

图2.21 对于回路整形设计,控制器式(2.59)的幅值Bode图

由RHP零点和时延产生的限制

基于上述对回路整形设计的讨论,现在要研究RHP零点和时延对系统所能达到性能的限制。已经论证过,如果想使频率响应曲线在穿越频率(ω_c)附近斜率为-1,同时还想在穿越前后更加陡峭一些,那么即使没有RHP零点和时延,在 ω_c 处 L 也必定会有至少$-90°$的相位滞后。因此如果为了性能和鲁棒性的要求,期望有35°或更大的PM,那么在 ω_c 处来自时延和RHP零点的相位滞后就不能超过$-55°$。

先来考虑时延 θ。由它所产生的相位移为 $-\theta\omega$，在频率 $\omega=1/\theta$ 处相位移为 $-1\ \mathrm{rad}=-57°$（稍大于 $-55°$）。这样，对于可接受的控制性能，近似地要求 $\omega_c<1/\theta$。

再来考虑在 $s=z$ 处的 RHP 实数零点。为了避免由于这个零点引起的斜率的增加，可以设置极点 $s=-z$，使得回路传递函数含有一项 $\frac{-s+z}{s+z}$，这一项的幅值对于所有频率都是 1，因此被称为全通环节。由全通环节在 $\omega=z/2$ 处产生的相位移为 $-2\arctan(0.5)=-53°$（很接近 $-55°$），因此对于可接受的控制性能，要求近似地有 $\omega_c<z/2$。

2.6.3 逆基控制器设计

在 2.6.2 节的例子中，已经确认 $L(s)$ 含有 $G(s)$ 的 RHP 零点，但除此之外 $L(s)$ 就完全独立于 $G(s)$。这提示我们对于最小相位系统（没有 RHP 零点和时延）可能有下述方法：可以选择一个在全部频率范围内都有相同斜率 -1 的回路幅值曲线，即

$$L(s)=\frac{\omega_c}{s} \tag{2.60}$$

这里 ω_c 是期望的增益穿越频率。这条回路幅值曲线给出了 $90°$ 的 PM 和无穷大的 GM，因为 $L(\mathrm{j}\omega)$ 的相位不可能到达 $-180°$。对应于式(2.60)的控制器为

$$K(s)=\frac{\omega_c}{s}G^{-1}(s) \tag{2.61}$$

即控制器是被控对象传递函数的逆乘以一个积分器($1/s$)。这个主意由来已久，这也是在许多应用中被成功证实的内模控制(IMC)设计步骤(Morari and Zafiriou，1989) (p. 55)的基本内容。然而至少有三个强有力的理由，可以说明这种逆基控制器不是一种好的选择：

1. $G(s)$ 中的 RHP 零点和时延无法求逆；
2. 如果 $G(s)$ 的极点比零点多两个或者更多，控制器将是不可实现的，并且无论如何都会产生过大的输入信号；这可以采用在控制器中增加高频动态分量的办法部分地解决这个问题；
3. 除了影响输出的参考输入和扰动都是阶跃的情况外，式(2.60)和(2.61)所给出的不是我们通常期望的回路幅值曲线。下面的例子可以说明这一点。

例 2.9 扰动过程。现在介绍作为示例的第二个 SISO 控制问题，在这个示例中除指令跟踪外，扰动抑制也成为一个重要的目标。假定对象已经按 1.4 节介绍的方法进行过适当的尺度变换。

问题的公式化描述。扰动过程可以描述为

$$\boxed{G(s)=\frac{200}{10s+1}\frac{1}{(0.05s+1)^2},\ G_d(s)=\frac{100}{10s+1}} \tag{2.62}$$

其中时间以秒为单位（后面的图 2.23 给出了系统方块图）。控制目标如下：

1. 指令跟踪：上升时间（指到达终值的 90%）应小于 0.3s，超调量应小于 5%；
2. 扰动抑制：对于单位阶跃扰动，输出的响应在任何时刻都不应超出区间[−1,1]，并且应该尽可能快地返回到 0（$|y(t)|$ 在 3s 后至少应该小于 0.1）；
3. 输入约束：$u(t)$ 在所有时间都应该在区间[−1,1]以内，以避免输入饱和（大多数设计方案都很容易满足这一要求）。

分析。因为 $G_d(0)=100$，如果不加控制，那么对于单位扰动（$d=1$）产生的输出将比容许值大 100 倍。$|G_d(j\omega)|$的幅值在高频时会低一些，但直到 $\omega_d \approx 10$ rad/s 之前（$|G_d(j\omega_d)|=1$）始终都大于 1。这样在直到频率 ω_d 之前，都需要有反馈控制，因此为了抑制扰动，需要使 ω_c 大约等于 10 rad/s。而另一方面，由于高增益反馈可能带来的噪声敏感以及稳定性问题，并不希望 ω_c 的取值比需要的更大。因此可以在设计中选取 $\omega_c \approx 10$ rad/s。

逆基控制器设计。现在要在 $\omega_c=10$ 条件下，考虑由式(2.60)和式(2.61)给出的逆基控制器设计。由于 $G(s)$的极点与零点个数之差为 3，这将产生一个不可实现的控制器，因此可以选择用$(0.1s+1)$来近似$(0.05s+1)^2$，并在控制器中使这一项的有效范围在一个 10 倍频程的范围内，也就是说，用$(0.1s+1)/(0.01s+1)$给出可实现的设计方案

$$K_0(s)=\frac{\omega_c}{s}\frac{10s+1}{200}\frac{0.1s+1}{0.01s+1},\quad L_0(s)=\frac{\omega_c}{s}\frac{0.1s+1}{(0.05s+1)^2(0.01s+1)},\quad \omega_c=10 \tag{2.63}$$

图 2.22(a)给出的阶跃响应非常好。上升时间约为 0.16 s，且没有超调，超额满足了设计要求。然而，对于阶跃扰动的响应（如图 2.22(b)），却过于缓慢。尽管输出一直在区间$[-1,1]$内，但直到 $t=3$ s 时输出仍为 0.75（这时本来应当小于 0.1）。由于积分的作用，输出最终还是会返回到零，但是用了 23 s 才降到 0.1 以下。

上面的例子说明，这种令 L 在所有频率上都约为 $N=-1$ 的简单的逆基设计方法，并不能总是给出满意的设计方案。在本例中，参考输入的跟踪虽好，但扰动抑制却很差。因此下一节的目标就是分析为什么扰动响应如此之差，并提出对于扰动抑制的一个更理想的回路整形方案。

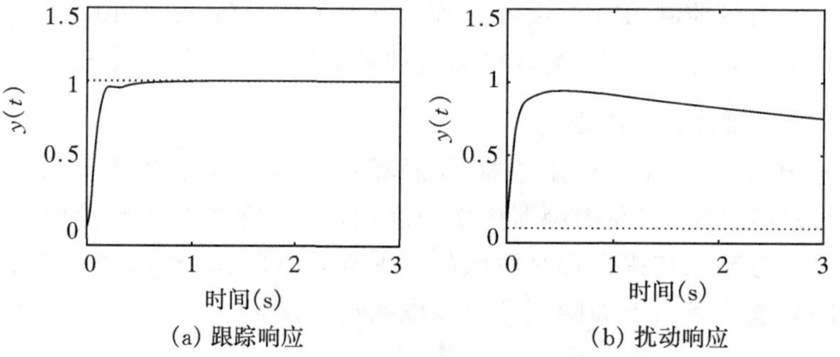

图 2.22　对于扰动过程，“逆基”控制器 $K_0(s)$的响应

2.6.4　对于扰动抑制的回路整形

在一开始我们就假定扰动已经过尺度变换，使得在所有频率上都有$|d(\omega)|\leqslant 1$，主要的控制目标是使$|e(\omega)|<1$。在采用反馈控制的情况下，有 $e=y=SG_dd$，因此在$|d(\omega)|=1$（扰动最严重的情况）条件下，要得到$|e(\omega)|<1$，需要使$|SG_dd|<1, \forall\omega$，或者等价地有

$$|1+L|>|G_d| \quad \forall\omega \tag{2.64}$$

在$|G_d|>1$的频率上，这近似地等同于要求$|L|>|G_d|$。然而为了能使输入信号最小，从而降低对噪声的灵敏度，并避免系统出现稳定性问题，不希望回路增益比需要的更大（至少在穿越频率附近是如此）。一条合理的初始回路幅值曲线 $L_{\min}(s)$就是恰好满足如下条件的曲线

$$|L_{\min}|\approx|G_d| \tag{2.65}$$

这里下标 min 意味着 $L_{\min}$是满足$|e(\omega)|<1$ 的最小回路增益。由于 $L=GK$,控制器必须满足

$$|K|>|K_{\min}|\approx|G^{-1}G_d| \tag{2.66}$$

值得注意的是,这个界限假定模型 G 和 G_d 均已经过尺度变换,使最严重的扰动具有单位幅值,并使期望的控制误差 e 小于 1。这个界限意味着:

- 为了抑制扰动,一个比较好的控制器应该包含扰动的动态特性(G_d),并使输入的动态特性(G)颠倒(至少在穿越频率之前的频段应该如此);
- 对于直接出现在被控对象输出端的扰动,$G_d=1$,我们得到$|K_{\min}|=|G^{-1}|$,这样逆基设计提供了在系统性能(扰动抑制)与最低限度使用反馈之间的一个最好的折衷;
- 对于直接进入被控对象输入的扰动(在实际中这很常见,经常称之为负载扰动),我们有 $G_d=G$,并可得到$|K_{\min}|=1$,这样具有单位增益的简单比例控制器,就能给出在输出性能与输入使用程度之间的满意折衷;
- 注意到参考输入的变化也可以看做是一种直接影响输出的扰动。这可由式(1.18)看出,由此可看到最大参考输入变化 $r=R$,可以看做是具有 $G_d(s)=-R$ 的扰动 $d=1$,R 通常为常数。这就解释了为什么选择像 G^{-1}(逆基控制器)那样的 K,能够使得对于参考输入的阶跃变化具有良好的响应。

除了在穿越频率附近要满足$|L|\approx|G_d|$(见式(2.65))之外,还需要对期望回路幅值特性的形状 $L(s)$作如下一些修改:

1. 在低频段增大回路增益以改善系统性能。例如,可采用

$$|K|=k\left|\frac{s+\omega_I}{s}\right|\times|G^{-1}G_d| \tag{2.67}$$

这里取 $k>1$ 以加快响应速度,并且加入积分项使阶跃扰动作用下的稳态误差为零。

2. 为了在具有可接受的 GM 与 PM 的情况下得到较好的瞬态特性,在穿越频率附近使$|L|$的斜率 N 约为-1。
3. 使 $L(s)$在高频(带宽之后)更快衰减,以减少调节输入的使用,使控制器可实现,并减少噪声的影响。

上面的要求与幅值$|L(j\omega)|$有关。此外,必须选择 $L(s)$的动态特性(相位)使闭环系统稳定。在选择 $L(s)$满足$|L|\approx|G_d|$时,应当采用相应的幅值相同的最小相位传递函数代替 $G_d(s)$,也就是说,$L(s)$不应包含 $G_d(s)$中的时延与 RHP 零点,因为这将会给反馈带来不希望的限制。另一方面,$G(s)$中的任何时延和 RHP 零点都必须包括在 $L=GK$ 中,因为 $G(s)$与 $K(s)$之间的 RHP 极点与零点的对消会产生内部的不稳定,参见第 4 章。最终的反馈控制器具有如下形式:

$$K(s)=kw(s)G(s)^{-1}G_d(s) \tag{2.68}$$

其中 $w(s)$体现了上面介绍的各种整形和使系统稳定的思想。通常在选择 $w(s)$时,应使最终得到的控制器 $K(s)$简单一些。

注:在控制器中引入扰动模型的想法是大家都知道的。这个想法也被更严密地用于像内模原理(Wonham,1974)或扰动内模控制设计(Morari and Zafiriou,1989)这样的研究中。然而这里的讨论虽然简单,但却为后续章节的学习做了充分的准备。

例 2.10 扰动过程的回路整形设计。重新考虑式(2.62)描述的被控对象。对象可用图 2.23 的

方块图表示，由图可知扰动出现在被控对象的输入端，这就意味着 G 与 G_d 共享由 $200/(10s+1)$ 所表示的相同的主导动态特性。

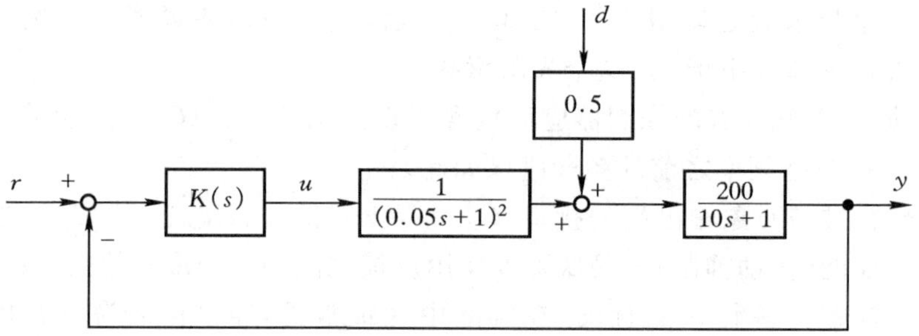

图 2.23 式(2.62)扰动过程的方块图

步骤 1. 初始设计。 由式(2.65)可知，一个好的初始回路幅频特性在到达穿越频率之前应与 $|L_{\min}|=|G_d|=\left|\frac{100}{10s+1}\right|$ 大致相同。相应的控制器为 $K(s)=G^{-1}L_{\min}=0.5\ (0.05s+1)^2$，该控制器是非真的(零点多于极点)，但由于 $(0.05s+1)^2$ 这一项仅在频率为 $1/0.05=20$ rad/s 时开始起作用，这个频率已超过了所期望的增益穿越频率 $\omega_c=10$ rad/s，因此可以用常数增益 1 来代替它，由此可得如下的比例控制器：

$$K_1(s)=0.5 \tag{2.69}$$

相应的回路传递函数 $|L_1(j\omega)|$ 的幅值曲线，以及对于阶跃扰动变化的响应曲线 $(y_1(t))$ 如图 2.24 所示。这个简单的控制器工作得出奇好，在 $t<3s$ 范围内，其阶跃扰动响应与前面图 2.22 给出的采用式(2.63)中更复杂的逆基控制器 $K_0(s)$ 的响应没有太大差别。然而这里没有积分作用，于是当 $t\to\infty$ 时 $y_1(t)\to 1$。

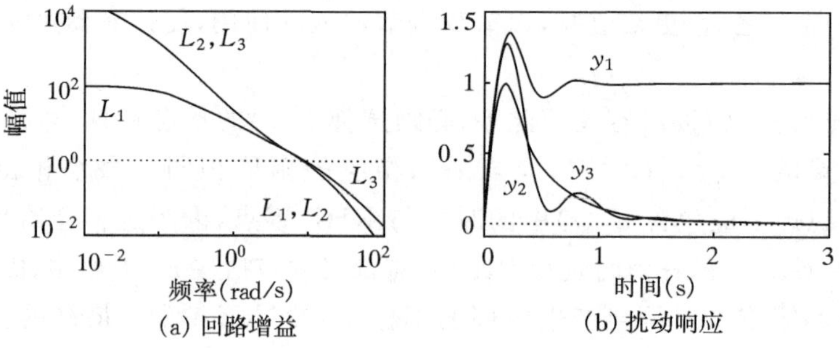

图2.24 扰动过程在控制器 K_1、K_2、K_3 作用下的回路幅值特性和扰动响应

步骤 2. 在低频段加大增益。 为了获得积分作用，需要给控制器乘上一项 $\frac{s+\omega_I}{s}$，参见式(2.67)，这里 ω_I 是使该项有效的频率范围的上界($\omega>\omega_I$ 后该项的渐近值为 1)。为了获得好的性能，期望低频加大增益，所以 ω_I 要大，但为了有一个可接受的 PM(对于控制器 K_1，PM 是 $44.7°$)，这一项又不能在频率 ω_c 处增加过多的负相位，所以 ω_I 又不能太大。这样较为合理的值是 $\omega_I=0.2\omega_c$，在 ω_c 处由 $\frac{s+\omega_I}{s}$ 产生的相位移为 $\arctan(1/0.2)-90°=-11°$。本例中 $\omega_c\approx 10$ rad/s，故得

到控制器如下：

$$K_2(s)=0.5\frac{s+2}{s} \tag{2.70}$$

所得扰动响应(y_2)如图 2.24(b)所示，由图可知，这个响应满足了在时间 $t=3$ s 时 $|y(t)|<0.1$的要求，但 $y(t)$仍在短时间内大于 1。除此以外，就像预计的那样，因为 PM 只有31°，而且对于 $|S|$ 和 $|T|$ 来说，其峰值分别为 $M_S=2.28$，$M_T=1.89$，所以响应有轻度的振荡。

步骤 3. 高频校正。为了增加 PM 并改善瞬态响应，需要在 $K_2(s)$ 上乘以在从频率 20 rad/s开始的 10 倍频程内有效的"滞后-超前"项，以便在控制器上增加微分作用。

$$K_3(s)=0.5\frac{s+2}{s}\frac{0.05s+1}{0.005s+1} \tag{2.71}$$

由此可以得到51°的 PM，峰值为 $M_S=1.43$，$M_T=1.23$。由图 2.24(b)可见，控制器 $K_3(s)$的反应比 $K_2(s)$更快，而且扰动响应 $y_3(t)$始终在 1 之下。

表 2.3 总结了四种回路整形设计的结果：这四种设计是跟踪参考输入的逆基设计 K_0，和用于扰动抑制的三种设计 K_1、K_2 与 K_3。尽管控制器 K_3 满足了扰动抑制的要求，但在参考输入跟踪方面却不能令人满意；超调量高达 24%，明显高于 5%的最大容许值。另一方面，逆基控制器 K_0 含有 $1/(10s+1)$的逆，该项也在扰动模型中，所以导致系统对扰动的响应非常迟缓($t=3$ s时输出仍有 0.75，而这时本来是应该低于 0.1 的)。

表 2.3　扰动过程中几种不同的回路整形设计

						参考输入		扰动	
	GM	PM	ω_c	M_S	M_T	t_r	y_{max}	y_{max}	$y(t=3)$
期望值→			≈10			≤0.3	≤1.05	≤1	≤0.1
K_0	9.95	72.9°	11.4	1.34	1	0.16	1.00	0.95	0.75
K_1	4.04	44.7°	8.48	1.83	1.33	0.21	1.24	1.35	0.99
K_2	3.24	30.9°	8.65	2.28	1.89	0.19	1.51	1.27	0.001
K_3	19.7	50.9°	9.27	1.43	1.23	0.16	1.24	0.99	0.001

总之，对于上述过程，没有一种控制器的设计方案能在参考输入跟踪和扰动抑制方面满足所有的要求。解决的办法是采用下面将要讨论的具有两自由度的控制器。

2.6.5　两自由度设计

对于参考输入的跟踪，总是期望控制器为$\frac{1}{s}G^{-1}$，参见式(2.61)，然而为了抑制扰动，又期望控制器为$\frac{1}{s}G^{-1}G_d$，参见式(2.67)。用单一的(反馈)控制器通常是无法同时实现这两个目标的。

解决的办法是采用两自由度的控制器。在两自由度的控制器中，参考输入信号 r 与输出测量信号 y_m 分别加以处理，而不是像单自由度控制器那样直接对其差值 $r-y_m$ 进行操作。两自由度控制器有几种不同的实现方法，最一般的形式如图 1.3(b)所示，控制器有两个输入(r 和 y_m)和一个输出(u)。然而，控制器经常被分解为分离的两部分，图 2.5 所示是其中一种形式,在这里将采用图2.25所示的形式,图中 K_y 是控制器的反馈部分,K_r 是对参考输入的前置滤波。反馈控制器 K_y 用来减少不确定性的影响(扰动和模型误差),而前置滤波 K_r 则用于对指令输入 r 进行修正,以改善跟踪性能。一般来说,最优选择是一步设计出结合在一起的两自由度控制器,然而实际中通常都是先设计用于扰动抑制的 K_y,然后再设计用于改善参考输入跟踪的 K_r。这也是这里采用的方法。

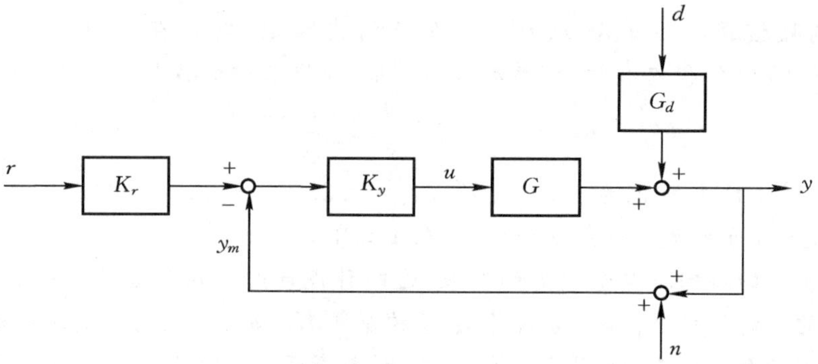

图2.25 两自由度控制器

用 $T=L\,(1+L)^{-1}(L=GK_y)$ 表示这个反馈系统的互补灵敏度函数,那么对于单自由度控制器有 $y=Tr$,而对于两自由度控制器则有 $y=TK_rr$。如果对于参考输入跟踪,期望的传递函数(通常表示为参考模型)是 T_{ref},那么理想的参考输入前置滤波器 K_r 应满足 $TK_r=T_{\mathrm{ref}}$,或者满足

$$K_r(s) = T^{-1}(s)T_{\mathrm{ref}}(s) \tag{2.72}$$

这样,理论上可以通过设计 $K_r(s)$ 以获得任何期望的跟踪响应 $T_{\mathrm{ref}}(s)$,但实际上并非如此简单,因为这样得出的 $K_r(s)$ 可能是不稳定的(如果 $G(s)$ 有 RHP 零点),或者是不可实现的;此外,如果 $G(s)$ 以及 $T(s)$ 不能精确已知,则有 $TK_r\neq T_{\mathrm{ref}}$。

注:在实际中,一种方便的前置滤波方式就是选择滞后-超前网络

$$K_r(s) = \frac{\tau_{\mathrm{lead}}s+1}{\tau_{\mathrm{lag}}s+1} \tag{2.73}$$

如果想要加快响应,可以选择 $\tau_{\mathrm{lead}}>\tau_{\mathrm{lag}}$;如果想使响应减慢,则取 $\tau_{\mathrm{lead}}<\tau_{\mathrm{lag}}$。如果不需要快速的参考输入跟踪,这也是许多过程控制应用中常见的情况,则可只用一个简单的滞后环节($\tau_{\mathrm{lead}}=0$)。

例2.11 对于扰动过程的两自由度控制器设计。在例2.10中,已经为式(2.62)被控对象设计了采用回路整形的控制器 $K_3(s)$,在扰动抑制方面具有良好的性能。然而如图2.26所示,指令输入的跟踪却不能令人满意,上升时间是0.16 s,这比要求的值0.3 s更好,但超调量却高达24%,明显高于5%的最大容许值。要在此基础上进行改进,可以采用两自由度控制器,取 $K_y=K_3$,再根据式(2.72)设计具有参考模型 $T_{\mathrm{ref}}=1/(0.1s+1)$(没有超调的一阶响应)的 $K_r(s)$。为得到一个低阶的 $K_r(s)$,可以先采用实际的 $T(s)$,然后对 $K_r(s)$ 进行低阶近似,也可以直接从 $T(s)$ 的低阶近似开始。我们采用后者。我们用两部分来近似图2.26的阶跃响应 y_3:时间常数为0.1s,增益为1.5的快速响应部分,和时间常数为0.5s,增益为−0.5(增益之

和为 1)的较慢的响应部分。这样有 $T(s)\approx\frac{1.5}{0.1s+1}-\frac{0.5}{0.5s+1}=\frac{(0.7s+1)}{(0.1s+1)(0.5s+1)}$。由式(2.72)得 $K_r(s)=\frac{0.5s+1}{0.7s+1}$。根据闭环仿真，对此稍作修改即可得到如下设计：

$$K_{r3}(s)=\frac{0.5s+1}{0.65s+1}\times\frac{1}{0.03s+1} \tag{2.74}$$

这里引入 $\frac{1}{0.03s+1}$，用以避免输入信号 $u(t)$ 高于 1 的初始峰值。图 2.26 所示为采用两自由度控制器所得到的跟踪响应。由图可知，上升时间为 0.25 s，低于所要求的 0.3s，超调仅为 2.3%，也低于要求的 5%。扰动响应与图 2.24 中的曲线 y_3 相同。由此得出结论，可采用低阶的两自由度控制器满足所有的性能指标要求。

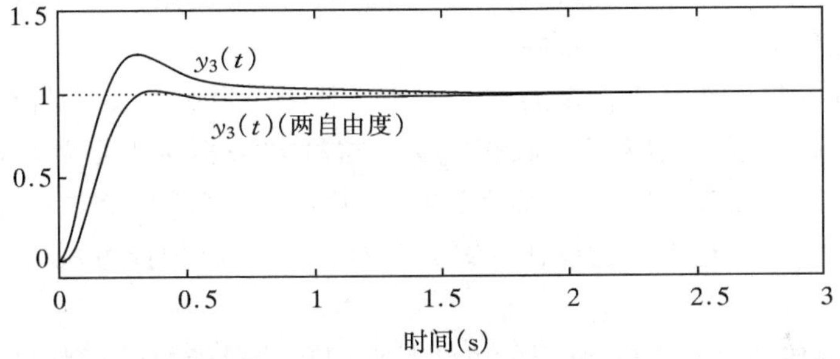

图 2.26 单自由度控制器(K_3)和两自由度控制器(K_3、K_{r3})对扰动过程的跟踪响应

应用于柔性结构的回路整形

现在将用下面的例子说明，对于另外一类很不同的对象，如何采用回路整形步骤设计单自由度控制器来抑制扰动。

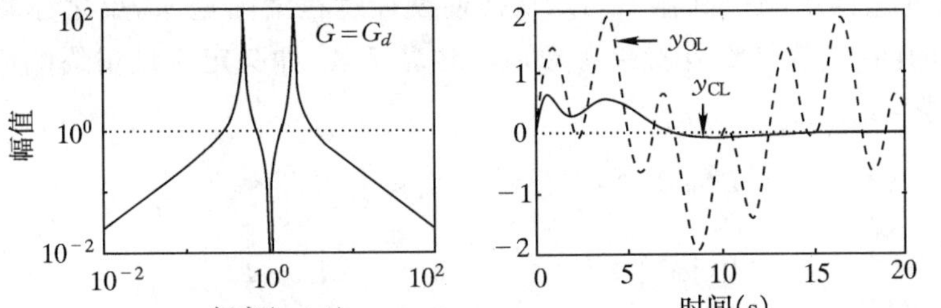

图 2.27 式(2.75)的柔性结构

例 2.12 柔性结构的回路整形。考虑下面的柔性结构模型，扰动出现在对象的输入端：

$$G(s)=G_d(s)=\frac{2.5s(s^2+1)}{(s^2+0.5^2)(s^2+2^2)} \tag{2.75}$$

由图 2.27(a)给出的幅值 Bode 曲线可以看出，在谐振频率 0.5 和 2 rad/s 处有 $|G_d(j\omega)|\gg1$，因此在这些频率处需要加入控制作用。图 2.27(b)中的虚线给出了对单位阶跃扰动的开环响应。如图所示，输出在−2 到 2 之间周期振荡(超出了−1 到 1 的容许范围)，这进一步说明了

控制的必要性。由式(2.66)可知，控制器 $|K_{\min}(j\omega)|=|G_dG^{-1}|=1$ 满足对于 $|d(\omega)|=1$ 时的性能指标 $|y(\omega)|\leqslant 1$。的确，控制器

$$K(s)=1 \tag{2.76}$$

被图2.27(b)给出的闭环扰动响应(实线)证明是一个不错的选择，输出上升到0.5，然后返回到0。选择 $L(s)=G(s)$ 使闭环系统稳定，这一点可能一下子看不太清楚，因为 $|G|$ 有四个增益穿越频率。但这个系统不可能不稳定，因为被控对象"无源"，且在所有频率上都满足 $\angle G>-180°$。

2.6.6 关于回路整形的结论

通过上述例子说明并总结的回路整形步骤很适合那些相对简单的问题，例如那些 $L(s)$ 仅仅穿越负实轴一次的稳定对象。虽然这种方法可以推广到更复杂的系统，但所需的工作量很大，特别是要使系统稳定可能是很困难的。

幸运的是，还有一些工作量小很多的其它方法。其中一种方法就是将在第9章详细讨论的 Glover-McFarlane $\mathcal{H}_\infty$ 回路频率响应校正算法。这种方法实质上是两步，第一步像前面介绍过的那样，先确定回路频率响应 $|L|$(称之为"整形后的对象" G_s)，第二步通过优化实现必要的相位校正，以得到稳定并且鲁棒的设计方案。在例9.3中，将把此方法用于一个受扰动的过程。

另外一种对开环传递函数 $L(s)$ 整形的方法是对闭环传递函数的形状进行修正，这将在下面的2.7与2.8节进行讨论。

2.7 稳定对象的 IMC 设计步骤与 PID 控制

直接对于开环传递函数 $L=GK$ 的规定，如上节回路整形设计方法那样，因为可以很清楚地看到 $L(s)$ 的改变怎样影响控制器 $K(s)$，从而使设计过程清晰透明，反之亦然。然而这种方法存在一个明显的问题，就是没有直接考虑闭环传递函数，如决定系统最终响应的 S 和 T。下面的近似可以成立：

$$|L(j\omega)|\gg 1 \quad\Rightarrow\quad S\approx L^{-1};T\approx 1$$

$$|L(j\omega)|\ll 1 \quad\Rightarrow\quad S\approx 1;T\approx L$$

但在 $|L(j\omega)|$ 接近于1的重要的穿越区域，却无法从回路频率响应的幅值 $|L(j\omega)|$ 推断出关于 S 与 T 的任何信息。

另一种不同的设计策略是直接修正相关的闭环传递函数。在这一节将给出一种策略，该策略具有内模控制(IMC)的形式，关键却在于PID控制器的设计。下一节将讨论更具一般性的用 $\mathcal{H}_\infty$ 最优控制对闭环传递函数进行校正的方法。

IMC设计方法(例如 Morari and Zafiriou，1989)简单，但却在实际应用中获得了成功。其思路是先规定期望的闭环响应，再求出相应的控制器。这个称之为"直接综合法"的简单主意，引出了"逆基"控制器的设计方法。这里的关键步骤是规定一个好的闭环响应，为此需要理解怎样的闭环响应是我们期望的，并且是可以达到的。

对于一个稳定的对象，IMC 算法的第一步是将被控对象模型分解为可逆的最小相位部分（G_m）和不可逆的全通部分（G_a）。因为时延 θ 和非最小相位（RHP）零点 z_i 的求逆会分别导致非因果关系和不稳定，因此是不可逆的。所以有

$$G(s) = G_m G_a \tag{2.77}$$

$$G_a(s) = \mathrm{e}^{-\theta s} \prod_i \frac{-s + z_i}{s + z_i}, \mathrm{Re}(z_i) > 0; \theta > 0 \tag{2.78}$$

第二步是规定由参考输入到输出期望的闭环传递函数 T，$y = Tr$。T 不可避免地要包含 G_a 的非最小相位部分，所以规定

$$T(s) = f(s) G_a(s) \tag{2.79}$$

其中 $f(s)$ 是设计者选定的低通滤波器，典型的形式为 $f(s) = 1/(\tau_c s + 1)^n$。剩下的就是代数运算，由式(2.19)我们有

$$T = GK\ (1 + GK)^{-1} \tag{2.80}$$

把式(2.77)、式(2.79)和式(2.80)相结合，求解控制器可得到

$$K = G^{-1} \frac{T}{1 - T} = G_m^{-1} \frac{1}{f^{-1} - G_a} \tag{2.81}$$

值得注意的是，控制器中含有对象最小相位部分 G_m 的逆。

例 2.13 现在要将 IMC 设计法应用于稳定的带时延的二阶过程，

$$G(s) = k \frac{\mathrm{e}^{-\theta s}}{\tau_0^2 s^2 + 2\tau_0 \zeta s + 1} \tag{2.82}$$

这里 ζ 是阻尼系数。$|\zeta| < 1$ 时给出了振荡的欠阻尼系统。现在要研究的是一个 τ_0 和 ζ 均为非负数的稳定的过程。经过分解得到 $G_a(s) = \mathrm{e}^{-\theta s}$，$G_m(s) = \dfrac{k}{\tau_0^2 s^2 + 2\tau_0 \zeta s + 1}$。选择一阶滤波器为 $f(s) = 1/(\tau_c s + 1)$，加上不可避免的时延分量，由式(2.79)可以得到期望的具有时间常数 τ_c 的简单一阶跟踪响应：

$$T(s) = \frac{1}{\tau_c s + 1} \mathrm{e}^{-\theta s} \tag{2.83}$$

由式(2.81)，所得的控制器为

$$K(s) = G_m^{-1} \frac{1}{f^{-1} - G_a} = \frac{\tau_0^2 s^2 + 2\tau_0 \zeta s + 1}{k} \frac{1}{\tau_c s + 1 - \mathrm{e}^{-\theta s}} \tag{2.84}$$

其中 τ_c 是可调参数。该控制器不是有理分式，故无法写成标准的状态空间形式。然而在离散形式下容易用“Smith 预测器”来实现。另外，可以对时延进行近似，导出一个有理分式控制器。例如可以采用一阶 Taylor 近似 $\mathrm{e}^{-\theta s} \approx 1 - \theta s$。得出

$$K(s) = \frac{\tau_0^2 s^2 + 2\tau_0 \zeta s + 1}{k} \frac{1}{(\tau_c + \theta) s} \tag{2.85}$$

这可用 PID 控制器来实现。

PID 控制。 具有三个可调参数的 PID 控制器是工业上应用最为广泛的控制算法。PID 控制器有许多变形，但最普遍或许是“理想”(或并联)的形式为

$$K_{\mathrm{PID}}(s) = K_c \left(1 + \frac{1}{\tau_I s} + \tau_D s\right) \tag{2.86}$$

三个参数分别是增益 K_c、积分时间 τ_I、微分时间 τ_D。另外一种常用的实现是串联形式

$$K_{\text{PID,cascade}}(s) = \widetilde{K}_c \frac{\widetilde{\tau}_I s + 1}{\widetilde{\tau}_I s}(\widetilde{\tau}_D s + 1) \tag{2.87}$$

串联形式不如式(2.86)那么通用，是因为串联形式不允许存在复数零点。要把式(2.87)给出的串联形式 PID 转换为式(2.86)的理想形式，需要引入因子 $\alpha = 1 + \widetilde{\tau}_D / \widetilde{\tau}_I$，转换公式如下：

$$K_c = \widetilde{K}_c \times \alpha, \tau_I = \widetilde{\tau}_I \times \alpha, \tau_D = \widetilde{\tau}_D / \alpha \tag{2.88}$$

就像前面说过的，逆转换并非总是可行的。

由于有微分作用，实际的实现并不像式(2.86)和式(2.87)那样。首先，因为 τ_D 非零，式(2.86)和式(2.87)的控制器是非真的。在实际中需要给控制器本身添加一个滤波器，或者对控制器的输入信号(测量值)进行滤波。滤波器典型的形式是$\frac{1}{\epsilon \tau_D s + 1}$，$\epsilon$ 约为 0.1。大多数情况下，添加这个滤波器并不显著改变闭环响应。其次，为了避免“微分冲击”，通常不对参考信号作微分，所以这等效于一个两自由度的实现。由此可知：式(2.86)PID 控制器的典型实际实现如下：

$$u = K_c \left[\left(1 + \frac{1}{\tau_I s}\right)(r - y_m) - \frac{\tau_D s}{\epsilon \tau_D s + 1} y_m \right] \tag{2.89}$$

这里 u 是被控对象输入，y_m 是被控对象输出测量值，r 是参考输入。

例 2.13 续。对于式(2.82)的二阶过程，式(2.85)的 IMC 控制器可以用式(2.86)的理想 PID 控制器来实现，其参数如下：

$$K_c = \frac{1}{k} \frac{2\tau_0 \zeta}{\tau_c + \theta}, \tau_I = 2\tau_0 \zeta, \tau_D = 0.5\tau_0 / \zeta \tag{2.90}$$

当 $\zeta < 1$ 时，控制器有复数零点，不能用式(2.87)串联形式的 PID 来实现。然而，对于 $\zeta > 1$ 的过阻尼对象，式(2.82)的模型可写为

$$G(s) = k \frac{e^{-\theta s}}{(\tau_1 s + 1)(\tau_2 s + 1)} \tag{2.91}$$

再由式(2.85)可得到控制器 $K(s) = \frac{(\tau_1 s + 1)(\tau_2 s + 1)}{k} \frac{1}{(\tau_c + \theta)s}$。与式(2.87)比较，串联 PID 参数变为

$$\widetilde{K}_c = \frac{1}{k} \frac{\tau_1}{\tau_c + \theta}, \widetilde{\tau}_1 = \tau_1, \widetilde{\tau}_D = \tau_2 \tag{2.92}$$

利用式(2.88)，相应的理想 PID 参数为

$$K_c = \frac{1}{k} \frac{(\tau_1 + \tau_2)}{\tau_c + \theta}, \tau_I = \tau_1 + \tau_2, \tau_D = \frac{\tau_2}{1 + \tau_2 / \tau_1} \tag{2.93}$$

值得注意的是，如果采用串联形式，PID 设置会更简单一些。

SIMC(Skogestad/Simple IMC)一阶或二阶加时延过程的 PID 设计。Skogestad (2003)根据上面的思想，提出了模型简化和 PID 整定的简单规则。他认为这些“大概是世界上最好的简单 PID 整定规则”☺。在过程控制中，经常用一阶加时延模型来对过程进行近似，即

$$G(s) = \frac{k}{\tau s + 1} e^{-\theta s} \tag{2.94}$$

如果规定一个一阶参考输入跟踪响应，并采用时延的一阶近似，则给出 $K_c = \frac{1}{k} \frac{\tau}{\tau_c + \theta}$ 与 $\tau_I = \tau$

(在式(2.93)中令 $\tau_1=\tau,\tau_2=0$)。这些取值是按照阶跃参考输入得出的，但对于直接进入对象输出端的阶跃扰动同样有效。然而对于那些近似于积分，同时 τ 值又大的过程，比方说 $\tau\geqslant 8\theta$，进入对象输入端的阶跃扰动会像斜坡那样作用到输出。为了抵消这种作用，可以通过减小 τ_I 来调整(增加)积分作用。然而，为了避免不期望的闭环振荡，τ_I 不能减少的太小，Skogestad (2003)推荐用于式(2.94)对象模型的SIMC PI设置如下：

$$\boxed{K_c=\frac{1}{k}\frac{\tau}{\tau_c+\theta},\tau_I=\min(\tau,4(\tau_c+\theta))} \tag{2.95}$$

对于PI控制，在式(2.86)给出的理想公式与式(2.87)给出的串联公式之间并无差别。在过程控制应用中，多数对象稳定并且有简单的过阻尼响应，很少用到微分作用(PID控制)。这是因为微分作用对性能的改善太小，以至于不值得增加复杂性，以及增加对测量噪声的灵敏度。然而二阶"主导"过程是一个例外，

$$G(s)=k\frac{e^{-\theta s}}{(\tau_1 s+1)(\tau_2 s+1)} \tag{2.96}$$

粗略地讲，这里"主导"是指 $\tau_2>\theta$。在式(2.92)中已经就这种模型推导了串联的PID参数。但是，为了改善系统对扰动的积分性能，需要调整这个积分过程的积分时间。这样对式(2.96)的对象模型，具有式(2.87)的串联PID控制器的推荐的SIMC参数如下：

$$\boxed{\widetilde{K}_c=\frac{1}{k}\frac{\tau_1}{\tau_c+\theta},\widetilde{\tau}_I=\min(\tau_1,4(\tau_c+\theta)),\widetilde{\tau}_D=\tau_2} \tag{2.97}$$

对应的具有理想形式的PID控制器的参数可由式(2.88)得到，但要稍微复杂一些。

除了影响控制器增益(和近似积分过程的积分时间)的个别整定参数 τ_c 以外，式(2.95)与式(2.97)的参数设置可直接由模型得出。整定参数 τ_c 的选择要在输出性能(期望 τ_c 小一些)，鲁棒性以及所需输入的大小(期望 τ_c 大一些)之间进行折衷。为了实现鲁棒和"快速"的控制，Skogestad (2003)推荐 $\boxed{\tau_c=\theta}$，这样对式(2.96)的模型，就得到灵敏度峰值 $M_S\approx 1.7$，增益裕量 $GM\approx 3$，穿越频率 $\omega_c=0.5/\theta$。

模型简化与有效延迟。为了推导出形如式(2.94)或者式(2.96)的模型，其中 θ 是有效延迟，Skogestad (2003)提供了一些模型简化的简单解析规则。其基本方法是引入近似 $e^{-\theta s}\approx 1-\theta s$(用延迟来近似右半平面零点)和 $e^{-\theta s}\approx 1/(1+\theta s)$(用延迟来近似滞后)。用延迟来近似滞后是消极的做法，就控制而言，延迟比同等幅值的滞后更糟。鉴于此，在近似最大的滞后时，Skogestad(2003)推荐使用简单的对分法则：

- **对分法则。**要消去的最大的滞后(在分母上)时间常数被等量分配给有效地延迟环节和被保留的最小的时间常数。

为了说明上述法则，假设原来的模型如下：

$$G_0(s)=\frac{\prod_j(-T_{j0}^{\mathrm{inv}}s+1)}{\prod_i(\tau_{i0}s+1)}e^{-\theta_0 s} \tag{2.98}$$

这里滞后 τ_{i0} 按它们的幅值大小排序，$T_{j0}^{\mathrm{inv}}=1/z_{j0}>0$ 则表示与位于RHP零点 $s=z_{j0}$ 相对应的逆向响应(负的分子)时间常数。这样，按照对分法则，要得到一个一阶模型 $G(s)=e^{-\theta s}/(\tau_1 s+1)$(对于PI控制)，取

$$\tau_1=\tau_{10}+\frac{\tau_{20}}{2};\theta=\theta_0+\frac{\tau_{20}}{2}+\sum\nolimits_{i\geqslant 3}\tau_{i0}+\sum\nolimits_j T_{j0}^{\text{inv}}+\frac{h}{2} \tag{2.99}$$

同理，要得到一个二阶模型式(2.96)(对于 PID 控制)，则取

$$\tau_1=\tau_{10};\tau_2=\tau_{20}+\frac{\tau_{30}}{2};\theta=\theta_0+\frac{\tau_{30}}{2}+\sum\nolimits_{i\geqslant 4}\tau_{i0}+\sum\nolimits_j T_{j0}^{\text{inv}}+\frac{h}{2} \tag{2.100}$$

这里 h 是采样周期(对于具有数字实现的情况)。这种经验的对分法则，其主要目的是为了保持所提出的 PI 与 PID 整定规则的鲁棒性，$\tau_c=\theta$ 可给出约 1.7 的 M_S。Skogestad(2003)讨论过这个问题，他也提供了对正的分子时间常数(LHP 零点)近似的法则。

例 2.14　对于过程

$$G_0(s)=\frac{2}{(s+1)(0.2s+1)}$$

可采用对分法近似为具有时延的一阶过程 $G(s)=k\mathrm{e}^{-\theta s+1}/(\tau s+1)$，其中 $k=2,\theta=0.2/2=0.1,\tau=1+0.2/2=1.1$。选择 $\tau_c=\theta=0.1$，这样式(2.95)中的 SIMC PI 参数为 $K_c=\frac{1}{2}\frac{1.1}{2\times 0.1}=2.75,\tau_I=\min(1.1,4\times 2\times 0.1)=0.8$。

本例也可以考虑采用二阶模型式(2.96)，取 $k=2,\tau_1=1,\tau_2=0.2,\theta=0$(没有近似)。因为 $\theta=0$，就不能选 $\tau_c=\theta$，否则将会出现一个无穷大的控制器增益。然而，控制器增益还要受到其它因素的限制，例如容许输入的大小、测量噪声以及未能在模型中体现出的动态特性。由于这些因素，我们假设控制器增益的最大容许值是 $\widetilde{K}_c=10$。由式(2.97)知这相当于 $\tau_c=0.05$，由此得到 $\widetilde{\tau}_I=\min(1,4\times 0.05)=0.2,\widetilde{\tau}_D=\tau_2=0.2$。再由式(2.88)，对应的理想 PID 控制器参数为 $K_c=20,\tau_I=0.4,\tau_D=0.1$。

例 2.15　考虑过程

$$G(s)=3\frac{(-0.8s+1)}{(6s+1)(2.5s+1)^2(0.4s+1)}\mathrm{e}^{-1.2s}$$

采用对分法则，该过程可以近似为一阶时延模型，参数如下：

$$k=3,\tau_1=6+2.5/2=7.25,\theta=1.2+0.8+2.5/2+2.5+0.4=6.15$$

或者可以近似为二阶时延模型，其中

$$k=3,\tau_1=6,\tau_2=2.5+2.5/2=3.75,\theta=1.2+0.8+2.5/2+0.4=3.65$$

一阶模型的 PI 参数为(选择 $\tau_c=\theta=6.15$)

$$K_c=\frac{1}{3}\frac{7.25}{2\times 7.15}=0.169,\tau_I=\min(7.25,8\times 6.15)=7.25$$

基于二阶模型的串联 PID 参数为(选择 $\tau_c=\theta=3.65$)：

$$\widetilde{K}_c=0.274,\widetilde{\tau}_I=6,\widetilde{\tau}_D=3.75$$

值得注意的是由一阶模型得到的是 PI 控制器，由二阶模型得到的是 PID 控制器。因为有效延迟 θ 是限制控制性能的主要因素，它的值对于深入了解过程的内在的能控性极有价值。如果有效时延是按对分法则计算出来的，那么 PI 控制的性能就是受制于第二大的时间常数 τ_2 的值(的一半)，而 PID 控制的性能则取决于第三大的时间常数 τ_3 的值(的一半)。

例 2.16　最后考虑式(2.62)中的“扰动过程”

$$G(s)=\frac{200}{10s+1}\frac{1}{(0.05s+1)^2}$$

采用对分法则，该过程可以近似为一阶时延模型，其中 $k=200$，$\tau_1=10.025$，$\theta=0.075$。对于“快速”控制，推荐选择 $\tau_c=\theta=0.075$。但在 2.6.3 节指出，我们的目标是使增益穿越频率大约为 $\omega_c=10$ rad/s。因为想得到一阶闭环响应，因此对应于 $\tau_c=1/\omega_c=0.1$。这样，当 $\tau_c=0.1$ 时，对应的 SIMC PI 参数为 $K_c=\frac{1}{200}\frac{10.025}{(0.1+0.075)}=0.286$，$\tau_I=\min(10.025,4\times(0.1+0.075))=0.7$。这几乎是一个纯积分过程，并且值得注意的是，为了得到对于输入扰动的可接受的性能，积分时间从 10.025(这个值有利于阶跃参考输入跟踪)降低到 0.7。

为了进一步改善性能，采用对分法可得到二阶模型($k=200$，$\tau_1=10$，$\tau_2=0.075$，$\theta=0.025$)，并且选择 $\omega_c=0.1$ 以得到 SIMC PID 参数($\widetilde{K}_c=0.4$，$\widetilde{\tau}_I=0.5$，$\widetilde{\tau}_D=0.075$)。有趣的是，所得到的控制器

$$K(s)=0.4\,\frac{s+2}{s}(0.075s+1)$$

几乎与以前采用回路整形思想设计的式(2.71)中控制器 K_3 完全相同。

2.8 闭环传递函数的整形

在 2.6 节中讨论了对于开环传递函数 $L(s)$ 幅值曲线的整形问题。本节将要讨论对闭环传递函数幅值曲线进行整形，将通过最小化 $\mathcal{H}_\infty$ 性能指标来综合控制器。这个问题在3.5.7节中将作进一步讨论，在第 9 章中还会有更多的详细论述。这样一种设计策略使得实际控制器的设计自动化，留给设计人员的任务只是为期望的闭环传递函数选择合理的峰值界(“权值”)。在解释实际中到底应该怎样设计之前，先来讨论术语 $\mathcal{H}_\infty$ 和 $\mathcal{H}_2$。

2.8.1 $\mathcal{H}_\infty$ 与 $\mathcal{H}_2$

稳定标量传递函数 $f(s)$ 的 $\mathcal{H}_\infty$ 范数，定义为函数 $|f(\mathrm{j}\omega)|$ 的峰值，而 $|f(\mathrm{j}\omega)|$ 是频率的函数，即

$$\|f(s)\|_\infty \triangleq \max_\omega |f(\mathrm{j}\omega)| \tag{2.101}$$

注：严格地说，这里应该用“sup”(supremum，上确界)来代替“max”(最大值)。因为可能只有当 $\omega\to\infty$ 才趋于最大值，所以实际中有可能无法达到这个最大值。然而从工程角度看，“sup”与“max”之间并无差别。

一开始说到 $\mathcal{H}_\infty$ 范数和 $\mathcal{H}_\infty$ 控制有些吓人，转换为一个能够表示 $\mathcal{H}_\infty$ 工程含义的名词可能会更好一些。毕竟，我们只是讨论一种设计方法，其目标是降低所选择的一个或几个传递函数的峰值。然而，$\mathcal{H}_\infty$ 虽然是一个纯数学的术语，但现在已在控制理论上得到了广泛应用。为了使读者更好地理解这个名词，先来了解一下这个名词的背景。首先，符号 ∞ 来自于传递函数在频域上的最大幅值，可以表示为

$$\max_\omega |f(\mathrm{j}\omega)| = \lim_{p\to\infty}\left(\int_{-\infty}^{\infty} |f(\mathrm{j}\omega)|^p \mathrm{d}\omega\right)^{1/p}$$

实质上，通过求 $|f|$ 的乘方至无穷大次幂可以得到其峰值。其次，符号 $\mathcal{H}$ 表示“Hardy 空

间”，$\mathcal{H}_\infty$在本书范围内是指所有具有有界∞范数传递函数的集合，也就是稳定并且真传递函数的集合。

同样地，符号$\mathcal{H}_2$表示具有有界2范数传递函数的 Hardy 空间，即稳定且严格真传递函数的集合。严格真且稳定的标量传递函数$\mathcal{H}_2$范数定义为

$$\| f(s) \|_2 \triangleq \left(\frac{1}{2\pi} \int_{-\infty}^{\infty} | f(j\omega) |^2 d\omega \right)^{1/2} \tag{2.102}$$

引入因子$1/\sqrt{2\pi}$是为了与相应冲击响应的2范数一致，参见式(4.120)。值得注意的是，半真(或双真)传递函数的$\mathcal{H}_2$范数(这里$\lim_{s\to\infty} f(s)$为非零常数)是无穷大的，而其$\mathcal{H}_\infty$范数是有限的。灵敏度函数$S=(I+GK)^{-1}$就是半真传递函数(具有无穷大$\mathcal{H}_2$范数)的一个例子。

2.8.2　加权灵敏度

正如已经讨论过的那样，无论对 SISO 还是 MIMO 系统，灵敏度函数S都是一个闭环性能非常好的指标。研究S的主要优点在于，对于期望小的S，只需考虑其幅值$|S|$，而不必担心其相位。关于S的典型指标包括：

1. 最小带宽频率ω_B^*(定义为$|S(j\omega)|$由低向高穿越0.707的频率)；
2. 在选择频率上的最大跟踪误差；
3. 系统类型，或者最大稳态跟踪误差A；
4. S在选择频率范围内的形状；
5. S的最大峰值$\| S(j\omega) \|_\infty \leqslant M$。

峰值指标能防止噪声在高频段被放大，而对于鲁棒性的裕量，典型情况下可以选择$M=2$。在数学上，这些指标可以通过S值的上界$1/|w_P(s)|$来限定，$w_P(s)$是设计者选择的权函数。因为S主要用来作为性能指标，因此下标P表示性能，这样性能要求就变为

$$| S(j\omega) | < 1/ | w_P(j\omega) |, \forall \omega \tag{2.103}$$

$$\Leftrightarrow \quad | w_P S | < 1, \forall \omega \quad \Leftrightarrow \quad \boxed{\| w_P S \|_\infty < 1} \tag{2.104}$$

上面最后一个等式来自$\mathcal{H}_\infty$范数的定义，可表述为性能要求加权的灵敏度$w_P S$的$\mathcal{H}_\infty$范数必须小于1。图2.28(a)给出了灵敏度$|S|$在某些频率上超出其上界$1/|w_P|$的示例。由于$|S|$超出其上界，因而导致加权灵敏度$|w_P S|$也在如图2.28(b)所示的同一频率上超出了1。要注意的是，绘制像$|w_P S|$这样的加权传递函数的频率特性曲线时，通常其幅值不用对数标度。

权函数选择。图2.29给出了具有典型上界$1/|w_P|$的渐近曲线。如图所示的权函数可表示为

$$\boxed{w_P(s) = \frac{s/M + \omega_B^*}{s + \omega_B^* A}} \tag{2.105}$$

由此可知，在低频段$1/|w_P(j\omega)|$($|S|$的上界)等于A(典型值$A\approx 0$)，在高频段等于$M\geqslant 1$，在频率ω_B^*处渐近线穿越1，这个频率近似地就是带宽要求。

注：对于这个权函数，回路频率特性$L=\omega_B^*/s$使得S在带宽频率之内精确地与式(2.104)的峰值界匹配，在高频段则很容易满足峰值界条件(即乘以M)。

在某些情况下，为了改善性能，可能要求L(以及S)在带宽内具有更陡峭的斜率，这时可

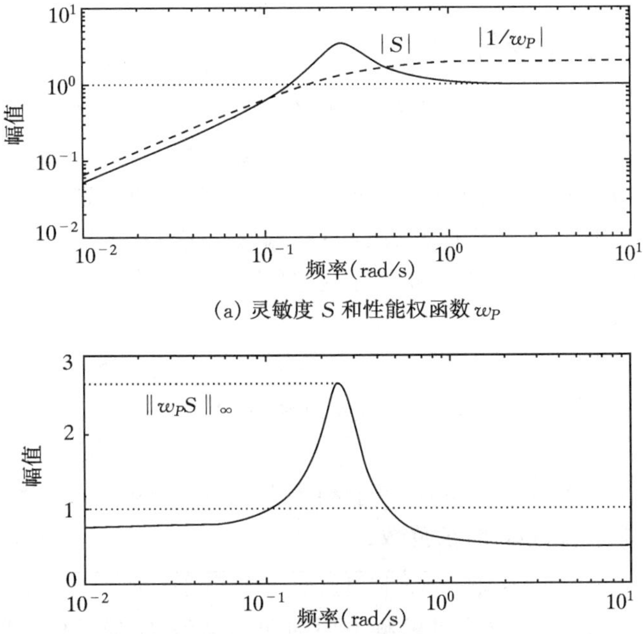

(a) 灵敏度 S 和性能权函数 w_P

(b) 加权灵敏度 w_PS

图 2.28 $|S|$超出峰值界 $1/|w_P|$，导致$\|w_PS\|_\infty>1$ 的情况

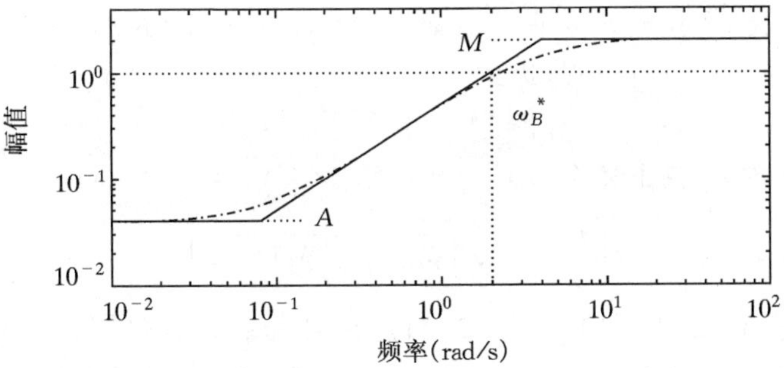

图 2.29 性能权函数的逆：式(2.105)中 $1/|w_P(j\omega)|$的精确与渐近曲线

以选择一个更高阶的权函数，在穿越频率之下形如$(\omega_B/s)^n$ 的权函数为

$$\boxed{w_P(s)=\frac{(s/M^{1/n}+\omega_B^*)^n}{(s+\omega_B^*A^{1/n})^n}} \tag{2.106}$$

习题 2.4 当 $n=2$ 时，绘制式(2.106)中 $1/|w_P|$的渐近曲线，并与式(2.105)表示的 $1/|w_P|$渐近曲线进行比较。

上节对于回路整形设计的深入研究，对于选择权函数是极为有用的。例如，为了抑制扰动，必须在所有频率上都满足$|SG_d(j\omega)|<1$(假定变量已经过尺度变换，其幅值都小于 1)。由此可知，性能权函数的一个较好的初始选择，就是使$|w_P(j\omega)|$在$|G_d|>1$ 的频率上形如$|G_d(j\omega)|$。其它情况下，可以先用像 LQG 这样的其它设计步骤，得到一个最初的控制器，然

后再用得到的灵敏度函数 $|S(j\omega)|$ 为后续的 $\mathcal{H}_\infty$ 设计选择性能权函数。

2.8.3 迭合方法：混合灵敏度

指标 $\| w_P S \|_\infty < 1$ 给出了带宽的下界，但没有给出上界，也没有给出我们规定在此带宽频率以上 $L(s)$ 衰减程度的依据。为了能够做到这一点，可以寄希望于另外一个闭环传递函数，如互补灵敏度函数 $T=I-S=GKS$。例如，可以为 T 的幅值规定一个上界，来保证 L 在高频衰减得足够快。另外，为了达到鲁棒性或者限制输入信号 $u=KS(r-G_d d)$ 的幅值，还可以给 KS 的幅值设置一个上界 $1/|w_u|$。为了把这些"混合灵敏度"指标结合在一起，通常采用"迭合方法"，得到的总体指标如下：

$$\| N \|_\infty = \max_\omega \bar{\sigma}(N(j\omega)) < 1; N = \begin{bmatrix} w_P S \\ w_T T \\ w_u KS \end{bmatrix} \tag{2.107}$$

这里用最大奇异值 $\bar{\sigma}(N(j\omega))$ 来表示在每一个频率上矩阵 N 的大小。对于 SISO 系统，N 是一向量，$\bar{\sigma}(N)$ 是通常的 Euclidean 向量范数：

$$\bar{\sigma}(N) = \sqrt{|w_P S|^2 + |w_T T|^2 + |w_u KS|^2} \tag{2.108}$$

在选定 N 的形式和权函数后，可以通过求解下面的问题得到 $\mathcal{H}_\infty$ 最优控制器：

$$\min_K \| N(K) \|_\infty \tag{2.109}$$

这里 K 是一个镇定控制器。Kwakernaak(1993)给出了对 $\mathcal{H}_\infty$ 控制很好的示范性介绍。

注1 因为单一指标不允许我们像上面描述的那样为各个传递函数规定严格的峰值界，因此为了数学处理上的方便，选择迭合方法。例如，假设 $\phi_1(K)$，$\phi_2(K)$ 是 K 的两个函数（可能是 $\phi_1(K)=w_P S$，$\phi_2(K)=w_T T$），现在想达到

$$|\phi_1| < 1 \quad 且 \quad |\phi_2| < 1 \tag{2.110}$$

这与下面的迭合要求类似，但不完全相同：

$$\bar{\sigma}\begin{bmatrix} \phi_1 \\ \phi_2 \end{bmatrix} = \sqrt{|\phi_1|^2 + |\phi_2|^2} < 1 \tag{2.111}$$

当 $|\phi_1|$ 和 $|\phi_2|$ 都很小时，式(2.110)和式(2.111)的目标非常相似，但当 $|\phi_1|=|\phi_2|$ 处于"最坏"情况时，从式(2.111)可得到 $|\phi_1| \leqslant 0.707$ 和 $|\phi_2| \leqslant 0.707$。这就是说，就每一个指标而言，可能的"误差"最多等于因子 $\sqrt{2} \approx 3\text{dB}$。一般来说，$n$ 个迭合导致的误差至多为 $\sqrt{n}$。为了数学处理上的方便，我们愿意牺牲这种指标上的不精确性。在任何情况下，这些指标一般来说都有点粗糙，但这些指标对于工程师来说是有效的手段，工程师可以通过调节这些指标来达到满意的设计。

注2 采用 $\gamma_{\min} = \min_K \| N(K) \|_\infty$ 表示最优 $\mathcal{H}_\infty$ 范数。$\mathcal{H}_\infty$ 最优控制器的一个重要特性是它给出了平坦的频率响应；也就是说，在所有频率上都有 $\bar{\sigma}(N(j\omega)) = \gamma_{\min}$。其实际含义是，从式(2.109)的解求出的传递函数，除了至多差一个因子 $\sqrt{n}$ 以外，很接近于 $\gamma_{\min}$ 乘以设计者选定的峰值界。这就给设计者提供了一种直接对 $\bar{\sigma}(S)$、$\bar{\sigma}(T)$ 和 $\bar{\sigma}(KS)$ 等的幅值进行整形的手段。

例2.17 扰动过程的 $\mathcal{H}_\infty$ 混合灵敏度设计。 现在重新考虑式(2.62)的对象，研究 $\mathcal{H}_\infty$ 混合灵敏度 S/KS 设计问题，这里取

$$N=\begin{bmatrix} w_P S \\ w_u KS \end{bmatrix} \tag{2.112}$$

对象已经经过适当的尺度变换，输入值应该大约为1或者小于1，所以可以选择简单的输入权值 $w_u=1$。按照式(2.105)的形式，性能权函数选为

$$w_{P1}(s)=\frac{s/M+\omega_B^*}{s+\omega_B^* A}, M=1.5, \omega_B^*=10, A=10^{-4} \tag{2.113}$$

$A=0$ 的取值会使控制器具有积分作用，但是为了得到一个稳定的权函数，同时也为了防止在控制器综合过程中算法出现数值计算问题，我们用一个很小的非零值 A 防止积分器的出现，这样不会影响控制性能。选择 $\omega_B^*=10$ 来近似获得期望的 10 rad/s 的穿越频率 ω_c。$\mathcal{H}_\infty$ 问题的求解是用 Matlab 中的 Robust Control toolbox 完成的，见表 2.4。

表 2.4 例 2.17 $\mathcal{H}_\infty$ 控制器的 Matlab 程序

```
% Uses the Robust Control toolbox
G=tf(200,conv([10 1],conv([0.05 1],[0.05 1])));      % Plant is G.
M=1.5; wb=10; A=1.e-4;
Wp = tf([1/M wb], [1 wb*A]); Wu = 1;                  % Weights.
% Find H-infinity optimal controller:
[khinf,ghinf,gopt] = mixsyn(G,Wp,Wu,[]);
Marg = allmargin(G*khinf)                             % Gain and phase margins
```

对于这个问题，我们得到的最优 $\mathcal{H}_\infty$ 范数是 1.37，因此并未完全满足对加权灵敏度的要求（图 2.30 中设计 1 的 $|S_1|$ 曲线略高于 $1/|w_{P1}|$）。尽管如此，这个设计似乎很好地得出 $\|S\|_\infty=M_S=1.30$，$\|T\|_\infty=M_T=1$，GM=8，PM=71.19°，$\omega_c=7.22$ rad/s，并且图 2.31(a)曲线 y_1 所示的跟踪响应也非常好。（这一设计实际上与逆基控制器对于参考输入的回路整形设计 k_0 非常相似。）

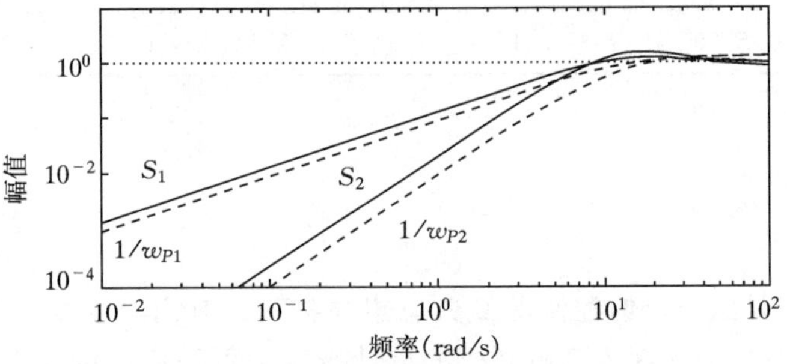

图 2.30 扰动过程的两种 $\mathcal{H}_\infty$ 设计（1 与 2）：性能权函数的逆（虚线）和由此得到的灵敏度函数（实线）

然而，从图 2.31(b)中的曲线 y_1 可以看出，扰动响应非常迟缓。如果扰动抑制是要解决的关键问题，那么根据前面 2.6.4 节的讨论可知，就需要特别规定在低频范围内，具有较高增益的性能权函数，因此我们试用：

$$w_{P2}(s)=\frac{(s/M^{1/2}+\omega_B^*)^2}{(s+\omega_B^* A^{1/2})^2}, M=1.5, \omega_B^*=10, A=10^{-4} \tag{2.114}$$

图 2.30 给出这个权函数逆的曲线，由图可知，用虚线表示的幅值曲线在与权函数 w_{P1} 大约相同的频率处穿越 1，但它在低频段给出了更严苛的控制。用权函数 w_{P2}，我们得到一个最

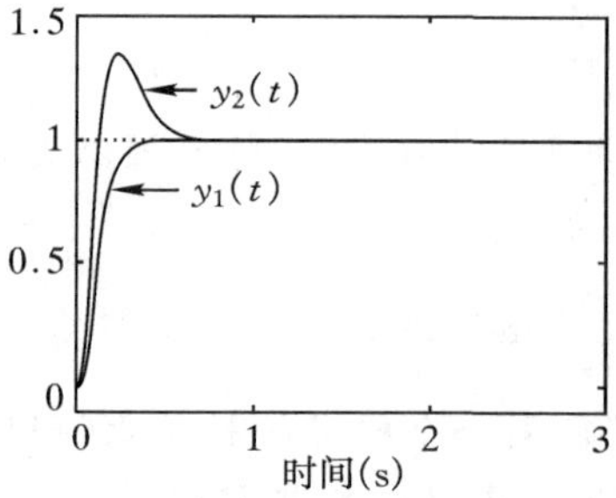

(a) 跟踪响应

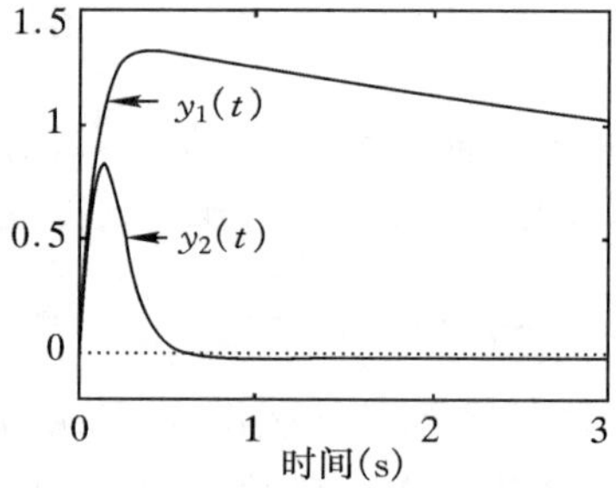

(b) 扰动响应

图 2.31 例 2.17 扰动过程两种不同$\mathcal{H}_\infty$设计(1 与 2)的闭环阶跃响应

优$\mathcal{H}_\infty$范数为 2.19 的设计方案，由此得出 $M_S=1.62$，$M_T=1.42$，GM=4.77，PM=43.8°，$\omega_c=11.28$ rad/s。(这一方案实际上与抑制扰动的回路整形设计 K_3 十分相似)。扰动响应非常好，但跟踪响应超调有点大，见图 2.31(a)的曲线 y_2。

综上所述，设计 1 的参考输入跟踪效果最好，而设计 2 的扰动抑制较佳。正如在例 2.11 讨论过的那样，要想得到一个两方面性能均好的设计，需要两自由度的控制器(见 2.6.5 节)。

习题 2.5 不稳定对象的$\mathcal{H}_\infty$设计。 对式(2.37)给出的不稳定过程，采用 $w_u=1$ 和式(2.113)(设计 1)及式(2.114)(设计 2)的性能权函数，获得 S/KS $\mathcal{H}_\infty$控制器。通过绘制设计 1 控制器和 PI 控制器的频率响应，可以确认这两种控制器几乎相同。读者将会发现设计 2(用二阶加权)的响应较快，但鲁棒性裕量却不那么好：

	$\gamma_{\min}=\|N\|_\infty$	ω_c	M_S	M_T	GM	GM_L	PM
设计 1：	3.24	4.96	1.17	1.35	18.48	0.20	61.7°
设计 2：	5.79	8.21	1.31	1.56	11.56	0.23	48.5°

2.9 结 论

本章的主要目的是给出反馈控制的经典思想与技术。其内容主要集中于 SISO 系统，以便在研究 MIMO 系统之前先深入理解必要的设计折衷和可采用的设计方法。本章在加权灵敏度的基础上介绍了$\mathcal{H}_\infty$问题，并给出了式(2.105)和式(2.106)表示的典型的性能权函数。

第3章

多变量控制导论

本章将介绍多输入多输出系统(MIMO)。该章几乎为“书中之书”,因为它涵盖了许多知识点,而这些知识点将会在后面章节中进行更为详细的讨论。这些知识点包括 MIMO 系统的传递函数、多变量频率响应分析与奇异值分解(SVD)、相对增益阵列(RGA)、多变量控制以及多变量右半平面(RHP)零点。本章还会通过两个例题说明仔细分析不确定性对 MIMO 系统影响的必要性。最后将介绍能够用来公式化描述控制问题的一般性控制构成。前面先学一门古典 SISO 控制课程会有利于读者理解本章内容。

3.1 引 言

对于具有 m 个输入和 l 个输出的 MIMO 对象,其基本传递函数模型是 $y(s)=G(s)u(s)$,其中 y 是 $l\times 1$ 维向量,u 是 $m\times 1$ 维向量,$G(s)$是一个 $l\times m$ 维传递函数矩阵。

如果改变第一个输入 u_1,那么通常就会影响到所有的输出 $y_1,y_2,\cdots,y_l$。也就是说,在输入与输出之间存在*交互作用*。如果 u_1 只影响 y_1,u_2 只影响 y_2,以此类推,则该系统是一个非交互的系统。

标量(SISO)系统与 MIMO 系统之间的主要区别是后者存在*方向性*。方向对于向量和矩阵来说是有意义的,但对标量却没有意义。然而,除了方向这一复杂因素外,前面章节讨论过的大多数关于 SISO 系统的思想与技术都可以推广到 MIMO 系统。奇异值分解(SVD)提供了一种量化多变量方向性有效的方法,并且大多数涉及到绝对值(幅值)的 SISO 结果,都可以借助于最大奇异值推广到多变量系统。Bode 稳定条件是一个例外,它无法根据奇异值推广,原因在于难以找到对于 MIMO 传递函数好的相位度量标准。

本章的结构如下:首先介绍一些由方块图确定多变量传递函数的规则。虽然对于多变量系统,标量系统的大多数规则也适用,但还需注意矩阵乘法的次序是不能互换的,也就是说,通常 $GK\neq KG$。其次介绍奇异值分解,说明怎样利用奇异值分解来研究多变量系统的方向,同时简单地介绍多变量控制与解耦。针对一个具有多变量 RHP 零点的简单对象,说明如何将这个零点的影响从一个输出通道转移到另外一个通道。此后将讨论鲁棒性，研究两个 2×2 的对象实例，说明用于 SISO 系统简单的增益与相位裕量，并不能很容易地推广到 MIMO 系统。最后将考虑一般控制问题的公式化描述方法。

对于本章，附录 A 很有用处，因为在那儿介绍了一些重要的数学工具。本章末的一些习题可以测试对这些数学知识的理解程度。

3.2 MIMO 系统的传递函数

下面是用于计算 MIMO 系统传递函数的三条规则。

1. 级联规则。 对于图 3.1(a)中 G_1 和 G_2 的级联(串联)连接，总的传递函数矩阵是 $G=G_2G_1$。

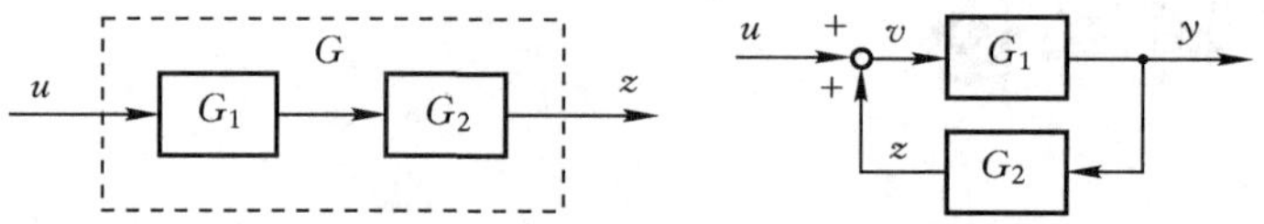

(a) 级联系统　　(b) 正反馈系统

图 3.1　级联规则与反馈规则的方块图

注： 传递函数矩阵 $G=G_2G_1$ 中的次序(先 G_2，后 G_1)，是把它们在图 3.1(a)方块图中的次序(G_1 在前，G_2 在后)颠倒过来。这导致一些作者使用输入从右端进入的方块图。然而这样做，反馈路径上传递函数模块的次序也要与其在公式中的次序相反，因此从根本上讲并没有益处。

2. 反馈规则。 对于图 3.1(b)中的正反馈系统，有 $v=(I-L)^{-1}u$，其中 $L=G_2G_1$ 是环绕这个回路的传递函数。

3. 贯通规则。 如果矩阵维数可乘，则有

$$G_1(I-G_2G_1)^{-1}=(I-G_1G_2)^{-1}G_1 \tag{3.1}$$

证明：通过两边同时左乘($I-G_1G_2$)，再同时右乘($I-G_2G_1$)可验证式(3.1)。 □

习题 3.1* 推导级联规则与反馈规则。

可将级联与反馈规则结合起来，形成下面由方块图计算闭环传递函数的 MIMO 规则。

> **MIMO 规则：** 从输出端开始，沿着相反方向，向输入端移动(与信号流向相反)，写下遇到的每一个模块。如果从一反馈回路出来，那么对于正反馈添加一项 $(I-L)^{-1}$(对负反馈则加一项 $(I+L)^{-1}$)，其中 L 是(从回路出口点起按信号流动相反方向)环绕回路的传递函数。并联支路应该单独处理，其传递函数是相加的。

以上规则用于嵌套回路系统时应该小心。对这样的系统，可能更安全的做法是写出信号方程，消去内部变量，求出所需传递函数。通过下面的例子可以更好地理解这一规则。

例 3.1　图 3.2 方块图的传递函数由下式给出：

$$z=(P_{11}+P_{12}K(I-P_{22}K)^{-1}P_{21})w \tag{3.2}$$

为了用上述 MIMO 规则推导式(3.2)，可以由输出点 z 开始往回向 w 移动。有两条支路，其

中一条直接给出了 P_{11}；在另一支路上，往回移动时先遇到 P_{12}，然后是 K，接着从一个反馈回路出来，得到一项 $(I-L)^{-1}$（正反馈），其中 $L=P_{22}K$，最后遇到 P_{21}。

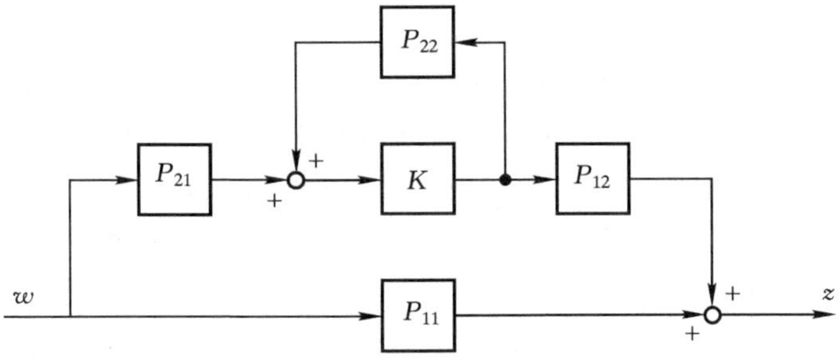

图 3.2 相应于式(3.2)的方块图

习题 3.2 采用 MIMO 规则，推导图 3.1(b)的系统由 u 到 y 和由 u 到 z 的传递函数。

习题 3.3* 采用 MIMO 规则，说明式(2.19)与图 2.4 的负反馈系统相对应。

负反馈控制系统

对图 3.3 的负反馈系统，定义 L 是在对象输出端将回路断开时的回路传递函数。于是对于此例，回路由对象 G 和反馈控制器 K 组成，即有

$$L = GK \tag{3.3}$$

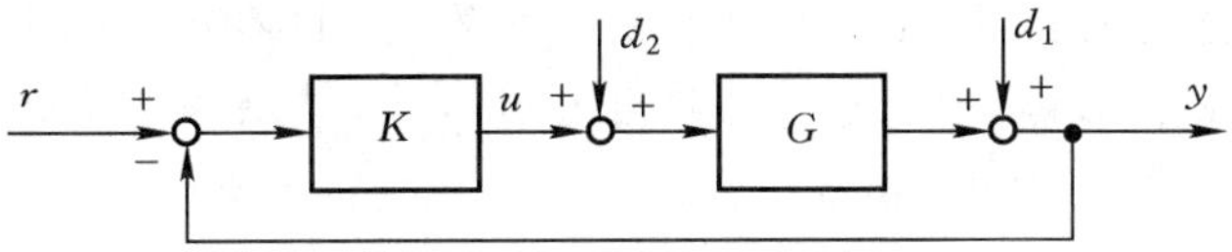

图 3.3 传统的负反馈控制系统

从而灵敏度和互补灵敏度函数可以定义为

$$S \triangleq (I+L)^{-1}; T \triangleq I - S = L(I+L)^{-1} \tag{3.4}$$

如图 3.3 所示，T 是由 r 到 y 的传递函数，S 是由 d_1 到 y 的传递函数；也可参看式(2.17)到式(2.21)，均适用于 MIMO 系统。

S 与 T 有时分别称为输出灵敏度和输出互补灵敏度，为了使之更加明确，可以采用记号 $L_O \equiv L, S_O \equiv S, T_O \equiv T$，这是为了把它们与在对象输入端得到相应的传递函数相区分。

假设对象为负反馈，定义 L_I 是在对象输入端断开回路的回路传递函数。按图 3.3 有

$$L_I = KG \tag{3.5}$$

由此，输入灵敏度与输入互补灵敏度函数可以定义为

$$S_I \triangleq (I+L_I)^{-1}; T_I \triangleq I - S_I = L_I(I+L_I)^{-1} \tag{3.6}$$

如图 3.3 所示，$-T_I$ 是从 d_2 到 u 的传递函数。当然，对于 SISO 系统，$L_I=L, S_I=S, T_I=T$。

习题 3.4 在图 3.3 中，S_I 表示什么传递函数？分别计算由 d_1 和 d_2 到 $r-y$ 的传递函数。

下面列出了几个有用的关系式：

$$(I+L)^{-1} + L(I+L)^{-1} = S + T = I \tag{3.7}$$

$$G(I+KG)^{-1} = (I+GK)^{-1}G \tag{3.8}$$

$$GK(I+GK)^{-1} = G(I+KG)^{-1}K = (I+GK)^{-1}GK \tag{3.9}$$

$$T = L(I+L)^{-1} = (I+(L)^{-1})^{-1} \tag{3.10}$$

注意，式(3.7)～式(3.10)中的G和K矩阵不必是方阵，但$L=GK$应是方阵：简单地从式子右侧分解出$(I+L)^{-1}$项，即可得到关系式(3.7)；关系式(3.8)说明$GS_I=SG$，并可由贯通规则得到该式；式(3.9)同样可从贯通规则求出；式(3.10)可由等式$M_1^{-1}M_2^{-1}=(M_2M_1)^{-1}$推出。

若将以上关系式中的G、K位置互换，这些式子也同样适用于从对象输入端求出的传递函数。为了更好地记忆式(3.7)～式(3.10)，需要记住G总是最先出现的(这里的传递函数是从输出端求出的)，然后G与K按次序交替出现。给定的传递函数矩阵一定不会连续出现两次。例如，闭环传递函数$G(I+GK)^{-1}$是不存在的(除非G在方块图中重复出现，但此时它们实际上代表两个不同的物理对象)。

注1 上述等式可用于推导传递函数，同时也可用于对于状态空间实现的数值计算，例如$L(s)=C(sI-A)^{-1}B+D$。举例来说，假定有一个具有n个状态(A是一个$n\times n$维的矩阵)的$L=GK$的状态空间实现，我们想要得到T的状态空间实现。那么，可以首先求出具有n个状态的式子$S=(I+L)^{-1}$，然后用它乘以L，得到具有$2n$个状态的T为$T=SL$。然而，T的最小实现只有n个状态。虽然可以用模型降价法得到T，但最好直接套用公式$T=I-S$来计算，参见式(3.7)。

注2 这里应注意，若L^{-1}的状态空间实现存在，关系式(3.10)右边的等式只能用来计算T的状态空间实现，因此L必须是半真的，且$D\neq 0$(实际中很少出现这样的情况)。另一方面，由于L是方阵，因此总可计算出$L(\mathrm{j}\omega)^{-1}$的频率响应(除了在$L(s)$有$\mathrm{j}\omega$轴极点的频率处)，然后通过式(3.10)求出$T(\mathrm{j}\omega)$。

注3 在附录A.7中，列出了一些将在下面章节中用到的灵敏度函数分解方法，例如式(A.147)在摄动对象灵敏度函数$S'=(I+G'K)^{-1}$和原有对象灵敏度函数$S=(I+GK)^{-1}$之间建立了关系，我们有

$$S' = S(I+E_O T)^{-1}, E_O \triangleq (G'-G)G^{-1} \tag{3.11}$$

其中，E_O为表示G与G'之间差别的输出端乘性摄动，而T是标称互补灵敏度函数。

3.3 多变量频率响应分析

传递函数$G(s)$是Laplace变量s的函数，可用来描述一个动态系统。然而，如果s的取值固定为$s=s_0$，则可将$G(s_0)$简单地看作一个$l\times m$复数矩阵(m个输入，l个输出)，可用矩阵代数中的标准工具进行分析。尤其是当$s_0=\mathrm{j}\omega$时，其结果是相当有意思的，此时$G(\mathrm{j}\omega)$表示对频率为ω的正弦信号的响应。

3.3.1 由$G(s)$获取频率响应

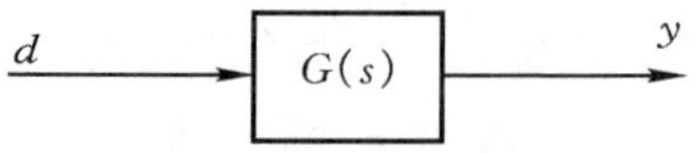

图3.4 输入为d，输出为y的系统$G(s)$

频域对于在任一给定频率上研究多变量系统的方向是理想的。如图3.4所示，已知系统$G(s)$的输入为$d(s)$、输出为$y(s)$，那么

$$y(s) = G(s)d(s) \tag{3.12}$$

(这里，用d而不用u来表示输入，目的是避免与下面奇异值分解中用到的矩阵U混淆)。在

2.1节，已经讨论了标量系统的频率响应，这些结果可以通过矩阵 G 的分量 g_{ij} 直接推广到多变量系统。其中：

- $g_{ij}(\mathrm{j}\omega)$表示由输入 j 到输出 i 的正弦响应。

更具体地说，在输入通道 j 加入标量正弦信号

$$d_j(t) = d_{j0}\sin(\omega t + \alpha_j) \tag{3.13}$$

该输入信号是持续的：即信号从时间 $t=-\infty$ 就开始输入系统；然后相应地从通道 i 获得持续的同频率正弦输出信号

$$y_i(t) = y_{i0}\sin(\omega t + \beta_i) \tag{3.14}$$

其中放大倍数(即增益)和相移可通过复数 $g_{ij}(\mathrm{j}\omega)$求出：

$$\frac{y_{i0}}{d_{j0}} = |g_{ij}(\mathrm{j}\omega)|,\beta_i - \alpha_j = \angle g_{ij}(\mathrm{j}\omega) \tag{3.15}$$

利用相量表示法，参见式(2.5)和式(2.10)，式(3.13)～式(3.15)所描述的正弦时间响应可以更简洁地表示为

$$y_i(\omega) = g_{ij}(\mathrm{j}\omega)d_j(\omega) \tag{3.16}$$

其中

$$d_j(\omega) = d_{j0}e^{\mathrm{j}\alpha_j},y_i(\omega) = y_{i0}e^{\mathrm{j}\beta_i} \tag{3.17}$$

这里采用 ω(而不用 $\mathrm{j}\omega$)作为 $d_j(\omega)$与 $y_i(\omega)$的自变量，表示它们都是复数，这些复数分别表示式(3.13)与式(3.14)的正弦信号在每一个频率 ω 处的幅值与相位。

按线性系统的迭加原理，同时作用于几个输入通道相同频率正弦信号的总响应，等于各个独立响应之和，于是由式(3.16)可得

$$y_i(\omega) = g_{i1}(\mathrm{j}\omega)d_1(\omega) + g_{i2}(\mathrm{j}\omega)d_2(\omega) + \cdots = \sum_j g_{ij}(\mathrm{j}\omega)d_j(\omega) \tag{3.18}$$

用矩阵形式可表示为

$$\boxed{y(\omega) = G(\mathrm{j}\omega)d(\omega)} \tag{3.19}$$

其中

$$d(\omega) = \begin{bmatrix} d_1(\omega) \\ d_2(\omega) \\ \vdots \\ d_m(\omega) \end{bmatrix} \text{ 且 } y(\omega) = \begin{bmatrix} y_1(\omega) \\ y_2(\omega) \\ \vdots \\ y_l(\omega) \end{bmatrix} \tag{3.20}$$

分别表示正弦输入和输出信号的向量。

例 3.2 假定有一个 2×2 的多变量系统，向两个输入通道同时施加相同频率 ω 的正弦信号：

$$d(t) = \begin{bmatrix} d_1(t) \\ d_2(t) \end{bmatrix} = \begin{bmatrix} d_{10}\sin(\omega t + \alpha_1) \\ d_{20}\sin(\omega t + \alpha_2) \end{bmatrix} \text{ 或 } d(\omega) = \begin{bmatrix} d_{10}e^{\mathrm{j}\alpha_1} \\ d_{20}e^{\mathrm{j}\alpha_2} \end{bmatrix} \tag{3.21}$$

相应的输出信号为

$$y(t) = \begin{bmatrix} y_1(t) \\ y_2(t) \end{bmatrix} = \begin{bmatrix} y_{10}\sin(\omega t + \beta_1) \\ y_{20}\sin(\omega t + \beta_2) \end{bmatrix} \text{ 或 } y(\omega) = \begin{bmatrix} y_{10}e^{\mathrm{j}\beta_1} \\ y_{20}e^{\mathrm{j}\beta_2} \end{bmatrix} \tag{3.22}$$

$y(\omega)$为复数矩阵 $G(\mathrm{j}\omega)$和复数向量 $d(\omega)$的乘积，如式(3.19)。

3.3.2　多变量系统的方向

对于 SISO 系统，$y=Gd$，在已知频率 ω 处的增益为

$$\frac{|y(\omega)|}{|d(\omega)|}=\frac{|G(\mathrm{j}\omega)d(\omega)|}{|d(\omega)|}=|G(\mathrm{j}\omega)| \tag{3.23}$$

由于 SISO 系统是线性的，因此增益只与频率 ω 有关，而与输入的幅值 $|d(\omega)|$ 无关。

然而，对 MIMO 系统而言，事情并非如此简单。在 MIMO 系统中，输入与输出信号都是向量，因此必须利用某种范数将各向量的幅值“相加”，参见附录 A.5.1。若选用常用的长度度量向量 2 范数，则已知频率 ω 点向量输入信号的幅值是

$$\|d(\omega)\|_2=\sqrt{\sum_j |d_j(\omega)|^2}=\sqrt{d_{10}^2+d_{20}^2+\cdots} \tag{3.24}$$

向量输出信号的幅值是

$$\|y(\omega)\|_2=\sqrt{\sum_i |y_i(\omega)|^2}=\sqrt{y_{10}^2+y_{20}^2+\cdots} \tag{3.25}$$

于是，对于一个特定输入信号 $d(\omega)$，系统 $G(s)$ 的增益可表示为如下比值：

$$\frac{\|y(\omega)\|_2}{\|d(\omega)\|_2}=\frac{\|G(\mathrm{j}\omega)d(\omega)\|_2}{\|d(\omega)\|_2}=\frac{\sqrt{y_{10}^2+y_{20}^2+\cdots}}{\sqrt{d_{10}^2+d_{20}^2+\cdots}} \tag{3.26}$$

同样地，增益取决于频率 ω，而与输入信号的幅值 $\|d(\omega)\|_2$ 无关。然而，MIMO 系统存在附加的自由度，其增益也取决于输入 d 的方向①。随着输入方向的改变，最大增益等于 G 的最大奇异值：

$$\max_{d\neq 0}\frac{\|Gd\|_2}{\|d\|_2}=\max_{\|d\|_2=1}\|Gd\|_2=\bar{\sigma}(G) \tag{3.27}$$

而最小增益则等于 G 的最小奇异值：

$$\min_{d\neq 0}\frac{\|Gd\|_2}{\|d\|_2}=\min_{\|d\|_2=1}\|Gd\|_2=\underline{\sigma}(G) \tag{3.28}$$

对于线性系统而言，增益与输入幅值无关，因此式(3.27)与式(3.28)中第一个等式可以成立。

例 3.3　一般说来，若一个系统有两个输入 $d=\begin{bmatrix}d_{10}\\ d_{20}\end{bmatrix}$，则下列 5 个不同输入的增益也是不同的：

$$d_1=\begin{bmatrix}1\\0\end{bmatrix},d_2=\begin{bmatrix}0\\1\end{bmatrix},d_3=\begin{bmatrix}0.707\\0.707\end{bmatrix},d_4=\begin{bmatrix}0.707\\-0.707\end{bmatrix},d_5=\begin{bmatrix}0.6\\-0.8\end{bmatrix}$$

（它们的幅值 $\|d\|_2=1$ 相同，但方向却不同）。例如，对于 2×2 系统

$$G=\begin{bmatrix}5 & 4\\ 3 & 2\end{bmatrix} \tag{3.29}$$

（即常数矩阵）对于上述的 5 个输入 d_j，有下列 5 个输出向量：

$$y_1=\begin{bmatrix}5\\3\end{bmatrix},y_2=\begin{bmatrix}4\\2\end{bmatrix},y_3=\begin{bmatrix}6.36\\3.54\end{bmatrix},y_4=\begin{bmatrix}0.707\\0.707\end{bmatrix},y_5=\begin{bmatrix}-0.2\\0.2\end{bmatrix}$$

这 5 个输出向量的 2 范数（即这 5 个输入的增益）分别为

---

① 术语方向是指单位长度的标准化向量。

$\|y_1\|_2=5.83$，$\|y_2\|_2=4.47$，$\|y_3\|_2=7.30$，$\|y_4\|_2=1.00$，$\|y_5\|_2=0.28$

图 3.5 所示曲线给出了增益对输入方向的依赖性，图中用比值 d_{20}/d_{10} 作为自变量来表示输入方向。由图可知，增益随着比值 d_{20}/d_{10} 的变化而变化，其中 0.27 和 7.34 分别为 G 的最小和最大奇异值。

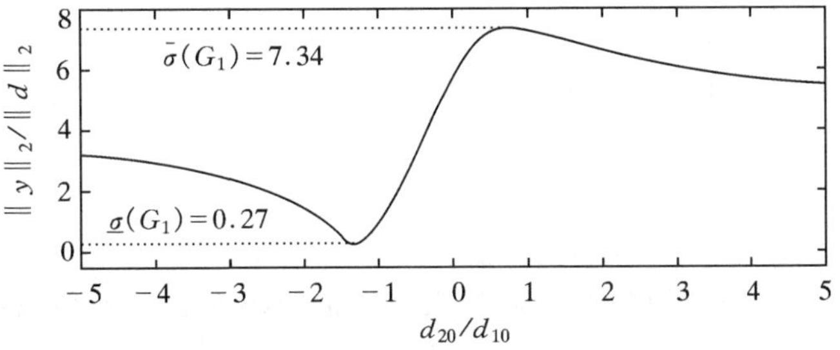

图 3.5 对于式(3.29)的系统 G，增益 $\|Gd\|_2/\|d\|_2$ 关于 d_{20}/d_{10} 的函数曲线

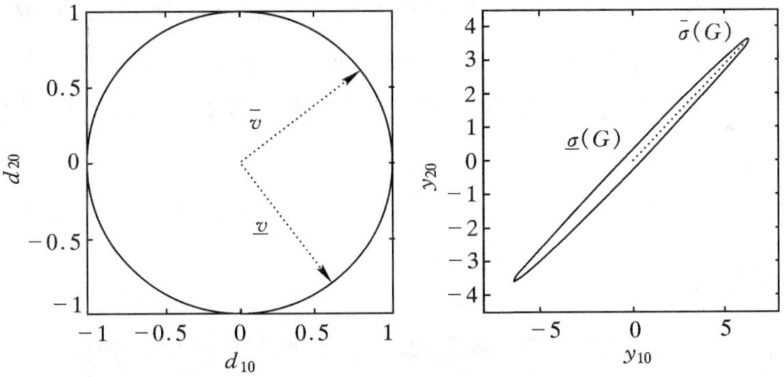

图 3.6 对于式(3.29)的系统 G，由 $\|d\|_2=1$(即左图的单位圆)得到的输出(如右图)由 $d=(\bar{v})$ 或 $d=(\underline{v})$ 分别得到的最大($\bar{\sigma}(G)$)和最小($\underline{\sigma}(G)$)增益

图 3.6 采用不同的曲线，更清楚地显示了输出的方向性。从输出空间的形状(如右图所示)可知，同时增加 y_{10} 和 y_{20}(增益 $\bar{\sigma}(G)=7.34$)相对容易，但同时增加一个而减小另一个(增益 $\underline{\sigma}(G)=0.27$)则比较困难。

3.3.3 特征值是对增益较差的度量

在更详细讨论奇异值分解之前，先说明传递函数矩阵特征值的幅值 $|\lambda_i(G(j\omega))|$，并不能提供推广 SISO 增益 $|G(j\omega)|$ 的有效手段。首先，只有方阵系统才能计算其特征值，即使在这种情况下，特征值也具有十足的误导性。关于这一点，考虑系统 $y=Gd$，有

$$G=\begin{bmatrix}0 & 100\\ 0 & 0\end{bmatrix} \tag{3.30}$$

该系统的两个特征值 λ_i 均为 0。但要是由特征值为零就得出系统增益为零的结论，明显是错误的。例如，若输入向量为 $d=[0\quad 1]^T$，则可得出该系统的输出向量是 $y=[100\quad 0]^T$。

“问题”在于，只有输入与输出在相同方向上，即在特征向量方向上时，特征值才能度量增益。关于这一点，假设 t_i 是 G 的特征向量，并有输入 $d=t_i$；那么输出是 $y=Gt_i=\lambda_i t_i$，其中 λ_i 是相应的特征值。于是有

$$\|y\|/\|d\|=\|\lambda_i t_i\|/\|t_i\|=|\lambda_i|$$

因此 $|\lambda_i|$ 可以度量在 t_i 方向上的增益，这可用于稳定性分析，但不能用于性能分析。

当 G 为矩阵时，要寻求对 G 增益的有效推广，这就需要矩阵范数的概念，记作 $\|G\|$。矩阵范数必须满足的两个性质是三角不等式

$$\|G_1+G_2\|\leqslant\|G_1\|+\|G_2\| \tag{3.31}$$

和乘性关系

$$\|G_1G_2\|\leqslant\|G_1\|\cdot\|G_2\| \tag{3.32}$$

（更多细节参见附录 A.5）。如预期的一样，最大特征值的幅值 $\rho(G)\triangleq|\lambda_{\max}(G)|$（谱半径）不满足矩阵范数的性质，参见式(A.116)。

附录 A.5.2 中介绍了几种矩阵范数，如 Frobenius 范数 $\|G\|_F$ 和范数 $\|G\|_{\text{sum}}$、最大列之和 $\|G\|_{i1}$、最大行之和 $\|G\|_{i\infty}$ 以及最大奇异值 $\|G\|_{i2}=\bar{\sigma}(G)$（后三种范数可由向量范数诱导得出，见式(3.27)，所以有下标 i）。实际上对这几种范数的选择并不是关键问题，因为一个 $l\times m$ 矩阵的各种范数之间至多相差一个因子 $\sqrt{ml}$，见式(A.119)～式(A.124)。本书根据不同情况会用到上述所有范数。但本章将主要使用诱导 2 范数 $\bar{\sigma}(G)$。这里要注意，对于式(3.30)中的矩阵有 $\bar{\sigma}(G)=100$。

习题 3.5* 计算上述式(3.29)和式(3.30)中矩阵的谱半径和上述 5 种矩阵范数。

3.3.4 奇异值分解

附录 A.3 给出了奇异值分解(SVD)的定义。这里关注的是把奇异值分解用于具有 m 个输入、l 个输出的 MIMO 系统 $G(s)$ 频率响应时的物理解释。

考虑一个固定频率 ω，在此频率上 $G(\mathrm{j}\omega)$ 是 $l\times m$ 维的常数复矩阵，把 $G(\mathrm{j}\omega)$ 简化地记为 G。任何矩阵 G 都可以分解成奇异值分解的形式，写作

$$G=U\Sigma V^{\mathrm{H}} \tag{3.33}$$

此处 Σ 是 $l\times m$ 维矩阵，具有 $k=\min\{l,m\}$ 个非负奇异值 σ_i，沿主对角线按由大到小次序排列；矩阵其它元素全部为 0。这些奇异值是 $G^{\mathrm{H}}G$ 特征值的正平方根，G^{H} 是 G 的共轭复数转置，即

$$\sigma_i(G)=\sqrt{\lambda_i(G^{\mathrm{H}}G)} \tag{3.34}$$

U 是输出奇异值向量 u_i 的 $l\times l$ 酉阵；V 是输入奇异值向量 v_i 的 $m\times m$ 酉阵。

简短地说，任何一个矩阵都可以分解为输入旋转矩阵 V、尺度变换矩阵 Σ，以及输出旋转矩阵 U。这可用一个实数 2×2 矩阵的 SVD 来说明，它总可以写成如下形式：

$$G=\underbrace{\begin{bmatrix}\cos\theta_1 & -\sin\theta_1\\ \sin\theta_1 & \cos\theta_1\end{bmatrix}}_{U}\underbrace{\begin{bmatrix}\sigma_1 & 0\\ 0 & \sigma_2\end{bmatrix}}_{\Sigma}\underbrace{\begin{bmatrix}\cos\theta_2 & \pm\sin\theta_2\\ -\sin\theta_2 & \pm\cos\theta_2\end{bmatrix}^{\mathrm{T}}}_{V^{\mathrm{T}}} \tag{3.35}$$

其中角度 θ_1 和 θ_2 取决于给定的矩阵。从式(3.35)可看出，矩阵 U 和 V 是旋转矩阵，并且其列是标准正交的。

奇异值有时也称为主值或主增益，相关方向称为是主方向。一般来说，奇异值必须通过数

值计算才能得到。然而，对于 2×2 矩阵，式(A.37)给出了其奇异值的解析表达式。

注意：标准记法是用符号 U 表示输出奇异值向量矩阵，不幸的是用 u(小写字母)表示输入信号也是标准记法。注意不要混淆。

输入与输出方向。 U 的列向量记作 u_i，表示对象的输出方向，相互正交并具有单位长度(标准正交)，即

$$\| u_i \|_2 = \sqrt{|u_{i1}|^2 + |u_{i2}|^2 + \cdots + |u_{il}|^2} = 1 \tag{3.36}$$

$$u_i^{\mathrm{H}} u_i = 1, u_i^{\mathrm{H}} u_j = 0, i \neq j \tag{3.37}$$

同样地，V 的列向量记作 v_i，相互正交并具有单位长度，表示输入方向。通过奇异值将这些输入与输出方向联系起来。对于这一点，注意到由于 V 是酉阵，则有 $V^{\mathrm{H}}V=I$，故式(3.33)可以写成 $GV=U\Sigma$，对于第 i 列有

$$Gv_i = \sigma_i u_i \tag{3.38}$$

这里 v_i 和 u_i 都是向量，σ_i 是标量。也就是说，如果有一个方向 v_i 的输入，那么输出的方向就是 u_i。更进一步地说，因为 $\| v_i \|_2=1$ 且 $\| u_i \|_2=1$，因此第 i 个奇异值 σ_i 直接给出矩阵 G 在此方向上的增益。换言之

$$\sigma_i(G) = \| Gv_i \|_2 = \frac{\| Gv_i \|_2}{\| v_i \|_2} \tag{3.39}$$

在分析多变量对象的增益和方向性方面，SVD 与特征值分解相比具有如下优点：

1. 奇异值能提供关于对象增益的更好的信息。
2. 由 SVD 得出的对象方向是正交的。
3. SVD 也可直接应用于非方阵对象。

最大和最小奇异值。 如前所述，可证明任意输入方向上的最大增益等于最大奇异值

$$\bar{\sigma}(G) \equiv \sigma_1(G) = \max_{d\neq 0} = \frac{\| Gd \|_2}{\| d \|_2} = \frac{\| Gv_1 \|_2}{\| v_1 \|_2} \tag{3.40}$$

并且任意输入方向上的最小增益(不包括输入个数多于输出个数的情况下，在 G 的零空间中被“浪费”的输入①)等于最小奇异值

$$\underline{\sigma}(G) \equiv \sigma_k(G) = \min_{d\neq 0} = \frac{\| Gd \|_2}{\| d \|_2} = \frac{\| Gv_k \|_2}{\| v_k \|_2} \tag{3.41}$$

式中 $k=\min\{l,m\}$。这样，对于不在 G 零空间中的任意向量 d，有

$$\underline{\sigma}(G) \leqslant \frac{\| Gd \|_2}{\| d \|_2} \leqslant \bar{\sigma}(G) \tag{3.42}$$

定义 $u_1=\bar{u}$、$v_1=\bar{v}$、$u_k=\underline{u}$、$v_k=\underline{v}$，则有

$$G\bar{v} = \bar{\sigma}\bar{u}, \; G\underline{v} = \underline{\sigma}\underline{u} \tag{3.43}$$

向量 $\bar{v}$ 的方向与具有最大放大作用的输入方向一致，$\bar{u}$ 的方向则与输入作用最有效的输出方向一致。与 $\bar{v}$ 和 $\bar{u}$ 相关的方向有时被称为是“最强”、“高增益”，或者“最重要的”方向。次重要的方向是与 v_2 和 u_2 相关的方向，以下依此类推(见附录 A.3.5)，直到与 $\underline{v}$ 和 $\underline{u}$ 相关的“最不重要的”、“弱的”、“低增益”的方向。

---

① 对于输入比输出多的“肥胖型”矩阵 $G(m>l)$，可从 G 的零空间中选择非零输入 d，使得 $Gd=0$。

例 3.3 续。重新考虑式(3.29)的传递函数矩阵

$$G=\begin{bmatrix}5 & 4\\ 3 & 2\end{bmatrix} \tag{3.44}$$

G_1 的 SVD 是

$$G=\underbrace{\begin{bmatrix}0.872 & 0.490\\ 0.490 & -0.872\end{bmatrix}}_{U}\underbrace{\begin{bmatrix}7.343 & 0\\ 0 & 0.272\end{bmatrix}}_{\Sigma}\underbrace{\begin{bmatrix}0.794 & -0.608\\ 0.608 & 0.794\end{bmatrix}^{H}}_{V^{H}}$$

最大增益 7.343 相应于 $\bar{v}=\begin{bmatrix}0.794\\ 0.608\end{bmatrix}$方向上的输入，最小增益 0.272 相应于$\underline{v}=\begin{bmatrix}-0.608\\ 0.794\end{bmatrix}$方向上的输入，这证实了例 3.3 的发现(见图 3.6)。

注意，采用奇异值向量表示方向不是唯一的，因为每对向量(u_i，v_i)中的元素均可乘以一个幅值为 1($|c|=1$)的复数标量 c 。这从式(3.38)可以很容易看出，例如，只要改变向量 $\bar{u}$ 的符号，就可以改变向量 $\bar{v}$ 的符号(乘以 $c=-1$)。还有，如果用 Matlab 计算式(3.44)中的矩阵的 SVD(`g = [5 4; 3 2];[u,s,v] = svd(g)`)，可能会发现U 和 V 中元素的符号和上面所给出的不同。

因为式(3.44)中的两个输入对两个输出都有影响，因此称此系统是交互的。这可由式(3.44)G 中相对较大的非对角元素得出结论。更进一步，这个系统是病态的，也就是说，某些输入组合对输出有很强的作用，而其它输入组合对输出的作用很弱。这可以采用条件数：即最强与最弱方向上增益的比值进行量化，对于式(3.44)的系统，条件数为 $\gamma=\bar{\sigma}/\underline{\sigma}=7.343/0.272=27.0$。

例 3.4 购物车。一辆有固定轮子的购物车(超市小车)，想要小车在三个方向上运动：向前、向侧面、向上。这是个简单的例子，凭经验就可轻易确定主要方向。最强的方向相应于最大奇异值，显然是向前；其次的方向相应于第 2 个奇异值，是向侧面；最后“最困难的”或者“弱的”方向相应于最小奇异值，是向上(抬起小车)。

对于购物车，增益很大程度上取决于输入方向，也就是说这个对象是病态的。病态对象的控制有时是困难的。关于购物车的控制问题可以描述如下：假设想向侧面推购物车(或许是挡住了别人)，这相当困难(对象在此方向上增益低)，所以需要强的力量。然而如果不确定小车所指的方向，可能部分所施加的力会指向前方(在此方向上对象增益大)，车子可能会以不期望的速度突然向前。这样可以看到，如果输入的不确定性导致输入信号从一个方向扩散到另一个方向，那么控制一个病态对象可能是相当困难的。以后会更详细地讨论这个问题。

例 3.5 蒸馏过程。考虑如下蒸馏塔的稳态模型：

$$G=\begin{bmatrix}87.8 & -86.4\\ 108.2 & -109.6\end{bmatrix} \tag{3.45}$$

变量已如 1.4 节所讨论的那样进行过尺度变换，因而由于 G 中这些元素的绝对值远大于 1，就说明在输入值的约束方面毫无问题。然而这会有误导性，因为在低增益方向(相应于最小的奇异值)的增益实际上只是略高于 1。对于这一点，考察 G 的 SVD：

$$G=\underbrace{\begin{bmatrix}0.625 & -0.781\\ 0.781 & 0.625\end{bmatrix}}_{U}\underbrace{\begin{bmatrix}197.2 & 0\\ 0 & 1.39\end{bmatrix}}_{\Sigma}\underbrace{\begin{bmatrix}0.707 & -0.708\\ -0.708 & -0.707\end{bmatrix}^{H}}_{V^{H}} \tag{3.46}$$

从第一个输入的奇异值向量 $\bar{v}=[0.707 \quad -0.708]^{T}$ 可以看到，当增大一个输入而同等程度地减小另一个输入时，增益是 197.2。另一方面，从第二个输入的奇异值向量 $\underline{v}=[-0.708 \quad -0.707]^{T}$ 可以看出，如果等量改变两个输入，增益只有 1.39。究其原因是因为对象的两个输入会互相抵消。就此而言，蒸馏过程是病态的，至少在稳态时如此，其条件数为 197.2/1.39=141.7。下面会更加详细地讨论这个例子的物理特性，稍后本章将研究一个简单的控制器设计（见 3.7.2 节中例 2，显示了鲁棒性是重要的）。

例 3.6 蒸馏过程的物理特性。式(3.45)中的模型表示一个蒸馏塔的两点(对偶)成分控制，用回流 L（输入 u_1）和再蒸发流量 V（输入 u_2）作为调节输入，塔顶成分要被控制在 $y_D=0.99$（输出 y_1），而塔底成分在 $x_B=0.01$（输出 y_2）（见 10.4.2 节中图 10.6）。注意这里已回到传统方法，即采用 u_1 和 u_2 表示调节输入；用 $\bar{u}$ 和$\underline{u}$来表示输出奇异值向量。

增益矩阵 G 的 1,1 元素是 87.8。因而若 u_1 增加 1（u_2 保持不变），则 y_1 会产生一个大的稳态变化 87.8；也就是说，输出对 u_1 的变化非常敏感。同样地，u_2 增加 1（u_1 不变），则会得到 $y_1=-86.4$。这又是一个很大的变化值，但是在与 u_1 作用相反的方向。于是 u_1 与 u_2 产生的变化相互抵消，如果同时给 u_1 与 u_2 增加 1，y_1 总的稳态变化只有 87.8−86.4=1.4。

从物理上看，变化如此小的原因，是蒸馏塔内成分对内流（即内流 L 和 V 同时改变）的变化依赖性很弱。这也能从最小奇异值 $\underline{\sigma}(G)=1.39$ 看出来，该值是由在$\underline{v}=\begin{bmatrix}-0.708\\-0.707\end{bmatrix}$方向上的输入得出的。从输出奇异值向量 $\underline{u}=\begin{bmatrix}-0.781\\0.625\end{bmatrix}$可看出，其效果是在不同的方向上移动输出量，即改变 y_1-y_2。因此需要一个大的控制作用在不同方向上移动塔内成分，即同时使两种产品纯度更高。这从物理角度来说是很有意义的。

另一方面，蒸馏塔对外流的改变（即增加 $u_1-u_2=L-V$）非常敏感。这一点从与最大奇异值相关的输入奇异值向量 $\bar{v}=\begin{bmatrix}0.707\\-0.708\end{bmatrix}$就可以看出，这也是两种产品都具有高纯度的蒸馏塔的一个普遍特性。其原因是，外部馏分流量（随 $V-L$ 而变化）必须大约等于进料中较轻成分的量，而且，即使很小的不均衡也会导致产品成分的大幅度变化。

对于动态系统，奇异值和其相关方向是随频率而变化的，从控制目的来看，通常是相应于主要关注闭环带宽的频率范围。在频率和幅值都采用对数坐标的 Bode 幅值曲线中，通常将奇异值绘制成频率的函数，图 3.7 给出了这种典型曲线。

非方阵对象

SVD 也可用于非方阵对象。举例来说，考虑一个具有两输入、三输出的对象。此时的第三个输出奇异值向量 u_3 会表明对象在哪个输出方向上不能控制。同样地，对输入多于输出的对象，多出的输入奇异值向量会显示输入在哪些方向上没有作用。

例 3.7 考虑如下具有 3 输入、2 输出的非方阵系统。

$$G_2=\begin{bmatrix}5 & 4 & 1\\3 & 2 & -1\end{bmatrix}$$

其 SVD 为

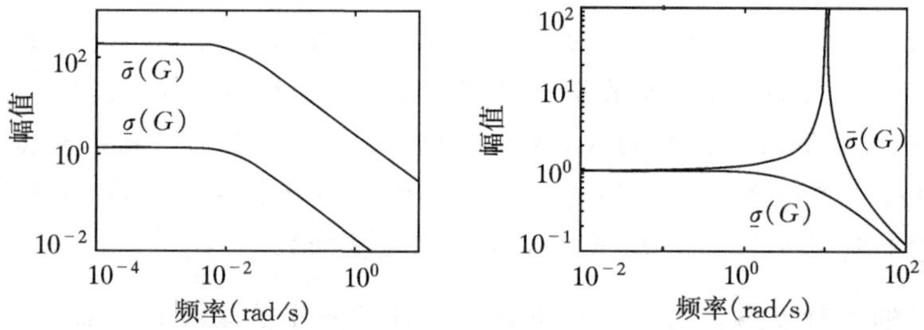

(a) 式(3.93)的蒸馏过程　　(b) 式(3.88)的旋转卫星

图 3.7 典型的奇异值曲线

$$G_2 = \underbrace{\begin{bmatrix} 0.877 & 0.481 \\ 0.481 & -0.877 \end{bmatrix}}_{U} \underbrace{\begin{bmatrix} 7.354 & 0 & 0 \\ 0 & 1.387 & 0 \end{bmatrix}}_{\Sigma} \underbrace{\begin{bmatrix} 0.792 & -0.161 & 0.588 \\ 0.608 & 0.124 & -0.785 \\ 0.054 & 0.979 & 0.196 \end{bmatrix}^{\mathrm{H}}}_{V^{\mathrm{H}}}$$

按照定义,最小奇异值是 $\underline{\sigma}(G_2)=1.387$,但是要注意在 $v_3=\begin{bmatrix} 0.588 \\ -0.785 \\ 0.196 \end{bmatrix}$ 方向上的输入 d 在 G 的零空间中,并且其输出为零,$y=Gd=0$。

习题 3.6 对有 m 个输入和 1 个输出的系统,奇异值和相关输入方向(V)是什么? 在此情况下 U 又是什么?

3.3.5 表示性能的奇异值

至此,我们通过 SVD 主要深入了解了 MIMO 系统的方向性。但对于频域性能和鲁棒性而言,最大奇异值也非常有用。下面就来考虑性能问题。

对于 SISO 系统,通过前面的知识已经知道,作为频率函数的 $|S(\mathrm{j}\omega)|$,可以给出关于反馈控制有效性的有用信息。例如,这可以是由正弦参考输入(或者输出扰动)$r(\omega)$①到控制误差的增益,$|e(\omega)|=|S(\mathrm{j}\omega)|\cdots|r(\omega)|$。

对于 MIMO 系统,要得出有用的推广,需要研究比值 $\|e(\omega)\|_2/\|r(\omega)\|_2$,其中 r 是参考输入向量,e 是控制误差向量,$\|\cdot\|_2$ 是向量 2 范数。如上面解释的那样,此增益取决于 $r(\omega)$ 的方向,并且由式(3.42)可知,它由 S 的最大和最小奇异值所限定

$$\underline{\sigma}(S(\mathrm{j}\omega)) \leqslant \frac{\|e(\omega)\|_2}{\|r(\omega)\|_2} \leqslant \bar{\sigma}(S(\mathrm{j}\omega)) \tag{3.47}$$

就性能而言,合理要求增益 $\|e(\omega)\|_2/\|r(\omega)\|_2$ 在 $r(\omega)$ 的任何方向上保持较小的值,包括增益为 $\bar{\sigma}(S(\mathrm{j}\omega))$ 的"最坏情况"。设 $1/|w_P(\mathrm{j}\omega)|$(性能权函数的逆)表示 $\|e\|_2/\|r\|_2$ 在每个频率上的最大容许值。由此得出如下的性能要求:

$$\bar{\sigma}(S(\mathrm{j}\omega)) < 1/|w_P(\mathrm{j}\omega)|,\ \forall\,\omega \Leftrightarrow \bar{\sigma}(w_P S) < 1,\ \forall\,\omega$$

---

① 这里采用相量记法,见 2.1 节,$|r(\omega)|$ 是正弦信号在频率 ω 处的幅值。

$$\Leftrightarrow \| w_P S \|_\infty < 1 \tag{3.48}$$

这里$\mathcal{H}_\infty$范数(见 2.8.1 节)定义为频率响应最大奇异值的峰值

$$\| M(s) \|_\infty \triangleq \max_\omega \bar{\sigma}(M(\mathrm{j}\omega)) \tag{3.49}$$

在 2.8.2 节给出了典型性能权函数 $w_P(s)$,应仔细研究。

如后面的图 3.12(a)所示,可以将 $S(\mathrm{j}\omega)$的奇异值绘制成频率的函数。典型地,这些函数在反馈有效的低频段取值比较小,而在高频则趋于 1,因为任何实际系统都是严格真的

$$\omega \to \infty:\ L(\mathrm{j}\omega) \to 0 \quad \Rightarrow \quad S(\mathrm{j}\omega) \to I \tag{3.50}$$

最大奇异值 $\bar{\sigma}(S(\mathrm{j}\omega))$通常在穿越频率附近有大于 1 的峰值。此峰值是不期望的,但对实际的系统也是不可避免的。

同 SISO 系统一样,定义带宽作为反馈有效的频率上界;而对于 MIMO 系统,带宽将取决于方向,并且有个处于较低频率和较高频率之间的带宽区,在较低频率处最大奇异值 $\bar{\sigma}(S)$达到 0.7(称之为"低增益"或者"最坏情况"的方向),在较高频率处最小奇异值 $\underline{\sigma}(S)$达到 0.7("高增益"或者"最佳情况")①。如果想要为多变量系统建立一个单一的带宽频率,那么考虑最坏情况(低增益)方向,并且定义

- 带宽 ω_B:$\bar{\sigma}(S)$由低向高穿越 $1/\sqrt{2}=0.7$ 的频率。

可以这样理解,在输入(参考输入或扰动)信号的任何方向上带宽至少为 ω_B,因为 $S=(I+L)^{-1}$,按式(A.54)可得出

$$\underline{\sigma}(L) - 1 \leqslant \frac{1}{\bar{\sigma}(S)} \leqslant \underline{\sigma}(L) + 1 \tag{3.51}$$

这样在反馈有效的频率处(即 $\underline{\sigma}(L) \gg 1$ 处),有 $\bar{\sigma}(S) \approx 1/\underline{\sigma}(L)$,并且在带宽频率处($1/\bar{\sigma}(S(\mathrm{j}\omega_B))=\sqrt{2}=1.41$),$\underline{\sigma}(L(\mathrm{j}\omega_B))$在 0.41 与 2.41 之间。这样,带宽近似地就是$\underline{\sigma}(L)$穿越 1 的地方。最后,在更高频段,对实际系统而言,$\underline{\sigma}(L)$(和 $\bar{\sigma}(L)$)很小,就会有 $\bar{\sigma}(S) \approx 1$。

3.3.6 条件数

在例 3.4 和例 3.5 中,系统增益随着输入方向变化而大幅度变化,此类系统称为具有强方向性的系统。用于量化方向性和 MIMO 系统交互(双向)程度的两个指标分别是条件数和相对增益阵列(RGA)。首先考虑矩阵的条件数,它是指最大奇异值与最小奇异值之比

$$\gamma(G) \triangleq \bar{\sigma}(G)/\underline{\sigma}(G) \tag{3.52}$$

如果一个矩阵的条件数过大,则称其为*病态矩阵*。对于一个非奇异矩阵(方阵)有 $\underline{\sigma}(G)=1/\bar{\sigma}(G^{-1})$,于是 $\gamma(G)=\bar{\sigma}(G)\bar{\sigma}(G^{-1})$。由式(A.120)可知,若 G 与 G^{-1}都有大的元素,则其条件数也大。

条件数在很大程度上取决于输入与输出的尺度变换。具体来说,若 D_1 和 D_2 是对角型尺度变换矩阵,那么矩阵 G 和 $D_1 G D_2$ 的条件数可以相差很远。一般来说,矩阵 G 应该在物理基础上进行尺度变换,例如利用 1.4 节所述的方法,用各输入和输出的最大期望值或理想值除以输入和输出本身。

有时,也可以考虑在所有可能的尺度变换中寻求条件数最小化。由此可产生最小化或最

① 术语"低增益"和"高增益"是针对 L 而言,而术语"最坏情况"和"最佳情况"是指导致的闭环系统响应速度。

优化条件数

$$\gamma^*(G)=\min_{D_1,D_2}\gamma(D_1GD_2) \tag{3.53}$$

并可用式(A.74)进行计算。

条件数一直被用作输入-输出能控性指标，并有这样的假定：条件数越大，对不确定性越敏感。一般说来这样的假定并不成立，但反过来却是对的：即条件数越小，不确定性对多变量影响越小(见式(6.89))。

如果条件数大(如大于 10)，则可能会出现下列控制问题：

1. $\underline{\sigma}(G)$值小，可能会引起条件数 $\gamma(G)=\bar{\sigma}(G)/\underline{\sigma}(G)$的值过大，这通常是不理想的状态(可是$\bar{\sigma}(G)$的值大，却并不一定是一个问题)。
2. 条件数大，可能意味着对象的最小化条件数过大或 RGA 元素过大，这表明存在基本控制问题；见下面的表述。
3. 条件数大，确实意味着系统对"未结构化"(满元素分块阵)的输入不确定性敏感(例如逆基控制器，参见式(8.136))，但这种不确定性通常在实际中是不存在的。因此，我们不能一概而论地说条件数大的对象对不确定性敏感，比如，例 3.12(见 3.4.4 节)中的对角型对象便是个例外。

3.4 相对增益阵列(RGA)

非奇异正方形复数矩阵 G 的 RGA(Bristol，1966)是一个正方形复数矩阵，定义为

$$\text{RGA}(G)=\Lambda(G)\triangleq G\times(G^{-1})^{\mathrm{T}} \tag{3.54}$$

这里用符号"×"来表示元素与元素之间的相乘(Hadamard 乘积，或 Schur 乘积)。在 Matlab 中写成[①]

```
RGA=G. * pinv(G).'
```

传递函数矩阵的 RGA，一般作为频率的函数进行计算(见表 3.1 中的 Matlab 程序)。对于元素为 g_{ij} 的 2×2 矩阵，其 RGA 为

$$\Lambda(G)=\begin{bmatrix}\lambda_{11} & \lambda_{12}\\ \lambda_{21} & \lambda_{22}\end{bmatrix}=\begin{bmatrix}\lambda_{11} & 1-\lambda_{11}\\ 1-\lambda_{11} & \lambda_{11}\end{bmatrix};\lambda_{11}=\frac{1}{1-\dfrac{g_{12}g_{21}}{g_{11}g_{22}}} \tag{3.55}$$

RGA 在实际应用中是一个非常有用的工具。本书有三处对 RGA 进行详细的论述。首先在本节对其进行概述，其次在第 10.6 节将详细地讨论 RGA 在分散控制中的应用，最后在附录 A.4 中将讨论它的代数特性和向非方形矩阵的扩展。

3.4.1 原始解释：RGA 作为交互作用的度量

依据 Bristol(1966)的表述，RGA 可作为交互作用的一种度量。这里用 u_j 和 y_i 分别表示多变量对象 $G(s)$的输入和输出，并假定用 u_j 控制 y_i。Bristol 认为会出现两种极端情况：

---

① 在 Matlab 中，符号"′"表示共轭转置(A^{H})，而我们用符号".′"表示"普通的"转置(A^{T})。

- 所有其它回路呈开路状态：$u_k=0, \forall k\neq j$；
- 所有其它回路闭合，并有完美控制：$y_k=0, \forall k\neq i$。

完美控制只有在稳态情况下才可能出现，不过，当频率在各回路带宽内时，可近似为达到完美控制。在这两种极端情况下，可计算出“我们的”增益$\partial y_i/\partial u_j$为

$$\text{其它回路开：}\left(\frac{\partial y_i}{\partial u_j}\right)_{u_k=0,k\neq j} = g_{ij} \tag{3.56}$$

$$\text{其它回路闭：}\left(\frac{\partial y_i}{\partial u_j}\right)_{y_k=0,k\neq i} \triangleq \hat{g}_{ij} \tag{3.57}$$

此处 $g_{ij}=[G]_{ij}$表示G的第ij个元素，而$\hat{g}_{ij}$是G^{-1}的第ji个元素的逆，即

$$\hat{g}_{ij} = 1/[G^{-1}]_{ji} \tag{3.58}$$

为了推导式(3.58)，我们注意到

$$y = Gu \quad \Rightarrow \quad \left(\frac{\partial y_i}{\partial u_j}\right)_{u_k=0,k\neq j} = [G]_{ij} \tag{3.59}$$

交换G与G^{-1}、u与y、i与j的位置，得到

$$u = G^{-1}y \quad \Rightarrow \quad \left(\frac{\partial u_j}{\partial y_i}\right)_{y_k=0,k\neq i} = [G^{-1}]_{ji} \tag{3.60}$$

由此可得出式(3.58)。Bristol认为，式(3.56)与式(3.57)中的增益比值可作为交互作用的度量，并定义第ij个“相对增益”为

$$\lambda_{ij} \triangleq \frac{g_{ij}}{\hat{g}_{ij}} = [G]_{ij}\,[G^{-1}]_{ji} \tag{3.61}$$

RGA则是相对增益相应的矩阵。由式(3.61)可知$\Lambda(G)=G\times(G^{-1})^{\mathrm{T}}$，其中用符号“$\times$”表示元素与元素之间相乘(Schur乘积)。这与式(3.54)中对RGA矩阵的定义一致。

注：只有回路有积分作用时，在稳态时($\omega=0$)才能实现式(3.57)中$y_k=0$的假设(y_k的完美控制)，但这种情况通常在其它频率上一般不会保持。令人遗憾的是，这造成很多学者因其“仅适用于稳态情况”或“仅适用于有积分作用的情况”而忽视RGA。恰恰相反，在大多数情况下，正是接近穿越频率的RGA值最重要，同时RGA中元素的增益与相位也很重要。式(3.56)到式(3.61)对RGA的推导很好地解释了RGA，而式(3.54)对RGA的定义纯粹是从代数角度考虑的，对“完美控制”没有作任何假设。我们将在后面列出关于RGA的一般代数和控制性质，更进一步说明其通用性。

例3.8 2×2系统的RGA。考虑具有如下对象模型的2×2系统

$$y_1 = g_{11}(s)u_1 + g_{12}(s)u_2 \tag{3.62}$$

$$y_2 = g_{21}(s)u_1 + g_{22}(s)u_2 \tag{3.63}$$

假设“我们的”任务是利用u_1控制y_1。首先，当另一回路呈开环状态时，即u_2是常数，则

$$u_2=0: y_1=g_{11}(s)u_1$$

其次，当另一回路呈闭合，并处于完美控制状态时，则有$y_2=0$。这时，由于交互作用，当改变u_1时，u_2也会发生变化。准确地说，若令式(3.63)中$y_2=0$，则有

$$u_2=-\frac{g_{21}(s)}{g_{22}(s)}u_1$$

将其代入式(3.62)，得出

$$y_2=0: y_1=\underbrace{(g_{11}-\frac{g_{21}}{g_{22}}g_{21})}_{\hat{g}_{11}(s)}u_1$$

这意味着当另一回路闭合时，“我们的增益”也随之从 $g_{11}(s)$ 变到了 $\hat{g}_{11}(s)$，而相应的 RGA 元素则变为

$$\lambda_{11}(s)=\frac{\text{“开环增益(当 } u_2=0)\text{”}}{\text{“闭环增益(当 } y_2=0)\text{”}}=\frac{g_{11}(s)}{\hat{g}_{11}(s)}=\frac{1}{1-\dfrac{g_{12}(s)g_{21}(s)}{g_{11}(s)g_{22}(s)}}$$

直观地说，对于分散控制最好将变量 u_j 和 y_i 配对，从而使 λ_{ij} 在所有频率上都能接近于1，这样意味着 u_j 到 y_i 之间的增益，在其它回路闭合时不受影响。更准确地有

配对规则1 (10.6.9节)：最好选择沿着对角线的变量进行配对，从而使重排系统在闭环带宽周围的频率上 RGA 矩阵接近于单位矩阵。

然而，应该避免形成这样的配对，即 u_j 与 y_i 稳态增益的符号可能因对其它输出的控制发生变化，这样便会导致回路中的积分作用不稳定。因此，$g_{ij}(0)$ 与 $\hat{g}_{11}(0)$ 应该有相同的符号，于是，我们有：

配对规则2 (10.6.9节)：(如果可能的话)避免在 RGA 的负稳态元素上进行配对。

关于这些配对规则的推导和进一步的讨论，请参阅第10.6.4节。

3.4.2 实例：RGA

例3.9 配制过程。设想有这样的配制过程，其中，糖(u_1)和水(u_2)混合配制成一定量的软饮料($y_1=F$)，其糖分的量为($y_2=x$)。在总质量与糖质量之间存在“质量投入＝质量产出”的平衡，即

$$F_1+F_2=F$$
$$F_1=xF$$

这个过程本身不具有动态性，线性化的结果是

$$\mathrm{d}F_1+\mathrm{d}F_2=\mathrm{d}F$$
$$\mathrm{d}F_1=x^*\mathrm{d}F+F^*\mathrm{d}x$$

根据 $u_1=\mathrm{d}F_1, u_2=\mathrm{d}F_2, y_1=\mathrm{d}F, y_2=\mathrm{d}x$，可得出模型

$$y_1=u_1+u_2$$
$$y_2=\frac{1-x^*}{F^*}u_1-\frac{x^*}{F^*}u_2$$

其中，$x^*=0.2$ 是标称稳态糖分量，$F^*=2$ kg/s 是饮料标称量，传递矩阵为

$$G(s)=\begin{bmatrix}1 & 1\\ \dfrac{1-x^*}{F^*} & -\dfrac{x^*}{F^*}\end{bmatrix}=\begin{bmatrix}1 & 1\\ 0.4 & -0.1\end{bmatrix}$$

相应的 RGA 矩阵(对所有频率)为

$$\Lambda=\begin{bmatrix} x^* & 1-x^* \\ 1-x^* & x^* \end{bmatrix}=\begin{bmatrix} 0.2 & 0.8 \\ 0.8 & 0.2 \end{bmatrix}$$

对于分散控制,根据配对规则1(最好对接近于1的RGA元素进行配对),应该选择非对角线的元素进行配对;即用 u_1 控制 y_2,用 u_2 控制 y_1。这相当于用最大的流(水,u_2)来控制总量($y_1=F$),这从物理的角度来看是合理的。而且,这种选择也符合规则2。

例3.10 稳态RGA。设定一个3×3的对象,稳态时有

$$G=\begin{bmatrix} 16.8 & 30.5 & 4.30 \\ -16.7 & 31.0 & -1.41 \\ 1.27 & 54.1 & 5.40 \end{bmatrix},\Lambda(G)=\begin{bmatrix} 1.50 & 0.99 & -1.48 \\ -0.41 & 0.97 & 0.45 \\ -0.08 & -0.95 & 2.03 \end{bmatrix} \tag{3.64}$$

对于分散控制,需要对各行或列的元素进行配对。显然,只有选择对角线上的元素进行配对才能符合规则2("避免对RGA的负数元素进行配对");也就是说,用 u_1 控制 y_1,u_2 控制 y_2,u_3 控制 y_3。

注:式(3.64)中的对象代表一个流体催化裂化过程的稳态模型。习题6.17(见6.11.3节)给出了式(3.64)中 FCC 过程的动态模型。

在第10.6.5节会给出一些附加的例子和习题,将进一步说明稳态RGA在配对选择方面的有效性。

例3.11 以频率为变量的RGA。下面的模型描述了一个大型加压容器(Skogestad and Wolff,1991),如用于近海油气分离的容器。输入是液体流量(u_1)和蒸汽流量(u_2)的阀门位置,输出是液体体积(y_1)和压力(y_2)。

$$G(s)=\frac{0.01e^{-5s}}{(s+1.72\times10^{-4})(4.32s+1)}\begin{bmatrix} -34.54(s+0.0572) & 1.913 \\ -30.22s & -9.188(s+6.95\times10^{-4}) \end{bmatrix} \tag{3.65}$$

RGA矩阵的 $\Lambda(s)$ 依赖于频率。在稳态($s=0$)时,$G(s)$ 的第2,1个元素为0,故 $\Lambda(0)=I$。同样地,在高频段,第1,2个元素相对于其它元素较小,故 $\Lambda(\mathrm{j}\infty)=I$。这似乎暗示着应该采用对角线配对。然而在中间频率段,RGA的非对角线元素接近于1,如图3.8(a)所示。例如在频率 $\omega=0.01(\mathrm{rad/s})$ 处,RGA矩阵为(见表3.1)

$$\Lambda=\begin{bmatrix} 0.2469+0.0193i & 0.7531-0.0193i \\ 0.7531-0.0193i & 0.2469+0.0193i \end{bmatrix} \tag{3.66}$$

这样,根据配对规则1,如果采用分散控制,且闭环带宽约为0.01(rad/s)时,反向配对或许是最好的。但从物理角度来看,利用反向配对是相当令人吃惊的,这是因为导致用蒸汽流量(u_2)控制液位(y_1),而用液体流量(u_1)控制压力(y_2)。

注:尽管有可能对该交互作用过程采用分散控制(参见后面的习题),但用多变量控制可能会得到更好的性能。如果坚持要用分散控制,建议增加一个液流量测量,并用一个"内部"(下层)流量控制器。由此产生的 u_1 将是液流比,而不是阀门位置。这时 u_2(蒸汽流量)对 y_1(液体体积)没有作用,对象为三角阵,有 $g_{12}=0$。在这种情况下,显然用对角线配对最好。

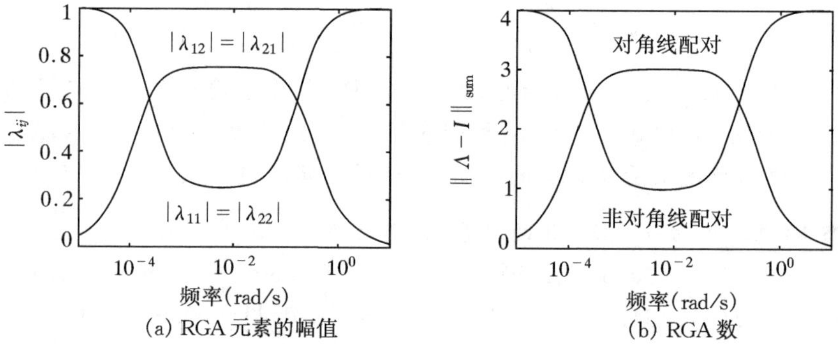

图 3.8　式(3.65)中 $G(s)$依赖于频率的 RGA

表 3.1　计算依赖于频率 RGA 的 Matlab 程序

```
% Plant model (3.65)
s = tf('s');
G = (0.01/(s+1.72e-4)/(4.32*s + 1))*[-34.54*(s+0.0572),....
omega = logspace(-5,2,61);
% RGA
for i = 1:length(omega)
    Gf = freqresp(G,omega(i));                          % G(jω)
    RGAw(:,:,i) = Gf.*inv(Gf).';                        % RGA at frequency omega
    RGAno(i) = sum(sum(abs(RGAw(:,:,i) - eye(2))));     % RGA number
end
RGA = frd(RGAw,omega);
```

习题 3.7*　对式(3.65)的对象,分别用(a)对角线配对,(b)非对角线配对,设计分散单回路控制器。设计时,将延迟 θ(标称值是 5 s)作为参数。按照 SIMC 整定规则(基于配对的元素),采用独立整定的 PI 控制器。

大概思路:为了达到整定目的,采用对分法取得 $G(s)$中元素的近似值:

$$G(s)\approx\begin{bmatrix}-0.0823\dfrac{e^{-\theta s}}{s} & 0.01913\dfrac{e^{-(\theta+2.16)s}}{s}\\ -0.3022\dfrac{e^{-\theta s}}{4.32s+1} & -0.09188\dfrac{e^{-\theta s}}{4.32s+1}\end{bmatrix}$$

对于对角线配对,设定下列 PI 参数:

$$K_{c1}=-12.1/(\tau_{c1}+\theta),\tau_{I1}=4(\tau_{c1}+\theta);K_{c2}=-47.0/(\tau_{c2}+\theta),\tau_{I2}=4.32$$

对于非对角线配对(指标针对输出):

$$K_{c1}=52.3/(\tau_{c1}+\theta+2.16),\tau_{I1}=4(\tau_{c1}+\theta+2.16);K_{c2}=-14.3/(\tau_{c2}+\theta),\tau_{I2}=4.32$$

为了提高鲁棒性,液位控制器(y_1)的整定比压力控制器(y_2)要慢 3 倍,即采用 $\tau_{c1}=3\theta$,$\tau_{c2}=\theta$。此时,在最快回路中,穿越频率为 $0.5/\theta$。在延迟 5 s 或者更长时,依据穿越频率处的 RGA 推测(配对规则 1),非对角线配对是最好的。然而,如果延迟从 5 s 降到 1 s,那么对角型配对是最好的,这是因为对角型配对的 RGA,在频率高于 1(rad/s)时趋于 1。

3.4.3　RGA 数与迭代 RGA

图 3.8(a)只画出了 λ_{ij} 的幅值曲线,这可能会对配对选择产生误导。例如,幅值为 1(貌似理想配对)可能相应的 RGA 元素为−1(非理想配对)。因此也应该考虑 RGA 元素的相位,或

者计算出 RGA 数，其定义如下：

RGA 数。按照规则 1 进行配对选择时，一种简单的衡量方法就是优先选择 RGA 数小的配对。对于一个对角型配对

$$\text{RGA 数} \triangleq \| \Lambda(G) - I \|_{\text{sum}} \tag{3.67}$$

这里（某种程度上随意地）选择了求和范数 $\|A\|_{\text{sum}} = \sum_{i,j} |a_{ij}|$。其它配对的 RGA 数可通过减去该配对位置对应的 1 而获得。例如，对于一个 2×2 对象，非对角线配对的 RGA 数为 $\Lambda(G) - \begin{bmatrix} 0 & 1 \\ 1 & 0 \end{bmatrix}$。RGA 数的缺点是需要对每一个可选的配对都要重复计算，至少对较大的系统是这样。而对于对角型配对，RGA 元素却仅需计算一次。

例 3.11 续。图 3.8(b)就两种不同的配对，画出了式(3.65)对象 $G(s)$ 的 RGA 数。正如所料，在中间频段非对角线配对更为可取。

习题 3.8 对式(3.64)中对象的六种不同配对，计算其 RGA 数。你认为哪一种最好？

注：对角占优。配对规则 1 一种更为准确的陈述是，具有"对角占优"（见 10.6.4 节定义）的配对更为可取。在小 RGA 数与对角占优之间有密切的关系，但不幸的是对于 4×4 或更大的对象则是例外，所以小的 RGA 数并不总能确保对角占优；见 10.6.4 节例 10.18。

RGA 迭代。RGA 的迭代计算 $\Lambda^2(G) = \Lambda(\Lambda(G))$ 等，对大系统选择对角占优配对是非常有用的。Wolff(1994)在数值计算方面发现

$$\Lambda^{\infty} \triangleq \lim_{k \to \infty} \Lambda^k(G) \tag{3.68}$$

是一种被置换的单位阵（除了"边界线"上的情况）。更重要的是，Johnson 和 Shapiro(1986，定理 2)证明，如果 G 是一个广义对角矩阵（定义见 10.6.4 节注），则 Λ^{∞} 总是收敛到单位矩阵。因为矩阵 G 的置换使 $\Lambda(G)$ 发生相似的置换，Λ^{∞} 就可作为一种配对的选择。典型的情况是，对于 k 在 4 与 8 之间时，Λ^k 趋于 Λ^{∞}。例如，对于 $G = \begin{bmatrix} 1 & 2 \\ -1 & 1 \end{bmatrix}$，可得到 $\Lambda = \begin{bmatrix} 0.33 & 0.67 \\ 0.67 & 0.33 \end{bmatrix}$，$\Lambda^2 = \begin{bmatrix} -0.33 & 1.33 \\ 1.33 & -0.33 \end{bmatrix}$，$\Lambda^3 = \begin{bmatrix} -0.07 & 1.07 \\ 1.07 & -0.07 \end{bmatrix}$，$\Lambda^4 = \begin{bmatrix} 0.00 & 1.00 \\ 1.00 & 0.00 \end{bmatrix}$，这表明非对角线配对是对角占优的。注意，有时候即使有可能用正的配对，Λ^{∞} 也会"推荐"在 RGA 的负元素上进行配对。

习题 3.9 用式(3.64)的对象来测试迭代 RGA 方法，确认能得出对角占优的配对（理论应该如此）。

3.4.4 RGA 的代数性质总结

（复数）RGA 矩阵有许多有趣的代数性质，其中最重要的有（详见附录 A.4）：

A1. 与输入、输出的尺度变换无关；

A2. 其行与列的和均为 1；

A3. 如果 G 是上三角或下三角矩阵，RGA 则是单位阵；

A4. 矩阵 G 元素的相对变化量等于它所对应的 RGA 元素的负倒数 $g'_{ij} = g_{ij}(1 - 1/\lambda_{ij})$，这就

产生了奇异性；

A5. 由式(A.80)可知，具有大RGA元素的对象总是病态的(对应的$\gamma(G)$的值也大)，但反之却不一定成立(即具有大$\gamma(G)$的对象可能有小的RGA元素)。

从性质A3可以推论，RGA(或者更精确地说是$\Lambda-I$)提供了对双向交互作用的一种度量。

例3.12　考虑如下对角型对象

$$G=\begin{bmatrix}100 & 0\\ 0 & 1\end{bmatrix},\Lambda(G)=I,\gamma(G)=\frac{\bar{\sigma}(G)}{\underline{\sigma}(G)}=\frac{100}{1}=100,\gamma^*(G)=1 \tag{3.69}$$

条件数是100意味着对象增益在很大程度上取决于输入方向。然而，因为这个对象是对角型的，没有交互作用，故$\Lambda(G)=1$，最小化条件数$\gamma^*(G)=1$。

例3.13　一个三角型对象G，有

$$G=\begin{bmatrix}1 & 2\\ 0 & 1\end{bmatrix},G^{-1}=\begin{bmatrix}1 & -2\\ 0 & 1\end{bmatrix},\Lambda(G)=I,\gamma(G)=\frac{2.41}{0.41}=5.83,\gamma^*(G)=1 \tag{3.70}$$

这里应注意，对于三角型矩阵，只有单方向交互作用，没有双向交互作用，RGA总是单位阵。

例3.14　重新考虑式(3.45)的蒸馏过程，稳态时有

$$G=\begin{bmatrix}87.8 & -86.4\\ 108.2 & -109.6\end{bmatrix},G^{-1}=\begin{bmatrix}0.399 & -0.315\\ 0.394 & -0.320\end{bmatrix},\Lambda(G)=\begin{bmatrix}35.1 & -34.1\\ -34.1 & 35.1\end{bmatrix} \tag{3.71}$$

此时$\gamma(G)=197.2/1.391=141.7$，只是稍微大于$\gamma^*(G)=138.268$。RGA矩阵元素的幅值和是$\|\Lambda\|_{\mathrm{sum}}=138.275$。这证实了特性A5，即对于一个$2\times2$的系统，当$\gamma^*(G)$大的时候，$\|\Lambda(G)\|_{\mathrm{sum}}\approx\gamma^*(G)$。这里条件数是大的，但因为最小奇异值$\underline{\sigma}(G)=1.391$大于1，所以仅凭此一点并不能说明有控制问题。然而，大的RGA元素却表明有问题，这与下面的讨论一致(控制性质C1)。

例3.15　重新考虑式(3.64)的*FCC*过程，其中$\gamma=69.6/1.63=42.6$和$\gamma^*=7.80$。RGA元素的幅值和是$\|\Lambda\|_{\mathrm{sum}}=8.86$，正如从特性A5可以推测到的那样，近似于$\gamma^*$。注意到式(3.64)中$\Lambda$的行和列的总和为1。由于$\underline{\sigma}(G)$大于1，且RGA元素相对较小，这个稳态分析并不能说明任何特殊的系统控制问题。

3.4.5　RGA的控制性质总结

除了上面列举的代数性质外，RGA还有相当多有用的控制性质：

C1. 对于控制来说，因为存在很强的交互作用和对不确定性的敏感性，重要频率上大的RGA元素(典型值5～10或更大)表明该系统从本质上是难以控制的。

(a)输入通道的不确定性(对角输入不确定性)。由于对输入的不确定性，如由执行机构不确定或被忽略动态特性引起的输入不确定性的敏感性，具有大RGA元素(在穿越频率处)的对象，本质上是难以控制的。特别地，对具有大RGA元素的对象，不应采用解耦器或其它逆基控制器(见9.2.3节)。

(b)元素不确定性。正如上面的代数性质A4所揭示的，大RGA元素意味着对元素-元素间不确定性的敏感性。但是，由于传递函数元素之间的物理耦合，这种类型的不确定性在实际

中可能不会发生。因此，对于具有大 RGA 元素的对象，通常更要关心的是对角线输入的不确定性(总会存在)。

C2. RGA 与 RHP 零点。从 $s=0$ 到 $s=\infty$ 的过程中，如果 RGA 元素符号发生改变，那么在 G 或者 G 的某一个子系统中存在一个 RHP 零点(见定理 10.7)。

C3. 非方阵对象。通过使用伪逆，RGA 的定义可以推广到非正方阵；见附录 A.4.2。多余的输入：如果 RGA 一列的元素之和很小($\ll 1$)，则可考虑删除相应的输入。多余的输出：如果 RGA 一行的所有元素都很小($\ll 1$)，那么相应的输出不能被控制。

C4. RGA 与分散控制。前面两个配对规则总结了 RGA 的用途。

例 3.14 续。对式(3.71)中的稳态蒸馏模型，大的 RGA 元素 35.1 表明存在控制问题。更准确地说，如果分析表明 $G(j\omega)$ 也在穿越频率范围内有大的 RGA 元素，则可预计存在本质上的控制问题。的确，对于后面式(3.93)的理想化动态模型，RGA 元素在所有频率上都大，用此模型可在仿真中证实，采用逆基控制器，对输入通道不确定性有很强的敏感性，见 3.7.2 节。对于分散控制，按照规则 2，应该避免在 RGA 的负值元素上配对。从而，对角线配对更为可取。

例 3.16 考虑对象

$$G(s)=\frac{1}{5s+1}\begin{pmatrix} s+1 & s+4 \\ 1 & 2 \end{pmatrix} \tag{3.72}$$

可以发现 $\lambda_{11}(\infty)=2$ 与 $\lambda_{11}(0)=-1$ 有不同的符号。因为对角线元素都没有 RHP 零点，从性质 C2 可断定，$G(s)$ 必定有一个 RHP 零点。事实的确如此，$G(s)$ 有零点 $s=2$。

下面将更加详细地阐述 RGA 在分散控制中的应用(控制性质 C4)。假设采用在每一回路都有积分作用的分散控制，并想在一个或多个负的稳态 RGA 元素上配对。这是有可能的，因为动态的原因这样配对更容易，或者因为不存在只用正 RGA 元素配对的选择，参阅式(10.80)那样的系统。那么会发生什么情况呢？系统会不稳定吗？不一定。例如，我们可以按顺序(通常从最快的回路开始)每次整定一个回路，最后就会有一个稳定的总系统。然而，由于有负的 RGA 元素，又因为系统不是分散积分能控的(DIC)，因此就会有一些隐藏的问题，见 10.6.5 节。整个系统的稳定性取决于运行中的各个回路，这意味着一个或者多个独立回路的失调，可能导致整个系统的不稳定。输入饱和也会导致不稳定，因为相应的回路会因此失效。总之，应该避免在负稳态 RGA 元素上配对，如果无法避免，则应确保回路保持正常运行状态。

为了详细分析对象可达到的性能(输入-输出能控性分析)，必须考虑其奇异值，以及作为频率函数的 RGA 与条件数。特别要指出，穿越频率的范围很重要。此外，还必须考虑扰动和不稳定(RHP)对象极点和零点的存在。第 5 章和第 6 章会更详细地讨论所有这些问题，此外这两章还将分别分析 SISO 与 MIMO 系统可达到的性能及输入-输出能控性。

3.5 多变量对象控制

3.5.1 对角型控制器(分散控制)

使用对角型或者分块对角型控制器 $K(s)$ 是设计多变量控制器最简单的方法，这种方法通常被称为分散控制。$G(s)$越接近对角型,分散控制的性能越佳,因为这表明被控制的对象在本质上是一组独立的子系统。然而,$G(s)$中非对角线元素越大,对角型分散控制的性能就越差,因为没有设法抵消交互作用。分散控制器有三种基本设计方法:

- 完全协调设计;
- 独立设计;
- 顺序设计。

在第 10 章,我们将更加详细地讨论分散控制。

3.5.2 补偿器设计两步法

考虑图 3.9 的简单反馈系统。一种概念简单的多变量控制设计方法,包括以下两个步骤:首先设计一个抵消 $G(s)$中交互作用的"补偿器",其次使用与第 2 章处理 SISO 系统相类似的方法,设计一个对角型控制器。下面讨论几种类似方法。

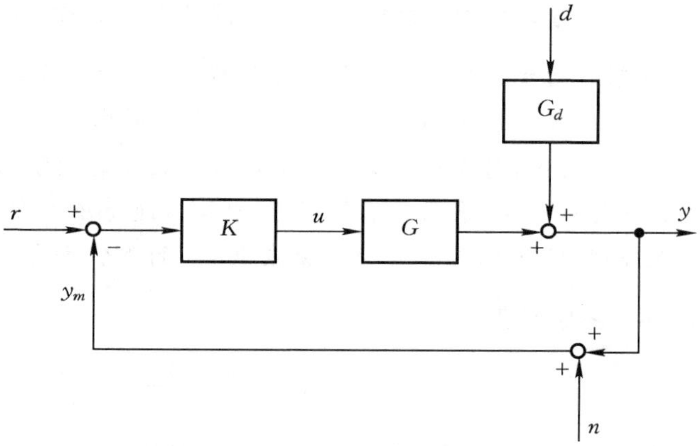

图 3.9 单自由度反馈控制构成

最常用的方法是用前置补偿器 $W_1(s)$来抵消对象中的交互作用,形成一个"新"整形过的系统,即

$$G_s(s) = G(s)W_1(s) \tag{3.73}$$

这个系统比原系统 $G(s)$更接近于对角型,且更容易控制。在找到合适的 $W_1(s)$后,便可为整形过的对象 $G_s(s)$设计对角型控制器 $K_s(s)$。总控制器为

$$K(s) = W_1(s)K_s(s) \tag{3.74}$$

在很多情况下,可以从物理上实现这个有效的补偿器,并可能包含像比率这样的非线性元件。

注 1 在这一方面,有 Rosenbrock(1974)的 Nyquist 阵列技术,以及 MacFarlane and Kouvaritakis(1977)的特征轨迹技术这样一些设计方法。

注 2 在 9.4 节,将要详细介绍与该方法类似的$\mathcal{H}_\infty$回路整形设计步骤,其相同点表现为要先选择一个前置补偿器,形成具有期望特性整形过的系统 $G_s=GW_1$,随后再设计控制器 $K_s(s)$;而其主要不同点表现为,在$\mathcal{H}_\infty$回路整形中,$K_s(s)$是基于优化(对$\mathcal{H}_\infty$鲁棒稳定性进行优化)设计的完全多变量控制器。

3.5.3 解耦

当选择补偿器 W_1 使式(3.73)的 $G_s=GW_1$ 在选定频率上呈对角型矩阵时,即可实现解耦控制。可能出现如下情形。

1. 动态解耦:$G_s(s)$在所有频率上都是对角型矩阵。例如,具有 $G_s(s)=I$ 和正方形矩阵的对

象，可推出 $W_1=G^{-1}(s)$(不考虑在实现 $G^{-1}(s)$时可能遇到的困难)。之后，若选择 $K_s(s)=l(s)I$(例如 $l(s)=k/s$)，总控制器则为

$$K(s)=K_{\text{inv}}(s)\triangleq l(s)G^{-1}(s) \tag{3.75}$$

式(3.75)被称为逆基控制器，由它可得出一个具有相同回路的标称解耦系统，即 $L(s)=l(s)I$，$S(s)=\frac{1}{1+l(s)}I$，以及 $T(s)=\frac{l(s)}{1+l(s)}I$。

注：许多情况下，我们想要通过选择 $W_1=G^{-1}G_{\text{diag}}$ 来保持整形后对象对角线上的元素不变。其它情况时，我们则希望 W_1 对角线上的元素为 1，这可以通过选择 $W_1=G^{-1}((G^{-1})_{\text{diag}})^{-1}$ 来实现，而 W_1 的非对角线元素则被称为"解耦元素"。

2. 稳态解耦：可以通过选择常值前置补偿器 $W_1=G^{-1}(0)$，得到对角型矩阵 $G_s(0)$(对于非正方形对象，只要 $G(0)$是行(输出)满秩，就可以使用伪逆)。

3. 在频率 w_o 的近似解耦：使 $G_s(j\omega_o)$尽可能接近对角型。要得到这个结果，通常选择常数前置补偿器 $W_1=G_o^{-1}$，其中 G_o 是 $G(j\omega_o)$的实数近似。举例来说，可以通过 Kouvaritakis(1974)的排列算法得到 G_o(见本书的主页名为 align.m 的文件)。带宽频率是 ω_o 很好的选择，因为通常此频率对于降低交互作用的效果是最佳的。

虽然解耦控制的想法很具吸引力，但遇到以下几个困难：

1. 正如人们可以预计到的，解耦可能非常容易受到模型误差和不确定性的影响，在 3.7.2 节将予以解释。
2. 对于扰动抑制来说，并不希望解耦和使用逆基控制器，其原因与 2.6.4 节就 SISO 系统给出的原因相似，并将在下面进行进一步讨论，见式(3.79)。
3. 如果对象有 RHP 零点，那么解耦通常会为闭环系统引入额外的 RHP 零点(见 6.6.1 节)。

解耦控制器在实践中的运行可能并不理想，但从理论上来说仍有很大意义。此外，解耦控制也有助于深入了解多变量交互作用对系统所能达到性能的限制。内模控制(IMC)方法(Morari and Zafiriou，1989)是很受欢迎的设计方法，从本质上讲此方法可以形成解耦控制器。

另一种能够避免上述大多数问题的常见策略是采用部分(单向)解耦，在这种方法中，式(3.73)中的 $G_s(s)$是上三角矩阵或下三角矩阵。

3.5.4 前置和后置补偿器与 SVD 控制器

如图 3.10 所示，可以通过引入后置补偿器 $W_2(s)$来扩展上面讨论的前置补偿器方法。

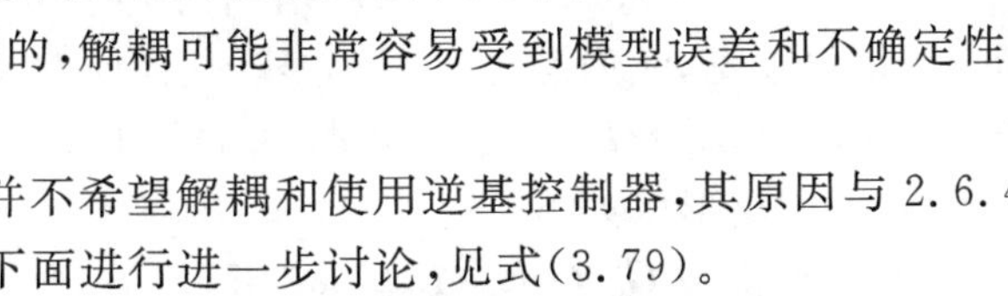

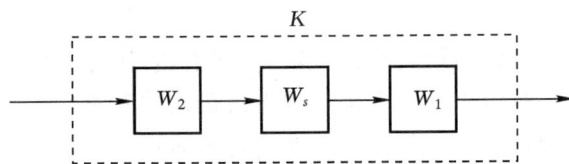

图 3.10 前置与后置补偿器 W_1 和 W_2。K_s 为对角型矩阵

这时可为整形后的对象 W_2GW_1 设计一个对角型控制器 K_s。总控制器为

$$K(s) = W_1 K_s W_2 \tag{3.76}$$

SVD 控制器是前置和后置补偿器设计的一种特例，此处

$$W_1 = V_o \text{且} W_2 = U_o^{\mathrm{T}} \tag{3.77}$$

其中，V_o 与 U_o 是从 SVD 的 $G_o = U_o \Sigma_o V_o^{\mathrm{T}}$ 中得到的，而 G_o 是 $G(\mathrm{j}\omega_o)$ 在给定频率 ω_o（通常在带宽周围）处的实数近似。Hung and MacFarlane(1982) 与 Hovd et al. (1997) 对 SVD 控制器进行了研究，后者还发现在某些情况下，SVD 控制结构是最优的，例如含有对称互连子系统的对象。

总之，SVD 提供了一类有用的控制器。解耦设计可通过选择 $K_s = l(s)\Sigma_o^{-1}$ 来实现，而鲁棒的控制器通常可以通过选择具有较低条件数（$\gamma(K_s)$ 小）的对角型 K_s 来获得。（见 6.10 节）。

3.5.5 什么是“最好”反馈控制器的形状

考虑扰动抑制问题。闭环扰动响应是 $y = SG_d d$。假定已经对系统进行过尺度变换（见 1.4节），使得在每个频率上扰动的最大值为 1，即 $\| d \|_2 \leqslant 1$，现在我们的性能要求是 $\| y \|_2 \leqslant 1$。这等价于要求 $\bar{\sigma}(SG_d) \leqslant 1$。在许多情况下，要在输入的使用和性能之间作折衷，从而使输入幅值最小化控制器所形成的 SG_d 所有奇异值等于 1，即 $\sigma_i(SG_d) = 1, \forall \omega$。这相当于

$$S_{\min} G_d = U_1 \tag{3.78}$$

其中 $U_1(s)$ 是某个全通传递函数（在每个频率上，其奇异值均为 1）。下标 min 是指利用最小回路增益来满足性能目标。为简单起见，我们假定 G_d 是方阵，从而使 $U_1(\mathrm{j}\omega)$ 成为单位阵。在反馈有效的所有频率上，有 $S = (I+L)^{-1} \approx L^{-1}$，并且由式(3.78)可得出 $L_{\min} = GK_{\min} \approx G_d U_1^{-1}$。总之，控制器和具有最小增益的回路形状如下

$$K_{\min} \approx G^{-1} G_d U_2, L_{\min} \approx G_d U_2 \tag{3.79}$$

其中 $U_2 = U_1^{-1}$ 是某个全通传递函数矩阵，这是式(2.66)对于 SISO 系统推导出 $|K_{\min}| \approx |G^{-1}G_d|$ 的推广，并且由式(2.66)得出的总结也适用于 MIMO 系统。例如，对进入对象输入的扰动 $G_d = G$，我们可得到 $K_{\min} = U_2$，因此一个简单的常值单位增益控制器，便能在输出性能与输入使用之间得到一个很好的折衷方案。我们也颇感兴趣地看到，通常不能选择单位阵 U_2 使得 $L_{\min} = G_d U_2$ 呈对角矩阵，所以解耦设计对于扰动抑制来说通常不是最优的。这些讨论可以作为回路整形设计的基础；第 9 章会有更多关于 $\mathcal{H}_\infty$ 回路整形的讨论。

3.5.6 多变量控制器综合法

上述的设计方法都基于两步法，即先设计一个前置补偿器（解耦控制）或者先进行输入-输出配对选择（分散控制），然后设计对角型控制器 $K_s(s)$。这种两步法经常得出的都是次优设计。

另一个做法是在最小化某个目标函数（范数）基础上，直接综合多变量控制器 $K(s)$。这里我们使用综合而不是设计，是用以强调这是一种更为正式的方法。在 20 世纪 60 年代，控制器设计最优化与“最优控制理论”一道初露锋芒，而后者是面临随机扰动时，使输出方差的期望值最小化。随后，又引入了其它方法和范数，如 $\mathcal{H}_\infty$ 最优控制。

3.5.7 混合灵敏度 $\mathcal{H}_\infty$ 综合(S/KS)的总结

这里我们简短地总结一下多变量综合法，即本章后面例子中会用到的 S/KS（混合灵敏

度)$\mathcal{H}_\infty$设计方法。在 S/KS 问题中，目标是最小化$\mathcal{H}_\infty$范数

$$N=\begin{bmatrix}W_PS\\W_uKS\end{bmatrix}\tag{3.80}$$

在前面学习 SISO 系统时讨论过这个问题，现在再复习一下 2.8.3 节的内容可能是有帮助的，在 2.8.3 节例 2.17 给出了 Matlab 文件。

下面的问题和准则是与选择权函数 W_P 和 W_u 相关：

1. S 是由 r 到 $-e=r-y$ 的传递函数。性能权函数的一种常见选择是 $W_P=\mathrm{diag}\{w_{Pi}\}$，其中

$$w_{Pi}=\frac{s/M_i+\omega_{Bi}^*}{s+\omega_{Bi}^*A_i},A_i\ll 1\tag{3.81}$$

(见 2.8.2 节图 2.29)。选择 $A_i\ll 1$ 保证了近似积分作用，使得 $S(0)\approx 0$ 成立。尽管对于每个输出期望的回路带宽 ω_{Bi}^* 都不相同，也经常把所有输出 M_i 的值选择为 2，ω_{Bi}^* 的值大，则使输出 i 的响应更快。

2. 图 3.9 中 KS 是由参考输入 r 到输入 u 的传递函数，这样对于如 1.4 节那样尺度变换过的系统，对输入权函数合理的最初选择是 $W_u=I$。然而，如果我们要求在低频段具有严苛的控制(即式(3.81)中 A_i 要小)，那么在低频时的输入使用就是不可避免的。因此，最好使用一个形如 $W_u=s/(s+\omega_1)$ 的权函数，其中可调频率 ω_1 近似等于闭环带宽。由于 G 在高频的低增益，所以通常可以不必考虑 W_u 对高频带来的不利影响。如果想要在高频给 KS 设置峰值界，通常给 T 设置一个峰值界更为可取(见下面的讨论)。

3. 为了给权函数 W_P 找到一个合理的初始选择，可以先用其它设计方法得到一个控制器，画出作为频率函数 S 对角线元素的幅值曲线，然后再选择 $w_{Pi}(s)$ 作为 $1/|S_{ii}|$ 的有理近似。

4. 为了抑制扰动，有些情况下可能希望 $w_{Pi}(s)$ 在低频有比式(3.81)所给出的结果更陡峭的斜率，见式(2.106)的权函数。然而，可能更好的做法是通过考虑下面的$\mathcal{H}_\infty$范数直接处理扰动问题

$$N=\begin{bmatrix}W_PS & W_PSG_d\\W_uKS & W_uKSG_d\end{bmatrix}\tag{3.82}$$

或者等效地

$$N=\begin{bmatrix}W_PSW_d\\W_uKSW_d\end{bmatrix}\text{ 且 }W_d=[I\quad G_d]\tag{3.83}$$

这里 N 表示从$\begin{bmatrix}r\\d\end{bmatrix}$到加权 e 和 u 的传递函数。在某些情况下，可能会想要调整 W_P 或 G_d，以更好地满足最初的目标。在 13.2 节，对直升机的研究说明了这一点，在这个例子中是通过引入一个标量参数 α 来调节 G_d 幅值的。

5. T 是由 $-n$ 到 y 的传递函数。为了降低对噪声和不确定性的灵敏度，T 在高频时的值要小，因此要使 L 有额外的衰减。这可以通过以下几种方法实现：一种方法是将 W_TT 加入到式(3.80)的 N 中，这里 $W_T=\mathrm{diag}\{w_{Ti}\}$，且 $|w_{Ti}|$ 在低频时小于 1，但在高频时的值较大。更直接的一种方法是把高频动态特性 $W_1(s)$ 加入到对象模型中，以保证整形后的对象 $G_s=GW_1$ 以期望的斜率衰减。由此可以为这个整形后的对象得到$\mathcal{H}_\infty$最优控制器 K_s，最后控制器包括 $W_1(s)$，变为 $K=W_1K_s$。

在数值计算方面，$\min_K \|N\|_\infty$ 问题通常采用 γ 迭代的方法求解，先求出一个满足 $\|N\|_\infty < \gamma$ 的控制器，然后减小 γ，经过迭代获得最小的 $\gamma_{\min}$。第 9 章将涉及更多关于 $\mathcal{H}_\infty$ 设计的细节。

3.6　多变量 RHP 零点介绍

通过一个例子，希望使读者意识到，在 MIMO 系统可能会存在一些在 $G(s)$ 元素中并不明显存在的一些零点。如同 SISO 系统一样，会发现 RHP 零点给控制带来了一些根本上的限制。

MIMO 系统的零点 z，就定义为能使 $G(s)$ 降秩的 $s=z$，并且通过观察 $G(z)$ 有零增益的方向，就可以找到零点的方向。对于方形系统，$G(s)$ 的极点和零点基本上就是 $G(s)$ 行列式的极点和零点。然而，这种粗糙的方法在有些情况下可能会失效，例如有可能会错误地消去位置相同而方向不同的极点和零点(更多细节见 4.5 节和 4.5.3 节)。

例 3.17　考虑如下对象

$$G(s) = \frac{1}{(0.2s+1)(s+1)}\begin{bmatrix} 1 & 1 \\ 1+2s & 2 \end{bmatrix} \tag{3.84}$$

图 3.11(a)和(b)给出了对于每一个输入的阶跃响应。由图可以看出，对象是有交互作用的，但对于这两个输入，没有逆向响应表明 RHP 零点的存在。尽管如此，该对象仍在 $z=0.5$ 处有一个多变量 RHP 零点；即 $G(s)$ 在 $s=0.5$ 处降秩，并且有 $\det G(0.5)=0$。$G(0.5)$ 的 SVD 为

$$G(0.5) = \frac{1}{1.65}\begin{bmatrix} 1 & 1 \\ 2 & 2 \end{bmatrix} = \underbrace{\begin{bmatrix} 0.45 & 0.89 \\ 0.89 & -0.45 \end{bmatrix}}_{U} \underbrace{\begin{bmatrix} 1.92 & 0 \\ 0 & 0 \end{bmatrix}}_{\Sigma} \underbrace{\begin{bmatrix} 0.71 & 0.71 \\ 0.71 & -0.71 \end{bmatrix}^{\mathrm{H}}}_{V^{\mathrm{H}}} \tag{3.85}$$

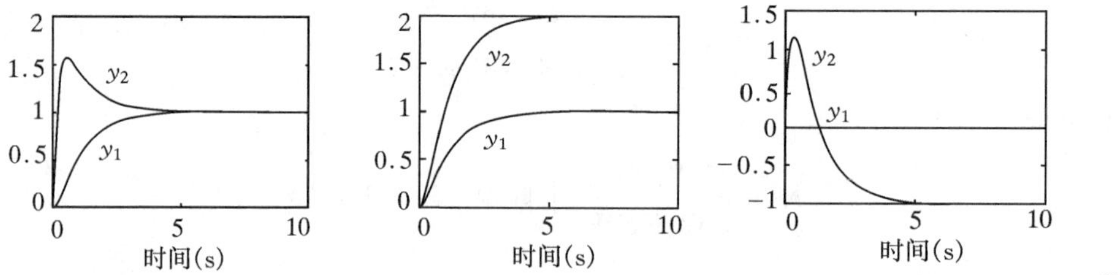

(a) 阶跃输入 u_1, $u=[1\ \ 0]^{\mathrm{T}}$　(b) 阶跃输入 u_2, $u=[0\ \ 1]^{\mathrm{T}}$　(c) 阶跃输入 u_1 和 u_2, $u=[1\ \ -1]^{\mathrm{T}}$

图 3.11　式(3.84)中 $G(s)$ 的开环响应

并且正如预期的那样，有 $\underline{\sigma}(G(0.5))=0$。相应于 RHP 零点的方向有 $\underline{v}=\begin{bmatrix} 0.71 \\ -0.71 \end{bmatrix}$(输入方向)和 $\underline{u}=\begin{bmatrix} 0.89 \\ -0.45 \end{bmatrix}$(输出方向)。因此，RHP 零点与输入和输出都有关。多变量 RHP 零点的存在，的确可以从图 3.11(c)的时间响应里看到，此处输入按相反方向同时变化，即 $u=\begin{bmatrix} 1 \\ -1 \end{bmatrix}$。我们看到 y_2 有逆向响应，而对于这个特定的输入变化，输出 y_1 却依旧是 0。

为了给出 RHP 零点如何影响闭环响应，我们设计一个控制器，使之最小化如下加权 S/KS矩阵的$\mathcal{H}_\infty$范数

$$N=\begin{bmatrix} W_P S \\ W_u KS \end{bmatrix} \tag{3.86}$$

权函数为

$$W_u=I, W_P=\begin{bmatrix} w_{P1} & 0 \\ 0 & w_{P2} \end{bmatrix}, w_{Pi}=\frac{s/M_i+\omega_{Bi}^*}{s+\omega_{Bi}^* A_i}, A_i=10^{-4} \tag{3.87}$$

该设计的 Matlab 文件与 2.8.3 节表 2.4 相同，不同之处只是现在是一个 2×2 的系统。由于在 $z=0.5$ 处有一个 RHP 零点，我们预计这在某种程度上会限制闭环系统的带宽。

设计 1。让两个输出的权函数相等，并选择

$$\text{设计 1}: M_1=M_2=1.5;\quad \omega_{B1}^*=\omega_{B2}^*=z/2=0.25$$

这使得 N 的$\mathcal{H}_\infty$范数是 2.80，由此得出 S 的奇异值如图 3.12(a)中实线所示。对于参考输入的变化 $r=[1\quad -1]^T$，闭环响应如图 3.12(b)的实线所示。由图可知，两个输出特性均较差，且均表现出逆向响应。

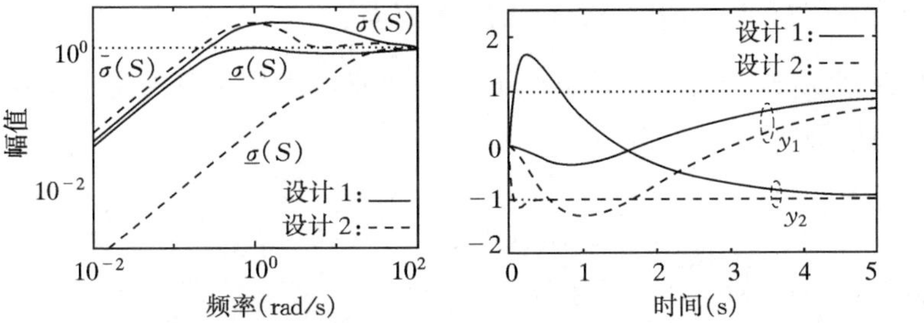

(a) S 的奇异值　　(b) 对参考输入变化 $r=[1\quad -1]^T$ 的响应

图 3.12 式(3.84)带 RHP 零点 2×2 系统的不同设计

设计 2。对于 MIMO 系统，经常可以把 RHP 零点的大多数破坏作用(如逆向响应)移到某一个特定的输出通道。为了说明这一点，可以通过改变权函数 w_{P2}，把更重要的东西放在输出 2 上，这可以通过乘以 100 这个因子使得输出 2 的带宽要求增加：

$$\text{设计 2}: M_1=M_2=1.5;\quad \omega_{B1}^*=0.25,\quad \omega_{B2}^*=25$$

这使得 N 的$\mathcal{H}_\infty$范数为 2.92。在此情况下，由图 3.12(b)的点划线可得出，输出 2(y_2)的响应很好，且无逆向响应。不过这样做会导致输出 1(y_1)的响应要比设计 1 差一些。

设计 3。也可以把权函数 w_{P1} 与 w_{P2} 互换，以强调输出 1，而不是输出 2。在这种情况下(结果未画出)输出 1(y_1)的响应很好，且没有逆向响应，但输出 2 响应很差(比设计 2 中输出 1 的效果差很多)。另外，这里 N 的$\mathcal{H}_\infty$范数是 6.73，而在设计 2 中仅为 2.92。

这样，在该例中可以看到，对输出 2 实现严苛控制比输出 1 更容易。这可通过 RHP 零点的输出方向，即 $\underline{u}=\begin{bmatrix} 0.89 \\ -0.45 \end{bmatrix}$进行推断，它主要与输出 1 的方向相同。在 6.6.1 节会更详细地讨论这个问题。

注 1 从这个例子可以看出，我们可以让 RHP 零点对两个输出中的任一个产生影响，这是典型的多变量 RHP 零点。但在其它情况下，RHP 零点与某一个特定的输出通道联系在一起，并且不可能将其影响移动到另外一个输出通道上去。此种零点称为“牵制零点”(见 4.6 节)。

注 2 从图 3.12(a)的奇异值曲线上可以看出，通过设计 2 能够在一个“好”方向上获得很大改善(相应于 $\underline{\sigma}(s)$)，而代价只是在“坏”方向(相应于 $\bar{\sigma}(s)$)上有一个较小的恶化。这样，设计 1 揭示出 $\mathcal{H}_\infty$ 范数的一个缺点：只有最差的方向(最大奇异值)才影响 $\mathcal{H}_\infty$ 范数，并且很难在不同方向上找到一个好的折衷。

3.7 MIMO 鲁棒性导论

为了启发说明加深了解鲁棒性的必要性，这里通过两个例子来说明 MIMO 系统可以表现出一种对不确定性的敏感性，而这在 SISO 系统中是不存在的。我们将集中在对角型输入的不确定性上，这种不确定性存在于任意真实系统中。由于这种不确定性出现在控制器与对象之间，所以经常会限制系统所能达到的性能。

3.7.1 启发鲁棒性研究的例 1：旋转卫星

考虑如下对象(Dolye, 1986; Packard et al., 1993)，这是由研究绕卫星主轴旋转的角速度控制问题启发而得到的：

$$G(s) = \frac{1}{s^2+a^2}\begin{bmatrix} s-a^2 & a(s+1) \\ -a(s+1) & s-a^2 \end{bmatrix}; \quad a = 10 \tag{3.88}$$

最小状态空间实现，$G=C(sI-A)^{-1}B+D$，是

$$\left[\begin{array}{c|c} A & B \\ \hline C & D \end{array}\right] = \left[\begin{array}{cc|cc} 0 & a & 1 & 0 \\ -a & 0 & 0 & 1 \\ \hline 1 & a & 0 & 0 \\ -a & 1 & 0 & 0 \end{array}\right] \tag{3.89}$$

对象在 $s=\pm ja$ 处有一对 $j\omega$ 轴的极点，故需要使之被镇定。现在应用负反馈，而且采用简单的对角型常值控制器：

$$K=I$$

互补灵敏度函数是

$$T(s) = GK(I+GK)^{-1} = \frac{1}{s+1}\begin{bmatrix} 1 & a \\ -a & 1 \end{bmatrix} \tag{3.90}$$

标称稳定性(NS)。闭环系统在 $s=-1$ 处有两个极点，因此是稳定的。通过计算闭环状态矩阵可以证实这一点

$$A_{cl} = A - BKC = \begin{bmatrix} 0 & a \\ -a & 0 \end{bmatrix} - \begin{bmatrix} 1 & a \\ -a & 1 \end{bmatrix} = \begin{bmatrix} -1 & 0 \\ 0 & -1 \end{bmatrix}$$

(用 $\dot{x}=Ax+Bu$，$y=Cx$ 和 $u=-Ky$ 来推导 A_{cl})

标称性能(NP)。$L=GK=G$ 的奇异值如图 3.7(b)所示。由图可知，低频率处有 $\underline{\sigma}(L)=1$，并在 $\omega=10$ 处开始下降。因为 $\underline{\sigma}(L)$ 未超过 1，所以不能在低增益方向上对这个对象进行严

苛控制(回忆式(3.51)后面的讨论),因而预计会有差的闭环性能。通过 S 和 T 证实了这一点。例如,在稳态下 $\bar{\sigma}(T)=10.05$,$\bar{\sigma}(S)=10$。更进一步,式(3.90)中 $T(s)$非对角线元素大,表明闭环系统中将存在很强的交互作用。(但是对于参考输入跟踪,可以通过两自由度的控制器来抵消这种交互作用)。

鲁棒稳定性(RS)。现在考虑稳定性的鲁棒程度。为了确定每一个输入通路对于摄动的稳定裕量,可以考虑像图 3.13 那样断开第一个输入回路。在该点的回路传递函数(从 w_1 到 z_1 的传递函数)是 $L_1(s)=1/s$(这可从 $t_{11}(s)=\frac{1}{1+s}=\frac{L_1(s)}{1+L_1(s)}$推导得出)。它与无穷大增益裕量和90°相位裕量相对应。如果断开第二个输入处的回路,仍得到同样结果,这就表明好的鲁棒性与 a 值无关。然而进一步分析表明,这个设计并称不上鲁棒。现在考虑输入增益的不确定性,令 ε_1 和 ε_2 表示每个输入通道中增益的相对误差,则有

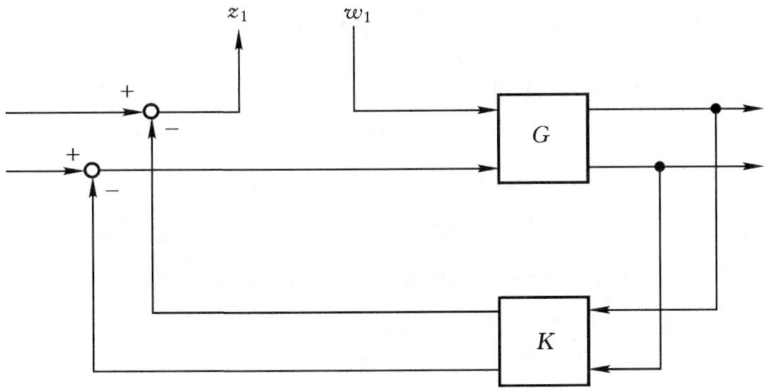

图 3.13 “一次一个回路”检查稳定裕量

$$u'_1=(1+\varepsilon_1)u_1, u'_2=(1+\varepsilon_2)u_2 \tag{3.91}$$

这里 u'_1 和 u'_2 是调节输入的实际变化,而 u_1 和 u_2 是控制器计算出的期望变化量。要强调的是,由于我们不能准确得到调节输入的精确值,因此对角型输入的不确定性总是会存在的。借助于状态空间描述,式(3.91)的 B 可以用下式取代:

$$B'=\begin{bmatrix}1+\varepsilon_1 & 0\\ 0 & 1+\varepsilon_2\end{bmatrix}$$

相应的闭环状态矩阵为

$$A'_{cl}=A-B'KC=\begin{bmatrix}0 & a\\ -a & 0\end{bmatrix}-\begin{bmatrix}1+\varepsilon_1 & 0\\ 0 & 1+\varepsilon_2\end{bmatrix}\begin{bmatrix}1 & a\\ -a & 1\end{bmatrix}$$

其特征多项式为

$$\det(sI-A'_{cl})=s^2+\underbrace{(2+\varepsilon_1+\varepsilon_2)}_{a_1}s+\underbrace{1+\varepsilon_1+\varepsilon_2+(a^2+1)\varepsilon_1\varepsilon_2}_{a_0} \tag{3.92}$$

被摄动系统是稳定的,当且仅当系数 a_0 与 a_1 都是正数。因此可以看出,如果我们每次只考虑一个通道的不确定性的话,这个系统总是稳定的(至少在通道增益为正数时如此)。更准确地说,在($-1<\varepsilon_1<\infty, \varepsilon_2=0$)与($\varepsilon_1=0, -1<\varepsilon_2<\infty$)条件下,系统是稳定的。这证实了本书前

面给出的无穷大增益裕量。然而，这个系统只能承受两个通道同时发生的微小变化。例如，令$\varepsilon_1=-\varepsilon_2$，那么系统就是不稳定的($a_0<0$)，因为

$$|\varepsilon_1|>\frac{1}{\sqrt{a^2+1}}\approx 0.1$$

综上所述，我们发现对于MIMO问题，只检查单个回路的裕量是不够的。可以看到，$\bar{\sigma}(T)$和$\bar{\sigma}(S)$的值大表示存在鲁棒性问题。我们将在第8章再讨论这个问题，在那里将说明当幅值的输入不确定性满足$|\varepsilon_i|<1/\bar{\sigma}(T)$条件时，可确保系统的鲁棒稳定性(甚至对于"满元素复摄动"的情况也是如此)。

在下一个例子中，我们会发现，即使在$\bar{\sigma}(T)$和$\bar{\sigma}(S)$没有大峰值的情况下，也会存在对于对角型输入不确定性的敏感性问题。这种情况对于对角型控制器是不会发生的，见式(6.92)，但是如果对于具有大RGA元素的对象，采用逆基控制器，就会发生这种情况，见式(6.93)。

3.7.2 启发鲁棒性研究的例2：蒸馏过程

下面是一个蒸馏塔的理想动态模型：

$$G(s)=\frac{1}{75s+1}\begin{bmatrix}87.8 & -86.4\\ 108.2 & -109.6\end{bmatrix}\tag{3.93}$$

(时间以分钟为单位)。例3.6讨论了这个例子的物理过程。对象是病态的，在所有频率上条件数为$\gamma(G)=141.7$。对象也存在很强的双向交互作用，且在所有频率上的RGA矩阵为

$$\Lambda(G)=\begin{bmatrix}35.1 & -34.1\\ -34.1 & 35.1\end{bmatrix}\tag{3.94}$$

该矩阵元素的值较大，表明这个过程从本质上是很难控制的。

注：不可否认，式(3.93)作为真实蒸馏塔模型的确是非常粗糙的；从输入1到输出2的传递函数中，应该有一个高阶滞后来表示液体向下流到塔里的过程，混合过程的高阶动态特性也应该被包含进来。尽管这样，这个简单的模型，却能显示出蒸馏塔行为的重要特征。应该注意的是，如果用包含更多细节的模型，RGA元素将在频率1rad/min附近趋于1，那么在控制问题上能揭示的东西将更少。

下面是逆基控制器，可看作具有PI控制器的稳态解耦器：

$$K_{\mathrm{inv}}(s)=\frac{k_1}{s}G^{-1}(s)=\frac{k_1(1+75s)}{s}\begin{bmatrix}0.3994 & -0.3149\\ 0.3943 & -0.3200\end{bmatrix},\quad k_1=0.7\tag{3.95}$$

标称性能(NP)。这里有$GK_{\mathrm{inv}}=K_{\mathrm{inv}}G=\frac{0.7}{s}I$。在没有模型误差时，这个控制器应该抵消对象中所有的交互作用，并给出两个解耦的一阶响应，每个响应的时间常数都是$1/0.7=1.43\ \mathrm{min}$。这一点可由图3.14实线表示的对参考输入变化的仿真响应y_1所证实。显然这个响应是可接受的，于是，我们可以得出用解耦控制器可以达到标称性能(NP)的结论。

鲁棒稳定性(RS)。该控制器的灵敏度与互补灵敏度函数为

$$S=S_I=\frac{s}{s+0.7}I;\ T=T_I=\frac{1}{1.43s+1}I\tag{3.96}$$

这样，$\bar{\sigma}(S)$和$\bar{\sigma}(T)$在所有频率上都小于1，因此没有峰值表示存在鲁棒性问题。我们还发现，这个控制器在每个通道上都有无穷大的幅值裕量(GM)和90°的相位裕量(PM)。因此，使用传

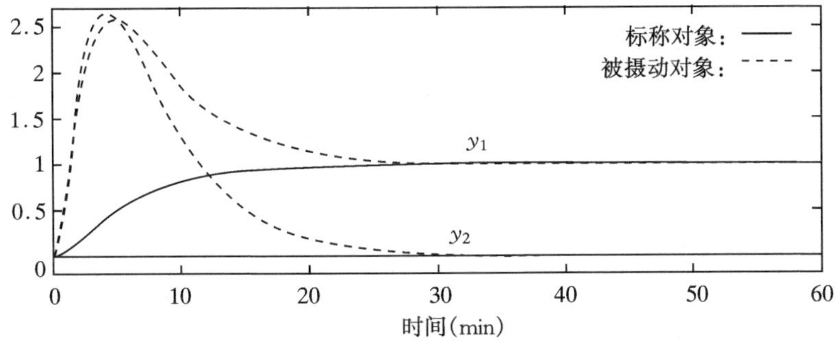

图 3.14 带解耦控制器对滤波后参考输入 $r_1=1/(5s+1)$ 的响应。如式(3.97)给出的那样，被摄动对象存在 20% 的增益不确定性

统裕量，以及 S 和 T 峰值的方法不会发现存在鲁棒性问题。然而，有必要关注 RGA 元素值大小的问题，下面会证实这一点。

现在再和前面的例子一样，考虑式(3.91)中输入增益的不确定性，取 $\varepsilon_1=0.2$，$\varepsilon_2=-0.2$，则有

$$u'_1 = 1.2u_1, u'_2 = 0.8u_2 \tag{3.97}$$

注意，这种不确定性依赖于输入的变化(流速)，而不是其绝对值。对于过程控制来说，20% 误差是普遍的(见 8.2.4 节注 2)。式(3.97)的不确定性本身并不会导致不稳定。假设没有零极点对消，这一点便可由计算闭环极点来证明，这就是 $\det(I+L(s))=\det(I+L_I(s))=0$ 的解(见式(4.105)和式(A.12))。在本例中

$$L'_I(s) = K_{\text{inv}}G' = K_{\text{inv}}G\begin{bmatrix}1+\varepsilon_1 & 0\\ 0 & 1+\varepsilon_2\end{bmatrix} = \frac{0.7}{s}\begin{bmatrix}1+\varepsilon_1 & 0\\ 0 & 1+\varepsilon_2\end{bmatrix}$$

所以被摄动闭环极点是

$$s_1 = -0.7(1+\varepsilon_1), s_2 = -0.7(1+\varepsilon_2) \tag{3.98}$$

只要输入增益 $1+\varepsilon_1$ 和 $1+\varepsilon_2$ 保持为正，系统便是闭环稳定的。于是，每个输入通道可容许多达 100% 的误差。这样可得出结论：*解耦控制器就输入增益误差而言具有鲁棒稳定性*(RS)。

鲁棒性能(RP)。对于 SISO 系统，通常标称性能(NP)和鲁棒稳定性(RS)就意味着鲁棒性能(RP)，但由图 3.14 点划线所示被摄动系统的闭环响应可清楚看出，MIMO 系统并非如此。它与实线所示的标称响应相差甚远，即使稳定，这种响应也是不可接受的；它不再有解耦效果，$y_1(t)$ 与 $y_2(t)$ 在调整到其期望值 1 和 0 之前到达 2.5。*所以用解耦控制器并未带来* RP。

注 1 观察对参考输入变化响应较差的 y_1，可以用如下简单的原因来解释：为了达到这种大多出现在对象增益较低方向上的变化，逆基控制器会产生相对较大的 u_1 和 u_2，同时还试图保持 u_1-u_2 很小。然而，输入的不确定性使这一点不可能实现——由于对象在此方向上有大的增益($\bar{\sigma}(G)=197.2$)，会引起 y_1 和 y_2 很大的变化，致使 $u'_1-u'_2$ 的实际变化值比预期值大，见式(3.46)。

注 2 系统对高达 100% 的增益不确定性能保持稳定的原因，是由于这种不确定性仅仅出现在对象的一边(输入端)。如果我们把输出端的不确定性也考虑进来，就会发现解耦控制器对输

入与输出相对较小的增益误差都会产生不稳定。下面的习题3.11可以说明这种情况。

注3　这个模型采用其它标准设计方法很难得到鲁棒的控制器。例如，用式(3.80)的 S/KS 设计，取 $W_P=w_P I$（在式(3.81)性能权函数中用 $M=2, \omega_B=0.05$），$W_u=I$，产生一个好的标称响应（虽然是非解耦的），但系统对输入的不确定性非常敏感，在有20%增益误差时，输出会上升到3.4，并且调整得很慢。

注4　试图用Glover-McFarlane $\mathcal{H}_\infty$ 回路整形算法的步骤2获得逆基控制器，也无助于使之具有鲁棒性，见习题3.12。这表明关于一般互质因子不确定性的鲁棒性，并不意味着对于输入不确定性的鲁棒性。在任何情况下，都要避免在具有大RGA元素的对象上应用逆基控制器。

习题3.10* 　对式(3.93)的蒸馏过程设计SVD控制器 $K=W_1K_sW_2$，即选 $W_1=V, W_2=U^T$，其中 U 和 V 按式(3.46)取值。K_s 选择为如下形式

$$K_s=\begin{bmatrix} c_1\dfrac{75s+1}{s} & 0 \\ 0 & c_2\dfrac{75s+1}{s}\end{bmatrix}$$

并试用以下取值：

(a) $c_1=c_2=0.005$；

(b) $c_1=0.005, c_2=0.05$；

(c) $c_1=0.7/197=0.0036, c_2=0.7/1.39=0.504$。

对于不确定性存在与否两种情况，分别对闭环响应进行仿真。方案(a)与(b)应该是鲁棒的，而哪一个具有最佳性能呢？方案(c)应能给出图3.14所示的响应，再在仿真中加入对象高阶动态特性，以 $\dfrac{1}{(0.02s+1)^5}G(s)$ 代替 $G(s)$。对于上述三种情况，控制器的条件数是什么？并对结果进行讨论。（可参见6.10.4节末的结论。）

习题3.11　重新考虑式(3.93)描述的采用解耦控制器的蒸馏过程，但现在加入输出增益不确定性 $\hat{\varepsilon}_i$，即令被摄动回路传递函数为

$$L'(s)=G'K_{\text{inv}}=\frac{0.7}{s}\underbrace{\begin{bmatrix}1+\hat{\varepsilon}_1 & 0\\ 0 & 1+\hat{\varepsilon}_2\end{bmatrix}G\begin{bmatrix}1+\varepsilon_1 & 0\\ 0 & 1+\varepsilon_2\end{bmatrix}G^{-1}}_{L_0} \tag{3.99}$$

对于式(3.93)的蒸馏模型来说，L_0 是一个常阵，因为 G 的所有元素有相同的动态特性 $G(s)=g(s)G_0$。被摄动系统闭环极点是如下方程的解 $\det(I+L'(s))=\det(I+(k_1/s)L_0)=0$，或者等价地是如下方程的解

$$\det(\frac{s}{k_1}I+L_0)=(s/k_1)^2+\text{tr}(L_0)(s/k_1)+\det(L_0)=0 \tag{3.100}$$

当 $k_1>0$ 时，由Routh-Hurwitz稳定条件可知，不稳定的充分必要条件是，L_0 的迹和/或行列式为负。因为对于任意小于100%的增益误差有 $\det(L_0)>0$，因此不稳定仅当 $\text{tr}(L_0)<0$ 时才会发生。计算 $\text{tr}(L_0)$，并说明具有相等幅值的误差 $\hat{\varepsilon}_1=-\hat{\varepsilon}_2=-\varepsilon_1=\varepsilon_2=\varepsilon$，是最容易产生不稳定的误差组合。并用这个来说明如果

$$|\varepsilon| > \sqrt{\frac{1}{2\lambda_{11}-1}} \tag{3.101}$$

则被摄动系统不稳定，式中 $\lambda_{11}=g_{11}g_{22}/\det G$ 是 G 的 RGA 第 1,1 个元素。本例中 $\lambda_{11}=35.1$，当 $|\varepsilon|>0.120$ 时系统不稳定。采用 Matlab 通过数值计算，验证上述结论。

注： 式(3.101)中输入与输出不确定性同时存在的不稳定条件，适用于所有元素均含有相同动态特性 $G(s)=g(s)G_0$，且均采用逆基控制器 $K(s)=(k_1/s)G^{-1}(s)$ 的 2×2 对象。

习题 3.12* 再来考虑式(3.93)的蒸馏过程。利用式(3.95)逆基控制器 K_{inv}，则其响应对输入增益误差是敏感的。我们想要知道采用 Glover-McFarlane $\mathcal{H}_\infty$ 回路整形算法可否改善控制器，以获得更为鲁棒的系统。为此，假设整形后对象为 $G_s=GK_{\mathrm{inv}}$，即 $W_1=K_{\mathrm{inv}}$，再对整形后对象设计一 $\mathcal{H}_\infty$ 控制器 K_s(见 9.4.2 节及第 9 章)，使整个控制器为 $K=K_{\mathrm{inv}}K_s$。(你会发现 $\gamma_{\min}=1.414$，标志着对互质因子不确定性的良好鲁棒性，但回路形状几乎未变，且系统对输入不确定性依旧敏感)。

3.7.3 鲁棒性结论

从上面两个具有启发性的实例可以发现，多变量对象对不确定性(在此为输入不确定性)表现出的敏感性与 SISO 系统的情况完全不同。

在第一个例子(旋转卫星)中，若每次只考虑一个回路，便可得到极好的稳定裕量(PM 与 GM)，但同时发生小的输入增益误差就会产生不稳定。这种情况，可以由 S 与 T 的峰值($\mathcal{H}_\infty$ 范数)预计到，其定义为

$$\|T\|_\infty=\max_\omega \bar{\sigma}(T(\mathrm{j}\omega)),\ \|S\|_\infty=\max_\omega \bar{\sigma}(S(\mathrm{j}\omega)) \tag{3.102}$$

在本例中，两值均为大值(约为 10)。

在第二个例子(蒸馏过程)中，可再次得到极好的稳定裕量(PM 与 GM)，并且系统对于高达 100%的输入增益误差(即便是同时存在的)也是鲁棒稳定的。然而，本例中小的增益误差会产生很差的输出性能，故鲁棒性能并不令人满意，再加上同时存在输出增益不确定性就导致了不稳定(见习题 3.11)。这些与解耦控制器共存的问题或许是已经预计到的，因为对象有大的 RGA 元素。在第二个例子中，S 与 T 的 $\mathcal{H}_\infty$ 范数均约为 1，因此 S 与 T 没有峰值，也不能保证鲁棒性。

虽然灵敏度峰值、RGA 元素等是鲁棒性问题有用的指标，但对于诸如一个给定的不确定源到底引起不稳定，还是导致性能差这样的问题，不能给出严格的答案。这就引发了寻求分析模型不确定性影响更好工具的需求。我们希望避免为了检验对象的稳定性与性能而进行大量的反复试验，因为这太费时间，并且最终也不知道对于这些对象是否找到了其限制条件。我们所希望的是一个简单并能辨别出最差对象的工具。这将是第 7 和第 8 章的焦点，在那里将说明如何在 $\mathcal{H}_\infty$ 框架下表示模型的不确定性，并引入结构化奇异值 μ 作为我们的工具。在例8.10 和 8.11.3 节中会更细地研究这两个启发性的例子。其中，μ 分析可以揭示上面发现的鲁棒性问题。

3.8 一般性控制问题描述

本节将考虑由 Dolye(1983；1984)引入采用公式化描述控制问题的一般方法。这要用图

3.15 的一般性控制构成，其中 P 是广义对象，K 是如 1.6 节表 1.1 所解释的广义控制器。应注意这里用的是正反馈。

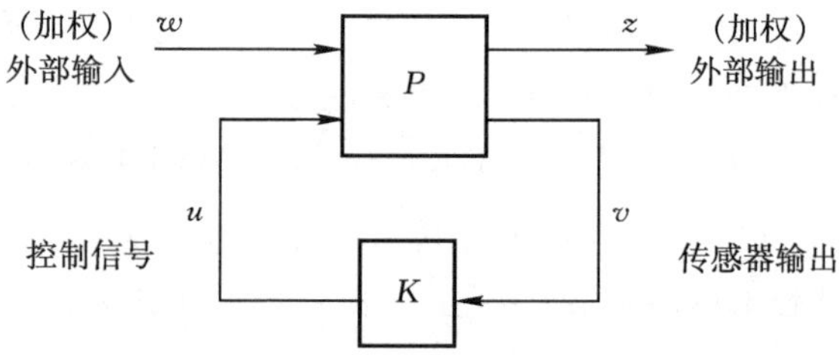

图 3.15 不存在模型不确定性情况的一般控制构成

总的控制目标是使由 w 到 z 传递函数的某个范数最小化，如 $\mathcal{H}_\infty$ 范数。这样控制器设计问题可描述为：

- 求取一个控制器 K，使其根据 v 中的信息产生控制信号 u，抵消 w 对 z 的影响，从而最小化由 w 到 z 的闭环范数。

本节最重要的一点，是要理解几乎任何线性控制问题都可以用图 3.15（理想情况）或图 3.23（带有模型不确定性）所示的方块图来描述。

注 1 图 3.15 的构成初看似乎有一定局限性。然而并非如此，下面通过几个包括观测器（估计问题）与前馈控制器设计的例子，说明这种构成的一般性。

注 2 若考虑 Nett(1986)所介绍的 4 **参数控制器**，引入诊断作为控制器的附加输出，可以进一步扩展这种控制构成，不过这不在本书讨论的范围之内。

3.8.1 获取广义对象 P

按照 Matlab 综合 $\mathcal{H}_\infty$ 与 $\mathcal{H}_2$ 最优控制器的程序，假定控制问题具有图 3.15 描述的一般形式；也就是说，假定 P 是给定的。对于一个具体问题，要导出 P（继而 K），则首先必须得到其方块图描述，并确认信号 w、z、u 和 v。在构建 P 时，应注意这是一个开环系统，并切记要断开所有出入控制器 K 的“回路”。下面会给出一些例子，在 9.3 节（图 9.9、9.10、9.11 和 9.12）还将给出一些例子。

例 3.18 单自由度反馈控制构成。要求出图 3.16 传统单自由度控制构成的 P，第一步需要找出广义对象的信号：

$$w=\begin{bmatrix}w_1\\w_2\\w_3\end{bmatrix}=\begin{bmatrix}d\\r\\n\end{bmatrix};z=e=y-r;v=r-y_m=r-y-n \tag{3.103}$$

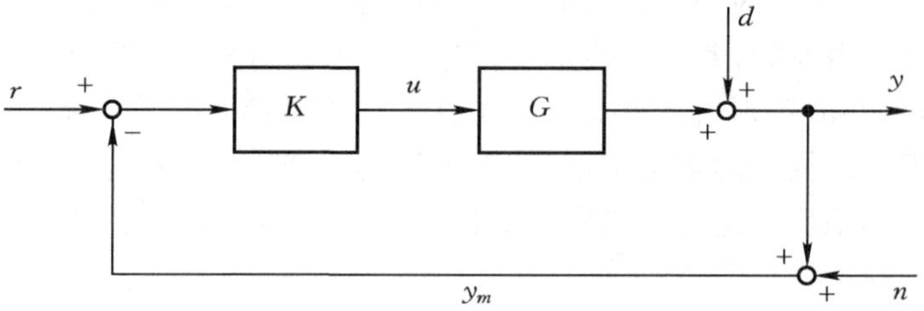

图 3.16 单自由度控制器构成

这样选择 v，控制器仅有关于偏差 $r-y_m$ 的信息。还注意到 $z=y-r$，这意味着性能指标将使用实际输出 y，而不是量测的输出 y_m。于是由图 3.16 的方块图可得出

$$z = y - r = Gu + d - r = Iw_1 - Iw_2 + 0w_3 + Gu$$
$$v = r - y_m = r - Gu - d - n = -Iw_1 + Iw_2 - Iw_3 - Gu$$

从$[w \quad u]^{\mathrm{T}}$到$[z \quad v]^{\mathrm{T}}$的传递函数矩阵 P 为

$$P = \begin{bmatrix} I & -I & 0 & G \\ -I & I & -I & -G \end{bmatrix} \tag{3.104}$$

注意这里 P 不包括控制器。P 可以通过观察图 3.17 得出。

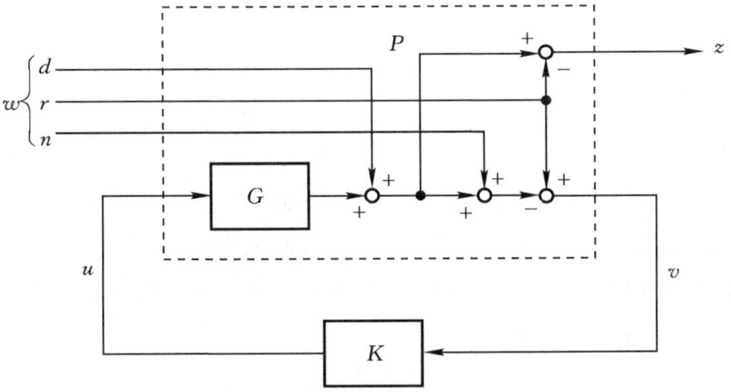

图 3.17　图 3.16 的等效表示,此处最小化的误差信号是 $z=y-r$,控制器输入是 $v=r-y_m$

注: 求广义对象 P 的过程可能有点冗长。然而,在进行数值计算时,可用软件得到 P。例如在 Matlab 中,可以使用 simulink 程序,或者使用 Robust Control toolbox 中的 sysic 程序。表 3.2 中的代码可得到图 3.16 中式(3.104)描述的广义对象 P。

表 3.2　求式(3.104)中 P 的 Matlab 程序

```
% Uses the Robust Control toolbox
systemnames = 'G';                        % G is the SISO plant.
inputvar = '[d(1);r(1);n(1);u(1)]';       % Consists of vectors w and u.
input_to_G = '[u]';
outputvar = '[G+d-r; r-G-d-n]';           % Consists of vectors z and v.
sysoutname = 'P';
sysic;
```

3.8.2　控制器设计:在 P 中包含权函数

要按照$\mathcal{H}_\infty$或$\mathcal{H}_2$范数得到有意义的控制器综合方法,通常需要在广义对象 P 中加入权函数 W_z 与 W_w,见图 3.18。也就是说,要考虑加权或标准化的外部输入 w(此处 $\tilde{w}=W_w w$ 由进入系统的"物理"信号、扰动、参考输入和噪声组成),以及加权或标准化的控制输出 $z=W_z\tilde{z}$(此处 $\tilde{z}$ 通常由控制误差 $y-r$ 和调节输入 u 组成)。加权矩阵通常是与频率有

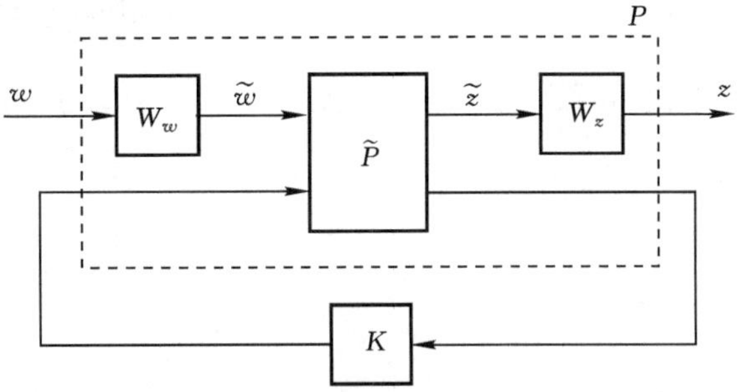

图 3.18　不包含模型不确定性的通用控制构成图

关的，而典型的选择是使加权信号 w 与 z 的幅值为1；也就是说，由 w 到 z 的范数应小于1。这样，在大多数情况下，只有权函数的幅值才是重要的，并且不失普遍性地可假定 $W_w(s)$ 和 $W_z(s)$ 都是稳定的，并且是最小相位的（这些甚至不必是有理传递函数，但如果不是有理传递函数，就不适合采用目前的软件进行控制器综合）。

例 3.19 堆叠 *S/T/KS* 问题。 考虑 $\mathcal{H}_\infty$ 问题，其中要给出 $\bar{\sigma}(S)$（为了性能）、$\bar{\sigma}(T)$（为了鲁棒性和避免对噪声敏感）和 $\bar{\sigma}(KS)$（处罚过大输入）的峰值界。把这些要求结合到一起，就是堆叠 $\mathcal{H}_\infty$ 问题：

$$\min_K \| N(K) \|_\infty, N = \begin{bmatrix} W_u KS \\ W_T T \\ W_P S \end{bmatrix} \tag{3.105}$$

其中 K 是镇定控制器。换言之，这里有 $z=Nw$，并且目标是使由 w 到 z 的 $\mathcal{H}_\infty$ 范数最小化。除了某些不影响计算 $\| N \|_\infty$ 的负号外，式(3.105)中的 N 可以用图3.19中的方块图来表示（可以确信这一点）。这里 w 表示参考指令（$w=-r$，此处负号没有影响），或者从输出端进入的扰动（$w=d_y$）；z 由加权输入 $z_1=W_u u$，加权输出 $z_2=W_T y$，以及加权控制误差 $z_3=W_P(y-r)$ 组成。由图3.19可得到下面的方程组：

$$\begin{aligned} z_1 &= W_u u \\ z_2 &= W_T G u \\ z_3 &= W_P w + W_P G u \\ v &= -w - Gu \end{aligned}$$

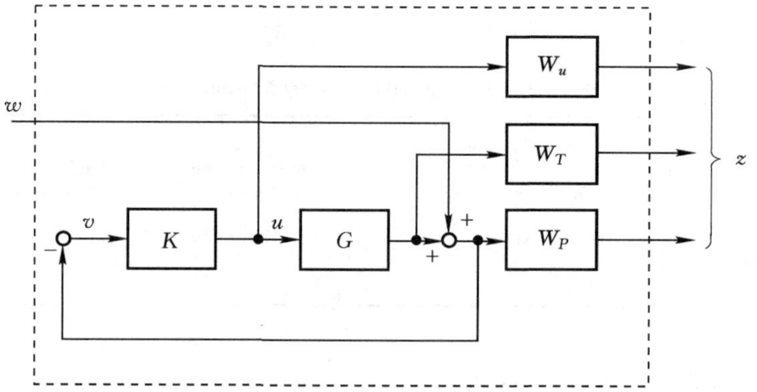

图 3.19 与式(3.105)中 $z=Nw$ 相应的方块图

于是，由 $[w \quad u]^{\mathrm{T}}$ 到 $[z \quad v]^{\mathrm{T}}$ 的广义对象 P 为

$$P = \begin{bmatrix} 0 & W_u I \\ 0 & W_T G \\ W_P I & W_P G \\ -I & -G \end{bmatrix} \tag{3.106}$$

3.8.3 广义对象 P 的分块

通常把 P 矩阵按照如下形式分块

$$P=\begin{bmatrix}P_{11} & P_{12}\\ P_{21} & P_{22}\end{bmatrix} \tag{3.107}$$

使得其各部分与广义控制构成中的信号 w、z、u 和 v 相对应

$$z=P_{11}w+P_{12}u \tag{3.108}$$

$$v=P_{21}w+P_{22}u \tag{3.109}$$

读者应该熟悉这种表示方法。对于例 3.19，我们有

$$P_{11}=\begin{bmatrix}0\\0\\W_PI\end{bmatrix},P_{12}=\begin{bmatrix}W_uI\\W_TG\\W_PG\end{bmatrix} \tag{3.110}$$

$$P_{21}=-I,P_{22}=-G \tag{3.111}$$

注意，这里 P_{22} 的维数要与控制器相对应，即如果 K 是 $n_u\times n_v$ 的矩阵，则 P_{22} 就是 $n_v\times n_u$ 的矩阵。在单自由度的负反馈控制情况下，有 $P_{22}=-G$。

3.8.4 分析：闭合回路求 N

图 3.15 与图 3.18 的通用反馈构成都把控制器 K 作为一个单独的模块，这对控制器综合很有用。但在分析闭环性能时，控制器已经给定，可以把 K 并入互连结构得到图 3.20 所示的系统 N，其中

$$z=Nw \tag{3.112}$$

其中 N 是 K 的函数。为了得到 N，先将广义对象 P 矩阵分块，如式(3.107)～式(3.109)所示，再与下面的控制器方程结合起来

$$u=Kv \tag{3.113}$$

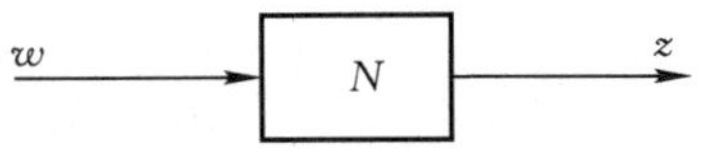

图 3.20 没有不确定性分析的通用方块图

并从式(3.108)、式(3.109)和式(3.113)中消去 u 和 v，从而得出 $z=Nw$，其中 N 由下式给出

$$N=P_{11}+P_{12}K(I-P_{22}K)^{-1}P_{21}\triangleq F_l(P,K) \tag{3.114}$$

其中 $F_l(P,K)$ 表示以 K 作为参数的 P 的一个下线性分块变换(LFT)。附录 A.8 给出了 LFT 的某些特性。用语言来表达就是，通过用 K 闭合一个下环绕 P 的反馈回路，N 可以由图 3.15 得出。由于图 3.15 的通用构成用的是正反馈，因此 $(I-P_{22}K)^{-1}$ 项就有个负号。

注： 为了帮助记忆 P_{12} 和 P_{21} 在式(3.114)中的次序，应注意 P_{11} 中第一个(最后一个)下标与 $P_{12}K(I-P_{22}K)^{-1}P_{21}$ 中第一个(最后一个)下标相同。式(3.114)中的下 LFT 也可用图 3.2 中的方块图表示。

建议读者在学习后续内容之前，能够熟悉上述变换。

例 3.20 这里要用式(3.114)的 LFT 公式，推导式(3.110)和式(3.111)中的分块矩阵 P 的 N，此处有

$$N=\begin{bmatrix}0\\0\\W_PI\end{bmatrix}+\begin{bmatrix}W_uI\\W_TG\\W_PG\end{bmatrix}K\ (I+GK)^{-1}(-I)=\begin{bmatrix}-W_uKS\\-W_TT\\W_PS\end{bmatrix}$$

此处用到了恒等式 $S=(I+GK)^{-1}$、$T=GKS$ 和 $I-T=S$。除了有两个负号外，这些等式与式(3.105)给出的相同。当然，负号对 N 的范数没有影响。

这里应注意，采用现有软件由 P 导出 N 要容易得多。例如，在 Matlab 鲁棒控制工具箱中，可用命令 `N=lft(P,K)` 来计算 $N=F_l(P,K)$。

习题 3.13 考虑图 1.3(b)的两自由度反馈构成。

(i)求 P，当

$$w=\begin{bmatrix}d\\r\\n\end{bmatrix};\quad z=\begin{bmatrix}y-r\\u\end{bmatrix};\quad v=\begin{bmatrix}r\\y_m\end{bmatrix}\tag{3.115}$$

(ii) 令 $z=Nw$，采用直接利用方块图和利用 $N=F_l(P,K)$ 的两种不同方法推导 N。

3.8.5 广义对象 P:更进一步的例题

为了说明图 3.15 构成的通用性，现在再给出两个例子：一个是对于包含前馈控制的问题求 P，另一个涉及到估计问题。

例 3.21 考虑图 3.21 的控制系统，其中 y_1 是被控输出，y_2 是次要输出（额外的量测值），同时也测量扰动 d。再者在这里 y_2 对于控制来说其重要性居次要地位，就是说没有相关的控制目标。该控制构成包括两自由度控制器：前馈控制器和基于附加量测 y_2 的局部反馈控制器。为将其重组为图 3.15 的标准构成，定义

$$w=\begin{bmatrix}d\\r\end{bmatrix};\quad z=y_1-r;\quad v=\begin{bmatrix}r\\y_1\\y_2\\d\end{bmatrix}\tag{3.116}$$

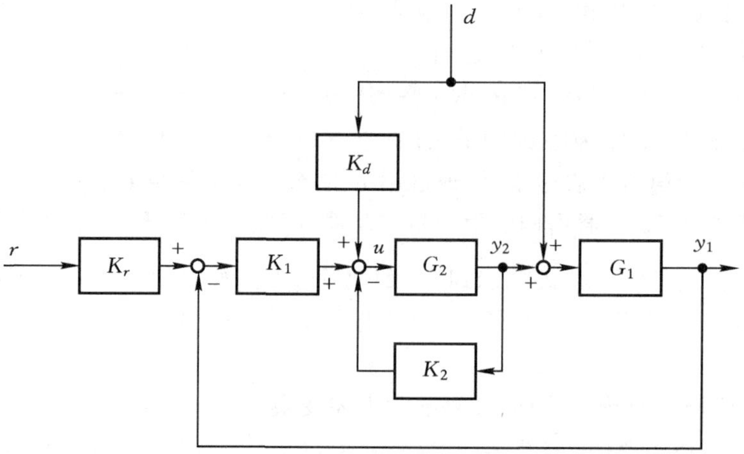

图 3.21 具有前馈、局部反馈的两自由度控制系统

注意，d 和 r 既是 P 的输入又是其输出，同时我们假定对 d 的量测值是理想的。因为控制器有关于 r 的明显信息，于是就有两自由度控制器。广义控制器 K 可用图 3.21 中单独控制器块来表示，并可写成如下形式：

$$K = [K_1K_r \quad -K_1 \quad -K_2 \quad K_d] \tag{3.117}$$

通过重写方程或者观察图 3.21 可得

$$P = \begin{bmatrix} G_1 & -I & G_1G_2 \\ 0 & I & 0 \\ G_1 & 0 & G_1G_2 \\ 0 & 0 & G_2 \\ I & 0 & 0 \end{bmatrix} \tag{3.118}$$

按照式(3.108)和式(3.109)对 P 进行分块，得到 $P_{22} = [0^{\mathrm{T}} \quad (G_1G_2)^{\mathrm{T}} \quad G_2^{\mathrm{T}} \quad 0^{\mathrm{T}}]^{\mathrm{T}}$。

习题 3.14* 级联实现。进一步研究例 3.21。基于 y_2 的局部反馈经常以一种级联的方式实现，见图 10.11。在这种情况下，K_1 的输出进入 K_2，并可看作 y_2 的参考输入信号。对此情况导出广义控制器 K 与广义对象 P。

注：由例 3.21 和习题 3.14 可以看出，级联实现通常并不限制系统可达到的性能，除非最优 K_2 或 K_1 有 RHP 零点，我们通过最优的总 K 可以得到局部控制器 K_2 和 K_1（虽然要给 K 增加一个小的 D 项，使得这个控制器有真传递函数）。然而，如果给设计施加限制条件，例如只对 K_2 或者 K_1 进行“局部”设计（而不考虑整体问题），那么就会限制系统可达到的性能。例如，对于一个两自由度的控制器，一种常见的方法是首先设计反馈控制器 K_y 以抑制扰动（不考虑参考输入跟踪），然后再设计控制器 K_r 用于参考输入跟踪。这样的设计方法与同时设计 K_y 与 K_r 相比，通常会损失一些性能。

例 3.22 输出估计器。假如想要控制无法量测的输出量 y，但却已知另一个输出 y_2 的量测。令 d 表示未知的外部输入（包括噪声与扰动），u_G 为已知的对象输入（这里用下标$_G$，因为这里 K 的输出 u 不等于对象的输入）。设模型为

$$y = Gu_G + G_d d; \quad y_2 = Fu_G + F_d d$$

目标是设计一个估计器 K_{est}，使得估计器的输出 $\hat{y} = K_{\mathrm{est}}\begin{bmatrix} y_2 \\ u_G \end{bmatrix}$，在某种意义上尽可能地接近真正的输出 y，见图 3.22。这个问题可用图 3.15 的总框架表示，其中

$$w = \begin{bmatrix} d \\ u_G \end{bmatrix}, \quad u = \hat{y}, \quad z = y - \hat{y}, \quad v = \begin{bmatrix} y_2 \\ u_G \end{bmatrix}$$

注意 $u = \hat{y}$；也就是说，广义控制器的输出 u 就是对象输出的估计值。另外，有 $K = K_{\mathrm{est}}$ 及

$$P = \begin{bmatrix} G_d & G & -I \\ F_d & F & 0 \\ 0 & I & 0 \end{bmatrix} \tag{3.119}$$

又因为估计器问题并不包括反馈，所以有 $P_{22} = \begin{bmatrix} 0 \\ 0 \end{bmatrix}$。

习题 3.15 状态估计器（观测器）。在 9.2 节讨论的 Kalman 滤波问题中，目标是使 $x - \hat{x}$ 最

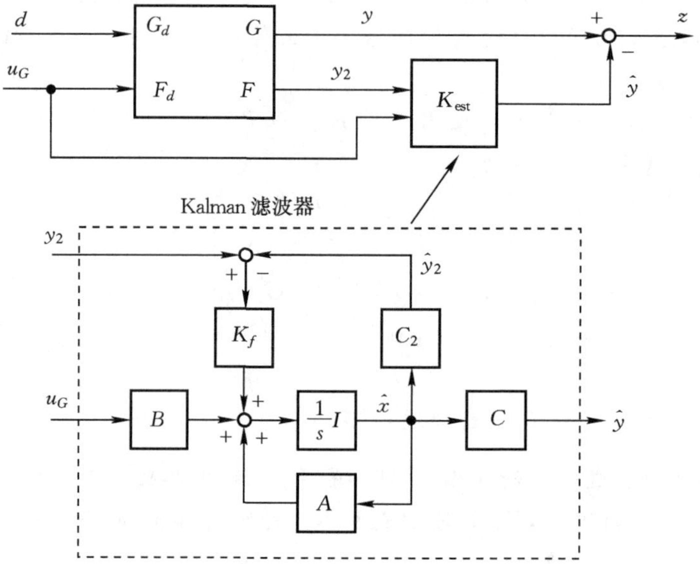

图 3.22 输出估计问题。特殊的估计器 K_{est} 是一个 Kalman 滤波器

小化(而例 3.22 的目标是使 $y-\hat{y}$ 最小化)。说明如何将 Kalman 滤波问题表示为图 3.15 的一般构成,并求出 P。

3.8.6 从 N 推导 P

对于已知 N 的情况,希望求出 P,使得

$$N=F_l(P,K)=P_{11}+P_{12}K(I-P_{22}K)^{-1}P_{21}$$

通常最好的方法是从方块图描述着手。上面已就式(3.105)中堆叠的 N,对这种方法进行过说明。还有一种方法,可以采用下面的步骤:

1. 在 N 中置 $K=0$,求出 P_{11};
2. 定义 $Q=N-P_{11}$,并重写 Q 使其每一项都有共同的因子 $R=K(I-P_{22}K)^{-1}$(这将给出 P_{22});
3. 因为 $Q=P_{12}RP_{21}$,因此通常通过观察就能得到 P_{12} 和 P_{21}。

例 3.23 加权灵敏度。 当 $N=w_PS=w_P(I+GK)^{-1}$ 时,采用上述步骤推导 P,其中 w_P 是标量权函数:

1. $P_{11}=N(K=0)=w_PI$;
2. $Q=N-w_PI=w_P(S-I)=-w_PT=-w_PGK(I+GK)^{-1}$,且 $R=K(I+GK)^{-1}$,所以 $P_{22}=-G$;
3. $Q=-w_PGR$,所以有 $P_{12}=-w_PG$ 且 $P_{21}=I$,得到

$$P=\begin{bmatrix} w_PI & -w_PG \\ I & -G \end{bmatrix} \tag{3.120}$$

注： 当已知 N 求 P 时，P_{12} 与 P_{21} 应是唯一的；而从上述方法的步骤 3 可以看出，P_{12} 与 P_{21} 并不唯一。例如，假设 α 是一个实标量，则另取 $\widetilde{P}_{12}=\alpha P_{12}$ 和 $\widetilde{P}_{21}=(1/\alpha)P_{21}$。对于式(3.120)中的 P，这意味着可以把标量 w_P 的负号从 P_{12} 移动到 P_{21}。

习题 3.16* **混合灵敏度。** 对于式(3.105)堆叠的 N，采用上述方法推导广义对象 P。

3.8.7 一般数学描述未能涵盖的问题

上面几个例题已说明了图 3.15 所示控制构成的通用性。尽管如此，仍有一些关于控制器设计方面的问题未能涵盖。设 N 是某个需要对其范数进行最小化的闭环传递函数，为能套用一般性公式，必须先求出 P，使 $N=F_l(P,K)$。然而，这并非总是行得通的，因为可能根本就不存在能表示 N 的方块图。作为简单例子，考虑如下堆叠的传递函数

$$N=\begin{bmatrix}(I+GK)^{-1}\\(I+KG)^{-1}\end{bmatrix} \tag{3.121}$$

传递函数$(I+GK)^{-1}$可以用方块图表示，而输入与输出信号都在对象之后，但$(I+KG)^{-1}$可用另一个方块图表示，而输入与输出信号都在对象之前。然而在 N 中却没有交叉耦合项，这种耦合应在对象之前的输入和对象之后的输出之间(相应于 $G(I+KG)^{-1}$)，或者对象之后的输入和对象之前的输出之间(相应于 $-K(I+GK)^{-1}$)；因此 N 不能用方块图来表示。同样，如果将 3.8.6 节介绍的方法应用于式(3.121)中的 N，则无法在步骤 3 中得到 P_{12} 与 P_{21} 的解。

另一种通常不能用方块图表示的堆叠传递函数是

$$N=\begin{bmatrix}W_PS\\SG_d\end{bmatrix} \tag{3.122}$$

注： N 不能写成 K 的 LFT 情况，是 van Diggelen and Glover(1994a)研究过的 Hadamard-加权$\mathcal{H}_\infty$问题的一种特例。虽然仍然无法解决这个$\mathcal{H}_\infty$问题，但 van Diggelen and Glover(1994b)对类似的问题给出了一种答案，即用 Frobenius 范数，而不是奇异值对"通道求和"。

习题 3.17 说明如果 $W_P=w_PI$，且 w_P 为标量，则式(3.122)中的 N 可用方块图表示。

3.8.8 包含模型不确定性的一般性控制构成

图 3.15 所示的一般控制构成，可以扩展到如图 3.23 所示包含模型不确定性的方块图。此处矩阵 Δ 为分块对角阵，它包含系统所有可能的摄动(代表不确定性)。通常已经过标准化处理，使得 $\|\Delta\|_\infty\leqslant 1$。

使用 K 来闭合围绕 P 下部分的回路，图 3.23 关于 P 的方块图(用于综合)可以变换为图 3.24 中关于 N(用于分析)的方块图。如果将矩阵 P 进行分块分解，使其与控制器 K 相对应，则可应用于式(3.114)中相同的下 LFT，且有

$$N=F_l(P,K)=P_{11}+P_{12}K(I-P_{22}K)^{-1}P_{21} \tag{3.123}$$

为计算从外部输入 w 到外部输出 z 的被摄动(不确定性)传递函数，用 Δ 来闭合围绕 N 的上部回路(见图 3.24)，结果得到上 LFT(见附录 A.8)：

$$z=F_u(N,\Delta)w;\ F_u(N,\Delta)\triangleq N_{22}+N_{21}\Delta(I-N_{11}\Delta)^{-1}N_{12} \tag{3.124}$$

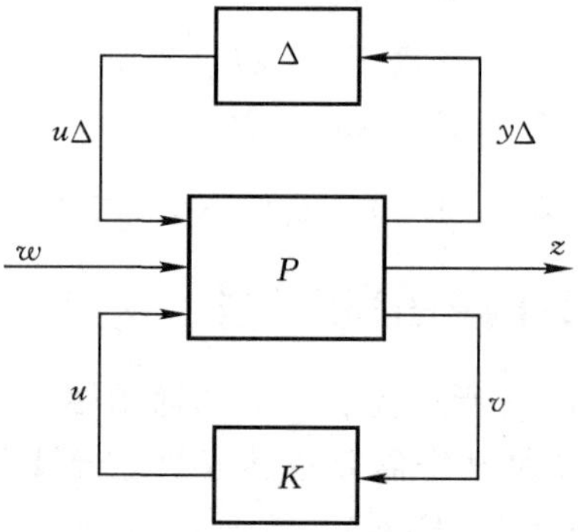

图 3.23 包含模型不确定性情况的一般性控制构成

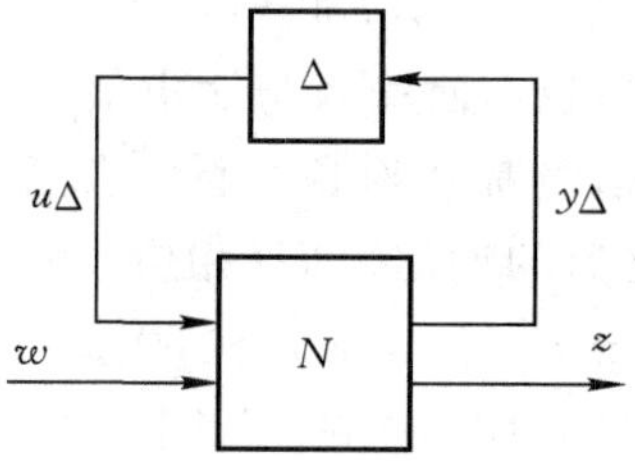

图 3.24 分析不确定性的一般性方块图

注 1 虽然有用 DK 迭代求解“μ 最优”控制器的一些很好的实用方法，但是基于图 3.23 控制器的综合问题仍未得到解决(见 8.12 节)。就分析而言(给定一个控制器)，情况稍好一些，可以利用$\mathcal{H}_\infty$范数来评价鲁棒性，但要涉及结构化奇异值 μ 的计算。第 8 章将会有更详细的讨论。

注 2 在式(3.124)中已经对 N 进行分块，使其与 Δ 相对应；也就是说，N_{11}的维数要与 Δ 相匹配。通常 Δ 为方阵，此时 N_{11}是与 Δ 维数相同的方阵。对于没有不确定性的标称情况，则有 $F_u(N,\Delta)=F_u(N,0)=N_{22}$，所以 N_{22}是从 w 到 z 的标称传递函数。

注 3 注意，这里的 P 和 N 包含不确定性如何影响系统的信息，因此它们与前面式(3.114)所用的 P 与 N 不同。实际上，式(3.123)中的 P 与 N(含不确定性)的子块 P_{22}和 N_{22}与式 xc(3.114)(无不确定性)中的 P 与 N 相同。严格地讲，在式(3.123)中应该用不同的符号来表示 P 与 N，但为了简便，就采用了相同的符号。

注 4 虽然可能听起来有点让人吃惊，但几乎所有含不确定性的控制问题，确实都可用图 3.23 来表示，下面是一些说明。首先，用摄动子块 Δ_i 表示每个不确定性的来源，这些子块经过标准化处理后，都有 $\|\Delta_i\|\leqslant 1$。这些摄动可能是由参数的不确定性或被忽略的动态特性等引起的，对此第 7 和第 8 章将给出更详细的讨论。然后从系统中“拖出”每一子块，使得每个输入和输出都可以通过 Δ_i 相关联，如图 3.25(a)所示。最后把这些摄动子块汇总成为一个大的有摄动输入与输出的分块对角型矩阵，如图 3.25(b)所示。第 8 章将讨论如何得到 N 与 Δ。通常，这些工作很难手工操作完成，但用软件做就很容易，见第 7 章的例题。

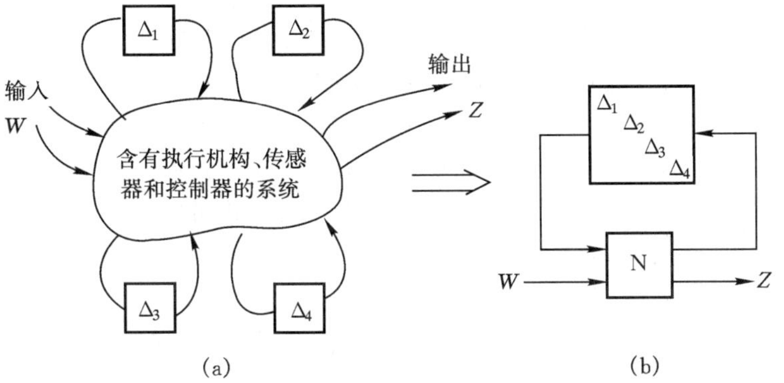

图 3.25 向 $N\Delta$ 结构系统中加入多重摄动以重排系统

3.9 附加习题

这些习题大多基于附录 A 的内容。读者在阅读后续章节前,应了解这些内容。

习题 3.18* 考虑性能指标 $\|w_P S\|_\infty<1$,对于下面两种情况,给出一个有理传递函数的权函数 $w_P(s)$,并绘制其作为频率函数的曲线:

1. 要求系统没有稳态误差,带宽大于 1 rad/s,谐振峰值(由反馈产生的最差的放大倍数)低于 1.5。
2. 要求系统稳态误差小于 1%,直到频率 3 rad/s 处的误差都小于 10%,带宽大于 10 rad/s,谐振峰值低于 2。(提示:参见式(2.105)及式(2.106))

习题 3.19 $\|M\|_\infty$ 可以指空间或时间范数,比较这两者之间的区别,并通过计算下列的无穷大范数加以说明

$$M_1=\begin{bmatrix}3 & 4\\ -2 & 6\end{bmatrix},\qquad M_2(s)=\frac{s-1}{s+1}\frac{3}{s+2}$$

习题 3.20* RGA 矩阵与单个元素不确定性之间的关系是什么?就如下矩阵第 1,1 个元素的摄动说明上述关系

$$A=\begin{bmatrix}10 & 9\\ 9 & 8\end{bmatrix}\tag{3.125}$$

习题 3.21 假设 A 为非奇异矩阵,(i)用公式给出使矩阵 $A+E$ 保持非奇异的 E 的最大奇异值的条件,将该公式应用到式(3.125)的 A;(ii)求出使 $A+E$ 为奇异阵的 E 的最小值。

习题 3.22* 计算下列矩阵的 $\|A\|_{i1}$、$\bar{\sigma}(A)=\|A\|_{i2}$、$\|A\|_{i\infty}$、$\|A\|_F$、$\|A\|_{\max}$ 和 $\|A\|_{\text{sum}}$,并将结果列成表格形式:

$$A_1=I;\quad A_2=\begin{bmatrix}1 & 0\\ 0 & 0\end{bmatrix};\quad A_3=\begin{bmatrix}1 & 1\\ 1 & 1\end{bmatrix};\quad A_4=\begin{bmatrix}1 & 1\\ 0 & 0\end{bmatrix};\quad A_5=\begin{bmatrix}1 & 0\\ 1 & 0\end{bmatrix}$$

用上列矩阵说明对 2×2 矩阵($m=2$)来说,以下峰值界是严苛的(即可能会相等):

$$\bar{\sigma}(A)\leqslant\|A\|_F\leqslant\sqrt{m}\,\bar{\sigma}(A)$$

$$\|A\|_{\max} \leqslant \bar{\sigma}(A) \leqslant m\ \|A\|_{\max}$$

$$\|A\|_{i1}/\sqrt{m} \leqslant \bar{\sigma}(A) \leqslant \sqrt{m}\ \|A\|_{i1}$$

$$\|A\|_{i\infty}/\sqrt{m} \leqslant \bar{\sigma}(A) \leqslant \sqrt{m}\ \|A\|_{i\infty}$$

$$\|A\|_F \leqslant \|A\|_{\text{sum}}$$

习题 3.23 找出一些矩阵实例，说明上述峰值界当 A 为 $m>2$ 的 $m\times m$ 方阵时，也是严苛的。

习题 3.24* 极端的奇异值对于矩阵元素的幅值有无定界作用？也就是说，$\bar{\sigma}(A)$是否大于最大元素(按幅值)，$\underline{\sigma}(A)$是否小于最小元素？对于一个非奇异矩阵而言，$\underline{\sigma}(A)$与 A^{-1} 的最大元素之间有何种关系？

习题 3.25 假设一个下三角 $m\times m$ 矩阵 A，其中，$a_{ii}=-1$，对所有$i>j$有 $a_{ij}=-1$，对所有 $i<j$ 有 $a_{ij}=0$，那么

(a) $\det A$ 是什么？

(b) A 的特征值是什么？

(c) A 的 RGA 是什么？

(d) 假设 $m=4$，求取一个 $\bar{\sigma}(E)$为最小值的 E，使得 $A+E$ 为奇异阵。

习题 3.26* 求取两个矩阵 A 和 B，使得 $\rho(A+B)>\rho(A)+\rho(B)$，这个不等式可以证明谱半径不满足三角不等式，从而也不是范数。

习题 3.27 把 $T=GK(I+GK)^{-1}$ 写成 K 的 LFT，即求出 P 使 $T=F_l(P,K)$。

习题 3.28* 把 K 写成 $T=GK(I+GK)^{-1}$ 的 LFT，即求出 J 使得 $K=F_l(J,T)$。

习题 3.29 状态空间描述可以表示为 LFT。求出下列描述的 H 来说明这一点：

$$F_l(H,1/s)=C(sI-A)^{-1}B+D$$

习题 3.30* 说明式(4.94)中所有的镇定控制器可以写成 $K=F_l(J,Q)$，并求 J。

习题 3.31 在式(3.11)中提到摄动对象的灵敏度 $S'=(I+G'K)^{-1}$与标称对象的灵敏度 $S=(I+GK)^{-1}$相关，可表示为

$$S'=S(I+E_OT)^{-1}$$

其中 $E_O=(G'-G)G^{-1}$。该习题涉及到如何利用 LFT 推导上述结果的系统方法(虽然有点繁琐)(亦见 Skogestad and Morari，1988a)。

(a)首先求出 F，使得 $S'=(I+G'K)^{-1}=F_l(F,K)$；再求出 J，使得 $K=F_l(J,T)$(见习题 3.28)；

(b)把(a)中的 LFT 结合起来，求出 $S'=F_l(N,T)$。用 G 与 G'表示的 N 是什么？这里应注意由 $J_{11}=0$，以及式(A.164)可得

$$N=\begin{bmatrix} F_{11} & F_{12}J_{12} \\ J_{21}F_{21} & J_{22}+J_{21}F_{22}J_{12} \end{bmatrix}$$

(c)计算 $S'=F_l(N,T)$，并证明

$$S'=I-G'G^{-1}T(I-(I-G'G^{-1})T)^{-1}$$

(d)最后说明 S'可以重写为 $S'=S(I+E_OT)^{-1}$。

3.10 结 论

本章的主要目的是综述多变量控制系统的分析与设计方法。

就分析而言，本章说明了如何计算 MIMO 系统的传递函数，如何利用依赖于频率的对象传递函数矩阵的奇异值分解，深入了解多变量的方向性，以及可用于分析方向性和交互作用的有用工具：条件数和 RGA。介绍了通过计算以频率为变量灵敏度函数的最大奇异值，在频域中分析闭环性能的方法。多变量 RHP 零点对闭环性能有着根本性制约，但对于 MIMO 系统经常可以将 RHP 零点不期望的影响引导到输出的一个子集上。MIMO 系统通常比 SISO 系统对不确定性更敏感，本章也通过两个例题，说明了可能存在的对输入增益不确定性的灵敏度问题。

关于控制器的设计，讨论了一些像解耦和分散控制这样的简单方法。我们也利用广义对象 P 引入了一般性的控制构成，这种构成可以作为一种基础，用各种方法，包括 LQG、$\mathcal{H}_2$、$\mathcal{H}_\infty$ 与 μ 最优控制等来综合多变量控制器。对于这些方法，第 8 章和第 9 章中会有更详细的讨论。本章只讨论了 $\mathcal{H}_\infty$ 加权灵敏度方法。

第4章

线性系统理论基础

本章的主要目的是总结线性系统理论的一些重要结果。我们的讨论是全面的，但如果读者感到这些结果生疏的话，建议也可参考其它书籍，如 Kailath(1980)或者 Zhou 等人(1996)的著作，获取更多的细节和背景知识。

4.1 系统描述

线性系统(算子)最重要的特性是能满足*叠加原理*。设 $f(u)$是一个线性算子，u_1 和 u_2 为两个独立变量(如输入信号)，α_1 与 α_2 为两个实标量，则

$$f(\alpha_1 \times u_1 + \alpha_2 \times u_2) = \alpha_1 \times f(u_1) + \alpha_2 \times f(u_2) \tag{4.1}$$

本书会用到时不变线性系统各种不同的表示方法，所有这些方法对可用常系数线性常微分方程描述，并且不需要对输入(独立变量)进行微分的系统都是等效的。本节将讨论这些表示方法中最重要的几种。

4.1.1 状态空间表示

考虑有 m 个输入(向量 u)、l 个输出(向量 y)和 n 个用于内部描述状态(向量 x)的系统。表示许多物理系统的一种自然方式，是用如下形式的非线性状态空间模型：

$$\dot{x} = f(x,u); \quad y = g(x,u) \tag{4.2}$$

其中$\dot{x} \equiv \mathrm{d}x/\mathrm{d}t$，$f$ 和 g 都是非线性函数。通过对这种模型的线性化可以导出线性状态空间模型，按照偏差变量(x 代表与某个标称值或轨迹的偏差)我们有

$$\dot{x}(t) = Ax(t) + Bu(t) \tag{4.3}$$

$$y(t) = Cx(t) + Du(t) \tag{4.4}$$

其中 A、B、C、D 都是实数矩阵。为了简化表达，通常省略了 x、u、y 对时间 t 的依赖性。我们考虑这些矩阵与时间无关的*时不变线性系统*。如果式(4.3)是通过对式(4.2)线性化导出的，则 $A=\partial f/\partial x$，$B=\partial f/\partial u$(见 1.5 节的求导例子)，A 有时被称为状态矩阵。这些方程提供了描

述一个真有理线性系统的方便工具，可以重写为

$$\begin{bmatrix}\dot{x}\\y\end{bmatrix}=\begin{bmatrix}A & B\\C & D\end{bmatrix}\begin{bmatrix}x\\u\end{bmatrix}$$

这就出现了经常用来描述系统 G 状态空间模型的简略表示

$$G\overset{S}{=}\left[\begin{array}{c:c}A & B\\ \hdashline C & D\end{array}\right] \tag{4.5}$$

注意式(4.3)和式(4.4)的表示方法，并不是对线性系统输入-输出行为的唯一描述。首先，存在具有相同输入-输出行为的实现，但还有另外不能观与/或不能控状态(模态)的情况。其次，即使对于最小实现(具有最少个数状态变量，从而没有不能观或不能控的模态)，也有无穷多种可能性。为了看清这一点，设 S 为一可逆的常阵，引入新的状态 $\tilde{x}=Sx$，即 $x=S^{-1}\tilde{x}$，则用新状态表示等效的状态空间实现(即有相同输入输出表现)是

$$\tilde{A}=SAS^{-1},\quad \tilde{B}=SB,\quad \tilde{C}=CS^{-1},\quad \tilde{D}=D$$

普通的实现由几种标准型给出，如 Jordan 标准型(对角型)、能观标准型等，见 4.1.6 节。

给定式(4.3)的线性动态系统，具有初始状态条件为 $x(t_0)$ 以及输入 $u(t)$，在时间 $t\geqslant t_0$ 时系统的动态响应 $x(t)$ 可由下式表示

$$x(t)=e^{A(t-t_0)}x(t_0)+\int_{t_0}^{t}e^{A(t-\tau)}Bu(\tau)\mathrm{d}\tau \tag{4.6}$$

式中矩阵指数项为

$$e^{At}=I+\sum_{k=1}^{\infty}(At)^k/k!=\sum_{i=1}^{n}t_ie^{\lambda_it}q_i^{\mathrm{H}} \tag{4.7}$$

其中后一个二元展开式含有 A 的右特征向量(t_i)与左特征向量(q_i)，适用于 A 有不同特征值 λ_i 的情况(见 A.23 节)。我们将把 e^{λ_it} 项作为与特征值 $\lambda_i(A)$ 相联系的模态。对于对角实现(选择 S 使 $\tilde{A}=SAS^{-1}=\Lambda$ 为对角阵)，我们有 $\mathrm{e}^{\tilde{A}t}=\mathrm{diag}\{\mathrm{e}^{\lambda_i(A)t}\}$(见 A.22 节)。

注 1 在式(4.3)和(4.4)的状态空间模型中，u 代表所有的独立变量。通常我们要考虑三种类型的独立变量，即操作输入(u)、扰动(d)和测量噪声 n。所以状态空间模型写成

$$\begin{aligned}\dot{x}&=Ax+Bu+B_dd\\y&=Cx+Du+D_dd+n\end{aligned} \tag{4.8}$$

注意，我们用符号 n 既表示噪声，又表示状态变量的个数。

注 2 一种更为一般的状态空间表示是**描述符表示法**

$$E\dot{x}=Ax+Bu \tag{4.9}$$

如果 E 为非奇异矩阵，式(4.9)是式(4.3)的一个特例，因此式(4.9)可以写成

$$\dot{x}=\bar{A}x+\bar{B}u$$

其中 $\bar{A}=E^{-1}A$ 且 $\bar{B}=E^{-1}B$。然而，如果矩阵 E 是奇异的，则式(4.9)容许状态 x 间有隐含的代数关系。例如，如果 $E=[I\quad 0]$，则式(4.9)等价于下面的微分与代数方程组：

$$\begin{aligned}\dot{x}_1&=A_{11}x_1+A_{12}x_2+B_1u\\0&=A_{21}x_1+A_{22}x_2+B_2u\end{aligned}$$

消去代数变量 x_2(通过求解代数方程)得到 $x_2=-A_{22}^{-1}(A_{21}x_1+B_2u)$，并由此导出仅含 x_1 的微分方程式(4.3)。然而，经常更为方便的是继续用式(4.9)的描述符形式表示系统。

4.1.2 冲击响应表示

冲击响应矩阵为

$$g(t)=\begin{cases}0 & t<0\\ Ce^{At}B+D\delta(t) & t\geqslant 0\end{cases} \tag{4.10}$$

其中 $\delta(t)$ 是单位冲击(delta)函数，满足 $\lim_{\varepsilon\to 0}\int_0^{\varepsilon}\delta(t)\,\mathrm{d}t=1$。冲击响应矩阵的第 ij 个元素 $g_{ij}(t)$，表示具有零初始状态的系统对冲击 $u_j(t)=\delta(t)$ 的响应 $y_i(t)$。

当初始状态 $x(0)=0$ 时，由式(4.6)对任意输入 $u(t)$($t<0$ 时为零)的动态响应可以写成

$$y(t)=g(t)*u(t)=\int_0^t g(t-\tau)\ u(\tau)\,\mathrm{d}\tau \tag{4.11}$$

其中 * 号表示卷积算子。

4.1.3 传递函数表示——Laplace 变换

传递函数表示是唯一的，并在直接获得系统内部特性方面非常有用。传递函数定义为冲击响应矩阵的 Laplace 变换

$$G(s)=\int_0^{\infty}g(t)\mathrm{e}^{-st}\,\mathrm{d}t \tag{4.12}$$

换个角度，我们可从状态空间描述入手，在零初始状态的假定下，$x(t=0)=0$，式(4.3)与式(4.4)的 Laplace 变换为①

$$sx(s)=Ax(s)+Bu(s)\Rightarrow x(s)=(sI-A)^{-1}Bu(s) \tag{4.13}$$

$$y(s)=Cx(s)+Du(s)\Rightarrow y(s)=\underbrace{(C(sI-A)^{-1}B+D)}_{G(s)}u(s) \tag{4.14}$$

其中 $G(s)$ 是传递函数矩阵，等价地由式(A.1)得到

$$G(s)=\frac{1}{\det(sI-A)}[C\mathrm{adj}(sI-A)B+D\det(sI-A)] \tag{4.15}$$

其中 $\det(sI-A)=\Pi_{i=1}^{n}(s-p_i)$ 是极点多项式。极点也是 A 的特征值，即 $p_i=\lambda_i(A)$。当 A 的特征值各不相同时，我们可用式(A.23)中 A 的二元展开式，推导出

$$G(s)=\sum\nolimits_{i=1}^{n}\frac{Ct_iq_i^{\mathrm{H}}B}{s-p_i}+D \tag{4.16}$$

式中 q_i 和 t_i 分别是矩阵 A 的左特征向量和右特征向量。当扰动被单独处理时，对应的扰动传递函数(见式(4.8))为

$$G_d(s)=C(sI-A)^{-1}B_d+D_d \tag{4.17}$$

注意任何可写成式(4.3)与式(4.4)状态空间形式的系统都有一个传递函数，反之则不一定。例如，延时的和非真的系统都可以用 Laplace 变换表示，但都没有状态空间表示。另一方面，如果模型是依据物理原理建立的，则状态空间表示法能给出可能有用的系统内部描述。同时也更加适合于数值计算。

4.1.4 频率响应

传递函数的一个重要优点是从 Laplace 变换可以直接得到频率响应(Fourier 变换)，只要

① 这里我们再次混用了符号，用 $f(s)$ 来表示 $f(t)$ 的 Laplace 变换。

在 $G(s)$ 中令 $s=j\omega$ 即可。关于频率响应的更多细节，读者可以参阅第 2.1 节与 3.3 节。

4.1.5 互质分解

另一种在状态空间与传递函数形式下都可以表示系统的有用方法是互质分解。传递函数 G 的右互质分解为

$$G(s)=N_r(s)M_r^{-1}(s) \tag{4.18}$$

其中 $N_r(s)$ 与 $M_r(s)$ 为稳定的互质传递函数。稳定性意味着 $N_r(s)$ 应含有 $G(s)$ 所有的 RHP 零点，$M_r(s)$ 应包含 $G(s)$ 所有 RHP 极点，并将其作为零点。互质意味着 N_r 与 M_r 在写成 $N_rM_r^{-1}$ 时不会有引起零极点对消的相同 RHP 零点(包括在无穷远处的零点)。数学上，互质意味着存在稳定的 $U_r(s)$ 与 $V_r(s)$ 能满足下面的 Bezout 等式：

$$U_rN_r+V_rM_r=I \tag{4.19}$$

相似地，G 的左互质分解是

$$G(s)=M_l^{-1}(s)N_l(s) \tag{4.20}$$

这里 N_l 与 M_l 稳定且互质，即存在稳定的 $U_l(s)$ 与 $V_l(s)$ 能使下面的 Bezout 等式成立

$$N_lU_l+M_lV_l=I \tag{4.21}$$

对于标量系统，左右互质分解是相同的，$G=NM^{-1}=M^{-1}N$。

注：两个稳定的标量传递函数 $N(s)$ 与 $M(s)$，互质的充分必要条件是它们没有共同的 RHP 零点(包括在 $s=\infty$)。此时我们总可找到稳定的 U 与 V 使 $NU+MV=1$。

例 4.1 考虑标量系统

$$G(s)=\frac{(s-1)(s+2)}{(s-3)(s+4)} \tag{4.22}$$

为了得到互质分解，我们先使 G 所有的 RHP 极点都为 M 的零点，同时使 G 的 RHP 零点为 N 的零点。然后我们分配 N 与 M 的极点，使得 N 与 M 均为真，并且等式 $G=NM^{-1}$ 成立。这样

$$N(s)=\frac{s-1}{s+4},\quad M(s)=\frac{s-3}{s+2}$$

是一个互质分解。通常我们选择 N 和 M 具有相同的极点，且与 $G(s)$ 有相同的阶数。这在 $[M(s)\quad N(s)]^{\mathrm{T}}$ 有最低阶实现条件下，能给出最多自由度，从而我们有

$$N(s)=k\frac{(s-1)(s+2)}{s^2+k_1s+k_2},\quad M(s)=k\frac{(s-3)(s+4)}{s^2+k_1s+k_2} \tag{4.23}$$

对于任意的 k，和任意的 $k_1,k_2>0$，这是式(4.22)的一个互质分解。

从上面的例子，我们看到互质分解不是唯一的。现在我们引入一个算子 M^*，定义为 $M^*(s)=M^{\mathrm{T}}(-s)$(对 $s=\mathrm{j}\omega$，与复数共轭转置相同 $M^{\mathrm{H}}=\bar{M}^{\mathrm{T}}$)。如果

$$M_r^*M_r+N_r^*N_r=I \tag{4.24}$$

则 $G(s)=N_r(s)M_r^{-1}(s)$ 称为标准化右互质分解，此时 $X_r(s)=\begin{bmatrix}M_r\\N_r\end{bmatrix}$ 满足 $X_r^*X_r=I$，并被称为内传递函数。标准化左互质分解 $G(s)=M_l^{-1}(s)N_l(s)$ 的定义相仿，要求有

$$M_lM_l^*+N_lN_l^*=I \tag{4.25}$$

此时 $X_l(s)=[M_l\quad N_l]$ 被称为协内传递函数，意味着 $X_lX_l^*=I$。左乘或者右乘酉矩阵后标准

化的互质分解是唯一的。

习题 4.1* 我们想对式(4.22)中的标量系统求其标准化互质分解。设 N 与 M 如式(4.23)所示，将其代入式(4.24)，说明经过某些代数计算并对各项比较得到：$k=\pm 0.71, k_1=5.67$，且 $k_2=8.6$。

像上面的练习那样用手来推导标准化互质分解，一般来说是困难的。然而通过数值计算容易求出状态空间实现。如果 G 的一个最小状态空间实现是

$$G \stackrel{s}{=} \left[\begin{array}{c|c} A & B \\ \hline C & D \end{array}\right]$$

则下式是标准化左互质分解的一个最小状态空间实现(Vidyasagar，1988)

$$[N_l(s) \quad M_l(s)] \stackrel{s}{=} \left[\begin{array}{c|cc} A+HC & B+HD & H \\ \hline R^{-1/2}C & R^{-1/2}D & R^{-1/2} \end{array}\right] \tag{4.26}$$

其中

$$H \triangleq -(BD^{\mathrm{T}}+ZC^{\mathrm{T}})R^{-1}, \quad R \triangleq I+DD^{\mathrm{T}}$$

并且矩阵 Z 是下面代数 Riccati 方程的唯一正定解

$$(A-BS^{-1}D^{\mathrm{T}}C)Z+Z(A-BS^{-1}D^{\mathrm{T}}C)^{\mathrm{T}}-ZC^{\mathrm{T}}R^{-1}CZ+BS^{-1}B^{\mathrm{T}}=0$$

其中

$$S \triangleq I+D^{\mathrm{T}}D$$

注意对严格真对象，即当 $D=0$ 时，这些公式有相当大的简化。表 4.1 中的 Matlab 程序可用来按式(4.26)求 $G(s)$的标准化互质分解。

表 4.1　生成标准化互质分解的 Matlab 程序

```
% Uses the Robust Control toolbox
%
% Find Normalized Coprime factors of system [a,b,c,d] using (4.26)
%
S=eye(size(d'*d))+d'*d;
R=eye(size(d*d'))+d*d';
A1 = a-b*inv(S)*d'*c;
R1 = c'*inv(R)*c;
[R1s,R1err] = sqrtm(R1);
Q1 = b*inv(S)*b';
[Z,L,G]=care(A1',R1s,Q1); %Solve Riccati equation

H = -(b*d' + Z*c')*inv(R);
A = a + H*c;
Bn = b + H*d; Bm = H;
C = inv(sqrtm(R))*c;
Dn = inv(sqrtm(R))*d;
Dm = inv(sqrtm(R));
N = ss(A,Bn,C,Dn);
M = ss(A,Bm,C,Dm);
```

习题 4.2 通过数值计算，验证(例如，用表 4.1 中的 Matlab 文件或者用 Robust Control toolbox 中的命令 ncfmr)式(4.22)中的 $G(s)$标准化互质因子与习题 4.1 中所给的相同。

4.1.6　关于状态空间实现的补充材料

逆系统。在有些情况下，我们或许希望得到一个系统逆的状态空间描述。对于一个方阵 $G(s)$我们有

$$G^{-1} \stackrel{S}{=} \left[\begin{array}{c|c} A-BD^{-1}C & BD^{-1} \\ \hline -D^{-1}C & D^{-1} \end{array}\right] \tag{4.27}$$

其中 D 假定为非奇异。对于一个非正方阵 $G(s)$，其中 D 为行满秩（或列满秩）阵，$G(s)$ 的右逆（或者左逆），可用 D 的伪逆 $D^{\dagger}$ 代替 D^{-1} 而得到。

对于 $D=0$ 的严格真系统，可以通过引入一个小的附加直馈项 D，最好根据物理原理选择，从而得到一个近似的逆。然而，应该谨慎选择 D 中各项的符号，使得在 $G(s)$ 中不要产生 RHP 零点，因为这使 $G(s)^{-1}$ 不稳定。

非真系统。其分子 s 多项式的阶数大于分母的非真传递函数，不能表示为标准状态空间形式。为了能用状态空间模型近似非真系统，可以引入某种高频动态，而且从物理角度我们已经知道这对系统影响很小。

SISO 传递函数的实现。传递函数是表示系统的一种好方法，因为这种方法可快捷地给出系统行为的直觉印象。然而从数值计算的角度看，通常也要求采用状态空间实现。下面给出从 SISO 传递函数得到状态空间实现的一种方法。考虑一个严格真传递函数（$D=0$）

$$G(s)=\frac{\beta_{n-1}s^{n-1}+\cdots+\beta_1 s+\beta_0}{s^n+a_{n-1}s^{n-1}+\cdots+a_1 s+a_0} \tag{4.28}$$

因为乘以 s 相当于时域的微分，式(4.28)和 $y(s)=G(s)u(s)$ 对应于下面的微分方程：

$$y^n(t)+a_{n-1}y^{n-1}(t)+\cdots+a_1 y'(t)+a_0 y(t)=\beta_{n-1}u^{n-1}(t)+\cdots+\beta_1 u'(t)+\beta_0 u(t)$$

其中 $y^{n-1}(t)$ 和 $u^{n-1}(t)$ 代表 $n-1$ 阶导数，其余类同。我们可以进一步将此写为

$$y^n=\underbrace{(-a_{n-1}y^{n-1}+\beta_{n-1}u^{n-1})+\cdots+\underbrace{(-a_1 y'+\beta_1 u')+\underbrace{(-a_0 y+\beta_0 u)}_{x'_n}}_{x^2_{n-1}}}_{x^n_1}$$

此处我们引入了新变量 $x_1, x_2, \cdots, x_n$，并且 $y=x_1$。注意 x_1^n 是 $x_1(t)$ 的 n 阶导数。采用符号 $\dot{x}\equiv x'(t)=\mathrm{d}x/\mathrm{d}t$，我们有如下的状态空间方程：

$$\begin{aligned}
\dot{x}_n &= -a_0 x_1+\beta_0 u \\
\dot{x}_{n-1} &= -a_1 x_1+x_n+\beta_1 u \\
&\vdots \\
\dot{x}_1 &= -a_{n-1}x_1+x_2+\beta_{n-1}u
\end{aligned}$$

相应有如下实现

$$A=\begin{bmatrix} -a_{n-1} & 1 & 0 & \cdots & 0 & 0 \\ -a_{n-2} & 0 & 1 & & 0 & 0 \\ \vdots & \vdots & & \ddots & & \vdots \\ -a_2 & 0 & 0 & & 1 & 0 \\ -a_1 & 0 & 0 & \cdots & 0 & 1 \\ -a_0 & 0 & 0 & \cdots & 0 & 0 \end{bmatrix},\ B=\begin{bmatrix} \beta_{n-1} \\ \beta_{n-2} \\ \vdots \\ \beta_2 \\ \beta_1 \\ \beta_0 \end{bmatrix} \tag{4.29}$$

$$C=\begin{bmatrix} 1 & 0 & 0 & \cdots & 0 & 0 \end{bmatrix}$$

这个称为观测器标准型。这一实现的两个优点是，矩阵元素可直接从传递函数得到，而输出 y 就是第一个状态。要注意的是，如果传递函数不是严格真的，则可先分离常数项，即将其写为

$G(s)=G_1(s)+D$,然后用式(4.29)得到 $G_1(s)$ 的实现。

例4.2　为得到SISO传递函数 $G(s)=(s-a)/(s+a)$ 的观测器标准型实现,先用除法取出常数项,得到

$$G(s)=\frac{s-a}{s+a}=\frac{-2a}{s+a}+1$$

此处 $D=1$。对 $-2a/(s+a)$ 项,从式(4.28)得到:$\beta_0=-2a$,$a_0=a$,而且从式(4.29)得出:$A=-a$,$B=-2a$,且 $C=1$。

例4.3　考虑理想PID控制器

$$K(s)=K_c(1+\frac{1}{\tau_I s}+\tau_D s)=K_c\frac{\tau_I\tau_D s^2+\tau_I s+1}{\tau_I s} \tag{4.30}$$

由于其中含有对输入的微分,这是一个非真的传递函数,并且不能写成状态空间形式。如果使微分作用仅在一个有限的频率范围内有效,就可得到一个真PID控制器。例如

$$K(s)=K_c(1+\frac{1}{\tau_I s}+\frac{\tau_D s}{1+\varepsilon\tau_D s}) \tag{4.31}$$

其中 ε 是一个约为0.1的典型值(见2.7节)。现在可有无数种方式以状态空间形式实现这个系统,下面是四种常见的形式。在所有情况下,代表控制器高频增益的($s\to\infty$)矩阵 D,由下面的一个标量给出

$$D=K_c\frac{1+\varepsilon}{\varepsilon} \tag{4.32}$$

1. 对角型(Jordan标准型)

$$A=\begin{bmatrix}0 & 0\\ 0 & -\frac{1}{\varepsilon\tau_D}\end{bmatrix},\quad B=\begin{bmatrix}K_c/\tau_I\\ K_c/(\varepsilon^2\tau_D)\end{bmatrix},\quad C=[1\quad -1] \tag{4.33}$$

2. 能观标准型

$$A=\begin{bmatrix}0 & 1\\ 0 & -\frac{1}{\varepsilon\tau_D}\end{bmatrix},\quad B=\begin{bmatrix}\gamma_1\\ \gamma_2\end{bmatrix},\quad C=[1\quad 0] \tag{4.34}$$

其中,$\gamma_1=K_c(\frac{1}{\tau_I}-\frac{1}{\varepsilon^2\tau_D})$,$\gamma_2=\frac{K_c}{\varepsilon^3\tau_D^2}$。

3. 能控标准型

$$A=\begin{bmatrix}0 & 0\\ 1 & -\frac{1}{\varepsilon\tau_D}\end{bmatrix},\quad B=\begin{bmatrix}1\\ 0\end{bmatrix},\quad C=[\gamma_1\quad \gamma_2] \tag{4.35}$$

其中 γ_1 和 γ_2 如上所述。

4. 按式(4.29)的观测器标准型

$$A=\begin{bmatrix}-\frac{1}{\varepsilon\tau_D} & 1\\ 0 & 0\end{bmatrix},\quad B=\begin{bmatrix}\beta_1\\ \beta_0\end{bmatrix},\quad C=[1\quad 0] \tag{4.36}$$

其中 $\beta_0=\frac{K_c}{\varepsilon\tau_I\tau_D}$,　$\beta_1=K_c\frac{\varepsilon^2\tau_D-\tau_I}{\varepsilon^2\tau_I\tau_D}$。

把这四种实现与式(4.31)中的传递函数模型相比较,显然传递函数更直观。至少一看就

是个 PID 控制器。

时延。时间延迟(或称死区时间)是一个无限维系统,并且不能用有理传递函数来表示。必须经过近似才能用状态空间实现。对时延 θ 的一个 n 阶逼近,可以通过在级数中放入 n 个一阶 Padé 近似而得到

$$e^{-\theta s} \approx \frac{\left(1-\frac{\theta}{2n}s\right)^n}{\left(1+\frac{\theta}{2n}s\right)^n} \tag{4.37}$$

不同的(或许更好的)近似也有人用,但上面的近似因其简单而更受青睐。

4.2 状态能控性与状态能观性

引入极点向量的概念颇为有用。我们定义第 i 个输入极点向量为

$$u_{p_i} \triangleq B^{H} q_i \tag{4.38}$$

第 i 个输出极点向量为

$$y_{p_i} \triangleq C t_i \tag{4.39}$$

(见表 4.2 中的 Matlab 指令)。当 A 的特征值各不相同时,我们对输入到输出的传递函数有下面的二元展开式:

$$G(s) = \sum_{i=1}^{n} \frac{C t_i q_i^{H} B}{s-p_i} + D = \sum_{i=1}^{n} \frac{y_{p_i} u_{p_i}^{H}}{s-p_i} + D \tag{4.40}$$

这里对特征向量作过尺度变换,使 $q_i^{H} t_i = 1$。由式(4.40)知,$u_{p,i}$ 指示出输入对第 i 个模态的激励程度(从而被输入"控制"的程度),而 $y_{p,i}$ 则指示出第 i 个模态在输出中被观测到的程度。这样,极点向量可被用来检查一个系统的状态能控性与能观性。下面对此会有更详细的解释,但让我们先从状态能控性的定义开始。

表 4.2 求极点向量的 Matlab 程序

```
% Find pole vectors of system [A,B,C,D]
%
[T,Po] = eig(A);
YP = C*T % output pole vectors (must normalize columns to obtain directions)
[Q,Pi] = eig(A');
UP = B'*Q % input pole vectors
Shouldbezero=Po-Pi % if not, the pole vectors refer to different poles
```

定义 4.1 状态能控性 动态系统 $\dot{x}=Ax+Bu$,或者等价地说 (A,B) 对,如果对于任意初始状态 $x(0)=x_0$,任意的时间 $t_1>0$,以及任意的终点状态 x_1,都存在一个输入 $u(t)$,使得 $x(t_1)=x_1$,则称系统为状态能控;否则称系统是状态不能控的。

要检查状态的能控性,考虑单个极点和与之相关的极点向量具有一定的指导性。根据式(4.40),有(Zhou et al.,1996,p.52)如下定理:

定理 4.1 设 p_i 为 A 的一个特征值,或者等价地说是系统的一个极点,则

- 极点 p_i 是状态能控的,当且仅当对于与 p_i 相关的所有左特征向量(包括它们的组合)均有

$$u_{p,i} = B^{H} q_i \neq 0 \tag{4.41}$$

否则该极点是不能控的。

• 系统是状态能控的，当且仅当每一个极点都能控。

注： 仅当 p_i 是多重极点（重数大于 1）时，才需要考虑特征向量的线性组合。此时，可把与 p_i 相关的左特征向量汇集在矩阵 Q_i 中，把相应的输入极点向量汇集在矩阵 $U_{p,i}=B^{\mathrm{H}}Q_i$ 中；则相应于极点 p_i 不能控状态的个数，就是 $\mathrm{rank}(Q_i)-\mathrm{rank}(U_{p,i})$。

总之，一个系统是状态能控的，当且仅当所有输入极点向量是非零的。

关于能控性还有许多其它判据，其中两个是：

1. 系统(A,B)是状态能控的，当且仅当能控性矩阵

$$\mathcal{C}\triangleq[B \quad AB \quad A^2B \quad \cdots \quad A^{n-1}B] \tag{4.42}$$

的秩为 n（满秩），n 是状态的个数。

2. 由式(4.6)可以验证：一个能使 $x(t_1)=x_1$ 的特定输入是

$$u(t)=-B^{\mathrm{T}}\mathrm{e}^{A^{\mathrm{T}}(t_1-t)}W_c(t_1)^{-1}(\mathrm{e}^{At_1}x_0-x_1) \tag{4.43}$$

此处 $W_c(t)$是时间 t 的 Gram 矩阵，即

$$W_c(t)\triangleq\int_0^t \mathrm{e}^{A\tau}BB^{\mathrm{T}}\mathrm{e}^{A^{\mathrm{T}}\tau}\mathrm{d}\tau$$

所以，系统(A,B)是状态能控的，当且仅当 Gram 矩阵 $W_c(t)$对任意 $t>0$ 满秩（从而正定）。对于一个稳定系统（A 是稳定的），只需考虑 $P\triangleq W_c(\infty)$；即(A,B)对是状态能控的，当且仅当能控性 Gram 矩阵

$$P\triangleq\int_0^{\infty} \mathrm{e}^{A\tau}BB^{\mathrm{T}}\mathrm{e}^{A^{\mathrm{T}}\tau}\mathrm{d}\tau \tag{4.44}$$

正定（$P>0$），从而有满秩 n。P 也可通过求解 Lyapunov 方程

$$AP+PA^{\mathrm{T}}=-BB^{\mathrm{T}} \tag{4.45}$$

得到。

例 4.4 考虑一个具有两个状态的标量系统，有如下的状态空间实现

$$A=\begin{bmatrix}-2 & -2\\ 0 & -4\end{bmatrix},\quad B=\begin{bmatrix}1\\ 1\end{bmatrix},\quad C=[1 \quad 0],\quad D=0$$

其传递函数（最小实现）为

$$G(s)=C(sI-A)^{-1}B=\frac{1}{s+4}$$

这里仅有一个状态。事实上，相应于特征值 -2 处的第一个状态是不能控的。考察状态能控性即可证实这一点。

1. A 的特征值，即系统极点为 $p_1=-2$，$p_2=-4$；相应的左特征向量是 $q_1=[0.707 \quad -0.707]^{\mathrm{T}}$，$q_2=[0 \quad 1]^{\mathrm{T}}$；而两个输入极点向量是

$$u_{p_1}=B^{\mathrm{H}}q_1=0,\ u_{p_2}=B^{\mathrm{H}}q_2=1$$

因为 u_{p_1} 是零，所以第一个极点（特征值）不是状态能控的。

2. 因为有两个线性相关的行，所以能控性矩阵的秩为 1

$$\mathcal{C}=[B \quad AB]=\begin{bmatrix}1 & -4\\ 1 & -4\end{bmatrix}$$

3. 能控性 Gram 阵是奇异阵

$$P=\begin{bmatrix}0.125 & 0.125\\0.125 & 0.125\end{bmatrix}$$

例 4.5 考虑一个标量系统 $G(s)=1/(\tau s+1)^4$，其实现如下：

$$A=\begin{bmatrix}-1/\tau & 0 & 0 & 0\\1/\tau & -1/\tau & 0 & 0\\0 & 1/\tau & -1/\tau & 0\\0 & 0 & 1/\tau & -1/\tau\end{bmatrix},\quad B=\begin{bmatrix}1/\tau\\0\\0\\0\end{bmatrix},\quad C=[0\quad 0\quad 0\quad 1] \tag{4.46}$$

系统在 $-1/\tau$ 处有四重特征值(重数为 4)，对应的左特征向量是如下矩阵的列

$$Q=\begin{bmatrix}1 & -1 & 1 & -1\\0 & 0 & 0 & 0\\0 & 0 & 0 & 0\\0 & 0 & 0 & 0\end{bmatrix}$$

由于四个特征向量 q_i 线性相关，就不需要考虑其线性组合；而且由于所有输入极点向量非零($u_{p,i}=B^{\mathrm{H}}q_i=\pm 1/\tau$， $i=1,\cdots,4$)，则结论是该系统是状态能控的。这也可通过计算式(4.42)的能控性矩阵 $\mathcal{C}$ 得以证实该矩阵满秩。

简言之，如果一个系统是状态能控的，我们可以用某个输入 u 在给定的有限时间内将系统从任意指定的初始状态带到任意指定的终止状态。看上去，状态能控性似乎对于实际的控制问题是一个重要的特性，但由于以下四个原因却未必如此：

1. 并未给出状态在之前和之后的任何信息，例如，它并不意味着状态(当 $t\to\infty$)能够保持在一个给定的值；
2. 要求的输入可能很大并有突变；
3. 某些状态可能在实际中没什么重要意义；
4. 该定义仅就存在性而言，并未指出能控程度(关于这一点可参阅 Hankel 奇异值)。

下面两个例子有助于说明前两项反对意见。

例 4.5 续　串联水箱的状态能控性。考虑有一个输入和四个状态，由四个一阶系统串联而成的系统：

$$G(s)=1/(\tau s+1)^4$$

其状态空间实现由式(4.46)给出。物理实例可以是四个串联的相同水箱(如浴缸)，水从一个流向下一个。按能量守恒原理，假定没有热损失，得出 $T_4=T_3/(\tau s+1)$，$T_3=T_2/(\tau s+1)$，$T_2=T_1/(\tau s+1)$，$T_1=T_0/(\tau s+1)$，其中状态是四个水箱的温度，输入 $u=T_0$ 是入口温度，$\tau=100\text{s}$ 是水在每一个水箱中的滞留时间。在实际中，我们知道很难分别控制四个温度，稳态时四个水箱温度必定相同。但从上面讨论知道，该系统是状态能控的，所以通过调节入口温度，在给定时间内一定能使四个水箱达到任意希望的温度。这听上去过于理想而使人难以相信，我们来考虑一种特殊的情况。

假设系统初始是在稳态(所有温度为零)，而且想要在 $t=400$ s 时到达如下温度：$T_1(400)=1$，$T_2(400)=-1$，$T_3(400)=1$，$T_4(400)=-1$。图 4.1(a)所示为要达到上述目标，从式(4.43)计算出的作为时间函数的输入温度 $T_0(t)$。图 4.1(b)所示为对应的四个水箱温度。

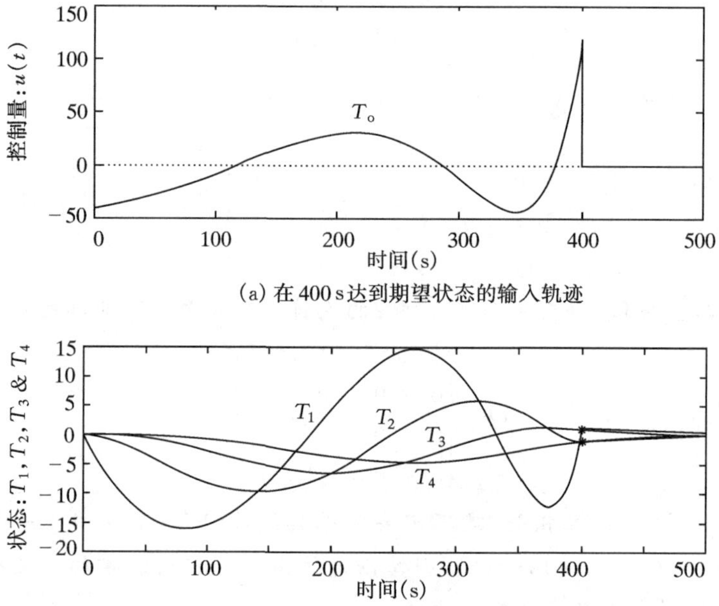

(a) 在400 s达到期望状态的输入轨迹

(b) 状态响应(水箱温度)

图 4.1　四个串联的一阶系统的状态能控性

有两点值得注意：

1. 所需入口温度 T_0 的变化超出期望的水箱温度变化百倍以上，并随时间剧变；
2. 虽然状态(水箱温度 T_i)到了 400 s，的确是到了希望的值±1，但并不等于就能保持在这些值上，因为稳态所有状态必然相同(本例中当时间趋于无穷大时所有状态将趋于 0，因为输入 $u=T_0$ 在 $t=400$ s 时被置回到 0)。

输入 $T_0(t)$ 的形态容易解释。第四个水箱最远，而想要其温度降低($T_4(400)=-1$)，输入温度最初就需要先下降到−40；然后由于 $T_3(400)=1$，T_0 在 $t=220$ s 时就需要增加到大约 30；然后又因为 $T_2(400)=-1$，所以 T_0 需要降到大约−40，最后再增加到 100 以上以实现 $T_1(400)=1$。

从上面的例子我们清楚地看到，状态能控性可能并不意味着系统在实际意义上的“能控”[①]。这是因为状态能控性只关系到状态在离散时刻的值(命中目标)，而在大多数情况下则希望状态在所有时间能够保持接近某个期望值(或者轨迹)，而且还不采用不适当的控制信号。

所以我们现在知道，从实际的角度看，状态能控性并不意味着系统能控。但是反过来又如何：如果系统不具备状态能控性，这是否意味着系统在实际意义上也不能控？换言之，如果一个系统不是状态能控的，是否问题会很严重呢？在许多情况下答案是“否”，因为也许这些不能控状态在系统边界之外，或者对系统没有重要性，我们并不关心这些状态的表现。如果真的关心这些状态，则其应被包括在输出向量 y 中。状态的不能控性此时将表现为传递函数矩阵 $G(s)$ 秩的缺失(见功能能控性)。

① 在第 5 章，我们将会介绍一种称之为“输入-输出能控性”更具实际意义的能控性概念。

结论是，状态能控性既不是系统在实际意义上能控（输入-输出能控性）的必要条件，也不是充分条件。那么研究状态能控性还有什么价值吗？有的，因为它告诉我们是否在模型中包含了一些我们无法影响的状态，如果相关的模态不稳定，这当然具有实际（也有数值计算方面的）意义。我们也可以删除那些在零初始条件下对输出没有影响的状态，从而节省计算时间。

总结一下，状态能控性是一个系统理论上的概念，在涉及计算和实现时会体现其重要性。然而其命名有点误导，如果 Kalman 当初定义（状态）能控性时用了一个不同的名词，则上面许多讨论也许就可以避免了。例如好点的名词有“逐点能控性”或者“状态受影响性”，从中也许能理解到，尽管可以单个地影响所有的状态，但并不一定能在一段时间内独立地控制这些状态。

定义 4.2　状态能观性。 如果对于任意时间 $t_1>0$，可以根据输入 $u(t)$ 和输出 $y(t)$ 在区间 $[0, t_1]$ 上的时间历史，确定初始状态 $x(0)=x_0$，则动态系统 $\dot{x}=Ax+Bu$，$y=Cx+Du$（或者 (A,C) 对）称为是状态能观的；否则系统或者 (A,C) 对就是状态不能观的。

为检测状态能观性，建议考虑每个模态 p_i 和与之相关的输出极点向量 $y_{p,i}$。根据式(4.40)，我们有(Zhou et al.，1996，P.52)如下定理：

定理 4.2　设 p_i 是 A 的一个特征值，或者等效地说是系统的一个模态，则

- 模态 p_i 是能观的，当且仅当对于所有与 p_i 相关的右特征向量 t_i（包括它们的线性组合）都有

$$y_{p,i} = Ct_i \neq 0 \tag{4.47}$$

- 系统是能观的，当且仅当每一个模态都是能观的。

注： 仅当 p_i 是多重极点（重数大于 1）的情况时，需要考虑特征向量线性组合的应用。此时我们可以把所有与 p_i 相关的右特征向量放在矩阵 T_i 中，而把相应的极点向量放在矩阵 $Y_{p,i}=CT_i$ 中；相应于模态 p_i 的不能观状态的个数，就是 $\mathrm{rank}(T_i)-\mathrm{rank}(Y_{p,i})$。

总结起来，一个系统能观，当且仅当其所有的输出极点向量非零。下面的例子说明了这个结论，同时说明了如果有多重极点时会发生什么情况。

例 4.6　考虑一个有 2 个状态、2 个输入、1 个输出，并具有如下状态空间实现的系统

$$A=\begin{bmatrix} p_1 & 0 \\ 0 & p_2 \end{bmatrix},\quad B=\begin{bmatrix} 1 & 4 \\ 2 & 0 \end{bmatrix},\quad C=[0.5\quad 0.25],\quad D=[0\quad 0]$$

其传递函数为

$$G(s)=C(sI-A)^{-1}B=\begin{bmatrix} \dfrac{s-(p_1+p_2)/2}{(s-p_1)(s-p_2)} & \dfrac{2}{s-p_1} \end{bmatrix}$$

特征值（极点）是 p_1 和 p_2，对应的左和右特征向量矩阵为

$$T=\begin{bmatrix} 1 & 0 \\ 0 & 1 \end{bmatrix},\quad Q=\begin{bmatrix} 1 & 0 \\ 0 & 1 \end{bmatrix}$$

（此处第一列与 p_1 相关，第二列与 p_2 相关）。相关的输出与输入极点向量可以放入下面的矩阵中

$$Y_p = CT = [y_{p,1}\quad y_{p,2}] = [0.5\quad 0.25],\quad U_p = B^{\mathrm{H}}Q = [u_{p,1}\quad u_{p,2}] = \begin{bmatrix} 1 & 2 \\ 4 & 0 \end{bmatrix}$$

先考虑两个极点不同，即 $p_1 \neq p_2$ 的情况，我们看到两个输出极点“向量”（Y_p 中的列）均不为零，故这两个模态是能观的。然而因为 $u_{p,2}$ 第二个元素为 0，其结果是模态 p_2 对于输入 2 是状态不能控的（从传递函数也容易看出）。

现在考虑有两个重复极点的情况，$p_1=p_2$。这时 T 的列与它们的线性组合均为 A 的右特征向量。因 $\text{rank}(T)-\text{rank}(Y_p)=2-1=1$，则两状态中有一个是不能观的（从传递函数易见，因 $G(s)$ 第一个元素中有零极点对消）；然而两个状态依然状态能控，因为 $\text{rank}(Q)-\text{rank}(U_p)=2-2=0$。

在上例中，极点是“并行”的（由 $G(s)$ 第一个元素可以写成 $0.5/(s-p_1)+0.5/(s-p_2)$ 即可看出），在多重极点的情况下这可能发生能观性与能控性问题。然而，如例 4.5 和更多例子所表明的，如果多重极点是“串联”的，就不存在这些问题。

例 4.7　考虑如下标量系统

$$G(s)=\frac{1}{(s-p)^2} \overset{S}{=} \left[\begin{array}{c|c} A & B \\ \hline C & D \end{array}\right]=\left[\begin{array}{cc|c} p & 1 & 0 \\ 0 & p & 1 \\ \hline 1 & 0 & 0 \end{array}\right]$$

在 p 处有两个特征值（极点），对应的右和左特征向量矩阵为

$$T=\begin{bmatrix} 1 & -1 \\ 0 & 0 \end{bmatrix}, \quad Q=\begin{bmatrix} 0 & 0 \\ 1 & -1 \end{bmatrix}$$

注意两个右（左）特征向量分别线性相关；相应的输入和输出极点置于矩阵中

$$Y_p=CT=[1 \quad -1], \quad U_p=B^{\mathrm{H}}Q=[1 \quad -1]$$

两个状态均能观，因 $\text{rank}(T)-\text{rank}(Y_p)=1-1=0$。并因 $\text{rank}(Q)-\text{rank}(U_p)=1-1=0$，所以两个状态均为状态能控；这与传递函数所示一致。

状态能观性的另外两种检验方法是：

1. 系统 (A,C) 是状态能观的，当且仅当下面的能观性矩阵满秩（秩为 n）

$$\mathcal{O} \triangleq \begin{bmatrix} C \\ CA \\ \vdots \\ CA^{n-1} \end{bmatrix} \tag{4.48}$$

2. 对于稳定的系统，考察其能观性 Gram 矩阵

$$Q \triangleq \int_0^{\infty} e^{A^{\mathrm{T}}\tau} C^{\mathrm{T}} C e^{A\tau} \mathrm{d}\tau \tag{4.49}$$

要使系统状态能观，该矩阵必须是满秩 n 的（从而正定）；Q 也可从求解下面的 Lyapunov 方程得到

$$A^{\mathrm{T}}Q+QA=-C^{\mathrm{T}}C \tag{4.50}$$

一个系统是状态能观的，如果在某个时间区间上可以通过量测的输出 $y(t)$ 得到所有状态的值。然而即使一个系统是状态能观的，但也未必在实际意义上就能观测。例如，求 $x(0)$ 可能需要取 $y(t)$ 的高阶导数，这在数值计算上可能误差很大且对噪声敏感，下面例子可以说明这种情况。

例 4.5（串联水箱）续。我们有 $y=T_4$（最后一个水箱的温度），并且与例 4.7 相似，所有状态根

据 y 都是能观的。然而，考虑这样一种情况，水箱初始温度 $T_i(0)$，$i=1,\cdots,4$ 非零（且未知），并且入口温度对于 $t\geqslant 0$，$T_0(t)=u(t)$ 都为 0。此时，从实际角度看显然很难进行数值的回溯计算，例如根据某个区间$[0,t_1]$量测到的 $y(t)=T_4(t)$ 回溯到 $T_1(0)$，尽管理论上所有状态都是由输出能观的。

定义 4.3 最小实现、McMillan 度数、隐模态。 $G(s)$的一个状态空间实现(A,B,C,D)说成是$G(s)$的最小实现，如果 A 有可能的最小维数（即最少个数的状态）；这个最小维数称为 $G(s)$的 **McMillan** 度数。如果一个模态既不能控，又不能观，并且因此而不出现在最小实现中，这个模态称为隐模态。

因为只有能控和能观的状态才影响到从 u 到 y 的输入输出行为，故一个状态空间实现为最小实现的充分必要条件是(A,B)状态能控，且(A,C)状态能观。

注 1 如果不能控状态的初始值非零，即 $x(t=0)\neq 0$，则这个初态将会对输出响应有影响；但如果这个不能控状态是稳定的，则其影响将随时间推移而消失。

注 2 无论何种不能观状态对输出均没有作用，并可视作系统范围之外的变量，故从控制角度对其没有直接的兴趣（除非不能观的状态是不稳定的，因为我们希望避免出现系统“崩溃”的现象）。但状态能观性在设计状态估计器时对量测量的选择很重要。

4.3 稳定性

有好几种定义稳定性的方法，参阅 Willems(1970)。幸而，对于线性时不变系统其差别并无实际影响，我们将采用以下定义：

定义 4.4 一个系统称为**（内部）稳定的**，如果其组成部分都不含有不稳定的隐模态，并且由系统任何地方加入的有界外部信号的作用，在系统任何地方量测到的输出均为有界。

这里 $u(t)$“有界”指存在常数 c，使得对所有的 t 都有$|u(t)|<c$。在定义中加入内部这个词，强调的是不仅需要从某个特定输入到某个输出的响应是稳定的，而且还要求的是从任何位置作用于系统的输入与任意点量测的输出间的稳定性。4.7 节将就反馈系统对此有更为详细的讨论。同样地，任何组成部分不能含有不稳定的隐模态；也就是说，组成部分的任何不稳定性，都应该体现在系统的输入输出行为中。

定义 4.5 可镇定、可检测和不稳定隐模态。 如果一个系统中所有的不稳定模态都是状态能控的，则称该系统为可镇定的；如果所有不稳定的模态都是能观的，则称该系统为可检测的。如果一个系统含有不可镇定，或者不可检测的模态，则称系统含有不稳定隐模态。

一个线性系统是可镇定的（可检测的），当且仅当是与不稳定模态相关的输入（输出）极点向量非零；更多细节见式(4.41)与式(4.47)。如果一个系统不是可检测的，则系统中有一个状态会最终越界，但我们无法从输出 $y(t)$观测到这一点。

注 1 任何不稳定的线性系统，只要没有不稳定的模态，就可以通过反馈来镇定（至少在理论上是如此）。然而，这或许会需要一个不稳定的控制器，详见 4.8.2 节。

注 2 无论在实践中还是计算上都应避免具有不稳定隐模态的系统（如果没在工厂现场的话，

变量的值可能最终会在计算机上崩溃)。在本书中,如果没有特别说明,我们总是假定系统没有不稳定隐模态。

4.4 极点

上面已经说到,系统的极点是状态空间 A 矩阵的特征值,这也是下面要给出的定义。更一般地说,$G(s)$的极点可以大致地定义为使 $G(p)$有奇异值("无穷大")的有限值 $s=p$。见下面的定理4.4。

定义4.6 **极点。**具有式(4.3)～式(4.4)状态空间描述的系统极点 p_i,就是矩阵 A 的特征值 $\lambda_i(A)$,$i=1,\cdots,n$;特征多项式 $\phi(s)$ 定义为 $\phi(s)\triangleq\det(sI-A)=\prod_{i=1}^{n}(s-p_i)$,于是,极点就是如下特征方程的根

$$\phi(s)\triangleq\det(sI-A)=0 \tag{4.51}$$

欲见此定义是合理的,可回顾式(4.15)并参阅附录A.2.1。注意,若 A 是非最小实现,则此定义的极点包括了与不能控与/或不能观状态相对应的极点(特征值)。

4.4.1 极点与稳定性

对于线性系统,极点决定了稳定性:

定理4.3 线性动态系统$\dot{x}=Ax+Bu$稳定的充分必要条件是,其所有的极点都在开左半平面(LHP),即 $\mathrm{Re}(p_i)=\mathrm{Re}\{\lambda_i(A)\}<0,\forall i$;满足此特性的矩阵 A 称为"稳定矩阵"或 Hurwitz 矩阵。

证明:由式(4.7)知,式(4.6)的时间响应可以写成含有模态 $e^{p_i t}$ 的项之和。因为 $\mathrm{Re}\{p_i\}>0$ 的右半平面极点当 $t\to\infty$ 时 $e^{p_i t}$ 无界,则会产生不稳定模态。极点在开左半平面时,当 $t\to\infty$ 时 $e^{p_i t}\to 0$,则系统会产生稳定模态。如果系统有极点在 $j\omega$ 轴上,包括积分器,按定义4.4则系统也是不稳定的。例如,考虑 $y=Gu$ 且 $G(s)$有虚轴上的极点 $s=\pm j\omega_o$,那么在有界正弦输入 $u(t)=\sin\omega_o t$ 作用下,当 $t\to\infty$ 时输出 $y(t)$趋于无界。 □

4.4.2 由状态空间实现求极点

极点通常可以通过数值计算求矩阵 A 的特征值得到。为使系统有最少数目的极点,不含不可镇定的和不能控的模态,我们应该使用系统的最小实现。

4.4.3 由传递函数求极点

MacFarlane 与 Karcanias(1976)给出如下定理,使我们可以直接从传递函数矩阵 $G(s)$求极点,并且对手工计算有用。另一优点是求出的所有极点,关于系统都是最小实现的。

定理4.4 具有传递函数 $G(s)$的系统,相应于最小实现的极点多项式 $\phi(s)$是 $G(s)$的所有阶数的非零子行列式的最小公分母。

一个矩阵的子行列式是删去某些行和某些列后得到的矩阵的行列式。我们用 M_c^r 代表矩阵

$G(s)$中删去第 r 行与第 c 列后的子行列式，在由此定理定义的算法中，我们消去了每一个子式分子与分母的共同因子，结果是只有能控和能观的极点才能出现在极点多项式中。

例 4.8 对象 $G(s)=(3s+1)^2e^{-\theta s}/(s+1)$因含有延时而非真，因而没有状态空间实现，所以我们不能按式(4.51)计算其极点。但由定理 4.4，因其分母是$(s+1)$，故 $G(s)$在 $s=-1$ 处有极点。

例 4.9 考虑传递函数矩阵

$$G(s)=\frac{1}{1.25(s+1)(s+2)}\begin{bmatrix} s-1 & s \\ -6 & s-2 \end{bmatrix} \tag{4.52}$$

其 1 阶子式就是四个在分母中有公共因子$(s+1)(s+2)$的元素；2 阶子式就是行列式

$$\det G(s)=\frac{(s-1)(s-2)+6s}{1.25^2\ (s+1)^2\ (s+2)^2}=\frac{1}{1.25^2(s+1)(s+2)} \tag{4.53}$$

由此可看到在计算行列式过程中发生了零极点对消。所有子式的最小公分母为

$$\phi(s)=(s+1)(s+2) \tag{4.54}$$

系统的最小实现有两个极点：一个为 $s=-1$，另一个为 $s=-2$。

例 4.10 考虑一个有 3 个输入、2 个输出的 2×3 系统

$$G(s)=\frac{1}{(s+1)(s+2)(s-1)}\begin{bmatrix} (s-1)(s+2) & 0 & (s-1)^2 \\ -(s+1)(s+2) & (s-1)(s+1) & (s-1)(s+1) \end{bmatrix} \tag{4.55}$$

1 阶子式是 5 个非零元素(例如 $M_{2,3}^2=g_{11}(s)$)，有

$$\frac{1}{s+1},\frac{s-1}{(s+1)(s+2)},\frac{-1}{s-1},\frac{1}{s+2},\frac{1}{s+2} \tag{4.56}$$

对应于删去列 2 的 2 阶子式是

$$M_2=\frac{(s-1)(s+2)(s-1)(s+1)+(s+1)(s+2)\ (s-1)^2}{((s+1)(s+2)(s-1))^2}=\frac{2}{(s+1)(s+2)} \tag{4.57}$$

另外 2 个 2 阶子式为

$$M_1=\frac{-(s-1)}{(s+1)\ (s+2)^2},\quad M_3=\frac{1}{(s+1)(s+2)} \tag{4.58}$$

考虑所有子式得其公分母为

$$\phi(s)=(s+1)\ (s+2)^2(s-1) \tag{4.59}$$

系统有四个极点，一个在 $s=-1$，另一个在 $s=1$，还有两个在 $s=-2$。

从上面的例子我们看到，MIMO 极点实质上就是元素的极点。然而，只看元素不能决定极点的重数。例如，设 $G_0(s)$是一个在 $s=-a$ 处没有极点的 $m\times m$ 传递函数矩阵，考察下式

$$G_1(s)=\frac{1}{s+a}G_0(s) \tag{4.60}$$

那么，$G_1(s)$的最小实现在 $s=-a$ 处有几个极点呢？由式(A.10)知

$$\det(G_1(s))=\det\left(\frac{1}{s+a}G_0(s)\right)=\frac{1}{(s+a)^m}\det(G_0(s)) \tag{4.61}$$

如果 G_0 在 $s=-a$ 处没有零点，则 $G_1(s)$在 $s=-a$ 处有 m 个极点；然而，G_0 可能在 $s=-a$ 处有零点。作为一例，考虑一个形如式(4.60)的 2×2 对象。它可能在 $s=-a$ 处有两个极点(如式

(3.93)),或者一个极点(如式(4.52),$\det G_0(s)$在 $s=-a$ 处有一个零点),再或者在 $s=-a$ 处没有极点($G_0(s)$所有元素都在 $s=-a$ 处有一个零点)。

如上所述,极点可以通过数值计算求矩阵 A 的特征值而得到。因此为了计算传递函数 $G(s)$的极点,就先要有系统的状态空间实现,最好是一个最小实现。例如,如果我们把例 4.10 中的 5 个非零元素分别实现,再简单地把它们组合为一个总的实现,就会得到一个有 15 个状态的系统,而 3 个极点(在公分母中)每个都重复 5 次;而通过模型简化得到的最小实现则给出如式(4.59)的 4 个极点。

4.4.4 极点向量与方向

在多变量系统中,极点是与方向相联系的。为了量化这些方向,我们采用式(4.38)与式(4.39)中定义的输入输出*极点向量*

$$y_{p_i}=Ct_i, u_{p_i}=B^{\mathrm{H}}q_i \tag{4.62}$$

这些量指出了第 i 个模态在每个输出与输入间的激励状况。*极点方向*定义为标准化到单位长度的极点向量,即

$$y'_{p,i}=\frac{1}{\|y_{p_i}\|_2}y_{p_i},\quad u'_{p,i}=\frac{1}{\|u_{p_i}\|_2}u_{p_i} \tag{4.63}$$

极点方向也可以直接通过估算传递函数矩阵 $G(s)$在极点 p_i 的值,并考虑所得复数矩阵 $G(p_i)$的方向而得到。矩阵在极点的方向上是无穷大,可以粗略地写成

$$G(p_i)u'_{p_i}=\infty\times y'_{p_i} \tag{4.64}$$

其中 u'_{p_i} 是输入极点方向,y'_{p_i} 是输出极点方向。这时从原理上极点方向可以从 $G(p_i)=U\Sigma V^{\mathrm{H}}$ 的 SVD 得到。这时 u'_{p_i} 是 V 的第一列(对应于无穷大奇异值),y'_{p_i} 是 U 的第一列。在数值计算中,我们可计算在 $s=p_i+\varepsilon$ 处的 $G(s)$值,ε 是一个很小的数。

注 1　正如已讨论过的,如果 $u_p=B^{\mathrm{H}}q=0$,则对应的极点不是状态能控的;如果 $y_p=Ct=0$,则对应的极点不是状态能观的(亦可参见 Zhou et al.,1996,p.52)。

注 2　对于一个多变量对象,式(4.62)所定义的极点向量,在镇定时为选择输入输出变量提供了一个有用的工具,详见 10.4.3 节。对于单个的不稳定模态,选取对应于 u_p 最大元素的输入以及对应于 y_p 最大元素的输出,可使镇定所需要的输入量最小化。更精确地说,这种选择最小化了从量测(输出)噪声到输入传递函数 KS 的 $\mathcal{H}_2$ 与 $\mathcal{H}_\infty$ 范数的下界(Havre and Skogestad,2003)。

注 3　注意,在未标准化的*极点向量*与标准化的*极点方向*(向量)之间是有差别的。上面我们用一个′号明确表示方向向量是经过标准化处理的,在本书后面将省去这个符号。对于零点(见下文)则无此问题,因为我们只对标准化的零点方向(向量)感兴趣。

4.5 零点

系统零点产生于系统内部的竞争作用,这种竞争作用即使当输入(以及状态)并不恒等于零的情况下,也使得输出为零。SISO 系统中零点 z_i 是方程 $G(z_i)=0$ 的解。一般地说,零点是使 $G(s)$降秩(对于一个 SISO 系统来说,就是从秩 1 降到 0)的 s 值。这是下面多变量系统零

点定义的基础(MacFarlane and Karcanias,1976)。

定义 4.7 **零点**。如果 $G(z_i)$ 的秩低于 $G(s)$ 的标准秩,则称 z_i 为 $G(s)$ 的零点。零点多项式定义为 $z(s)=\prod_{i=1}^{n_z}(s-z_i)$,$n_z$ 是 $G(s)$ 具有有限零点的个数。

在本书中,我们不考虑无穷大零点,要求零点 z_i 为有限值。$G(s)$的标准秩定义为除在有限个奇异点外(就是零点)所有 s 值处 $G(s)$的秩。

零点的这一定义基于传递函数矩阵,对应于系统的最小实现。这些零点有时被称为是“传输零点”,但我们仍简单地称它们为“零点”。我们有时可能会说“多变量零点”以示与传递函数矩阵元素零点的区别。

4.5.1 从状态空间实现求零点

零点通常由系统的状态空间实现通过计算而得到。首先注意到系统的状态空间方程可以写成

$$P(s)\begin{bmatrix}x\\u\end{bmatrix}=\begin{bmatrix}0\\y\end{bmatrix},\quad P(s)=\begin{bmatrix}sI-A & -B\\C & D\end{bmatrix}\tag{4.65}$$

零点就是使系统的多项式矩阵 $P(s)$降秩,从而对某些非零的输入产生零输出的值 $s=z$。在数值计算中,零点是下面问题的非零解($u_z\neq0,x_z\neq0$):

$$(zI_g-M)\begin{bmatrix}x_z\\u_z\end{bmatrix}=0\tag{4.66}$$

$$M=\begin{bmatrix}A & B\\C & D\end{bmatrix},\quad I_g=\begin{bmatrix}I & 0\\0 & 0\end{bmatrix}\tag{4.67}$$

这可作为广义特征值问题来求解——在传统特征值问题中我们有 $I_g=I$。注意,如果实现是非最小实现时,通常会得到一些额外的零点。

4.5.2 从传递函数求零点

MacFarlane 与 Karcanias(1976)的如下定理,对于手工计算传递函数矩阵 $G(s)$的零点是有用的。

定理 4.5 对应于一个系统最小实现的零点多项式 $z(s)$,是 $G(s)$所有 r 阶子式的所有分子的最大公因式,这里 r 是 $G(s)$的标准秩,而所有子式经过调整都以极点多项式 $\phi(s)$为分母。

例 4.11 考察如下 2×2 传递函数矩阵

$$G(s)=\frac{1}{s+2}\begin{bmatrix}s-1 & 4\\4.5 & 2(s-1)\end{bmatrix}\tag{4.68}$$

$G(s)$的标准秩为 2,其 2 阶子式为行列式 $\det G(s)=\dfrac{2\,(s-1)^2-18}{(s+2)^2}=2\,\dfrac{s-4}{s+2}$。由定理 4.4 知,极点多项式为 $\phi(s)=s+2$,故零点多项式为 $z(s)=s-4$;从而,$G(s)$在 $s=4$ 处有 RHP 单零点。

这表明多变量系统零点一般来说与传递函数元素的零点并无一定关系。下面的例子也说明了这一点,例中的系统没有零点。

例 4.9 续 我们再考虑式(4.52)中的 2×2 系统,其中式(4.53)中的 $\det G(s)$的分母已为$\phi(s)$,

这样其零点多项式即为式(4.53)的分子,而其为1,故该系统没有多变量零点。

下面两个例子考虑非方阵系统。

例 4.12 考虑 1×2 系统

$$G(s)=\begin{bmatrix}\frac{s-1}{s+1} & \frac{s-2}{s+2}\end{bmatrix} \tag{4.69}$$

$G(s)$的标准秩为1,因无s值能使两元素同时为零,故$G(s)$没有零点。

一般来说,非方阵系统具有零点的可能性低于方阵系统。例如,要使一个2×2系统有零点,必须有s的值能使$G(s)$的两列线性相关,而对2×3系统则需3列都要线性相关。

下例是一个确有1个零点的非方阵系统。

例 4.10 续 再考虑式(4.55)中的2×3系统,并对式(4.57)与式(4.58)中的2阶子式调整使其分母为$\phi(s)=(s+1)(s+2)^2(s-1)$,我们得到

$$M_1(s)=\frac{-(s-1)^2}{\phi(s)},\quad M_2(s)=\frac{2(s-1)(s+2)}{\phi(s)},\quad M_3(s)=\frac{(s-1)(s+2)}{\phi(s)} \tag{4.70}$$

这些子式的公因式是零多项式$z(s)=(s-1)$;系统在$s=1$处有一个RHP零点。

从上面的例子也可看到,MIMO系统最小实现的极点和零点可以有相同的s值,只要它们的方向不同即可。

4.5.3 零点方向

以下讨论中令s为一确定复数标量,$G(s)$为一复数矩阵。例如,给定一个状态空间实现,我们可以算出$G(s)=C(sI-A)^{-1}B+D$。设$G(s)$在$s=z$处有一零点,则$G(s)$在$s=z$处降秩,并且存在非零向量u_z与y_z,使得

$$G(z)u_z=0\times y_z \tag{4.71}$$

此处u_z定义为输入零点方向,y_z定义为输出零点方向。通常对方向向量作标准化处理,使其具有单位长度

$$u_z^{\mathrm{H}}u_z=1;\ y_z^{\mathrm{H}}y_z=1$$

从实际角度看,通常对输出零点方向y_z,要比u_z有更大的兴趣,因为y_z给出了那个输出(或者输出组合)可能难以控制的信息。

注 1 取式(4.71)的Hermitian阵(共轭转置)得$u_z^{\mathrm{H}}G^{\mathrm{H}}(z)=0\times y_z^{\mathrm{H}}$。左乘$u_z$再右乘$y_z$并注意到$u_z^{\mathrm{H}}u_z=1$且$y_z^{\mathrm{H}}y_z=1$,可得$G(z)^{\mathrm{H}}y_z=0\times u_z$,或者

$$y_z^{\mathrm{H}}G(z)=0\times u_z^{\mathrm{H}} \tag{4.72}$$

注 2 从原理上说,我们也可以由$G(z)=U\Sigma V^{\mathrm{H}}$的SVD得到$u_z$与$y_z$,$u_z$就是$V$的最后一列(对应$G(z)$的零奇异值),而$y_z$则是$U$的最后一列。前面在式(3.85)中给过一个例子。求u_z一种较好的数值计算方法,是从状态空间实现用式(4.66)中的广义特征值求解。相类似地,y_z可以利用式(4.66)中的M^{T},从转置的状态空间描述中求得,见式(4.72)。

例 4.13 **零极点方向。**考虑式(4.68)中的2×2对象,在$z=4$处有一个RHP零点,在$p=-2$处有一个LHP极点。极点与零点的方向,通常分别用式(4.38)~式(4.39)和式(4.65)~式(4.67)从状态空间实现求得。然而这里我们将用表4.3中的Matlab程序,利用$G(z)$与

$G(p)$的 SVD 来决定零点与极点的方向，但我们还是要强调这种方法在数值计算上通常并不可靠。给出 $G(z)$的 SVD 为

$$G(z)=G(4)=\frac{1}{6}\begin{bmatrix}3 & 4\\4.5 & 6\end{bmatrix}=\frac{1}{6}\begin{bmatrix}0.55 & -0.83\\0.83 & 0.55\end{bmatrix}\begin{bmatrix}9.01 & 0\\0 & 0\end{bmatrix}\begin{bmatrix}0.6 & -0.8\\0.8 & 0.6\end{bmatrix}^{H}$$

表 4.3 从传递函数求极点和零点方向的 Matlab 程序

```
%
s = tf('s'); G = [(s-1) 4; 4.5 2*(s-1)]/(s+2);p=-2;z=4;
% Crude method for computing pole and zero directions
Gz = evalfr(G,z); n = min(size(Gz));
[U,S,V] = svd(Gz); yz = U(:,n), uz = V(:,n)
Gp = evalfr(G,p+1.e-5);
[U,S,V] = svd(Gp); yp = U(:,1), up = V(:,1)
```

输入和输出零点方向是与 $G(z)$的零奇异值相关的，见式(4.71)；我们得到 $u_z=\begin{bmatrix}-0.80\\0.60\end{bmatrix}$，$y_z=\begin{bmatrix}-0.83\\0.55\end{bmatrix}$。由 y_z 可见，零点在第一个输出上有稍大的分量。其次要求极点的方向，考虑

$$G(p+\varepsilon)=G(-2+\varepsilon)=\frac{1}{\varepsilon^2}\begin{bmatrix}-3+\varepsilon & 4\\4.5 & 2(-3+\varepsilon)\end{bmatrix} \tag{4.73}$$

当 $\varepsilon\to 0$ 时，SVD 变为

$$G(-2+\varepsilon)=\frac{1}{\varepsilon^2}\begin{bmatrix}-0.55 & -0.83\\0.83 & -0.55\end{bmatrix}\begin{bmatrix}9.01 & 0\\0 & 0\end{bmatrix}\begin{bmatrix}0.6 & -0.8\\-0.8 & -0.6\end{bmatrix}^{H}$$

极点的输入与输出方向是与最大奇异值 $\sigma_1=9.01/\varepsilon^2$ 相关的，我们得到 $u_p=\begin{bmatrix}0.60\\-0.80\end{bmatrix}$，$y_p=\begin{bmatrix}-0.55\\0.83\end{bmatrix}$。我们从 y_p 可见，极点在第二个输出上的分量稍大。

重要的是要看到，虽然极点与零点的位置与输入和输出的尺度无关，但其方向却不然。所以在基于极点与零点的方向得出任何结论之前，要注意输入和输出尺度的选择是否得当。

4.6 关于极点和零点的一些重要说明

1. 由最小实现产生的零点有时称为*传输零点*。如果没有最小实现，则数值计算(如用 Matlab)可能产生附加的*不变零点*。这些不变零点再加上传输零点有时统称为*系统零点*。不变零点可以进一步细分为*输入与输出解耦零点*，这些零点与不能控或者不能观状态相关的极点对消，从而其实际影响有限。为了避免所有这些麻烦，我们建议在计算零点时先得到系统的最小实现。
2. Rosenbrock(1966;1970)首先用类 Smith-McMillan 形的某种数学公式定义了多变量零点；Zhou 等(1996)则按 McMillan 形定义了极点与零点。
3. 在时域中，零点的存在意味着对某些输入信号的阻滞(MacFarlane and Karcanias,1976)。如果 z 是 $G(s)$的一个零点，则存在一个形如 $u_z e^{zt} 1_+(t)$的输入信号，能使 $t>0$ 时有 $y(t)=0$，其中 u_z是一个(复)向量，$1_+(t)$为单位阶跃；而一组初始条件(状态)是 x_z。

4. 对于方阵系统 $G(s)$ 的极点与零点，基本上就是 $\det G(s)$ 的极点与零点。然而在有些情况下，这一粗略的定义会失效，例如当系统在不同部分有一些极点与零点在 $\det G(s)$ 中碰巧会对消时，如系统

$$G(s)=\begin{bmatrix}(s+2)/(s+1) & 0\\ 0 & (s+1)/(s+2)\end{bmatrix} \tag{4.74}$$

虽然明显有极点 -1 与 -2 和(多变量)零点 -1 和 -2，但其 $\det G(s)=1$。

5. 式(4.74)中的 $G(s)$ 提供了一个很好的例子，说明在讨论多变量系统的极点与零点时其方向的重要性。我们看到，尽管系统在相同位置上(-1 与 -2)有极点又有零点，但其方向不同，所以它们并不相互抵消，也不发生其它方式的相互作用。在式(4.74)中极点 -1 的方向为 $u_p=y_p=[1\quad 0]^T$，而零点 -1 的方向则为 $u_z=y_z=[0\quad 1]^T$。

6. 对于具有非奇异 D 阵的方阵系统，极点个数与零点相同，$G(s)$ 的零点就等于 $G^{-1}(s)$ 的极点，而其极点则为 $G^{-1}(s)$ 的零点。还有，若 $G(p)$ 的逆存在，则由 SVD 可得出

$$G^{-1}(p)y_p=0\times u_p \tag{4.75}$$

7. 如果输出 y 包含了关于所有状态的直接信息，也就是说，从 y 可以直接求得 x，则此系统没有零点。例如若 $y=x$，或者更为一般地说 $\mathrm{rank}C=n$ 且 $D=0$，那系统就没有零点(例 4.15 中有个证明)。这或许能解释为什么在 60 年代基于状态反馈的最优控制理论中给予零点的关注极少。

8. 零点通常出现在输入或输出个数少于状态的情况，或者在 $D\neq 0$ 时。考虑一个具有 n 个状态的方阵 $m\times m$ 对象 $G(s)=C(sI-A)^{-1}B+D$，则 $G(s)$ 的(有限值)零点的个数为(Maciejowski，1989，p. 55)

$$\begin{array}{ll} D\neq 0: & \text{零点个数至多为 } n-m+rank(D)\\ D=0: & \text{零点个数至多为 } n-2m+rank(CB)\\ D=0 \text{ 且 } rank(CB)=m: & \text{正好 } n-m \text{ 个零点}\end{array} \tag{4.76}$$

9. **移动极点。**现在来考虑以下几种举措会对极点有何种影响：(a)反馈($G(I+KG)^{-1}$)；(b)串联补偿(GK，前馈控制)；(c)并联补偿($G+K$)？答案是：(a)反馈控制移动了极点的位置(例如，$G=1/(s+a)$，$K=-2a$ 把极点从 $-a$ 移动到了 $+a$)；(b)串联补偿不能移动极点，但可以通过在 K 中设置零点消去 G 中的极点(例如，$G=1/(s+a)$，$K=(s+a)/(s+k)$)；(c)并联补偿不能移动极点，但可以通过在 K 中减去相同的极点来消除极点的影响(例如 $G=1/(s+a)$，$K=-1/(s+a)$)。

10. 对于一个严格真对象 $G(s)=C(sI-A)^{-1}B$，其开环极点由特征多项式 $\phi_{ol}(s)=\det(sI-A)$ 决定。如果我们采用常增益负反馈 $u=-K_0y$，极点则由相对应的闭环特征多项式 $\phi_{cl}(s)=\det(sI-A+BK_0C)$ 决定，从而不稳定的对象有可能通过反馈控制趋于稳定，见例 4.14。

11. **移动零点。**下面考虑反馈的作用，以及串联和并联补偿对零点的作用。

(a) 在反馈情况下，$G(I+KG)^{-1}$ 的零点是 G 的零点加上 K 的极点。这意味着 G 的零点，包括其输出方向 y_z 不受反馈影响。然而，即使 y_z 不能改变，仍然可能通过反馈控制把 RHP 零点的不良影响移动到一个给定的输出通道上，前提是 y_z 相应于这个输出有一个非零元素。在 3.6 节中通过例子已经说明了这一点，在 6.6.1 节中还有更详细的讨论。

(b)串联补偿可以抵消 G 中零点的影响，做法是在 K 中设置极点来抵消那些零点，但对 RHP 零点就不能用抵消的方法，因为这将存在内部稳定性的问题(见 4.7 节)。

(c)唯一能够移动零点的方法就是并联补偿，$y=(G+K)u$，但是，如果 y 是一个物理输出量，则必须添加一个额外的输入(执行机构)才能实现。

12. 牵制零点。如果一个零点方向 y_z 有一个或多个元素为零，则称此零点被牵制到输出的一个子集上。多数情况下，牵制零点有一个标量的原点。牵制零点在实际中是很常见的，并且其作用不能随意移动到任意输出端。例如，对于输出 y_1 的一个量测延迟作用就不可能移动到 y_2 去。同样地，如果 u_z 有一个或多个元素为零，则此零点将被牵制到某些输入。式(4.74)中的 $G(s)$ 就是一个例子，在 -2 上的零点被牵制到输入 u_1 和输出 y_1 上。

13. 非方阵系统的零点。无论文献中有时会作何种断言，非方阵系统的零点在实际中是常见的，特别是当一个零点被牵制到具有最少通道的对象一边时更是如此。作为例子，考虑一个具有 3 输入和 2 输出的对象 $G_1(s)=\begin{bmatrix} h_{11} & h_{12} & h_{13} \\ h_{21}(s-z) & h_{22}(s-z) & h_{23}(s-z) \end{bmatrix}$，在 $s=z$ 的零点被牵制到输出 y_2，即 $y_z=[0 \quad 1]^{\mathrm{T}}$；其原因在于 $G_1(z)$ 的第 2 行等于零，故 $G_1(z)$ 的秩为 1，小于 $G_1(s)$ 的标准秩 2；另一方面，$G_2(s)=\begin{bmatrix} h_{11}(s-z) & h_{12} & h_{13} \\ h_{21}(s-z) & h_{22} & h_{23} \end{bmatrix}$ 在 $s=z$ 处没有零点，因为 $G_2(z)$ 的秩就是 $G_2(s)$ 的满秩 2(假定 $G_2(s)$ 最后两列的秩为 2)。

14. 功能能控性的概念是与零点有关的，见 6.4 节。粗略地讲，可以说一个功能不能控的系统，必在某个输出方向上有"对所有 s 值的一个零点"。

在 5.7 节就 SISO 系统讨论了 RHP 零点和 RHP 极点在控制上的意义，而对 MIMO 系统则在 6.6 节讨论。

例 4.14 反馈对极点与零点的作用。 考虑一个 SISO 负反馈系统，对象 $G(s)=z(s)/\phi(s)$，且有一常增益控制器 $K(s)=k$。从参考输入 r 到输出 y 的闭环响应是

$$T(s)=\frac{L(s)}{1+L(s)}=\frac{kG(s)}{1+kG(s)}=\frac{kz(s)}{\phi(s)+kz(s)}=k\frac{z_{cl}(s)}{\phi_{cl}(s)} \tag{4.77}$$

注意下面两点：

1. 零点多项式是 $z_{cl}(s)=z(s)$，故零点位置不受反馈影响；

2. 极点被反馈改变，如

$$k\to 0 \Rightarrow \phi_{cl}(s)\to \phi(s) \tag{4.78}$$

$$k\to \infty \Rightarrow \phi_{cl}(s)\to kz(s) \tag{4.79}$$

也就是说，当增大反馈增益时，闭环极点从开环极点向开环零点移动，所以 RHP 零点意味着高增益的不稳定。由经典根轨迹分析早已有此结论。

例 4.15 我们想要证明：当 $D=0$ 且 $\mathrm{rank}(C)=n$ 时，$G(s)=C(sI-A)^{-1}B+D$ 没有零点，其中 n 是状态的个数。解法是：考察式(4.65)的多项式系统矩阵 $P(s)$，因 C 秩为 n，P 的前 n 列是独立的，后 m 列与 s 无关。另外，前 n 列与后 m 列相互无关，因为 $D=0$ 而 C 列满秩，所以任何一列都不为零。结论是，$P(s)$ 的秩恒为 $n+m$ 且无零点。(我们要求 $D=0$，若其非零，则可能对 s 的某些值，P 的前 n 列会依赖于后 m 列)。

习题 4.3* (a)考虑只有一个状态的 SISO 系统 $G(s)=C(sI-A)^{-1}B+D$，也就是说，A 是一

个标量，求其零点。当 $D=0$ 时 $G(s)$ 有零点吗？(b) 对这样一个 SISO 系统，GK 与 KG 有相同的极点与零点吗？同一个问题，对 MIMO 系统又怎样呢？

习题 4.4 给定

$$\det G(s)=\frac{50(s^4-s^3-15s^2-23s-10)}{s(s+1)^2(s+10)(s-5)^2}=\frac{50(s+1)^2(s+2)(s-5)}{s(s+1)^2(s+10)(s-5)^2}$$

确定如下传递函数矩阵的极点与零点

$$G(s)=\begin{bmatrix}\dfrac{11s^3-18s^2-70s-50}{s(s+10)(s+1)(s-5)} & \dfrac{(s+2)}{(s+1)(s-5)}\\ \dfrac{5(s+2)}{(s+1)(s-5)} & \dfrac{5(s+2)}{(s+1)(s-5)}\end{bmatrix}$$

而 $G(s)$ 有多少个极点？

习题 4.5* 给定 $y(s)=G(s)u(s)$，$G(s)=(1-s)/(1+s)$，求 $G(s)$ 的状态空间实现，然后用广义特征值问题求 $G(s)$ 的零点。从 $u(s)$ 到 $G(s)$ 单一状态 $x(s)$ 的传递函数是什么？而这个传递函数的零点又是什么？

习题 4.6 对下面的 2×2 对象求其零点

$$A=\begin{bmatrix}a_{11} & a_{12}\\ a_{21} & a_{22}\end{bmatrix},\quad B=\begin{bmatrix}1 & 1\\ b_{21} & b_{22}\end{bmatrix},\quad C=I,\quad D=0$$

习题 4.7* c_1 怎样取值才能使下面的对象有 RHP 零点？

$$A=\begin{bmatrix}10 & 0\\ 0 & -1\end{bmatrix},\quad B=I,\quad C=\begin{bmatrix}10 & c_1\\ 10 & 0\end{bmatrix},\quad D=\begin{bmatrix}0 & 0\\ 0 & 1\end{bmatrix} \tag{4.80}$$

习题 4.8 考虑式(4.80)的对象，假设两个状态都被量测并用于反馈控制，即 $y_m=x$（但控制输出依然是 $y=Cx+Du$）。$G(s)$ 中的 RHP 零点会在反馈系统中产生稳定性问题吗？此时可否达到对 y 的"完美"控制？（答案：否、否）。

4.7 反馈系统的内部稳定性

要检验一个反馈系统的闭环稳定性，通常只需研究其闭环传递函数即 $S=(I+KG)^{-1}$ 即可，前提是系统内没有控制器与对象之间的零极点对消。下面一例子对此给出最好阐述。

例 4.16 考虑图 4.2 所示反馈系统，其中 $G(s)=(s-1)/(s+1)$，$K(s)=(k/s)(s+1)/(s-1)$。在求回路传递函数 $L=GK$ 时消去了 $(s-1)$ 项，这是一个 RHP 极点与零点对消，从而产生

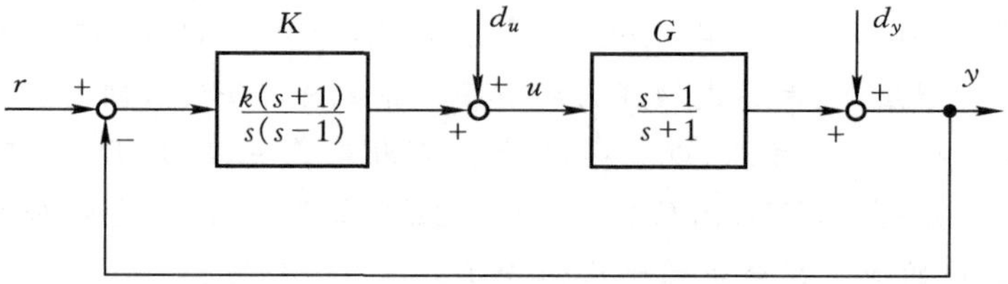

图 4.2 内部不稳定的系统

$$L=GK=\frac{k}{s},\quad S=(I+L)^{-1}=\frac{s}{s+k} \tag{4.81}$$

$S(s)$是稳定的，即从 d_y 到 y 的传递函数是稳定的；然而，从 d_y 到 u 的传递函数却是不稳定的：

$$u=-K(I+GK)^{-1}d_y=-\frac{k(s+1)}{(s-1)(s+k)}d_y \tag{4.82}$$

从而，尽管在只考虑输出信号 y 时这个系统看上去是稳定的，但若要考虑"内部"信号 u 时它却是不稳定的，从而系统是(内部)不稳定的。

注 1 在实际中，由于存在模型误差，不可能精确地消去对象的零点或极点。所以在上面的例子中，L 与 S 实际上也是不稳定的。然而，重要的是要指出，即使在理想情况下能实现精确的 RHP 极点与零点的对消，我们得到的仍是一个**内部不稳定**的系统。这一点虽然有点难以理会但却重要。在这种理想情况下，L 和 S 的状态空间描述有一个不稳定的隐模态，它对应于一个不可镇定或不可检测的状态。

注 2 用例 4.16 中相同的推理，如果我们用**前馈控制**对消一个 RHP 零点或者镇定一个不稳定对象，我们得到的还是一个内部不稳定的系统。例如，考虑图 4.2 的系统，把反馈去掉，把 K 用作前馈控制器。对不稳定对象 $G(s)=(s+1)/(s-1)$，我们可用前馈控制器 $K(s)=(s-1)/(s+1)$ 得到(显然)稳定的响应 $y=GKr=r$。首先，这需要完美的模型和对不稳定极点 $s=1$ 的完美对消。其次，即使模型完美，我们有 $y=Gd_u$，其中 G 不稳定，所以在控制器与对象之间进入系统的任何信号 d_u 将最终驱使系统出界。这样，镇定不稳定对象的唯一方法是把不稳定的极点从 RHP 移动到 LHP，这只能通过反馈控制来实现。

从上面的例子看，显然如果严格要求，则必须考虑反馈系统的内部稳定性，见定义 4.4。为此考虑图 4.3 中的系统，在两个组件 G 与 K 之间都注入并量测信号，我们得到

$$u=(I+KG)^{-1}d_u-K(I+GK)^{-1}d_y \tag{4.83}$$

$$y=G(I+KG)^{-1}d_u+(I+GK)^{-1}d_y \tag{4.84}$$

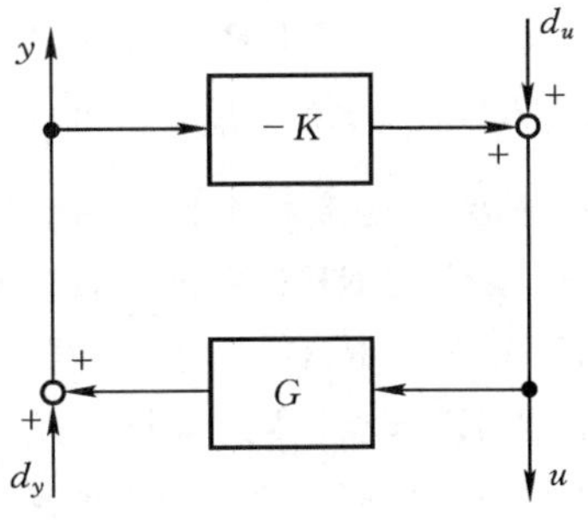

图 4.3 用于检查反馈系统内部稳定性的框图

立即可得如下定理：

定理 4.6 假定组件 G 与 K 均无不稳定隐模态，图 4.3 的系统是内部稳定的，当且仅当式(4.83)与式(4.84)中所有四个闭环传递矩阵均是稳定的。

用上面的定理可以证明以下结论(见例 4.16)：如果在 $G(s)$ 与 $K(s)$ 之间存在 RHP 极点-零点对消，即如果 GK 与 KG 二者不都含有 G 与 K 的所有 RHP 极点，则图 4.3 的系统是内部不稳定的。

如果我们不容许在系统组件之间，如 G 与 K 之间的 RHP 极点-零点对消，则一个闭环传递函数的稳定性，意味着所有其它传递函数的稳定性，这可表述为下面的定理。

定理 4.7 假设在 $G(s)$ 与 $K(s)$ 之间不存在 RHP 极点-零点对消，也就是说 $G(s)$ 与 $K(s)$ 的所

有 RHP 极点都出现在 GK 与 KG 的最小实现中，则图 4.3 中的反馈系统内部稳定的充分必要条件是式(4.83)与式(4.84)中的四个闭环传递函数矩阵中任何一个是稳定的。

证明：见 Zhou 等人的论文(1996，p.125)。 □

要注意我们在上面的定理中是如何定义极点一零点对消的。在此方式下，由不满秩的 G 与 K 产生的极点-零点对消也是不能容许的。举例来说，若 $G(s)=1/(s-a)$ 而 $K=0$，得到 $GK=0$，则 RHP 极点在 $s=a$ 消失，这在效果上也是一次极点零点对消。此时我们虽有 $S(s)=1$ 是稳定的，但内部稳定显然不可能。

习题 4.9[*] 用(A.7)说明式(4.83)与式(4.84)中的信号关系也可写成

$$\begin{bmatrix} u \\ y \end{bmatrix} = M(s)\begin{bmatrix} d_u \\ d_y \end{bmatrix};\ M(s) = \begin{bmatrix} I & K \\ -G & I \end{bmatrix}^{-1} \tag{4.85}$$

由此我们得知图 4.3 中的系统内部稳定的充分必要条件是 $M(s)$ 稳定。

4.7.1 内部稳定性要求的含义

对反馈系统的内部稳定性要求会产生一系列有趣的结果，下面我们将研究其中几例。在习题 4.12 中，将讨论实现两自由度控制器的不同方法。

我们先证明下面一些重要的结论，这些都适用于整个反馈系统内部稳定的情况(Youla et al.，1974)。

1. 如果 $G(s)$ 有一个 RHP 零点 z，则 $L=GK$，$T=GK(I+GK)^{-1}$，$SG=(I+GK)^{-1}G$，$L_I=KG$，且 $T_I=KG(I+KG)^{-1}$，任何一个都有这个 RHP 零点 z。
2. 如果 $G(s)$ 有一个 RHP 极点 p，则 $L=GK$，$L_I=KG$ 每一个也都有这个 RHP 极点 p；而 $S=(I+KG)^{-1}$，$KS=K(I+KG)^{-1}$，以及 $S_I=(I+KG)^{-1}$ 每个都有RHP 零点 p。

1 的证明：要保证内部稳定性，系统各部分之间，如 G 与 K 之间的 RHP 极点-零点对消是不容许的，从而当 G 有 RHP 零点时，$L=GK$ 必定也有 RHP 零点。现在 S 稳定，所以没有能抵消 L 中 RHP 零点的 RHP 极点，这样 $T=LS$ 必有 RHP 零点 z。同理，$SG=(I+GK)^{-1}G$ 也必须有那个 RHP 零点，其余类推。 □

2 的证明：显然，L 有一个 RHP 极点 p。既然 T 稳定，则由 $T=LS$ 知 S 必有一个 RHP 零点能精确抵消 L 中的 RHP 极点，其余类推。 □

我们由此可以看出，在两个传递函数之间的 RHP 极点-零点对消，例如在 L 与 $S=(I+L)^{-1}$ 之间的对消，并不一定就意味着内部不稳定。只是在分离的物理组件之间(如控制器与对象之间)的 RHP 极点-零点对消是不允许的。

习题 4.10 插入约束。证明当对象 $G(s)$ 有一个 RHP 零点 z 或 RHP 极点 p 时，下面的插入约束适用于 SISO 反馈系统：

$$G(z)=0 \Rightarrow L(z)=0 \Leftrightarrow T(z)=0, S(z)=1 \tag{4.86}$$

$$G^{-1}(p)=0 \Rightarrow L(p)=\infty \Leftrightarrow T(p)=1, S(p)=0 \tag{4.87}$$

习题 4.11[*] 给定如下的互补灵敏度函数

$$T_1(s)=\frac{2s+1}{s^2+0.8s+1} \qquad T_2(s)=\frac{-2s+1}{s^2+0.8s+1}$$

关于相应的回路传递函数 $L_1(s)$ 与 $L_2(s)$ 可能有 RHP 极点或 RHP 零点，你有什么看法？

下面的习题展示了内部稳定性要求的另一种用途。

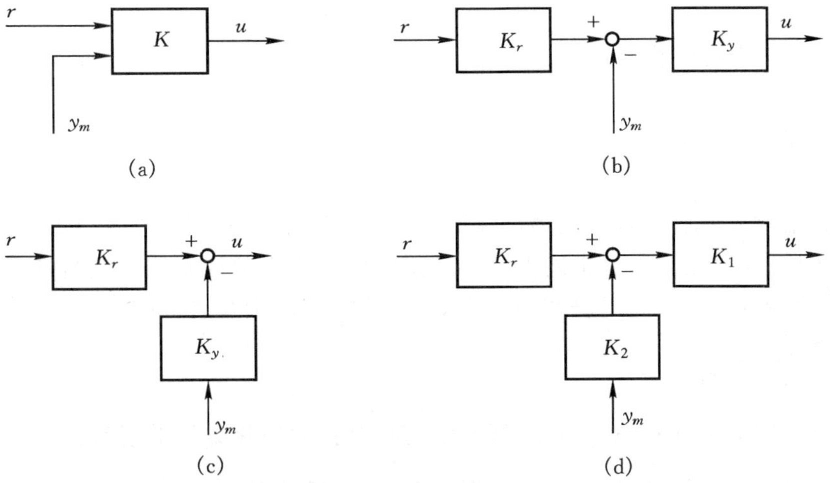

图 4.4 不同形式的两自由度控制器：

(a) 一般形式；

(b) 适用于 $K_y(s)$ 无 RHP 零点的情况；

(c) 适用于 $K_y(s)$ 稳定(无 RHP 极点)的情况；

(d) $K_y(s)=K_1(s)K_2(s)$，适用于 $K_1(s)$ 没有 RHP 零点而 $K_2(s)$ 没有 RHP 极点的情况；

(e) 示于图 2.5 的情况。

习题 4.12 两自由度控制构成的内部稳定性。 两自由度控制器允许我们通过分别处理扰动抑制和指令跟踪，(至少在某种程度上)来改善系统性能。从设计与实现方面考虑图 4.4(a)所示的一般形式通常更为可取。然而在有些情况下，可能希望先设计控制器的纯反馈部分以抑制扰动，记作 $K_y(s)$；然后加上一个简单的前置补偿器 $K_r(s)$，以达到指令跟踪的目的。这种方法通常并非最优，而在实现阶段也可能产生问题，特别是当反馈控制器 $K_y(s)$ 含有 RHP 极点或零点时有可能发生。在这个习题中通过考察图 4.4(b)～4.4(d)的三种不同方式，以解决实现问题。在所有方案中 K_r 都必须是稳定的。

(a) 问题是要避免在从 r 到 y 的传递函数中出现"不必要的"RHP 零点。证明：(1) 当 K_y 有一个 RHP 零点时，K_yS 也有一个 RHP 零点；(2) 当 K_y 有 RHP 极点时，SG 有 RHP 零点。

(b) 解释为什么当 K_y 含有 RHP 零点时，就不应该再采用图 4.4(b)的结构。

(c) 解释为什么当 K_y 含有 RHP 极点时，就不应该再采用图 4.4(c)的结构；这意味着当我们想要在 K_y 中有积分作用时，就不能用这种结构。

(d) 证明只要 K_y 的 RHP 极点(包括积分器)包含在 K_1 中，而其 RHP 零点包含在 K_2 中，图 4.4(d)的结构就是可用的。讨论为何在此时，人们常设置 $K_r=I$(这产生了第四种可能性)。

(e) 图 2.5 已经给出了第五种形式，r 同时馈送到 K_r 和 K_y，那么这种形式何时适用呢？

对内部稳定性的要求，也迫使我们在使用分离的扰动模型 $G_d(s)$ 时必须小心。为了避免这个问题出现，在进行状态空间计算时应该采用输入与扰动的组合模型，即将模型 $y=Gu+G_d d$ 写成如下形式：

$$y=[G \quad G_d]\begin{bmatrix}u\\d\end{bmatrix}$$

这里 G 和 G_d 共有相同的状态，见式(4.14)与式(4.17)。

4.8 镇定控制器

本节将介绍对象所有镇定控制器的参数化方法，称之为 Q 参数化，或 Youla 参数化(Youla et al.,1976)。镇定控制器是指能保证闭环系统内部稳定的控制器。我们先考虑稳定对象，此时参数化方法容易导出；然后研究不稳定对象，此时将用到互质分解。

4.8.1 稳定对象

下面的引理构成了针对稳定对象，所有镇定控制器参数化方法的基础：

引理 4.8 对于稳定对象 $G(s)$，图 4.3 中的负反馈系统是内部稳定的，当且仅当 $Q=K(I+GK)^{-1}$是稳定的。

证明：容易得出式(4.83)～式(4.84)中 4 个传递函数分别为

$$K(I+GK)^{-1}=Q \tag{4.88}$$

$$(I+GK)^{-1}=I-GQ \tag{4.89}$$

$$(I+KG)^{-1}=I-QG \tag{4.90}$$

$$G(I+KG)^{-1}=G(I-QG) \tag{4.91}$$

若 G 与 Q 稳定，显然以上传递函数均稳定。故当 G 本身稳定时，则内部稳定的充分与必要条件是 Q 稳定。 □

正如 Zames(1981)所提出的，关于控制器 K 求解式(4.88)，我们发现，对于稳定对象 $G(s)$，所有镇定负反馈控制器的参数化可由下式给出：

$$K=(I-QG)^{-1}Q=Q(I-GQ)^{-1} \tag{4.92}$$

其中“参数”Q 为任意稳定的传递函数矩阵。

注 1 如果只允许采用真控制器，因为$(I-GQ)^{-1}$为半真的，则 Q 必须是真的。

注 2 我们已经阐明，自由地改变 Q(但须稳定)，总能保证内部稳定性，所以可以避免在 K 与 G 之间的内部 RHP 零点-极点对消。这意味着尽管 Q 可能产生不稳定的控制器 K，但并无 K 中的 RHP 极点抵消 G 中 RHP 零点的危险。

式(4.92)中的参数化，与镇定控制器的内部模型控制(IMC)参数化相同(Morari and Zafiriou,1989)，这可直接由图 4.5 给出的 IMC 结构导出。IMC 结构背后的思想是“控制器”Q 可在开环模式下设计，因为反馈信号只包含关于实际输出与模型预测输出之差的信息。

习题 4.13* 如果 Q 或 G 中任一个不稳定，证明图 4.5 中 IMC 结构是内部不稳定的。

习题 4.14 证明测试 IMC 结构的内部稳定性，等价于测试式(4.88)～式(4.91)中 4 个闭环传递函数的稳定性。

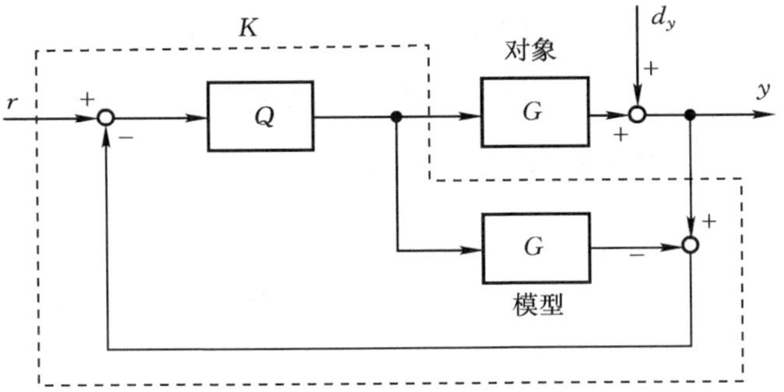

图 4.5 内部模型控制(IMC)结构

习题 4.15* 给定一个稳定的控制器 K,怎样的一组对象可以由此控制器来镇定?(提示:交换对象与控制器的作用)

4.8.2 不稳定对象

对于一个不稳定的对象 $G(s)$,考虑其左互质分解

$$G(s) = M_l^{-1} N_l \tag{4.93}$$

从而对于对象 $G(s)$的所有镇定负反馈控制器的参数化为(Vidyasagar,1985)

$$K(s) = (V_r - QN_l)^{-1}(U_r + QM_l) \tag{4.94}$$

其中 V_r 与 U_r 满足右互质分解的 Bezout 恒等式(4.19),$Q(s)$是任何一个稳定的传递函数,能满足技术条件 $\det(V_r(\infty) - Q(\infty)N_l(\infty)) \neq 0$。与式(4.94)相似,镇定负反馈控制器的参数化也可基于右互质分解 M_r 和 N_r(Vidyasagar,1985)。

注 1 若 $Q=0$,我们有 $K_0 = V_r^{-1}U_r$,从而 V_r 与 U_r 可以通过不同途径从某个初始的镇定控制器 K_0 的左互质分解得到。

注 2 对于一个稳定对象,我们可以将其写成 $G(s)=N_l(s)$,这相当于 $M_l=I$。此时 $K_0=0$ 就是一个镇定控制器,所以我们可以从式(4.19)选 $U_r=0$, $V_r=I$,再由式(4.94)得出 $K=(I-QG)^{-1}Q$,与此前式(4.92)所得结果一致。

注 3 我们还可以用公式来表达所有状态空间形式的镇定控制器的参数化,其细节可参见 Zhou 等人的论文(1996)第 312 页。

Q 参数化对于控制器综合来说非常有用。首先在所有能够镇定的 K 中(例如,$S=(I+GK)^{-1}$必须是稳定的)进行搜寻,可以用对稳定的 Q 的搜寻来取代。其次,所有闭环传递函数(S、T 等)都将有 $H_1+H_2QH_3$ 的形式,所以对 Q 是仿射的①。这进一步简化了优化问题。

强可镇定。从理论上讲,任何线性对象都可镇定,只要其不含不稳定隐模态,而与其 RHP 极点或 RHP 零点的位置无关。然而,这可能需要一个不稳定的控制器,而从实际角度有时希望控制器本身是稳定的。如果这样的稳定控制器存在,则称此对象为强可镇定的。Youla 等人(1974)证明了:一个严格真有理 SISO 对象,在一个真控制器作用下为强可镇定的,当且仅

① 函数 $f(x)$,如果 $f(x)=ax+b$,则称其关于 x 是仿射的;如果 $f(x)=ax$,则称其关于 x 是线性的。

当 $G(s)$ 中每一个实的 RHP 零点，都位于 $G(s)$ 偶数个（含零个）实 RHP 极点的左边。注意，任何复数 RHP 极点或复数 RHP 零点的存在都不影响这个结论。由此我们有：

- 一个具有单一 RHP 实零点 z 和单一 RHP 实极点 p 的严格真有理对象，如 $G(s)=\frac{s-z}{(s-p)(\tau s+1)}$，可由一个稳定的真控制器镇定，当且仅当 $z>p$。

注意这里要求 $G(s)$ 必须严格真。例如对象 $G(s)=(s-1)/(s-2)$ 有 $z=1<p=2$，可由一个稳定的常增益控制器 $K(s)=K_c$，取 $-2<K_c<-1$ 来镇定。然而，因为对象并非严格真，所以 Youla 等人（1974）的结论并不适用。

4.9 频域稳定性分析

正如前面看到的，一个线性系统的稳定性，等价于系统在封闭的 RHP 中没有极点。这一检验方法可用于任何系统，无论开环的还是闭环的。本节我们将研究用频域方法从开环传递矩阵 $L(j\omega)$ 得出关于闭环稳定性的信息。由此给出对 SISO 系统 *Nyquist* 稳定性判据的一个直接推广。

注意当在本节谈及特征值时，我们是指一个复数矩阵，通常为 $L(j\omega)=GK(j\omega)$ 的特征值，而非状态矩阵 A 的特征值。

4.9.1 开环与闭环特征多项式

我们首先推导一些关于回差算子 $I+L$ 行列式的预备知识。考虑图 4.6 的反馈系统，其中 $L(s)$ 是回路传递函数矩阵，开环系统的稳定性由 $L(s)$ 的极点决定。

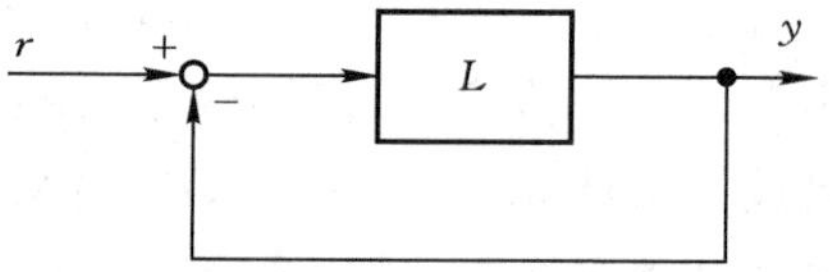

图 4.6 负反馈系统

如果 $L(s)$ 有状态空间实现 $\left[\begin{array}{c|c} A_{ol} & B_{ol} \\ \hline C_{ol} & D_{ol} \end{array}\right]$，即

$$L(s) = C_{ol}(sI - A_{ol})^{-1}B_{ol} + D_{ol} \tag{4.95}$$

则 $L(s)$ 的极点就是如下开环特征多项式的根

$$\phi_{ol}(s) = \det(sI - A_{ol}) \tag{4.96}$$

假设在 $G(s)$ 与 $K(s)$ 之间没有 RHP 极点-零点对消，则由定理 4.7 知，闭环系统的内部稳定性就等价于 $S(s)=(I+L(s))^{-1}$ 的稳定性。$S(s)$ 的状态矩阵由下式给出（假定 $L(s)$ 具有规范型，即 $D_{ol}+I$ 可逆）

$$A_{cl} = A_{ol} - B_{ol}(I + D_{ol})^{-1}C_{ol} \tag{4.97}$$

在图 4.6 中，从 r 到 y 的传递函数状态空间方程可以写成

$$\dot{x} = A_{ol}x + B_{ol}(r - y) \tag{4.98}$$

$$y = C_{ol}x + D_{ol}(r - y) \tag{4.99}$$

用式(4.99)从式(4.98)中消去 y，即可推导出上面的方程。由此闭环特征多项式可由下式给出

$$\phi_{cl}(s) \triangleq \det(sI - A_{cl}) = \det(sI - A_{ol} + B_{ol}(I + D_{ol})^{-1}C_{ol}) \tag{4.100}$$

特征多项式之间的关系

上面的恒等式可以用来以 $\phi_{cl}(s)$ 与 $\phi_{ol}(s)$ 的形式表示回差算子 $I+L$ 的行列式。从式(4.95)我们得到

$$\det(I+L(s))=\det(I+C_{ol}(sI-A_{ol})^{-1}B_{ol}+D_{ol}) \tag{4.101}$$

由式(A.14)的 Schur 公式得出($A_{11}=I+D_{0l}$，$A_{12}=-C_{ol}$，$A_{22}=sI-A_{ol}, A_{21}=B_{ol}$)

$$\det(I+L(s))=\frac{\phi_{cl}(s)}{\phi_{ol}(s)}\times c \tag{4.102}$$

其中 $c=\det(I+D_{ol})$是一个对于计算极点没有作用的常数。注意 $\phi_{cl}(s)$与 $\phi_{ol}(s)$都是 s 的多项式，它们只有零点；而 $\det(I+L(s))$则是既有极点又有零点的传递函数。

例 4.17 我们将对 SISO 系统重新推导表达式(4.102)。令 $L(s)=kz(s)/\phi_{ol}(s)$，灵敏度函数由下式给出

$$S(s)=\frac{1}{1+L(s)}=\frac{\phi_{ol}(s)}{kz(s)+\phi_{ol}(s)} \tag{4.103}$$

其分母为

$$d(s)=kz(s)+\phi_{ol}(s)=\phi_{ol}(s)\left(1+\frac{kz(s)}{\phi_{ol}(s)}\right)=\phi_{ol}(s)(1+L(s)) \tag{4.104}$$

而这与式(4.102)中的 $\phi_{cl}(s)$相同(只差一个常数 c，其作用仅限于使 $\phi_{cl}(s)$首项系数为 1，这是定义所要求的)。

注 1 人们由式(4.103)惊讶地看到，$S(s)$的零点多项式就等于开环极点多项式 $\phi_{ol}(s)$，事实的确如此。还有，由式(4.77)可以看到，$T(s)=L(s)/(1+L(s))$的零点多项式，等于开环零点多项式 $z(s)$。

注 2 由式(4.102)，当 $\phi_{ol}(s)$与 $\phi_{cl}(s)$间没有对消时，闭环极点就是下面方程的解

$$\det(I+L(s))=0 \tag{4.105}$$

4.9.2 MIMO 系统的 Nyquist 稳定判据

我们将考虑图 4.6 的负反馈系统，并假定在回路传递函数矩阵 $L(s)$中没有内部的 RHP 极点-零点对消，$L(s)$不含不稳定的隐模态。给出 $\det(I+L(s))$的式(4.102)，使我们能直接把 Nyquist 稳定条件推广到多变量系统。

定理 4.9 推广的(MIMO)Nyquist 定理。 设 P_{ol}是 $L(s)$中不稳定开环极点的个数，以 $L(s)$为回路传递函数并具有负反馈的闭环系统是稳定的，当且仅当 $\det(I+L(s))$的 Nyquist 图满足

(i)按反时针方向围绕原点 P_{ol} 次，并且

(ii)不穿过原点。

定理将在下面证明，在此之前让我们先作出一些重要说明。

注 1 当说到"$\det(I+L(s))$的 Nyquist 图"时，我们是指"s 顺时针地绕 Nyquist D 围线移动时 $\det(I+L(s))$的图形"。Nyquist$D$ 围线包括整个 jω 轴($s=\mathrm{j}\omega$)和 RHP 的无穷大半圆，如图4.7 所示。D 围线必须避开 $L(s)$的 jω 轴极点，方法是形成小的缩进(半圆)绕过这些极点。

注 2 在下面的讨论中，由于实际的原因，我们将不稳定的极点或 RHP 极点都定义在开 RHP，不含 jω 轴上的极点。此时，Nyquist D 围线应在 $L(s)$有 jω 轴极点处向 RHP 作小的半

圆缩进绕过，从而避免由于 $j\omega$ 轴极点而出现额外的环绕次数计数。

注3　另一种避免缩进的实际方法是把全部 $j\omega$ 轴向 LHP 移动，例如用 $1/(s+\varepsilon)$ 代替 $1/s$，这里 ε 是一个很小的正数。

注4　我们看到为了系统稳定，如果 $L(s)$ 开环稳定，则 $\det(I+L(j\omega))$ 应该没有对原点的围绕，而在 $L(s)$ 不稳定时则应反时针围绕 P_{ol} 次。如果以上条件不被满足，则 $(I+L(s))^{-1}$ 的闭环不稳定的极点的数目是 $P_{cl}=\mathcal{N}+P_{ol}$，这里 $\mathcal{N}$ 是 $\det(I+L(j\omega))$ 的 Nyquist 图顺时针围绕原点的次数。

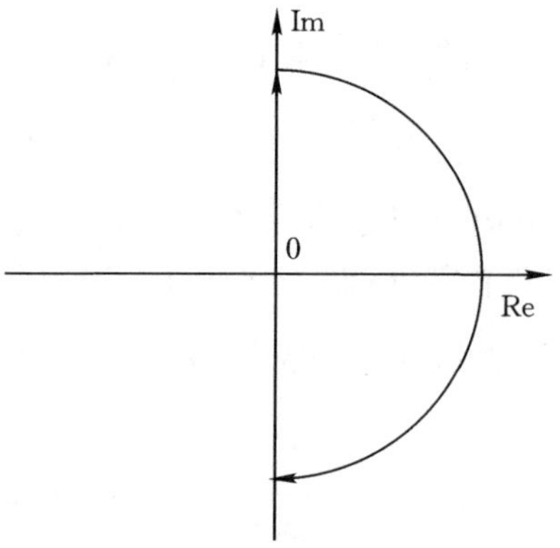

图 4.7　没有开环 $j\omega$ 轴极点系统的 Nyquist D 围线

注5　对于任何实际的系统，$L(s)$ 是真的，在让 s 遍历 D 围线绘制 $\det(I+L(s))$ 时，其实仅需沿虚轴考虑 $s=j\omega$ 的情况，其原因在于 $\lim_{s\to\infty}L(s)=D_{ol}$ 为有限值，故当 $s=\infty$ 时 $\det(I+L(s))$ 的 Nyquist 图收敛于实轴上的 $\det(I+D_{ol})$。

注6　在许多情况下 $L(s)$ 有积分器，故对 $\omega=0$，$\det(I+L(j\omega))$ 的曲线可能会从 $\pm j\infty$ "出发"。图 4.8 所示是下面系统在频率为正时的一种典型曲线

$$L=GK,\quad G=\frac{3(-2s+1)}{(10s+1)(5s+1)},$$
$$K=1.14\,\frac{12.7s+1}{12.7s}\tag{4.106}$$

注意，当 ω 趋于 0 时，实线与虚线（分别为正频率和负频率曲线）需要连接起来，所以这里也有对应于 D 围线在 $s=0$ 处向 RHP 弯进（以避开 $L(s)$ 中的积分器）的一个大的（无穷大）半圆（未画出）。要想找出这个大的半圆的走向，可用如下规则（基于正投影映射论述），在 D 围线上的直角转弯也将引起 Nyquist 曲线上的直角转弯。结果就是，对于式(4.106)的例子，将有一个位于 RHP 的无穷大半圆，所以就没有围绕原点。因为没有不稳定的开环极点（$j\omega$ 轴极点不计入），$P_{ol}=0$，所以我们得出结论：闭环系统是稳定的。

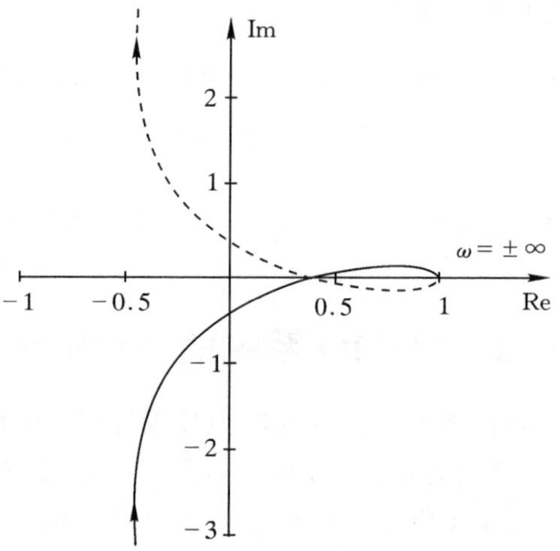

图 4.8　$\det(I+L(j\omega))$ 的典型 Nyquist 图

定理 4.9 的证明：证明中用到了复变函数理论中的以下结果（Churchill et al.，1974）：

引理 4.10 辐角原理。考虑一个（传递）函数 $f(s)$，设 C 是复平面上一个封闭的围线。假设：

1. $f(s)$ 沿 C 是"解析的"，也就是说，$f(s)$ 在 C 上没有极点；
2. $f(s)$ 在 C 内有 Z 个零点；
3. $f(s)$ 在 C 内有 P 个极点。

则 $f(s)$ 的映像在复变数 s 顺时针方向沿围线 C 遍历一周时，将按顺时针方向围绕原点 $Z-P$ 次。

令 $\mathcal{N}(A, f(s), C)$ 表示映像 $f(s)$ 当 s 沿顺时针方向遍历围线 C 时，按顺时针方向围绕点 A 的次数，则引理 4.10 可以陈述为

$$\mathcal{N}(0, f(s), C) = Z - P \tag{4.107}$$

我们现在回顾式(4.102)，并将引理 4.10 用于函数 $f(s)=\det(I+L(s))=\phi_{cl}(s)c/\phi_{ol}(s)$，将 Nyquist D 围线选为 C。我们假设 $c=\det(I+D_{ol})\neq 0$，否则反馈系统将失去意义。围线 D 沿 jω 轴并环绕整个 RHP，但通过凸向 RHP 的微小半圆避开了 jω 轴上的开环极点(此处 $\phi_{ol}(\mathrm{j}\omega)=0$)。不如此不能使 $f(s)$ 沿 D 上解析。此时我们知 $f(s)$ 在 D 内有 $P=P_{ol}$ 个极点和 $Z=P_{cl}$ 个零点。这里 P_{cl} 代表不稳定闭环极点的个数(在开 RHP 内)。方程(4.107)给出

$$\mathcal{N}(0, \det(I+L(s)), D) = P_{cl} - P_{ol} \tag{4.108}$$

因为系统稳定的充分必要条件是 $P_{cl}=0$，由此得出定理 4.9 的条件(i)。至此，我们还未考虑过 $f(s)=\det(I+L(s))$，从而存在 $\phi_{cl}(s)$ 在 D 上有零点这种可能性，这也相应于闭环不稳定极点。要避免此种情况，$\det(I+L(\mathrm{j}\omega))$ 对 ω 的任何值都不能为零，这就是定理 4.9 的条件(ii)。

□

例 4.18 SISO 稳定条件。 考虑一个开环稳定的 SISO 系统，此时 Nyquist 稳定条件是：为了闭环稳定，$1+L(s)$ 的 Nyquist 曲线不应围绕原点，这等价于 $L(\mathrm{j}\omega)$ 的曲线不包围复平面上的 -1 点。

4.9.3 特征值轨迹

特征值轨迹(有时称之为特征轨迹)定义为开环传递函数频率响应的特征值 $\lambda_i(L(\mathrm{j}\omega))$ 的轨迹，在一定程度上，这些特征值轨迹提供了 Nyquist 曲线 $L(\mathrm{j}\omega)$ 从 SISO 向 MIMO 系统的一种推广，并且如经典意义上一样可用来定义增益裕量和相位裕量。然而，这些裕量并非十分有用，因其仅能指示相对于所有回路同时发生参数变化时的稳定性。所以，尽管特征轨迹在 20 世纪 70 年代进行了很多研究，并对多变量控制在英国的研究产生了很大影响，见 Postlethwaite 和 MacFarlane 的论著(1979)，本书中将不再进一步讨论。

4.9.4 小增益定理

小增益定理是一个极为普遍的结果，我们会发现在本书中颇为有用。我们先给出一种用谱半径 $\rho(L(\mathrm{j}\omega))$ 定义的广义概念，即在每一频率上定义为特征值的最大幅值

$$\rho(L(\mathrm{j}\omega)) \triangleq \max_i |\lambda_i(L(\mathrm{j}\omega))| \tag{4.109}$$

定理 4.11 谱半径稳定条件。 考虑一个具有稳定回路传递函数 $L(s)$ 的系统。如果

$$\rho(L(\mathrm{j}\omega)) < 1 \quad \forall \omega \tag{4.110}$$

则系统闭环稳定。

证明：推广的 Nyquist 定理(定理 4.9)断言，如果 $L(s)$ 稳定，则闭环系统稳定的充分必要条件是 $\det(I+L(s))$ 的 Nyquist 曲线不包围原点。为了证明式(4.110)的条件，我们将证明其“逆命题”：即如果系统不稳定，则 $\det(I+L(s))$ 包围原点，必有一个特征值 $\lambda_i(L(\mathrm{j}\omega))$ 在某个频率上大于 1。如果 $\det(I+L(s))$ 确实包围原点，则必存在一个增益 $\varepsilon\in(0,1]$ 和一个频率 ω'，使得

$$\det(I+\varepsilon L(\mathrm{j}\omega')) = 0 \tag{4.111}$$

因为在 $\varepsilon=0$ 时 $\det(I+\varepsilon L(\mathrm{j}\omega'))=1$，上式从几何角度显而易见。式(4.111)等价于(见附录

A.2.1中的特征值特性)

$$\prod_i \lambda_i(I+\varepsilon L(j\omega'))=0 \tag{4.112}$$

$$\Leftrightarrow 1+\varepsilon\lambda_i(L(j\omega'))=0 \quad 对某些\ i \tag{4.113}$$

$$\Leftrightarrow \lambda_i(L(j\omega'))=-\frac{1}{\varepsilon} \quad 对某些\ i \tag{4.114}$$

$$\Rightarrow |\lambda_i(L(j\omega'))|\geqslant 1 \quad 对某些\ i \tag{4.115}$$

$$\Leftrightarrow \rho(L(j\omega'))\geqslant 1 \tag{4.116}$$

□

定理4.11相当直观,它简单地指出,如果系统增益在所有方向上(即对所有特征值)并且对所有频率($\forall\omega$)都小于1,则所有的信号偏差都将最终衰减到零,故系统必稳定。

一般来说,谱半径定理偏于保守,因为没有考虑到相位信息。对于SISO系统 $\rho(L(j\omega))=|L(j\omega)|$,从而上述稳定条件要求对所有频率都有 $|L(j\omega)|<1$。这明显过于保守,因为根据 $L(s)$ 稳定的Nyquist条件,仅需 $L(j\omega)$ 在相角为 $-180°\pm n\times360°$ 的那些频率上要求 $|L(j\omega)|<1$。作为例子,设 $L=k/(s+\varepsilon)$,因为其相位不可能到达 $-180°$,故系统对任何 $k>0$ 都是闭环稳定的。而若要满足式(4.110),则需 $k\leqslant\varepsilon$,而当 ε 很小时真的太保守了。

注: 以后我们会考虑到 L 的相位容许自由改变的情况,此时定理4.11将不再显得保守。实际上,对上述定理的巧妙运用,是本书后续讲述鲁棒稳定性和鲁棒性能大多数条件背后的主要思想。

如果我们考虑的是矩阵范数,根据定义即满足 $\|AB\|\leqslant\|A\|\cdot\|B\|$,则由定理4.11立即得出如下小增益定理。这时在任意频率上都有 $\rho(L)\leqslant\|L\|$(见式(A.117))。

定理4.12 小增益定理。 考虑一个具有稳定回路传递函数 $L(s)$ 的系统,闭环系统是稳定的,当且仅当

$$\|L(j\omega)\|<1 \quad \forall\omega \tag{4.117}$$

其中 $\|L\|$ 表示满足 $\|AB\|\leqslant\|A\|\cdot\|B\|$ 的任何矩阵范数。

注1 上述结果仅是一般小增益定理的一个特殊情况,因为小增益定理也适用于许多非线性系统(Desoer and Vidyasagar,1975)。

注2 小增益定理并未考虑相位信息,因而与反馈的符号无关。

注3 可以采用任何诱导范数,如奇异值 $\bar{\sigma}(L)$。

注4 小增益定理可以推广到回路中多于一个模块的情况,例如 $L=L_1L_2$,此时由式(A.98)知,如果 $\|L_1\|\cdot\|L_2\|<1,\ \forall\omega$,则此系统是稳定的。

注5 小增益定理一般来说要比定理4.11中的谱半径条件更为保守,所以在定理4.11后面关于其保守问题的讨论也都适用于定理4.12。

4.10 系统范数

考虑图4.9中的系统,具有稳定的传递函数矩阵 $G(s)$ 和冲击响应矩阵 $g(t)$。为了评估其性能我们要问这样一个问题:给定关于容许输入信号 $w(t)$ 的信息,输出 $z(t)$ 能有多大?为了

回答这个问题,我们必须计算有关的系统范数。

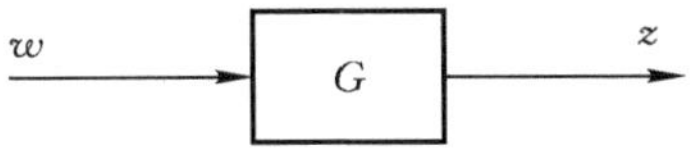

图 4.9 系统 G

通常用 2 范数来评估输出信号

$$\| z(t) \|_2 = \sqrt{\sum_i \int_{-\infty}^{\infty} |z_i(\tau)|^2 \mathrm{d}\tau} \qquad (4.118)$$

我们将考虑三种不同的输入选择:

1. $w(t)$是一个单位冲击序列;
2. $w(t)$是满足 $\| w(t) \|_2 = 1$ 的任意信号;
3. $w(t)$是满足 $\| w(t) \|_2 = 1$,但当 $t \geqslant 0$ 时 $w(t)=0$ 的任意信号,同时我们只测量 $t \geqslant 0$ 时的 $z(t)$。

在这三种情况下相关的系统范数分别是$\mathcal{H}_2$、$\mathcal{H}_\infty$和 Hankel 范数。如我们下面要谈到的,$\mathcal{H}_2$ 与$\mathcal{H}_\infty$范数还有其它解释。我们引入$\mathcal{H}_2$ 与$\mathcal{H}_\infty$范数是在 2.8 节,在那里我们也讨论了一些有关术语。在附录 A.5.7 中还有更详细的解释,并对这些范数和其它一些范数进行了比较。

4.10.1 $\mathcal{H}_2$范数

考虑一个严格真系统 $G(s)$,即在状态空间实现中 $D=0$。对于$\mathcal{H}_2$ 范数,我们在空间上用 Frobenius 范数(矩阵)并在频域上积分

$$\| G(s) \|_2 \triangleq \sqrt{\frac{1}{2\pi} \int_{-\infty}^{\infty} \underbrace{\mathrm{tr}(G(\mathrm{j}\omega)^{\mathrm{H}} G(\mathrm{j}\omega))}_{\| G(\mathrm{j}\omega) \|_F^2 = \sum_{ij} |G_{ij}(\mathrm{j}\omega)|^2} \mathrm{d}\omega} \qquad (4.119)$$

我们看到 $G(s)$必须是严格真的,否则$\mathcal{H}_2$ 范数为无穷大。对$\mathcal{H}_2$ 范数也可给出另外一种解释,按 Parseval 定理,式(4.119)等价于冲击响应的$\mathcal{H}_2$ 范数

$$\| G(s) \|_2 = \| g(t) \|_2 \triangleq \sqrt{\int_0^{\infty} \underbrace{\mathrm{tr}(g^{\mathrm{T}}(\tau) g(\tau))}_{\| g(\tau) \|_F^2 = \sum_{ij} |g_{ij}(\tau)|^2} \mathrm{d}\tau} \qquad (4.120)$$

注 1 要注意的是,当 $G(\mathrm{j}\omega)$与 $g(\tau)$都是常数矩阵(对 ω 或 τ 的值给定)时,$G(s)$与 $g(t)$均为动态系统。

注 2 我们可以改变式(4.120)中的积分与求和的次序得到

$$\| G(s) \|_2 = \| g(t) \|_2 = \sqrt{\sum_{ij} \int_0^{\infty} |g_{ij}(\tau)|^2 \mathrm{d}\tau} \qquad (4.121)$$

这里 $g_{ij}(t)$是冲击响应矩阵 $g(t)$的第 ij 个元素。由此可见,$\mathcal{H}_2$ 范数可解释为一个接一个地将单位冲击 $\delta_j(t)$作用于每一个输入产生的输出(在将冲击加于下一个输入前,需先让输出稳定到零)。如果写成 $\| G(s) \|^2 = \sqrt{\sum_{i=1}^{m} \| z_i(t) \|_2^2}$就看得更清楚,这里 $z_i(t)$是单位冲击 $\delta_i(t)$作用于第 i 个输入产生的输出向量。

总结一下,我们对$\mathcal{H}_2$ 范数有如下的确定性性能解释:

$$\| G(s) \|_2 = \max_{w(t)=\text{单位冲击}} \| z(t) \|_2 \qquad (4.122)$$

用最优控制中的二次判据(LQG),对$\mathcal{H}_2$ 范数也可给出一个随机理论的解释(见 9.3.2 节),这时所量测的是白噪声激励下输出的均方根期望值(rms)。为了解决$\mathcal{H}_2$ 范数的数值计算问题,考虑系统的状态空间实现 $G(s)=C(Is-A)^{-1}B$。把式(4.10)代入式(4.120)得

$$\| G(s) \|_2 = \sqrt{\mathrm{tr}(B^{\mathrm{T}} Q B)} \quad \text{或} \quad \| G(s) \|_2 = \sqrt{\mathrm{tr}(C P C^{\mathrm{T}})} \qquad (4.123)$$

其中 P 与 Q 分别是通过求解 Lyapunov 方程式(4.45)与式(4.50)得到的能控性与能观性 Gram 阵。

4.10.2 $\mathcal{H}_\infty$范数

考虑一个真线性稳定系统 $G(s)$(即允许 $D\neq 0$)。对于$\mathcal{H}_\infty$范数,我们在空间上(矩阵情况下)利用奇异值(诱导的2范数),并取出作为频率函数的峰值

$$\|G(s)\|_\infty \triangleq \max_\omega \bar{\sigma}(G(\mathrm{j}\omega)) \tag{4.124}$$

就性能而言,我们从式(4.124)看出,范数是传递函数"幅值"的峰值,而通过引入加权,$\mathcal{H}_\infty$范数可以解释为某个闭环传递函数关于给定上界的幅值。由此引出用加权灵敏度,混合灵敏度等等来表述性能的做法。

然而,$\mathcal{H}_\infty$范数也有几种时域性能解释。首先,如3.3.5节所述,它是对任意频率正弦输入最差情况下的增益。当 $t\to\infty$,设 $z(\omega)$ 表示系统在正弦输入 $w(\omega)$(相量符号)持续作用下的响应,所以有 $z(\omega)=G(\mathrm{j}\omega)w(\omega)$。对于给定频率 ω,放大倍数(增益)$\|z(\omega)\|_2/\|w(\omega)\|_2$ 依赖于 $w(\omega)$ 的方向,而在最不利方向上的增益由最大奇异值给出:

$$\bar{\sigma}(G(\mathrm{j}\omega)) = \max_{w(\omega)\neq 0}\frac{\|z(\omega)\|_2}{\|w(\omega)\|_2}$$

增益也依赖于频率,而在最不利的频率上的增益则由$\mathcal{H}_\infty$范数给出:

$$\|G(s)\|_\infty = \max_\omega \max_{w(\omega)\neq 0}\frac{\|z(\omega)\|_2}{\|w(\omega)\|_2} = \max_{\|w(\omega)\|_2=1}\|z(\omega)\|_2 \tag{4.125}$$

其次,从附录A.5.7中的表A.5.7可以看出,$\mathcal{H}_\infty$范数等于任何时域信号的诱导(最坏情况)2范数:

$$\|G(s)\|_\infty = \max_{w(t)\neq 0}\frac{\|z(t)\|_2}{\|w(t)\|_2} = \max_{\|w(t)\|_2=1}\|z(t)\|_2 \tag{4.126}$$

幸运的是,后一个公式来自泛函分析的结果,见于 Desoer 与 Vidyasagar 的论著(1975)。本质上,式(4.126)之所以成立是因为最坏的输入信号 $w(t)$ 是频率为 ω^* 的正弦信号,而方向是由最大增益 $\bar{\sigma}(G(\mathrm{j}\omega^*))$ 给出。

再其次,$\mathcal{H}_\infty$范数等于诱导的功率(rms)范数;最后,这也可以解释为用随机信号期望值表述的一个诱导范数。所有这些解释都使$\mathcal{H}_\infty$范数在工程应用中极为有用。

$\mathcal{H}_\infty$范数通常通过状态空间实现进行数值计算得到,即为最小的 γ 值,使得 Hamilton 矩阵 H 在虚轴上没有特征值存在

$$H = \begin{bmatrix} A+BR^{-1}D^{\mathrm{T}}C & BR^{-1}B^{\mathrm{T}} \\ -C^{\mathrm{T}}(I+DR^{-1}D^{\mathrm{T}})C & -(A+BR^{-1}D^{\mathrm{T}}C)^{\mathrm{T}} \end{bmatrix} \tag{4.127}$$

而且 $R=\gamma^2 I-D^{\mathrm{T}}D$,见 Zhou 等人的文献(1996,p.115)。这是一个迭代算法,可以先从一个大的 γ 值开始,然后减小直到 H 在虚轴上的特征值出现。

4.10.3 $\mathcal{H}_2$与$\mathcal{H}_\infty$范数之间的差别

为了理解$\mathcal{H}_2$与$\mathcal{H}_\infty$范数之间的差别,由式(A.127)注意到,可以把 Frobenius 范数写成用奇异值表述的形式,此时有

$$\|G(s)\|_2 = \sqrt{\frac{1}{2\pi}\int_{-\infty}^{\infty}\sum_i \sigma_i^2(G(\mathrm{j}\omega))\mathrm{d}\omega} \tag{4.128}$$

由此可知，最小化$\mathcal{H}_\infty$范数，相当于最小化最大奇异值的峰值（“最坏方向、最坏频率”），而最小化$\mathcal{H}_2$范数则相当于最小化所有频率上的所有奇异值的平方和（“平均方向、平均频率”）。总结起来有：

- $\mathcal{H}_\infty$：“压低最大奇异值的峰值”；
- $\mathcal{H}_2$：“压低全部”（所有频率上的所有奇异值）。

例 4.19 对下面的 SISO 对象计算$\mathcal{H}_\infty$范数与$\mathcal{H}_2$范数：

$$G(s)=\frac{1}{s+a} \tag{4.129}$$

$\mathcal{H}_2$范数是

$$\|G(s)\|_2=\left(\frac{1}{2\pi}\int_{-\infty}^{\infty}\underbrace{|G(j\omega)|^2}_{\frac{1}{\omega^2+a^2}}\mathrm{d}\omega\right)^{\frac{1}{2}}=\left(\frac{1}{2\pi a}\left[\tan^{-1}\left(\frac{\omega}{a}\right)\right]_{-\infty}^{\infty}\right)^{\frac{1}{2}}=\sqrt{\frac{1}{2a}} \tag{4.130}$$

为验证 Parseval 定理，考虑冲击响应

$$g(t)=\mathcal{L}^{-1}\left(\frac{1}{s+a}\right)=e^{-at},t\geqslant 0 \tag{4.131}$$

正如预期，得到

$$\|g(t)\|_2=\sqrt{\int_0^{\infty}(e^{-at})^2\mathrm{d}t}=\sqrt{\frac{1}{2a}} \tag{4.132}$$

$\mathcal{H}_\infty$范数为

$$\|G(s)\|_\infty=\max_\omega|G(\mathrm{j}\omega)|=\max_\omega\frac{1}{(\omega^2+a^2)^{\frac{1}{2}}}=\frac{1}{a} \tag{4.133}$$

出于兴趣，我们也计算出冲击响应的 1 范数（等于在时间域诱导的∞范数）：

$$\|g(t)\|_1=\int_0^{\infty}|\underbrace{g(t)}_{e^{-at}}|\,\mathrm{d}t=\frac{1}{a} \tag{4.134}$$

一般来说，可证明$\|G(s)\|_\infty\leqslant\|g(t)\|_1$，本例则说明等式有可能成立。

例 4.20 在$\mathcal{H}_2$与$\mathcal{H}_\infty$范数之间并无一般关系。作为一个例子，考虑下面两个系统

$$f_1(s)=\frac{1}{\varepsilon s+1},\quad f_2(s)=\frac{\varepsilon s}{s^2+\varepsilon s+1} \tag{4.135}$$

并令$\varepsilon\to 0$，f_1的$\mathcal{H}_\infty$范数为 1，而$\mathcal{H}_2$范数为无穷大；f_2的$\mathcal{H}_\infty$还是 1（在$\omega=1$处），但$\mathcal{H}_2$范数为零。

为什么$\mathcal{H}_\infty$范数应用如此之广？ 在鲁棒控制中采用$\mathcal{H}_\infty$范数，主要是因为它便于表示非结构化模型的不确定性，也因为其满足相乘特性（见 A.98 节）：

$$\|A(s)B(s)\|_\infty\leqslant\|A(s)\|_\infty\times\|B(s)\|_\infty \tag{4.136}$$

这些结论可由式(4.126)直接得出，它表明$\mathcal{H}_\infty$范数是一种诱导范数。

$\mathcal{H}_2$范数有何不妥之处？ $\mathcal{H}_2$范数有许多良好的数学与数值计算方面的特性，并且其最小化有重要的工程意义。然而，$\mathcal{H}_2$范数不是一种诱导范数，并且不满足相乘特性。这意味着我们无法通过计算单个组件的$\mathcal{H}_2$范数，来判断其串联（级联）后会如何表现。

例 4.21 再次考虑$G(s)=1/(s+a)$，求得$\|G(s)\|_2=\sqrt{1/2a}$。现在考虑$G(s)G(s)$的$\mathcal{H}_2$范

数：

$$\| G(s)G(s) \|_2 = \sqrt{\int_0^\infty |\underbrace{\mathcal{L}^{-1}\left[\left(\frac{1}{s+a}\right)^2\right]}_{te^{-at}}|^2} = \sqrt{\frac{1}{a}\frac{1}{2a}} = \sqrt{\frac{1}{a}} \| G(s) \|_2^2$$

我们发现，在 $a<1$ 时有

$$\| G(s)G(s) \|_2 > \| G(s) \|_2 \times \| G(s) \|_2 \tag{4.137}$$

这是不满足式(A.98)相乘特性的。另一方面，$\mathcal{H}_\infty$ 范数满足相乘特性，并且对于本例题有等式 $\| G(s)G(s) \|_\infty = \frac{1}{a^2} = \| G(s) \|_\infty \times \| G(s) \|_\infty$ 成立。

4.10.4　Hankel 范数

在下面的讨论中，目的是建立对 Hankel 范数的理解。一个稳定系统 $G(s)$ 的 Hankel 范数可以这样获得，施加一个延续到 $t=0$ 的输入 $w(t)$，量测 $t>0$ 的输出 $z(t)$，选择 $w(t)$ 最大化这两个信号 2 范数的比值，即

$$\| G(s) \|_H \triangleq \max_{w(t)} \frac{\sqrt{\int_0^\infty \| z(\tau) \|_2^2 \mathrm{d}\tau}}{\sqrt{\int_{-\infty}^0 \| w(\tau) \|_2^2 \mathrm{d}\tau}} \tag{4.138}$$

Hankel 范数是一种从过去输入到未来输出的诱导范数。其定义类似于用有限的输入能量去推一个秋千，使得后面一跳的距离最大化，如图 4.10 所示(一个虚构的傀儡)。

可以证明，Hankel 范数等于

$$\| G(s) \|_H = \sqrt{\rho(PQ)} \tag{4.139}$$

其中 ρ 是谱半径(最大特征值的绝对值)；P 是式(4.44)定义之能控性 Gram 阵，Q 是式(4.49)定义之能观性 Gram 阵。之所以称其为 Hankel 范数，是因为矩阵 PQ 具有 Hankel 矩阵的特殊结构(沿“错位”对角线有相同元素)。对应的 Hankel 奇异值是 PQ 特征值的正平方根，即

$$\sigma_i = \sqrt{\lambda_i(PQ)} \tag{4.140}$$

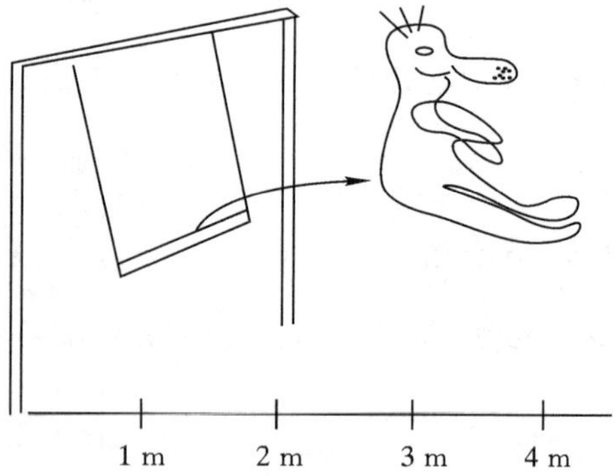

图 4.10　给秋千推力：对 Hankel 范数的说明；输入作用时间是 $t\leqslant 0$，跳跃从 $t=0$ 开始

Hankel 范数与$\mathcal{H}_\infty$范数有密切关系，从而有(Zhou et al.，1996，p.111)

$$\| G(s) \|_H \equiv \sigma_1 \leqslant \| G(s) \|_\infty \leqslant 2\sum_{i=1}^n \sigma_i \tag{4.141}$$

这样，Hankel 范数总是小于(或等于)$\mathcal{H}_\infty$范数。比较式(4.126)与式(4.138)的定义，这个结论也是合理的。

模型降阶。考虑如下问题：给定一个系统的状态空间描述 $G(s)$，求取一个具有较少状态的模型 $G_a(s)$，使得输入-输出行为(从 w 到 z)的变化尽可能小。基于上述讨论，似乎合理的做法就是使用 Hankel 范数，因为输入仅仅通过 $t=0$ 时的状态影响到输出。为了模型降阶，通常从一个内部均衡 G 的实现开始；也就是说，使得 $Q=P=\Sigma$，这里 Σ 是 Hankel 奇异值矩阵。然

后可以舍弃对应于最小 Hankel 奇异值的状态(或者说对应于某个子空间状态的组合)。因删除 $G(s)$ 中的状态而引起 $\mathcal{H}_\infty$ 范数的变化,小于舍弃的 Hankel 奇异值之和的两倍,即

$$\| G(s) - G_a(s) \|_\infty \leqslant 2(\sigma_{k+1} + \sigma_{k+2} + \cdots) \tag{4.142}$$

其中 $G_a(s)$ 表示一个截项后或者剩余的具有 k 个状态的均衡实现,见第 11 章。Hankel 范数最小化的方法给出一种多少有点改进的误差边界,可以确保 $\| G(s)-G_a(s) \|_\infty$ 小于舍弃的 Hankel 奇异值之和。这种方法以及其它模型降阶的方法在第 11 章会有更详细的讨论,还有一些例子加以说明。

例 4.22 用状态空间方法解析地计算 $G(s)=1/(s+a)$ 的各种范数。一个状态空间实现为 $A=-a, B=1, C=1$ 且 $D=0$。能控性矩阵 P 可以从 Lyapunov 方程 $AP+PA^{\mathrm{T}}=-BB^{\mathrm{T}} \Leftrightarrow -aP-aP=-1$ 得出,故 $P=1/2a$。类似地,能观测性 Gram 阵为 $Q=1/2a$。由式(4.123)知 $\mathcal{H}_2$ 范数是

$$\| G(s) \|_2 = \sqrt{\mathrm{tr}(B^{\mathrm{T}}QB)} = \sqrt{1/2a}$$

式(4.127)中 Hanmilton 矩阵 H 的特征值是

$$\lambda(H) = \lambda\begin{bmatrix} -a & 1/\gamma^2 \\ -1 & a \end{bmatrix} = \pm\sqrt{a^2 - 1/\gamma^2}$$

我们发现,H 对于 $\gamma > 1/a$ 没有虚特征值,故有

$$\| G(s) \|_\infty = 1/a$$

Hankel 矩阵就是 $PQ=1/4a^2$,并且由式(4.139)知 Hankel 范数是

$$\| G(s) \|_{\mathrm{H}} = \sqrt{\rho(PQ)} = 1/2a$$

这些结果与例 4.19 中通过频域计算所得结果一致。

习题 4.16 设 $a=0.5, \varepsilon=0.0001$,通过数值计算,检验例 4.19、例 4.20、例 4.21 和例 4.22 的结果,可用 Matlab Robust Control toolbox 中的命令 norm(sys,2),norm(sys,inf);对于 Hankel 范数,用 max(hankelsv(sys))。

4.11 结论

本章涵盖了线性系统理论中如下一些要素:系统描述、状态能控性与能观性、极点与零点、稳定性与镇定以及系统范数,这些都是标准结果,并且这些处理对于本书要达到的目的来说是完整的。

第5章

对 SISO 系统性能的限制

在这一章，我们讨论对 SISO 系统性能的一些基本限制。我们将这些限制以输入-输出能控性分析方法的形式进行总结，然后再将其应用于一系列例题。一个对象的输入-输出能控性是达到可接受控制性能的一种能力。在这一分析之前，对输入、输出和扰动变量预先进行适当的尺度变换是至关重要的。

5.1 输入-输出能控性

在大学控制课程里，通常强调控制器设计与稳定性分析的方法。然而在实际中，下面三个问题通常更为重要：

I. **对象能控制到何种程度**？在开始进行控制器设计的任何工作之前，应该先确定对于对象进行实际控制的难易程度。我们面对的是否是一个很难解决的控制问题？实际上，到底有没有一个能满足所需性能目标的控制器呢？

II. **应该采用何种控制结构**？这个问题的意思是，我们应该量测和控制哪些变量？而用作调节信号的又是哪些变量？这些变量如何配合？在其它教材中可以得到这些问题的定性规则。例如在 Seborg 等人(1989)的书中，“过程控制的艺术”一章里，给出了下面一些规则：

1. 选择没有自调节功能的输出量进行控制；
2. 选择那些具有良好动态和静态性能的输出进行控制，即对于每一个输出，应该存在一个对它有着重要、直接和快速作用的输入；
3. 选择对输出作用大的输入；
4. 选择对被控变量有快速作用的输入。

所有这些规则都是合理的，但什么是“自调节”、“作用大的”、“快速作用”和“直接作用”？本章的主要目的就是定量化这些术语。

III. **如何改变过程本身来改善控制效果**？例如，为了降低扰动的影响，在过程控制中可能会想到改变某个缓冲罐的尺寸，或者在汽车控制中可能会改变某个弹簧的特性。而在另一些情况下，某个量测装置的响应速度，可能是得到可接受控制效果的一个重要因素。

上面三个问题，每一个都与过程本身固有的控制特性有关。在下面的定义中将引入术语**输入-输出能控性**，以捕捉这些特性。

定义 5.1 (输入-输出)能控性，就是取得可接受控制性能的能力；即在存在未知但有界变化，如扰动(d)和对象变化(包括不确定性)的情况下，采用可实现的输入(u)和可实现的量测(y_m或d_m)，使得输出(y)保持在指定的峰值界内，或在与其参考输入(r)的一定偏移范围内。

总结起来，如果存在一个控制器(连接对象量测值与对象输入)，对于所有预期的对象变化都能产生可接受的性能，则此对象是能控的。这样，能控性与控制器无关，而仅是对象(或过程)的一种特性。只有改变对象本身才能改变它；也就是说通过(对象)设计来改变，这些改变可能包括：

- 改变设备本身，如型号、尺寸等；
- 重新部署传感器与执行机构；
- 增加新设备抑制扰动；
- 添加更多的传感器；
- 添加更多的执行机构；
- 改变控制目标；
- 改变已经存在的底层控制构成。

最后两种做法是否属于设计更改，是可商榷的，但它们至少强调了在设计控制器之前需要关注的重要事项。

将输入-输出能控性分析用于一个对象，是为了发现可预期的控制性能。输入-输出能控性分析的另一种说法是*性能定标*。关于输入-输出能控性分析的早期工作，包括 Ziegler 和 Nichols(1943)和 Rosenbrock(1970)的论著；Morari(1983)谈到过“动态弹性”并用过“完美控制”的概念。关于性能限制的重要观点，可见于以下文献：Bode(1945)、Horowitz(1963)、Frank(1968a，1968b)、Kwakernaak 与 Sivan(1972)、Horowitz 与 Shaked(1975)、Zames(1981)、Dolye 与 Stein(1981)、Francis 与 Zames(1984)、Boyd 与 Desoer(1985)、Kwakernaak(1985)、Freudenberg 与 Looze(1985；1988)、Engell(1988)、Morari 与 Zafiriou(1989)、Middleton(1991)、Boyd 与 Barratt(1991)、Chen(1995)、Seron 等(1997)、Chen(2000)、Havre 与 Skogestad(2001)。我们建议读者参阅两次 IFAC 关于过程设计与过程控制交互作用研讨会的论文集(Perkins，1992；Zafiriou，1994)，以及 IEEE 关于性能限制方面的自动控制专刊(Chen and Middleton，2003)。

5.1.1 输入-输出能控性分析

令人吃惊的是，有这么多数学方法可以用于控制系统设计，而可用于能控性分析的方法却大多是定性的。在大多数情况下用的是“仿真方法”，即用穷举法仿真对性能进行评估。然而，这需要有具体的控制器设计，以及扰动与设定点变化的具体数值。结果，使用这种方法使人们永远无法确知，所得到的结果是对象的基本特性呢，还是仅仅依赖于具体控制器设计、具体扰动或者设定点的个别情况。

能控性分析的严格方法，应该用数学来描述控制目标、扰动类别和模型的不确定性等，然后再综合控制器看能否满足目标。当存在模型不确定性时,这涉及到设计一个 μ 最优控制器的问题(见第8章)。然而,在实际中这样做可能困难并且很费时,特别是当有大量候选量测点或执行机构存在时更是如此,见第10章。进而,这个方法对深入了解能控性问题产生的原因几乎没有什么帮助。我们更希望的是,能有一些简单的工具,可以用来粗略了解对象容易控制的程度,即决定一个对象是否能控,而不需要先进行控制器的详细设计。本章的目的,就是基于适当尺度变换的模型 $G(s)$ 和 $G_d(s)$,推导这样一种能控性工具。

本书提出的能控性分析有一个明显的不足,就是所有的工具都是线性的。近来,有些人对直接分析非线性系统控制器设计的平衡问题感兴趣(见 Middleton and Braslavsky,2002),但我们必须指出,通常的线性假设并非是限制性的。事实上,一种最重要的非线性,即关系到输入约束的非线性,利用线性分析也可以处理得相当好。还有,当处理研究慢变化对象时,人们可以在几个选定的运行点进行能控性分析。当然,用非线性仿真来确认线性能控性分析的结果,依然是推荐的方法。来自大量实例研究经验证实,线性方法通常是非常好的方法。

5.1.2 尺度变换与性能

上面的能控性定义,没有规定偏移的容许峰值界,或扰动的预期变化,也就是说,没有包括对希望性能的定义。在本章和下一章的全部内容中,当我们讨论能控性的时候,总假定变量与模型已经像1.4节总结的那样经过尺度变换处理,使得对可接受性能的要求是:

• 对于任意介于 $-R$ 与 R 之间的参考量 $r(t)$,与介于 -1 与 1 之间的任意扰动 $d(t)$,用范围在 -1 与 1 之间的输入 $u(t)$,能将输出 $y(t)$ 保持在 $r(t)-1$ 与 $r(t)+1$ 范围之间(至少大多数时间内如此)。

我们将从一个个正弦频率,即 $d(t)=\sin\omega t$ 的视角,来解释上面的定义。由 $e=y-r$ 有:

> 对于任意 $|d(\omega)|\leqslant 1$ 的扰动,与任意 $r(\omega)\leqslant R(\omega)$ 的参考输入,**性能要求**是用 $|u(\omega)|\leqslant 1$ 的输入,在每一频率 ω 点,都能保持控制误差 $|e(\omega)|\leqslant 1$。

要想跟踪非常快的参考输入变化是不可能的,因此假设 $R(\omega)$ 是依赖于频率的。为简单计,假设 $R(\omega)$ 在到达频率 ω_r 之前为 R(一个常数),而高于此频率则为零。

可能有人会争辩说,正弦扰动的振幅应该在高频时趋于零。虽然这可能是对的,真实情况是我们仅关心系统带宽内的频率,而在大多数情况下可以合理地假设,在此频率以下对象都承受恒定幅值的正弦扰动。类似地,也可以争辩说,容许的控制误差也与频率有关。例如,我们可能要求没有稳态偏差,即 e 在低频应该为零。然而,我们不主张在进行准备性分析时就将频率变化包括进来(不过,在解释结果的时候可以把这些考虑进来)。

回顾当 $r=R\tilde{r}$ 时(见1.4节),控制误差可以写成

$$e = y - r = Gu + G_d d - R\tilde{r} \tag{5.1}$$

其中 R 是参考输入的幅值,且 $|\tilde{r}(\omega)|\leqslant 1$ 和 $|d(\omega)|\leqslant 1$ 都是未知的信号。我们将用式(5.1)统一对扰动和参考输入进行处理。具体地讲,将对扰动推导出结果,然后用 $-R$ 代替 G_d 将其直接用于参考输入,见式(5.1)。

5.1.3 关于能控性术语的评述

在定义5.1中关于(输入-输出)能控性的定义,与大多数技术人员关于其含义的直觉印象

是相符的，并且也与控制文献中的历史用语相吻合，如 Ziegler and Nichols(1943)将能控性定义为“过程到达和保持在期望平衡值的能力”。不幸的是，在 20 世纪 60 年代，“能控性”的含义变得等同于 Kalman 引入的相当窄的“状态能控性”概念，而且现在系统理论圈内仍然以这种限制性的方式在使用这一术语。状态能控性，是指在有限时间内把系统从一个给定的初始状态带到任意终止状态的能力。然而，正如例 4.5 所说明那样，这个定义没有关注到两个状态之间以及此后响应的质量，而且所要求的输入可能是越界的。状态能控性的概念对于实现与数值计算是重要的，但通常实际意义很小，因为就我们所知所有不稳定的模态都是能控且能观的。举例说，Rosenbrock(1970，p. 177)注意到，“大多数工业对象尽管并非[状态]能控，但也能控制得相当满意”。而反过来，有很多系统像串联的水箱(例 4.5)，虽然是状态能控的，但又不是输入-输出能控的。为了避免在实际的能控性与 Kalman 的状态能控性之间有任何可能的混淆，Morari(1983)引入了*动态适应性*(dynamic resilience)的术语。然而，这个术语并没有抓住它与控制相关的事实，所以我们更愿意用*输入-输出能控性*这个术语，或者简单地说，在很清楚我们不是指状态能控性时只说*能控性*。

我们向何处去？在本章，我们将讨论一些与可达到性能有关的结果。在 5.2 与 5.3 节，我们讨论由 RHP 极点与 RHP 零点带来的基本限制。对能控性的工程含义更感兴趣的读者也许想跳到 5.4 节。这些结果中有许多可以用公式描述为系统带宽的上界和下界。正如我们在 2.4.5 节看到过那样，有几种用传递函数 S、L 和 T 表示带宽的定义(ω_B、ω_c 和 ω_{BT})，但由于我们寻求的是近似边界，所以不会过分关心这些差别。在本章结束时将总结用 8 个能控性规则表述主要的结果。

5.2 对灵敏度的主要限制

在本节，我们对灵敏度 S 与 T 提出一些基本的代数和解析约束，包括水床效应。在 5.3 节中给出 $|S|$ 峰值的边界与其它闭环传递函数的边界。

5.2.1 S 加 T 等于 1

由定义 $S=(I+L)^{-1}$ 和 $T=L(I+L)^{-1}$ 得出

$$S+T=I \tag{5.2}$$

(对 SISO 系统就是 $S+T=1$)。理想状况下，我们希望 S 小到从反馈中获益(对指令和扰动都有小的控制误差)，同时希望 T 小到可避免对噪声敏感，而对噪声敏感是反馈的缺点之一。不幸的是，这些要求并非在所有频率上都同时可以满足，由式(5.2)就可以看得很清楚。具体地讲，式(5.2)意味着在任何频率上，$|S(j\omega)|$ 或 $|T(j\omega)|$ 必须大于或者等于 0.5，同时 $|S(j\omega)|$ 和 $|T(j\omega)|$ 之差至多为 1。

5.2.2 内插约束

如果 p 是对象 $G(s)$ 的一个 RHP 极点，则有

$$\boxed{T(p)=1,\quad S(p)=0} \tag{5.3}$$

相仿地，如果 z 是 $G(s)$ 的一个 RHP 零点，则

$$\boxed{T(z)=0,\quad S(z)=1} \tag{5.4}$$

这些内插约束,可以由式(4.86)和式(4.87)所示的内部稳定性要求得出。这些条件显然限制了容许的 S 与 T,并将在5.3节中证明它们是很有用的。

我们也可以用公式来表示由回路传递函数 $L(s)=G(s)K(s)$ 形成的内插约束。由 $G(s)$ 的RHP极点与零点产生的基本约束仍然存在,而与式(5.3)和式(5.4)相同的新的由 $K(s)$ 的RHP极点和零点产生的约束,在某种程度上在我们的控制之中,所以并非根本性约束。

5.2.3 水床效应(灵敏度积分)

图5.1实线所示为一个典型的灵敏度函数。我们注意到 $|S|$ 有一个大于1的峰值;下面要证明这个峰值在实际中是不可避免的。我们将以定理形式给出两个公式,这些定理从本质上表明,如果在某些频率上压低灵敏度,则必定要在其它频率上扬。其效果就像是坐在一个水床上:在一点压下去,局部水面变低了,但床上其它地方的水面必定会上升。一般来说,总是需要在灵敏度的减低与增加之间折衷:

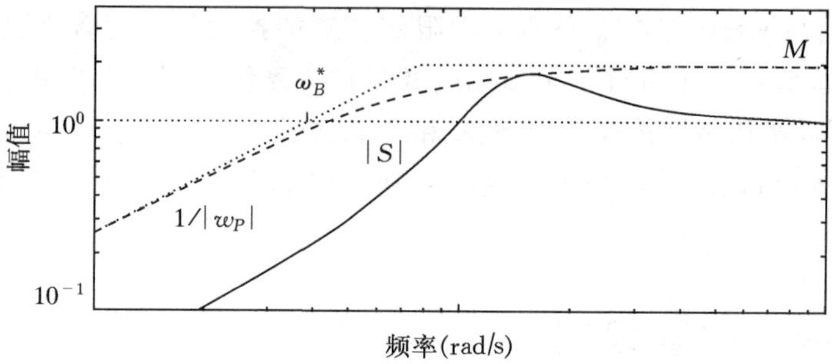

图5.1　典型灵敏度曲线 $|S|$,具有上界 $1/|w_P|$

1. $L(s)$ 的极点至少比零点多两个(第一水床公式),或
2. $L(s)$ 有一个RHP零点(第二水床公式)。

极点多于零点两个:第一水床公式

为了引出第一水床公式,考虑开环传递函数 $L(s)=1/[s(s+1)]$。如图5.2所示,有一个频率范围,使 $L(j\omega)$ 的Nyquist曲线在以 -1 为中心的单位圆内,使得 $|1+L|$,即 L 与 -1 之间的距离小于1,从而 $|S|=|1+L|^{-1}$ 大于1。实际中,$L(s)$ 的极点至少比零点多两个(至少当频率足够高时是如此,例如由于执行机构和量测动力学造成的结果),所以总会存在一个频率范围 $|S|$ 大于1,其行为可以用下面的定理进行量化描述,在稳定条件下这就是Bode的一个经典结果。

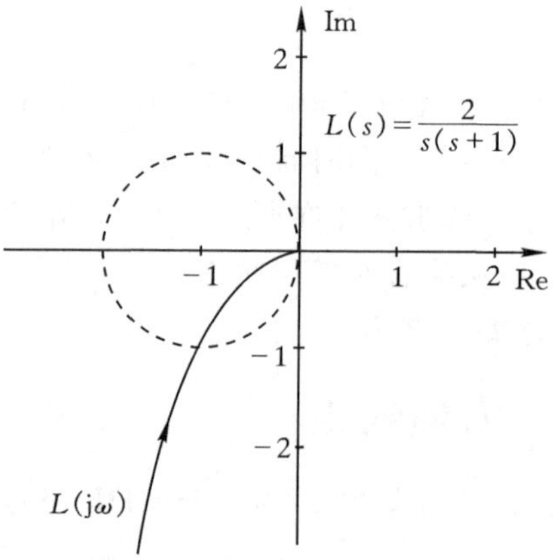

图5.2　只要 L 的Nyquist曲线在圆内就有 $|S|>1$

定理 5.1 Bode 灵敏度积分(第一水床定理)。 假设开环传递函数 $L(s)$ 为有理函数,而极点至少多于零点两个或以上(相对阶数为 2 或更大);还假设 $L(s)$ 在位置 p_i 处有 N_p 个 RHP 极点,为了闭环稳定,则灵敏度函数必须满足

$$\int_0^{\infty} \ln|S(j\omega)|\,d\omega = \pi \times \sum_{i=1}^{N_p} \mathrm{Re}(p_i) \tag{5.5}$$

其中 $\mathrm{Re}(p_i)$ 表示 p_i 的实部。

证明: 见 Doyle 等人(1992,p.100)的论著,或 Zhou 等人(1996)的论著。Freudenberg 与 Looze(1985;1988)则完成了 Bode 判据向不稳定对象的推广。 □

关于式(5.5)的图形解释,我们注意到幅值尺度是对数的,而频率尺度是线性的。

稳定对象。 对于式(5.5)的稳定对象,给出

$$\int_0^{\infty} \ln|S(j\omega)|\,d\omega = 0 \tag{5.6}$$

而且灵敏度衰减($\ln|S|$ 为负)的面积,必定等于灵敏度增长($\ln|S|$ 为正)的面积。在这方面与水床类似,反馈的好处和代价被精确的均衡。由此我们预期,带宽的增加(S 在更大的频率范围内小于 1)必定以 $|S|$ 有更大的峰值为代价。

注: 虽然这在大多数实际情况下都是正确的,但在有些情况下其影响可能并非那样明显,而式(5.5)也并不总是意味严格正确,因为面积的增加可能涉及到一个很大的频率范围,这可以想像成一个庞大的水床吧。考虑对 $\omega \in [\omega_1, \omega_2]$ 有 $|S(j\omega)| = 1+\delta$,这里 δ 任意小(小峰值),那么只要选择区间 $[\omega_1, \omega_2]$ 充分大,就可以简单地选择任意大的 ω_1(高带宽)。然而在实际中,L 的频率响应在带宽频率 ω_c 之上必定会衰减,并且需要有(Stein,2003)

$$\int_0^{\omega_c} \ln|S(j\omega)|\,d\omega = 0 \tag{5.7}$$

从而,式(5.5)和式(5.6)给出了真正的设计限制,图 5.5 说明了这一点。

不稳定的对象。 不稳定极点的存在通常会增加灵敏度的峰值,由式(5.5)正的贡献 $\pi \times \sum_{i=1}^{N_p} \mathrm{Re}(p_i)$ 即可看出。具体地讲,灵敏度增加的面积($|S|>1$),超过灵敏度减少的面积,这个超过的量与不稳定极点到 LHP 距离之和成正比。这并不那么严重,因为可能预期会付出一定代价来镇定系统。

RHP 零点:第二水床公式

对于具有 RHP 零点的对象,灵敏度函数必须满足一个附加的积分关系,这对于 S 的峰值有更强的含义。在陈述结果之前,先来解释一下为什么 RHP 零点的存在意味着 S 的峰值必定会超过 1。首先,考虑非最小相位回路传递函数 $L(s)=[1/(1+s)][(1-s)/(1+s)]$,以及与其相应的最小相位传递函数 $L_m(s)=1/(1+s)$,从图 5.3 可以看出,由 RHP 零点和额外极点产生的附加相位滞后,引起 Nyquist 曲线穿

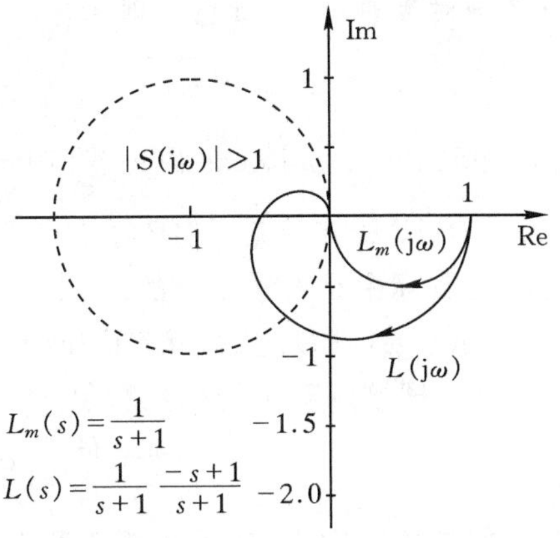

图 5.3 RHP 零点产生的附加相位滞后使得 $|S|>1$

透单位圆，从而使灵敏度函数大于1。

作为进一步的例子，如按图5.4所示，考虑如下回路传递函数灵敏度函数的幅值：

$$L(s)=\frac{k}{s}\frac{2-s}{2+s}\qquad k=0.1,0.5,1.0,2.0 \tag{5.8}$$

对象在 $z=2$ 处有一个RHP零点，我们看到，控制器增益 k 的增加，相应有更高的带宽，使 S 产生了更高的峰值。$k=2$ 时闭环系统变得不稳定，在虚轴上有一对共轭复数极点，而 S 的峰值为无穷大。

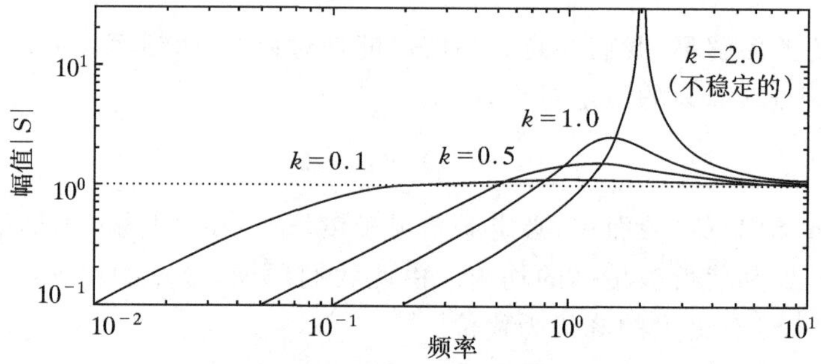

图5.4 增加控制器增益对 $|S|$ 的影响，系统在 $z=2$ 处有一个RHP零点，$L(s)=\frac{k}{s}\frac{2-s}{2+s}$

定理5.2 加权灵敏度积分(第二水床公式)。 假设 $L(s)$ 有单个RHP零点或有一对共轭复数零点 $z=x\pm \mathrm{j}y$，同时有 N_p 个RHP极点 p_i；用 $\bar{p}_i$ 表示 p_i 的共轭复数，那么为了系统闭环稳定，灵敏度函数必须满足

$$\int_0^{\infty}\ln|S(\mathrm{j}\omega)|\times w(z,\omega)\mathrm{d}\omega=\pi\times\ln\prod_{i=1}^{N_p}\left|\frac{p_i+z}{\bar{p}_i-z}\right| \tag{5.9}$$

如果零点为实数，则

$$w(z,\omega)=\frac{2z}{z^2+\omega^2}=\frac{2}{z}\frac{1}{1+(\omega/z)^2} \tag{5.10}$$

如果零点是一对复数($z=x\pm \mathrm{j}y$)，则

$$w(z,\omega)=\frac{x}{x^2+(y-\omega)^2}+\frac{x}{x^2+(y+\omega)^2} \tag{5.11}$$

证明：见Freudenberg与Looze的论著(1985;1988)。 □

注意，如果有RHP极点接近RHP零点($p_i\to z$)，则 $(p_i+z)/(p_i-z)\to\infty$。这并不奇怪，因为这样的对象在实际中是无法镇定的。

权函数 $w(z,\omega)$ 有效地“截除”了 $\ln|S|$ 在频率 $\omega>z$ 时对灵敏度积分的贡献，从而，对于 $|S|$ 在高频时合理接近于1的稳定对象，近似有

$$\int_0^{z}\ln|S(\mathrm{j}\omega)|\mathrm{d}\omega\approx 0 \tag{5.12}$$

除了在有限的频率范围内，在 S 小于1和 S 大于1之间进行折折衷之外，这与式(5.6)中Bode灵敏度积分关系相似。这样，在此种情况下水床是有限大的，如果试图在低频压低 $|S|$，那么 $|S|$ 出现较大峰值是不可避免的，图5.4的例子已说明了这一点，而图5.5的例子对此又进行

了进一步说明。在图 5.5 中，我们就两种情况绘制了频率 ω 的函数 $\ln|S|$（注意频率采用了线性尺度）。在两种情况下，$\ln S$ 的面积在$10^0=1$（点划线）以下和以上是相等的，见式(5.6)；但对于第二种情况，这必然发生在低于 RHP 零点 $z=5$ 的频率，见式(5.12)；为此，$|S_2|$ 的峰值必然要更高一些。

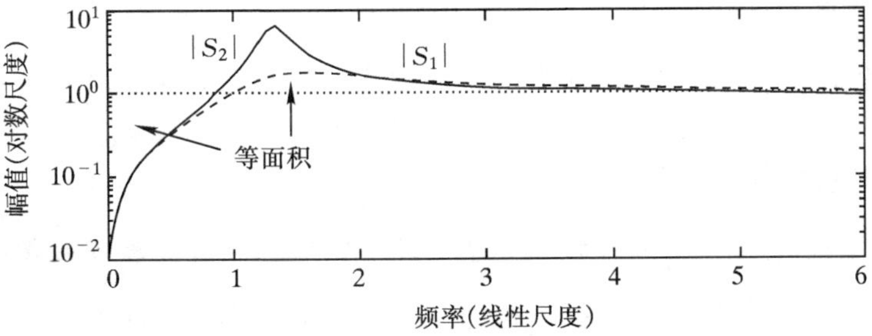

图 5.5 灵敏度 $S=\frac{1}{1+L}$，相应于 $L_1=\frac{2}{s(s+1)}$（虚线）和 $L_2=L_1\frac{-s+5}{s+5}$（RHP 零点位于 $z=5$）（实线）

习题 5.1[*] Kalman 不等式。对于最优状态反馈的 Kalman 不等式，也适用于不稳定对象，比如说 $|S|\leqslant 1\quad\forall\omega$，见例 9.2。解释为什么这与上面的灵敏度积分并不冲突。（解答：1. 具有状态反馈的最优控制所产生的回路传递函数，极、零点个数之差为 1，故式(5.5)并不适用；2. 当所有的状态可量测时，系统没有 RHP 零点，故式(5.9)也不适用。）

5.3 基本限制：峰值界

在定理 5.2 中，我们发现 RHP 零点意味着 $|S|$ 的峰值不可避免，而且如果在其它频率上压低 $|S|$ 的话，这个峰值还会上升。此处我们对一些重要闭环传递函数的峰值，推导出显式表达的边界，这些传递函数在应用中比定理 5.2 中的积分关系更加有用。当说到"峰值"的时候，我们指的是频率响应或者 $\mathcal{H}_\infty$ 范数的最大值：

$$\| f(s) \|_\infty = \max_\omega | f(j\omega) |$$

我们首先考虑加权灵敏度（$w_P S$）和加权互补灵敏度函数（$w_T T$）的界。如果我们要规定 $|S|$ 和 $|T|$ 在某个选定的频率范围取值小，权函数 w_P 与 w_T 是有用的。

5.3.1 S 与 T 的最小峰值

定理 5.3 灵敏度峰值。为了系统闭环稳定，$G(s)$ 每个 RHP 零点 z 的灵敏度函数必须满足

$$\| w_P S \|_\infty \geqslant | w_P(z) | \times \underbrace{\prod_{i=1}^{N_p} \frac{|z+p_i|}{|z-p_i|}}_{M_{zp_i}} \tag{5.13}$$

此处 p_i 表示 $G(s)$ 的 N_p 个 RHP 极点。如果 $G(s)$ 没有 RHP 极点，则峰值界简化为

$$\| w_P S \|_\infty \geqslant | w_P(z) | \tag{5.14}$$

如果没有权函数时，则式(5.13)的峰值界简化为

$$\| S \|_\infty \geqslant M_S \geqslant \underbrace{\prod_{i=1}^{N_p} \frac{|z+p_i|}{|z-p_i|}}_{M_{zp_i}} \tag{5.15}$$

式(5.13)、式(5.14)、式(5.15)的峰值界，对于单个 RHP 零点 z 并没有时延的情况是严苛的。这里“严苛”意味着存在一个控制器(可能非真)，能够达到这个界(以等式)。例如，在只有单个 RHP 零点并且无时延时，$\min_K \| S \|_\infty = M_{S,\min} = M_{zp_i}$。

注意到当距离 $|z-p_i|$ 趋于零时，式(5.15)的峰值界趋于无穷大。时延给系统镇定带来了另外的问题，但是不存在根据时延的 S 的严苛下界。然而，相似的峰值界却适用于互补灵敏度函数 T，此处时延也进入了严苛界。

定理 5.4　互补灵敏度峰值。对 $G(s)$ 的每一个 RHP 极点 p，互补灵敏度函数必须满足

$$\| w_T T \|_\infty \geqslant | w_T(p) | \times \underbrace{\prod_{j=1}^{N_z} \frac{|z_j+p|}{|z_j-p|}}_{M_{pz_j}} \times | e^{p\theta} | \tag{5.16}$$

此处 z_i 表示 $G(s)$ 的 N_z 个 RHP 零点，θ 表示 $G(s)$ 的时延；如果 $G(s)$ 没有 RHP 零点和时延，则峰值界简化为

$$\| w_T T \|_\infty \geqslant | w_T(p) | \tag{5.17}$$

当没有权函数时，则式(5.16)的峰值界简化为

$$\| T \|_\infty = M_T \geqslant \underbrace{\prod_{j=1}^{N_z} \frac{|z_j+p|}{|z_j-p|}}_{M_{pz_j}} \times | e^{p\theta} | \tag{5.18}$$

式(5.16)、式(5.17)、式(5.18)的峰值界，在只有单个实 RHP 极点 p 的情况下是严苛的。例如在有单个 RHP 极点时，$\min_K \| T \|_\infty = M_{T,\min} = M_{pz_j} \times | e^{p\theta} |$。

注意，式(5.18)也给具有时延的对象为 S 的峰值设置了一个界。由式(5.2)，$|S|$ 和 $|T|$ 之差至多为 1，所以有

$$\| S \|_\infty \geqslant | T |_\infty - 1 \tag{5.19}$$

从而 $|T|$ 的峰值意味着 $|S|$ 的峰值。下面的例 5.1 进一步说明了这一点。

式(5.13)的证明：S 的界最初是由 Zames(1981)推导的。这个结果也可以用上面给出的内插约束 $S(z)=1$ 和 $T(p)=1$ 推导得到。此外，利用复变解析函数的最大模原理(例如，见 Churchill 等人的最大值原理，1974)，就我们的用途可以陈述如下：

最大模原理。设 $f(s)$ 是稳定的(即 $f(s)$ 在复数 RHP① 解析)。则对在 RHP 中的 s，$|f(s)|$ 在该区域的边界上，即沿虚轴上的某处达到最大值。从而，对于一个稳定的 $f(s)$，有

$$\| f(j\omega) \|_\infty = \max_\omega | f(j\omega) | \geqslant | f(s_0) | \quad \forall s_0 \in \mathrm{RHP} \tag{5.20}$$

注：我们可以通过想象 $|f(s)|$ 作为复变量 s 函数的 $3D$ 曲线来理解式(5.20)。在这样一个曲

① 一个复变函数 $f(s)$ 在 s_0 点是解析的，如果这个函数不仅在 s_0 的导数存在，而且在 s_0 的某个邻域内每个点的导数存在。如果在 s_0 的导数不存在，但在 s_0 的某个邻域内导数存在，那么 s_0 就称为奇异点。考虑一个有理传递函数 $f(s)$，除了在其零点($s_0=p$)是解析的；其极点都是奇异点。

线中，$|f(s)|$在极点处有“峰值”，在零点处位于“谷底”。这样，如果 $f(s)$在 RHP 没有极点(峰值)，我们发现$|f(s)|$会从 LHP 呈斜坡状下降进入 RHP。

对于具有一个 RHP 零点 z 的对象，将式(5.20)用于 $f(s)=w_P(s)S(s)$，并用内插约束 $S(z)=1$，得出 $\|w_PS\|_\infty\geqslant|w_P(z)S(z)|=|w_P(z)|$。如果对象也有一个 RHP 极点，为了推导附加的罚值，我们用了一个“小招数”先通过因式分解将 S 中的 RHP 零点包含在一个全通部分 S_a 中(在 jω 轴上所有点上的幅值都为 1)。因为 G 在 p_i 有 RHP 极点，$S(s)$在 p_i 有 RHP 零点(见式(5.3))，可以写为

$$S=S_aS_m,\quad S_a(s)=\prod_i\frac{s-p_i}{s+\bar{p}_i}\tag{5.21}$$

这里 S_m是将所有 RHP 零点镜像到 LHP 的 S 相应的“最小相位函数”。$S_a(s)$是全通部分，在所有频率上$|S_a(\mathrm{j}\omega)|=1$(注：这里有一个关于 jω 轴上极点的技术问题：这些极点必须先微量移入 RHP)。权函数 $w_P(s)$通常假定是稳定的且为最小相位。考虑一个位于 z 的 RHP 零点，由最大模原理得出

$$\|w_PS\|_\infty=\max_\omega|w_PS(\mathrm{j}\omega)|=\max_\omega|w_PS_m(\mathrm{j}\omega)|\geqslant|w_P(z)S_m(z)|$$

其中 $S_m(z)=S(z)S_a(z)^{-1}=1\times S_a(z)^{-1}$，这证明了式(5.13)。文献 Chen(1995)和 Chen(2000 p.1107)，基于式(5.9)的积分关系给出了对峰值界的一个不同证明。首先证明了峰值界严苛性的是 Havre 和 Skogestad(1998)，而 Chen(2000，p.1109)给出了一个不同的证明。

□

式(5.16)的证明：式(5.16)的证明与式(5.13)相似。我们写出 $T=T_aT_m$，其中 T_a 含有 RHP 零点 z_j和时延，也可参见定理 5.5。 □

由定理 5.3 和定理 5.4 的峰值界，注意到

- S 主要受 RHP 零点的限制，峰值界$|w_PS|\geqslant|w_P(z)|$表明，对于一个具有 RHP 零点 z 的对象，不能随意规定$|S|$的形状。
- T 主要受 RHP 极点的限制，峰值界$|w_TT|\geqslant|w_T(p)|$表明，对于一个具有 RHP 极点 p 的对象，不能随意规定$|T|$的形状。
- M_{zp_i}和 M_{pz_j}项表明，如果既有 RHP 极点又有 RHP 零点，这些限制更为严重。如果有位置接近的 RHP 零点与 RHP 极点，则 S 和 T 具有大的峰值是不可避免的。

注 1 设 $M_{S,\min}$和 $M_{T,\min}$分别表示 $\|S\|_\infty$与 $\|T\|_\infty$所能达到的最低值，也就是说，$\min_K\|S\|_\infty\triangleq M_{S,\min}$，且$\min_K\|T\|_\infty\triangleq M_{T,\min}$。*Chen*(2000)证明了式(5.15)的峰值界对 $\|T\|_\infty$也是严苛的，而式(5.18)的峰值界(在无时延情况下)对 $\|S\|_\infty$也是严苛的。那么，对于具有单个 RHP 零点 z(无时延)的对象，$\|S\|_\infty$和 $\|T\|_\infty$有如下严苛下界：

$$M_{S,\min}=M_{T,\min}=\underbrace{\prod_{i=1}^{N_p}\frac{|z+p_i|}{|z-p_i|}}_{M_{zp_i}}\tag{5.22}$$

并且对具有单个 RHP 极点 p(无时延)的情况，$\|S\|_\infty$和 $\|T\|_\infty$有如下严苛下界：

$$M_{S,\min}=M_{T,\min}=\underbrace{\prod_{j=1}^{N_z}\frac{|z_j+p|}{|z_j-p|}}_{M_{pz_j}}\tag{5.23}$$

而且，在式(6.8)中这些严苛界，可以进一步推广到具有任意个 RHP 极点和 RHP 零点(包括复数极点与零点)的情况。

注 2　上述峰值界，如式(5.22)和式(5.23)，可以分别用于具有多重 RHP 零点和 RHP 极点的对象。例如，在有多重 RHP 零点时，$\|S\|_\infty \geqslant \max_{z_j} M_{z_j p_i}$；在有多重 RHP 极点时，$\|T\|_\infty \geqslant \max_{p_i} M_{p_i z_j} \times |e^{p_i\theta}|$。然而，这些峰值界一般并非严苛界。

注 3　如果把极点与零点的方向考虑进来，这些峰值界可以推广到 MIMO 系统，见第 6 章。

例 5.1　具有时延的不稳定对象。对象

$$G(s)=\frac{e^{-0.5s}}{s-3}$$

有 $p=3$ 和 $\theta=0.5$。因为 $p\theta=1.5$ 大于 1，$|T|$ 将有大的峰值，要镇定该对象将会有困难。具体地说，由式(5.18)知，对于任何控制器，必须有

$$\|T\|_\infty \geqslant M_{T,\min} = e^{0.5\times 3} = e^{1.5} = 4.48$$

因为存在控制器能到达它，所以这一峰值界是严苛界。灵敏度 S 的峰值也很大，因为有

$$\|S\|_\infty \geqslant M_{S,\min} \geqslant M_{T,\min} - 1 = 4.48 - 1 = 3.48$$

这一峰值界不是严苛界，所以 $M_{S,\min}$ 的实际值可能高于 3.48，但不高于 5.48①，因为 $|S|$ 和 $|T|$ 的峰值之差至多为 1。对于这个过程，$\|S\|_\infty$ 与 $\|T\|_\infty$ 的值不可避免会很大，就意味着性能差并存在鲁棒性问题。

例 5.2　具有复数 RHP 极点的对象。对象

$$G(s) = 10 \times \frac{s-2}{s^2-2s+5} \tag{5.24}$$

在 $z=2$ 处有一个 RHP 零点，且在 $p=1\pm \mathrm{j}2$ 处有 RHP 极点。由式(5.22)，$\|S\|_\infty$ 与 $\|T\|_\infty$ 的一个严苛下界为

$$M_{zp_i} = \frac{(2+1)^2+2^2}{(2-1)^2+2^2} = 2.6$$

我们也可用式(5.23)，其中 $M_{pz_j} = \sqrt{2.6} = 1.61$，但这并未给出严苛下界，因为我们有两个 RHP 极点。

5.3.2 节的例子会进一步说明 RHP 极点与 RHP 零点的组合造成的影响。

镇定。如式(5.23)的结果表明，如果有一个 RHP 极点 p 位于靠近一个 RHP 零点 z 的地方，则 $|z-p|$ 很小，S 和 T 的峰值不可避免会很大。在实际中，这样一个对象是无法镇定的。然而在理论上，任何一个线性对象都可以镇定，只要不含有不稳定的隐模态(例如，相应于 $p=z$ 的情况)，并且与 RHP 极点和 RHP 零点的位置无关，见 4.8.2 节。

5.3.2　其它闭环传递函数的最小峰值

本节将给出其它一些闭环传递函数的峰值界。作为启示，回顾由式(2.19)与式(2.20)得出的闭环控制误差 $e=y-r$，以及图 2.4 中(见 2.2.1 节)系统的对象输入 u 分别是

$$e = -Sr - Tn + \sum_k SG_{d_k} d_k \tag{5.25}$$

① 原书为 3.38 和 5.38，似有误。——译者注

$$u = KSr - KSn + \sum_k KSG_{d_k} d_k \tag{5.26}$$

此处已经考虑过有几个不同扰动 d_k 的情况。有一个使我们感兴趣的是输入(或称“负载”)扰动 $d_k = d_u$，对此，$G_{d_k} = G$。

按照理想，希望 e 和 u 都要小，所以希望式(5.25)和式(5.26)中的所有闭环传递函数都要小。由于受 $S+T=I$ 这类代数约束，通常这是不可能的。尽管如此，我们还是想要避免这些传递函数中任何一个出现大峰值的情况。

此外，从鲁棒性的角度，希望给这些传递函数设置峰值界。在图 8.5 中(见 8.2.2 节)，我们展示了六种形式的不确定性。为了相对于这六种不确定性保持系统的鲁棒性，由式(8.53)～(8.58)看到，如下六个传递函数都应该小：

$$KS,\quad T_I = KSG,\quad T = GKS,\quad SG,\quad S_I = (I+KG)^{-1},\quad S$$

注意，对于 SISO 系统，S_I 等于 S，$T = GKS$ 等于 $T_I = KSG$。我们已经考虑过了 S 和 T，现在将对其余传递函数 SG, SG_d, KS, KSG_d 推导出峰值界。

把结果总结在表 5.1 中，同时也给出了在对每一个闭环传递函数峰值最小化后面，所隐藏的性能和鲁棒性产生的原因。注意，因子 M_{zp_i} 和 M_{pz_j} 表示了 RHP 零点与 RHP 极点的组合产生的附加罚值。

表 5.1 重要闭环传递函数的峰值界

	M	$\|M\|_\infty$ 小，是为了		对 $\|M\|_\infty$ 的峰值界	
		信号 (见 2.2.2 节)	稳定鲁棒性 (见 8.6 节)	特殊情况 (仅对 $N_z=1$ 和/或 $N_p=1$ 是严苛的)	一般情况 (包括 $MIMO$)
1.	S	性能跟踪 $(e=-Sr)$	相对逆(极点) 不确定性 (Δ_{io})	M_{zp_i}(5.15)或 M_{pzk}(5.23)	(6.8)
2.	T	性能噪声 $(e=-Tn)$	相对加性 (零点)不确定性 (Δ_O)	M_{zp_i}(5.22)或 $M_{pz_j}\times\|e^{p\theta}\|$ (5.18)	(6.8) 和对时延系统的 (6.16)
3.	KS	输入利用 $(u=KS(r-n))$	加性(零点) 不确定性 (Δ_A)	$\|G_s^{-1}(p)\| = \|G_{ms}^{-1}(p)\|\times$ $M_{pz_j}\times\|e^{p\theta}\|$ (5.31)	$1/\underline{\sigma}_H(\mathcal{U}(G)^*)$ (5.30)
4.*	SG_d	性能扰动 $(e=SG_d d)$	$G_d=G$； 逆(极点) 不确定性(Δ_{iA})	$\|G_{d,ms}(z)\|\times M_{zp_i}$(5.29)= $\|G_m(z)\|$ 对于(5.28)式 $G_d=G$	(6.12)且 $W_1=I$ 和 $W_2=G_{d,ms}$
5.*	KSG_d	输入利用 扰动 $(u=KSG_d d)$	$G_d=G$； 相对加性(零点) 不确定性 (Δ_I)	$\|G_s(p)^{-1}G_{d,ms}(p)\|=$ $\|G_{ms}^{-1}(p)G_{d,ms}(p)\|\times$ $M_{pz_j}\times\|e^{p\theta}\|$ (5.34)	$1/\underline{\sigma}_H(\mathcal{U}(G_{d,ms}^{-1}G)^*)$ (5.33)

$$M_{zp_i} = \prod_{i=1}^{N_p}\frac{|z+p_i|}{|z-p_i|},\quad M_{pz_j} = \prod_{j=1}^{N_z}\frac{|z_j+p|}{|z_j-p|}$$

* 特殊情况：输入扰动$(G_d=G)$

***SG*的峰值界**。要求传递函数 SG 小，以降低输入扰动对控制误差信号的影响(见式(5.25))，同时也是为了对抗极点不确定性的鲁棒性(见8.2.2节图8.5(d))。由于内插约束，任何镇定 S 的控制器，也应该镇定 SG。进而，$\|SG\|_\infty=\|SG_{ms}\|_\infty$，其中 G_{ms} 是 G 的"最小相位，稳定版"，为

$$G_{ms}\triangleq\underbrace{\prod_i\frac{s-p_i}{s+p_i}\times\overbrace{G(s)\times\prod_j\frac{s+z_j}{s-z_j}}^{\triangleq G_m(s)}}_{\triangleq G_s(s)}\tag{5.27}$$

将 G_{ms} 作为一个权函数，可按定理5.3计算 SG 的峰值。具体地讲，对于系统的每一个RHP零点，$\|SG\|_\infty$ 必须满足

$$\|SG\|_\infty\geqslant|G_{ms}(z)|\times\underbrace{\prod_{i=1}^{N_p}\frac{|z+p_i|}{|z-p_i|}}_{M_{zp_i}}=|G_m(z)|\tag{5.28}$$

其中 G_m 是 G 的"最小相位版"，见式(5.27)。这一峰值界对于具有单个RHP零点的对象是严苛的。

SG

SG_d 的峰值界。在一般的扰动情况下，$G_d\neq G$，而我们希望保持 $\|SG_d\|_\infty$ 小，以降低扰动对输出的影响。这种情况可以用与 SG 相似的方式处理，在式(5.28)中以 $G_{d,ms}$ 代替 G_{ms} 得到

$$\|SG_d\|_\infty\geqslant|G_{d,ms}(z)|\times\underbrace{\prod_{i=1}^{N_p}\frac{|z+p_i|}{|z-p_i|}}_{M_{zp_i}}\tag{5.29}$$

***KS*的峰值界**。传递函数 KS 的峰值要求小，以避免响应噪声和扰动的输入信号过大，见式(5.26)。特别地，这对于一个不稳定的对象尤为重要，$\|KS\|_\infty$ 的值大，易于使 u 饱和，在系统镇定方面产生困难。

令 $\underline{\sigma}_H$ 表示最小的Hankel奇异值，而 $\mathcal{U}(G)^*$ 表示 G 中抗稳定部分的镜像。Glover(1986)曾经研究过关于加性不确定性的鲁棒性问题，证明了

$$\|KS\|_\infty\geqslant1/\underline{\sigma}_H(\mathcal{U}(G)^*)\tag{5.30}$$

式(5.30)中的峰值界按如下意义是严苛的，即总存在一个控制器(可能是非真的)能够到达这个峰值界。对于稳定的对象没有下界，因为此时 $\min_K\|KS\|_\infty=0$，只能在 $K=0$ 时达到。

更为简单的峰值界也有可能，因为对于任何RHP极点 p，均有 $\underline{\sigma}_H(\mathcal{U}(G)^*)\leqslant|G_s(p)|$，这里 $G_s(s)$ 是 G 把RHP极点镜像到LHP后的"稳定版"；见式(5.27)。等式对应于具有单个实RHP极点 p 的对象。这就给出如下峰值界(Havre and Skogestad，2001)

$$\|KS\|_\infty\geqslant|G_s^{-1}(p)|\tag{5.31}$$

这对于具有单个实RHP极点 p 的对象是严苛的。这一峰值界也适用于有时延的对象。

式(5.31)的证明：我们先证明下面的广义峰值界(Havre and Skogestad，2001)：

定理5.5　设 VT 为一(加权的)闭环传递函数，其中 T 是互补灵敏度函数。为了系统闭环稳定，必须要求 G 中每一个RHP极点 p 满足

$$\|VT\|_\infty\geqslant|V_{ms}(p)|\times\prod_{j=1}^{N_z}\frac{|z_j+p|}{|z_j-p|}\times|e^{p\theta}|\tag{5.32}$$

其中 V_{ms} 是 V 的"最小相位和稳定版"(其RHP极点和RHP零点镜像到LHP)，z_j 表示 G 的

N_z 个 RHP 零点。如果 G 没有 RHP 零点，则峰值界就简单地为 $\|VT\|_\infty \geqslant |V_{ms}(p)|$。式(5.32)的峰值界对于只有单个 RHP 极点的情况为严苛的(等式成立)。

证明：G 在 z_j 处有 RHP 零点，所以 T 必定也在 z_j 处有 RHP 零点，所以我们把 T 写成 $T=T_aT_m$，其中 $T_a(s)=\prod_j[(s-z_j)/(s+\bar{z}_j)]$；其次，注意到 $\|VT\|_\infty=\|V_{ms}T_{ms}\|_\infty=\|V_{ms}T_m\|_\infty$。现在，考虑一个位于 p 的 RHP 极点，并用最大模原理证明 $\|VT\|_\infty \geqslant |V_{ms}(p)\cdot T_m(p)|=|V_{ms}(p)T(p)T_a(p)^{-1}|=|V_{ms}(p)\times 1\times \prod_j \frac{p+\bar{z}_j}{p-z_j}|$，而这证明了式(5.32)。为了证明式(5.31)，我们利用恒等式 $KS=G^{-1}GKS=G^{-1}T$，结合 $V=G^{-1}$ 再由式(5.32)给出

$$\|KS\|_\infty \geqslant |G_{ms}(p)^{-1}|\times \underbrace{\prod_j \frac{|z_j+p|}{|z_j-p|}}_{M_{pz_j}} = |G_s(p)^{-1}|$$

这就证明了式(5.31)。 □

例 5.3 对于不稳定对象 $G(s)=1/(s-3)$，我们有 $G_s(s)=1/(s+3)$；并由式(5.31)有 $\|KS\|_\infty \geqslant |G_s(p)^{-1}|=6$。也就是说，无论控制器怎样，从对象输出(例如量测噪声)到对象输入的闭环传递函数 KS，其幅值必定在某些频率上超过 6。

习题 5.2 对于具有单个不稳定极点 p 的系统，证明由式(5.30)和式(5.31)给出 $\|KS\|_\infty$ 的两个峰值界是等价的。(提示：用式(4.140)求出最小(并且唯一)的 Hankel 奇异值 $\mathcal{U}(G)^*=(G(s)\times(s-p))|_{s=p}/(s-p)$。)

***KSG_d* 的峰值界。** 对于任意的扰动，式(5.30)的峰值界可以推广为(Kariwala，2004)

$$\|KSG_d\|_\infty \geqslant 1/\underline{\sigma}_H(\mathcal{U}(G_{d,ms}^{-1}G)^*) \tag{5.33}$$

其中 $\mathcal{U}(G_{d,ms}^{-1}G)^*$ 是 $G_{d,ms}^{-1}G$ 的抗稳定部分的镜像。注意，G_d 中任何不稳定模态必须包含在 G 中，使得通过反馈控制能够对其进行镇定。在同样的条件下，式(5.31)的峰值界可以用式(5.32)推广得到(Havre and Skogestad，2001)

$$\|KSG_d\|_\infty \geqslant |G_{ms}(p)^{-1}G_{d,ms}(p)|\times M_{pz_j}\times|e^{p\theta}| = |G_s(p)^{-1}G_{d,ms}(p)| \tag{5.34}$$

此处 $G_{d,ms}$ 表示 G_d 将 RHP 极点和 RHP 零点都镜像到 LHP 后得到的"稳定和最小相位版"。此峰值界对于单个 RHP 极点是严苛的。式(5.30)和式(5.33)的峰值界也可用于时延系统，因为时延系统本身尽管不是有理的，但镜像稳定部分却是有理的(Kariwala，2004)。

例 5.4 考虑对象与扰动模型

$$G(s)=\frac{5}{(s-3)(10s+1)},\quad G_d=\frac{0.5}{(s-3)(0.2s+1)}e^{-1.5s}$$

有 $G_s(s)=5/[(s+3)(10s+1)]$， $G_{d,ms}=0.5/[(s+3)(0.2s+1)]$。注意，$G_d$ 中的时延没有出现在 $G_{d,ms}$ 中。在 $p=3$ 时，式(5.34)给出了从扰动到对象输入的传递函数峰值的下界：

$$\|KSG_d\|_\infty \geqslant |G_{ms}(p)^{-1}G_{d,ms}(p)|=\frac{6\times 31}{5}\times\frac{0.5}{6\times 1.6}=1.94$$

例 5.5 考虑一个不稳定对象($p\geqslant 0$)，具有 RHP 零点($z\geqslant 0$)和时延($\theta\geqslant 0$)，由下式给出

$$G(s)=\frac{k}{s-p}\frac{(s-z)}{(s+z)}e^{-\theta s} \tag{5.35}$$

有 $|G_s(p)|=\left|\frac{k}{s+p}\frac{(s-z)}{(s+z)}e^{-\theta s}\right|_{s=p}=\frac{k}{2p}\left|\frac{p-z}{p+z}\right|e^{-\theta p}$，并且由式(5.31)知，对于任何镇定控制器

必须有

$$\| KS \|_\infty \geqslant |G_s(p)^{-1}| = \left|\frac{2p}{k}\right| \times \left|\frac{p+z}{p-z}\right| \times |e^{\theta p}| \tag{5.36}$$

因为 $u=-KS(G_d d+n)$，从第一项可以看到，如果 $|p|$ 大，即不稳定模态"快"的话，则要求输入 u 也大。此外，我们还注意到，对于 $\theta>1/p$，指数项 $e^{\theta p}$ 急剧增长。

例如，考虑下面的对象，我们将证明它在实际中是无法控制的：

$$G(s) = \frac{1}{s-3}\frac{s-6}{s+6}e^{-0.5s}$$

首先由式(5.36)，在某些频率上 $|KS(j\omega)| \geqslant \frac{2\times 3}{1} \times \left|\frac{3+6}{3-6}\right| e^{0.5\times 3} = 6\times 3\times 4.48 = 80.67$。此增益颇大，所以噪声或扰动的存在很可能使输入饱和，而这极有可能导致镇定对象的努力失败。此外，由式(5.18)有 $M_{T,\min} = \left|\frac{p+z}{p-z}\right| \times e^{\theta p} = 3\times 4.48 = 13.4$，所以 $|T|$ 必定在某些频率超过13.4，而由于 $S+T=1$，$\| S \|_\infty$ 必定超过 $13.4-1=12.4$。这比大约为2的典型最大容许值大得多。因此从实际角度看，无法镇定这个对象，同时也无法控制。

当研究对象的能控性时，应该考虑5.3.2节表5.1中所有的闭环传递函数。对于SISO对象，信号 y、u 和 d 的尺度变换，对 S 和 T 没有关系。然而，为了能够正确计算 KS、SG_d 和 KSG_d，建议像5.1.2节所介绍那样，要对对象进行尺度变换。如果 KS、SG_d 和 KSG_d 的峰值远大于1，则意味着在控制方面会存在问题。

习题5.3* 再次考虑例5.2中式(5.24)的对象，用5.3.2节表5.1计算 $\| S \|_\infty$、$\| T \|_\infty$、$\| KS \|_\infty$ 和 $\| SG \|_\infty$ 的峰值界。你预计在控制这个对象时会有困难吗？

习题5.4 对于对象 $G(s)=\frac{s^2-s+3}{s^2-3s+1}$，用5.3.2节表5.1中的"特殊情况"和"一般情况"，计算 $\| S \|_\infty$、$\| T \|_\infty$、$\| KS \|_\infty$ 和 $\| SG \|_\infty$ 的峰值界。

至此我们结束了这两节对基本限制的讨论。在本章的其余部分，我们将用这些结果以及其它结果，来更好地理解什么因素会限制对象的(输入-输出)能控性。下面将从"完美控制"的简单思想开始。

5.4 完美控制与对象反演

获得洞察源自对象本身性能内在限制因素的好方法，是考虑要达到完美控制所需的输入(Morari，1983)。假设对象模型为

$$y = Gu + G_d d \tag{5.37}$$

当输出恒等于参考输入，即 $y=r$ 时，就达到了所谓"完美控制"(这在实际中当然是不可能的)。为了求出对应的对象输入，令 $y=r$，并由式(5.37)解出 u：

$$u = G^{-1}r - G^{-1}G_d d \tag{5.38}$$

假设 d 是可量测的，方程式(5.38)代表了一个完美的前馈控制器。当使用了反馈 $u=K(r-y)$ 的时候，由式(2.21)有

$$u = KSr - KSG_d d$$

或者因为互补灵敏度函数为 $T=GKS$,则

$$u = G^{-1}Tr - G^{-1}TG_d d \tag{5.39}$$

我们看到,在反馈有效,且 $T\approx I$ 的频率上(这些讨论也适用于 MIMO 系统,所以在此采用了矩阵符号),式(5.39)中由反馈产生的输入与式(5.38)中的完美控制输入一致。这就是说,即使控制器很简单,高增益反馈产生的也是 G 的逆。

所以重要的教益是,完美控制需要控制器产生 G 的一个逆。由此,我们知道若有以下情况则不能实现完美控制:

- G 有 RHP 零点(则 G^{-1}是不稳定的);
- G 有时延(则 G^{-1}含有非因果性预测);
- G 的极点多于零点(则 G^{-1}不可实现)。

此外,对于前馈控制,若有以下情况则完美控制也不能实现:

- G 始终不确定(所以不能精确求得 G^{-1});

最后一项限制可以用高增益反馈来克服,因为模型的求逆不再由模型产生,而是来自输出反馈。然而我们知道,不能在所有频率上都会有高增益反馈。

式(5.38)所需输入不可超过最大物理容许值,所以若有以下情况,则完美控制也不能实现:

- $|G^{-1}G_d|$太大;
- $|G^{-1}R|$太大;

此处所谓"太大",是在尺度变换的意义下仍大于 1。还有其它一些情况也使得系统难以控制:

- G 不稳定;
- $|G_d|$太大。

如果对象不稳定,而且没有采用反馈来镇定系统,则输出会"发散",而最终达到物理约束值。与之相似,如果$|G_d|$太大,若不加控制,则扰动会使输出远离期望值。所以在两情形下均需控制,如果这种控制的要求与上面提到的其它因素冲突,则会使控制变得困难。讨论到此,我们假定了有完美的量测,但在实际中,噪声和扰动以及输出的量测,相关的不确定性也会给前馈和反馈控制带来问题。

5.5 理想 ISE 最优控制

深入了解性能限制的另外一种好方法是,考察一种积分平方误差(integral square error,简称 ISE)最优"理想"控制器。也就是说,对于一个给定的指令 $r(t)$($t<0$ 时为零),"理想"控制器能够产生一个使下式最小化的对象输入 $u(t)$($t<0$ 时为零)

$$\text{ISE} = \int_0^\infty |y(t) - r(t)|^2 \mathrm{d}t \tag{5.40}$$

称此控制器为"理想"的意思是,其代价函数中没有包含对输入 $u(t)$的罚值,所以现实中可能不可实现。Frank(1968a;1968b)、Morari 与 Zafiriou(1989),还有 Qiu 与 Davison(1993)仔细研究过这个特别的问题,后者还曾研究过"廉价的"线性二次调节器(LQR)控制问题。Morari 与 Zafiriou 证明了,对于在 z_j 处有 RHP 零点(实数和/或复数的)和时延 θ 的稳定对象,当$r(t)$为单位阶跃时,"理想"响应 $y=Tr$ 由下式给出

$$T(s) = \prod_j \frac{-s+z_j}{s+\bar{z}_j} e^{-\theta s} \tag{5.41}$$

并且对应的最优 ISE 值(Goodwin et al.,2003)是

$$\text{ISE}_{\min} = \min \int_0^{\infty} |y(t)-1|^2 \mathrm{d}t = \theta + 2\sum_j \frac{1}{z_j} \tag{5.42}$$

对三种简单稳定对象的最优 ISE 值是:

1. 有时延 θ: $\text{ISE}_{\min}=\theta$;
2. 有一个 RHP 零点 z: $\text{ISE}_{\min}=2/z$;
3. 有复数 RHP 零点 $z=x\pm jy$: $\text{ISE}_{\min}=4x/(x^2+y^2)$。

我们看到最糟的情况是在原点($z_j=0$)有一个 RHP 零点。这很合理,因为此时稳态增益为零,所以当 $t\to\infty$ 时不可能保持 $y(t)$ 在稳态值 1,并且 ISE$=\infty$。

然而,注意到这些 ISE 值都是对参考输入的阶跃变化而言的,而后者强调的是低频行为表现。换一种方法,考虑正弦参考输入 $r(t)=\sin(\omega t)$ 的跟踪问题,在此情况下,对于一个在 z_j 处有 RHP 零点的对象,得到(Qiu and Davison,1993)

$$\text{ISE}_{\min} = 2\sum_j \left(\frac{1}{z_j - j\omega} + \frac{1}{z_j + j\omega}\right) \tag{5.43}$$

正如所预期的,对于位于频率 ω 处的纯复数零点,$z_j=\pm jw$,$\text{ISE}_{\min}=\infty$,因为此时 $G(jw)=0$。对于一个实数 RHP 零点 z_j,当 $\omega=z_j$ 时,$\text{ISE}_{\min}$ 取得最大(最坏)值;当 $z_j=0$(零点位于原点)时,或当 $z_j=\infty$(零点位置远在 RHP 之外)时,$\text{ISE}_{\min}=0$。总结一下,会发现 RHP 零点主要限制在频率 $|z_j|$ 附近的性能。当我们下面考虑可达带宽时,这种解释可以得到证实。

5.6 时延带来的限制

时延($e^{-\theta s}$)会给可实现的控制性能带来严重限制。这很容易理解,因为无论我们采用何种控制器,输入变化在输出端的效果都会延迟一段时间 θ,见式(5.42)。本节我们要考虑其带宽含义。

近似地,闭环带宽将被限制到低于 $1/\theta$。要更清楚地看清这一点,在参考输入为阶跃变化的情况时,考虑"理想"的 $T(s)=e^{-\theta s}$,见式(5.41),相应的"理想"灵敏度函数为

$$S = 1 - T = 1 - e^{-\theta s} \tag{5.44}$$

图 5.6 画出了幅值 $|S|$,在低频 $\omega\theta<1$ 的情况下,(根据指数函数的 Taylor 展开)有 $1-e^{-\theta s}\approx\theta s$,并且 $|S(j\omega)|$ 的低频渐近线在频率大约为 $1/\theta$ 处穿越 1(图 5.6 中 $|S(j\omega)|$ 穿越 1 的精确频率为 $\frac{\pi}{3}\frac{1}{\theta}=1.05/\theta$)。因为对于 $S=1-e^{-\theta s}$,有 $|S|=1/|L|$,则还有结论:$1/\theta$ 等于 L 的增益穿越频率。"理想"ISE 最优控制器,对于实际可实现的控制器提出了界值,所以我们期待这个界值能对 ω_c 提供一个近似的上界,即(对于一个具有时延,且其性能要求在低频段的过程)有

$$\omega_c < 1/\theta \tag{5.45}$$

这一近似界值,与 2.6.2 节中通过研究时延 θ 对回路整形设计限制所推导出的结果一致。除了带宽的限制以外,我们也有对 5.3.2 节表 5.1 给出的闭环传递函数峰值的限制。

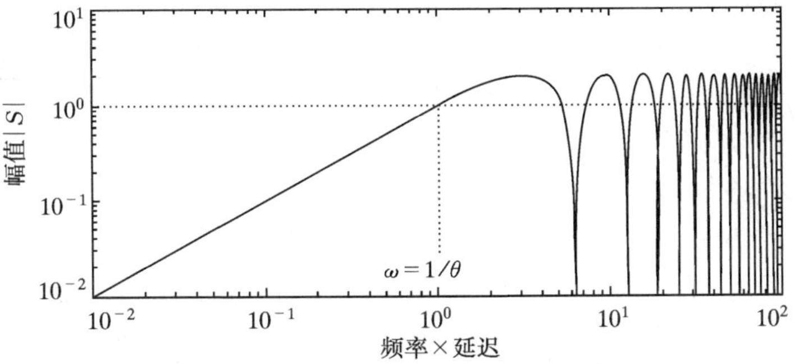

图 5.6 式(5.44)有时延对象的“理想”灵敏度函数

5.7 由 RHP 零点带来的限制

我们在这里要考虑在闭 RHP 中有一个零点 z 的对象(同时没有纯时延)。当对象存在互斥作用的慢速和快速动力学特性时,RHP 零点就会典型地出现。例如,对于对象

$$G(s)=\frac{1}{s+1}-\frac{2}{s+10}=\frac{-s+8}{(s+1)(s+10)}$$

在 $z=8$ 处有一个实 RHP 零点。也有可能存在复数零点,因为总会发生有共轭复数零点的情况 $z=x\pm jy$,对于 RHP 零点,$x\geqslant 0$。

现在的问题是,对于一个有 RHP 零点 z 的对象,预期会有什么样的控制问题发生呢?对于这样的讨论,一个很好的出发点就是,对于内部不稳定灵敏度函数带来的基本约束:

$$S(z)=1$$

我们立刻注意到,这与严苛控制(有更好的输出性能)要求 $|S|$ 较小(与 1 相比)不相容。因此我们希望,按照可达到的输出性能,对 RHP 零点的存在提出基本限制。

下面将尝试用时域和频域的一些不同结果,对 RHP 零点带来的性能限制进行深入讨论。

5.7.1 时域响应:逆向响应和向下超调

RHP 零点意味着时域的逆向响应行为。对于一个具有 n_z 个实数零点的稳定 SISO 对象,可以证明(Leon de la Barra S.,1994),当输入进行阶跃变化时,输出响应将至少过零(其初始值)n_z 次。图 5.7(b)所示为具有一个 RHP 零点时的典型闭环响应。我们看到,闭环输出在增长到正的稳态值之前先有下降。当有两个实 RHP 零点时,输出最初先增长,然后下降到初值以下,最终增长到正的稳态值。

与 2.4.2 节所定义的超调量相似,可以将下超调(y_{us})按终值 y_f 的分界,定义为输出信号 y 的“负”峰值。对于一个具有实数 RHP 零点 $z(z>0)$ 的对象,有如下闭环的下超调界(Middleton,1991;Seron et al.,1997):

$$|y_{us}|\geqslant|y_f|\frac{1-\varepsilon}{e^{zt_s}-1}\tag{5.46}$$

此处 t_s 为调整时间,而 ε 为相应于调整时间的偏差量(典型值为 $\varepsilon=0.05$),见 2.4.2 节图 2.10。

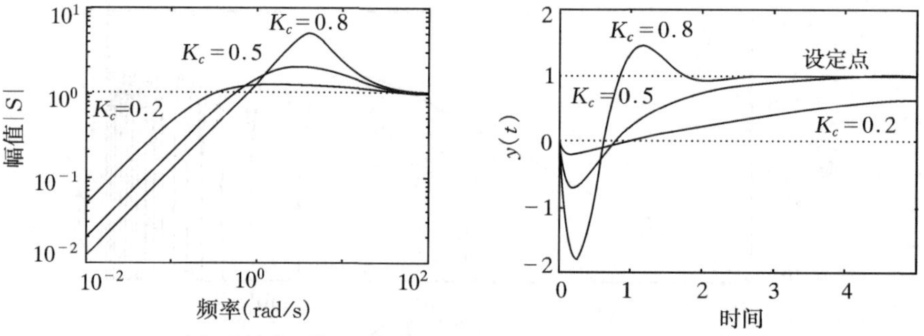

(a) 灵敏度函数　　(b) 对阶跃参考输入的响应

图 5.7　利用负反馈控制具有 RHP 零点 $z=1$ 的对象

关系式(5.46)意味着具有实 RHP 零点的系统，阶跃响应将随调整时间的缩短而呈现大的下超调，这与图 5.7(b)的仿真结果一致，在下面例子中还会进一步讨论这个问题。

例 5.6　在下超调和调整时间之间的折衷。考虑对象

$$G(s)=\frac{-s+z}{s+z},\quad z=1$$

控制器为

$$K_1(s)=K_c\frac{s+1}{s}\frac{1}{0.05s+1}$$

图 5.7 所示为闭环系统在 $K_c=0.2$、0.5、0.8 时的灵敏度函数和阶跃响应。我们注意到，当控制器变得更具力度(随 K_c 增大时)，调整时间缩短了，但这种性能改善的代价是下超调更大。由式(5.46)可以预计到这一点，同时图 5.7(a)因为更大的 K_c 使带宽更高，灵敏度峰值增大的事实也说明这一点，见图 5.7(a)。然而，式(5.46)是保守的，当 $\varepsilon=0.05$，$K_c=0.8$ 时，下超调量近似为 1.8，式(5.46)给出的下界仅为 0.106。式(5.46)的峰值界不是严苛的，但对具有 RHP 零点的系统，还是清楚地解释了在下超调和调整时间之间的折衷。

5.7.2　高增益的不稳定性

由经典根轨迹分析我们知道，当增益趋于无穷大时，闭环极点将迁移到开环零点的位置，见式(4.79)。从而，RHP 零点的存在，意味着高增益时不稳定。例如，例 5.6 中的系统在 $K_c\geqslant 1$ 时是不稳定的。因为从性能角度需要高增益，而 RHP 零点却限制了闭环系统的性能。

5.7.3　频率响应：带宽限制

考虑定理 5.3 中关于加权灵敏度的峰值界式(5.14)。主要思想是，选择一种形如 $w_P(s)$ 的性能权函数，然后推导出权函数中“带宽参数”的峰值界。

带宽在此定义为频率范围，在此范围内，灵敏度函数渐近线(直线近似)的幅值小于 1。为了推导对可达到控制带宽的限制，我们考虑对灵敏度函数的内插约束。如通常一样，选取 $1/|w_P|$ 作为灵敏度函数的上界(见 5.2.3 节图 5.1)，也就是说要求

$$|S(j\omega)|<1/|w_P(j\omega)|\quad\forall\omega\quad\Leftrightarrow\quad\|w_PS\|_\infty<1\tag{5.47}$$

然而，由内插约束 $\boxed{S(z)=1}$，以及式(5.14)有 $\|w_P S\|_\infty \geqslant |w_P(z)S(z)| = |w_P(z)|$，所以要满足式(5.47)，至少必须要求权函数满足

$$\boxed{|w_P(z)|<1} \tag{5.48}$$

(我们说"至少"是因为条件式(5.14)并不是一个等式。)我们现在将利用式(5.48)(A)通过考虑一个要求在低频段有良好的性能的权函数；(B)通过研究一个要求在高频段有良好的性能的权函数，来深入了解 RHP 零点带来的限制。

A. RHP 零点与低频性能

考察下面的性能权函数：

$$w_P(s) = \frac{s/M+\omega_B^*}{s+\omega_B^* A} \tag{5.49}$$

这个权函数强调低频性能。由式(5.47)知，这规定了一个最小的带宽 ω_B^*，一个小于 M 的 $|S|$ 的最大峰值，一个小于 $A<1$ 的稳态偏差，以及在低于带宽的频率范围内，要求灵敏度函数至少按20 dB/10倍频来改善性能(即 $|S|$ 在对数-对数坐标中，斜率为 1 或更大)；更多细节见 2.8.2 节。如果对象在 $s=z$ 处有 RHP 零点，则由式(5.48)，必须要求

$$|w_P(z)| = \left|\frac{z/M+\omega_B^*}{z+\omega_B^* A}\right| < 1 \tag{5.50}$$

实零点。考虑 z 是实数的情况，此时所有变量均为实数且为正值，由式(5.50)可推导出下面的可达带宽的峰值界

$$\boxed{\omega_B^* < z\frac{1-1/M}{1-A}} \tag{5.51}$$

例如，当 $A=0$(没有稳态误差)，并且 $M=2$($\|S\|_\infty<2$)时，必须至少要求

$$\omega_B^* < 0.5z \tag{5.52}$$

复零点。当系统有一对共轭复 RHP 零点 $z=x\pm jy$ 时，$x\geqslant 0$，与 $A=0$ 情况相类似，推导出

$$\boxed{\omega_B^* < -\frac{x}{M}+\sqrt{x^2+y^2\left(1-\frac{1}{M^2}\right)}} \tag{5.53}$$

且当 $M=2$ 时，我们要求

$$\omega_B^* < -0.5x+\sqrt{x^2+0.75y^2} \tag{5.54}$$

下面两个习题表明，ω_B^* 的峰值界在低频段不太依赖权函数的斜率，而是依赖于权函数在高频段的行为。

习题 5.5 考虑权函数

$$w_P(s) = \frac{s+M\omega_B^*}{s}\frac{s+fM\omega_B^*}{s+fM^2\omega_B^*} \tag{5.55}$$

其中 $f>1$。除了在高频会趋于 1 之外，这是与式(5.49)在 $A=0$ 处相同的一个权函数；f 给出一个容许有峰值的频率范围。画出 $f=10$ 和 $M=2$ 时的权函数。就 $f=10$ 和 $M=2$ 的情况推导 ω_B^* 的上界。

习题 5.6* 考虑加权 $w_P(s)=1/M+(\omega_B^*/s)^n$，要求 $|S|$ 在低频段斜率为 n 并要求其低频渐近

线在频率 ω_B^* 处穿越1。注意当 $n=1$ 时，在 $A=0$ 处产生了式(5.49)的权函数。当对象在 z 处有一个RHP零点时，推导 ω_B^* 的上界。证明当 $n\to\infty$ 时，这个峰值界变为 $\omega_B^*\leqslant z$。

注： 习题5.6中，当 $n\to\infty$ 时的结果有点令人吃惊。它说明峰值界 $\omega_B^*<|z|$ 在低频段与要求的斜率(n)无关，同时也与 M 无关。这令人颇为惊讶，因为由式(5.5)Bode的积分关系，我们预计要付出一些代价才能使得灵敏度在低频段变得更小，所以预计对于较大的 n，ω_B^* 会更小。这说明式(5.48)中的 $|w_P(z)|<1$ 是一个关于权函数的必要条件(即至少必须满足这个条件)，但既然不是充分条件，它就可能偏于乐观。对于式(5.49)中的简单权函数，当 $n=1$ 时，式(5.48)的条件不算很乐观(其它结果也可证实)，但对较大的 n 明显是乐观的了。

总结一下，如果有RHP零点，并且希望在低频段(频率0及以上)有严苛的控制作用，则带宽的上限近似地限制为 $|z|/2$。对于除RHP零点外还有RHP极点的对象，其带宽限制读者也可参阅习题5.11。

B. RHP零点与高频性能

我们现在考虑的情况是：通过采用如下性能权函数希望在高频段有严苛控制

$$w_P(s)=\frac{1}{M}+\frac{s}{\omega_B^*} \tag{5.56}$$

这要求在高于 ω_B^* 的频率上有严苛控制($|S(\mathrm{j}\omega)|<1$)，而在低频段唯一的要求是 $|S|$ 的峰值小于 M。不可否认，式(5.56)的权函数，在高频段要求 $S\to0$ 是不现实的，但如习题5.9所证实的那样，这并不影响结果，而在该习题中会研究一个更现实的权函数。在任何情况下，要满足 $\|w_PS\|_\infty<1$，必须至少要求权函数满足 $|w_P(z)|<1$，并且在有一个实RHP零点的情况下，对于式(5.56)中的权函数，我们导出

$$\boxed{\omega_B^*>z\frac{1}{1-1/M}} \tag{5.57}$$

例如，当 $M=2$ 时，要求 $\omega_B^*>2z$，所以只能在频率超过RHP零点频率时，才能完成严苛控制。

习题5.7 画出式(5.56)中 $1/|w_P(s)|$ 渐近的幅值Bode图。

总结起来，如果有一个RHP零点 z，而且想要在直到无穷大的高频段都有严苛控制作用，则带宽下界要近似地限制到 $2|z|$。

RHP零点：在频率 $|z|$ 附近的限制

根据式(5.51)和式(5.57)我们看到，RHP零点将在低频段或在高频段产生对控制的限制。在大多数情况下，希望在低频段有严苛控制作用，当有实RHP零点时，这可能要在低于大约 $|z|/2$ 的频率上实现。然而，如果我们不需要在低频段有严苛控制作用，通常可以取符号相反的控制器增益，而在频率高于大约 $2|z|$ 时获得严苛控制作用。

例5.7 为了说明这一点，考虑图5.7和5.8对如下对象采用负的和正的反馈

$$G(s)=\frac{-s+z}{s+z},\quad z=1 \tag{5.58}$$

注意，在低频段($\omega\ll z$)$G(s)\approx1$，而在高频段($\omega\gg z$)$G(s)\approx-1$。后面负的对象增益，说明了为什么要用正反馈取得高频段的严苛控制作用。

更确切地说，图中显示了采用如下两种控制方式时所得灵敏度函数和参考输入阶跃变化的响应：

1. 负反馈下的 PI 控制（图 5.7）；
2. 正反馈下的微分控制（图 5.8）。

注意仿真所用时间尺度不同，在正反馈情况下，参考输入阶跃变化仅有 0.1s 的持续时间，这是因为不能在比这个时间段更长的时间跟踪参考输入，而 RHP 零点此时会引起输出漂移发散（如图 5.8(b)所示）。

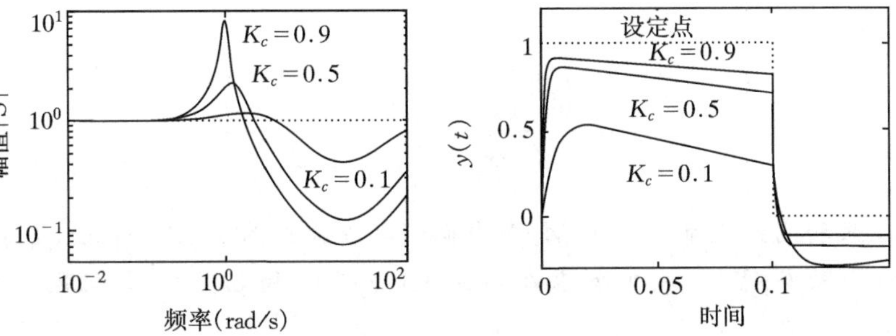

(a) 灵敏度函数　　(b) 参考输入阶跃变化的响应

图 5.8 在 $z=1$ 处有 RHP 零点的对象 $G(s)=(-s+1)/(s+1)$，采用正反馈控制：$K_2(s)=-K_cs/[(0.05s+1)(0.02s+1)]$

注 1 考虑具有 RHP 零点对象的逆向响应行为可能是对让控制器符号相反的最好的理解。正常情况下，我们希望在低频段有严苛控制作用，控制器的符号取决于对象的稳态增益。然而，如果我们想在高频段完成严苛控制（同时在低频段没有要求），这时我们要根据对象的最初响应进行控制器设计，其中增益取反是因为对象的逆向响应。

注 2 有一个重要的情况，此时只能在高频段完成严苛控制，其特征是对象在原点处有零点，例如 $G(s)=s/(5s+1)$。在这种情况下，良好的瞬时控制是可能的，但在稳态控制不起作用。在低频段完成严苛控制的唯一方法，就像实际中经常做的那样，采用附加执行机构（输入）的方法。

注 3 **短期控制**。本书中，一般假定当 $t\to\infty$ 时系统的行为是重要的。然而，在某些情况下却并非如此，因为系统可能仅在有限时间 t_f 内处在闭环控制下。在这种情况下，只要 $t_f \ll 1/|z|$，一个"缓慢"RHP 零点（$|z|$ 小）的存在可能并没有重要影响。例如，在图 5.8(b)中，如果总的控制时间是 $t_f=0.01$(s)，则在 $z=1$ (rad/s)处的 RHP 零点就是无关紧要的。

作为短期控制的一个例子，考虑用某种药物治疗一个患者。设 u 是药物的剂量，y 是病人的状况。在大多数药物中，我们发现治疗在短期内有正面效果，而在长期使用中治疗会有负面效果（由于最终会导致死亡的副作用）。虽然可能发现为了想要的效果在治疗过程中剂量必须增加，然而，在有限的治疗中，这种逆向响应行为（具有 RHP 零点的对象特征），在很大程度上可以忽略不计。有趣的是，图 5.9 左上角的曲线说明了最后一点，而且表明用一个内部不稳定的控制器产生的输入 $u(t)$，可以在有限时间内消除 RHP 零点的影响。在过程控制中，相似的结论也适用于批量或者半批量过程的控制。

习题 5.8

(a)绘制对应于图 5.8 的对象输入 $u(t)$,并根据上面的评注进行讨论;

(b)在图 5.7 和图 5.8 的仿真中,我们使用了简单的 PI 控制器和微分控制器。作为一种不同的方法,用式(3.80)中的 S/KS 来综合对于负反馈和正反馈两种情况时的$\mathcal{H}_\infty$控制器。分别利用形如式(5.49)和式(5.56)的性能权函数,而式(5.56)中 $\omega_B^*=1000$,$M=2$,且(对 KS 的权函数)$w_u=1$,你将会发现时域响应与图 5.8 中当 $K_c=0.5$ 的响应极为相似。尝试改善这一响应,例如使权函数在接近 RHP 零点的穿越处有更陡的斜率。

习题 5.9* 　考虑具有 RHP 零点 z 的对象,我们想要在某个频率范围限制灵敏度函数。为了实现这一目的,令

$$w_P(s)=\frac{\left(\dfrac{1000s}{\omega_B^*}+\dfrac{1}{M}\right)\left(\dfrac{s}{M\omega_B^*}+1\right)}{\left(\dfrac{10s}{\omega_B^*}+1\right)\left(\dfrac{100s}{\omega_B^*}+1\right)} \tag{5.59}$$

这个权函数在低频和高频段都等于 $1/M$,在中间频率有大约为 $10/M$ 的最大值,其渐近线在频率 $\omega_B^*/1000$ 和 ω_B^* 处穿越 1。我们要求在 $\omega_{BL}^*=\omega_B^*/1000$ 和 $\omega_{BH}^*=\omega_B^*$ 之间的频率范围内有"严苛"控制 $|S|<1$。

(a)画出 $1/|w_P|$ 的图形(给出 $|S|$ 的上界);

(b)说明 RHP 零点不能位于需要严苛控制作用的频率范围内,并且只能在频率低于大约 $z/2$(通常情况)或高于大约 $2z$ 的频率范围内,实现严苛控制。为了看清这一点,选择 $M=2$,并对 $\omega_B^*=kz$ 的各种不同的值,如 $k=0.1$、0.5、1、10、100、1000、2000、10000,计算 $w_P(z)$。(将会发现,$k=0.5$ 时(相应于要求 $\omega_{BH}^*<z/2$),以及 $k=2000$ 时(相应于要求 $\omega_{BL}^*>2z$),$w_P(z)=0.95(\approx 1)$。)

5.7.4　RHP 零点与非因果控制器

对于具有时延或 RHP 零点的对象来说,实际上只能采用非因果控制器①,即利用了未来信息的控制器,才能实现完美控制。有时称其为"前瞻控制",并且与某些伺服问题有关,例如在机器人控制,和化工厂产品改变问题中就是这样。这里将进行简单的讨论,但在本书的其余部分不再考虑非因果控制器,因为我们的焦点在于反馈控制。

时延。对于时延 $e^{-\theta s}$,可用非因果的前馈控制器 $K_r=e^{\theta s}$(一种预测)实现完美控制。如果有关于 $r(t)$或 $d(t)$未来变化的信息,可以采用这样的控制器。

例如,如果我们知道应该 08:00 上班,并知道需要 30 min 到达工作地点,则可以做出预测,在 07:30 离开家。而我们不必等到 08:00 突然被告知,在我们的参考位置有一个阶跃变化发生,我们此时应该在工作岗位了。

RHP 零点。当存在 RHP 零点时,也可以利用未来信息给出完美控制。作为一例,考虑下式给出的一个具有实 RHP 零点的对象

$$G(s)=\frac{-s+z}{s+z};\quad z>0 \tag{5.60}$$

① 一个系统如果其输出仅依赖于过去的输入,则是因果的;如果其输出也依赖于未来的输入,则是非因果的。

要求的参考输入变化

$$r(t)=\begin{cases}0 & t<0\\ 1 & t\geqslant 0\end{cases}$$

用前馈控制器 K_r，从 r 到 y 的响应是 $y=G(s)K_r(s)r$。理论上，可以采用下面两种控制器（如 Eaton and Rawlings，1992）达到完美控制（$y(t)=r(t)$）：

1. 因果的不稳定反馈控制器：

$$K_r(s)=\frac{s+z}{-s+z}$$

$t=0$ 时，r 有一个从 0 到 1 的阶跃，这个控制器产生了如下的输入信号：

$$u(t)=\begin{cases}0 & t<0\\ 1-2e^{zt} & t\geqslant 0\end{cases}$$

然而，既然控制器消去了对象的 RHP 零点，它将产生一个内部不稳定的系统。

2. 稳定的非因果（前馈）"前瞻"控制器：假设未来的参考点变化是已知的，这个控制器不能用通常的传递函数形式表示，但它能产生如下的输入：

$$u(t)=\begin{cases}2e^{zt} & t<0\\ 1 & t\geqslant 0\end{cases}$$

对于一个 $z=1$ 的对象，图 5.9 显示了这些输入信号 $u(t)$ 和相应的输出 $y(t)$。要注意的是，为实现完美控制，非因果控制器需要从时间 $t=-\infty$ 开始改变输入，但由于实际的原因，我们在时间 $t=-5$ 时开始仿真，此时 $u(t)=2e^{-5}=0.013$。

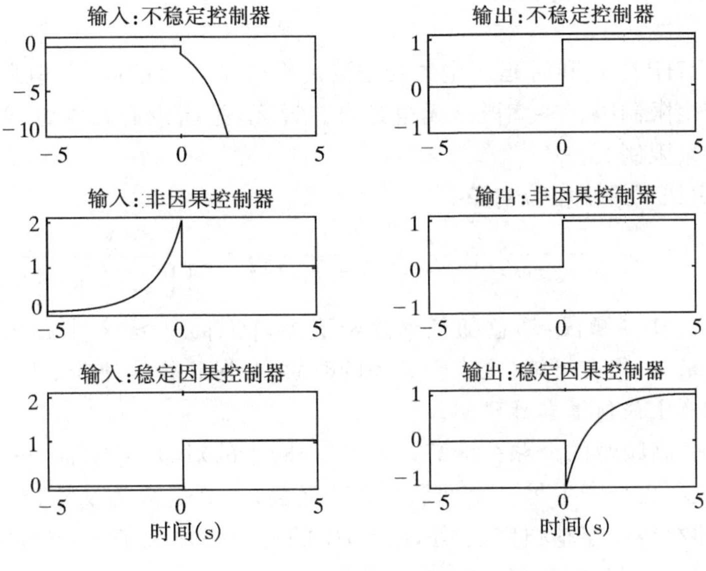

图 5.9 在 $z=1$ 处有 RHP 零点对象的控制

第一种选择：不稳定控制器是不可取的，因为它产生了一个内部不稳定的系统，$u(t)$ 随时间 t 的增加趋于无穷大（一个可能的例外是，当我们只想在一段有限的时间 t_f 内控制系统；见 5.7.3 节例 5.7 的注 3）。

第二种选择：非因果控制器通常是不可能的，因为未来参考点的变化是未知的。然而，如果我们能有这样的信息，肯定对具有 RHP 零点对象的控制有益。例如，对于一个具有单个 RHP 零点 z 的系统来说(Middleton et al.,2004)，

$$\| w_P S \|_\infty \geqslant |w_P(z)| e^{-zt_P} \tag{5.61}$$

此处 t_P 为预测时间(在其发生之前的时间 t_P，参考输入变化是已知的)。那么，与式(5.52)类似

$$\omega_B^* < 0.5 z e^{zt_P} \tag{5.62}$$

这表明非因果控制器能够克服由于 RHP 零点产生的带宽限制(借助于有较长的预测时间)。

3. 在多数情况下，我们只能接受由于 RHP 零点造成性能较差的现实，并且使用一个稳定的因果控制器。对于式(5.60)的对象，就最小化 $y(t)$ 的 ISE($\mathcal{H}_2$ 范数)而言，理想的因果前馈控制器就是采用 $K_r=1$，图 5.9 下面的曲线给出了相应对象的输入与输出响应。

5.7.5 LHP 零点

在 LHP 的零点，通常对应于时域响应的“超调”现象，对于控制来说并不产生根本性的限制，但在实际中位置接近于原点的 LHP 可能带来问题。首先，人们可能遇到低频的输入约束问题(因为稳态增益小)；其次，这时大概不能用一个简单的控制器。例如，可能要用一个像式(2.93)那样一个含不可调极点的简单 PID 控制器，来抵消 LHP 零点的影响。

对于某些对象，零点可能由 LHP 穿越到 RHP，要么穿过零(当我们想在低频段有严苛控制时，这是最坏的情况)，要么无穷大。我们将在 7.4 节讨论这个问题。

5.8 相位滞后带来的限制

我们知道，由 RHP 零点和时延产生的相位滞后会带来很大的问题，但来自最小相位组件的相位滞后也会产生限制吗？答案既是无也是有。说无，是指没有根本性限制；说有，经常会给实际设计工作带来限制。

作为例子，考虑如下最小相位对象

$$G(s) = \frac{k}{(1+\tau_1 s)(1+\tau_2 s)(1+\tau_3 s)\cdots} = \frac{k}{\prod_{i=1}^{n}(1+\tau_i s)} \tag{5.63}$$

这里 n 为 3 或更大。在高频段，增益随频率急剧下降，$|G(j\omega)| \approx (k/\prod \tau_i)\omega^{-n}$。从下面推导出的条件式(5.82)来看，很有可能(至少当 k 小的时候)会遇到输入饱和的问题。除此之外，高阶滞后的存在并不产生任何根本性限制。

然而，在实际中，高频时的大相位滞后，如式(5.63)中的对象，$\angle G(j\omega) \to -n\times 90°$，即使不会引起输入饱和问题，也会产生另一个问题(与 K 无关)。这是因为从稳定性考虑，我们需要一个正相位裕量，即在增益穿越频率 ω_c 处，$L=GK$ 的相位必须大于 $-180°$；这就是说，为保证稳定，我们需要 $\omega_c < \omega_{180}$，见式(2.32)。

从原理上说，ω_{180}(相位滞后反馈回路 $-180°$ 的频率)与对象的相位滞后并无直接关系，但在大多数实际情况中还是有着密切的关系。定义 ω_u 为对象相位滞后为 $-180°$时的频率，即

$$\angle G(j\omega_u) \triangleq -180°$$

注意 ω_u 仅依赖于对象模型。那么在比例控制器中，$\omega_{180}=\omega_u$，而在 PI 控制器中，$\omega_{180}<\omega_u$。从而在这两种简单控制器中，对象相位滞后的确产生了一个基本限制：

$$\text{P 或 PI 控制的稳定界：}\boxed{\omega_c < \omega_u} \tag{5.64}$$

注意，这是系统稳定所需的一个严格界，而为了满足系统性能(相位与增益裕量)，典型地，我们需要 ω_c 小于大约 $0.5\omega_u$。

如果想要把穿越频率 ω_c 扩展到 ω_u 之外，则必须在控制器中设置零点(例如"微分作用")来产生相位超前以抵消对象的负相位。常用的是 PID 控制器，在高频段最大相位超前可达 90°。在实际中，最大相位超前是小于90°的。例如，式(2.87)所示为一种工业上的级联 PID 控制器，典型地仅在一个十倍频程内有微分作用，并且最大相位超前是55°(是 $(\tau_D s+1)/(0.1\tau_D s+1)$ 项的最大相位超前)。这对相位裕量而言也是一个合理的值，所以为满足性能我们近似地需要

$$\text{实际性能界(PID 控制)：}\omega_c < \omega_u \tag{5.65}$$

我们再次强调，在采用更为复杂控制器时，对象的相位滞后并不产生根本性限制。具体地讲，如果已知对象的精确模型，同时模型中没有 RHP 零点或时延，则从理论上可以将 ω_c 扩展到无穷大频率。例如，人们可以通过在对象极点处为控制器设置零点，将对象模型简单逆转，然后使控制器在超出对象动态行为的高频段消失。然而在许多实际场合，式(5.65)的界是适用的，这是因为我们一般采用简单的控制器，而且由于对象模型的不确定性，通常难以在控制器中配置能在高频段抵消对象极点的零点。

注：对象的相对阶(相对度)有时也被用作输入-输出能控性的度量(如，Daoutidis and Kravaris，1992)。对于非线性对象也可定义相对阶，而对应于线性对象相对阶，就是 $G(s)$ 的极点多出零点的个数。对于最小相位对象，在无穷大频率的相位滞后就是相对阶乘以 −90°。当然，我们希望输入能够直接作用于输出，所以相对阶要小。然而，相对阶的实用价值是相当有限的，因为它仅提供了在无穷大频率的信息。而作为频率函数 $G(s)$ 的相位滞后，包括 ω_u 的值，提供了更多的信息。

另外一种量化相位滞后限制的方法是，第 2 章讨论过的将高阶滞后近似为"有效时延"，见式(2.99)(PI 控制)，以及式(2.100)(PID 控制)。

5.9 不稳定(RHP)极点带来的限制

我们现在考虑对象在 $s=p$ 有不稳定(RHP)极点时所产生的限制。例如，对象 $G(s)=1/(s-3)$ 在 $p=3$ 处有一个 RHP 极点。我们已经从式(5.15)和式(5.18)M_S 和 M_T 的峰值界知道，RHP 极点再加上 RHP 零点或时延，将使系统难以控制。这里的问题是：就控制性能而言，RHP 极点本身会产生问题吗?

首先，需要反馈控制，所以需要对输出进行量测。原因是用前馈控制无法镇定系统——即使有完美的模型使我们可以精确抵消 RHP 极点也不行。正如 4.7 节讨论过的那样，我们将会得到一个内部不稳定系统，而系统最终还是会越界。

其次，RHP 极点给反馈带来什么问题呢? 内部稳定对灵敏度函数的基本约束 $\boxed{S(p)=0}$，可以作为讨论这个问题的一个很好的出发点。回忆关于 RHP 零点的约束为 $S(z)=1$，而这是个问题，因为这与要求有严苛控制作用(使输出有良好性能)而希望 $|S|$ 小(与 1 比较)有冲突。初看上去，$S(p)=0$ 的要求好像没什么问题，因为与严苛控制作用(使输出有良好性能)并不冲

突。实际上，主要的问题在于对象的输入，因为对不稳定对象的镇定，需要用对象输入实现反馈控制。在反馈控制下，$u=KS(r-n-d_y)$，其中 $S=(1+GK)^{-1}$。注意，n 和 d_y 的变化不受我们控制，所以是“无法避免”的，并且对于一个不稳定对象，正如5.3.2节已经推导过的，$|KS|$取最小值也是不可避免的。

由此我们得出结论，对于一个不稳定的对象，要求输入使用 u 最小。此外，RHP极点的存在给需要的带宽设置了一个下界，也会引起输出信号的超调，总结如下：

1. **RHP极点对输入使用的限制。** 对于一个不稳定对象，传递函数 KS（从量测噪声 n 或输出端扰动 d_y 到对象输入 u）必须满足下式（见式(5.31)）

$$\|KS\|_\infty \geqslant |G_s^{-1}(p)| \tag{5.66}$$

对于单一实RHP极点 p 的情况，上述条件为严苛的。式(5.30)给出具有多重不稳定极点对象的严苛下界。

2. **RHP极点对带宽下界带来的限制。** 为了镇定一个对象，需要有足够快速的反应，而且要求闭环带宽大于以下值（近似的，见下文的证明）
   - $2p$，具有单一实RHP极点；
   - $0.67(x+\sqrt{4x^2+3y^2})$，具有一对复RHP极点 $p=x\pm jy$；
   - $1.15|p|$，具有一对纯虚数极点 $p=j|p|$。

3. **RHP极点对超调的限制。** 一个具有实RHP极点的稳定反馈系统，对于阶跃参考输入的闭环响应 $y(t)$ 必定会有超调，见图5.12(b)。为了量化这一超调 y_{os}，需要定义一个与2.4节略有不同的上升时间。与Middleton(1991)一致，将上升时间 t_r 定义为：对于阶跃 r，输出信号 $y(t)$ 能满足 $y(t)/r\leqslant t/t_r \quad \forall t$ 的最大值 t_r，见图5.10[①]。这时，具有一个实RHP极点 $p(p>0)$ 的系统，其阶跃响应必须满足(Middleton,1991;Seron et al.,1997)

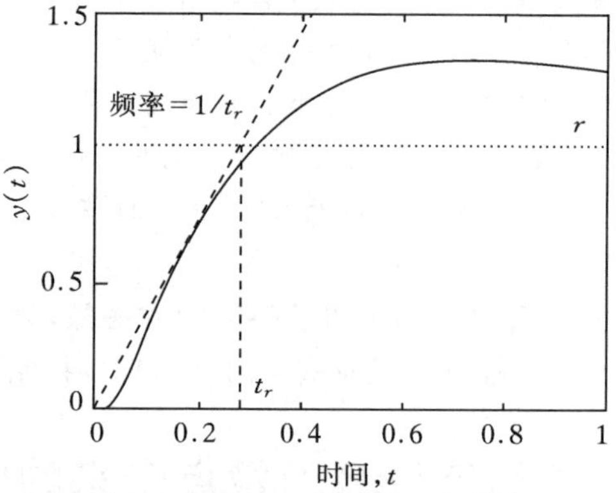

图5.10　式(5.71)的对象，当 $K_c=\tau_I=1.25$ 时，按定义 $y(t)/r\leqslant t/t_r\ \forall t$ 的上升时间 t_r。斜率为 $1/t_r$ 的直线正好与 $y(t)$ 相接触

$$y_{os}\geqslant y_f\frac{(pt_r-1)e^{pt_r}+1}{pt_r}+r\geqslant y_f\frac{pt_r}{2}+r \tag{5.67}$$

其中 y_f 是输出信号 y 的终值。在有积分作用时，$y_f=r$；如果响应速度慢且具有大的上升时间(t_r)，则大的超调(y_{os})不可避免。

如果对象有时延，或有接近RHP极点的RHP零点，要镇定系统就更加困难，而且上面的界值会出错。从本质上讲，“系统在我们能有时间反应之前即可能进入不稳定状态”，见例5.5。

对带宽下界限制的证明：我们从这样的一个要求开始：为了内部稳定，要求不稳定极点 p 有 $T(p)=1$。考虑权函数 $w_T(s)$ 的选择，使得 $1/|w_T|$ 为互补灵敏度函数的一个合理上界：

---

① 上升时间 t_r 也可以按 $t_r=\min_t(tr)/y(t),t>0$ 解析地计算。

$$|T(j\omega)|<1/|w_T(j\omega)| \quad \forall\omega \quad \Leftrightarrow \quad \|w_T T\|_\infty<1$$

因为由式(5.17),$\|w_T T\|_\infty \geqslant |w_T(p)|$;为了满足上面的条件,我们必须至少要求权函数满足 $\boxed{|w_T(p)|<1}$。现在考虑下面的权函数

$$w_T(s)=\frac{s}{\omega_{BT}^*}+\frac{1}{M_T} \tag{5.68}$$

这要求:(i)T(像$|L|$一样)在高频段有至少为 1 的衰减速率(对于任何实际系统来说,这一点是必须要满足的);(ii) $|T|$在低频段小于M_T;(iii) $|T|$在频率ω_{BT}^*处降至 1 以下。图5.11以图形方式描述了对$|T|$的要求。对于一个在 $s=p$ 处的实 RHP 极点,条件 $w_T(p)<1$ 产生了

$$\omega_{BT}^*>p\frac{M_T}{M_T-1} \tag{5.69}$$

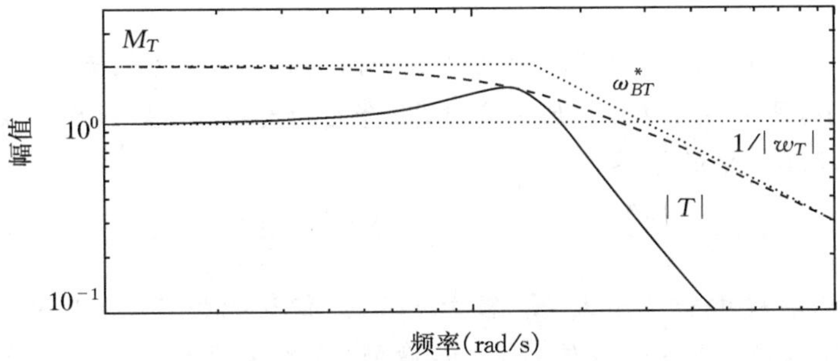

图 5.11 典型互补灵敏度函数$|T|$具有上界 $1/|w_T|$

在 $M_T=2$ 时(此时系统具有合理的鲁棒性),上式给出

$$\omega_{BT}^*>2p \tag{5.70}$$

这证明了上面的带宽要求。 □

习题 5.10* 对于位于 $p=\pm j|p|$ 的纯虚数极点,对类似式(5.68)的权函数在 $M_T=2$ 时进行分析,证明我们至少要求 $\omega_{BT}^*>1.15|p|$,并推导这一峰值界。

因为 $u=-KS(G_d d+n)$,式(5.66)与式(5.34)的精确峰值界,意味着在有量测噪声 n 或扰动 d 的情况下,镇定也许不可能,因为所需输入 u 可能在饱和极限之外。当输入饱和时,系统实际上是开环的,镇定是不可能的(见 5.11.3 节)。

带宽与超调的限制之间是有关系的:为了镇定不稳定的对象,需要一个最小带宽,这对应于一个最大上升时间。如果上升时间太长,控制效果必然很差,这由式(5.67)可以清楚看到。在有积分作用时,$y_f=r$,"额外的"超调 $y_{os}-r$ 必定超过$\frac{pt_r}{2}r$。例如,当 $t_r>1/p$ 时,额外的超调必定超过 $0.5r$(50%)。

例 5.8 RHP 极点引起的超调 考虑如下采用 PI 控制的系统,早在例 2.5(见 2.4.1 节)中曾讨论过:

$$G(s)=\frac{4}{(s-1)(0.02s+1)^2},K(s)=K_c\frac{1+\tau_I s}{\tau_I s} \tag{5.71}$$

其中 $\tau_I=1.25$。我们从图 5.12(b)的仿真中注意到,当控制作用加强的时候(增大 K_c),上升

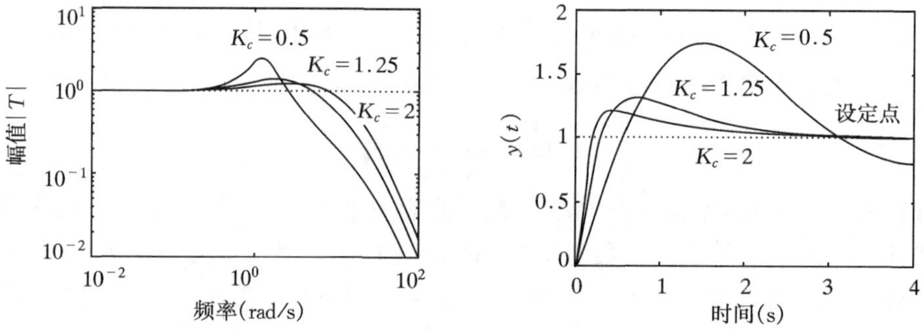

(a) 互补灵敏度函数　　(b) 对于阶跃参考输入的响应

图 5.12　在 $p=1$ 处有 RHP 极点时对象的控制

时间与超调都会减小。由式(5.67)可以预见到这一点，同时还因为较大的 K_c 会使带宽增加，而使 $|T|$ 的峰值减小，见图 5.12(a)。$K_c=2$ 时，上升时间为 0.2 s。由此产生的超调为 1.22，这合理地接近于式(5.67)中的下界

$$y_{os} \geqslant y_f \frac{(pt_r-1)e^{pt_r}+1}{pt_r}+r = 1\times\frac{(0.2-1)e^{0.2}+1}{0.2}+1 = 1.11$$

看起来我们似乎可以通过进一步增大 K_c 来改进性能，但这大概不行，因为对 RHP 极点带来的限制呈现在对象输入端。KS 的峰值随 K_c 而增加(这里未画出来)，所以 K_c 的值太大可能引起饱和。

RHP 极点与 RHP 零点共存的情况。在 5.3 节中(见 5.3.2 节表 5.1)，我们推导出了一些重要闭环传递函数的峰值下界，并且发现 RHP 零点和 RHP 极点的综合作用，可以使最小峰值增加到 $|z+p|/|z-p|$ 倍。在这里将更仔细地研究，由 RHP 极点与 RHP 零点或时延共存时，可能产生的冲突对带宽带来的限制。为了得到可以接受的低频性能，同时又保持系统的鲁棒性，由式(5.45)和式(5.52)，得到对于 RHP 零点的近似峰值界 $\omega_B \approx \omega_c < 0.5|z|$，和对于时延的近似峰值界 $\omega_B \approx \omega_c < 1/\theta$。另一方面，对 RHP 极点，我们近似地有 $\omega_B > 2|p|$。汇总起来，为了镇定对象，同时又可达到可接受的低频性能并保持鲁棒性，我们得到近似的要求是 $|p|<0.25|z|$ 和 $|p|\theta<0.5$。下面的例子证实了这些要求的合理性。

例 5.9　对同时具有 RHP 极点与零点对象的 $\mathcal{H}_\infty$ 设计　我们要对下面 $z=4$ 和 $p=1$ 的对象设计 $\mathcal{H}_\infty$ 控制器：

$$G(s) = \frac{s-4}{(s-1)(0.1s+1)} \tag{5.72}$$

注意到 $z>p$，所以由 4.8 节的条件知，可以用一个稳定的控制器来镇定这个对象。另外，$|p|=0.25|z|$，所以由上面刚刚推导出的条件，应该能够获得可接受的低频性能和鲁棒性。我们将像例 2.17 那样采用 S/KS 设计法，取输入权函数 $w_u=1$，并采用式(5.49)中的性能权函数 w_P，取 $A=0, M=2, \omega_B^*=1$。该软件给出一个稳定的最小相位控制器，$\left\|\begin{bmatrix} w_P S \\ w_u KS \end{bmatrix}\right\|_\infty = 1.89$。图 5.13 所示为对应的灵敏度与互补灵敏度函数，以及对于单位阶跃参考输入的响应。考虑到 RHP 极点与零点的接近程度，时域响应还算不错。

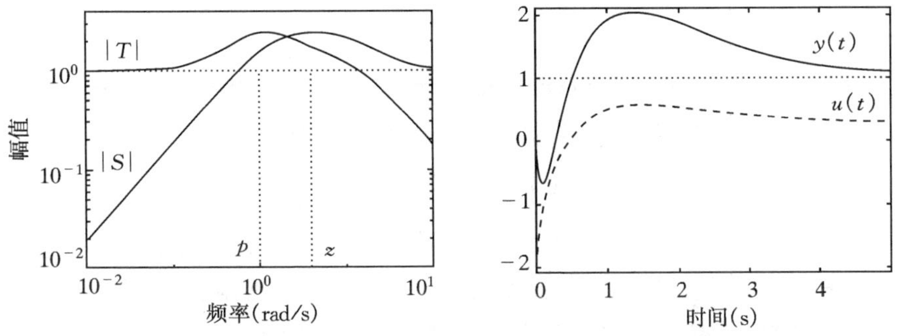

(a) |S|和|T|

(b) 对于阶跃参考输入的响应

图 5.13 对具有 RHP 零点 $z=4$ 和 RHP 极点 $p=1$ 对象的$\mathcal{H}_\infty$设计

由式(5.22)，对于具有单个 RHP 极点 p 和单个 RHP 零点 z 的对象，我们有：

$$M_{S,\min} = M_{T,\min} = \frac{|z+p|}{|z-p|} \tag{5.73}$$

式(5.72)的对象中，$z=4$ 而 $p=1$，有 $|z+p|/|z-p|=5/3=1.67$，所以对于任何控制器，我们至少必须有 $\|S\|_\infty>1.67$，且 $\|T\|_\infty>1.67$。对应上述 S/KS 设计，实际的峰值分别为 2.40 和 2.43。

例 5.10 平衡杆。这个例子取自 Doyle 等(1992)(也见于 Stein,2003)。考虑放在人手心的一个杆平衡的问题。我们的目标是，根据对远端(输出 y_1)和手心一端(输出 y_2)的观察，通过手的轻微移动来保持杆直立的状态。两种情况下经过线性化处理的传递函数为

$$G_1(s) = \frac{-g}{s^2(Mls^2-(M+m)g)};\quad G_2(s) = \frac{ls^2-g}{s^2(Mls^2-(M+m)g)}$$

这里 l(m)是杆的长度，m(kg)是其质量，M(kg)是手的质量，$g(\approx 10\ \mathrm{m/s^2})$是重力加速度。在两种情况中，对象都有三个不稳定的极点：两个位于原点，另一个是 $p=\sqrt{(M+m)g/Ml}$。具有较大质量的短杆 p 的值也大，而这意味着更难镇定系统。例如，若 $M=m$ 且 $l=1$(m)，我们得到 $p\approx 4.5$ (rad/s)；而由式(5.70)，我们希望带宽约为 9 (rad/s)(相当于约 0.1(s)的响应时间)。

如果你用量测量 y_1(看杆的远端)，则主要的需求是具备上述带宽。然而，如果你试图通过观察手(y_2)来使杆平衡，那么还有一个位于 $z=\sqrt{g/l}$的 RHP 零点。如果杆的质量小(m/M 小)，那么 p 接近于 z，实际上用任何控制器都无法镇定。即使质量大，因为 $p>z$ 镇定也很困难，我们通常希望 RHP 零点远离原点，而 RHP 极点接近原点($z>p$)。因此，虽然从理论上讲，看着手就能使杆稳定，但是否有人能做到这一点令人颇为怀疑。为了量化这些问题，我们可以由式(5.73)得到

$$M_{S,\min} = M_{T,\min} = \frac{|z+p|}{|z-p|} = \frac{|1+\gamma|}{|1-\gamma|}, \gamma = \sqrt{\frac{M+m}{M}}$$

考虑一个轻到 $m/M=0.1$ 的杆，对于这样的系统估计镇定也很难。我们得到 $M_{S,\min}=M_{T,\min}=42$，并且必须使 $\|S\|_\infty\geq 42$ 且 $\|T\|_\infty\geq 42$，所以如果想靠看着手(y_2)就使杆平衡的话，控制性能不可避免会很差。

利用量测量 y_1 或 y_2 这两种情况之间的差别，说明了传感器位置对于可达到的控制性能具有重要性。

习题 5.11* 对于一个具有单一实RHP零点 z 和 N_p 个RHP极点 p_i，并在低频段需要严苛控制作用(式(5.50)中 $A=0$)的系统，推导式(5.52)的推广形式：

$$\omega_B^* < z\left(\prod_{i=1}^{N_p}\frac{|z-p_i|}{|z+p_i|}-\frac{1}{M}\right) \tag{5.74}$$

(提示：利用式(5.13))。注意，对于具有单一RHP极点和零点的对象，在 $p<0.33z$ 时，取式(5.74) $M=2$ 的峰值界是可行的(ω_B^* 的上界为正)。这证实了刚刚推导出的在保持可接受低频性能与鲁棒性的同时，为镇定系统的近似峰值界为 $p<0.25z$。

5.10 扰动和指令带来的性能需求

这里我们要回答的问题是：控制系统应该有多快才能抑制扰动并能跟踪具有给定幅值的指令。需要的带宽是变化的，因为有些对象比其它对象在"建立"内在扰动抑制能力方面要好一些。对于经过适当尺度变换处理的扰动模型 $G_d(s)$，可以直接对此进行分析。同样地，对于跟踪问题，我们可以考虑幅值为 R 的参考输入变化。

扰动抑制。 考虑单一扰动 d 并假设参考输入为常数，即 $r=0$。回顾式(2.10)，在没有控制作用时，稳态正弦响应为 $e(\omega)=G_d(\mathrm{j}\omega)d(\omega)$。如果变量已经如1.4节所述经过尺度变换，则任意频率下的最坏情况的扰动是 $d(t)=\sin\omega t$，即 $|d(\omega)|=1$，而控制目标是在每一频率上，使 $|e(t)|<1$，即 $|e(\omega)|<1$。由此我们可得如下结论：

- 如果在所有频率上都有 $|G_d(\mathrm{j}\omega)|\leqslant 1$(此时称对象是有"自调节能力"的)，则不需要进行控制。

如果在某些频率上 $|G_d(\mathrm{j}\omega)|>1$，则需要进行控制(前馈或反馈)。下面我们考虑反馈控制，此时有

$$e(s)=S(s)G_d(s)d(s) \tag{5.75}$$

对于在任何频率 $|d(\omega)|\leqslant 1$，满足 $|e(\omega)|<1$ 的性能要求，当且仅当

$$|SG_d(\mathrm{j}\omega)|<1 \quad \forall\omega \quad \Leftrightarrow \quad \|SG_d\|_\infty<1 \tag{5.76}$$

$$\Leftrightarrow \quad \boxed{|S(\mathrm{j}\omega)|<1/|G_d(\mathrm{j}\omega)| \quad \forall\omega} \tag{5.77}$$

图5.14所示为 $1/|G_d(\mathrm{j}\omega)|$ 的一条典型曲线(虚线)。如果对象在 $s=z$ 处有一RHP零点，且使 $S(z)=1$，则由式(5.14)，我们有如下满足 $\|SG_d\|_\infty<1$ 的必要条件：

$$\boxed{|G_d(z)|<1} \tag{5.78}$$

由式(5.77)还得出，$|G_d|$ 从上方穿越1的频率 ω_d 产生了带宽的一个下界：

$$\boxed{\omega_B>\omega_d} \text{ 其中 } \omega_d \text{ 是由 } |G_d(\mathrm{j}\omega_d)|=1 \text{ 所定义的频率} \tag{5.79}$$

对象具有小的 $|G_d|$ 或者小的 ω_d 是比较有利的，因为此时对反馈控制的需要比较小，或者换个说法，给定一个反馈控制器(使 S 有确定值)，扰动对输出的影响较小。

例 5.11 假设扰动模型是 $G_d(s)=k_d/(1+\tau_d s)$，其中 $k_d=10$，$\tau_d=100(\mathrm{s})$。G_d 已经过尺度变换处理，这意味着如果没有反馈，扰动在低频段对输出的影响比我们所能接受的要大 $k_d=10$

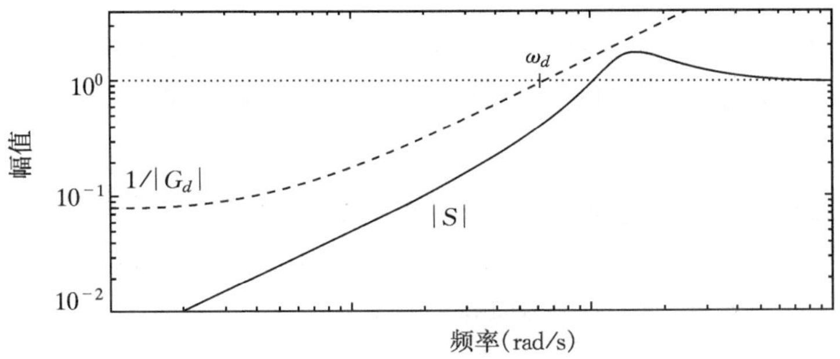

图 5.14 扰动抑制对 S 提出的典型性能要求

倍,因此反馈是必要的。因为 $|G_d|$ 在频率 $\omega_d \approx k_d/\tau_d = 0.1$ (rad/s) 处穿越 1,为了扰动抑制,要求最小带宽应为 $\omega_B > 0.1$(rad/s)。

注:G_d 是高阶的。 如果 $|G_d(j\omega)|$ 在 ω_d 之前的衰减速度(在对数-对数坐标系下)比 -1 快,则因扰动对带宽的实际要求可能比 ω_d 更高。其原因是我们除要满足式(5.77)之外,还必须保证系统稳定并有足够的稳定裕量;所以如 2.6.2 节所述,不能让 $|L(j\omega)|$ 在穿越点附近的斜率比 -1 大很多。

稍后在 5.15.3 节中有一个关于中和过程高阶 $G_d(s)$ 的例子,在那里我们实际上是用局部的串联反馈回路克服了对 $|L(j\omega)|$ 在穿越点附近斜率的限制。我们发现,虽然每个回路在穿越点附近斜率为 -1,但是总回路传递函数 $L(s) = L_1(s)L_2(s)\cdots L_n(s)$ 的斜率约为 $-n$,详见该例子。此时稳定性由每个 $I + L_i$ 单独决定,而反馈的益处则由 $1 + \prod_i L_i$ 决定(见 Horowitz(1991, p. 284),他引用了 Bode 的讲稿)。

指令跟踪。 假设没有扰动,即 $d=0$,并考虑参考输入变化为 $r(t) = R\tilde{r}(t) = R\sin(\omega t)$。因为 $e = Gu + G_d d - R\tilde{r}$ 与扰动抑制的性能要求相同,见式(5.76),这也适用于指令跟踪,只是用 $-R$ 替换 G_d 即可。所以,为有可接受的控制效果($|e(\omega)| < 1$),必须有

$$|S(j\omega)R| < 1 \quad \forall \omega \leqslant \omega_r \tag{5.80}$$

其中在频率 ω_r 之前都是需要性能跟踪的。

注: 由式(5.80)所给出的带宽要求,取决于从 ω_r(此处 $|S| < 1/R$)到 ω_B(此处 $|S| \approx 1$)$|S(j\omega)|$ 增大的剧烈程度。如果 $|S|$ 增加的斜率为 1,则近似的带宽要求变为 $\omega_B > R\omega_r$;如果 $|S|$ 增加的斜率为 2,则带宽要求变为 $\omega_B > \sqrt{R}\omega_r$。

5.11 输入约束带来的限制

在所有的物理系统中,能使被调节变量发生变化的量都是受限的。在本节中假定,模型已如 1.4 节所述经过尺度变换处理,从而无论何时都必然有 $|u(t)| \leqslant 1$。我们想要回答的问题是:在保持 $|u(t)| \leqslant 1$ 的条件下,可否抑制预期扰动并跟踪参考输入变化呢?这里将分别研究以下两种情况:完美控制($e=0$)和可接受的控制($|e| \leqslant 1$)。这些结果适用于反馈控制与前馈控制。

在本节最后，将研究不稳定对象会遇到的一些更麻烦的问题(当需要反馈时)。

注1 依次对不同频率进行分析，并假设在每一频率都有$|d(\omega)|\leqslant 1$(或$|\tilde{r}(\omega)|\leqslant 1$)。在每一频率最坏情况扰动为$|d(\omega)|=1$，而最坏情况的参考输入为$r=R\tilde{r}$，其中$|\tilde{r}(\omega)|=1$。

注2 注意，我们的分析也可处理速率限制$|\mathrm{d}u/\mathrm{d}t|\leqslant 1$。其做法是通过在对象模型$G(s)$中加入一项$1/s$，而将$\mathrm{d}u/\mathrm{d}t$看作对象输入。或者用频率$\omega$去乘推导出来的$|G|$的下界，如式(5.84)给出的那样。对于既有幅值限制($|u|\leqslant 1$)又有速率限制($|\mathrm{d}u/\mathrm{d}t|\leqslant \dot{u}_{\max}$)的更为一般情形，推导出的$|G|$的下界应该乘以$\max(1,\omega/\dot{u}_{\max})$。

注3 以下要求$|u|<1$而不是$|u|\leqslant 1$，这并没有实际影响，而只是简化讨论。

5.11.1 完美控制下的输入

由式(5.38)可知，获得完美控制($e=0$)所需要的输入是

$$u=G^{-1}r-G^{-1}G_d d \tag{5.81}$$

扰动抑制。 在$r=0$而$|d(\omega)|=1$时，$|u(\omega)|<1$的要求给出

$$|G^{-1}(\mathrm{j}\omega)G_d(\mathrm{j}\omega)|<1 \quad \forall\omega \tag{5.82}$$

换言之，要获得完美控制并避免输入饱和，需要在所有频率上都有$|G|>|G_d|$。(然而，如下面将要讨论的那样，在$|G_d|<1$的频率上并非一定需要控制作用。)

指令跟踪。 下面令$d=0$并考虑最困难的参考指令，即在直到ω_r的所有频率都有$|r(\omega)|=R$。为了使输入保持在其约束条件以内，由式(5.81)知，必须要求

$$|G^{-1}(\mathrm{j}\omega)R|<1 \quad \forall\omega\leqslant\omega_r \tag{5.83}$$

换言之，为了避免输入饱和，在所有要求完美指令跟踪的频率上，必须都有$|G|>R$。

例5.12 考虑以下过程

$$G(s)=\frac{40}{(5s+1)(2.5s+1)},\quad G_d(s)=3\,\frac{50s+1}{(10s+1)(s+1)}$$

从图5.15可以看到，在$\omega>\omega_1$时$|G|<|G_d|$；而在$\omega>\omega_d$时$|G_d|<1$。这样，在$\omega>\omega_1$时，不能满足式(5.82)的条件。然而，对于$\omega>\omega_d$的频率，并不真正需要进行控制。所以，在实际中，预计在ω_1与ω_d之间的频率范围内，扰动可能会引起输入饱和。

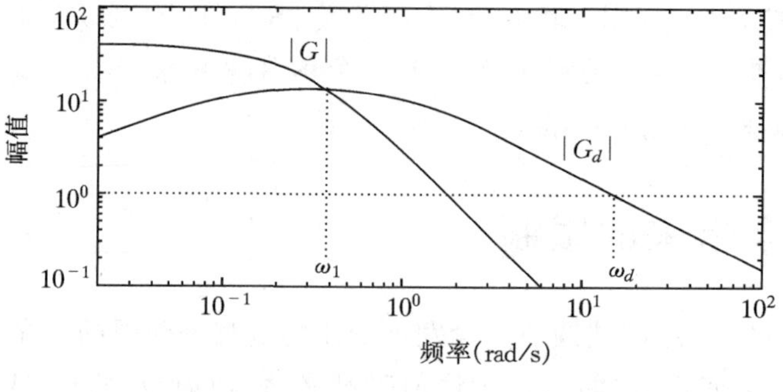

图5.15 预计在ω_1与ω_d之间的中间频段，扰动会引起输入饱和

5.11.2 可接受控制性能的输入

上文中为简单计,假设了完美控制。然而,完美控制并不必要,特别在高频段不需要,而为获得可接受控制(即$|e(j\omega)|>1$)所需的输入幅值要稍小一些。为抑制扰动,必须要求

$$\boxed{|G|>|G_d|-1} \quad 在 |G_d|>1 的频率范围 \tag{5.84}$$

证明:考虑$|d(\omega)|=1$时的"最坏情况"扰动,控制误差为$e=y=Gu+G_dd$。这样在$|G_d(j\omega)|>1$的频率范围内,当选择$u(\omega)$使得复向量Gu与G_dd有相反的方向时,可以求出将误差减小到$|e(\omega)|=1$所需的最小输入,也就是说,$|e|=1=|G_dd|-|Gu|$,并由$|d|=1$得到$|u|=|G^{-1}|(|G_d|-1)$,要求$|u|<1$即得所证结果。 □

类似地,要获得可接受指令跟踪的控制效果,必须要求

$$\boxed{|G|>|R|-1} \quad \forall\omega\leqslant\omega_r \tag{5.85}$$

总结一下,如果我们要的是"可接受的控制"($|e|<1$),而非"完美控制"($e=0$),则式(5.82)中$|G_d|$应该用$|G_d|-1$来代替;与之相仿,式(5.83)中的R应该用$R-1$代替。在$|G_d|$与$|R|$比1大得多的那些频率处,这种替代的差别显然很小。

式(5.84)与式(5.85)所给出的要求,是给对象设计提出的限制条件,其目的是避免对输入的约束,并把其用于任何控制器(反馈或前馈控制)。如果在某些频率上这些峰值界条件未能满足,则对出现在此频率上的最坏情况的扰动或参考输入,将不会有满意的性能(即$|e(\omega)|>1$)。

5.11.3 镇定对象的输入

要镇定一个不稳定对象,就需要反馈控制。然而,输入约束加上大的扰动或噪声,可能使镇定对象很困难。在$|d|=1$时,要使$|u|<1$,由式(5.34)必须要求(Havre and Skogestad, 2001)

$$\boxed{|G_s(p)| > |G_{d,ms}(p)|} \tag{5.86}$$

(这是为了镇定在p有RHP极点的对象)。否则,当有正弦扰动$d(t)=\sin\omega t$时,输入u将超过1(从而饱和),未必能镇定对象。

注:在本书第1版(Skogestad and Postlethwaite, 1996)出版时,式(5.86)的结果还没有得出,当时我们用的是近似的,但仍然是有用的峰值界

$$|G(j\omega)|>|G_d(j\omega)| \quad \forall\omega<p \tag{5.87}$$

这一近似峰值界是基于式(5.69)而得出的,在这里我们发现,直到频率p都近似地需要$|T(j\omega)|\geqslant1$。由于$u=KSG_dd=TG^{-1}G_dd$,这意味着直到频率p我们都需要$|u|\geqslant|G^{-1}G_d|\times|d|$,而为了在$|d|=1$时(最坏情况扰动),$|u|\leqslant1$,我们必须要求$|G^{-1}G_d|\leqslant1$。

例 5.13 考虑

$$G(s)=\frac{5}{(10s+1)(s-1)},\quad G_d(s)=\frac{k_d}{(s+1)(0.2s+1)},\quad k_d<1 \tag{5.88}$$

因为$k_d<1$,且性能指标是$|e|<1$,如果只是为了抑制扰动,并不一定需要控制,但需要反馈控制来镇定系统,这是因为对象在$p=1$处有一个RHP极点。对于低于$0.5/k_d$的频率,有

$|G|>|G_d|$（即$|G^{-1}G_d|<1$），见图 5.16(a)；这样由式(5.87)中的近似峰值界，我们不认为在低频段的输入约束会有什么问题。然而，在高频段有$|G|<|G_d|$，并且由式(5.87)，我们必须近似地要求 $0.5/k_d>p$，即 $k_d<0.5$，以避免输入饱和问题。式(5.86)中的精确峰值界也证实了这一点。我们得到

$$G_s(1)=\left.\frac{5}{(10s+1)(s+1)}\right|_{s=1}=0.227,\quad G_{d,ms}(1)=\left.\frac{k_d}{(s+1)(0.2s+1)}\right|_{s=1}=0.417k_d$$

并由式(5.86)知，当有单位幅值的正弦扰动时，必须要求 $k_d<0.54$，以避免输入饱和(使$|u|<1$)。

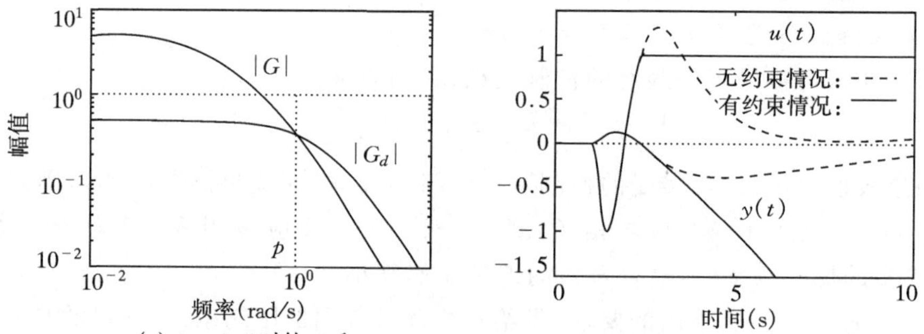

(a) $k_d=0.5$ 时的 G 和 G_d　　　(b) 扰动($k_d=0.5$)的阶跃响应

图 5.16　不稳定对象由于输入饱和引起的系统不稳定

为了对一种特定情况验证这一点，取 $k_d=0.5$，并用如下控制器

$$K(s)=\frac{0.04}{s}\frac{(10s+1)^2}{(0.1s+1)^2}\tag{5.89}$$

如果没有约束，可得到一个稳定的闭环系统，增益穿越频率 ω_c 约为 1.7。图 5.16(b)所示为发生于 1 秒之后的单位阶跃扰动下的闭环响应。虚线所示为没有输入约束时的稳定闭环响应。我们看到，输入信号在短时间内大于 1，而当输入被限定在[−1,1]时，我们发现系统的确是不稳定的(实线)。

注： 对于这个例子，扰动幅值从 $k_d=0.5$ 到 $k_d=0.48$ 这样一个微小的衰减，就使闭环响应在有输入约束(未绘出)的条件下稳定下来。因为 $k_d=0.54$ 是由式(5.86)得到的极限值，这似乎表明式(5.86)对预测稳定性而言是一个非常严苛的条件，但是在做出这一结论时应该小心。首先，式(5.86)实际上仅仅对正弦是严苛的，而例中的仿真也只是针对阶跃扰动的。其次，在仿真中我们用了某个特定的控制器，而式(5.86)按照使用最少输入量是“最好的”镇定控制器。

对于不稳定对象，参考输入的变化也有可能驱使系统进入输入饱和不稳定的状态。然而，这并非一个根本性的问题，因为与扰动的变化及量测噪声相比，可以选择使用两自由度控制器对参考输入信号进行滤波，从而减小调节输入的幅值。

5.12　不确定性带来的限制

由于不确定性的存在，要求使用反馈控制而不只是前馈控制。本节的主要目的就是更深入地了解这一点。6.10 节将会有进一步的讨论，在那里将考虑 MIMO 系统。

5.12.1 前馈控制与不确定性

考虑一个由参考输入和量测扰动实施的前馈控制(见图 2.5),

$$u = K_r r - K_d d \tag{5.90}$$

当施加到一个标称对象 $y=Gu+G_d d$ 时,控制误差为 $e=y-r=-(1-GK_r)r+(G_d-GK_d)d$。相应地,对于实际对象(带模型误差)

$$y' = G'u + G'_d d \tag{5.91}$$

控制误差为

$$e' = y' - r = -(1-G'K_r)r + (G'_d - G'K_d)d = -S'_r r + S'_d G'_d d \tag{5.92}$$

这里 $S'_r \triangleq 1-G'K_r$ 与 $S'_d \triangleq 1-G'K_d G'_{-1d}$ 是前馈灵敏度函数。在没有前馈控制时,这些函数的值为 1;对于有用的前馈控制,其幅值应该小于 1。然而,情况可能并非如此,这是因为过程(G' 与G'_d)的任何变化,都会直接传递到S'_r 与S'_d 而产生相应的变化,从而控制误差也会改变。这是前馈控制的主要问题。

要更清楚地看到这一点,考虑"完美的"前馈控制器 $K_r=G(s)^{-1}$ 和 $K_d=G(s)^{-1}G_d$,可以给出完美的标称控制(具有 $e=0$,$S_r=0$ 和 $S_d=0$)(这里必须假设 $G(s)$ 是最小相位并且稳定的,还要假设没有输入饱和的问题)。把完美前馈控制用于实际对象得出

$$e' = y' - r = \underbrace{\left(\frac{G'}{G} - 1\right)}_{-S'_r = G\text{的相对误差}} r - \underbrace{\left(\frac{G'/G'_d}{G/G_d} - 1\right)}_{S'_d = G/G_d\text{的相对误差}} G'_d d \tag{5.93}$$

这样,我们发现 S'_r 和 S'_d 分别等于 G 与 G/G_d 中的(负)相对误差。如果模型误差(不确定性)足够大,使得 G/G_d 的相对误差大于 1,则 $|S'_d|$ 大于 1,前馈控制将使情况更糟,这在实际中很容易发生。例如,如果 G 的增益增加 33%,G_d 的增益减小 33%,使得 $S'_d = -\frac{G'/G}{G'_d/G_d}+1 = -\frac{1.33}{0.67}+1=-2+1=-1$。具体来说,前馈控制对扰动的补偿过度,使其负抵消作用是原来的两倍。

由式(5.93)还可以得出下面一条重要信息:为在 $|d|=1$ 时,使 $|e'|<1$,必须要求 G/G_d 中的相对模型误差小于 $1/|G'_d|$。这个要求在 $|G'_d|$ 远大于 1 的频率上是不大可能满足的(见下面的例子)。这显然使得在扰动对输出有很大影响的"敏感"对象上有必要采用反馈控制。

例 5.14 考虑如下对象的扰动抑制问题:

$$G = \frac{300}{10s+1}; \quad G_d = \frac{100}{10s+1}$$

目标是在 $d=1$ 时,保持 $|y|<1$,但要看到稳态的扰动增益高达 100。表面上,前馈控制器 $K_d=G^{-1}G_d$ 给出完美的控制 $y=0$。现在把这个控制器用到实际过程,其增益改变了 10%,即

$$G' = \frac{330}{10s+1}; \quad G'_d = \frac{90}{10s+1}$$

由式(5.93),这时的扰动响应是

$$y' = -\left(\frac{G'/G'_d}{G/G_d} - 1\right)G'_d d = -0.22 \times G'_d d = \frac{-20}{10s+1}d$$

这样,对于幅值为 1 的阶跃扰动,输出 y 将趋于 -20,比界值 $|y|<1$ 大得多,这意味着我们需

要使用反馈控制。正如下节将要讨论的那样，反馈控制几乎不受上述模型误差的影响。虽然对此例前馈控制不是充分的，但它还是会有某些好处，这是因为前馈控制器减小了扰动的影响，并且使反馈控制的最小带宽要求从 $\omega_d \approx |k_d|/\tau_d = 100/10 = 10$ rad/s(没有前馈时)，降低到约 $20/10=2$ rad/s(有前馈时)。

5.12.2 反馈控制与不确定性

当没有模型误差时，用反馈控制的闭环响应是 $y-r=S(G_d d-r)$，其中 $S=(I+GK)^{-1}$ 是灵敏度函数。当有模型误差时，得到

$$y'-r=S'(G'_d d-r) \tag{5.94}$$

其中 $S'=(I+G'K)^{-1}$ 可以写成(见式(A.147))

$$S'=S\frac{1}{1+ET} \tag{5.95}$$

此处 $E=(G'-G)/G$ 是 G 的相对误差，T 是互补灵敏度函数。

从式(5.94)看到，在反馈有效的频率范围内($|S|\ll 1$ 而 $T\approx 1$)，模型误差对控制误差的影响非常小。例如，当反馈回路中有积分作用，而且有模型误差的反馈系统是稳定的，则 $S(0)=S'(0)=0$；也就是说，即使模型误差存在，稳态控制误差也是零。

穿越点的不确定性。虽然反馈控制能在回路增益较大的频段内抵消不确定性的影响，但在穿越频率区域的不确定性却使性能变差，甚至导致系统不稳定。举例来说，可以通过考虑不确定性对增益裕量的影响进行分析，即 $\mathrm{GM}=1/|L(\mathrm{j}\omega_{180})|$，其中 ω_{180} 是 $\angle L$ 等于 $-180°$ 的频率，见式(2.40)。大多数实际的控制器在穿越区表现为一个常数增益 K_o，所以 $|L(\mathrm{j}\omega_{180})|\approx K_o|G(\mathrm{j}\omega_{180})|$，其中 $\omega_{180}\approx\omega_u$(因为在此频率处，控制器的相位滞后近似为零；参见5.8节)。根据上述观察可以得出如下的规则：

- 定义 ω_u 为 $\angle G(\mathrm{j}\omega_u)=-180°$ 的频率，能够近似地保持 $|G(\mathrm{j}\omega_u)|$ 为常数的不确定性将不改变增益裕量；使 $|G(\mathrm{j}\omega_u)|$ 增大的不确定性将会降低增益裕量，并可能导致系统不稳定。

这个规则在评估参数不确定性的影响时是有用的，下例将说明这一点。

例 5.15 考虑稳定的一阶时延过程，$G(s)=k\mathrm{e}^{-\theta s}/(1+\tau s)$，其中参数 k、τ、θ 的不确定性，表现在可能随运行状态的改变而发生变化。如果假定 $\tau>\theta$，则 $\omega_u\approx(\pi/2)/\theta$，可以推导出

$$|G(\mathrm{j}\omega_u)|\approx\frac{2}{\pi}k\frac{\theta}{\tau} \tag{5.96}$$

可以看到，要保持 $|G(\mathrm{j}\omega_u)|$ 恒定，就要 $k\theta/\tau$ 为常数。如果只是时延 θ 增大，则 $|G(\mathrm{j}\omega_u)|$ 也会增大，并且系统可能不稳定(预期之中)。然而，参数的不确定性经常同时发生，例如，如果 θ 和 τ 成比例地增加(这在实际中颇为常见)而使比值 τ/θ 保持不变，那么系统的稳定性就不会受到影响。另一种情况是，稳态增益 k 可能随着运行点的变化而改变，但这并不一定影响到系统的稳定性，只要决定高频增益的比值 k/τ 不变。

上面的例子说明了考虑不确定性的结构的重要性，如不确定参数间的耦合。当假设不确定参数互不相关时，鲁棒性分析一般来说偏于保守。在第7和第8章还要进一步讨论这个问题。

5.13 总结:反馈控制的能控性分析

现在通过一组“能控性规则”来总结这一章的结果,我们将采用“(输入-输出)能控性”这个说法,这是因为峰值界仅仅依赖于对象,即与具体的控制器无关。虽然从推导过程即可看出,某些表述是近似的(可能会容许有 2 倍左右的改变),但是除规则 7 之外,所有的要求都是基本的。然而,对于实际设计而言,要获得可接受的性能,这些峰值界是需要满足的。

考虑图 5.17 的控制系统,其中所有的子块都是标量,系统模型为

$$y = G(s)u + G_d(s)d; \quad y_m = G_m(s)y \tag{5.97}$$

这里 $G_m(s)$表示量测传递函数,并假定 $G_m(0)=1$(完美的稳态量测)。假定变量 d、u、y 和 r 都如 1.4 节所述经过尺度变换处理,因而 $G(s)$和 $G_d(s)$也都是经过尺度变换的传递函数。令 ω_c 表示增益穿越频率,定义为$|L(\mathrm{j}\omega)|$自上而下穿越 1 时的频率;用 ω_d 表示$|G_d(\mathrm{j}\omega_d)|$首次自上而下穿越 1 时的频率。

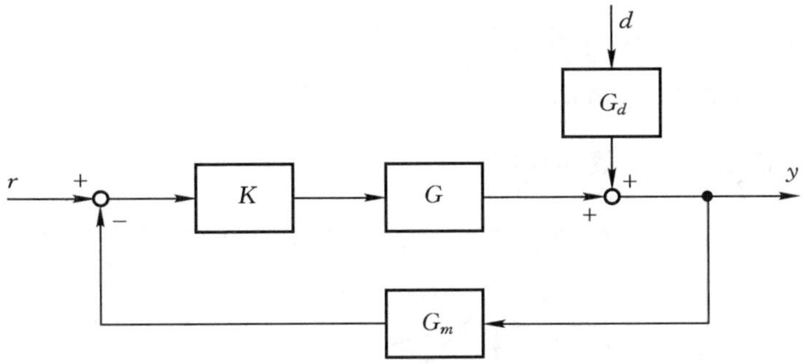

图 5.17 反馈控制系统

反馈控制能控性分析的第一步,是用 5.3.2 节中表 5.1 的公式,计算不同闭环传递函数即 S、T、KS、SG 和 SG_d 的峰值界。我们要求所有这些闭环传递函数的峰值要小。例如,仅当 $\|S\|_\infty$与 $\|T\|_\infty$很小时,才能满足保持控制误差信号 e 很小的性能需求。相似地,必须保证 $\|KS\|_\infty$小,才能避免执行机构的饱和,而执行机构的饱和有可能破坏系统的稳定性。此外,下面一些规则也是适用的(Skogestard,1996):

规则 1。抑制扰动所需要的响应速度。我们近似地要求 $\omega_c>\omega_d$。更具体地,在有反馈控制时,要求$|S(\mathrm{j}\omega)|\leqslant|1/G_d(\mathrm{j}\omega)|$ $\forall\omega$(见式(5.76)和式(5.79))。

规则 2。跟踪参考变化需要的响应速度。在直到需要跟踪能力的 ω_r 频率范围内,都要求$|S(\mathrm{j}\omega)|\leqslant 1/R$(见式(5.80))。

规则 3。因扰动产生的输入约束。为了获得可接受的控制性能($|e|<1$),在$|G_d(\mathrm{j}\omega)|>1$ 的频率范围内,要求$|G(\mathrm{j}\omega)|>|G_d(\mathrm{j}\omega)|-1$。要达到完美的控制($e=0$),则此要求变为$|G(\mathrm{j}\omega)|>|G_d(\mathrm{j}\omega)|$(见式(5.82)和式(5.84))。

规则 4。因设定点产生的输入约束。在直到需要跟踪能力的 ω_r 频率范围内,都要求$|G(\mathrm{j}\omega)|>R-1$(见式(5.85))。

规则5。$G(s)G_m(s)$中的时延θ。近似地要求$\omega_c<1/\theta$(见式(5.45))。

规则6。$G(s)G_m(s)$中有RHP零点z时,在低频段的严苛控制。对于实RHP零点,要求$\omega_c<z/2$;而对于虚RHP零点,要求近似地有$\omega_c<0.86|z|$(见式(5.52)和式(5.53))。

注:严格地说,RHP零点只是使我们不能在接近于该零点的频率范围内进行严苛控制。如果不需要在低频段有严苛控制,则可以把控制器增益的符号取反,而获得在更高频率范围的严苛控制。此时对此RHP零点z,必须近似地要求$\omega_c>2z$。一种特殊的情况是,对象零点就在原点,这时我们可以获得良好的暂态控制效果,即使这种控制在稳态是无效的。

规则7。相位滞后约束。在大多数实际情况下(如采用PID控制时),要求$\omega_c<\omega_u$,此处ω_u是满足$\angle GG_m(j\omega_u)=-180°$的上限频率(见式(5.65))。

因为时延(规则5)和RHP零点(规则6)都会增加相位滞后,所以在大多数情况下可以把规则5、6和7合并为一条规则:$\omega_c<\omega_u$(规则7)。

规则8。$G(s)$在$s=p$处有开环不稳定实极点。此时需要高的反馈增益使系统稳定,我们近似地要求$\omega_c>2p$(见式(5.70))。

除此之外,对于不稳定对象,需要$|G_s(p)|>|G_{d,ms}(p)|$;否则在有扰动时,输入有可能饱和,从而使系统不稳定,见式(5.86)。

图5.18以图形方式说明了大多数的规则。

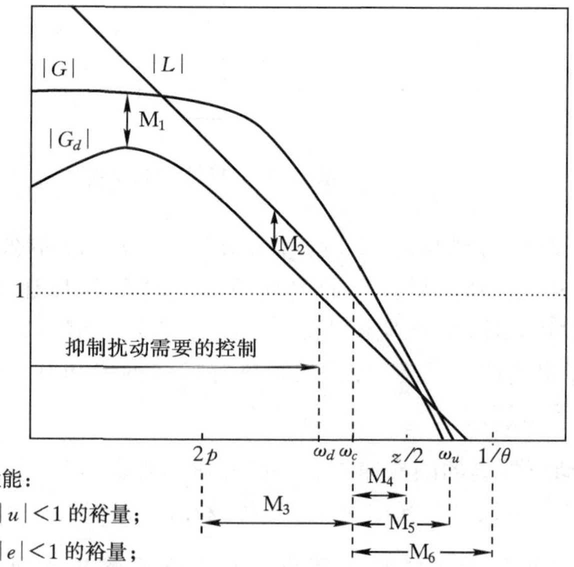

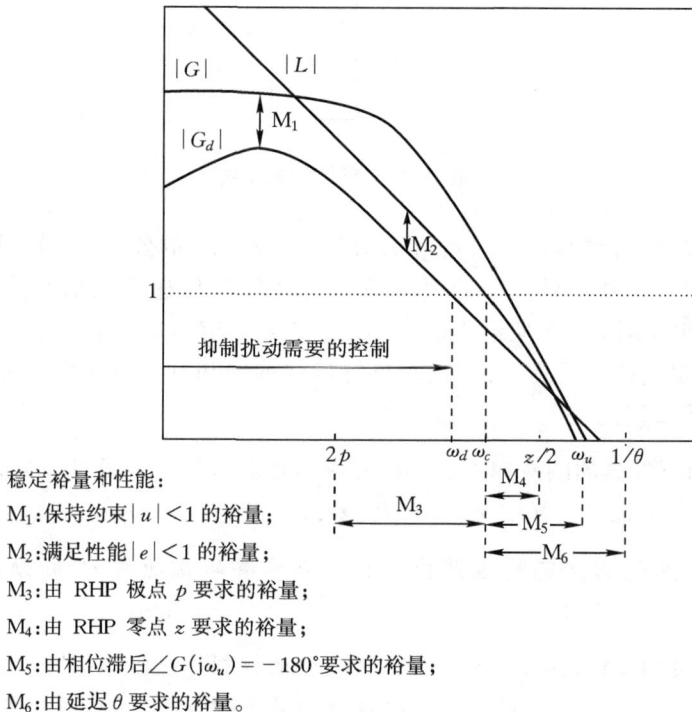

稳定裕量和性能:
M_1:保持约束$|u|<1$的裕量;
M_2:满足性能$|e|<1$的裕量;
M_3:由RHP极点p要求的裕量;
M_4:由RHP零点z要求的裕量;
M_5:由相位滞后$\angle G(j\omega_u)=-180°$要求的裕量;
M_6:由延迟θ要求的裕量。

图5.18　能控性要求的说明

我们尚未给出一个用公式描述的规则来解决模型不确定性的问题。因为如式(5.94)和式

(5.95)所得出的结论，在 SISO 系统中，不确定性对反馈性能的影响是比较次要的，除了在那些相对不确定性 E 接近 100%的频率上影响较大，不过这时显然我们必须对系统频率特性进行较大更改。此外，由于在给定频率上的 100%不确定性容许在这个频率上，虚轴出现一个 RHP 零点($G(j\omega)=0$)，这属于规则 6 涵盖的范围。

这些规则是得到可接受控制性能的必要条件("最低要求")，但不是充分条件，因为在许多有关因素中，我们每次都只考虑了其中一种因素的影响。

这些规则把引言中给出的定性规则进行了定量化。例如，"控制不能自调节的输出"规则，可以定量地表示为"控制在某些频率上满足$|G_d(j\omega)|>1$ 的输出 y"(规则 1)。从规则 1 得出的另一重要认识是，在有大的扰动或者要求控制误差较小时，需要系统有更快的响应速度(带宽要大)①。"选择对输出作用大的输入"这条规则，可以量化为"按照尺度变换后的变量，为了避免输入饱和，在$|G_d|>1$ 的频率处必须有$|G|>|G_d|-1$(规则 3)，而且在该频率有设定值跟踪要求时，要求$|G|>R-1$(规则 4)"。规则"控制具有良好动态与静态特性的输出"，则量化为规则 3("希望有大的增益以避免输入约束问题")，以及规则 4、5 和 6("避免时延、RHP 零点和大的相位滞后")。

总结起来，规则 1、2、8 告诉我们，为了抑制扰动、跟踪设定值并镇定对象，都需要高反馈增益("快速控制")。另一方面，规则 5、6 与 7 却告诉我们，在有 RHP 零点或时延或对象有许多滞后环节的频段，反馈增益要低。我们把这些对高增益和低增益的要求，定量地描述为对带宽的要求。如果这些要求在某些条件下有冲突，则该对象就是不能控的，这时唯一的补救措施，就是设法修改对象的设计。

有时候遇到的问题是扰动过大而使输入饱和，或者达不到所要求的带宽。要避免后一难题，我们至少要求在超出带宽的频率，扰动的影响要小于 1(按照尺度变换后的变量)(规则 1)

$$|G_d(j\omega)|<1 \quad \forall \omega \geqslant \omega_c \tag{5.98}$$

同时如上文所述，还要求近似地有 $\omega_c<1/\theta$(规则 5)，$\omega_c<z/2$(规则 6)，$\omega_c<\omega_u$(规则 7)。式(5.98)的条件在下面 5.15.3 节的例子中可用于确定设备的规模。

5.14 总结:前馈控制的能控性分析

上面的能控性规则适用于反馈控制，但我们发现，同样的结论基本上也适用于前馈控制相关的问题。也就是说，如果对象用反馈控制不能控，通常用前馈控制也是不能控的。如下面所要说明的，一个主要的不同之处是，$G_d(s)$的延迟对前馈控制来说是一个优点("给控制器更多时间作出正确动作")。还有，对前馈控制来说，如果 $G(s)$有 RHP 零点，则 $G_d(s)$在相同位置的 RHP 零点反而有利。关于输入约束的规则 3 和规则 4 直接适用于前馈控制，但规则 8 并不适用，因为只有反馈才能镇定不稳定对象。其它有关性能和"带宽"的规则都不能直接适用于前馈控制。

可以考虑实现完美控制的可行性来分析能控性。前馈控制器为

$$u=K_d(s)d_m$$

---

① 希望从输入到输出(经过尺度变换)增益较大的另一个原因是，通过采用定常设定值策略，能够保持对象接近最优，见 10.3.1 节"自寻优控制"。读者还需注意，此外所用的尺度变换方法与能控性分析中所用的方法不同。

其中 $d_m=G_{md}(s)d$ 是量测的扰动，当 $r=0$ 时扰动响应为

$$e=Gu+G_d d=(GK_d G_{md}+G_d)d \tag{5.99}$$

（令 $G_{md}=1$ 和 $G_d=-R$，可用相似方法对参考输入的跟踪进行分析。）

完美控制。 由式(5.99)，用下面的控制器可使 $e=0$

$$K_d^{\text{perfect}}=-G^{-1}G_d G_{md}^{-1} \tag{5.100}$$

这里假定 K_d^{perfect} 是稳定并且是因果的(没有预测)，而且 $GG_d^{-1}G_{md}$ 应没有RHP零点，并没有(正)延迟。由此可见，$G_d(s)$ 的延迟(或RHP零点)如能抵消 GG_{md} 的延迟(或者RHP零点)就是有利的。

理想控制。 如果完美控制不可能，这时可以考虑"理想"前馈控制器 K_d^{ideal} 用以分析能控性，也就是说，对式(5.100)作些修改，使其具有稳定性和因果性(无预测)。所谓控制器是理想的，是因为假设有完美的模型，这时可用式(5.99)中的 K_d^{ideal} 来分析能控性，下面在式(5.109)和式(5.110)中给出一个关于一阶延迟过程的例子。

模型不确定性。 正如5.12节讨论过的，与反馈控制相比，模型的不确定性对于前馈控制器来说是一个更加严重的问题，因为无法根据输出量测进行校正。对于扰动抑制，从式(5.93)知道，如果任何频率下对 G/G_d 的相对模型误差超过 $1/|G_d|$，则此对象用前馈控制是不能控的，此处 G_d 是尺度变换后的扰动模型。例如，如果 $|G_d(\mathrm{j}\omega)|=10$，则在该频率的 G/G_d 误差就不能超过10%。在实际中，这意味着如果输出对扰动敏感的话(即 $|G_d|$ 在某些频率远大于1)，前馈控制就必须和反馈控制结合使用。

反馈与前馈控制的组合。 在分析这种情形下的能控性时，可以假定前馈控制器 K_d 事先已经设计好，则由式(5.99)，如果 $G_d(s)$ 被替换为

$$\hat{G}_d(s)=GK_d G_{md}+G_d \tag{5.101}$$

那么剩下反馈问题的能控性，可以采用5.13节中的规则进行分析。然而，我们必须清楚，前馈控制可能对模型误差十分敏感，所以在实际中前馈的优势可能被消弱。

结论。 由式(5.101)看到，前馈控制潜在的主要好处是降低扰动的影响，而且在反馈控制由于延迟或者 $GG_m(s)$ 有大相位滞后而失效的频段，能够使得 $\hat{G}_d$ 小于1。

5.15　能控性分析的应用

5.15.1　一阶延迟过程

问题陈述。 考虑如下过程中的扰动抑制问题

$$G(s)=k\frac{\mathrm{e}^{-\theta s}}{1+\tau s};\quad G_d(s)=k_d\frac{\mathrm{e}^{-\theta_d s}}{1+\tau_d s} \tag{5.102}$$

另外，还存在输出的量测延迟 θ_m 和扰动的量测延迟 θ_{md}。所有参数都已经过适当的尺度变换处理，使得在每一频率上都有 $|u|<1$，$|d|<1$，而且我们期望 $|e|<1$。假设 $|k_d|>1$，分两种情况处理：(i)仅有反馈控制；(ii)仅有前馈控制。讨论如下：

(a) 对此模型中8个参数中的每一个，从能控性的角度定性说明你将选择怎样的值(用大值、小值或没有影响的值来描述)。

(b) 为使系统具有能控性，给出各参数之间应该满足的定量关系。假设已经过适当的尺

度变换处理使扰动的幅值小于 1,而输入与输出的幅值也都要求小于 1。

解:(a)定性分析。我们希望输入对输出有“大的、直接且快速的作用”,而希望扰动有“小的、间接且缓慢的作用”。“直接”的意思是没有任何延迟和逆向响应。这引出下面的结论:无论是反馈还是前馈控制,我们都希望 k 和 τ_d 要大,而 τ、θ 和 k_d 要小。对于前馈控制,我们也是希望 θ_d 大(从而有更多时间做出正确反应),但对于反馈,θ_d 的大小则无影响;也就是说,除了转换为时间之外再无影响。显然,对于反馈控制,我们希望 θ_m 要小(前馈时此参数无用),而在前馈控制下,则希望 θ_{md} 要小(反馈时不用这一参数)。

(b)定量分析。为使输入保持在约束范围之内($|u|<1$),根据规则 3,在频率 $\omega<\omega_d$ 时,必须要求 $|G(\mathrm{j}\omega)|>|G_d(\mathrm{j}\omega)|$。具体地说,对于反馈和前馈都要有

$$\boxed{k > k_d\ ;\quad k/\tau > k_d/\tau_d} \tag{5.103}$$

现在考虑反馈和前馈在性能方面的不同结果:

(i)先考虑反馈控制,根据规则 1,在扰动情况下,为了使系统有可接受的性能($|e|<1$),我们需要

$$\omega_d \approx k_d/\tau_d < \omega_c \tag{5.104}$$

另一方面,由规则 5,为了系统的稳定与性能,又要求

$$\omega_c < 1/\theta_{tot} \tag{5.105}$$

其中 $\theta_{tot}=\theta+\theta_m$ 是围绕回路的总延迟。把式(5.104)和式(5.105)结合起来得出:要使系统具有能控性,应该满足如下要求:

$$\boxed{\text{反馈}:\theta+\theta_m < \tau_d/k_d} \tag{5.106}$$

(ii)对于前馈控制,扰动本身的任何延迟仅产生一个较小的“净延迟”,要使 $|e|<1$,我们“仅”要求

$$\boxed{\text{前馈}:\theta+\theta_{md}-\theta_d < \tau_d/k_d} \tag{5.107}$$

式(5.107)的证明:引入 $\hat{\theta}=\theta+\theta_{md}-\theta_d$,并首先考虑 $\hat{\theta}\leqslant 0$ 的情况(这时显然满足式(5.107)),这时用式(5.100)的控制器实现完美控制是有可能的

$$K_d^{\text{perfect}} = -G^{-1}G_dG_{md}^{-1} = -\frac{k_d}{k}\frac{1+\tau s}{1+\tau_d s}e^{\hat{\theta}s} \tag{5.108}$$

这样我们甚至可能得到 $e=0$。其次考虑 $\hat{\theta}>0$,完美控制不再可能,所以取而代之采用删除预测项 $e^{\hat{\theta}s}$ 后得到的“理想”控制器

$$K_d^{\text{ideal}} = -\frac{k_d}{k}\frac{1+\tau s}{1+\tau_d s} \tag{5.109}$$

从式(5.99)知,采用该控制器时的响应为

$$e = (GK_d^{\text{ideal}}G_{md}+G_d)d = \frac{k_d e^{-\theta_d s}}{1+\tau_d s}(1-e^{-\hat{\theta}s})d \tag{5.110}$$

为了达到 $|e|/|d|<1$,必须要求 $k_d\hat{\theta}/\tau_d<1$(x 较小时,采用渐近值,取 $1-e^{-x}\approx x$),而这等价于式(5.107)。 □

5.15.2 应用:室内供热

考虑保持室内恒温的问题,我们在 1.5 节曾讨论过,见图 1.2。设 y 是室温,u 是热量输

入，d 是室外温度，应该用反馈控制。设温度(y)的量测延迟为 $\theta_m=100$ s。

1. 在扰动作用下该对象是否能控？
2. 当设定点温度变化幅度为 $R=3(\pm 3$ K)，且期望响应时间为 $\tau_r=1000$ s(17min)时，对象是否能控？

解：能控性分析的关键部分是尺度变换。式(1.32)推导出了用尺度变换后变量描述的模型

$$G(s)=\frac{20}{1000s+1};\quad G_d(s)=\frac{10}{1000s+1} \tag{5.111}$$

$|G|$ 与 $|G_d|$ 的频率响应如图 5.19 所示。

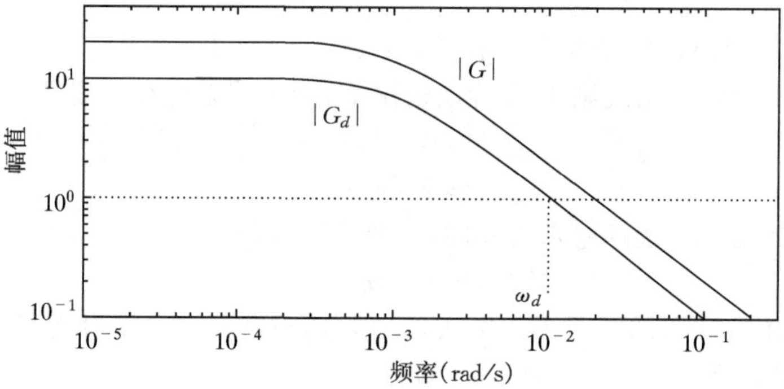

图 5.19　室内供热例子的频率响应

1. 扰动。由规则 1，在达到频率 $\omega_d=10/1000=0.01$(rad/s)前都需要反馈控制，此时 $|G_d|$ 的幅值穿越 1($\omega_c>\omega_d$)，这正好就是延迟所给出的上界频率 $1/\theta=0.01$(rad/s)($\omega_c<1/\theta$)。我们由此得出结论：系统对于这样的扰动是几乎不能控的。由规则 3 知，因为在所有频率上都有 $|G|>|G_d|$，所以没有输入约束问题。为了支持上述结论，我们设计了一个形如 $K(s)=K_c\dfrac{1+\tau_I s}{\tau_I s}\dfrac{\tau_D s+1}{0.1\tau_D s+1}$ 的串联 PID 控制器，而 $G(s)=\dfrac{20e^{-100s}}{1000s+1}$，该过程的 SIMC PI 校正参数为 $K_c=0.25$(尺度变换后的值)和 $\tau_I=800$ s(见 2.7 节)。所产生的响应是平滑的，但对扰动的输出峰值超过 1.7，而调整到新稳态值的过程很缓慢。要将输出峰值降到 1 以下，必须把 K_c 增加到大约 0.4。把 τ_I 从 800 s 缩短到 200 s，可以缩短调整时间。引入微分作用并取 $\tau_D=60$ s，则改善了鲁棒性，并减小了振荡。最终控制器配置是 $K_c=0.4$(尺度变换后的值)、$\tau_I=200$ s、$\tau_D=60$ s。图 5.20(a)所示为出现单位阶跃扰动后的闭环仿真结果(相当于室外温度突然增加 10 K)。输出误差在大约 100 s 后有很短时间超过容许值 1，但很快回到零。输入下降到 -0.8，故仍在容许边界 ± 1 内。

2. 设定点。对象关于设定值的变化是能控的。首先，延迟为 100 s，远小于 1000 s 的期望响应时间，因此这方面没有问题。其次，直到大约 $\omega_1=0.007$ (rad/s)都有 $|G(j\omega)|\geq R=3$，而这一频率 7 倍于要求的 $\omega_r=1/\tau_r=0.001$ (rad/s)，这意味着在输入约束方面也无问题。事实上，我们无需达到输入约束值，应该具有大约 $1/\omega_1=150$ s 的响应时间。图 5.20(b)中，对于期望的设定值变化 $3/(150s+1)$，采用与上面相同的 PID 控制器，通过仿真证实了上述结论。

习题 5.12*　当采用 SIMC PI 控制器和上文提出的 PID 控制器时，完成对室内供热过程的闭

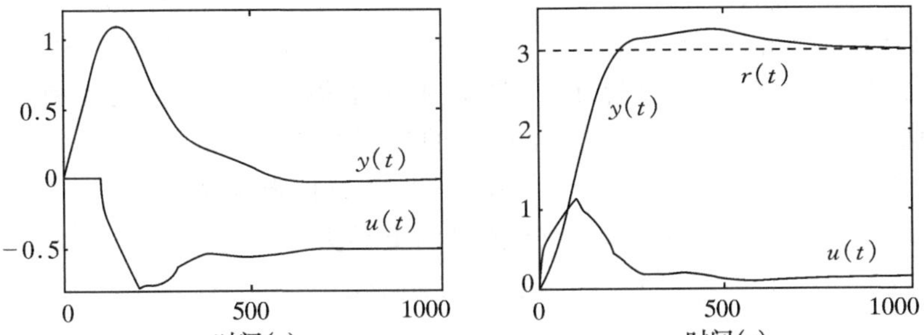

(a) 室外温度的阶跃扰动 (b) 设定值变化 3/(150s+1)

图 5.20 PID反馈控制室温

环仿真。对于这两种设计方案，计算鲁棒性参数(GM、PM、M_S和 M_T)。

5.15.3 应用:中和过程

下面应用的有趣之处在于，它展示了能控性分析工具可以帮助技术人员重新设计，使受控过程达到能控。

问题陈述。考虑图 5.21 中的过程，其中一种强酸有 pH=−1(的确，负的 pH 值是可能的——相应于 $c_{H^+}=10$ mol/l)，在一个体积为 $V=10\ \text{m}^3$ 的混合罐中与一种强盐基(pH=15)中和。我们想要通过调节盐基的量 q_B(输入 u)，用反馈控制将产品流(输出 y)的 pH 值保持在 7±1(“盐水”)，即使酸的流量 q_A 有变化(扰动 d)；pH 值量测的延迟为 $\theta_m=10$ s。

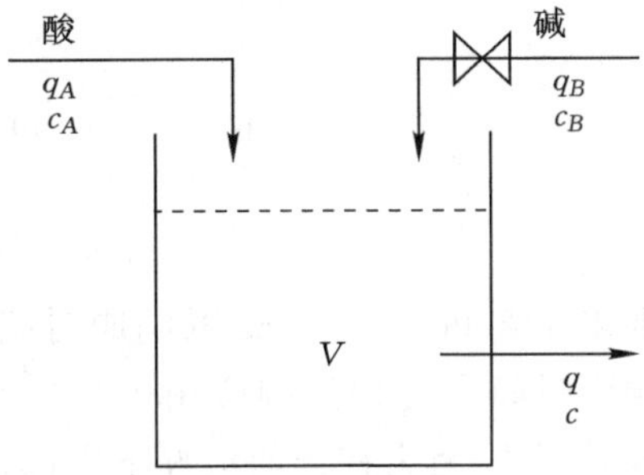

图 5.21 单一混合罐的中和过程

要获得期望 pH=7 的产品，必须通过盐基的添加(可调节的输入)，精确地平衡酸的流入(扰动)。直观地想，你可能觉得主要的控制问题，是通过一个很精确的阀门来准确调节盐基量。然而，我们将会看到，这种“前馈”的思维方式是一种误导，要控制好这个过程的主要障碍，是需要非常快的响应时间。

我们取酸的多余度 c(mol/l)作为被控输出，定义为 $c=c_{H^+}-c_{OH^-}$，这样可避免在模型中引入化学反应项。按照变量 c，控制目标是要保持 $|c|\leqslant c_{\max}=10^{-6}$ mol/l，对象是一个简单的混合过程，模型如下：

$$\frac{\mathrm{d}}{\mathrm{d}t}(Vc)=q_Ac_A+q_Bc_B-qc \tag{5.112}$$

酸与盐基流的标称值是 $q_A^*=q_B^*=0.005\ (\text{m}^3/\text{s})$，使得产品流 $q^*=0.01\ (\text{m}^3/\text{s})=10\ (\text{l/s})$。此处上标 * 代表稳态值。把每一个变量除以其最大偏移量，得到如下经过尺度变换的变量：

$$y=\frac{c}{10^{-6}};\quad u=\frac{q_B}{q_B^*};\quad d=\frac{q_A}{0.5q_A^*} \tag{5.113}$$

这时对于单个罐，经过适当尺度变换处理的线性模型为：

$$G_d(s)=\frac{k_d}{1+\tau_h s};\quad G(s)=\frac{-2k_d}{1+\tau_h s};\quad k_d=2.5\times10^6 \tag{5.114}$$

其中 $\tau_h = V/q = 1000$ s 是液体在罐内的存留时间。注意，用尺度变换后的变量表示稳态增益高过百万，所以输出对于输入和扰动都极其敏感。增益如此之高，是与产品流的期望浓度相比，两路注入流浓度过高造成的。现在的问题是：我们能得到可以接受的控制效果吗？

能控性分析。图 5.22 所示为 $G_d(s)$ 与 $G(s)$ 的频率响应。由规则 2 可知，输入约束不是问题，这是因为在所有频率上都有 $|G| = 2|G_d|$。主要的控制问题是扰动灵敏度过高，由式(5.104)(规则 1)我们发现，需要反馈的频率范围的上界为

$$\omega_d \approx k_d/\tau = 2500 \text{ rad/s} \tag{5.115}$$

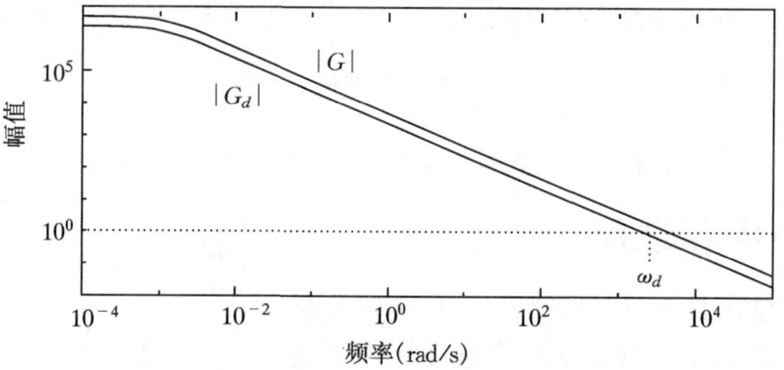

图 5.22　单一混合罐中和过程的频率响应

这要求 1/2500＝0.4 ms 的响应时间，这个响应时间在过程控制应用中显然是不可能做到的，因为在任何情况下它都远远小于量测延迟 10 s。

设计改变：多罐系统。唯一可能改善能控性的方法是修改受控过程。在实际中是通过几步来实现中和，图 5.23 所示为采用两个罐的情况。这就像打高尔夫球一样，分几次把球击入洞中。n 个相同的混合罐串联起来，描述扰动影响的传递函数就变为

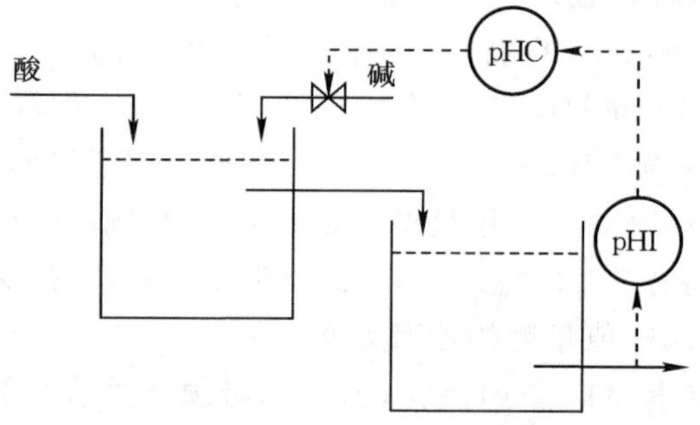

图 5.23　具有两个混合罐和一个控制器的中和过程

$$G_d(s) = k_d h_n(s); \quad h_n(s) = \frac{1}{\left(\frac{\tau_h}{n}s + 1\right)^n} \tag{5.116}$$

此处 $k_d = 2.5 \times 10^6$ 是混合过程的增益，$h_n(s)$是混合罐的传递函数，τ_h 是总的存留时间 V_{tot}/q。图 5.24 所示为 1～4 个相同罐串联时，$h_n(s)$的幅值关于频率的函数曲线。

由能控性规则 1 和 5，对于可接受的扰动抑制，我们至少必须要求

$$\boxed{|G_d(j\omega_\theta)| \leqslant 1} \quad \omega_\theta \triangleq 1/\theta \tag{5.117}$$

此处 θ 是反馈回路的延迟。这样，混合罐 $h_n(s)$的一个用途是，在频率 ω_θ(＝0.1 (rad/s))处，将扰动的影响降低到 $1/k_d$($k_d = 2.5 \times 10^6$)，即 $|h_n(j\omega_\theta)| \leqslant 1/k_d$。按 $\tau_h = V_{tot}/q$，我们得到了 n 个同样罐串联后总容积的最小值：

$$V_{tot} = q\theta n \sqrt{(k_d)^{2/n} - 1} \tag{5.118}$$

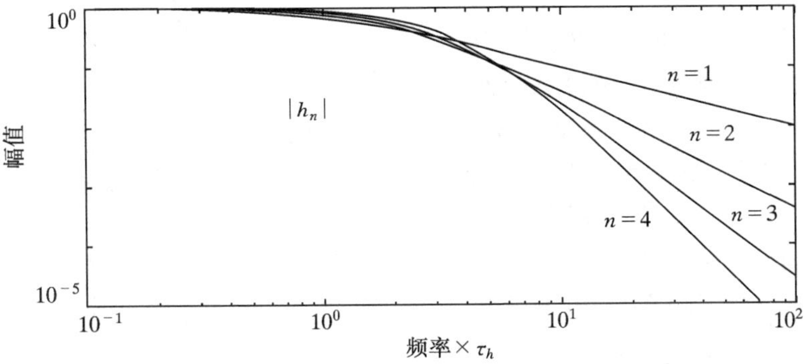

图 5.24 n 个具有相同存留时间 τ_h 的罐串联后的频率响应 $h_n(s)=1\Big/\left(\frac{\tau_h}{n}s+1\right)^n$，$n=1,2,3,4$

这里 $q=0.01\ \mathrm{m^3/s}$。在 $\theta=10$ s 时我们发现，下面的一些设计就扰动抑制而言具有相同的能控性：

罐的个数 n	总容积 V_{tot} ($\mathrm{m^3}$)	每个罐的容积 ($\mathrm{m^3}$)
1	250 000	250 000
2	316	158
3	40.7	13.6
4	15.9	3.98
5	9.51	1.90
6	6.96	1.16
7	5.70	0.81

在只有一个罐时，需要容积超大才能得到可接受的能控性。用每个约 203 升的 18 个罐可以有最小容积——总共 3.662 $\mathrm{m^3}$。然而，考虑到由于过多设备产生的附加成本，如管道、混合、量测和控制等，对于本例我们大概会选取 3 到 4 个罐。

控制系统设计。我们的工作还没完成。式(5.117)中的条件 $|G_d(j\omega_\theta)|\leqslant 1$ 构成了过程重新设计的基础。这个条件可能偏于乐观，因为它只保证在穿越频率 $\omega_B\approx\omega_c\approx\omega_\theta$ 处有 $|S|<1/|G_d|$。然而，由规则 1，我们在低于 ω_c 的频率处也要求 $|S|<1/|G_d|$，或近似地 $|L|>|G_d|$。要达到这样的要求可能是困难的，因为 $G_d(s)=k_d h(s)$ 的阶数为 n，即罐的个数。问题在于这要求 $|L|$ 随频率快速下降，这就会导致 L 产生大的负相位；而从稳定性和系统性能方面考虑，$|L|$ 在穿越频率的斜率近似地不应比 -1 更加陡峭(见 2.6.2 节)。

这样图 5.23 中由单一控制器构成的控制系统达不到我们期望的性能。解决的办法是在每一个罐安装一个局部的反馈控制系统，如图 5.25 所示在每一个罐中加入盐基。这就是对象设计的又一种改变了，因为对于每一个罐，都需要增加量测和执行机构。考虑 n 个罐串联的情况，当有 n 个控制器时，从进入第一个罐的扰动到最后一个罐的 pH 值，总的闭环响应变为

$$y=G_d\prod_{i=1}^{n}\left(\frac{1}{1+L_i}\right)d\approx\frac{G_d}{L}d,\quad L\triangleq\prod_{i=1}^{n}L_i \tag{5.119}$$

此处 $G_d = \prod_{i=1}^{n} G_i$，而 $L_i = G_i K_i$，并在反馈有效的低频段进行了近似。

此时，每一个回路 $L_i(s)$ 可以设计为具有斜率 -1 和 $\omega_c \approx \omega_\theta$ 的带宽，使得总的回路传递函数 L 斜率为 $-n$，并在所有低于 ω_d 的频段能有 $|L| > |G_d|$（罐的尺寸选择如前，并使 $\omega_d \approx \omega_\theta$）。于是，我们的分析肯定了一般推荐的方法，即逐渐加入盐基并对每一个罐设置一个 pH 控制器（McMillan，1984，p. 208）。看起来其它的控制策略不太可能使 $|L|$ 达到足够高的衰减。

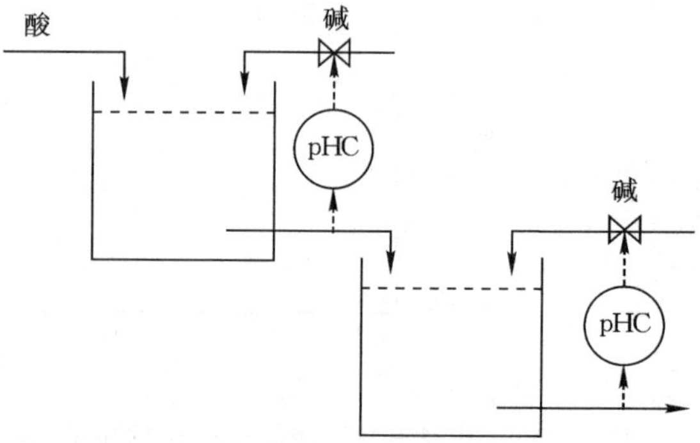

图 5.25　具有两个混合罐和两个控制器的中和过程

总结起来，上述应用表明，简单的能控性分析，可以在确定设备规模、选取执行机构和用于控制的量测量等方面作出决定。我们的结论与工业中的做法是一致的。重要的是，我们并未设计任何控制器，也没有进行仿真就得到了这些结论。当然，作为最后的检验，能控性分析的结论还是应该用非线性模型的仿真来验证。

习题 5.13　局部反馈和级联控制的比较。 解释为什么具有两个量测量（每个罐的 pH）但仅有<u>一个</u>调节输入（进入第一罐的盐基）的级联控制，不能取得像图 5.25 那样具有<u>两个</u>调节输入（每罐一个）的局部反馈控制那样好的效果。

下面的习题进一步考虑了采用缓冲罐来降低化工过程中的质量（浓度、温度）扰动。

习题 5.14*

(a) 在频率为 0.5 rad/min 处，浓度扰动的影响必须降低到 1/100。并且应该用缓冲罐对扰动产生阻尼，目标是使容积最小化。此时，应该有多少个罐串联？总的存留时间应该是多少？

(b) 蒸馏塔的进料浓度会有较大变化，建议用缓冲罐进行阻尼。进料浓度 d 对产品合成物 y 的影响为（变量经过尺度变换处理，时间以分钟计）

$$G_d(s) = e^{-s}/3s$$

也就是说，在 d 的阶跃后，输出 y 在最初 1 分钟延迟后，大约 3 分钟后以斜坡方式到达其最大容许值（是 1）。应该使用反馈控制，并有 5 分钟的附加量测延迟。那么，罐内的存留时间应该是多少？

(c) 从最小化串联缓冲罐总容积的角度，说明使缓冲罐有相同的容积是最优的。

(d) 有没有理由采用并联的缓冲罐（必须大小不同，否则合并为一个就行了）？

(e) 采用串联的平行管道（纯延迟）怎么样？是个好办法吗？

在化工过程中也用缓冲罐对液体流速扰动（或者气压扰动）进行阻尼。下面的习题就要讨论这个问题。

习题 5.15　设 $d_1 = q_{in}(m^3/s)$ 表示对过程起扰动作用的流速。我们增加一个缓冲罐（液体容积 $V(m^3)$），并用一个“缓慢的”液面控制器 K，使流出量 $d_2 = q_{out}$（“新的”扰动）比流入量 q_{in}

(“原有的”扰动)平缓。希望暂时地增加或者减少罐内液体的容积,以避免 q_{out} 的突变。注意在稳态情况下,q_{out} 的值必须等于 q_{in}。

由物质平衡原理有 $V(s)=(q_{in}(s)-q_{out}(s))/s$,并且考虑到液面控制器 $q_{out}(s)=K(s)V(s)$,得到

$$d_2(s)=\underbrace{\frac{K(s)}{s+K(s)}}_{h(s)}d_1(s) \tag{5.120}$$

为抑制流速扰动,缓冲罐的设计分为两步:

1. 设计液面控制器 $K(s)$,使 $h(s)$ 具有期望的形态(例如,用能控性分析确定 d_2 如何影响后面的过程;注意必须始终有 $h(0)=1$)。
2. 设计罐的尺寸(确定其容积 V_{max}),使之对于预计发生在 $d_1=q_{in}$ 的扰动不会溢出或者变空。

问题陈述。(a)假定流入量的变化范围是 $q_{in}^*\pm100\%$,其中 q_{in}^* 是标称值,就两种情况运用上述分步方法:

(i)期望传递函数为 $h(s)=1/(\tau s+1)$;

(ii)期望传递函数为 $h(s)=1/(\tau_2 s+1)^2$。

(b) 解释为什么通常不建议在 $K(s)$ 中包含积分作用。

(c) 在(ii)中可以换个做法,把两个罐串联,但控制器仍像(i)那样设计;解释一下为什么这样做很可能并非是一种好的做法。(解:所需总容积相同,但两个小罐的造价高于一个大罐。)

5.15.4 附加习题

习题 5.16* 对于控制器的设计,对象的哪些信息具有重要意义?特别地,在哪些频率范围内充分了解模型是非常重要的?为了回答这个问题,可以先考虑以下一些子命题:

(a) 解释在对 SISO PID 控制器进行 Ziegler-Nichols 参数整定时,要用到哪些关于对象的信息。

(b) 对于控制器的设计,对象的稳态增益 $G(0)$ 重要吗?(作为例子考虑对象 $G(s)=1/(s+a)$,$|a|\leqslant1$,设计一个 P 控制器 $K(s)=K_c$,使得 $\omega_c=100$。控制器的设计和闭环响应对稳态增益 $G(0)=1/a$ 有怎样的依赖性?)

习题 5.17 设 $G(s)=K_2e^{-0.5s}/[(30s+1)(Ts+1)]$,而 $G_d(s)=G(s)H(s)$,其中 $H(s)=K_1e^{-\theta_1 s}$。输出量测装置的传递函数是 $G_m(s)=e^{-\theta_2 s}$,时间以秒为单位;标称参数为:$K_1=0.24$,$\theta_1=1$ (s),$K_2=38$,$\theta_2=5$ (s),$T=2$ (s)。

(a) 假定所有变量都经过适当的尺度变换,这个对象是否输入-输出能控?

(b) 按下列方式每次改变一个模型参数,对能控性有何影响?

1. θ_1 减小到 0.1(s);
2. θ_2 减小到 2(s);
3. K_1 减小到 0.024;
4. K_2 减小到 8;
5. T 增加到 30(s)。

习题 5.18* 热交换器用来在两个流体之间进行热交换:流速为 $q(1\pm1\ \text{kg/s})$ 的冷却剂,用来

把入口温度为 T_0(100±10°C)的热流冷却到出口温度 T(应该约为 60±10°C)。T 的量测延迟是 3 s,主要扰动出现在 T_0。根据热平衡关系,推导出用偏差变量表示的如下模型:

$$T(s)=\frac{8}{(60s+1)(12s+1)}q(s)+\frac{0.6(20s+1)}{(60s+1)(12s+1)}T_0(s) \tag{5.121}$$

其中 T 和 T_0 的单位是℃,q 的单位是 kg/s,时间单位是 s。推导尺度变换后的模型。这个对象用反馈控制能控吗?(解:延迟(对性能)不会产生问题,但在高频段,扰动的影响有点过大(输入饱和),因此这个对象是不能控的。)

5.16 结 论

本章对标量系统进行了频域能控性分析,这些分析既适用于反馈控制,也适用于前馈控制。我们将结果总结为 8 个能控性规则,见 5.13 节。这些规则是得到可接受控制性能的必要条件("最小需求"),但不是充分条件,因为在众多因素中每次只考虑了一种影响。这些规则可以用来决定一个给定的对象是否能控。我们将这些方法用于一个 pH 中和过程,发现可以直接得出文献中提出的一些启发性设计规则。分析中的关键步骤是考虑扰动,并对变量进行适当的尺度变换。

本章提出的工具,也可以用来研究添加额外调节输入或量测量(级联控制)产生的效果。这些方法也可推广到多变量对象,这时方向性将成为更加重要的考虑因素。有趣的是,直接推广到多变量分散控制却是相当简单的,这涉及到 CLDG 和 PRGA,见第 10 章的 10.6.8 节。

第6章

对 MIMO 系统性能的限制

本章要把第 5 章的结果推广到 MIMO 系统。关于 SISO 系统基本限制和能控性分析的大多数结果，对 MIMO 系统也能成立，但要加入对方向性的考虑。因此，我们将关注那些仅对 MIMO 系统成立的结果，还有那些虽与 SISO 系统相似，但不能简单推广的结果。本章首先讨论由于存在 RHP 零点，对灵敏度和互补灵敏度函数所产生的基本限制，然后分别讨论功能能控性、RHP 零点、RHP 极点、扰动、输入约束和不确定性等问题。最后，总结 MIMO 系统的输入-输出能控性分析过程中的主要步骤。

6.1 引　言

在 MIMO 系统中，对象增益、RHP 零点、延迟、RHP 极点和扰动，每一个都与方向有关，这就更难像 SISO 情况那样分开考虑它们的影响。尽管如此，SISO 系统中的大多数结果还是能推广到 MIMO。

我们将通过 G 与 G_d 的输出方向，来量化各种影响的方向性：

- y_z：RHP 零点的输出方向，$G(z)u_z=0\times y_z$，见式(4.71)；
- y_p：RHP 极点的输出方向，$G(p)u_p=\infty\times y_p$，见式(4.64)；
- y_d：扰动的输出方向，$y_d=g_d/\|g_d\|_2$，见式(6.42)；
- u_i：对象的第 i 个输出方向（奇异值），$Gv_i=\sigma_i u_i$，见式(3.38)①。

所有这些都是 $l\times 1$ 的向量，l 是输出的个数；y_z 和 y_p 都是值已固定的复向量；$y_d(s)$ 和 $u_i(s)$ 都是依赖于频率的（s 可看作广义复频率，在多数情况下 $s=\mathrm{j}\omega$）。所有向量都经过标准化处理使之具有 Euclid 长度 1。

$$\|y_z\|_2=1,\ \|y_p\|_2=1,\ \|y_d(s)\|_2=1,\ \|u_i(s)\|_2=1$$

也可以考虑 G 相应的输入方向，然而对这些方向通常兴趣不大，因为我们主要关心的是对象

---

① 注意这里 u_i 是第 i 个输出的奇异值向量，并非第 i 个输入。

在输出端的性能。

在不同的输出方向之间的角度，可以用它们的内积$|y_z^H y_p|$、$|y_z^H y_d|$等进行量化。内积给出的数介于0与1之间，由此可以定义在第一象限的角度，见式(A.114)。例如，在一个极点与零点之间的输出角度为

$$\phi=\cos^{-1}|y_z^H y_p|$$

这里$\cos^{-1}$表示arccos。

贯穿全章我们都假定模型已如1.4节所述经过尺度变换。除了尺度变换因子D_u、D_d、D_r和D_e都是对角阵，其元素等于每个变量u_i、d_i、r_i和e_i的最大变化值，尺度变换算法都与SISO系统相同。用尺度变换后的变量表示的控制误差为

$$e=y-r=Gu+G_d d-R\tilde{r}$$

其中，在每一频率都有$\|u(\omega)\|_{\max}\leqslant 1$，$\|d(\omega)\|_{\max}\leqslant 1$，以及$\|\tilde{r}(\omega)\|_{\max}\leqslant 1$，控制目标就是达到$\|e(\omega)\|_{\max}<1$。

注1　这里$\|\cdot\|_{\max}$是向量无穷大范数，即向量中最大元素的绝对值。这个范数有时也写作$\|\cdot\|_\infty$，此处没有采用这种表示法以避免与传递函数$\mathcal{H}_\infty$的范数混淆(此时∞表示频域上的最大值，而非向量元素中的最大值)。

注2　像对SISO系统一样，参考输入的变化，可以作为扰动的一个特例用$-R$代替G_d进行分析。

注3　是同时还是分别考虑各种扰动和参考输入的变化取决于设计思想。因为几种扰动不太可能同时出现最差的值，因此本章将分别考虑其影响。这就导致可接受性能的必要条件涉及不同矩阵的元素而不是范数。

6.2　对灵敏度的基本限制

6.2.1　S加T等于单位阵

由等式$S+T=I$和式(A.51)，得到

$$|\bar{\sigma}(S)-1|\leqslant\bar{\sigma}(T)\leqslant\bar{\sigma}(S)+1 \tag{6.1}$$

$$|\bar{\sigma}(T)-1|\leqslant\bar{\sigma}(S)\leqslant\bar{\sigma}(T)+1 \tag{6.2}$$

结合以上两式得到

$$|\bar{\sigma}(S)-\bar{\sigma}(T)|\leqslant 1 \tag{6.3}$$

这样，在给定的频率上，$\bar{\sigma}(S)$和$\bar{\sigma}(T)$的幅值之差至多为1，所以$\bar{\sigma}(S)$值大，当且仅当$\bar{\sigma}(T)$的值也大。例如，如果$\bar{\sigma}(T)$在一个给定频率的值为5，则$\bar{\sigma}(S)$在此频率的值必定在4与6之间。式(6.1)和式(6.2)的峰值界，也说明S与T的值不可能同时很小(接近于0)。

6.2.2　内插约束

RHP零点。如果$G(s)$在z处有一个输出方向为y_z的RHP零点，那么为了反馈系统的内部稳定，必须施加下面的内插约束：

$$\boxed{y_z^H T(z)=0;\quad y_z^H S(z)=y_z^H} \tag{6.4}$$

用语言来描述就是，T 必须在与 G 相同的方向上有一个 RHP 零点，并且 $S(z)$ 有一个相应于左特征向量 y_z 的特征值 1。

式(6.4)的证明：由式(4.71)知，存在一个输出方向 y_z，使得 $y_z^{\mathrm{H}}G(z)=0$。为了系统的内部稳定性，控制器不能抵消 RHP 零点，因此 $L=GK$ 在相同方向上有一个 RHP 零点，即 $y_z^{\mathrm{H}}L(z)=0$。现在 $S=(I+L)^{-1}$ 是稳定的，且在 $s=z$ 处没有 RHP 极点。所以由 $T=LS$ 可得出 $y_z^{\mathrm{H}}T(z)=0$，以及 $y_z^{\mathrm{H}}(I-S)=0$。 □

RHP 极点。如果 $G(s)$ 在 p 处有一个具有输出方向 y_p 的 RHP 极点，则为了系统的内部稳定性，必须施加下面的内插约束：

$$\boxed{S(p)y_p=0\ ;\quad T(p)y_p=y_p} \tag{6.5}$$

式(6.5)的证明：方阵 $L(p)$ 在 $s=p$ 处有一 RHP 极点，如果假定 $L(s)$ 在 $s=p$ 处没有 RHP 零点，则 $L^{-1}(p)$ 存在，并由式(4.75)存在一个输出极点方向 y_p，使得

$$L^{-1}(p)y_p=0 \tag{6.6}$$

因为 T 稳定，在 $s=p$ 处没有 RHP 极点，所以 $T(p)$ 为有限值。则由 $S=TL^{-1}$，可以得出 $S(p)y_p=T(p)L^{-1}(p)y_p=0$，以及 $T(p)=(I-S(p))y_p=y_p$。 □

对于 L_I、S_I 和 T_I 有类似的约束，但它们是用输入零点和极点方向 u_z 和 u_p 来表述的。

6.2.3 灵敏度积分

对于 SISO 系统，我们曾给出几个关于灵敏度的积分约束(水床效应)。用 S 的行列式或者奇异值可以将这些结果推广到 MIMO 系统，见 Boyd 和 Barratt(1991)以及 Freudenberg 和 Looze(1988)。例如，式(5.5)中的 Bode 灵敏度积分的推广可以写成

$$\int_0^{\infty}\ln|\det S(\mathrm{j}\omega)|\,\mathrm{d}\omega=\sum_j\int_0^{\infty}\ln\sigma_j(S(\mathrm{j}\omega))\,\mathrm{d}\omega=\pi\times\sum_{i=1}^{N_p}\mathrm{Re}(p_i) \tag{6.7}$$

对于一个稳定的 $L(s)$，此积分为 0。其它一些推广也是可行的，见 Chen(1995)、Zhou 等人(1996)，以及 Chen(2000)的论著。然而，尽管这些积分关系很有趣，但看来由此推导出可达性能的具体峰值界却有些困难。

6.3 基本限制：峰值界

基于 6.2.2 节提出的内插约束，可以推导出关于各种闭环传递函数的下界。这些都是对 SISO 所得峰值界的直接推广，见 5.3 节。如果加上对方向的考虑，关于 SISO 系统的一些讨论和解释可以直接搬过来。除非特别指出，本节给出的结论都取自 Chen(2000)论文中的第 V 节。这类峰值界的推导可以上溯到 Zames(1981)的工作。

6.3.1 S 与 T 的最小峰值

在以下讨论中，$M_{S,\min}$ 和 $M_{T,\min}$ 分别表示在利用任何镇定控制器 K 作用下，$\|S\|_\infty$ 和 $\|T\|_\infty$ 可能达到的最小值。也就是说，我们定义了

$$M_{S,\min}\triangleq\min_K\|S\|_\infty,\quad M_{T,\min}\triangleq\min_K\|T\|_\infty$$

定理 6.1 灵敏度与互补灵敏度的峰值。考虑一个有理对象 $G(s)$(没有时延)，设 z_i 是 $G(s)$ 具

有(单位)输出零方向向量 $y_{z,i}$ 的 N_z 个 RHP 零点;设 p_i 是 $G(s)$ 具有(单位)输出极点方向向量 $y_{p,i}$ 的 N_p 个 RHP 极点;另外,假定 z_i 与 p_i 各不相同,则 $\|S\|_\infty$ 与 $\|T\|_\infty$ 有如下严苛下界:

$$M_{S,\min}=M_{T,\min}=\sqrt{1+\bar{\sigma}^2(Q_z^{-1/2}Q_{zp}Q_p^{-1/2})} \tag{6.8}$$

其中 $N_z\times N_z$ 矩阵 Q_z、$N_p\times N_p$ 矩阵 Q_p,以及 $N_z\times N_p$ 矩阵 Q_{zp} 的元素由 Chen(2000)给出:

$$[Q_z]_{ij}=\frac{y_{z,i}^{\mathrm{H}}y_{z,j}}{z_i+\bar{z}_j},[Q_p]_{ij}=\frac{y_{p,i}^{\mathrm{H}}y_{p,j}}{\bar{p}_i+p_j},[Q_{zp}]_{ij}=\frac{y_{z,i}^{\mathrm{H}}y_{p,j}}{z_i-p_j} \tag{6.9}$$

注意式(6.8)对于任意个数的 RHP 极点和 RHP 零点给出了严苛峰值界。

例 6.1　考虑 SISO 对象

$$G(s)=\frac{(s-1)(s-3)}{(s-2)(s+1)^2}$$

此处 $z_1=1,z_2=3,p_1=2$,而且因为这是一个 SISO 对象,所有方向向量 y_z 和 y_p 都是 1。因为 RHP 零点和 RHP 极点接近,因此可以预计,对这个对象的控制存在根本性困难,由式(6.8)也可证实这一点。在 Matlab 中,写成 `Qz = [1/2 1/4; 1/4 1/6]`;`Qp = [1/4]`;`Qpz = [1 -1]`;`msmin = sqrt(1 + svd (sqrtm(inv(Qp)) * Qpz * sqrtm(inv(Qz)))^2)`,求出 $M_{S,\min}=M_{T,\min}=15$。这与式(5.23)具有单个 RHP 极点 SISO 对象的峰值界吻合:

$$M_{S,\min}=M_{T,\min}=\prod_{j=1}^{N_z}\left|\frac{z_j+p}{z_j-p}\right|=\left|\frac{1+2}{1-2}\right|\times\left|\frac{3+2}{3-2}\right|=3\times5=15$$

从 Q_{pz} 中的因子 $\frac{y_{z,j}^{\mathrm{H}}y_{p,i}}{z_j-p_i}$ 可以看出,当 RHP 极点 p_i 与 RHP 零点 z_j 接近时,峰值界将会变大;而当方向一致时,$y_{z,j}^{\mathrm{H}}y_{p,i}$ 的值就不会小。

例 6.2　考虑 MIMO 对象

$$G_\alpha(s)=\begin{bmatrix}\frac{1}{s-p} & 0\\ 0 & \frac{1}{s+3}\end{bmatrix}\begin{bmatrix}\cos 30^\circ & -\sin 30^\circ\\ \sin 30^\circ & \cos 30^\circ\end{bmatrix}\begin{bmatrix}\frac{s-z}{0.1s+1} & 0\\ 0 & \frac{s+2}{0.1s+1}\end{bmatrix};z=2,p=3 \tag{6.10}$$

上述对象在例 6.3 中有更详细的讨论。对应于 RHP 零点 $z=2$ 和 RHP 极点 $p=3$ 的输出方向向量分别为

$$y_z=\begin{bmatrix}0.327\\0.945\end{bmatrix},y_p=\begin{bmatrix}1\\0\end{bmatrix}$$

在输出 1 的方向上存在某种程度的一致,因为 RHP 零点对输出 1 有些作用,而 RHP 极点的全部作用都在输出 1 上。这不可避免要导致 $\bar{\sigma}(S)$ 和 $\bar{\sigma}(T)$ 峰值的出现。由式(6.8)得到,$M_{S,\min}=M_{T,\min}=1.89$;见表 6.1 的 Matlab 代码。

一个 RHP 极点与一个 RHP 零点。对于有一个 RHP 零点 z 和一个 RHP 极点 p 的对象,式(6.8)给出(见 Chen,2000)

$$M_{S,\min}=M_{T,\min}=\sqrt{\sin^2\phi+\frac{|z+p|^2}{|z-p|^2}\cos^2\phi} \tag{6.11}$$

表 6.1 利用式(6.8)计算灵敏度峰值的 Matlab 程序

```
% G: Has distinct and at least one RHP-zero and one RHP-pole
[ptot,ztot] = pzmap(G);                                   % poles and zeros
p = ptot(find(ptot>0)); z = ztot(find(ztot>0));           % RHP poles and zeros
np = length(p); nz = length(z);
G = ss(G); [V,E] = eig(G.A); C = G.C*V;                   % output pole vectors
for i = 1:np
    Yp(:,i) = C(:,i)/norm(C(:,i));                        % pole directions
end
for i = 1:nz
    [U,S,V] = svd(evalfr(G,z(i))); Yz(:,i) = U(:,end);    % zero directions
end
Qp = (Yp'*Yp).*(1./(diag(p')*ones(np) + ones(np)*diag(p)));
Qz = (Yz'*Yz).*(1./(diag(z)*ones(nz) + ones(nz)*diag(z')));
Qzp = (Yz'*Yp).*(1./(diag(z)*ones(nz,np) - ....
      ones(nz,np)*diag(p)));
Msmin = sqrt(1+norm(sqrtm(inv(Qz))*Qzp*sqrtm(inv(Qp)))^2)
```

其中 $\phi=\cos^{-1}|y_z^{\mathrm{H}}y_p|$ 是极点和零点输出方向之间的夹角。如果极点与零点方向一致，使得 $y_z=y_p$，且 $\phi=0$，则式(6.11)就简化成式(5.23)的 SISO 条件。反过来，如果极点与零点相互正交，那么 $\phi=90°$，且 $M_{S,\min}=M_{T,\min}=1$，这样同时有一个 RHP 极点和 RHP 零点，并未增加更多的不利因素。

例 6.2 续 对式(6.10)中的对象，$y_z^{\mathrm{H}}y_p=0.327$，给出 $\phi=\cos^{-1}0.327=70.9°$。这时式(6.11)给出 $M_{S,\min}=M_{T,\min}=1.89$，与式(6.8)得出的值一致。

式(6.8)的峰值界可以扩展到权函数。不失一般性，我们假设权函数 $W_1(s)$ 与 $W_2(s)$ 不含 RHP 极点和 RHP 零点，并考虑如下的权函数 W_1SW_2 与 W_1TW_2。

定理 6.2 加权灵敏度与互补灵敏度峰值。 考虑一个不含时延并且在虚轴上没有极点和零点的有理函数对象 $G(s)$。设 z_i 是 $G(s)$ 的 RHP 零点，其(单位)输出零点方向向量为 $y_{z,i}$，p_i 是 $G(s)$ 的 RHP 极点，其(单位)输出极点方向向量为 $y_{p,i}$；另外，还假设 z_i 和 p_i 各不相同。定义

$$\gamma_{S,\min}\triangleq\inf_K\|W_1SW_2\|_\infty,\quad \gamma_{T,\min}\triangleq\inf_K\|W_1TW_2\|_\infty$$

则有

$$\gamma_{S,\min}=\lambda_{\max}^{1/2}(Q_{z1}^{-1/2}(Q_{z2}+Q_{zp2}^{\mathrm{H}}Q_{p2}^{-1}Q_{zp2})Q_{z1}^{-1/2}) \tag{6.12}$$

$$\gamma_{T,\min}=\lambda_{\max}^{1/2}(Q_{p2}^{-1/2}(Q_{p1}+Q_{zp1}^{\mathrm{H}}Q_{z1}^{-1}Q_{zp1})Q_{p2}^{-1/2}) \tag{6.13}$$

其中 $\lambda_{\max}$ 是最大特征值，Q 阵的元素如下：

$$[Q_{z1}]_{ij}=\frac{y_{z,i}^{\mathrm{H}}W_1^{-1}(z_i)W_1^{-\mathrm{H}}(z_j)y_{z,j}}{z_i+\bar{z}_j},\quad [Q_{z2}]_{ij}=\frac{y_{z,i}^{\mathrm{H}}W_2(z_i)W_2(z_j)y_{z,j}}{z_i+\bar{z}_j}$$

$$[Q_{p1}]_{ij}=\frac{y_{p,i}^{\mathrm{H}}W_1^{\mathrm{H}}(p_i)W_1(p_j)y_{p,j}}{\bar{p}_i+p_j},\quad [Q_{p2}]_{ij}=\frac{y_{p,i}^{\mathrm{H}}W_2^{-\mathrm{H}}(p_i)W_2^{-1}(p_j)y_{p,j}}{\bar{p}_i+p_j}$$

$$[Q_{zp1}]_{ij}=\frac{y_{z,i}^{\mathrm{H}}W_1^{-1}(z_i)W_1(p_j)y_{p,j}}{z_i-p_j},\quad [Q_{zp2}]_{ij}=\frac{y_{z,i}^{\mathrm{H}}W_2(z_i)W_2^{-1}(p_j)y_{p,j}}{z_i-p_j}$$

在权函数为标量时，SISO 的结果可以直接推广如下：

$$\|w_PS\|_\infty\geqslant|w_P(z)| \tag{6.14}$$

$$\|w_TT\|_\infty\geqslant|w_T(p)| \tag{6.15}$$

这表明对于具有 RHP 零点的对象，$\bar{\sigma}(S)$ 不能随意整形；而对于具有 RHP 极点的对象，$\bar{\sigma}(T)$ 不能随意整形。

式(6.8)中 T 的峰值界也可以推广到在输出端包含时延的情况。

定理 6.3　具有时延的对象的互补灵敏度函数峰值。考虑一个在输出通道中有时延的对象

$$G_\theta(s)=\Theta(s)G(s),\quad \Theta(s)=\mathrm{diag}(e^{-\theta_1 s},\cdots,e^{-\theta_n s})$$

其中 $G(s)$ 是有理传递函数矩阵。设 z_i 是 $G(s)$ 的 RHP 零点，其(单位)输出零点方向向量为 $y_{z,i}$。设 p_i 是 $G(s)$ 的 RHP 极点，其(单位)输出极点方向向量为 $y_{p,i}$。这些方向是根据无时延对象计算的。另外，还假设 z_i 和 p_i 各不相同，则关于 $\|T\|_\infty$ 有如下严苛下界：

$$M_{T,\min}=\lambda_{\max}(Q_\theta^{-1/2}(Q_p+Q_{zp}Q_z^{-1}Q_{zp}^{\mathrm{H}})Q_\theta^{-1/2})\tag{6.16}$$

其中矩阵 Q_z、Q_p 和 Q_{zp} 的元素由式(6.9)给出，并且

$$[Q_\theta]_{ij}=\frac{y_{p,i}^{\mathrm{H}}\Theta(\bar{p}_i)\Theta(p_j)y_{p,j}}{\bar{p}_i+p_j}\tag{6.17}$$

对于具有时延的对象，无法得到 $\|S\|_\infty$ 的严苛峰值界。然而，$\bar{\sigma}(S)$ 与 $\bar{\sigma}(T)$ 之差至多为 1 (见式(6.1))，并且

$$M_{T,\min}+1\geqslant M_{S,\min}\geqslant M_{T,\min}-1\tag{6.18}$$

其中 $M_{T,\min}$ 如式(6.16)所示。在例 5.1(见 5.3.1 节)中，给出了一个将式(6.16)的峰值界应用于 SISO 对象的实例。

对于具有单个 RHP 零点 z 和单个 RHP 极点 p 的有时延对象，与式(6.11)相仿，有

$$M_{T,\min}=\frac{1}{\|\Lambda(p)y_p\|_2}\sqrt{\sin^2\phi+\frac{|z+p|^2}{|z-p|^2}\cos^2\phi}\tag{6.19}$$

其中 $\phi=\cos^{-1}|y_z^{\mathrm{H}}y_p|$ 是 $G(s)$ 极点与零点输出方向之间的夹角。

下面的例子表明，只要把方向考虑进来，可以按照 SISO 系统所得结果来理解 MIMO 系统。

例 6.3　考虑对象

$$G_\alpha(s)=\begin{bmatrix}\dfrac{1}{s-p} & 0\\ 0 & \dfrac{1}{s+3}\end{bmatrix}\underbrace{\begin{bmatrix}\cos\alpha & -\sin\alpha\\ \sin\alpha & \cos\alpha\end{bmatrix}}_{U_\alpha}\begin{bmatrix}\dfrac{s-z}{0.1s+1} & 0\\ 0 & \dfrac{s+2}{0.1s+1}\end{bmatrix};z=2,p=3\tag{6.20}$$

无论 α 取何值，系统都有一个 RHP 零点 $z=2$ 和一个 RHP 极点 $p=3$。当 $\alpha=0°$ 时，旋转矩阵 $U_\alpha=I$，对象由两个解耦的子系统组成

$$G_0(s)=\begin{bmatrix}\dfrac{s-z}{(0.1s+1)(s-p)} & 0\\ 0 & \dfrac{s+2}{(0.1s+1)(s+3)}\end{bmatrix}$$

其中子系统 g_{11} 既有一个 RHP 极点又有一个 RHP 零点，预计其闭环性能不好。另一方面，子系统 g_{22} 则没有什么特别的控制问题。再考虑 $\alpha=90°$，这时有

$$U_\alpha=\begin{bmatrix}0 & -1\\ 1 & 0\end{bmatrix},G_{90}(s)=\begin{bmatrix}0 & -\dfrac{s+2}{(0.1s+1)(s-p)}\\ \dfrac{s-z}{(0.1s+1)(s+3)} & 0\end{bmatrix}$$

我们再一次有两个解耦的子系统，但这次是次对角线上的两个元素。然而，主要的差别是这时不再有 RHP 极点和 RHP 零点的交互作用，所以对象会比较容易控制。对于 α 的中间值，我

们得不到两个解耦的子系统，所以在 RHP 极点与 RHP 零点之间总会有一些交互作用。

因为式(6.20)中 RHP 极点位于对象的输出端，其输出方向是固定的，故对 α 的所有值都有 $y_p=[1\quad 0]^T$。而另一方面，RHP 零点的输出方向由 $\alpha=0°$ 时的 $[1\quad 0]^T$ 变到 $\alpha=90°$ 时的 $[0\quad 1]^T$。这样，在极点与零点方向之间的夹角 ϕ 也在 0°到90°之间变化，但 ϕ 与 α 并不相等。这可由下表看出，表中对于四个旋转角度 $\alpha=0°, 30°, 60°, 90°$ 列出了 $M_{S,\min}=M_{T,\min}$ 的值，见式(6.8)或式(6.11)。

α	0°	30°	60°	90°
y_z	$\begin{bmatrix}1\\0\end{bmatrix}$	$\begin{bmatrix}0.33\\-0.94\end{bmatrix}$	$\begin{bmatrix}0.11\\-0.99\end{bmatrix}$	$\begin{bmatrix}0\\1\end{bmatrix}$
$\phi=\cos^{-1}\lvert y_z^H y_p\rvert$	0°	70.9°	83.4°	90°
$M_{S,\min}=M_{T,\min}$	5.0	1.89	1.15	1.0
$\lVert S\rVert_\infty$	7.00	2.60	1.59	1.98
$\lVert T\rVert_\infty$	7.40	2.76	1.60	1.31
$\gamma_{\min}(S/KS)$	9.55	3.53	2.01	1.59

表中也给出了采用以下权函数

$$W_u = I;W_P = \left(\frac{s/M+\omega_B^*}{s}\right)I;M=2,\omega_B^*=0.5 \tag{6.21}$$

进行$\mathcal{H}_\infty$最优 S/KS 设计(见 3.5.7 节)时得到的 $\lVert S\rVert_\infty$ 与 $\lVert T\rVert_\infty$ 的值。

权函数 W_P 表明，我们需要 $\lVert S\rVert_\infty$ 小于 2，并且直到约为 $\omega_B^*=0.5$ rad/s 的频率范围内，都需要严苛控制作用。按表 6.3 中 γ 的值，给出了整个 S/KS 问题的最小$\mathcal{H}_\infty$范数。当参考输入量发生阶跃变化 $r=[1\quad -1]$ 时对应的响应如图 6.1 所示。

关于这个例子有几点需要注意：

1. 由图 6.1 中 $\phi=\alpha=0°$ 时仿真结果看出，y_1 的响应很差；这应该是在意料之中，因为 RHP 极点和 RHP 零点位置接近($z=2$, $p=3$)。y_2 的响应相对来说比较迟缓，因为$\mathcal{H}_\infty$设计仅仅关心 y_1 在最坏情况下的响应。如果需要的话，也可以使 y_2 的响应更快一些。
2. 在 $\phi=\alpha=90°$ 时 RHP 极点和 RHP 零点没有相互作用。从仿真中看到，由于有 RHP 极点，则 y_1(实线)有超调；而由于有 RHP 零点，则 y_2(虚线)有逆向响应。
3. $\lVert S\rVert_\infty$和 $\lVert T\rVert_\infty$的下界 $M_{S,\min}=M_{T,\min}$是严苛峰值界(见式(6.8))，这是因为存在能到达该值的控制器。选择 $W_u=0.01I, \omega_B^*=0.01$，且 $M=1$，可以通过数值计算证实这一点。W_u 和 ω_B 的值都小，所以主要的目标是最小化 S 的峰值。我们发现采用这些权函数时，对于四个角度的$\mathcal{H}_\infty$设计得出的 $\lVert S\rVert_\infty=5.04, 1.905, 1.155, 1.005$，非常接近 $M_{S,\min}$。
4. 在 0°到90°中间值范围内，极点与零点间的夹角 ϕ 与旋转角 α 的差别很大，这是因为 RHP 极点对输出 1 的影响，是在该方向上产生高增益，这会将零点的方向驱向输出 2。
5. 在 $\alpha=0°$ 时，有 $M_{S,\min}=M_{T,\min}=5$，显然不可能像性能权函数 W_P 所要求那样使 $\lVert S\rVert_\infty$ 小于 2。这就是此时 $\gamma_{\min}=9.55$ 如此之大的原因。

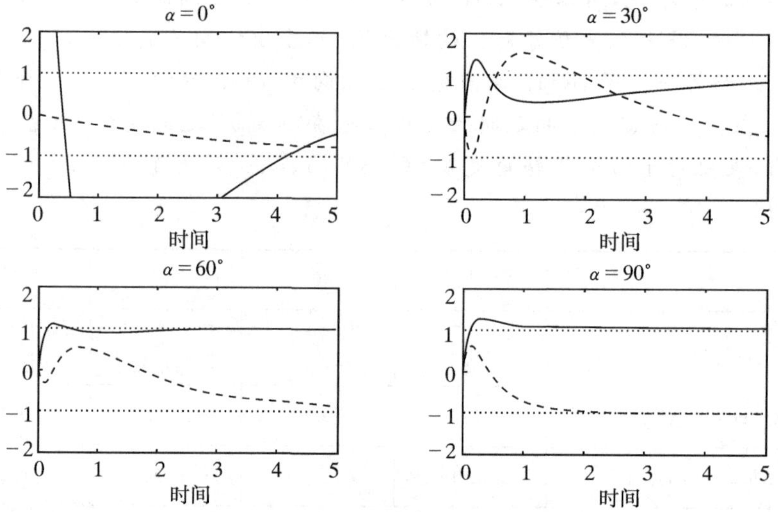

图6.1　式(6.20)的MIMO对象，其RHP极点与RHP零点之间的夹角为ϕ；对于ϕ的四个不同值，当采用$\mathcal{H}_\infty$控制器时，对参考输入$r=[1\quad -1]^T$的阶跃响应。实线：y_1；虚线：y_2

6. 在$\alpha=0°$和$30°$时，$\mathcal{H}_\infty$最优控制器是不稳定的。这一点都不奇怪，因为在$\alpha=0°$时对象成为两个SISO系统，其中一个由于$p>z$而需要一个不稳定的控制器来镇定(见4.8节的条件)。

6.3.2　其它闭环传递函数的最小峰值

这一节将给出其它一些闭环传递函数的峰值界。至于这样做的原因，建议读者参阅5.3.2节关于SISO系统的讨论。表6.3.2总结了关于MIMO系统的结果，同时也说明了，最小化不同闭环传递函数峰值的原因是为了确保系统的性能和鲁棒性。这里会经常使用对象和扰动模型的最小相位和稳定版本，对它们计算的细节请参阅A.6节。

***SG*的峰值界。** 取$W_1=I$且$W_2=G_{ms}(s)$，定理6.2可以用来计算SG的峰值，此处$G_{ms}(s)$表示$G(s)$的“最小相位且稳定的版本”。特别是当系统有一个RHP零点z和一个RHP极点p时，$\|SG\|_\infty$必须满足

$$\|SG\|_\infty \geqslant \|y_z^H G_{ms}(s)\| \sqrt{\sin^2\tilde{\phi}+\frac{|z+\bar{p}|^2}{|z-p|^2}\cos^2\tilde{\phi}} \tag{6.22}$$

其中

$$\cos\tilde{\phi}=\frac{|y_z^H G_{ms}(z)G_{ms}^{-1}(p)y_p|}{\|y_z^H G_{ms}(z)\|_2\ \|G_{ms}^{-1}(p)y_p\|_2}$$

当$G(s)$是非正方阵时(输入个数多于输出)，可用$G_{ms}(s)$的“伪逆”来求$\|SG\|_\infty$的峰值界。

***SG_d*的峰值界。** 一般情况下$G_d\neq G$，我们也希望$\|SG_d\|_\infty$的值小。这种情况可以仿照对SG的处理，在式(6.22)中用$G_{d,ms}$替换G_{ms}，此处$G_{d,ms}(s)$是$G_d(s)$的“最小相位稳定版”。

***KS*的峰值界。** Glover(1986)推导出了传递函数KS的严苛峰值界

$$\|KS\|_\infty \geqslant 1/\underline{\sigma}_H(\mathcal{U}(G)^*) \tag{6.23}$$

其中$\underline{\sigma}_H$是最小的 Hankel 奇异值，$\mathcal{U}(G)^*$是G抗稳定部分的镜像(对于稳定对象此处没有下界)。

还有一个较为简单的峰值界，对于任何 RHP 极点p，$\underline{\sigma}_H(\mathcal{U}(G)^*)\leqslant \| u_p^H G_s(p)\|_2$，等式适用于对象有单个实 RHP 极点$p$的情况。这里$u_p$是输入极点方向，$G_s$是$G$将其 RHP 极点映射到 LHP 后的“稳定版”，见式(5.27)。峰值界如下(Havre and Skogestad,2001)

$$\| KS \|_\infty \geqslant \| u_p^H G_s(p)^{-1} \|_2 \tag{6.24}$$

这就是在单一 RHP 极点时的严苛峰值界。

例 6.4 考虑如下多变量对象：

$$G(s)=\begin{bmatrix} \dfrac{s-z}{s-p} & -\dfrac{0.1s+1}{s-p} \\ \dfrac{s-z}{0.1s+1} & 1 \end{bmatrix}, z=-2.5, p=2 \tag{6.25}$$

对象G有一个 RHP 极点$p=2$(还有一个 LHP 零点$z=-2.5$，但它不带来任何限制)，相应的输入和输出极点方向是

$$u_p=\begin{bmatrix} 0.966 \\ -0.258 \end{bmatrix}, y_p=\begin{bmatrix} 1 \\ 0 \end{bmatrix}$$

下式是$G(s)$的稳定版

$$G_s(s)=\begin{bmatrix} \dfrac{s+2.5}{s+p} & -\dfrac{0.1s+1}{s+2} \\ \dfrac{s+2.5}{0.1s+1} & 1 \end{bmatrix}$$

由量测噪声n、输出扰动d_y，还有参考输入r构成的输入u为(见式(2.21))

$$u=KS(r-d_y-n)$$

由上式看出，为了避免过大的输入信号u，需要对传递函数KS设置峰值界。然而为了镇定对象，由式(6.24)必须有

$$\| KS \|_\infty \geqslant \| u_p^H G_s(p)^{-1} \|_2 = \left\| \begin{bmatrix} 0.966 & -0.258 \end{bmatrix} \begin{bmatrix} 1.125 & -0.3 \\ 3.75 & 1 \end{bmatrix}^{-1} \right\|_2 = 0.859$$

这是一个严苛峰值界，并与式(6.23)求得的值一致，见表 6.2 中的 Matlab 代码。举例说，当一个幅值为$\| d_y \|_2=1$的正弦输出扰动在“最差情况”频率和方向上作用于系统时，这意味着输

表 6.2 计算例 6.4 中 *KS* 峰值的 Matlab 程序

```
% Uses Robust Control toolbox
s = tf('s');
g11=(s+2.5)/(s-2); g12=-(0.1*s+1)/(s-2); g21=(s+2.5)/(0.1*s+1); g22=1;
G = [g11 g12; g21 g22];
% Hankel singular value method (see (6.23))
[h1,h2] = hankelsv(G); % Hankel singular values
ksmin = 1/min(h2);
% Alternate method (see (6.24))
p=2;
gp=evalfr(G,p+0.0001); [U,S,V]=svd(gp); up=V(:,1); % crude method up
g11s=(s+2.5)/(s+2); g12s=-(0.1*s+1)/(s+2); g21s=(s+2.5)/(0.1*s+1); g22s=1;
Gs = [g11s g12s; g21s g22s];
ksmin1 = norm(up'*inv(evalfr(Gs,p)))
```

入信号的幅值 $\|u\|_2$ 不可避免地要有 0.859 或者更大。Havre(1998)给出了更多的细节，包括到达这一峰值界控制器的状态空间实现。

习题 6.1 考虑式(6.25)中的对象，且 $z=2.5$，所以对象有一个 RHP 零点。计算 $\|S\|_\infty$、$\|T\|_\infty$ 和 $\|KS\|_\infty$ 的下界。

***KSG_d*的峰值界。** 对任意扰动，式(6.23)的峰值界可以推广为(Kariwala,2004)

$$\|KSG_d\|_\infty \geqslant 1/\underline{\sigma}_H(\mathcal{U}(G_{d,ms}^{-1}G)^*) \tag{6.26}$$

其中 $\mathcal{U}(G_{d,ms}^{-1}G)^*$ 就是 $G_{d,ms}^{-1}G$ 抗稳定部分的镜像。注意，G_d 中任何不稳定模态必须包含在 G 中，使得利用反馈控制可以将其镇定。在相同条件下，式(6.24)也能够推广得到(Havre and Skogestad,2001)

$$\|KSG_d\|_\infty \geqslant |u_p^H G_s(p)^{-1} G_{d,ms}(p)| \tag{6.27}$$

对单个 RHP 极点 p，这是严苛峰值界。延迟系统的 KSG_d 峰值界可在 Kariwala(2004)的论著中找到。

***S_I*和*T_I*的峰值界。** 对于多变量系统，$S_I=(I+KG)^{-1}$ 不同于 $S=(I+GK)^{-1}$，而且与之相似，T_I 也不同于 T。因此不像 SISO 系统那样，此处输入灵敏度函数 S_I 与输入互补灵敏度函数 T_I 必须分别与 S 和 T 分开来考虑。如前一节所述，S 和 T 的峰值界可以用定理 6.1 来计算。同样的结果对输入灵敏度函数 S_I 与输入辅助灵敏度函数 T_I 也成立，只要用相应的输入极点与零点方向替换式中的输出极点与零点方向即可。与之相类似，在计算 ϕ 时，用 $u_p^H u_z$ 替换 $y_p^H y_z$ 即可；可以用式(6.11)来计算有单个 RHP 极点和单个 RHP 零点系统中，$\|S_I\|_\infty$ 和 $\|T_I\|_\infty$ 的严苛峰值界：

$$M_{S_I,\min} = M_{T_I,\min} = \sqrt{\sin^2\phi_I + \frac{|z+p|^2}{|z-p|^2}\cos^2\phi_I} \tag{6.28}$$

其中 $\cos\phi_I \triangleq |u_z^H u_p|$。

因为 $T_I=KG(I+KG)^{-1}=K(I+GK)^{-1}G=KSG$ 是由输入扰动到控制器输出的闭环传递函数(见 3.2 节)，T_I 的峰值界还可以作为式(6.26)和式(6.27)的特例来计算。要注意的是，对于最小相位系统 $G_{ms}=G_s$，由式(6.27)知，$|u_p^H G_s(p)^{-1} G_{d,ms}(p)| = |u_p^H| = 1$，而且有 $\|T_I\|_\infty \geqslant 1$。对于有任意个不稳定极点的最小相位系统，这一峰值界都是严苛的(Kariwala,2004)。

对许多实际系统，给 S 和 S_I(或 T 和 T_I)中的一个定界，也就同时给另一个定界，但下面的例子说明，这并非总是成立。

例 6.5 考虑下面的多变量对象：

$$G(s) = \begin{bmatrix} \dfrac{s-z}{s-p} & 1 \\ \dfrac{0.01(s-z)}{s+10} & 0.01 \end{bmatrix} \tag{6.29}$$

G 有一个 RHP 极点 $s=p$ 和一个 RHP 零点 $s=z$。因为极点出现在 $G(s)$ 的元素(1,1)中，而零点也只在第一列出现，对于 s 和 p 的所有值有

$$u_p=\begin{bmatrix}1\\0\end{bmatrix},\ y_p=\begin{bmatrix}1\\0\end{bmatrix},\ u_z=\begin{bmatrix}1\\0\end{bmatrix},\ y_z\approx\begin{bmatrix}0.01\\0.99\end{bmatrix}$$

注意 $y_p^H y_z \approx 0.01$ 且 $u_p^H u_z=1$。由式(6.11)和式(6.28)知，当 z 和 p 的位置接近时，$\|S_I\|_\infty$ 和

$\|T_I\|_\infty$将远大于$\|S\|_\infty$和$\|T\|_\infty$。例如，当 $p=2$ 而 $z=2.1$ 时，我们有 $M_{S,\min}=M_{T,\min}\approx 1$（$\|S\|_\infty$与$\|T\|_\infty$可能达到的峰值），而由式(6.28)知，$\|S_I\|_\infty$和$\|T_I\|_\infty$必定大于 6.4。

表 6.3 重要闭环传递函数的峰值界

		希望小，是为了		峰值界	
		信号（见 2.2.2 节）	稳定鲁棒性（见 8.6 节）	特殊情况（仅对 $N_p=1$ 和/或 $N_z=1$ 是严苛的）	一般情况（包括 SISO）
1.	S	性能跟随（$e=-S_r$）	乘性逆输出不确定性（Δ_{i0}）	$\sqrt{\sin^2\phi+\frac{\|z+p\|^2}{\|z-p\|^2}\cos^2\phi}$ (6.11)	(6.8)
2.	T	性能噪声（$e=-Tn$）	乘性加性输出不确定性（Δ_0）	$\sqrt{\sin^2\phi+\frac{\|z+p\|^2}{\|z-p\|^2}\cos^2\phi}$ (6.11) 和(6.19)对时延系统	(6.8)和(6.16)对延迟系统
3.	KS	输入利用（$u=KS(r-n)$）	加性不确定性（Δ_A）	$\|u_p^H G_s(p)^{-1}\|_2$(6.24)（对 N_2 的任何值是严苛的）	$1/\underline{\sigma}_H(\mathcal{U}(G)^*)$ (6.23)
4.*	SG_d	性能扰动（$e=SG_du$）	$G_d=G$：逆不确定性（Δ_{iA}）	$\|y_z^H G_{d,ms}(s)\|\cdot\sqrt{\sin^2\tilde{\phi}+\frac{\|z+p\|^2}{\|z-p\|^2}\cos^2\tilde{\phi}}$ (6.22)	(6.12)且 $W_1=I$ 以及 $W_2=G_{d,ms}$
5.*	KSG_d（T_I 对于 $G_d=G$）	输入利用扰动（$u=KSG_dd$）	$G_d=G$：乘性加性输入不确定性（Δ_I）	$\|u_p^H G_s(p)^{-1}G_{d,ms}(p)\|$ (6.27)（对 N_Z 的任何值是严苛的）	$1/\sigma_H(\mathcal{U}(G_{d,ms}^{-1}G)^*)$ (6.26)
6.	S_I	实际对象输入（$(u+d_u)=S_Id_u$）	逆乘性输入不确定性（Δ_{iI}）	$\sqrt{\sin^2\phi_I+\frac{\|z+p\|^2}{\|z-p\|^2}\cos^2\phi_I}$ (6.28)	(6.8)输出方向由输入方向(u_p, u_z)代替

* 特殊情况：输入扰动($G_d=G$)

至此可以结束关于基本限制的这一节了。本章后面将会更详细地讨论这些结果对于控制的意义。

6.4 功能能控性

考虑具有 l 个输出的对象 $G(s)$，用 r 表示 $G(s)$ 的标准秩。为了能独立控制所有的输出，必须要求 $r=l$，此时称该对象是“功能能控的”。Rosenbrock(1970，p. 170)针对方形系统引入了这个术语，与之相关的概念还有“右可逆性”和“输出可实现性”。我们将采用下面定义：

定义 6.1 功能能控性。 一个具有 m 个输入、l 个输出的对象 $G(s)$ 称为是功能能控的，如果 $G(s)$ 的正常秩 r 等于输出个数($r=l$)；也就是说，$G(s)$ 是行满秩的。如果 $r<l$，则该对象是功能不能控的。

$G(s)$ 的正常秩，是指 $G(s)$ 在除几个奇异点($G(s)$ 的零点)外，对所有 s 值的秩。功能能控性的最低要求是，输入的个数至少等于输出的个数，即 $m\geqslant l$。

一个对象是功能不能控的，当且仅当 $\sigma_l(G(\mathrm{j}\omega))=0$，$\forall\omega$。作为一个对象功能不能控程度的一种度量，我们可以考察最小奇异值 $\sigma_l(G(\mathrm{j}\omega))$。功能不能控 SISO 对象的唯一例子，就是 $G(s)=0$。类似地，一个 MIMO 对象是功能不能控的，如果在某个输出方向上，增益对所有频率恒等于零。

对于严格真对象 $G(s)=C(sI-A)^{-1}B$，如果秩 $\mathrm{rank}(B)<l$(系统是输入不足的)，或者 $\mathrm{rank}(C)<l$(系统是输出不足的)，或者 $\mathrm{rank}(sI-A)<l$(状态个数少于输出个数)，则 $G(s)$ 均为功能不能控的。这是因为矩阵乘积的秩小于或等于各个因子矩阵的最小秩，见式(A.36)。

在大多数情况下，功能不能控性是对象结构的特性；也就是说，它并不依赖于具体的参数值，并且通常可以从因果图推断出来。一个典型的例子是，某个输出 y_j 不受任何一个输入 u_i 的影响，这时 $G(s)$ 的某一行元素将全部为零；另一个例子就是输入个数少于输出个数。

如果对象不是功能能控的，即 $r<l$，则将有 $l-r$ 个输出方向，记作 y_0，是不受影响的。这些方向随频率而改变，并且有(类似于零方向的概念)

$$y_0^{\mathrm{H}}(\mathrm{j}\omega)G(\mathrm{j}\omega)=0 \tag{6.30}$$

由 $G(\mathrm{j}\omega)=U\Sigma V^{\mathrm{H}}$ 的奇异值分解(SVD)，不能控输出方向 $y_0(\mathrm{j}\omega)$ 是 $U(\mathrm{j}\omega)$ 的最后 $l-r$ 列。通过对这些方向的分析，工程师就可以决定是接受某些输出组合的不能控，还是添加执行机构来增加 $G(s)$ 的秩。

例 6.6 下面的对象是奇异的，因此不是功能能控的：

$$G(s)=\begin{bmatrix}\dfrac{1}{s+1} & \dfrac{2}{s+1}\\[2mm] \dfrac{2}{s+2} & \dfrac{4}{s+2}\end{bmatrix}$$

很明显，$G(s)$ 的第 2 列就是第 1 列乘 2。在低频和高频段不能控输出方向分别为

$$y_0(0)=\frac{1}{\sqrt{2}}\begin{bmatrix}1\\-1\end{bmatrix};\quad y_0(\infty)=\frac{1}{\sqrt{5}}\begin{bmatrix}2\\-1\end{bmatrix}$$

6.5 时延带来的限制

像 SISO 系统一样，在 MIMO 系统中时延通常也会带来限制，但也有例外。作为这种限制的一个例子，用 θ_{ij} 表示 $G(s)$ 中第 i,j 个元素的时延，那么第 i 个输出时延的下界可以由 $G(s)$ 第 i 行的最小时延给出，即

$$\theta_i^{\min}=\min_j\theta_{ij}$$

这一峰值界是显然的，因为 $\theta_i^{\min}$ 是任何输入影响到输出 i 的最小时间，而 $\theta_i^{\min}$ 可以看作是与输出 i 绑定的时延。

Holt 与 Morari(1985a)还推导出了另外的峰值界,但需要假定有解耦的闭环响应(从总体性能角度考虑是不希望这样的),同时也假定输入有无限大功率,所以这些条件有时用处有限。

例外。 对于 MIMO 系统,一个令人惊讶的结果是,增加时延有时还能改善系统可达到的性能。举一个简单的例子,考察下面的对象

$$G(s)=\begin{bmatrix}1 & 1\\ e^{-\theta s} & 1\end{bmatrix} \tag{6.31}$$

当 $\theta=0$,则对象是奇异的(不是功能能控的),独立控制两个输出显然不可能。而另一方面,若 $\theta>0$,只要带宽大于大约 $1/\theta$,在高频段的反馈控制就是可能的。就此例而言,θ 越大,控制越容易。简而言之时延的存在对最初(高频)响应有解耦作用,如果控制器在这一最初阶段有反应,我们就可以得到严苛控制。为了说明这一点,可以计算出 G 的奇异值,它是关于频率的函数,可以看到在低频段最小奇异值为 0,而且会随频率增高而增加,并在频率 π/θ 达到最大值 1.41。

习题 6.2 对设定点变化 $r_1=\begin{bmatrix}1\\0\end{bmatrix}$和 $r_2=\begin{bmatrix}1\\1\end{bmatrix}$,用简单的对角控制器 $K=\frac{k}{s}I$,并在 $k\theta=0.1$、1 和 10 时,仿真式(6.31)对象的闭环响应。绘制 $\theta=1$ 时输入与输出的响应曲线。与 r_1 相比,为什么在 r_2 发生时控制要好得多?

习题 6.3* 为了进一步阐明上述论点,对于式(6.31)的对象及 $K=\frac{k}{s}I$,计算灵敏度函数 S。利用近似式 $e^{-\theta s}\approx 1-\theta s$,说明 $S(s)$的元在低频段的幅值为 $1/(k\theta+2)$。k 必须有多大才使系统有可接受的性能(在低频段偏移小于 10%)?这时对应的带宽是多少?(答案:需要 $k>8/\theta$,带宽等于 k)。

注 1 细心的读者可能已经注意到,由于 $\omega\theta=2\pi n, n=0,1,2,\cdots$ 时有 $e^{-j\omega\theta}=1$,因此式(6.31)中 $G(s)$的最小奇异值在高频段周期性地降到 0。这会产生与带宽无关的"振铃"现象,从仿真中即可看出。

注 2 读者可能也看到了,式(6.31)中的 $G(s)$在 $s=0$ 时奇异(即使 θ 非 0),从而在 $s=0$ 处有零点。所以,具有积分作用的控制器能抵消这一零点(例如当传递函数 KS 含有积分器的情况),将产生一个内部不稳定的系统。随着输入信号的积分最终趋于无穷大,这种内部不稳定性将自身显现出来。为了"校正"这些结果,可以假设对象每个元都有一个积分器。这样,其中一个积分器会抵消在 $s=0$ 处的零点,并导致稳态增益在一个方向上为有限值,而在另一个方向上为无穷大。或者换个办法,可以假定用 $0.99e^{-\theta s}$ 代替 $e^{-\theta s}$,从而使对象在稳态非奇异(但接近奇异)。

注 3 式(6.31)模型的一个物理实例就是蒸馏塔,其中 θ 表示液流从塔顶到达底部的时间。

习题 6.4 用 $0.99(1-\theta s/2n)^n/(1+\theta s/2n)^n$ 代替 $e^{-\theta s}$ 重复习题 6.2(其中 $n=2$ 是 Padé 近似的阶数)。同时对 $k=0.1/\theta$, $k=1/\theta$ 和 $k=8/\theta$,分别画出 $S(j\omega)$各元关于频率的函数曲线。注意,因为 $G(s)$仅当 $\omega=\infty$ 时才为奇异,此时没有振铃现象。

6.6 RHP 零点带来的限制

在许多实际的多变量系统中经常会有 RHP 零点问题。这些 RHP 零点对系统带来的限

制与 SISO 系统的情形相仿，因为只在特定的方向上起作用，通常没有那么严重。

对于理想的ISE最优控制（“廉价”的LQR问题），可以把5.5节SISO的结果 $ISE=2/z$ 加以推广。Qiu 和 Davison(1993) 的论著表明，对于一个在 z_i 处有 RHP 零点的 MIMO 对象，其相应于阶跃扰动，或阶跃参考输入的理想 ISE 值（“廉价”的 LQR 代价函数）是与 $\sum_i 2/z_i$ 直接相关的。这样，像 SISO 系统一样，接近原点的 RHP 零点意味着控制性能会很差。

位于 z 的 RHP 零点带来的限制，可以由下面的峰值界推导得出

$$\| w_p S(s) \|_\infty = \max_\omega | w_p(j\omega) | \times \bar{\sigma}(S(j\omega)) \geqslant | w_p(z) | \tag{6.32}$$

其中 $w_P(s)$ 是标量权函数。在5.7.3节关于 SISO 系统推导的所有结果，都可以推广到 MIMO 系统，只要考虑相应于最大奇异值 $\bar{\sigma}(S)$ 的“最坏”方向即可。例如，通过选择权函数 $w_P(s)$，使得我们需要在低频段有严苛控制作用，以及 $\bar{\sigma}(S)$ 的峰值小于2，由式(5.51)我们推导出对一个 RHP 零点的带宽（在“最坏”方向上），必须满足 $\omega_B^* < z/2$。另一方面，如果我们需要在高频有严苛控制作用，则由式(5.57)，必须满足 $\omega_B^* > 2z$。读者也可以参考习题6.5，该习题给出了有 RHP 零点对象不同输出性能之间的折衷方案。

注1 式(6.32)中标量权函数 $w_P(s)$ 的应用多少会受到一些限制。然而，如果人们遵从1.4节的尺度变换方法，即把所有输出按照其可能的变化值进行尺度变换，使其幅值大致具有同等重要性，就会降低对上述假设的限制程度。

注2 注意，式(6.32)的条件涉及到最大奇异值（与“最坏”方向相关联），因此 RHP 零点在其它方向就可能不产生限制。更进一步，我们可以在一定程度上选择这个最坏方向，下面将讨论这个问题。

习题6.5* 对于具有单个实 RHP 零点 z，且输入方向为 u_z 的对象，以及对角型性能权矩阵 W_P，证明如果要求 $\| W_P S \|_\infty < 1$，就意味着

$$\sum_i | w_{P,i}(z) |^2 | u_{z,i} |^2 < 1 \tag{6.33}$$

如果 $w_{P,i}$ 如式(5.50)所给，并且 $w_{P,j}=0$，$i \neq j$（除了 y_i 之外，对其它输出的控制可以任意差），证明在低频段对 y_i 的严苛控制，要对 $\omega_{B,i}^*$ 提出如下限制

$$\omega_{B,i}^* < z\left(\frac{1}{u_{z,i}} - \frac{1}{M}\right) \tag{6.34}$$

6.6.1 将 RHP 零点的影响转移到特定输出端

在 MIMO 系统中，经常可以把 RHP 零点的不利影响移动到某个不重要的输出上。之所以能这样做，是因为尽管内插约束 $y_z^H T(z)=0$ 使 $T(s)$ 每一列内的各元之间有一定关系，但仍然可以独立地选取 $T(s)$ 的列。为了便于理解下面的结果，我们先来考虑一个例子。本节的大多数结论来自 Holt 和 Morari(1985b) 的论著，文中还对这些结果作了进一步推广。

例3.17 续。 考虑对象

$$G(s) = \frac{1}{(0.2s+1)(s+1)} \begin{bmatrix} 1 & 1 \\ 1+2s & 2 \end{bmatrix}$$

在 $s=z=0.5$ 处有一个 RHP 零点。这和3.6节研究过的是同一个对象，当时我们进行了某种 $\mathcal{H}_\infty$ 控制器的设计。输出零点方向满足 $y_z^H G(z)=0$，并且

$$y_z=\frac{1}{\sqrt{5}}\begin{bmatrix}2\\-1\end{bmatrix}=\begin{bmatrix}0.89\\-0.45\end{bmatrix}$$

任何容许的 $T(s)$ 必须满足式(6.4)的内插约束 $y_z^{\mathrm{H}}T(z)=0$，而这使得 $T(s)$ 的列各元之间有如下关系：

$$2t_{11}(z)-t_{21}(z)=0;\quad 2t_{12}(z)-t_{22}(z)=0 \tag{6.35}$$

现在我们考虑参考输入跟踪 $y=Tr$，并研究 T 可能的三种选择：T_0 为对角型(解耦设计)，T_1 使输出 1 得到完美控制，而 T_2 使输出 2 得到完美控制。当然，实际中不可能达到完美控制，但可以做出假设以简化讨论。在这三种情况下，我们都要求在稳态有完美跟踪，即 $T(0)=I$。

在解耦设计方案中，$t_{12}(s)=t_{21}(s)=0$，为了满足式(6.35)，我们需要 $t_{11}(z)=0$ 且 $t_{22}(z)=0$，所以两个对角元都必须包含 RHP 零点。同时为了满足 $T(0)=I$，一种可能的选择是

$$T_0(s)=\begin{bmatrix}\frac{-s+z}{s+z} & 0\\ 0 & \frac{-s+z}{s+z}\end{bmatrix} \tag{6.36}$$

对于两种分别使一个输出得到完美控制的设计方案，我们选择

$$T_1(s)=\begin{bmatrix}1 & 0\\ \frac{\beta_1 s}{s+z} & \frac{-s+z}{s+z}\end{bmatrix}\qquad T_2(s)=\begin{bmatrix}\frac{-s+z}{s+z} & \frac{\beta_2 s}{s+z}\\ 0 & 1\end{bmatrix}$$

这后两种选择的基础如下：对于不需要完美控制的输出，其对角线元必须有 RHP 零点以满足式(6.35)，而非对角线上的元在其分子上必须含有一个 s 项，使得 $T(0)=I$。为满足式(6.35)，这两种设计下我们都必须要求

$$\beta_1=4,\ \beta_2=1$$

对于 $T_1(s)$ 的设计，RHP 零点对输出 1 不起作用；而对 $T_2(s)$ 的设计，RHP 零点对输出 2 不起作用。由此可见，的确有可能把 RHP 零点的影响移动到某个特定输出上，然而我们必须为此付出代价，即会产生一些交互影响。我们看到，用 β_k 表示这种交互影响的大小，在对输出 1 有完美控制的情况下，交互作用的幅值最大($\beta_1=4$)。这也是合理的，因为零点输出方向 $y_z=[0.89\quad -0.45]^{\mathrm{T}}$ 主要在输出 1 的方向上，所以要"付出多一些"才能使其对输出 2 产生影响。这种情况也见于 3.6 节控制器的设计，见图 3.12。

从上面的例子看到，要获得如式(6.36)中 $T_0(s)$ 设计那样由 r 到 y 的解耦响应，必须接受这样的看法：多变量 RHP 零点，是以 $T(s)$ 每个对角线元的 RHP 零点出现的；也就是说，尽管 $G(s)$ 在 $s=z$ 处只有一个 RHP 零点，$T_0(s)$ 却要有两个。换言之，要求有解耦响应，通常会在 $T(s)$ 中引入附加的 RHP 零点，而在 $G(s)$ 中并不出现。

我们还看到，虽然可以把 RHP 零点的影响移动到某个特定的输出上，但同时必须接受一些交互作用的出现。下面的定理会有更为准确的说明。

定理 6.4 假设 $G(s)$ 是功能能控且稳定的方阵，在 $s=z$ 处有单个 RHP 零点，但在该处没有 RHP 极点，如果输出零点方向的第 k 个元不为零，即 $y_{zk}\neq 0$，那么可在所有满足 $j\neq k$ 的输出得到"完美"控制，同时其它的输出不会呈现稳态偏移。具体说，T 可选为

$$T(s)=\begin{bmatrix}1 & 0 & \cdots & 0 & 0 & 0 & \cdots & 0\\ 0 & 1 & \cdots & 0 & 0 & 0 & \cdots & 0\\ \vdots & \vdots & & & & & & \\ \frac{\beta_1 s}{s+z} & \frac{\beta_2 s}{s+z} & \cdots & \frac{\beta_{k-1} s}{s+z} & \frac{-s+z}{s+z} & \frac{\beta_{k+1} s}{s+z} & \cdots & \frac{\beta_n s}{s+z}\\ \vdots & & \ddots & & & & & \vdots\\ 0 & 0 & \cdots & 0 & 0 & 0 & \cdots & 1\end{bmatrix} \tag{6.37}$$

其中

$$\beta_j=-2\frac{y_{zj}}{y_{zk}}\ 对于\ j\neq k \tag{6.38}$$

证明：显然式(6.37)满足内插约束 $y_z^H T(z)=0$；读者也可参阅 Holt 和 Morari(1985b)的论著。

□

式(6.38)对 RHP 零点完全移动到输出 k 的影响进行了量化。我们看到，如果这个零点不是“自然地”与该输出共线，也就是说，如果 $|y_{zk}|$ 远小于 1，导致某个 $\beta_j=-2y_{zj}/y_{zk}$ 的幅值远大于 1，那么交互作用将是严重的。特别地，不能把 RHP 零点的影响移动到相应于 y_z 中零元的那个输出上。如果 RHP 零点与一个输出子集绑定，这种情形就会经常发生。

习题 6.6* 考虑对象

$$G(s)=\begin{bmatrix}\alpha & 1\\ \frac{1}{s+1} & \alpha\end{bmatrix} \tag{6.39}$$

(a)求其零点及输出方向。(答案：$z=1/\alpha^2-1$，$y_z=[-\alpha\quad 1]^T$)

(b)α 的哪些值会产生 RHP 零点，这些值中按照可达到性能哪些是最好或最不好的？(答案：$|\alpha|<1$时会有 RHP 零点；$\alpha=0$ 时零点在无穷远处，最好；$\alpha=1$ 时零点在 $s=0$，如果要求系统有稳态控制，则是最坏的情况。)

(c)假定 $\alpha=0.1$，哪个输出是最难控制的？利用定理 6.4 说明得出的结论。(答案：输出 2 最难控制，因为零点主要在该方向上；如果想完美地控制 y_2，就会有 $\beta=20$ 的强交互作用。)

习题 6.7 对于下面的对象重复上面的练习

$$G(s)=\frac{1}{s+1}\begin{bmatrix}s-\alpha & 1\\ (\alpha+2)^2 & s-\alpha\end{bmatrix} \tag{6.40}$$

6.7 不稳定(RHP)极点带来的限制

对于不稳定的对象，需要反馈来镇定，而 $\|KS\|_\infty$ 不可避免会有一个非零的最小值，见式(6.24)。更确切地说，由式(6.5)知道，不稳定极点 p 的存在，要求系统必须具备内部稳定性 $\boxed{T(p)y_p=y_p}$，这里 y_p 是输出极点方向。像 SISO 系统一样(见 5.9 节)，这带来了如下两个限制：

1. RHP 极点对输入使用强度的限制。 对于一个不稳定的系统，传递函数 KS(从测量噪声 n 或输出扰动 d_y 到对象输入 u)必须满足(Havre and Stogestad, 2001)

$$\| KS \|_\infty \geqslant | G_s^{-1}(p) | \tag{6.41}$$

对于具有单个实 RHP 极点 p 的情况，这是严苛的条件；对于有多重不稳定极点的情况，式(6.23)给出了更为严苛的条件。

2. RHP 极点对带宽的限制。要镇定一个对象，需要有足够快的反应，并且在直到近似 $2|p|$ 的频率范围内，要求 $\bar{\sigma}(T(\mathrm{j}\omega))$ 约为 1 或更大。

对带宽的限制要遵从峰值界

$$\| w_T(s)T(s) \|_\infty \geqslant |w_T(p)|$$

这表明 RHP 极点对 $\bar{\sigma}(T)$ 有限制，这与 5.9 节对 SISO 系统关于 $|T|$ 推导的结果是一致的。

6.8 扰动带来的性能要求

对于 SISO 系统，我们发现大而“快”的扰动，要求有严苛控制和大的带宽。同样的结论也适用于 MIMO 系统，但方向的问题仍然是重要的。

定义 6.2 扰动方向。考虑单个(标量)扰动，并用向量 g_d 表示它对于输出的影响($y=g_d d$)，扰动的方向定义为

$$y_d = \frac{1}{\| g_d \|_2} g_d \tag{6.42}$$

相关的扰动条件数定义为

$$\gamma_d(G) = \bar{\sigma}(G)\bar{\sigma}(G^\dagger y_d) \tag{6.43}$$

这里 $G^\dagger$ 是伪逆，对于非奇异的 G 即为 G^{-1}。

注：用 g_d(而不是 G_d)以说明所考虑的是单个扰动，即 g_d 是一个向量。对于有许多扰动的对象，g_d 是矩阵 G_d 的一列。

扰动条件数提供了扰动与对象共线程度的一种度量，可能在 1 和条件数 $\gamma(G)=\bar{\sigma}(G)\bar{\sigma}(G^\dagger)$ 之间变化，而 1(对于 $y_d=\bar{u}$)表示扰动出现在“好的”方向上；而 $\gamma(G)$(对于 $y_d=\underline{u}$)表示扰动出现在“差的”方向上。此处 $\bar{u}$ 和 $\underline{u}$ 分别是对象具有最大和最小增益的输出方向，见第 3 章。

下面设 $r=0$，并假定扰动已经过尺度变换，使得在每个频率上可选出的最坏情况扰动 $|d(\omega)|=1$。还假定输出也经过尺度变换，使得性能目标在每个频率上误差的 2 范数应该小于 1，即 $\| e(\omega) \|_2<1$。在反馈控制下，$e=Sg_d d$，而且如果

$$\| Sg_d \|_2 = \bar{\sigma}(Sg_d) < 1 \quad \forall\omega \quad \Leftrightarrow \quad \| Sg_d \|_\infty < 1 \tag{6.44}$$

则可满足性能目标。

对于 SISO 系统，我们用此对灵敏度函数和回路增益推导出严苛峰值界：$|S|<1/|G_d|$ 以及 $|1+L|>|G_d|$。类似的推导对于 MIMO 系统则因方向性而变得复杂。为了看清这一点，可用式(6.42)得出如下要求，这与式(6.44)是等价的：

$$\| Sy_d \|_2 < 1/ \| g_d \|_2 \quad \forall\omega \tag{6.45}$$

这表明 S 仅在 y_d 的方向上必须小于 $1/\| g_d \|_2$。我们也可以推导出用 S 奇异值表示的峰值界。由于 g_d 是向量，由式(3.42)有

$$\underline{\sigma}(S)\|g_d\|_2 \leqslant \|Sg_d\|_2 \leqslant \bar{\sigma}(S)\|g_d\|_2 \tag{6.46}$$

现在 $\underline{\sigma}(S)=1/\bar{\sigma}(I+L)$ 且 $\bar{\sigma}(S)=1/\underline{\sigma}(I+L)$，所以我们有了下面的要求：

- 为使系统有可接受的性能（$\|Sg_d\|_2<1$），我们至少必须要求 $\bar{\sigma}(I+L)$ 大于 $\|g_d\|_2$，还可能必须要求 $\underline{\sigma}(I+L)$ 大于 $\|g_d\|_2$。

有 RHP 零点的对象。 如果 $G(s)$ 在 $s=z$ 有一个 RHP 零点，则当扰动与这个零点的输出方向共线时，系统性能可能会很差。为了看到这一点，利用 $y_z^H S(z)=y_z^H$，并对 $f(s)=y_z^H S g_d$ 应用最大模原理，得出

$$\|Sg_d\|_\infty \geqslant |y_z^H g_d(z)| = |y_z^H y_d| \times \|g_d(z)\|_2 \tag{6.47}$$

要满足 $\|Sg_d\|_\infty<1$，对于一个给定扰动 d 至少必须要求

$$\boxed{|y_z^H g_d(z)|<1} \tag{6.48}$$

此处 y_z 是 RHP 零点的方向。这是对式(5.78)中 SISO 条件 $|G_d(z)|<1$ 的推广。对于组合的扰动，条件是 $\|y_z^H G_d(z)\|_2<1$。

注：在上面的讨论中，在每一频率上我们按 $\|e\|_2$（2 范数）来考察系统的性能。然而，1.4 节中的尺度变换，很自然地导致向量最大值范数成为度量信号和性能的手段。幸而，这种差别并不太重要，我们在下面的讨论中忽略它。原因是对一个 $m\times 1$ 的向量 a，有 $\|a\|_{\max}\leqslant\|a\|_2\leqslant\sqrt{m}\|a\|_{\max}$（见式(A.95)），所以 max 范数与 2 范数的值至多差一个因子 $\sqrt{m}$。

例 6.7　考虑下面的对象和扰动模型：

$$G(s)=\frac{1}{s+2}\begin{bmatrix} s-1 & 4 \\ 4.5 & 2(s-1)\end{bmatrix},\quad g_d(s)=\frac{6}{s+2}\begin{bmatrix} k \\ 1\end{bmatrix},\quad |k|\leqslant 1 \tag{6.49}$$

假定扰动与输出已经过适当的尺度变换，问题是对象是否输入-输出能控，也就是说，对于 $|k|\leqslant 1$ 的任意值，是否能达到 $\|Sg_d\|_\infty<1$。$G(s)$ 有 RHP 零点 $z=4$，在例 4.13 中我们已经计算了零点方向，由此得到

$$|y_z^H g_d(z)| = \left|\begin{bmatrix}0.83 & -0.55\end{bmatrix}\times\begin{bmatrix}k\\1\end{bmatrix}\right| = |0.83k-0.55|$$

由式(6.48)可以得出结论，当 $|0.83k-0.55|>1$，即 $k<-0.54$ 时，对象不是输入-输出能控的。对于 $k>-0.54$，我们也不能确定这个对象就是能控的，因为式(6.48)仅仅是获得可接受性能的必要条件（不是充分条件），可能还有其它因素决定能控性，例如下面要讨论的输入约束就是这样的因素。

6.9　输入约束带来的限制

对调节变量的约束，会限制系统抑制扰动、跟踪参考输入和镇定对象的能力。就像在第 5 章对 SISO 系统所讨论的那样，我们将考虑完美控制（$e=0$）和可接受控制（$\|e\|\leqslant 1$）。我们将对扰动推导出结果，而且只要用 $-R$ 替换 G_d 就可以得到参考输入跟踪的相应结果。本节的结果同时适用于反馈和前馈控制。

注：对于 MIMO 系统，度量向量信号在每个频率上幅值大小的向量范数 $\|\cdot\|$ 的选择，是会产生一些差别的。当考虑输入饱和问题时，最自然的选择是向量的 max 范数（最大元），按尺

度变换考虑这也是最自然的选择。然而为了数学处理方便，我们也会考虑向量的 2 范数（Euclid 范数）。在大多数情况下，这两种范数的差别有一点实际意义。

6.9.1 完美控制的输入

考虑这样一个问题：在保持 $\|u\|\leqslant 1$ 的条件下，可否完美地实现对扰动 $\|d\|\leqslant 1$ 的抑制 $(e=0)$？为了回答这个问题，必须对所有可能的扰动和所有容许的输入信号进行量化。我们将同时考虑 max 范数和 2 范数。

Max 范数与方阵对象。对于方阵对象，实现完美扰动抑制所需的输入为 $u=-G^{-1}G_d d$（与 SISO 情形相同）。考虑单个扰动（g_d 为一向量），那么最严重的扰动是 $|d(\omega)|=1$，此时我们知道，如果向量 $G^{-1}g_d$ 中所有元的幅值都小于 1，即

$$\|G^{-1}g_d\|_{\max}\leqslant 1,\quad \forall\omega$$

则可避免输入饱和（$\|u\|_{\max}\leqslant 1$）出现。

对于并发的扰动（G_d 为矩阵），相应的要求是

$$\|G^{-1}G_d\|_{i\infty}\leqslant 1,\quad \forall\omega \tag{6.50}$$

其中 $\|\cdot\|_{i\infty}$ 是诱导的 max 范数（诱导的∞范数，即行之和的最大值，见式（A.106））。但是，通常在预备性分析中建议每次只考虑一个扰动，比如说，绘制矩阵 $G^{-1}G_d$ 单个元素作为频率函数的曲线。这样可以给出更多的信息，如哪一个输入最容易饱和，以及哪一个扰动威胁最大。

2 范数。我们用 2 范数对扰动 $\|d\|_2\leqslant 1$ 和输入进行度量。假设 G 行满秩，于是可对输出进行完美控制。那么，完美的扰动抑制所需最小输入（$\|u\|_2$）为

$$u=-G^{\dagger}G_d d \tag{6.51}$$

此处 $G^{\dagger}=G^{H}(GG^{H})^{-1}$ 是式（A.65）的 Moore-Penrose 伪逆。在单个扰动时，我们要求 $\|G^{\dagger}g_d\|_2\leqslant 1$。在组合扰动时，要求 $\bar{\sigma}(G^{\dagger}G_d)\leqslant 1$；也就是说，诱导 2 范数小于 1，见式（A.107）。

对于组合的参考输入变化 $\|\tilde{r}(\omega)\|_2\leqslant 1$，在 $\|u\|_2\leqslant 1$ 时相应的完美控制的条件变成 $\bar{\sigma}(G^{\dagger}R)\leqslant 1$，或等价地是（见式（A.63））

$$\underline{\sigma}(R^{-1}G)\geqslant 1,\quad \forall\omega\leqslant\omega_r \tag{6.52}$$

其中 ω_r 是所要求的参考输入跟踪频率范围的上限。通常 R 是所有元素大于 1 的对角阵，我们必须至少要求

$$\underline{\sigma}(G(j\omega))\geqslant 1,\quad \forall\omega\leqslant\omega_r \tag{6.53}$$

或者更一般地说，我们想要 $\underline{\sigma}(G(j\omega))$ 大。

6.9.2 可接受控制的输入

利用奇异值，可以把 5.11.2 节适用于 SISO 系统的结果，推广到 MIMO 系统。下面是总结的主要结果，而推导的细节可以在本书第 1 版（Skogestad and Postlethwaite，1996）找到。

令 $r=0$，并考虑对扰动 d 的响应 $e=Gu+G_d d$。对于任意 $\|d\|\leqslant 1$，采用输入 $\|u\|\leqslant 1$，我们要求 $\|e\|<1$。对于向量信号，在此用的是 max 范数 $\|\cdot\|_{\max}$（向量无穷大范数）。为了简化问题，我们逐一按频率考虑，并每次考虑一个扰动，即 d 为标量，而 g_d 为向量。此时最严

重扰动是 $|d|=1$，在每一个频率上，我们的问题是要计算

$$U_{\min} \triangleq \min_{u} \|u\|_{\max} \text{使得} \|Gu+g_d d\|_{\max} \leqslant 1, \quad |d|=1 \tag{6.54}$$

在每一频率上，对象的奇异值分解 SVD（可以不是方阵）为 $G=U\Sigma V^{\mathrm{H}}$。我们得出，G 的每一个奇异值 $\sigma_i(G)$，必须近似地满足

$$\boxed{\text{在} |u_i^{\mathrm{H}} g_d| > 1 \text{的频率处，有} \sigma_i(G) \geqslant |u_i^{\mathrm{H}} g_d| - 1} \tag{6.55}$$

这里 u_i 是 G 的第 i 个输出奇异值向量。注意，式（6.55）是近似的，并且只是得到可接受控制的必要条件。

6.9.3 镇定系统的输入

为了镇定不稳定对象，积极应用输入是必要的，由式（6.24）知，我们必须要求 $\|KS\|_{\infty} \geqslant (1/\underline{\sigma}_H) \geqslant \|u_p^{\mathrm{H}} G_s(p)^{-1}\|_2$，这里 KS 是由量测噪声和输出扰动到对象输入的传递函数，即 $u=-KS(d+n)$。如果所要求的输入超出了约束，那么镇定系统就似乎不可能了。

6.10 不确定性带来的限制

如 5.12 节对 SISO 系统所述那样，不确定性的存在要求必须采用反馈控制，而不仅仅是采用前馈控制。在 MIMO 系统中还多出一个问题，就是和对象方向性相关联的不确定性。本节的主要目的是介绍一些简单的工具，如 RGA 和条件数，可以用来识别那些可能对多变量（与方向有关的）不确定性敏感的对象。

考虑实际（带有不确定性）对象 G'，以及两自由度反馈控制器 $u'=K(r-y')K_r r$，此处 K 是反馈控制器，而 K_r 是针对参考输入的前馈控制器，见图 2.5。为简单计，只考虑针对参考输入的前馈控制器，但这些分析很容易推广到针对扰动的情况。因参考输入的变化 r 引起的控制误差 e' 为，见式（2.28），

$$e' = y' - r = -S'S'_r r \tag{6.56}$$

此处 $S=(I+G'K)^{-1}$ 是（反馈）灵敏度函数，$S'_r=I-G'K_r$ 是前馈灵敏度函数。在没有反馈控制时（$K=0$），我们有 $S'=I$；而在没有前馈控制时（$K_r=0$），则有 $S'_r=I$。为了有好的性能（$\|e'\|_2$ 小），我们希望 $\bar{\sigma}(S')$ 和 $\bar{\sigma}(S'_r)$ 都小，但在模型不确定的情况下，这可能难以做到，下面会有较为详细的讨论，关于这个问题可参见 6.10.2 节（前馈控制）和 6.10.4 节（反馈控制）。我们将推导 $\bar{\sigma}(S'_r)$ 和 $\bar{\sigma}(S')$ 的上界，其中涉及到条件数

$$\gamma(G) = \frac{\bar{\sigma}(G)}{\underline{\sigma}(G)}, \quad \gamma_I^*(G) = \min_{D_I} \gamma(GD_I), \tag{6.57}$$

可以用式（A.75）计算最小化的条件数 $\gamma_I^*(G)$。同样地，我们可用对象的 RGA 矩阵来表示反馈和前馈控制的下界。

注： 在第 8 章，对于给定的控制器和几乎任意形式的不确定性，我们将讨论一些性能分析更为精确的方法，包括利用结构奇异值的鲁棒性能分析。在本节中只进行比较基本的分析，因为我们想寻求一些只依赖于对象的结果。

6.10.1 输入与输出不确定性

在实际中，真实的摄动对象 G' 和模型 G 之间的偏差有很多不同的来源。本节我们的注意

力将集中在输入不确定性和输出不确定性上。下面给出以乘性(关联)形式呈现的不确定性①(如图 6.2)

输出不确定性:

$$G' = (I + E_O)G \quad 或 \quad E_O = (G' - G)G^{-1} \tag{6.58}$$

输入不确定性:

$$G' = G(I + E_I) \quad 或 \quad E_I = G^{-1}(G' - G) \tag{6.59}$$

除此之外,为完整性还要考虑加性不确定性

$$G' = G + E_A \quad 或 \quad E_A = G' - G \tag{6.60}$$

尽管通常这不是一个描述不确定性的好方法,因为很难量化 E_A 幅值的大小。如果矩阵 E_I、E_O 或 E_A 中所有的元素都不为零,则有满元素的("未结构化的")不确定性,然而对多变量系统来说,未结构化的不确定性描述是一种较差的(保守的)假设。因而我们将集中考虑对角型的输入与输出不确定性,即 E_I 和 E_O 都是对角阵。这种不确定性通常是由单个输入或输出通道上的不确定性引起的,例如

$$E_I = \mathrm{diag}\{\varepsilon_1, \varepsilon_2, \cdots\} \tag{6.61}$$

其中 ε_i 是第 i 个输入通道中的相对不确定性。典型情况下,ε_i 的值是 0.1 或更大一些。要特别强调的是,对角型的输入和输出不确定性总会出现在真实系统中。在这些不确定性中,因为性能是在输出端测量的,我们要证明对角型输入不确定性对控制来说通常是最糟糕的。

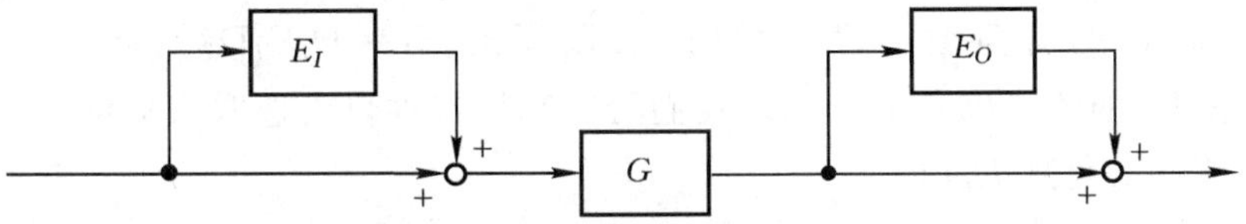

图 6.2 具有乘性输入和输出不确定性的对象

6.10.2 不确定性对前馈控制的影响

这里要考虑的是,当采用"完美"(逆基)前馈控制时,不确定性的影响。采用前馈控制器 $u = K_r r$,并假定对象 G 可逆,所以可选择

$$K_r = G^{-1}$$

在没有不确定性的标称情况,可以得到的完美控制 $S_r = 0$,即 $e = y - r = (GK_r - I)r = -S_r r = 0$。然而,对实际对象 G'(有不确定性),控制误差变为

$$e' = (G'G^{-1} - I)r = -S'_r r$$

对于三种来源的不确定性

$$输出不确定性: -S'_r = E_O \tag{6.62}$$

$$输入不确定性: -S'_r = GE_I G^{-1} \tag{6.63}$$

$$加性不确定性: -S'_r = E_A G^{-1} \tag{6.64}$$

① 本书中我们用 Δ 表示标准化的不确定性,其范数总是小于 1,而 $E = |\varepsilon|\Delta$ 则表示未经标准化处理。我们通常用权值 $|w| = |\varepsilon| = \bar{\sigma}(E)$ 来表示不确定性的大小。

(在给定的频率下)要获得有效的前馈控制,必须要求 $\bar{\sigma}(S'_r)\leqslant 1$。对这三种来源的不确定性,我们推导出下面的上界:

$$\text{输出不确定性}:\bar{\sigma}(S'_r) = \bar{\sigma}(E_O) \tag{6.65}$$

$$\text{输入不确定性}:\bar{\sigma}(S'_r) \leqslant \bar{\sigma}(E_I)\gamma(G) \tag{6.66}$$

$$\text{加性不确定性}:\bar{\sigma}(S'_r) \leqslant \bar{\sigma}(E_A)/\underline{\sigma}(G) \tag{6.67}$$

其中我们用到了 $\bar{\sigma}(G^{-1})=1/\underline{\sigma}(G)$,并引入了条件数 $\gamma(G)=\bar{\sigma}(G)/\underline{\sigma}(G)$。如果假设任意的"满元素"不确定性 E_I、E_O 或 E_A 具有给定的幅值是容许的,那么这个峰值界就是严苛的(等式总能达到)。对于输出不确定性,式(6.62)与 SISO 系统推导的结果是一致的(见 5.12 节),为了能有效地使用前馈控制,我们必须要求相对输出不确定性要小于 1。对于输入不确定性,矩阵 GE_IG^{-1} 的范数是 E_I 的范数的 $\gamma(G)$ 倍;如果 $\gamma(G)$ 的值大,就必须要求相对输入不确定性远小于 1。但式(6.66)的不等式和式(6.67)一般来说偏于保守,因为在实际中不太可能出现一个具有给定幅值满元素的不确定性。

对角型输入不确定性。因为上述原因,我们将聚焦在对角型输入不确定性上,这在实际中总会出现,而且可能对采用前馈控制的多变量性能产生严重限制。这里要特别说明的是:

- 如果对象最小化输入条件数 $\gamma_I^*(G)$ 的值小,则对角型输入不确定性的前馈控制是可接受的,见式(6.68);但如果对象具有大的 RGA 元,则应避免使用对角型输入不确定性的前馈控制,见式(6.70)。

当存在式(6.61)的对角型不确定性时,可以写出 $E_I=D_IE_ID_I^{-1}$,且 $-S'_r=(GD_I)E_I(GD_I)^{-1}$,对角阵 D_I 的值可以自由选取。我们可以利用这种自由选取来降低 $\bar{\sigma}(S'_r)$ 峰值界的保守程度。(对所有对角阵 E_I)有

$$\bar{\sigma}(S'_r) = \bar{\sigma}(GE_IG^{-1}) \leqslant \bar{\sigma}(E_I)\gamma_I^*(G) \tag{6.68}$$

这表明如果最小化输入条件数小,对角型输入不确定性的灵敏度就低。为了能达到"充分与必要条件",我们需要式(6.68)为严苛峰值界(至少其中某个因子是);也就是说,总是存在一个"最坏情况"的对角阵 E_I,使得 $\bar{\sigma}(S'_r)$ 与上界合理接近。尽管看起来大多数情况都会如此,但这并未证实普遍成立。幸运的是,我们有一个 RGA 条件在相反的方向上起作用。按对角型输入不确定性,GE_IG^{-1} 的对角元可按 RGA 相应的行元素,直接由式(A.81)给出

$$[GE_IG^{-1}]_{ii} = \sum\nolimits_{j=1}^{n}\lambda_{ij}(G)\varepsilon_j \tag{6.69}$$

矩阵的范数总是会大于其元,通过容许任意对角型输入不确定性满足 $|\varepsilon_i|\leqslant\bar{\sigma}(E_I)$,我们可以选择最坏情况的 ε_i 组合,使得行之和取最大值(见本节最后的注),从而有(对某个"最坏情况"对角阵 E_I)

$$\bar{\sigma}(S'_r) = \bar{\sigma}(GE_IG^{-1}) \geqslant \bar{\sigma}(E_I)\,\|\Lambda\|_{i\infty} \tag{6.70}$$

其中 $\|\Lambda\|_{i\infty}$ 是 RGA 的诱导∞范数(行的最大和)。RGA 矩阵容易计算,且与输入和输出二者的尺度变换无关,这使得条件式(6.70)的使用尤其具有吸引力。因为对角型输入不确定性总是存在,于是可由式(6.63)和(6.70)得出结论:如果对象有较大的 RGA 元,反馈控制的性能将会变差;反过来却未必正确,也就是说,如果 RGA 的元很小,我们也不能从中得出对象对输入不确定性不敏感的结论。这是因为我们不能由 RGA 谈论 GE_IG^{-1} 非对角元大小的任何事情,见例 6.10。

例 6.8 蒸馏过程的逆基控制。 对于式(3.93)中的蒸馏过程,有

$$G(s)=\frac{1}{75s+1}\begin{bmatrix}87.8 & -86.4\\108.2 & -109.6\end{bmatrix},\quad \Lambda(G)=\begin{bmatrix}35.1 & -34.1\\-34.1 & 35.1\end{bmatrix} \tag{6.71}$$

并且 $\gamma(G)=\gamma_I^*(G)=141.7$。RGA 元的值大,所以我们知道,逆基前馈控制对于对角型输入不确定性敏感。当 $E_I=\mathrm{diag}\{\varepsilon_1,\varepsilon_2\}$时,对于所有频率可得到

$$GE_IG^{-1}=\begin{bmatrix}35.1\varepsilon_1-34.1\varepsilon_2 & -27.7\varepsilon_1+27.7\varepsilon_2\\43.2\varepsilon_1-43.2\varepsilon_2 & -34.1\varepsilon_1+35.1\varepsilon_2\end{bmatrix} \tag{6.72}$$

当 ε_1 与 ε_2 的符号相反时,矩阵 GE_IG^{-1}的元最大。如果容许每个输入通道有 20%误差,可取 $\varepsilon_1=0.2$,且 $\varepsilon_2=-0.2$,从而得到

$$GE_IG^{-1}=\begin{bmatrix}13.8 & -11.1\\17.2 & -13.8\end{bmatrix} \tag{6.73}$$

这样当考虑 20%的输入不确定性并采用"理想"前馈控制器时,由式(6.63)知,在包括稳态的所有频率上,跟踪误差有可能超过 1000%。这说明了反馈的必要性。但如在例 6.11 中看到的,这个对象用反馈控制也很难。

下面的例子表明对象条件数 $\gamma(G)$的值大,不一定意味着就对不确定性敏感,即使采用逆基控制器也是如此。

例 6.9 蒸馏过程的逆基控制,DV 模型。 在此例中,考虑下面由 Skogestad 等人(1988)给出的蒸馏模型(这与上面研究的是同一个系统,只是底层控制采用的是 DV 而非 LV 构成,见例 10.8):

$$G(s)=\frac{1}{75s+1}\begin{bmatrix}-87.8 & 1.4\\-108.2 & -1.4\end{bmatrix},\quad \Lambda(G)=\begin{bmatrix}0.448 & 0.552\\0.552 & 0.448\end{bmatrix} \tag{6.74}$$

在所有频率上都有 $\|\Lambda(G(\mathrm{j}\omega))\|_{i\infty}=1$,$\gamma(G)\approx 70.76$ 且 $\gamma_I^*(G)\approx 1.11$。条件数虽大,但因为 $\gamma_I^*(G)$的值小,系统对于对角型输入的不确定性并不敏感。这一点适用于理想的逆基前馈控制,见式(6.68),也适用于基于求逆的反馈控制,见后面的式(6.92)。

例 6.10 对于具有对角型输入不确定性的 2×2 对象,通常有

$$GE_IG^{-1}=\begin{bmatrix}\lambda_{11}\varepsilon_1+\lambda_{12}\varepsilon_2 & -\dfrac{g_{12}}{g_{22}}\lambda_{11}(\varepsilon_1-\varepsilon_2)\\ \dfrac{g_{21}}{g_{11}}\lambda_{11}(\varepsilon_1-\varepsilon_2) & \lambda_{21}\varepsilon_1+\lambda_{22}\varepsilon_2\end{bmatrix} \tag{6.75}$$

例如,考虑三角型对象,其中 $g_{12}=0$,$|g_{21}|/|g_{11}|$的值较大

$$G=\begin{bmatrix}1 & 0\\10 & 1\end{bmatrix}$$

对于这个对象,逆基前馈控制会对不确定性敏感吗? $\Lambda=I$ 的值小,所以根据用 RGA 表示的下界式(6.70)无法断定。该三角形对象的最小化条件数为 $\gamma_I^*=2|g_{21}|/|g_{11}|=20$,其值过大,所以根据用 γ_I^* 表示的上界式(6.68)也无法断定。但是,这个系统事实上对于对角型输入不确定性是敏感的,因为由式(6.75)知,GE_IG^{-1}的第 2,1 个元素为$(g_{21}/g_{11})(\varepsilon_1-\varepsilon_2)$。例如,具有 20%对角型输入不确定性,我们可以选择 $\varepsilon_1=0.2$ 和 $\varepsilon_2=-0.2$,第 2,1 元素的值为

$10(0.2+0.2)=4$，远大于1；可以预见到，有不确定性时用前馈控制性能不好。这就促使我们考虑在这个对象上用反馈控制。

注：最坏情况下的不确定性。 了解哪些输入误差的组合导致系统性能变差是很有好处的。对逆基控制器(前馈或反馈)，如果我们考察 GE_IG^{-1} 会做出很好的判断，其中 $E_I=\mathrm{diag}\{\varepsilon_k\}$。如果所有的 ε_k 都有相同的幅值 $|w_I|=\bar{\sigma}(E_I)$，则 GE_IG^{-1} 的任意对角线元的最大可能值为 $|w_I|\times\|\Lambda(G)\|_{i\infty}$。为得到该值，可选择每一个 ε_k 的相位使得 $\angle\varepsilon_k=-\angle\lambda_{ik}$，其中 i 表示 $\Lambda(G)$ 具有最大元的行。此外，如果 $\Lambda(G)$ 是实数(例如在稳态下)，ε_k 的符号应该与 $\Lambda(G)$ 最大元行的符号相反。

6.10.3 不确定性影响与反馈的益处

为了说明反馈为降低系统对不确定性敏感性带来的益处，我们考虑输出不确定性给参考输入跟踪带来的影响。作为比较的基础，先考虑前馈控制。

前馈控制。 设前馈控制时标称传递函数是 $y=T_rr$，其中 $T_r=GK_r$，而 K_r 表示前馈控制器。理想的情况是 $T_r=I$。在有模型误差 $T'_r=G'K_r$ 时，系统响应的改变为 $y'-y=(T'_r-T_r)r$，其中

$$T'_r-T_r=(G'G^{-1}-I)T_r=E_OT_r \tag{6.76}$$

从而 $y'-y=E_OT_rr=E_Oy$，在前馈控制时，由不确定性引起的相对控制误差，等于相对输出的不确定性。

反馈控制。 单自由度反馈控制时，标称传递函数是 $y=Tr$，其中 $T=L(I+L)^{-1}$ 是互补灵敏度函数。理想的情况是 $T=I$。由模型误差导致的响应变化是 $y'-y=(T'-T)r$，由式(A.152)得到

$$T'-T=S'E_OT \tag{6.77}$$

从而，$y'-y=S'E_OTr=S'E_Oy$，于是我们看到

- 与前馈控制相比，采用反馈控制使不确定性的影响减少了因子 S'。

所以，在反馈有效的频率范围内，并且当 S' 中的元素值小时，反馈控制对不确定性的敏感程度远远低于前馈控制。当然在穿越频率区，当 S' 可能有大于1的元时，也可能出现相反的情况；见6.10.4节。

注1　对方阵对象，$E_O=(G'-G)G^{-1}$，式(6.77)变为

$$\Delta T\times T^{-1}=S'\times\Delta G\times G^{-1} \tag{6.78}$$

其中 $\Delta T=T'-T$，且 $\Delta G=G'-G$。式(6.78)是对式(2.24)SISO系统Bodé微分关系的推广。为了看清这一点，考虑SISO系统，并令 $\Delta G\to0$，则 $S'\to S$，并由式(6.78)得出

$$\frac{\mathrm{d}T}{T}=S\frac{\mathrm{d}G}{G} \tag{6.79}$$

注2　引入反向输出乘性不确定性 $G'=(I-E_{iO})^{-1}G$，就可以推导出另外一种说明反馈好处的表达式。我们得到(Horowitz and Shaked，1975)

$$\text{前馈控制：}T'_r-T_r=E_{iO}T'_r \tag{6.80}$$

$$\text{反馈控制：}T'-T=SE_{iO}T' \tag{6.81}$$

(对象为方阵时的简单证明：把式(6.76)中的 G 与式(6.77)中的 G' 交换，并利用关系 $E_{iO}=$

$(G'-G)G'^{-1}$得到。)

注 3 式(6.77)的另外一种形式是(Zames,1981)

$$T'-T=S'(L'-L)S \tag{6.82}$$

结论。由式(6.77)、式(6.81)和式(6.82)我们看到,对于反馈控制,在反馈有效(即 S 和 S'小)的频率范围内,$T'-T$ 的值小,这通常发生在低频段。在较高的频率上,实际系统中 L 的值小,故 T 的值也小,$T'-T$ 的值同样也小,所以在采用反馈控制后,仅在 S 和 T 的范数都大约为 1 的穿越频率区,不确定性对系统有较大影响。

6.10.4 不确定性对反馈灵敏度峰值的影响

上面说明了反馈如何降低不确定性的影响,但同时也指出不确定性仍对系统可达性能带来限制,尤其是在穿越频率附近。下面的目标是分别研究由式(6.58)表示的乘性输出不确定性,和由式(6.59)表示的乘性输入不确定性,如何影响灵敏度 $\bar{\sigma}(S')$幅值。峰值界是按照对象的条件数(见式(6.57))和控制器的条件数给出的,后者是

$$\gamma(K)=\frac{\bar{\sigma}(K)}{\underline{\sigma}(K)},\ \gamma_O^*(K)=\min_{D_O}\gamma(D_OK) \tag{6.83}$$

最小化的条件数 $\gamma_O^*(K)$可以用式(A.76)来计算。下面对 S'按标称灵敏度 S 进行分解(见附录 A.7),构成了推导的基础:

$$\text{输出不确定性}:S'=S(I+E_OT)^{-1} \tag{6.84}$$

$$\text{输入不确定性}:S'=S(I+GE_IG^{-1}T)^{-1}=SG(I+E_IT_I)^{-1}G^{-1} \tag{6.85}$$

$$S'=(I+TK^{-1}E_IK)^{-1}S=K^{-1}(I+T_IE_I)^{-1}KS \tag{6.86}$$

我们假设 G 和 G'是稳定的,还假设系统闭环稳定,故 S 和 S'也都稳定。由此知,$(I+E_OT)^{-1}$和$(I+E_IT_I)^{-1}$也是稳定的。在大多数情况下,假定在每一频率上乘性(相对)不确定性的幅值,可以用其奇异值来界定

$$\bar{\sigma}(E_I)\leqslant|w_I|,\quad \bar{\sigma}(E_O)\leqslant|w_O| \tag{6.87}$$

其中 $w_I(s)$和 $w_O(s)$都是标量权函数。典型的不确定性峰值界$|w_I|$或$|w_O|$在低频为 0.2,在较高的频率会超过 1。

这里先说明 $\bar{\sigma}(S')$的上界。这些都基于式(6.84)~式(6.86)的等式,以及下面的奇异值不等式(见附录 A.3.4)

$$\bar{\sigma}((I+E_IT_I)^{-1})=\frac{1}{\underline{\sigma}(I+E_IT_I)}\leqslant\frac{1}{1-\bar{\sigma}(E_IT_I)}\leqslant\frac{1}{1-\bar{\sigma}(E_I)\bar{\sigma}(T_I)}\leqslant\frac{1}{1-|w_I|\bar{\sigma}(T_I)}$$

当然这些不等式只在假定 $\bar{\sigma}(E_IT_I)<1$、$\bar{\sigma}(E_I)\bar{\sigma}(T_I)<1$ 和 $|w_I|\bar{\sigma}(T_I)<1$ 时才成立。为简单计,我们将不再每次都提到这些假设。

关于输出不确定性 $\bar{\sigma}(S')$的上界

由式(6.84)推导出

$$\bar{\sigma}(S')\leqslant\bar{\sigma}(S)\bar{\sigma}((I+E_OT)^{-1})\leqslant\frac{\bar{\sigma}(S)}{1-|w_O|\bar{\sigma}(T)} \tag{6.88}$$

由式(6.88)我们看到,当按照对象的输出来衡量系统性能时,无论是对角型的还是满元素的输出不确定性,都不会产生特别的问题。也就是说,如果有合理的稳定裕量($\|(I+E_OT)^{-1}\|_\infty$不要比 1 大太多),则标称的或摄动的灵敏度并无太大区别。

关于输入不确定性 $\bar{\sigma}(S')$ 的上界

一般情况(满元素的或对角型的输入不确定性,以及任意控制器)。由式(6.85)和式(6.86)推导出

$$\bar{\sigma}(S') \leqslant \gamma(G)\bar{\sigma}(S)\bar{\sigma}((I+E_I T_I)^{-1}) \leqslant \gamma(G)\frac{\bar{\sigma}(S)}{1-|w_I|\bar{\sigma}(T_I)} \tag{6.89}$$

$$\bar{\sigma}(S') \leqslant \gamma(K)\bar{\sigma}(S)\bar{\sigma}((I+T_I E_I)^{-1}) \leqslant \gamma(K)\frac{\bar{\sigma}(S)}{1-|w_I|\bar{\sigma}(T_I)} \tag{6.90}$$

由式(6.89)我们看到,对于一个小条件数 $\gamma(G)\approx 1$ 的对象,无论控制器怎样,系统对输入不确定性总是不敏感的。由式(6.90),我们得出的重要结论是,如果采用"圆形"控制器,意味着 $\gamma(K)$ 接近于1,则灵敏度函数对输入不确定性也是不敏感的。在许多情况下,式(6.89)和式(6.90)不是很有用,因为所给出的上界太大。

对角型输入不确定性(任意控制器)。由式(6.85)中的第一个等式我们得到,$S'=S(I+(GD_I)E_I(GD_I)^{-1}T)^{-1}$,并且利用奇异值不等式可以推导出

$$\bar{\sigma}(S') \leqslant \frac{\bar{\sigma}(S)}{1-\gamma_I^*(G)|w_I|\bar{\sigma}(T)} \tag{6.91}$$

$$\bar{\sigma}(S') \leqslant \frac{\bar{\sigma}(S)}{1-\gamma_O^*(K)|w_I|\bar{\sigma}(T)} \tag{6.92}$$

由式(6.91)可以看出,如果 $\gamma_I^*(G)$ 小,系统对于对角型输入不确定性是不敏感的,并且与控制器无关。同样地,如果 $\gamma_O^*(K)$ 小,则系统对于对角型输入不确定性也是不敏感的,且与对象的情况无关。注意,对于对角型控制器(分散控制)$\gamma_O^*(K)=1$,式(6.92)表明在分散控制下,对角型不确定性不会带来什么问题。而另一方面,当采用形如 $K=DG^{-1}$ 的逆基(解耦)控制器时,其中 D 为对角阵,有 $\gamma_O^*(K)=\gamma_I^*(G)$,因此对于具有大的 $\gamma_I^*(G)$ 值的对象来说,解耦控制可能对于对角型输入不确定性敏感。

关于输入不确定性(包括对角型输入不确定性)$\bar{\sigma}(S')$ 的下界

上文已经推导出 $\bar{\sigma}(S')$ 的上界,现在我们要推导其下界。下界之所以有用,在于能使我们明确地知道何时对象不是输入-输出能控的。重要的是,这一峰值界也适用于对角型输入不确定性这种常见的特殊情况。

定理 6.5 输入不确定性和逆基控制。 考虑控制器 $K(s)=l(s)G^{-1}(s)$,它能够产生标称解耦响应,相应的灵敏度为 $S=s\times I$,互补灵敏度为 $T=t\times I$,其中 $t(s)=1-s(s)$。假设对象有对角型输入不确定性 E_I,其每个输入通道的相对幅值为 $|w_I(\mathrm{j}\omega)|$,那么存在输入不确定性的一种组合(即存在一个对角型的 Δ_I),使得在每个频率上都有

$$\bar{\sigma}(S') \geqslant \bar{\sigma}(S)\left(1+\frac{|w_I t|}{1+|w_I t|}\|\Lambda(G)\|_{i\infty}\right) \tag{6.93}$$

其中 $\|\Lambda(G)\|_{i\infty}$ 是 RGA 的行之和的最大值,而 $\bar{\sigma}(S)=|s|$。

后面会有定理的证明。由式(6.93)我们看到,当采用逆基控制器时,在对象有大 RGA 元的频段,最坏情况灵敏度将远大于标称值。在控制有效的频率范围内($\bar{\sigma}(S)$ 小,且 $|t|\approx 1$),这意味着控制不像预期的那样好,但也许还能接受。然而,在穿越频率区,$\bar{\sigma}(S)$ 和 $|t|=|1-s|$ 都接近于1,我们发现,如果对象在这些频率有大的 RGA 元时,式(6.93)中的 $\bar{\sigma}(S')$ 可能变得远大于1。式(6.93)的峰值界适用于对角型输入不确定性,从而也适用于满元素的输

入不确定性(因为这是一个下界)。

定理 6.5 的证明:(引自 Skogestad 与 Havre(1996)和 Gjøsaeter(1995)的论著)将灵敏度函数写为

$$S' = (I + G'K)^{-1} = SG\underbrace{(I + E_I T_I)^{-1}}_{D}G^{-1},\ E_I = \mathrm{diag}\{\varepsilon_k\},\quad S = sI \tag{6.94}$$

因为 D 是对角阵,从式(6.69)知,S' 对角线上的元可以用对象 G 的 RGA 表示为

$$s'_{ii} = s\sum\nolimits_{k=1}^{n}\lambda_{ik}d_k;\ d_k = \frac{1}{1+t\varepsilon_k};\ \Lambda = G\times(G^{-1})^{\mathrm{T}} \tag{6.95}$$

(此处 s 是一个标量灵敏度函数,而非 Laplace 变量。)矩阵的奇异值大于其任意元,故有 $\bar{\sigma}(S')\geqslant \max_i|s'_{ii}|$。下面的目标是,选取输入误差的一个组合,使得最坏情况下的 $|s'_{ii}|$ 尽可能大。考虑一个给定的输出 i,并将式(6.95)中和式的每一项写成

$$\lambda_{ik}d_k = \frac{\lambda_{ik}}{1+t\varepsilon_k} = \lambda_{ik} - \frac{\lambda_{ik}t\varepsilon_k}{1+t\varepsilon_k} \tag{6.96}$$

我们选择所有的 ε_k 都有相同的幅值 $|w_I(\mathrm{j}\omega)|$,故有 $\varepsilon_k(\mathrm{j}\omega)=|w_I|e^{\mathrm{j}\angle\varepsilon_k}$。我们还假定在所有频率都有 $|t\varepsilon_k|<1$①,使 $1+t\varepsilon_k$ 的相位在 $-90°$ 和 $90°$ 之间。此时总可选择 $\angle\varepsilon_k$(ε_k 的相位),使式(6.96)最后一项为负实数,并且在每个频率上,当这样选择 ε_k 时有

$$\begin{aligned}\frac{s'_{ii}}{s} &= \sum\nolimits_{k=1}^{n}\lambda_{ik}d_k = 1 + \sum\nolimits_{k=1}^{n}\frac{|\lambda_{ik}|\times|t\varepsilon_k|}{|1+t\varepsilon_k|}\\ &\geqslant 1 + \sum\nolimits_{k=1}^{n}\frac{|\lambda_{ik}|\times|w_I t|}{1+|w_I t|} = 1 + \frac{|w_I t|}{1+|w_I t|}\sum\nolimits_{k=1}^{n}|\lambda_{ik}|\end{aligned} \tag{6.97}$$

此处第一个等式利用了 RGA 的行元素之和为 1($\sum\nolimits_{k=1}^{n}\lambda_{ik}=1$)的事实。因为 $|\varepsilon_k|=|w_I|$,且 $|1+t\varepsilon_k|\leqslant 1+|t\varepsilon_k|=1+|w_I t|$,所以这些不等式成立。这些推导对任何的 i 都成立(但是每次只对一个),选择 i 使 $\sum\nolimits_{k=1}^{n}|\lambda_{ik}|$ 取最大值,就得到了式(6.93)(G 的 RGA 行之和的最大值)。

□

下面考虑三个例子。首先考虑 RGA 和 $\gamma_I^*(G)$ 都大的对象;第二个两者都小;第三个 RGA 小而 γ_I^* 大。第一个和第三个对于对角型输入不确定性都敏感,而第二个(γ_I^* 小)则不敏感。

例 6.11 蒸馏过程的反馈控制。 再次考虑式(6.71)中的蒸馏过程 $G(s)$。我们在例 6.8 中已经发现,这个过程按前馈控制对于对角型输入不确定性是敏感的。该对象在所有频率上都有 $\|\Lambda(G(\mathrm{j}\omega))\|_{i\infty}=69.1$ 和 $\gamma(G)\approx\gamma_I^*(G)\approx 141.7$。

1. <u>逆基反馈控制器</u> 考虑控制器 $K(s)=(0.7/s)G^{-1}(s)$,这相应于标称灵敏度函数

$$S(s)=\frac{s}{s+0.7}I$$

标称响应极佳,但从图 3.14 的仿真结果看,有 20% 的输入增益不确定性时,闭环响应极差(取 $\varepsilon_1=0.2$ 和 $\varepsilon_2=-0.2$)。从式(6.93)知,具有较小的 $\bar{\sigma}(S')$ 的 RGA 界,容易解释响应何以如此之差。在用逆基控制器时,我们有 $l(s)=k/s$,它有一个标称相位裕量 $PM=90°$,并且由式

① $|t\varepsilon_k|<1$ 的假设并未包括在这个定理中,因为它实际上是鲁棒稳定性所需要的。如果它不成立,则可能对某些允许的不确定性有 $\bar{\sigma}(S')$ 无穷大,式(6.93)显然成立。

(2.50)知道，在频率 ω_c 处 $|s(j\omega_c)|=|t(j\omega_c)|=1/\sqrt{2}=0.707$。当 $|w_I|=0.2$ 时，由式(6.93)得到

$$\bar{\sigma}(S'(j\omega_c))\geqslant 0.707(1+\frac{0.707\times 0.2\times 69.1}{1.14})=0.707\times 9.56=6.76 \qquad (6.98)$$

(这与在频率 0.79 rad/min 处式(6.93)的峰值 6.81 很接近)。这样我们知道，在有20%输入不确定性时，可能会有 $\|S'\|_\infty\geqslant 6.81$，这可以解释观察到的较差闭环响应。与之比较，在用逆基控制器时，最坏情况 $\bar{\sigma}(S')$ 的实际峰值为 14.5(采用下面讨论的偏 μ 数值计算得到)。这接近于具有不确定性 $E_I=\mathrm{diag}\{\varepsilon_1,\varepsilon_2\}=\mathrm{diag}\{0.2,-0.2\}$ 时所得到的值

$$\|S'\|_\infty=\left\|\left(I+\frac{0.7}{s}G\begin{bmatrix}1.2 & \\ & 0.8\end{bmatrix}G^{-1}\right)^{-1}\right\|_\infty=14.5$$

其峰值出现在频率 0.69 rad/min 处。6.81 与 14.5 的差值说明，用 RGA 表示的峰值界通常不是严苛的，但依然非常有用。

2. 对角型(分散)反馈控制器　考虑控制器

$$K_{\mathrm{diag}}(s)=\frac{k_2(\tau s+1)}{s}\begin{bmatrix}1 & 0\\ 0 & -1\end{bmatrix},\quad k_2=2.4\times 10^{-2}(\mathrm{min}^{-1})$$

式(6.92)中 $\bar{\sigma}(S')$ 上界的峰值为 1.26，所以即使有20%的增益不确定性，也可确保 $\|S'\|_\infty\leqslant 1.26$。与之比较，当 $E_I=\mathrm{diag}\{0.2,-0.2\}$ 时，摄动灵敏度函数的实际峰值为 $\|S'\|_\infty=1.05$。当然，简单对角型控制器的问题是，甚至连标称性能也差(虽然控制器是鲁棒的)。

注：与结构化奇异值的关系：偏 μ。 要精确地分析在给定不确定性 $|w_I|$ 条件下最坏情况的灵敏度，可以计算偏 $\mu(\mu^s)$。参考8.11节，这包括按 $\tilde{\Delta}=\mathrm{diag}(\Delta_I,\Delta_P)$ 和 $N=\begin{bmatrix}w_IT_I & w_IKS\\ SG/\mu^s & S/\mu^s\end{bmatrix}$ 计算 $\mu_{\tilde{\Delta}}(N)$，并改变 μ^s 直到 $\mu(N)=1$。在给定频率最坏情况的性能则为 $\bar{\sigma}(S')=\mu^s(N)$。

例6.12　考虑对象

$$G(s)=\begin{bmatrix}1 & 100\\ 0 & 1\end{bmatrix}$$

该对象在所有频率都有 $\Lambda(G)=I$，$\gamma(G)=10^4$，$\gamma^*(G)=1.00$，以及 $\gamma_I^*(G)=200$。RGA 矩阵为单位阵，但因为 $g_{12}/g_{11}=100$，由式(6.75)我们预计，如果采用逆基反馈控制 $K=(c/s)G^{-1}$，则该对象对于对角型输入不确定性敏感。如果计算 $G'=G(I+w_I\Delta_I)$ 最坏情况的灵敏度函数 S'，即可证实这一点，其中 Δ_I 为对角阵且 $|w_I|=0.2$。通过计算不对称 μ、$\mu^s(N_1)$，我们发现 $\bar{\sigma}(S')$ 的峰值为 $\|S'\|_\infty=20.43$。

注意，此例中峰值与控制器增益 c 无关，因为 $G(s)$ 是一个常阵。同时还注意到，在有满元素型("非结构化")输入不确定性(Δ_I 为满阵)时，最坏情况的灵敏度为 $\|S'\|_\infty=1021.7$。

关于输入不确定性和反馈控制的结论

让我们来总结一下上面的发现。下面的讨论适用于穿越点附近的频率范围。当说某个值"小"时我们的意思是约为2或更小，如果说"大"，则为10左右或更大。

1. 条件数 $\gamma(G)$ 或 $\gamma(K)$ 小：对于对角型和满元素的输入不确定性，系统都有鲁棒性能，见式(6.89)和式(6.90)。

2. 最小化的条件数 $\gamma_I^*(G)$ 或 $\gamma_O^*(K)$ 小：系统对于对角型的输入不确定性有鲁棒的性能，见式(6.91)和式(6.92)；注意对于对角型控制器(分散控制)，总有 $\gamma_O^*(K)=1$。
3. RGA(G)有大的元：逆基控制器对于对角型输入不确定性不鲁棒，见式(6.93)；鉴于对角型不确定性在实际中不可避免，所以当对象有大的 RGA 元素时，就决不要采用解耦控制器；还有，对于具有大 RGA 元的对象，对角型控制器很可能产生差的标称性能，所以我们得出的结论是，具有大 RGA 元的对象从根本上就很难控制。
4. $\gamma_I^*(G)$ 的值大同时 RGA(G)的元小：根据本节中的一些峰值界，无法就系统对输入不确定性的灵敏度得出任何明确的结论；然而，如例 6.10 和 6.12 所示，采用逆基反馈或前馈控制，可以预计系统对于对角型输入不确定性会具有敏感性。

6.10.5 元素到元素的不确定性

所谓元素到元素的不确定性，是指 G 的每个元素都有独立的不确定性。从物理的观点看，这样描述不确定性颇受置疑，但却并不鲜见。有趣的是，RGA 矩阵就是元素到元素不确定性灵敏度的一种直接度量，因为具有大 RGA 值的矩阵，对于元素中小的相对误差，就会变为奇异阵。

定理 6.6 考虑复数矩阵 G，并用 λ_{ij} 表示 G 的 RGA 矩阵的第 ij 个元素。如果让 G 的第 i,j 个元素发生相对变化 $-1/\lambda_{ij}$，也就是说，G 中的单个元素由 g_{ij} 摄动为 $g_{pij}=g_{ij}(1-1/\lambda_{ij})$，则 G 就会变为奇异矩阵。

这个定理是 Yu 与 Luyben(1987)的工作。我们在附录 A.4 中给出的证明则取自 Hovd 与 Skogestad(1992)的论著。

例 6.13 式(6.71)中的矩阵 G 是非奇异阵，其 RGA 的第 1,2 个元素是 $\lambda_{12}(G)=-34.1$。这样，如果 g_{12} 从 -86.4 摄动到

$$g_{p12}=-86.4(1-1/(-34.1))=-88.9 \tag{6.99}$$

矩阵 G 就变为奇异阵了。

上面的定理是 RGA 一个重要的代数特性，在改进控制方面也有重要意义：

1. 辨识。多变量对象的模型 $G(s)$，通常利用阶跃响应，按一次只辨识一个元素来获得。由定理 6.6 可以清楚地看出，如果在模型适用的带宽内 RGA 的元较大时，这种简单的辨识程序极有可能得出没有意义的结果(例如，稳态 RGA 的符号错误)。

2. RHP 零点。考虑具有传递函数矩阵 $G(s)$ 的对象，如果在某个给定频率，一个元的相对不确定性大于 $|1/\lambda_{ij}(\mathrm{j}\omega)|$，那么这个对象在该频率就可能是奇异的，这意味着这种不确定性容许一个出现在 $\mathrm{j}\omega$ 轴上的 RHP 零点。这当然对系统的性能有害无益，无论采用前馈控制还是反馈控制都一样。

注：定理 6.6 似乎"证明"了，有大的 RGA 元的对象本质上是难以控制的。然而，尽管这种说法可能是正确的(见 6.10.4 节，基于对角型输入不确定性所得出的结论，而这种类型的不确定性总是存在的)，我们却不能从定理 6.6 得出这种结论。因为从物理角度看，元素到元素的不确定性处理通常与现实不符，这些元素之间总会有某种形式的耦合。例如，蒸馏塔过程就是这样，由于内在的物理约束，这些元素间存在耦合，使得式(6.71)的模型即使在传递函数矩阵元

素发生较大变化时，也决无可能变为奇异阵。

6.10.6 积分控制的稳态条件

反馈控制在回路增益大的频率上可以降低系统对模型不确定性的灵敏度。当控制器带积分作用时，可以使稳态误差为零；即使有大的模型误差存在，只要用 $\det G(0)$表示的对象符号不发生改变，情况仍然如此。以上说法适用于稳定对象，或者更一般地说适用于不稳定极点个数不变的对象。下面，Hovd 和 Skogestad(1994)的定理对这个条件有更为严格的陈述。

定理 6.7 设 $G(s)K(s)$与 $G'(s)K(s)$开环不稳定极点（不包括在 $s=0$ 处的极点）的个数分别为 P 和 P'，假设控制器 K 能使 GK 在所有的通道都有积分作用，并且传递函数 GK 和 $G'K$ 均为严格真的，如果

$$\det G'(0)/\det G(0)\begin{cases}<0 & \text{当 } P-P' \text{ 为偶数，包括零}\\ >0 & \text{当 } P-P' \text{ 为奇数}\end{cases} \tag{6.100}$$

那么下面两种不稳定状态至少会出现一个：(a)回路增益为 GK 的负反馈闭环系统不稳定；(b)回路增益为 $G'K$ 的负反馈闭环系统不稳定。

证明：为使 $(1+GK)^{-1}$ 与 $(1+G'K)^{-1}$ 稳定，由附录 A.7.3 的引理 A.5 知，需要在 s 遍历 Nyquist D 围线时，$\det(I+E_OT(s))$需要至少包围原点 $P-P'$次。因为要求 GK 的所有通道都有积分作用，此处 $T(0)=I$。还因为 GK 与 $G'K$ 都严格真，E_OT 也是严格真的，故当 $s\to\infty$ 时 $E_OT(s)\to 0$。从而，$\det(I+E_OT(s))$的映射由 $G'(0)/\det G(0)$（对应于 $s=0$）开始，并终止于 1（对应于 $s=\infty$）。对 $\det(I+E_OT(s))$的 Nyquist 曲线更细的分析表明，当 $G'(0)/\det G(0)>0$ 时对原点的包围次数为偶数，当 $G'(0)/\det G(0)<0$ 时将为奇数。所以当这种奇偶性（奇数或偶数）与 $P-P'$不相符合时就会出现系统的不稳定，由此证明了上述定理。 □

例 6.14 假设对象的真实模型为 $G(s)$，而我们通过仔细的辨识得到了一个模型 $G_1(s)$

$$G=\frac{1}{75s+1}\begin{bmatrix}87.8 & -86.4\\ 108.2 & -109.6\end{bmatrix},\quad G_1(s)=\frac{1}{75s+1}\begin{bmatrix}87 & -88\\ 109 & -108\end{bmatrix}$$

初一看，辨识得到的模型很好，但它对控制来说实际上是无用的，因为 $\det G_1(0)$的符号是错的：$\det G(0)=-274.4$，而 $\det G_1(0)=196$（RGA 的元素符号也是错的；RGA 的第 1,1 个元素是 -47.9，而不是 $+35.1$）。从定理 6.7 我们知道，任何根据模型 G_1 设计的含有积分作用的控制器，用到对象 G 时都会使系统不稳定。

6.11 MIMO 系统的输入-输出能控性

我们现在通过对 MIMO 对象输入-输出能控性的分析过程，来总结本章的一些主要发现。由于 MIMO 系统方向性的存在，使得要像在 SISO 系统那样用一组规则给出过程的精确描述难了很多。

6.11.1 能控性分析过程

下面的过程假设我们已经选定了对象的输入和输出（调节变量与测量变量），而我们想要对模型 G 进行分析，以了解系统所能达到的控制性能。

这个过程可用于帮助控制结构设计(选择输入、输出和控制构成),但是这个过程对每个相应的输入和输出候选组的 G 都需要重复处理。在某些情况下,由于可供选择的候选过多而无法再用这种方法,这时就需要根据系统物理特性,或分析包含所有备选输入输出变量的“大”模型 G_{all} 进行预选。在 10.4 节中将简述这种方法。

典型的 MIMO 能控性分析可按如下步骤进行:

1. 对所有变量(输入 u、输出 y、扰动 d、参考输入 r)进行尺度变换,以得到尺度变换后的模型 $y=G(s)u+G_d(s)d, r=R\tilde{r}$,见 1.4 节。
2. 得到一个最小实现。
3. 检查功能能控性。为了能够独立地对输出进行控制,输入 u 的数目至少要与输出 y 一样多;其次,$G(s)$ 的秩要等于输出的个数 l,即 $G(j\omega)$ 的最小奇异值 $\underline{\sigma}(G)=\sigma_l(G)$ 不应为零(不包括可能出现在 $j\omega$ 轴上的零点)。如果对象不是功能能控的,则计算对象无增益的输出方向,见式(6.30),以对问题的起因有所了解。
4. 计算极点。对于 RHP 极点(不稳定)求出其位置与相应的方向,见式(6.5)。远离原点的“快”RHP 极点更为不利。
5. 计算零点。对于 RHP 零点得到其位置与相应的方向,找出与某些输出绑定的零点。“小的”RHP 零点(接近于原点)对需要在低频有严苛控制的系统不利。
6. 用 6.3.2 节表 6.1 总结的公式,计算各种闭环传递函数的峰值界。对于 S、T、KS、SG_d、KSG_d、S_I 和 T_I 中的任何一个(包括 $G_d=G$),如果有大的峰值($\gg 1$),就意味着抗拒不确定性的闭环性能差,或鲁棒性能差。要注意的是 KS、SG_d、KSG_d 的峰值与对象和扰动模型的尺度变换有关。
7. 得到频率响应 $G(j\omega)$ 并计算 RGA 矩阵 $\Lambda=G\times(G^{\dagger})^{T}$。对象若在穿越频率附近有大的 RGA 元则难以控制,故应避免这种情况;关于 RGA 使用的更多细节见 3.3.6 节。
8. 在以下的步骤中尺度变换是很关键的。计算 $G(j\omega)$ 的奇异值,并绘制其作为频率函数的曲线。同时也考虑相关的输入与输出奇异值向量。
9. 最小奇异值 $\underline{\sigma}(G(j\omega))$,是对能控性一种特别有用的度量。该值在需要控制作用的频率范围内应该尽可能地大。如果 $\underline{\sigma}(G(j\omega))<1$,我们就不能(在频率 ω)用单位幅值的输入使输出发生独立的单位幅值变化。
10. 对于扰动,需要考虑矩阵 G_d 的元素。在有一个或几个元素的值大于 1 的频率,需要进行控制。通过每次考虑一个扰动(G_d 的列 g_d),可以得到更多的信息。对每一个扰动,我们需要 S 在扰动的方向 y_d 上小于$1/\|g_d\|_2$,即 $\|Sy_d\|_2\leqslant 1/\|g_d\|_2$,见式(6.45);所以,我们至少必须要求$\underline{\sigma}(S)\leqslant 1/\|g_d\|_2$,并且还可能要求$\bar{\sigma}(S)\leqslant 1/\|g_d\|_2$,见式(6.46)。

注: 如果已经采用了前馈控制,则可转而分析 $\hat{G}_d(s)=GK_dG_{md}+G_d$,其中 K_d 表示前馈控制器,见式(5.101)。

11. 扰动与输入饱和:

    第一步:通过计算 $G^{+}G_d$ 的元素,考虑完美控制所需要的输入幅值。如果在所有频率上所有元素都小于 1,则可认为输入饱和不会成为一个问题。如果 $G^{+}G_d$ 的某些元素大于 1,则在该频率上是无法实现完美控制($e=0$)的,但实现“可接受”控制($\|e\|_2<1$)仍有可能,这可以在第二步进行检验。

第二步：检查式(6.55)的条件，即考察 $U^{H}G_d$ 的元素并确认第 i 行的元素在所有频率都小于 $\sigma_i(G)+1$。

12. 这些要求是否相互兼容？需要考察扰动、RHP 极点和 RHP 零点以及它们的位置与方向；例如，对于每一个扰动和每个 RHP 零点必须要求 $|y_z^H g_d(z)|\leqslant 1$，见式(6.47)；当 RHP 零点和 RHP 极点同时存在时，见式(6.8)。
13. 不确定性。如果条件数 $\gamma(G)$ 小，则不确定性不会产生什么特别的问题。如果 RGA 元素大，系统将会对不确定性很敏感。更详细的分析见 6.10.4 节末的结论。
14. 如果对分散控制(对角型控制器)有兴趣，可参见 10.6.8 节的总结。
15. 在 3.3.6 节分别总结了条件数和 RGA 的用法。

能控性分析也可用来获取控制器设计初始的性能权函数。在控制器设计之后，人们可以通过对其元素、奇异值、RGA 及条件数等作为频率的函数曲线进行绘图，来分析控制器性能。

6.11.2　更改对象设计

如果一个对象不是输入-输出能控的，则必须对其进行某种改动。以下列出的是一些可能的更改方案。

被控输出。辨别不能得到满意控制效果的输出量。这些输出真的需要控制吗？控制的指标可否降低一些？

调节输入。如果遇到了不希望有的输入约束，那么应该考虑更换或者移动执行机构。例如，把某个控制阀门换成一个大点的，或者移到离被控输出更近一些的地方。

如果是 RHP 零点造成了控制方面的问题，经常会通过增加另一个输入来消除它们(可能导致对象传递函数不是方阵)。如果零点与某个具体的输出绑定在一起，这就有可能行不通。

增加更多的量测。如果有 RHP 零点造成控制方面问题，经常会增加一些量测(即没有具体控制目标的输出)来消除这些零点。如果扰动或者不确定性太大，对象的动态行为使我们无法获得可接受的控制，那么可以考虑增加一些快速“局部回路”，这就要在接近输入或扰动的地方增加量测，见 10.6.4 节和 5.15.3 节的例子。

扰动。如果扰动的影响太大，试看可否减小扰动本身。可以增加某个设备对扰动产生阻尼作用，例如在化工系统中增加一个缓冲罐，或者在机械系统中增加一个弹簧。在其它一些情况下，可能需要改进或者更改系统其它部分的控制，例如，有时一个扰动可能实际上来自系统另一部分的调节输入。

对象动态与时延。在大多数情况下，加快系统动态过程或降低时延可以改善能控性。一种例外就是有很强交互作用的对象，如果要“延缓”这些交互作用，增大系统的动态滞后或时延反而有好处，见式(6.31)。另外一个更为明显的例外，就是为了达到对量测的扰动进行前馈控制，延迟扰动对于输出的影响是有好处的。

例 6.15　增加输入消除零点。考虑一个稳定的 2×2 对象

$$G_1(s)=\frac{1}{(s+2)^2}\begin{bmatrix} s+1 & s+3 \\ 1 & 2 \end{bmatrix}$$

在 $s=1$ 处有一个 RHP 零点，限制了系统可达到的性能。该零点并未和某个具体的输出绑定，如果增加第三个调节输入，它就有可能消失。假设新的对象是

$$G_2(s)=\frac{1}{(s+2)^2}\begin{bmatrix}s+1 & s+3 & s+6\\ 1 & 2 & 3\end{bmatrix}$$

它真的没有零点。有趣的是 $G_2(s)$ 的三个 2×2 子对象，各有一个 RHP 零点（分别位于 $s=1$，$s=1.5$，$s=3$）。

6.11.3 更多习题

建议读者最好先初步阅读第 10 章关于分散控制的内容，然后再来做下面的习题。在所有习题中，都假定变量已按照 1.4 节所述经过尺度变换。

习题 6.8* 对于如下系统分析输入-输出能控性

$$G(s)=\frac{1}{s^2+100}\begin{bmatrix}1/(0.01s+1) & 1\\ (s+0.1)/(s+1) & 1\end{bmatrix}$$

计算零点和极点，绘制作为频率函数 RGA 的曲线。

习题 6.9 对于如下系统分析输入-输出能控性

$$G(s)=\frac{1}{(\tau s+1)(\tau s+1+2\alpha)}\begin{bmatrix}\tau s+1+\alpha & \alpha\\ \alpha & \tau s+1+\alpha\end{bmatrix}$$

此处 $\tau=100$；考虑两种情况：(a) $\alpha=20$，(b) $\alpha=2$。

注： 这是一个热交换器的简单“双混合罐”模型，其中 $u=\begin{bmatrix}T_{1\text{in}}\\ T_{2\text{in}}\end{bmatrix}$，$y=\begin{bmatrix}T_{1\text{out}}\\ T_{2\text{out}}\end{bmatrix}$，$\alpha$ 是热传输单元的数目。

习题 6.10* 设

$$A=\begin{bmatrix}-10 & 0\\ 0 & -1\end{bmatrix},\quad B=I,\quad C=\begin{bmatrix}10 & 1.1\\ 10 & 0\end{bmatrix},\quad D=\begin{bmatrix}0 & 0\\ 0 & 1\end{bmatrix}$$

(a) 完成 $G(s)$ 的能控性分析。

(b) 设 $\dot{x}=Ax+Bu+d$，并考虑一个单位扰动 $d=[z_1 \quad z_2]^{\mathrm{T}}$。哪一个方向（$z_1/z_2$ 的值）产生的扰动最难拟制（同时考虑 RHP 零点与输入饱和）？

(c) 讨论对象的分散控制，将怎样对变量配对？

习题 6.11 考虑下面两个对象。估计有没有控制问题？能用分散控制或者逆基控制吗？将怎样配对变量进行分散控制？

$$G_a(s)=\frac{1}{1.25(s+1)(s+20)}\begin{bmatrix}s-1 & s\\ -42 & s-20\end{bmatrix}$$

$$G_b(s)=\frac{1}{(s^2+0.1)}\begin{bmatrix}1 & 0.1(s-1)\\ 10(s+0.1)/s & (s+0.1)/s\end{bmatrix}$$

习题 6.12* 按能控性的难易程度对下面三个对象排序

$$G_1(s)=\begin{bmatrix}100 & 95\\ 100 & 100\end{bmatrix},\quad G_2(s)=\begin{bmatrix}100e^{-s} & 95e^{-s}\\ 100 & 100\end{bmatrix},\quad G_3(s)=\begin{bmatrix}100 & 95e^{-s}\\ 100 & 100\end{bmatrix}$$

别忘记也考察一下对输入增益不确定性的灵敏度。

习题 6.13 对于如下系统分析输入-输出能控性

$$G(s)=\begin{bmatrix} \frac{5000s}{(5000s+1)(2s+1)} & \frac{2(-5s+1)}{100s+1} \\ \frac{3}{5s+1} & \frac{3}{5s+1} \end{bmatrix}$$

习题 6.14* 对于如下系统分析输入-输出能控性

$$G(s)=\begin{bmatrix} 100 & 102 \\ 100 & 100 \end{bmatrix}, \quad g_{d1}(s)=\begin{bmatrix} 10/(s+1) \\ 10/(s+1) \end{bmatrix}, \quad g_{d2}=\begin{bmatrix} 1/(s+1) \\ -1/(s+1) \end{bmatrix}$$

哪一个扰动最具破坏性?

习题 6.15 (a)分析下面三个对象的输入-输出能控性,它们都有两个输入与一个输出:$G(s)=(g_1(s)\quad g_2(s))$

(i)$g_1(s)=g_2(s)=\frac{s-2}{s+2}$;

(ii)$g_1(s)=\frac{s-2}{s+2}$, $g_2(s)=\frac{s-2.1}{s+2.1}$;

(iii)$g_1(s)=\frac{s-2}{s+2}$, $g_2(s)=\frac{s-20}{s+20}$;

(b)设计控制器,并完成对参考输入跟踪的闭环仿真以补充对系统的分析,同时也考虑一下输入幅值。

习题 6.16* 求如下系统的极点与零点,并分析其输入-输出能控性

$$G(s)=\begin{bmatrix} c+(1/s) & 1/s \\ 1/s & c+(1/s) \end{bmatrix}$$

此处 c 是一个常数,例如 $c=1$。(采用 DB 构成控制的蒸馏塔具有类似的模型。本例中,模型在稳态奇异的物理原因是,在稳态时两个调节输入之和为定值 $D+B=F$。)

习题 6.17 FCC 过程的能控性。考虑下面流体催化裂化(FCC)过程的 3×3 模型:

$$\begin{bmatrix} y_1 \\ y_2 \\ y_3 \end{bmatrix} = G(s)\begin{bmatrix} u_1 \\ u_2 \\ u_3 \end{bmatrix};f(s) = \frac{1}{(18.8s+1)(75.8s+1)}$$

$$G(s) = f(s)\begin{bmatrix} 16.8(920s^2+32.4s+1) & 30.5(52.1s+1) & 4.30(7.28s+1) \\ -16.7(75.5s+1) & 31.0(75.8s+1)(1.58s+1) & -1.41(74.6s+1) \\ 1.27(-939s+1) & 54.1(57.3s+1) & 5.40 \end{bmatrix}$$

对于这个 3×3 对象只部分地控制两个输出,而输入 3 处于手动方式(未使用),就可以达到可接受的控制效果。也就是说,我们有一个 2×2 的控制问题,考虑被控输出的三种选择:

$$Y_1 = \begin{bmatrix} y_1 \\ y_2 \end{bmatrix}, \quad Y_2 = \begin{bmatrix} y_2 \\ y_3 \end{bmatrix}, \quad Y_3 = \begin{bmatrix} y_1 \\ y_2 - y_3 \end{bmatrix}$$

在所有这三种情况中,输入都是 u_1 和 u_2。假定第三个输入是一个扰动($d=u_3$)。

(a)根据这三个 2×2 对象 $G_1(s)$、$G_2(s)$和 $G_3(s)$的零点,您更愿意选择哪一组输出?哪一组看上去最不好?

三个零点多项式

a	$5.75\times10^7s^4+3.92\times10^7s^3+3.85\times10^6s^2+1.22\times10^5s+1.03\times10^3$
b	$4.44\times10^6s^3-1.05\times10^6s^2-8.61\times10^4s-9.43\times10^2$
c	$5.75\times10^7s^4-8.75\times10^6s^3-5.66\times10^5s^2+6.35\times10^3s+1.60\times10^2$

具有如下的根：

a	−0.570	−0.0529	−0.0451	−0.0132
b		0.303	−0.0532	−0.0132
c	0.199	−0.0532	0.0200	−0.0132

(b) 对(a)中选取的一组输出，详细分析其预期的控制性能(计算极点和零点，绘制RGA_{11}的草图；讨论在输入约束方面可能存在的问题(假定输入和输出都已经过适当的尺度变换)；讨论扰动的影响以及其它可能存在的问题)。您将采用何种类型的控制器？将怎样配对进行分散控制？

(c) 讨论为什么 3×3 的对象可能难以控制。

注： 这是一个流体催化裂化(FCC)反应器的模型，其中 $u=(F_s \quad F_a \quad k_c)^T$ 表示环流、气流和馈送的化合物，而 $y=(T_1 \quad T_{cy} \quad T_{rg})^T$ 表示三个温度，$G_1(s)$称为是 Hicks 控制结构，而 $G_3(s)$是传统结构。在 Hovd 与 Skogestad(1993)的论著中有更多细节。

6.12 结 论

我们已经发现，在第 5 章中得到关于 SISO 系统性能限制的大多数观点，也适用于 MIMO 系统。方向性问题的出现，通常使得 RHP 零点、RHP 极点和扰动对 MIMO 系统带来的限制，不像对 SISO 系统那样严重。然而对于模型不确定性来说，情况通常正好相反，因为在 MIMO 系统中又多出了一个和对象方向性有关的不确定性，这是 MIMO 系统特有的问题。

在第 6.11 节还总结了 MIMO 系统输入-输出能控性分析中涉及到的一些主要步骤。

第 7 章

SISO 系统的不确定性与鲁棒性

本章将介绍如何用实数或复数摄动表示不确定性，并采用基本分析方法分析 SISO 系统的鲁棒稳定性(RS)和鲁棒性能(RP)。第 8 章则将采用结构化奇异值对不确定性系统进行更一般的分析，并讨论其控制器设计问题。

7.1 鲁棒性简介

如果一个控制系统对实际系统与设计控制器时所采用系统模型之间的差别不敏感，则称该控制系统是鲁棒的，而这种差别一般称为模型/对象失配，或简单地称为模型不确定性。本章所采用的 $\mathcal{H}_\infty$ 鲁棒控制范例的主要思想就是检验对于"最坏情况下"的不确定性，控制系统是否依然能满足设计指标。

所用方法如下：

1. 首先确定不确定性集合：找出模型不确定性的数学表达形式("阐明对于不太清楚的问题，我们都知道些什么")。
2. 检验鲁棒稳定性(RS)：对于不确定性集合中的所有对象，确定系统是否能够保持稳定。
3. 检验鲁棒性能(RP)：对于不确定性集合中的所有对象，如果系统满足 RS，进一步确定是否满足性能指标要求。

上述方法不一定总能得到最优性能，特别是当最坏情况下的模型很少或从不出现时，优化某些平均性能或自适应控制等其它方法，可能会得到更好的性能。尽管如此，本书介绍的线性不确定性描述在许多实际情况下仍是非常有用的。

应该注意的是，鲁棒性不仅与模型不确定性有关，其它影响因素还包括传感器与执行机构的故障、物理约束、控制目标的改变、回路的开闭等。进而，当基于某种优化方法设计控制器时，如果其中的目标函数不能适当地描述实际控制问题，也会引起鲁棒性问题。此外，数值设计算法本身也可能是不鲁棒的。然而，当本书论及鲁棒性时，我们总是指相对于模型不确定性的鲁棒性，并假定采用某种特定的(线性)控制器。

为说明模型不确定性，假定实际系统的动态特性并不是由单个线性时不变模型表示，而是由一组可能的线性时不变模型构成的集合描述，有时把这个集合称为“不确定性集合”。这里采用如下符号：

Π——可能的摄动对象模型构成的集合。

$G(s)\in\Pi$——标称对象模型（不含不确定性）。

$G_p(s)\in\Pi$ 和 $G'(s)\in\Pi$——特定的摄动对象模型。

有时我们用 G_p 而不是 Π 表示不确定性集合，而 G' 总是指一个特定的不确定性对象。下标 p 表示有摄动或者可能存在摄动，也可以表示集合 Π 本身（自行选择），但不要把它与大写的下标 P 混淆，后者总是用来表示性能，例如，在 w_P 中就是这样。

我们采用“范数有界的不确定性描述”方式来表示不确定性，即以 $\mathcal{H}_\infty$ 范数有界的稳定摄动作用于标称对象 $G(s)$ 来形成集合 Π。这相当于对模型不确定性的一种连续描述，集合 Π 中会有无数个可能的对象 G_p。我们用 E 表示未经标准化处理的摄动，而用 Δ 表示经过标准化处理，$\mathcal{H}_\infty$ 范数小于 1 的摄动。

注：处理模型不确定性的另一种策略是通过添加虚拟扰动或噪声来近似其对反馈系统的影响。例如，对于最优控制中的 LQG 算法（见第 9 章），这是唯一一种可以处理模型不确定性的方法。这种方法可行吗？一般来说答案是否定的。对于线性系统来说，这很容易解释，因为增加扰动不影响系统的稳定性，而模型不确定性再加上反馈则很容易引起系统不稳定。

举例来说，考虑标称模型为 $y=Gu+G_dd$ 的对象，而摄动作用下的对象模型为 $G_p=G+E$，这里 E 表示加性对象不确定性，那么摄动对象的输出是

$$y=G_pu+G_dd=Gu+d_1+d_2 \tag{7.1}$$

由于以下两个原因，y 不同于理想预期值（即 Gu）：

1. 模型的不确定性（$d_1=Eu$）；
2. 信号的不确定性（$d_2=G_dd$）。

在 LQG 控制中，令 $w_d=d_1+d_2$，并假设 w_d 是一个独立变量，如白噪声。那么在设计问题中，通过选择适当的权函数可以使 w_d 的值较大，该权函数的存在不会导致系统不稳定。然而在现实中，$w_d=Eu+d_2$，w_d 依赖于信号 u，而在有反馈时，u 又依赖于 y，这就可能导致系统不稳定。特别地，对于某些 $E\neq0$，闭环系统 $(I+(G+E)K)^{-1}$ 可能不稳定。总之，在研究反馈控制时，明确考虑模型不确定性是很重要的。

下面将讨论模型不确定性的某些来源，并总结如何用数学方法表示这些不确定性。

7.2 表示不确定性

对象模型的不确定性可能有几种来源：

1. 线性模型中总有一些参数值只能近似获得，或简单地讲，存在误差。
2. 线性模型中的参数可能由于非线性或者运行点的改变而发生变化。
3. 量测装置有缺陷。由于实际输入经常是以级联方式进行量测和调节的，这甚至可能在调节输入端引起不确定性。例如，在采用流量控制器的阀门中经常发生这种情况；而在某些情况下，阀门分辨率有限也可能导致输入不确定性。

4. 在高频情况下，甚至连系统结构和模型阶数都是未知的，而在某些频率上，不确定性可能会超过 100%。
5. 有时即使能够得到一个非常详尽的数学模型，我们也会用一个较为简单（低阶）的标称模型代替原系统模型，并采用“不确定性”代表被忽略的动态特性。
6. 最后，实现的控制器可能不同于通过求解相应的综合问题所得到的控制器；在此情况下，引入不确定性以达到容许控制器降阶，以及低精度实现的目的。

上面提到的各种模型不确定性来源可以分为如下两大类：

1. 参数（实数）不确定性。 系统模型结构（包括模型阶数）已知，但某些参数不确定。

2. 动态（依赖于频率的）不确定性。 由于忽略了某些动态特性，模型本身就有误差。这种情况通常发生在高频段，或者是刻意为之，或者是因为对实际物理过程的了解不够。这种不确定性在任何真实系统模型中都会存在。

参数不确定性可以通过假设每个不确定参数都是某个区间 $[\alpha_{\min},\alpha_{\max}]$ 内的有界值来进行量化。也就是说，可以得到如下形式的参数集合

$$\alpha_p=\bar{\alpha}(1+r_\alpha\Delta)$$

其中 $\bar{\alpha}$ 表示参数的均值，$r_\alpha=(\alpha_{\max}-\alpha_{\min})/(\alpha_{\max}+\alpha_{\min})$ 表示参数的相对不确定性，而 Δ 是满足 $|\Delta|\leqslant 1$ 的任意实标量。

动态不确定性更加不精确，因而也更难量化，但频域方法似乎较适合处理这类不确定性，这就引出了复摄动的概念，这类摄动经过标准化后满足 $\|\Delta\|_\infty\leqslant 1$。在本章，我们将主要讨论这种类型的摄动。

在许多情况下，一般将各种来源的动态不确定性归结成*乘性不确定性*的形式

$$\Pi_I:G_p(s)=G(s)(1+w_I(s)\Delta_I(s));\ \underbrace{|\Delta_I(j\omega)|\leqslant 1\ \forall\omega}_{\|\Delta_I\|_\infty\leqslant 1} \tag{7.2}$$

这种不确定性形式也可以用图 7.1 所示的方块图表示。在式(7.2)中，$\Delta_I(s)$ 是任意稳定的传递函数，在任何频率上其幅值都小于或等于 1。一些满足 $\mathcal{H}_\infty$ 范数小于 1 的 $\Delta_I(s)$，即 $\|\Delta_I\|_\infty\leqslant 1$ 的示例如下：

$$\frac{s-z}{s+z},\ \frac{1}{\tau s+1},\ \frac{1}{(5s+1)^3},\ \frac{0.1}{s^2+0.1s+1}$$

其中，下标 I 表示“输入”，但对于 SISO 系统来说，考虑摄动发生在输入端还是输出端并不重要，这是因为

$$G(1+w_I\Delta_I)=(1+w_O\Delta_O)G,\ \text{其中}\ \Delta_I(s)=\Delta_O(s)\ \text{且}\ w_I(s)=w_O(s)$$

另一种不确定性形式是*逆乘性不确定性*

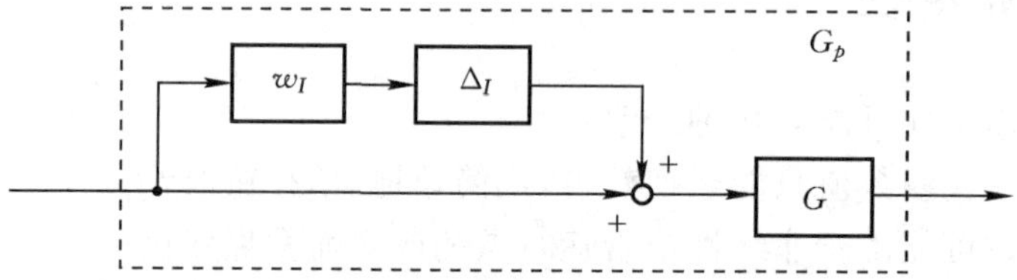

图 7.1　具有乘性不确定性的对象

$$\Pi_{iI}: G_p(s)=G(s)(1+w_{iI}(s)\Delta_{iI}(s))^{-1}; |\Delta_{iI}(j\omega)|\leqslant 1\ \forall\omega \tag{7.3}$$

它较适于处理极点不确定性。即使当 $\Delta_{iI}(s)$稳定时，该形式也可以表示不稳定极点的位置不确定性；此外，它还可以处理在左右半平面之间穿越的极点。

参数不确定性有时称为结构化不确定性，这是因为它以一种结构化的方式对不确定性进行建模。类似地，集总动态不确定性称为非结构化不确定性。然而，应该慎用这些术语，这是因为控制系统，特别是 MIMO 系统，可能具有多层次结构。

注： 我们还可以考虑其它一些描述不确定性和相应性能的方法。对于参数不确定性，其中一种方法假设这些参数服从某种概率分布(如正态分布)，然后讨论其"平均"响应。然而，这种随机不确定性难以进行精确分析。

另一种是多模型方法，即研究数目有限的一组模型。多模型方法的问题是难以选取一组可以代表对象极端情况("最坏情况下")的模型。

在本书中，我们将综合考虑参数(实数)不确定性和动态(依赖于频率的)不确定性。通过分别设定摄动为实数或复数，即可在 $\mathcal{H}_\infty$ 框架中统一处理这些不确定性。

7.3 参数不确定性

如果我们限定摄动 Δ 为实数，则可以在 $\mathcal{H}_\infty$ 框架中表示参数不确定性。这里给出几个简单例子来说明这种方法。

例 7.1 增益不确定性。 设可能的对象集合为

$$G_p(s)=k_pG_0(s)\ ;\ k_{\min}\leqslant k_p\leqslant k_{\max} \tag{7.4}$$

其中 k_p 是不确定的增益，$G_0(s)$ 是不包含任何不确定性的传递函数。由于

$$k_p=\bar{k}(1+r_k\Delta),\ \bar{k}\triangleq\frac{k_{\min}+k_{\max}}{2},\ r_k\triangleq\frac{(k_{\max}-k_{\min})/2}{\bar{k}} \tag{7.5}$$

其中 r_k 是增益不确定性的相对幅值，$\bar{k}$ 是平均增益，所以式(7.4)可重写为乘性不确定性形式

$$G_p(s)=\underbrace{\bar{k}G_0(s)}_{G(s)}(1+r_k\Delta),\ |\Delta|\leqslant 1 \tag{7.6}$$

其中 Δ 为一实标量，$G(s)$ 是标称对象。可以看到，式(7.6)中的不确定性采用了式(7.2)的形式，只是乘性权函数变为一常数，$w_I(s)=r_k$。式(7.6)中的不确定性描述也可以处理增益改变符号的情况($k_{\min}<0$ 且 $k_{\max}>0$)，相应的 $r_k>1$。这种方法的实用性非常有限，这是因为对于 $G_p=0$ 的系统来说，控制没有任何意义，至少采用线性控制器时是这样。

例 7.2 时间常数不确定性。 考虑如下一组时间常数不确定的对象

$$G_p(s)=\frac{1}{\tau_ps+1}G_0(s)\ ;\ \tau_{\min}\leqslant\tau_p\leqslant\tau_{\max} \tag{7.7}$$

如同式(7.5)一样，通过把时间常数写为 $\tau_p=\bar{\tau}(1+r_\tau\Delta)$ 的形式，其中 $|\Delta|<1$，式(7.7)所示模型集合可以重写为

$$G_p(s)=\frac{G_0}{1+\bar{\tau}s+r_\tau\bar{\tau}s\Delta}=\underbrace{\frac{G_0}{1+\bar{\tau}s}}_{G(s)}\frac{1}{1+w_{iI}(s)\Delta}\ ;\ w_{iI}(s)=\frac{r_\tau\bar{\tau}s}{1+\bar{\tau}s} \tag{7.8}$$

这是式(7.3)给出的逆乘性形式。注意，改变 τ_p 的符号是没有物理意义的，这是因为 $\tau_p=0^-$

相当于对象在RHP无穷远处有一个极点,这样的对象是无法镇定的。若要表示极点在两个半平面之间穿越的情况,可以像式(7.9)所描述的那样,考虑极点本身 $1/(s+p)$ 的参数不确定性。

例7.3 极点不确定性。考虑状态空间模型 $\dot{y}=ay+bu$ 中参数 a 的不确定性,该模型与不确定的传递函数 $G_p(s)=b/(s-a_p)$ 相对应。更一般地,考虑如下对象集合:

$$G_p(s)=\frac{1}{s-a_p}G_0(s)\text{ ; } a_{\min}\leqslant a_p\leqslant a_{\max} \tag{7.9}$$

如果 $a_{\min}$ 和 $a_{\max}$ 具有不同的符号,则意味着该极点穿过原点,对象可能从稳定变为不稳定(这种情况在某些应用中可能发生)。该对象集合可以写成

$$G_p=\frac{G_0(s)}{s-\bar{a}(1+r_a\Delta)}\text{ ; }-1\leqslant\Delta\leqslant 1 \tag{7.10}$$

它刚好可以用式(7.59)所给的逆乘性不确定性描述,其中标称对象为 $G=G_0(s)/(s-\bar{a})$,并且

$$w_{iI}(s)=\frac{r_a\bar{a}}{s-\bar{a}} \tag{7.11}$$

权函数 $w_{iI}(s)$ 的幅值在低频时等于 r_a。如果 r_a 大于1,则对象可能稳定也可能不稳定。

例7.4 参数化零点不确定性。考虑如下"时间常数"形式的零点不确定性

$$G_p(s)=(1+\tau_p s)G_0(s)\text{ ; }\tau_{\min}\leqslant\tau_p\leqslant\tau_{\max} \tag{7.12}$$

这里照例假设动态部分 $G_0(s)$ 是确定的。如果令 $-1\leqslant\tau_p\leqslant 3$,则可能的零点 $z_p=-1/\tau_p$ 在无穷远处由LHP穿越到RHP:$z_p\leqslant -1/3$(在LHP)和 $z_p\geqslant 1$(在RHP)。式(7.12)所示集合可以写成乘性(相对)不确定性形式,其中

$$w_I(s)=r_\tau\bar{\tau}s/(1+\bar{\tau}s) \tag{7.13}$$

幅值 $|w_I(j\omega)|$ 在低频时很小,在高频则趋于 r_τ(τ 的相对不确定性)。在 $r_\tau>1$ 的情况下,容许零点由LHP穿越到RHP(经过无穷远处)。

习题7.1 以零点形式表示的参数化零点不确定性。考虑如下参数化零点不确定性的另一种表示形式

$$G_p(s)=(s+z_p)G_0(s)\text{ ; }z_{\min}\leqslant z_p\leqslant z_{\max} \tag{7.14}$$

该形式适于表示零点通过原点由LHP穿越到RHP的情况(相当于稳态增益的符号改变)。请证明相应的乘性权函数是 $w_I(s)=r_z\bar{z}s/(s+\bar{z})$,并解释为什么式(7.14)给出的对象集合完全不同于式(7.12)中以"时间常数"形式给出的零点不确定性集合;最后请说明如果 $r_z>1$,对于控制来说意味着什么。

引入上面的参数不确定性描述主要是为了让大家对不确定性有一些更深入的理解。Packard(1988)给出了一种处理参数不确定性的一般方法,该方法更适于数值计算。考虑不确定的状态空间模型

$$\dot{x}=A_px+B_pu \tag{7.15}$$

$$y=C_px+D_pu \tag{7.16}$$

或等价地

$$G_p(s)=C_p(sI-A_p)^{-1}B_p+D_p \tag{7.17}$$

假定不确定性的潜在原因是某些实参数 δ_1,δ_2,…(可以是温度、质量、容积等等)不确定,我们

还假定一种最简单的情况，即状态空间矩阵与这些参数是线性关系

$$A_p = A + \sum \delta_i A_i,\ B_p = B + \sum \delta_i B_i,\ C_p = C + \sum \delta_i C_i,\ D_p = D + \sum \delta_i D_i \quad (7.18)$$

其中，A、B、C、D 用于标称系统建模。这种描述中涉及多重摄动，所以不能采用单个摄动表示，但应该能很清楚地看到，我们可以把影响 A、B、C、D 的摄动分离出来，并将其放在一个大的对角型矩阵 Δ 中，其中实数 δ_i 位于对角线上，而且某些 δ_i 可能重复。此外应该注意到，与这些参数呈非线性关系的部分也可以写成标准的线性方块图形式。例如，δ_1^2(δ_1 重复)、$\dfrac{\alpha + w_1\delta_1\delta_2}{1 + w_2\delta_2}$ 等形式都可采用上述方式处理。下面通过一个例子来说明。

例 7.5 假设对一个非线性模型线性化得到模型 $y = Cu$，其中 $C = \delta^2$，$|\delta| \leqslant 1$，并且含有某些不确定的参数。该模型可写成式(A.159)所示的上线性分式变换(LFT)形式 $F_u(M,\Delta)$。为了看清楚这一点，定义下面的辅助变量 $y = z_1$，$z_1 = \delta x_1$，$x_1 = z_2$，$z_2 = \delta x_2$，$x_2 = u$；然后排列这些变量，使得 $[x_1 \quad x_2 \quad y]^{\mathrm{T}} = M \times [z_1 \quad z_2 \quad u]^{\mathrm{T}}$，并且 $[z_1 \quad z_2]^{\mathrm{T}} = \Delta \times [x_1 \quad x_2]^{\mathrm{T}}$ 以便得到预期的结果，其中

$$M = \begin{bmatrix} 0 & 1 & 0 \\ 0 & 0 & 1 \\ 1 & 0 & 0 \end{bmatrix} \text{ 且 } \Delta = \begin{bmatrix} \delta & 0 \\ 0 & \delta \end{bmatrix}$$

表 7.1 表示重复参数不确定性的 Matlab 程序

```
% Uses Robust Control toolbox
k = ureal('k',0.5,'Range',[0.4 0.6]); % Uncertain parameter
alpha = ureal('alpha',1,'Range',[0.8 1.2]);
A = [-(1+k) 0; 1 -(1+k)];
B = [(1/k -1), -1]';
C = [0 alpha];
Gp = ss(A,B,C,0);
% Use lftdata to obtain the interconnection matrix of Figure 3.23
```

上面的方法可能看起来有些复杂，但在实际中并非如此，这是因为这些操作都可以用某些现成的软件自动完成。例如，表 7.1 说明了如何生成如下不确定对象的 LFT 实现

$$\dot{x} = \begin{bmatrix} -(1+k) & 0 \\ 1 & -(1+k) \end{bmatrix} x + \begin{bmatrix} \dfrac{1-k}{k} \\ -1 \end{bmatrix} u$$

$$y = [1 \quad \alpha] x$$

这里 $k = 0.5 + 0.1 \times \delta_1$，$|\delta_1| \leqslant 1$ 并且 $\alpha = 1 + 0.2 \times \delta_2$，且 $|\delta_2| \leqslant 1$。

7.4 在频域表示不确定性

在量化未建模动态引起的不确定性方面，频域方法($\mathcal{H}_\infty$)似乎并不具备太大竞争力(与其它范数相比较)。事实上，Owen 和 Zames(1992)作过如下陈述：

> 如果扰动和对象模型都能清晰地用参数描述，那么与较为传统的状态空间和参数化方法相比，$\mathcal{H}_\infty$ 方法似乎没有什么明显优势。因此，当存在非参数化和非结构化不确定性时，反馈控制器的设计就是 $\mathcal{H}_\infty$ 反馈优化存在的目的和理由。

参数不确定性也经常用复数摄动表示，其优点是可以简化分析，特别是简化控制器综合。例如，可以简单地用复摄动 $|\Delta(j\omega)|\leqslant 1$ 替换实摄动 $-1\leqslant\Delta\leqslant 1$。这样做可能会引入一些并不包含在原始集合内的新对象，因此比较保守。然而，如果存在多个实摄动，那么把它们并入一个复摄动中，通常可以降低保守程度。这样做的理由是，当多个不确定参数同时存在时，真正的不确定域通常像一个“圆盘”，那么采用一个复摄动来表示它可能更为精确。下面将说明这个问题。

7.4.1　不确定域

为说明怎样将参数不确定性变换为频域不确定性，考虑图 7.2 所示的由以下对象集合生成的 Nyquist 图（或区域）：

$$G_p(s)=\frac{k}{\tau s+1}e^{-\theta s},\ 2\leqslant k,\ \theta,\ \tau\leqslant 3 \tag{7.19}$$

步骤 1. 在每一个频率上，通过改变式(7.19)中的 3 个参数，生成复数 $G_p(j\omega)$ 的区域，见图 7.2。一般来说，这些不确定性区域都具有复杂的形状和数学描述，在控制系统设计时难以处理。

步骤 2. 将这些复杂的区域近似为如图 7.3 所示的圆盘（圆环），可以得出下面将要讨论的（复数）加性不确定性描述。

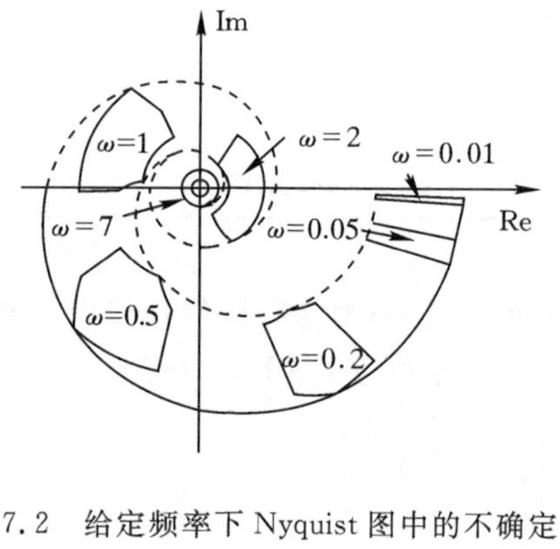

图 7.2　给定频率下 Nyquist 图中的不确定性区域。数据来自式(7.19)

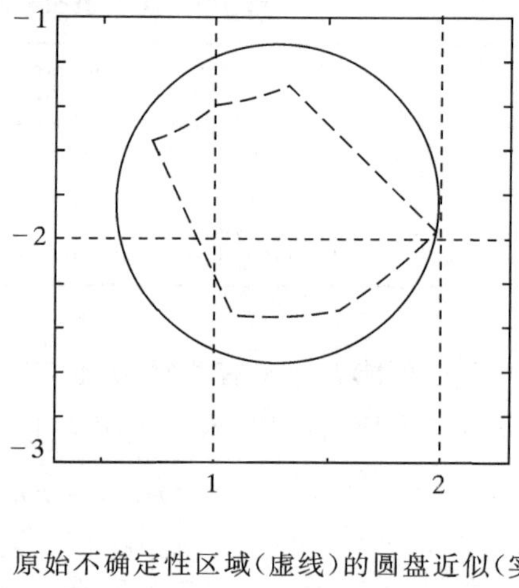

图 7.3　原始不确定性区域（虚线）的圆盘近似（实线）该图对应于图 7.2 中 $\omega=0.2$ 的情况

注 1　在步骤 1 中，当我们将式(7.19)所示的参数不确定性描述转换为图 7.2 所示的不确定性区域描述时，并未引入任何保守性，而图 7.2 所示的不确定性区域似乎表示更大的不确定性。例如，它容许 $G_p(j\omega)$ 从一个频率“跳”到另一个频率（即由区域的一角到另一角），这多少有点儿令人吃惊。我们将在本章和下一章根据不确定性区域推导鲁棒稳定性的频率到频率的充分与必要条件。实际上，保守性变化仅发生在步骤 2 中，该步采用图 7.3 所示的较大圆形区域近似原来的不确定性区域。

注 2　避免在步骤 2 中引入保守性的严格方法的确存在（采用复区域映射，见 Laughlin 等人(1986)的论著）。然而正如我们已经提到的，这些方法相当复杂，虽然可用于分析简单的系统，但并不真正适合控制器的综合，本书就不再讨论。

注 3 从图 7.3 我们看到，通过移动圆盘中心（选择另一个标称模型）可以减小其半径，7.4.4 节将讨论这个问题。

7.4.2 采用复摄动表示不确定性区域

我们将采用图 7.3 和图 7.4 中 Nyquist 图所示的圆形区域表示不确定性区域。这些圆形区域由标称对象 G 周围范数有界的加性复摄动（加性不确定性）生成

$$\Pi_A: G_p(s)=G(s)+w_A(s)\Delta_A(s)\text{；}|\Delta_A(\mathrm{j}\omega)|\leqslant 1\ \forall\omega \tag{7.20}$$

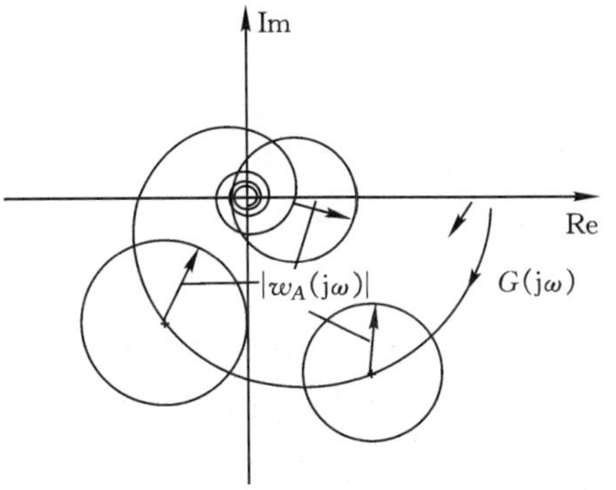

图 7.4 由加性复数不确定性 $G_p=G+w_A\Delta$ 生成的圆形不确定性区域

其中 $\Delta_A(s)$ 表示在每一频率上幅值均不大于 1 的任意稳定传递函数。这如何可能做到呢？如果我们考虑所有可能的 Δ_A，在每一频率上，$\Delta_A(\mathrm{j}\omega)$ 将“生成”一个中心在 0 处，半径为 1 的圆形区域，那么 $G(\mathrm{j}\omega)+w_A(\mathrm{j}\omega)\Delta_A(\mathrm{j}\omega)$ 将会在每一频率上生成一个圆心在 $G(\mathrm{j}\omega)$ 处，半径为 $|w_A(\mathrm{j}\omega)|$ 的圆形区域，如图 7.4 所示。

在大多数情况下，$w_A(s)$ 是有理传递函数（尽管并不总是这样）。当然也可以把 $w_A(s)$ 看作是一个权函数，引入它的目的是将摄动标准化，使其幅值在每个频率上都小于 1。这样只需讨论权函数的幅值，同时为了避免不必要的问题，总是选择 $w_A(s)$ 稳定且为最小相位（这一要求适用于本书中用到的所有权函数。）

这些圆形区域也可采用式(7.2)所示的乘性不确定性描述来表示

$$\Pi_I: G_p(s)=G(s)(1+w_I(s)\Delta_I(s))\text{；}|\Delta_I(\mathrm{j}\omega)|\leqslant 1,\forall\omega \tag{7.21}$$

比较式(7.20)和式(7.21)可知，对于 SISO 系统，如果在每一频率上有

$$|w_I(\mathrm{j}\omega)|=|w_A(\mathrm{j}\omega)|/|G(\mathrm{j}\omega)| \tag{7.22}$$

则加性和乘性不确定性描述是等价的。然而，通常乘性（相对）权函数更为可取，这是因为其数值包含了更多信息。在 $|w_I(\mathrm{j}\omega)|>1$ 的频率，不确定性超过了 100%，对应的 Nyquist 曲线可能会穿过原点。如图 7.5 所示，其原因在于此时 Nyquist 图中圆的半径 $|w_A(\mathrm{j}\omega)|=|G(\mathrm{j}\omega)w_I(\mathrm{j}\omega)|$ 大于从 $G(\mathrm{j}\omega)$ 到原点的距离。在这些频率上，我们不知道对象的相位，并且允许零点从 LHP 穿越到 RHP。为了看清这一点，考虑满足 $|w_I(\mathrm{j}\omega_0)|>1$ 的频率 w_0，那么存在一个 $|\Delta_I|\leqslant 1$ 能使式(7.21)中的 $G_p(\mathrm{j}\omega_0)=0$；也就是说，存在一个可能的对象，其零点位于 $s=\pm\mathrm{j}\omega_0$。对于这个对象而言，在频率 ω_0 处，输入对输出没有影响，所以控制不起作用。由此可得以下结论：在 $|\omega_I(\mathrm{j}\omega)|>1$ 的频率处，严苛控制是不可能的（式(7.43)还会更严格地推导这个条件）。

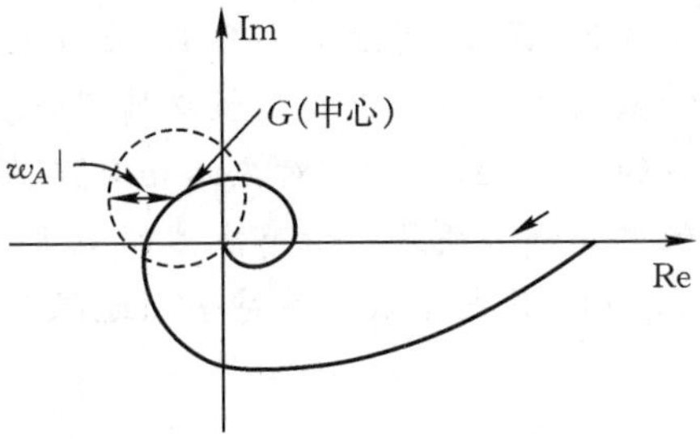

图 7.5 在满足 $|w_A(\mathrm{j}\omega)|\geqslant|G(\mathrm{j}\omega)|$ 或等价地 $|w_I(\mathrm{j}\omega)|\geqslant 1$ 的频率范围内可能的对象集合包含原点

7.4.3 获取复数不确定性的权函数

举例来说，考虑由式(7.19)给出的参数不确定性导出的可能对象集合Π，现在要用单个(集总)复摄动 Δ_A 或 Δ_I 来描述该集合。这种复数(圆形)不确定性描述可按如下步骤生成：

1. 选择一个标称对象 $G(s)$；
2. 加性不确定性。在每一频率上求取能够包含所有可能对象Π的最小半径 $l_A(\omega)$

$$l_A(\omega) = \max_{G_p \in \Pi} |G_p(j\omega) - G(j\omega)| \tag{7.23}$$

如果要得到一个具有有理传递函数形式的权函数 $w_A(s)$ (如果只是为了分析，可能并不需要如此)，那么必须使其覆盖该集合，所以有

$$|w_A(j\omega)| \geqslant l_A(\omega) \quad \forall \omega \tag{7.24}$$

通常 $w_A(s)$ 具有低阶形式以简化控制器的设计。此外，通常采用频域不确定性目标以一种简单和直接的方式表示不确定性。

3. 乘性(相对)不确定性。这种形式通常更为可取，有

$$l_I(\omega) = \max_{G_p \in \Pi} \left| \frac{G_p(j\omega) - G(j\omega)}{G(j\omega)} \right| \tag{7.25}$$

且有有理权函数

$$|w_I(j\omega)| \geqslant l_I(\omega), \ \forall \omega \tag{7.26}$$

例 7.6 参数不确定性的乘性权函数。再次考虑具有式(7.19)给出的参数不确定性的对象集合

$$\Pi: G_p(s) = \frac{k}{\tau s + 1} e^{-\theta s}, \ 2 \leqslant k, \theta, \tau \leqslant 3 \tag{7.27}$$

我们想要采用具有有理权函数 $w_I(s)$ 的乘性不确定性表示该集合。为简化后续的控制器设计，选择无时延的标称模型

$$G(s) = \frac{\bar{k}}{\bar{\tau}s + 1} = \frac{2.5}{2.5s + 1} \tag{7.28}$$

为了得到式(7.25)中的 $l_I(\omega)$，可以采用 Matlab 鲁棒控制工具箱中的 usample 命令，它可以从不确定性对象集合中给出指定个数的随机对象。然而，这个命令不能处理时延方面的不确定性，因此，对于3个参数 (k, θ, τ) 中的每一个，我们都考虑3个值(2、2.5、3)(一般来说，这种做法并不能确保找到最坏情况，这是因为最坏情况可能在区间内部)。图7.6给出了由此生成的 $3^3 = 27$ 个 G_p 对应的相对误差 $|(G_p - G)/G|$ 关于频率的函数曲线。$l_I(\omega)$ 的曲线在每一频率处都必须处于所有点线的上方，我们发现 $l_I(\omega)$ 在低频时为0.2，在高频时为2.5。为推导 $w_I(s)$，首先尝试一种符合上述限制条件的简单一阶权函数：

$$w_{I1}(s) = \frac{Ts + 0.2}{(T/2.5)s + 1}, T = 4 \tag{7.29}$$

由图7.6中的实线可以看出，这个权函数和 $l_I(\omega)$ 吻合得相当好，只是在 $\omega = 1$ 附近略微偏小，所以它还是不能包含所有可能的对象。为改变这一点，使得在所有频率上 $|w_I(j\omega)| \geqslant l_I(\omega)$，可以给 w_{I1} 乘以一个校正因子，使其在 $\omega = 1$ 处的增益稍微提高一些。下面的办法效果不错：

$$w_I(s) = w_{I1}(s) \frac{s^2 + 1.6s + 1}{s^2 + 1.4s + 1} \tag{7.30}$$

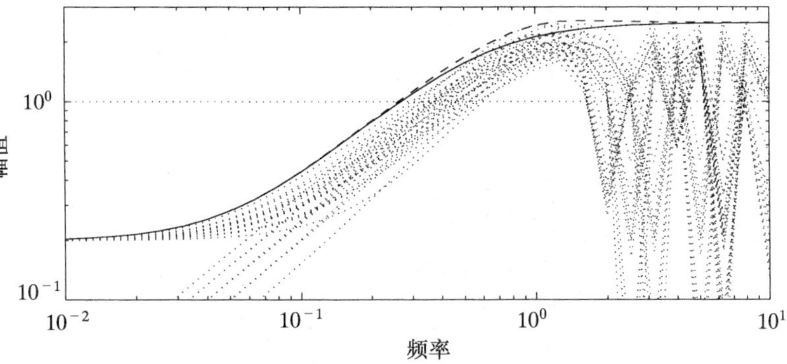

图 7.6 k，τ 和 θ 的 27 种组合与无时延标称对象(点线)的相对误差
实线：式(7.29)中的一阶权函数 $|w_{I1}|$；虚线：式(7.30)中的三阶权函数 $|w_I|$

由图 7.6 中的虚线即可看出这一点。这个权函数的幅值大约在 $\omega = 0.26$ 处超过 1，这看起来是合理的，这是因为我们在标称模型中忽略了时延，而它本身在频率约为 $1/\theta_{\max} = 0.33$ 处会产生 100%的不确定性(见下面的图 7.8(a))。

对于同样的参数不确定性，习题 7.8 给出了一种不确定性描述，但采用的是均值标称模型(带有时延)。7.4.5 节将进一步讨论参数增益和时延的不确定性(时间常数为确定的)。

注：极点不确定性。在上面的例子中，我们采用乘性摄动 Δ_I 表示极点(时间常数)不确定性。只要极点不在两个半平面之间穿越，并且允许 $\Delta_I(s)$ 不稳定，乘性摄动甚至可以表示不稳定对象。然而，如果极点不确定性很大，特别是极点能从 LHP 穿越到 RHP，那么应该采用如式(7.3)所示的逆("反馈")不确定性表示它。

7.4.4 标称模型的选择

当采用复摄动表示参数不确定性时，标称对象主要有三种选择：

1. 简化模型，如低阶无时延模型；
2. 平均参数值模型 $G(s) = \bar{G}(s)$；
3. 位于 Nyquist 图中心的对象(形成最小圆盘的对象)。

选择 1 通常产生最大的不确定性区域，但模型简单且便于后续阶段的控制器设计；选择 2 或许是最直接的一种选择；选择 3 产生的不确定性区域最小，但要得到标称模型需要较大的工作量，通常不是有理函数，即使得到近似的有理函数，阶数也会很高。

例 7.7 再次考虑例 7.6 中用过的由式(7.27)给出的不确定性集合，与选择 1 和选择 2 对应的标称模型分别是

$$G_1(s) = \frac{\bar{k}}{\bar{\tau}s + 1}, \ G_2(s) = \frac{\bar{k}}{\bar{\tau}s + 1}e^{-\bar{\theta}s}$$

选择 3 对应的标称模型不是有理函数。图 7.7 显示的是当频率为 $\omega = 0.5$ 时，三种圆形近似的 Nyquist 曲线。

注：Wang 等(1994)研究过一个类似的例子，并用选择 1 获得了最佳的控制器设计，尽管相应的不确定性区域明显过大。其原因就是图 7.7 所示 Nyquist 图中"最坏区域"与那些具有最大

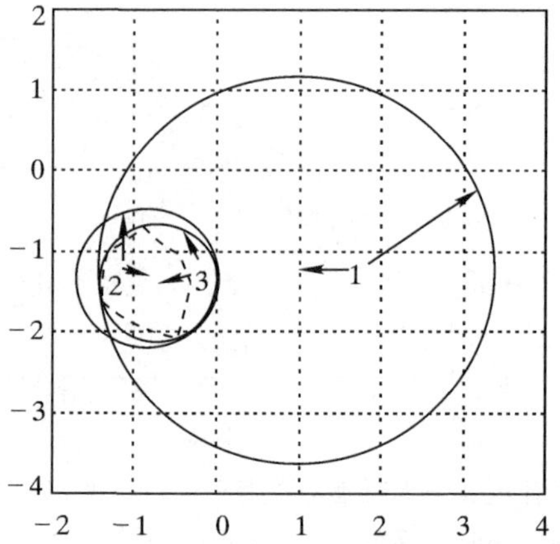

图 7.7　$G_p(\mathrm{j}\omega)$ 在频率为 $\omega=0.5$ 处的 Nyquist 图(虚线区域),显示出三种标称对象的复数圆盘近似:
1. 无时延简化模型
2. 平均参数值
3. 最小半径对应的标称模型

负相位(坐标近似等于(−1.5,−1.5))的对象相当接近。这样,包含在最大区域中(选择 1)的其它对象通常是容易控制的,并且对最坏情况下对象的稳定性和性能评估影响不大。总之,对于具有不确定时延的对象,最简单有时也是最好的方法就是采用一个无时延的标称对象,并用加性不确定性表示标称时延,该结论至少对于 SISO 对象是成立的。

由于我们把参数不确定性的几种来源归并到单个复摄动中,所以标称模型的选择只是其中一个问题。当然,如果采用基于多个实摄动的参数不确定性描述,那么在标称模型中应该始终采用参数的平均值。

7.4.5　采用不确定性表示忽略的动态特性

从上面的描述可以看到,频域不确定性描述的一个优点是,可以选择一个简单的标称模型进行工作,并采用不确定性表示忽略的动态特性,我们将更深入地研究这个问题。考虑对象集合

$$G_p(s)=G_0(s)f(s)$$

其中 $G_0(s)$ 是固定的(且是确定的)。我们想忽略掉 $f(s)$ 这一项(可能是固定的,也可能是一个不确定集合 Π_f),并用标称模型为 $G=G_0$ 的乘性不确定性表示 G_p。由式(7.25)知,忽略的 $f(s)$ 动态特性所引起的相对不确定性幅值为

$$l_I(\omega)=\max_{G_p}\left|\frac{G_p-G}{G}\right|=\max_{f(s)\in\Pi_f}|f(\mathrm{j}\omega)-1| \tag{7.31}$$

以下三个例子可以说明这种处理过程。

1. 忽略的时延。令 $f(s)=\mathrm{e}^{-\theta_p s}$,其中 $0\leqslant\theta_p\leqslant\theta_{\max}$。我们想要用一个无时延的对象 $G_0(s)$ 和乘性不确定性表示 $G_p=G_0(s)\mathrm{e}^{-\theta_p s}$。首先考虑最大时延,图 7.8(a)中画出了相对误差 $|1-\mathrm{e}^{-\mathrm{j}\omega\theta_{\max}}|$ 关于频率的函数曲线。相对不确定性的幅值在频率约为 $1/\theta_{\max}$ 处穿越 1,在频率

$\pi/\theta_{\max}$ 处达到 2(因为在此频率上 $e^{j\omega\theta_{\max}}=-1$)，而在更高的频率上，则在 0 与 2 之间振荡(这相当于 $e^{-j\omega\theta_{\max}}$ 的 Nyquist 曲线不断地沿单位圆运动)。对于较小的时延，可以得出相似的曲线，它们也会在 0 与 2 之间振荡，只是发生在更高频率处。由此可得出结论：如果考察所有的 $\theta\in[0,\theta_{\max}]$，则当频率超过 $\pi/\theta_{\max}$ 时，相对误差界是 2。由此可得出

$$l_I(\omega)=\begin{cases}|1-e^{-j\omega\theta_{\max}}| & \omega<\pi/\theta_{\max}\\ 2 & \omega\geqslant\pi/\theta_{\max}\end{cases}\tag{7.32}$$

通过设置式(7.36)和式(7.37)中的 $r_k=0$，可得到式(7.32)的有理近似。

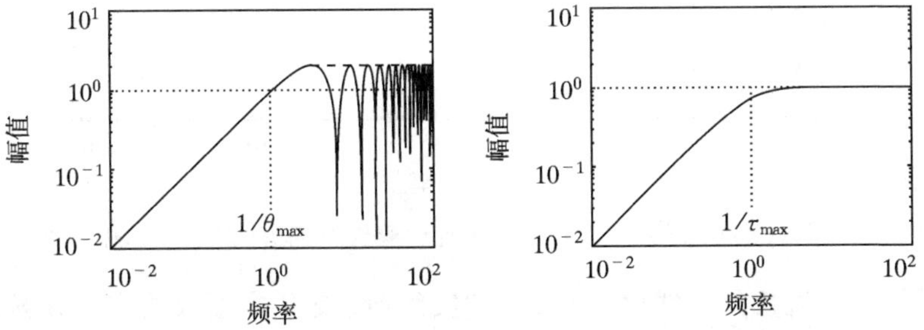

(a)时延　　(b)一阶滞后

图 7.8　由忽略的动态特性产生的乘性不确定性

2. 忽略的滞后。 令 $f(s)=1/(\tau_p s+1)$，其中 $0\leqslant\tau_p\leqslant\tau_{\max}$。在此情况下，得出的 $l_I(\omega)$ 如图 7.8(b)所示，它可以表示为一个有理函数，且 $|w_I(j\omega)|=l_I(\omega)$，其中

$$w_I(s)=1-\frac{1}{\tau_{\max}s+1}=\frac{\tau_{\max}s}{\tau_{\max}s+1}$$

这个权函数在高频时趋于 1，其低频渐近线在频率 $1/\tau_{\max}$ 处穿越 1。

3. 表示增益和时延不确定性的乘性权函数。 考虑如下对象集合

$$G_p(s)=k_p e^{-\theta_p s}G_0(s);k_p\in[k_{\min},k_{\max}],\theta_p\in[\theta_{\min},\theta_{\max}]\tag{7.33}$$

这里希望采用乘性不确定性和一个无时延的标称模型 $G(s)=\bar{k}G_0(s)$ 来表示它，其中 $\bar{k}=\dfrac{k_{\min}+k_{\max}}{2}$ 且 $r_k=\dfrac{(k_{\max}-k_{\min})/2}{\bar{k}}$。Lundström(1994)为相对不确定性权函数推导出了如下精确表达式：

$$l_I(\omega)=\begin{cases}\sqrt{r_k^2+2(1+r_k)(1-\cos(\theta_{\max}\omega))} & \omega<\pi/\theta_{\max}\\ 2+r_k & \omega\geqslant\pi/\theta_{\max}\end{cases}\tag{7.34}$$

其中 r_k 是增益的相对不确定性。该边界函数是无理的，为推导出有理权函数，首先将时延用一阶 Padé 逼近近似，得到

$$k_{\max}e^{-\theta_{\max}s}-\bar{k}\approx\bar{k}(1+r_k)\frac{1-\frac{\theta_{\max}}{2}s}{1+\frac{\theta_{\max}}{2}s}-\bar{k}=\bar{k}\,\frac{-(1+\frac{r_k}{2})\theta_{\max}s+r_k}{\frac{\theta_{\max}}{2}s+1}\tag{7.35}$$

由于只有幅值有影响，可以得到如下一阶权函数

$$w_I(s) = \frac{(1+\frac{r_k}{2})\theta_{\max}s + r_k}{\frac{\theta_{\max}}{2}s + 1} \tag{7.36}$$

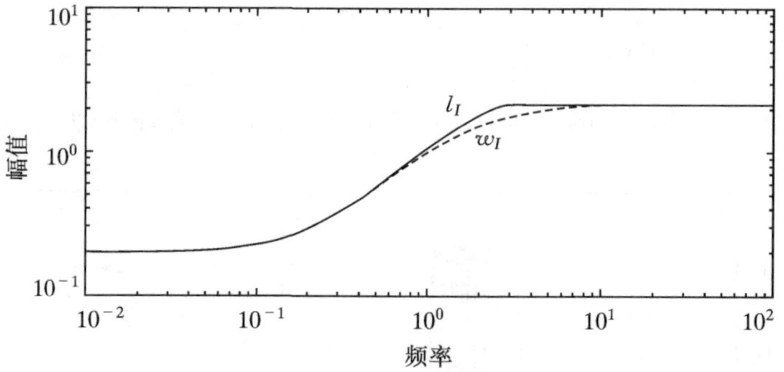

图 7.9　式(7.33)中增益和时延不确定性的乘性权函数($\theta_{\max} = 1, r_k = 0.2$)

然而如图 7.9 所示，通过比较虚线(代表 w_I)和实线(代表 l_I)，上式给出的权函数有些偏乐观(过小)，特别是在频率 $1/\theta_{\max}$ 附近。为确保在所有频率上都有 $|w_I(j\omega)| \geqslant l_I(\omega)$，这里采用校正因子，得到如下三阶权函数：

$$w_I(s) = \frac{(1+\frac{r_k}{2})\theta_{\max}s + r_k}{\frac{\theta_{\max}}{2}s + 1} \times \frac{(\frac{\theta_{\max}}{2.363})^2 s^2 + 2\times 0.838 \times \frac{\theta_{\max}}{2.363}s + 1}{(\frac{\theta_{\max}}{2.363})^2 s^2 + 2\times 0.685 \times \frac{\theta_{\max}}{2.363}s + 1} \tag{7.37}$$

图 7.9 中并未画出式(7.37)给出的改进权函数 $w_I(s)$，但它与实线给出的精确边界几乎没有区别。在实际应用中，建议从式(7.36)所示的简单权函数开始，如果有必要适当改进某些性能，可以尝试使用式(7.37)所示的高阶权函数。

例 7.8　考虑集合 $G_p(s) = k_p e^{-\theta_p s} G_0(s)$，其中 $2 \leqslant k_p \leqslant 3$ 并且 $2 \leqslant \theta_p \leqslant 3$。我们采用标称无时延对象 $G = \bar{k}G_0 = 2.5G_0$ 和相对不确定性来近似这个集合。式(7.36)对应的简单一阶权函数 $w_I(s) = \frac{3.3s+0.2}{1.5s+1}$ 有些偏乐观。若要覆盖所有的不确定性，可以采用式(7.37)，得到 $w_I(s) = \frac{3.3s+0.2}{1.5s+1} \times \frac{1.612s^2+2.128s+1}{1.612s^2+1.739s+1}$。

7.4.6　未建模动态特性的不确定性

尽管我们已经花了很多时间来建立不确定性模型并推导其权函数，但还没有谈及采用频域($\mathcal{H}_\infty$)不确定性描述和复摄动的最主要原因，即便于处理未建模的动态特性。当然，未建模动态与前面讨论过的特意忽略的动态特性有些接近，但并不完全相同。未建模动态也包括阶数未知或阶数无穷大的未知动态特性。为表示未建模动态特性，通常采用如下简单的乘性权函数

$$w_I(s) = \frac{\tau s + r_0}{(\tau/r_\infty)s + 1} \tag{7.38}$$

其中 r_0 是稳态相对不确定性，$1/\tau$(近似地)是相对不确定性达到 100%时的频率，而 r_∞ 是权

函数在高频时的幅值(典型值 $r_\infty \geqslant 2$)。根据上面的例子和讨论,希望读者能够了解到,在处理具体应用时,如何选择合理的参数 r_0、r_∞ 与 τ。下面的习题回顾了主要思想,有助于加深理解。

习题 7.2* 假设对象的标称模型是

$$G(s)=\frac{1}{s+1}$$

模型的不确定性可以由具有如下权函数的乘性不确定性描述

$$w_I(s)=\frac{0.125s+0.25}{(0.125/4)s+1}$$

由此生成的对象集合称为Π。请找出下面(a)~(g)中每个对象的参数极值,使得每个对象都在集合Π中,假设所有参数都是正值。一种方法是对每个 $G'(G_a,G_b,\cdots)$ 绘制出式(7.25)中 $l_I(\omega)=|G^{-1}G'-1|$ 的曲线,调整相关的参数直到 l_I 刚好接触到 $|w_I(\mathrm{j}\omega)|$。

(a)忽略时延:对于 $G_a=Ge^{-\theta s}$,求出最大的 θ(答案:0.13);

(b)忽略滞后:对于 $G_b=G\dfrac{1}{\tau s+1}$,求出最大的 τ(答案:0.15);

(c)不确定极点:对于 $G_c=\dfrac{1}{s+a}$,求出 a 的范围(答案:0.8 到 1.33);

(d)不确定极点(时间常数形式):对于 $G_d=\dfrac{1}{Ts+1}$,求出 T 的范围(答案:0.7 到 1.5);

(e)忽略谐振:对于 $G_e=G\dfrac{1}{(s/70)^2+2\zeta(s/70)+1}$,求出 ζ 的范围(答案:0.02 到 0.8);

(f)忽略动态特性:对于 $G_f=G\left(\dfrac{1}{0.01s+1}\right)^m$,求出最大的整数 m(答案:13);

(g)忽略 RHP 零点:对于 $G_g=G\dfrac{-\tau_z s+1}{\tau_z s+1}$,求出最大的 τ_z(答案:0.07);这些结果意味着,能够满足集合Π中所有对象的给定稳定性和性能要求的控制系统,同样可以保证满足上面对象 $G_a,G_b,\cdots,G_g$ 的相同需求。

(h)对于一个新的标称对象 $G=1/(s-1)$,重复上面的工作(除 $G_d=1/(Ts-1)$ 外,其余皆相同)(答案:与上面的结果相同)。

习题 7.3 采用如下新的权函数,重复习题 7.2

$$w_I(s)=\frac{s+0.3}{(1/3)s+1}$$

我们以对不确定性建模的两点评注来结束这一节:

1. 对于 SISO 系统,通常只可以消除复数不确定性的一个来源。
2. 在 $\mathcal{H}_\infty$ 不确定性描述中,可以用一个标称模型和有限阶的相关权函数表示时延(相当于无限阶的对象)以及无限阶的未建模动态特性。

7.5 SISO 系统的鲁棒稳定性

前文已经讨论了怎样从数学上表示不确定性。这一节将推导对于不确定性集合中的所有摄动，都能保证系统保持稳定的条件，下一节将研究系统的鲁棒性能。

7.5.1 关于乘性不确定性的鲁棒稳定性(RS)

对于图 7.10 所示的不确定反馈系统，当存在幅值为 $|w_I(\mathrm{j}\omega)|$ 的乘性(相对)不确定性时，我们来确定其稳定性。在系统存在不确定性时，回路传递函数为

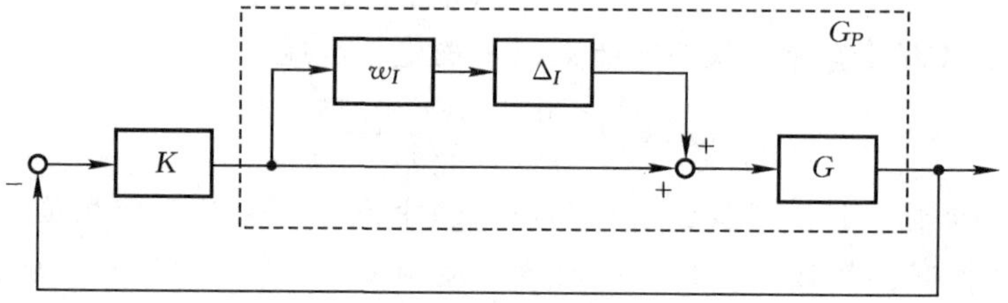

图 7.10 具有乘性不确定性的反馈系统

$$L_p = G_pK = GK(1 + w_I\Delta_I) = L + w_IL\Delta_I, \ |\Delta_I(\mathrm{j}\omega)| \leqslant 1, \forall \omega \tag{7.39}$$

按照以往的做法，我们假设(由设计本身保证)标称闭环系统(即 $\Delta_I = 0$)是稳定的。为简单起见，假设回路传递函数 L_p 也是稳定的。现在用 Nyquist 稳定性条件检验闭环系统的 RS，有

$$\begin{aligned} \mathrm{RS} \ &\overset{\text{def}}{\Leftrightarrow} \ \text{系统稳定}, \ \forall L_p \\ &\Leftrightarrow \ L_p \text{ 不包围} -1, \ \forall L_p \end{aligned} \tag{7.40}$$

1. 用图示法推导 RS 条件。考察图 7.11 中 L_p 的 Nyquist 曲线。请记住 $|-1-L| = |1+L|$ 表示从 -1 到 L_p 对应的圆盘中心的距离，而 $|w_IL|$ 是该圆盘的半径。如果任何一个圆盘都不覆盖 -1，就可以避免包围 -1 的情况出现，那么从图 7.11 中可得到

$$\mathrm{RS} \ \Leftrightarrow \ |w_IL| < |1+L|, \ \forall \omega \tag{7.41}$$

$$\Leftrightarrow \ \left|\frac{w_IL}{1+L}\right| < 1, \forall \omega \ \Leftrightarrow \ |w_IT| < 1, \forall \omega \tag{7.42}$$

$$\overset{\text{def}}{\Leftrightarrow} \ \| w_IT \|_\infty < 1 \tag{7.43}$$

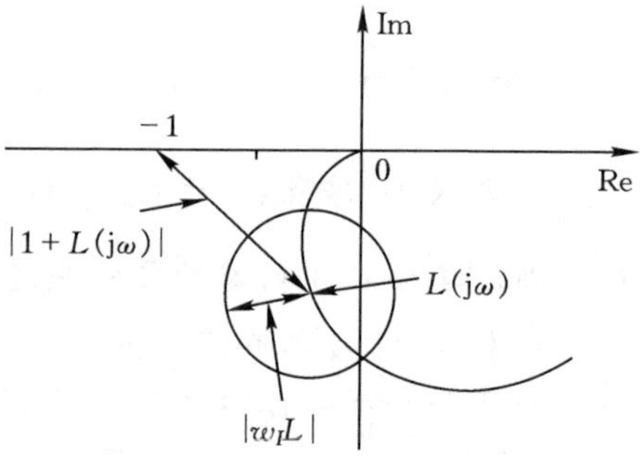

图 7.11 判断 RS 的 L_p Nyquist 曲线

注意，对于 SISO 系统，$w_I = w_O$ 且 $T = T_I = GK(1+GK)^{-1}$，所以上述条件可以等效地写成 w_IT_I 或 w_OT。这样，在具有乘性不确定性的情况下，RS 要求互补灵敏度具有一个上界

$$\boxed{\mathrm{RS} \ \Leftrightarrow \ |T| < 1/|w_I|, \quad \forall \omega} \tag{7.44}$$

由此可以看出，在相对不确定性的幅值 $|w_I|$ 超过 1 的频率处，需要消除系统谐振(即，使 T 变小)。只要不确定对象对应的所有摄动在每个频率上都满足 $|\Delta(\mathrm{j}\omega)| \leqslant 1$，式(7.44)给出的条件就是严格的(充分且必要的)。如若不然，式(7.44)就只是 RS 的一个充分条件。例如，若将式(7.6)所示参数增益不确定性中的摄动限制为实数，就会发生这种情况。

注：不稳定对象。当不确定性集合中每个对象的 RHP 极点数目相同时，则式(7.43)所示的稳

定性条件也适用于 L 和 L_p 不稳定的情况。这是因为前文假定标称闭环系统是稳定的，所以我们必须确保摄动不会改变 -1 点被包围的次数，而式(7.43)正好能保证这一点。

2. 用代数方法推导 RS 条件。由于假定 L_p 稳定，标称闭环系统也是稳定的，所以标称回路传递函数 $L(\mathrm{j}\omega)$ 不包围 -1，又由于对象集合是范数有界的，那么，如果不确定性集合中某个 L_{p1} 包围 -1，那么在该不确定性集合中必定存在另一 L_{p2} 在某个频率正好穿过 -1，从而有

$$\text{RS} \quad \Leftrightarrow \quad |1+L_p| \neq 0, \quad \forall L_p, \forall \omega \tag{7.45}$$

$$\Leftrightarrow \quad |1+L_p| > 0, \quad \forall L_p, \forall \omega \tag{7.46}$$

$$\Leftrightarrow \quad |1+L+w_I L \Delta_I| > 0, \quad \forall |\Delta_I| \leqslant 1, \forall \omega \tag{7.47}$$

在任意频率下，当选择的复数 $\Delta_I(\mathrm{j}\omega)$ 满足 $|\Delta_I(\mathrm{j}\omega)|=1$，而其相位又恰好使得 $(1+L)$ 与 $w_I L \Delta_I$ 符号相反(指向相反的方向)时，那么对于每个频率来说，以上条件中最后一个条件最容易被违反(最坏情况)，所以有

$$\text{RS} \quad \Leftrightarrow \quad |1+L| - |w_I L| > 0, \forall \omega \quad \Leftrightarrow |w_I T| < 1, \quad \forall \omega \tag{7.48}$$

这样就再次推导得出式(7.43)。

3. 用 $M\Delta$ 结构推导 RS 条件。这里的推导只是对下一章将会给出的一般性分析的初步探讨，读者如果不能完全理解一些细节，也不必过于在意。这一推导过程的基础是将 Nyquist 稳定性判据用于不同的"回路传递函数"$M\Delta$ 而不是 L_p，具体讨论如下。可以看到图 7.10 中不稳定性的唯一来源是由 Δ_I 产生的新反馈回路。如果标称($\Delta_I=0$)反馈系统稳定，则图 7.10 所示系统的稳定性等价于图 7.12所示系统的稳定性，其中 $\Delta=\Delta_I$ 并且

$$M = w_I K(1+GK)^{-1} G = w_I T \tag{7.49}$$

此处 M 是由 Δ_I 输出到 Δ_I 输入的传递函数。现在将 Nyquist 稳定性条件用于图 7.12 所示系统。假设 Δ 和 $M=w_I T$ 都是稳定的，前者意味着 G 和 G_p 必须有相同的不稳定极点，而后者则等价于假设闭环系统是标称稳定的。由 Nyquist 稳定性条件可以确定，RS 的充分与必要条件是，对于所有可能的 Δ，"回路传递函数"$M\Delta$ 都不包围 -1。从而有

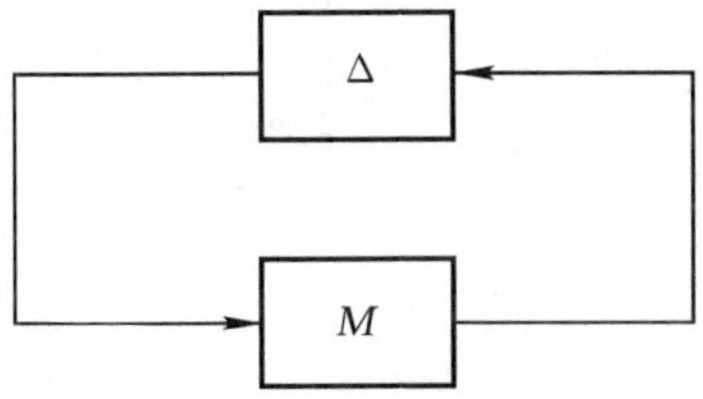

图 7.12　$M\Delta$ 结构

$$\text{RS} \quad \Leftrightarrow \quad |1+M\Delta| > 0, \ \forall \omega, \forall |\Delta| \leqslant 1 \tag{7.50}$$

当选择的 Δ 在每一频率上都能使 $|\Delta|=1$，且 $M\Delta$ 和 1 具有相反符号(指向相反的方向)时，上述条件最容易被违反(最坏情况)，由此得到

$$\text{RS} \quad \Leftrightarrow \quad 1-|M(\mathrm{j}\omega)| > 0, \quad \forall \omega \tag{7.51}$$

$$\Leftrightarrow \quad |M(\mathrm{j}\omega)| < 1, \quad \forall \omega \tag{7.52}$$

由于 $M=w_I T$，这个结果与式(7.43)和式(7.48)所给结果相同。$M\Delta$ 结构为处理鲁棒稳定性问题提供了一种一般方法，下一章会对此进行更深入的讨论。我们将看到，式(7.52)在本质上是小增益定理的一个巧妙应用。由于 $M\Delta$ 容许任意相位，我们避免引入常见的保守性。

例 7.9　考虑如下标称对象和 PI 控制器：

$$G(s) = \frac{3(-2s+1)}{(5s+1)(10s+1)} \qquad K(s) = K_c \frac{12.7s+1}{12.7s}$$

其实这就是第 2 章的逆向响应过程。最初，我们按照 Ziegler-Nichols 整定规则选择 $K_c = K_{c1} =$

1.13，得到了一个标称稳定的闭环系统。假设在“极端”情况下不确定对象是

$$G'(s) = 4(-3s+1)/(4s+1)^2 \tag{7.53}$$

这时，相对误差 $|(G'-G)/G|$ 在低频时是0.33；在大约0.1rad/s处为1，在高频时则为5.25。根据式(7.38)和以上数据，我们选择如下不确定性权函数：

$$w_I(s) = \frac{10s+0.33}{(10/5.25)s+1}$$

它和相对误差相当吻合。我们现在想要判断对于 $G_p = G(1+w_I\Delta_I)$ 给出的所有可能对象，系统能否保持稳定，其中 $\Delta_I(s)$ 是满足 $\|\Delta\|_\infty \leqslant 1$ 的任意摄动。由式(7.44)，我们可得如下鲁棒稳定性的充分与必要条件：$|T| < 1/|w_I|, \forall\omega$，这个条件很容易检验。根据式(7.53)所示标称对象和给定的控制器 K_1（增益 $K_{c1}=1.13$），可以计算出关于频率的函数 $T_1 = GK_1/(1+GK_1)$。

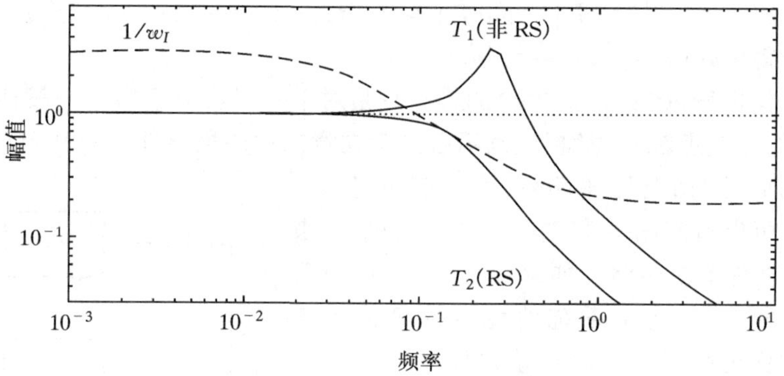

图7.13　检验关于乘性不确定性的鲁棒稳定性

由图7.13看到，$|T_1|$ 在很宽的频率范围内都超过了 $1/|\omega_I|$，所以由式(7.44)得知，该系统不是鲁棒稳定的。

由图7.13还可看到，最坏情况下的频率约为 $\omega=0.26$，此时 $|T_1|$ 约为 $1/|w_I|$ 的 $1/0.13 = 7.7$ 倍（见表7.2中的Matlab程序，从中可得Smarg1＝0.13）。换言之，将不确定性权函数 w_I 缩减到原来的1/7.7，系统才可能鲁棒稳定。

表7.2　用于描述复数不确定性对象并分析其RS的Matlab程序

```
% Uses Robust Control toolbox
G = 3*tf([-2 1],conv([5 1],[10 1]));
Wi = tf([10 0.33],[10/5.25 1]);          % Uncertainty weight
Delta = ultidyn('Delta', [1 1]);          % Dynamic uncertainty
Gp = G * (1 + Wi*Delta);
K = tf([12.7 1],[12.7 0]);
L1 = Gp*1.13*K;                           % Ziegler-Nichols Controller
T1 = feedback(L1,1);
[Smarg1,Dstab1,Report1] = robuststab(T1)  % Stability margins
L2 = Gp*1.13*K;                           % Detuned Controller
T2 = feedback(Gp*0.31*K,1);
[Smarg2,Dstab2,Report2] = robuststab(T2)
```

对于这个给定的不确定性对象，我们需要减小控制器增益换取鲁棒稳定性。通过逐次的试验和修正，我们发现将增益降低到 $K_{c2}=0.31$ 刚好达到了RS，从图7.13中 $T_2 = GK_2/(1+GK_2)$ 对应的曲线中即可看到这一点。

注：正如预料的那样，对于式(7.53)中的“极端”对象 $G'(s)$，当 $K_{c1}=1.13$ 时，闭环系统不稳定。然而，当 $K_{c2}=0.31$ 时，系统稳定并有合理的稳定裕量(没有处于不稳定边缘，这正是我们所期望的)；在系统到达不稳定之前，增益可增大约 2 倍，达到 $K_c=0.58$。这说明式(7.44)仅仅是稳定性的一个充分条件，对于某个特定对象 G'，违反该条件给定边界并不意味着系统一定不稳定。然而，当 $K_{c2}=0.31$ 时，确实存在另外一个容许的复 Δ_I 和相应的 $G_p=G(1+w_I\Delta_I)$，使得 $T_{2p}=\frac{G_pK_2}{1+G_pK_2}$ 处于不稳定边缘。这样的 Δ_I 可以通过数值计算辨识出来，例如采用表 7.2 中的 Matlab 程序(Dstab2.Delta 中包含最坏情况下的 Δ_I)。

7.5.2 与增益裕量的比较

在系统到达不稳定之前，回路增益 $L_0=G_0K$ 可以乘上一个多大的因子 $k_{\max}$ 呢？换言之，给定

$$L_p=k_pL_0;\ k_p\in[1,k_{\max}] \tag{7.54}$$

求出能使闭环系统稳定的最大 $k_{\max}$ 值。

1. 严格条件。 $k_{\max}$ 的严格值(可由式(7.56)中 Δ 取实数得到)就是经典控制中的增益裕量(GM)，有(回顾式(2.40))

$$k_{\max,1}=\mathrm{GM}=\frac{1}{|L_0(\mathrm{j}\omega_{180})|} \tag{7.55}$$

其中，ω_{180} 是 $\angle L_0=-180^\circ$ 时的频率。

2. 利用复摄动获得的保守条件。 作为选择，可以采用乘性复数不确定性表示增益不确定性，有

$$L_p=k_pL_0=\bar{k}L_0(1+r_k\Delta) \tag{7.56}$$

其中，

$$\bar{k}=\frac{k_{\max}+1}{2},\ r_k=\frac{k_{\max}-1}{k_{\max}+1} \tag{7.57}$$

注意，标称 $L=\bar{k}L_0$ 并非固定，而是依赖于 $k_{\max}$。当 $w_I=r_k$ 时，根据 RS 条件 $\|w_IT\|_\infty<1$(用于复 Δ)可以得出

$$\left\|r_k\frac{\bar{k}L_0}{1+\bar{k}L_0}\right\|_\infty<1 \tag{7.58}$$

此处 r_k 与 $\bar{k}$ 都依赖于 $k_{\max}$。为得出 $k_{\max,2}$，只能用迭代方法求解式(7.58)。如果 Δ 是复数，则式(7.58)为严格条件，但由于它并非复数，我们预计 $k_{\max,2}$ 会稍小于 GM。

例 7.10 为了通过数值计算来检验以上结论，考察 $L_0=\frac{1}{s}\frac{-s+2}{s+2}$ 的系统。可以得到 $\omega_{180}=2(\mathrm{rad/s})$，$|L_0(\mathrm{j}\omega_{180})|=0.5$。由式(7.55)得到回路增益可增大的严格因子是 $k_{\max,1}=\mathrm{GM}=2$；另一方面，由式(7.58)可得出 $k_{\max,2}=1.78$，正如预期的那样，该值小于 GM=2。这说明了用复摄动代替实摄动会引入保守性。

习题 7.4* 采用标称模型为 $G=G_0$(而不是上面用过的 $G=\bar{k}G_0$)的乘性复数不确定性表示式(7.54)中的增益不确定性。

(a) 求出 w_I，并用 RS 条件 $\|\omega_IT\|_\infty<1$ 求出 $k_{\max,3}$。注意，由于采用的标称模型及相应

的 $T = T_0$ 与 k_{max} 无关，所以无需迭代求解。

(b) 可以预见到，$k_{max,3}$ 甚至比 $k_{max,2}$ 还要保守，这是因为当 Δ 为实数时，这种不确定性描述不太严谨。请利用例 7.10 中的数据证明实际情况确实如此。

7.5.3 关于逆乘性不确定性的 RS

下面要为具有逆乘性不确定性的反馈系统（见图 7.14）推导出对应的 RS 条件，在该系统中

$$G_p = G(1 + w_{iI}(s)\Delta_{iI})^{-1} \tag{7.59}$$

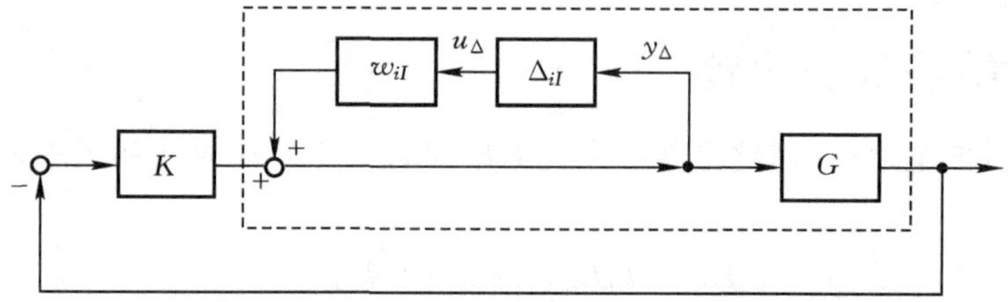

图 7.14　具有逆乘性不确定性的反馈系统

代数推导。为简单起见，假设回路传递函数 L_p 稳定，还假设标称闭环系统也是稳定的。如果能使 $L_p(\mathrm{j}\omega)$ 不包围−1，则可保证 RS。由于 L_p 属于一范数有界的集合，我们有

$$\text{RS} \Leftrightarrow |1 + L_p| > 0,\ \forall L_p, \forall \omega \tag{7.60}$$

$$\Leftrightarrow |1 + L(1 + w_{iI}\Delta_{iI})^{-1}| > 0,\ \forall |\Delta_{iI}| \leqslant 1, \forall \omega \tag{7.61}$$

$$\Leftrightarrow |1 + w_{iI}\Delta_{iI} + L| > 0,\ \forall |\Delta_{iI}| \leqslant 1, \forall \omega \tag{7.62}$$

当选择的 Δ_{iI} 在每个频率上都能使 $|\Delta_{iI}| = 1$ 且 $1+L$ 与 $w_{iI}\Delta_{iI}$ 具有相反的符号（指向相反的方向）时，最后一个条件最易违背（最坏情况），所以有

$$\text{RS} \Leftrightarrow |1 + L| - |w_{iI}| > 0,\quad \forall \omega \tag{7.63}$$

$$\Leftrightarrow |w_{iI}S| < 1,\quad \forall \omega \tag{7.64}$$

注：在上面的推导中，我们假设 L_p 是稳定的，但正如利用 $M\Delta$ 结构推导这个条件所展示的那样，L_p 稳定并不是必要的。实际上，即使当 G_p 的 RHP 极点个数可以改变时，式(7.64)给出的 RS 条件仍然适用。

对于控制的意义。由式(7.64)我们发现，在逆乘性不确定性情况下，RS 要求给灵敏度设置一个上界

$$\boxed{\text{RS} \Leftrightarrow |S| < 1/|w_{iI}|,\quad \forall \omega} \tag{7.65}$$

由此可以看到，我们需要严苛控制，而且在不确定性较大且 $|w_{iI}|$ 超过 1 的频率上，必须使 S 较小。由于当存在不确定性时，我们直观认为必须将系统去谐（并使 $S \approx 1$），而这个条件的要求却正好相反，这多少令人有些惊讶。其原因是这种不确定性表示极点不确定性，并在 $|w_{iI}|$ 超出 1 的频率范围内容许极点由 LHP 转移到 RHP（G_p 由稳定变为不稳定），那么为了镇定系统我们需要反馈（$|S| < 1$）。

然而，不一定总能使 $|S| < 1$，特别是假如对象在 $s = z$ 处有个 RHP 零点，这时存在一个插入约束 $S(z) = 1$，为保证 RS，$\| w_{iI}S \|_\infty < 1$，必须要求 $w_{iI}(z) \leqslant 1$（最大模原理，见式(5.20)）。因此，在对象具有 RHP 零点的频率处，不能有较大且使得 $|w_{iI}(\mathrm{j}\omega)| > 1$ 的极点不确

定性(否则将导致系统不稳定)。这与 5.3.2 节得到的结果是一致的。

7.6 SISO 系统的鲁棒性能

7.6.1 在 Nyquist 图中表示 SISO 系统的标称性能

采用 2.8.2 节讨论的加权灵敏度函数考察系统性能。保证标称性能(NP)的条件是

$$\mathrm{NP} \Leftrightarrow |w_P S|<1\ \forall\omega \Leftrightarrow |w_P|<|1+L|\ \forall\omega \tag{7.66}$$

这里的 $|1+L|$ 代表在每个频率下 Nyquist 图中 -1 到 $L(\mathrm{j}\omega)$ 的距离,因此该距离必须不小于 $|w_P(\mathrm{j}\omega)|$。图 7.15 说明了这一点,为得到 NP,$L(\mathrm{j}\omega)$ 必须位于圆心为 -1,半径为 $|w_P(\mathrm{j}\omega)|$ 的圆外。

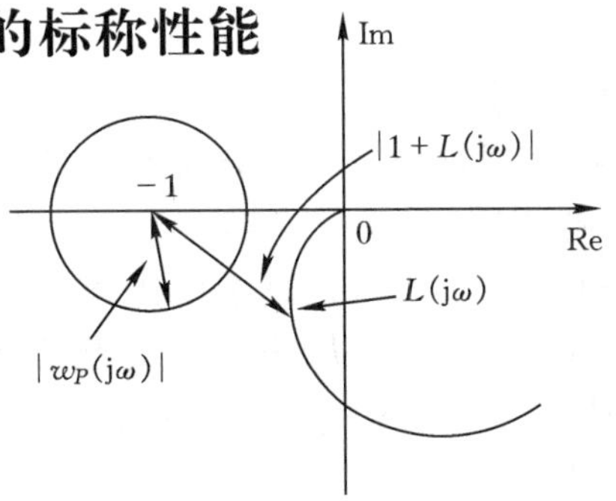

图 7.15 NP 条件 $|w_P|<|1+L|$ 的 Nyquist 图

7.6.2 鲁棒性能

要使系统具有鲁棒性能,要求所有可能的对象,包括那些包含最严重不确定性的对象都能满足式(7.66)给出的性能条件:

$$\mathrm{RP} \overset{\mathrm{def}}{\Leftrightarrow} |w_P S_p|<1 \quad \forall S_p, \forall\omega \tag{7.67}$$

$$\Leftrightarrow |w_P|<|1+L_p|\ \forall L_p, \forall\omega \tag{7.68}$$

这相当于在图 7.16 中要求 $|\hat{y}/d|<1\ \forall\Delta_I$,图中考虑的是乘性不确定性,回路传递函数的集合为

$$L_p=G_pK=L(1+w_I\Delta_I)=L+w_IL\Delta_I \tag{7.69}$$

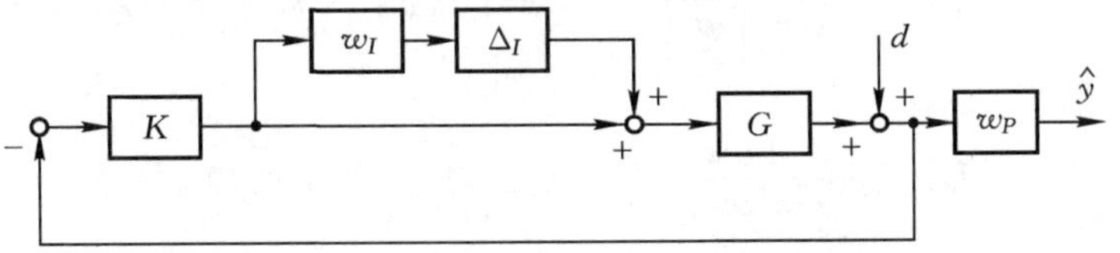

图 7.16 用于分析乘性不确定性下 RP 的方块图

1. 用图示法推导 RP 条件。图 7.17 中的 Nyquist 图对条件(7.68)进行了说明。要使系统具有 RP,必须要求所有可能的 $L_p(\mathrm{j}\omega)$ 都在圆心为 -1,半径为 $|w_P(\mathrm{j}\omega)|$ 的圆外。由于 L_p 在每个频率处都在圆心为 L,半径为 w_IL 的圆内,由图 7.17 看出,RP 条件要求这两个半径分别为 $|w_P|$ 和 $|w_IL|$ 的圆没有重叠部分。由于两个圆心的距离为 $|1+L|$,那么 RP 条件变为

$$\mathrm{RP} \Leftrightarrow |w_P|+|w_IL|<|1+L|, \quad \forall\omega \tag{7.70}$$

$$\Leftrightarrow |w_P(1+L)^{-1}|+|w_IL(1+L)^{-1}|<1, \quad \forall\omega \tag{7.71}$$

换言之,

$$\boxed{\text{RP} \quad \Leftrightarrow \quad \max_\omega(|w_P S| + |w_I T|) < 1} \tag{7.72}$$

2. 用代数方法推导 RP 条件。根据式(7.67)中的定义可知，如果最坏情况下(最大)的加权灵敏度在每一频率处都小于1，即

$$\text{RP} \Leftrightarrow \max_{S_p}|w_P S_p| < 1, \quad \forall \omega \tag{7.73}$$

(严格地讲，应该用 sup 即上确界代替 max)，则系统可以具有 RP。摄动灵敏度为 $S_p = (I+L_P)^{-1} = 1/(1+L+w_I L\Delta_I)$，通过选择在每个频率上都满足 $|\Delta_I|=1$ 且使得 $(1+L)$ 和 $w_I L\Delta_I$ 这两项(都是复数)指向相反方向的 $|\Delta_I|$，可以获得最坏情况下(最大)的加权灵敏度，有

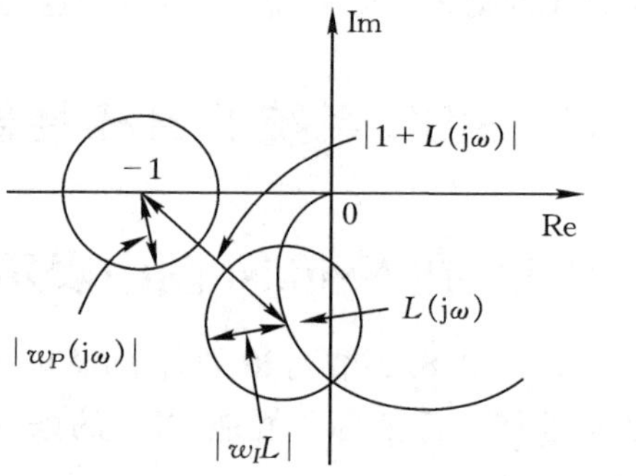

图 7.17　RP 条件 $|w_P| < |1+L_p|$ 的 Nyquist 图[①]

$$\max_{S_p}|w_P S_p| = \frac{|w_P|}{|1+L| - |w_I L|} = \frac{|w_P S|}{1-|w_I T|} \tag{7.74}$$

把式(7.74)代入式(7.73)，就又得到了式(7.72)给出的 RP 条件。

关于式(7.72)RP 条件的注：

1. 可以采用如下混合灵敏度 $\mathcal{H}_\infty$ 条件紧致地近似式(7.72)中的 RP 条件：

$$\left\|\begin{matrix} w_P S \\ w_I T \end{matrix}\right\|_\infty = \max_\omega \sqrt{|w_P S|^2 + |w_I T|^2} < 1 \tag{7.75}$$

更确切地说，由式(A.96)知，条件(7.75)与条件(7.72)至多相差一个 $\sqrt{2}$ 因子。这意味着对于 SISO 系统，可以用一个 $\mathcal{H}_\infty$ 问题紧致地近似 RP 条件，几乎没有必要使用结构化奇异值。然而，在下一章将会看到，对于 MIMO 系统，情况则完全不同。

2. 可以用式(7.72)给出的 RP 条件推导回路形状 $|L|$ 的边界。在给定的频率处，若有

$$|L| > \frac{1+|w_P|}{1-|w_I|} \quad (\text{在 } |w_I| < 1 \text{ 的频率处}) \tag{7.76}$$

或者

$$|L| < \frac{1-|w_P|}{1+|w_I|} \quad (\text{在 } |w_P| < 1 \text{ 的频率处}) \tag{7.77}$$

则能满足 $|w_P S| + |w_I T| < 1$ (RP)(参见习题 7.5)。在不同的频率范围内，可以把条件(7.76)和(7.77)结合应用。在低频段，通常有 $|w_I| < 1$，$|w_P| > 1$(严苛性能要求)，并要求 $|L|$ 较大，这时条件(7.76)最为有用。相反地，在高频段，通常有 $|w_I| > 1$(不确定性超过 100%)，$|w_P| < 1$，并且要求 L 较小，这时条件(7.77)最为有用。通常情况下，回路整形条件(7.76)和(7.77)可以根据 8.8.3 节注 13 介绍的 μ 条件通过数值计算得到。Braatz 等人(1996)讨论过这个问题，推导出采用 S 和 T 表示的边界，除式(7.76)和式(7.77)给出的充分边界之外，他们还进一步推导了 RP 的必要边界条件，读者可参看习题 7.6。

3. 式(7.72)中的 $\mu(N_{RP}) = |w_P S| + |w_I T|$ 表示关于 RP 的结构化奇异值(μ)，见式(8.129)。下一章将更详细地讨论 μ。

① 原图有错。——译者注

4. 结构化奇异值 μ 不等于式(7.74)给出的最坏情况下的加权灵敏度 $\max_{S_p} |w_P S_p|$(尽管许多人认为两者相同)。最坏情况下的加权灵敏度等于具有固定不确定性的偏 μ(μ^s),见 8.10.3 节。总之,对于 RP 这一特殊问题,有:

$$\mu = |w_P S| + |w_I T|,\ \mu^s = \frac{|w_P S|}{1 - |w_I T|} \tag{7.78}$$

值得注意的是,μ 和 μ^s 密切关联,这是因为 $\mu \leqslant 1$ 的充分与必要条件是 $\mu^s \leqslant 1$。

习题 7.5 推导式(7.76)和式(7.77)所示的回路整形边界条件,它们是 $|w_P S| + |w_I T| < 1$ (RP)的充分条件。(提示:从 RP 条件 $|w_P| + |w_I L| < |1+L|$ 开始推导,并利用 $|1+L| \geqslant 1 - |L|$ 和 $|1+L| \geqslant |L| - 1$)。

习题 7.6* 根据 $|w_P S| + |w_I T| < 1$,推导如下所示的 RP 的必要边界条件(必须满足):

$$|L| > \frac{|w_P| - 1}{1 - |w_I|}\ (当\ |w_P| > 1\ 且\ |w_I| < 1\ 时)$$

$$|L| < \frac{1 - |w_P|}{|w_I| - 1}\ (当\ |w_P| < 1\ 且\ |w_I| > 1\ 时)$$

(提示:利用 $|1+L| \leqslant 1 + |L|$。)

例 7.11 RP 问题。 考虑图 7.18 中 SISO 系统的 RP,已知

$$\text{RP} \overset{\text{def}}{\Leftrightarrow} \left|\frac{\hat{y}}{d}\right| < 1, \forall |\Delta_u| \leqslant 1, \forall \omega;\ w_P(s) = 0.25 + \frac{0.1}{s};\ w_u(s) = r_u \frac{s}{s+1} \tag{7.79}$$

(a)推导 RP 的条件;

(b) r_u 取何值时,就不可能满足 RP 条件?

(c)令 $r_u = 0.5$。考察标称回路传递函数的两种情况:(1)$GK_1(s) = 0.5/s$,(2) $GK_2(s) = \frac{0.5}{s}\frac{1-s}{1+s}$。对于每个系统,画出 S 的幅值及其性能边界关于频率的函数曲线。每个系统都能满足 RP 吗?

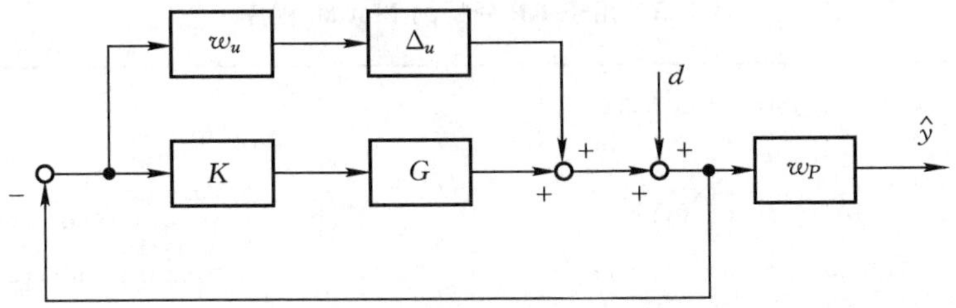

图 7.18 例 7.11 中 RP 问题的系统方块图

解: (a)RP 的要求是 $|w_P S_p| < 1$, $\forall S_p, \forall \omega$,这里可能的灵敏度由下式给出:

$$S_p = \frac{1}{1 + GK + w_u \Delta_u} = \frac{S}{1 + w_u \Delta_u S} \tag{7.80}$$

那么 RP 条件变为

$$\text{RP} \Leftrightarrow \left|\frac{w_P S}{1 + w_u \Delta_u S}\right| < 1,\quad \forall \Delta_u, \forall \omega \tag{7.81}$$

通过简单分析可知,最坏情况相当于选择幅值为 1 的 Δ_u,使得 $w_u \Delta_u S$ 为实数并且为负,从

而有

$$\text{RP} \Leftrightarrow |w_P S| < 1 - |w_u S|, \quad \forall \omega \tag{7.82}$$

$$\Leftrightarrow |w_P S| + |w_u S| < 1, \quad \forall \omega \tag{7.83}$$

$$\Leftrightarrow |S(j\omega)| < \frac{1}{|w_P(j\omega)| + |w_u(j\omega)|}, \quad \forall \omega \tag{7.84}$$

(b)由于任何实际系统都是严格真的，并且在高频段，$|S|=1$，所以当 $\omega \to \infty$ 时，必须要求 $|w_u(j\omega)|+|w_P(j\omega)|<1$。考虑到式(7.79)中的权函数，这等价于要求 $r_u+0.25<1$，所以为保证RP，至少必须要求 $r_u<0.75$；若 $r_u \geqslant 0.75$，则无法满足RP。

(c)设计 S_1 能够保证RP，而 S_2 不能。如图7.19所示，通过检查式(7.84)给出的RP条件可以得到上述结论：$|S_1|$ 的峰值为1，而 $|S_2|$ 的峰值约为2.45。采用表7.3中的Matlab命令也可以验证这些结果。我们注意到 Pmargunc1.UpperBound $=1.335$，这意味着即使把不确定性(w_u)和性能要求(w_P)增大1.335倍，S_1 依然可以保证RP。对于 S_2，对应的性能裕量(Pmargunc2.UpperBound)是0.7，发生在频率 $\omega=0.801$ 处。这意味着，不确定性与性能要求在频率0.801处必须降低到70%，方可保证RP。

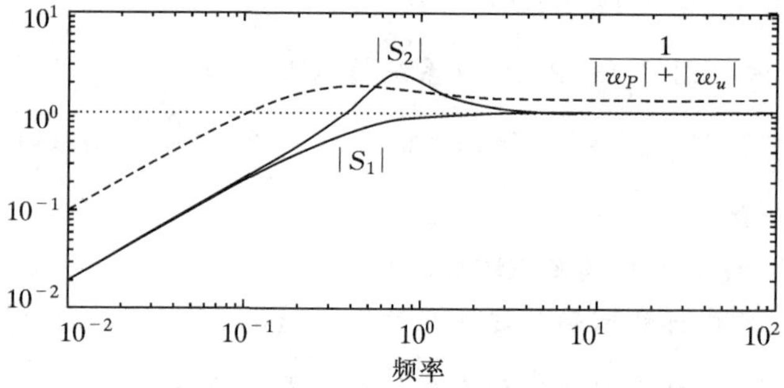

图7.19　RP测试

表7.3　用于RP分析的Matlab程序

```
% Uses Robust Control toolbox
L1 = tf(0.5,[1 0]);
L2 = L1*tf([-1 1],[1 1]);
Wu = 0.5*tf([1 0],[1 1]);                    % Weights
Wp = 0.25+tf(0.1,[1 10e-6]);                 % Pole shifted for
                                             % numerical reasons
Delta = ultidyn('Delta',[1 1]);              % Dynamic uncertainty
S1 = inv(1+L1+Delta*Wu);
% Pmarg.Upperbound > 1 indicates Robust Performance
[Pmarg1,Pmargunc1,Report1] = robustperf(Wp*S1)
S2 = inv(1+L2+Delta*Wu);
[Pmarg2,Pmargunc2,Report2] = robustperf(Wp*S2)
```

7.6.3　NP、RS和RP之间的关系

考虑具有乘性不确定性的SISO系统，并假定闭环系统标称稳定(NS)。标称性能(NP)、鲁棒稳定性(RS)和鲁棒性能(RP)的条件可总结如下：

$$\text{NP} \quad \Leftrightarrow \quad |w_P S| < 1, \forall \omega \tag{7.85}$$

$$\text{RS} \quad \Leftrightarrow \quad |w_I T| < 1, \forall \omega \tag{7.86}$$

$$\text{RP} \quad \Leftrightarrow \quad |w_P S| + |w_I T| < 1, \forall \omega \tag{7.87}$$

从中可以看出，RP 的前提是要满足 NP 和 RS。这一结论对 SISO 和 MIMO 系统，以及任意的不确定性普遍适用。另外，对于 SISO 系统，如果同时满足 RS 和 NP，那么在每个频率下都有

$$|w_P S| + |w_I T| \leqslant 2\max\{|w_P S|, |w_I T|\} < 2 \tag{7.88}$$

那么可以得到结论：当 NP 和 RS 子目标满足时，我们将在最多 2 倍范围内自然得到 RP。因此对于 SISO 系统，RP 并非是个"大问题"，这或许就是经典控制理论文献中很少讨论 RP 的主要原因。另一方面，下一章将会看到，对于 MIMO 系统，即使 NP 和 RS 子目标都分别得到满足时，RP 仍有可能很差。

要满足 RS，通常希望 T 较小，而要满足 NP，一般希望 S 较小。然而由于恒等式 $S+T=1$，在同一频率上无法使 S 和 T 同时取小。这对于 RP 具有一定启示，这是因为 $|w_P||S|+|w_I||T| \geqslant \min\{|w_P|, |w_I|\}(|S|+|T|)$，其中 $|S|+|T| \geqslant |S+T| = 1$，那么在每一频率上都可推得

$$|w_P S| + |w_I T| \geqslant \min\{|w_P|, |w_I|\} \tag{7.89}$$

从中可以得出结论：在同一频率上，不能同时有 $|w_P|>1$（优良性能）和 $|w_I|>1$（超过 100% 的不确定性）。这个结论的一种解释是：在 $|w_I|>1$ 的频率上，不确定性允许存在 RHP 零点，而当存在 RHP 零点时，无法得到严苛性能。

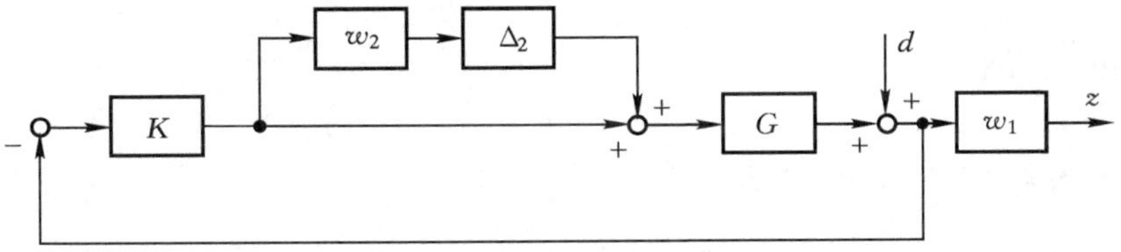

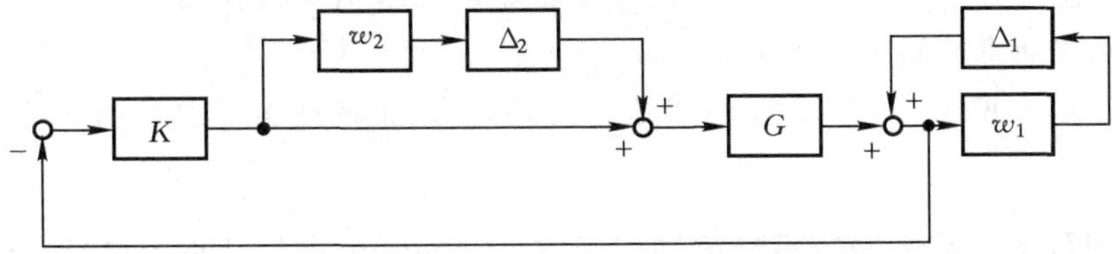

图 7.20 (a)乘性不确定性下的 RP (b)乘性与逆乘性不确定性共存时的 RS

7.6.4 RS 与 RP 的相似性

RP 可以看作 RS 的一种特殊情况（具有多重摄动）。为了看清楚这一点，考察图 7.20 所描述的两种情况：

1. 乘性不确定性下的 RP。
2. 乘性与逆乘性不确定性共存时的 RS。

按照惯例，对不确定摄动进行标准化处理，使得 $\|\Delta_1\|_\infty \leqslant 1$ 且 $\|\Delta_2\|_\infty \leqslant 1$。由于我们采

用 $\mathcal{H}_\infty$ 范数定义不确定性与性能，且图7.20(a)与(b)中的权函数相同，所以在(a)、(b)两种情况中，对RP和RS的检验也是相同的。根据方块图，或者如下所示，通过评估两种情况对应的条件可以得到上述结论。

1. 式(7.72)是推导出的乘性不确定性下的RP条件，用 w_1 替换 w_P，w_2 替换 w_I，得到

$$\text{RP} \Leftrightarrow |w_1 S| + |w_2 T| < 1, \quad \forall \omega \tag{7.90}$$

2. 现在对于 L_p 稳定的情况(如果采用更具一般性的 $M\Delta$ 结构，则可放松此假设，见式(8.128))，推导相应的RS条件。我们希望系统对于所有可能的 Δ_1 与 Δ_2 都是闭环稳定的。RS等价于避免 L_p 的Nyquist曲线包围 -1。也就是说，从 L_p 到 -1 点的距离必须大于零，即 $|1+L_p|>0$，所以

$$\text{RS} \Leftrightarrow |1+L_p| > 0 \quad \forall L_p, \forall \omega \tag{7.91}$$

$$\Leftrightarrow |1+L(1+w_2\Delta_2)(1-w_1\Delta_1)^{-1}| > 0, \quad \forall \Delta_1, \forall \Delta_2, \forall \omega \tag{7.92}$$

$$\Leftrightarrow |1+L+Lw_2\Delta_2 - w_1\Delta_1| > 0, \quad \forall \Delta_1, \forall \Delta_2, \forall \omega \tag{7.93}$$

当选择的 Δ_1 与 Δ_2 的幅值为1，且使得 $Lw_2\Delta_2$ 与 $w_1\Delta_1$ 这两项与 $1+L$ 的方向相反时，就会出现最坏情况，有

$$\text{RS} \Leftrightarrow |1+L| - |Lw_2| - |w_1| > 0, \quad \forall \omega \tag{7.94}$$

$$\Leftrightarrow |w_1 S| + |w_2 T| < 1, \quad \forall \omega \tag{7.95}$$

这与找到的RP条件相同。

7.7 附加习题

习题7.7* 考虑如下“真实的”对象

$$G'(s) = \frac{3e^{-0.1s}}{(2s+1)(0.1s+1)^2}$$

(a)当标称模型为 $G(s)=3/(2s+1)$ 时，推导加性不确定性权函数，并画出其图形；

(b)推导相应的鲁棒稳定性条件；

(c)当控制器为 $K(s)=k/s$ 时，应用这个条件，并求出能使系统稳定的 k 值。该条件是否严苛？

习题7.8 带时延的一阶模型的不确定性权函数。 Laughlin等人(1987)曾研究过如下参数不确定性描述：

$$G_p(s) = \frac{k_p}{\tau_p s+1}e^{-\theta_p s}; \quad k_p \in [k_{\min}, k_{\max}], \tau_p \in [\tau_{\min}, \tau_{\max}], \theta_p \in [\theta_{\min}, \theta_{\max}] \tag{7.96}$$

其中假定所有参数为正。他们选择平均参数值 $(\bar{k}, \bar{\theta}, \bar{\tau})$，得出如下标称模型

$$G(s) = \bar{G}(s) \triangleq \frac{\bar{k}}{\bar{\tau}s+1}e^{-\bar{\theta}s} \tag{7.97}$$

并建议采用如下乘性不确定性权函数：

$$w_{IL}(s) = \frac{k_{\max}}{\bar{k}} \times \frac{\bar{\tau}s+1}{\tau_{\min}s+1} \times \frac{Ts+1}{-Ts+1} - 1; \quad T = \frac{\theta_{\max}-\theta_{\min}}{4} \tag{7.98}$$

(a)证明由此导出的与式(7.27)所示不确定性描述对应的，稳定且最小相位权函数为

$$w_{IL}(s) = (1.25s^2 + 1.55s + 0.2)/(2s+1)(0.25s+1) \tag{7.99}$$

注意，因为标称对象不同，所以不能把这个权函数与式(7.29)或式(7.30)进行比较。

(b) 画出 w_{IL} 的幅值关于频率的函数曲线，求出权函数幅值穿过 1 时的频率，并与 $1/\theta_{\max}$ 比较。讨论所得到的答案。

(c) 利用式(7.25)求 $l_I(\mathrm{j}\omega)$，并与 $|w_{IL}|$ 比较。式(7.99)所示权函数和式(7.2)所示不确定性模型是否包含了所有可能的对象？(答案：否，在频率 $\omega=5$ 附近不能包含所有可能的对象)。

习题 7.9* 再次考察图 7.18 所示系统，其中的 w_u 和 Δ_u 表示何种不确定性？

习题 7.10 忽略的动态特性。假设已经推导获得了如下详细模型：

$$G_{\text{detail}}(s)=\frac{3(-0.5s+1)}{(2s+1)(0.1s+1)^2} \tag{7.100}$$

这里希望采用具有乘性不确定性的简化标称模型 $G(s)=3/(2s+1)$ 表示它。画出 $l_I(\omega)$ 的曲线，并采用一个有理传递函数 $w_I(s)$ 对其进行近似。

习题 7.11* **参数增益不确定性。**在例 7.1 中我们已经说明了如何将参数不确定性 $G_p(s)=k_pG_0(s)$，其中

$$k_{\min}\leqslant k_p\leqslant k_{\max} \tag{7.101}$$

表示为乘性不确定性 $G_p=G(1+w_I\Delta_I)$，其中，标称模型为 $G(s)=\bar{k}G_0(s)$，不确定性权函数为 $w_I=r_k=(k_{\max}-k_{\min})/(k_{\max}+k_{\min})$，$\Delta_I$ 是实标量，且 $-1\leqslant\Delta_I\leqslant1$。作为选择，也可以用逆乘性不确定性表示增益不确定性：

$$\Pi_{iI}\ :G_p(s)=G(s)\ (1+w_{iI}(s)\Delta_{iI})^{-1}\ ;\quad -1\leqslant\Delta_{iI}\leqslant1 \tag{7.102}$$

并取 $w_{iI}=r_k$，$G(s)=k_iG$，其中

$$k_i=2\frac{k_{\min}k_{\max}}{k_{\max}+k_{\min}} \tag{7.103}$$

(a)推导式(7.102)及式(7.103)。(提示：式(7.101)中的增益变化可以严格地写成 $k_p=k_i/(1-r_k\Delta)$。)

(b)证明式(7.102)所示形式不允许 $k_p=0$。

(c)讨论为什么(b)或许是一优点。

习题 7.12 某种工业机器人手臂的模型如下：

$$G(s)=\frac{250(as^2+0.0001s+100)}{s(as^2+0.0001(500a+1)s+100(500a+1))}$$

其中，$a\in[0.0002,0.002]$。对于 a 的两个极值，画出模型的 Bode 图。对于该模型，期望的控制性能是什么？讨论怎样可以最好地表示这种不确定性。

7.8 结 论

本章介绍了如何在频域采用范数有界的复摄动 $\|\Delta\|_\infty\leqslant1$ 表示 SISO 系统的模型不确定性，最后还讨论了怎样用实摄动表示参数不确定性。

我们证明了，对于乘性复数不确定性，鲁棒稳定性要求给互补灵敏度设置一上界，即 $|w_IT|<1,\forall\omega$。与此相仿，对于逆乘性不确定性，需给灵敏度设置一上界，即 $|w_{iI}S|<1$，

$\forall\omega$。我们还推导出乘性不确定性的鲁棒性能条件 $|w_P S|+|w_I T|<1, \forall\omega$。

本章用到的方法相当基础,若要把这些结果推广到 MIMO 系统以及更为复杂的不确定性描述中,需要用到结构化奇异值 μ,这将是下一章的主题。在那里我们会发现,$|w_I T|$ 和 $|w_{iI} S|$ 就是针对两种来源的不确定性,用于评判系统鲁棒稳定性的结构化奇异值,而 $|w_P S|+|w_I T|$ 则是当存在乘性不确定性时,用于评判系统鲁棒性能的结构化奇异值。

第8章

MIMO 系统的鲁棒稳定性与性能分析

本章的目标是提出一般性方法，来分析多重摄动下 MIMO 系统的鲁棒稳定性和鲁棒性能，主要的分析工具是结构化奇异值 μ。我们还会说明怎样利用 DK 迭代设计最小化 μ 的“最优”鲁棒控制器，这涉及到求解一系列尺度变换后的 $\mathcal{H}_\infty$ 问题。

8.1 带不确定性的一般控制构成

关于用到的符号以及对模型不确定性的介绍，读者可以参阅 7.1 节和 7.2 节。我们从系统表示方法出发进行鲁棒性分析，该方法把不确定摄动“提取”为一个对角型分块矩阵

$$\Delta = \text{diag}\{\Delta_i\} = \begin{bmatrix} \Delta_1 & & & \\ & \ddots & & \\ & & \Delta_i & \\ & & & \ddots \end{bmatrix} \tag{8.1}$$

此处每一个 Δ_i 代表某一种来源的不确定性，例如，输入不确定性 Δ_I 或参数不确定性 δ_i，其中 δ_i 为实数。如果我们把控制器 K 也提取出来，就得到了图 8.1 所示的广义对象 P，这种形式适用于控制器综合，而当给定控制器，并想分析不确定性系统时，则用图 8.2 中的 $N\Delta$ 结构。

在 3.8.8 节中，我们讨论过没有不确定性时如何来求出 P 与 N，有不确定性时的方法也相似，下面将通过例子来说明，见 8.3 节。为了说明主要的思想，让我们来看看图 8.4，图中说明了怎样提取摄动块形成 Δ 和标称系统 N。如式(3.123)所示，N 通过下 LFT 与 P 和 K 联系起来

$$N = F_l(P,K) \triangleq P_{11} + P_{12}K(I-P_{22}K)^{-1}P_{21} \tag{8.2}$$

与之相仿，从 w 到 z 的不确定闭环传递函数 $z = Fw$，通过一个上 LFT 与 N 和 Δ 联系起来(见式(3.124))

$$F = F_u(N,\Delta) \triangleq N_{22} + N_{21}\Delta(I-N_{11}\Delta)^{-1}N_{12} \tag{8.3}$$

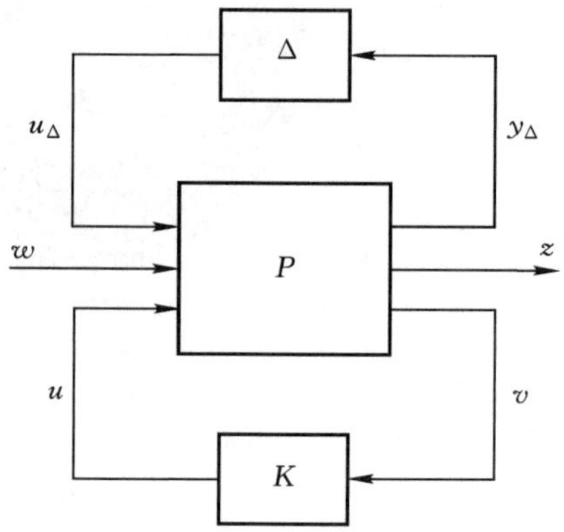

图 8.1 一般控制构成(用于控制器综合)

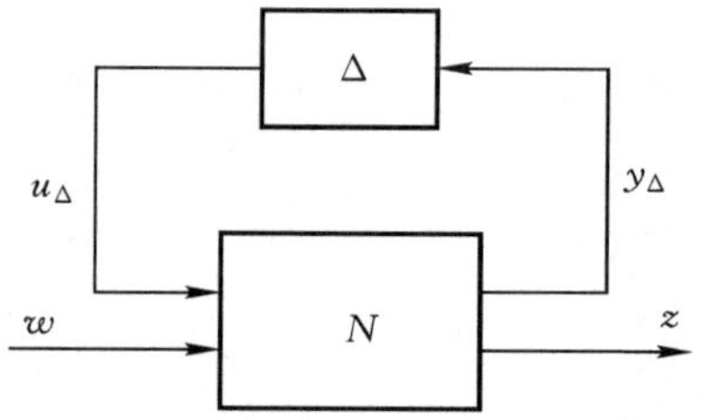

图 8.2 用于鲁棒性分析的 $N\Delta$ 结构

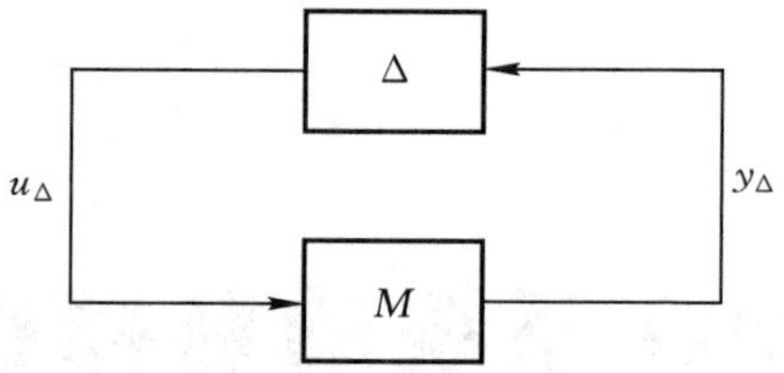

图 8.3 用于鲁棒稳定性分析的 $M\Delta$ 结构

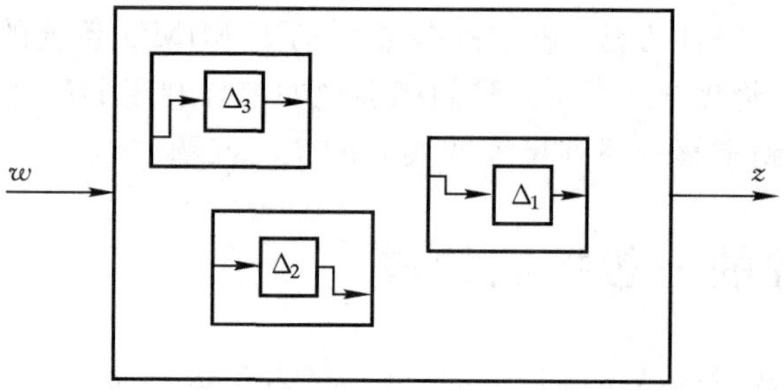

(a)具有多重摄动的原系统

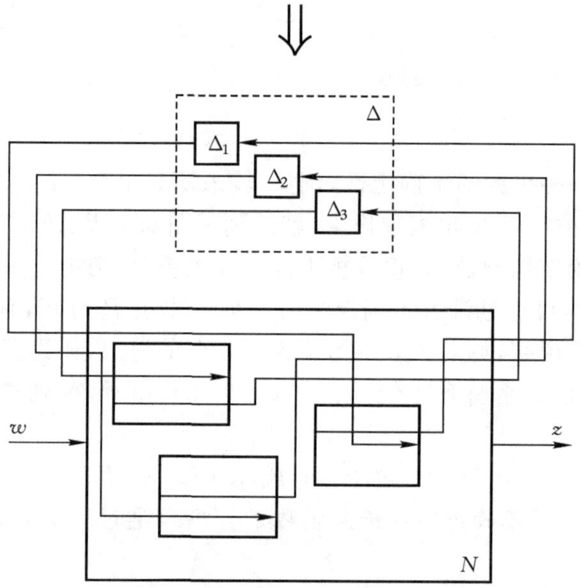

(b)把摄动提取出来

图 8.4 把系统重组为 $N\Delta$ 结构

要分析 F 的鲁棒稳定性,可以把系统重新表示为图 8.3 的 $M\Delta$ 结构,其中 $M = N_{11}$ 是从输出到摄动输入的传递函数。

8.2 表示不确定性

通常我们假设每个摄动都是稳定的,且已被标准化,

$$\bar{\sigma}(\Delta_i(j\omega)) \leqslant 1 \quad \forall \omega \tag{8.4}$$

每一复标量摄动都满足 $|\delta_i(j\omega)| \leqslant 1, \forall \omega$,而对实标量摄动,则有 $-1 \leqslant \delta_i \leqslant 1$。由式(A.49)知,一个分块对角矩阵的最大奇异值等于各个分块最大奇异值中最大的一个,所以对 $\Delta = \mathrm{diag}\{\Delta_i\}$ 有

$$\bar{\sigma}(\Delta_i(j\omega)) \leqslant 1 \quad \forall \omega, \quad \forall i \quad \Leftrightarrow \boxed{\|\Delta\|_\infty \leqslant 1} \tag{8.5}$$

注意,Δ 是结构化的,所以在鲁棒性分析中我们并不想容许所有的 Δ 都满足式(8.5),只考虑具有式(8.1)所示分块结构的子集。在有些情况下,Δ 的子块可能重复或为实数,也就是说,我们还有其它结构。如例 7.5 所示,经常需要用重复子块来处理参数的不确定性。

注: 要求 Δ 稳定的假设可以放宽,但相应的鲁棒稳定性和性能条件的推导,会变得困难一些,而表述也更为复杂。还有,如果我们用适当的形式来表示不确定性,而且容许有多重摄动,则总能产生希望的具有稳定摄动的对象类,因此 Δ 稳定的假设实际上并不是一种真正限制。

8.2.1 SISO 与 MIMO 系统之间的区别

SISO 与 MIMO 系统的主要区别是方向的概念,它仅与后者有关。因此,MIMO 系统可能比 SISO 系统对不确定性更加敏感。下面的例子表明,对于 MIMO 系统而言,有时如何表示不确定传递函数不同元素之间的耦合关系将更为关键。

例 8.1 传递函数元素之间的耦合。 考虑蒸馏过程,在稳态时,

$$G = \begin{bmatrix} 87.8 & -86.4 \\ 108.2 & -109.6 \end{bmatrix}, \Lambda = \mathrm{RGA}(G) = \begin{bmatrix} 35.1 & -34.1 \\ -34.1 & 35.1 \end{bmatrix} \tag{8.6}$$

由于 RGA 元素的值较大,可以知道,即使单个元素有小的相对变化也会使 G 变为奇异。例如,由式(6.99)可知,第 1,2 个元素的值从-86.4 变为-88.9 就会使 G 奇异。由于在蒸馏的运行过程中,稳态增益的变化可高达$\pm 50\%$或更多,似乎说明无法对两个输出进行独立控制,然而这个结论并不正确。对于一个蒸馏过程来说,G 永远不可能变为奇异。这是由于系统固有的物理约束(例如材料的平衡),传递函数的元素之间存在耦合关系。特别地,蒸馏过程增益不确定性的一种更为合理的描述是(Skogestad,1988)

$$G_p = G + w\begin{bmatrix} \delta & -\delta \\ -\delta & \delta \end{bmatrix}, \ |\delta| \leqslant 1 \tag{8.7}$$

此处 w 是一个实常数,如 $w = 50$。对于上面的数据,$\det G_p = \det G$ 与 δ 无关,所以对于这种不确定性,G_p 永远不会为奇异阵。(注意,对于式(8.7)给出的不确定性描述,$\det G_p = \det G$ 不一定总成立)。

习题 8.1* 式(8.7)中的不确定对象可以表示为加性不确定性的形式 $G_p = G + W_2 \Delta_A W_1$,其

中 $\Delta_A = \delta$ 是单个标量摄动。请求出 W_1 和 W_2。

8.2.2　参数不确定性

第 7 章针对 SISO 系统讨论过参数不确定性的表示方法，这可以直接应用到 MIMO 系统。然而，对 MIMO 系统来说，参数不确定性的含义可能更为重要，因为它提供了一种表示不确定传递函数元素之间耦合关系的简单方法。例如，式(8.7)中所用的那种简单不确定性描述就来自蒸馏过程参数不确定性的描述。

8.2.3　非结构化不确定性

非结构化摄动常用来获得简单的不确定性模型。我们采用“满元素”复数摄动矩阵 Δ 描述非结构化不确定性，通常其维数与对象的维数一致，而且在每个频率上，容许任意 $\Delta(j\omega)$ 满足 $\bar{\sigma}(\Delta(j\omega)) \leqslant 1$。

图 8.5 给出了非结构化不确定性的六种常见形式。图 8.5(a)、(b)和(c)所示为三种前向形式：加性不确定性、乘性输入不确定性，以及乘性输出不确定性，分别由下式给出：

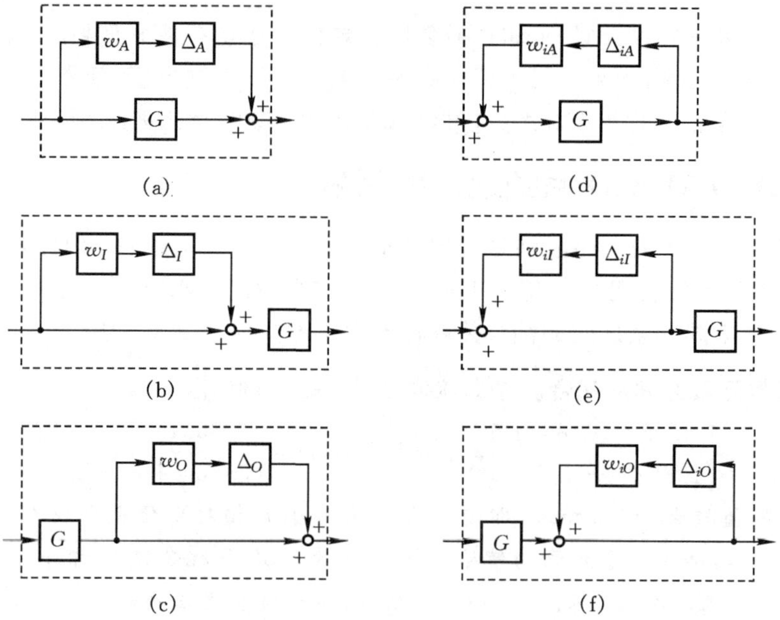

图 8.5　(a)加性不确定性，(b)乘性输入不确定性，(c)乘性输出不确定性，(d)逆向加性不确定性，(e)逆向乘性输入不确定性，(f)逆向乘性输出不确定性

$$\Pi_A: \quad G_p = G + E_A; \qquad E_a = w_A \Delta_a \tag{8.8}$$

$$\Pi_I: \quad G_p = G(I + E_I); \qquad E_I = w_I \Delta_I \tag{8.9}$$

$$\Pi_O: \quad G_p = (I + E_O)G; \qquad E_O = w_O \Delta_O \tag{8.10}$$

图 8.5(d)、(e)与(f)为三种反馈或逆向形式：逆向加性不确定性、逆向乘性输入不确定性，以及逆向乘性输出不确定性，分别由下式给出

$$\Pi_{iA}: G_p = G(I - E_{iA}G)^{-1}; \qquad E_{iA} = w_{iA}\Delta_{iA} \tag{8.11}$$

$$\Pi_{iI}:G_p = G(I - E_{iI})^{-1}; \qquad E_{iI} = w_{iI}\Delta_{iI} \tag{8.12}$$

$$\Pi_{iO}:G_p = (I - E_{iO})^{-1}G; \qquad E_{iO} = w_{iO}\Delta_{iO} \tag{8.13}$$

因为由于我们假设 Δ 可以有任意符号，所以矩阵 E 前面的负号并不重要。Δ 表示标准化的摄动，而 E 表示"实际"摄动。我们采用标量权函数 w，所以有 $E = w\Delta = \Delta w$，但有时可能也想采用矩阵权函数 $E = W_2\Delta W_1$，此处 W_1 与 W_2 为给定的传递函数矩阵。

非结构化不确定性的另一种常见形式是后面 8.6.2 节要讨论的互质因子不确定性。

注：在实际中，人们可能遇到几种本身就是非结构化的摄动。例如，我们可以在输入端有一个 Δ_I，而在输出端又有一个 Δ_O，还可以把它们组合为一个较大的摄动 $\Delta = \mathrm{diag}\{\Delta_I, \Delta_O\}$。然而，这时 Δ 将是一个分块对角阵，而不再是真正意义上的非结构化。

把不确定性汇集成单个摄动

对于 SISO 系统，我们通常把多源不确定性汇集成单个复数摄动，并经常表示为乘性形式。对于 MIMO 系统，也可以这样做，但摄动位于输入端还是输出端会有很大区别。

由于输出端不确定性对控制性能的限制往往不像输入端那样大(见 6.10.4 节)，我们先尝试把不确定性汇集在输出端。例如，可以采用带有标量权函数 $w_O(s)$ 的乘性输出不确定性表示一组对象 Π

$$G_p = (I + w_O\Delta_O)G, \quad \|\Delta_O\|_\infty \leqslant 1 \tag{8.14}$$

其中，与式(7.25)类似有

$$l_O(\omega) = \max_{G_p \in \Pi} \bar{\sigma}((G_p - G)G^{-1}(\mathrm{j}\omega)); \quad |w_O(\mathrm{j}\omega)| \geqslant l_O(\omega) \quad \forall \omega \tag{8.15}$$

(如果 G 奇异，可以采用伪逆)。如果所得不确定性权函数是合理的(至少在希望控制的频率范围内必须小于 1)，而且此后的分析表明，可以达到系统的鲁棒稳定性和鲁棒性能，则这种把不确定性汇集在输出端的方法是好的；如果结果不是这样，则可采用带有标量权函数的乘性输入不确定性把不确定性汇集到输入端，

$$G_p = G(I + w_I\Delta_I), \quad \|\Delta_I\|_\infty \leqslant 1 \tag{8.16}$$

其中，与式(7.25)类似有

$$l_I(\omega) = \max_{G_p \in \Pi} \bar{\sigma}(G^{-1}(G_p - G)(\mathrm{j}\omega)); \quad |w_I(\mathrm{j}\omega)| \geqslant l_I(\omega) \quad \forall \omega \tag{8.17}$$

然而，在许多情况下，这种把不确定性汇集在输入端或输出端的做法并非好方法，其原因在于，一般来说无法把一个摄动从对象中的一个点(比如说输入端)移到另一点(比如说输出端)，同时不会在原来的不确定性对象集合中引入新对象。特别是对于病态对象更要小心，后面我们将讨论这个问题。

把不确定性从输入端移动到输出端

对于一个标量对象，我们有 $G_p = G(1 + w_I\Delta_I) = (1 + w_O\Delta_O)G$，而且可以简单地把乘性不确定性从输入端"移到"输出端，而不用改变权函数的值，即 $w_I = w_O$。但对于多变量对象，通常要乘上条件数 $\gamma(G)$，具体方法后面将进行说明。

假设用以下形式的非结构化输入不确定性(E_I 为满元素阵)来表示真正的不确定性

$$G_p = G(I + E_I) \tag{8.18}$$

则由式(8.17)知，乘性输入不确定性的幅值为

$$l_I(\omega) = \max_{E_I} \bar{\sigma}(G^{-1}(G_p - G)) = \max_{E_I} \bar{\sigma}(E_I) \tag{8.19}$$

另一方面，若想把式(8.18)表示为乘性输出不确定性，则由式(8.15)

$$l_O(\omega)=\max_{E_I}\bar{\sigma}((G_p-G)G^{-1})=\max_{E_I}\bar{\sigma}(GE_IG^{-1}) \tag{8.20}$$

当对象条件数较大时，它远大于 $l_I(\omega)$。为看清这一点，将 E_I 写为 $E_I=w_I\Delta_I$，并允许任意 $\Delta_I(j\omega)$ 满足 $\bar{\sigma}(\Delta_I(j\omega))\leqslant 1$，$\forall\omega$，则对于任一给定频率，有

$$l_O(\omega)=|w_I|\max_{\Delta_I}\bar{\sigma}(G\Delta_IG^{-1})=|w_I(j\omega)|\gamma(G(j\omega)) \tag{8.21}$$

式(8.21)的证明：在每一频率写出 $G=U\Sigma V^{H}$ 和 $G^{-1}=\widetilde{U}\widetilde{\Sigma}\widetilde{V}^{H}$。选择 $\Delta_I=V\widetilde{U}^{H}$（这是所有奇异值均为 1 的酉阵），则 $\bar{\sigma}(G\Delta_IG^{-1})=\bar{\sigma}(U\Sigma\widetilde{\Sigma}\widetilde{V}^{H})=\bar{\sigma}(\Sigma\widetilde{\Sigma})=\bar{\sigma}(G)\bar{\sigma}(G^{-1})=\gamma(G)$。 □

例 8.2　假设相对输入不确定性为 10%，即 $w_I=0.1$，对象的条件数为 141.7。那么，为表示为乘性输出不确定性，我们必须选择 $l_O=w_O=0.1\times 141.7=14.2$（该值大于 1，所以对控制器设计无用）。

对于对角型不确定性（E_I 为对角阵），也可能有相似的情况。例如，如果对象 RGA 元素的值很大，那么 GE_IG^{-1} 的元素将远大于 E_I 的元素，见式(A.81)；这样就使把不确定性从输入移动到输出的想法变得不切实际了。

例 8.3　设 Π 是式(8.7)中加性不确定性在 $w=10$ 情况下生成的对象集合（相当于每个元素有约 10%的不确定性），则由式(8.7)知，此集合中的一个对象 G'（对应于 $\delta=1$）是

$$G'=G+\begin{bmatrix}10 & -10\\ -10 & 10\end{bmatrix} \tag{8.22}$$

对于该结象，有 $l_I=\bar{\sigma}(G^{-1}(G'-G))=14.3$。因此，如果要以输入不确定性表示 G'，则需要一个高于 1400%的相对不确定性。这将意味着系统在稳态时可能变为奇异，从而不能进行控制，但我们知道这是不正确的。幸运的是，我们可以把这种加性不确定性用乘性输出不确定性表示（一般来说这对后续的控制器设计也有利），并有 $l_O=\bar{\sigma}((G'-G)G^{-1})=0.10$。因此，输出不确定性对于这个特定例子效果颇好。

结论。理想情况下，我们希望把几个来源的不确定性汇集为单个摄动，以获得简单的不确定性描述。通常会采用非结构化乘性输出摄动。然而，从上文已经了解到，进行该操作时要倍加小心，至少对条件数大的对象更是如此。在此情况下，我们可能不得不按照不确定性实际发生的物理形式来表示它（在输入端、在组件上等等），从而产生几种摄动。对于和对象不稳定极点相关的不确定性，我们应采用图 8.5 所示的其中一种逆向形式。

习题 8.2　表示不确定对象 G_p 的一种很一般的方法，是用 Δ 的线性分式变换(LFT)，如图 8.6 所示，

$$G_p=F_u\left(\begin{bmatrix}H_{11} & H_{12}\\ H_{21} & H_{22}\end{bmatrix},\Delta\right)=H_{22}+H_{21}\Delta(I-H_{11}\Delta)^{-1}H_{12} \tag{8.23}$$

此处 $G=H_{22}$ 是对象的标称模型。对于式(8.8)～(8.13)所示采用 $E=W_2\Delta W_1$ 的六种不确性形式，求出相应的 H。（对于逆向形式的提示：$(I-W_1\Delta W_2)^{-1}=I+W_1\Delta(I-W_2W_1\Delta)^{-1}W_2$，见式(3.7)～(3.9)。）

习题 8.3*　对于图 7.6.4(b)中的不确定对象，求出图 8.6 中的 H。

8.2.4 对角型不确定性

“对角型不确定性”意味着摄动为一对角型复数矩阵(通常与对象维数相同)

$$\Delta(s)=\mathrm{diag}\{\delta_i(s)\};|\delta_i(\mathrm{j}\omega)|\leqslant 1,\forall\omega,\forall i \tag{8.24}$$

例如,图 8.5 中六种不确定性形式中任何一个 Δ 为对角阵,就是这种情况。对角型不确定性通常源于对单个输入通道(执行机构)或单个输出通道(传感器)上不确定性的考虑,或对其动态行为的忽略。这种类型的不确定性总会存在,并且鉴于其标量的本质,可以用第 7 章介绍的方法来表示。

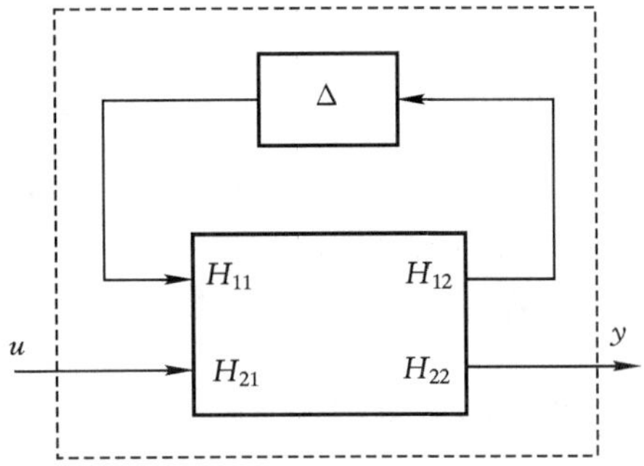

图 8.6 由 LFT 表示的不确定对象 $y=G_pu$,见式(8.23)

为了更清楚地说明这一点,让我们考虑输入通道的不确定性。对于每一个输入 u_i,都有一个相关的分离物理系统(放大器、信号转换装置、执行机构、阀门等等),基于控制器输出信号 u_i 产生一个物理对象输入 m_i

$$m_i=h_i(s)u_i \tag{8.25}$$

标量传递函数 $h_i(s)$ 通常归并到对象模型 $G(s)$ 中,但对于不确定性的表示而言,知道其源自输入端是很重要的。我们可以把这种执行机构的不确定性表示为如下乘性(相对)不确定性

$$h_{pi}(s)=h_i(s)(1+w_{Ii}(s)\delta_i(s));\ |\delta_i(\mathrm{j}\omega)|\leqslant 1,\forall\omega \tag{8.26}$$

当把所有输入通道组合在一起后,可得到对象的对角型输入不确定性

$$G_p(s)=G(I+W_I\Delta_I);\ \Delta_I=\mathrm{diag}\{\delta_i\},W_I=\mathrm{diag}\{w_{Ii}\} \tag{8.27}$$

通常,我们希望用式(7.38)给出的简单权函数表示每个输入和输出通道的不确定性,即

$$w(s)=\frac{\tau s+r_0}{(\tau/r_\infty)s+1} \tag{8.28}$$

式中 r_0 是稳态时的相对不确定性,$1/\tau$(近似地)表示相对不确定性达到 100%时的频率,r_∞ 则是而在更高频率处权函数的幅值。典型情况下,与每个输入相关的不确定性 $|w|$ 在稳态时至少为 10%($r_0\geqslant 0.1$),而在更高频率处,由于忽略的或本身具有不确定性的动态特性,该值会增大(典型情况下,$r_\infty\geqslant 2$)。

注 1 式(8.27)的对角型不确定性源自每个输入通道的独立标量不确定性。如果我们选择将它表示为非结构化输入不确定性(Δ_I 为满元素阵),则必须认识到这会在对象输入端引入非物理耦合,导致对象集合过大,此时做出的鲁棒性分析可能偏于保守(可能错误地认定系统不满足设计需求)。

注 2 经常有人声称可以轻易地将静态输入增益不确定性降低到 10%以下,但在大多数情况下并非如此。再次考虑式(8.25),一种降低不确定性的推荐方法,就是量测实际输入(m_i)并采用局部反馈(级联控制)以调节 u_i。以淋浴器为例,输入变量是热水和冷水的流量,可以想象需要量测这些流量,并用级联控制来精确调节每个水流。但即使在这种情况下,每个量测的准确度还有不确定性。要注意的是,并非是绝对量测误差产生的问题,而是量测变化量的灵敏度误差(即传感器的“增益”)。举例来说,假设淋浴头的标称流量为 1 l/min,而我们想增加到 1.1 l/min;也就是说,我们想要偏差变量 $u=0.1(\mathrm{l/min})$。假设厂商保证了量测误差小于 1%,但即使如此之小的绝对量测误差，实际流速可能从 0.99 l/min(量测值为 1 l/min，比实际值高出 1%)增加到 1.11 l/min(量测值为 1.1 l/min，比实际值低了 1%)，相当于变化量为 $u'=0.12$ (l/min)，输入增益不确定性达到了 20%。

总之，由于以下原因，任何时候都应该考虑如式(8.27)所示的对角型输入不确定性：

1. 这种类型的不确定性总会存在，系统若对此过于敏感，则在实际中无法运行；
2. 在多变量控制情况下，它会限制系统所能达到的性能。

8.3 获取 P、N 和 M

我们将通过一个例子来说明，对于给定情况，如何获取互联矩阵 P、N 和 M。

例 8.4 具有输入不确定性的系统。 考察图 8.7 所示具有乘性输入不确定性 Δ_I 的反馈系统，此处 W_I 是表示不确定性的标准化权函数，W_P 是性能权函数。我们想推导图 8.1 中的广义对象 P，其输入为 $[u_\Delta \quad w \quad u]^{\mathrm{T}}$，输出为 $[y_\Delta \quad z \quad v]^{\mathrm{T}}$。通过列写方程(如在例 3.18 中)或简单地观察图 8.7(要断开 K 前后的回路)，得到

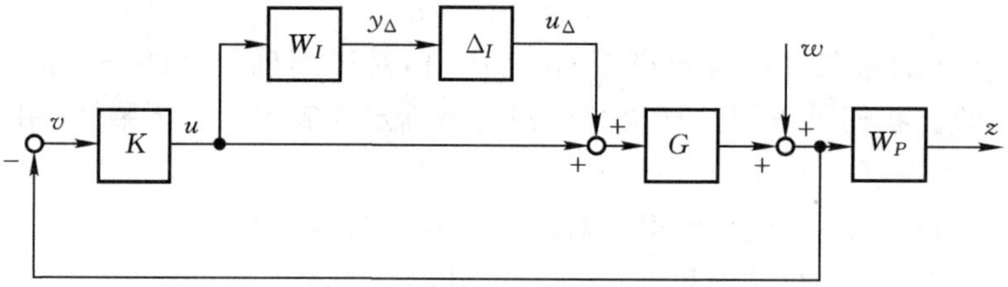

图 8.7 具有乘性输入不确性且在输出端量测其性能的系统

$$P=\begin{bmatrix}0 & 0 & W_I \\ W_PG & W_P & W_PG \\ -G & -I & -G\end{bmatrix} \tag{8.29}$$

建议读者仔细推导 P(按习题 8.4 所示方法)。这里应注意，因为 u_Δ 对 y_Δ 没有直接作用(除非通过 K)，由 u_Δ 到 y_Δ 的传递函数(P 左上角的元素)为 0。接下来，推导对应于图 8.2 中的矩阵 N。首先对 P 进行分块以使其与 K 兼容，即

$$P_{11}=\begin{bmatrix}0 & 0 \\ W_PG & W_P\end{bmatrix},\ P_{12}=\begin{bmatrix}W_I \\ W_PG\end{bmatrix} \tag{8.30}$$

$$P_{21}=[-G \quad -I],\ P_{22}=-G \tag{8.31}$$

然后用式(8.2)求出 $N=F_l(P,K)$，得到(见习题 8.6)

$$N=\begin{bmatrix}-W_IKG(I+KG)^{-1} & -W_IK(I+GK)^{-1} \\ W_PG(I+KG)^{-1} & W_P(I+GK)^{-1}\end{bmatrix} \tag{8.32}$$

作为选择，通过计算由输入 $\begin{bmatrix}u_\Delta \\ w\end{bmatrix}$ 到 $\begin{bmatrix}y_\Delta \\ z\end{bmatrix}$ 的闭环传递函数(这时就不用断开 K 前后的回路)，可以直接从图 8.7 推导出 N。例如，为了推导 N_{12}，即从 w 到 y_Δ 的传递函数，可以从输出

(y_Δ)开始，用3.2节中的MIMO规则反向移动到输入(w)(先遇到W_I，然后是$-K$，再从反馈回路出来得到$(I+GK)^{-1}$)。

式(8.32)中左上角的子块是从u_Δ到y_Δ的传递函数，这正是图8.3中计算鲁棒稳定性所需的传递函数M。这样，我们就得到了$M=-W_IKG(I+KG)^{-1}=-W_IT_I$。

注： 当然，用现成的软件可以直接从P推导出N。例如在Matlab鲁棒控制工具箱中，我们可用指令`N=lft(P,k)`计算$N=F_l(P,K)$。对于某个给定的Δ，可以用指令`F=lft(delta,N)`得到从w到z的摄动传递函数$F_u(N,\Delta)$。

习题8.4* 详细说明式(8.29)中P的推导过程。

习题8.5 对于图8.7中的系统，容易从方块图看出从w到z的不确定传递函数为$F=W_P(I+G(I+W_I\Delta_I)K)^{-1}$。证明这个结果与由式(8.35)计算出的$F_u(N,\Delta)$是相同的。其中，由式(8.32)可知，$N_{11}=-W_IT_I$，$N_{12}=-W_IKS$，$N_{21}=W_PSG$和$N_{22}=W_PS$。

习题8.6* 利用式(8.2)的下LFT，由式(8.29)中的P推导出式(8.32)中的N。你将看到，此处的代数推导相当冗长，而上面那样直接从方块图推导出N要简单得多。

习题8.7 当乘性不确定性在输出端而不在输入端时，推导P与N。

习题8.8* 对于图7.18中的不确定性系统，求P。

习题8.9 对于式(8.23)中的不确定对象G_p，当$w=r$及$z=y-r$时，求P。

习题8.10* 对于图7.18的不确定系统，求出互联矩阵N；相应的M是什么？

习题8.11 对于式(8.23)中的不确定对象G_p，求可供研究鲁棒稳定性的传递函数$M=N_{11}$。

习题8.12* **输入与输出不确定性组合的$M\Delta$结构。**考察图8.8中的方块图，其中兼有输入与输出乘性不确定性方块。可能的对象集合如下：

$$G_p=(I+W_{2O}\Delta_OW_{1O})G(I+W_{2I}\Delta_IW_{1I}) \tag{8.33}$$

其中，$\|\Delta_I\|_\infty\leqslant 1$且$\|\Delta_O\|_\infty\leqslant 1$。把摄动汇集到$\Delta=\mathrm{diag}\{\Delta_I,\Delta_O\}$中，并将图8.8重组为图8.3所示的$M\Delta$结构，证明

$$M=\begin{bmatrix}W_{1I} & 0\\ 0 & W_{1O}\end{bmatrix}\begin{bmatrix}-T_I & -KS\\ SG & -T\end{bmatrix}\begin{bmatrix}W_{2I} & 0\\ 0 & W_{2O}\end{bmatrix} \tag{8.34}$$

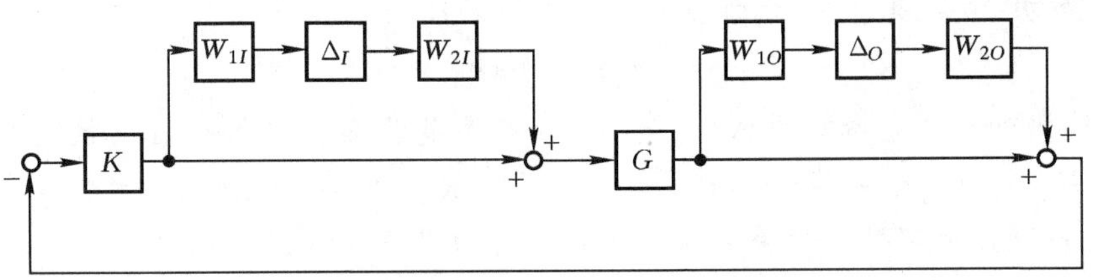

图8.8 兼有输入与输出乘性不确定性的系统

8.4 鲁棒稳定性与鲁棒性能的定义

我们已经讨论过怎样按照图 8.2 中的 $N\Delta$ 结构表示对象的不确定性集合，下一步是检验该集合中所有对象是否都是稳定的，并具有可接受的性能：

1. 鲁棒稳定性(RS)分析：给定控制器 K 后，确定系统对于不确定性集合中所有对象是否都能保持稳定。
2. 鲁棒性能(RP)分析：在满足 RS 的前提下，对于不确定性集合中的所有对象，进一步确定由外部输入 w 到输出 z 的传递函数有多“大”。

在继续讨论之前，我们需要更加精确地定义性能。在图 8.2 中，w 表示外部输入(标准化的扰动与参考输入)，z 是外部输出(标准化的误差)，有 $z = F(\Delta)w$，其中根据式(8.3)，有

$$F = F_u(N,\Delta) \triangleq N_{22} + N_{21}\Delta(I - N_{11}\Delta)^{-1}N_{12} \tag{8.35}$$

这里将用 $\mathcal{H}_\infty$ 定义系统性能。为达到 RP，要求对于所有容许的 Δ，都有 $\|F(\Delta)\|_\infty \leqslant 1$。典型的选择是 $F = w_P S_p$ (加权灵敏度函数)，其中 w_P 是性能权函数(大写 P 表示性能)，S_p 则表示摄动灵敏度函数的集合(小写 p 表示摄动)。

根据图 8.2 中 $N\Delta$ 结构，对于系统稳定性与性能的要求可以总结如下：

$$\text{NS} \quad \overset{\text{def}}{\Leftrightarrow} \quad N \text{ 是内部稳定的} \tag{8.36}$$

$$\text{NP} \quad \overset{\text{def}}{\Leftrightarrow} \quad \|N_{22}\|_\infty < 1；\text{且 NS} \tag{8.37}$$

$$\text{RS} \quad \overset{\text{def}}{\Leftrightarrow} \quad F = F_u(N,\Delta) \text{ 是稳定的 } \forall \Delta, \|\Delta\|_\infty \leqslant 1；\text{且 NS} \tag{8.38}$$

$$\text{RP} \quad \overset{\text{def}}{\Leftrightarrow} \quad \|F\|_\infty < 1, \ \forall \Delta, \|\Delta\|_\infty \leqslant 1；\text{且 NS} \tag{8.39}$$

仅当我们能以有效的方式检验这些 RS 和 RP 的定义，即无需搜遍由所有容许摄动 Δ 构成的无限集合时，它们才会有用。我们将说明怎样通过引入结构化奇异值 μ 作为分析工具来做到这一点。在本章末尾，还会讨论如何综合控制器，通过最小化镇定控制器集合上的 μ，使得系统具有“最优鲁棒性能”。

注 1　要点：作为标称性能(NP)、鲁棒稳定性(RS)，以及鲁棒性能(RP)的前提，必须首先满足标称稳定性(NS)，这是因为不稳定系统也能满足频率到频率条件。

注 2　关于不等式的约定：本书采用的约定是，摄动是有界的，其值始终小于或等于 1。这导出了具有严格不等式的稳定性条件：如 RS $\forall \ \|\Delta\|_\infty \leqslant 1$，若 $\|M\|_\infty < 1$。(我们也可以用严格不等式限制不确定性，得出等效的条件：RS $\forall \ \|\Delta\|_\infty < 1$，若 $\|M\|_\infty \leqslant 1$)。

注 3　容许的摄动：为简单起见，后面会采用简化的记法

$$\forall \Delta \text{ 和 } \max_{\Delta} \tag{8.40}$$

分别表示“容许摄动集合中所有的 Δ”以及“针对容许摄动集合中所有 Δ 的最大化”。**容许摄动**是指，Δ 的 $\mathcal{H}_\infty$ 范数小于或等于 1，即 $\|\Delta\|_\infty \leqslant 1$，其中 Δ 具有规定的分块对角结构，其中某些子块可能会被限定为实数。如果要保持在数学上的严密，在式(8.40)中应该用 $\Delta \in \mathbf{B}_\Delta$ 代替 Δ，这里

$$\mathbf{B}_\Delta = \{\Delta \in \boldsymbol{\Delta} : \|\Delta\|_\infty \leqslant 1\}$$

是具有给定结构 $\boldsymbol{\Delta}$，且一致范数有界的摄动构成的集合。容许结构也可以用下式定义

$$\mathbf{\Delta} = \{\mathrm{diag}[\delta_1 I_{r1}, \cdots, \delta_S I_{r_S}, \Delta_1, \cdots, \Delta_F]: \delta_i \in \mathcal{R}, \ \Delta_j \in \mathcal{C}^{m_j \times m_j}\}$$

此处 S 表示实标量的个数(其中有些可能是重复的),F 表示复数子块的个数。这看起来相当麻烦,幸运的是,当我们采用“所有容许的摄动”或“ $\forall \Delta$ ”的说法时,含义非常明确,因此很少需要这么多细节。

8.5 $M\Delta$ 结构的鲁棒稳定性

考虑图 8.2 的不确定 $N\Delta$ 系统,如式(8.35)一样,从 w 到 z 的传递函数可由下式给出:

$$F_u(N,\Delta) = N_{22} + N_{21}\Delta(I - N_{11}\Delta)^{-1}N_{12} \tag{8.41}$$

假设该系统是标称稳定的($\Delta = 0$),也就是说 N 是稳定的(这意味着整个 N,而不仅仅 N_{22} 必须是稳定的);此外假设 Δ 是稳定的,那么可从式(8.41)直接看出,不稳定的唯一可能来源是反馈项 $(I - N_{11}\Delta)^{-1}$。这样,当系统具有标称稳定性(NS)时,图 8.2 所示系统的稳定性就等价于图 8.3 中的 $M\Delta$ 结构的稳定性,其中 $M = N_{11}$。

这样我们需要推导检验 $M\Delta$ 结构稳定的条件。下面的定理源自广义 $Nyquist$ 定理4.9,适用于 $\mathcal{H}_\infty$ 范数有界的 Δ 摄动。但如定理所述,它也适用于摄动构成的任意其它凸集(如具有其它结构的集合,或者按其它范数有界的集合)。

定理 8.1 行列式稳定条件(实数或复数摄动)。 假设标称系统 $M(s)$ 和摄动 $\Delta(s)$ 都是稳定的。考虑摄动 Δ 的凸集,如果 Δ' 是一容许摄动,那么对于任意满足 $|c| \leqslant 1$ 的实数标量 c,$c\Delta'$ 也是容许摄动。那么图 8.3 中 $M\Delta$ 系统对所有容许摄动都是稳定的(即有 RS),当且仅当

$$\det(I - M\Delta(s)) \text{ 的 Nyquist 曲线不包围原点}, \ \forall \Delta \tag{8.42}$$

$$\Leftrightarrow \quad \boxed{\det(I - M\Delta(\mathrm{j}\omega)) \neq 0, \quad \forall \omega, \forall \Delta} \tag{8.43}$$

$$\Leftrightarrow \quad \lambda_i(M\Delta) \neq 1, \ \forall i, \forall \omega, \forall \Delta \tag{8.44}$$

证明: 式(8.42)所示条件只是简单地把广义 Nyquist 定理(4.9.2 节)应用于一个具有稳定回路传递函数 $M\Delta$ 的正反馈系统。

式(8.42)⇒式(8.43):这很显然,因为我们所说的“包围原点”也包括原点本身。

式(8.42)⇐式(8.43)的证明,只要证明式(8.42)不成立⇒式(8.43)不成立。首先看到,当 $\Delta = 0$ 时,在所有频率上都有 $\det(I - M\Delta) = 1$。假设存在一个摄动 Δ',使得在 s 沿着 Nyquist D 围线移动时,$\det(I - M\Delta'(s))$ 的曲线包围了原点。那么,因为 Nyquist 围线及其映像都是封闭的,那么在集合中存在另外一个摄动 $\Delta'' = \varepsilon\Delta'$,$\varepsilon \in [0,1]$,以及 ω',使得 $\det(I - M\Delta''(\mathrm{j}\omega')) = 0$。

式(8.44)等价于式(8.43),这是因为 $\det(I-A) = \prod_i \lambda_i(I-A)$ 且 $\lambda_i(I-A) = 1 - \lambda_i(A)$(见附录 A.2.1)。 □

下面是定理 8.1 应用于复数摄动的特殊情况。

定理 8.2 复数摄动的谱半径条件。 假设标称系统 $M(s)$ 与摄动 $\Delta(s)$ 都是稳定的,考虑一类摄动 Δ,如果 Δ' 是一个容许摄动,那么对于任意满足 $|c| \leqslant 1$ 的复数标量 c,$c\Delta'$ 也是一个容许摄动。那么图 8.3 中 $M\Delta$ 系统对所有容许摄动都是稳定的(即有 RS),当且仅当

$$\rho(M\Delta(\mathrm{j}\omega)) < 1, \ \forall \omega, \forall \Delta \tag{8.45}$$

或者等价地有

$$RS \Leftrightarrow \max_{\Delta}\rho(M\Delta(j\omega)) < 1, \ \forall\omega \tag{8.46}$$

证明：式(8.45)⇒式(8.43)(⇔ RS)是"显然"的：可以直接从谱半径 ρ 的定义得出，并且也适用于实数 Δ。

式(8.43)⇒式(8.45)可以通过证明式(8.45)不成立⇒式(8.43)不成立来证明。假设存在一个摄动 Δ'，使得在某个频率处 $\rho(M\Delta')=1$，那么对于某些特征值 i，有 $|\lambda_i(M\Delta')|=1$，并且在集合中必定存在另外一个摄动 $\Delta''=c\Delta'$，此处 c 是一个复数标量，且 $|c|=1$，使得 $\lambda_i(M\Delta'')=+1$(正实数)，从而有 $\det(I-M\Delta'')=\prod_i\lambda_i(I-M\Delta'')=\prod_i(1-\lambda_i(M\Delta''))=0$。最后，根据 $\max_\Delta$ 的定义，可以得知式(8.45)与式(8.46)等价。 □

注 1　式(8.45)的证明依赖于用复标量 c 调节 $\lambda_i(Mc\Delta')$ 的相位，故而要求摄动也为一复数。

注 2　定理 8.2 告诉我们，系统稳定的充分必要条件是，在所有频率上，对于所有容许的摄动 Δ，$M\Delta$ 的谱半径都小于 1。这里的主要问题当然是不得不针对关于 Δ 的无限集检测该条件，而这用数字化方法很难检测。

注 3　定理 8.1 同时适用于实数与复数摄动，构成了式(8.76)中结构化奇异值一般性定义的基础。

8.6　关于复数非结构化不确定性的鲁棒稳定性

本节将考虑一种特殊情况，即容许 $\Delta(s)$ 是满足 $\|\Delta\|_\infty \leqslant 1$ 的任意(满元素)复传递函数矩阵。这通常被称为非结构化不确定性，或满元素复数摄动不确定性。

引理 8.3　设 Δ 是所有满足 $\bar{\sigma}(\Delta)\leqslant 1$ 的复矩阵构成的集合，则下式成立：

$$\max_{\Delta}\rho(M\Delta)=\max_{\Delta}\bar{\sigma}(M\Delta)=\max_{\Delta}\bar{\sigma}(\Delta)\bar{\sigma}(M)=\bar{\sigma}(M) \tag{8.47}$$

证明：一般来说，谱半径(ρ)提供了谱范数($\bar{\sigma}$)的一个下界(见式(A.117))，因此我们有

$$\max_{\Delta}\rho(M\Delta)\leqslant\max_{\Delta}\bar{\sigma}(M\Delta)\leqslant\max_{\Delta}\bar{\sigma}(\Delta)\bar{\sigma}(M)=\bar{\sigma}(M) \tag{8.48}$$

其中第二个不等式可以直接由 $\bar{\sigma}(AB)\leqslant\bar{\sigma}(A)\bar{\sigma}(B)$ 得出。现在我们需要证明的是等式确实成立。如果对于任意的 M，存在一个容许的 Δ'，使得 $\rho(M\Delta')=\bar{\sigma}(M)$，那么上述结论成立。如果容许 Δ' 是一个满元素的矩阵，使得 Δ' 的所有方向都是容许的，那么这样的 Δ' 的确存在。选取 $\Delta'=VU^H$，其中 U 和 V 分别是 $M=U\Sigma V^H$ 的左右奇异值向量矩阵，那么 $\bar{\sigma}(\Delta')=1$，且 $\rho(M\Delta')=\rho(U\Sigma V^H VU^H)=\rho(U\Sigma U^H)=\rho(\Sigma)=\bar{\sigma}(M)$。第二到最后一个等式都成立，这是因为 $U^H=U^{-1}$，以及特征值对相似变换具有不变性。 □

引理 8.3 连同定理 8.2 直接导出下面的定理：

定理 8.4　**非结构化("满元素阵")摄动下的 RS。** 假设标称系统 $M(s)$ 是稳定的(NS)，并且摄动 $\Delta(s)$ 也是稳定的，那么图 8.3 中的 $M\Delta$ 系统对于所有满足 $\|\Delta\|_\infty\leqslant 1$ 的摄动 Δ 都是稳定的(即具有 RS)，当且仅当

$$\boxed{\bar{\sigma}(M(j\omega))<1 \quad \forall\omega} \Leftrightarrow \boxed{\|M\|_\infty<1} \tag{8.49}$$

注 1　式(8.49)所示条件可以重写为

$$\text{RS} \Leftrightarrow \bar{\sigma}(M(\mathrm{j}\omega))\bar{\sigma}(\Delta(\mathrm{j}\omega)) < 1, \ \forall \omega, \forall \Delta \tag{8.50}$$

式(8.50)的充分性($\Leftarrow$)可以通过选择 $L = M\Delta$ 并应用小增益定理直接得到。小增益定理适用于任何满足 $\|AB\| \leqslant \|A\| \cdot \|B\|$ 的算子范数。

注 2 采用 $\mathcal{H}_\infty$ 范数分析鲁棒稳定性的一个重要原因,就是式(8.50)中的稳定性条件既是必要的也是充分的。相反,如果采用 $\mathcal{H}_2$ 范数,例如类似 $\|M\|_2 < 1$ 的条件,既不能给出稳定性的必要条件,也不能给出充分条件。不能给出充分条件的原因是 $\mathcal{H}_2$ 一般不满足 $\|AB\| \leqslant \|A\| \times \|B\|$,见例 4.21。

8.6.1 非结构化 RS 条件的应用

现在针对图 8.5 中六种非结构化摄动的每一种,给出 RS 的充分与必要条件,这六种摄动都满足

$$E = W_2 \Delta W_1, \ \|\Delta\|_\infty \leqslant 1 \tag{8.51}$$

为了推导矩阵 M,我们简单地把摄动"孤立"出来,确定由输出到摄动输入的传递函数

$$M = W_1 M_0 W_2 \tag{8.52}$$

其中,对于六种情况中的每一个,M_0(舍弃了某些负号,并不影响后续的鲁棒性条件),可由下式给出:

$$G_p = G + E_A: \quad M_0 = K(I+GK)^{-1} = KS \tag{8.53}$$

$$G_p = G(I+E_I): \quad M_0 = K(I+GK)^{-1}G = T_I \tag{8.54}$$

$$G_p = (I+E_O)G: \quad M_0 = GK(I+GK)^{-1} = T \tag{8.55}$$

$$G_p = G(I-E_{iA}G)^{-1}: \quad M_0 = (I+GK)^{-1}G = SG \tag{8.56}$$

$$G_p = G(I-E_{iI})^{-1}: \quad M_0 = (I+KG)^{-1} = S_I \tag{8.57}$$

$$G_p = (I-E_{iO})^{-1}G: \quad M_0 = (I+GK)^{-1} = S \tag{8.58}$$

其中,式(8.54)和式(8.55)可直接从式(8.34)所示 M 矩阵的对角线元素中得出,而其它各式也可用类似方式得出。M_0 的符号无关紧要,因为它可以并入 Δ。那么根据定理 8.4,可得

$$\text{RS} \quad \Leftrightarrow \quad \|W_1 M_0 W_2(\mathrm{j}\omega)\|_\infty < 1 \tag{8.59}$$

例如,由式(8.54)和式(8.59),对具有标量权函数的乘性输入不确定性,我们得到:

$$\text{RS} \ \forall G_p = G(I + w_I \Delta_I), \ \|\Delta_I\|_\infty \leqslant 1 \Leftrightarrow \|w_I T_I\|_\infty < 1 \tag{8.60}$$

注意,作为式(8.60)的特例,可以得出 SISO 的条件式(7.43)。与之相似,式(7.64)也可作为式(8.58)中逆向乘性输出不确定性的特例而得到:

$$\text{RS} \ \forall G_p = (I - w_{iO}\Delta_{iO})^{-1}G, \ \|\Delta_{iO}\|_\infty \leqslant 1 \Leftrightarrow \|w_{iO}S\|_\infty < 1 \tag{8.61}$$

一般来说,以单个摄动出现的非结构化不确定性描述不够"严苛"(意思是说,在实际中可能不会发生所有复数摄动在每一频率上都满足 $\bar{\sigma}(\Delta(\mathrm{j}\omega)) \leqslant 1$ 的情况)。这样,上面的 RS 条件通常偏于保守。要得到更为严苛的条件,必须采用基于分块对角型,且更为严苛的不确定性描述。

8.6.2 关于互质因子不确定性的 RS

一般来说,仅当存在单个满元素阵摄动块时,按 $\mathcal{H}_\infty$ 范数描述的鲁棒稳定性界(RS $\Leftrightarrow$ $\|M\|_\infty < 1$),才是严苛的。一个"例外"是,当这些不确定性子块从方块图相同的位置进入或离开时,这是因为这些子块可以彼此堆在另一个的顶部,或者一个挨一个地堆叠在一个总的 Δ

阵中，而该矩阵为满元素阵。如果我们以范数对这种组合(堆叠)的不确定性进行限界，则可得到一个关于 $\|M\|_\infty$ 的 RS 严苛条件。

归入此范畴的一个重要不确定性描述，就是图 8.9 所示的互质不确定性描述，这时对象集合是

$$G_p = (M_l + \Delta_M)^{-1}(N_l + \Delta_N),$$
$$\|[\Delta_N \quad \Delta_M]\|_\infty \leqslant \varepsilon \qquad (8.62)$$

其中 $G = M_l^{-1}N_l$ 是标称对象的左互质因式分解，见式(4.20)。这种不确定性描述极具一般性：既容许零点也容许极点穿越到 RHP，并已证明在实践中极为有用(McFarlane and Glover，1990)。因为没有对摄动进行加权，所以可以采用标称对象的标准化互质因式分解，见式(4.25)。为检验 RS，任何情况下都可以重排方块图，使其与图 8.3 所示的 $M\Delta$ 结构匹配，相应的

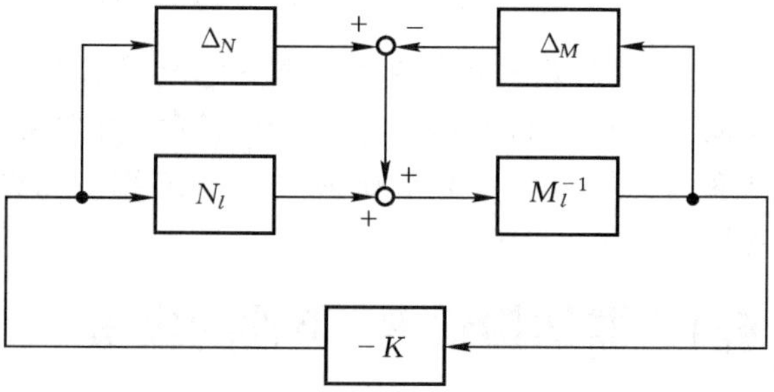

图 8.9　互质不确定性

$$\Delta = [\Delta_N \quad \Delta_M]; \ M = -\begin{bmatrix} K \\ I \end{bmatrix}(I + GK)^{-1}M_l^{-1} \qquad (8.63)$$

那么由定理 8.4 得

$$\text{RS} \quad \forall \ \|\Delta_N \quad \Delta_M\|_\infty \leqslant \varepsilon \quad \Leftrightarrow \quad \|M\|_\infty < 1/\varepsilon \qquad (8.64)$$

上面有关 RS 的结论，对于第 9 章将要讨论的 $\mathcal{H}_\infty$ 回路整形设计算法具有重要意义。

互质不确定性描述在未利用任何具体先验不确定性信息情况下，提供了一种良好的“一般性”不确定性描述。可以看到，不确定性的幅值为 ε，在此情况下并没有将其标准化使之小于 1。这是因为这种不确定性描述经常用到控制器设计过程中，而设计的目标就是在保证 RS 的前提下，最大化不确性的幅值(ε)。

注：式(8.62)对组合(堆叠)不确定性进行限界，$\|[\Delta_N \quad \Delta_M]\|_\infty \leqslant \varepsilon$，这与限制单个子块的界 $\|\Delta_N\|_\infty \leqslant \varepsilon$ 及 $\|\Delta_M\|_\infty \leqslant \varepsilon$ 有点不同。然而，从式(A.46)知，这两种方法至多相差一个 $\sqrt{2}$ 因子，所以从实际角度看，这并非一个重要问题。

习题 8.13*　考虑输出端的乘性与逆向乘性组合不确定性 $G_p = (I - \Delta_{iO}W_{iO})^{-1}(I + \Delta_O W_O)G$，此处选择采用范数对组合不确定性进行限界，$\|[\Delta_{iO} \quad \Delta_O]\|_\infty \leqslant 1$。画出不确定对象的方块图，并推导闭环系统 RS 的充分与必要条件。

8.7　关于结构化不确定性的鲁棒稳定性：引子

现在考虑结构化不确定性的描述方式，此处 $\Delta = \text{diag}\{\Delta_i\}$ 为分块对角阵。为了检验 RS，重排系统使之变为 $M\Delta$ 结构，并由式(8.49)得

$$\text{RS} \quad 当\ \bar{\sigma}(M(\text{j}\omega)) < 1, \ \forall \omega \qquad (8.65)$$

此处用“当”而不是“当且仅当”，是因为当 Δ“没有结构”(满元素不确定性)时，这个条件对于 RS 是不充分的。问题是我们能否利用 $\Delta = \text{diag}\{\Delta_i\}$ 已结构化这一事实，得出比式(8.65)更

严苛的 RS 条件。一种想法就是利用稳定性必与尺度变换无关这一事实。为此目的，我们引入分块对角的尺度变换阵

$$D = \mathrm{diag}\{d_i I_i\} \tag{8.66}$$

其中 d_i 为一标量，而 I_i 是与第 i 个摄动子块维数相同的单位矩阵。如图 8.10 所示，在 M 和 Δ 的两边分别插入矩阵 D 与 D^{-1}，重新对它们的输入与输出进行尺度变换，这样做显然不影响稳定性。其次，可以看到在我们选择的尺度变换形式下，对每一个摄动子块有 $\Delta_i = d_i \Delta_i d_i^{-1}$，也就是说，有 $\Delta = D\Delta D^{-1}$。这意味着如果我们用 DMD^{-1} 来代替 M（见图 8.10），式(8.65)也必定成立，那么

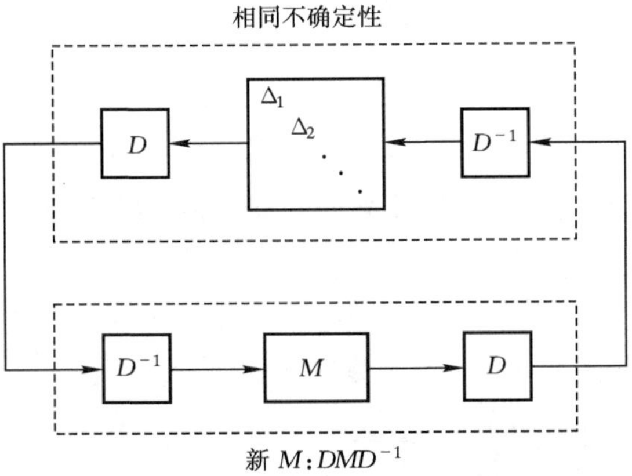

图 8.10　分块对角尺度变换的应用，$\Delta D = D\Delta$

$$\text{RS} \quad 当\ \bar{\sigma}(DMD^{-1}) < 1, \forall \omega \tag{8.67}$$

这适用于式(8.66)中的任意 D，所以通过在每一频率上最小化尺度变换后的奇异值，得到了“最大限度改善”（最不保守）的 RS 条件，并有

$$\boxed{\text{RS} \quad 当 \quad \min_{D(\omega)\in\mathcal{D}} \bar{\sigma}(D(\omega)M(\mathrm{j}\omega)D(\omega)^{-1}) < 1, \forall \omega} \tag{8.68}$$

其中 $\mathcal{D}$ 是结构上与 Δ 相匹配的分块对角阵的集合，即 $\Delta D = D\Delta$。后面还会给出更多关于这种匹配性的例子。当 Δ 为满元素阵时，必须选择 $D = dI$，且有 $\bar{\sigma}(DMD^{-1}) = \bar{\sigma}(M)$，所以如预期那样，式(8.68)恒等于式(8.65)。然而，若 Δ 是结构化的，我们在 D 的选择上具有更多的自由度，而且 $\bar{\sigma}(DMD^{-1})$ 可能明显地小于 $\bar{\sigma}(M)$。

注 1　在历史上，式(8.68)的 RS 条件直接促动了结构化奇异值 $\mu(M)$ 的引入，这在下一节会有更加详细的讨论。你可能已经猜到 $\mu(M) \leqslant \min_D \bar{\sigma}(DMD^{-1})$。事实上，对于分块对角复数摄动，$\mu(M)$ 通常都非常接近 $\min_D \bar{\sigma}(DMD^{-1})$。

注 2　**其它范数。**式(8.68)所示条件本质上是小增益定理尺度变换后的版本。这样，当我们采用其它矩阵范数时，类似的条件也能成立。如果

$$\min_{D(\omega)\in\mathcal{D}} \| D(\omega)M(\mathrm{j}\omega)D(\omega)^{-1} \| < 1, \forall \omega \tag{8.69}$$

成立，其中 D 与 Δ 的分块方式相匹配，那么对于所有满足 $\| \Delta(\mathrm{j}\omega) \| \leqslant 1, \forall \omega$ 的分块对角阵 Δ，图 8.3 所示的 $M\Delta$ 结构都是稳定的。您可以采用任何矩阵范数，如 Frobenius 范数 $\| M \|_F$，或任何诱导范数，如 $\| M \|_{i1}$（最大列和）、$\| M \|_{i\infty}$（最大行和），或后面将要用到的

$\|M\|_{i2}=\bar{\sigma}(M)$。虽然在有些情况下用其它范数可能比较方便，我们通常还是更愿意用 $\bar{\sigma}$，因为采用该范数，我们可以得到 RS 的充分必要条件。

8.8 结构化奇异值

结构化奇异值(记作 Mu、mu、SSV 或 μ)是一个函数，它为奇异值 $\bar{\sigma}$ 与谱半径 ρ 提供了一种一般化描述。我们将用 μ 来获得 RS 和 RP 的充分与必要条件。那么如何定义 μ？简单地说就是：

求取最小结构化 Δ（用 $\bar{\sigma}(\Delta)$ 来度量），使得矩阵 $I-M\Delta$ 是奇异的；则 $\mu(M)=1/\bar{\sigma}(\Delta)$。

数学描述则是

$$\mu(M)^{-1}\triangleq\min_{\Delta}\{\bar{\sigma}(\Delta)\mid\det(I-M\Delta)=0,\text{对于结构化 }\Delta\}\tag{8.70}$$

显然，$\mu(M)$ 不仅依赖于 M，同时还依赖于容许的 Δ 结构。因此，有时用记号 $\mu_{\Delta}(M)$ 明确说明这个事实。

注：当 Δ 为“非结构化”(即为满元素阵)时，则引起奇异的最小 Δ 满足 $\bar{\sigma}(\Delta)=1/\bar{\sigma}(M)$，且有 $\mu(M)=\bar{\sigma}(M)$。满足该条件的一个最小 Δ 特例是 $\Delta=v_1u_1^{\mathrm{H}}/\sigma_1$。

例 8.5 满元素阵摄动(Δ 非结构化)。考察

$$M=\begin{bmatrix}2&2\\-1&-1\end{bmatrix}=\begin{bmatrix}0.894&0.447\\-0.447&0.894\end{bmatrix}\begin{bmatrix}3.162&0\\0&0\end{bmatrix}\begin{bmatrix}0.707&-0.707\\0.707&0.707\end{bmatrix}^{\mathrm{H}}\tag{8.71}$$

摄动

$$\Delta=\frac{1}{\sigma_1}v_1u_1^{\mathrm{H}}=\frac{1}{3.162}\begin{bmatrix}0.707\\0.707\end{bmatrix}\begin{bmatrix}0.894&-0.447\end{bmatrix}=\begin{bmatrix}0.200&-0.100\\0.200&-0.100\end{bmatrix}\tag{8.72}$$

其中 $\bar{\sigma}(\Delta)=1/\bar{\sigma}(M)=1/3.162=0.316$，使得 $\det(I-M\Delta)=0$。因此当 Δ 为满元素阵时，$\mu(M)=3.162$。

注意，式(8.72)中的摄动为一满元素阵。如果我们限定 Δ 为对角阵，则需一个更大的摄动才能使 $\det(I-M\Delta)=0$。这就是下面要说明的。

例 8.5 续 对角型摄动(Δ 为结构化矩阵)。对于式(8.71)中的矩阵 M，能使 $\det(I-M\Delta)=0$ 的最小对角型 Δ 是

$$\Delta=\frac{1}{3}\begin{bmatrix}1&0\\0&-1\end{bmatrix}\tag{8.73}$$

其中 $\bar{\sigma}(\Delta)=0.333$。于是，当 Δ 为对角型矩阵时，$\mu(M)=3$。

上述例子表明 μ 依赖于 Δ 的结构，下面的例子将说明 μ 还依赖于摄动是实数还是复数。

例 8.6 标量 μ。如果 M 是一个标量，则大多数情况下 $\mu(M)=|M|$。通过选择满足 $(1-M\Delta)=0$ 的 $|\Delta|=1/|M|$，并根据式(8.70)可以得出上述结论。然而，这要求我们可以选择 Δ 的相位，使得 $M\Delta$ 为实数；但当 Δ 为实数而 M 有虚部时这是不可能的，故此时 $\mu(M)=0$。总之，对于标量 M，有

$$\Delta\text{ 是复数：}\quad\mu(M)=|M|\tag{8.74}$$

$$\Delta\text{ 是实数：}\quad \mu(M)=\begin{cases}|M| & \text{对于实 } M\\ 0 & \text{其它}\end{cases} \tag{8.75}$$

式(8.70)中 μ 的定义关乎改变 $\bar{\sigma}(\Delta)$ 的值。然而，我们更希望将 Δ 标准化使得 $\bar{\sigma}(\Delta)\leqslant 1$，这可以通过采用因子 k_m 对 Δ 进行尺度变换，并寻求能使 $I-k_mM\Delta$ 奇异的最小 k_m 而实现。这时 μ 就是这个最小 k_m 的倒数，即 $\mu=1/k_m$。这引出下面关于 μ 的另一种定义。

定义 8.1　结构化奇异值。 设 M 是一个给定的复数矩阵，$\Delta=\mathrm{diag}\{\Delta_i\}$ 表示满足 $\bar{\sigma}(\Delta)\leqslant 1$，并具有给定分块对角结构(其中某些子块可能重复，而某些子块可能必须为实数)的复数矩阵的集合。非负的实函数 $\mu(M)$ 称为结构化奇异值，定义如下：

$$\mu(M)\triangleq\frac{1}{\min\{k_m\mid \det(I-k_mM\Delta)=0,\text{对于结构化 }\Delta,\bar{\sigma}(\Delta)\leqslant 1\}} \tag{8.76}$$

若具有这种结构的 Δ 不存在，则 $\mu(M)=0$。

$\mu=1$ 意味着存在一个 $\bar{\sigma}(\Delta)=1$ 的摄动，正好足够大到使 $I-M\Delta$ 奇异。较大的 μ 值会带来一些“不足”，因为这意味着较小的摄动即可使 $I-M\Delta$ 奇异，而较小的 μ 值更能符合要求。

习题 8.14　对于图 7.6.4(b)所示的不确定系统，求出 μ 的值。

8.8.1 关于 μ 定义的评注

1. 结构化奇异值是 Doyle(1982)引入的。与之同时(事实上就在同一个杂志的同一期中)，Safonov(1982)对一个对角型摄动系统，引入多变量稳定裕量 k_m 作为 μ 的逆：即 $k_m(M)=\mu(M)^{-1}$。在许多方面，这是鲁棒裕量的一个更为自然的定义。然而，$\mu(M)$ 还有许多其它优点，例如提供了谱半径 $\rho(M)$ 和谱范数 $\bar{\sigma}(M)$ 的一般化形式。
2. 如果对于某个 Δ'，有 $\det(I-k'_mM\Delta')=0$，且 $\bar{\sigma}(\Delta')=c<1$，那么 $1/k'_m$ 不可能是 M 的结构化奇异值，这是因为存在一个更小的标量 $k_m=k'_mc$，能使 $\det(I-k_mM\Delta)=0$，此处 $\Delta=\Delta'/c$，且 $\bar{\sigma}(\Delta)=1$。由此，式(8.76)中的最小 k_m 对应的 Δ 总满足 $\bar{\sigma}(\Delta)=1$。
3. 注意，当 $k_m=0$ 时，我们得到 $I-k_mM\Delta=I$，它显然是非奇异的。这样，一种通过数值计算得到 μ 的可能方法是从 $k_m=0$ 开始，逐渐增大 k_m 直到初次得到一个满足 $\bar{\sigma}(\Delta)=1$ 且容许的 Δ，使得 $(I-k_mM\Delta)$ 奇异(这个 k_m 值等于 $1/\mu$)。“容许”是指 Δ 必须具有指定的分块对角结构，并且其中某些子块必须是实值的。
4. 在 μ 的定义中，M 与 Δ 的次序无关紧要，这可由式(A.12)得出，即
$$\det(I-k_mM\Delta)=\det(I-k_m\Delta M) \tag{8.77}$$
5. 在大多数情况下，M 与 Δ 均为方阵，但并不是必须如此。如果不是方阵，则可利用式(8.77)，选择 $M\Delta$ 或 ΔM(维数最低的一个)。

本节其余部分将讨论 μ 的特性与计算。如果读者主要对 μ 的实际应用感兴趣，则可略去这部分内容。

8.8.2 实数和复数 Δ 的 μ 特性

对于实数和复数摄动 Δ，μ 具有以下两个性质：

1. 对于任意的实标量 α，$\mu(\alpha M)=|\alpha|\mu(M)$；
2. 设 $\Delta=\mathrm{diag}\{\Delta_1,\Delta_2\}$ 是一个分块对角摄动(其中 Δ_1 和 Δ_2 可能还有另外的结构)，并设 M 也

按相应的方式分块，则

$$\mu_\Delta(M) \geqslant \max\{\mu_{\Delta_1}(M_{11}), \mu_{\Delta_2}(M_{22})\} \tag{8.78}$$

证明：考虑 $\det(I-\frac{1}{\mu}M\Delta)$，其中 $\mu=\mu_\Delta(M)$，再用式(A.14)所示的 Schur 公式，并取 $A_{11}=I-\frac{1}{\mu}M_{11}\Delta_1$，$A_{22}=I-\frac{1}{\mu}M_{22}\Delta_2$ 即可得证。 □

式(8.78)的意思是，同时出现的两个摄动对应的鲁棒性，至少与只考虑单个最严重摄动时一样差。这与我们的直觉是一致的，即引入另外一个不确定性摄动不可能改善鲁棒性。

另外，下面给出的复摄动的上界，例如，式(8.87)中的 $\mu_\Delta(M)\leqslant \min_{D\in\mathscr{D}}\bar{\sigma}(DMD^{-1})$，对于实的或实复混合的摄动 Δ 都成立，这是因为实摄动是复摄动的一个特例。然而下面给出的下界，例如式(8.82)中的 $\mu(M)\geqslant\rho(M)$，一般来说只对复摄动成立。

8.8.3 复摄动 Δ 的 μ

当 Δ 中所有子块均为复值时，μ 的计算相对容易一些。下面会讨论这个问题，更多细节见于 Packard 和 Doyle(1993)的综述论文。这个结论主要基于下面的结果，也可看作仅适用于复 Δ 的 μ 的另一个定义。

引理 8.5 对于满足 $\bar{\sigma}(\Delta)\leqslant 1$ 的复数摄动 Δ，

$$\boxed{\mu(M)=\max_{\Delta,\bar{\sigma}(\Delta)\leqslant 1}\rho(M\Delta)} \tag{8.79}$$

证明：由 μ 的定义，以及式(8.43)和式(8.46)的等价性，即可得出引理。 □

复摄动的 μ 特性

从式(8.79)容易得到下面的大多数性质。

1. 对于任意(复)标量 α，$\mu(\alpha M)=|\alpha|\mu(M)$；
2. 对于重复的标量复摄动，有

$$\Delta=\delta I\ (\delta \text{ 是一个复标量})：\mu(M)=\rho(M) \tag{8.80}$$

证明：因为不存在求最大化的自由度，可直接由式(8.79)得出。 □

3. 对于满元素阵的复摄动，由式(8.79)和式(8.47)有

$$\Delta \text{ 满元素阵}：\mu(M)=\bar{\sigma}(M) \tag{8.81}$$

4. 复摄动对应的 μ 可由谱半径与奇异值(谱范数)定界：

$$\boxed{\rho(M)\leqslant\mu(M)\leqslant\bar{\sigma}(M)} \tag{8.82}$$

上式可由式(8.80)和式(8.81)得出，这是因为对于式(8.79)中的优化问题，选择 $\Delta=\delta I$ 给出了最少的自由度，而选择 Δ 为满元素阵，则自由度最大。

5. 考察与 Δ 结构相同的任一酉阵 U，则有

$$\mu(MU)=\mu(M)=\mu(UM) \tag{8.83}$$

证明：由于 $MU\Delta=M\Delta'$，其中 $\bar{\sigma}(\Delta')=\bar{\sigma}(U\Delta)=\bar{\sigma}(\Delta)$，从而 U 总可以并入 Δ，进一步根据式(8.79) 即可得证。 □

6. 考虑可与 Δ 交换的任意矩阵 D，即 $\Delta D=D\Delta$，则有

$$\mu(DM)=\mu(MD) \quad 且 \quad \mu(DMD^{-1})=\mu(M) \tag{8.84}$$

证明：$\mu(DM)=\mu(MD)$ 可直接由下式得出

$$\mu_\Delta(DM) = \max_\Delta \rho(DM\Delta) = \max_\Delta \rho(M\Delta D) = \max_\Delta \rho(MD\Delta) = \mu_\Delta(MD) \tag{8.85}$$

第一个等式就是式(8.79)；而第二个等式则因 $\rho(AB) = \rho(BA)$ 而成立(根据附录中特征值的性质)；关键一步是第三个等式，该式仅当 $D\Delta = \Delta D$ 时成立；第四个等式又是根据式(8.79)而得到。 □

7. **改进的下界。** 定义 $\mathcal{U}$ 是所有具有与 Δ 相同分块对角结构的酉阵 U 的集合，那么对于复 Δ，

$$\boxed{\mu(M) = \max_{U\in\mathcal{U}} \rho(MU)} \tag{8.86}$$

证明：这一重要结果的证明是由 Doyle(1982)，以及 Packard 和 Doyle(1993)给出的，可根据有理函数最大模定理的一般化形式而得到。 □

式(8.86)还源自式(8.83)与式(8.82)的结合，有

$$\mu(M) \geqslant \max_{U\in\mathcal{U}} \rho(MU)$$

令人吃惊的是这个式子总以等式形式成立。不幸的是，式(8.86)中的优化问题非凸，所以难以用在 μ 的数值计算中。

8. **改进的上界。** 定义 $\mathcal{D}$ 是所有与 Δ 可交换的矩阵 D(即 $D\Delta = \Delta D$)的集合，则由式(8.84)和式(8.82)可以得出

$$\boxed{\mu(M) \leqslant \min_{D\in\mathcal{D}} \bar{\sigma}(DMD^{-1})} \tag{8.87}$$

该优化问题关于 D 是凸的，即只有唯一的全局最小值；关于优化问题的公式，请见例 12.4。可以证明(Doyle,1982)，当 Δ 中只有 3 个或更少子块时，这个不等式事实上是一等式。此外，数值计算表明，在有 4 个或更多子块时，该界是严苛的(在较小的百分比范围内)；我们已知的最差情况是，上界大于 μ 约 15%(Balas etal. ,1993)。

下面是与 Δ 可交换的矩阵 D 的一些例子：

$$\Delta = \delta I \;:\; D = \text{满元素阵} \tag{8.88}$$

$$\Delta = \text{满元素阵}:\; D = dI \tag{8.89}$$

$$\Delta = \begin{bmatrix} \Delta_1(\text{满元素}) & 0 \\ 0 & \Delta_2(\text{满元素}) \end{bmatrix} : D = \begin{bmatrix} d_1 I & 0 \\ 0 & d_2 I \end{bmatrix} \tag{8.90}$$

$$\Delta = \operatorname{diag}\{\Delta_1(\text{满元素}), \delta_2 I, \delta_3, \delta_4\} : D = \operatorname{diag}\{d_1 I, D_2(\text{满元素}), d_3, d_4\} \tag{8.91}$$

简单地说，可以看出 D 与 Δ 在结构上是“相反的”。

9. 在不影响式(8.87)中优化问题的前提下，可以假设 D 中的子块是 Hermitian 正定阵，即 $D_i = D_i^{\mathrm{H}} > 0$，且对于标量，$d_i > 0$ (Packard and Doyle,1993)。

10. 通过把 D 的一个标量子块的值固定为 1，总可以简化式(8.87)中的优化问题。例如，设 $D = \operatorname{diag}\{d_1, d_2, \cdots, d_n\}$，则不失一般性，可令 $d_n = 1$。

证明：令 $D' = \dfrac{1}{d_n}D$，并注意到 $\bar{\sigma}(DMD^{-1}) = \bar{\sigma}(D'MD'^{-1})$。 □

与之类似，当 Δ 有一个或多个标量子块时，可以将 U 中对应的一个酉标量固定为 1 来简化式(8.86)中的优化问题。根据性质 1，并取 $|c| = 1$ 即可得出此结论。

11. 当 Δ 具有和 A 或 B 相似的结构时，以下性质有助于求取 $\mu(AB)$：

$$\mu_\Delta(AB) \leqslant \bar{\sigma}(A)\mu_{\Delta A}(B) \tag{8.92}$$

$$\mu_\Delta(AB) \leqslant \bar{\sigma}(B)\mu_{B\Delta}(A) \tag{8.93}$$

此处下标“ ΔA”指矩阵 ΔA 的结构，“$B\Delta$ ”指矩阵 $B\Delta$ 的结构。

证明：这一证明来自 Skogestad 与 Morari(1988a)的论著。我们用到的一个事实是 $\mu(AB) = \max_\Delta \rho(\Delta AB) = \max_\Delta \rho(VB)\bar{\sigma}(A)$，其中 $V = \Delta A/\bar{\sigma}(A)$。当我们针对 Δ 求最大化时，V 生成某个矩阵集合，并满足 $\bar{\sigma}(V) \leqslant 1$。通过针对满足 $\bar{\sigma}(V) \leqslant 1$，且和 ΔA 结构相同的所有矩阵 V 求最大化，进一步扩展这个集合，由此得到 $\mu(AB) \leqslant \max_V \rho(VB)\bar{\sigma}(A) = \mu_V(B)\bar{\sigma}(A)$。 □

下面是式(8.92)的一些特殊情况：

(a)如果 A 是一个满元素阵，则 ΔA 的结构也是一个满元素阵，于是我们可简单地得到 $\mu(AB) \leqslant \bar{\sigma}(A)\bar{\sigma}(B)$（因为 $\mu(AB) \leqslant \bar{\sigma}(AB) \leqslant \bar{\sigma}(A)\bar{\sigma}(B)$ 总成立，这个结果自然成立）。

(b)若 Δ 与 A 的结构相同(如均为对角型)，则有

$$\boxed{\mu_\Delta(AB) \leqslant \bar{\sigma}(A)\mu_\Delta(B)} \tag{8.94}$$

注意：Doyle(1982)的论著对式(8.94)的描述并不正确，因为它没有说明 Δ 必须与 A 具有相同的结构；读者可参考习题 8.20(见 8.8.3 节)。

(c)如果 $\Delta = \delta I$（即 Δ 含有重复的标量），我们得到谱半径不等式 $\rho(AB) \leqslant \bar{\sigma}(A)\mu_A(B)$，一个有用的特殊情况是

$$\rho(M\Delta) \leqslant \bar{\sigma}(\Delta)\mu_\Delta(M) \tag{8.95}$$

12. 式(8.92)与式(8.93)的一般化形式是

$$\mu_\Delta(ARB) \leqslant \bar{\sigma}(R)\mu_{\tilde{\Delta}}^2 \begin{bmatrix} 0 & A \\ B & 0 \end{bmatrix} \tag{8.96}$$

其中 $\tilde{\Delta} = \mathrm{diag}\{\Delta, R\}$。这个结果由 Skogestad 和 Morari(1988a)证明。

13. 下面就是对这些边界的进一步推广。假设 M 是 R 的 LFT：$M = N_{11} + N_{12}R(I - N_{22}R)^{-1}N_{21}$。现在的问题是，求 R 的一个上界 $\bar{\sigma}(R) \leqslant c$，它能确保在 $\mu_\Delta(N_{11}) < 1$ 时 $\mu_\Delta(M) < 1$。Skogestad 与 Morari(1988a)证明了，最优上界是下面方程中 c 的解

$$\mu_{\tilde{\Delta}} \begin{bmatrix} N_{11} & N_{12} \\ cN_{21} & cN_{22} \end{bmatrix} = 1 \tag{8.97}$$

式中 $\tilde{\Delta} = \mathrm{diag}\{\Delta, R\}$，$c$ 容易用偏 μ 算出。给定 μ 条件 $\mu_\Delta(M) < 1$（对 RS 或 PR)，式(8.97)可以用来推导一些感兴趣的传递函数的充分回路整形界，如其中的 R 可能换为 S、T、L、L^{-1} 或 K。

注：上文中用到了 $\min_D$。为了数学上的正确性，我们本该用 $\inf_D$，这是因为容许的 D 的集合不一定有界，因此未必能达到严格最小值(虽然可能达到与之任意接近的程度)。采用 $\max_\Delta$（而不是 $\sup_\Delta$）在数学上则毫无问题，这是因为 Δ 是闭的(在 $\bar{\sigma}(\Delta) \leqslant 1$ 的条件下)。

例 8.7 设

$$M = \begin{bmatrix} a & a \\ b & b \end{bmatrix} \tag{8.98}$$

且 Δ 为 2×2 复数矩阵，则

$$\mu(M) = \begin{cases} \rho(M) = |a+b| & \text{对于 } \Delta = \delta I \\ |a| + |b| & \text{对于 } \Delta = \mathrm{diag}\{\delta_1, \delta_2\} \\ \bar{\sigma}(M) = \sqrt{2|a|^2 + 2|b|^2} & \text{对于 } \Delta \text{ 是满元素阵} \end{cases} \tag{8.99}$$

证明：若 $\Delta=\delta I$，则 $\mu(M)=\rho(M)$ 且 $\rho(M)=|a+b|$，这是因为 M 是奇异的，且其非零特征值为 $\lambda_1(M)=\mathrm{tr}(M)=a+b$；若 Δ 是满元素阵，则 $\mu(M)=\bar{\sigma}(M)$ 且 $\bar{\sigma}(M)=\sqrt{2|a|^2+2|b|^2}$，这是因为 M 是奇异的，且其非零奇异值为 $\bar{\sigma}(M)=\|M\|_F$，见式(A.127)；若 Δ 为对角型，可考虑用三种不同的方法来证明结论 $\mu(M)=|a|+|b|$：

(a)根据 μ 的定义直接计算；

(b)利用式(8.86)中的"下界"(总是严格的)；

(c)利用式(8.87)中的上界(因为只有两个子块，此处也是严格的)。

这里采用方法(a)，而把(b)与(c)留在习题8.15中。我们有

$$M\Delta=\begin{bmatrix}a & a\\ b & b\end{bmatrix}\begin{bmatrix}\delta_1 & \\ & \delta_2\end{bmatrix}=\begin{bmatrix}a\\ b\end{bmatrix}[\delta_1\quad \delta_2]=\widetilde{M}\widetilde{\Delta}$$

由式(8.77)又得到

$$\det(I-M\Delta)=\det(I-\widetilde{\Delta}\widetilde{M})=1-[\delta_1\quad \delta_2]\begin{bmatrix}a\\ b\end{bmatrix}=1-a\delta_1-b\delta_2$$

能使该矩阵奇异，即使 $1-a\delta_1-b\delta_2=0$ 的最小 δ_1 和 δ_2 可在 $|\delta_1|=|\delta_2|=|\delta|$，且 δ_1 及 δ_2 的相位满足 $1-|a|\times|\delta|-|b|\times|\delta|=0$ 时获得。可得 $|\delta|=1/(|a|+|b|)$，并由式(8.70)知 $\mu=1/|\delta|=|a|+|b|$。 □

习题 8.15* (例8.7续)。(b)对于式(8.98)中的 M 和对角形的 Δ，利用"下界" $\mu(M)=\max_U\rho(MU)$ (总是严格的)，证明 $\mu(M)=|a|+|b|$。(提示：利用 $U=\mathrm{diag}\{\mathrm{e}^{\mathrm{j}\varphi},1\}$ (U 中的子块均为酉标量，可以令其中之一等于1)。)

(c)对于式(8.98)中的 M 以及对角型 Δ，利用上界 $\mu(M)\leqslant\min_D\bar{\sigma}(DMD^{-1})$ (在此情况下是严格的，这是因为 D 只有两个"子块")证明 $\mu(M)=|a|+|b|$。

解：利用 $D=\mathrm{diag}\{d,1\}$。由于 DMD^{-1} 是奇异阵，由式(A.37)，我们有

$$\bar{\sigma}(DMD^{-1})=\bar{\sigma}\begin{bmatrix}a & da\\ \frac{1}{d}b & b\end{bmatrix}=\sqrt{|a|^2+|da|^2+|b/d|^2+|b|^2}\tag{8.100}$$

我们希望根据 d 对其进行最小化，其解为 $d=\sqrt{|b|/|a|}$，即得 $\mu(M)=\sqrt{|a|^2+2|ab|+|b|^2}=|a|+|b|$。

习题 8.16 设 c 为一复标量，证明对于

$$\Delta=\mathrm{diag}\{\Delta_1,\Delta_2\}:\mu\begin{bmatrix}M_{11} & M_{12}\\ M_{21} & M_{22}\end{bmatrix}=\mu\begin{bmatrix}M_{11} & cM_{12}\\ \frac{1}{c}M_{21} & M_{22}\end{bmatrix}\tag{8.101}$$

例 8.8 设 M 为一分块矩阵，其对角线上两个子块均为零，那么

$$\mu\underbrace{\begin{bmatrix}0 & A\\ B & 0\end{bmatrix}}_{M}=\begin{cases}\rho(M)=\sqrt{\rho(AB)} & \text{对于 } \Delta=\delta I\\ \sqrt{\bar{\sigma}(A)\bar{\sigma}(B)} & \text{对于 } \Delta=\mathrm{diag}\{\Delta_1,\Delta_2\},\Delta_i \text{ 满元素}\\ \bar{\sigma}(M)=\max\{\bar{\sigma}(A),\bar{\sigma}(B)\} & \text{对于满元素矩阵 } \Delta\end{cases}\tag{8.102}$$

证明：由特征值的定义及Schur公式(A.14)，有 $\lambda_i(M)=\sqrt{\lambda_i(AB)}$，进一步可得 $\rho(M)=\sqrt{\rho(AB)}$。对于分块对角阵 Δ，按照类似的方式利用关系式 $\mu(M)=\max_\Delta\rho(M\Delta)=$

$\max_{\Delta_1,\Delta_2}\rho(A\Delta_2 B\Delta_1)$，并意识到，总可选取 Δ_1,Δ_2 使得 $\rho(A\Delta_2 B\Delta_1)=\bar{\sigma}(A)\bar{\sigma}(B)$（回顾式(8.47)），可得 $\mu(M)=\sqrt{\bar{\sigma}(A)\bar{\sigma}(B)}$；$\bar{\sigma}(M)=\max\{\bar{\sigma}(A),\bar{\sigma}(B)\}$ 则可由 $\bar{\sigma}(M)=\sqrt{\rho(M^H M)}$ 得出，其中 $M^H M=\mathrm{diag}\{B^H B,A^H A\}$。 □

习题 8.17 设 M 为一 3×3 复数矩阵且 $\Delta=\mathrm{diag}\{\delta_1,\delta_2,\delta_3\}$，证明

$$M=\begin{bmatrix}a&a&a\\b&b&b\\c&c&c\end{bmatrix},\ \mu(M)=|a|+|b|+|c|$$

习题 8.18* 设 a、b、c 和 d 均为复标量，证明对于

$$\Delta=\mathrm{diag}\{\delta_1,\delta_2\}:\mu\begin{bmatrix}ab&ad\\bc&cd\end{bmatrix}=\mu\begin{bmatrix}ab&ab\\cd&cd\end{bmatrix}=|ab|+|cd| \qquad (8.103)$$

当 Δ 是标量乘以单位阵或满元素阵时，上式成立吗？（仅回答是或否）

习题 8.19 假设 A 与 B 均为方阵，用一个反例证明 $\bar{\sigma}(AB)$ 一般并不等于 $\bar{\sigma}(BA)$。在何种条件下 $\mu(AB)=\mu(BA)$？（提示：参见式(8.84)。）

习题 8.20* 假如式(8.94)对任意结构的 Δ 均能成立，则将意味着 $\rho(AB)\leqslant\bar{\sigma}(A)\rho(B)$。用一个反例证明事实并非如此。

8.9 关于结构化不确定性的鲁棒稳定性

设 Δ 为一范数有界的分块对角型摄动的集合，考虑图 8.3 中 $M\Delta$ 结构的稳定性。式(8.43)给出的行列式稳定条件既适用于复数摄动也适用于实数摄动，由该条件我们有

$$\mathrm{RS}\ \Leftrightarrow\ \det(I-M\Delta(\mathrm{j}\omega))\neq 0,\ \forall\omega,\forall\Delta,\bar{\sigma}(\Delta(\mathrm{j}\omega))\leqslant 1\quad\forall\omega \qquad (8.104)$$

式(8.104)的问题在于它仅是一个“是或否”条件。为了求取一个决定系统是否鲁棒稳定的因子 k_m，我们用 k_m 对不确定性 Δ 进行尺度变换，求取产生“边界不稳定性”的最小 k_m，即

$$\det(I-k_m M\Delta)=0 \qquad (8.105)$$

由式(8.76)中关于 μ 的定义，该值为 $k_m=1/\mu(M)$，于是得到如下关于鲁棒稳定性的充分与必要条件。

定理 8.6 关于(实或复)分块对角摄动的 RS。 假设标称系统 M 和摄动 Δ 均是稳定的，则图 8.3所示的 $M\Delta$ 系统对于所有容许摄动 $\bar{\sigma}(\Delta)\leqslant 1,\forall\omega$ 都是稳定的，当且仅当

$$\boxed{\mu(M(\mathrm{j}\omega))<1,\quad\forall\omega} \qquad (8.106)$$

证明：$\mu(M)<1\Leftrightarrow k_m>1$，于是当对于所有频率，有 $\mu(M)<1$ 时，则使行列式 $\det(I-M\Delta)=0$ 所要求的摄动 Δ 大于 1，且系统是稳定的。另一方面，$\mu(M)=1\Leftrightarrow k_m=1$，于是如果在某个频率上 $\mu(M)=1$，则必存在一个摄动满足 $\bar{\sigma}(\Delta)=1$，使得在该频率上 $\det(I-M\Delta)=0$，而且系统是不稳定的。 □

式(8.106)给出的 RS 条件又可以写成

$$\mathrm{RS}\ \Leftrightarrow\ \mu(M(\mathrm{j}\omega))\bar{\sigma}(\Delta(\mathrm{j}\omega))<1,\ \forall\omega \qquad (8.107)$$

它可以解释为同时考虑了 Δ 结构的“广义小增益定理”。

也许有人会质疑，定理 8.6 真的是一个定理，还是仅仅重述了 μ 的定义。无论何种情况，

由式(8.106)可看出，只要能计算出 μ，则可轻而易举地检验 RS。

让我们通过两个例子来说明，在存在结构化不确定性的情况下，怎样用 μ 检验系统的 RS。在第一例子中，不确定性的结构颇为重要，而基于 $\mathcal{H}_\infty$ 范数的分析得出了系统不是鲁棒稳定的错误结论。在第二个例子中，结构则无关紧要。

例 8.9 关于对角型输入不确定性的 RS。 考虑图 8.7 中的反馈系统在乘性输入不确定性为对角型时的 RS。

下式给出了 2×2 标称对象及控制器(采用 DV 构成的蒸馏过程的 PI 控制)

$$G(s)=\frac{1}{\tau s+1}\begin{bmatrix}-87.8 & 1.4\\ -108.2 & -1.4\end{bmatrix};\ K(s)=\frac{1+\tau s}{s}\begin{bmatrix}-0.0015 & 0\\ 0 & -0.075\end{bmatrix} \tag{8.108}$$

(时间以分钟计)，采用该控制器可以获得一个具有可接受性能的标称稳定系统。假设在幅值为

$$w_I(s)=\frac{s+0.2}{0.5s+1} \tag{8.109}$$

的每个调节输入端存在复数乘性不确定性，这意味着在低频范围有可达 20% 的相对不确定性，在高频则会增大，在约 1 rad/min 处达到 1(即为 100% 的不确定性)。随着频率的增大，不确定性中包含了与执行机构及阀门有关的各种被略去的动态特性。这种不确定性可以表示为图 8.7 所示的乘性输入不确定性，其中 Δ_I 为一对角复矩阵，权函数为 $W_I=w_I I$，其中 $w_I(s)$ 是标量函数。重排方块图使之与图 8.3 中的 $M\Delta$ 结构匹配，我们得到 $M=w_I KG(I+KG)^{-1}=w_I T_I$ (回顾式(8.32))，再由定理 8.6 中的 RS 条件 $\mu(M)<1$ 得到

$$\text{RS}\quad\Leftrightarrow\quad\mu_{\Delta_I}(T_I)<\frac{1}{|w_I(\mathrm{j}\omega)|}\ \forall\omega,\ \Delta_I=\begin{bmatrix}\delta_1 & \\ & \delta_2\end{bmatrix} \tag{8.110}$$

图 8.11 以图的形式给出了该条件，可以看出在所有频率上，它均可被满足，所以系统是鲁棒稳定的。此外，在图 8.11 中还可看到，$\bar{\sigma}(T_I)$ 在很大一个频率范围内都大于 $1/|w_I(\mathrm{j}\omega)|$，这表明对于满元素分块输入不确定性($\Delta_I$ 为满元素阵)，系统将是不稳定的。然而就该对象而言，满元素阵不确定性并不合理，所以在本例中使用奇异值过于保守，这也说明了结构化奇异值的必要性。

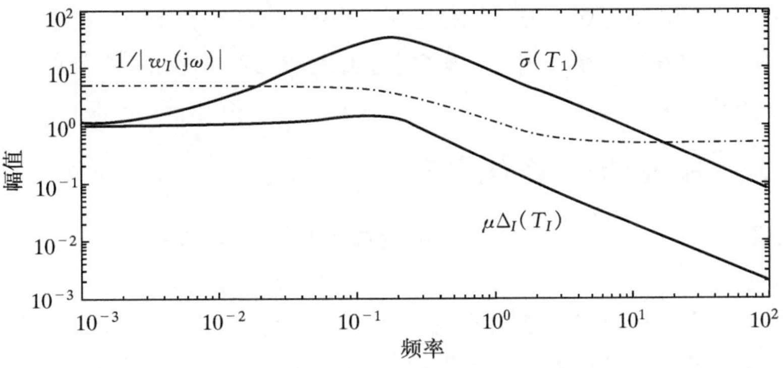

图 8.11 由于 $\mu_{\Delta_I}(T_I)<1/|w_I|$，$\forall\omega$，对于对角型输入不确定性，可以确保 RS 采用非结构化不确定性与 $\bar{\sigma}(T_I)$ 则显保守

习题 8.21　考虑相同的例子，并对具有相同幅值的满元素分块乘性输出不确定性，检查系统的 RS。（答案：满足 RS 条件）

例 8.10　自旋卫星的 RS。回顾在 3.7.1 节提出的第 1 个启发性例子，其对象 $G(s)$ 由式(3.88)给出，控制器 $K=I$。我们要研究这个设计方案对乘性输入不确定性的敏感程度如何。

在本例中，$T_I=T$，所以对于 RS 问题，乘性输入不确定性与乘性输出不确定性并无差别。在图 8.12 中，我们绘制出了关于频率的函数 $\mu(T)$。我们发现本例中 $\mu(T)=\bar{\sigma}(T)$，而与复数乘性摄动的结构（满元素分块阵、对角阵或重复的复标量构成的阵）无关。由于 $\mu(T)$ 在大约 10rad/s 处穿越 1，我们在大于 10rad/s 的频率处可以容忍高于 100％的不确定性。在低频段 $\mu(T)$ 约为 10，所以为了保证 RS，至多能够容忍 10％的（复数）不确定性。这证实了 3.7.1 节所得的结果，即 $\delta_1=0.1$ 与 $\delta_2=-0.1$ 的实摄动会导致系统不稳定。因而在这种情况下，采用复摄动而不是实摄动的做法并不保守，至少在 Δ_I 为对角时是如此。

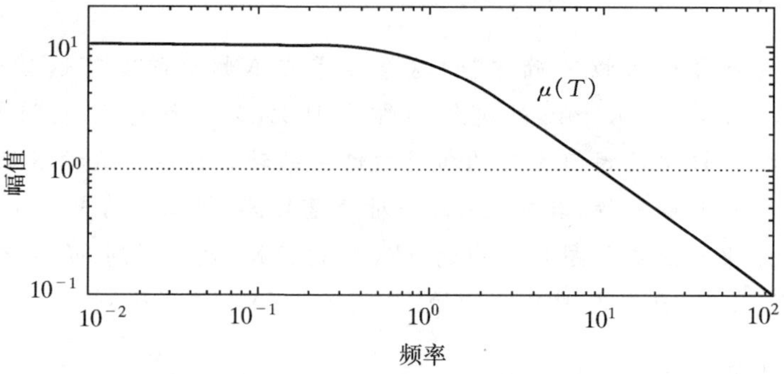

图 8.12　自旋卫星的 μ 曲线

然而，对于重复标量摄动（即每个通道都有相同的不确定性），摄动为实数还是复数是有差别的。在摄动为重复实摄动时，由软件（例如采用 Matlab 鲁棒控制工具箱中的指令 mussv，并取 blk＝[－2 0]）可得出 μ 的峰值为 1，所以在系统进入不稳定前，可以容忍幅值为 1 的摄动 $\delta_1=\delta_2$（考虑式(3.92)中的特征多项式即可证实这一点，由该式可见 $\delta_1=\delta_2=-1$ 导致系统不稳定）。另一方面，对于重复的复摄动，在低频时 $\mu(T)=\rho(T)$ 为 10，即使幅值为 0.1 的（非物理）复摄动 $\delta_1=\delta_2$ 也可能使系统不稳定（事实上，由式(3.92)可看出，非物理常数摄动 $\delta_1=\delta_2=\mathrm{j}0.1$ 导致系统不稳定）。

8.9.1　$\mu\neq1$ 及偏 μ 意味着什么？

对于 RS 而言，$\mu=1.1$ 意味着，所有不确定性子块的幅值都要减小 1/1.1 才能确保系统稳定。

但如果希望保持某些不确定性子块不变，那么在系统变得不稳定前，一个特定的不确定性源可以多大呢？我们将此值定义为 $1/\mu^s$，其中 μ^s 称为偏 μ。我们可以把 $\mu^s(M)$ 视为 $\mu(M)$ 的一般形式。

举例来说，设 $\Delta=\mathrm{diag}\{\Delta_1,\Delta_2\}$，并假定 $\|\Delta_1\|\leqslant1$ 已固定，现在想要确定的是，在系统进入不稳定状态前，Δ_2 可以有多大。该问题的求解就是选择

$$K_m = \begin{bmatrix} I & 0 \\ 0 & k_m I \end{bmatrix} \tag{8.111}$$

然后在每一频率上寻找能使 $\det(I - K_m M\Delta) = 0$ 的最小 k_m 值，于是就得到偏 μ 为

$$\mu^s(M) \triangleq 1/k_m$$

注意，为了计算偏 μ，必须首先确定摄动的哪一部分是常值。与 $\mu(M)$ 相比，$\mu^s(M)$ 总是离 1 更远，即当 $\mu > 1$ 时，$\mu^s \geqslant \mu$；当 $\mu = 1$ 时，$\mu^s = \mu$；而当 $\mu < 1$ 时 $\mu^s \leqslant \mu$。在实际中，用现成的软件可计算得到 μ，而要得到 μ^s，可对 k_m 进行迭代直至 $\mu(K_m M) = 1$，其中 K_m 如式(8.111)所示。由于 μ 随 k_m 均匀增加，所以这一迭代过程并不复杂。

8.10 鲁棒性能

鲁棒性能(RP)意味着，对于不确定性集合中所有可能的对象，即使是最糟糕的对象，系统都能满足性能目标。第 7 章已经表明，对于采用 $\mathcal{H}_\infty$ 性能目标的 SISO 系统，RP 条件与带有一个附加摄动块的 RS 条件是相同的(!)。

正如图 8.13 的逐步推导过程所示，对于 MIMO 系统，上述结论依然成立。步骤 B 是关键的一步，建议读者在下面的讨论中加以关注。请注意，子块 Δ_P（此处大写 P 代表性能）恒为满元素阵，它是一个虚拟的不确定性块，用以表示 $\mathcal{H}_\infty$ 性能指标。

8.10.1 采用 μ 检验 RP

为检验 RP，我们先“抽出”不确定性摄动，并重新组合不确定系统，使之呈现图 8.2 所示的 $N\Delta$ 形式。如式(8.39)所示，我们的 RP 需求就是，对于所有容许的摄动，传递函数 $F = F_u(N,\Delta)$ 的 $\mathcal{H}_\infty$ 范数都小于 1。正如下面的定理所述，通过计算 $\mu(N)$ 可准确检验该需求是否得到满足。

定理 8.7 鲁棒性能。重排不确定性系统使之呈现图 8.13 所示的 $N\Delta$ 结构。假定 NS 使得 N 是(内部)稳定的，则有

$$\text{RP} \overset{\text{def}}{\Leftrightarrow} \|F\|_\infty = \|F_u(N,\Delta)\|_\infty < 1, \forall \ \|\Delta\|_\infty \leqslant 1 \tag{8.112}$$

$$\Leftrightarrow \boxed{\mu_{\hat{\Delta}}(N(j\omega)) < 1, \forall \omega} \tag{8.113}$$

其中，μ 是根据结构

$$\hat{\Delta} = \begin{bmatrix} \Delta & 0 \\ 0 & \Delta_P \end{bmatrix} \tag{8.114}$$

而计算出来的，Δ_P 为一满元素复摄动矩阵，其维数与 F^{T} 相同。

在我们以两种不同方式证明该定理之前，先作以下说明：

1. 式(8.113)所示条件容许我们针对所有可能的 Δ，而不是每一个 Δ，检验 $\|F\|_\infty < 1$ 是否成立。本质上说，μ 的定义使得它能够直接针对最坏情况。
2. RP 的 μ 条件用到了放大的摄动 $\hat{\Delta} = \mathrm{diag}\{\Delta, \Delta_P\}$。此处 Δ 本身也可以是一个分块对角阵，代表真实的不确定性，而 Δ_P 则是由 $\mathcal{H}_\infty$ 范数性能指标引申出来的一个满元素复矩阵。举例

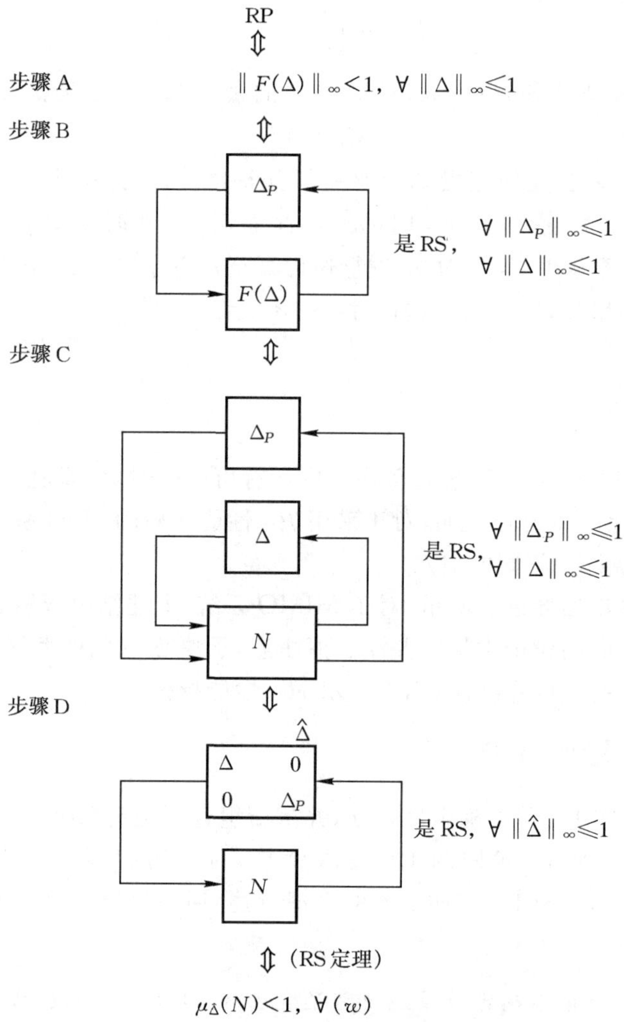

图 8.13 RP 可视为结构化 RS 的一个特殊情况

来说，对于标称系统（$\Delta=0$），由式(8.81)得 $\bar{\sigma}(N_{22})=\mu_{\Delta_P}(N_{22})$，可见 Δ_P 必须是满元素阵。

3. 由于 $\hat{\Delta}$ 总是结构化的，对于 RP，$\mathcal{H}_\infty$ 范数 $\|N\|_\infty<1$ 的使用一般都偏于保守。
4. 由式(8.78)可知

$$\underbrace{\mu_{\hat{\Delta}}(N)}_{\text{RP}}\geqslant\max\{\underbrace{\mu_{\Delta}(N_{11})}_{\text{RS}},\underbrace{\mu_{\Delta_P}(N_{22})}_{\text{NP}}\}\tag{8.115}$$

其中，如前所述，$\mu_{\Delta_P}(N_{22})=\bar{\sigma}(N_{22})$。式(8.115)所示条件意味着，当满足 RP（$\mu(N)<1$）时，便自动满足 RS（$\mu_\Delta(N_{11})<1$）和 NP（$\bar{\sigma}(N_{22})<1$）。但要注意，式(8.113)并不保证 NS（$N$ 的稳定性），需要单独进行检验。（注意！一个常见的错误就是，获得了一个表面上良好的 RP 设计方案，但系统本身却是标称不稳定的，从而实际上鲁棒不稳定。）
5. 关于定理 8.7 的一般化形式，可参见 Packard 与 Doyle(1993)的**主回路定理**；也可参阅 Zhou 等人(1996)的论著。

定理 8.7 的方块图证明

在下文中，令 $F = F_u(N,\Delta)$ 表示受摄动的闭环系统，希望检验其 RP。我们可以利用图 8.13中各方块图的等价性来证明定理。

步骤 A。 RP 的定义：$\|F\|_\infty < 1$；

步骤 B（关键一步）。我们首先从定理 8.4 看到，图 8.3 中 $M\Delta$ 结构的稳定性等价于 $\|M\|_\infty < 1$，其中 Δ 是一个满元素复阵；根据该定理，我们得到 RP 条件 $\|F\|_\infty < 1$ 等价于 $F\Delta_p$ 结构的 RS，其中 Δ_p 是满元素复阵；

步骤 C。 从图 8.2 引入 $F = F_u(N,\Delta)$；

步骤 D。 将 Δ 与 Δ_P 都放入分块对角矩阵 $\hat{\Delta}$ 中，则原始的 RP 问题等价于 $N\hat{\Delta}$ 结构的 RS，而由定理 8.6，这又等价于$\mu_{\hat{\Delta}}(N)<1$。 □

定理 8.7 的代数证明

根据 μ 的定义，在每个频率上有

$$\mu_{\hat{\Delta}}(N(\mathrm{j}\omega)) < 1 \Leftrightarrow \det(I - N(\mathrm{j}\omega)\hat{\Delta}(\mathrm{j}\omega)) \neq 0, \forall \hat{\Delta}, \bar{\sigma}(\hat{\Delta}(\mathrm{j}\omega)) \leqslant 1$$

根据式(A.14)中的 Schur 公式有

$$\begin{aligned}\det(I - N\hat{\Delta}) &= \det\begin{bmatrix} I - N_{11}\Delta & -N_{12}\Delta_P \\ -N_{21}\Delta & I - N_{22}\Delta_P \end{bmatrix} \\ &= \det(I - N_{11}\Delta) \times \det[I - N_{22}\Delta_P - N_{21}\Delta(I - N_{11}\Delta)^{-1}N_{12}\Delta_P] \\ &= \det(I - N_{11}\Delta) \times \det[I - (N_{22} + N_{21}\Delta(I - N_{11}\Delta)^{-1}N_{12})\Delta_P] \\ &= \det(I - N_{11}\Delta) \times \det(I - F_u(N,\Delta)\Delta_P)\end{aligned}$$

由于该式不应为零，所以两项在每个频率上都不为零，即

$$\det(I - N_{11}\Delta) \neq 0 \, \forall \Delta \Leftrightarrow \mu_\Delta(N_{11}) < 1, \forall \omega \, (\mathrm{RS})$$

且对于所有的 Δ，有

$$\det(I - F\Delta_P) \neq 0, \forall \Delta_P \quad \Leftrightarrow \quad \mu_{\Delta_P}(F) < 1 \quad \Leftrightarrow \quad \bar{\sigma}(F) < 1, \forall \omega \, (\text{RP 定义})$$

根据上述推导的相反方向即可证明定理 8.7。注意，此时不需要单独检验 RS，因为它是 RP 要求的一个特殊情况。

□

8.10.2 NP、RS 和 RP 的 μ 条件的总结

首先重排不确定系统，使之呈现图 8.2 所示的 $N\Delta$ 结构，其中，分块对角摄动满足 $\|\Delta\|_\infty \leqslant 1$；然后引入

$$F = F_u(N,\Delta) = N_{22} + N_{21}\Delta(I - N_{11}\Delta)^{-1}N_{12}$$

并令针对所有容许摄动的性能要求(RP)为 $\|F\|_\infty \leqslant 1$，那么可得

$$\mathrm{NS} \quad \Leftrightarrow \quad N\,(\text{内部})\text{稳定} \tag{8.116}$$

$$\mathrm{NP} \quad \Leftrightarrow \quad \bar{\sigma}(N_{22}) = \mu_{\Delta_P} < 1, \forall \omega, \text{ 且 NS} \tag{8.117}$$

$$\mathrm{RS} \quad \Leftrightarrow \quad \mu_\Delta(N_{11}) < 1, \forall \omega, \text{ 且 NS} \tag{8.118}$$

$$\text{RP} \quad \Leftrightarrow \quad \mu_{\hat{\Delta}}(N) < 1, \forall \omega, \hat{\Delta} = \begin{bmatrix} \Delta & 0 \\ 0 & \Delta_p \end{bmatrix}, \text{且 NS} \tag{8.119}$$

此处 Δ 是一个分块对角阵(其具体结构与所要表达的不确定性有关),而 Δ_P 恒为一个满元素复阵,代表 $\mathcal{H}_\infty$ 性能指标,它不必一定是方阵。注意,标称 NS 在所有情况下都必须单独检验。

尽管结构化奇异值并不是一个范数,但有时把 μ 的峰值称为"Δ 范数"具有一定的便利性。对于一个稳定的有理传递函数矩阵 $H(s)$ 以及一个相关的分块结构 Δ,我们定义

$$\| H(s) \|_\Delta \triangleq \max_\omega \mu_\Delta(H(\mathrm{j}\omega))$$

对于标称稳定系统,可得

$$\text{NP} \Leftrightarrow \| N_{22} \|_\infty < 1,\ \text{RS} \Leftrightarrow \| N_{11} \|_\Delta < 1,\ \text{RP} \Leftrightarrow \| N \|_{\hat{\Delta}} < 1$$

8.10.3　最坏情况下的性能及偏 μ

假设有一系统,对于其 RP,μ 的峰值为 1.1,其含义是什么呢? μ 的定义告诉我们,如果将性能要求与不确定性都减少 1/1.1,则可严格满足 RP 要求,因此 μ 并没有如预期的那样直接给出最坏情况下的性能,即 $\max_\Delta \bar{\sigma}(F(\Delta))$。

对于某个给定的不确定性,为了求取系统在最坏情况下的加权性能,需要保持摄动幅值不变($\bar{\sigma}(\Delta) \leqslant 1$);也就是说,必须按照 8.9.1 节所讨论的那样,计算 N 的偏 μ,此时有

$$\max_{\bar{\sigma}(\Delta)\leqslant 1} \bar{\sigma}(F_u(N,\Delta)(\mathrm{j}\omega)) = \mu^s(N(\mathrm{j}\omega)) \tag{8.120}$$

为数值计算得到 μ^s,可用因子 $k_m = 1/\mu^s$ 对 N 的性能部分进行尺度变换,并对 k_m 进行迭代直至 $\mu=1$。即在每个频率上,偏 μ 是下面方程的解 $\mu^s(N)$

$$\mu(K_m N) = 1, K_m = \begin{bmatrix} I & 0 \\ 0 & 1/\mu^s \end{bmatrix} \tag{8.121}$$

注意,μ 低估了最坏情况下实际性能的好坏程度,其原因在于 $\mu^s(N)$ 总比 $\mu(N)$ 离 1 远。

注:最坏情况下相应的摄动可用如下方法获得。首先,在每个频率处用偏 μ 计算最坏情况下的性能;在 $\mu^s(N)$ 取峰值的频率处,提取由软件产生的最坏情况下的摄动,然后求出一个与之相匹配的稳定全通传递函数。在 Matlab 鲁棒控制工具箱中,指令 robustperf 包含了所有这些步骤:[perfmarg,perfmagunc]=robustperf(lft(Delta,N))。

8.11　应用:关于输入不确定性的鲁棒性能

我们现在详细考虑图 8.14 所示乘性输入不确定性的情况,其性能是由加权灵敏度函数定义的,此时性能要求为

$$\text{RP} \overset{\text{def}}{\Leftrightarrow} \| w_P (I + G_p K)^{-1} \|_\infty < 1, \forall G_p \tag{8.122}$$

其中对象集合为

$$G_p = G(I + w_I \Delta_I), \quad \| \Delta_I \|_\infty \leqslant 1 \tag{8.123}$$

此处 $w_P(s)$ 与 $w_I(s)$ 均为标量权函数,因此对于所有输出来说,性能目标都是相同的;对于所有输入来说,不确定性也都相同。多数情况下,我们假设 Δ_I 为对角型,但也会考虑 Δ_I 是满元素阵的情况。这个问题可以很好地说明不确定性多变量系统的鲁棒性分析,但应该注意的是,

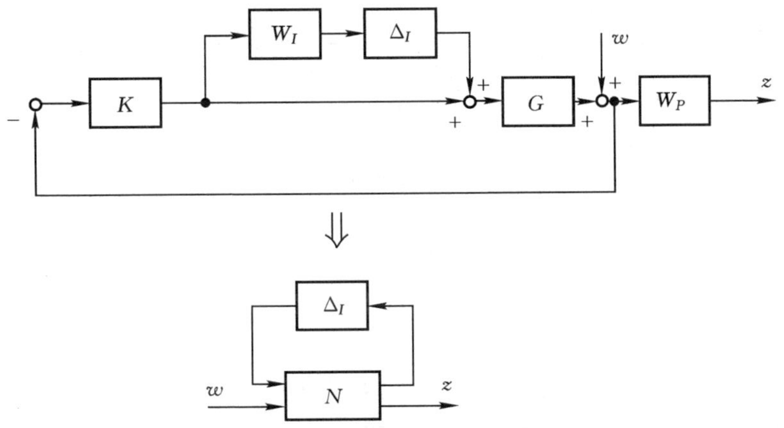

图 8.14 具有输入不确定性的系统的 RP

虽然由式(8.122)和式(8.123)建立的问题可以很方便地分析一个给定的控制器，但对控制器综合就不太合适。举例来说，该问题描述形式并未直接惩罚控制器输出。

本节我们将要完成：

1. 求取该问题的互联矩阵 N；
2. 考虑 SISO 情况，因此可以与前一章的结果建立有意义的关联；
3. 考虑多变量蒸馏过程，由第 3 章的仿真已经看到，解耦控制器对输入增益的微小误差都很敏感。我们将会发现，对于这个解耦控制器的 RP，μ 值的确远大于 1；
4. 对于该问题，求出 μ 的一些简单界，并讨论条件数的作用；
5. 与不确定性出现在输出端的情况进行比较。

8.11.1 互联矩阵

重排系统使之呈现图 8.14 所示的 $N\Delta$ 结构，如式(8.32)，我们得到

$$N=\begin{bmatrix} w_I T_I & w_I KS \\ w_P SG & w_P S \end{bmatrix} \tag{8.124}$$

其中 $T_I=KG(I+KG)^{-1}$，$S=(I+GK)^{-1}$。为简单计，我们略去了 N 中 1,1 和 1,2 子块的负号，这是因为对于酉阵 $U=\begin{bmatrix} -I & 0 \\ 0 & I \end{bmatrix}$，有 $\mu(N)=\mu(UN)$，见式(8.83)。

对于给定的控制器 K，我们现在可用式(8.116)～式(8.119)检验 NS、NP、RS 和 RP，并取

$$\hat{\Delta}=\begin{bmatrix} \Delta_I & 0 \\ 0 & \Delta_P \end{bmatrix}$$

此处 $\Delta=\Delta_I$ 可以是满元素阵，也可以是对角阵（取决于系统的物理结构），而表示 $\mathcal{H}_\infty$ 性能指标的虚拟摄动矩阵 Δ_P 则恒为满元素阵。

8.11.2 具有输入不确定性的 SISO 系统的 RP

对于 SISO 系统，式(8.124)中的 N 是一个 2×2 矩阵，Δ_I 与 Δ_P 为标量。在此情况下，式

(8.116)～式(8.119)所示条件变为

$$\text{NS} \Leftrightarrow N \text{ 是内部稳定的} \Leftrightarrow S\text{、}SG\text{、}KS \text{ 和 } T_I \text{ 是稳定的} \tag{8.125}$$

$$\text{NP} \Leftrightarrow \bar{\sigma}(N_{22}) = |w_P S| < 1, \forall \omega \tag{8.126}$$

$$\text{RS} \Leftrightarrow \mu_\Delta(N_{11}) = |w_I T_I| < 1, \forall \omega \tag{8.127}$$

$$\text{RP} \Leftrightarrow \mu_{\hat{\Delta}}(N) = |w_P S| + |w_I T_I| < 1, \forall \omega \tag{8.128}$$

其中式(8.128)所示条件可由式(8.103)得出，即

$$\mu(N) = \mu\begin{bmatrix} w_I T_I & w_I KS \\ w_P SG & w_P S \end{bmatrix} = \mu\begin{bmatrix} w_I T_I & w_I T_I \\ w_P S & w_P S \end{bmatrix} = |w_I T_I| + |w_P S| \tag{8.129}$$

其中，我们利用了关系 $T_I = KSG$。对于 SISO 系统，$T_I = T$，且可看出式(8.128)与式(7.72)是相同的，其中后者是在第 7 章基于 $L=GK$ 的 Nyquist 图，采用简单的图形判据得出的。

对于 SISO 系统的乘性不确定性，从加权灵敏度角度描述的 RP 优化问题，涉及到最小化 $\mu(N) = |w_I T_I| + |w_P S|$ 的峰值，这可用 DK 迭代来求解，后面 8.12 节将会对此进行介绍。一个密切相关的问题是最小化如下混合灵敏度矩阵的峰值($\mathcal{H}_\infty$ 范数)

$$N_{\text{mix}} = \begin{bmatrix} w_P S \\ w_I T \end{bmatrix} \tag{8.130}$$

该问题无论从数学上还是数值计算上都更加易于求解。由式(A.96)知，在每个频率处，$\mu(N) = |w_I T| + |w_P S|$ 与 $\bar{\sigma}(N_{\text{mix}}) = \sqrt{|w_I T|^2 + |w_P S|^2}$ 至多相差一个 $\sqrt{2}$ 因子，这个结果也可由式(7.75)看出。因此从 $\mu(N)$ 的角度讲，$\|N_{\text{mix}}\|_\infty$ 的最小化近似于优化 RP。

8.11.3 2×2 蒸馏过程的 RP

让我们再次审视第 3 章中有关蒸馏过程的例子(第 2 个启发性例子)，相应的逆基控制器是

$$G(s) = \frac{1}{75s+1}\begin{bmatrix} 87.8 & -86.4 \\ 108.2 & -109.6 \end{bmatrix}; K(s) = \frac{0.7}{s} G(s)^{-1} \tag{8.131}$$

这个控制器给出了一个标称解耦系统，并有

$$L = lI, S = \varepsilon I \text{ 且 } T = tI \tag{8.132}$$

其中

$$l = \frac{0.7}{s}, \varepsilon = \frac{1}{1+l} = \frac{s}{s+0.7}, t = 1-\varepsilon = \frac{0.7}{s+0.7} = \frac{1}{1.43s+1}$$

为了区别于 Laplace 变量 s，每个回路的标称灵敏度都采用了变量 ε。回顾图 3.14，在不考虑不确定性的情况下，控制器给出了极好的标称响应，但当每个输入通道有 20%的增益不确定性时，系统的响应极差。我们现在要用 μ 分析来证实这些结果，为此采用如下不确定性与性能权函数：

$$w_I(s) = \frac{s+0.2}{0.5s+1}; w_P(s) = \frac{s/2+0.05}{s} \tag{8.133}$$

参照式(7.36)，可见权函数 $w_I(s)$ 可近似表示约 20%的增益误差和被忽略的 0.9 分钟的延

迟，而 $|w_I(j\omega)|$ 在高频段呈平稳状态，相应的值为 2(200%的不确定性)。参照式(2.105)我们看到，性能权函数 $w_P(s)$ 规定了积分作用，闭环带宽大约为 0.05(rad/min)(在出现 0.9 分钟容许延时的情况下相对较慢)，而 $\bar{\sigma}(S)$ 的最大峰值 $M_S=2$。

我们现在来检验 NS、NP、RS 和 RP。请注意本例中的 Δ_I 为一对角阵。

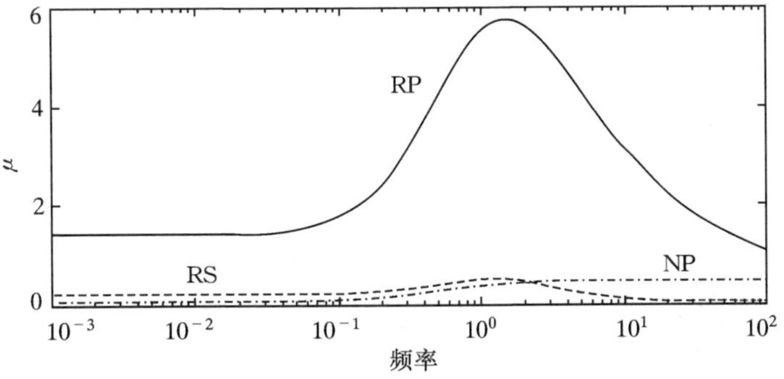

图 8.15 采用解耦控制器的蒸馏过程的 μ 曲线

NS 当 G 和 K 是由式(8.131)给出时，S、SG、KS 和 T_I 均是稳定的，所以标称系统是稳定的。

NP 采用解耦控制器，我们有

$$\bar{\sigma}(N_{22})=\bar{\sigma}(w_P S)=\left|\frac{s/2+0.05}{s+0.7}\right|$$

由图 8.15 中的点画线看出 RP 条件容易满足：$\bar{\sigma}(w_P S)$ 在低频时较小(当 $\omega=0$ 时，为 0.05/0.7=0.07)，在高频时则趋于 1/2=0.5。

RS 由于在本例中 $w_I T_I = w_I T$ 为单位矩阵的标量倍，所以有

$$\mu_{\Delta_I}(w_I T_I)=|w_I t|=\left|0.2\frac{5s+1}{(0.5s+1)(1.43s+1)}\right|$$

而它与 Δ_I 的结构无关。从图 8.15 中的虚线可以看出，RS 容易满足。$\mu_{\Delta_I}(M)$ 在频域的峰值为 $\|M\|_{\Delta_I}=0.53$，这意味着，在最坏情况下的不确定性导致系统不稳定之前，还可将不确定性增大到 1/0.53=1.89 倍；也就是说，在保持系统稳定前提下，可以容忍约 38%的增益不确定性和约 1.7 分钟的延时。

RP 虽然我们的系统有良好的鲁棒裕量(RS 容易满足)和极好的 NP，但从图 3.14 的仿真结果可知其 RP 很差。图 8.15 中 RP 的 μ 曲线也证实了这一点，其取值是用 $\mu_{\hat{\Delta}}(N)$ 数值计算得到的，其中 N 由式(8.124)给出，而 $\hat{\Delta}=\mathrm{diag}\{\Delta_I,\Delta_P\}$ 且 $\Delta_I=\mathrm{diag}\{\delta_1,\delta_2\}$。$\mu$ 的峰值接近于 6，这意味着即使不确定性小于原来的 1/6，加权灵敏度仍比我们要求的值大 6 倍。作为对照，在不确定性子块幅值为 1 时，用偏 μ 计算得到的实际最坏情况下的加权灵敏度峰值是 44.93。

表 8.1 给出了生成图 8.15 所用到的 Matlab 鲁棒控制工具箱指令。

表 8.1　用于 μ 分析的 Matlab 程序(生成图 8.15)

```
% Uses the Robust Control toolbox
G0=[87.8 -86.4; 108.2 -109.6];
G=tf([1],[75 1])*G0;
G=minreal(ss(G));
%
% Inverse-based controller
%
Kinv=0.7*tf([75 1],[1 1e-5])*inv(G0);
%
% Weights
%
Wp=0.5*tf([10 1],[10 1e-5])*eye(2);
Wi=tf([1 0.2],[0.5 1])*eye(2);
%
% Generalized plant P
%
systemnames = 'G Wp Wi';
inputvar = '[ydel(2); w(2) ; u(2)]';
outputvar = '[Wi ; Wp ; -G-w]';
input_to_G = '[u+ydel]';
input_to_Wp = '[G+w]';
input_to_Wi = '[u]';
sysoutname = 'P';
cleanupsysic= 'yes'; sysic;
%
N=lft(P,Kinv);
omega = logspace(-3,3,61); Nf=frd(N,omega);
%
% mu for RP
%
blk=[1 1; 1 1; 2 2];
[mubnds,muinfo]=mussv(Nf,blk,'c');
muRP=mubnds(:,1); [muRPinf,muRPw] = norm(muRP,inf);          % (ans = 5.7726)
%
% Worst case weighted sensitivity
%
delta = [ultidyn('del1',[1 1]) 0;0 ultidyn('del2',[1 1])];
Np = lft(delta,N); %Perturbed model
opt = wcgopt('ABadThreshold',100);
Npw = wcgain(Np,opt);                                         % (ans = 44.98 for
%                                                               delta = 1)
% mu for RS
%
Nrs=Nf(1:2,1:2); % Picking out WiTi
[mubnds,muinfo]=mussv(Nrs,[1 1; 1 1],'c');
muRS=mubnds(:,1); [muRSinf,muRSw]=norm(muRS,inf)              % (ans = 0.5242)
%
% mu for NS (=max. singular value of Nnp)
%
Nnp=Nf(3:4,3:4); % Picking out wP*Si
[mubnds,muinfo]=mussv(Nnp,[1 1;1 1],'c');
muNS=mubnds(:,1); [muNSinf,muNSw]=norm(muNS,inf)              % (ans = 0.500)
bodemag(muRP,'',muRS,'--',muNS,'-.',omega)
```

一般来说,非结构化不确定性(Δ_I 是满元素阵)的 μ 值,要比结构化不确定性(Δ_I 是对角阵)的 μ 值大一些。然而,对于这个特定的对象和式(8.131)给出的控制器,采用下面的式(8.136),并通过数值计算所得到的两种情况下的 μ 值竟然相同。当然,一般情况下并不如此,下面的习题很好地诠释了这一点。

习题 8.22*　考虑式(8.108)所示对象 $G(s)$,它是病态的,在所有频率上,其 $\gamma(G)=70.8$(但要注意,G 的 RGA 元素值都大约为 0.5)。在采用逆基控制器 $K(s)=\frac{0.7}{s}G(s)^{-1}$ 的情况下,对于采用式(8.133)所示权函数的对角和满元素分块输入不确定性,计算 RP 的 μ 值。在前一种情况下,μ 值要小得多。

8.11.4 RP 与条件数

在这一小节，我们要研究 RP 的 μ 值与对象或控制器条件数之间的关系。我们要考虑的是非结构化乘性输入不确定性(即 Δ_I 为满元素阵)和从加权灵敏度角度衡量的系统性能。

任意控制器。设 N 由式(8.124)给出，则

$$\overbrace{\mu_{\hat{\Delta}}(N)}^{\text{RP}} \leqslant [\overbrace{\bar{\sigma}(w_I T_I)}^{\text{RS}} + \overbrace{\bar{\sigma}(w_P S)}^{\text{NP}}](1+\sqrt{k}) \tag{8.134}$$

式中 k 是对象或控制器的条件数(应采用最小的)：

$$k = \gamma(G) \text{ 或 } \quad k = \gamma(K) \tag{8.135}$$

式(8.134)的证明：由于 Δ_I 为满元素阵，由式(8.87)得

$$\mu(N) = \min_d \bar{\sigma}\begin{bmatrix} N_{11} & dN_{12} \\ d^{-1}N_{21} & N_{22} \end{bmatrix}$$

其中，根据式(A.47)

$$\bar{\sigma}\begin{bmatrix} w_I T_I & dw_I KS \\ d^{-1}w_P SG & w_P S \end{bmatrix} \leqslant \bar{\sigma}(w_I T_I[I \quad dG^{-1}]) + \bar{\sigma}(w_P S[d^{-1}G \quad I])$$

$$\leqslant \bar{\sigma}(w_I T_I)\underbrace{\bar{\sigma}(I \quad dG^{-1})}_{\leqslant 1+|d|\bar{\sigma}(G^{-1})} + \bar{\sigma}(w_P S)\underbrace{\bar{\sigma}(d^{-1}G \quad I)}_{\leqslant 1+|d^{-1}|\bar{\sigma}(G)}$$

并选择 $d = \sqrt{\dfrac{\bar{\sigma}(G)}{\bar{\sigma}(G^{-1})}} = \sqrt{\gamma(G)}$，可得

$$\mu(N) \leqslant [\bar{\sigma}(w_I T_I) + \bar{\sigma}(w_P S)](1+\sqrt{\gamma(G)})$$

采用 $SG = K^{-1}T_I$ 可以进行类似的推导，并可得出同样的结果，只是其中 $\gamma(K)$ 取代了 $\gamma(G)$。

□

由式(8.134)我们看到，当采用“圆形”控制器，即满足 $\gamma(K)=1$ 的控制器时，系统对不确定性的灵敏度比较低(但在这种情况下，很难达到 NP)。另一方面，如果对具有较大条件数的对象，采用逆基控制器，我们期望 RP 的 μ 值较大，这是因为此时 $\gamma(K)=\gamma(G)$ 的值较大。下面式(8.136)证实了这一点。

例 8.11 对于上面研究的蒸馏过程，在所有频率上都有 $\gamma(G)=\gamma(K)=141.7$，且在频率为 $\omega = 1$ (rad/min)处，式(8.134)给出的上界变为 $(0.52+0.41)(1+\sqrt{141.7})=13.1$，这高于 $\mu(N)$ 的实际值 5.56，这说明式(8.134)给出的界一般来说并非是严苛的。

逆基控制器。当系统采用逆基控制器(可获得式(8.132)表示的标称解耦系统)且具有非结构化输入不确定性时，若 N 由式(8.124)给出，有可能推导出 RP 对应的 μ 的解析表达式：

$$\mu_{\tilde{\Delta}}(N) = \sqrt{|w_P\epsilon|^2 + |w_I t|^2 + |w_P\epsilon| \times |w_I t| \left(\gamma(G) + \frac{1}{\gamma(G)}\right)} \tag{8.136}$$

其中，ϵ 是标称灵敏度，而 $\gamma(G)$ 为对象的条件数。我们看到，对于条件数较大的对象，RP 的 μ 近似地与 $\sqrt{\gamma(G)}$ 成比例地增大。

式(8.136)的证明：这个证明最初是由 Stein 和 Dolye(1991)给出的。当 $D=\text{diag}\{dI, I\}$ 时，根据式(8.87)中 μ 的上界可得

$$\mu(N)=\min_d\bar{\sigma}\begin{bmatrix} w_I tI & w_I t\,(dG)^{-1} \\ w_P\epsilon(dG) & w_P\epsilon I\end{bmatrix}=\min_d\bar{\sigma}\begin{bmatrix} w_I tI & w_I t\,(d\Sigma)^{-1} \\ w_P\epsilon(d\Sigma) & w_P\epsilon I\end{bmatrix}$$

$$=\min_d\max_i\bar{\sigma}\begin{bmatrix} w_I t & w_I t\,(d\sigma_i)^{-1} \\ w_P\epsilon(d\sigma_i) & w_P\epsilon\end{bmatrix}$$

$$=\min_d\max_i\sqrt{|w_P\epsilon|^2+|w_I t|^2+|w_P\epsilon d\sigma_i|^2+|w_I t\,(d\sigma_i)^{-1}|^2}$$

此处我们在每一频率上都采用了 $G=U\Sigma V^{\mathrm{H}}$ 的SVD，以及 $\bar{\sigma}$ 是酉不变量这一事实。σ_i 是 G 的第 i 个奇异值。通过在每个频率上选择 $d=|w_I t|/(|w_P\epsilon|\bar{\sigma}(G)\underline{\sigma}(G))$，可将该表达式最小化，具体请见式(8.100)，由此得到希望的结果。关于更多细节，请参见Zhou等人(1996, pp.293～295)的论著。 □

例8.12　对于上面研究过的蒸馏塔的例子，在频率 $\omega=1$ (rad/min)处，$|w_P\epsilon|=0.41$ 且 $|w_I t|=0.52$，又由于在所有频率上都有 $\gamma(G)=141.7$，由式(8.136)可得 $\mu(N)=\sqrt{0.17+0.27+30.51}=5.56$，这与图8.15中的曲线是一致的。

最坏情况下的性能(任意控制器)

下面我们推导最坏情况下的性能与条件数之间的关系。假设在每个频率上最坏情况下的灵敏度为 $\bar{\sigma}(S')$，此时最坏情况下的加权灵敏度等于偏 μ：

$$\max_{S_P}\bar{\sigma}(w_P S_p)=\bar{\sigma}(w_P S')=\mu^s(N)$$

回顾6.10.4节推导出的 $\bar{\sigma}(S')$ 的若干个上界，再参照式(6.89)，我们得出

$$\bar{\sigma}(S')\leqslant\gamma(G)\frac{\bar{\sigma}(S)}{1-\bar{\sigma}(w_I T_I)}\tag{8.137}$$

应用关于 $\gamma(K)$ 的类似上界，可得

$$\mu^s(N)=\bar{\sigma}(w_P S')\leqslant k\frac{\bar{\sigma}(w_P S)}{1-\bar{\sigma}(w_I T_I)}\tag{8.138}$$

此处 k 和前面一样，表示对象或控制器的条件数(最好取最小值)。式(8.138)对任意控制器和任意结构的不确定性都成立(包括 Δ_I 为非结构化的情形)。

注1　在6.10.4节，我们对于 Δ_I 被限制为对角阵且采用解耦控制器的情形，推导出一个严苛的上界。在式(6.93)中，我们还推导出一个用RGA表示的下界。

注2　由于当 $\mu=1$ 时，$\mu^s=\mu$，我们可以由式(8.134)、式(8.138)以及与式(6.91)和式(6.92)类似的表达式，对非结构化输入不确定性(使用任意控制器)的RP($\mu(N)<1$)，推导出如下充分(保守)的检验条件：

$$\mathrm{RP}\Leftarrow[\bar{\sigma}(w_P S)+\bar{\sigma}(w_I T_I)](1+\sqrt{k})<1,\quad\forall\omega$$

$$\mathrm{RP}\Leftarrow k\bar{\sigma}(w_P S)+\bar{\sigma}(w_I T_I)<1,\quad\forall\omega$$

$$\mathrm{RP}\Leftarrow\bar{\sigma}(w_P S)+k\bar{\sigma}(w_I T)<1,\quad\forall\omega$$

此处 k 表示对象或控制器的条件数(其中最小值最有用)。

例8.13　对于蒸馏过程，在频率 $\omega=1$ (rad/min)处，式(8.138)给出的上界为 $147.1\times$

$0.41/(1-0.52)=121$，这高于 $\mu^s=\max_{S_p}\bar{\sigma}(w_P S_p)$ 的实际峰值，前面我们已算出该值为44.9（频率为 1.2 rad/min），这说明这些边界并不总是严苛的。

8.11.5 与输出不确定性的比较

考虑幅值为 $w_O(j\omega)$ 的乘性输出不确定性，此时我们得到的互联矩阵为

$$N=\begin{bmatrix} w_O T & w_O T \\ w_P S & w_P S \end{bmatrix} \tag{8.139}$$

且对于任意不确定性结构，$\mu(N)$ 都是有界的：

$$\bar{\sigma}\begin{bmatrix} w_O T \\ w_P S \end{bmatrix} \leqslant \overbrace{\mu(N)}^{\text{RP}} \leqslant \sqrt{2}\,\bar{\sigma}\underbrace{\overbrace{\begin{bmatrix} w_O T \\ w_P S \end{bmatrix}}^{\text{RS}}}_{\text{NP}} \tag{8.140}$$

其原因是不确定性和性能子块都在输出端进入系统（见 8.6.2 节），且由式（A.46）知，组合摄动边界 $\bar{\sigma}[\Delta_O \quad \Delta_P]$ 与单个摄动边界 $\bar{\sigma}(\Delta_O)$ 和 $\bar{\sigma}(\Delta_P)$ 之间的差别，至多为一个 $\sqrt{2}$ 因子。因此在此情况下，如果分别满足了子目标 NP 与 RS，则系统“自动”获得 RP（至少在 $\sqrt{2}$ 内）。这证实了我们在 6.10.4 节得到的结果，即乘性输出不确定性不会给系统性能造成特别的问题，这同时意味着从应用角度看，在存在输出不确定性的条件下，可通过最小化堆叠矩阵 $\begin{bmatrix} w_O T \\ w_P S \end{bmatrix}$ 的 $\mathcal{H}_\infty$ 范数来优化 RP。

习题 8.23 考虑加权灵敏度和乘性输出不确定性情况下的 RP 问题，对于(1) $\hat{\Delta}=\mathrm{diag}\{\Delta,\Delta_P\}$ 的传统情况，(2) $\hat{\Delta}=[\Delta \quad \Delta_P]$ 的堆叠情况，分别推导出互联矩阵 N，并应用该结果证明式(8.140)。

8.12 μ 综合与 *DK* 迭代

对于给定的控制器，结构化奇异值 μ 是分析 RP 的有力工具。然而，我们也可以试图求取能够最小化给定 μ 条件的控制器，这就是 μ 综合问题。

8.12.1 *DK* 迭代

目前还没有一个直接的方法可以综合 μ 最优控制器，但对于复摄动，有一种称为 DK 迭代的方法可用来求解综合问题。该方法结合了 $\mathcal{H}_\infty$ 分析与 μ 分析，通常效果不错。其出发点是式(8.87)所示的根据尺度变换后的奇异值给出的 μ 上界

$$\mu(N)\leqslant \min_{D\in\mathcal{D}}\bar{\sigma}(DND^{-1})$$

其思路是求取一个能够在频域最小化该上界峰值的控制器，即

$$\min_K\left(\min_{D\in\mathcal{D}}\|DN(K)D^{-1}\|_\infty\right) \tag{8.141}$$

具体方法是通过交替改变 K 或 D（其间另一个保持不变），最小化 $\|DN(K)D^{-1}\|_\infty$。在迭代开始前，选择一个具有适当结构的初始稳定有理传递函数矩阵 $D(s)$。如果针对性能需求已对

系统进行了合理的尺度变换，通常将单位阵作为 D 的初值就是很好的选择。DK 迭代可按如下步骤进行：

1. **K 步骤。** 对于尺度变换后的问题，综合一个 $\mathcal{H}_\infty$ 控制器，即固定 $D(s)$，求解 $\min_K \|DN(K)D^{-1}\|_\infty$。
2. **D 步骤。** 求取 $D(\mathrm{j}\omega)$，使得当 N 固定时，$\bar{\sigma}(DND^{-1}(\mathrm{j}\omega))$ 在每个频率上达到最小。
3. 拟合 $D(\mathrm{j}\omega)$ 中每个元素的幅值，使得 $D(s)$ 是一稳定的最小相位传递函数，然后返回步骤 1。

持续迭代直至达到满意的性能 $\|DND^{-1}\|_\infty < 1$，或 $\mathcal{H}_\infty$ 范数不再减小。该方法的一个根本问题是，虽然在每个最小化步骤（K 步或 D 步）都是凸的，但不能保证总体凸性。因此，迭代有可能收敛到一个局部最优点。但实践表明，大多数情况下该方法还是很好用的。

每一次迭代产生的控制器的阶数等于对象 $G(s)$ 的状态个数加上权函数的状态个数，再加上 $D(s)$ 状态个数的两倍。在大多数情况下，真正的 μ 最优控制器不是有理函数，因而将具有无穷阶，但因我们用有限阶 $D(s)$ 来近似 D 尺度，所以可以得到一个有限阶的控制器（通常阶数也很高）。真正的 μ 最优控制器除在无穷大频率之外，将具有一个平坦的 μ 曲线（关于频率的函数），在无穷大频率处，μ 一般趋于一个与控制器无关的固定值（因为对于实际系统，$L(\mathrm{j}\infty)=0$）。然而采用有限阶的控制器，一般来说不可能（同时也不必要）将平坦的曲线保持到无穷大频率。

DK 迭代对步骤 1 和步骤 2 的最优解有很大的依赖性，同时也很依赖于步骤 3 的拟合结果，希望该结果最好是阶数较低的传递函数。倾向低阶拟合的一个原因是，它可以降低 $\mathcal{H}_\infty$ 问题的阶数，这通常可以改善 $\mathcal{H}_\infty$ 优化的数值性能（步骤 1），并得出一个低阶的控制器。在有些情况下，迭代收敛缓慢，甚至可能难以判断是否在收敛。人们甚至还可能遇到 μ 值增加的现象，其原因可能是数值方面的问题或者精确度差（例如，步骤 2 中得到的 μ 上界大于步骤 1 中得到的 $\mathcal{H}_\infty$ 范数），或者 D 尺度拟合得不好。在任何情况下，只要迭代收敛缓慢，就可以考虑返回到初始问题，并重新对输入和输出进行尺度变换。

在综合 $\mathcal{H}_\infty$ 控制器的 K 步骤（步骤 1），经常希望采用一个稍微次优的控制器（例如，其 $\mathcal{H}_\infty$ 范数 γ 比最优值 $\gamma_{\min}$ 高 5%），这样可以得出 $\mathcal{H}_\infty$ 与 $\mathcal{H}_2$ 混合最优，相应的控制器比 $\mathcal{H}_\infty$ 最优控制器在高频段具有更加陡峭的衰减。

8.12.2 调整性能权函数

回顾前文可知，如果 μ 在某个频率上不等于 1，这意味着在此频率上可以容许 $1/\mu$ 倍的不确定性，同时能以 $1/\mu$ 的裕量满足性能目标。在 μ 综合方法中，设计人员通常会调整性能权函数或不确定性权函数中的某些参数，直至 μ 的峰值接近于 1。有时保持不确定性不变，通过调整性能权函数的一个参数，有效地优化系统在最坏情况下的性能。举例来说，考虑性能权函数

$$w_P(s) = \frac{s/M + \omega_B^*}{s + \omega_B^* A} \tag{8.142}$$

其中，我们希望保持 M 不变，求取可达到的最高带宽频率 ω_B^*，优化问题就变为

$$\max|\omega_B^*| \text{ 使得 } \mu(N) < 1,\ \forall\omega \tag{8.143}$$

其中，RP 问题的互联矩阵 N 依赖于 ω_B^*。该问题可作为 DK 迭代的外层循环而实现。

8.12.3 固定结构的控制器

有时我们希望求取一个具有给定结构的低阶控制器，例如分散型 PID 控制器，这可以通

过数值优化而实现,即根据控制器的参数对 μ 最小化。这里的问题是,优化问题关于参数一般并非是凸的。有时,以下做法有助于解决该问题,即交替最小化 μ 的峰值(即 $\|\mu\|_\infty$)与最小化 μ 偏离 k 的积分平方偏差(即 $\|\mu(j\omega)-k\|_2$),此处 k 通常接近于 1。后者试图使 μ"变平"。

8.12.4 例子:通过 DK 迭代实现 μ 综合

我们再次考虑乘性输入不确定性和从加权灵敏度角度定义的性能,这在 8.11 节已经有过详细讨论。我们知道这种结构适于分析,但不适于控制器的综合,这是因为它没有显式惩罚控制器的输出。然而,考虑到其简单性,我们还是将其作为 μ 综合的例子。得出的控制器在高频的增益很大,所以不应直接用于系统实现。在实际中,人们可以给控制器添加另外的衰减器(应该很好用,因为系统对不确定的高频动态特性具有鲁棒性),或者可以考虑采用更为复杂的问题形式(见 13.4 节)。

带着这些警示,我们继续问题的描述。这里还是采用简化的蒸馏过程模型

$$G(s)=\frac{1}{75s+1}\begin{bmatrix}87.8 & -86.4\\ 108.2 & -119.6\end{bmatrix} \tag{8.144}$$

式(8.133)已经给出了不确定性权函数 $w_I I$ 和性能权函数 $w_P I$,并图示于图 8.16。目标是最小化 $\mu_{\tilde{\Delta}}(N)$ 的峰值,其中 N 由式(8.124)给出,且 $\tilde{\Delta}=\mathrm{diag}\{\Delta_I,\Delta_P\}$。我们将考虑对角型输入不确定性(在任何实际问题中总有这种类型的不确定性),那么 Δ_I 是一个 2×2 对角阵,Δ_P 是一个表示性能指标的 2×2 满元素阵。注意,我们仅有三个复数不确定性子块,所以在本例中,$\mu(N)$ 等于上界 $\min_D\bar{\sigma}(DND^{-1})$。

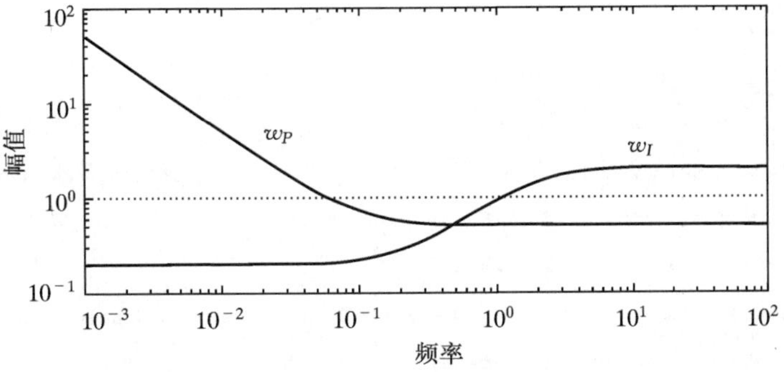

图 8.16 不确定性与性能权函数

注意,此处有一个频率范围("窗口"),其中两个权函数的幅值都小于 1

对于这个例子,我们将采用 DK 迭代来尝试得到 μ 最优控制器。表 8.2 中列出了适用的 Matlab 鲁棒控制工具箱指令。Matlab 鲁棒控制工具箱中包含"自动"完成 DK 迭代的指令(在表 8.2 的底部),但我们在这里采用了"手工"方法,这样可以更深入地了解这种方法。

表 8.2 实现 *DK* 迭代的 Matlab 程序

```
% Uses the Robust Control toolbox
G0 = [87.8 -86.4; 108.2 -109.6];                              % Distillation
dyn = tf(1,[75 1]); G=dyn*eye(2)*G0;                          % process.
%
% Weights.
%
Wp = 0.5*tf([10 1],[10 1.e-5])*eye(2);                        % Approximated
Wi = tf([1 0.2],[0.5 1])*eye(2);                              % integrator.
%
% Generalized plant P. %
systemnames = 'G Wp Wi';
inputvar = '[udel(2); w(2) ; u(2)]';
outputvar = '[Wi; Wp; -G-w]';
input_to_G = '[u+udel]';
input_to_Wp = '[G+w]'; input_to_Wi = '[u]';
sysoutname = 'P'; cleanupsysic = 'yes';
sysic;
P = minreal(ss(P));
%
% Initialize.
%
omega = logspace(-3,3,61);
blk = [1 1; 1 1; 2 2];
nmeas = 2; nu = 2; d0 = 1;
D = append(d0,d0,tf(eye(2)),tf(eye(2)));                      % Initial scaling.
%
% START ITERATION.
%
% STEP 1: Find H-infinity optimal controller
% with given scalings:
%
[K,Nsc,gamma,info] = hinfsyn(D*P*inv(D),nmeas,nu,....
                     'method','lmi','Tolgam',1e-3);
Nf = frd(lft(P,K),omega);
%
% STEP 2: Compute mu using upper bound:
%
[mubnds,Info] = mussv(Nf,blk,'c');
bodemag(mubnds(1,1),omega);
murp = norm(mubnds(1,1),inf,1e-6);
%
% STEP 3: Fit resulting D-scales:
%
[dsysl,dsysr] = mussvunwrap(Info);
dsysl = dsysl/dsysl(3,3);
d1 = fitfrd(genphase(dsysl(1,1)),4);                          % Choose 4th order.
%
% GOTO STEP 1 (unless satisfied with murp).
%
% Alternatively use automatic software
%
% Delta = [ultidyn('D_1',[1 1]) 0;0 ultidyn('D_2',[1 1])];    % Diagonal uncertainty.
% Punc = lft(Delta,P);
% opt = dkitopt('FrequencyVector',omega);
% [K,clp,bnd,dkinfo] = dksyn(Punc,nmeas,nu,opt);
```

首先，构造式(8.29)给出的广义对象 P，它包含了对象模型、不确定性权函数和性能权函数，但没有控制器，这是我们要设计的(注意，$N=F_l(P,K)$)。那么，此时分块结构已确定，由 2 个表示 Δ_I 的 1×1 子块和 1 个表示 Δ_P 的 2×2 子块构成。DND^{-1} 的尺度变换矩阵 D 的结构是 $D=\mathrm{diag}\{d_1,d_2,d_3I_2\}$，其中 I_2 是 2×2 单位阵，而且可设 $d_3=1$。作为初始尺度变换，我们取 $d_1^0=d_2^0=1$。接下来采用对角阵 $\mathrm{diag}\{D,I_2\}$ 对 P 进行尺度变换，其中 I_2 与控制器的输入和输出相关(我们不希望对控制器进行尺度变换)。

第 1 次迭代。步骤 1：基于初始尺度变换 $D^0=I$，$\mathcal{H}_\infty$ 软件(见表 8.2)产生一个具有 5 个状态的控制器，其 $\mathcal{H}_\infty$ 范数为 $\gamma=1.1798$；步骤 2：μ 的上界给出了图 8.17 所示“第 1 次迭代”的

μ 曲线，对应的峰值是 $\mu = 1.1798$；步骤 3：采用 4 阶传递函数分别拟合步骤 2 中依赖于频率的 $d_1(\omega)$ 和 $d_2(\omega)$，图 8.18 给出了 $d_1(\omega)$ 以及与之拟合的 4 阶传递函数（点线），标注为"第 1 次迭代"。除了在较高频率以外，拟合的效果相当好，而在低频段，两条曲线难以区分。因为 $d_1 \approx d_2$，所以 d_2 没有画出（表明在最坏情况下，满元素分块矩阵 Δ_I 事实上是对角阵）。

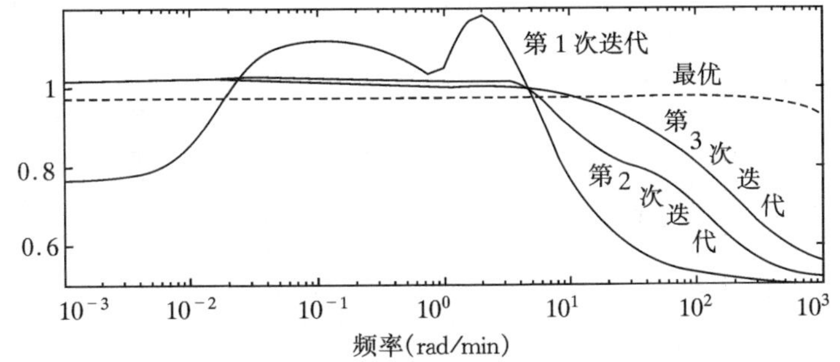

图 8.17 *DK* 迭代期间 μ 的变化

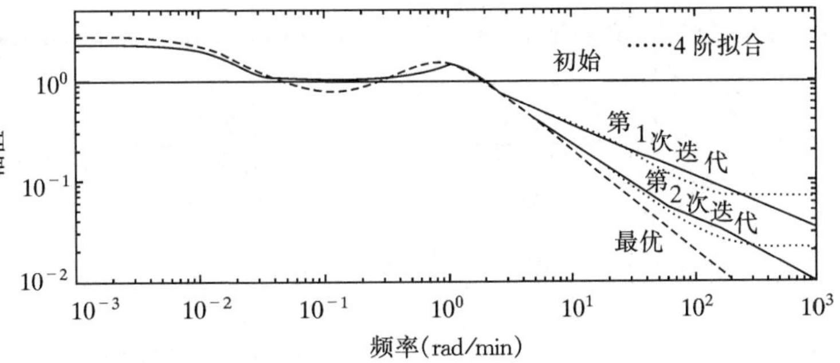

图 8.18 在 *DK* 迭代中尺度变换 D 中 d_1 的变化

第 2 次迭代。步骤 1：采用 8 状态的尺度变换 $D^1(s)$，$\mathcal{H}_\infty$ 软件给出一个 21 状态的控制器且 $\|D^1 N(D^1)^{-1}\|_\infty = 1.0274$；步骤 2：该控制器给出的 μ 峰值为 1.0272；步骤 3：由图 8.18 中标有"第 2 次迭代"的 $d_1^2(\omega)$ 曲线可以看出，得到的尺度变换 D^2 与上一次迭代相比仅有微小改变。

第 3 次迭代。步骤 1：采用尺度变换 $D^2(s)$，$\mathcal{H}_\infty$ 范数仅有微小的变化，从 1.0274 减小到 1.0208。由于改善已经很小，同时也因为该值已经很接近期望值 1，我们决定停止迭代。所得控制器具有 21 个状态（下面将用 K_3 表示该控制器），相应的 μ 的峰值为 1.0205。

μ"最优"控制器 K_3 的分析

图 8.19 给出了当控制器为 K_3 时，NP、RS 和 RP 对应的最终 μ 曲线。RS 与 NP 的目标容易满足。此外，采用控制器 K_3 得到 μ 的峰值 1.0205 只稍高于 1，因此，对于所有可能的对象，几乎都能满足性能指标 $\bar{\sigma}(w_P S_p) < 1$。为证实这一点，这里考虑标称对象和 6 个摄动对象

$$G'_i(s) = G(s)E_{Ii}(s)$$

其中 $E_{Ii} = I + w_I\Delta_I$，表示输入不确定性的对角型传递函数矩阵（标称情况下，$E_{I0} = I$）。考虑到不确定性权函数为

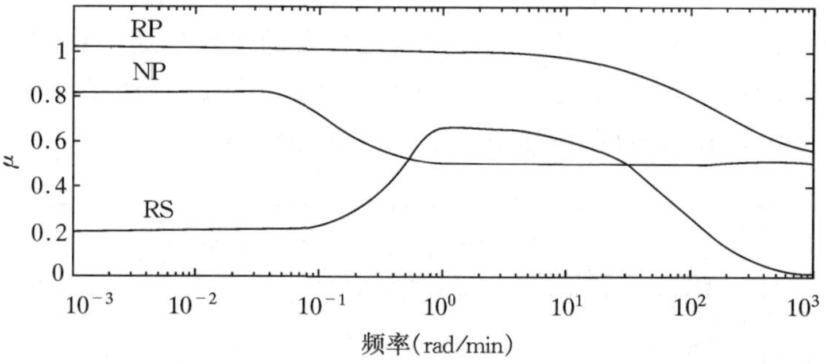

图 8.19 μ“最优”控制器 K_3 对应的 μ 曲线

$$w_I(s)=\frac{s+0.2}{0.5s+1}$$

在低频时，其幅值为 0.2。因此，下面的输入增益摄动是容许的：

$$E_{I1}=\begin{bmatrix}1.2&0\\0&1.2\end{bmatrix},E_{I2}=\begin{bmatrix}0.8&0\\0&1.2\end{bmatrix},E_{I3}=\begin{bmatrix}1.2&0\\0&0.8\end{bmatrix},E_{I4}=\begin{bmatrix}0.8&0\\0&0.8\end{bmatrix}$$

这些摄动中并未用到 $w_I(s)$ 随频率增大的事实。对于 $w_I\Delta_I$ 对角线上的元素，两个容许的动态摄动是

$$\varepsilon_1(s)=\frac{-s+0.2}{0.5s+1},\varepsilon_2(s)=-\frac{s+0.2}{0.5s+1}$$

相应的 E_{Ii} 元素为

$$f_1(s)=1+\varepsilon_1(s)=1.2\frac{-0.417s+1}{0.5s+1},f_2(s)=1+\varepsilon_2(s)=0.8\frac{-0.633s+1}{0.5s+1}$$

所以我们也可考虑

$$E_{I5}=\begin{bmatrix}f_1(s)&0\\0&f_1(s)\end{bmatrix},\ E_{I6}=\begin{bmatrix}f_2(s)&0\\0&f_1(s)\end{bmatrix}$$

对于标称和 6 个摄动对象，图 8.20 绘制了灵敏度的最大奇异值 $\bar{\sigma}(S'_i)$。可以看出，对于所有 7 种情况 ($i=0,6$)，它们几乎都在边界 $1/|w_I(j\omega)|$ 之下，说明几乎都满足 RP。标称对象的灵敏度用实线表示，其它用点线表示。在低频段，最坏情况对应着增益为 1.2 和 0.8 的对象，如 G'_2、G'_3 和 G'_6。总体来说，这 6 个对象中的最差对象似乎是 $G'_6=GE_{I6}$，其 $\bar{\sigma}(S')$ 在低频时接近于边界，并且在 3.5 rad/min 处具有一个大约为 2.003 的峰值(高于容许值 2)。

为求取“真正的”最坏情况下的性能和对象，我们使用了 8.10.3 节中介绍的 Matlab 鲁棒控制工具箱中的指令 robustperf。它给出了最坏情况下的性能，相应的 $\max_{S_p}\|w_PS_p\|_\infty=1.0205$，采用该软件求得的最坏对象为 $G'_{wc}(s)=G(s)(I+w_I(s)\Delta_{wc}(s))$，它对应的灵敏度函数在 0.02 rad/min 处具有约为 1.0979 的 $\bar{\sigma}(S_p)$ 峰值。可能有些令人吃惊的是，$\|S_p\|_\infty$ 远小于我们早先研究过的那些摄动对象的灵敏度峰值，然而应该看到，$G'_{wc}(s)$ 是从 $\|w_PS_p\|_\infty$ 的峰值而非 $\|S_p\|_\infty$ 的角度描述的最坏情况下的对象。

注：“最坏情况下的”对象并不唯一，有许多对象可以产生 $\max_{S_p}\|w_PS_p\|_\infty=1.037$ 的最坏情况性能。例如，很可能找到一些对象，它们在所有频段一致“差于”图 8.20 中点线所对应的对象。

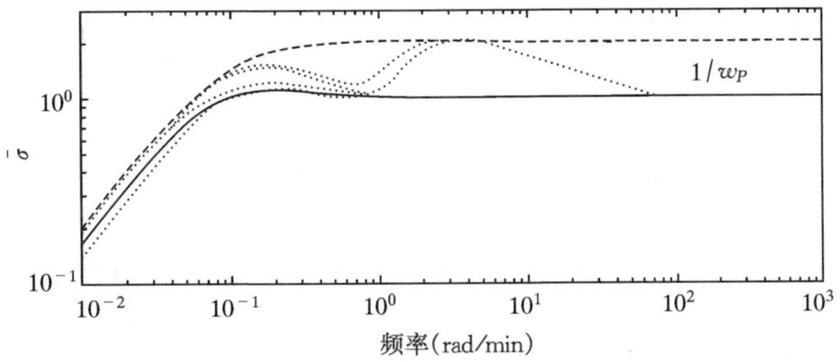

图 8.20 采用 μ"最优"控制器 K_3时的摄动灵敏度函数 $\bar{\sigma}(S')$。
点线:对象 $G'_i, i = 1,6$;实线:标称对象 G;虚线:性能权函数的逆

图 8.21 给出了 y_1 和 y_2 对于滤波后 y_1 设定点变化 $r_1 = 1/(5s+1)$ 的时间响应,其中同时考察了标称情况(实线)和采用对象 $G'_3 = GE_3$(已知最差对象之一)且具有 20%输入增益不确性的情况(虚线)。这些响应具有交互性,但对不确定性没有很强的灵敏度。可以看到,在存在不确定性时的响应仍远优于图 3.14 给出的采用逆基控制器获得的响应。

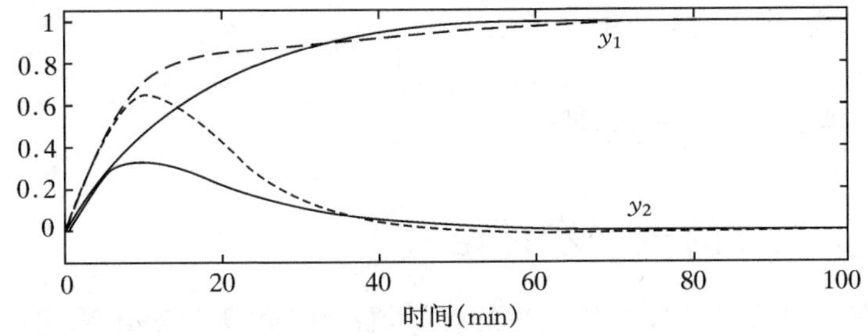

图 8.21 μ"最优"控制器 K_3对设定点的响应。实线:标称对象;虚线:不确定对象 G'_3

对 μ 综合示例的评注

1. 通过长时间的努力和反复试验,Petter Lundström 把这个例子中 RP 的 μ 峰值降低到大约为 $\mu_{opt} = 0.974$(Lundström,1994)。所得设计方案给出了图 8.17 和图 8.18 中标记为最优的曲线。相应的控制器 K_{opt} 可用下面的 3 阶 D 尺度变换通过 $\mathcal{H}_\infty$ 综合得到:

$$d_1(s) = d_2(s) = 2\frac{(0.001s+1)(s+0.25)(s+0.054)}{((s+0.67)^2+0.56^2)(s+0.013)}, d_3 = 1 \qquad (8.145)$$

2. 注意,这个问题中的最优控制器 K_{opt} 具有 SVD 形式;也就是说,令 $G = U\Sigma V^H$,则 $K_{opt} = VK_sU^H$,其中 K_s 是对角阵;之所以会有这种情况,是因为本例中 U 和 V 都是常数阵;更多细节可参见 Hovd(1992)和 Hovd 等(1997)的论著。
3. 对于这个具体对象,最坏情况下的满元素分块输入不确定性是一个对角摄动,所以对于 Δ_I,我们也采用了满元素阵。但一般情况下,这并不成立。
4. 如果 $P(s)$ 在 jω 轴上有极点,则使用 $\mathcal{H}_\infty$ 软件时可能会遇到数值计算方面的问题。这就是在 Matlab 代码中我们把积分器(在性能权函数中)稍稍移向 LHP 的原因。
5. 对该对象来说,初始选择的尺度变换 $D=I$ 给出了很好的设计方案,其 $\mathcal{H}_\infty$ 范数取值约为

1.8。它把输入与输出都变换到单位幅值，因此非常有效。作为对照，可以参看 Stogestad 等人(1988)提出的原始模型，该模型是根据未经尺度变换的物理变量推导获得的：

$$G_{未经尺度变换}(s)=\frac{1}{75s+1}\begin{bmatrix}0.878 & -0.864\\ 1.082 & -1.096\end{bmatrix} \tag{8.146}$$

式(8.146)的所有元素都小于式(8.144)所示尺度变换后模型元素的 1/100。因此，该模型在控制器增益增大 100 倍时也能给出相同的最优 μ 值。然而，在此情况下，以 $D=I$ 开始 DK 迭代的效果很差。第一次迭代得出的 $\mathcal{H}_\infty$ 范数为 14.9(步骤 1)，相应的 μ 峰值为 5.2(步骤 2)；在后面的迭代中，采用 D 尺度的 3 阶与 4 阶拟合可得出下面的 μ 峰值：2.92、2.22、1.87、1.67、1.58、1.53、1.49、1.46、1.44、1.42。此时(11 次迭代后)，μ 曲线在直到 10(rad/min)的范围内都相当平坦，人们可能试图停止迭代。然而，它仍然远离已知小于 1 的最优值。这表明选择一个良好的初始 D 尺度是很重要的，它与能否对对象模型进行合适的尺度变换有关。

6. 我们采用逐步 DK 迭代的主要目的是为了深入了解这种方法。Matlab 鲁棒控制工具箱中的指令 dksyn 可自动实现这个算法，该指令位于表 8.2 底部。对于蒸馏过程的实例，dksyn 通过 4 次迭代可得出一个 26 状态的控制器，其 μ 值为 1.094，差于“手工”逐步迭代方法。

习题 8.24* 　解释为什么把式(8.144)所示模型中的时间常数 75(min)改为另外的值时，最优 μ 值却并不改变。注意，μ 迭代本身会受影响。

8.13　关于 μ 的进一步讨论

8.13.1　关于 μ 上界的进一步讨论

对于复摄动，在多数情况下尺度变换后的奇异值 $\bar{\sigma}=DND^{-1}$ 是 $\mu(N)$ 的严苛上界，而最小化上界 $\|DND^{-1}\|_\infty$ 形成了 DK 迭代的基础。然而，$\|DND^{-1}\|_\infty$ 自身也引起了人们的兴趣，其原因是当所有不确定性子块均为满元素阵且为复数时，这个上界对于任意缓时变线性不确定性给出了鲁棒性的充分与必要条件(Poolla and Tikku，1995)。另一方面，应用 μ 时，总假设不确定性摄动是时不变的。但在有些场合，可以认为缓时变不确定性比定常摄动更为有用，所以最小化 $\|DND^{-1}\|_\infty$ 比 $\mu(N)$ 更好些。此外，通过研究 $D(\omega)$ 如何随频率而变化，可以求得容许的摄动时变界。

另一有趣的事实是，定常 D 尺度变换(不容许 D 随频率变化)，对于任意快速时变线性不确定性，给出了系统鲁棒性的充分与必要条件(Shamma，1994)。有人可能认为这样的摄动在实际中不太可能出现。然而，如果采用定常 D 尺度变换获得一个可接受的控制器，那么可以得知，即使对象模型快速变化时，该控制器也能很好地工作。定常 D 尺度变换的另外一个优点是，μ 的计算比较直接，并且可用 LMI 求解，见例 12.4。

8.13.2　实摄动与混合 μ 问题

我们还没有仔细讨论过当存在实摄动，或更重要的实数和复数混合摄动时，系统的分析与设计问题。

目前的算法是在 Matlab μ 工具箱中实现的，其中用到了上界 $\bar{\sigma}=DND^{-1}$ 的一般形式。

除了能够揭示分块对角摄动结构的 D 矩阵外，该形式中还包含了反映实摄动结构的 G 矩阵。G 矩阵（不要与对象传递函数 $G(s)$ 混淆）的对角线元素在 Δ 为实数的位置上为实数，其它位置均为 0。μ 工具箱中的这个算法利用了 Young 等人(1992)论著中的结果：如果存在一个 $\beta > 0$，以及具有适当分块对角结构的 D 和 G，使得

$$\bar{\sigma}\left((I+G^2)^{-1/4}\left(\frac{1}{\beta}DMD^{-1}-jG\right)(I+G^2)^{-1/4}\right)\leqslant 1 \tag{8.147}$$

那么，$\mu(M) \leqslant \beta$。关于更多细节，读者可以参看 Young(1993)的论著。

在系统综合方面，还有一个相应的 DGK 迭代算法(Young,1994)。然而，该算法的实际实现是很困难的，而且尺度因子 G 可能需要很高阶的拟合。Tøffner-Clausen 等人(1995)给出了一种不同的算法，其中需要求解一系列尺度变换后的 DK 迭代。

8.13.3 计算复杂性

人们已经认识到，μ 的计算复杂性随着涉及参数的增加而组合增长（非多项式的，或“NP 难”的）(Braatz et al.,1994)，即使只有复摄动时也是如此(Toker and Ozbay,1998)。

然而这并不意味着不存在切实可行的算法，我们已经针对复数、实数或实/复数混合型摄动介绍过计算 μ 上界的实用算法。

正如在 8.8.3 节说过的，对于复摄动来说，上界 $\bar{\sigma}(DMD^{-1})$ 通常是严苛的，然而混合摄动的上界（见式(8.147)）却可能非常保守。

对于计算 μ 来说，也有一些下界，其中大多数需要生成一个能使 $I-M\Delta$ 奇异的摄动，具体可见 Young 与 Doyle(1997)的论著。

8.13.4 离散情况

采用 μ 分析离散时间系统的 RP 也是可行的(Packard and Doyle,1993)。考虑离散时间系统

$$x_{k+1} = Ax_k + Bu_k,\ y_k = Cx_k + Du_k$$

相应的由 u 到 y 的离散传递函数矩阵为 $N(z) = C(zI-A)^{-1}B+D$。首先注意，离散时间传递函数的 $\mathcal{H}_\infty$ 范数为

$$\|N\|_\infty \triangleq \max_{|z|\geqslant 1}\bar{\sigma}(C(zI-A)^{-1}B+D)$$

上式成立的原因是连续时间情况下沿 $j\omega$ 轴的计算等价于离散时间情况下沿单位圆($|z|=1$)的计算。其次还要注意，$N(z)$ 可以写成用 $1/z$ 表示的 LFT

$$N(z) = C(zI-A)^{-1}B+D = F_u\left(H,\frac{1}{z}I\right);\ H=\begin{bmatrix}A & B\\ C & D\end{bmatrix} \tag{8.148}$$

这样，通过引入 $\delta_z = 1/z$ 和 $\Delta_z = \delta_z I$，由 Packard 与 Doyle(1993)的主回路定理（定理 8.7 的推广）得出，$\|N\|_\infty < 1$ (NP)的充分与必要条件是

$$\mu_{\hat{\Delta}}(H) < 1,\ \hat{\Delta} = \operatorname{diag}\{\Delta_z,\Delta_P\} \tag{8.149}$$

式中 Δ_z 是由重复复标量组成的矩阵，表示离散“频率”；而 Δ_P 则为满元素复数阵，表示奇异值性能指标。这样我们看到，虽然避免了在频域对频率的搜索，其代价是复杂的 μ 计算。式(8.149)所示条件也称为状态空间的 μ 检验。

式(8.149)所示条件只考虑了标称性能(NP),然而请注意,在这种情况下,标称稳定性(NS)是NP的一个特例(因而并不需要分开进行检验),它也是成立的。这是因为当$\mu_{\hat{\Delta}}(H)\leqslant 1$ (NP)时,由式(8.78)可知$\mu_{\Delta_z}(A)=\rho(A)<1$,这正是众所周知的离散系统的稳定性条件。

我们也可以把上面的方法加以推广,进而考虑RS与RP问题。特别地,由于状态空间矩阵显式出现在式(8.148)的H中,如果想要研究状态空间矩阵中的参数不确定性,利用离散时间系统描述是很方便的,Packard与Doyle(1993)曾讨论过这个问题。然而,这样会出现实摄动,由之产生的μ问题会涉及重复的复摄动(源自单位圆上z的计算)、满元素分块复摄动(来自性能指标),以及实摄动(来自不确定性)等,对于系统分析尤其是系统综合,该问题难以数值求解。因此,在实际应用中很少采用离散时间描述。

8.14 结　论

在本章和上一章,我们讨论了如何表示不确定性,以及如何利用作为主要工具的结构化奇异值μ,分析不确定性对稳定性(RS)和性能(RP)的影响。

为了分析不确定系统的鲁棒稳定性(RS),我们应用了$M\Delta$结构(图8.3),此处M表示由不确定性产生的“新”反馈部分的传递函数。由小增益定理,我们有

$$\text{RS} \quad \Leftarrow \quad \bar{\sigma}(M)<1 \quad \forall\omega \tag{8.150}$$

在特殊情况下,即在每个频率上容许任意复Δ满足$\bar{\sigma}(\Delta)\leqslant 1$时,该条件为严苛(必要且充分)的。更一般情况下,严苛条件为

$$\text{RS} \quad \Leftrightarrow \quad \mu(M)<1 \quad \forall\omega \tag{8.151}$$

式中$\mu(M)$就是结构化奇异值$\mu(M)$。μ的计算利用了Δ具有给定的分块对角结构,其中某些子块也可以是实数(例如,用来处理参数不确定性)这一事实。

我们把鲁棒性能定义为,对于所有容许的Δ,都有$\|F_u(N,\Delta)\|_\infty<1$。由于在不确定性表示和性能定义中都使用了$\mathcal{H}_\infty$范数,我们发现RP可视为RS的一种特殊情况,我们还推导出

$$\text{RP} \quad \Leftrightarrow \quad \mu(N)<1 \quad \forall\omega \tag{8.152}$$

其中,μ是根据分块对角结构$\text{diag}\{\Delta,\Delta_P\}$计算出来的,此处$\Delta$表示不确定性,而$\Delta_P$是一个虚拟的表示$\mathcal{H}_\infty$性能界的满元素不确定性分块阵。

读者应该注意到,存在两种获得鲁棒设计方案的方法:

1. 我们的目的是,使系统对某些未用显式模型表示出来的“一般”类型不确定性具有鲁棒性。对于SISO系统,经典的增益和相位裕量,以及S和T的峰值为鲁棒性提供了一些有用的一般鲁棒性度量。对于MIMO系统,标准化的互质因子不确定性可以涵盖一大类一般不确定性,而与之相关的Glover-McFarlane $\mathcal{H}_\infty$回路整形设计方法(见第9章)已被证明在应用中极为有用。
2. 对对象中的某种不确性进行显式建模和量化,目的是使系统对这种具体的不确定性具有鲁棒性,这种方法是前面两章研究的焦点。从潜在的趋势看,这种方法能够产生较好的设计方案,但在不确性建模,特别是考虑参数不确定性时,该方法需要的精力比前者大得多。那么,采用μ进行系统分析,特别是综合就必不可少。

因此,在应用中我们推荐从第一种方法开始,至少设计应该如此,然后通过仿真并用结构

化奇异值分析鲁棒稳定性和性能。例如，首先考虑简单的不确定性来源，如乘性输入不确定性，接下来交替进行设计和分析，直至获得满意的结果。

实用的 μ 分析

我们给大家提供一些关于如何在实际中应用结构化奇异值 μ 的建议，以此作为本章的结束。

1. 鉴于推导详细的不确定性描述需要大量工作，以及后续控制器综合的复杂性，我们的规则是从“简单开始”，首先采用一个粗略的不确定性描述，然后看性能指标能否满足。仅当它不能满足时，才进一步考虑更详细的不确定性描述，如参数不确定性(带有实摄动)。
2. 采用 μ 即意味着最坏情况分析，因此我们应小心处理，避免引入过多不确性、噪声和扰动的来源。不然，最坏情况很可能不出现，后续的分析和设计就可能过于保守。
3. 与输入与输出关联的不确定性总是存在的，所以引入对角型输入及输出不确定性的做法一般来说是“安全的”。在此情况下，相对(乘性)的形式是极为方便的。
4. μ 常用于系统分析中，如果用于系统综合，我们建议保持不确定性不变，调整性能权函数中的参数，直到 μ 接近于 1。

第9章

控制器设计

本章介绍多变量控制器的实用设计方法，这些方法可以直接应用，而且我们认为它们在工业控制中扮演着重要角色。

对于工业系统，无论是单输入单输出(Single-Input Single-Output，SISO)系统，还是松散耦合的系统，2.6 节介绍的经典回路整形控制系统设计方法已经得到成功应用，但对于真正的多变量系统，这种经典方法仅在过去的大约 20 年内才得到可靠推广。

9.1 MIMO 反馈设计中的折衷

对多变量传递函数的整形基于如下思想：矩阵传递函数增益(增益范围)的一个合适定义是由传递函数的奇异值给出的。因此，所谓多变量传递函数的整形，是指适当选定一个传递函数，如回路传递函数，或者一个或多个闭环传递函数，对其奇异值进行整形。这种控制器设计思想对本章将要介绍的实用方法是至关重要的。

IEEE Transactions on Automatic Control 于 1981 年 2 月出版了一期关于线性多变量控制系统的专刊，其中前 6 篇论文讨论了奇异值在多变量反馈系统分析与设计中的应用。Doyle 和 Stein(1981)的论文尤其具有影响力，该文主要讨论了在存在非结构化不确定性的情况下，如何从反馈中获益这一重要问题，并通过应用奇异值，表明了如何把反馈设计中的经典回路整形思想推广到多变量系统。为说明具体做法，考虑图 9.1 所示的单自由度构成。其中，互连的对象 G 与控制器 K 受以下信号驱动：参考指令 r、输出扰动 d、量测噪声 n；而 y 是被控输出，u 是控制信号。根据灵敏度函数 $S=(I+GK)^{-1}$ 和闭环传递函数 $T=GK(I+GK)^{-1}=I-S$，可得如下重要关系：

$$y(s) = T(s)r(s) + S(s)d(s) - T(s)n(s) \tag{9.1}$$

$$u(s) = K(s)S(s)[r(s) - n(s) - d(s)] \tag{9.2}$$

除要求 K 镇定 G 之外，上述关系式还确定了以下几个闭环目标：

1. 为抑制扰动，使 $\bar{\sigma}(S)$ 较小；

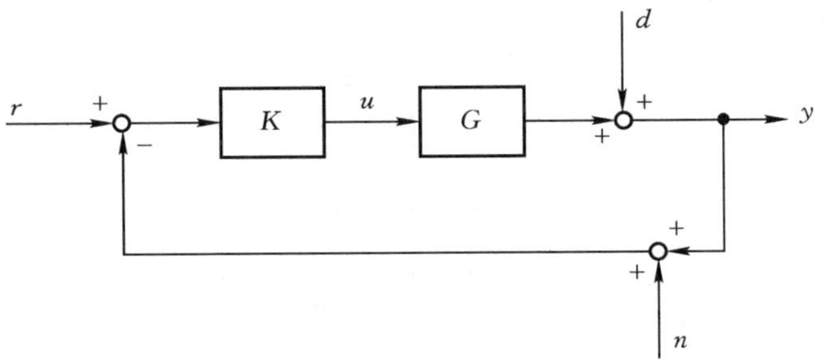

图 9.1 单自由度反馈构成

2. 为减弱噪声，使 $\bar{\sigma}(T)$ 较小；

3. 为跟踪参考信号，使 $\bar{\sigma}(T) \approx \underline{\sigma}(T) \approx 1$；

4. 为减少输入使用(控制能量)，使 $\bar{\sigma}(KS)$ 较小；

如果对象模型 G 中的非结构化不确定性由加性摄动来表示，即 $G_p = G + \Delta$，那么根据式(8.53)，进一步的闭环目标为：

5. 当存在加性摄动时，为确保鲁棒稳定性，使 $\bar{\sigma}(KS)$ 较小；

另一方面，如果不确定性以乘性输出摄动的形式存在，使得 $G_p = (I + \Delta)G$，那么根据式(8.55)可知：

6. 当存在乘性输出摄动时，为确保鲁棒稳定性，使 $\bar{\sigma}(T)$ 较小。

我们不可能同时满足闭环要求 1～6，因此反馈设计需要在频域内对相互冲突的目标进行折衷。由于这些目标所关注频段的差异可能非常大，该设计并不像听上去那样难。比如，抑制扰动是一种典型的低频需求，而减弱噪声通常仅与更高频率有关。

在经典回路整形中，需要整形的是开环回路传递函数 $L = GK$ 的幅值，而上述设计要求都与闭环传递函数有关。然而由式(3.51)可知

$$\underline{\sigma}(L) - 1 \leqslant \frac{1}{\bar{\sigma}(S)} \leqslant \underline{\sigma}(L) + 1 \tag{9.3}$$

从中可以看出，在 $\underline{\sigma}(L)$ 远大于 1 的频段，$\bar{\sigma}(S) \approx 1/\underline{\sigma}(L)$；此外还可得出，在带宽频率 $(1/\bar{\sigma}(S(j\omega_B)) = \sqrt{2} = 1.41)$ 处，$\underline{\sigma}(L(j\omega_B))$ 的值在 0.41 和 2.41 之间。进一步，由 $T = L(I + L)^{-1}$ 可知，在 $\bar{\sigma}(L)$ 较小的频段，$\bar{\sigma}(T) \approx \bar{\sigma}(L)$。这样，在指定的频段内，可以较容易地用如下开环目标近似闭环需求：

1. 为抑制扰动，使 $\underline{\sigma}(GK)$ 较大；在 $\underline{\sigma}(GK) \gg 1$ 的频率范围内有效；

2. 为减弱噪声，使 $\bar{\sigma}(GK)$ 较小；在 $\bar{\sigma}(GK) \ll 1$ 的频率范围内有效；

3. 为跟踪参考信号，使 $\underline{\sigma}(GK)$ 较大；在 $\underline{\sigma}(GK) \gg 1$ 的频率范围内有效；

4. 为减少输入使用(控制能量)，使 $\bar{\sigma}(K)$ 较小；在 $\bar{\sigma}(GK) \ll 1$ 的频率范围内有效；

5. 对于加性摄动，为确保鲁棒稳定性，使 $\bar{\sigma}(K)$ 较小；在 $\bar{\sigma}(GK) \ll 1$ 的频率范围内有效；

6. 对于乘性输出摄动，为确保鲁棒稳定性，使 $\bar{\sigma}(GK)$ 较小；在 $\bar{\sigma}(GK) \ll 1$ 的频率范围内有效。

正如图 9.2 所表明的那样，典型情况下，开环需求 1 和 3 在低频段 $0 \leqslant \omega \leqslant \omega_l \leqslant \omega_B$ 有效且具有重要意义，而需求 2、4、5 和 6 在高频段 $\omega_B \leqslant \omega_h \leqslant \omega \leqslant \infty$ 有效且具有重要意义。从图 9.2 中还可以看出，在需要高增益的频段(低频段)，“最坏”方向与 $\underline{\sigma}(GK)$ 有关；而在需要低增

益的频段(高频段),“最坏”方向与 $\bar{\sigma}(GK)$ 有关。

习题 9.1* 请证明在指定的频率范围内,可用开环目标 1~6 近似表示闭环目标 1~6。

从图 9.2 可以得知:控制工程师设计的 K,必须使 $\bar{\sigma}(GK)$ 和 $\underline{\sigma}(GK)$ 避开阴影区域;也就是说,为使系统具有良好性能,在所有小于 ω_l 的频率 ω 处,必须使 $\underline{\sigma}(GK)$ 位于性能界线之上;而为确保鲁棒稳定性,在所有大于 ω_h 的频率 ω 处,必须使 $\bar{\sigma}(GK)$ 位于鲁棒界线之下。通过选择 K 对 GK 的奇异值进行整形相对容易,但若同时还要保证闭环稳定性,一般比较困难,这是因为无法根据开环奇异值确定闭环稳定性。

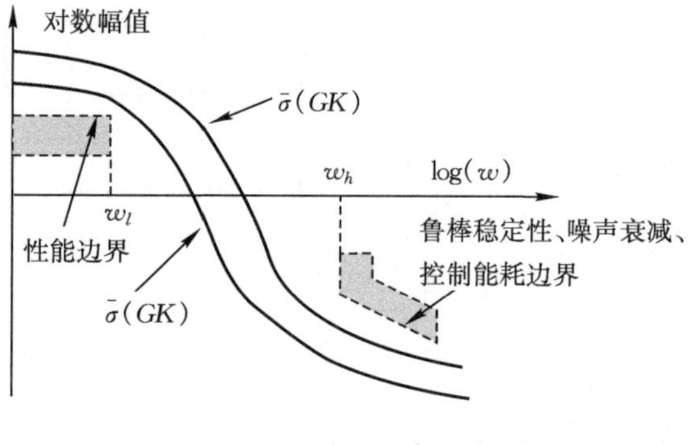

图 9.2 针对多变量回路传递函数 GK 的折衷设计

对于 SISO 系统,Bode(1945)的研究清楚表明,闭环稳定性与开环增益以及穿越频率 ω_c 附近的相位密切相关,其中 $|GK(j\omega_c)|=1$。特别地,稳定性的相位要求对穿越频率处由高增益到低增益的衰减速率进行了限制,实际中对应的衰减速率小于 40dB/10 倍频程(在对数-对数坐标下,斜率为−2),具体请见 2.6.2 节。该结论的一个直接推论就是,图 9.2 中频率 ω_h 与 ω_l 的差值具有一个下限。

对于 MIMO 系统,在穿越频率区域也有类似的增益-相位关系,但这种关系是用 GK 的特征值表示的,这导致了对 GK 特征值幅值衰减速率的限制,而不是奇异值(Doyle 与 Stein,1981)。因此,与经典回路整形相比,多变量回路整形中的稳定性约束更难处理。为克服这一难题,Doyle 与 Stein(1981)提出,应使用已知能够确保稳定性的控制器进行回路整形。他们建议采用 LQG 控制器,并用 Kwakernaak(1969)提出的“灵敏度恢复”方法设计其中的调节器部分,以给 GK 提供令人满意的性能(增益和相位裕量)。他们还提出了一种对偶的“鲁棒性恢复”方法,用以设计 LQG 控制器中的滤波器,使得 KG 具有满意的性能。切记,一般情况下 KG 并不等于 GK,这意味着在多变量系统中,稳定裕量从一个转折点改变到另一转折点。后面将在介绍传统 LQG 控制之后,讨论这两种回路传递恢复方法(LTR)。

9.2 LQG 控制

最优控制建立在 Wiener 于 20 世纪 40 年代所做的最优滤波工作的基础上,并在 20 世纪 60 年代达到成熟,现在称之为线性二次高斯或 LQG 控制。它的发展历程与美国及前苏联在空间技术领域设立的重大研究项目和投入的大量资金是一致的。相关问题可以明确定义并简单描述为优化问题,例如,最小化燃料消耗量条件下的火箭操控问题。空间技术工程师在应用 LQG 上大获成功,但当其他控制工程师尝试把 LQG 用于日常工业问题时,情况则完全不同。对于生产实践中的控制工程师来说,通常难以获得精确的对象模型,而有关白噪声扰动的假设并不总是符合实际情况并富有意义。因此,LQG 设计在实际应用中有时不够鲁棒。本节将给出有关 LQG 问题及其求解方法的描述,讨论其鲁棒性及改进鲁棒性的方法。许多教科书更为详细地讨论了这些问题,建议读者参阅 Anderson 与 Moore(1989),以及 Kwakernaak 与 Sivan(1972)的论著。

9.2.1 传统的 LQG 与 LQR 问题

传统的 LQG 控制假设对象的动态特性是线性的且已知，量测噪声输入和扰动信号(过程噪声)都是随机的，且其统计特性已知；也就是说，我们有如下对象模型：

$$\dot{x} = Ax + Bu + w_d \tag{9.4}$$

$$y = Cx + Du + w_n \tag{9.5}$$

其中，为简单起见，设置 $D = 0$ (见本节的注 2)。w_d 和 w_n 分别是扰动(过程噪声)和量测噪声，通常假设它们为不相关的零均值 Gauss 随机过程，其功率谱密度矩阵分别为常阵 W 和 V；也就是说，w_d 和 w_n 都是白噪声过程，其协方差为

$$E\{w_d(t)w_d(\tau)^{\mathrm{T}}\} = W\delta(t-\tau) \tag{9.6}$$

$$E\{w_n(t)w_n(\tau)^{\mathrm{T}}\} = V\delta(t-\tau) \tag{9.7}$$

并且

$$E\{w_d(t)w_n(\tau)^{\mathrm{T}}\} = 0,\ E\{w_n(t)w_d(\tau)^{\mathrm{T}}\} = 0 \tag{9.8}$$

其中，E 是数学期望算子，而 $\delta(t-\tau)$ 是 delta 函数。

LQG 控制问题就是求取能够最小化

$$J = E\left\{\lim_{T\to\infty}\frac{1}{T}\int_0^{\mathrm{T}}[x^{\mathrm{T}}Qx + u^{\mathrm{T}}Ru]\mathrm{d}t\right\} \tag{9.9}$$

的最优控制 $u(t)$。其中，Q 和 R 是适当选取的常值权矩阵(设计参数)，它们满足 $Q = Q^{\mathrm{T}} \geqslant 0$，$R = R^{\mathrm{T}} > 0$。之所以采用 LQG 这个名字，是因为采用了线性(L)模型、积分型二次(Q)代价函数，并用高斯(G)白噪声过程对扰动信号和噪声进行建模。

LQG 问题的解被称为分离定理或确定性等价原理，它出人意料地简单和优美。首先为一确定性线性二次调节器(LQR)问题，即不考虑 w_d 和 w_n 情况下的前述 LQG 问题，寻找一个最优控制器。该问题的解恰好可以用简单的状态反馈律表示：

$$u(t) = -K_r x(t) \tag{9.10}$$

其中，K_r 是一容易计算的常值矩阵，它完全不依赖于对象噪声的统计特性 W 与 V。需要注意的是，式(9.10)要求 x 可量测并可用于反馈，但实际情况并不一定如此。该难题可以通过下一步得到解决，即寻求状态 x 的最优估计 $\hat{x}$，使得 $E\{[x-\hat{x}]^{\mathrm{T}}[x-\hat{x}]\}$ 达到最小。这个最优状态估计由 Kalman 滤波器给出，并且与 Q 和 R 无关。采用 $\hat{x}$ 代替 x 便可获得 LQG 问题的解，即 $u(t) = -K_r\hat{x}(t)$。由此可见，LQG 问题及其解可分解为两个不同部分，具体如图 9.3 所示。

现在给出求解最优状态反馈矩阵 K_r 和 Kalman 滤波器所必需的方程。

最优状态反馈。 LQR 是一所有状态已知，具有确定性初值的问题：给定具有非零初始状态 $x(0)$ 的系统 $\dot{x} = Ax + Bu$，求取能够以最优方式使系统到达零状态($x = 0$)的输入信号 $u(t)$，即最小化如下确定性代价函数：

$$J_r = \int_0^{\infty}(x(t)^{\mathrm{T}}Qx(t) + u(t)^{\mathrm{T}}Ru(t))dt \tag{9.11}$$

其最优解(对于任意初始状态)为 $u(t) = -K_r x(t)$，其中，

$$K_r = R^{-1}B^{\mathrm{T}}X \tag{9.12}$$

而 $X = X^{\mathrm{T}} \geqslant 0$ 是代数 Riccati 方程

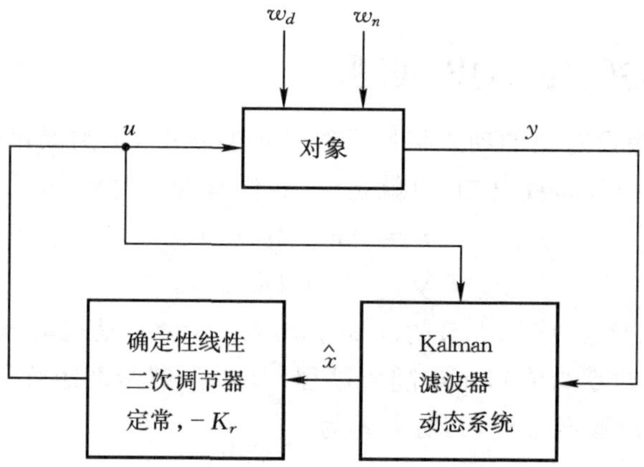

图 9.3 分离定理

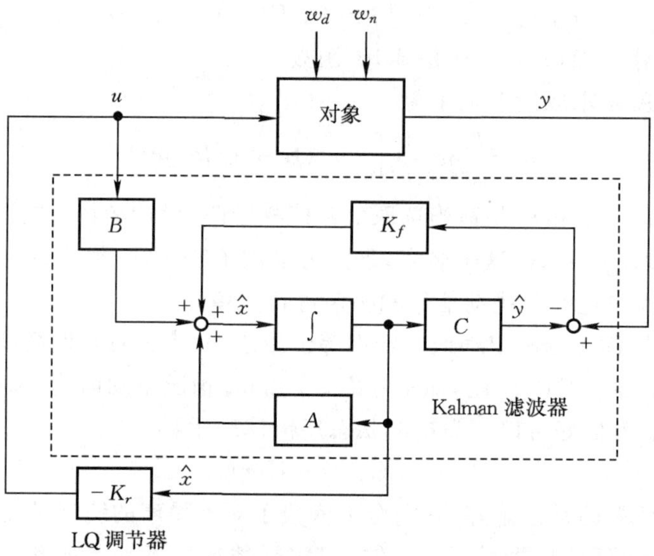

图 9.4 LQG 控制器及带噪声的对象

$$A^{\mathrm{T}}X + XA - XBR^{-1}B^{\mathrm{T}}X + Q = 0 \tag{9.13}$$

的唯一半正定解。

Kalman 滤波器。 如图 9.4 所示，Kalman 滤波器与普通状态估计器或观测器具有相同的结构，其中，

$$\dot{\hat{x}} = A\hat{x} + Bu + K_f(y - C\hat{x}) \tag{9.14}$$

最优 K_f 应能最小化 $E\{[x-\hat{x}]^{\mathrm{T}}[x-\hat{x}]\}$，可由下式给出：

$$K_f = YC^{\mathrm{T}}V^{-1} \tag{9.15}$$

其中，$Y = Y^{\mathrm{T}} \geqslant 0$ 是代数 Riccati 方程

$$YA^{\mathrm{T}} + AY - YC^{\mathrm{T}}V^{-1}CY + W = 0 \tag{9.16}$$

的唯一半正定解。

LQG：联合最优状态估计与最优状态反馈。 LQG 控制问题的目的是最小化式(9.9)中的 J。图 9.4 给出了 LQG 控制器的结构，可以容易得出由 y 到 u 的传递函数(即假设为正反馈)为

$$K_{\mathrm{LQG}}(s) \stackrel{s}{=} \left[\begin{array}{c|c} A-BK_r-K_fC & K_f \\ \hline -K_r & 0 \end{array}\right] = \left[\begin{array}{c|c} A-BR^{-1}B^{\mathrm{T}}X-YC^{\mathrm{T}}V^{-1}C & YC^{\mathrm{T}}V^{-1} \\ \hline -R^{-1}B^{\mathrm{T}}X & 0 \end{array}\right] \tag{9.17}$$

它与对象具有相同的阶数(极点个数)。

注 1 只要状态空间实现为 $(A,B,Q^{1/2})$ 与 $(A,W^{1/2},C)$ 的系统是可镇定且可检测的，那么最优增益矩阵 K_f 和 K_r 存在，且受 LQG 控制的系统是内部稳定的。

注 2 如果对象模型是双真的，且式(9.5)中的 D 项非零，那么 Kalman 滤波器方程(9.14)右边要多出一项 $-K_fDu$，而式(9.17)所示 LQG 控制器的 A 矩阵中也多出一项 $+K_fDK_r$。

习题 9.2 对于图 9.4 所示对象和 LQG 控制器的安排，证明闭环动态特性可以描述为

$$\frac{\mathrm{d}}{\mathrm{d}t}\begin{bmatrix} x \\ x-\hat{x} \end{bmatrix} = \begin{bmatrix} A-BK_r & BK_r \\ 0 & A-K_fC \end{bmatrix}\begin{bmatrix} x \\ x-\hat{x} \end{bmatrix} + \begin{bmatrix} I & 0 \\ I & -K_f \end{bmatrix}\begin{bmatrix} w_d \\ w_n \end{bmatrix}$$

这表明闭环极点是确定性 LQR 系统的极点 ($A-BK_r$ 的特征值)与 Kalman 滤波器的极点 ($A-K_fC$ 的特征值)的并集，这正是根据分离定理所预期的结果。

对于图 9.4 所示的 LQG 控制器，不易看出应该在何处设置参考输入 r，以及如何引入可能需要的积分作用。图 9.5 提供了一种策略，它对控制误差 $r-y$ 进行积分，并为具有积分器状态的扩展对象设计了调节器 K_r。

例 9.1 针对逆响应过程的具有积分作用的 LQG 设计。 标准的 LQG 设计方法不能给出具有积分作用的控制器，因此可在设计状态反馈调节器之前，利用图 9.5 所示结构给对象 $G(s)$ 添加一个积分器。这里的对象是式(2.31)所示的 SISO 逆响应过程 $G(s)=3(-2s+1)/[(5s+1)(10s+1)]$，第 2 章已对其进行过深入研究。对于目标函数 $J=\int(x^{\mathrm{T}}Qx+u^{\mathrm{T}}Ru)\mathrm{d}t$，选择 Q 使得仅对整合状态 $y-r$ 进行加权，并选择输入权函数 $R=1$（只有 Q 与 R 的比值有意义，减小 R 会使响应变快)。Kalman 滤波器的设置使得我们可以不估计整合状态。关于噪声权函

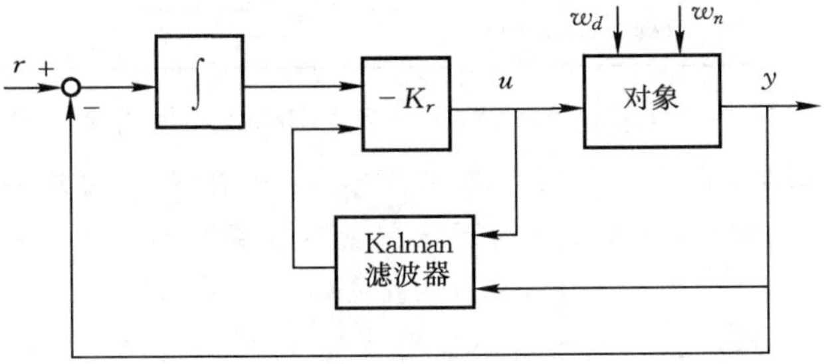

图 9.5 具有积分作用和参考输入的 LQG 控制器

数，选择 $W = wI$（过程噪声直接影响状态），并取 $w=1, V=1$（量测噪声；只有 w 与 V 的比值有意义，减小 V 会使响应变快）。使用表9.1中的Matlab文件设计了LQG控制器，图9.6给出了得到的闭环响应。该响应性能良好，与图2.20（见2.6.2节）给出的回路整形设计所得结果极为相似。

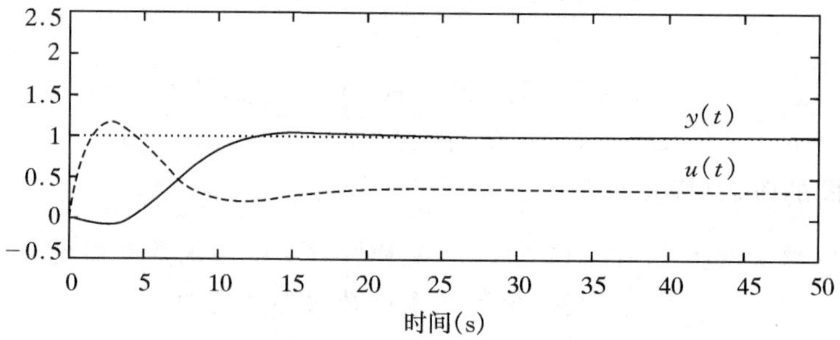

图9.6　针对逆响应过程的LQG设计（表9.1中的Klqg2）。参考输入 r 为单位阶跃时的闭环响应

表9.1　生成例9.1中LQG控制器的Matlab指令

```
% Uses the Control toolbox
G = tf(3*[-2 1],conv([5 1],[10 1]));            % inverse response process
[a,b,c,d] = ssdata(G);
% Model dimensions:
p = size(c,1);                                  % no. of outputs (y)
[n,m] = size(b);                                % no. of states and inputs (u)
Znm=zeros(n,m); Zmm=zeros(m,m);
Znn=zeros(n,n); Zmn=zeros(m,n);
% 1) Design state feedback regulator
A = [a Znm;-c Zmm]; B = [b;-d];                 % augment plant with integrators
Q=[Znn Znm;Zmn eye(m,m)];                       % weight on integrated error
R=eye(m);                                       % input weight
Kr=lqr(A,B,Q,R);                                % optimal state-feedback regulator
Krp=Kr(1:m,1:n);Kri=Kr(1:m,n+1:n+m);            % extract integrator and state feedbacks
% 2) Design Kalman filter                       % don't estimate integrator states
Bnoise = eye(n);                                % process noise model (Gd)
W = eye(n); V = 1*eye(m);                       % process and measurement noise weight
Estss = ss(a,[b Bnoise],c,[0 0 0]);
[Kess, Ke] = kalman(Estss,W,V);                 % Kalman filter gain
% 3) Form overall controller
Ac=[Zmm Zmn;-b*Kri a-b*Krp-Ke*c];               % integrators included
Bcr = [eye(m); Znm]; Bcy = [-eye(m); Ke];
Cc = [-Kri -Krp]; Dcr = Zmm; Dcy = Zmm;
Klqg2 = ss(Ac,[Bcr Bcy],Cc,[Dcr Dcy]);          % Final 2-DOF controller from [r y]' to u
Klqg = ss(Ac,-Bcy,Cc,-Dcy);                     % Feedback part of controller from -y to u
% Simulation
sys1 = feedback(G*Klqg,1); step(sys1,50);       % 1-DOF simulation
sys = feedback(G*Klqg2,1,2,1,+1);               % 2-DOF simulation
sys2 = sys*[1; 0]; hold; step(sys2,50);
```

注：尽管图9.6（LQG）和图2.22（回路整形）所示响应很相似，但需要注意的是，回路整形控制器是一种单自由度控制器，而LQG控制器实际上是一种两自由度控制器（表9.1中的Klqg2）。从图9.5中可以看出，参考输入的变化并没有被直接送到Kalman滤波器，这样避免了“求导或求比例的冲击”。就本例而言，单自由度LQG控制器 $u = K_{LQG}(r-y)$（表9.1中的Klqg）的阶跃响应（未绘出）很糟糕，y 的超调量高达约40%。这种过大的超调量导致LQG的鲁棒裕量比回路整形设计差得多，具体请见习题9.4。此外，LQG设计在扰动抑制方面的性能也较差。

习题 9.3 推导表 9.1 中 Matlab 文件使用的方程。

习题 9.4 通过计算增益与相位裕量(GM 与 PM)以及灵敏度峰值(M_S 与 M_T),比较例2.6.2中回路整形设计与例 9.1 中 LQG 设计的鲁棒性。(注意鲁棒性由反馈回路给出,因此表 9.1 中定义的 LQG 控制器 Klqg 与 Klqg2 的鲁棒性相同)

答案:

	GM	PM	M_S	M_T
回路整形	2.92	53.9°	1.11	1.75
LQG	1.83	37.4°	1.63	2.39

9.2.2 鲁棒性能

对于把 Kalman 滤波器与 LQR 控制律结合起来的 LQG 控制系统来说,不存在可确保的稳定裕量。Doyle(1978)把这个结论明确地告诉了控制界(在他的题为"Guaranteed Margins for LQG Regulators"的论文中;该论文的摘要极其简练,简单陈述道"There are none")。他通过例子表明了仅存在具有任意小增益裕量的 LQG。

然而众所周知,对于一个 LQR 控制系统(假设所有状态都可获取,并且不存在随机输入),如果将权函数 R 选择为对角阵,则灵敏度函数 $S=(I+K_r(sI-A)^{-1}B)^{-1}$ 满足 Kalman 不等式(Kalman,1964;Safonov and Athans,1977):

$$\bar{\sigma}(S(\mathrm{j}\omega))\leqslant 1,\ \forall\omega \tag{9.18}$$

由此可以看出,系统将在每个对象输入控制通道具有无穷大的增益裕量,值为 0.5 的增益衰减裕量(下增益裕量),值为 60° 的(最小)相位裕量,这意味着对于 LQR 控制系统 $u=-K_r x$ 来说,在对象输入端引入复摄动 $\mathrm{diag}\{k_i\mathrm{e}^{\mathrm{j}\theta_i}\}$ 不会引起不稳定,只要

(i) $\theta_i=0$,且 $0.5\leqslant k_i\leqslant\infty$, $i=1,2,\cdots,m$;

或者,

(ii) $k_i=1$,且 $|\theta_i|\leqslant 60°$, $i=1,2,\cdots,m$。

其中,m 是对象的输入个数。对于单输入对象,上述条件表明开环调节器传递函数 $K_r(sI-A)^{-1}B$ 的 Nyquist 曲线始终在圆心为 -1 的单位圆之外,Kalman(1964)首先证明了这一点,例 9.2 将对此进行解释。

例 9.2 **一阶过程的 LQR 设计。**考虑一阶过程 $G(s)=1/(s-a)$,其状态空间实现为:

$$\dot{x}(t)=ax(t)+u(t),\ y(t)=x(t)$$

因此其状态可直接量测。对于非零初始状态,需要被最小化的代价函数为

$$J_r=\int_0^\infty(x^2+Ru^2)\mathrm{d}t$$

式(9.13)所示的代数 Riccati 方程变为($A=a,B=1,Q=1$)

$$aX+Xa-XR^{-1}X+1=0\quad\Leftrightarrow\quad X^2-2aRX-R=0$$

由于 $X\geqslant 0$,可得 $X=aR+\sqrt{(aR)^2+R}$。最优控制为 $u=-K_r x$,其中根据式(9.12)可得

$$K_r=X/R=a+\sqrt{a^2+1/R}$$

那么,可以得到闭环系统

$$\dot{x}=ax+u=-\sqrt{a^2+1/R}x$$

闭环极点位于 $s=-\sqrt{a^2+1/R}<0$,那么关于R 的最优闭环极点的根轨迹从 $R=\infty$ (输

入端的权函数无穷大)时的 $s=-|a|$ 开始,随 R 趋于零沿实轴趋于 $-\infty$。请注意,对于具有相同 $|a|$ 值的稳定($a<0$)和不稳定($a>0$)对象 $G(s)$,根轨迹是相同的。特别地,对于 $a>0$ 的情况,为镇定对象(对应 $R=\infty$)所需的最小输入为 $u=-2|a|x$,它将极点从 $s=a$ 移到其镜像 $s=-a$ 处。

对于 R 值较小的情况("低廉控制"),回路传递函数 $L=GK_r=K_r/(s-a)$ 的增益穿越频率可由 $\omega_c\approx\sqrt{1/R}$ 近似给出。还应注意到,$L(j\omega)$ 在高频段的衰减速率为 -1(即 -20 dB/10 倍频程),这是 LQR 设计的一个一般性质。此外,$L(j\omega)$ 的 Nyquist 曲线避开了圆心位于 -1 的单位圆,即在所有频率上都有 $|S(j\omega)|=1/|1+L(j\omega)|\leqslant 1$。对于 $a<0$ 的稳定对象,该结论显然成立,这是因为 $K_r>0$,那么 $L(j\omega)$ 的相位可从 $0°$(在频率为 0 处)变到 $-90°$(频率为无穷大处)。令人惊讶的是,该结论对于 $a>0$ 的不稳定对象同样成立,尽管 $L(j\omega)$ 的相位是从 $-180°$ 变到 $-90°$。

现在考虑前面图 9.4 所示的 Kalman 滤波器,它本身就是一个反馈系统。可以采用与 LQR 控制系统所用参量对偶的参量证明,如果选择功率谱密度矩阵 V 为对角阵,则在 Kalman 增益矩阵 K_f 的输入端将有一个无穷大的增益裕量,值为 0.5 的增益衰减裕量以及值为 $60°$ 的最小相位裕量。因此,对于单输出对象,开环滤波器传递函数 $C(sI-A)^{-1}K_f$ 的 Nyquist 曲线将位于圆心为 -1 的单位圆之外。

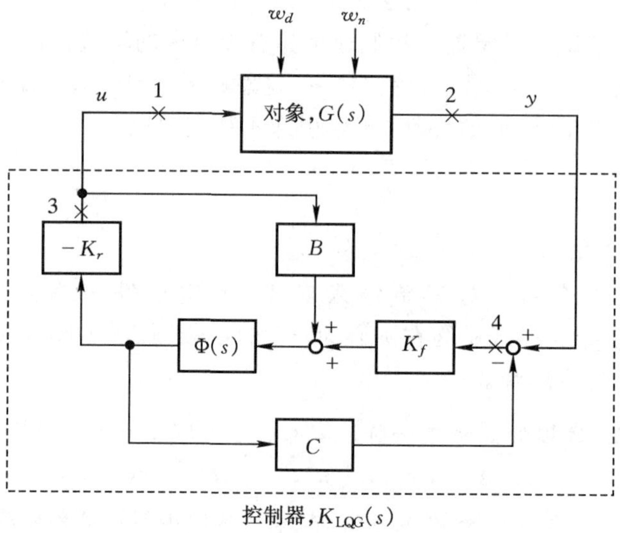

图 9.7　LQG 控制的对象

LQR 控制系统在对象输入端具有良好的稳定裕量,而 Kalman 滤波器则在 K_f 的输入端有良好的稳定裕量,那么为什么 LQG 控制不能保证这一点呢?为回答这个问题,考虑图 9.7 所示的 LQG 控制器的安排,标记点 1~4 对应的回路传递函数分别为

$$L_1(s)=K_r[\Phi(s)^{-1}+BK_r+K_fC]^{-1}K_fC\Phi(s)B=-K_{LQG}(s)G(s) \tag{9.19}$$

$$L_2(s)=-G(s)K_{LQG}(s) \tag{9.20}$$

$$L_3(s)=K_r\Phi(s)B\ \text{(调节器传递函数)} \tag{9.21}$$

$$L_4(s) = C\Phi(s)K_f \text{（滤波器传递函数）} \tag{9.22}$$

其中

$$\Phi(s) \triangleq (sI - A)^{-1} \tag{9.23}$$

$K_{\text{LQG}}(s)$ 如式(9.17)所示，而 $G(s) = C\Phi(s)B$ 为对象模型。

注：$L_3(s)$ 与 $L_4(s)$ 惊人地简单。对于 $L_3(s)$，原因是，若在点 3 处断开回路，则 Kalman 滤波器的误差动态特性（点 4）就不受对象输入的激励。事实上，对于 u 而言，它们是不可控的。

习题 9.5 推导 $L_1(s)$、$L_2(s)$、$L_3(s)$ 和 $L_4(s)$ 的表达式，并解释为什么 $L_4(s)$（像解释 $L_3(s)$ 那样）具有如此简单的形式。

LQR 系统与 Kalman 滤波器分别在点 3 与点 4 处具有可确保的鲁棒性能。然而，我们最希望在对象的实际输入与输出端（点 1 与点 2）获得良好的稳定裕量，这些点对应的传递函数比较复杂，一般不能保证提供满意的鲁棒性能。还应注意到，点 3 与点 4 位于 LQG 控制器之内，而该控制器很可能以软件形式实现，因此我们仅在这些并不真正需要稳定裕量的部位拥有良好的稳定裕量，而那些真正需要稳定裕量的部位却得不到保证。

幸运的是，对于最小相位对象，Kwakernaak(1969)以及 Doyle 与 Stein(1979；1981)提出的方法表明了，如何通过选择合适的参数使 $L_1(s)$ 渐近趋向于 $L_3(s)$，或者使 $L_2(s)$ 逼近 $L_4(s)$。这些方法将在后面讨论。

9.2.3 回路传递恢复(LTR)算法

关于恢复方法的全部细节，读者可以参阅原著（Kwakernaak，1969；Doyle and Stein，1979；Doyle and Stein，1981）或 Stein 与 Athans(1987)的专题研讨论文。本节只概括给出主要步骤，这是因为后面将指出，这些方法对于实际控制系统设计具有一定的限制性。关于 LTR 的最近评价，我们推荐 *International Journal of Robust and Nonlinear Control* 中由 Niemann 与 Stoustrup(1995)编辑的专刊。

如果采用 Kwakernaak(1969)提出的灵敏度恢复方法，把 LQR 问题中 K_r 的值设计得较大，则可以使 LQG 回路传递函数 $L_2(s)$ 逼近 $C\Phi(s)K_f$，并可确保稳定裕量，但需要假定对象模型 $G(s)$ 为最小相位，且其输入个数不少于输出个数。

另一方面，采用 Doyle 与 Stein(1979)提出的鲁棒恢复方法把 Kalman 滤波器中的 K_f 设计得较大，可以使 LQG 回路传递函数 $L_1(s)$ 逼近 $K_r\Phi(s)B$。同样地，这需要假定对象模型 $G(s)$ 为最小相位；不同的是，它要求输出个数不少于输入个数。

以上两个方法是对偶的，因此我们只考虑在对象输出端恢复鲁棒性；也就是说，我们的目的是使 $L_2(s) = G(s)K_{\text{LQG}}(s)$ 近似等于 Kalman 滤波器的传递函数 $C\Phi(s)K_f$。

首先设计一个 Kalman 滤波器，保证它具有理想的传递函数 $C\Phi(s)K_f$，这可以通过迭代方式实现。正如 9.1 节讨论的那样，通过选择功率谱密度矩阵 W 与 V，使 $C\Phi(s)K_f$ 的最小奇异值在低频段足够大，以获得良好的性能，并使得其最大奇异值在高频段足够小，以保证鲁棒稳定性。需要注意的是，W 和 V 在这里被用作参数设计，与之相关的随机过程则是虚拟的。在调整 W 和 V 时，应谨慎从事，需选择 V 为对角型，且 $W = (BS)(BS)^{\mathrm{T}}$，其中 S 为尺度变换矩阵，可用来平衡、增大或减小奇异值。当认为 $C\Phi(s)K_f$ 的奇异值满足要求时，可通过设计 LQR 问题中的 K_r，实现回路传递函数的恢复，其中 LQR 问题中的 $Q = C^{\mathrm{T}}C$，$R = \rho I$。这里的

ρ 是一标量，随着 ρ 趋于零，$G(s)K_{\mathrm{LQG}}$ 趋于期望的回路传递函数 $C\Phi(s)K_f$。

关于 LTR 方法在多变量控制系统设计中的应用，已经有很多论文发表，但作为多变量回路整形方法，其适用性有限，有时甚至难以使用。这类方法仅适用于最小相位对象，这是因为恢复算法需要消除对象零点，但若消去非最小相位零点，将引起不稳定。消除弱阻尼零点也会引起问题，这是因为在暂态过程中，对应的模态将会振荡，这是我们不希望的。另一缺点是，求极限过程（$\rho\to 0$）在实现完整恢复的同时，还会引起高增益，这样可能导致出现未建模动态特性。鉴于上述缺点，通常并不强求恢复算法达到极限（$\rho\to 0$）以获得完整恢复，而是得出一组设计（对于较小的 ρ 值），并从中选取一个可接受的设计。由此可以获得一个特定的设计方法，在该方法中，回路传递函数 $G(s)K_{\mathrm{LQG}}(s)$ 或 $K_{\mathrm{LQG}}(s)G(s)$ 的奇异值被间接整形。9.4节将介绍一种更直接、更有吸引力的多变量回路整形方法。

9.3 $\mathcal{H}_2$ 与 $\mathcal{H}_\infty$ 控制

鉴于 LQG 控制存在的种种缺点，在 20 世纪 80 年代人们的关注点更多地转向了 $\mathcal{H}_\infty$ 最优鲁棒控制。这一趋势源自 Zames(1981)的颇具影响力的工作，虽然 Helton(1976)更早将 $\mathcal{H}_\infty$ 优化应用于工程领域。Zames 指出，LQG 的鲁棒性能较差的原因可归咎于采用 $\mathcal{H}_2$ 范数表述的积分判据；他还批判道，采用白噪声过程表示不确定扰动通常是不符合事实的。随着 $\mathcal{H}_\infty$ 理论的发展，人们发现 $\mathcal{H}_2$ 控制与 $\mathcal{H}_\infty$ 控制之间的关联远比以前想象的密切，特别是在求解过程方面，具体可参阅 Glover 与 Doyle(1988)的论著，以及 Doyle 等(1989)的论著。本节将从控制问题的一般形式化描述开始，所有具有实际意义的 $\mathcal{H}_2$ 与 $\mathcal{H}_\infty$ 优化都可转化为该形式；然后描述一般性的 $\mathcal{H}_2$ 和 $\mathcal{H}_\infty$ 问题以及一些特定和典型的控制问题。本节不打算详细介绍数学求解过程，因为求解这类问题的高效商业软件很容易获得，而尽可能解释清楚一些有用的问题描述，读者今后可能会用到它们，或加以修改后适用所面临的应用问题。

9.3.1 控制问题的一般描述

有许多方法可将反馈设计问题描述为 $\mathcal{H}_2$ 与 $\mathcal{H}_\infty$ 优化问题，因此寻求一个可处理任意特定问题的标准问题描述方法非常有意义。图 9.8 所示的一般构成即可给出这种描述，该系统曾在第 3 章讨论过，它可以描述为

$$\begin{bmatrix} z \\ v \end{bmatrix} = P(s)\begin{bmatrix} w \\ u \end{bmatrix} = \begin{bmatrix} P_{11}(s) & P_{12}(s) \\ P_{21}(s) & P_{22}(s) \end{bmatrix}\begin{bmatrix} w \\ u \end{bmatrix} \tag{9.24}$$

$$u = K(s)v \tag{9.25}$$

其中广义对象 P 的状态空间实现为

$$P \stackrel{S}{=} \left[\begin{array}{c|cc} A & B_1 & B_2 \\ \hline C_1 & D_{11} & D_{12} \\ C_2 & D_{21} & D_{22} \end{array}\right] \tag{9.26}$$

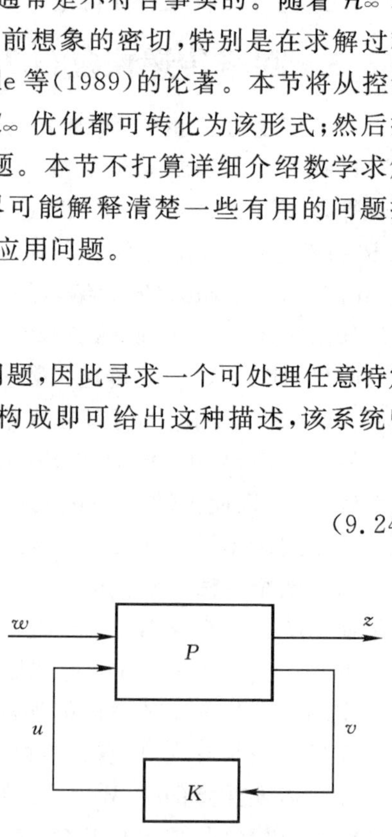

图 9.8 一般控制构成

涉及的信号有：u —控制变量；v—量测变量；w—外部信号，如扰动 w_d 和指令 r；z—所谓的“误差”信号，需要在某种意义上将其最小化以满足控制目标。如式(3.114)所示，从 w 到 z 的传递函数可由线性分式变换

给出

$$z = F_l(P,K)w \tag{9.27}$$

其中

$$F_l(P,K) = P_{11} + P_{12}K(I - P_{22}K)^{-1}P_{21} \tag{9.28}$$

$\mathcal{H}_2$ 与 $\mathcal{H}_\infty$ 控制分别要求将 $F_l(P,K)$ 的 $\mathcal{H}_2$ 与 $\mathcal{H}_\infty$ 范数最小化。后面将依次讨论这两种控制方式。

首先对用于求解这类问题的算法做些说明。最具一般性、最易获取，且被广泛应用的 $\mathcal{H}_2$ 与 $\mathcal{H}_\infty$ 控制算法以 Glover 与 Doyle(1988)，以及 Doyle 等(1989)提出的状态空间解为基础。值得再次提出的是，$\mathcal{H}_2$ 与 $\mathcal{H}_\infty$ 理论之间的相似性在以上提及的算法中表现最为明显。例如，$\mathcal{H}_2$ 与 $\mathcal{H}_\infty$ 都需要求解两个 Riccati 方程，它们都给出了与广义对象 P 具有相同状态维数的控制器，而且正像在 LQG 控制中看到的那样，二者给出的控制器都具有分离结构。9.3.4 节将概述一种求解 $\mathcal{H}_\infty$ 控制问题的算法。

通常对 $\mathcal{H}_2$ 与 $\mathcal{H}_\infty$ 问题作以下假设：

(A1) (A,B_2,C_2) 可镇定，且可检测；

(A2) D_{12} 和 D_{21} 满秩；

(A3)对于所有 ω，$\begin{bmatrix} A-\mathrm{j}\omega I & B_2 \\ C_1 & D_{12} \end{bmatrix}$ 列满秩；

(A4)对于所有 ω，$\begin{bmatrix} A-\mathrm{j}\omega I & B_1 \\ C_2 & D_{21} \end{bmatrix}$ 行满秩；

(A5) $D_{11}=0$，且 $D_{22}=0$；

假设(A1)是为确保存在镇定控制器 K；假设(A2)是为确保控制器为真且可实现；假设(A3)和(A4)保证最优控制器并不企图消除虚轴上的极点或零点，该消除操作将导致闭环系统不稳定；假设(A5)在 $\mathcal{H}_2$ 控制中较为常见，$D_{11}=0$ 使得 P_{11} 严格真，请注意 $\mathcal{H}_2$ 是稳定且严格真传递函数的集合；假设 $D_{22}=0$ 在不失一般性的前提下，简化了 $\mathcal{H}_2$ 算法的公式，这是因为当 $D_{22}\neq 0$ 时，可以得到替代控制器 $K_D = K(I + D_{22}K)^{-1}$ (Zhou et al.，1996；p. 317)。$\mathcal{H}_\infty$ 算法既不要求 $D_{11}=0$，也不要求 $D_{22}=0$，但二者的确可以简化算法公式。如果这两个量不等于零，可以构造得到一个等价的 $\mathcal{H}_\infty$ 问题，请参阅 Safonov 等(1989)、Green 与 Limebeer(1995)的论著。为简单起见，有时还对 D_{12} 和 D_{21} 作如下假设：

(A6) $D_{12}=\begin{bmatrix} 0 \\ I \end{bmatrix}$，且 $D_{21}=\begin{bmatrix} 0 & I \end{bmatrix}$；

不失一般性，这可以通过对 u 和 v 作尺度变换，并对 w 和 z 作酉变换而实现，可参阅 Maciejowski(1989)的论著。此外，为简化描述，有时还作以下附加假设：

(A7) $D_{12}^{\mathrm{T}}C_1=0$，且 $B_1D_{21}^{\mathrm{T}}=0$；

(A8) (A,B_1) 可镇定，且 (A,C_1) 可检测。

假设(A7)在 $\mathcal{H}_2$ 控制中是共有的，例如在 LQG 问题的代价函数中没有交叉项($D_{12}^{\mathrm{T}}C_1=0$)，而且过程噪声和量测噪声不相关($B_1D_{21}^{\mathrm{T}}=0$)。请注意，如果(A7)成立，则(A3)和(A4)可由(A8)替代。

虽然上述假设看起来可能难以满足，但大多数精心提出的控制问题都满足这些假设。因此，如果相关软件(如 Matlab 中的鲁棒控制工具箱)不能正常工作，这说明控制问题可能描述不当，需要重新考虑。

最后需要申明的是，$\mathcal{H}_\infty$ 算法通常只能找到一个次优控制器；也就是说，对于指定的 γ，找到一个满足 $\|F_l(P,K)\|_\infty < \gamma$ 的镇定控制器。如果需要一个最优控制器，那么可以反复使用该算法以减小 γ 值，直至得到一个给定容忍范围内的最小值。一般情况下，找到一个最优 $\mathcal{H}_\infty$ 控制器所需要的理论分析和数值计算都非常复杂，这与 $\mathcal{H}_2$ 理论形成了显著对比，后者的最优控制器是唯一的，且只需求解两个 Riccati 方程便可得到。

9.3.2 $\mathcal{H}_2$最优控制

标准的 $\mathcal{H}_2$ 最优控制问题要求找到一个镇定控制器 K，使得如下函数达到最小：

$$\|F(s)\|_2 = \sqrt{\frac{1}{2\pi}\int_{-\infty}^{\infty}\operatorname{tr}[F(j\omega)F(j\omega)^H]d\omega};\ F \triangleq F_l(P,K) \tag{9.29}$$

对于一个特定问题，广义对象 P 包括对象模型、互连结构、设计者指定的权函数等。下一小节将针对 LQG 问题对此进行说明。

回顾 4.10.1 节的讨论内容，并注意到附录 A.5 节的表 A.1 和表 A.2，可以为 $\mathcal{H}_2$ 范数给出不同的确定性解释。此外，它还具有如下随机性解释：假定在一般控制构成中，外部输入 w 是一具有单位强度的白噪声，即

$$E\{w(t)w(\tau)^T\} = I\delta(t-\tau) \tag{9.30}$$

那么误差信号 z 的期望功率可由下式给出

$$E\left\{\lim_{T\to\infty}\frac{1}{2T}\int_{-T}^{T}z(t)^Tz(t)dt\right\} = \operatorname{tr}E\{z(t)z(t)^T\} \tag{9.31}$$

$$= \frac{1}{2\pi}\int_{-\infty}^{\infty}\operatorname{tr}[F(j\omega)F(j\omega)^H]d\omega = \|F\|_2^2 = \|F_l(P,K)\|_2^2 \text{（根据 Parseval 定理）} \tag{9.32}$$

由此通过最小化 $\mathcal{H}_2$ 范数，使得广义系统针对单位强度白噪声输入的输出（或误差）功率达到最小，这样便将 z 的均方根(rms)值最小化。

9.3.3 LQG：一种特殊的$\mathcal{H}_2$最优控制器

$\mathcal{H}_2$ 最优控制的一个重要特例就是 9.2.1 节描述的 LQG 问题。对于随机系统

$$\dot{x} = Ax + Bu + w_d \tag{9.33}$$

$$y = Cx + w_n \tag{9.34}$$

其中

$$E\left\{\begin{bmatrix} w_d(t) \\ w_n(t) \end{bmatrix}\begin{bmatrix} w_d(\tau)^T & w_n(\tau)^T \end{bmatrix}\right\} = \begin{bmatrix} W & 0 \\ 0 & V \end{bmatrix}\delta(t-\tau) \tag{9.35}$$

LQG 问题的目的是寻找 $u = K(s)y$，使得

$$J = E\left\{\lim_{T\to\infty}\frac{1}{T}\int_0^T[x^TQx + u^TRu]dt\right\} \tag{9.36}$$

达到最小。其中，$Q = Q^T \geqslant 0$，$R = R^T > 0$。

按照如下方式，该问题可以转化为一般框架下的 $\mathcal{H}_2$ 优化问题。定义误差信号

$$z = \begin{bmatrix} Q^{1/2} & 0 \\ 0 & R^{1/2} \end{bmatrix}\begin{bmatrix} x \\ u \end{bmatrix} \tag{9.37}$$

并将随机输入 w_d，w_n 表示为

$$\begin{bmatrix} w_d \\ w_n \end{bmatrix} = \begin{bmatrix} W^{1/2} & 0 \\ 0 & V^{1/2} \end{bmatrix} w \tag{9.38}$$

其中，w 是一具有单位强度的白噪声过程。那么 LQG 代价函数为

$$J = E\left\{\lim_{T\to\infty}\frac{1}{T}\int_0^T z(t)^{\mathrm{T}} z(t)\mathrm{d}t\right\} = \| F_l(P,K) \|_2^2 \tag{9.39}$$

其中

$$z(s) = F_l(P,K)w(s) \tag{9.40}$$

而广义对象 P 由下式给出：

$$P = \begin{bmatrix} P_{11} & P_{12} \\ P_{21} & P_{22} \end{bmatrix} \stackrel{S}{=} \left[\begin{array}{c|cc|c} A & W^{1/2} & 0 & B \\ \hline Q^{1/2} & 0 & 0 & 0 \\ 0 & 0 & 0 & R^{1/2} \\ \hline C & 0 & V^{1/2} & 0 \end{array}\right] \tag{9.41}$$

上述 LQG 问题的形式化描述可用图 9.9 中的一般框架来说明。在对 LQG 问题作标准假设后，将一般 $\mathcal{H}_2$ 公式（Doyle et al.，1989）应用于该问题描述，可以得到大家熟悉的式(9.17)所示的 LQG 最优控制器。

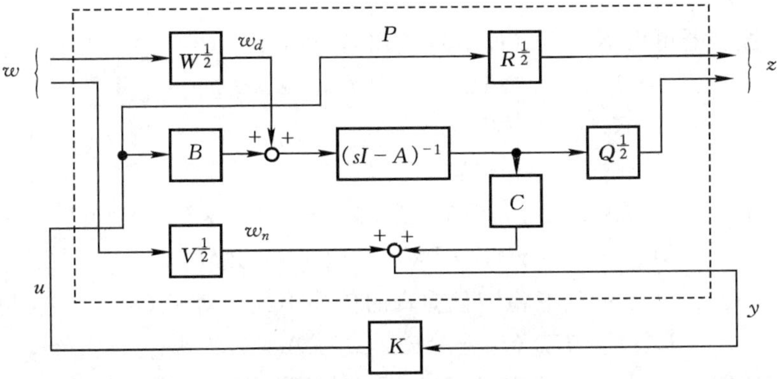

图 9.9 在一般控制构成中形式化描述的 LQG 问题

9.3.4 $\mathcal{H}_\infty$最优控制

参照图 9.8 所示的一般控制构成，标准 $\mathcal{H}_\infty$ 最优控制问题就是寻找所有能够将

$$\| F_l(P,K) \|_\infty = \max_\omega \bar{\sigma}(F_l(P,K)(\mathrm{j}\omega)) \tag{9.42}$$

最小化的镇定控制器 K。正如 4.10.2 节讨论的那样，根据性能要求，$\mathcal{H}_\infty$ 范数具有多种解释。一种解释就是最小化 $F_l(P(\mathrm{j}\omega),K(\mathrm{j}\omega))$ 的最大奇异值的峰值；它还有一种时间域解释，即诱导(最坏情况下的)2 范数。设 $z = F_l(P,K)w$，那么

$$\| F_l(P,K) \|_\infty = \max_{w(t)\neq 0} \frac{\| z(t) \|_2}{\| w(t) \|_2} \tag{9.43}$$

其中，$\| z(t) \|_2 = \sqrt{\int_0^\infty \sum_i | z_i(t) |^2 \mathrm{d}t}$ 为向量信号的 2 范数。

实际上，一般没必要追求 $\mathcal{H}_\infty$ 问题的最优控制器，而且设计一个次优控制器（即在 $\mathcal{H}_\infty$ 范

数意义下接近最优控制器)在数值计算(理论分析)方面通常较为简单。设 $\gamma_{\min}$ 是 $\|F_l(P,K)\|_\infty$ 相对于所有镇定控制器 K 的最小值,那么 $\mathcal{H}_\infty$ 次优控制问题就是:给定一个 $\gamma>\gamma_{\min}$,寻找所有满足

$$\|F_l(P,K)\|_\infty<\gamma$$

的镇定控制器 K。采用 Doyle 等(1989)提出的算法可以高效求解该问题,通过迭代减小 γ,可以获得一个近似最优的解。后面概述了该算法,并给出了所有简化假设。

一般 $\mathcal{H}_\infty$ 算法。对于式(9.24)~(9.26)描述的,由图 9.8 给出的一般控制构成,在作出 9.3.1 节所列(A1)~(A8)的假设后,存在一个镇定控制器 $K(s)$,使得 $\|F_l(P,K)\|_\infty<\gamma$,当且仅当

(i) $X_\infty\geqslant 0$ 是如下代数 Riccati 方程的一个解:

$$A^{\mathrm{T}}X_\infty+X_\infty A+C_1^{\mathrm{T}}C_1+X_\infty(\gamma^{-2}B_1B_1^{\mathrm{T}}-B_2B_2^{\mathrm{T}})X_\infty=0 \tag{9.44}$$

使得 $\mathrm{Re}\,\lambda_i[A+(\gamma^{-2}B_1B_1^{\mathrm{T}}-B_2B_2^{\mathrm{T}})X_\infty]<0,\ \forall i$;

(ii) $Y_\infty\geqslant 0$ 是如下代数 Riccati 方程的一个解:

$$AY_\infty+Y_\infty A^{\mathrm{T}}+B_1B_1^{\mathrm{T}}+Y_\infty(\gamma^{-2}C_1^{\mathrm{T}}C_1-C_2^{\mathrm{T}}C_2)Y_\infty=0 \tag{9.45}$$

使得 $\mathrm{Re}\,\lambda_i[A+Y_\infty(\gamma^{-2}C_1^{\mathrm{T}}C_1-C_2^{\mathrm{T}}C_2)]<0,\forall i$;

(iii) $\rho(X_\infty Y_\infty)<\gamma^2$。

所有这样的控制器可由 $K=F_l(K_c,Q)$ 给出,其中,

$$K_c(s)\stackrel{S}{=}\left[\begin{array}{c|cc}A_\infty & -Z_\infty L_\infty & Z_\infty B_2\\ \hline F_\infty & 0 & I\\ -C_2 & I & 0\end{array}\right] \tag{9.46}$$

$$F_\infty=-B_2^{\mathrm{T}}X_\infty,\ L_\infty=-Y_\infty C_2^{\mathrm{T}},\ Z_\infty=(I-\gamma^{-2}Y_\infty X_\infty)^{-1} \tag{9.47}$$

$$A_\infty=A+\gamma^{-2}B_1B_1^{\mathrm{T}}X_\infty+B_2F_\infty+Z_\infty L_\infty C_2 \tag{9.48}$$

而 $Q(s)$ 是满足 $\|Q\|_\infty<\gamma$ 的任意稳定且为真的传递函数。对于 $Q(s)=0$,可得

$$K(s)=K_{c11}(s)=-F_\infty(sI-A_\infty)^{-1}Z_\infty L_\infty \tag{9.49}$$

它被称为"中心"控制器,并且与广义对象 $P(s)$ 具有相同的状态个数。该中心控制器可以分离为一个具有如下形式的状态估计器(观测器)

$$\dot{\hat{x}}=A\hat{x}+B_1\underbrace{\gamma^{-2}B_1^{\mathrm{T}}X_\infty\hat{x}}_{\hat{w}_{\mathrm{worst}}}+B_2u+Z_\infty L_\infty(C_2\hat{x}-y) \tag{9.50}$$

和一个状态反馈

$$u=F_\infty\hat{x} \tag{9.51}$$

通过比较式(9.50)中的观测器和式(9.14)中的 Kalman 滤波器可以看出,前者包含了一个附加项 $B_1\hat{w}_{\mathrm{worst}}$,其中 $\hat{w}_{\mathrm{worst}}$ 可以解释为最坏情况下扰动(外部输入)的估计。注意,对于 $\mathcal{H}_\infty$ 回路整形这一特殊情况,不存在该附加项,这将在 9.4.4 节进行讨论。

γ 迭代。如果期望获得一个能够在指定的容许范围内接近 $\gamma_{\min}$ 的控制器,那么可以对 γ 进行二分,直到其取值足够精确。上述结果可以对每个 γ 值进行测试,以确定它小于还是大于 $\gamma_{\min}$。

给定(A1)~(A8)的所有假设,上述方法即为一般 $\mathcal{H}_\infty$ 算法的最简单形式。对于放松某些假设的更一般情况,读者可参阅原始文献(Glover and Doyle,1988)。在实际中,我们期望用户

使用诸如 Matlab 及其工具箱这样的商业软件。

2.8 节曾对 $\mathcal{H}_\infty$ 控制器设计的两种方法论作过区分，它们是传递函数整形法和基于信号的方法。在前者中，$\mathcal{H}_\infty$ 优化用来在频域对指定传递函数的奇异值进行整形。对于最大奇异值，整形是相对容易的，只要强制它们位于用户定义的边界线之下，从而确保理想的带宽和衰减率。对于给定的一组外部输入信号，基于信号的方法尽可能最小化某些误差信号中的能量。这里的外部输入信号可能包括代表不确定性的摄动输出，常见的扰动、噪声和指令信号。本节的剩余部分将再次讨论这两种方法，对于每种方法，我们将考察一个特定问题，并在一般控制构成下对其进行形式化描述。

$\mathcal{H}_\infty$ 控制问题有时会遇到一个困难，即选择合适的权函数使得 $\mathcal{H}_\infty$ 最优控制器能够对各频段内相互冲突的目标进行良好的折衷。因此对于实际设计，有时推荐对 $\mathcal{H}_\infty$ 算法只进行少量迭代，原因是一次迭代后获得的初始设计与 $\mathcal{H}_2$ 设计类似，能够对各个频段进行折衷。因此，在达到最优值之前终止迭代可以给出具有 $\mathcal{H}_2$ 特性的设计，而且它可能满足要求。

9.3.5 混合灵敏度$\mathcal{H}_\infty$控制

混合灵敏度是对一类传递函数整形问题的称呼，这类问题对灵敏度函数 $S=(I+GK)^{-1}$ 以及一个或多个其它闭环传递函数，如 KS 或互补灵敏度函数 $T=I-S$ 进行整形。在本章前文通过考察图 9.1 所示的典型单自由度构成，非常清楚地看到了 S、KS 和 T 的重要性。

现在假设我们面临一个调节器问题，期望抑制施加在对象输出端的扰动 d，并假定量测噪声相对较小。对于该问题，跟踪不存在困难，因此只需要在单自由度构成中，对闭环传递函数 S 和 KS 进行整形。请注意，S 是扰动 d 和输出之间的传递函数，而 KS 是 d 和控制信号之间的传递函数。将 KS 作为一种限制控制器大小和带宽，从而限制所用控制能量的机制是很重要的。此外，对于由加性对象摄动建模的不确定性所对应的鲁棒稳定性，KS 的大小也很重要；具体可见 8.6.1 节中的式(8.53)。

典型情况下，扰动 d 是低频信号，因此如果使得 S 的最大奇异值在相同的低频段较小，则能成功抑制 d。为做到这一点，可以选择一个与扰动 d 具有相同带宽的标量低通滤波器 $w_1(s)$，然后寻找一个镇定控制器，将 $\|w_1S\|_\infty$ 最小化。该代价函数自身并不实用，它仅着眼于一个闭环传递函数，对于没有 RHP 零点的对象，相应最优控制器的增益无穷大。对于存在非最小相位零点的情况，稳定性的需求可以间接限制控制器的增益。但在实际中，最小化

$$\left\|\begin{bmatrix} w_1S \\ w_2KS \end{bmatrix}\right\|_\infty \tag{9.52}$$

更有意义。其中，$w_2(s)$ 是标量高通滤波器，其穿越频率近似等于期望的闭环带宽。

一般情况下，可用矩阵 $W_1(s)$ 和 $W_2(s)$ 代替标量权函数 $w_1(s)$ 和 $w_2(s)$。该操作对具有不同带宽通道的系统是有用的，这时推荐使用对角权矩阵。然而，其它更复杂的操作通常就得不偿失了。

注：这里总结了一种从例 2.17 和 3.5.7 节所示方案中选择权函数的替换方法。该方法选择 $W_1=W_P$，且穿越频率等于期望的闭环带宽，并将 $W_2=W_u$ 选为常值，通常 $W_u=I$。

为弄清如何在一般框架中对这种混合灵敏度问题进行形式化描述，可将扰动 d 想象为单个外部输入，并定义误差信号 $z=[z_1^{\mathrm{T}}\quad z_2^{\mathrm{T}}]^{\mathrm{T}}$，其中 $z_1=W_1y$，$z_2=-W_2u$，具体可参见图

9.10。由图 9.10 不难看出，正如所需要的那样，$z_1 = W_1 S w$，$z_2 = W_2 K S w$，并可确定广义对象 P 的元素为

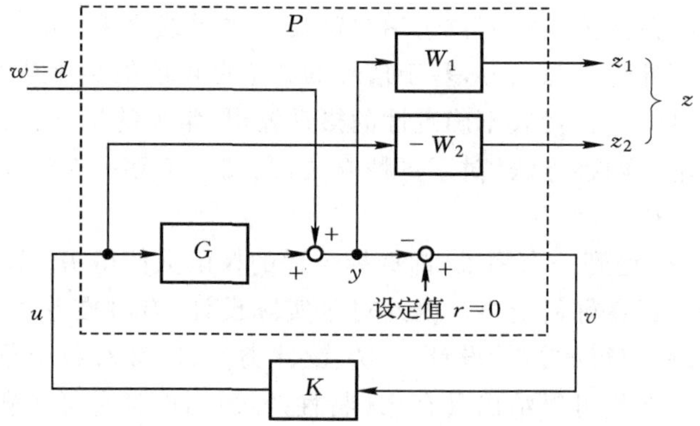

图 9.10 采用标准形式的 S/KS 混合灵敏度优化(调节)

$$P_{11} = \begin{bmatrix} W_1 \\ 0 \end{bmatrix} \quad P_{12} = \begin{bmatrix} W_1 G \\ -W_2 \end{bmatrix}$$

$$P_{21} = -I \qquad P_{22} = -G \tag{9.53}$$

其中，划分满足

$$\begin{bmatrix} z_1 \\ z_2 \\ \cdots \\ v \end{bmatrix} = \begin{bmatrix} P_{11} & P_{12} \\ P_{21} & P_{22} \end{bmatrix} \begin{bmatrix} w \\ u \end{bmatrix} \tag{9.54}$$

并且

$$F_l(P, K) = \begin{bmatrix} W_1 S \\ W_2 K S \end{bmatrix} \tag{9.55}$$

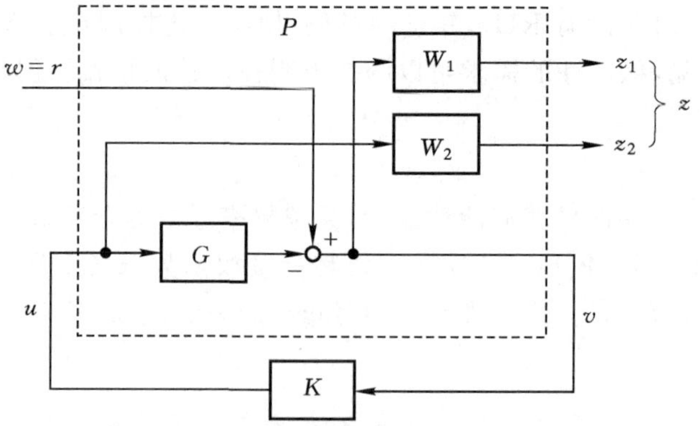

图 9.11 采用标准形式的 S/KS 混合灵敏度最小化(跟踪)

如图 9.11 所示的标准控制构成，可对 S/KS 混合灵敏度优化进行另一种解释。这里考

虑跟踪问题,外部输入为参考指令 r,误差信号为 $z_1=-W_1e=W_1(r-y)$,$z_2=W_2u$。如同图 9.10 所示的调节问题,在该跟踪问题中,$z_1=W_1Sw$,$z_2=W_2KSw$。第 13 章将给出一个采用 S/KS 混合灵敏度最小化的例子,它利用该方法设计旋翼飞机的控制律。在这个直升机问题中,读者将会看到,外部输入 w 在对系统施加影响之前需先通过权函数 W_3。选择 W_3 的目的是对输入信号进行加权,而不直接对 S 和 KS 进行整形。根据基于信号的方法选择权函数将是下一小节讨论的主题。

另外一个有用的混合灵敏度优化问题也需在单自由度框架中描述,其目的是求取一个最小化

$$\left\|\begin{bmatrix}W_1S\\W_2T\end{bmatrix}\right\|_\infty \tag{9.56}$$

的镇定控制器。

对于跟踪和噪声衰减问题,我们期望具有对 T 进行整形的能力,该能力对于对象输出端乘性摄动所对应的鲁棒稳定性也很重要。如图 9.12 所示,S/T 混合灵敏度最小化问题能够用标准控制构成描述,相应广义对象 P 的元素为

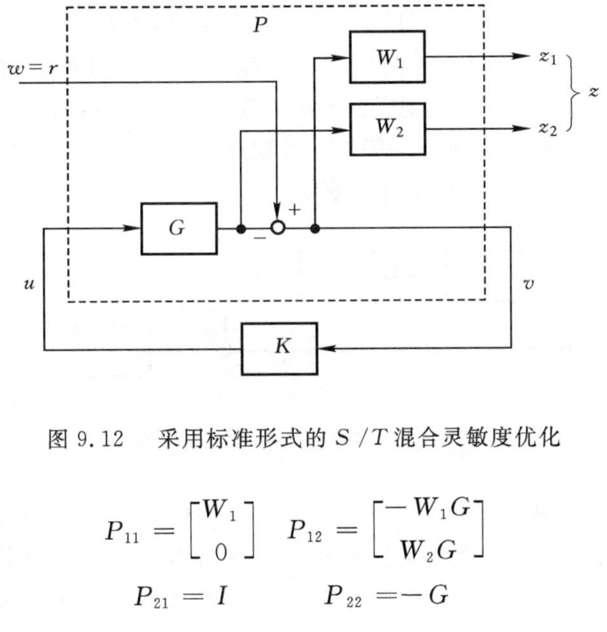

图 9.12 采用标准形式的 S/T 混合灵敏度优化

$$P_{11}=\begin{bmatrix}W_1\\0\end{bmatrix}\quad P_{12}=\begin{bmatrix}-W_1G\\W_2G\end{bmatrix}$$
$$P_{21}=I\qquad P_{22}=-G \tag{9.57}$$

习题 9.6* 对于代价函数

$$\left\|\begin{bmatrix}W_1S\\W_2T\\W_3KS\end{bmatrix}\right\|_\infty \tag{9.58}$$

形式化描述一个标准问题,画出相应的控制构成,并给出广义对象 P 的表达式。

正如前面所述,闭环传递函数整形问题具有“堆叠”形式的代价函数,当面临的代价函数多于两个时,该问题将变得难以处理。对于两个函数,处理过程相对容易。它们所要求的带宽通常是互补的,且简单稳定,低通和高通滤波器就足以完成要求的整形和折衷。需要强调的是,混合灵敏度 $\mathcal{H}_\infty$ 优化控制中所有的权函数 W_i 必须是稳定的。如果不稳定,就不能满足 9.3.1

节中的假设(A1),那么一般 $\mathcal{H}_\infty$ 算法就无法使用。因此,如果希望采用包含积分作用的项对 S 进行加权,使其在低频段达到最小,必须使用 $1/(s+\varepsilon)$ 近似 $1/s$,其中 $\varepsilon \ll 1$;这正是例 2.17 所采用的做法。类似地,人们可能希望采用非真权函数对 KS 加权以保证 K 在系统带宽之外较小,但是标准假设不允许这样的权函数。一个技巧就是采用 $(1+\tau_1 s)/(1+\tau_2 s)$ 替换形如 $(1+\tau_1 s)$ 的非真项,其中 $\tau_2 \ll \tau_1$。关于在 $\mathcal{H}_\infty$ 控制中采用"不稳定"、"非真"权函数所涉及技巧的有益讨论,可以参看 Meinsma(1995)的论著。

对于其它更复杂的问题,除了给出关于需要最小化的多个信号、需要鲁棒化的各类对象摄动的信息,还可能会给出与多个外部信号有关的信息。混合灵敏度方法一般不能解决这类问题,必须寻求其它更先进的方法,比如下一小节讨论的基于信号的方法。

9.3.6 基于信号的 $\mathcal{H}_\infty$ 控制

基于信号的控制器设计方法具有一般性,而且适于解决需要同时考虑多个目标的多变量问题。在该方法中,需要对对象、可能的模型不确定性、影响系统的外部信号类别,以及希望保持较小值的误差信号范数进行定义,其关注点也已从所选闭环传递函数的大小和带宽转移到信号的大小。

权函数被用来描述期望或已知的外部信号的频率含量,以及期望的误差信号的频率含量。如果采用摄动对不确定性进行建模,也需用到权函数。如图 9.13 所示,其中 G 是标称模型,W 是在频域捕获模型相对真实度的权函数,Δ 表示未建模动态特性,通常利用 W 将其标准化,使得 $\|\Delta\|_\infty < 1$,详见第 8 章。为保证一般 $\mathcal{H}_\infty$ 算法的适用性,与混合灵敏度 $\mathcal{H}_\infty$ 控制相同,基于信号的 $\mathcal{H}_\infty$ 控制中的权函数必须稳定且为真。

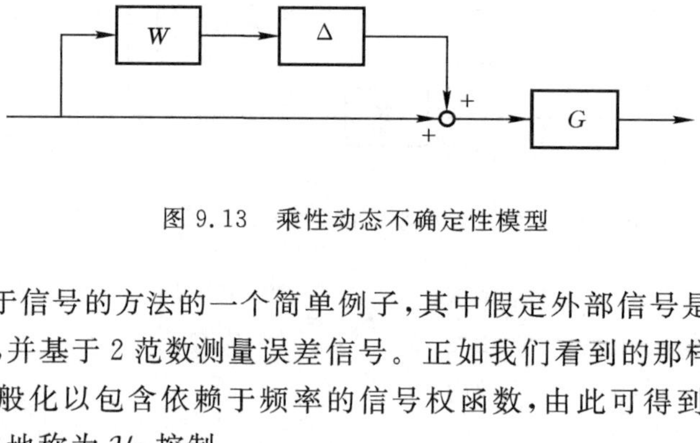

图 9.13 乘性动态不确定性模型

LQG 控制是基于信号的方法的一个简单例子,其中假定外部信号是随机的(或者确定性框架中的脉冲信号),并基于 2 范数测量误差信号。正如我们看到的那样,权 Q 和 R 为常值,然而还可将 LQG 一般化以包含依赖于频率的信号权函数,由此可得到有时被称为 Wiener-Hopf 的设计,或简单地称为 $\mathcal{H}_2$ 控制。

当考虑系统对不同频率的持续正弦信号的响应,或外部输入信号和误差信号之间的诱导 2 范数时,都需最小化 $\mathcal{H}_\infty$ 范数。在不存在模型不确定性的情况下,似乎并不必要采用 $\mathcal{H}_\infty$ 范数而放弃更传统的 $\mathcal{H}_2$ 范数。然而当需处理不确定性时,$\mathcal{H}_\infty$ 可采用如图 9.13 所示的组件不确定性模型,显然更适合这类问题。

图 9.14 所示互连图给出了采用基于信号的 $\mathcal{H}_\infty$ 控制方法求解的一个典型问题。其中,G 和 G_d 分别是对象和扰动动态特性的标称模型;K 是要设计的控制器;权函数 W_d、W_i 和 W_n 可以是定常或者动态的,分别用来描述扰动、设定点和噪声的相对重要性以及(或)频率含量;权函数 W_{ref} 是期望的加权设定点 r_s 和实际输出 y 之间的闭环传递函数;权函数 W_e 和 W_u 分别反

映了期望的误差（$y-y_{\text{ref}}$）和控制信号 u 的频率含量。通过定义图 9.8 所示一般框架下中的

$$w=\begin{bmatrix}d\\r\\n\end{bmatrix}\quad z=\begin{bmatrix}z_1\\z_2\end{bmatrix}$$
$$v=\begin{bmatrix}r_s\\y_m\end{bmatrix}\quad u=u \tag{9.59}$$

可将该问题看作一般控制构成中的标准 $\mathcal{H}_\infty$ 优化问题。

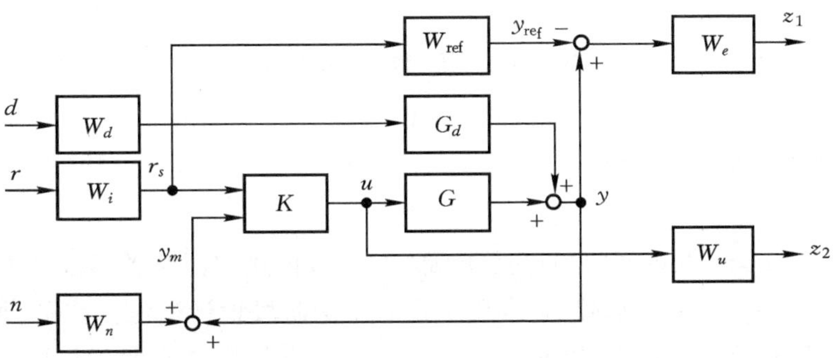

图 9.14 基于信号的$\mathcal{H}_\infty$控制问题

现在假定在对象输入端引入乘性动态不确定模型，具体如图 9.15 所示。现在希望求解的问题是，寻找一个镇定控制器 K，使得 w 和 z 间传递函数的 $\mathcal{H}_\infty$ 范数对于所有的 Δ 都小于 1，其中 $\|\Delta\|_\infty<1$。在该表述中，我们已假定信号权函数已经把外部输入信号的 2 范数标准化为单位值。该问题不是一个标准的 $\mathcal{H}_\infty$ 优化问题，而是一个鲁棒性能问题。对于该问题，可以应用第 8 章讨论的 μ 综合方法。在数学上，我们要求结构化奇异值满足

$$\mu(M(\mathrm{j}\omega))<1,\quad \forall\omega \tag{9.60}$$

其中，M 是

$$\begin{bmatrix}d\\r\\n\\\delta\end{bmatrix}\quad 与 \quad\begin{bmatrix}z_1\\z_2\\\varepsilon\end{bmatrix} \tag{9.61}$$

之间的传递函数矩阵，并且相关的分块对角摄动有两个块，一个是 $[d^{\mathrm{T}}\quad r^{\mathrm{T}}\quad n^{\mathrm{T}}]^{\mathrm{T}}$ 与 $[z_1^{\mathrm{T}}\quad z_2^{\mathrm{T}}]^{\mathrm{T}}$ 之间的虚拟性能块，另一个是 u_Δ 与 y_Δ 之间的不确定性块 Δ。虽然结构化奇异值是一种评估设计的有用分析工具，μ 综合有时却难以应用，而且对于待解决的实际问题来说，往往过于复杂。对于其完全一般化形式，μ 综合问题在数学上还没有得到解决。即使存在解，相应控制器的阶数也趋向于一个非常高的值，而且算法还可能不收敛。此外，有时难以直接形式化描述相应的设计问题。

对于许多工业控制问题，通常需要一种比混合灵敏度 $\mathcal{H}_\infty$ 控制更灵活，但又不像 μ 综合问题那么复杂的设计方法。为简单起见，它应以经典的回路整形思想为基础，而且不应像 LTR 方法那样，应用范围非常有限。下一节将提出一种满足以上要求的控制器设计方法。

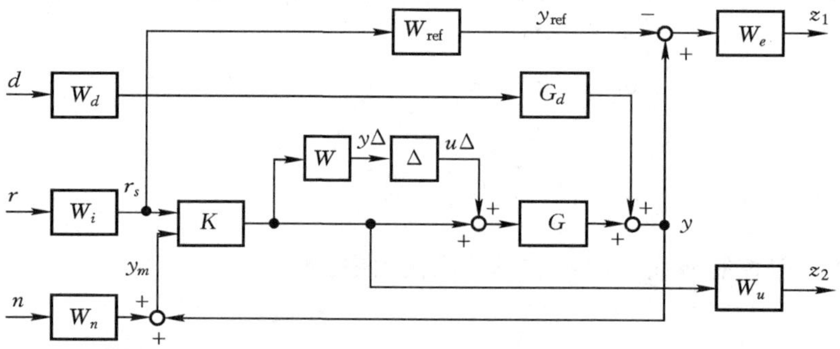

图 9.15 $\mathcal{H}_\infty$ 鲁棒性能问题

9.4 $\mathcal{H}_\infty$回路整形设计

正如 McFarlane 与 Glover(1990)提出的那样,本节描述的回路整形设计方法以结合了经典回路整形的 $\mathcal{H}_\infty$ 鲁棒镇定为基础,它本质上是一个两阶段设计过程。首先,通过设置前置或后置补偿器对开环对象进行扩展,以使开环频率响应的奇异值具有期望的形状。该操作以初始的控制器设计为基础,然后利用 $\mathcal{H}_\infty$ 优化技术,针对一类常见的互质因子不确定性,将得到的整形对象(初始回路形状)鲁棒地镇定("鲁棒化")。

它的一个重要优点是,在第二步中不需要对依赖于问题的不确定性进行建模,也不涉及选择权函数。

本节将从描述 $\mathcal{H}_\infty$ 鲁棒镇定问题(Glover and McFarlane,1989)开始,它是一个特别易于求解的问题,这是因为求解过程不需要 γ 迭代,而且可用显示表达式表示相应的控制器,这个表达式相对简单,后面将对其进行全面介绍。

随后逐步介绍 $\mathcal{H}_\infty$ 回路整形设计方法。这种系统方法源自 Hyde(1991)的博士论文,已经成功地应用于多个工业问题。该方法综合了一个本质上为单自由度的控制器,但如果对指令跟踪有严格要求,这将是一个不足。然而,正像 Limebeer 等人(1993)所指出的,该方法可以通过在控制器中引入第二个自由度,并将其形式化描述为一个标准 $\mathcal{H}_\infty$ 优化问题而得到扩展,后者容许在鲁棒镇定和闭环模型匹配之间进行折衷。后面将对这个两自由度扩展形式进行描述,并进一步证明这种控制器具有一个基于观测器的特殊结构,该结构在控制器实现方面有很多优点。

9.4.1 鲁棒镇定

对于多变量系统,当为每个通道(或回路)定义鲁棒稳定性,且每次只考察一个通道时,经典的增益和相位裕量都不再是可靠的鲁棒稳定性指标,这是因为这些指标无法处理多个回路并发摄动的情况;具体请参阅 3.7.1 节自旋卫星的例子。为正确表示不确定性,我们需要更一般的摄动,如 9.2.2 节讨论过的 $\mathrm{diag}\{k_i\}$ 和 $\mathrm{diag}\{e^{j\theta_i}\}$,但这些摄动也是有限的。正如在第 8 章所看到的,当前的普遍做法是采用范数有界的稳定动态(复数)矩阵摄动对不确定性进行建模。对于单个摄动,相应的鲁棒性试验测试闭环传递函数的最大奇异值。然而,使用单个稳定摄动，将限定原始对象和摄动对象模型具有相同数目的不稳定极点或不稳定(RHP)零点。为克服这个问题，可以利用两个稳定的摄动，分别施加在对象互质分解的每个因子上，具体可见8.6.2节。虽然这种不确定性描述似乎有些不切实际，与其它方法相比，也更难理解，但事实上该描述是相当通用的，它可以导出一个非常有意义的 $\mathcal{H}_\infty$ 鲁棒镇定问题，这为达到我们的目的提供了方便。在介绍该问题之前，首先回顾一下式(8.62)给出的不确定性模型。

我们将考虑对象 G 的镇定问题，该对象具有标准化的左互质分解(在4.1.5节讨论过)：

$$G = M^{-1}N \tag{9.62}$$

为简单起见，这里省略了 M 和 N 的下标。那么，相应的摄动对象模型 G_p 可以写为

$$G_p = (M+\Delta_M)^{-1}(N+\Delta_N) \tag{9.63}$$

其中，Δ_M、Δ_N 是稳定但未知的传递函数，表示标称对象模型 G 的不确定性。鲁棒镇定的目标不仅要镇定标称模型 G，而是镇定一族由下式定义的摄动对象模型：

$$G_p = \{(M+\Delta_M)^{-1}(N+\Delta_N): \|[\Delta_N \quad \Delta_M]\|_\infty < \varepsilon\} \tag{9.64}$$

其中，$\varepsilon > 0$ 是稳定裕量。最大化这个稳定裕量，就是由 Glover 与 McFarlane(1989)引入和求解的标准化互质因子对象的鲁棒镇定问题。

正如式(8.64)推导的那样，图9.16所示摄动反馈系统的稳定性是鲁棒的，当且仅当标称反馈系统稳定，且

$$\gamma_K \triangleq \left\| \begin{bmatrix} K \\ I \end{bmatrix} (I-GK)^{-1}M^{-1} \right\|_\infty \leqslant \frac{1}{\varepsilon} \tag{9.65}$$

请注意，γ_K 是由 ϕ 到 $\begin{bmatrix} u \\ y \end{bmatrix}$ 的 $\mathcal{H}_\infty$ 范数，而 $(I-GK)^{-1}$ 是该正反馈结构的灵敏度函数。

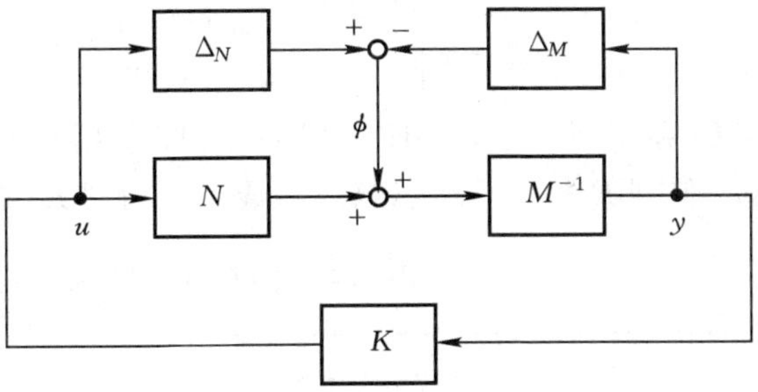

图 9.16 $\mathcal{H}_\infty$ 鲁棒镇定问题

Glover 与 McFarlane(1989)给出了 γ_K 可达到的最小值以及相应的最大稳定裕量 ε，它们是

$$\gamma_{\min} = \varepsilon_{\max}^{-1} = \{1 - \|[N \quad M]\|_H^2\}^{-1/2} = (1+\rho(XZ))^{1/2} \tag{9.66}$$

其中，$\|\cdot\|_H$ 表示 Hankel 范数，ρ 表示谱半径(最大特征值)，而且对于 G 的最小状态空间实现 (A,B,C,D)，Z 是代数 Riccati 方程

$$(A-BS^{-1}D^TC)Z + Z(A-BS^{-1}D^TC)^T - ZC^TR^{-1}CZ + BS^{-1}B^T = 0 \tag{9.67}$$

的唯一正定解。其中，

$$R = I + DD^T,\ S = I + D^TD$$

而 X 是如下代数 Riccati 方程的唯一正定解：

$$(A-BS^{-1}D^TC)^TX + X(A-BS^{-1}D^TC) - XBS^{-1}B^TX + C^TR^{-1}C = 0 \tag{9.68}$$

请注意，对于严格真对象，即 $D=0$，上述公式将大大简化。

对于指定的 $\gamma > \gamma_{\min}$，保证

$$\left\| \begin{bmatrix} K \\ I \end{bmatrix} (I-GK)^{-1}M^{-1} \right\|_\infty \leqslant \gamma \tag{9.69}$$

的控制器(McFarlane 与 Glover(1990)所称的“中心”控制器)由下式给出：

$$K \stackrel{S}{=} \left[\begin{array}{c|c} A+BF+\gamma^2(L^{\mathrm{T}})^{-1}ZC^{\mathrm{T}}(C+DF) & \gamma^2(L^{\mathrm{T}})^{-1}ZC^{\mathrm{T}} \\ \hline B^{\mathrm{T}}X & -D^{\mathrm{T}} \end{array}\right] \tag{9.70}$$

$$F=-S^{-1}(D^{\mathrm{T}}C+B^{\mathrm{T}}X) \tag{9.71}$$

$$L=(1-\gamma^2)I+XZ \tag{9.72}$$

可以使用表 9.2 列出的 Matlab 函数 coprimeunc 产生式(9.70)所示的控制器。需要强调的是，由于可以利用式(9.66)计算 $\gamma_{\min}$，且只需求解两个 Riccati 方程(care)就可得到显式解，所以避免了求解一般 $\mathcal{H}_\infty$ 问题所需要的 γ 迭代。

注 1 后面例 9.3 中给出了一个使用函数 coprimeunc 的例子。

注 2 请注意，如果式(9.70)中的 $\gamma=\gamma_{\min}$，那么 $L=-\rho(XZ)I+XZ$，它是奇异的，因此式(9.70)不可实现。如果由于某些特殊原因，需要一个真正的最优控制器，那么可以采用广义系统方法解决这个问题。关于其细节，可以参见 Safonov 等(1989)的论著。

注 3 另外，由 Glover 与 McFarlane(1989)可知，所有达到 $\gamma=\gamma_{\min}$ 的控制器可由 $K=UV^{-1}$ 给出，其中 U 和 V 稳定，(U,V) 是 K 的右互质分解，且 U 和 V 满足

$$\left\| \begin{bmatrix} -N^* \\ M^* \end{bmatrix} + \begin{bmatrix} U \\ V \end{bmatrix} \right\|_\infty = \| [N \quad M] \|_{\mathrm{H}} \tag{9.73}$$

确定 U 和 V 是一 Nehari 扩展问题：即采用稳定的传递函数 $Q(s)$ 近似不稳定的传递函数 $R(s)$，使 $\|R+Q\|_\infty$ 达到最小，最小值为 $\|R^*\|_{\mathrm{H}}$。Glover(1984)给出了该问题的一个解。

表 9.2 生成式(9.70)所示 $\mathcal{H}_\infty$ 控制器的 Matlab 函数

```
% Uses Control toolbox
function [Ac,Bc,Cc,Dc,gammin]=coprimeunc(a,b,c,d,gamrel)
%
% Finds the controller which optimally ''robustifies'' a given shaped plant
% in terms of tolerating maximum coprime uncertainty.
%
% INPUTS:
% a,b,c,d: State-space description of (shaped) plant.
% gamrel: gamma used is gamrel*gammin  (typical gamrel=1.1)
%
% OUTPUTS:
% Ac,Bc,Cc,Dc: "Robustifying" controller (positive feedback).
%
S = eye(size(d'*d))+d'*d;
R = eye(size(d*d'))+d*d';
Rinv = inv(R);Sinv=inv(S);
A1 = (a-b*Sinv*d'*c); R1 = S; B1 = b; Q1 = c'*Rinv*c;
[X,XAMP,G] = care(A1,B1,Q1,R1);
A2 = A1'; Q2 = b*Sinv*b'; B2 = c'; R2 = R;
[Z,ZAMP,G] = care(A2,B2,Q2,R2);
% optimal gamma
XZ = X*Z; gammin = sqrt(1+max(eig(XZ)))
% Use higher gamma
gam = gamrel*gammin; gam2 = gam*gam; gamconst = (1-gam2)*eye(size(XZ));
Lc = gamconst + XZ; Li = inv(Lc'); Fc = -Sinv*(d'*c+b'*X);
Ac = a + b*Fc + gam2*Li*Z*c'*(c+d*Fc);
Bc = gam2*Li*Z*c';
Cc = b'*X;
Dc = -d';
```

习题 9.7 在图 9.8 给出的一般控制构成下，形式化描述 $\mathcal{H}_\infty$ 鲁棒镇定问题，并确定广义对象 P 的传递函数表达式和状态空间实现。

9.4.2 $\mathcal{H}_\infty$回路整形的系统设计方法

实际中单独使用鲁棒镇定的情况并不多见，这是因为设计者无法指定任何性能要求。为解决该问题，McFarlane 与 Glover(1990)提出了一种前置和后置补偿对象的方法，对开环奇异值进行整形，而后对“被整形”对象实施鲁棒镇定。

如果 W_1 和 W_2 分别表示前置和后置补偿器，那么如图 9.17 所示，被整形的对象(初始回路形状) G_s 可表示为

$$G_s = W_2 G W_1 \tag{9.74}$$

控制器 K_s 的综合是通过求解 9.4.1 节给出的鲁棒镇定问题而实现的，该问题对应的被整形对象 G_s 具有标准化左互质分解形式$G_s = M_s^{-1} N_s$，那么对象 G 的反馈控制器变为 $K = W_1 K_s W_2$。上述方法包含了经典回路整形的所有要素，而且容易利用已介绍的公式和 Matlab 中的可靠算法进行实现。

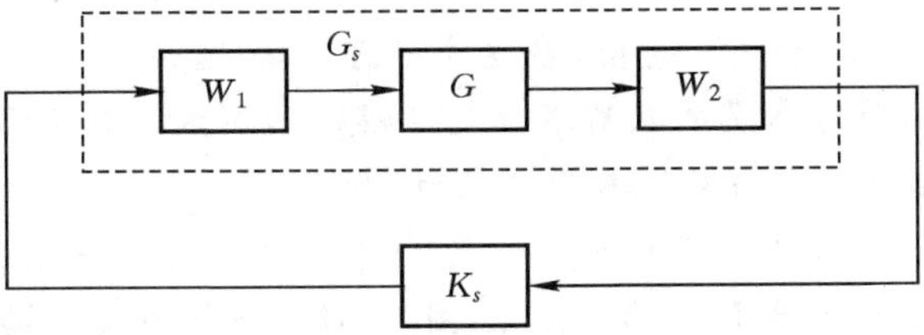

图 9.17 被整形对象与控制器

首先介绍一个简单的 SISO 例子，其中 $W_2 = 1$，并为 W_1 选择一个合适的形式以获得可接受的扰动抑制性能。后面将介绍一种选择权函数 W_1 和 W_2 的系统方法。

例 9.3 对扰动过程的 Glover-McFarlane $\mathcal{H}_\infty$ 回路整形。 考虑式(2.62)给出的扰动过程

$$G(s) = \frac{200}{10s+1}\frac{1}{(0.05s+1)^2},\ G_d(s) = \frac{100}{10s+1} \tag{9.75}$$

第 2 章已对其进行过详细研究。我们希望得到尽可能好的扰动抑制性能，而且最终设计中的增益穿越频率 ω_c 大约为 10 rad/s。

我们曾在例 2.10 中说明，为在投入最小输入使用的条件下获得可接受的扰动抑制性能，回路形状(“被整形对象”) $|G_s| = |GW_1|$ 应该与 $|G_d|$ 类似，因此希望 $|W_1| = |G^{-1}G_d|$。那么，忽略 G_s 中的高频动态特性后，就可得到一个初始权函数 $W_1 = 0.5$。为改进低频性能，我们增加了积分作用；此外，还增加了一个相位超前项 $s+2$，以使把L 的斜率从低频的 -2 减小到穿越频率处的 -1 左右；最后，为适当加快响应速度，对增益乘以因子 2，于是得到权函数

$$W_1 = \frac{s+2}{s} \tag{9.76}$$

这就产生了一个增益穿越频率为 13.7 rad/s 的被整形对象 $G_s = GW_1$。图 9.18(a)中的虚线给出了 $G_s(j\omega)$ 的幅值，图 9.18(b)中的虚线给出了它对扰动响应中单位阶跃的响应。正如预期的那样，使用“控制器” $K = W_1$ 所获响应振荡过于强烈。

现在将这个设计“鲁棒化”，使得被整形的对象尽可能地容忍 $\mathcal{H}_\infty$ 互质因子不确定性。这一点可以利用 Matlab 鲁棒控制工具箱中的 ncfsyn 指令或表 9.2 中给出的 coprimeunc 函数

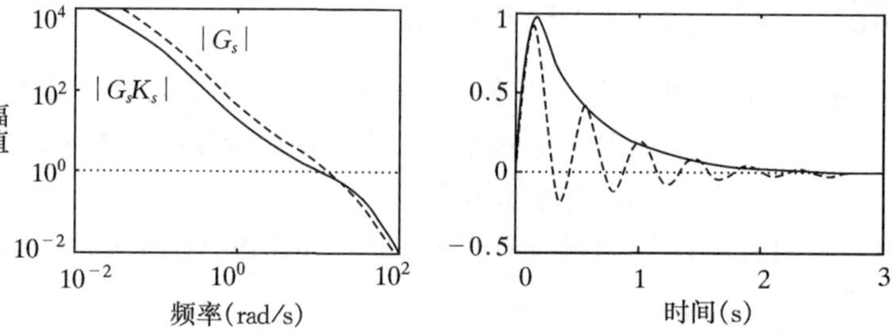

(a)回路形状 $|L(j\omega)|$ (b)扰动响应

图 9.18 对扰动过程的 Glover-McFarlane 回路整形设计
虚线：初始"整形"设计 G_s；实线："鲁棒化"设计 G_sK_s

来实现。在这里，被整形对象 $G_s = GW_1$ 的状态空间矩阵为 A,B,C,D，该函数返回状态空间矩阵为 A_c,B_c,C_c,D_c 的"鲁棒化"正反馈控制器 K_s。一般情况下，K_s 和 G_s 具有相同数目的极点(状态)。gamrel 是 γ 相对于 $\gamma_{\min}$ 的值，在这个例子中被选为 1.1。返回变量 gammin ($\gamma_{\min}$) 是系统达到不稳定之前，所能容忍的互质不确定性幅值的倒数。我们希望 $\gamma_{\min} \geqslant 1$ 尽可能小，并通常要求它小于 4，相应容许的互质不确定性为 25%。

将该方法应用到本例中，可以得到 $\gamma_{\min} = 2.34$ 和一具有 5 个状态(G_s 和 K_s 有 4 个状态，W_1 有 1 个状态)的总体控制器 $K = W_1K_s$。图 9.18(a) 中的实线给出了相应的回路形状 $|G_sK_s|$。从中可以看到，回路形状的变化很小，而且有趣的是，穿越频率附近的斜率比较平缓，这对应着较好的裕量：增益裕量(GM)由 1.62(对于 G_s)改进到 3.48(对于 G_sK_s)，相位裕量(PM)由 13.2° 改进到 51.5°。增益穿越频率 ω_c 的变化较小，由 13.7 rad/s 减小到 10.3 rad/s。图 9.18(b) 给出了相应的扰动响应，可以看出改进非常明显。

注：采用控制器 $K = W_1K_s$ 获得的响应与采用第 2 章设计的回路整形控制器 $K_3(s)$ 获得的响应非常类似(见图 2.24 中的曲线 L_3 和 y_3)。本例中没有给出采用控制器 $K = W_1K_s$ 获得的参考跟踪响应，该响应特性与 K_3 所获结果也非常类似(见图 2.26)，但其超调略小，由 24% 降到 21%。若要进一步减小超调，需采用两自由度控制器。

习题 9.8* 对于式(9.75)给出的扰动过程，利用式(9.76)所示权函数 W_1，设计一 $\mathcal{H}_\infty$ 回路整形控制器，即生成类似于图 9.18 的图形；其次，利用 $W_1 = 2(s+3)/s$ (可获得一个初始 G_s，它将导致 $K_c = 1$ 且闭环不稳定)，重复以上设计。计算增益裕量和相位裕量，并比较扰动和参考输入的响应；对于这两种情况，求取 ω_c，并利用式(2.45)计算在对象出现不稳定之前所能容许的最大延迟。

选择权函数(前置和后置补偿器 W_1 和 W_2)时需要一定的技巧，但实际应用经验表明，根据一些简单规则，只需花费较小精力就能完成鲁棒控制器的设计。关于这一点，Hyde(1991)的学位论文中给出一个很好的例证。Hyde 曾与 Glover 共同研究 VSTOL(Vertical and/or Short Take-Off and Landing，垂直及/或短程起飞与降落)飞行器的鲁棒控制。他们将 $\mathcal{H}_\infty$ 回路整形控制律实现在猎兔犬研究型飞机中，并于 1993 年在英国 Bedford 前英国国防研究院(UK Defence Research Agency，现在称为 QinetiQ)试飞成功，这也标志着他们的研究工作达到了顶峰。Postlethwaite 与 Walker(1992)在他们关于高性能直升机先进控制的工作中，也对

$\mathcal{H}_\infty$ 回路整形方法进行了广泛研究，该项目也隶属于前英国国防研究院。在 13.2 节有关直升机的案例研究中将详细讨论该应用。最近，$\mathcal{H}_\infty$ 回路整形方法已在 Bell 205 电传操纵直升机的飞行试验中得到测试，详见 Postlethwaite 等(1999)、Smerlas 等(2001)、Prempain 与 Postlethwaite(2004)，以及 Postlethwaite 等(2005)的论著。

基于以上内容以及其它研究，当采用 $\mathcal{H}_\infty$ 回路整形设计时，推荐遵从如下系统方法：

1. 对象输出和输入的尺度变换。对于大多数设计方法，该操作是非常重要的，但有时会被忽略。一般来说，尺度变换可以改善设计问题的条件，使得能够在频域对反馈系统的鲁棒性能进行有意义的分析；而对于回路整形而言，它能够简化权函数的选择。有许多尺度变换方法可供使用，包括根据当前考察信号的最大或平均幅值进行标准化。如果拟使用前面几章介绍的能控性分析，根据最大值进行尺度变换是很重要的；然而，如果要直接进行设计，实践证明如下调整是很有用的：
   (a)对输出进行尺度变换，使得输出的每个不期望分量的交叉耦合项有相同的幅值。
   (b)通过给定每个输入预计运行范围的一个百分比(例如 10%)，对各输入进行尺度变换；也就是说，对输入进行尺度变换以反映相关执行器的能力。在第 13 章有关航空发动机的案例研究中将给出使用这种尺度变换的例子。
2. 对输入输出进行排序，尽可能将对象对角化。对于该操作，相对增益阵列是有用的。这种伪对角化的目的是为了简化前置和后置补偿器的设计，为简单起见，这些补偿器也将选为对角型。

   接下来讨论权函数的选择，以获得被整形对象 $G_s = W_2GW_1$。其中，
$$W_1 = W_pW_aW_g \tag{9.77}$$
3. 选择对角型前置和后置补偿器 W_p 和 W_2 中的元素，使得 W_2GW_p 的奇异值满足要求。通常这意味着在低频段具有高增益，在期望的带宽内，频率响应衰减率大约是 20dB/十倍频程(斜率约为-1)，在高频段，其取值更大。这里涉及到反复试验，通常将 W_2 选为常值，它反映了被控输出和馈送到控制器的其它量测的相对重要性。例如，如果有两个被控输出的反馈量测和一速度信号，则可将 W_2 选为对角阵 diag[1,1,0.1]，其中 0.1 位于速度信号通道。W_p 包含动态整形，如果需要的话，为保障低频性能的积分作用、为减小穿越频率处频率响应衰减率的相位超前、为增大高频段频率响应衰减率的相位延后，都应该放在 W_p 中考虑。选择的权函数应使得 G_s 中不包含不稳定的隐形模态。
4. 可选操作：利用与 W_p 串连在一起的常值权函数 W_a，将奇异值排列在期望的带宽范围内。与 W_p 串连在一起的权函数 W_a 是一个有效的常值解耦器，但如果对象具有较大的 RGA 元素(见 6.10.4 节)而呈现病态，则不要使用它。推荐使用 Kouvaritakis(1974)的排列算法(见该书主页中的 `align.m` 文件)。
5. 可选操作：为控制执行机构的使用，引入一个与 W_a 串连在一起的附加增益矩阵 W_g。W_g 是对角的，通过对其进行调节，使得对于参考指令和尺度变换后对象输出端的典型扰动，执行器的速率不会超过其限制。该操作需要反复试验。
6. 利用上一节介绍的公式，鲁棒地镇定被整形对象 $G_s = W_2GW_1$，其中，$W_1 = W_pW_aW_g$。首先计算最大稳定裕量 $\varepsilon_{\max} = 1/\gamma_{\min}$，如果这个裕量太小，$\varepsilon_{\max} < 0.25$，则返回步骤 4 并修正权函数。其次选择 $\gamma > \gamma_{\min}$，大约为 10%，利用式(9.70)综合一个次优控制器，这里采用最优控制器一般并不会带来好处。若 $\varepsilon_{\max} > 0.25$ (即 $\gamma_{\min} < 4$)，设计通常是成功的。在这种

情况下，至少容许25%的互质因子不确定性；同时还可发现，开环奇异值的形状在鲁棒镇定之后变化不大。若ε_{max}值较小，表明选择的奇异值回路形状与鲁棒镇定需求不一致。McFarlane与Glover(1990)理论证明了，如果γ值较小(ε值较大)，在鲁棒镇定后，回路形状的变化并不大。

7. 分析这个设计，如果不能满足所有的性能指标，则进一步修改权函数。
8. 实现控制器。已经发现，与图9.1所示的传统设置相比，图9.19给出的构成是有用的，这是因为在该构成中，参考输入并不直接激励K_s的动态特性；如若不然，将导致很大的超调(传统的微分冲击)。假定W_1或G有积分作用，这个定常的前置滤波器保证了r和y之间的稳态增益为1。

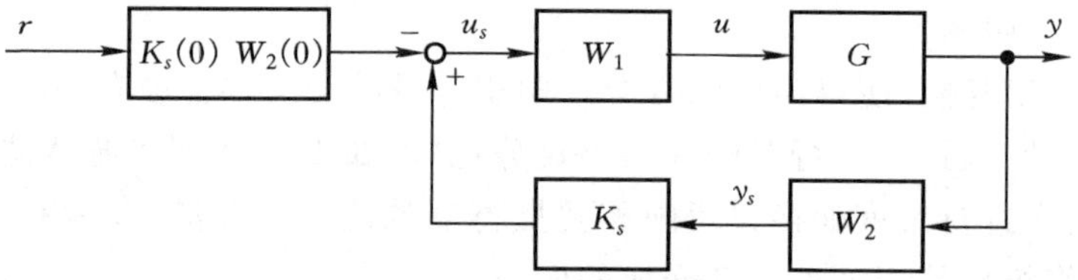

图9.19 回路整形控制器的一个实际实现

最近的研究表明(Glover et al.,2000)，当$\mathcal{H}_\infty$回路整形的权函数W_1和W_2是对角阵时，根据互质因子摄动定义的稳定裕量$\varepsilon_{max}=1/\gamma_{min}$可以理解为对象所有输入输出的并发增益裕量和相位裕量。这些裕量的推导以不确定性的间隙度量(gap metric；Georgiou and Smith，1990)和ν-间隙度量(ν-gap metric；Vinnicombe，1993)为基础。关于这些度量方法的讨论超出了本书的范围，有兴趣的读者可以参阅Vinnicombe(2001)就此专题撰写的优秀著作以及Glover等人(2000)的论文。

我们通过概述上述$\mathcal{H}_\infty$回路整形设计方法的优点结束这一小节。

- 它以经典回路整形思想为基础，使用起来相对容易；
- $\mathcal{H}_\infty$最优代价γ_{min}反过来对应着一个最大稳定裕量$\varepsilon_{max}=1/\gamma_{min}$，对于该代价，存在一个封闭的公式；
- 在求解中不需要γ迭代；
- 除了那些具有全通因子的特殊系统，对象和控制器之间不存在零-极点相消问题(Sefton and Glover，1990；Tsai et al.，1992)。在其它一些$\mathcal{H}_\infty$控制问题中，如式(9.56)中的S/T问题，零-极点相消比较常见。当对象具有轻微的阻尼模态时，这将成为一个问题。

习题9.9 首先给出一个定义和一些有用性质。

定义：一个稳定的传递函数矩阵$H(s)$，如果满足$H^*H=I$，则称其为内部的(inner)；如果满足$HH^*=I$，则称其为协内部的(co-inner)。其中，算子H^*定义为$H^*(s)=H^{\mathrm{T}}(-s)$。

性质：右乘一个协内部函数并左乘一个内部函数后，$\mathcal{H}_\infty$范数保持不变。

给出上述定义和性质后，对于被整形的$G_s=M_s^{-1}N_s$，证明矩阵$[M_s \quad N_s]$是协内部的，并且$\mathcal{H}_\infty$回路整形代价函数

$$\left\| \begin{bmatrix} K_s \\ I \end{bmatrix} (I - G_s K_s)^{-1} M_s^{-1} \right\|_\infty \tag{9.78}$$

与

$$\left\| \begin{bmatrix} K_s S_s & K_s S_s G_s \\ S_s & S_s G_s \end{bmatrix} \right\|_\infty \tag{9.79}$$

等价，其中 $S_s = (I - G_s K_s)^{-1}$。这表明寻找最小化式(9.79)所示 4 分块代价函数的镇定控制器这一问题，具有一个确切解。

从计算的角度看，非常希望 $\mathcal{H}_\infty$ 优化问题具有严格解，但这样的问题很少见。幸运的是，上述鲁棒镇定问题也具有重大实际意义。

9.4.3 两自由度控制器

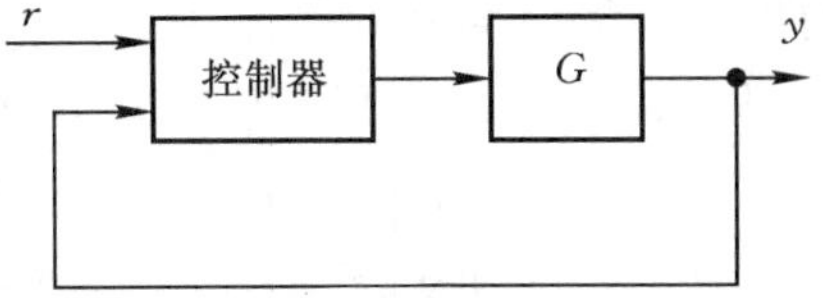

图 9.20 一般的两自由度反馈控制方案

很多控制设计问题都具有两个自由度：一方面是量测或反馈信号，另一方面是指令或参考输入。有时在设计时不考虑单自由度，而采用误差信号，即指令与输出之间的差值，驱动控制器。但是，在对输出响应有严格时域指标要求的情况，单自由度结构可能无法达到目的。图 9.20 给出了一般的两自由度反馈控制方案，其中的指令和反馈分别进入控制器，并被单独处理。

McFarlane 和 Glover 的 $\mathcal{H}_\infty$ 回路整形设计方法是一种单自由度设计。虽然图 9.19 已表明，为满足稳态精度要求，容易在其中实现一个简单的定常前置滤波器。然而对于许多跟踪问题，该方案是不足取的，通常需要一个动态的两自由度设计。Hoyle 等人(1991)以及 Limebeer 等人(1993)为 Glover-McFarlane 方法提出了一种两自由度扩展方案，以提高闭环的模型匹配性能。按照该方案，控制器的反馈部分用来满足鲁棒稳定性和抑制扰动的需求，除了只引入一个前置补偿器权函数 W 之外，它所采用的方式与单自由度回路整形设计方法类似。假设被量测的输出和被控输出是相同的(虽然后面将表明，可将该假设去掉)，在控制器中额外引入一个前置滤波器，以强制闭环系统的响应跟踪指定模型 T_{ref} 的响应，通常将这个指定模型称为参考模型。通过求解图 9.21 所示的设计问题，可以实现对控制器中这两部分的综合。

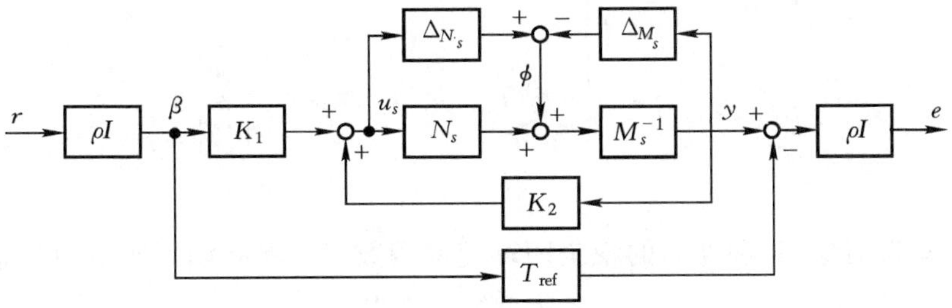

图 9.21 两自由度 $\mathcal{H}_\infty$ 回路整形设计问题

设计问题就是为具有标准化互质分解形式 $G_s = M_s^{-1} N_s$ 的被整形对象 $G_s = G W_1$ 寻求一个镇定控制器 $K = [K_1 \quad K_2]$，该控制器可以最小化图 9.21 所定义信号 $[r^{\mathrm{T}} \quad \phi^{\mathrm{T}}]^{\mathrm{T}}$ 和

$[u_s^{\mathrm{T}} \quad y^{\mathrm{T}} \quad e^{\mathrm{T}}]^{\mathrm{T}}$ 间传递函数的 $\mathcal{H}_\infty$ 范数。该问题很容易转化为一般控制构成问题，而且可以利用标准方法和 γ-迭代求得其次优解，后面将对此进行说明。

被整形对象的控制信号 u_s 由下式给出：

$$u_s = [K_1 \quad K_2]\begin{bmatrix}\beta \\ y\end{bmatrix} \tag{9.80}$$

其中，K_1 是前置滤波器，K_2 是反馈控制器，β 是尺度变换后的参考输入，y 是被量测的输出。前置滤波器的目的是确保

$$\| (I - G_sK_2)^{-1}G_sK_1 - T_{\mathrm{ref}} \|_\infty \leqslant \gamma\rho^{-2} \tag{9.81}$$

其中，T_{ref} 是设计者选择的期望闭环传递函数，用以把时域性能指标（期望的响应特性）引入到设计过程；ρ 是一标量参数，在优化过程中，设计者可以通过增大其取值以获得更好的模型匹配性能，但同时会降低鲁棒性。

根据图 9.21，并稍作代数处理，可得

$$\begin{bmatrix}u_s \\ y \\ e\end{bmatrix} = \begin{bmatrix}\rho(I - K_2G_s)^{-1}K_1 & K_2(I - G_sK_2)^{-1}M_s^{-1} \\ \rho(I - G_sK_2)^{-1}G_sK_1 & (I - G_sK_2)^{-1}M_s^{-1} \\ \rho^2[(I - G_sK_2)^{-1}G_sK_1 - T_{\mathrm{ref}}] & \rho(I - G_sK_2)^{-1}M_s^{-1}\end{bmatrix}\begin{bmatrix}r \\ \phi\end{bmatrix} \tag{9.82}$$

通过优化，可将该分块矩阵传递函数的 $\mathcal{H}_\infty$ 范数最小化。

请注意，(1,2)和(2,2)两个子块与鲁棒镇定相关，而(3,1)子块与模型匹配相对应；另外，(1,1)和(2,1)子块有助于限制执行器的使用程度；而(3,2)子块与回路性能联系在一起的。对于 $\rho = 0$ 的情况，该问题转化为最小化 ϕ 和 $[u_s^{\mathrm{T}} \quad y^{\mathrm{T}}]^{\mathrm{T}}$ 之间传递函数的 $\mathcal{H}_\infty$ 范数，即鲁棒镇定问题，而两自由度控制器简化为普通的 $\mathcal{H}_\infty$ 回路整形控制器。

为把两自由度设计问题转化为标准的控制构成问题，可以定义如下广义对象 P：

$$\begin{bmatrix}u_s \\ y \\ e \\ \cdots \\ \beta \\ y\end{bmatrix} = \begin{bmatrix}P_{11} & P_{12} \\ P_{21} & P_{22}\end{bmatrix}\begin{bmatrix}r \\ \phi \\ \cdots \\ u_s\end{bmatrix} \tag{9.83}$$

$$= \left[\begin{array}{cc:c} 0 & 0 & I \\ 0 & M_s^{-1} & G_s \\ -\rho^2 T_{\mathrm{ref}} & \rho M_s^{-1} & \rho G_s \\ \hdashline \rho I & 0 & 0 \\ 0 & M_s^{-1} & G_s \end{array}\right]\begin{bmatrix}r \\ \phi \\ u_s\end{bmatrix} \tag{9.84}$$

进一步，如果被整形对象 G_s 和期望的稳定闭环传递函数 T_{ref} 具有如下所示的状态空间实现：

$$G_s \overset{\mathrm{S}}{=} \begin{bmatrix}A_s & B_s \\ C_s & D_s\end{bmatrix} \tag{9.85}$$

$$T_{\mathrm{ref}} \overset{\mathrm{S}}{=} \begin{bmatrix}A_r & B_r \\ C_r & D_r\end{bmatrix} \tag{9.86}$$

那么，P 可以实现为

$$\left[\begin{array}{cc:c:c:c} A_s & 0 & 0 & (B_sD_s^{\mathrm{T}}+Z_sC_s^{\mathrm{T}})R_s^{-1/2} & B_s \\ 0 & A_r & B_r & 0 & 0 \\ \hdashline 0 & 0 & 0 & 0 & I \\ C_s & 0 & 0 & R_s^{1/2} & D_s \\ \rho C_s & -\rho^2 C_r & -\rho^2 D_r & \rho R_s^{1/2} & \rho D_s \\ \hdashline 0 & 0 & \rho I & 0 & 0 \\ C_s & 0 & 0 & R_s^{1/2} & D_s \end{array}\right] \tag{9.87}$$

而且可用在标准 $\mathcal{H}_\infty$ 算法(Doyle et al.,1989)中以综合控制器 K。请注意，$R_s=I+D_sD_s^{\mathrm{T}}$，而 Z_s 是关于 G_s 的广义 Riccati 方程(9.67)的唯一正定解。表 9.3 给出了综合控制器所需的 Matlab 指令。

表 9.3 综合式(9.80)所示两自由度 $\mathcal{H}_\infty$ 控制器的 Matlab 指令

```
% Uses Robust Control toolbox
%
% INPUTS: Shaped plant Gs
%         Reference model Tref
%
% OUTPUT: Two degrees-of-freedom controller K
%
% Coprime factorization of Gs
%
[As,Bs,Cs,Ds] = ssdata(balreal(Gs));
[Ar,Br,Cr,Dr] = ssdata(Tref);
[nr,nr] = size(Ar); [lr,mr] = size(Dr);
[ns,ns] = size(As); [ls,ms] = size(Ds);
Rs = eye(ls)+Ds*Ds'; Ss = eye(ms)+Ds'*Ds;
A = (As - Bs*inv(Ss)*Ds'*Cs);
B=sqrtm(Cs'*inv(Rs)*Cs);
Q=Bs*inv(Ss)*Bs';
[Zs,ZAMP,G,REP]=care(A,B,Q);
%
% Choose rho=1 (Designer's choice) and
% build the generalized plant P in (9.87)
%
rho=1;
A = blkdiag(As,Ar);
B1 = [zeros(ns,mr) ((Bs*Ds')+(Zs*Cs'))*inv(sqrt(Rs));
      Br zeros(nr,ls)];
B2 = [Bs;zeros(nr,ms)];
C1 = [zeros(ms,ns+nr);Cs zeros(ls,nr);rho*Cs -rho*rho*Cr];
C2 = [zeros(mr,ns+nr);Cs zeros(ls,nr)];
D11 = [zeros(ms,mr+ls);zeros(ls,mr) sqrt(Rs);-rho*rho*Dr rho*sqrt(Rs)];
D12 = [eye(ms);Ds;rho*Ds];
D21 = [rho*eye(mr) zeros(mr,ls);zeros(ls,mr) sqrt(Rs)];
D22 = [zeros(mr,ms);Ds];
B = [B1 B2]; C = [C1;C2]; D = [D11 D12;D21 D22];
P = ss(A,B,C,D);
% Alternative: Use sysic to generate P from Figure 9.21
% but may get extra states, since states from Gs may enter twice.
%
% Gamma iterations to obtain H-infinity controller
%
[l1,m2] = size(D12); [l2,m1] = size(D21);
nmeas = l2; ncon = m2; gmin = 1; gmax = 5; gtol = 0.01;
[K,Gnclp, gam] = hinfsyn(P,nmeas,ncon,'GMIN',gmin,'GMAX',gmax,...
                 'TOLGAM',gtol,'DISPLAY','on');
```

注 1 在此强调，我们的目的是最小化式(9.82)所示的整个传递函数的 $\mathcal{H}_\infty$ 范数。另一个可选问题是，在 $\left\|\left[\Delta_{N_s}\quad \Delta_{M_s}\right]\right\|_\infty$ 满足上界约束的前提下，最小化从 r 到 e 的 $\mathcal{H}_\infty$ 范数。该问题

涉及到结构化奇异值，相应的最优控制器可通过利用 DK 迭代求解一系列 $\mathcal{H}_\infty$ 优化问题而得到；详见 8.12 节。

注 2 额外量测。 在某些情况下，设计者拥有的可以作为量测的对象输出个数多于可以被控制(或者需要被控制)的输出个数。这些额外的量测通常可以简化设计问题(如速度反馈)，因此，反馈控制器 K_2 应该利用这个优势。通过引入输出选择矩阵 W_o，可在两自由度设计方法中利用该优势。矩阵 W_o 从输出量测 y 中选择那些需要被控制，因而也包含在优化过程中模型匹配部分的量测。在图 9.21 中，W_o 被置于 y 和相加点之间。在优化问题中，只有关于误差 e 的方程受影响，并且在式(9.87)所示的 P 的实现中，仅需用 $\rho W_o C_s$、$\rho W_o R_s^{1/2}$、$\rho W_o D_s$ 分别简单替换第五行中的 ρC_s、$\rho R_s^{1/2}$、ρD_s。举例来说，如果存在 4 个反馈量测，但只有前 3 个被控制，那么

$$W_o = \begin{bmatrix} 1 & 0 & 0 & 0 \\ 0 & 1 & 0 & 0 \\ 0 & 0 & 1 & 0 \end{bmatrix} \tag{9.88}$$

注 3 稳态增益匹配。 可以采用一个常矩阵 W_i 对指令信号 r 进行尺度变换，使得由 r 到被控输出 $W_o y$ 的闭环传递函数与期望模型 T_{ref} 在稳态准确匹配。这一点无法通过优化得到保证，这是因为优化的目的是将误差的∞范数最小化。需要的尺度变换因子可由下式给出：

$$W_i \triangleq [W_o(I - G_s(s)K_2(s))^{-1}G_s(s)K_1(s)]^{-1}T_{\text{ref}}(s)\,|_{s=0} \tag{9.89}$$

请记住，如果除了被控输出，不存在额外的反馈量测，那么 $W_o = I$，由此得到的控制器为 $K = [K_1 W_i \quad K_2]$。

作为本小节的结束，我们将概括综合两自由度 $\mathcal{H}_\infty$ 回路整形控制器所需要的主要步骤。

1. 采用 9.4.2 节给出的方法，设计一个单自由度 $\mathcal{H}_\infty$ 回路整形控制器，但无需后置补偿器权函数 W_2，当然也不需要 W_1；
2. 选择一个期望的从控制指令到被控输出的闭环传递函数 T_{ref}；
3. 把标量参数 ρ 设置为大于 1 的较小值，通常在 1～3 之间就能满足要求；
4. 对于被整形对象 $G_s = GW_1$、期望的响应 T_{ref} 以及标量参数 ρ，求解由式(9.87)中的 P 定义的标准 $\mathcal{H}_\infty$ 优化问题，以获得指定容忍范围内的解和相应的控制器 $K = [K_1 \quad K_2]$；如果使用额外的反馈量测，记得在问题的形式化描述中包含 W_o；
5. 使用 $K_1 W_i$ 代替前置滤波器 K_1 以给出准确的稳态模型匹配结果；
6. 分析设计结果，如果有必要，重新调整 ρ、W_1 和 T_{ref}。

图 9.22 给出了最终的两自由度 $\mathcal{H}_\infty$ 回路整形控制器。

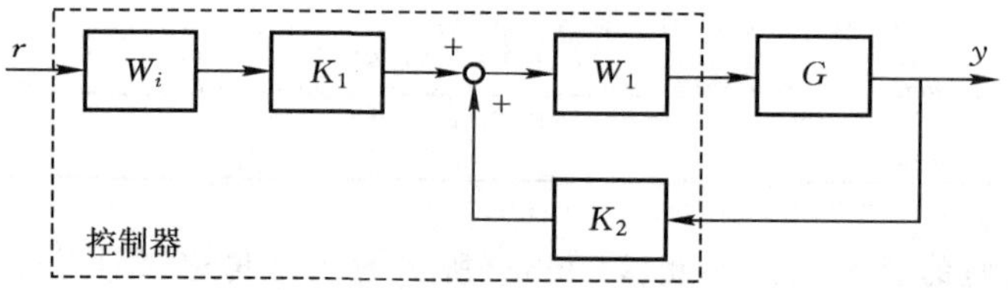

图 9.22 两自由度 $\mathcal{H}_\infty$ 回路整形控制器

9.4.4 基于观测器的$\mathcal{H}_\infty$回路整形控制器结构

按照 $\mathcal{H}_\infty$ 设计得到的控制器具有分离结构。正如从式(9.50)和式(9.51)中看到的那样，控制器有一个观测器/状态反馈结构，但是该观测器并不标准，其状态方程中包含一个扰动项("最坏"扰动)。对于 $\mathcal{H}_\infty$ 回路整形控制器，不管其自由度是 1 还是 2，都不包含该附加项。$\mathcal{H}_\infty$ 回路整形控制器的这种清晰结构具有以下几个优点：

- 便于描述控制器的功能，特别是对于那些可能不熟悉先进控制的经理或客户；
- 正如 *Hyde* 和 *Glover*(1993)所表明的那样，该控制器能够按照增益调度的方式实现；
- 正如 *Samar*(1995)所表明的那样，在数字实现方面可以节省计算量，并提供了一些多模切换方案。

我们将为单自由度和两自由度 $\mathcal{H}_\infty$ 回路整形设计给出相应的控制器方程。为简单起见，假设被整形对象是严格真的，并且具有一个可镇定和可检测的状态空间实现：

$$G_s \overset{S}{=} \left[\begin{array}{c:c} A_s & B_s \\ \hdashline C_s & 0 \end{array}\right] \tag{9.90}$$

对于这种情况，正如 *Sefton* 和 *Glover*(1990)所表明的那样，单自由度 $\mathcal{H}_\infty$ 回路整形控制器可以实现为被整形对象的观测器和状态反馈控制律的形式，相应的方程为：

$$\dot{\hat{x}}_s = A_s\hat{x}_s + H_s(C_s\hat{x}_s - y_s) + B_s u_s \tag{9.91}$$

$$u_s = \bar{K}_s\hat{x}_s \tag{9.92}$$

其中，$\hat{x}_s$ 是观测器状态，u_s 和 y_s 分别是被整形对象的输入和输出，并且

$$H_s = -Z_s C_s^{\mathrm{T}} \tag{9.93}$$

$$\bar{K}_s = -B_s^{\mathrm{T}}[I - \gamma^{-2}I - \gamma^{-2}X_s Z_s]^{-1}X_s \tag{9.94}$$

其中，Z_s 和 X_s 是式(9.67)和(9.68)所给出的关于 G_s 的广义代数 *Riccati* 方程的近似解。

图 9.23 以方块图形式给出了基于观测器的 $\mathcal{H}_\infty$ 回路整形控制器的实现。*Hyde* 和 *Glover*(1993)在他们的 *VSTOL* 设计中使用了相同的结构，这个设计被作为飞机前向速度的函数来调度。

Walker(1996)曾表明两自由度 $\mathcal{H}_\infty$ 回路整形控制器也具有基于观测器的结构。他考察了一个可镇定和可检测的对象

$$G_s \overset{S}{=} \begin{bmatrix} A_s & B_s \\ C_s & 0 \end{bmatrix} \tag{9.95}$$

和一个期望的闭环传递函数

$$T_{\mathrm{ref}} \overset{S}{=} \begin{bmatrix} A_r & B_r \\ C_r & 0 \end{bmatrix} \tag{9.96}$$

在这种情况下，式(9.87)中的广义对象 $P(s)$ 可简化为

$$P \overset{S}{=} \left[\begin{array}{cc|cc|c} A_s & 0 & 0 & Z_sC_s^{\mathrm{T}} & B_s \\ 0 & A_r & B_r & 0 & 0 \\ \hline 0 & 0 & 0 & 0 & I \\ C_s & 0 & 0 & I & 0 \\ \rho C_s & -\rho^2 C_r & 0 & \rho I & 0 \\ \hline 0 & 0 & \rho I & 0 & 0 \\ C_s & 0 & 0 & I & 0 \end{array}\right] \triangleq \left[\begin{array}{c|cc} A & B_1 & B_2 \\ \hline C_1 & D_{11} & D_{12} \\ C_2 & D_{21} & D_{22} \end{array}\right] \tag{9.97}$$

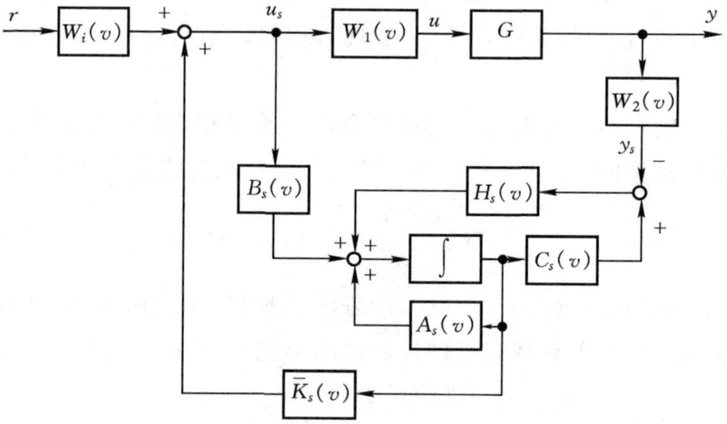

图 9.23 $\mathcal{H}_\infty$ 回路整形控制器的实现，用于增益调度依附变量 v 的情况

随后 Walker(1996)证明了：存在一个满足 $\|F_l(P,K)\|_\infty < \gamma$ 的镇定控制器 $K = [K_1 \quad K_2]$，当且仅当

(i) $\gamma > \sqrt{1+\rho^2}$；

(ii) $X_\infty \geqslant 0$ 是如下代数 Riccati 方程的一个解

$$X_\infty A + A^{\mathrm{T}} X_\infty + C_1^{\mathrm{T}} C_1 - \bar{F}^{\mathrm{T}}(\bar{D}^{\mathrm{T}}\bar{J}\bar{D})\bar{F} = 0 \tag{9.98}$$

使得 $\mathrm{Re}\,\lambda_i[A - B\bar{F}] < 0 \quad \forall i$，其中，

$$\bar{F} = (D^{\mathrm{T}}\bar{J}\bar{D})^{-1}(\bar{D}^{\mathrm{T}}\bar{J}C + B^{\mathrm{T}}X_\infty) \tag{9.99}$$

$$\bar{D} = \begin{bmatrix} D_{11} & D_{12} \\ I_w & 0 \end{bmatrix} \tag{9.100}$$

$$\bar{J} = \begin{bmatrix} I_z & 0 \\ 0 & -\gamma^2 I_w \end{bmatrix} \tag{9.101}$$

其中，I_z 和 I_w 是在标准构成中，分别与误差信号 z 和外部输入 w 具有相同维数的单位矩阵。

请注意，该 $\mathcal{H}_\infty$ 控制器仅仅依赖于一个而非两个代数 Riccati 方程的解，这是两自由度 $\mathcal{H}_\infty$ 回路整形控制器的一个特征(Hoyle et al.，1991)。

Walker(1996)进一步证明了，如果能满足(i)和(ii)，那么一个满足 $\|F_l(P,K)\|_\infty < \gamma$ 的镇定控制器 $K(s)$ 满足以下方程：

$$\dot{\hat{x}}_s = A_s\hat{x}_s + H_s(C_s\hat{x}_s - y_s) + B_s u_s \tag{9.102}$$

$$\dot{x}_r = A_r x_r + B_r r \tag{9.103}$$

$$u_s = -B_s^{\mathrm{T}} X_{\infty 11} \hat{x}_s - B_s^{\mathrm{T}} X_{\infty 12} x_r \tag{9.104}$$

其中，$X_{\infty 11}$ 和 $X_{\infty 12}$ 是矩阵

$$X_\infty = \begin{bmatrix} X_{\infty 11} & X_{\infty 12} \\ X_{\infty 21} & X_{\infty 22} \end{bmatrix} \tag{9.105}$$

的元素，该矩阵被划分为与

$$A = \begin{bmatrix} A_s & 0 \\ 0 & A_r \end{bmatrix} \tag{9.106}$$

一致的形式；H_s 由式(9.93)给出。

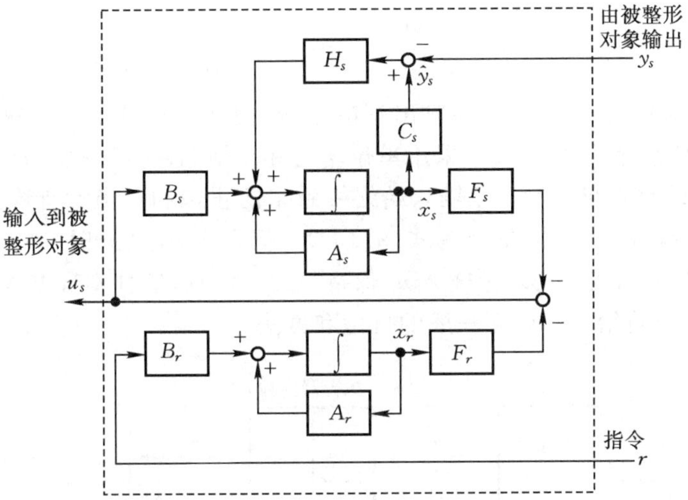

图 9.24 两自由度 $\mathcal{H}_\infty$ 回路整形控制器的结构

这个控制器的结构如图 9.24 所示，其中状态反馈增益矩阵 F_s 和 F_r 分别定义为：

$$F_s \triangleq B_s^{\mathrm{T}} X_{\infty 11} \qquad F_r \triangleq B_s^{\mathrm{T}} X_{\infty 12} \tag{9.107}$$

该控制器包含被整形对象 G_s 的状态观测器、期望闭环传递函数 T_{ref}（不包含 G_r）的模型，以及采用了观测器和参考模型状态的状态反馈控制律。

如同单自由度的情况，这种基于观测器的结构对于增益调度很有用。控制器的参考模型部分也很令人满意，这是因为它在不同的设计运行点上都是相同的，所以在规划的控制器运行期间，可能完全无需改变。同样地，若权函数 $W_1(s)$ 在所有设计运行点上都是相同的，观测器部分也可能不用改变。因此，控制器的结构适合其部件时，在实现时也有一些显著的优势。

9.4.5 实现问题

离散时间控制器。为方便实现，通常需要采用离散时间控制器，这可利用由 s 域到 z 域的双线性变换从连续时间设计中得到，但若能直接在离散时间域设计，将带来一些优点。Samar (1995)和 Postlethwaite 等(1995)在离散时间域，为两自由度 $\mathcal{H}_\infty$ 回路整形控制器直接推导了基于观测器的状态空间方程，并将其成功应用于航空发动机的设计。该应用针对一个真实发动机，即 Spey 发动机。该发动机是 Rolls-Royce 公司双筒再热式涡扇发动机，它被放置在

Pyestock 的英国国防研究院(现在称为 QinetiQ)。由于这是一个实际应用,所以需要解决很多重要的实现问题。虽然这已经超出了本书的总体范围,但这里还是简单说明一下。

抗饱和。在 $\mathcal{H}_\infty$ 回路整形中,前置补偿器权函数 W_1 通常包含积分作用以抑制施加在系统上的低频扰动。然而在执行器饱和的情况下,积分器会继续对输入进行积分,那么会造成饱和问题,因此需要针对权函数 W_1 设计一种抗饱和方案。一种方法就是采用自整定或 Hanus 形式实现权函数 W_1。设权函数 W_1 的实现为

$$W_1 \stackrel{S}{=} \left[\begin{array}{c:c} A_w & B_w \\ \hdashline C_w & D_w \end{array}\right] \tag{9.108}$$

并设 u 是对象执行器的输入,u_s 是被整形对象的输入,那么有 $u = W_1 u_s$。当采用 Hanus 形式实现时,u 的表达式变为(Hanus et al.,1987)

$$u = \left[\begin{array}{c:cc} A_w - B_w D_w^{-1} C_w & 0 & B_w D_w^{-1} \\ \hdashline C_w & D_w & 0 \end{array}\right] \begin{bmatrix} u_s \\ u_a \end{bmatrix} \tag{9.109}$$

其中,u_a 是实际的对象输入,即执行器输出端的量测,因此它包含了有关执行器饱和的信息。图 9.25 对这种情况进行了说明,其中采用单位增益和一饱和函数对执行器进行建模。Hanus 形式通过保持 W_1 的状态与实际对象输入始终一致来防止饱和。当没有饱和时,$u_a = u$,W_1 的动态特性不受影响,式(9.109)简化为式(9.108)。但是当 $u_a \neq u$ 时,动态特性被逆转,并受 u_a 驱动,从而使得状态与实际的对象输入 u_a 保持一致。注意,这种实现方式要求 W_1 可逆并具有最小相位。12.4 节将给出一个更一般的抗饱和方法。

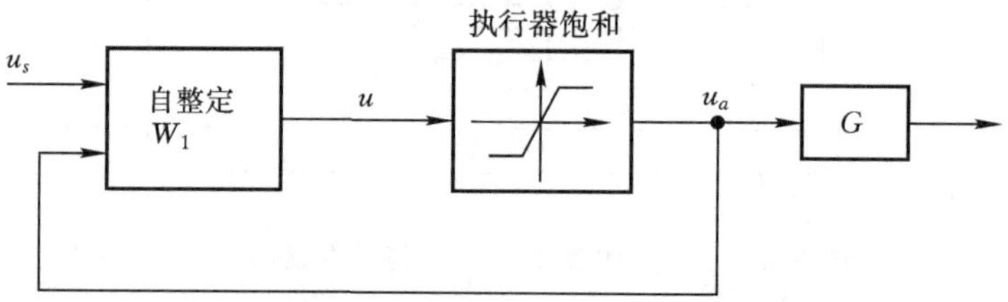

图 9.25　自整定权函数 W_1

习题 9.10*　请证明,当没有饱和,即 $u_a = u$ 时,式(9.109)中权函数 W_1 的 Hanus 形式可简化为式(9.108)。

无扰动切换。在航空发动机的应用中,设计了一个具有多模态切换功能的控制器。该控制器由三个子控制器组成,每个子控制器都是针对一组发动机输出变量而设计的。在任意给定的时间,根据当前最重要的输出,在子控制器间进行切换。已经发现,为确保由一个子控制器到另一子控制器的平滑切换,即无扰动切换,整定每个控制器的参考模型和观测器是很有用的。因此,当在线整定时,观测器状态根据方程(9.102)进行演化,而当离线整定时,状态方程变为

$$\dot{\hat{x}}_s = A_s \hat{x}_s + H_s(C_s \hat{x}_s - y_s) + B_s u_{as} \tag{9.110}$$

其中,u_{as} 是受在线控制器控制的被整形对象的实际输入。具有式(9.103)和(9.104)所示状态反馈的参考模型是不可逆的,因此不能自整定。然而,在离散时间域,最优控制具有一个来自于 r 的直馈项,它给出一个可逆转的参考模型。因此,在航空发动机的例子中,分别对三个子

控制器的参考模型进行整定，使得由离线控制器得到的被整形对象的输入，能够跟踪在线控制器给定的实际被整形对象的输入 u_{as}。关于无扰动切换的最新研究进展，请参阅 Turner 与 Walker(2000)的论著。

如果先进控制方法能够在工业界得到广泛接受，上述讨论的实现问题的满意解是至关重要的。关于这一点，我们试图在此展示 $\mathcal{H}_\infty$ 回路整形控制器的基于观测器的结构是有益的。

9.5 结 论

我们描述了几种控制器设计的方法和技术，但是重点放在了 $\mathcal{H}_\infty$ 回路整形上，它不仅易于应用，而且根据我们的经验，它在实践中工作得很好。$\mathcal{H}_\infty$ 回路整形把传统的回路整形思想(大多数从业工程师都很熟悉)和一种有效的反馈回路鲁棒镇定方法结合在一起。对于复杂问题，例如具有多增益穿越频率的不稳定对象，可能不容易确定期望的回路形状。在这种情况下，我们建议做一个初始的 LQG 设计(采用简单的权函数)，并将得到的回路形状作为 $\mathcal{H}_\infty$ 回路整形的一个合理目标。

另外一种 $\mathcal{H}_\infty$ 回路整形方法是具有"堆叠"代价函数的标准 $\mathcal{H}_\infty$ 设计，例如 S/KS 混合灵敏度优化。在该方法中，$\mathcal{H}_\infty$ 优化用于整形两个或三个闭环传递函数。然而，对于设计者而言，函数越多，整形变得越困难。

对于具有多个性能目标(例如关于信号、模型跟踪和模型不确性)的设计情况，采用基于信号的 $\mathcal{H}_2$ 和 $\mathcal{H}_\infty$ 方法更合适。但是同样地，问题的描述变得如此复杂，设计者对设计的直接影响很小。

完成一个设计之后，应该对得到的控制器进行鲁棒性分析，并通过非线性仿真进行测试。对于前者，推荐采用第 8 章中讨论的 μ 分析。如果设计是不鲁棒的，则需要在重新设计中修改权函数。有时，人们可能希望综合一个 μ 最优控制器，但是实际中很少有必要进行这么复杂的设计。此外，应注意把控制器的综合和分析相结合，下面引用 Rosenbrock(1974)的表述说明这个难题：

> 在综合阶段，设计者详细规定了系统必须具有的性能，直到只存在一种可能的解决方案。……详细制定需求的做法意味着最终不得不做出某一并不太了解的方案，而该方案在那些没有预见的方面将是不合适的。

因此，控制系统设计通常需要反复进行如下步骤：建模、控制结构设计、能控性分析、性能和鲁棒性权函数选择、控制器综合、控制系统分析以及非线性仿真。Rosenbrock(1974)给出了如下评论：

> 解决方案被如此多的需求所限制，以至于事实上不可能将它们全部列出。设计者发现自己穿梭于这些纷乱的需求中，企图调和代价、性能、易于维护等相互冲突的要求。对于能够胜任这个题目的学者而言，一个好的设计通常具有很强的美学吸引力。

第10章

控制结构设计

大多数(即便不是所有的)现有的控制理论都假设控制结构是预先给定的,因此通常无法回答控制工程师在实践中遇到的一些基本问题。例如,应该控制哪些变量,应该量测哪些变量,应该调节哪些输入,以及应该在它们之间建立哪些连接?本章主要描述控制结构设计中涉及的主要问题,并介绍一些可用的定量解决方法,例如,如何选择被控变量、如何进行分散控制。

10.1 引　言

本书主要考虑如图10.1所示形式的一般控制问题,其中的控制器设计问题可以描述为:

- 寻求一个镇定控制器 K,该控制器根据来自 y 的信息产生一个控制信号 u,以消弱 w 对 z 的影响,从而最小化由 w 到 z 的闭环范数。

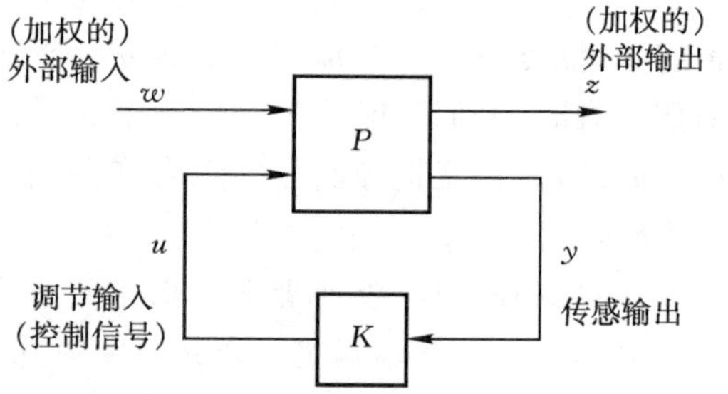

图10.1　一般控制结构

第2、8、9章已介绍了一些不同的控制器设计方法。然而,回顾第1章可以发现,控制器设计只是控制系统整体设计过程中的一步(步骤9)。本章主要讨论控制结构设计的结构决策问题,这是实现图10.1所示控制结构的必要步骤:

第1章首页的步骤4:选择被控输出(为达到一组特定目标而需要控制的一组变量)。具体请见10.2节和10.3节:图10.1中的变量 z 是什么?

第1章首页的步骤5:选择调节输入和量测量(为实现控制目的,可以调节和量测的一组变量)。具体请见10.4节:图10.1中的 u 和 y 分别是什么样的变量集?

第1章首页的步骤6:选择控制构成(量测量/指令与调节变量间的互连结构)。具体请见10.5和10.6节:图10.1中控制器 K 的结构是什么,即如何将变量 u 和 y "配对"?

控制结构(structure)与控制构成(configuratuion)这两个词之间的差别看似很小,但需要注意的是,这种差别在本书中非常重要。控制结构(或称作控制策略)指的是控制系统设计中涉及的所有有关结构的决策(第 4、5、6 步);而控制构成(也称作量测量/调节量的划分,或输入/输出配对;第 6 步)指的仅仅是控制器 K 本身的结构(分解),10.5 节将详细讨论控制构成问题。被控输出、调节量以及量测量的选择(第 4 和第 5 步)有时也称作输入/输出选择。

将控制系统分解为某一特定控制构成的一个重要原因是,控制构成无需描述动态特性及过程交互作用的详细对象模型,使得各个子控制器的调节较为简单。多变量集中式控制器的性能一般优于分解的(分散)控制器,但是这种优势必须以获取并维护一个足够详细的对象模型以及额外硬件为代价。

对于大多数系统,可选的控制结构数量呈组合增长,所以细致地评价所有的控制结构是不现实的。幸运的是,从物理的角度,通常可以获得关于被控输出、量测量以及调节输入的合理选择。在其它情况下,采用第 5、6 章给出的简单能控性指标可以快速评价或甄别可用的控制结构,而本章将介绍另外一些工具。

从工程的角度看,一个完整控制系统的设计方案是顺序制定的:首先,"自上而下"地选择被控输出、量测以及输入(第 4、5 步);其次,"自下而上"地设计控制系统(其中最重要的是第 6 步,即控制构成的选择)。然而,一个方案可能直接影响到其它方案,从这个意义讲,这些方案是紧密相关的,因此设计过程可能需要重复进行。Skogestad(2004a)曾为完整的化工厂提出了控制结构设计方法,它由以下结构性决策组成:

"自上而下"(主要是第 4 步)

(i) 确认运行约束,并确认表征最优运行的标量代价函数 J。

(ii) 确认自由度(调节输入 u),特别是确认那些影响代价函数 J 的自由度(在过程控制中,代价函数 J 通常是由稳态决定的)。

(iii) 针对各种扰动,分析最优运行的解决方案,其目的是确定主被控变量($y_1 = z$),使其保持恒定时,可以间接最小化代价函数("自寻优控制")。(10.3 节)

(iv) 确定在工厂的什么地方设置生产率。

"自下而上"(第 5、6 步)

(v) 调节/基本控制层:确认需要量测和控制的附加变量(y_2),并指出怎样将这些变量与调节输入进行配对。(10.4 节)

(vi) "高级"/监督控制层构成:应选择分散形式还是多变量形式?(10.5.1 和 10.6 节)

(vii) 在线优化层:是否需要设置该层?或固定设定点策略是否可满足要求("自寻优控制")?(10.3 节)

第(iv)步仅用于特定的过程控制,除此之外,该设计方法适于任何控制问题。

Foss(1973)在其题为"Critique of chemical process control theory"的论文中讨论了控制结构设计问题,为缩小这一重要领域中理论与应用间的差距,在论文结尾处他对当时一些控制理论家的观点提出了异议。由于化工控制系统的复杂性,控制结构设计在化工过程工业中非常重要,但在大多数其它领域大规模系统的控制过程中也会涉及到相同问题。20 世纪 80 年代后期,Carl Nett(Nett,1989;Nett and Minto,1989)基于他在通用电气公司进行的有关航空发动机控制方面的经验,作了一系列题为"A quantitative approach to the selection and partitioning of measurements and manipulations for the control of complex systems"的讲座。他指出，控制器复杂程度的增长速度没必要超过对象复杂程度的增长速度，设计目标应该是：

针对不确定性，在达到精确指标要求的前提下，最小化控制系统的复杂度。

Balas(2003)最近综述了飞行控制的状况，参照 *Boeing* 公司的情况他指出："控制设计的关键是选择被调节的变量和完成这些调节的控制"(第 4、5 步)。类似地，*Honeywell* 提出的控制器设计方法的第 1 步也是"根据性能和鲁棒性选择被控变量(CV)"(第 4 步)。

Van de Wal(1994)以及 Van de Wal 与 de Jager(2001)分别给出了关于控制结构设计和输入-输出选择的综述，而 Larsson 与 Skogestad(2000)给出了一个关于化学过程工业(厂级控制)控制结构设计的综述。读者可以参考第 5 章，浏览关于输入-输出能控性分析的文献。

10.2 最优运行与控制

总控制目标是维持可接受的运行(从安全性、环境影响、操作人员负担等方面衡量)，以保持运行状态接近经济上最优。图 10.2 给出了优化和控制的三种不同的实现方式：

(a)开环优化；

(b)采用分离控制层的闭环实现；

(c)集成优化和控制("最优控制")。

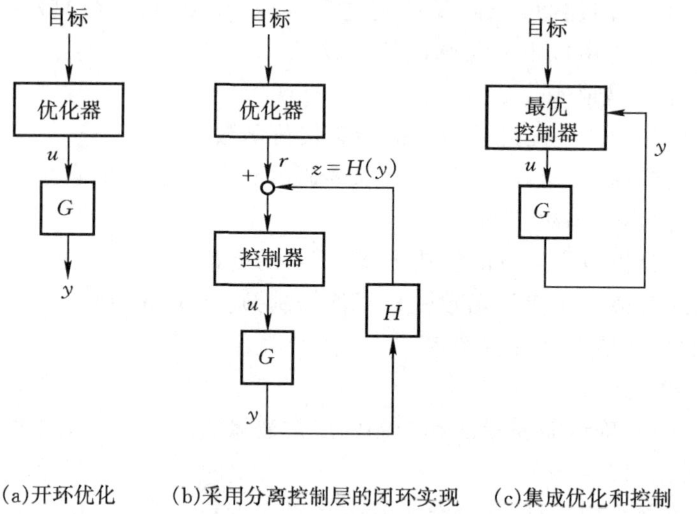

图 10.2 优化和控制的不同结构

由于模型误差和不可测扰动，开环优化结构(a)通常是不可接受的。而结构(c)中的集中式最优控制器将优化和控制功能集成在同一层中，理论上可以获得最优性能。在这样一个理想的控制系统中，所有的控制作用都可以很好协调，并且控制系统根据整个被控对象的非线性动态模型，对其进行在线动态优化，而不是间或进行稳态优化。然而，由于建模代价、控制器设计维护和修改困难、鲁棒性问题、操作员接受程度，以及缺乏计算能力等原因，一般并不采用该方案。

实际中通常采用图 10.2(b)所示的*分层控制系统*，并把不同任务分配给系统中的不同层。在最简单的情况下，可以使用两层：

- 优化层——计算要求的最优参考指令 r（不在本书的讨论范围内）；
- 控制层——执行指令，实现 $z \approx r$（本书的重点）。

优化层通常通过具有少量反馈的开环方式实现，而控制层主要利用反馈信息。优化层通常采用非线性稳态模型，而控制层主要使用线性动态模型（本书全文正是这么做的）。

在有些情况下，需要增加额外层。图 10.3 给出了一个针对化工厂典型控制的层次结构，该层次结构把控制层细分为两层：监督控制（"高级控制"）和调节控制（"基本控制"）；此外，它还在优化层之上增加了一个规划层。类似的层次结构可用于大多数应用的控制系统中，当然，其中时间常数和各层的名字可能有所不同。需要注意的是，这些层次结构中并没有涉及任何与逻辑控制（开机/关机）有关的功能以及安防系统，这些都是非常重要的，但在正常运行中无需考虑。

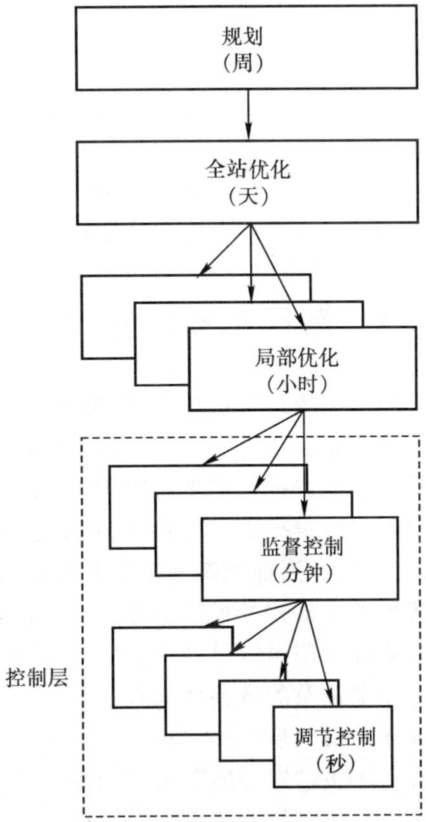

图 10.3 化工厂典型控制系统的层次结构

一般而言，在这样一个控制层次结构中，上层向下层传递给定值（参考值、指令），而下层向上层报告执行这些操作过程中所遇到的问题。如图 10.3 所示，上下层次间在时间尺度上一般是分离的。较慢的上层从总体（长时间尺度）的角度控制那些较为重要的变量，并把这些变量用作较快下层设定值的自由度；下层处理快速（高频）扰动，并保持整个系统以较短时间尺度充分地接近其最优状态。为避免频繁变换给定值，应该控制那些较少需要改变给定值的变量，这是 10.3 节的基础，该节主要讨论被控变量的选取问题。

通过在各层次间"合理地"设置时间尺度分离，通常是闭环响应时间的 1/5 或更小，可以获得以下优势：

1. 由于上层（低速）"扰动"的频率刚好处在下层的带宽之内，所以下层（快速）的稳定性和性能受上层的影响较小。
2. 下层（快速）设置好之后，由于它只对上层（低速）带宽之外的频率产生影响，那么上层的稳定性和性能对下层使用特定控制器设置的依赖性较小。

更一般地，控制系统有两种划分方法：

垂直（递阶）分解。这就是刚刚讨论的分解方式，它通常是根据各种不同控制目标间的时间尺度差异（"按时间进行分离"）进行划分的。一般从快速层次开始，按顺序设计控制器，并以递阶方式进行级联（串联连接）。

水平分解。该方法适用于系统"按空间进行分离"的情况，通常包含一组相互独立的分散控制器。10.6 节将详细讨论分散控制。

注 1 与 Lunze(1992)的看法一致，本书在控制系统的递阶分解中，有意使用了*层次*而不是*级别*这个词。它们之间有些微小的差别，在*多级*系统中，所有单元都是为了满足同一个目标；而在*多层*系统中，不同单元具有不同的局部目标（这些目标都尽可能为总目标服务）。在讨论最优问题的求解时，已研究了多级系统。

注 2 任意层所执行的任务都可以由人来完成(比如手动控制)，并且在大多数情况下，自动控制系统与操作人员(如飞行员)之间的交互和任务共享是非常重要的，但这些问题超出了本书的讨论范围。

注 3 正如上面提到的，可能需要将控制层进一步分解。下文提及的控制构成、递阶分解与分散化，一般都是针对控制层。

注 4 第 4 种可能的优化和控制策略是(d)**极值搜索控制**，但没在图 10.2 中给出。该控制策略采用一个"实验"控制器替换图 10.2(c)中基于模型的方块，这种控制器以代价函数 J 的量测为基础，使输入摄动以寻找 J 的极值(最小值)，详细内容请参考诸如 Ariyur 和 Krstic (2003)等文献。该策略的主要缺点是很难快速且准确地在线量测代价函数 J。

10.3 选择主被控输出

本节主要讨论被控输出(即被控变量 CV)的选择，它指的是选择某一变量 z，该变量将被控制在给定参考值 r(即 $z \approx r$)，其中 r 是由控制层次中一些较上层设定的，因此(控制层中)被控输出的选择通常是与图 10.2(b)所示控制系统的层次结构紧密相关的。本节的目标是为选择被控变量提供一种系统方法，直到最近这仍是一个尚未解决的问题。例如，Fisher 等人(1985)指出"当前控制一个完整对象的方法是，首先在线解决最优稳态问题，然后利用分析结果确定所选被控变量的参考值。然而，现在仍然没有选择这种被控变量的有效方法，因此经验和直觉在控制系统设计中仍扮演主要角色"。

本节涉及的重要变量有：

- u ——自由度(输入)；
- z ——主("实用的")被控变量；
- r —— z 的参考值(设定值)；
- y ——量测量，过程信息(通常包含 u)。

一般情况下，将被控变量选择为量测量的函数，即 $z = H(y)$。例如，z 可以选作量测量的线性组合，即 $z = Hy$。在许多情况下，选择单独的量测作为被控变量，那么 H 变为由 1 和 0 组成的"选择矩阵"。通常，选择被控变量的个数与自由度的个数相等，即 $n_z = n_u$。

被控变量 z 本身通常并不重要，控制的目的是达到一些总体运行目标。这样一个很自然的问题是：为什么不绕过被控变量的选择问题，而直接调节输入 u 呢？其原因是开环方案无法适应变化(扰动 d)和误差(在模型中)通常是无效的。下面的例子将说明这一问题。

例 10.1 烤制蛋糕。总体目标是做一个内部烤得很好而且外观精美的蛋糕，热量是实现该目标的调节输入，即 $u = Q$(假设蛋糕的烤制时间是固定的，比如 15 分钟)。

(a)如果从来没有烤过蛋糕，并且将自己动手做烤炉，可能会考虑采用功率计直接调节输入炉子的热量。然而，这种开环方案并不能很好地工作，因为最优输入热量很大程度上取决于所使用的炉子，并且运行过程对炉门开启或炉中任何其它东西等扰动非常敏感。总之，这种开环实现方案对不确定因素比较敏感。

(b)减小不确定性的一种有效方法是引入反馈。因此在实际中通常采用闭环实现方案，在该方案中，利用恒温器控制炉子的温度（$z = T$），而温度的设定值 $r = T_s$ 可以从烹饪书（扮演着"优化器"的角色）中找到。图 10.2 说明了面包烤制过程开环(a)和闭环(b)的实现方案。

关键的问题是：应该控制哪些变量 z？在许多情况下，基于对过程的物理理解很容易得到答案。例如，如果想让一个房间变暖或变凉，那么应该选择房间的温度作为被控变量 z。更进一步，一般控制那些按约束（限制）为最优的变量。例如，如果想让房间快速凉下来，需将空调开到最高档。然而，在其它一些情况下，要控制哪些变量并不明显，因为总体控制目标并不直接与保持哪些变量为常值有关。

为得到相关问题的解决方法，下文将举一些简单的例子。首先考虑两种情况，其最优策略都是保持相应的变量在其约束上，因此实现方法简单明了。

例 10.2 短跑(100 米)。 目标是最小化比赛时间 T（$J = T$），调节输入（u）是肌肉力量。对于一个受过良好训练的选手，最优解处在 u 的约束上，即 $u = u_{\max}$，实现方法也很简单：选择 $z = u$ 且 $r = u_{\max}$，通俗地讲就是"尽可能快地跑"。

例 10.3 从 A 行驶到 B。 令 y 表示汽车的行驶速度，控制目标是最小化从 A 行驶到 B 的时间 T，等价于最大化行驶速度（y），即 $J = -y$。如果在笔直且没有障碍的路段行驶，那么最优解就是始终保持最大速度（$y_{\max}$）。实现也很简单：使用反馈方案（巡航控制）调节发动机的功率（u），使得汽车始终保持在速度的上界，即选择 $z = y$ 且 $r = y_{\max}$。

在接下来的这个例子里，最优解不在约束上，相应被控变量的选取也不明显。

例 10.4 长跑。 目标是最小化比赛时间 T（$J = T$），该目标可以通过最大化平均速度实现。很明显，以最大输入功率跑步并不是一个好的策略，这将导致初始时刻速度很快，而接近终点时速度变慢，从而造成平均速度较慢。一个较好的方法是保持速度恒定（$z = y_1 =$ 速度），优化层（比如教练）会选择一个最优的速度设定值 r，而控制层（赛跑者）执行这个速度。在崎岖地带，保持恒定的心率（$z = y_2 =$ 心率）或恒定的乳酸水平（$z = y_3 =$ 乳酸水平）等其它策略可能会更有效。

10.3.1 自寻优控制

本节主要讨论主被控输出的选取问题。在烤制蛋糕过程中，可选择炉温作为控制层的被控输出 z。有趣的是，控制炉温本身与烤制一个好蛋糕这个总体目标并没有直接关系。那么，为何要选取炉温作为被控输出呢？下文将简介解答这类问题的方法，这里涉及两个明显的问题：

1. 哪些变量 z 应选作被控变量？
2. 这些变量的最优参考值（z_{opt}）是什么？

上面第二个问题是优化问题，并已广泛研究（但不是本书讨论的内容）。当前对第一个问题的研究相对较少，本书将深入讨论这一问题。首先作以下假设：

1. 总体目标可以通过一个标量代价函数 J 进行量化。
2. 对于一个给定的扰动 d，存在一个能够最小化代价函数 J 的最优输入值 $u_{\text{opt}}(d)$（相应地存在一个最优被控输出值 $z_{\text{opt}}(d)$）。
3. 被控输出 z 的参考值 r 保持常值，即 r 独立于扰动 d。典型情况下，将 r 选为一个平均值，比如

$r = z_{opt}(\bar{d})$。

下面假设最优的受约束变量已经被控制在相应的约束条件上（“有效约束控制”），只考虑“余留”含有被控变量 z 的无约束问题，余留的无约束自由度为 u。

系统行为是独立变量 u 和 d 的函数，因此从形式上可以写成 $J = J(u,d)$ ①。对于一个给定的扰动 d，代价函数的最优值是

$$J_{opt}(d) \triangleq J(u_{opt}(d),d) = \min_u J(u,d) \tag{10.1}$$

理想情况下，希望得到 $u = u_{opt}(d)$，然而这在实际中不可能实现，通常存在一个损失 $L = J(u, d) - J_{opt}(d) > 0$。

考虑图 10.2(b)所示的简单反馈策略，该策略试图保持 z 恒定。值得注意的是，通过选择 $z = u$，可将开环实现看作上述策略的一个特殊情况。控制目标是，当存在扰动 d 时，如果有必要则自动调整 u，使得 $u \approx u_{opt}(d)$。这样就将复杂优化问题有效地转变为简单的反馈问题，而目标是实现“自寻优控制”(Skogestad,2000)：

若为被控变量设定恒定的参考值即可保证损失可接受，而即使发生干扰，亦无需重新优化，这种控制方式称为自寻优控制。

注：第 5 章曾介绍了自调节这个术语，指的是当调节变量（u）不变时，可以获得满意的动态控制性能。自寻优控制是对上层的直接推广，即按照不变的被控变量（z）即可达到满意的（实用的）性能。

自寻优控制的概念与现实生活中许多场景有紧密联系，例如(Skogestad,2004b)：

- 中央银行试图通过调整利率（u）保持定常的通货膨胀率（z），从而使国家的福利（J）达到最优。
- 长跑运动员试图通过改变肌肉力量（u）保持不变的心率（$z = y_1$）或不变的乳酸水平（$z = y_2$），从而最小化跑步时间（$J = T$）。
- 驾驶员试图通过改变档位（u）使引擎保持不变的转动速度（z），从而使油耗和引擎损耗（J）达到最小。

自寻优控制在某些生物系统中也很常见，它们没有能力解决复杂的在线优化问题，自寻优控制策略是其唯一切实可行的解决方法，并通过不断进化发展起来。在商业系统中，主（“实用的”）被控变量称为关键性能指标(Key Performance Indicator,KPI)，其最优值可以通过分析成功的商业案例（“标杆案例”）而得到。

图 10.4 进一步解释了自寻优控制的思想。从中可以看到，若保持被控变量 z 为常值，而当扰动使得被控过程偏离其标称最优运行点（$\bar{d}$）时，也不重新优化被控变量，代价 J 会产生一定损失。

一个理想的自寻优变量是相应优化问题的 Lagrange 函数的梯度（应该为零）。然而，通常很难得到梯度（或密切相关的变量）的直接量测值，并且计算梯度一般需要知道不可测的扰动值。下面将概述选择被控变量 z 的方法。虽然利用了模型求取 z，但请注意，自寻优控制的目

---

① 注意，代价函数 J 通常并不是 u 和 d 的简单函数，而是由一些形如下式的隐含关系给出：

$$\min_{u;x} J = J_0(u,x,d) \text{ s.t. } f(x,u,d)=0$$

其中 $\dim f=\dim x$，且 $f(x,u,d)=0$ 表示模型方程。形式上忽略掉内部状态变量 x 可以得到问题：$\min_u J(u,d)$。

标是尽量避免根据模型进行在线优化。

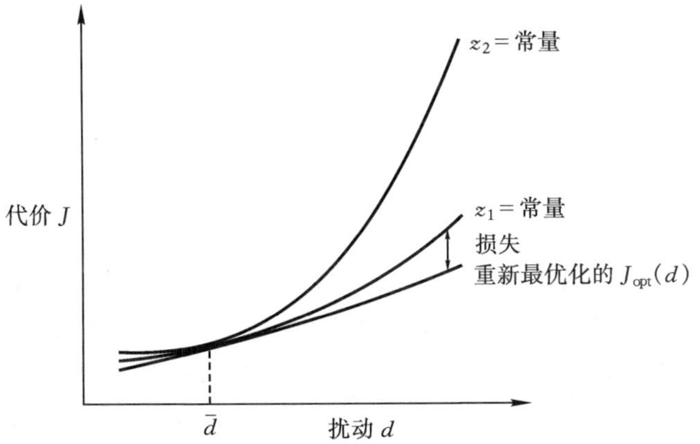

图 10.4 保持被控变量设定值定常引起的损失
在这种情况下,“自寻优”被控变量 z_1 优于 z_2

10.3.2 选择被控输出:局部分析

本节通过对损失函数的局部二阶精确分析,推导出有用的最小奇异值规则,以及严格的局部方法,若想了解更多细节,请参考 Halvorsen 等(2003)的论著。需要注意的是,这只是局部分析,如果最优运行点接近于不可能实现的情况发生时,可能会产生误导。

考虑损失函数 $L = J(u,d) - J_{opt}(d)$,其中 d 是一个固定的(通常非零)扰动。这里作如下附加假设:

1. 代价函数 J 是光滑的,或者更进一步假定该函数是二次可微的。
2. 如前面所述,假设优化问题是无约束的。若把某些变量保持在其约束上,优化问题能达到最优的话,那么假设这个优化问题已得到解决(“有效约束控制”),只考虑余留的无约束问题。
3. 当计算代价时,忽略问题的动态特性,即只考虑稳态控制和优化。
4. 被控变量 z 与可用的自由度 u 具有相同个数,即 $n_z = n_u$。

对于一个固定的扰动 d,可以采用关于 u 在其最优点附近的 Taylor 级数展开形式表示 $J(u,d)$,从而得到:

$$J(u,d) = J_{opt}(d) + \underbrace{\left(\frac{\partial J}{\partial u}\right)_{opt}^{T}}_{=0}(u - u_{opt}(d))$$

$$+ \frac{1}{2}(u - u_{opt}(d))^{T}\underbrace{\left(\frac{\partial^2 J}{\partial u^2}\right)_{opt}}_{=J_{uu}}(u - u_{opt}(d)) + \cdots \qquad (10.2)$$

下面将忽略 3 次和更高次的项(这里假设充分接近最优点)。对于一个无约束问题,式(10.2)中右边第 2 项在最优点处为零。式(10.2)量化了非最优输入 $u - u_{opt}$ 是如何影响代价函数的。为研究其与输出选择的关系,应用被控对象的一个线性化模型:

$$z = Gu + G_d d \qquad (10.3)$$

其中,G 和 G_d 分别表示稳态增益矩阵和扰动模型。对于固定的 d,有 $z - z_{opt} = G(u - u_{opt})$。

如果 G 是可逆的，可以得到

$$u - u_{\mathrm{opt}} = G^{-1}(z - z_{\mathrm{opt}}) \tag{10.4}$$

注意，前面已假设 $n_z = n_u$，因此 G 是方阵。由式(10.2)和式(10.4)可以得到

$$L = J - J_{\mathrm{opt}} \approx \frac{1}{2}(z - z_{\mathrm{opt}})^{\mathrm{T}} G^{-\mathrm{T}} J_{uu} G^{-1}(z - z_{\mathrm{opt}}) \tag{10.5}$$

其中，$J_{uu} = (\partial^2 J/\partial u^2)_{\mathrm{opt}}$ 独立于 z。作为选择，可以将 L 重写为

$$L = \frac{1}{2}\|\tilde{z}\|_2^2 \tag{10.6}$$

其中，$\tilde{z} = J_{uu}^{1/2} G^{-1}(z - z_{\mathrm{opt}})$。这些关于损失 L 的表达式具有重要意义。很明显，我们倾向选择满足 $z - z_{\mathrm{opt}}$ 为零的被控输出 z。然而，这在实际中是不可能的，主要是因为：(1)扰动 d 不断变化；(2)控制 z 时，存在实现误差 e。为了更清楚地看到这一点，将 $z - z_{\mathrm{opt}}$ 写成

$$z - z_{\mathrm{opt}} = z - r + r - z_{\mathrm{opt}} = e_{\mathrm{opt}}(d) + e \tag{10.7}$$

首先，存在一个优化误差

$$e_{\mathrm{opt}}(d) \triangleq r - z_{\mathrm{opt}}(d) \tag{10.8}$$

这是因为算法（比如关于烤制蛋糕的烹饪书）给出的理想值 r 与实际最优值 $z_{\mathrm{opt}}(d)$ 是不同的。其次，存在一个控制或实现误差

$$e \triangleq z - r \tag{10.9}$$

这是因为控制本身是不完美的，或者控制性能比较差，或者是因为一个不准确的量测值（稳态偏差 n^z）。

如果控制器有积分作用，那么稳态控制误差为零，可得 $e = n^z$。如果 z 是直接量测的，那么 n^z 就是它的量测误差；如果 z 是一些量测量 y 的组合，$z = Hy$，如图10.2(b)，那么 $n^z = Hn^y$，其中 n^y 是量测量 y 的误差向量。

大多数情况下，可以假设误差 e 和 $e_{\mathrm{opt}}(d)$ 是独立的。

例10.1　烤制蛋糕(续)。重新考虑以下问题：为什么选择炉温作为被控输出？实际上，存在两种选择：一种是闭环实现，设置 $z = T$（炉温）；另一种是开环实现，设置 $z = u = Q$（热量输入）。根据经验可以知道，炉温的最优值 T_{opt} 与扰动基本上是不相关的，并且对于任意烤炉，最优值几乎是相同的，这意味着可以设定相同的炉温，比如 $r = T_s = 190°\mathrm{C}$，正如烹饪书所给的建议。另一方面，最优输入热量 Q_{opt} 严重依赖于热量损失、炉子大小等因素，它可能在100 W和5000 W之间变化，那么烹饪书将需要针对每种炉子给出不同的设定值 $r = Q_s$，此外，还需要根据室温、炉门的开启频率等因素给出一些校正因子。由此可以发现，获取较小的 $e_{\mathrm{opt}} = T_s - T_{\mathrm{opt}}$(℃)要比获取较小的 $e_{\mathrm{opt}} = Q_s - Q_{\mathrm{opt}}$(W)容易得多。因此，最小化优化误差是选择控制炉温的主要原因。此外可以预料，当控制炉温时，控制误差 e 也要小得多。

根据式(10.5)和式(10.7)，应该选择满足以下条件的被控输出 z：

1. G^{-1} 小（即 G 大）；选择那些受输入影响较大的变量作为 z。
2. $e_{\mathrm{opt}}(d) = r - z_{\mathrm{opt}}(d)$ 小；选择那些相应的最优值 $z_{\mathrm{opt}}(d)$ 受扰动（和其它变化）影响较弱的变量作为 z。
3. $e = z - r$ 小；选择的变量 z，应该能够使得相应的控制或实现误差 e 易于保持较小值。
4. G^{-1} 小，这意味着 G 不接近奇异。对于允许使用两个或更多被控变量的情况，尽量选择相互独立的变量。

通过对变量适当的尺度变换，以上 4 个条件可以合并为下面将要讨论的“最大化最小奇异值规则”。

10.3.3 选择被控输出：最大尺度变换增益法

标量情况。在许多情况下，只有一个无约束的自由度（z 是标量）。定义 z 的“跨度”或范围为 $z-z_{opt}$ 的预计值，并引入由 u 到 z 的尺度变换增益：

$$G' = G/\text{span}(z)$$

注意 $\text{span}(z) = z - z_{opt}$ 包括优化（设定值）误差和实现误差。那么根据式(10.5)，若保持 z 不变，产生的损失为

$$L = \frac{\alpha}{2}\left(\frac{z-z_{opt}}{G}\right)^2 = \frac{\alpha}{2}\frac{1}{|G'|^2} \tag{10.10}$$

其中，$\alpha = |J_{uu}|$ 是代价函数的 Hessian 矩阵，它与选择的 z 无关。从式(10.10)中可以看出，为使损失达到最小，需要最大化“尺度变换增益”$G' = G/\text{span}$。请注意，损失随尺度变换增益平方的增大而减小。关于其应用，可参考例 10.6。

多变量情况。这里考虑一般情况，u 和 z 均为向量。首先对每个输出 z_i 进行尺度变换，使得 $z_i - z_{i_{opt}}$（“跨度”）的预计幅值为 1；为方便数学描述，进一步要求输出误差向量的 2 范数小于 1，即 $\|z-z_{opt}\|_2 \leqslant 1$。注意由式(10.7)可以看出，“跨度”是最优变化量（$e_{opt} = r - z_{opt}$）和实现误差（$e = z - r$）的和。这里作以下假设：

(A1)各个 $z_i - z_{i_{opt}}$ 的变化是不相关的，或更准确地讲，实际中可能出现输出偏差 $z_i - z_{i_{opt}}$ 的“最差”组合，即 $\|z-z_{opt}\|_2 = 1$。

(A2)输入都已经过尺度变换，使得对于每一输入，给定偏差 $u_j - u_{j_{opt}}$ 对代价函数 J 的影响相差不多，在这种情况下，$J_{uu} = (\partial^2 J/\partial u^2)_{opt}$ 接近于一个酉阵的恒定倍数，即 $J_{uu} = \alpha \cdot U$，其中 $\alpha = \bar{\sigma}(J_{uu})$。

由式(10.6)可知，$L = \frac{1}{2}\|\tilde{z}\|_2^2$，其中 $\tilde{z} = J_{uu}^{1/2}G^{-1}(z-z_{opt})$，而由式(3.40)可进一步得知，对于 $\|z-z_{opt}\|_2 = 1$ 这种最差情况，$\|\tilde{z}\|_2 = \bar{\sigma}(J_{uu}^{1/2}G^{-1})$，那么相应的损失为[①]

$$\max_{\|z-z_{opt}\|_2\leqslant 1} L = \frac{1}{2}\bar{\sigma}^2(\alpha^{1/2}G^{-1}) = \frac{\alpha}{2}\frac{1}{\underline{\sigma}^2(G)} \tag{10.11}$$

由于常量 α 与 z 的选择无关，为了使损失 L 达到最小，应该选择能够使 $\underline{\sigma}(G)$ 达到最大的被控变量。

最大尺度变换增益(最小奇异值)规则。假设已对无约束自由度进行尺度变换，使得每个自由度对代价函数的影响差异较小（更明确地讲，使得 J_{uu} 是酉阵的常数倍），并且假设也已将候选被控变量 z 进行尺度变换，使得 $z-z_{opt}$ 的每个分量的预计变化的幅值（“跨度”）都为 1，那么对于自寻优控制（稳态损失最小），选择的被控变量 z 应该能够使得由 u 到 z 的尺度变换增益阵 G 的最小奇异值（$\underline{\sigma}(G)$）达到最大。

该重要结论在本书第 1 版（Skogestad and Postlethwaite，1996）中首次给出，而 Halvorsen 等（2003）进行了更详细的证明。此外，如果不对输入进行尺度变换从而把 J_{uu} 变为酉阵，那么

① 注意这里的 G 是尺度变换增益矩阵，即 $G=G'$，但为简化符号，下文将省略上标号。

应该选择具有较大 $\underline{\sigma}(J_{uu}^{1/2}G)$ 值的变量为被控变量。

例 10.5 第 13 章关于航空发动机的应用为输出选择提供了一个很好的例证。它的总体目标是使发动机安全运转的同时，消耗的燃料最少。优化层是一个查寻表，给出了发动机在不同运行状态下的最优参数。由于该发动机在稳态有 3 个输入自由度，为保障发动机始终接近最优状态，需要指定 3 个输出变量。表 13.2(13.3.2 节)给出了 6 种可选输出，它们已经过尺度变换，对应的 $\bar{\sigma}(G(0))$ 值分别为 0.060、0.049、0.056、0.366、0.409 和 0.342。根据该结果，可以排除掉前 3 个输出。最终的选择还依赖于能控性等其它因素。

步骤。采用最小奇异值规则选择被控输出，可以归纳为以下步骤：

1. 根据(非线性)模型，计算 z 的候选变量最优值 z_{opt}（对于各种预计的扰动组合，生成一个关于 z_{opt} 的“查寻”表)，从这些数据中得出每个候选输出最优值的预计变化量：$\Delta z_{i_{opt}}=(z_{i_{opt,max}}-z_{i_{opt,min}})/2$；
2. 对于每个候选输出 z_i，计算预计的实现误差 e_i；
3. 通过除以“跨度”($|\Delta z_{i_{opt}}|+|e_i|$)，完成候选输出 z_i 的尺度变换；
4. 对输入 u 进行尺度变换，使得每个输入相对于其最优设定值的单位偏差，对代价函数 J 具有相同的影响(即，使得 J_{uu} 接近于一个酉阵的常数倍)；
5. 选择那些 $\underline{\sigma}(G)$ 值较大的被控变量，这里的 G 是描述尺度变换后的输入 u 对尺度变换后的输出 z 影响的传递函数。

注 1 在对输出 z 进行尺度变换的过程中会间接引入扰动和量测噪声。

注 2 在选择输出时，期望 $\underline{\sigma}(G)$ 较大，这与 6.9 节讨论希望 $\underline{\sigma}(G)$ 较大从而避免输入约束是不相关的。特别地，两种情况中尺度变换以及矩阵 G 都是不同的。

注 3 在推导过程中，曾假设标称运行点是最优的。然而，可以证明只要代价函数能够用形如式(10.2)的二次函数近似，那么选择结果与运行点是相互独立的(Alstad，2005)。因此，当标称运行点不是最优时，选择正确的被控变量同等重要。

习题 10.1 奇异值方法要求最大化(尺度变换)增益矩阵的最小奇异值。曾有学者提出选择形如 $z=\beta y$ 的被控变量也可以使损失达到最小，其中 β 是一很大的数，证明这种尺度变换不会影响奇异值方法的选择结果。

10.3.4 选择被控输出：严格的局部方法

最小奇异值规则以前面给出的两个简化假设(A1)和(A2)为基础，但对于具有多个被控变量的情况($n_z=n_u>1$)，该规则可能不成立。通过最小化 $\underline{\sigma}(J_{uu}^{1/2}G)$ 代替最小化 $\underline{\sigma}(G)$，可以较容易地避免违反假设(A2)，但假设(A1)给出了较强的限制。Halvorsen 等(2003)指出了以上最小奇异值规则的不足，并提出了一种严格的局部方法。

令对角阵 W_d 包含预计扰动的幅值，对角阵 W_e 包含各个被控变量对应的预计实现误差。假设扰动和实现误差合成向量的范数为 1，即 $\left\|\begin{bmatrix}d'\\e'\end{bmatrix}\right\|_2=1$，那么可以证明最坏情况下的损失为(Halvorsen et al.，2003)

$$\max_{\left\|\begin{bmatrix}d'\\e'\end{bmatrix}\right\|_2\leqslant 1} L = \frac{1}{2}\bar{\sigma}([M_d \quad M_e])^2 \tag{10.12}$$

其中

$$M_d = J_{uu}^{1/2}(J_{uu}^{-1}J_{ud} - G^{-1}G_d)W_d \tag{10.13}$$

$$M_e = J_{uu}^{1/2}G^{-1}W_e \tag{10.14}$$

其中 $J_{uu} = (\partial^2 J/\partial u^2)_{\text{opt}}$，$J_{ud} = (\partial^2 J/\partial u\partial d)_{\text{opt}}$，而尺度变换是通过权函数 W_d 和 W_e 实现的。

10.3.5　选择被控输出:代价函数的直接评价法

10.3.2～10.3.4 节介绍的局部方法是十分有用的，然而在许多实际例子中，非线性效应影响很大，尤其是局部方法可能无法检测可行性问题。例如，在马拉松长跑中，对于较好路段(扰动较小)，采用基于恒定速度的控制策略是非常好的；然而，如果遇到陡峭的山坡(扰动较大)，上述策略未必可行，这是因为选定的速度参考值可能过高。在这种情况下，可能需要使用"强力"指导评估候选被控变量对应的损失和可行性。具体来讲，需要求解非线性方程，并在假定 $z = r + e$，其中 r 保持不变的前提下，针对各种选定的扰动 d 和控制误差 e，评价代价函数 J(Skogestad,2000)。这里的 r 通常选为相对于标称扰动的最优值，但这不一定是最好的选择，也可以通过优化("最优补偿")得到它(Govatsmark,2003)。那么根据该方法，应首选那些在最坏情况下具有最小 J 值或具有最小平均值的被控输出。由于对于每组候选被控输出，必须反复求解非线性方程，所以上述方法可能比较耗时。

10.3.6　选择被控输出:量测量组合法

到目前为止，我们都把 z 选为可用量测量 y 的一个子集。更一般情况下，可以考虑应用量测量的组合形式，这里仅考虑线性组合：

$$z = Hy \tag{10.15}$$

其中，y 表示所有可用的量测量，包括控制系统的输入 u。目标是求得量测量的组合矩阵 H。

最优组合法。y 的线性模型可写成 $y = G^y u + G_d^y d$。局部情况下，可以通过最小化式(10.12)中的 $\bar{\sigma}([M_d \quad M_e])$ 得到最优线性组合，对应的 $W_e = HW_{n^y}$，其中 W_{n^y} 包含各个量测量的预计量测误差，具体请参考 Halvorsen 等(2003)的论著。值得注意的是，由于 $G = HG^y$ 和 $G_d = HG_d^y$ 依赖于 H，所以式(10.12)间接包含了 H，但它是关于 H 的非线性函数，需要使用数值搜索方法求解。

零空间方法。零空间方法是由 Alstad 和 Skogestad(2004)提出的一种求取 H 的简单方法。该方法忽略了实现误差，即式(10.14)中的 $M_e = 0$，那么若 $z_{\text{opt}}(d)$ 独立于 d，即对于偏差变量 $z_{\text{opt}} = 0\times d$，固定设定点策略($z = r$)是最优的。需要注意的是，各个量测量的最优值 y_{opt} 仍然依赖于 d，可以表示为

$$y_{\text{opt}} = Fd \tag{10.16}$$

其中，F 表示 y 关于 d 的最优灵敏度。对于所有的 d，希望求得能够满足 $z_{\text{opt}} = Hy_{\text{opt}} = HFd = 0\times d$ 的 $z = Hy$，这就要求

$$HF = 0 \tag{10.17}$$

或者说，H 位于 F 的左零空间。只要 $n_y \geqslant n_u + n_d$，该要求是可以达到的，这是因为 F 零空间的维

数为 $n_y - n_d$，为使 $HF = 0$，必须要求 $n_z = n_u < n_y - n_d$。可以证明当式(10.17)成立时，$M_d = 0$。如果存在很多扰动，即 $n_y < n_u + n_d$，那么应该只选择最重要的扰动(从实用角度)或者合并那些对 y 有类似影响的扰动(Alstad，2005)。

考虑到实现误差，即使当式(10.17)成立使得 $M_d = 0$ 时，由于 M_e 非零，损失也可能很大，因此零空间方法不能保证使用组合量测量对应的损失 L 小于使用单个量测量。一个实用的方法是优先选择那些对实现误差的灵敏度较小的候选量测量 y (Alstad，2005)。

10.3.7　选择被控输出：例子

下面的例子将说明"最大化尺度变换增益规则"(最小奇异值方法)的使用方法。

例 10.6　制冷系统。 一个简单的制冷系统或加热泵由压缩机(提供 W_s 的功，并将压力提高到 p_h)、高压冷凝器(将热量以高温提供给周围环境)、膨胀阀(液体在这里膨胀后，压力降低到 p_l 从而降低温度)，以及一个低压蒸发器(以低温带走周围环境中的热量)组成，具体请参见图 10.5。压缩机的功是根据预定的加热或制冷任务间接设定的。这里考虑采用满液式蒸发器，它不会产生过热现象，因而膨胀阀的位置(u)始终是一不受约束的自由度，通过调整它，可以最小化需要提供的功，即 $J = W_s$。相应的问题是：应该控制哪些变量？

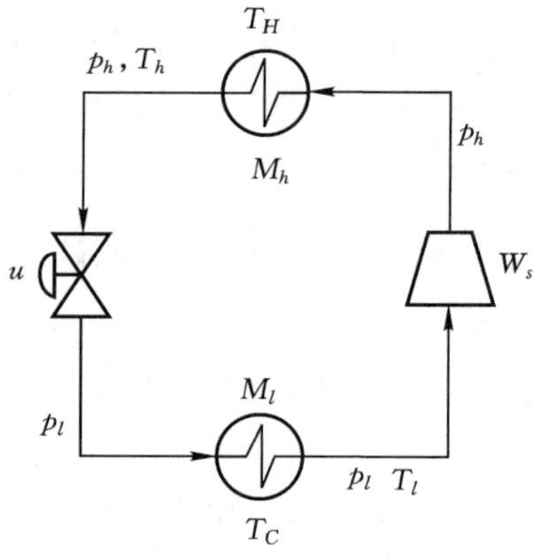

图 10.5　制冷系统

表 10.1 列出了 7 种可选的被控变量，相应的数据源于氨制冷系统。这里忽略了实现误差，但假设周围高温环境会产生一个 0.1K 的小扰动($d_1 = T_H$)，并由此造成一定的设定值误差 Δy_{opt}，具体请参考 Jensen 与 Skogestad (2005)的论著。根据式(10.10)可知，需要计算在各个扰动 d_i 下，尺度变换后的增益 $G' = G/\text{span}(z(d_i))$，并寻找具有较大 $|G'|$ 值的被控变量 z。直观上，可以选择高压和低压(p_h 和 p_l)作为被控变量，然而它们对应的尺度变换增益 $|G'|$ 分别为 126 和 0，因此不是一个好的选择。出现零增益的原因是这里假设给定的制冷任务 $Q_C = UA(T_l - T_C)$，并假设饱和状态 $T_l = T^{\text{sat}}(p_l)$，那么在某些情况下，例如 T_C 中存在扰动，保持 p_l 不变是不可行的。另一种明显的选择是热交换器的出口温度：T_h 和 T_l。然而，蒸发器的出口温度 T_l 与 p_l 紧密相关(由于饱和)，而且也具有零增益。当固定阀门位置 u 时，对应的开环策略的尺度变换增益为 1250，而冷凝器的出口温度(T_h)对应的尺度变换增益为 3074，更有吸引力的是冷凝器出口的低温冷却度，其对应的尺度变换增益为 20017。值得注意的是，损失的减少量与 $|G'|^2$ 成比例，那么当将被控变量由不变的节流阀开度("开环")转换为不变的低温冷却度时，增益将增加 $20017/1250 = 16.0$ 倍，相应的损失减小到 $1/16^2 = 1/256$(至少适于小扰动情况)。此外，从表 10.1 中可以看出，冷凝器和蒸发器中的液体量 M_h 和 M_l 似乎是最优量测量，对应的尺度变换增益分别为 157583 和 105087。实际的热泵系统就采用了这两种策略。当大约 10K 的周围高温环境($d_1 = T_H$)带来一个(大)扰动时，对损失的"强力"评估证实，除了选择 $z = T_h$，线性分析是不可行的。采用恒定阀门位置($z = u$)的开环控制策略将压缩机的功增加了大约 10%，而采用恒定冷凝器液位($z = M_h$)策略时，压缩机的功仅增

加了不到0.003%。对于低温环境($d_2 = T_C$)下的扰动,类似的结论仍然成立。需要注意的是,这里没有考虑实现误差,因此实际的损失要更大一些。

表 10.1 用于选择制冷系统被控变量的局部“最大增益”分析

变量(y)	$\Delta z_{\mathrm{opt}}(d_1)$	$G = \frac{\Delta z}{\Delta u}$	$\lvert G' \rvert = \frac{\lvert G \rvert}{\lvert \Delta z_{\mathrm{opt}}(d_1) \rvert}$
冷凝器压力:p_h (Pa)	3689	−464566	126
蒸发器压力:p_l (Pa)	−167	0	0
冷凝器出口温度:T_h (K)	0.1027	316	3074
低温冷却度:$T_h - T^{\mathrm{sat}}(p_h)$ (K)	−0.0165	331	20017
节流阀开度:u	8.0×10^{-4}	1	1250
冷凝器液位:M_h (m^3)	6.7×10^{-6}	−1.06	157583
蒸发器液位:M_l(m^3)	-1.0×10^{-5}	1.05	105087

下面这个简单例子将说明选择被控变量的各种不同方法。

例 10.7 被控变量的选取。作为一个简单例子,考虑一个代价函数为 $J = (u-d)^2$ 的无约束标量问题,其中标称情况下 $d^* = 0$。对于该问题,存在 3 个候选量测量:

$$y_1 = 0.1(u-d);\ y_2 = 20u;\ y_3 = 10u - 5d$$

假设扰动和量测噪声具有单位幅值,即 $|d| \leqslant 1$,$|n_i^y| \leqslant 1$。对于该问题,$J_{\mathrm{opt}}(d) = 0$,相应的

$$u_{\mathrm{opt}}(d) = d,\ y_{1,\mathrm{opt}}(d) = 0,\ y_{2,\mathrm{opt}}(d) = 20d \text{ 且 } y_{3,\mathrm{opt}}(d) = 5d。$$

在 $d^* = 0$ 的标称情况下,对于所有的候选被控变量,$u_{\mathrm{opt}}(d^*) = 0$,$y_{\mathrm{opt}}(d^*) = 0$,那么在标称运行点,可得 $J_{uu} = 2$,$J_{ud} = -2$。这 3 个候选变量的线性化模型为

$$y_1:G_1^y = 0.1,\ G_{d1}^y = -0.1$$
$$y_2:G_2^y = 20,\ G_{d2}^y = 0$$
$$y_3:G_3^y = 10,\ G_{d3}^y = -5$$

首先考虑选取其中的一个量测量作为被控变量,可以得到

$$\text{情况 1:} z = y_1,\ G = G_1^y$$
$$\text{情况 2:} z = y_2,\ G = G_2^y$$
$$\text{情况 3:} z = y_3,\ G = G_3^y$$

该例对应的损失可以通过解析计算获得,对于以上 3 种情况,分别有

$$L_1 = (10e_1)^2;\ L_2 = (0.05e_2 - d)^2;\ L_3 = (0.1e_3 - 0.5d)^2$$

(例如,对于 $z = y_3$,我们得到 $u = (y_3 + 5d)/10$,而对于 $z = n_3^y$,可得 $L_3 = (u-d)^2 = (0.1n_3^y + 0.5d - d)^2$)。由于 $|d| \leqslant 1$,$|n_i^y| \leqslant 1$,最差情况($|d| = 1$ 和 $|n_i^y| = 1$)下的损失为 $L_1 = 100$,$L_2 = 1.052 = 1.1025$ 和 $L_3 = 0.62 = 0.36$。可以看到,对于自寻优控制,$z = y_3$ 是最优选择,而 $z = y_1$ 是最差选择。需要注意的是,$z = y_1$ 相对于扰动可以较好地自寻优,但它对应的损失最大,这更说明了选择被控变量时,考虑实现误差的重要性。接下来比较前面小节讨论的 3 种不同方法。

A. 最大尺度变换增益(奇异值规则):对于被控变量的 3 种选择,未经尺度变换时,$|G_1| =$

$\underline{\sigma}(G_1)=0.1$，$\underline{\sigma}(G_2)=20$，$\underline{\sigma}(G_3)=10$，这说明 z_2 是最优选择，但该结论仅限于不存在扰动的情况。下面使用奇异值方法：

1. 首先采用因子 $1/\sqrt{(\partial^2 J/\partial u^2)_{\text{opt}}}=1/\sqrt{2}$ 将输入尺度变换，使得每个输入相对于其最优值的单位偏差对代价函数 J 具有相同的影响。
2. 由扰动变化引起的最大设定点误差为 $e_{\text{opt},i}=G_i^y J_{uu}^{-1} J_{ud}-G_{di}^y$。那么，对于 $z=y_1$，$e_{\text{opt},1}=0.1\times\frac{1}{2}\times(-2)-(-0.1)=0$；类似地，$e_{\text{opt},2}=-20$，$e_{\text{opt},3}=5$。
3. 对于每个候选被控变量，实现误差均为 $n^z=1$。
4. 对于 $z=y_1$，预计的变化量（"跨度"）为 $|e_{\text{opt},i}|+|n_1^y|=0+1=1$。类似地，对于 $z=y_2$ 和 $z=y_3$，跨度分别为 $20+1=21$ 和 $5+1=6$。
5. 尺度变换增益矩阵和最差情况下的损失为

$$z=y_1:\quad |G'_1|=\frac{1}{1}\times 0.1/\sqrt{2}=0.071;\qquad L_1=\frac{1}{2|G'|^2}=100$$

$$z=y_2:\quad |G'_2|=\frac{1}{21}\times 20/\sqrt{2}=0.67;\qquad L_2=\frac{1}{2|G'|^2}=1.1025$$

$$z=y_3:\quad |G'_3|=\frac{1}{6}\times 10/\sqrt{2}=1.18;\qquad L_3=\frac{1}{2|G'|^2}=0.360$$

根据奇异值规则（即最大化尺度变换增益规则）及计算的损失结果，可以看出应该控制 $z=y_3$。采用"严格"方法可以得到同样的结论，损失值亦相同。

B. 严格的局部法：在这种情况下，$W_d=1$，$W_{e_i}=1$。对于 y_1，可得

$$M_d=\sqrt{2}(2^{-1}\times(-2)-0.1^{-1}\times(-0.1))\times 1=0,\ M_e=\sqrt{2}\times 0.1^{-1}\times 1=10\sqrt{2}$$

从而得到

$$L_1=\frac{\bar{\sigma}([M_d\quad M_e])^2}{2}=\frac{1}{2}(\bar{\sigma}(0\quad 10\sqrt{2}))=100$$

类似地，可以得到

$$L_2=\frac{1}{2}(\bar{\sigma}(-\sqrt{2}\quad \sqrt{2}/20))=1.0025,\ L_3=\frac{1}{2}(\bar{\sigma}(-\sqrt{2}/2\quad \sqrt{2}/10))=0.26$$

因此，根据严格的局部法，也应选择 $z=y_3$ 作为被控变量。与"严格"的非线性损失具有轻微差别的原因是，在严格的非线性方法中，我们假设 d 和 n^y 均小于1；而在严格的线性方法中，我们假设 d 和 n^y 联合向量的2范数小于1。

C. 量测量组合法：这里想要找到最优组合 $z=Hy$。除了 y_1、y_2 和 y_3，向量 y 中还包括输入 u，即

$$y=[y_1\quad y_2\quad y_3\quad u]^{\text{T}}$$

假设 u 的实现误差为1，即 $n^u=1$，那么可以得到 $W_n^y=I$，其中 W_n^y 是一个 4×4 的矩阵，进一步还可以得到：

$$G^y=[0.1\quad 20\quad 10\quad 1]^{\text{T}}\quad G_d^y=[-0.1\quad 0\quad -5\quad 0]^{\text{T}}$$

最优组合。我们希望找到一个 H 使得式(10.12)中的 $\bar{\sigma}([M_d\quad M_e])$ 达到最小，其中 $G=HG^y$，$G_d=HG_d^y$，$W_e=HW_n^y$，$J_{uu}=2$，$J_{ud}=-2$ 且 $W_d=1$。通过数值优化可得 $H_{\text{opt}}=[0.0209\quad -0.2330\quad 0.9780\quad -0.0116]$，这意味着3个量测量和调节输入 u 的最优组合为

$$z = 0.0209y_1 - 0.2330y_2 + 0.9780y_3 - 0.0116u$$

与预期的一致，y_3 对 z 的影响最大，相应的损失 $L = 0.0405$，与前面单纯取 $z = y_3$ 的最优情况（$L = 0.26$）相比，损失降低到 1/6。

零空间方法。在零空间方法中，我们在不考虑实现误差的情况下寻找最优组合。第 1 步是找到关于扰动的最佳灵敏度。由于 $u_{\text{opt}} = d$，可得

$$\Delta y_{\text{opt}} = F\Delta d = G^y \Delta u_{\text{opt}} + G_d^y \Delta d = \underbrace{(G^y + G_d^y)}_{F}\Delta d$$

因此，最佳灵敏度为

$$F = [0 \quad 20 \quad 5 \quad 1]^{\mathrm{T}}$$

为了使得由扰动引起的损失为零，需要至少组合 $n_u + n_d = 1 + 1 = 2$ 个量测量。对于 4 种候选量测量，可以产生很多种可能的组合，但为了简化控制系统，这里仅考虑组合两个量测量。为了减小实现误差的影响，最好使用具有较大增益，但包含关于 u 和 d 不同信息的量测量 y。更准确地讲，需要最大化 $\underline{\sigma}([G^y \quad G_d^y])$。根据以上原则，可以看出量测量 2 和 3 是最优的，对应的 $\underline{\sigma}([G^y \quad G_d^y]) = \underline{\sigma}\begin{bmatrix} 20 & 0 \\ 10 & -5 \end{bmatrix} = 4.45$。为了找到最优组合，令 $HF = 0$ 或者

$$20h_2 + 5h_3 = 0$$

取 $h_2 = 1$，可得 $h_3 = -4$，最优组合是 $z = y_2 - 4y_3$；或(将 H 的 2 范数标准化)：

$$z = -0.2425y_2 + 0.9701y_3$$

当考虑实现误差时，相应的损失为 $L = 0.0425$，由于该损失仅稍微大于使用所有 4 种量测量的最优组合对应的损失(0.0405)，所以建议使用该选取结果。

最大化组合量测量的尺度变换增益。对于标量情况，同样可以使用"最大化尺度变换增益规则"寻找最优组合。考虑量测量 2 和 3 的线性组合：$z = h_2 y_2 + h_3 y_3$。从 u 到 z 的增益是 $G = h_2 G_2^y + h_3 G_3^y$。$z$ 的跨度 $\text{span}(z) = |e_{\text{opt},z}| + |e_z|$，可以通过累加单个跨度

$$e_{\text{opt},z} = h_2 e_{\text{opt},2} + h_3 e_{\text{opt},3} = h_2 f_2 + h_3 f_3 = 20h_2 + 5h_3$$

和 $|e_z| = h_2|e_2| + h_3|e_3|$ 得到。若假设实现误差向量的 2 范数是有界的，即 $\left\|\begin{bmatrix} e_2 \\ e_3 \end{bmatrix}\right\|_2 \leqslant 1$，那么在最差情况下，$z$ 的实现误差是 $|e_z| = \left\|\begin{bmatrix} h_2 \\ h_3 \end{bmatrix}\right\|_2$，得到的应该对其幅值进行最大化的尺度变换后的增益为

$$G' = \frac{G}{\text{span}} = \frac{h_2 G_2^y + h_3 G_3^y}{|h_2 e_{\text{opt},2} + h_3 e_{\text{opt},3}| + |e_z|} \tag{10.18}$$

式(10.18)为选择一个好的量测量组合提供了明确的依据。我们应该选择合适的 H（即 h_2 和 h_3）使得 $|G'|$ 达到最大。按照零空间法选择的 H 应满足 $e_{\text{opt}} = h_2 e_{\text{opt},2} + h_3 e_{\text{opt},3} = 0$，由此可得 $h_2 = -0.2425$，$h_3 = 0.9701$ 且 $|e_z| = \left\|\begin{bmatrix} h_2 \\ h_3 \end{bmatrix}\right\|_2 = 1$，对应尺度变换后的增益为

$$G' = \frac{-20 \times 0.2425 + 10 \times 0.9701}{0 + 1} = 4.851$$

损失为 $L = \alpha/(2|G'|^2) = 0.0425$（和上面结果相同）。（由于在计算 G' 时，没有将输入进行尺度变换，所以这里含有因子 $\alpha = J_{uu} = 2$）。

Skogestad(2000)，Halvorsen 等(2003)，Skogestad(2004b)和 Govatsmark(2003)的论著提供了更多关于被控变量选择的例子。

习题 10.2* 若希望最小化 LQG 类型的目标函数 $J = x^2 + ru^2$，其中 $r > 0$，且系统的稳态模型为

$$x + 2u - 3d = 0$$

$$y_1 = 2x,\ y_2 = 6x - 5d,\ y_3 = 3x - 2d$$

当 $r = 1$ 时，应选择哪个量测量作为被控变量？而当 r 变化时，如何调整选择方案？假设所有量测量都具有单位实现误差。

习题 10.3 在习题 10.2 中，若将 u 也看作候选被控变量（开环实现策略），如何调整选择方案？首先假设 u 也具有单位实现误差；当 u 和各个量测量的实现误差均为 10 时，重新分析上述问题。

10.3.8 选择被控变量：总结

当调节输入的最优值与其约束一致时，通过"有效约束控制"可以获得最优运行状态。而对于余留的无约束自由度，选择被控变量存在一定困难。

最常见的"无约束情况"仅有一个无约束自由度，那么相应的规则就是选择一个被控变量使（尺度变换后）增益达到最大。

标量规则："最大化尺度变换增益 $|G'|$"

- G：从 u 到 z 未经尺度变换的增益
- $G' = G/\text{span}$：尺度变换后的增益
- span ＝最优范围（$|e_{\text{opt}}|$）＋ 实现误差（$|e|$）

简单地讲，"最大化尺度变换增益规则"可以描述如下：

选择被控变量 z，相对于最优变化量与实现误差之和，该变量应具有较大的能控范围。这里，

- 能控范围：通过改变输入所能达到的范围（与稳态增益给出的定义类似）
- 最优变化量：由扰动引起（稳态情况下）
- 实现误差：控制误差和量测误差之和（稳态情况下）

对于含有多个无约束自由度的情况，采用最小奇异值表示的最难方向上的增益。

一般规则："最大化（尺度变换后的）最小奇异值 $\underline{\sigma}(G')$（稳态情况下）"

由于代价函数通常依赖于稳态，所以文中一直强调"稳态"这一限制条件。不过在更一般的情况下，可以将"稳态"替换为"上一层（可以调整 z 的设定点）的带宽频率范围内"。

10.4 调节控制层

本节主要讨论调节控制层。该层是控制层次的最底层，主要目的是"镇定"控制过程，并使

系统更加平稳运行，它并不优化与收益相关的目标，那是较上层的任务。调节控制层通常是一个"低复杂度"的分散控制系统，其任务是保持一组量测量处于给定值。它自身通常也具有层次结构，是由级联回路组成的。如果系统存在"真正地"不稳定模态（RHP 极点），那么首先要设法将其镇定，然后闭合回路进一步"镇定"系统，也就是说，使系统状态保持在可接受的界限之内（防止漂移），为了达到这个目的，关键问题是抑制局部扰动。

对于调节控制来说，最重要的问题是确定量测和调节哪些变量。对于该问题，本书10.4.2节给出了一些简单规则。一个基本问题是引入独立的调节控制层后，是否会对主变量 z 的受控性能造成内在损失。有趣的是，只要调节控制器中不包含 RHP 零点，且上层具有修改调节控制层中参考值的充分权限，就不会发生上述问题（参见 10.4.4 节的定理 10.2）。

10.4.1 调节控制的目标

调节控制层的具体目标包括：

O1. 提供足够好的控制质量，使得在不使用控制系统更上层的情况下，受过训练的操作员也能维护系统安全运行。

这大大降低了为防止故障而为控制等级中更上层提供昂贵备份系统的需要。

O2. 允许使用可以在线调节的简单分散（局部）控制器（在调节层）。

O3. 满足"快速"控制，使得上层使用"慢速"控制时，也可以达到可接受的控制效果。

O4. 跟踪由控制等级中更上层设置的参考值（设定点）。

较下层的设定点一般是控制等级中更上层的调节变量，通常希望能够尽可能直接且独立地修改这些变量。不然，较上层将需要较下层各个输出的动态特性和交互关系模型。

O5. 能够抑制局部扰动。

该目标与目标 O4 是一致的，主要目的都是希望能够保持调节控制系统中的被控变量处于相应的设定点。

O6. 镇定控制对象（从数学的角度讲，即将 RHP 极点移到 LHP）。

O7. 防止"漂移"，保持系统处于"线性区域"，从而使用线性控制器。

O8. 使得更上层能够使用简单模型（至少可以使用简单动态模型）。

获取和维护对象的详细动态模型的代价较高，而且不一定可靠；此外，复杂的动态模型会增加上层控制系统的计算负担，因此实际系统都倾向于使用相对简单的模型。

O9. 不给余留的控制问题引入不必要的性能限制。

"余留的控制问题"指的是更上层涉及的控制问题，这些更上层的调节输入包括较下层的设定点和其它可能"没有使用的"调节输入；这里的"不必要"指的是原始问题描述中不存在的性能限制（例如 RHP 零点，较大的 RGA 元素，对扰动的高灵敏度）。

10.4.2 选取调节控制的变量

为方便下面讨论，将输出 y 分成两类：

- y_1 ——（局部地）不被控制的输出（这部分输出有相应的控制目标）
- y_2 ——（局部地）被量测和被控制的输出（其参考值为 r_2）

这里"局部地"指的是"仅在调节控制层"，这样变量 y_2 就是调节控制层选定的被控变量。类似地，将调节输入 u 细分成两部分：

- u_1 ——(局部地)没有被使用的输入(可能为空集)
- u_2 ——(局部地)用于控制 y_2 而使用的输入(通常 $n_{u_2} = n_{y_2}$)

本节主要讨论调节控制层,不过,类似的细分和分析可以用于任意控制层。变量 y_1 有时称为“主”输出,而 y_2 称为“次要”输出。请注意,这里的 y_2 是当前考虑的控制层的被控变量(CV)。典型情况下,可以将 y_1 看作真正想要控制的变量,而将 y_2 看作是为了更容易地控制 y_1 而局部控制的被控变量。

调节控制层主要辅助整个系统实现总体运行目标,所以如果已知“实用的”被控变量 z,应该将它们包含在 y_1 中。在其它情况下,如果控制目标是防止系统从稳态“漂移”,那么 y_1 可以选为系统状态的加权子集,具体请参考 10.4.4 节的讨论。

调节控制涉及的最重要问题是:

1. 应该控制什么(变量集 y_2 是什么)?
2. 应该选择什么作为调节变量(变量 u_2 是什么),以及如何将它与 y_2 配对?

配对问题产生的原因是希望尽可能使用分散 SISO 控制。在许多情况下,根据物理分析和实际经验可以很“清楚”地确定变量 y_2 是什么(请参考下面关于蒸馏塔的典型例子)。然而,这里对“清楚”加引号是因为有时质疑传统控制思想是有益的。

下面将推导“部分控制”的传递函数,具体请见式(10.28),这些传递函数有助于更准确地分析变量 y_2 和 u_2 的各种选择的效果。然而,我们将首先介绍一些可以降低可选变量数量的简单规则,它们对于避免可选变量数量的组合增长非常重要。对于一个对象,如果希望从 M 个候选输入 u 中选择出其中的 m 个,而从 L 个候选量测量 y 中选择出其中的 l 个,那么可能的组合个数为:

$$\binom{L}{l}\binom{M}{m} = \frac{L!}{l!(L-l)!}\,\frac{M!}{m!(M-m)!} \tag{10.19}$$

几个例子:若 $m = l = 1$, $M = L = 2$,那么可能的组合数为 4;若 $m = l = 2$, $M = L = 4$,那么组合数为 36;而若 $m = M$, $l = 5$ 且 $L = 100$ (从 100 个可能的量测量中选出其中的 5 个),那么会有 75 287 520 种可能的组合。

区分以下两种主要情况是有益的:

1. **级联和间接控制。**控制变量 y_2 的唯一目的是辅助获得对“主”输出 y_1 满意的控制性能。在这种情况下,对于 y_1 的控制,通常 r_2 (有时记为 $r_{2,u}$)“自由地”用作上层的调节输入(MV)。
2. **分散控制(采用顺序设计)。**变量 y_2 本身非常重要,但它们的参考值 r_2 (有时记为 $r_{2,d}$)通常对 y_1 的控制非但无用,还会成为影响 y_1 控制的扰动。

y_2 的选择规则。以下规则对于确定调节控制层中的被控变量 y_2,尤其是对于第 1 种情况(级联和间接控制)比较有用:

1. y_2 应易于量测。
2. 通过控制 y_2 可以“镇定”对象。
3. y_2 应具有良好的能控性,即具有易于控制的动态特性。
4. y_2 的位置应该“靠近”调节变量 u_2 (这是规则 3 的结果,原因是为获得良好的能控性,希望有效延迟小一些;具体见 2.7 节)。
5. 从 u_2 到 y_2 的(尺度变换后的)增益应较大。

简单来讲,最后一条的意思是 y_2 的能控范围(通过改变输入 u_2 所能达到的范围)与其预

计变化量(跨度)相比要大一些,这是对 10.3.3 节所介绍的用于选择主("实用的")被控变量 z 的最大增益规则的重申。设置该规则的一个主要原因是我们希望通过控制变量 y_2 实现最优运行。对于标量情况,应当最大化增益 $|G'_{22}|=|G_{22}|/\mathrm{span}(y_2)$,其中 G_{22} 是从 u_2 到 y_2 未经尺度变换的传递函数,而 $\mathrm{span}(y_2)$ 是 y_2 的最优变化量和实现误差之和。对于含有多个输出的情况,"增益"是由最小奇异值 $\underline{\sigma}(G'_{22})$ 给定的,同时应该在固定 u_1 的情况下,在最相邻的上层带宽频率处近似计算尺度变换后的增益(包括最优变化量和实现误差)。

u_2 的选择规则。为控制 y_2,需要从可获得的调节输入 u 中选择一个子集 u_2。有关 y_2 的选择思想同样适应于对候选调节变量 u_2 的选择:

1. 选择 u_2 使得 y_2 具有良好的能控性,即 u_2 对 y_2 具有"大"且"直接"的作用。这里的"大"表示增益大,"直接"表示具有好的动态性能,没有反向响应,且有效延迟小。
2. 选择的 u_2 能最大化从 u_2 到 y_2 的(尺度变换后的)增益幅值。
3. 避免使用可能会饱和的变量 u_2。

与 y_2 的选择相比,最后一条是唯一的"新"要求。所谓"饱和"是指输入 u_2 的期望值超过了物理限制,例如它的幅值或速率。最后一条的意义是,当输入饱和时,将造成严重失控,可能需要重新考虑构成形式。我们希望尽可能避免在调节控制层重新考虑构成形式及其辅助逻辑,而趋向于把这些任务留给控制等级中的更上层。

例 10.8 蒸馏塔的调节控制:基础层。图 10.6 所示蒸馏塔的控制问题具有 5 个调节输入

$$u=[L \quad V \quad D \quad B \quad V_{\mathrm{T}}]^{\mathrm{T}}$$

这些输入都以流量(mol/s)的形式存在:回流 L、再蒸发流量 V、塔顶产品流量 D、塔底流量 B 以及塔顶蒸汽流量(冷却)V_T,而被控变量(y)有待确定。

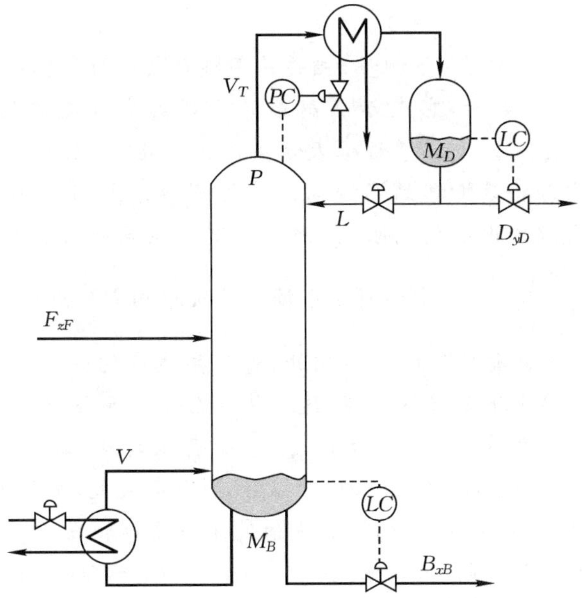

图 10.6 采用 LV 构成控制的蒸馏塔

总目标。从稳态(和实用)的角度看,蒸馏塔只有3个自由度[①],当压力也被控时,只剩两个稳态自由度,我们希望找出与这些自由度相关的实用被控变量 $y_1 = z$。为达到该目的,首先定义代价函数 J,并在满足约束的条件下,针对各种扰动将其最小化。这些约束包括塔顶成分(x_D)和塔底成分(x_B)的规格,以及各种流量大小的上下界。在大多数情况下,最优解都在约束上,例如塔顶和塔底成分的最优值都是规格要求的值($y_{D,\min}$ 和 $x_{B,\max}$)。一般选择控制有效约束,于是有:

$$y_1 = z = [x_D \quad x_B]^{\mathrm{T}}$$

调节控制:y_2 的选择。首先需要镇定与蒸馏塔的冷凝器和重沸器 M_D 和 M_B (mol)中的液体液位相关的两种积分模态;此外,通常对压力(p)要有严苛控制,否则(后续)对温度和塔内成分的控制会变得更困难。因此,我们决定在调节控制层控制以下3个变量:

$$y_2 = [M_D \quad M_B \quad p]^{\mathrm{T}}$$

请注意,这3个变量本身对于控制来说是很重要的。

总体控制问题。前面已确定了5个希望控制的变量:

$$y = [\underbrace{x_D \quad x_B}_{y_1} \quad \underbrace{M_D \quad M_B \quad p}_{y_2}]^{\mathrm{T}}$$

由此导出的从 u 到 y 的 5×5 阶的总体控制问题可近似表示为(Skogestad and Morari, 1987a):

$$\begin{bmatrix} x_D \\ x_B \\ M_D \\ M_B \\ M_V(p) \end{bmatrix} = \begin{bmatrix} g_{11}(s) & g_{12}(s) & 0 & 0 & 0 \\ g_{21}(s) & g_{22}(s) & 0 & 0 & 0 \\ -1/s & 0 & -1/s & 0 & 0 \\ g_L(s)/s & -1/s & 0 & -1/s & 0 \\ 0 & 1/(s+k_p) & 0 & 0 & -1/(s+k_p) \end{bmatrix} \begin{bmatrix} L \\ V \\ D \\ B \\ V_T \end{bmatrix} \tag{10.20}$$

此外,还存在与输入(阀门)和输出(量测量)相关的高频动态特性(延迟)。为达到控制目的,引入传递函数 $g_L(s)$ 是十分重要的,它表示从蒸馏塔顶部到底部流体的动态特性,即 $\Delta L_B = g_L(s)\Delta L$,可以采用延迟 $g_L(s) = \mathrm{e}^{-\theta_L s}$ 近似表示该传递函数。$g_L(s)$ 也存在于从 L 到 x_B 的传递函数 $g_{21}(s)$ 中,通过它可将蒸馏塔的高频动态特性解耦。式(10.20)所示的总体对象模型通常不存在RHP零点引起的内在控制限制,但该模型在原点处有2个极点(与积分液位 M_D 和 M_B 对应),而 $G_{\mathrm{LV}} = \begin{bmatrix} g_{11} & g_{12} \\ g_{21} & g_{22} \end{bmatrix}$ 中还有1个源于蒸馏塔内部循环的靠近原点的极点("相当于积分"),而这3种模态都需要被"镇定"。此外,对于高纯度的分离,还需面临一个潜在的控制问题,即 G_{LV} 子系统在稳态下是强耦合的,这将导致 G_{LV} 甚至整个对象的 5×5 阶模型对应的RGA矩阵的元素较大。但幸运的是,由于 $g_L(s)$ 所表示的流体动态特性,系统在高频段是解耦的。另外一个复杂的问题是成分量测(y_1)的代价通常较大,而且不可靠。

调节控制:u_2 的选取。正如前文所提,首先通过闭合液位和压力 $y_2 = [M_D \quad M_B \quad p]^{\mathrm{T}}$ 的3个分散SISO回路将蒸馏塔镇定,这些回路间的相互影响通常很微弱,可以独立调节。然而,u_2(和 u_1)有很多可能的选择。例如,冷凝器箱体(M_D)有一个入口流量(V_T)和两个出口流

① 为使控制过程稳定,需要控制集成冷凝器和重沸器的液位,所以它们没有稳态效应,从而导致蒸馏塔的稳态自由度比动态自由度少两个。

量(L 和 D),三者中的任意一个或者它们的任意组合,都可以有效地控制 M_D。按照惯例,用于控制液位和压力的输入 u_2 的每一种选择("构成")都是根据用于成分控制的输入 u_1 来命名的。例如,本书中许多例子中提及的"LV 构成"是指一个部分控制系统,其中的 $u_2 = [D \quad B \quad V_T]^{\mathrm{T}}$ 在调节控制层用于控制液位和压力(y_2),而剩下的输入

$$u_1 = [L \quad V]^{\mathrm{T}}$$

用于控制成分 (y_1)。LV 构成对应的稳态 RGA 元素值较大,说明它在稳态具有较强的交互作用,具体可参考 3.7.2 节的式(3.94)。另一方面,LV 构成是使 y_1 的控制(采用 u_1)几乎独立于液位控制器(K_2)调节的唯一构成,从这一角度上看,该构成是很好的。它的重要性在于,我们通常希望"缓慢"(平滑控制)而不是严苛地控制液位(M_D 和 M_B),后者可能会引起从调节控制层(y_2)到主控制层(y_1)的交互作用,而这是我们不希望发生的。通过使用 LV 构成可以避免该情况的发生。

另一种是 DV 构成,其中 $u_2 = [L \quad B \quad V_T]^{\mathrm{T}}$ 用于控制液位和压力,而剩下的输入

$$u_1 = [D \quad V]^{\mathrm{T}}$$

用于控制成分。如果只关心冷凝器液位(M_D)控制,那么该选择能较好适应难以分离的情况,此时有 $L/D \gg 1$。这是因为为避免 u_2 饱和,通常使用最大流量(在这种情况下,$u_2 = L$)控制冷凝器液位(M_D)。此外,对于该结构,从 u_1 到 y_1 的稳态交互作用要小得多,这可从 RGA 中看出,具体请见 6.10.2 节的式(6.74)。然而,DV 构成的一个缺点是 u_1 对 y_1 的影响强烈依赖于 K_2 的调节。这一点并不奇怪,这是因为使用 D 控制 x_D,就相当于选择式(10.20)中的 $g_{31} = 0$ 对应的配对,因此当闭合液位回路(从 $u_2 = L$ 到 $y_2 = M_D$)时,$D(u_1)$ 仅对 $x_D(y_1)$ 有作用。

除了以上两种,还有很多其它可能的构成(u_1 中两个输入的不同选择)。实际上,对于 5 个输入,总计存在 10 种可能的构成。此外,通常还允许使用不同流量的比例,例如 L/D 作为 u_1 中可能的自由度,这大大增加了候选构成的数量。然而,所有这些构成中 u_1 对 y_1 的影响都依赖于 K_2 的调节,而这是不理想的,这也是在实际中最经常使用 LV 构成的一个原因。下一节将讨论如何通过闭合一个"快速"温度回路改善 LV 构成的能控性。

在上一个例子中,y_2 本身是很重要的变量,而在下面这个例子中,对变量 y_2 控制的目的是辅助实现对主变量 y_1 的控制。

例 10.9 蒸馏塔的调节控制:温度控制。 假设在使用 LV 构成时,闭合了用于控制冷凝器液位(M_D,M_B) 和压力(p) 的 3 个基本回路(请见例 10.8),那么剩余一个 2×2 阶的控制问题,其中

$$u = [L \quad V]^{\mathrm{T}}$$

(回流和再蒸发流量),而

$$y_1 = [x_D \quad x_B]^{\mathrm{T}}$$

(产品成分)。从 u 到 y_1 模型 $G_{\mathrm{LV}}(s)$ 的能控性分析表明,系统存在(1)一个几乎是积分的模态和(2)很强的交互作用。积分模态导致了在低频段对扰动的高灵敏度,那么控制意味着,我们需要闭合一个"镇定"回路。对交互作用的进一步分析(例如,RGA 元素关于频率的函数曲线)表明交互程度在高频段小一些。该现象的物理原因是 L 和 x_D 位于蒸馏塔的顶部,而 V 和 x_B 位于底部,由于 L 的变化影响到底部需要经历一段时间 (θ_L),因此高频响应是解耦的。控制

的含义是指，通过闭合一个闭环响应时间小于 θ_L 的回路可以避免交互作用。

根据以上分析可以看出，闭合一个快速回路可以兼顾稳定性和减小交互作用，那么一个很自然的问题是应该闭合哪个回路。最直观的选择是闭合其中一个成分回路 (y_1)。然而在量测成分（x_D 和 x_B）时，通常有时间延迟，而且量测结果可能不可靠；另一方面，温度 T 是一个很好的成分指标，且容易量测，因此首选方案是闭合蒸馏塔中的某个快速温度回路，这一回路将作为调节控制系统的一部分得以实现。这里有两个可用的调节变量 u，因此可以通过使用回流 L 或再蒸发流量 V 控制温度。由于再蒸发流量 V 更有可能达到其最大值，而在调节控制层不希望出现输入饱和，所以最好选择 L（见图 10.7）。基于以上分析，可以得到一个 SISO 调节回路，其中

$$y_2 = T\ ;\ u_2 = L$$

且 $u_1 = V$。"主"成分控制层为调节层调整温度设定点 $r_2 = T_s$，这样对于该层，有

$$y_1 = [x_D \quad x_B]^{\mathrm{T}}\ ;\ u = [u_1 \quad r_2]^{\mathrm{T}} = [V \quad T_s]^{\mathrm{T}}$$

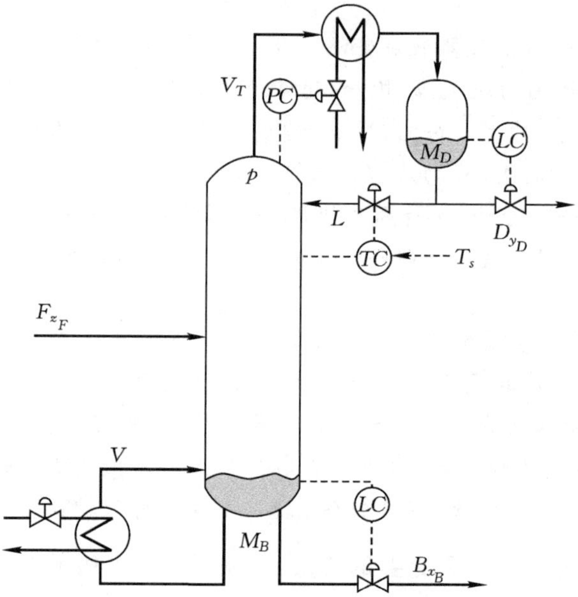

图 10.7 采用 LV 构成的蒸馏塔和温度调节回路

接下来的问题是确定控制蒸馏塔中的哪个温度 T。对于该问题，可以采用"最大增益规则"，相应的目标是最大化尺度变换后从 $u_2 = L$ 到 $y_2 = T$ 的增益 $|G'_{22}(\mathrm{j}\omega)|$，这里的 $|G'_{22}| = |G_{22}|/\mathrm{span}$，其中 G_{22} 是未经尺度变换的增益，而 span 是被选择温度的最优范围（$|e_{\mathrm{opt}}|$）与实现误差（$|e|$）之和。该增益应当在用以调整设定点 $r_2 = T_s$ 的成分层的近似带宽频率处进行计算。对于该应用，假设主层相对较慢，这样就可以在稳态即 $\omega = 0$ 下计算增益。

表 10.2 给出了第 1（重沸器）、5、10、15、21（给料级），以及 26、31、36 和 41（冷凝器）级中各量测量对应的标称温度 $y_2 = x$、未经尺度变换的增益、两种扰动的最优变化量、实现误差，以及由此产生的变化范围和尺度变换后的增益。图 10.8 进一步画出了增益关于级数的函数曲线。尺度变换后的增益的最大值约为 88，该增益是在温度量测量位于从塔底部算起的第 15 级获得的，然而，由于该级位于给料级之下，因此位于塔顶部的回流变化（$u_2 = L$）需要一段时

间才能达到这一级。考虑到这种动态原因，最好将量测位置安排到塔的顶部。例如级 27，对应的增益约为 74，它是一“局部”峰值。

表 10.2 蒸馏塔例子中可选温度位置(y_2)对应的尺度变换后的增益 $|G'_{22}|$。Span＝$|\Delta y_{2,opt}(d_1)|+|\Delta y_{2,opt}(d_2)|+e_{y_2}$，尺度变换后的增益 $|G'_{22}|=|G_{22}|/span$

级	标称值 y_2	未经尺度变换的增益 G_{22}	$\Delta y_{2,opt}(d_1)$	$\Delta y_{2,opt}(d_2)$	e_{y_2}	span(y_2)	尺度变换后的增益
1	0.0100	1.0846	0.0077	0.0011	0.05	0.0588	18.448
5	0.0355	3.7148	0.0247	0.0054	0.05	0.0803	46.247
10	0.1229	10.9600	0.0615	0.0294	0.05	0.1408	77.807
15	0.2986	17.0030	0.0675	0.0769	0.05	0.1944	87.480
21	0.4987	9.6947	−0.0076	0.0955	0.05	0.1532	63.300
26	0.6675	14.4540	−0.0853	0.0597	0.05	0.1950	74.112
31	0.8469	10.5250	−0.0893	0.0130	0.05	0.1542	69.074
36	0.9501	4.1345	−0.0420	−0.0027	0.05	0.0947	43.646
41	0.9900	0.8754	−0.0096	−0.0013	0.05	0.0609	14.376

例注

1. 上例中使用了“塔 A”的数据(见 13.4 节)，它共有 40 个级，用以分离二元混合物。为简单起见，假设级 i 的温度由轻组分的摩尔分数直接给出，即 $T_i = x_i$，其范围由底部的 0 变化到顶部的 1，可以看作“标称”温度。假设各级的实现误差都相同，即 $e_{y_2} = 0.05$ (若两个组件的温度差异为 13.5K，对应的实现误差为 ±0.68K)。给料率扰动 $F(d_1 = 0.2)$ 增加 20%，而给料的摩尔分数 $z_F(d_2 = 0.1)$ 从 0.5 变化到 0.6。

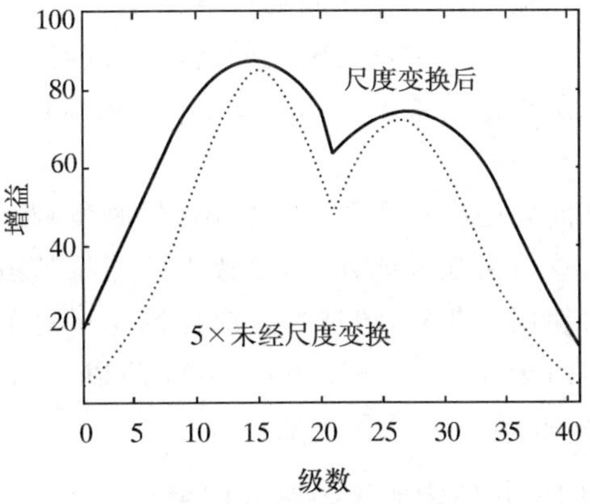

图 10.8 蒸馏塔例子中可选温度位置尺度变换后的增益($|G'_{22}|$)和未经尺度变换的增益($|G_{22}|$)

2. 最优变化量($\Delta y_{2,opt}(d)$)通常是从详细的稳态模型中得出的，但在这里，它由一个线性模型产生。对于任意扰动 d，可以得到偏差变量(省略了 Δ)：

$$y_1 = G_{12}u_2 + G_{d1}d$$
$$y_2 = G_{22}u_2 + G_{d2}d$$

最优策略是保持产品成分不变，即 $y_1 = [x_D \quad x_B]^T = 0$；然而，由于 $u_2 = L$ 是一标量，上述策略不可能实现，可以利用伪逆 $u_2^{opt} = -G_{12}^{\dagger}G_{d1}d$ 获得最小二乘意义下(最小化 $\|y_1\|_2$)的最优解，由此导出的温度 $y_2 = T$ 的最优变化为：

$$y_2^{opt} = (-G_{22}G_{12}^{\dagger}G_{d1} + G_{d2})d \tag{10.21}$$

3. 如图 10.8 中的实线和虚线所示，未经尺度变换的增益和尺度变换后的增益的局部峰值分别出现在第 26、27 级，因此对于该例，尺度变换对最终结果影响不大。然而，如果把实现误差 e 设为 0，尺度变换后的最大增益将出现在蒸馏塔底部(第 1 级)。

4. 在调节控制层中，可以通过选择 $u_2 = L$ 避免再蒸发流量 V 饱和，然而如果不考虑饱和问题，另一个选择 $u_2 = V$ 可能更好。根据对 $u_2 = V$ 的类似分析，可以得知它对应的尺度变换后的最大增益出现在第 14 级，约为 100。

总之，可以通过先为液位、压力和温度设计一个 4×4 阶的“镇定”(调节)控制器 K_2

$$y_2 = [M_D \quad M_B \quad p \quad T]^{\mathrm{T}}, \ u_2 = [D\ B\ V_{\mathrm{T}}\ L]^{\mathrm{T}}$$

然后再为成分控制设计一个 2×2 阶的“主”控制器 K_1

$$y_1 = [x_D \quad x_B], \ u_1 = [V \quad T_s]$$

来解决阶数为 5×5 的总体蒸馏控制问题；或者，还可以把 u_1 和 u_2 中的 L 和 V 交换一下。而温度传感器(T)应放置于能获得较大尺度变换后增益的位置。

前面讨论了一些为调节控制层选择变量的简单规则和工具(“最大增益规则”)。调节控制层本身通常具有层次结构，由两层组成，其中一层用于镇定不稳定模态(RHP 极点)，而另一“镇定”层主要抑制扰动。接下来将介绍极点向量和部分控制，它们是解决镇定和扰动抑制问题的更专业的工具。

10.4.3 镇定:极点向量

当输入使用存在问题而需镇定不稳定模态时，极点向量对输入和输出的选取是很有用的。它的一个重要优点是输入的选取可以与输出的选取分开进行，因此可以避免组合问题，而主要缺点是理论结果仅适用于单 RHP 极点的情况，但实际应用却表明该工具在更一般的情况下也是有用的。

问题是应该采用哪个输出(量测量)和输入(调节量)来镇定？很明显，应该避免输入饱和，由于这将引起系统开环，以致不可能将其镇定。因此，一个合理的目标是最小化镇定所需要的输入使用。此外，该选择还应使镇定层对余留控制问题的“扰动”影响达到最小。

由于 $u = -KS(r+n-d)$，所以当 KS 的范数最小时，才能使输入使用达到最小，这里将考虑 $\mathcal{H}_2$ 和 $\mathcal{H}_\infty$ 两种范数。

定理 10.1(镇定所需的输入使用) 对于一个具有单个不稳定模态 p 的有理对象，其传递函数 KS 的最小 $\mathcal{H}_2$ 和 $\mathcal{H}_\infty$ 范数分别由下式给出(Havre and Skogestad，2003；Kariwala，2004)：

$$\min_K \| KS \|_2 = \frac{(2p)^{3/2} \times | q^{\mathrm{T}} t |}{\| u_p \|_2 \times \| y_p \|_2} \tag{10.22}$$

$$\min_K \| KS \|_\infty = \frac{2p \times | q^{\mathrm{T}} t |}{\| u_p \|_2 \times \| y_p \|_2} \tag{10.23}$$

这里的 u_p 和 y_p 分别表示输入和输出的极点向量(见 4.2 节)，而 q 和 t 分别表示状态矩阵 A 的左右特征向量，它们满足 $q^{\mathrm{T}}A = q^{\mathrm{T}}p$，$At = pt$。

定理 10.1 适用于具有任意个 RHP 零点的对象，同时也适用于多变量(MIMO)和单回路(SISO)控制。在 SISO 的情况下，u_p 和 y_p 分别是选定的输入(u_j)和输出(y_i)对应的极点向量元素 $u_{p,j}$ 和 $y_{p,i}$。请注意($q^{\mathrm{T}}t$)项与选定的输入 u_j 和输出 y_i 是独立的，因此对于单个不稳定模态和 SISO 控制：

通过选取合适的输出 y_i(量测量)和输入 u_j(调节量)可以使镇定所需的输入使用达到最小,选定的 y_i 和 u_j 需分别对应于输出和输入极点向量(y_p 和 u_p)的最大元素。(见 4.4.4 节的注 2)

该选择可以使不稳定模态(状态)的能控性和能观性达到最大。请注意量测量 y_i 和输入 u_j 的选取是独立进行的。上述结论适用于不稳定极点,然而 Havre(1998)证明,通过选取分别与 y_p 和 u_p 中最大元素对应的输出和输入,可使极点配置的输入要求达到最小,该性质同样适用于 LHP 极点,并且当希望移动稳定极点时,极点向量依然有用。

习题 10.4* 请证明,对于一个具有单个不稳定极点的系统,式(10.23)表示 $\|KS\|_\infty$ 可达到的最小值。(提示:采用极点向量的定义,重新整理 5.3.2 节的式(5.31))

当对象具有多个不稳定极点时,在假定其它 RHP 极点不变的前提下,与某一特定 RHP 极点对应的极点向量可以度量移动该极点需要的输入使用。虽然该假设有些不切实际,但可以通过一次镇定一个不稳定源的方式使用极点向量方法,即首先针对一个实 RHP 极点或一对复 RHP 极点,选择相应的输入和输出,并设计一个镇定控制器;然后重新计算部分控制系统的极点向量,并选择另一组变量;持续重复这一过程,直到所有模态都被镇定。这个过程导出了一顺序设计的分散控制器,正如接下来的这个例子所示,该方法已应用于许多实际问题。

例 10.10 Tennessee Eastman 过程的镇定。 Tennessee Eastman 化学过程(Downs and Vogel, 1993)是为测试控制结构设计方法而提出的挑战性问题[①]。该过程有 12 个调节输入和 41 个候选量测量,这里考虑其中的 11 个,有关这些变量的选取和尺度变换的详细信息,请参考 Havre(1998)的论著。对应的模型在运行点有 6 个不稳定极点,即 $p = [0 \quad 0.001 \quad 0.023 \pm j0.156 \quad 3.066 \pm j5.079]$,输出和输入极点向量的绝对值为:

$$|Y_p| = \begin{bmatrix} 0.000 & 0.001 & 0.041 & 0.112 \\ 0.000 & 0.004 & 0.169 & 0.065 \\ 0.000 & 0.000 & 0.013 & 0.366 \\ 0.000 & 0.001 & 0.051 & 0.410 \\ 0.009 & 0.581 & 0.488 & 0.316 \\ 0.000 & 0.001 & 0.041 & 0.115 \\ 1.605 & 1.192 & 0.754 & 0.131 \\ 0.000 & 0.001 & 0.039 & 0.108 \\ 0.000 & 0.001 & 0.038 & 0.217 \\ 0.000 & 0.001 & 0.055 & \mathbf{1.485} \\ 0.000 & 0.002 & 0.132 & 0.272 \end{bmatrix} \quad |U_p|^{\mathrm{T}} = \begin{bmatrix} 6.815 & 6.909 & 2.573 & 0.964 \\ 6.906 & 7.197 & 2.636 & 0.246 \\ 0.148 & 1.485 & 0.768 & 0.044 \\ 3.973 & 11.550 & 5.096 & 0.470 \\ 0.012 & 0.369 & 0.519 & 0.356 \\ 0.597 & 0.077 & 0.066 & 0.033 \\ 0.135 & 1.850 & 1.682 & 0.110 \\ 22.006 & 0.049 & 0.000 & 0.000 \\ 0.007 & 0.054 & 0.010 & 0.013 \\ 0.247 & 0.708 & 1.501 & \mathbf{2.021} \\ 0.109 & 0.976 & 1.447 & 0.753 \\ 0.033 & 0.095 & 0.201 & 0.302 \end{bmatrix}$$

其中,已将与复数特征值对应的极点向量合并成一列。$|Y_p|$ 的单列和 $|U_p|$ 的单行分别对应于极点 0、0.001、0.023 ± j0.156、3.066 ± j5.079。

---

① Tennessee Eastman 过程的 Simulink 和 Matlab 模型可以从华盛顿大学 Larry Ricker 教授处获得(通过搜擎很容易找到)。

当设计一个镇定控制系统时，通常先镇定“最不稳定”（最快）的极点，在本例中属于这种情况的是复极点 $3.066\pm j5.079$。根据极点向量，使用 u_{10} 和 y_{10} 最容易镇定该不稳定模态。相应的回路中采用了比例增益为 -0.05、积分时间为 300 分钟的 PI 控制器，这个简单的控制器同时可镇定位于 $3.066\pm j5.079$ 和 $0.023\pm j0.156$ 的不稳定复极点。从极点向量中可以看出，位于 $0.023\pm j0.156$ 的模态通过 y_{10} 和 u_{10} 分别是能观和能控的，因此上述结果是很自然的。为镇定积分模态，需要重新计算极点向量，并据此选择两个额外的输入和输出，详见 Havre (1998)的论著。

值得注意的是，选择不同的输入和输出来镇定对被镇定系统的能控性具有不同的影响。因此在有些情况下，若采用极点向量选取输入输出变量，可能需要重复几次，直到获得一个满意的结果。另一可选方案是使用 Kariwala(2004)给出的方法，该方法同样可以直接处理具有多个不稳定模态的情况，但是它比极点向量方法复杂得多。

习题 10.5*　对于含有多个不稳定极点的系统，可以采用极点向量方法顺序选择变量，而每次选择镇定一个实数极点或一对复极点。通常，选取的变量不依赖上一步设计的控制器。针对以下 2 个系统，请证明上述结论的正确性。

$$G_1(s)=Q(s)\times\begin{bmatrix}10 & 2 & 1\\ 12 & 1.5 & 5.01\end{bmatrix}\quad G_2(s)=Q(s)\times\begin{bmatrix}10 & 2 & 1\\ 12 & 1 & 1.61\end{bmatrix}$$

$$Q(s)=\begin{bmatrix}1/(s-1) & 0\\ 0 & 1/(s-0.5)\end{bmatrix}$$

（提示：使用简单的比例控制器来镇定 $p=1$，并在第二次迭代中，计算控制器增益变化对极点向量的影响。）

10.4.4　局部扰动抑制：部分控制

采用 y_1 表示主变量，y_2 表示局部被控变量。首先推导当 y_2 被控时，部分控制系统中 y_1 的传递函数。同时也将输入 u 划分为 u_1 和 u_2 两个集合，其中集合 u_2 用来控制 y_2。这样模型 $y=Gu$ 可重写为①

$$y_1=G_{11}u_1+G_{12}u_2+G_{d1}d \tag{10.24}$$

$$y_2=G_{21}u_1+G_{22}u_2+G_{d2}d \tag{10.25}$$

现假设在包含 u_2 和 y_2 的次要子系统中引入反馈：

$$u_2=K_2(r_2-y_{2,m})$$

见图 10.9。其中，$y_{2,m}=y_2+n_2$ 是 y_2 的量测值。消去 u_2 和 y_2，可得到部分控制系统从 u_1、r_2、d 以及 n_2 到 y_1 的模型为

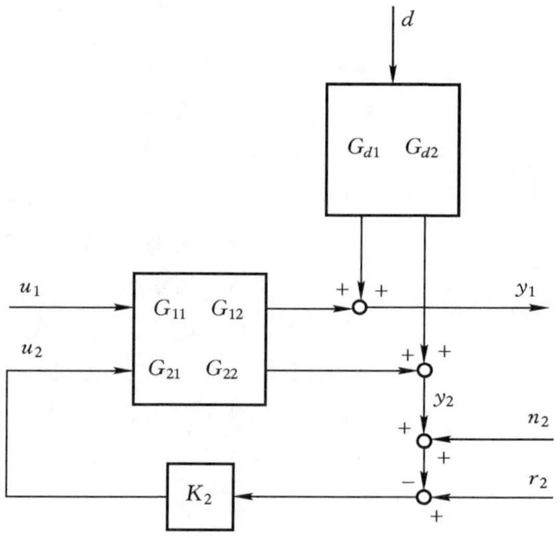

图 10.9　部分控制

---

① 这里假设所有镇定回路都已闭合，所以对于模型 $y=Gu$，G 包含镇定控制器，而 u 包含更低镇定层的所有“自由”设定点。

$$y_1=\underbrace{(G_{11}-G_{12}K_2(I+G_{22}K_2)^{-1}G_{21})}_{P_u}u_1+\underbrace{(G_{d1}-G_{12}K_2(I+G_{22}K_2)^{-1}G_{d2})}_{P_d}d$$
$$+\underbrace{G_{12}K_2(I+G_{22}K_2)^{-1}}_{P_r}(r_2-n_2)\tag{10.26}$$

请注意，这里的 P_d 表示部分扰动增益，也即部分受控系统的扰动增益；P_u 表示当 y_2 被控制时，u_1 对 y_1 的作用。在许多情况下，不存在额外输入，因此集合 u_1 为空，这时可以采用 r_2 控制 y_1，而 P_r 表示 r_2 对 y_1 的作用。在其它情况下，r_2 可以看作影响 y_1 控制的一个扰动。

在接下来的讨论中，假设对 y_2 的控制快于 y_1，该假设使得这些层之间产生了时间尺度分离，从而可以简化控制器的设计。为获得由此产生的模型，令式(10.26)中的 $K_2\to\infty$，或者求解出式(10.25)中的 u_2，可得

$$u_2=-G_{22}^{-1}G_{d2}d-G_{22}^{-1}G_{21}u_1+G_{22}^{-1}y_2\tag{10.27}$$

这里假设 G_{22} 是可逆方阵，如若不然，可以采用伪逆矩阵 $G_{22}^{\dagger}$ 代替 G_{22}^{-1} 从而获得最小二乘解。将式(10.27)代入式(10.24)，并假定 $y_2\approx r_2-n_2$（“完美”控制），可得

$$y_1\approx\underbrace{(G_{11}-G_{12}G_{22}^{-1}G_{21})}_{P_u}u_1+\underbrace{(G_{d1}-G_{12}G_{22}^{-1}G_{d2})}_{P_d}d+\underbrace{G_{12}G_{22}^{-1}}_{P_r}\underbrace{(r_2-n_2)}_{y_2}\tag{10.28}$$

与式(10.26)相比，式(10.28)进行了近似，其优点是这里的 y_1 独立于 K_2，但需要强调的是，它仅适用于 y_2 被严苛控制时对应的频率。

注 1 许多作者得出过与式(10.28)类似的关系。可以参看 Manousiouthakis 等(1986)关于块相对增益的工作，以及 Haggblom 与 Waller(1988)关于蒸馏控制构成的工作。

注 2 采用线性分式变换(A.8 节)可以重写式(10.26)。例如，从 u_1 到 y_1 的传递函数可表示为

$$F_l(G,-K_2)=G_{11}-G_{12}K_2(I+G_{22}K_2)^{-1}G_{21}\tag{10.29}$$

习题 10.6 方块图 10.11 展示了一个级联控制系统，其中的主输出 y_1 直接依赖于额外量测量 y_2，因此 $G_{12}=G_1G_2$，$G_{22}=G_2$，$G_{d1}=[I\quad G_1]$ 且 $G_{d2}=[0\quad I]$。假定存在对 y_2 的严苛控制，请证明 $P_d=[I\quad 0]$ 且 $P_r=G_1$，并对该结果进行讨论。请注意 P_r 出现在内部回路闭合时，可以看作一个“新”对象。

次要变量 y_2 的选取依赖于 u_1 或 r_2（或任意一个）能否用于控制 y_1，接下来将依次讨论每种可能出现的情况。

1. 级联控制系统

级联控制是部分控制的一种特殊形式，该控制方式使用 u_2（严苛）控制次要输出 y_2，并用 r_2 代替 u_2 作为控制 y_1 的自由度。在闭合次要回路时，应尽量避免引入额外（新）的 RHP 零点，下面的定理将说明这是完全可以做到的。

定理 10.2（由闭合次要回路而产生的 RHP 零点） 假设 $n_{y_1}=n_{u_1}+n_{u_2}$，$n_{y_2}=n_{r_2}=n_{u_2}$（见图 10.9），令对象 $G=\begin{bmatrix}G_{11}&G_{12}\\G_{21}&G_{22}\end{bmatrix}$ 和次要回路（$S_2=(I+G_{22}K_2)^{-1}$）均是稳定的，那么式

(10.26)中从$[u_1 \quad r_2]$到y_1的部分被控对象

$$P_{\mathrm{CL}} = [G_{11} - G_{12}K_2S_2G_{21} \quad G_{12}K_2S_2] \tag{10.30}$$

没有额外的RHP零点(即没有出现在从$[u_1 \quad u_2]$到y_1的开环对象$[G_{11} \quad G_{12}]$中)的充分条件是:

1. r_2可用于控制y_1;
2. K_2是最小相位的。

证明:根据维数和稳定的假设条件,P_{CL}是一稳定的传递函数方阵,因此其RHP零点即为在右半平面满足$\det(P_{\mathrm{CL}}(s))=0$的点(见4.6节的注4)。根据(A.14)中的Schur公式,可得

$$\det(P_{\mathrm{CL}}) = \det(M) \times \det(S_2)$$

其中M是分块矩阵,有

$$M = \left[\begin{array}{cc|c} G_{11} & 0 & G_{12}K_2 \\ \hline G_{21} & -I & I+G_{22}K_2 \end{array}\right]$$

交换M的部分列,可得

$$\begin{aligned}
\det(M) &= (-1)^n \det\left(\left[\begin{array}{cc|c} G_{11} & G_{12}K_2 & 0 \\ \hline G_{21} & I+G_{22}K_2 & -I \end{array}\right]\right) \\
&= \det([G_{11} \quad G_{12}K_2]) \\
&= \det([G_{11} \quad G_{12}])\det\left(\begin{bmatrix} I & 0 \\ 0 & K_2 \end{bmatrix}\right) \\
&= \det([G_{11} \quad G_{12}]) \times \det(K_2)
\end{aligned}$$

由于变换后的矩阵是分块对角阵,且$\det(-I)=(-1)^n$,所以第2个等式成立。将各部分合并,可得

$$\det(P_{\mathrm{CL}}) = \det([G_{11} \quad G_{12}]) \times \det(K_2) \times \det(S_2)$$

由于插值约束,K_2的RHP极点作为S_2的RHP零点出现,但是这些零点被K_2对消,这样在K_2的RHP极点位置,$\det(K_2)\cdot\det(S_2)$的值不等于零。因此当r_2可用于控制y_1且K_2是最小相位时,P_{CL}与$[G_{11} \quad G_{12}]$的RHP零点相同,从而上述结论得证。Larsson(2000)证明了该定理的更为严格的形式,而这里的证明源自V. Kariwala。值得注意的是,为简化证明,文中对y_1和u_2的维数进行了假设,但即使该假设不成立,定理10.2仍然成立。 □

对于一个稳定的对象G,通常选择最小相位控制器,那么定理10.2意味着只要r_2可用于控制y_1,通过引入额外的RHP零点,闭合次要回路并不会限制余留控制问题的能控性。当输入u_1为空时,从r_2到y_1的传递矩阵为$G_{12}K_2(I+G_{22}K_2)^{-1}$,那么若$K_2$为最小相位意味着次要回路不会引入任何额外的RHP零点。

根据定理10.2,为级联控制选择的次要变量应该能够使得扰动模型为P_d的"新"部分被控对象$P_{\mathrm{CL}} = [G_{11} - G_{12}K_2S_2G_{21} \quad G_{12}K_2S_2] = [P_u \quad P_r]$的输入-输出能控性要优于"原来"扰动模型为$G_{d1}$的对象$[G_{11} \quad G_{12}]$。特别地,这要求:

1. $\underline{\sigma}([P_u \quad P_r])$(或$\underline{\sigma}(P_r)$,如果$u_1$为空)在低频段较大。
2. $\bar{\sigma}([P_d \quad -P_r])$较小,且至少小于$\bar{\sigma}(G_{d1})$,尤其在高频段要满足该条件。请注意,$P_r$度量了量测噪声$n_2$对$y_1$的影响。
3. 为确保u_2有足够能量来抑制局部扰动d,并跟踪输入r_2,根据式(10.27),要求

$\bar{\sigma}(G_{22}^{-1}G_{d2})<1$ 和 $\bar{\sigma}(G_{22}^{-1})<1$。这里假设已采用 1.4 节所给方法对输入进行过尺度变换。

注 1 上面从奇异值的角度陈述了次要变量的选取方法，但其中范数的选取通常是次要的。若 $\left\|\begin{bmatrix} d \\ n_2 \end{bmatrix}\right\|_2 \leqslant 1$，那么 $\bar{\sigma}([P_d \quad -P_r])$ 达到最小，而我们希望使 $\|y_1\|_2$ 达到最小。

注 2 考虑到代价函数 $J=\min_{d,n2} y_1^{\mathrm{T}} y_1$，为抑制扰动，采用以上所列目标而进行的次要变量的选取，与 10.3 节所讨论的自寻优控制的概念是紧密相关的。

2. 顺序设计的分散控制系统

当 r_2 不能用于控制 y_1 时，需要顺序设计分散控制器。这里变量 y_2 本身很重要，因此需要首先设计一控制器 K_2 来控制子集 y_2。当控制器 K_2（一个部分被控系统）设计完毕后，再设计一控制器 K_1 控制余留的输出。

在这种情况下，次要回路可能会在部分被控系统 P_u 中引入"新"的 RHP 零点。例如，当选择负值 RGA 元素对应的配对时(Shinskey，1967；1996)，很可能出现这种情况，具体请见例 10.22(见 10.6.6 节)。然而，如果能够足够快地调节内(次要)回路，可以将这些零点移到高频段(带宽之外)(Cui and Jacobsen，2002)。

此外，根据变量选择的一般目标，要求 $\underline{\sigma}(P_u)$ 较大，而不是要求 $\underline{\sigma}([P_u \quad P_r])$ 较大。选择次要变量涉及的其它目标与级联控制的情况相同，这里不再重复。

3. 间接控制

当 r_2 和 u_1 都不能用于控制 y_1 时，需要使用间接控制，其目标是使 $J=\|y_1-r_1\|$ 达到最小。这里假设 y_1 无法量测，希望通过控制 y_2 间接控制 y_1。在实现对 y_2 的完美控制时，像以前一样，有

$$y_1 = P_d d + P_r(r_2 - n_2)$$

而当 $n_2=0,\ d=0$ 时，可得 $y_1=G_{12}G_{22}^{-1}r_2$，所以选择的 r_2 必须满足

$$r_2 = G_{22}G_{12}^{-1}r_1 \tag{10.31}$$

那么，主输出的控制误差为

$$y_1 - r_1 = P_d d - P_r n_2 \tag{10.32}$$

为最小化 $J=\|y_1-r_1\|$，选择的被控输出 y_2 应使得 $\|P_d d\|$ 和 $\|P_r n_2\|$ 都较小，而从奇异值的角度来说，应使得 $\bar{\sigma}([P_d \quad -P_r])$ 较小(与其它两种情况相同)。间接控制问题与级联控制问题密切相关，最主要的区别是，在级联控制中，在外回路也要量测和控制 y_1，因此仅要求在外控制回路(包含 y_1)带宽之外的频率处，使 $\|[P_d \quad P_r]\|$ 较小。

注 1 有些情况下，量测量的选择问题需要在使 $\|P_d\|$（希望量测量输出 y_2 与"主"输出 y_1 之间具有强相关性)较小，与使 $\|P_r\|$（希望控制误差(量测噪声)的影响较小)较小之间进行折中。例如在蒸馏塔中，当采用塔中的温度(y_2)间接控制产品聚合物(y_1)时，就会发生这种情况。为进行高纯度的分离，一方面不能选择太靠近塔底端的量测位置，否则将导致对实现误差过分敏感($\|P_r\|$ 变大)；另一方面也不能选择太远离塔底端的量测位置，否则将导致对扰动过分敏感($\|P_d\|$ 变大)。具体可见例 10.9(10.4.2 节)。

注 2 间接控制与过程工业中常用的**推理控制**的思想相近。然而，推理控制的主要思想是采用 y_2 的量测量估计(推断) y_1，然后控制这个估计量，而不是直接控制 y_2，相关论述可参考

Stephanopoulos(1984)的论著。对于这两个术语，学术界还尚未统一，而 Marlin(1995)则采用推理控制表示上面讨论的间接控制。

最小漂移意义下的最优“镇定”控制

调节控制系统的一个主要目标是“镇定”对象，并使对象相对于其标称运行点的稳态漂移达到最小。为量化这一点，采用 w 表示希望避免漂移的变量，例如，可以将其选为被控对象的加权状态。这里采用 y 表示镇定控制中可用的量测量，u 表示调节变量，那么相应的问题是：为最小化漂移，u 应该控制哪些变量 c（在不变的设定点）？假设 c 为量测量的线性组合：

$$c = Hy \tag{10.33}$$

并假设控制的变量与自由度具有相同个数，即 $n_c = n_u$。线性模型为：

$$w = G^w u + G_d^w d = \widetilde{G}^w \begin{bmatrix} u \\ d \end{bmatrix}$$

$$y = G^y u + G_d^y d = \widetilde{G}^y \begin{bmatrix} u \\ d \end{bmatrix}$$

当具有完美的调节控制（$c = 0$）时，从 d 到 w 的闭环响应为

$$w = P_d^w d\,;\ P_d^w = G_d^w - G^w (HG^y)^{-1} HG_d^y$$

由于一般情况下 $n_w > n_u$，所以没有足够的自由度使得 $w = 0$（“零漂移”），那么可以寻找能够最小化 $\|w\|_2$ 的最小二乘解。在不考虑实现误差，且假设量测量足够多（即 $n_y \geqslant n_u + n_d$）的前提下，可以同时最小化 $\|P_d^w\|_2$ 的显式解为

$$H = (G^w)^{\mathrm{T}} \widetilde{G}^w (\widetilde{G}^y)^{\dagger} \tag{10.34}$$

式(10.34)的证明：希望最小化

$$J = \|w\|_2^2 = u^{\mathrm{T}} (G^w)^{\mathrm{T}} G^w u + d^{\mathrm{T}} (G_d^w)^{\mathrm{T}} G_d^w d + 2u^{\mathrm{T}} (G^w)^{\mathrm{T}} G_d^w d$$

相应的

$$\mathrm{d}J/\mathrm{d}u = 2 (G^w)^{\mathrm{T}} G^w u + 2 (G^w)^{\mathrm{T}} G_d^w d = 2 (G^w)^{\mathrm{T}} \widetilde{G}^w \begin{bmatrix} u \\ d \end{bmatrix}$$

一个理想的“自寻优”变量为 $c = \mathrm{d}J/\mathrm{d}u$，这是因为当 $c = 0$ 时，损失为零，从而达到最优（不考虑实现误差）。这里的 $c = Hy = H\widetilde{G}^y \begin{bmatrix} u \\ d \end{bmatrix}$，为使得 $c = \mathrm{d}J/\mathrm{d}u$，需要求

$$H\widetilde{G}^y = (G^w)^{\mathrm{T}} \widetilde{G}^w \tag{10.35}$$

（系数 2 没有影响）。由于 $n_y \geqslant n_u + n_d$，式(10.35)有无穷多个解，而式(10.34)给出了采用 $\widetilde{G}^y$ 的右逆得到的解。可以证明，只要已根据预计的量测误差（n^y）将量测量（y）标准化（尺度变换），对于最小化（直到现在被忽略的）实现误差对 w 的影响而言，采用右逆获得的解是最优的(Alstad,2005,p. 52)。Hori 等(2005)最早证明了式(10.34)，但此处的证明源自 V. Kariwala。□

根据式(10.34)计算出的 H 是动态变化的（依赖于频率），但为了实用目的，建议在调整 r 的设定点的外回路闭环带宽频率处计算 H。对于大多数情况，可以使用稳态矩阵。

例 10.11　最小化蒸馏塔漂移的量测量组合。 这里考虑采用 LV 构成的蒸馏塔（塔“A”），并且使用与例 10.9（见 10.4.2 节）相同的数据。目标是通过控制可获得的温度量测量的一个组合，使由给料速率和进料成分变化引起的 41 个成分变量（w = 状态）的稳态漂移达到最小。

令 $u=L$，$n_u=1$，$n_d=2$，那么至少需要 $n_u+n_d=1+2=3$ 个量测量才能实现零损失(见10.3.6节的零空间方法)。这里选择第15、20、26级的3个温度量测量(y)。由于塔底端的量测量对实现误差非常敏感(见例10.9)，所以这里没有选择它们。根据式(10.34)，在忽略实现误差的前提下，最小化 $\|P_d^w(0)\|_2$ 的最优变量组合为

$$c=0.719T_{15}-0.018T_{20}+0.694T_{26}$$

当 c 能够被很好地控制在 $c_s=0$ 时，该组合对应的 $\bar{\sigma}(P_d^w(0))=0.363$，这个值远小于由扰动引起的状态变量的"开环"偏差 $\bar{\sigma}(G_d^w(0))=9.95$。类似于式(10.28)，可以看出实现误差对 w 的影响可由 $\bar{\sigma}(G_w(G_y)^\dagger)$ 给出。假若单个温度量测量的实现误差为0.05，那么 $\bar{\sigma}(G_w(G_y)^\dagger)=0.135$，这是一个很小的值。

10.5 控制构成组件

这一节将更详细地讨论前文提及的控制构成组件。假设量测量 y、调节量 u 以及被控输出 z 都是固定的。由本书介绍的综合理论可以设计一个多变量控制器 K，将所有可用的量测量/指令(y)与所有可用的调节量(u)关联起来，即

$$u=Ky \tag{10.36}$$

然而，这么"大"(完整)的控制器并不可取。控制构成的选取是指，在控制层内将量测量/指令和调节量进行划分。更明确地，给出如下定义：

> **控制构成**是指按照预定连接和可能的预定设计顺序把总控制器分解为一组局部控制器(子控制器、单元、元素、块)时，对总控制器施加的限制。在这些限制下可以局部地设计子控制器。

在传统的反馈系统中，对 K 的一种典型限制是使用单自由度控制器(所以 r 和 $-y$ 的控制器相同)。很明显，与两自由度控制器相比，这将限制可达到的性能。在其它情况下，可能使用两自由度控制器，但必须施加以下限制条件：首先局部地设计控制器(K_y)的反馈部分以抑制扰动，然后设计前置滤波器(K_r)以跟踪输入指令。一般来说，与同时设计的控制器相比，这将限制所达到的性能(也可见3.8.5节的注释)。类似的结论也适用于其它级联方案。

建立一特定的控制构成所需的组件有：

- 级联控制器
- 分散控制器
- 前馈单元
- 解耦单元
- 选择器

下面以及在文献Shinskey(1967,1996)，Balchen与Mumme(1998)中有关过程工业的章节中详细讨论了这部分内容。这里首先给出一些定义：

> **分散控制** 是由一些独立的反馈控制器组成的控制系统，这些控制器将部分输出量测量/输入指令与部分调节输入互连起来，且这些已连接的信号不能被其它任何控制器使用。

分散控制的这一定义与控制学会使用的定义是一致的。在分散控制中，可能需要重新排列量测量/输入指令和调节输入的顺序，使得式(10.36)所示总控制器 K 的反馈部分具有一个固定的分块对角结构。

级联控制 指的是将一个控制器的输出作为另一控制器的输入的控制形式。该定义比“将一个控制器的输出作为另一控制器的参考输入指令(设定点)”这一传统定义更宽泛。此外，在级联控制中，通常假定内回路(K_2)远远快于外回路(K_1)。

前馈单元 将量测扰动连接到调节输入。

解耦单元 将一组调节输入(“量测量”)与另外一组联系在一起。它们用来改进分散控制系统的性能，且往往被看作前馈单元(尽管当把控制系统视为一个整体时，这是不正确的)，其中的“量测扰动”即为另一分散控制器计算出的调节输入。

选择器 用来根据系统条件，为控制选择一个调节输入子集或输出子集。

除了对 K 的结构进行限制，还需对其方式，或者更详细地说，子控制器的设计顺序施加限制。对于大多数已分解的控制系统，可以顺序地设计控制器，即从控制等级中的“快速”、“内部”或“下层”回路开始。由于如同它们的信息源一样，级联和分散控制系统对反馈的依赖性要强于对模型的依赖性，所以(相对于集中式多变量控制)调节快速回路使其能快速响应通常是更重要的。

本节讨论了级联控制器和选择器，下节将讨论分散对角控制。下面首先给出一些使用这种“次优”构成而不直接设计总控制器 K 的理由。

10.5.1 为什么使用简化的控制构成?

如同图 10.13 所示(10.5.5 节)，已分解的控制构成可能非常复杂，因此若把控制器设计问题描述为一优化问题并让计算机求解，从而导出一个如同本书其它章节使用的集中式多变量控制器，可能会更简单，并可获得更优越的控制性能。

如果上述论点正确，为什么在实际中仍使用简化的参数化方法(例如 PID)和控制构成(例如分散控制和级联控制)? 这里有许多原因，但最重要的一条是获得一个好的对象模型所需代价较高，而这又是应用多变量控制的先决条件。另一方面，在级联和分散控制中，每次仅调节一个控制器，所需的建模代价最小，有时甚至通过选择几个参数在线调节即可(例如，PI 控制器的增益和积分时间常数)，因此

- 应用级联和分散控制的最主要原因是可以节省建模代价。

级联和分散控制的其它优点如下：

- 便于操作员理解。
- 由于调整参数的影响是直接且局部的，所以系统容易调整。
- 对不确定性不敏感，例如在输入通道。
- 能容忍故障，允许添加或移除单个控制单元。
- 控制连接少，可以简化(分散)实现。
- 计算负担小。

随着计算成本的下降，后两个优点变得不太重要。根据以上讨论，最主要的挑战是找到一种控制构成，该构成允许在使用最少模型信息（配对问题）的条件下，独立地调节（子）控制器。对于工业中的问题，可能的配对个数通常很大，但在大多数情况下，物理理解和诸如 RGA 等简单工具有助于把选择数量减少到可处理的程度。为了能够独立地调节控制器，必须要求回路间的相互影响保持在有限程度内。例如，一种期望的特性是，当外回路闭合时，“内”回路（已被调节）中从 u_i 到 y_i 的稳态增益变化不大。对于分散对角控制，RGA 是解决这类配对问题的有效工具（见 10.6.9 节）。

注：刚才指出应用级联和分散控制的主要优点是允许控制器在线调节，由此节省了建模代价。然而在理论推导中，需要一个模型来解决诸如如何确定控制构成类型等问题，这似乎是矛盾的。但请注意，选择控制构成所需要的模型可能更为“一般化”，而且不需要根据每种特别的应用进行修改。因此，如果已为某一特别的应用找到了一个合适的控制构成，那么在类似的应用中，它很可能也可以较好地工作。

10.5.2 级联控制系统

这里希望说明如何采用一个被分解为若干子控制器的控制系统解决多变量控制问题。为简单起见，令 SISO 控制器具有如下形式：

$$u_i = K_i(s)(r_i - y_i) \tag{10.37}$$

其中，$K_i(s)$ 是一标量。请注意，无论何时闭合一个 SISO 控制回路，都将失去一个作为自由度的相应输入 u_i，但同时，相应的参考值 r_i 将成为一个新自由度。

采用 SISO 控制器处理非方形系统似乎是不可能的。然而，由于式(10.37)中控制器的输入是参考值减去量测值，因此可以通过级联控制器利用额外的量测量或额外的输入。当发生如下任意一种情况时，就需用到级联控制结构。

- 参考值 r_i 是另一控制器的输出（主要用于具有额外量测量 y_i 的情况），见图 10.10(a)，这是传统级联控制。
- “量测量” y_i 是另一控制器的输出（主要用于具有额外调节输入 u_j 的情况，例如，图 10.10(b)中的 u_2 是控制器 K_1 的“量测量”），该级联方案可称为输入重置。

10.5.3 额外的量测量：级联控制

在很多情况下，可以使用额外量测量 y_2（次要输出）进行局部噪声抑制和线性化，或者削弱量测噪声的影响。例如，速度反馈通常用于机械系统中，而局部流级联用于过程系统中。对于蒸馏塔，一般建议闭合内部温度回路（$y_2 = T$），具体请见例 10.9。

图 10.10(a)给出了具有两个级联 SISO 控制器的典型实现方式，其中

$$r_2 = K_1(s)(r_1 - y_1) \tag{10.38}$$

$$u = K_2(s)(r_2 - y_2) \tag{10.39}$$

u 是调节输入，y_1 是被控输出（具有相关的控制目标 r_1），而 y_2 是额外量测量。请注意，较慢的主控制器 K_1 的输出 r_2 并不是对象的调节输入，而是较快的次要（或从属）控制器 K_2 的参考输入。例如，通过量测实际调节变量（其中，$y_2 = u_m$）建立的级联控制，通常用于降低对象输入的不确定性和非线性。

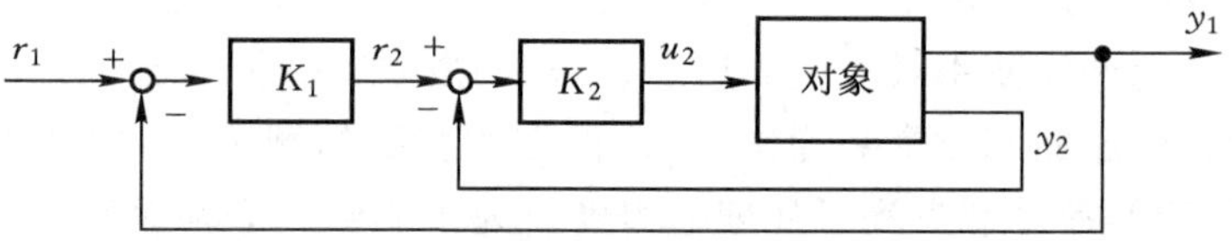

(a)额外量测量 y_2(传统级联控制)

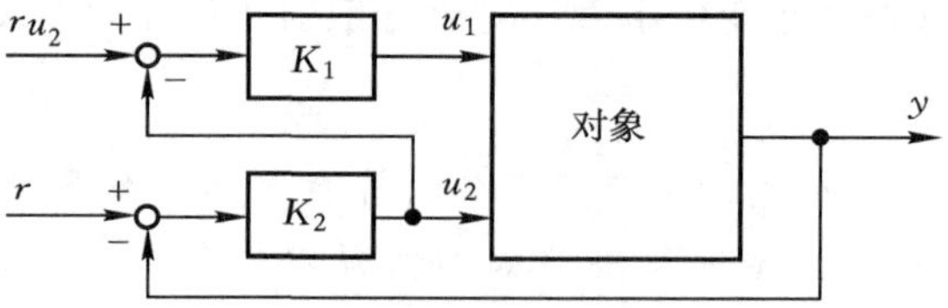

(b)额外输入 u_2(输入重置)

图 10.10 级联实现

一般情况下,图 10.10(a)中的 y_1 和 y_2 并不直接相关,有时将这种形式称为并行级联控制。然而,通常也会遇到图 10.11 所示情况,其中的 y_1 直接依赖于 y_2,这是图 10.10(a)中"对象" $= \begin{bmatrix} G_1G_2 \\ G_2 \end{bmatrix}$ 的特殊情况,例 10.12 和习题 10.7 中将进一步考虑这种形式。

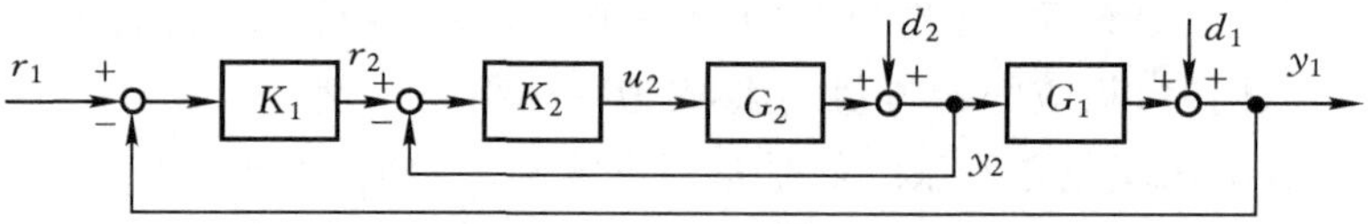

图 10.11 常见的级联控制,其中的主输出 y_1 直接依赖于额外量测量 y_2

注:集中式(并行)实现。作为一种可选方案,可以使用集中式实现 $u = K(r-y)$,其中的 K 是一两输入-单输出的控制器,可以得到

$$u = K_{11}(s)(r_1 - y_1) + K_{12}(s)(r_2 - y_2) \tag{10.40}$$

其中,大多数情况下 $r_2 = 0$(由于没有控制 y_2 的一个自由度)。在式(10.40)中 $r_2 = 0$ 的前提下,集中式实现与级联实现的关系为:$K_{11} = K_2K_1$,$K_{12} = K_2$。

级联实现的一个优点是它可以更清楚地去除两个控制器设计的耦合;同时它也显示了 r_2 不是控制系统中更高层的自由度;此外,它还允许两个回路具有积分作用(而通常,式(10.40)中只有 K_{11} 具有积分作用)。另一方面,集中式实现更适合多变量的直接综合,具体可参考 13.2 节中直升机速度反馈的例子。

何时使用级联控制?针对图 10.11 中给出的传统级联控制的特殊(也很常见)情况,Shinskey(1967,1996)指出了级联控制的主要优点:

1. 次要控制器可以校正次要回路中产生的扰动(图 10.11 中 y_2 之前),使得它们不影响主变量 y_1。
2. 次要回路可以明显减小过程次级部分(图 10.11 中的 G_2)的相位滞后,提高主回路的响应速度。

3. 过程次级部分的增益变化能在本回路内克服。

参考图 10.11，Morari 和 Zafiriou(1989)总结得到，额外量测量 y_2 在以下情况中比较有用：

(a)(在量测量 y_2 之前进入的)扰动 d_2 的影响很大，而且 G_1 是非最小相位——例如，G_1 包含较大的时延(见例 10.12)。

(b)对象 G_2 具有较强的不确定性——例如 G_2 存在难以描述的非线性行为——而内部回路可以用来消除这种不确定性。

在设计方面，他们建议首先设计 K_2，使得 d_2 对 y_1 的影响最小(在 $K_1 = 0$ 的情况下)，然后设计 K_1，使得 d_1 对 y_1 的影响最小。

5.15.3 节中图 5.25 所示的酸碱中和例子，采用了局部反馈控制抵消高阶滞后的影响，Horowitz(1991)也讨论了局部反馈的优点。

习题 10.7 试从输入-输出能控性分析得出上述结论(a)和(b)，同时解释(c)如果想使用简单控制器(甚至在 $d_2 = 0$ 时)，为什么也可以选择级联控制。

解答思路：(a)注意到，如果 G_1 是最小相位的，那么从理论上讲，G_2 和 G_1G_2 的输入-输出能控性是相同的，为了抑制 d_2，选择量测 y_1 而不是 y_2 并没有明显的优势。(b)如果内回路 $L_2 = G_2K_2$ 足够快(高增益反馈)，那么它可以移去不确定性，而它的传递函数 $(I+L_2)^{-1}L_2$ 在 K_1 有效的频率下近似等于 I。(c)在大部分情况下，例如使用 PID 控制器时，实际的闭环带宽大约被限制在频率 ω_u 内，对象的相位为 $-180°$ (见 5.8 节)，因此如果 G_2 的相位小于 G_1G_2，内部级联回路可产生更快的控制(用于抑制 d_1 和跟踪 r_1)。

使用 SIMC 规则调节级联 PID 控制器。 回到 2.7 节介绍的 SIMC PID 过程，其思想是调节控制器，使得到的从 r 到 y 的传递函数为 $T \approx \dfrac{e^{-\theta s}}{\tau_c s+1}$，其中 θ 是 G(从 u 到 y) 的有效延迟，τ_c 是调节参数。为获得快速(仍保持鲁棒性)控制，可选择 $\tau_c = \theta$。现在将该方法应用到图 10.11 所示的级联系统中。根据 G_2 调节内部回路(K_2)，可得 $y_2 = T_2 r_2$，其中 $T_2 \approx \dfrac{e^{-\theta_2 s}}{\tau_{c2} s+1}$，而 θ_2 是 G_2 的有效延迟。由于内部回路较快(θ_2 和 τ_{c2} 较小)，那么其响应可以用调节较慢的外部回路(K_1)引起的纯时延来近似：

$$T_2 \approx 1 \times e^{-(\theta_1+\tau_{c2})s} \tag{10.41}$$

得到的外部回路调节模型为

$$\widetilde{G}_1 = G_1 T_2 \approx G_1 e^{-(\theta_1+\tau_{c2})s} \tag{10.42}$$

采用 SIMC 规则很容易获得 K_1 的 PID 调节参数，对于内部回路中从 r_2 到 y_2 的“快速响应”，根据 SIMC 规则，可选择 $\tau_{c2} = \theta_2$。然而，实际中可能没必要要求这么快，为提高鲁棒性，应选择较大的 τ_{c2} 值。只要 $\tau_{c2} < \tau_{c1}/5$ 近似成立，τ_{c2} 的取值将不会影响外部回路，这里的 τ_{c1} 指的是外部回路的响应时间。

例 10.12 考虑图 10.11 中的闭环系统，其中

$$G_1 = \frac{(-0.6s+1)}{(6s+1)} e^{-s}, \quad G_2 = \frac{1}{(6s+1)(0.4s+1)}$$

首先考虑只使用主量测量(y_1)的情况，即基于 $G = G_1G_2$ 设计控制器。采用 2.7 节的对

分规则,可得有效延迟为 $\theta_1 = 6/2 + 0.4 + 0.6 + 1 = 5$,同时可以采用 2.7 节的 SIMC 调节规则,设计得到一个 $K_c = 0.9$、$\tau_I = 9$ 的 PI 控制器。图 10.12 给出了系统对于设定点(处于 $t = 0$)的幅值为 1 的阶跃变化,以及扰动 d_2(处于 $t = 50$)的幅值为 6 的阶跃变化的闭环响应。从虚线中可以看出,闭环扰动抑制效果较差。

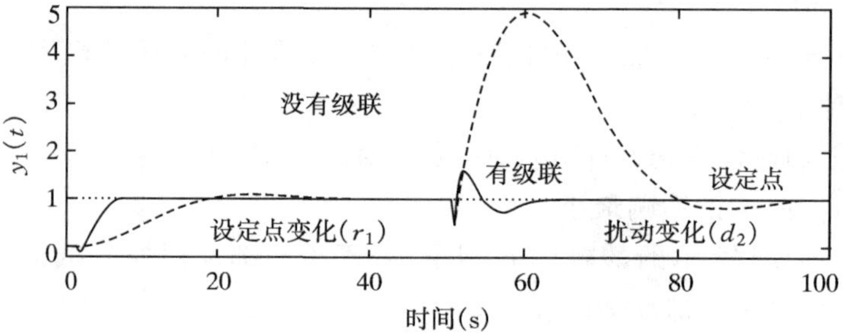

图 10.12 相对于单回路控制(虚线),级联控制(实线)对控制性能的改进情况

接下来,为改进扰动抑制效果,在如图 10.11 所示的级联实现中使用量测量 y_2。首先,基于 G_2 为内部回路设计 PI 控制器,其中的有效延迟为 $\theta_2 = 0.2$。对于"快速控制",根据 SIMC 规则(见 2.7 节)使 $\tau_{c2} = \theta_2$。然而,由于这是一个内部回路,没有必要采用严苛控制,所以可选择 $\tau_{c2} = 2\theta_2 = 0.4$,相应的 $K_{c2} = 10.33$,$\tau_{I2} = 2.4$,这是一个比较保守的设置。接下来,在闭合内部回路的前提下,设计外部回路的 PI 控制器。从式(10.41)可知,在给定 $\widetilde{G} = G_1 e^{-0.6s} = \dfrac{(-0.6s+1)}{(6s+1)} e^{-1.6s}$ 的条件下,内部回路传递函数的延迟约为 $\tau_{c2} + \theta_2 = 0.6$。因此,对于外部回路,有效延迟为 $\theta_1 = 0.6 + 1.6 = 2.2$,而且当 $\tau_{c1} = \theta_1 = 2.2$("快速控制")时,得到的 SIMC PI 的调节为 $K_{c1} = 1.36$,$\tau_{I1} = 6$。从图 10.12 可以看出,级联控制器明显改进了对 d_2 的抑制效果,而且提高了对设定点的跟踪速度,其原因是局部控制(K_2)缩短了控制 y_1 的有效延迟。

习题 10.8 为说明内部级联对高阶系统的好处,即习题 10.7 中的情况(c),考虑图 10.11 及对象 $G = G_1G_2G_3G_4G_5$,其中

$$G_1 = G_2 = G_3 = G_4 = G_5 = \frac{1}{s+1}$$

考虑如下两种情况:

(a)只有一个量测量 y_1,即 $G = \dfrac{1}{(s+1)^5}$;

(b)在 G_1、G_2、G_3 和 G_4 的输出端有 4 个可用的额外量测量(y_2、y_3、y_4 和 y_5)。

对于情况(a),设计一 PID 控制器;对于情况(b),使用 5 个简单的增益为 $K_i = 10$ 的比例控制器。比较它们的响应。

10.5.4 额外输入

在有些情况下,调节输入的个数可能多于被控输出,可以采用这些调节输入改善控制性能。考虑具有一个被控输出 y 和两个调节输入 u_1 和 u_2 的系统,有时 u_2 可作为额外输入,用于提高对 y 的快速(瞬态)控制性能,但如果它没有足够的能量,或用于长期控制的代价太高,那么很快会被重新调整为某一期望值("理想的平衡值")。

级联实现(输入重置)。图 10.10(b)给出了两个 SISO 控制器的级联实现,这里采用 u_2 负责快速控制,而 u_1 用于长期控制,那么快速控制回路为

$$u_2 = K_2(s)(r-y) \tag{10.43}$$

其它较慢控制器的目标是使用输入 u_1 将输入 u_2 重新调整到其期望值 r_{u2}：

$$u_1 = K_1(s)(r_{u2}-y_1),\ y_1 = u_2 \tag{10.44}$$

可以看出,快速控制器 K_2 的输出 u_2 是慢速控制器 K_1 的"量测量" y_1。

在过程控制中,具有输入重新调整功能的级联实现通常用于阀门位置控制,这是因为额外输入 u_2,通常指的是阀门,需要被外部级联重新调整到一期望位置。

集中式(并联)实现。作为选择,还可使用集中式实现 $u = K(r-y)$,其中 K 是一单输入一两输出的控制器,对应的

$$u_1 = K_{11}(s)(r-y),\ u_2 = K_{21}(s)(r-y) \tag{10.45}$$

这里使用两个输入控制一个输出,所以为使得输入 u_1 和 u_2 具有唯一的稳态,通常令 K_{11} 具有积分控制功能,而 K_{21} 无需该功能。那么,$u_2(t)$ 将只用于瞬态(快速)控制,且当 $t\to\infty$ 时,它将返回到 0(或者更精确地讲,返回到其期望值 r_{u_2})。当 $r_{u_2}=0$ 时,集中式实现和级联实现的关系为：$K_{11}=-K_1K_2$,$K_{21}=K_2$。

级联和集中式实现的比较。与集中式(并联)实现相比,图 10.10(b)所示的级联实现允许独立地设计其中的两个控制器,同时更清楚地显示出,u_2 的参考值 r_{u_2} 可以用作控制系统中更高层的自由度。此外,控制器 K_1 和 K_2 中均可以有积分作用,但需要注意的是,K_1 的增益应该为负值(如果 u_1 和 u_2 对 y 的影响都是正值)。

习题 10.9*　画出与图 10.10 对应的两个集中式(并联)实现的方块图。

习题 10.10　在图 10.10(b)所示的级联输入重新调整方案中,推导 r 对 y、u_1 和 u_2 影响的闭环传递函数。作为例子,可以使用 $G=[G_{11}\quad G_{12}]=[1\quad 1]$,并在两个控制器中都使用积分操作,即 $K_1=-1/s$ 且 $K_2=10/s$。证明输入 u_2 在稳态时被重新调整。

10.5.5　额外输入与输出

在有些情况下,可以采用具有额外调节输入和额外量测量的局部控制回路改进控制性能,但性能的改进通常需要与额外执行器、量测装置和控制系统的费用进行折中。

例 10.13　两层级联控制。考虑如图 10.13 所示的具有两个调节对象输入(u_2 和 u_3),一个被控输出(y_1,应该接近 r_1)和两个量测量(y_1 和 y_2)的控制系统。输入 u_2 对 y_1 的影响比 u_3 更直接(这是因为 $G_3(s)$ 中存在一个大延迟)。由于期望输入 u_2 始终保持接近 $r_3=r_{u_2}$,所以它应该仅用于瞬态控制,而额外量测量 y_2 比 y_1 更接近输入 u_2,可用于检测影响 G_1 的扰动(未标出)。

在图 10.13 中,控制器 K_1 和 K_2 以传统的方式级联在一起,而控制器 K_2 和 K_3 被级联的目的是实现输入的重新调整。"输入" u_1 并不是(物理)对象输入,但从控制器 K_1 的角度看,它确实充当了输入(调节变量)的角色,相应的方程如下：

$$u_1 = K_1(s)(r_1-y_1) \tag{10.46}$$

$$u_2 = K_2(s)(r_2-y_2),\ r_2 = u_1 \tag{10.47}$$

$$u_3 = K_3(s)(r_3-y_3),\ y_3 = u_2 \tag{10.48}$$

控制器 K_1 通过调节"输入"u_1 控制主要输出 y_1 处于其参考值 r_1，而 u_1 又是 y_2 的参考值；控制器 K_2 利用输入 u_2 控制次要输出 y_2；而控制器 K_3 慢慢地调节 u_3 以把 u_2 重新调整到其期望值 r_3。

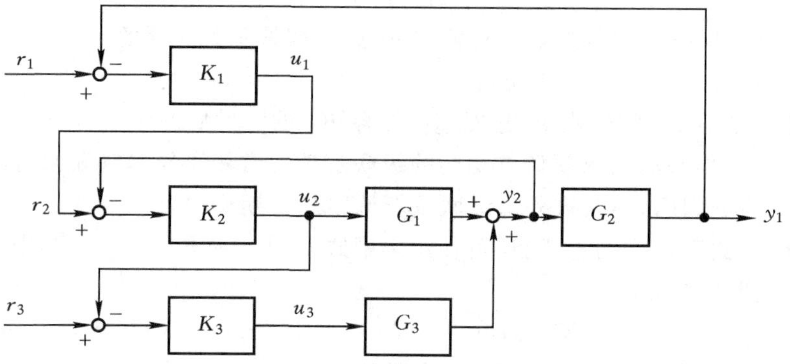

图 10.13 具有两层级联控制的控制构成

典型地，级联系统从最快的回路开始，逐个调节其中的控制器。例如，对于图 10.13 所示的控制系统，可以按照 K_2（采用快速输入的内部级联）、K_3（采用较慢输入的输入重置）、K_1（y_1 的最后调整）的顺序调节三个控制器。

习题 10.11* **过程控制应用。**与图 10.13 所示控制系统相似的一个实际例子是，采用预热器保持反应堆温度 y_1 处于给定值 r_1。在这个例子中，y_2 可选为预热器的出口温度，u_2 为支路流量（应重新调整为 r_3，即总流量的 10%），u_3 为加热媒介（蒸汽）的流量。过程工程专业的学生：针对这个加热器/反应堆过程，绘制一个带检测仪表线路的过程流程图（不是方块图）。

10.5.6 选择器

额外输入的分程控制。前面假设额外输入被用来改善动态性能，而另一种情况是，由于输入约束，有必要增加一个调节输入。在这种情况下，通常将控制范围分割开。例如，当 $y \in [y_{min}, y_1]$ 时，采用 u_1 控制；而当 $y \in [y_1, y_{max}]$ 时，采用 u_2 控制。

少量输入的选择器。如果输入太少，会发生完全不同的情况。考虑只有一个输入（u）和若干输出（$y_1, y_2, \ldots$）的情况，对于该情况，不可能独立地控制所有输出，所以需要以某种平均方式控制所有输出，或者控制某些选定的最重要的输出，后者通常需要用到选择器或逻辑开关，其中拍卖选择器用来从几个类似输出中选择其中一个进行控制。例如，这种选择器可以用来调节加热炉的输入热量（u）以保持最大炉温（$\max_i y_i$）低于某些设定值。当存在多个控制器计算输入值时，可以使用超驰(Override)选择器，选择最小值（或最大值）作为输入。例如，这种选择器可以用在热量输入（u）可以正常控制温度（y_1）的加热器内，但加热器中压力（y_2）太大，使得压力控制发挥作用的情况例外。

10.6 分散反馈控制

10.6.1 引言

前面有关控制构成的小节提及了分散控制的使用，本节将更详细地讨论它。为此，这里假设 $G(s)$ 是一方形对象，并采用如下所示的对角控制器(见图 10.14)控制它：

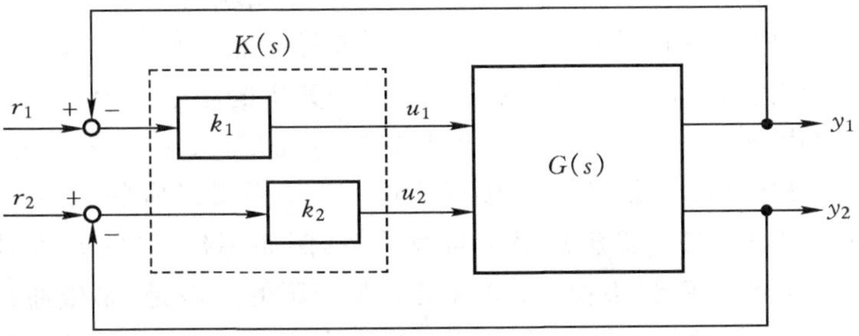

图 10.14 2×2 阶对象的分散对角控制

$$K(s)=\text{diag}\{k_i(s)\}=\begin{bmatrix}k_1(s) & & & \\ & k_2(s) & & \\ & & \ddots & \\ & & & k_m(s)\end{bmatrix} \tag{10.49}$$

这就是分散(或对角)反馈控制问题。

直观上看，分散控制似乎会大大限制可达到的控制性能，然而实际上，性能损失一般很小，其中部分原因是高增益反馈的使用。例如，理论上可以证明(Zames and Bensoussan，1983)，只要被控对象中不存在限制使用高增益反馈的 RHP 零点，对于所有输出，采用分散控制都可以获得完美的控制；此外，对于一个稳定对象 $G(s)$ (具有 RHP 零点)，当且仅当 $G(0)$ 非奇异时(Campo and Morari，1994)，才可能在所有通道中使用积分控制(为获得完美的稳态控制性能)，以上两个条件也是完全多变量控制的要求。然而，对于具有"交互作用"的对象和有限带宽控制器，由于 G 中非零非对角元素引起的交互作用，采用分散控制会造成性能损失，甚至可能引起稳定性问题。因此，分散控制的关键问题是将输入和输出进行合理地"配对"，使得交互作用的影响达到最小。

典型地，设计一个分散控制系统通常涉及以下两个步骤：

1. 配对选择(控制构成选择)；
2. 为每个配对设计(调节)控制器 $k_i(s)$。

从数学角度讲，很难获得上述问题的最优解。首先，对于 $m\times m$ 阶的被控对象，第 1 步中可选的配对个数是 $m!$，配对个数将随着对象的阶数呈指数增长；其次，第 2 步中的最优控制器一般是无限阶的，且可能不唯一。对于第 2 步，有 3 种主要解决方法：

全协调设计。即根据完整模型 $G(s)$，同时设计对角线上所有的控制器单元 $k_i(s)$，这是理论上最优的分散控制实现方法，但实际中却不经常使用。首先，如前所述，设计问题本身非常困难；其次，该方法几乎体现不出分散控制“正常的”优点(见 10.5.1 节)，例如易于调节、减小建模代价，以及好的故障容忍度。事实上，与易于设计且性能较好的“完全”多变量控制器相比，由于需要详细的动态模型，最优协调分散设计几乎没有优点。但是，当无法使用多变量控制器时是例外情况，例如由于地理因素，不方便使用集中式协调。本书没有讨论分散控制器的最优协调设计问题，感兴趣的读者可以参考其它文献(例如，Sourlas and Manousiousthakis，1995)以获得更多详细信息。

独立设计。每个控制器单元 $k_i(s)$ 都是针对 $G(s)$ 中相应的对角元素设计出来的，使得每个单独回路是稳定的，而当调节每个回路时，可能需要考虑非对角的交互作用。该方法是本章剩余部分的主要讨论内容，当期望系统具有*完整性*，即其中的单个部分(包括每一个回路)能够独立运行时，可以使用该方法。采用 10.6.9 节的配对规则，可以获得独立设计所需的配对。简而言之，规则为：(1)选择在穿越频率处接近 1 的 RGA 元素对应的配对；(2)选择稳态下正值 RGA 元素对应的配对；(3)选择施加最小带宽约束(例如小延迟)的元素对应的配对。前两个规则是为了防止交互作用引起不稳定；设置第 3 个规则的原因是，希望通过采用高增益反馈获得好性能，但我们要求单独的回路都稳定。对于很多交互式对象，很难找到一组同时满足这 3 个规则的配对。

顺序设计。即在以前设计的(“内部”)控制器已经实现的条件下，按顺序逐个设计控制器。该方法的主要优点是，可将每个控制器的设计简化为标量(SISO)问题，而且特别适合在线调节。只要可以接受某些输出的“慢速”控制，使得输出的闭环响应时间具有一定差别，顺序设计方法就能够应用于独立设计方法无法解决的交互式问题。采用顺序设计时，首先闭合快速“内部”回路(包含具有最小期望响应时间的输出)，然后闭合较慢的“外部”回路。该方法的主要缺点是，当内部回路失效(整体)时，不能保证容错能力，尤其无法保证单独回路的稳定性。此外，使用该方法时，还需确定回路的闭合顺序。

若想有效使用分散控制器，需要去除某些元素间的耦合。不严格地说，当对象在空间上解耦($G(s)$ 接近对角阵)时使用*独立设计*，而当系统输出在时间上解耦时使用*顺序设计*。

采用本章前面介绍的有关部分控制的一些结果，可以对*顺序设计*的分散控制系统进行分析。例如，闭合内部回路(从 u_2 到 y_2)后，余留的外部系统(从 u_1 到 y_1)的传递函数为 $P_u = (G_{11} - G_{12}K_2(I + G_{22}K_2)^{-1}G_{21})$，具体请见公式(10.26)。一般情况下，需要考虑控制器 K_2 的细节，然而如果最早被闭合的快速回路(K_2)所在的层次之间存在时间尺度上的分离，那么设计 K_1 时，可以假定 $K_2 \to \infty$ (“ y_2 的完美控制”)，那么余留的外部“慢速”系统的传递函数变为 $P_u = G_{11} - G_{12}G_{22}^{-1}G_{21}$，具体请见公式(10.28)。时间尺度上的分离对于分散控制器的(“内部”回路快，且“外部”回路慢)顺序设计的优势与其对于 10.2 节所列的分层级联控制(“下”层快，且“上”层慢)的优势相同。有关顺序设计的例子请见例 10.15(10.6.2 节)和小节 10.6.6。

对于分散控制，相对增益阵列(Relative Gain Array，RGA)是一非常有用的工具，其定义为：$\Lambda = G \times (G^{-1})^{\mathrm{T}}$，其中，“×”表示元素和元素的乘积。这里建议在继续阅读之前，仔细回顾 3.4.1 节有关 RGA“原始解释”的讨论。特别地，从式(3.56)可以看出，每个 RGA 元素表示相应的输入-输出对的开环增益(g_{ij})和“闭环”增益($\hat{g}_{ij}$)之间的比率，即 $\lambda_{ij} = g_{ij}/\hat{g}_{ij}$。这里的“闭环”指的是，当其它输出都被很好地控制时对应的部分控制。直观上，最好选择 $\lambda_{ij}(s)$ 值接近 1 的元素对应的配对，因为这意味着，当闭合其它回路时，从 u_j 到 y_i 的传递函数不受影响。

注： 本节假定分散控制器 $k_i(s)$ 均为标量，但通过引入诸如块相对增益等工具，该处理方法可以推广到分块对角控制器。具体可参考 Manousiouthakis 等（1986），Kariwala 等（2003）的论著。

10.6.2　引导性实例

为加深对分散控制的理解，并引出下文，首先给出一些 2×2 阶的简单例子。假设输出量 y_1 和 y_2 都已进行过尺度变换，使得允许的控制误差（$e_i = y_i - r_i$），$i=1, 2$ 大约在 -1 和 1 之间。针对这些对象，设计分散控制器，使得每个单独回路一阶响应的时间常数为 τ_i，即 $y_i = \frac{1}{\tau_i s+1}r_i$。为简单起见，假定对象没有动态过程，且每个控制器都是简单的积分控制器，即 $k_i(s) = \frac{1}{g_{ii}}\frac{1}{\tau_i s}$，具体请参考 2.7 节的 IMC 设计方法。为保证不使用过激的控制，（在所有仿真中）采用"实际"对象，并在每个输出上增加 0.5 个时间单位的延迟，即 $G_{\text{sim}} = Ge^{-0.5s}$。为简化讨论，在解析表达式中，例如式(10.52)，忽略了这个延迟，但在仿真和调节时都加以考虑。为保障稳定性和可接受的鲁棒性，当延迟为 0.5 时，应取 $\tau_i \geqslant 1$，具体请参考 2.7 节用于"快速且鲁棒"控制的 SIMC 规则。在所有的仿真中，通过在 $t=0$ 时，参考输入变化量 $r_1 = 1$，在 $t=20$ 时，参考输入变化量 $r_2 = 1$ 驱动系统。

例 10.14　对角型对象。 考虑最简单的对角型对象

$$G = \begin{bmatrix} 1 & 0 \\ 0 & 1 \end{bmatrix} \tag{10.50}$$

对应的 RGA $= I$，非对角线元素均为零，因此不存在交互作用，采用对角配对分散控制显然是最优的。

对角配对。控制器

$$K = \begin{bmatrix} \frac{1}{\tau_1 s} & 0 \\ 0 & \frac{1}{\tau_2 s} \end{bmatrix} \tag{10.51}$$

提供了良好的解耦一阶响应

$$y_1 = \frac{1}{\tau_1 s+1}r_1 \text{ 和 } y_2 = \frac{1}{\tau_2 s+1}r_2 \tag{10.52}$$

图 10.15(a)给出了 $\tau_1 = \tau_2 = 1$ 时对应的响应。

非对角配对。当考虑的配对不是对角时，建议首先重新排列输入的顺序，使得待配对的元素处在对角线上。对于非对角配对，采用重排后的输入：

$$u_1^* = u_2\ ,\ u_2^* = u_1$$

对应的重排后的对象为

$$G^* = G\begin{bmatrix} 0 & 1 \\ 1 & 0 \end{bmatrix}^{\mathrm{T}} = \begin{bmatrix} 0 & 1 \\ 1 & 0 \end{bmatrix} \tag{10.53}$$

这意味着选择两个零元素 $g_{11}^* = 0$ 和 $g_{22}^* = 0$ 对应的配对，因此不能使用独立或顺序控制器设

计，而需采用协调（同时）控制器设计。经过试凑，可得如下设计：

$$K^*(s)=\begin{bmatrix}\dfrac{-(0.5s+0.1)}{s} & 0\\ 0 & \dfrac{(0.5s+2)}{s}\end{bmatrix} \tag{10.54}$$

如图 10.15(b)所示，所得控制器的性能非常差，然而该控制器还是能够工作的（令人惊讶！）。

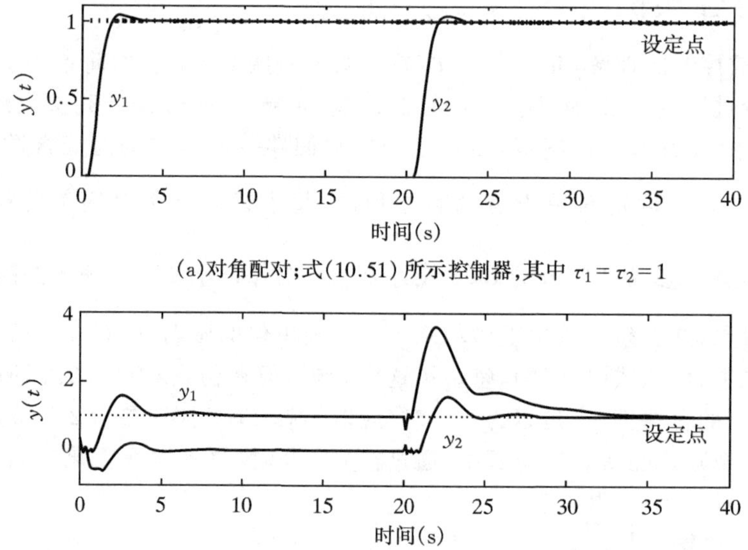

(a)对角配对；式(10.51)所示控制器，其中 $\tau_1=\tau_2=1$

(b)非对角配对；式(10.53)所示对象和式(10.54)所示控制器

图 10.15 式(10.50)所示对角型对象的分散控制

习题 10.12 更详细地考虑上面例子中对角对象的非对角配对。(i)请解释为什么需要在式(10.54)中使用负号；(ii)请证明形如 $K^*(s)=\mathrm{diag}(\frac{k_i}{s})$ 的纯积分控制器不能镇定式(10.53)所示对象。

例 10.15 单向交互(三角型)对象。考虑对象

$$G=\begin{bmatrix}1 & 0\\ 5 & 1\end{bmatrix} \tag{10.55}$$

对应的

$$G^{-1}=\begin{bmatrix}1 & 0\\ -5 & 1\end{bmatrix},\ \mathrm{RGA}=\begin{bmatrix}1 & 0\\ 0 & 1\end{bmatrix}$$

RGA 矩阵为单位阵，这意味着对角配对最适合该对象。然而可以看到，从 u_1 到 y_2 存在着很强的交互作用（$g_{21}=5$），就像预计的那样，这意味着采用分散控制会有较差的性能。需要注意的是，这并不是一个根本性的控制限制条件，因为解耦控制器 $K(s)=\frac{1}{s}\begin{bmatrix}1 & 0\\ -5 & 1\end{bmatrix}$ 给出了与图 10.15 所示结果相同的较好的解耦响应（但该解耦器可能对不确定性比较敏感，具体请见习题 10.13）。

采用独立设计的对角配对。如果仅根据配对(对角)元素(不考虑由 $g_{21}=5\neq 0$ 引起的交互作用)而采用独立设计,那么相应的控制器为

$$K=\begin{bmatrix}\frac{1}{\tau_1 s} & 0\\ 0 & \frac{1}{\tau_2 s}\end{bmatrix} \tag{10.56}$$

其中 $\tau_1=\tau_2=1$(假设有 0.5 个单位的时间延迟)。然而深入分析后可得式(10.56)所示控制器的闭环响应为

$$y_1=\frac{1}{\tau_1 s+1}r_1 \tag{10.57}$$

$$y_2=\frac{5\tau_2 s}{(\tau_1 s+1)(\tau_2 s+1)}r_1+\frac{1}{\tau_2 s+1}r_2 \tag{10.58}$$

如果画出由 r_1 到 y_2 的交互作用项关于频率的函数曲线,可以看出若 $\tau_1=\tau_2$,该函数具有一个大小约为 2.5 的峰值。因此,若使用该控制器,当改变 r_1 时,y_2 的响应将无法接受。为保持该峰值小于 1,大概需选取 $\tau_1\geqslant 5\tau_2$。图 10.16(a)说明了这一点,对应的 $\tau_1=5,\tau_2=1$。因此,为保持 $|e_2|\leqslant 1$,只能对 y_1 进行慢速控制。

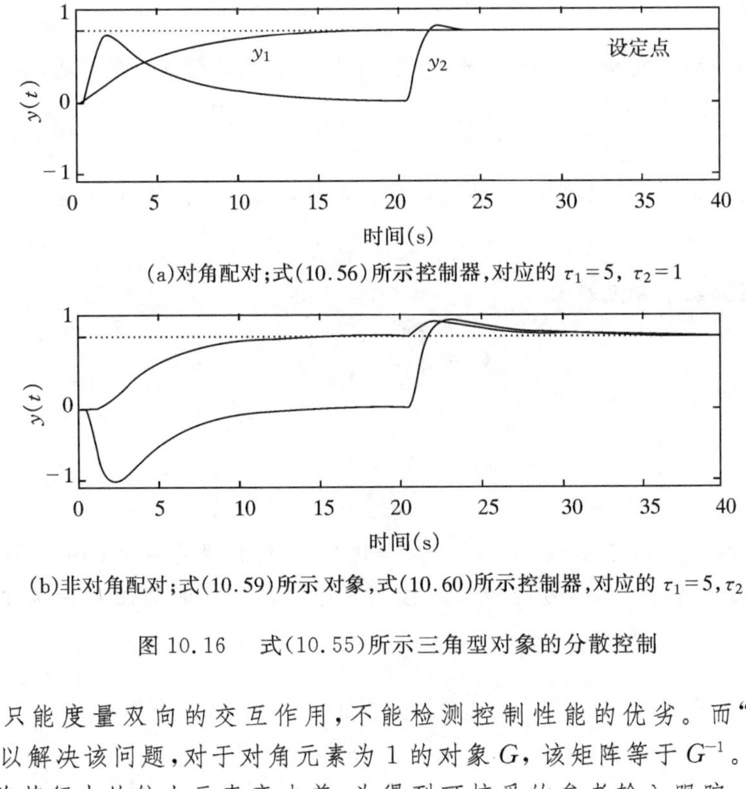

(a)对角配对;式(10.56)所示控制器,对应的 $\tau_1=5$, $\tau_2=1$

(b)非对角配对;式(10.59)所示 对象,式(10.60)所示控制器,对应的 $\tau_1=5,\tau_2=1$

图 10.16 式(10.55)所示三角型对象的分散控制

注:RGA 矩阵只能度量双向的交互作用,不能检测控制性能的优劣。而"性能 RGA"矩阵(PRGA)却可以解决该问题,对于对角元素为 1 的对象 G,该矩阵等于 G^{-1}。正如 10.6.3 节所述,PRGA 矩阵某行中的较大元素意味着,为得到可接受的参考输入跟踪,需进行快速控制。而 G^{-1} 中 2×1 处幅值为 5 的元素,进一步确认了对 y_2 的控制速度必须比 y_1 大约快 5 倍。

采用顺序设计的非对角配对。重排后的对象为

$$G^*=G\begin{bmatrix}0 & 1\\ 1 & 0\end{bmatrix}^{\mathrm{T}}=\begin{bmatrix}0 & 1\\ 1 & 5\end{bmatrix} \tag{10.59}$$

这意味着需要选择零元素 $g_{11}^*=0$ 对应的配对。由于 u_1^* 对 y_1 没有影响，相应的“回路 1”自身无法工作，那么若采用独立设计方法，该配对将无法接受。然而，若采用顺序设计方法，可以首先闭合 y_2 所在的回路（元素 $g_{22}^*=5$ 对应的回路），然后采用 IMC 设计方法，相应的控制器变为 $k_2^*(s)=1/(g_{22}^*\tau_2 s)=1/(5\tau_2 s)$，而且在闭合该回路后，$u_1^*$ 一定会对 y_1 产生影响。假设 y_2 的严苛控制（采用式(10.28)所示的用于“完美”部分控制的表达式）给出

$$y_1=(g_{11}^*-\frac{g_{12}^*g_{21}^*}{g_{22}^*})u_1^*=-\frac{1}{5}u_1^*$$

用于配对 $u_1^*-y_1$ 的控制器变为 $k_1^*(s)=1/(g_{11}^*\tau_1 s)=-5/(\tau_1 s)$，因此

$$K^*=\begin{bmatrix}-\frac{5}{\tau_1 s} & 0\\ 0 & \frac{1}{5\tau_2 s}\end{bmatrix}\tag{10.60}$$

图 10.16(b)给出了 $\tau_1=5$ 和 $\tau_2=1$ 时对应的响应曲线，可以看出其性能仅略差于使用对角配对时的性能。然而较为严重的是，如果 y_2 失控，比如由 $u_2^*=u_1$ 饱和造成，那么 y_1 也将失控（此外，由于对 y_1 的积分作用，y_2 也将慢慢漂移而变得不稳定）。在这种情况下，如果选择零元素对应的配对，情况会变得更糟。但是，顺序设计存在的普遍问题是，它依赖于当前运行的快速（内部）回路。

习题 10.13　在 20%的对角输入不确定时，重做例 10.15 中的仿真；特别地，在对象和控制器之间增加一个方块 $\begin{bmatrix}1.2 & 0\\ 0 & 0.8\end{bmatrix}$。对解耦器 $K(s)=\frac{1}{s}\begin{bmatrix}1 & 0\\ -5 & 1\end{bmatrix}$ 也进行仿真，可以预计该解耦器对不确定性非常敏感（为什么？——参考 6.10.4 节的结论，并请注意对于该对象，$\gamma_I^*(G)=10$）。

例 10.16 双向交互对象。考虑对象

$$G=\begin{bmatrix}1 & g_{12}\\ 5 & 1\end{bmatrix}\tag{10.61}$$

对应的

$$G^{-1}=\frac{1}{1-5g_{12}}\begin{bmatrix}1 & -g_{12}\\ -5 & 1\end{bmatrix},\ \mathrm{RGA}=\frac{1}{1-5g_{12}}\begin{bmatrix}1 & -5g_{12}\\ -5g_{12} & 1\end{bmatrix}$$

该对象的控制性能依赖于参数 g_{12}。当 $g_{12}=0.2$ 时，对象是奇异的（$\det(G)=1-5g_{12}=0$），且无论使用什么控制器，都不可能独立地控制两个输出。下面将使用独立设计的控制器

$$K=\begin{bmatrix}\frac{1}{\tau_1 s} & 0\\ 0 & \frac{1}{\tau_2 s}\end{bmatrix}\tag{10.62}$$

来考察对角配对。各个回路都是稳定的，对应的响应分别为 $y_1=\frac{1}{\tau_1 s+1}r_1$ 和 $y_2=\frac{1}{\tau_2 s+1}r_2$，而当两个回路都闭合后，响应为 $y=GK(I+GK)^{-1}r=Tr$，其中，

$$T=\frac{1}{(\tau_1 s+1)(\tau_2 s+1)-5g_{12}}\begin{bmatrix}\tau_2 s+1-5g_{12} & g_{12}\tau_1 s\\ 5\tau_2 s & \tau_1 s+1-5g_{12}\end{bmatrix}$$

可以看到 $T(0)=I$，因此可以获得采用积分作用才可预期得到的完美稳态控制。然而，$5g_{12}$ 这一项对应的交互作用可能引起不稳定，进一步可以看出，当 $g_{12}>0.2$ 时，系统是闭环不稳定的。该结果是很自然的，这是因为当 $g_{12}>0.2$ 时，RGA 的对角元素为负值，这预示着开环（g_{ii}）和闭环（$\hat{g}_{ii}$）传递函数之间存在着增益变化，这与积分作用是不相容的。因此，对于 $g_{12}>0.2$，如果希望采用独立设计（各个回路都稳定），必须采用非对角配对。

现在考虑 3 种情况：(a) $g_{12}=0.17$，(b) $g_{12}=-0.2$，(c) $g_{12}=-1$，且每种情况下都采用式(10.62)所示的同一个控制器，其中 $\tau_1=5$，$\tau_2=1$。考虑到 $g_{21}=5$ 引起的强交互作用，对 y_2 的控制要快于 y_1。

(a) $g_{12}=0.17$。在这种情况下，

$$G^{-1}=\begin{bmatrix}6.7 & -1.1\\ -33.3 & 6.7\end{bmatrix},\ \mathrm{RGA}=\begin{bmatrix}6.7 & -5.7\\ -5.7 & 6.7\end{bmatrix}$$

RGA 中的元素越大意味着相应的交互作用越强，而且根据式(3.56)可知，RGA 提供了开环与（部分）闭环增益的比值，即 $g_{ij}/\hat{g}_{ij}$。因此，从分散控制方面讲，大的正值 RGA 元素，预示着小的 $\hat{g}_{ij}$，而通过减小有效回路增益，回路将趋向于相互抵消。图 10.17(a)所示的仿真结果进一步证实了这一点。

(b) $g_{12}=-0.2$。在这种情况下，

$$G^{-1}=\begin{bmatrix}0.5 & 0.1\\ -2.5 & 0.5\end{bmatrix},\ \mathrm{RGA}=\begin{bmatrix}0.5 & 0.5\\ 0.5 & 0.5\end{bmatrix}$$

RGA 的元素值为 0.5，说明交互作用非常强，而且这种交互作用增加了有效增益。图 10.17(b)所示的闭环响应曲线进一步证实了这一点。

(c) $g_{12}=-1$。在这种情况下，

$$G^{-1}=\begin{bmatrix}0.17 & 0.17\\ -0.83 & 0.17\end{bmatrix},\ \mathrm{RGA}=\begin{bmatrix}0.17 & 0.83\\ 0.83 & 0.17\end{bmatrix}$$

从 RGA 中可以明显看出，非对角配对比较可取，然而，这里将仍考虑对角配对，采用的 $\tau_1=5$，$\tau_2=1$（和以前一样）。从图 10.17(c)中可以看出，响应性能很差。闭环系统虽然是稳定的，但振荡得很厉害。值为 0.17 的 RGA 对角元素表明，交互作用把有效回路增益增加了 6（$=1/0.17$）倍，所以上述结果并不奇怪。为详细说明这一点，给出闭环多项式的标准形式

$$(\tau_1 s+1)(\tau_2 s+1)-5g_{12}=\tau^2 s^2+2\tau\zeta s+1$$

其中

$$\tau=\sqrt{\frac{\tau_1\tau_2}{1-5g_{12}}},\ \zeta=\frac{1}{2}\frac{\tau_1+\tau_2}{\sqrt{\tau_1\tau_2}}\frac{1}{\sqrt{1-5g_{12}}}$$

注意到，当 g_{12} 取较大的负值时，系统会出现振荡（$0<\zeta<1$）。例如，取 $g_{12}=-1$，$\tau_1=5$ 且 $\tau_2=1$ 时，可得 $\zeta=0.55$。有趣的是，从 ζ 的表达式中可以看出，$\frac{1}{2}\frac{\tau_1+\tau_2}{\sqrt{\tau_1\tau_2}}$ 是 τ_1 和 τ_2 的算术平均与几何平均的比值，而当 τ_1 和 τ_2 的差异越大时，该比值就越大，那么通过选择差异较大的 τ_1 和 τ_2，可以减少振荡。事实上，当 $g_{12}=-1$ 时，通过设置 $\tau_1=21.95\tau_2$，可以消除振荡（$\zeta=1$）。图 10.17(d)所示的仿真结果证实了这一点。考虑到采用了不合适

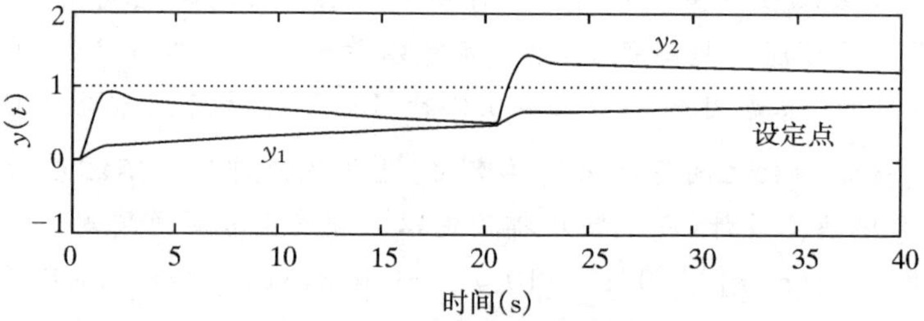

(a)$g_{12}=0.17$;式(10.62)所示控制器,对应的 $\tau_1=5$, $\tau_2=1$

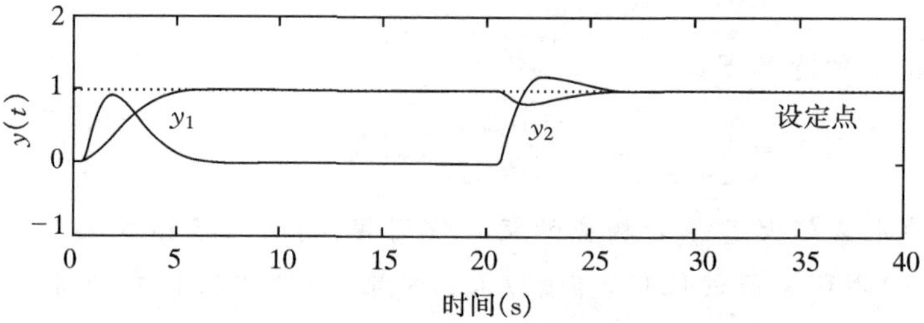

(b)$g_{12}=-0.2$; 式(10.62)所示控制器,对应的 $\tau_1=5$, $\tau_2=1$

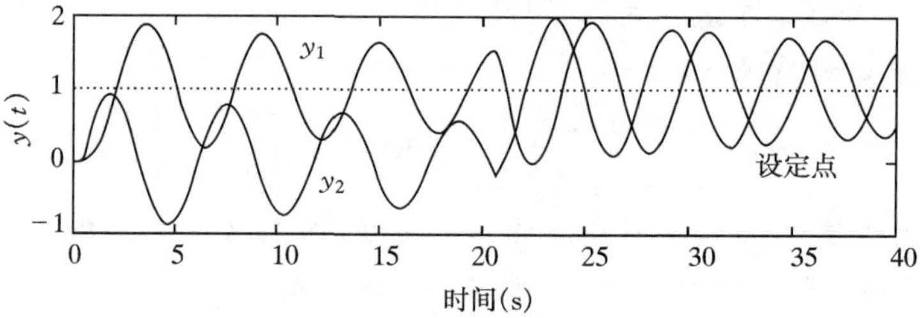

(c)$g_{12}=-1$;式(10.62)所示控制器,对应的 $\tau_1=5$, $\tau_2=1$

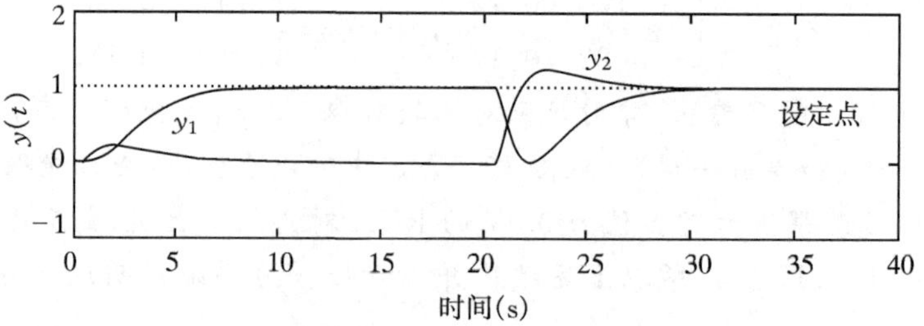

(d)$g_{12}=-1$;式(10.62)所示控制器,对应的 $\tau_1=21.95$, $\tau_2=1$

图 10.17 式(10.61)所示对角配对对象的分散控制

的配对方式,系统的响应性能还是非常好的。

习题 10.14 请为 3×3 阶对象 $G(s)=G(0)e^{-0.5s}$ 设计分散控制器,其中 $G(0)$ 由式(10.79)给出。尝试采用两种方法:对角配对和与正值稳态 RGA 元素,即

$$G^*=G\begin{bmatrix}0&1&0\\1&0&0\\0&0&1\end{bmatrix}^{\mathrm{T}}$$

对应的配对。

以上例子表明，在许多情况下，即使对于交互式对象，分散控制也能够获得相当好的性能。然而，对于这类对象，分散控制器的设计更加困难，这就导致实际中对于交互式对象倾向于采用多变量控制，以尽可能改进性能。

除10.6.6小节之外，本章剩余部分主要集中于独立设计的分散控制系统，该系统不能采用前面式(10.28)所示的用于部分控制的表达式来分析。下面将介绍一些工具用于配对选择(步骤1)和分析基于独立设计的分散控制系统的稳定性和性能。对分散控制的应用感兴趣的读者，可直接参阅10.6.8节中的总结。

10.6.3 灵敏度函数的因式分解和记法

$G(s)$ 表示元素为 g_{ij} 的方形 $m \times m$ 阶对象，在选择一组特定的配对后，可以通过调整 $G(s)$ 中列或行的顺序，使得配对后的元素都处在 $G(s)$ 对角线上，那么控制器 $K(s)$ 也是对角阵($\mathrm{diag}\{k_i\}$)。引入

$$\widetilde{G} \triangleq \mathrm{diag}\{g_{ii}\} = \begin{bmatrix} g_{11} & & & \\ & g_{22} & & \\ & & \ddots & \\ & & & g_{mm} \end{bmatrix} \tag{10.63}$$

作为由 G 的对角元素构成的矩阵。回路 i 的传递函数可表示为 $L_i = g_{ii}k_i$，它等于 $L = GK$ 的第 i 个对角元素，而矩阵

$$\widetilde{S} \triangleq (I + \widetilde{G}K)^{-1} = \mathrm{diag}\{\frac{1}{1+g_{ii}k_i}\},\ \widetilde{T} = I - \widetilde{S} \tag{10.64}$$

中分别包含了各个回路的灵敏度和互补灵敏度函数。需要注意的是，$\widetilde{S}$ 并不等于由 $S = (I+GK)^{-1}$ 的对角元素构成的矩阵。

非对角元素 $G-\widetilde{G}$ 造成了分散控制中的交互影响，可以根据对角元素将它们标准化。定义

$$E \triangleq (G - \widetilde{G})\widetilde{G}^{-1} \tag{10.65}$$

矩阵 E 的“幅值”通常被用作“交互作用的度量”，而下面将表明 $\mu(E)$（其中 μ 是结构化奇异值）是最好的(最不保守)度量，并定义“广义对角优势”表示 $\mu(E) < 1$。为推导这些结果，在闭合所有回路的前提下，利用下面“总”灵敏度函数 $S = (I+GK)^{-1}$ 的重要因式分解

$$\boxed{\underbrace{S}_{\text{整体}} = \underbrace{\widetilde{S}}_{\text{各个回路}} \underbrace{(I + E\widetilde{T})^{-1}}_{\text{交互}}} \tag{10.66}$$

通过设置式(A.147)中的 $G = \widetilde{G}$ 和 $G' = G$，可以得到等式(10.66)。由于采用独立设计时，大多数有关稳定性和性能的重要结论都由该表达式推导得出，所以建议读者自行证明该式的正确性。

由式(A.148)可以得到一个相关的因式分解

$$S = \widetilde{S}\,(I - E_S\widetilde{S})^{-1}(I - E_S) \tag{10.67}$$

其中

$$E_S = (G - \widetilde{G})G^{-1} \tag{10.68}$$

式(10.67)又可写为

$$S=(I+\tilde{S}(\Gamma-I))^{-1}\tilde{S}\Gamma \tag{10.69}$$

其中，Γ 表示性能相对增益阵列(PRGA)

$$\Gamma(s)\triangleq\tilde{G}(s)G^{-1}(s) \tag{10.70}$$

它是对象的标准化逆，满足 $E_S=I-\Gamma$ 且 $E=\Gamma^{-1}-I$。10.6.7 节将详细讨论 PRGA 的使用。

由于采用独立设计的分散控制系统以传递函数为 $\tilde{S}$ 的各个回路为基础，那么上述因式分解对于它们的分析尤其有用。

10.6.4 分散控制系统的稳定性

本节讨论独立设计过程。假设(a)对象 G 是稳定的，且(b)每个单独的回路自身也是稳定的($\tilde{S}$ 与 $\tilde{T}$ 是稳定的)。假设(b)是独立设计的基础；而假设(a)对于独立设计也是必需的，这是因为，我们总是希望能够让任何回路停止工作而仍能保持系统稳定。如果对象不稳定，这是不可能实现的。

为保证总体系统在所有回路闭合的情况下依然稳定，必须要求交互作用不引起不稳定。下面使用式(10.66)和(10.69)中 S 的表达式推导满足该要求的条件。

定理 10.3 在假设(a)和(b)成立的条件下，总系统是稳定的(S 是稳定的)：

(i)当且仅当 $(I+E\tilde{T})^{-1}$ 是稳定的，其中 $E=(G-\tilde{G})\tilde{G}^{-1}$。

(ii)当且仅当 $\det(I+E\tilde{T}(s))$ 在 s 穿越 Nyquist D 围线时不包围原点。

(iii)如果

$$\rho(E\tilde{T}(j\omega))<1,\ \forall\omega \tag{10.71}$$

(iv)(式(10.71)成立)，如果

$$\bar{\sigma}(\tilde{T})=\max_i|\tilde{t}_i|<1/\mu(E)\ \forall\omega \tag{10.72}$$

其中的结构化奇异值 $\mu(E)$ 是根据($\tilde{T}$ 的)对角结构计算出来的。

证明：(Grosdidier and Morari，1986)根据式(10.66)中的因式分解 $S=\tilde{S}(I+E\tilde{T})^{-1}$ 和引理 A.5(A.7.3 节)中使用的广义 Nyquist 定理可以得出条件(ii)；根据式(4.110)的谱半径稳定性条件可以得出(iii)中的条件(10.71)；使用结构化奇异值是分解 $\rho(E\tilde{T})$ 的最不保守的方法，根据式(8.92)可以得知，$\rho(E\tilde{T})\leqslant\mu(E)\bar{\sigma}(T)$，那么(iv)中式(10.72)成立。 □

定理 10.4 在假设(a)和(b)成立，且假设 G 和 $\tilde{G}$ 没有 RHP 零点的条件下，总系统是稳定的(S 是稳定的)：

(i)当且仅当 $(I-E_S\tilde{S}(s))^{-1}$ 是稳定的，其中 $E_S=(G-\tilde{G})G^{-1}$。

(ii)当且仅当 $\det(I-E_S\tilde{S})$ 在 s 穿越 Nyquist D 围线时不包围原点。

(iii)如果

$$\rho(E_S\tilde{S}(j\omega))<1,\ \forall\omega \tag{10.73}$$

(iv)(式(10.73)成立)，如果

$$\bar{\sigma}(\widetilde{S}) = \max_i |\widetilde{s}_i| < 1/\mu(E_S) \ \forall \omega \tag{10.74}$$

其中的结构化奇异值 $\mu(E_S)$ 是根据 ($\widetilde{S}$ 的)对角结构计算出来的。

证明：该证明与定理 10.3 的证明类似，为得到(i)，需假设没有 RHP 零点。 □

注： 用于分散控制系统(标称)稳定性的式(10.72)和式(10.74)中的 μ 条件，可以推广到鲁棒稳定性和鲁棒性能。具体请参考 Skogestad 和 Morari(1989)论著中的方程(31a—b)。

在以上的两个定理中，(i)和(ii)是稳定性的充分必要条件，而谱半径条件(iii)较弱(只是充分的)，μ 条件(iv)则更弱。尽管如此，使用 μ 是条件(iii)中"分解"谱半径 ρ 的最不保守的方法。

在高频段，一般 $\bar{\sigma}(\widetilde{T}) \to 0$，等式(10.72)很容易满足；类似地，在低频段，对于采用积分控制(没有稳态偏差)的系统，$\bar{\sigma}(\widetilde{S}(0)) = 0$，那么等式(10.74)很容易满足。不幸的是，无法在不同的频率范围内将这两个条件结合起来(Skogestad and Morari，1989)，因此为保证稳定性，需要在整个频率范围内满足其中的一个条件。

在低频段，通常 $\bar{\sigma}(\widetilde{T}) \approx 1$，式(10.72)一般难以满足，由此产生了以下配对规则：

- 尽量选择那些在闭环带宽范围内满足 $\mu(E) < 1$ ("对角优势")的配对。

令 Λ 表示 G 的 RGA。对于 $n \times n$ 阶对象，$\mu(E(0)) < 1$ (稳态对角优势)成立的必要条件是 $\lambda_{ii}(0) > 0.5$，$\forall i$ (Kariwala et al.，2003)。由此导出了以下配对规则：尽量选择稳态 RGA 值大于 0.5 的元素对应的配对(这是因为，如若不然，$\mu(E(0)) < 1$ 不可能成立)。

在高频段 $\bar{\sigma}(\widetilde{S}) \approx 1$，式(10.74)通常难以满足，而且 $\det(I - E_S\widetilde{S}(s))$ 对原点的包围最可能发生在穿越频率以内，由此产生了以下配对规则：

- 尽量选择在穿越频率处满足 $\mu(E_S) < 1$ ("对角优势")的配对。

Gershgorin 界。 采用 μ 分解 $\rho(E\widetilde{T})$ 的另一可选方法是使用 Gershgorin 定理，具体请见 A.2.1节。根据式(10.71)，可以推得全局稳定的充分条件(Rosenbrock，1974)，根据 G 的行，该条件可写为：

$$|\widetilde{t}_i| < |g_{ii}| / \sum_{j \neq i} |g_{ij}| \quad \forall i, \forall \omega \tag{10.75}$$

或者根据列，可写为：

$$|\widetilde{t}_i| < |g_{ii}| / \sum_{j \neq i} |g_{ji}| \quad \forall i, \forall \omega \tag{10.76}$$

上述条件提供了一个重要启示：最好选择 G 中较大元素对应的配对，因为这样可以使得非对角元素的总和 $\sum_{j \neq i} |g_{ij}|$ 或 $\sum_{j \neq i} |g_{ji}|$ 较小。"Gershgorin 界"是式(10.75)和(10.76)中右侧表达式的倒数，其取值应较小。

式(10.75)和(10.76)所示的 Gershgorin 条件与式(10.72)所示的 μ 条件是互补的。因此，使用式(10.72)不一定始终比式(10.75)和(10.76)好(更加不保守)。实际上，式(10.75)或(10.76)中 $i = 1, \cdots, m$ 对应上界的最小值总是小于(限制性更强)式(10.72)中的 $1/\mu(E)$。然而，对于每个回路对应的 $|\widetilde{t}_i|$，式(10.72)总是施以相同的界，而式(10.75)和(10.76)给出了

单独的界，其中一些界的限制性可能弱于 $1/\mu(E)$。

对角优势。尽管"对角优势"是矩阵的一个性质，其定义却源于控制领域。不严格地说，对角优势指的是交互作用将不会引入不稳定。起初，例如在 Rosenbrock(1974) 介绍的逆 Nyquist 阵列方法中，对角优势是从 Gershgorin 界的角度定义的，并得到了条件 $\|E\|_{i1}<1$ ("列优势")和 $\|E\|_{i\infty}<1$("行优势")，其中 $E=(G-\widetilde{G})\widetilde{G}^{-1}$。然而，稳定性与尺度变换无关，通过使用 DGD^{-1} 把对象 G 进行"最优"尺度变换，其中的尺度变换矩阵 D 是对角阵，从这些条件可以得出，如果 $\rho(|E|)<1$，矩阵 G 是(广义)对角占优的，具体请见(A.128)。这里的 $\rho(|E|)$ 是 E 的 Perron 根。从式(10.72)中 $\mu(E)$ 角度描述的稳定性条件出发，可以得到对角优势的一个限制性较弱的定义，这促使我们提出以下改进定义。

定义 10.1　矩阵 G 是广义对角占优的，当且仅当 $\mu(E)<1$。

术语"广义对角占优"意味着"通过尺度变换可以转变为对角占优"。值得注意的是，$\mu(E)\leqslant\rho(|E|)$ 恒成立，所以使用 μ 的限制性要弱于使用 Perron 根。另外请注意，对于三角对象[①] $\mu(E)=0$ 成立。此外，使用 $\mu(E_s)$ 作为对角优势的度量也是可能的，而且可以得到：如果 $\mu(E)<1$ 或者 $\mu(E_S)<1$，对应的矩阵是广义对角占优的。

例 10.17　考虑下面的对象。对于该对象，选择对角元素对应的配对：

$$G=\begin{bmatrix}-5 & 1 & 2\\ 4 & 2 & -1\\ -3 & -2 & 6\end{bmatrix};\ \widetilde{G}=\begin{bmatrix}-5 & 0 & 0\\ 0 & 2 & 0\\ 0 & 0 & 6\end{bmatrix};\ E=(G-\widetilde{G})\widetilde{G}^{-1}=\begin{bmatrix}0 & 0.5 & 0.33\\ -0.8 & 0 & -0.167\\ 0.6 & -1 & 0\end{bmatrix}$$

μ 交互指标为 $\mu(E)=0.9189$，所以该对象是对角占优的。根据式(10.72)可以得知，只要保持 $|\tilde{t}_i|$ 的各个峰值都小于 $1/\mu(E)=1.08$，那么各个回路 $\tilde{t}_i$ 的稳定性能够保证整个闭环系统的稳定性。根据以上分析，当 $\tilde{t}(0)=1$ 时，允许使用积分控制，但需要注意的是，在这种情况下，根据式(10.75)和(10.76)所示的 Gershgorin 界，不能推断出对象是对角占优的，因为 G 中 2×2 位置的元素(=2)比第2行(=5)和第2列(=3)的非对角元素之和都要小。

迭代 RGA。RGA 的迭代计算 $\Lambda^k(G)$ 提供了一个与可能存在的(已置换的)广义对角占优配对对应的置换单位阵(Johnson and Shapiro, 1986, 定理2)(也可参见本书3.4.3节)。请注意，计算 $\mu(E)$ 或者 RGA 数时需要测试所有可能的配对，而迭代 RGA 可以避免其中涉及的组合问题，因此可以使用迭代 RGA 寻找有希望的配对，并且使用 $\mu(E)$ 检测对角优势。

习题 10.15　对于例 10.17 中的对象，验证迭代 RGA 收敛到对角占优配对。

例 10.18　RGA 数。RGA 数 $\|\Lambda-I\|_{\text{sum}}$ 通常用来度量对角优势，但遗憾的是，对于 4×4 或更大的对象，较小的 RGA 数不能保证对角优势。为说明这一点，考虑矩阵 $G=[1\ 1\ 0\ 0;\ 0\ 0.1\ 1\ 1;\ 1\ 1\ 0.1\ 0;\ 0\ 0\ 1\ 1]$，其对应的 RGA $=I$，但 $\mu(E)=\mu(E_S)=10.9$，所以它远没有

① 三角对象可能具有取值较大的非对角元素，但它总是可以转化为对角形式。例如，$\begin{bmatrix}d_1 & 0\\ 0 & d_2\end{bmatrix}\begin{bmatrix}g_{11} & 0\\ g_{21} & g_{22}\end{bmatrix}\begin{bmatrix}1/d_1 & 0\\ 0 & 1/d_2\end{bmatrix}=\begin{bmatrix}g_{11} & 0\\ \dfrac{d_2}{d_1}g_{21} & g_{22}\end{bmatrix}$，当 $|d_1|\gg d_2$ 时，该矩阵近似等于 $\begin{bmatrix}g_{11} & 0\\ 0 & g_{22}\end{bmatrix}$。

达到对角占优。

三角对象。正如下面的定理所述，三角对象的总体稳定性很容易得到满足。

定理 10.5 假设对象 $G(s)$ 是稳定的，且具有上三角或下三角形式(在所有频率上)，并被一对角控制器控制，那么总系统是稳定的，当且仅当单个回路都是稳定的。

证明：对于三角对象 G，$E=(G-\widetilde{G})\widetilde{G}^{-1}$ 也是三角阵，且所有对角元素均为0，所以 $E\widetilde{T}$ 的所有特征值均为0，并有 $\det(I+E\widetilde{T}(s))=1$，那么根据定理10.3中的条件(ii)可知，交互作用不会引起不稳定。 □

由于交互作用，可能不存在使对象在低频段为三角阵的配对。幸运的是，在实际中对象在穿越频率处为三角阵对于稳定性是充分的，由此可得：

> **三角配对规则。**为取得采用分散控制时的稳定性，选择的配对应该尽量能够使得重排后的对象矩阵 $G(j\omega)$（配对元素位于对角线上）在穿越频率 ω 附近接近于三角阵。

三角配对规则的推导。根据定理10.4推导该规则。从式(10.74)中的谱半径稳定性条件可知，若 $\rho(\widetilde{S}E_S(j\omega))<1$，$\forall\omega$，那么总系统是稳定的。在低频段，由于 $\widetilde{S}$ 很小，该条件通常可以得到满足；而在较高频段，有 $\widetilde{S}=\mathrm{diag}\{\widetilde{s}_i\}\approx I$，当 $G(j\omega)$ 接近三角阵时，式(10.74)可能得到满足。这是因为 E_S 和 $\widetilde{S}E_S$ 近似为三角阵，且对角元素接近于零，因此 $\widetilde{S}E_S(j\omega)$ 的特征值接近于零，因此式(10.74)可以被满足，且 S 是稳定的。在使用定理10.4时，需假设 G 和 $\widetilde{G}$ 中不存在RHP零点。然而在实际中，对于包含RHP零点的对象，只要这些零点位于穿越频率范围之外，相应结论仍成立。 □

注：三角对象与RGA。RGA的一个重要性质为：三角对象的RGA是单位阵($\Lambda=I$)，或者等价地讲，三角对象的RGA数为零，具体请见A.4.1节的性质4。在本书第1版(Skogestad and Postlethwaite,1996)，我们曾指出该性质反过来也成立，即若RGA矩阵为单位阵($\Lambda(G)=I$)，对应的对象 G 是三角阵。然而这是不正确的，该性质仅适用于 3×3 阶或者更小的系统。考虑如下 4×4 阶的反例矩阵[①]：

$$G=\begin{bmatrix}1&1&0&0\\0&\alpha&1&1\\1&1&\beta&0\\0&0&1&1\end{bmatrix}\tag{10.77}$$

对于任意非零值的 α 和 β，该对象的 $\mathrm{RGA}=I$，但通过调整输入和输出的顺序，并不能将 G 转化为三角阵。此外，对于该对象，单个回路的稳定性不一定能够保证总系统的稳定性。例如，当 $\alpha=\beta$ 且 $|\alpha|=|\beta|<0.4$ 时，$\widetilde{T}=\dfrac{1}{\tau s+1}I$（单个回路稳定）对应的总系统并不稳定($T$ 不稳定)。因此，$\mathrm{RGA}=I$ 且各个回路稳定并不总能保证总系统稳定(它不是充分稳定条件)。

① 式(10.77)是Johnson和Shapiro(1986)所给反例的一般形式，本书主页中介绍了一种以该形式为传递函数的物理混合过程。

尽管如此，我们依然期望 RGA $= I$，否则对象不可能为三角阵。因此根据三角配对规则可以得到，选择的配对应该尽量使得 RGA 在穿越频率附近接近单位阵。

10.6.5 完整性与负值 RGA 元素

通常期望分散控制系统具有完整性，即当子系统控制器恢复或停止运行，或者输入饱和时，闭环系统始终保持稳定。从数学上讲，若采用控制器 $\mathbb{E}K$ 替换 K 后，其中 $\mathbb{E} = \mathrm{diag}\{\varepsilon_i\}$，且 ε_i 等于 0 或 1，系统仍能保持稳定，那么称该系统具有完整性。

对分散控制系统有时还有更高要求（"完全解调能力"），即当各个回路的增益被可在 $[0, 1]$ 间任意取值的因子 ε_i 减小（失调）时，要求系统仍能保持稳定；而分散积分能控性（Decentralized Integral Controllability，DIC）考察系统是否可以同时具有完全解调能力和积分控制功能。

定义 10.2 分散积分能控性（DIC）。 对于对象 $G(s)$（与配对元素位于其对角线上的一组给定配对相对应），如果存在一个在每个回路上都具有积分作用的镇定分散控制器，使得各个回路的增益可以被因子 ε_i（$0 \leqslant \varepsilon_i \leqslant 1$）独立地调小而不会引入不稳定，那么称该对象具有分散积分能控性。

请注意 DIC 考察的是控制器的存在性，所以它仅依赖于对象 G 和选择的配对。稳态 RGA 是检测 DIC 的非常有用的工具，从下面最早由 Grosdidier 等（1985）证明的定理中可以清楚地看到这一点。

定理 10.6 稳态 RGA 和 DIC。 考虑方形稳定对象 G 和所有元素都具有积分作用的对角控制器 K，假定回路传递函数 GK 是严格真的，如果输出和调节输入的一个配对对应的稳态相对增益为负值，那么该闭环系统至少具有以下一个性质：

(a) 总闭环系统是不稳定的。

(b) 具有负值相对增益的回路自身是不稳定的。

(c) 如果具有负值相对增益的回路被打开（断开），那么闭环系统是不稳定的。

可以总结如下：

仅当 $\lambda_{ii}(0) \geqslant 0$ 对于所有的 i 都成立时，稳定（重新排列的）对象 $G(s)$ 具有 DIC。

$$(10.78)$$

证明：采用 6.10.5 节的定理 6.7。令 $G' = \mathrm{diag}\{g_{ii}, G^{ii}\}$，由于 $\det G' = g_{ii}\det G^{ii}$，且根据式（A.78）可知 $\lambda_{ii} = \dfrac{g_{ii}\det G^{ii}}{\det G}$，由此可得 $\det G'/\det G = \lambda_{ii}$，定理 10.6 得证。 □

定理 10.6 中，由于选择负值 $\lambda_{ij}(0)$ 对应的配对而产生的 3 种可能的不稳定都是不期望的。最差情况是(a)整个系统不稳定，而(c)意味着当具有负值相对增益的回路由于某种原因，例如输入饱和而失效后，系统会变得不稳定，因此也是不期望的。此外，有时可能刚好希望具有负值相对增益的回路单独运行，或者所有其它回路由于输入饱和等原因失效，因此，情况(b)也是不可接受的。

由于置换 G 的任意行或列后，可将对应的 RGA 进行相同的置换，所以对于每种可能的配对选择，无需重新计算 RGA，这就使得 RGA 成为一个非常有效的工具。为获得 DIC，必须在每行和每列选择正值RGA(0)元素对应的配对，因此只需简单判断RGA矩阵，就可排除很多候选配对，以下例子将说明这一点。

例 10.19 考虑 3×3 阶的对象，其中，

$$G(0)=\begin{bmatrix}10.2 & 5.6 & 1.4\\ 15.5 & -8.4 & -0.7\\ 18.1 & 0.4 & 1.8\end{bmatrix},\ \Lambda(0)=\begin{bmatrix}0.96 & \mathbf{1.45} & -1.41\\ \mathbf{0.94} & -0.37 & 0.43\\ -0.90 & -0.07 & \mathbf{1.98}\end{bmatrix} \tag{10.79}$$

对于 3×3 阶的对象，存在6种可能的配对，但从稳态RGA中可以看到，第2列只有一个正值元素($\lambda_{12}=1.45$)，并且第3行也只有一个正值元素($\lambda_{33}=1.98$)，那么，只有一个配对对应的所有RGA元素均为正($u_1\leftrightarrow y_2$, $u_2\leftrightarrow y_1$, $u_3\leftrightarrow y_3$)。因此，如果根据RGA元素是否为正进行配对，通过快速查看稳态RGA，就可以从6种配对中排除5个。

例 10.20 考虑如下对象和RGA：

$$G(0)=\begin{bmatrix}0.5 & 0.5 & -0.004\\ 1 & 2 & -0.01\\ -30 & -250 & 1\end{bmatrix},\ \Lambda(0)=\begin{bmatrix}-1.56 & -2.19 & 4.75\\ 3.12 & 4.75 & -6.88\\ -0.56 & -1.56 & 3.12\end{bmatrix} \tag{10.80}$$

从RGA中可以看出，不可能通过重新排列对象使得RGA的对角元素全为正，因此，对于所有可能的配对，该对象不具备DIC性质。

例 10.21 考虑如下对象和RGA：

$$G(s)=\frac{(-s+1)}{(5s+1)^2}\begin{bmatrix}1 & -4.19 & -25.96\\ 6.19 & 1 & -25.96\\ 1 & 1 & 1\end{bmatrix},\ \Lambda(G)=\begin{bmatrix}1 & 5 & -5\\ -5 & 1 & 5\\ 5 & -5 & 1\end{bmatrix}$$

请注意，该RGA是与频率无关的常量。6个可能的配对中只有2个对应的稳态RGA元素为正(参见10.6.9节的配对规则2)：(a)所有 $\lambda_{ii}=1$ 对应的(对角线)配对；(b)所有 $\lambda_{ii}=5$ 对应的配对。由于配对(a)对应RGA元素为1的配对，直观上讲，它可能是最佳选择。然而，RGA矩阵与单位矩阵差距很大，并且对于这两种配对，RGA数 $\|\Lambda-I\|_{\text{sum}}$ 均为30；此外，对于配对(a)，$\mu(E)=8.48$，而对于配对(b)，$\mu(E)=1.25$，它们都大于1，因此两种配对都不是对角占优的，且不满足10.6.9节中讨论的配对规则1，由此可以得出以下结论：该对象不适于采用分散控制。

Hovd与Skogestad(1992)针对以上两种情况分别设计了PI控制器，进一步证实了上述结论。他们发现与 $\lambda_{ii}=1$ 对应的配对(a)的性能明显差于与 $\lambda_{ii}=5$ 对应的配对(b)，该结果与 $\mu(E)$ 值是一致的；他们还发现可达到的闭环时间常数分别为1160和220，与时间常数为1的RHP零点相比，这两种情况都是非常缓慢的。

习题 10.16 将"迭代RGA"方法(见3.4.3节)应用于例10.21中的模型，并证实其结果是"推荐"与 $\lambda_{ii}=5$ "对应"的配对，而根据 $\mu(E)$ 和仿真结果也已发现该选择是最优的。(理论已证明迭代RGA仅对于广义对角占优矩阵成立，因此上述结果在一定程度上是巧合。)

习题 10.17* (a)假设式(A.83)中的 4×4 阶矩阵表示一对象的稳态模型，请证明，若要求

DIC性质，可以从24个可能配对中排除其中的20个；(b)考虑6.11.3节习题6.17中的3×3阶FCC过程，请证明，若要求DIC性质，可以从6个可能配对中排除其中的5个。

关于DIC和RGA的评注。

1. DIC的概念是由Skogestad和Morari(1988b)提出的，他们同时给出了判定DIC的充分必要条件。Campo与Morari(1994)给出了关于DIC条件和其它相关性质的详细综述。
2. DIC与D稳定也紧密相关，具体请参考Yu与Fan(1990)的论文，以及Campo与Morari(1994)的论著。D稳定理论也给出了充分必要条件(除了少数特殊情况，例如一个或多个子矩阵的行列式为零)。
3. 不稳定对象不具有DIC性质，其原因是当设置所有的$\varepsilon_i = 0$时，对象G将不能控，而如果$G(s)$不稳定，将导致系统(内部)不稳定。
4. 对于$\varepsilon_i = 0$的情况，需假设相应SISO控制器中的积分器已被移除，否则，该积分器将导致内部不稳定。
5. 对于2×2和3×3阶的对象，存在比式(10.78)更严苛的判断DIC的RGA条件。对于2×2阶对象(Skogestad and Morari，1988b)

$$\mathrm{DIC} \Leftrightarrow \lambda_{11}(0) > 0 \tag{10.81}$$

对于3×3阶对象，若$G(0)$和$G^{ii}(0)$，$i=1, 2, 3$(3个主子阵)对应RGA的对角元素为正，存在条件(Yu and Fan，1990)

$$\mathrm{DIC} \Leftrightarrow \sqrt{\lambda_{11}(0)} + \sqrt{\lambda_{22}(0)} + \sqrt{\lambda_{33}(0)} \geqslant 1 \tag{10.82}$$

(正如Campo与Morari(1994)所指出的，严格地讲，不存在与$\sqrt{\lambda_{11}(0)} + \sqrt{\lambda_{22}(0)} + \sqrt{\lambda_{33}(0)}$等于1等价的情况，当然该情况也没有什么实际意义。)

6. 一般不期望找到判断DIC的严苛RGA条件(即，对于4×4或阶数更高的对象)，其原因是，RGA本质上只考虑失调因子的“边缘值”(corner values) $\varepsilon_i = 0$或$\varepsilon_i = 1$，即它仅测试完整性。从$\lambda_{ii} = \dfrac{g_{ii}\det G^{ii}}{\det G}$中可以更清楚地看到这一点，其中对于所有的$i$，$G$对应的$\varepsilon_i = 1$；$g_{ii}$对应的$\varepsilon_i = 1$，但其它$\varepsilon_k = 0$；而$G^{ii}$对应的$\varepsilon_i = 0$，其它$\varepsilon_k = 1$。下面将给出一个更全面的有关完整性的结论(“边缘值”)。
7. **完整性的行列式条件(Determinant Condition for Integrity，DIC)。**以下条件关系到是否有可能为对象设计一分散控制器，使得系统具有完整性，而该性质是具有DIC的前提条件。不失一般性，假设已调整了G的行或列的符号，使得$G(0)$的所有对角元素均为正，即$g_{ii}(0) \geqslant 0$，那么可以计算$G(0)$及其所有主子阵(通过删除$G(0)$中的行和相应的列获得)的行列式。若系统具有完整性，以上行列式应具有相同的符号。与定理10.6的证明类似，通过将定理6.7应用于$\varepsilon_i = 0$或者1的所有可能组合，可以证得该行列式条件。
8. 矩阵G的Niederlinski指标定义为

$$N_I(G) = \det G / \Pi_i g_{ii} \tag{10.83}$$

完整性是DIC的必要条件，而判断完整性的行列式条件成立的一个简单方法是要求$G(0)$及其所有主子阵$G^{ii}(0)$的Niederlinski指标均为正。

Niederlinski的最初结果只用于检测$G(0)$的N_I值，很明显，与RGA元素符号方法相同，它所带来的信息要少于行列式条件，这是因为RGA元素为$\lambda_{ii} = \dfrac{g_{ii}\det G^{ii}}{\det G}$，可能存在两个行列式为负，而 RGA 元素为正的情况。然而，由于 RGA 无需针对每一种配对而重新计算，因此它通常是首选工具。首先考虑如下例子，对于该例，Niederlinski 指标是不能给出最终结果的：

$$G_1(0)=\begin{bmatrix}10 & 0 & 20\\ 0.2 & 1 & -1\\ 11 & 12 & 10\end{bmatrix},\ \Lambda(G_1(0))=\begin{bmatrix}4.58 & 0 & -3.58\\ 1 & -2.5 & 2.5\\ -4.58 & 3.5 & 2.08\end{bmatrix}$$

由于其中一个 RGA 对角元素为负，可以得知对应的配对不具有 DIC 性质，而另一方面，$N_I(G_1(0))=0.48$（正值），所以 Niederlinski 的初始条件不具有决定性。然而，3 个主子阵 $\begin{bmatrix}10 & 0\\ 0.2 & 1\end{bmatrix}$，$\begin{bmatrix}10 & 20\\ 11 & 10\end{bmatrix}$ 和 $\begin{bmatrix}1 & -1\\ 12 & 10\end{bmatrix}$ 的 N_I 值分别为 1，-1.2 和 2.2，由于其中一个是负的，根据行列式条件可知该配对不具有 DIC 性质。

对于下面这个 4×4 阶的例子，RGA 不具有决定性：

$$G_2(0)=\begin{bmatrix}8.72 & 2.81 & 2.98 & -15.80\\ 6.54 & -2.92 & 2.50 & -20.79\\ -5.82 & 0.99 & -1.48 & -7.51\\ -7.23 & 2.92 & 3.11 & 7.86\end{bmatrix},\ \Lambda(G_2(0))=\begin{bmatrix}0.41 & 0.47 & -0.06 & 0.17\\ -0.20 & 0.45 & 0.32 & 0.44\\ 0.40 & 0.08 & 0.17 & 0.35\\ 0.39 & 0.001 & 0.57 & 0.04\end{bmatrix}$$

RGA 的所有对角元素值均为正，但对于判断 DIC，它不具有决定性。增益矩阵的 Niederlinski 指标为负，即 $N_I(G_2(0))=-18.65$，由此可以得知该配对不具有 DIC 性质（在这种情况下，没必要继续考察 3×3 和 2×2 阶的子矩阵）。

9. 以上结果，包括选择正值 RGA 元素对应的配对，都是 DIC 的**必要条件**。如果假设控制器具有积分作用，那么 $T(0)=I$，根据式(10.72)，可以推出判定 DIC 的**充分条件**：G 在稳态是广义对角占优的，即

$$\mu(E(0))<1$$

Braatz(1993，p.154)最早证明了该结论，由于它只是 DIC 的一充分条件，不能用来排除不可行的设计。

10. 如果对象在 $j\omega$ 轴上有极点，例如积分器，最好在 RGA 分析之前，把这些极点稍微移入左半平面（例如采用小增益反馈），这些操作对于随后的分析，不会产生实质影响。

11. 由于定理 6.7 适用于不稳定对象，那么可以很轻松地把定理 10.6 扩展到不稳定对象（在这种情况下，更期望选择负值 RGA 元素对应的配对），Hovd 与 Skogestad(1994)已证实了这一点。作为选择，可以先实现一个镇定控制器，然后把部分被控系统当做对象 $G(s)$ 加以分析。

10.6.6 RHP 零点和 RGA：顺序设计中避免 RGA 负值元素的原因

前面已讨论了基于独立设计的分散控制，其中要求各个回路都是稳定的，并且当任意回路闭合或停止工作时，不会引起不稳定。由此得出了有关完整性(DIC)的结论：避免选择稳态下负值 RGA 元素对应的配对。然而，若使用顺序设计，不应该让“内部”回路停止工作，但可能结束本身并不稳定的回路（如果对应的内部回路要被移除）。尽管如此，对于顺序设计，选择负值 RGA 元素对应的配对通常也是不理想的，本节将利用 RGA 和 RHP 零点间的关联关系深

入阐述这一点。

Bristol(1966)曾指出负值 $\lambda_{ii}(0)$ 意味着存在 RHP 零点，但并没有提供任何证明。然而，该论点确实是正确的，以下两个定理将说明这一点。

定理 10.7 (Hovd and Skogestad，1992)考虑传递函数矩阵 $G(s)$，它在 $s=0$ 处没有零点或极点，假设 $\lim_{s\to\infty}\lambda_{ij}(s)$ 是有限的，并且不为零。如果 $\lambda_{ij}(j\infty)$ 和 $\lambda_{ij}(0)$ 的符号不同，那么以下 3 个结论至少有 1 个是成立的：

(a)元素 $g_{ij}(s)$ 有一个 RHP 零点；

(b)整个对象 $G(s)$ 有一个 RHP 零点；

(c)若移除输入 j 和输出 i，子系统 $G^{ij}(s)$ 将有一个 RHP 零点。

定理 10.8 (Grosdidier et al.，1985)考虑元素为 $g_{ij}(s)$ 而且稳定的传递函数矩阵 $G(s)$，令 $\hat{g}_{ij}(s)$ 表示在其它所有输出都处在积分控制的情况下，输入 u_j 和输出 y_i 间的闭环传递函数。假设：(i) $g_{ij}(s)$ 没有 RHP 零点；(ii)回路传递函数 GK 是严格真的；(iii) $G(s)$ 中其它所有元素拥有与 $g_{ij}(s)$ 相等或更多的极点，那么

如果 $\lambda_{ij}(0)<0$，$\hat{g}_{ij}(s)$ 的 RHP 极点和 RHP 零点个数之和为奇数。

请注意，定理 10.8 中的 $\hat{g}_{ij}(s)$ 与式(10.26)对应的部分控制系统中由 u_1 到 y_1 的传递函数 P_u 相同。

顺序设计和 RHP 零点。在设计和实现对角控制器时，按照顺序方式每次只调节和闭合一个回路。假设最终选择了一稳态下 $\lambda_{ij}(0)<0$ 的负值 RGA 元素对应的配对，并且相应的 $g_{ij}(s)$ 没有 RHP 零点，那么可得如下结论：

(a)如果有积分作用(实际上经常采用)，那么 $\hat{g}_{ij}(s)$ 将有一个 RHP 零点，这将限制“最终”输出 y_i 的性能(可以由定理 10.8 得出)。然而，如果内部回路被调节得足够快，这种性能限制将很小(Cui and Jacobsen，2002)，请参见例 10.22。

(b)如果 $\lambda_{ij}(\infty)$ 为正(它通常接近于 1，详见配对规则 1)，那么不管有没有积分作用，$G^{ij}(s)$ 都具有 1 个 RHP 零点，这将限制其它输出的性能(可由定理 10.7 得出)。

总之，为保障系统性能，应避免选择负值 RGA 元素对应的配对。

例 10.22　负值 RGA 元素和 PHP 零点。考虑对象

$$G(s)=\frac{1}{s+10}\begin{bmatrix}4 & 4\\ 2 & 1\end{bmatrix}\qquad \Lambda(s)=\begin{bmatrix}-1 & 2\\ 2 & -1\end{bmatrix}$$

可以看到该对象的 RGA 与频率无关，所以 $\lambda_{11}(0)=\lambda_\infty=1$。我们希望说明选择负值 RGA 元素对应的配对会引起性能问题，首先闭合从 u_1 到 y_1 且控制器为 $u_1=k_{11}(s)(r_1-y_1)$ 的回路，对于部分控制系统，由此产生的从 u_2 到 y_2 (“外部回路”)的传递函数为：

$$\hat{g}_{22}(s)=g_{22}(s)-\frac{k_{11}(s)g_{21}(s)g_{12}(s)}{1+g_{11}(s)k_{11}(s)}$$

若采用了积分控制器 $k_{11}(s)=K_I/s$，那么正如定理 10.8 的预计结果

$$\hat{g}_{22}(s)=\frac{s^2+10s-4K_I}{(s+10)(s^2+10s+4K_I)}$$

总有一个 RHP 零点。当 K_I 取值很大时，RHP 零点远离原点，对外部回路性能的影响较小。

若采用了比例控制器 $k_{11}(s)=K_c$，可知

$$\hat{g}_{22}(s)=\frac{s+10-4K_c}{(s+10)(s+10+4K_c)}$$

含有一个零点 $4K_c-10$。当 $K_c<2.5$ 时，零点在左半平面上，但当 $K_c>2.5$ 时，它移动至右半平面。当 K_c 取值很大时，RHP 零点将远离原点，在实际中，不会对外部回路的性能产生影响。最差情况是 $K_c=2.5$，$\hat{g}_{22}(s)$ 的零点位于原点，稳态增益 $\hat{g}_{22}(0)$ 在此改变符号。

10.6.7 分散控制系统的性能

重新考虑式(10.69)所给的因式分解：

$$S=(I+\widetilde{S}(\Gamma-I))^{-1}\widetilde{S}\Gamma$$

其中，$\Gamma=\widetilde{G}G^{-1}$ 是性能相对增益阵列(PRGA)。该阵列与 RGA 具有相同的对角元素，即 $\gamma_{ii}=\lambda_{ii}$，这也是其名字的由来。需要注意的是，PRGA 的非对角元素依赖于输出的相对尺度变换，而 RGA 与尺度变换是无关的；此外，PRGA 只可以度量单向交互作用，而 RGA 可以度量双向交互作用。在反馈有效的频段（$\widetilde{S}\approx 0$），式(10.69)近似为 $S\approx\widetilde{S}\Gamma$，因此，若 PRGA ($\Gamma$) 的元素值较大(其幅值与 1 相比)意味着交互作用“减缓”了整体响应，并会造成系统性能比单个回路差；另一方面，若 PRGA (Γ) 的元素值较小(其幅值与 1 相比)，意味着在相应的频段，交互作用改进了系统性能。

下面还会利用相关的闭环扰动增益(Closed-Loop Disturbance Gain，CLDG)矩阵，其定义为

$$\widetilde{G}_d(s)\triangleq\Gamma(s)G_d(s)=\widetilde{G}(s)G^{-1}(s)G_d(s) \tag{10.84}$$

CLDG 值依赖于输出和扰动的尺度变换。

接下来，从控制误差

$$e=y-r=Gu+G_dd-r \tag{10.85}$$

的角度考察系统性能。假设已按照 1.4 节所列方法对系统进行过尺度变换，使得在每个频率上：

1. 每个扰动的幅值都小于 1，即 $|d_k|<1$。
2. 每个参考输入的变化量都小于 R 中相应的对角元素，即 $|r_j|<R_j$。
3. 对于每个输出，可接受的控制误差都小于 1，即 $|e_i|<1$。

单扰动情况。考虑单个扰动的情况，对应的 G_d 是一向量，令 g_{di} 表示 G_d 的第 i 个元素，$L_i=g_{ii}k_i$ 表示回路 i 的传递函数。考虑反馈有效的频段，对应的 $\widetilde{S}\Gamma$ 很小(式(10.88)成立)，那么在使用分散控制时，为获得可接受的扰动抑制性能($|e_i<1|$)，必须要求每个回路都满足：

$$|1+L_i|>\widetilde{g}_{di} \tag{10.86}$$

除了将 G_d 替换成 CLDG $\widetilde{g}_{di}$，该条件与式(5.77)所示的 SISO 条件相同。简单地讲，当系统处于分散控制时，$\widetilde{g}_{di}$ 表示回路 i 内的“明显的”扰动增益。

单参考量变化情况。可以采用类似的方法处理输出 j 对应的幅值为 R_j 的参考量的变化。考虑反馈有效的频段(式(10.88)成立)，为获得可接受的参考跟踪性能($|e_i|<1$)，必须要求每个回路都满足：

$$|1+L_i|>|\gamma_{ij}|\times|R_j| \tag{10.87}$$

除了 PRGA 因子 $|\gamma_{ij}|$，该条件与式(5.80)中的 SISO 条件相同。换句话说，当闭合其它回路时，回路 i 的响应被因子 $|\gamma_{ii}|$ 变慢。因此为保障系统性能，希望 Γ 的元素值至少在反馈起作用的频段较小。然而，当接近穿越频率时，稳定是主要问题，又由于 PRGA 与 RGA 的对角元素相等，通常希望 $\gamma_{ii}=\lambda_{ii}$ 接近 1(参见 10.6.9 节的配对规则 1)。

式(10.86)与(10.87)的证明：在反馈有效的频段，$\widetilde{S}$ 很小，所以

$$I+\widetilde{S}(\Gamma-I)\approx I \tag{10.88}$$

而且从式(10.69)可知

$$S\approx\widetilde{S}\Gamma \tag{10.89}$$

那么，闭环响应变为

$$e=SG_d d-Sr\approx\widetilde{S}\widetilde{G}_d d-\widetilde{S}\Gamma r \tag{10.90}$$

而输出 i 对于单扰动 d_k 和单参考量变化量 r_j 的响应为

$$e_i\approx\widetilde{s}_i\,\widetilde{g}_{dik}d_k-\widetilde{s}_i\gamma_{ik}r_k \tag{10.91}$$

其中，$\widetilde{s}_i=1/(1+g_{ii}k_i)$ 表示回路 i 自身的灵敏度函数。因此，为使得 $|e_i|<1$ 在 $|d_k|=1$ 的情况下成立，必须要求 $|\widetilde{s}_i\,\widetilde{g}_{dik}|<1$ 和式(10.86)成立；同理，为使得 $|e_i|<1$ 在 $|r_j|=|R_j|$ 的情况下成立，必须要求 $|s_i\gamma_{ik}R_j|<1$ 和式(10.87)成立。另外请注意 $|s_i\gamma_{ik}|<1$ 意味着假设(10.88)成立，又由于 R 中的元素通常都大于 1，所以在绝大数情况下，如果式(10.87)成立，式(10.88)自动满足，无需特意验证。 □

注 1 假设 $\widetilde{T}\approx I$，可得 $(I+E\widetilde{T})^{-1}\approx(I+E)^{-1}=\Gamma$，那么根据式(10.66)可得式(10.89)所示关系。

注 2 考虑模型为 g_d 的特殊扰动，它对没有控制的输出 i 的影响为 g_{di}。$\widetilde{g}_{di}$(CLDG)与 g_{di} 间的比值即为 Stanley 等(1985)定义的**相对扰动增益**(β_i)(Relative Disturbance Gain，RDG，也可参考 Skogestad 与 Morari(1987b)的论著)：

$$\beta_i\triangleq\widetilde{g}_{di}/g_{di}=[\widetilde{G}G^{-1}g_d]_i/[g_d]_i \tag{10.92}$$

β_i 反映了由分散控制引起的扰动作用变化，它与尺度变换无关。通常希望 β_i 较小，因为这意味着交互作用消弱了扰动的明显影响，使得各个回路无需使用高增益 $|L_i|$。

10.6.8 总结：配对选择与分散控制的能控性分析

当考虑一个对象的分散对角控制时，首先应该检查该对象是否对于任何控制器都是可控的，具体请参见 6.11 节。

若对象是不稳定的，推荐首先至少针对那些“快速”不稳定模态，在下层实现一镇定控制器。可根据极点向量(10.4.3 节)选择在镇定控制中使用哪些输入和输出。需要注意的是，某些不稳定对象无法通过对角控制器镇定。当不稳定模态属于“分散固定模态”时，由于该模态不受对角反馈控制的影响(Lunze(1992))，就会发生上述情况。一个简单例子是仅在非对角元素出现不稳定模态的三角对象，但这里可以通过改变配对将该对象镇定。

10.6.9 独立设计

首先考虑独立设计的情况，其中的控制器元素是根据对象的对角(已配对的)元素设计的，

以使得各个回路都稳定。

第 1 步是确定能否根据如下 3 个规则找到一组满意的输入-输出配对。

配对规则 1。穿越频率处的 RGA。尽量选择那些分布在重排系统的对角线上，且能够使得相应 RGA 矩阵在闭环带宽频率附近接近单位阵的配对。

为帮助找到最接近单位阵的 RGA 对应的配对，可能需要在带宽频率处计算迭代 RGA $\Lambda^k(G)$，详见 10.6.4 节。

配对规则 1 是为了保证对角优势，即来自其它回路的交互作用不会引起不稳定。实际上，该规则并不能保证这一点，详见 10.6.4 节的注释。为确保稳定性，需要求把系统在穿越频率处重排为三角阵。然而，RGA 比较简单且只需计算一次，又由于(a)所有三角对象都满足 RGA $= I$；(b)在穿越频率处最多只有一个配对满足 RGA $= I$，所以根据配对规则 1，并不会错失那些较好的配对。为检测一有希望的配对(满足 RGA $= I$)是否具有对角优势，可能需要顺序计算 $\mu(E_S) = \mu(\text{PRGA} - I)$，以判断它在穿越频率处是否小于 1。

配对规则 2。对于一个稳定对象，避免选择稳态下 $\lambda_{ij}(0) < 0$ 的负值 RGA 元素对应的配对。

设立该规则的原因是要求独立设计具有完整性(见 10.6.5 节)，且希望避免在使用顺序设计的过程中引入 RHP 零点(见 10.6.6 节)。

注：即使对于 2×2 阶对象的所有 i，$\lambda_{ii}(0) = 1$ 和 $\lambda_{ii}(\infty) = 1$ 成立，也并不一定意味着对角配对是最好的，原因是系统在带宽“中间”频率的行为更重要。例 3.11 说明了这一点，从图 3.8 (见 3.4.2 节)所示的依赖于频率的 RGA 中可以看出，非对角配对对应的 RGA 在带宽频率处接近单位阵，因此更为可取。

配对规则 3。选择的配对 ij 应使得相应 g_{ij} 对可达带宽的限制最小。特别地，$g_{ij}(s)$ 的有效延迟 θ_{ij} 应尽量小。

该规则倾向于选择那些物理上“相互接近”的变量对应的配对，这便于使用高增益反馈，并容易满足式(10.86)和(10.87)，而且同时使每个回路都达到稳定。此外，该规则与使得 $\Lambda(j\omega)$ 在穿越频率处接近 I 这一期望是一致的。由于高阶数、时间延迟、RHP 零点会导致有效延迟的增加(详见 2.7 节)，根据规则 3，应尽量避免选择具有这些特征的元素对应的配对。Goodwin 等(2005)讨论了独立设计的性能限制，尤其是不满足配对规则 3 的情况。

当找到一个合理的配对(如果可能)时，应重新调整 G，使得配对元素位于对角线上，并按照如下方法进行能控性分析。

1. 计算 PRGA($\Gamma = \widetilde{G}G^{-1}$)和 CLDG($\widetilde{G}_d = \Gamma G_d$)，并画出它们关于频率的函数曲线。对于含有多个回路的系统，最好每次只分析一个回路，即对于每个回路 i，画出 $|\widetilde{g}_{dik}|$ 关于每个扰动 k 的曲线，并画出 $|\gamma_{ij}|$ 关于每个参考量 j 的曲线(为简单起见，这里假设每个参考量具有单位幅值)。根据式(10.87)和(10.86)，为保证系统性能，要求 $|1+L_i|$ 大于任意的 $|\widetilde{g}_{dik}|$ 和 $|\gamma_{ij}|$，即：

$$\text{性能：} |1+L_i| > \max_{k,j}\{|\widetilde{g}_{dik}|, |\gamma_{ij}|\} \tag{10.93}$$

为使得各个回路达到稳定，必须分析 $g_{ii}(s)$ 以确保式(10.93)所要求的带宽是可以达到的。请注意，对角元素的 RHP 零点虽然不会给多变量控制器带来任何问题，但可能会限制分散控制可达到的性能。由于在分散控制中，希望使用简单控制器，所以每个回路的可达带宽都会受 $g_{ij}(s)$ 中有效延迟 θ_{ij} 的限制。

2. 根据 5.13 节的规则，一般情况下，需要检查约束，主要是考察 $G^{-1}G_d$ 中的元素，确保它们的幅值在控制需要的频率范围内不超过 1。同样地，可以画出每个回路 i 中 $|g_{ii}|$ 的曲线，相应的要求是：

$$\text{为避免输入约束：}|g_{ii}|>|\tilde{g}_{dik}|,\ \forall k \tag{10.94}$$

在 $|\tilde{g}_{dik}|$ 大于 1 的频段内成立（根据 $\tilde{G}_d=\tilde{G}G^{-1}G_d$ 易得出这一点）。该要求是 SISO 系统中要求 $|G|>|G_d|$ 的直接推广。与使用 $G^{-1}G_d$ 相比，式(10.94)的优点在于我们只需在需要控制的频段内抑制扰动（对应的 $|\tilde{g}_{dik}|>1$）就可以了。

如果对于选择的任一配对，对象都是不能控的，那么可以考虑其它配对选择，并返回到步骤 1。在大部分情况下，这可能并不奏效，此时需要考虑采用分散顺序设计或者多变量控制。

如果对于选择的配对，系统是能控的，那么基于式(10.93)的分析，可以直接告诉我们回路增益 $|L_i|=|g_{ii}k_i|$ 应取多大，而这一点可以作为设计回路 i 的控制器 $k_i(s)$ 的基础。

10.6.10 顺序设计

当采用上述 3 个规则无法为独立设计找到一组合适的配对时，可以选用顺序设计。例如，在顺序设计中，可以选择 $g_{ii}=0$（且 $\lambda_{ii}=0$）的元素对应的配对，尽管它们与配对规则 1 和 3 是冲突的。在回路 i 自身没有作用时，可依靠交互作用以取得期望的性能。对于这一点，针对 10.6.2 节例 10.15 中采用非对角配对的情况，前面已经进行了说明；此外，例 10.8 中当不采用 LV 构成控制蒸馏塔时，也选择零元素对应的配对。虽然已证实，为防止引入 RHP 零点，应避免闭合稳态下负值 RGA 元素所在的回路，但在某些情况下，仍需选择这类元素对应的配对（详见 10.6.6 节）。

独立设计的步骤和规则可以作为为顺序设计寻找合适配对的起点，在顺序设计中，还需确定回路的闭合顺序。一般情况下，可以首先闭合速度较快的回路。这就倾向于从某一具有较大增益、较小有效延迟等良好能控性的 g_{ij} 对应的配对开始。此外，有时还需考虑扰动增益以确定需要对哪些输出进行严苛地控制。当闭合一回路后，需要获得得到的部分控制系统的传递函数，见式(10.28)，然后重复以上分析以选择下一个配对，如此反复，直到结束。

例 10.23 在蒸馏过程中的应用。为说明采用依赖于频率的 RGA 和 CLDG 如何评估期望的对角控制的性能，重新考虑例 10.8 使用的蒸馏过程。这里采用 LV 构成，即选择回流 $L(u_1)$、再蒸发流量 $V(u_2)$ 作为调节输入，产品成分 $y_D(y_1)$ 和 $x_B(y_2)$ 作为输出。模型还考虑了给料率 $F(d_1)$ 和进料成分 $z_F(d_2)$ 中存在的扰动。此外，扰动和输出都已被尺度变换，使它们的幅值 1 对应于 F 和 z_F 20%的变化量，并对应于 x_B 和 y_D 0.01 摩尔单位的变化量。13.4 节给出了具有 5 个状态的动态模型。

初始能控性分析。$G(s)$ 稳定且没有 RHP 零点，在稳态下该对象和 RGA 矩阵分别为

$$G(0)=\begin{bmatrix}87.8 & -86.4\\108.2 & -109.6\end{bmatrix}\quad \Lambda(0)=\begin{bmatrix}35.1 & -34.1\\-34.1 & 35.1\end{bmatrix} \tag{10.95}$$

可以看出，RGA 的元素值远大于 1，这说明该对象非常难以控制（回顾 3.4.5 节中的性质 C1）。

幸运的是，流体的动态特性在较高频率处可部分去除响应之间的耦合，并且可以得知当频率约高于 0.5 rad/min 时，$\Lambda(j\omega)\approx I$，因此如果能够实现足够快速的控制，大的稳态 RGA 元素值可能不是一个问题。

两个扰动的稳态影响由下式给出：

$$G_d(0)=\begin{bmatrix}7.88 & 8.81\\ 11.72 & 11.19\end{bmatrix} \tag{10.96}$$

图 10.18 给出了 $G_d(j\omega)$ 中元素的幅值关于频率的曲线。从图中可以看出，直到频率大约为 0.1 rad/min时，这两个扰动的幅值均大于1，似乎它们都是一样的难以抑制。由此可知直到频率达到 0.1 rad/min 时，都需要施加控制。$G^{-1}G_d(j\omega)$ 中元素的幅值(没有给出)在所有频段都小于 1(至少直到 10 rad/min 时)，所以可以假设输入约束不会造成任何问题。

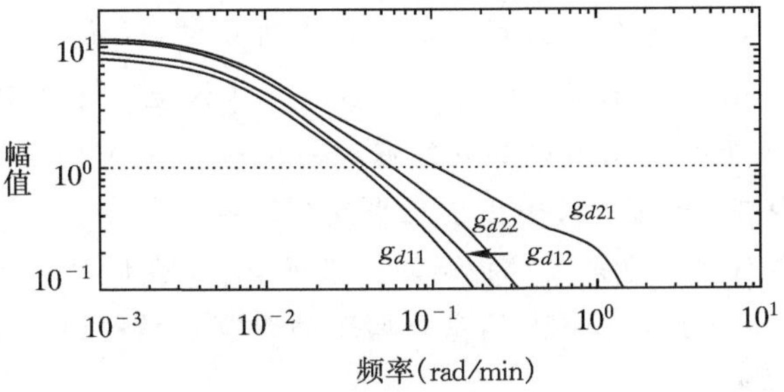

图10.18 用于评估扰动 k 对输出 i 的影响的扰动增益 $|g_{dik}|$

配对选择。u_1 控制 y_1、u_2 控制 y_2 的方案，与 $\Lambda(0)$ 中为正且高频段满足 $\Lambda(j\omega)\approx I$ 的元素对应的配对是一致的。该选择看起来是合理的，下面使用该方案。

分散控制分析。图 10.19 和 10.20 分别给出了 CLDG 和 PRGA 矩阵中元素的幅值关于频率的函数曲线。在稳态，有

$$\Gamma(0)=\begin{bmatrix}35.1 & -27.6\\ -43.2 & 35.1\end{bmatrix},\ \widetilde{G}_d(0)=\Gamma(0)G_d(0)=\begin{bmatrix}-47.7 & -0.40\\ 70.5 & 11.7\end{bmatrix} \tag{10.97}$$

在这种特殊情况下，RGA(Λ)和 PRGA(Γ)的非对角元素非常接近，并且可以看出 $\widetilde{G}_d(0)$ 和 $G_d(0)$ 的差别很大，在较高频段亦是如此。对于扰动 1(对应 $\widetilde{G}_d$ 的第一列)，可以发现交互作用增强了扰动的明显影响，却至少削弱了扰动 2 对输出 1 的影响。

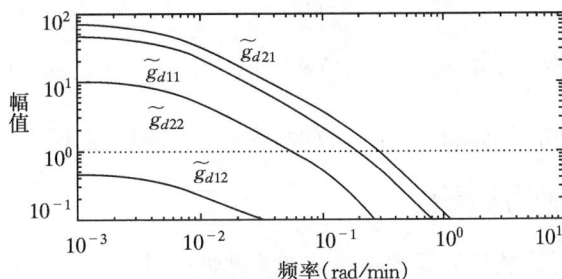

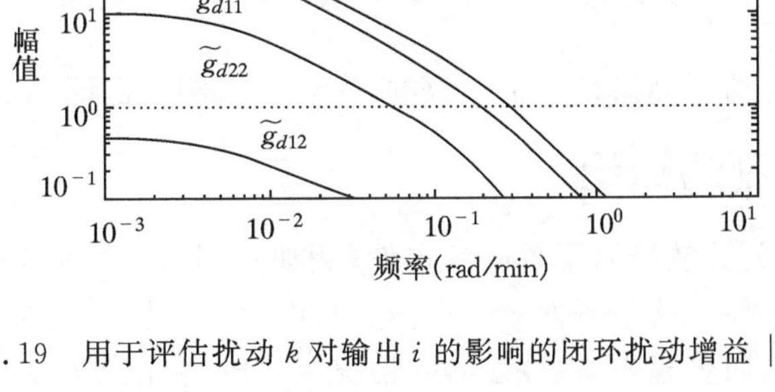

图 10.19 用于评估扰动 k 对输出 i 的影响的闭环扰动增益 $|\widetilde{g}_{dik}|$

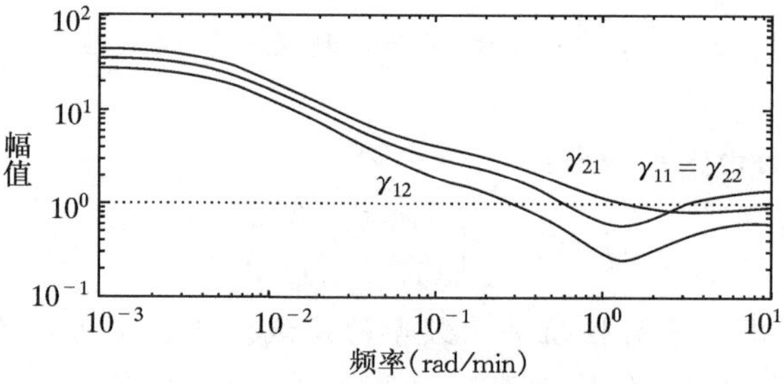

图 10.20　用于评估参考输入 j 对输出 i 的影响的 PRGA 元素 $|\gamma_{ij}|$

为确定需要的带宽，下面逐次考察每个回路。对于回路 1(输出 1)，根据 γ_{11} 和 γ_{12} 考察参考输入，并根据 $\tilde{g}_{d11}$ 和 $\tilde{g}_{d12}$ 考察扰动。扰动 1 是最难抑制的，我们要求在 $|\hat{g}_{d11}|$ 大于 1 的频段，即直到大约 0.2rad/min 的频段内，$|1+L_1|>|\hat{g}_{d11}|$ 成立。由于 PRGA 元素的幅值稍小于 $|\tilde{g}_{d11}|$（至少在低频段上如此），所以如果能够抑制扰动 1，就可实现参考输入跟踪。从 $\tilde{g}_{d12}$ 中可以看出，在反馈控制下，扰动 2 对输出 1 几乎没有影响。

同样地，对于回路 2，扰动 1 也是最难抑制的。根据 $\tilde{g}_{d12}$，我们要求在直到大约 0.3 rad/min 的频段内回路增益大于 1。为抑制扰动 1，每个回路的带宽应该约为 0.2 至 0.3 rad/min，这在实际中应该是可以达到的。

观测到的控制性能。为验证上述结果的正确性，设计了两个单回路 PI 控制器：

$$k_1(s)=0.261\frac{1+3.76s}{3.76s};\ k_2(s)=-0.375\frac{1+3.31s}{3.31s} \tag{10.98}$$

这两个控制器的回路增益 $L_i=g_{ii}k_i$，在直到穿越频率处的范围内都大于闭环扰动增益 $|\delta_{ik}|$。图 10.21 给出了这两个控制器的闭环仿真曲线，可以看出扰动 2 比扰动 1 更容易抑制。

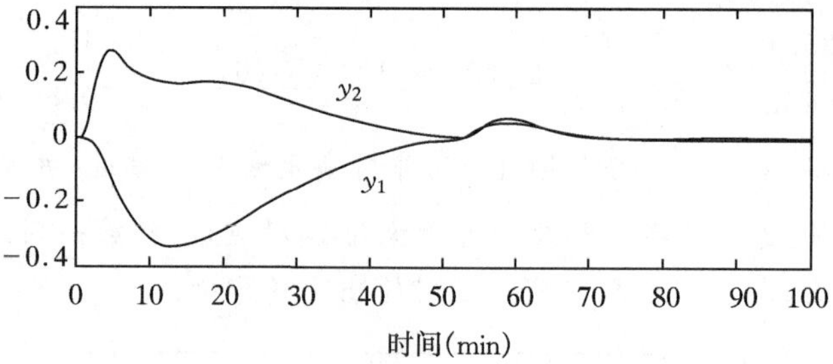

图0.21　分散 PI 控制。对 d_1 在 $t=0$ 处的单位阶跃，d_2 在 $t=50$ min 处的单位阶跃的响应

总之，能控性分析与仿真结果是非常一致的，许多其它例子也证实了这一点。

10.6.11　分散控制的结论

本节推导了许多有关分散控制系统的稳定性(例如式(10.72)和(10.78))和性能(例如式(10.86)和(10.87))的条件。这些条件对于选择合适的输入一输出配对，以及分散控制器的设计顺序是有用的。然而，回想起来，在许多实际情况下，分散控制器都是离线调节的，有时也利用局部模型在线调节。在这样的情况下,可能需要在输入-输出能控性分析中,利用这些条件以确定分散控制的可行性。

第 6 章的末尾给出了一些有关分散控制能控性分析的习题。

10.7 结 论

在实际应用中,控制结构设计非常重要,但整个控制领域对此关注还较少。本章讨论了其中涉及的一些问题,并给出了一些结果和规则,指出了该做什么和不该做什么,相信它们对于实际应用将大有裨益。然而,这一重要领域仍需改进的工具和理论。

第11章

模型约简

本章介绍降低对象或控制器模型阶数的方法，重点强调通过残化均衡实现中能控性和能观性较差的状态而获得的降阶模型。此外，还会介绍较为熟知的均衡截项和最优 Hankel 范数近似方法。

11.1 引　言

$\mathcal{H}_\infty$ 和 LQG 等现代控制器设计方法设计获得的控制器阶数，至少等于对象阶数，由于权函数的引入，其阶数通常还会高于对象阶数。对于实现而言，这些控制律可能过于复杂，所以需要探求一些简单的设计方法。为达到该目的，一方面可以在设计控制器之前，预先降低对象模型的阶数，另一方面可以在最终阶段降低控制器的阶数，或者同时进行这两项操作。

这里需要解决的核心问题是：对于一个给定的高阶线性时不变稳定模型 G，寻找一个低阶近似模型 G_a，使其差值的无穷（$\mathcal{H}_\infty$ 或 $\mathcal{L}_\infty$）范数 $\|G-G_a\|_\infty$ 尽可能小。这里的模型阶数指的是最小实现中状态向量的维数，有时也将其称为 McMillan 度。

到目前为止，本书只对稳定系统的无穷（$\mathcal{H}_\infty$）范数感兴趣，然而误差 $G-G_a$ 可能不稳定，而且无穷范数的定义需要扩展到不稳定系统。$\mathcal{L}_\infty$ 定义了在虚轴上没有极点的有理函数集合，它包含了 $\mathcal{H}_\infty$，其范数（类似于 $\mathcal{H}_\infty$）定义为 $\|G\|_\infty=\sup_\omega\bar{\sigma}(G(\mathrm{j}\omega))$。

本章将介绍解决该问题的三种主要方法：均衡截项法、均衡残化法，以及最优 Hankel 范数近似法，每种方法都给出一个稳定的近似和相应近似误差的确定界。我们还将进一步介绍如何利用这些方法降低不稳定模型 G 的阶数。所有这些方法都以模型 G 的被称为“均衡”的特定状态空间实现为基础，我们将介绍这种实现方式，但是首先将介绍如何采用截项和残化技术移除状态空间实现中的高频或快速模态。

11.2 截项和残化

令 (A,B,C,D) 表示稳定系统 $G(s)$ 的最小实现，并将 n 维状态向量 x 划分为 $\begin{bmatrix} x_1 \\ x_2 \end{bmatrix}$，其中 x_2 表示我们希望移除的 $n-k$ 个状态构成的向量。通过适当地划分 A、B 和 C，相应的状态空间方程变为

$$\begin{aligned} \dot{x}_1 &= A_{11}x_1 + A_{12}x_2 + B_1 u \\ \dot{x}_2 &= A_{21}x_1 + A_{22}x_2 + B_2 u \\ y &= C_1 x_1 + C_2 x_2 + Du \end{aligned} \tag{11.1}$$

11.2.1 截项

实现 $G \overset{S}{=} (A,B,C,D)$ 的 k 阶截项可以由 $G_a \overset{S}{=} (A_{11},B_1,C_1,D)$ 给出。截项模型 G_a 在无穷大频率处等于 G，即 $G(\infty)=G_a(\infty)=D$；除此之外，在一般情况下，G 和 G_a 间并无特殊关系。然而，当 A 为 Jordan 形时，可以很容易地对状态排序，使得 x_2 对应于高频或快速模态，这些内容将在下面讨论。

模型截项。为简单起见，假设已将 A 对角化，使得

$$A = \begin{bmatrix} \lambda_1 & 0 & \cdots & 0 \\ 0 & \lambda_2 & \cdots & 0 \\ \vdots & \vdots & \ddots & \vdots \\ 0 & 0 & \cdots & \lambda_n \end{bmatrix} \quad B = \begin{bmatrix} b_1^{\mathrm{T}} \\ b_2^{\mathrm{T}} \\ \vdots \\ b_n^{\mathrm{T}} \end{bmatrix} \quad C = [c_1 \quad c_2 \quad \cdots \quad c_n] \tag{11.2}$$

如果已将 λ_i 排序，使其满足 $|\lambda_1|<|\lambda_2|<\cdots$，那么经过截项后，最快模态将从模型中移除，$G$ 和按照 k 阶模型截项的 G_a 间的差别可由下式给出

$$G - G_a = \sum_{i=k+1}^{n} \frac{c_i b_i^{\mathrm{T}}}{s-\lambda_i} \tag{11.3}$$

因此

$$\| G - G_a \|_\infty \leqslant \sum_{i=k+1}^{n} \frac{\bar{\sigma}(c_i b_i^{\mathrm{T}})}{|\mathrm{Re}(\lambda_i)|} \tag{11.4}$$

有趣的是，从上式可以看出该误差依赖于 λ_i 和 $c_i b_i^{\mathrm{T}}$ 的留数，因此 λ_i 到虚轴的距离本身并不是一个可以决定是否将对应模态保留在降阶模型中的可靠指标。

模态截项的一个优点在于被截断模型的极点是原模型极点的一个子集，因此可以保留可能存在的物理解释，例如飞行动力学中的 phugoid 模态。

11.2.2 残化

在截项中，我们丢弃了所有与 x_2 有关的状态和动态行为，现在取而代之，假设 $\dot{x}_2=0$，即在状态空间方程中残化 x_2，那么可以用 x_1 和 u 求解 x_2，然后把 x_2 代回状态方程，可得

$$\dot{x}_1 = (A_{11} - A_{12}A_{22}^{-1}A_{21})x_1 + (B_1 - A_{12}A_{22}^{-1}B_2)u \tag{11.5}$$

$$y = (C_1 - C_2A_{22}^{-1}A_{21})x_1 + (D - C_2A_{22}^{-1}B_2)u \tag{11.6}$$

假设 A_{22} 可逆，并定义

$$A_r \triangleq A_{11} - A_{12}A_{22}^{-1}A_{21} \tag{11.7}$$

$$B_r \triangleq B_1 - A_{12}A_{22}^{-1}B_2 \tag{11.8}$$

$$C_r \triangleq C_1 - C_2A_{22}^{-1}A_{21} \tag{11.9}$$

$$D_r \triangleq D - C_2A_{22}^{-1}B_2 \tag{11.10}$$

降阶模型 $G_a(s) \stackrel{S}{=} (A_r, B_r, C_r, D_r)$ 称为 $G(s) \stackrel{S}{=} (A,B,C,D)$ 的残化。通常情况下，(A,B,C,D) 已经转化为 Jordan 形，已将其特征值排序使得 x_2 包含快速模态。通过残化进行模型降阶等价于奇异值摄动近似，其中允许最快状态的导数以某个参数 ε 趋近于零。残化的一个重要性质是它能够维护系统的稳态增益保持不变，即 $G_a(0) = G(0)$。由于残化过程是设置导数为零，而这些导数不管怎样在稳态时都是零，所以上述性质一点也不奇怪。但是模型残化与模型截项的对比鲜明，后者在无穷大频率处保持了系统的行为。模型截项与残化的对比关系可由简单的双线性关系 $s \to s^{-1}$ 得出(例如，Liu and Anderson，1989)。

从以上讨论中可以明显看出，当在高频段有精度要求时，模型截项较为可取，而残化更适于低频建模。

以上两种方法在很大程度上都依赖于原始实现，我们已建议采用 Jordan 形式。均衡实现是一种更好的实现形式，它具有很多优良性质，下面将对其进行讨论。

11.3 均衡实现

简而言之，均衡实现是一种渐近稳定的最小实现，其中的能控性和能观性 Gramian 阵相等，且为对角阵。

更正式地讲：令 (A,B,C,D) 表示一个稳定的有理传递函数 $G(s)$ 的最小实现，那么，(A,B,C,D) 是均衡的，如果 Lyapunov 方程

$$AP + PA^{\mathrm{T}} + BB^{\mathrm{T}} = 0 \tag{11.11}$$

$$A^{\mathrm{T}}Q + QA + C^{\mathrm{T}}C = 0 \tag{11.12}$$

的解是 $P = Q = diag(\sigma_1, \sigma_2, \cdots, \sigma_n) \triangleq \Sigma$，其中 $\sigma_1 \geqslant \sigma_2 \geqslant \cdots \geqslant \sigma_n > 0$，而 P 和 Q 是能控性和能观性 Gramian 阵，还可以定义为

$$P \triangleq \int_0^\infty \mathrm{e}^{At}BB^{\mathrm{T}}e^{A^{\mathrm{T}}t}\mathrm{d}t \tag{11.13}$$

$$Q \triangleq \int_0^\infty \mathrm{e}^{A^{\mathrm{T}}t}C^{\mathrm{T}}Ce^{At}\mathrm{d}t \tag{11.14}$$

因此，Σ 简单地称为 $G(s)$ 的 Gramian 阵。σ_i 表示 $G(s)$ 已排序的 Hankel 奇异值，更一般情况下，它可定义为 $\sigma_i \triangleq \lambda_i^{1/2}(PQ)$， $i = 1, \cdots, n$。值得注意的是，$\sigma_1 = \|G\|_H$ 为 $G(s)$ 的 Hankel 范数。

任何一个稳定传递函数的最小实现都可以通过一个简单的相似变换达到均衡实现，该操作的程序可从 Matlab 中获得。关于计算均衡实现的进一步细节，可参见 Laub 等人(1987)的论著。需要注意的是，均衡并不依赖于 D。

那么，均衡实现的特殊性是什么呢？在均衡实现中，每个 σ_i 都与均衡系统的状态 x_i 相关联，而且 σ_i 的大小衡量了 x_i 对系统输入输出行为的贡献，可参见 4.10.4 节中的讨论。因此，

当 $\sigma_1 \gg \sigma_2$ 时，状态 x_1 对系统输入输出行为的影响远远大于 x_2 和其它状态变量，这是由 σ_i 的排序关系决定的。系统均衡后，每个状态的能控性和能观性程度相同，而相应的 Hankel 奇异值可以作为每个状态的联合能观能控性的度量，该特性对本章剩余部分将要介绍的模型降阶方法是很重要的，这些降阶方法通过消除对系统输入输出行为影响较小的状态变量来实现模型降阶。

11.4 均衡截项与均衡残化

假设 $G(s)$ 的均衡实现 (A,B,C,D) 和相应的 $\sum$ 被适当地划分为

$$A=\begin{bmatrix}A_{11} & A_{12}\\ A_{21} & A_{22}\end{bmatrix},\ B=\begin{bmatrix}B_1\\ B_2\end{bmatrix},\ C=\begin{bmatrix}C_1 & C_2\end{bmatrix} \tag{11.15}$$

$$\Sigma=\begin{bmatrix}\Sigma_1 & 0\\ 0 & \Sigma_2\end{bmatrix} \tag{11.16}$$

其中，$\Sigma_1=\mathrm{diag}(\sigma_1,\sigma_2,\cdots,\sigma_k)$，$\Sigma_2=\mathrm{diag}(\sigma_{k+1},\sigma_{k+2},\cdots,\sigma_n)$，且 $\sigma_k>\sigma_{k+1}$。

均衡截项。由 (A_{11},B_1,C_1,D) 给出的降阶模型称为全阶系统 $G(s)$ 的均衡截项。这种将系统均衡并且丢弃那些与较小 Hankel 奇异值对应的状态的思想，最初是由 Moore(1981)提出来的。均衡截项本身也是一种均衡实现(Pernebo and Silverman，1982)，而 $G(s)$ 与其降阶系统间误差的 $\mathcal{H}_\infty$ 范数可由最后 $n-k$ 个 Hankel 奇异值之和的两倍来定界，即 Σ_2 的迹的两倍，或简单地讲，“截尾之和的两倍”(Glover，1984；Enns，1984)。在计算该和值时，Glover(1984)证明了每个重复出现的 Hankel 奇异值只需计一次。

下面定理 11.1 将给出近似误差界的准确描述。

Tombs 和 Postlethwaite(1987)以及 Safonov 和 Chiang(1989)提出了无需首先计算均衡实现而直接计算均衡截项的有用算法，这些算法仍要求计算能观性和能控性 Gramian 阵，如果待降阶系统的阶数非常高，这可能存在一定困难。对于这种情况，建议采用 Jaimoukha 等人(1992)提出的基于计算 Lyapunov 方程近似解的技术。

均衡残化。上述均衡截项方法丢弃了与 Σ_2 对应的能控性和能观性最差的状态变量，而在均衡残化中，我们简单地将这些状态变量的导数设置为零，该方法由 Fernando 和 Nicholson(1982)提出，并将其称之为均衡系统的奇异值摄动近似，由此导出的 $G(s)$ 均衡残化为 (A_r,B_r,C_r,D_r)，具体如式(11.7)～(11.10)所示。

Liu 和 Anderson(1989)证明了均衡残化与均衡截项具有相同的误差界，而 Samar 等人(1995)给出了另外一种更符合 Glover(1984)风格的误差界的推导方法。误差界的精确表述将由下面的定理给出。

定理 11.1 令 $G(s)$ 表示一个具有 Hankel 奇异值 $\sigma_1>\sigma_2>\cdots>\sigma_N$，且稳定的有理传递函数，其中每个 σ_i 都有重数 r_i；并令 $G_a^k(s)$ 表示通过截项或残化 $G(s)$ 的均衡实现到前 $(r_1+r_2+\cdots+r_k)$ 个状态而获得的降阶系统，那么

$$\| G(s)-G_a^k(s) \|_\infty \leqslant 2(\sigma_{k+1}+\sigma_{k+2}+\cdots+\sigma_N) \tag{11.17}$$

下面的两个习题将着重说明：(i)均衡残化能够保持系统的稳态增益不变；(ii)可通过双线性变换 $s\to s^{-1}$ 将均衡残化与均衡截项相关联。

习题 11.1* 全阶均衡系统 (A,B,C,D) 的稳态增益为 $D-CA^{-1}B$，通过代数运算，证明该增益也等于 $D_r-C_rA_r^{-1}B_r$，即由式(11.7)～(11.10)给出的均衡残化的稳态增益。

习题 11.2 设 $G(s)$ 的均衡实现为 $\left[\begin{array}{c:c} A & B \\ \hdashline C & D \end{array}\right]$，那么

$$\left[\begin{array}{c:c} A^{-1} & A^{-1}B \\ \hdashline -CA^{-1} & D-CA^{-1}B \end{array}\right]$$

为 $H(s)\triangleq G(s^{-1})$ 的均衡实现，而且两个实现的 Gramian 阵相同。

1. 请写出 $H(s)$ 的均衡截项 $H_t(s)$ 的表达式；
2. 将逆变换 $s^{-1}\to s$ 应用于 $H_t(s)$，并证明 $G_r(s)\triangleq H_t(s^{-1})$ 是如同式(11.7)～(11.10)定义的 $G(s)$ 的均衡残化。

11.5 最优 Hankel 范数近似

在这种模型降阶方法中，需要直接解决的问题是：对于给定的一个阶数(McMillan 度)为 n 的稳定模型 $G(s)$，寻找一个阶数为 k 的降阶模型 $G_h^k(s)$，使近似误差的 Hankel 范数 $\|G(s)-G_h^k(s)\|_H$ 达到最小。

任何稳定传递函数 $E(s)$ 的 Hankel 范数定义为：

$$\|E(s)\|_H\triangleq\rho^{1/2}(PQ) \tag{11.18}$$

其中，P 和 Q 分别为 $E(s)$ 的能控性和能观性 Gramian 阵。该范数也是 $E(s)$ 的最大 Hankel 奇异值，因此在优化中，一个比较明智的选择是寻求一个在某种意义上最接近完全不能观和完全不能控的误差。有关 Hankel 范数的更详细的讨论已在 4.10.4 节给出。

很多学者，特别是 Glover(1984)对 Hankel 范数近似问题进行了研究。Glover(1984)对该问题进行了全面讨论，给出了封闭形式的最优解，以及近似误差的无穷范数界。这个无穷范数界特别有意义，这是因为它比均衡截项和均衡残化的相应界更好。

下面定理为方形稳定传递函数的最优 Hankel 范数近似，给出了一个特别的构造方法。

定理 11.2 设 $G(s)$ 是一个稳定的方形传递函数，其 Hankel 奇异值满足 $\sigma_1\geqslant\sigma_2\geqslant\cdots\geqslant\sigma_k\geqslant\sigma_{k+1}=\sigma_{k+2}=\cdots=\sigma_{k+l}>\sigma_{k+l+1}\geqslant\cdots\geqslant\sigma_n>0$，那么一个 k 阶的最优 Hankel 范数近似 $G_h^k(s)$ 可以构造如下：

假设 (A,B,C,D) 是 $G(s)$ 的一个均衡实现，其 Hankel 奇异值已排序，使得 Gramian 矩阵为：

$$\begin{aligned}\Sigma&=\mathrm{diag}(\sigma_1,\sigma_2,\cdots,\sigma_k,\sigma_{k+l+1},\cdots,\sigma_n,\sigma_{k+1},\cdots,\sigma_{k+l})\\&\triangleq\mathrm{diag}(\Sigma_1,\sigma_{k+1}I)\end{aligned} \tag{11.19}$$

对 (A,B,C,D) 进行划分，使其与 Σ 保持一致，那么

$$A=\begin{bmatrix}A_{11} & A_{12}\\ A_{21} & A_{22}\end{bmatrix},\ B=\begin{bmatrix}B_1\\ B_2\end{bmatrix},\ C=[C_1\quad C_2] \tag{11.20}$$

定义 $(\hat{A},\hat{B},\hat{C},\hat{D})$ 为：

$$\hat{A}\triangleq\Gamma^{-1}(\sigma_{k+1}^2A_{11}^{\mathrm{T}}+\Sigma_1A_{11}\Sigma_1-\sigma_{k+1}C_1^{\mathrm{T}}UB_1^{\mathrm{T}}) \tag{11.21}$$

$$\hat{B} \triangleq \Gamma^{-1}(\Sigma_1 B_1 + \sigma_{k+1} C_1^{\mathrm{T}} U) \tag{11.22}$$

$$\hat{C} \triangleq C_1 \Sigma_1 + \sigma_{k+1} U B_1^{\mathrm{T}} \tag{11.23}$$

$$\hat{D} \triangleq D - \sigma_{k+1} U \tag{11.24}$$

其中,U 是一个满足

$$B_2 = -C_2^{\mathrm{T}} U \tag{11.25}$$

的酉矩阵,且

$$\Gamma \triangleq \Sigma_1^2 - \sigma_{k+1}^2 I \tag{11.26}$$

矩阵 $\hat{A}$ 有 k 个"稳定的"特征值(位于开 LHP),而其余的特征值都位于开 RHP 中,那么

$$G_h^k(s) + F(s) \overset{S}{=} \left[\begin{array}{c|c} \hat{A} & \hat{B} \\ \hline \hat{C} & \hat{D} \end{array}\right] \tag{11.27}$$

其中,$G_h^k(s)$ 是一个 k 阶且稳定的最优 Hankel 范数近似,$F(s)$ 是一个 $n-k-1$ 阶的抗稳定(所有极点都位于开 RHP 中)传递函数,G 与最优近似 G_h^k 间误差的 Hankel 范数等于 G 的第 $k+1$ 个 Hankel 奇异值:

$$\| G - G_h^k \|_H = \sigma_{k+1}(G) \tag{11.28}$$

注 1 一般来说,第 $k+1$ 个 Hankel 奇异值不一定重复,但为了保证完备性,理论上考虑了这种可能性。

注 2 近似的阶数 k 可以直接选择,也可以通过选择 Hankel 奇异值中的"截断"值 σ_k 间接确定。对于后者,通常寻找相对幅值 σ_k/σ_{k+1} 中最大"间隙"对应的值。

注 3 存在无限多个满足式(11.25)的酉矩阵 U,其中一个选择是 $U=-C_2(B_2^{\mathrm{T}})^{\dagger}$。

注 4 如果 $\sigma_{k+1}=\sigma_n$,即仅仅将最小的 Hankel 奇异值删除,那么 $F=0$;否则,$(\hat{A},\hat{B},\hat{C},\hat{D})$ 会包含一个非零的抗稳定部分,且需要将 G_h^k 从 F 中分离出来。

注 5 当选择阶数 k 为 0 时,G_h^k 为一常阵,且 $(\hat{A},\hat{B},\hat{C},\hat{D}-G_h^k)=F(s)$ 完全抗稳定。在这种情况下,$\| G(s)-G_h^k(s) \|_H = \| G(s)-F(s) \|_{\mathcal{L}_\infty} = \| G^{\mathrm{T}}(-s)-F^{\mathrm{T}}(-s) \|_{\mathcal{L}_\infty}$,最后一个等式成立的原因是,系统的 $\mathcal{L}_\infty$ 范数与其穿过虚轴的镜像 $\mathcal{L}_\infty$ 范数相等。这种特殊情况可以用来解释为什么可以用不稳定系统逼近稳定系统,或者用稳定系统逼近不稳定系统。后者就是经常提到的 Nehari **扩展问题**,它广泛应用于早期 $\mathcal{H}_\infty$ 最优控制器设计问题的求解(Francis,1987),具体也可参见 9.4.2 节中的鲁棒稳定性问题。

注 6 对于非方形系统,可以通过使用 0 元素扩展 $G(s)$ 使其成为一个方形系统,进而获得最优 Hankel 范数近似。例如,若 $G(s)$ 是扁的,可以令 $\bar{G}(s) \triangleq \begin{bmatrix} G(s) \\ 0 \end{bmatrix}$ 使其成为一个方阵,并设 $\bar{G}_h(s) = \begin{bmatrix} G_1(s) \\ G_2(s) \end{bmatrix}$ 为 $\bar{G}(s)$ 的 k 阶最优 Hankel 范数近似,使得 $\| \bar{G}(s)-\bar{G}_h(s) \|_H = \sigma_{k+1}(\bar{G}(s))$,那么

$$\sigma_{k+1}(G(s)) \leqslant \| G-G_1 \|_H \leqslant \| \bar{G}-\bar{G}_h \|_H = \sigma_{k+1}(\bar{G}) = \sigma_{k+1}(G)$$

因此这意味着 $\| G - G_1 \|_H = \sigma_{k+1}(G)$，且 $G_1(s)$ 是 $G(s)$ 的最优 Hankel 范数近似。

注 7 系统的 Hankel 范数并不依赖于系统状态空间实现中的 D 矩阵，因此 G_h^k 中的 D 阵可以任意选取，当然 $F=0$ 是一特殊情况，这时应选取 D 等于 $\hat{D}$。

注 8 无穷范数依赖于 D 阵，因此可以选择 G_h^k 中的 D 阵以减小近似误差的无穷范数（不改变 Hankel 范数），Glover(1984)证明了通过选择一个称为 D_o 的特殊 D 阵，可得到如下界：

$$\| G - G_h^k - D_o \|_\infty \leqslant \sigma_{k+1} + \delta \tag{11.29}$$

其中

$$\delta \triangleq \| F - D_o \|_\infty \leqslant \sum_{i=1}^{n-k-l} \sigma_i(F(-s)) \leqslant \sum_{i=1}^{n-k-l} \sigma_{i+k+l}(G(s)) \tag{11.30}$$

这导出了近似误差的一个无穷范数界 $\delta \leqslant \sigma_{k+l+1} + \cdots + \sigma_n$。由于只对可能重复的 Hankel 奇异值 σ_{k+1} 计算一次，该界小于等于“截尾之和”。值得注意的是，均衡截项和均衡残化中的误差界是“截尾之和”的两倍。

11.6 不稳定模型的约简

均衡截项、均衡残化，以及最优 Hankel 范数近似只适用于稳定模型，本节将简要介绍两种降低不稳定模型阶数的方法。

11.6.1 稳定部分模型的约简

Enns(1984)和 Glover(1984)曾提出可将不稳定模型首先分解为稳定部分和抗稳定部分，即

$$G(s) = G_u(s) + G_s(s) \tag{11.31}$$

其中，$G_u(s)$的所有极点都位于闭 RHP，而 $G_s(s)$的所有极点都位于开 LHP，那么均衡截项、均衡残化，或者最优 Hankel 范数近似都可应用于稳定部分 $G_s(s)$ 以获得一个降阶近似 $G_{sa}(s)$，将其加上抗稳定部分，可以得到全阶模型 $G(s)$ 的近似：

$$G_a(s) = G_u(s) + G_{sa}(s) \tag{11.32}$$

11.6.2 互质因子模型的约简

不稳定传递函数 $G(s)$ 的互质因子是稳定的，因此如同以下所提方案（McFarlane and Glover，1990），可以利用均衡截项、均衡残化，或者最优 Hankel 范数近似降低这些因子的阶数：

- 令 $G(s)=M^{-1}(s)N(s)$，其中 $M(s)$和 $N(s)$是 $G(s)$的稳定左互质因子；
- 根据均衡截项、均衡残化，或者最优 Hankel 范数近似，采用阶数为 $k<n$ 的$[N_a \quad M_a]$ 近似阶数为 n 的 $[N \quad M]$；
- 通过 $G_a(s)=M_a^{-1}N_a$ 实现阶数为 k 的降阶传递函数 $G_a(s)$。

对于 $G(s)$的右互质因子分解，可以得到一个对偶的步骤。

关于该研究方向的相关工作，读者可参阅 Anderson 和 Liu(1989)以及 Meyer(1987)的论著。特别地，Meyer(1987)推导了如下结果：

定理 11.3 设 $[N \quad M]$ 是 n 阶传递函数 $G(s)$ 的标准化左互质因子，并设 $[N_a \quad M_a]$ 是 $[N \quad M]$ 的 k 阶均衡截项，其 Hankel 奇异值为 $\sigma_1 \geqslant \sigma_2 \geqslant \cdots \geqslant \sigma_k > \sigma_{k+1} \geqslant \cdots \geqslant \sigma_n > 0$，那么 $(N_a \quad M_a)$ 是 $G_a = M_a^{-1} N_a$ 的标准化左互质因子分解，而且 $[N_a \quad M_a]$ 的 Hankel 奇异值为 σ_1，σ_2，…，σ_k。

习题 11.3* 若用均衡残化代替均衡截项，定理 11.3 是否依然正确？

11.7 利用 Matlab 约简模型

表 11.1 中源自 Matlab 鲁棒控制工具箱的指令，可以用来实现稳定系统和不稳定系统的模型约简。需要注意的是，Matlab 中大部分约简指令可以自动地将不稳定部分分离出来，并将其加入约简后的稳定部分。

表 11.1 模型约简的 Matlab 指令

```
% Uses Robust Control toolbox
% Remove fast stable modes
p=pole(sys);
sysd=canon(sys);                          % Diagonalize the system
elim=(abs(p)>tol) & (real(p)<0);          % and identify fast stable modes
syst=modred(sysd,elim,'t');               % then: Truncate fast modes.
sysr=modred(sysd,elim);                   % or: Residualize fast modes.
% Balanced model reduction
% Works for stable modes, so use k > number of unstable modes
n=size(sys.A,1);
sysbt=balancmr(sys,k);                    % kth order balanced truncation.
sysbr=modred(balreal(sys),k+1:n);         % or: kth order balanced residualization.
sysbh=hankelmr(sys,k);                    % or: kth order optimal Hankel norm approx.
% Using coprime factors (works also for unstable modes)
nu=size(sys,2);
sysct=ncfmr(sys,k);                       % balanced truncation of coprime factors.
[sysc,cinfo]=ncfmr(sys,n);                % or: obtain coprime factors of system
syscr=modred(cinfo.GL,k+1:n);             % residualize.
syscrm=minreal(inv(syscr(:,nu+1....       % and obtain kth order model.
              :end))*syscr(:,1:nu));
sysch=hankelmr(cinfo.GL,k);               % or: optimal Hankel norm approximation.
syschm=minreal(inv(sysch(:,nu+1....       % and obtain kth order model.
              :end))*sysch(:,1:nu));
```

11.8 两个实际例子

本节通过两个实际例子对介绍的三种主要模型约简方法进行比较。第一个例子是关于对象模型的约简，而第二个例子考虑一个两自由度控制器的约简。本节的描述与 Samar 等(1995)的论著中的相关内容类似。

11.8.1 燃气涡轮航空发动机模型的约简

在第一个例子中，我们考虑 Rolls-Royce Spey 燃气涡轮航空发动机稳定模型的约简。该发动机模型将在第 13 章再次讨论，相应的模型有 3 个输入、3 个输出和 15 个状态。发动机的输入为燃料流量、可调喷嘴截面积，以及带可调角度设置的进口导向叶片。被控输出为高压压缩机的转子转速、高压压缩机的出口压力与发动机入口压力的比率，以及低压压缩机出口马赫数量测量。该模型描述了在海平面静态条件下，发动机产生 87% 最大驱动力的状态。表11.2

列出了15 个状态模型的 Hankel 奇异值。我们知道，对于均衡残化和均衡截项，约简后的 $\mathcal{L}_\infty$ 误差界是“截尾之和的两倍”，而对于最优 Hankel 范数近似，相应的误差界则是“截尾之和”。基于此，我们决定将模型约简到 6 个状态。

表 11.2　燃气涡轮航空发动机模型的 Hankel 奇异值

1)2.0005e+01	6)6.2964e−01	11)1.3621e−02
2)4.0146e+00	7)1.6689e−01	12)3.9967e−03
3)2.7546e+00	8)9.3407e−02	13)1.1789e−03
4)1.7635e+00	9)2.2193e−02	14)3.2410e−04
5)1.2965e+00	10)1.5669e−02	15)3.3073e−05

图 11.1 分别给出了利用截项、残化，以及最优 Hankel 范数近似获得的降阶模型和全阶模型的奇异值(并非 Hankel 奇异值)关于频率的变化曲线，其中最优 Hankel 范数近似使用的 D 矩阵可以使式(11.29)给出的误差界得到满足。可以看出，残化后的系统与原系统在稳态匹配得很好。针对这三种不同近似，图 11.2(a)给出了误差系统($G-G_a$)的奇异值。对于均衡残化法，计算可得误差系统的 $\mathcal{H}_\infty$ 范数为 0.295，对应的频率为 208 rad/s；对于均衡截项和最优 Hankel 范数近似，相应的误差范数分别为 0.324 和 0.179，对应的频率分别为 169 rad/s 和 248 rad/s。对于截项和残化，误差范数的理论上界为 0.635(截尾之和的两倍)，而对于最优 Hankel 范数近似，相应上界为 0.187(利用式(11.29))。需要注意的是，我们期望当前考虑对象的闭环带宽大约为 10 rad/s，因此对于一个良好的控制器设计，该频率附近的误差应尽可能小。图 11.2(a)表明，均衡残化对应的误差在该频段最小。

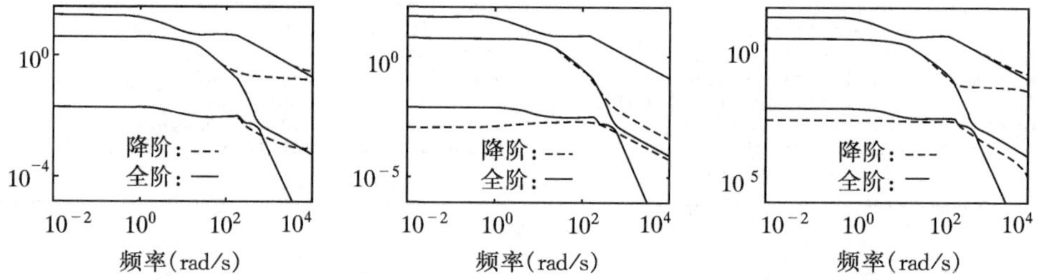

(a)均衡残化　　(b)均衡截项　　(c)最优 Hankel 范数近似

图 11.1　航空发动机模型状态由 15 约简到 6 时，对应的奇异值

稳态增益的保持。有时，我们期望降阶对象模型的稳态增益与全阶模型相同。例如，若希望将模型用于前馈控制，就会产生这种需求。截项和最优 Hankel 范数近似系统不能保持稳态增益，因此必须进行尺度变换，即用 G_aW_s 代替近似模型 G_a 其中 $W_s=G_a(0)^{-1}G(0)$，而 G 表示全阶模型。系统在尺度变换后不再服从上述方法确保的界，正如图 11.2(b)所示，$\|G-G_aW_s\|_\infty$ 可能会很大。值得注意的是，残化后的系统无需尺度变换，图中展示的误差系统只是为了便于比较。对于尺度变换后的截项系统和最优 Hankel 范数近似系统，我们计算了相应误差的 $\mathcal{H}_\infty$ 范数，发现它们分别降低到 5.71(在 151 rad/s 频率处)和 2.61(在 168.5 rad/s 频率处)。很明显，尺度变换后的截项和最优 Hankel 范数近似系统较差，这是因为尽管它们的

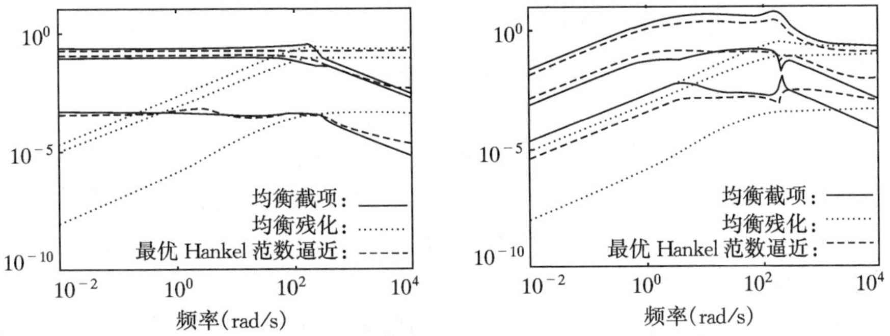

(a)尺度变换前 (b)尺度变换后

图 11.2 尺度变换前后误差系统的奇异值

稳态性能有所改善，但相应误差在穿越频率附近的关键频段内变得很大。因此，当需要较好的低频匹配性能时，残化优于其它降阶技术。

对于三种降阶系统(其中的截项和最优 Hankel 范数近似系统已进行尺度变换)，图 11.3 和图 11.4 分别给出了从第二个输入到所有输出的脉冲和阶跃响应，可以发现其它输入对应的响应与此类似。这些仿真证实，残化模型的响应更接近全阶模型的响应。

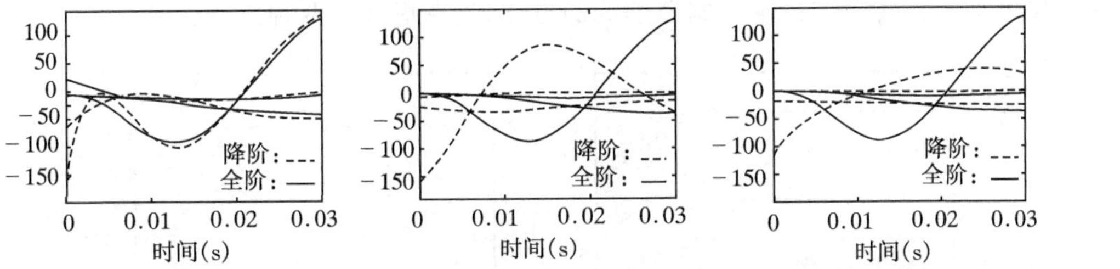

(a)均衡残化 (b)尺度变换后的均衡截项 (c)尺度变换后的最优 Hankel 范数近似

图 11.3 航空发动机：脉冲响应(第二个输入)

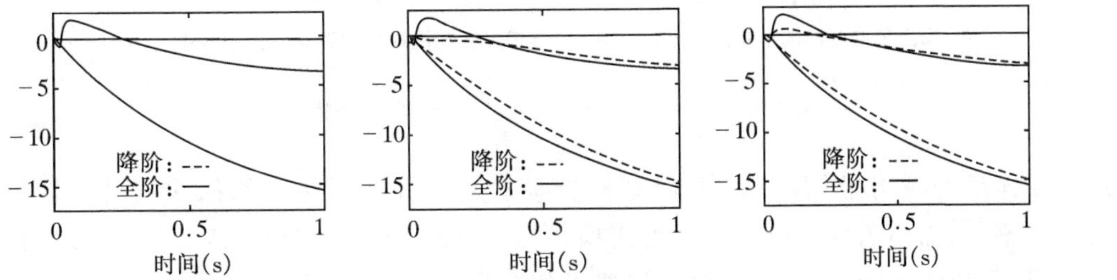

(a)均衡残化 (b)尺度变换后的均衡截项 (c)尺度变换后的最优 Hankel 范数近似

图 11.4 航空发动机：阶跃响应(第二个输入)

11.8.2 航空发动机控制器的约简

现在考虑一种稳定的两自由度 $\mathcal{H}_\infty$ 回路整形控制器的约简，该控制器的应用对象是前面 11.8.1 节描述的燃气涡轮航空发动机的全阶模型。

采用 9.4.3 节列出的步骤，设计了一个鲁棒控制器，可参见图 9.21。该图对设计问题进行了描述，其中 $T_{ref}(s)$ 是期望的闭环传递函数，ρ 是设计参数，$G_s = M_S^{-1}N_s$ 为被整形对象，而 $(\Delta_{N_s}, \Delta_{M_S})$ 为表示不确定性的标准化互质因子的摄动。我们采用 $T_{y\beta}$ 表示实际闭环传递函数（由 β 到 y）。

在不考虑回路整形权函数 W_1（包含 3 个积分作用状态）的情况下，控制器 $K = [K_1 \quad K_2]$ 共有 6 个输入（由于具有两自由度结构）、3 个输出和 24 个状态。该控制器没有进行尺度变换（即没有经过对预置滤波器进行尺度变换，使得 $T_{y\beta}$ 与 T_{ref} 的稳态值匹配）。在下面几种情况中，该控制器都被约简到 7 个状态。

首先比较 $T_{y\beta}$ 与指定模型 T_{ref} 的幅值。这里的幅值意味着奇异值，图 11.5(a) 给出了它们的曲线。计算可得，差值 $T_{y\beta} - T_{ref}$ 的无穷范数为 0.974，它发生在 8.5 rad/s 频率处。请注意这里的 $\rho=1$，而在 $\mathcal{H}_\infty$ 优化中达到的 γ 值为 2.32，所以如同期望的那样，有 $\| T_{y\beta} - T_{ref} \|_\infty \leqslant \gamma\rho^{-2}$，具体请见式(9.81)。现在对预置滤波器进行尺度变换，使得 $T_{y\beta}$ 和 T_{ref} 在稳态下能够严格匹配，即采用 K_1W_i 代替 K_1，而其中的 $W_i = T_{y\beta}(0)^{-1}T_{ref}(0)$。Hoyle 等(1991)曾经论证过，该尺度变换在全频段得到了较好的模型匹配，这是因为 $\mathcal{H}_\infty$ 优化过程已经给了 $T_{y\beta}$ 与模型 T_{ref} 相同的幅值频率响应形状。图 11.5(b) 给出了尺度变换后的传递函数，计算可得，差值 $(T_{y\beta} - T_{ref})$ 的无穷范数为 1.44（在 46 rad/s 频率处）。可以看出，如同 Hoyle 等(1991)所断言的那样，该尺度变换没有使无穷范数明显变差。为保证完美的稳态跟踪性能，始终采用该方式对控制器进行尺度变换。接下来讨论控制器的约简方法，将考虑如下两种方法：

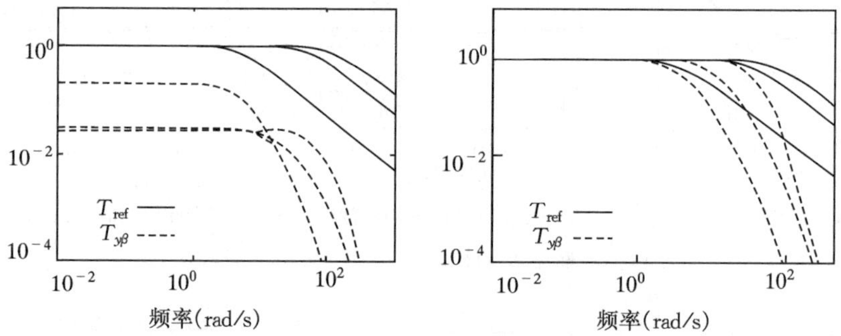

(a)未经尺度变换的预置滤波器 $[K_1 \; K_2]$ (b)尺度变换后的预置滤波器 $[K_1W_i \quad K_2]$

图 11.5 T_{ref}（实线）和 $T_{y\beta}$（虚线）的奇异值

1. 对尺度变换后的控制器 $[K_1W_i \quad K_2]$ 进行降阶。对该控制器进行均衡残化可以保持控制器的稳态增益，而不需要再次进行尺度变换。然而，通过截项和最优 Hankel 范数近似技术进行约简，则会改变稳态增益。因此，需要对相应降阶控制器的预置滤波器再次进行尺度变换，以与 $T_{ref}(0)$ 匹配。
2. 可以直接对全阶控制器 $[K_1 \quad K_2]$ 进行约简而无需首先对预置滤波器进行尺度变换。对于这种情况，尺度变换可在约简之后进行。

现在考虑第一种方法。对 $[K_1W_i \quad K_2]$ 进行均衡残化，相应误差 $\mathcal{H}_\infty$ 范数的理论上界（截尾之和的两倍）为 0.698，即

$$\| K_1W_i - (K_1W_i)_a \quad K_2 - K_{2a} \|_\infty \leqslant 0.698 \tag{11.33}$$

其中的下标 a 表示低阶近似，而计算可得实际的误差范数为 0.365。我们计算了该残化系统的 $T_{y\beta}$，并在图 11.6(a)中绘出了其幅值曲线。计算得到差值（$T_{y\beta}-T_{\text{ref}}$）的 $\mathcal{H}_\infty$ 范数为 1.44（在 43 rad/s 频率处），该值与全阶控制器 $[K_1W_i \quad K_2]$ 获得的相应值非常接近，因此可以预计，采用该降阶控制器的系统闭环响应应该非常接近全阶控制器对应的响应。接下来，采用均衡截项对 $[K_1W_i \quad K_2]$ 进行约简。式(11.33)给出的上界依然成立，然而，稳态增益下降到低于调整后的水平，因此要对截项控制器的预置滤波器进行尺度变换。对于预置滤波器，式(11.33)给出的上界不再能得到保证(实际上可以发现其界退化到了 3.66)，但对于 K_2-K_{2a}，该式依然有效。图 11.6(b)给出了 T_{ref} 和尺度变换后截项控制器对应 $T_{y\beta}$ 的奇异值，计算得到，相应差值的无穷范数为 1.44，该最大值出现在 46 rad/s 频率处。最后，采用最优 Hankel 范数近似对控制器$[K_1W_i \quad K_2]$进行约简，理论上可保证的误差界为：

$$\|K_1W_i-(K_1W_i)_a \quad K_2-K_{2a}\|_\infty \leqslant 0.189 \tag{11.34}$$

同样地，需要对约简后的预置滤波器进行尺度变换，上式给出的界不能得到保证；实际上，其界退化到了 1.87。图 11.6(c)给出了 $T_{y\beta}$ 和 T_{ref} 的幅值曲线，计算可得，其差值的无穷范数为 1.43，该值对应的频率为 43 rad/s。

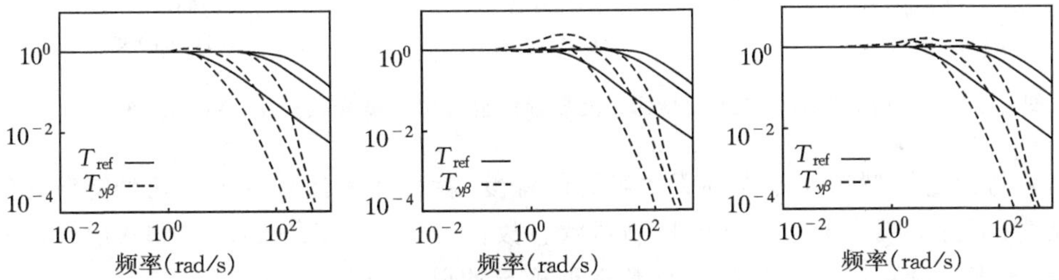

(a)均衡残化　(b)尺度变换后的均衡截项　(c)尺度变换后的最优 Hankel 范数近似

图 11.6　T_{ref} 和约简后$[K_1W_i \quad K_2]$对应 $T_{y\beta}$ 的奇异值

可以看出，均衡截项和最优 Hankel 范数近似会造成系统稳态增益的降低，而在调整稳态增益的过程中，误差的无穷范数界将被破坏。在该两自由度控制器的例子中，为在选定理想模型的容忍范围内提供闭环响应，已对预置滤波器进行优化，这样可能造成较大的偏差。图 11.7、11.8 和 11.9 分别给出了上面讨论的三种降阶控制器对应的闭环响应。

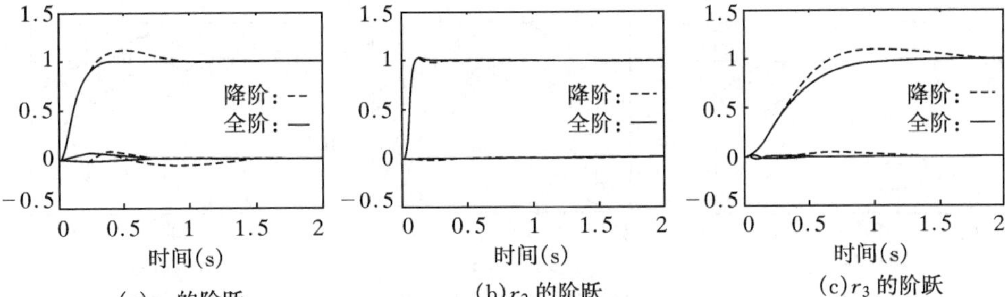

(a)r_1 的阶跃　(b)r_2 的阶跃　(c)r_3 的阶跃

图 11.7　闭环阶跃响应：均衡残化后的$[K_1W_i \quad K_2]$

可以看出，残化后的控制器的性能更接近全阶控制器，而且在交互和超调方面显示出更优

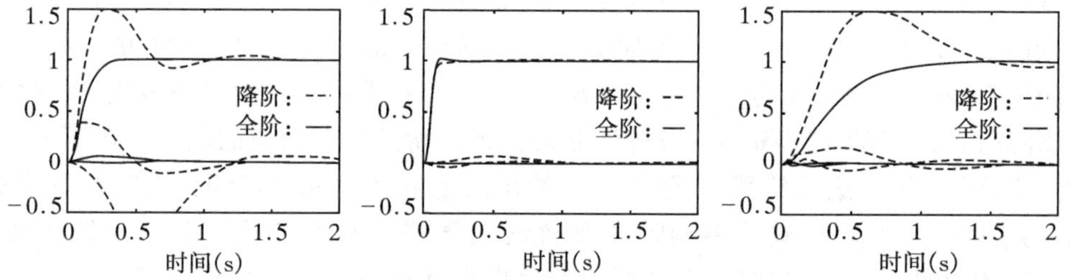

(a)r_1 的阶跃 (b)r_2 的阶跃 (c)r_3 的阶跃

图 11.8 闭环阶跃响应：均衡截项后的$[K_1W_i \quad K_2]$

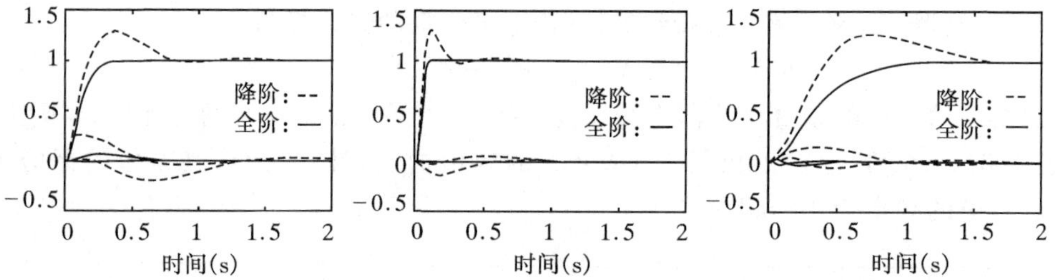

(a)r_1 的阶跃 (b)r_2 的阶跃 (c)r_3 的阶跃

图 11.9 闭环阶跃响应：最优 Hankel 范数近似且再次尺度变换后的$[K_1W_i \quad K_2]$

的性能。如果与指定模型的偏差大到无法容忍的程度，就可能无法采用另外两种降阶控制器，在这种情况下，不得不减少准备降低的控制器状态数目。此外，从式(11.33)和式(11.34)中还应注意到，对于 K_2-K_{2a}，最优 Hankel 范数近似确定的界最小。

现在考虑第二种方法。直接对通过 H_∞ 优化算法获得的控制器$[K_1 \quad K_2]$进行约简。对于均衡残化和均衡截项，相应误差的理论上界为：

$$\| K_1-K_{1a} \quad K_2-K_{2a} \|_\infty \leqslant 0.165 \tag{11.35}$$

残化后的控制器保持了$[K_1 \quad K_2]$的稳态增益，因此对其采用与全阶控制器对应预置滤波器要求的相同 W_i 进行尺度变换。图 11.10(a)给出了 $T_{\rm ref}$ 和该降阶控制器对应的 $T_{y\beta}$ 的奇异值，计算可得相应差值的无穷范数为 1.50，发生在 44 rad/s 频率处。接下来，对$[K_1 \quad K_2]$进行截项。截项后控制器的稳态增益低于$[K_1 \quad K_2]$的稳态增益，这证实了截项具有降低 $T_{y\beta}$ 稳

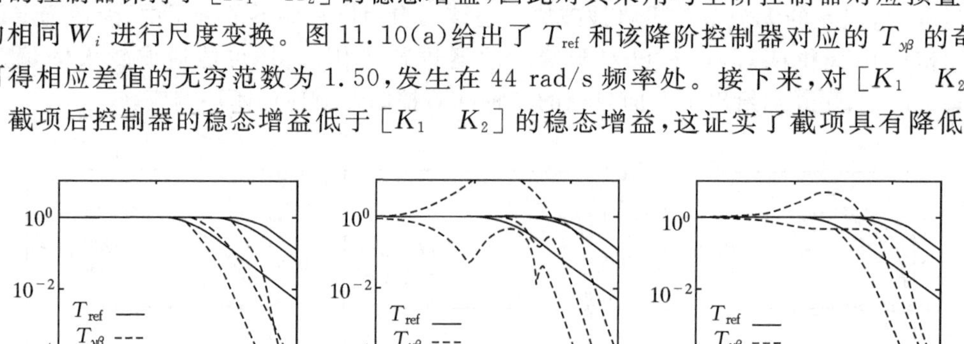

(a)尺度变换后的均衡残化 (b)尺度变换后的均衡截项 (c)尺度变换后的最优 Hankel

图 11.10 $T_{\rm ref}$ 和约简后的$[K_1 \quad K_2]$对应 $T_{y\beta}$ 的奇异值

态增益的作用。值得注意的是，$T_{y\beta}$ 的稳态增益本来就低于 T_{ref}（图 11.5）。这样，当对截项后控制器的预置滤波器进行尺度变换时，如同前文中的（残化）情况，必须将稳态增益从较低的水平拉上来，这将引起在其它频段上较大的性能降低。这种情况下，计算可得（$T_{y\beta}-T_{\mathrm{ref}}$）的无穷范数为 25.3，它发生在 3.4 rad/s 频率处（见图 11.10(b)）。最后，采用最优 Hankel 范数近似对[$K_1 \quad K_2$]进行约简，计算得到了式(11.29)提供的理论上界，该值为 0.037，即

$$\| K_1 - K_{1a} \quad K_2 - K_{2a} \|_\infty \leqslant 0.037 \tag{11.36}$$

在降阶过程中，稳态增益同样也会减小，所以也需要一个较大的尺度变换。图 11.10(c)给出了 $T_{y\beta}$ 和 T_{ref} 的奇异值曲线，计算得到的 $\| T_{y\beta}-T_{\mathrm{ref}} \|_\infty$ 为 4.5，它发生在 5.1 rad/s 频率处。

图 11.11、11.12 和 11.13 给出了一些闭环阶跃响应的仿真结果。从中可以看出，截项和最优 Hankel 范数近似系统已经恶化到了无法接受的程度，只有残化后的系统维持了可接受的性能水平。

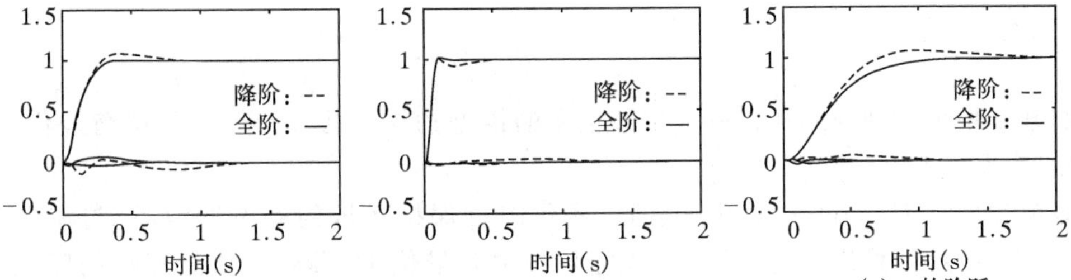

(a)r_1 的阶跃　(b)r_2 的阶跃　(c)r_3 的阶跃

图 11.11　闭环阶跃响应：均衡残化和尺度变换后的[$K_1 \quad K_2$]

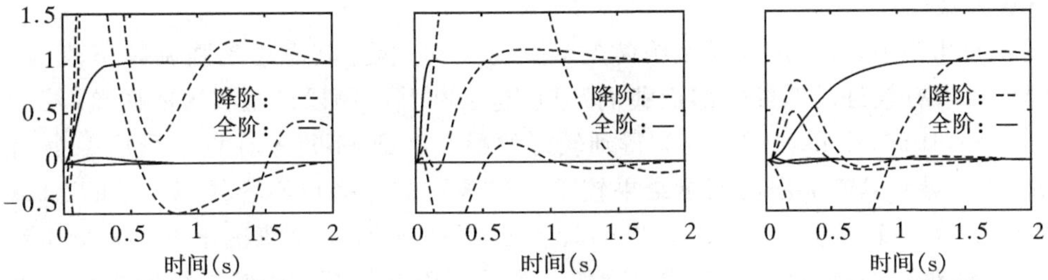

(a)r_1 的阶跃　(b)r_2 的阶跃　(c)r_3 的阶跃

图 11.12　闭环阶跃响应：均衡截项与尺度变换后的[$K_1 \quad K_2$]

由此可知，第一种方法产生了较好的模型匹配结果，虽然其代价是 K_2-K_{2a} 的无穷范数界较大（比较式(11.33)和(11.35)，或式(11.34)和(11.36)）。同时还可以看到，第一种方法中对预置滤波器的尺度变换，对截项和 Hankel 范数近似控制器产生的性能改进，比残化控制器差。

在第二种情况中，所有约简后的控制器都需进行尺度变换，而截项和 Hankel 范数近似控制器要求的尺度变换"较大"，对于该结果，似乎还没有正式的证明。然而，当与全阶控制器产生的稳态模型匹配相比时，采用这两种方法约简后的控制器性能较差，从这个意义上讲，上述结果是很直观的。因此，这两种控制器要求的尺度变换要大于全阶或残化后的控制器。但无论如何，越大的尺度变换将引起其它频段上越差的模型匹配，而只有残化后控制器的性能被认

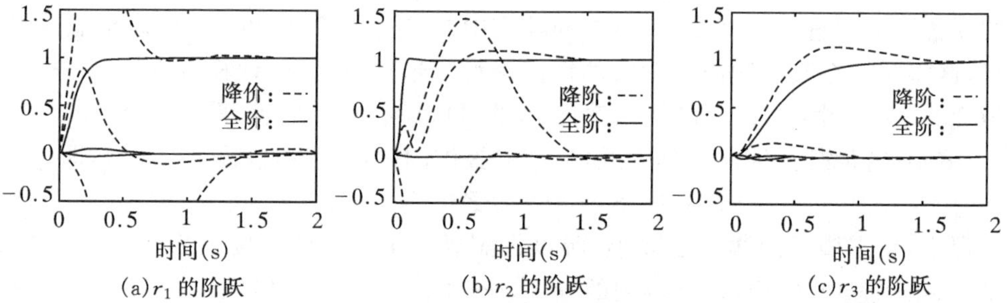

图 11.13 闭环阶跃响应：最优 Hankel 范数近似且尺度变换后的$[K_1 \quad K_2]$

为是可以接受的。

11.9 结 论

我们基于均衡实现介绍和比较了三种主要的模型约简方法：均衡截项、均衡残化，以及最优 Hankel 范数近似。

与截项和最优 Hankel 范数近似不同，残化能够保持系统的稳态增益，而与截项相似的是，它较为简单，且计算代价小。可以观察到，截项和最优 Hankel 范数近似在高频段表现较好，而残化在低频和中频段，即在穿越频率之前性能较好。因此，对于对象模型的约简，若模型在高频段的精度较低，残化似乎是一个较好的选择。另外，如果要求稳态增益保持不变，而截项和最优 Hankel 范数近似需要进行尺度变换，这可能导致较大误差，在这种情况下，残化同样也是首选方案。

在过去的几年中，频率加权模型约简是众多论文的主题，其思想是强调频率范围，且在该频率范围上要求有较好的匹配。然而我们知道，这会在其它频段产生较大的误差(较严重的失配)(Anderson，1986；Enns，1984)。为得到较好的稳态匹配，不得不在稳态采用一个相对较大的权函数，这将导致其它频段的匹配结果较差。权函数的选择也不容易，只有加权 Hankel 范数近似能够获得一个误差界，而误差界的计算也不如未加权的情况下容易(Anderson and Liu，1989)。针对这一点，可将均衡残化看作一个具有隐含低频和中频加权的约简方法。

对于控制器约简，我们已通过一个两自由度的例子，说明了尺度变换和稳态增益匹配的重要性。

一般来讲，稳态增益匹配并非至关重要，但在期望的闭环带宽附近，匹配性能通常应该较好。已经得知，均衡残化在该频率范围内的性能接近于全阶系统。此外，有时也期望在高频段有较好的近似结果，对于这种情况，采用具有合适频率权函数的截项或最优 Hankel 范数近似可能产生更好的结果。

最后，对于控制器约简，最小化闭环性能的任何后续损失是很重要的，Goddard(1995)对该问题进行过研究。

第12章

线性矩阵不等式

本章介绍线性矩阵不等式(Linear Matrix Inequalities,LMIs)在一些重要控制问题数值求解中的应用。文中对LMI问题进行了定义,并描述了将这类问题转化为适于求解格式的工具。本章以关于抗饱和补偿器综合的案例研究作为结尾。

12.1 LMI问题介绍

LMI指的是矩阵变量集合中线性(或仿射)的矩阵不等式。控制理论中许多问题可以用LMI描述,有关它们的产生,可以追溯到100多年前Lyapunov的研究。然而直到最近,数值求解LMI的程序依然很少(如果存在的话)。在过去的10～15年中,复杂数值计算程序的发展,使得我们有可能高效地求解LMI。为获得可靠的数值计算结果,这些程序都充分利用了LMI问题的凸性。

从控制工程的角度看,LMI的一个主要吸引力是,它们能够用来求解包含多个矩阵变量的问题,而且这些矩阵变量可能被施以不同的结构。灵活性是LMI方法的另一具有吸引力的特征,因此通常可以直接将许多问题转化为适于LMI方法求解的LMI问题。此外,在很多情况下,利用LMI可以移除与传统方法相关的限制,这有助于它们在更一般场景中的推广。通常,LMI方法能够应用于传统方法失效或求解困难的实例中。

至少从教学上讲,LMI的另一优点是能够将许多已有的成果统一到一个通用框架中,这使得人们能够对已发展的研究领域产生更深刻的理解。已经证实一些重要的控制器设计问题可以采用LMI求解,这包括$\mathcal{H}_\infty$控制器设计(Gahinet and Apkarian,1994;Iwasaki and Skelton,1994)、$\mathcal{H}_2$控制器设计(如Sato and Liu,1999)、混合$\mathcal{H}_2/\mathcal{H}_\infty$最优控制器设计(如Khargonekar and Rotea,1991)、极点配置(如Chilali and Gahinet,1996),以及鲁棒模型预测控制(如Kothare et al.,1996)。以上列举并不全面,建议读者参阅Boyd等人的论著(1994),以总览那些可以转化为LMI的控制理论问题,并进一步充分了解LMI。

本章主要内容可以在 Leicester 大学的一份技术报告(Turner et al.,2004)中获得,这份报告大量利用了 Boyd 等人(1994)的论著,以及 Gahinet 等人(1995)开发的 Matlab LMI 控制工具箱中的内容。值得注意的是,LMI 控制工具箱现在已成为 Matlab 鲁棒控制工具箱的一部分。

12.1.1 LMI 的基本性质

理解矩阵不等式的一个关键概念是正负定性。特别地,一个实方阵 Q 被定义为是正定的,如果

$$x^{\mathrm{T}}Qx > 0 \quad \forall x \neq 0 \tag{12.1}$$

Q 被称为是半正定的,如果

$$x^{\mathrm{T}}Qx \geqslant 0 \quad \forall x \tag{12.2}$$

通常用 $Q > 0(Q \geqslant 0)$ 来表示 Q 正定(半正定)。同样地,如果矩阵 Q 正定(半正定),则称 $P = -Q$ 是负定(半负定)的,并用 $P<0(P\leqslant 0)$来表示。

值得注意的是,任意实方阵 Q 可以写作:

$$Q = \left(\frac{Q+Q^{\mathrm{T}}}{2}\right) + \left(\frac{Q-Q^{\mathrm{T}}}{2}\right) \tag{12.3}$$

其中,式(12.3)右侧第一项是对称的,而第二项是反对称的。反对称矩阵的一个性质是,与其关联的二次函数总为零,因此有

$$x^{\mathrm{T}}Qx = x^{\mathrm{T}}\left(\frac{Q+Q^{\mathrm{T}}}{2}\right)x \tag{12.4}$$

那么如下结论成立:如果对称矩阵 $(Q+Q^{\mathrm{T}})$ 正定,则 Q 正定。很自然地,如果 $(Q+Q^{\mathrm{T}})$ 所有的特征值都为正,那么 Q 正定。

如果 Q 是复数矩阵,并且对于任意非零的 x,有 $x^{\mathrm{H}}Qx > 0$ 成立,则称 Q 正定,并且 Q 将变为 Hermitian 阵。然而,如同下文所讨论的那样,本章主要对实矩阵和实值 LMI 感兴趣。

LMI 的基本结构为

$$F(x) = F_0 + \sum\nolimits_{i=1}^{m} x_i F_i > 0 \tag{12.5}$$

其中,$x \in \mathbb{R}^m$ 是一变量,而 F_0、F_i 是给定的常数实对称矩阵。表达式(12.5)看起来似乎具有一定的限制性,因为我们不允许出现以下情况:一些矩阵 F_i 为复数 Hermitian 阵,或 LMI 不严格,具有 $F(x)\geqslant 0$ 的形式。然而,复值 LMI 可以很容易地转化为实值 LMI,具体请见习题 12.1。类似地,将任意"可行"的不严格 LMI 转化为式(12.5)所示的严格 LMI 形式也是可能的,具体请参见 Boyd 等(1994)的论著。

基本 LMI 问题——可行性问题,就是找到 x,使得不等式(12.5)成立。需要注意的是,式(12.5)中的 $F(x)>0$ 描述了变量 x 的一种仿射关系。正常情况下,我们感兴趣的变量 x 是由一个或多个矩阵组成,这些矩阵的列已被"堆叠"成为一个向量,即

$$F(x) = F(X_1, X_2, \cdots, X_n) \tag{12.6}$$

其中,$X_i \in \mathbb{R}^{q_i \times p_i}$ 是一矩阵,而 $\sum\nolimits_{i=1}^{n} q_i \times p_i = m$,所有这些矩阵变量的列被堆叠起来,形成单个向量变量。

因此从现在起,我们将考虑具有如下形式的函数:

$$F(X_1, X_2, \cdots, X_n) = F_0 + G_1 X_1 H_1 + G_2 X_2 H_2 + \cdots \tag{12.7}$$

$$= F_0 + \sum_{i=1}^{n} G_i X_i H_i > 0 \tag{12.8}$$

其中，F_0、G_i、H_i 为给定矩阵，而 X_i 是需要求解的矩阵变量。

习题 12.1[*] 设 Q 是一 Hermitian 矩阵 ($Q = Q^H$)，具有 $Q = Q_R + jQ_I$ 的形式，证明当且仅当

$$\begin{bmatrix} Q_R & Q_I \\ -Q_I & Q_R \end{bmatrix} > 0 \tag{12.9}$$

时，$Q > 0$。

12.1.2 LMI 系统

我们经常遇到具有如下形式的 LMI 约束：

$$F_1(X_1, \cdots, X_n) > 0 \tag{12.10}$$

$$\vdots$$

$$F_p(X_1, \cdots, X_n) > 0 \tag{12.11}$$

其中

$$F_j(X_1, \cdots, X_n) = F_{0j} + \sum_{i=1}^{n} G_{ij} X_i H_{ij} \tag{12.12}$$

然而，可以很容易地看到，通过定义 $\widetilde{F}_0$，$\widetilde{G}_i$，$\widetilde{H}_i$，$\widetilde{X}_i$ 为

$$\widetilde{F}_0 = \text{diag}(F_{01}, \cdots, F_{0p}) \tag{12.13}$$

$$\widetilde{G}_i = \text{diag}(G_{i1}, \cdots, G_{ip}) \tag{12.14}$$

$$\widetilde{H}_i = \text{diag}(H_{i1}, \cdots, H_{ip}) \tag{12.15}$$

$$\widetilde{X}_i = \text{diag}(X_i, \cdots, X_i) \tag{12.16}$$

实际上对应的不等式为

$$F_{\text{big}}(X_1, \cdots, X_n) \triangleq \widetilde{F}_0 + \sum_{i=1}^{n} \widetilde{G}_i \widetilde{X}_i \widetilde{H}_i > 0 \tag{12.17}$$

即可以将一个(大)LMI 系统表示为单一的 LMI。因此，我们并不对单一 LMI 和 LMI 系统加以区分，它们具有相同的数学实体。我们还可能遇到具有如下形式的 LMI 系统：

$$F_1(X_1, \cdots, X_n) > 0 \tag{12.18}$$

$$F_2(X_1, \cdots, X_n) > F_3(X_1, \cdots, X_n) \tag{12.19}$$

同样地容易看到，该 LMI 系统能够写为与前面不等式(12.17)相同的形式。在本章的其余部分，我们不再对可以写为上述形式，或具有不等式(12.17)的更一般形式的 LMI 加以区分。

记号：采用 X_i 表示一般形式的 LMI 变量是标准做法，本章接下来的例子将使用与具体问题相关的更一般的记号。例如，在例 12.1 中，$P = X_1$；而在例 12.6 中，P 和 Q 分别表示 LMI 变量 X_1 和 X_2。

12.2 LMI 问题的类型

术语"LMI 问题"相当模糊。事实上，LMI 问题可以分为几个子类，包括 LMI 可行性问题、线性目标最小化问题，以及广义特征值问题。对于这三个问题，下文将采用与 Matlab LMI 工具箱相同的分离方法对其进行描述。这里要注意，"LMI 问题"通常意味着求解带 LMI 约

束的优化问题或特征值问题。

12.2.1 LMI 可行性问题

这是一类简单的问题，要求寻找一个可行解 $\{X_1, \cdots, X_n\}$，使得

$$F(X_1, \cdots, X_n) > 0 \tag{12.20}$$

我们对解的最优性不感兴趣，只希望找到一个解，它可能不唯一。

例 12.1 确定线性系统的稳定性。 考虑一个自治线性系统

$$\dot{x} = Ax \tag{12.21}$$

那么，用于证明该系统稳定性($\mathrm{Re}\{\lambda_i(A)\} < 0$， $\forall i$)的 Lyapunov LMI 问题，就是寻找 $P>0$(例如可参阅 Boyd et al.，1994，p. 20)，使得

$$A^{\mathrm{T}}P + PA < 0 \tag{12.22}$$

这是一个关于变量 $P>0$ 的 LMI 可行性问题，然而，给定满足该问题的任意 $P>0$，明显地集合

$$\mathscr{P} = \{\beta P：标量\ \beta > 0\} \tag{12.23}$$

中的任意矩阵都满足上述问题。事实上，如同在下面给出的有关抗饱和案例研究中看到的那样，矩阵P 构成了线性系统 Lyapunov 函数的一部分。此外，请注意式(12.22)所示的 LMI 和 $P>0$ 这一要求可以组成如下单个 LMI：

$$\begin{bmatrix} A^{\mathrm{T}}P + PA & 0 \\ 0 & -P \end{bmatrix} < 0 \tag{12.24}$$

表 12.1 给出了求解该问题的 Matlab 代码。

表 12.1 确定例 12.1 所示系统稳定性的 Matlab 程序

```
% Uses MATLAB Robust Control toolbox
% A: n × n state matrix
setlmis([])
P = lmivar(1,[size(A,1) 1]);            % Specify structure and size of P
Lyap = newlmi
% Only the terms above the diagonal need to be specified:
lmiterm([Lyap 1 1 P],1,A,'s')          % AP + P'A < 0
lmiterm([Lyap 1 2 0],1)                % 0
lmiterm([Lyap 2 2 P],-1,1)             % P > 0
LMIsys = getlmis;                      % Obtain the system of LMIs
[tmin,xfeas] = feasp(LMIsys);          % Solve the feasibility problem
% Feasible (A is stable) iff tmin < 0
```

12.2.2 线性目标最小化问题

这类问题也称为特征值问题，它们包括最小化(最大化)一些关于矩阵变量，且服从 LMI 约束的线性标量函数 $\alpha(\cdot)$：

$$\min\ \alpha(X_1, \cdots, X_n) \tag{12.25}$$

$$\text{s. t.} \quad F(X_1, \cdots, X_n) > 0 \tag{12.26}$$

其中，缩写“s. t.”表示“使得”。因此在这种情况下，我们设法在确保满足 LMI 约束的同时，对一些变量进行优化。实际上，$\alpha(\cdot)$ 并不一定是一线性函数，但应该是凸的。关于非线性 $\alpha(\cdot)$ 的例子可以在 Boyd 等(1994)的论著和一些 LMI 软件中找到。

例 12.2 计算线性系统的$\mathcal{H}_\infty$范数。 考虑线性系统：

$$\dot{x} = Ax + Bw \tag{12.27}$$

$$z = Cx + Dw \tag{12.28}$$

那么,求取由 w 到 z 的传递函数矩阵 T_{zw} 的 $\mathcal{H}_\infty$ 范数问题等价于如下关于变量 $P>0$ 的优化问题(例如可参阅 Gahinet 和 Apkarian(1994)的论著):

$$\min \gamma \tag{12.29}$$

$$\text{s.t.} \quad \begin{bmatrix} A^{\mathrm{T}}P + PA & PB & C^{\mathrm{T}} \\ B^{\mathrm{T}}P & -\gamma I & D^{\mathrm{T}} \\ C & D & -\gamma I \end{bmatrix} < 0 \tag{12.30}$$

请注意,尽管 $\gamma > 0$ 是唯一的,但一般情况下,不能保证 $P>0$ 的唯一性。如表 12.2 所示,采用 Matlab 可以很容易地求解 LMI 问题式(12.29)~式(12.30)。此外,还需注意的是,这里我们选择分开表示式(12.30)和 $P>0$ 这两个 LMIs,而没有如同式(12.24)那样,将它们组合到一起。

表 12.2 计算例 12.2 中 $\mathcal{H}_\infty$ 范数的 MATLAB 程序

```
% Uses MATLAB Robust Control toolbox
% [A,B,C,D]: State-space realization
n = size(A,1)
setlmis([])
P = lmivar(1,[size(A,1) 1]);                     %Specify structure and size of P
gamma = lmivar(1,[1 1]);
HinfLMI = newlmi                                 % LMI # 1
lmiterm([HinfLMI 1 1 P],1,A,'s')                 % AP + P'A
lmiterm([HinfLMI 1 2 P],1,B)                     % PB
lmiterm([HinfLMI 1 3 0],C')                      % C'
lmiterm([HinfLMI 2 2 gamma],-1,1)                % -gamma*I
lmiterm([HinfLMI 2 3 0],D')                      % D'
lmiterm([HinfLMI 3 3 gamma],-1,1)                % -gamma*I
Ppos = newlmi                                    % LMI # 2
lmiterm([Ppos 1 1 P],-1,1)                       % P > 0
LMIsys = getlmis;                                % Obtain the system of LMIs
c = mat2dec(LMIsys,zeros(n),1);                  % Vector c in c'x
options = [1e-5,0,0,0,0];                        % Relative accuracy of solution
[normhinf,xopt] = mincx(LMIsys,c, options);      % Solve minimization problem
```

12.2.3 广义特征值问题

广义特征值问题,或简称为 GEVP,与前面所述问题稍有不同,对应优化问题的目标函数不是严格凸,而是拟凸。然而,求解这类问题的方法却是类似的。特别地,GEVP 问题可以表示为:

$$\min \lambda \tag{12.31}$$

$$\text{s.t.} \quad F_1(X_1,\cdots,X_n) - \lambda F_2(X_1,\cdots,X_n) < 0 \tag{12.32}$$

$$F_2(X_1,\cdots,X_n) < 0 \tag{12.33}$$

$$F_3(X_1,\cdots,X_n) < 0 \tag{12.34}$$

前两行等价于最小化矩阵束 $F_1(X_1,\cdots,X_n)-\lambda F_2(X_1,\cdots,X_n)$的最大"广义"特征值。在某些情况下,通过适当改变一些变量,GEVP 问题可以简化为一个线性目标最小化问题。

例 12.3 限制线性系统的衰减率。 Boyd 等(1994)给出了一个关于 GEVP 的恰当例子。给定一个稳定的线性系统 $\dot{x} = Ax$,衰减率指的是使得

$$\| x(t) \| \leqslant \mathrm{e}^{-\alpha t}\beta \| x(0) \| \quad \forall x(t) \tag{12.35}$$

成立的最大 α，其中 β 是一常数。如果选择 $V(x)=x^{\mathrm{T}}Px>0$ 作为该系统的 Lyapunov 函数，并确保 $\dot{V}(x)\leqslant -2\alpha V(x)$，可以很容易地证明，该系统具有一个至少为 α 的衰减率。因此，衰减率的求解问题可以转化为如下关于 $P>0$ 的优化问题：

$$\min -\alpha \tag{12.36}$$

$$\text{s.t.}\quad A^{\mathrm{T}}P+PA+2\alpha P\leqslant 0 \tag{12.37}$$

这是一个 GEVP 问题，其中的函数

$$F_1(P)=A^{\mathrm{T}}P+PA \tag{12.38}$$

$$F_2(P)=-2P \tag{12.39}$$

例 12.4　计算 μ 的上界。考虑计算式(8.87)中结构化奇异值 μ 的上界问题，可以写为：

$$\mu_{\mathrm{up}}(M)=\min_{D\in\mathscr{D}}\bar{\sigma}(DMD^{-1}) \tag{12.40}$$

其中，$\mathscr{D}$ 是矩阵 D 的集合，而 D 与不确定性矩阵块 Δ 是可交换的(即满足 $D\Delta=\Delta D$)。对于具有三个或更少块的复数 Δ，该界是严苛的。由于逆项的存在，按照其原始形式，该优化问题难以求解，但可转化为一个等价的 LMI 问题。为了搞清这一点，请注意

$$\bar{\sigma}(DMD^{-1})<\gamma \Leftrightarrow \rho(D^{-\mathrm{H}}M^{\mathrm{H}}D^{\mathrm{H}}DMD^{-1})<\gamma^2 \tag{12.41}$$

$$\Leftrightarrow D^{-\mathrm{H}}M^{\mathrm{H}}D^{\mathrm{H}}DMD^{-1}-\gamma^2 I<0 \Leftrightarrow M^{\mathrm{H}}PM-\gamma^2 P<0 \tag{12.42}$$

其中的 $P=D^{\mathrm{H}}D$，前文已经介绍。需要注意的是，$P>0$，并且具有 D 的结构，即 $P\in\mathscr{D}$。现在，通过求解如下优化问题，可以找到 μ_{up}：

$$\min \gamma^2 \tag{12.43}$$

$$\text{s.t.}\quad M^{\mathrm{H}}PM-\gamma^2 P<0 \tag{12.44}$$

这是一个 GEVP 问题，其中的函数

$$F_1(P)=M^{\mathrm{H}}PM \tag{12.45}$$

$$F_2(P)=-P \tag{12.46}$$

表 12.3 给出了求解带有结构化 Δ 的 GEVP 式(12.43)～式(12.44)的 Matlab 程序。

表 12.3　计算例 12.4 中 μ 上界的 MATLAB 程序

```
% Uses MATLAB Robust Control toolbox
% Here: M is 4 × 4 real matrix
% Here: Structured Delta with a full 2 × 2 block and a scalar 2 × 2 block
setlmis([])
P = lmivar(1,[2 0;2 1]);            % Specify P to commute with Delta
gamma = lmivar(1,[1 1]);
Ppos = newlmi;                      % LMI # 2
lmiterm([-Ppos 1 1 P],1,1)          % P > 0
MuupLMI = newlmi;                   % LMI # 1
lmiterm([MuupLMI 1 1 P],M',M)       % F1(P) = M'PM
lmiterm([-MuupLMI 1 1 P],1,1)       % F2(P) = -P
LMIsys = getlmis;                   % Obtain the system of LMIs
[gmin,xopt] = gevp(LMIsys,1);       % Solve the GEVP problem
muup = sqrt(gmin)                   % Upper bound on μ
```

习题 12.2　令 $M=\begin{bmatrix}-1 & -1\\ 3 & 3\end{bmatrix}$，对于(i)$\Delta=\delta\times I$ (2×2 标量块)，(ii)$\Delta=\mathrm{diag}(\delta_1,\delta_2)$(两个 1×1 块)，(iii)$\Delta=$ 满元素 2×2 块，利用表 12.3 中的 Matlab 程序，计算 $\mu(M)$，并用式(8.99)进行验证。(答案：$\mu(M)=2$，4，以及 $\sqrt{20}=4.47$。)

12.3 LMI 问题中的技巧

虽然许多控制问题都可看作 LMI 问题，但它们中的大多数需要经过处理才能符合 LMI 问题形式。幸运的是，有许多通用工具或“技巧”，可用以把这些问题转化为合适的 LMI 形式。下文将讨论一些比较有用的技巧。

12.3.1 变量替换

许多控制问题都能够表示成一组非线性矩阵不等式的形式，即这些不等式关于我们求解的矩阵变量是非线性的。然而，通过定义新变量，有时可能将这些非线性不等式“线性化”，从而使得它们适于用 LMI 方法求解。

例 12.5 状态反馈控制综合问题。 考虑如下问题：寻找一个矩阵 $F\in\mathbb{R}^{m\times n}$，使得矩阵 $A+BF\in\mathbb{R}^{n\times n}$ 的所有特征值均在左半开复平面上。根据 Lyapunov 方程理论（见 Zhou et al.，1996），该问题等价于求解矩阵 F 和正定矩阵 $P\in\mathbb{R}^{n\times n}$，使得如下不等式成立：

$$(A+BF)^{\mathrm{T}}P+P(A+BF)<0 \tag{12.47}$$

或

$$A^{\mathrm{T}}P+PA+F^{\mathrm{T}}B^{\mathrm{T}}P+PBF<0 \tag{12.48}$$

然而，该问题不符合 LMI 的形式，因为其中的某些项包含 F 和 P 的乘积，而这些项是‘非线性’的，又由于是两个变量的乘积，它们也被称为“双线性”。如果在式(12.48)的任一边乘以 $Q:=P^{-1}$（由于 $\mathrm{rank}(P)=\mathrm{rank}(Q)=n$，该操作不会改变表达式的正负定性），可以得到：

$$QA^{\mathrm{T}}+AQ+QF^{\mathrm{T}}B^{\mathrm{T}}+BFQ<0 \tag{12.49}$$

这是一个新的关于变量 $Q>0$ 和 F 的矩阵不等式，但它仍然是非线性的。为纠正这一点，简单定义第二个新变量 $L=FQ$，可得

$$QA^{\mathrm{T}}+AQ+L^{\mathrm{T}}B^{\mathrm{T}}+BL<0 \tag{12.50}$$

于是可以得到一个关于新变量 $Q>0$ 和 $L\in\mathbb{R}^{m\times n}$ 的 LMI 可行性问题。该 LMI 问题求解以后，就能够重新获得一个合适的状态反馈矩阵 $F=LQ^{-1}$ 和 Lyapunov 变量 $P=Q^{-1}$。因此，通过变量替换，我们将非线性矩阵不等式转化成了 LMI 形式。

在变量替换中，需要考虑的关键问题是确保原始变量可以复原，并且不会超定。还需注意的是，上文中用 Q 做乘法是一种合同变换，下一节将对其进行讨论。

习题 12.3* 参考例 12.2，把寻找如下每个不确定系统在最坏情况下（最大）的增益问题转化为 LMI 问题：

$$G_1(s)=\frac{k}{s+\tau};\ G_2(s)=\frac{k}{\tau s+1} \tag{12.51}$$

并在设定 $2\leqslant k,\ \tau\leqslant 3$ 的条件下，采用鲁棒控制工具箱中的指令 wcgain 验证其结果。

12.3.2 合同变换

我们知道，对于给定的正定矩阵 $Q\in\mathbb{R}^{n\times n}$ 和另一个满足 $\mathrm{rank}(W)=n$ 的实矩阵 $W\in\mathbb{R}^{n\times n}$，如下不等式成立：

$$WQW^{\mathrm{T}} > 0 \tag{12.52}$$

换言之，在一矩阵的前后分别乘以一个满秩的实阵及其转置后，该矩阵的正负定性保持不变，而利用满秩实阵把 $Q>0$ 转化成式(12.52)的过程称为“合同变换”。该变换对于“移去”矩阵不等式中的双线性项非常有用，而且经常把它与变量替换联合使用，以将双线性矩阵不等式线性化。通常选择的 W 具有对角结构。

例 12.6　双线性矩阵不等式的线性化。考虑

$$Q = \begin{bmatrix} A^{\mathrm{T}}P + PA & PBF + C^{\mathrm{T}}V \\ * & -2V \end{bmatrix} < 0 \tag{12.53}$$

其中，矩阵 $P>0$，$V>0$ 和 F(不指定正负定性)为矩阵变量，其余矩阵均为常阵，矩阵左下方的 $*$ 表示为使得表达式对称而需要的项(在本例中，$* = F^{\mathrm{T}}B^{\mathrm{T}}P^{\mathrm{T}} + V^{\mathrm{T}}C$)，并且会在下文频繁使用。请注意，该不等式关于变量 P 和 F 是双线性的，它们出现在矩阵 $Q \in \mathbb{R}^{(n+l)\times(n+l)}$ 的(1，2)和(2，1)子块中。然而，如果利用 P 和 V 的可逆性(由于它们正定，所以可逆)，选择满秩矩阵

$$W = \begin{bmatrix} P^{-1} & 0 \\ 0 & V^{-1} \end{bmatrix} \in \mathbb{R}^{(n+l)\times(n+l)} \tag{12.54}$$

$(\mathrm{rank}(W) = n + l)$，并计算 WQW^{T}，可得

$$WQW^{\mathrm{T}} = \begin{bmatrix} P^{-1}A^{\mathrm{T}} + AP^{-1} & BFV^{-1} + P^{-1}C^{\mathrm{T}} \\ * & -2V^{-1} \end{bmatrix} < 0 \tag{12.55}$$

这样，可以得到关于新变量 $X=P^{-1}$，$U=V^{-1}$ 和 $L=FV^{-1}$ 的线性矩阵不等式

$$WQW^{\mathrm{T}} = \begin{bmatrix} XA^{\mathrm{T}} + AX & BL + XC^{\mathrm{T}} \\ * & -2U \end{bmatrix} \tag{12.56}$$

请注意，通过对矩阵 X 和 U 求逆，可以获得原变量。

12.3.3　Schur 补

Schur 补的主要用途是将二次型矩阵不等式转换成 LMI，或者至少可以作为转换过程中的一步。根据 Schur 补公式，如下表述是等价的：

(i)　$\Phi = \begin{bmatrix} \Phi_{11} & \Phi_{12} \\ \Phi_{12}^{\mathrm{T}} & \Phi_{22} \end{bmatrix} < 0$

(ii)　$\Phi_{22} < 0$

$\Phi_{11} - \Phi_{12}\Phi_{22}^{-1}\Phi_{12}^{\mathrm{T}} < 0$

如果 Φ 半负定，采用 Moore-Penrose 伪逆的非严格形式同样成立，具体请参阅 Boyd 等(1994)的论著。

例 12.7　二次型不等式的线性化。考虑 LQR 型矩阵不等式(Riccati 不等式)

$$A^{\mathrm{T}}P + PA + PBR^{-1}B^{\mathrm{T}}P + Q < 0 \tag{12.57}$$

其中，$P>0$ 为矩阵变量，其它矩阵为常数阵，且 $Q,R>0$。该不等式可用来最小化代价函数(见第 9 章)

$$J = \int_0^{\infty} (x^{\mathrm{T}}Qx + u^{\mathrm{T}}Ru)\mathrm{d}t \tag{12.58}$$

如果定义

$$\Phi_{11} := A^{\mathrm{T}}P + PA + Q \tag{12.59}$$

$$\Phi_{12} := PB \tag{12.60}$$

$$\Phi_{22} := -R \tag{12.61}$$

并使用关于 Schur 补的恒等式，可将 Riccati 不等式转换为：

$$\begin{bmatrix} A^{\mathrm{T}}P + PA + Q & PB \\ * & -R \end{bmatrix} < 0 \tag{12.62}$$

换言之，已将一个二次型矩阵不等式转换成 LMI。

习题 12.4 对于给定的复矩阵 A，请验证约束 $\bar{\sigma}(A) < \gamma$ 可以转化为 LMI；是否可能将约束 $\underline{\sigma}(A) > \gamma$ 表示成 LMI 形式？

12.3.4 S 方法

本质上讲，S 方法是一种将多个二次型不等式合并成单个不等式的方法(通常比较保守)。在控制工程中，存在许多希望确保某个关于 $x \in \mathbb{R}^m$ 的二次型函数满足

$$F_0(x) \leqslant 0; \quad F_0(x) \triangleq x^{\mathrm{T}}A_0x + 2b_0x + c_0 \tag{12.63}$$

的问题。给定条件是，其它一定数目的二次型函数半正定，即

$$F_i(x) \geqslant 0 \quad F_i(x) \triangleq x^{\mathrm{T}}A_ix + 2b_0x + c_0,\ i \in \{1, 2, \cdots, q\} \tag{12.64}$$

为说明 S 方法，考虑 $i=1$ 这一简单情况，即对于所有满足 $F_1(x) \geqslant 0$ 的 x，我们希望确保 $F_0(x) \leqslant 0$。那么，如果存在一个正(或零)标量 τ，使得

$$F_{\mathrm{aug}}(x) \triangleq F_0(x) + \tau F_1(x) \leqslant 0 \quad \forall x \quad \text{s.t.} \quad F_1(x) \geqslant 0 \tag{12.65}$$

那么就可实现我们的目标。为弄清这一点，请注意 $F_{\mathrm{aug}}(x) \leqslant 0$ 意味着，如果 $\tau F_1(x) \geqslant 0$，那么 $F_0(x) \leqslant 0$。这是因为如果 $F_1(x) \geqslant 0$，那么 $F_0(x) \leqslant F_{\mathrm{aug}}(x)$。这样，将该思想拓展到 q 个不等式约束，我们有

$$F_0(x) \leqslant 0 \quad \text{若每个 } F_i(x) \geqslant 0 \tag{12.66}$$

成立，如果

$$F_0(x) + \sum_{i=0}^{q} \tau_i F_i(x) \leqslant 0, \quad \tau_i \geqslant 0 \tag{12.67}$$

一般来说，S 方法比较保守，即不等式(12.67)成立意味着不等式(12.66)成立，但反之不一定成立。然而，当 $q=1$ 时，S 方法并不保守。S 方法的用处体现在，它有可能将 τ_i 作为 LMI 问题的变量。

例 12.8 合并二次型约束产生 LMI。这是一个选自 Boyd 等(1994)的论著中的启发性例子，它要求寻找一个矩阵变量 $P>0$，使得

$$\begin{bmatrix} x \\ z \end{bmatrix}^{\mathrm{T}} \begin{bmatrix} A^{\mathrm{T}}P + PA & PB \\ B^{\mathrm{T}}P & 0 \end{bmatrix} \begin{bmatrix} x \\ z \end{bmatrix} < 0 \tag{12.68}$$

对于任意满足约束

$$z^{\mathrm{T}}z \leqslant x^{\mathrm{T}}C^{\mathrm{T}}Cx \tag{12.69}$$

的 $x \neq 0$ 和 z 成立。请注意，不等式(12.69)等价于

$$(x^{\mathrm{T}}C^{\mathrm{T}}Cx - z^{\mathrm{T}}z) \geqslant 0 \tag{12.70}$$

或

$$\begin{bmatrix} x \\ z \end{bmatrix}^{\mathrm{T}} \begin{bmatrix} C^{\mathrm{T}}C & 0 \\ 0 & -I \end{bmatrix} \begin{bmatrix} x \\ z \end{bmatrix} \geqslant 0 \tag{12.71}$$

这样，可以采用 S 方法将两个二次型约束式(12.68)和式(12.71)合并起来，以产生一个关于变量 $P>0$ 和 $\tau \geqslant 0$ 的 LMI：

$$\begin{bmatrix} A^{\mathrm{T}}P + PA + \tau C^{\mathrm{T}}C & PB \\ B^{\mathrm{T}}P & -\tau I \end{bmatrix} < 0 \tag{12.72}$$

12.3.5　投影引理与 Finsler 引理

在某些类型的控制问题，特别是动态控制器的设计问题中，会遇到如下形式的不等式：

$$\Psi(X) + G(X)\Lambda H^{\mathrm{T}}(X) + H(X)\Lambda^{\mathrm{T}}G^{\mathrm{T}}(X) < 0 \tag{12.73}$$

其中，X 和 Λ 是矩阵变量，而 $\Psi(\cdot)$、$G(\cdot)$、$H(\cdot)$ 是关于矩阵 X 而非 Λ 的函数(一般是仿射函数)。

Gahinet 和 Apkarian(1994)证明了，对于某些 X，不等式(12.73)成立，当且仅当

$$\begin{cases} W_{G(X)}^{\mathrm{T}}\Psi(X)W_{G(X)} < 0 \\ W_{H(X)}^{\mathrm{T}}\Psi(X)W_{H(X)} < 0 \end{cases} \tag{12.74}$$

其中，矩阵 $W_{G(X)}$ 和 $W_{H(X)}$ 的列向量分别构成了 $G(X)$ 和 $H(X)$ 零空间的基，有时将 $W_{G(X)}$ 和 $W_{H(X)}$ 分别称为 $G(X)$ 和 $H(X)$ 的正交补。此外，请注意：

$$W_{G(X)}G(X) = 0, \quad W_{H(X)}H(X) = 0 \tag{12.75}$$

该结论的要旨(称为 Gahinet-Apkarian 投影引理)在于，它可将一个双变量，且不一定线性的矩阵不等式转换为两个单变量不等式，这有两个重要意义：

(i)有利于 LMI 的推导；

(ii)需要计算的变量较少。

此外，Finsler(1937)证明了，对于一些实数 σ，不等式(12.73)等价于如下两个不等式：

$$\begin{cases} \Psi(X) - \sigma G(X)G(X)^{\mathrm{T}} < 0 \\ \Psi(X) - \sigma H(X)H(X)^{\mathrm{T}} < 0 \end{cases} \tag{12.76}$$

换言之，不等式(12.74)和式(12.76)是等价的。该结论通常称为 Finsler 引理。

例 12.5 (状态反馈)续。重新考虑如下状态反馈综合问题：寻找 $P>0$ 和 F，使得

$$(A+BF)^{\mathrm{T}}P + P(A+BF) < 0 \tag{12.77}$$

利用前文例 12.5 中描述的变量替换，可将该问题转换成寻找 $Q>0$ 和 L，使得

$$QA^{\mathrm{T}} + AQ + L^{\mathrm{T}}B^{\mathrm{T}} + BL < 0 \tag{12.78}$$

如果选择利用投影引理消除变量 L，可得

$$\begin{cases} W_B^{\mathrm{T}}(AQ + QA^{\mathrm{T}})W_B < 0, & Q > 0 \\ W_I^{\mathrm{T}}(AQ + QA^{\mathrm{T}})W_I < 0, & Q > 0 \end{cases} \tag{12.79}$$

然而，由于矩阵 W_I 的列向量构成单位矩阵的零空间，即 $\mathcal{N}(I) = \{0\}$，上述方程可简化为

$$W_B^{\mathrm{T}}(AQ + QA^{\mathrm{T}})W_B < 0, Q > 0 \tag{12.80}$$

而这是一个 LMI 问题。

或者可利用 Finsler 引理得到

$$\begin{cases} AQ + QA^{\mathrm{T}} - \sigma BB^{\mathrm{T}} < 0, & Q > 0 \\ AQ + QA^{\mathrm{T}} - \sigma I < 0, & Q > 0 \end{cases} \tag{12.81}$$

由于如果能够找到一个满足第一个不等式的 σ，那么总能找到一个满足第二个不等式的 σ，所以可以将第二个不等式忽略掉。

请注意，投影引理和 Finsler 引理有效地将原来的 LMI 问题简化成两个独立的问题：第一个 LMI 问题涉及到 $Q>0$ 的计算，而在第二个问题中，需把 Q 代回到原问题以便求得 L(然后是 F)。然而，读者需提防该两步法病态的可能性。对于某些问题，通常是那些具有很多变量的问题，X 的限制性较差，这可能妨碍从式(12.73)中数值求解 Λ。

12.4 案例研究：抗饱和补偿器的综合

线性控制器可以非常有效地控制实际对象，除非遇到执行器饱和的情况，而后者会导致系统行为急剧恶化，甚至变得不稳定。为降低这种性能损失，可在系统中添加一种称为抗饱和补偿器的特殊补偿器，当控制信号饱和时，该补偿器执行一定的操作。由于抗饱和补偿器在很长一段时间内处于非活动状态，对于设计这样的补偿器，传统线性方法并非总是有用。然而，我们将会发现，LMI 在这个设计问题中扮演着重要角色。

9.4.5 节曾讨论过抗饱和问题，在那里我们简要介绍了 Hanus 方案，而下面的方法则更为严谨，更具普遍性。

12.4.1 抗饱和补偿器的表示

图 12.1 给出了一般的抗饱和补偿器。假定对象 $G(s)=[G_1(s) \quad G_2(s)]$稳定(以便获得总体结果——关于该点更详细的讨论，请见文献 Turner 和 Postlethwaite(2004))，$G_1(s)$表示对象中的扰动前馈部分，即为从扰动 $d(s)$ 到输出 $y(s)$ 的传递函数。类似地，$G_2(s)$表示对象中的反馈部分，即为从实际控制输入 $u_a(s)$到输出 $y(s)$ 的传递函数。那么，只有 $G_2(s)$在抗饱和综合中起作用，其状态空间实现由下式给出：

$$G_2(s) \stackrel{S}{=} \left[\begin{array}{c|c} A_p & B_p \\ \hline C_p & D_p \end{array}\right] \tag{12.82}$$

$K(s)$是线性控制器，我们假设在不出现饱和的情况下，该控制器与 $G(s)$的闭环连接是稳定的，而且达到了一些线性性能指标。

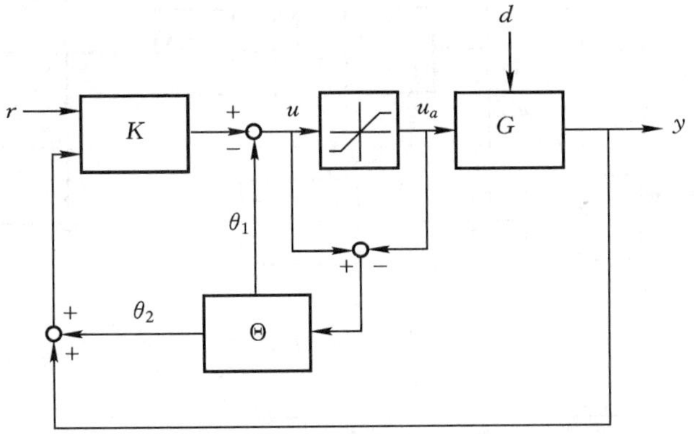

图 12.1 一般抗饱和方案

当控制信号发生饱和时,抗饱和补偿器 $\Theta(s)$ 将一些额外的信号加入控制器的输入和输出。通过以不同的方式选择 $\Theta(s)$,闭环性能在饱和期间及随后阶段会受到影响。图 12.2 所示闭环系统中的 $\Theta(s)$ 被传递函数 $M(s)$参数化。$M(s)$的一个有趣选择是 $M(s)=I$,在这种情况下,抗饱和方案类似于 Campo 和 Morari(1990)所讨论的内模控制方案。然而,这并非总是一个好的解决方案,特别是当 $G_2(s)$具有少许阻尼模态时更是如此(Weston and Postlethwaite,2000)。下面将表明,通过选取 $M(s)$作为 $G_2(s)$的一个互质因子,可以获得更好的解决方案。

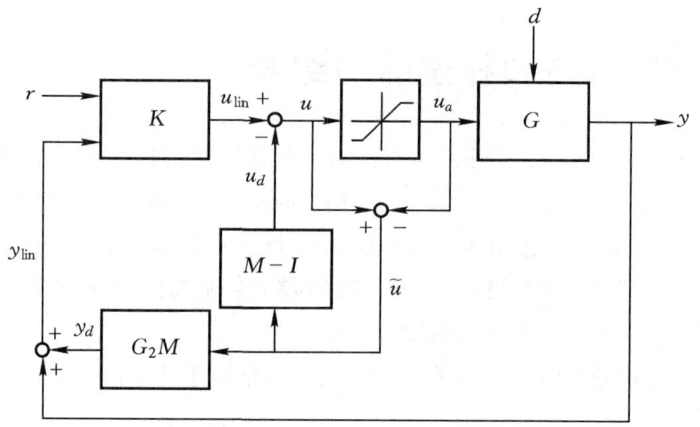

图 12.2 受 $M(s)$调整的抗饱和补偿器

根据恒等式

$$\mathrm{Dz}(u) = u - \mathrm{sat}(u) \tag{12.83}$$

其中的 $\mathrm{Dz}(\cdot)$ 和 $\mathrm{sat}(\cdot)$ 分别表示死区和饱和函数,可以证明图 12.2 和 12.3 是等价的(Weston and Postlethwaite,2000)。图 12.3 更便于分析系统的稳定性和性能,特别是从中可以看出,只要标称线性闭环是稳定的,则非线性回路的稳定性可以决定整体稳定性。此外,系统性能可以由从 $u_{\rm lin}$ 到 y_d 映射的"规模"来度量。我们称这个映射为 $\mathcal{T}_p$,它决定了控制信号饱和对线性输出的摄动程度。因此,最小化该非线性算子的范数大小将是有用的。为了解更多

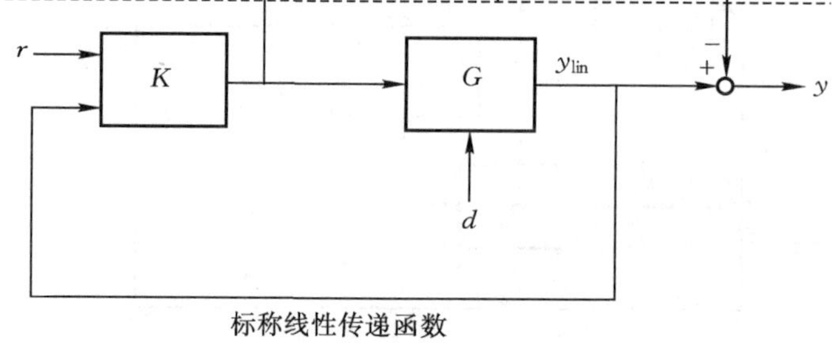

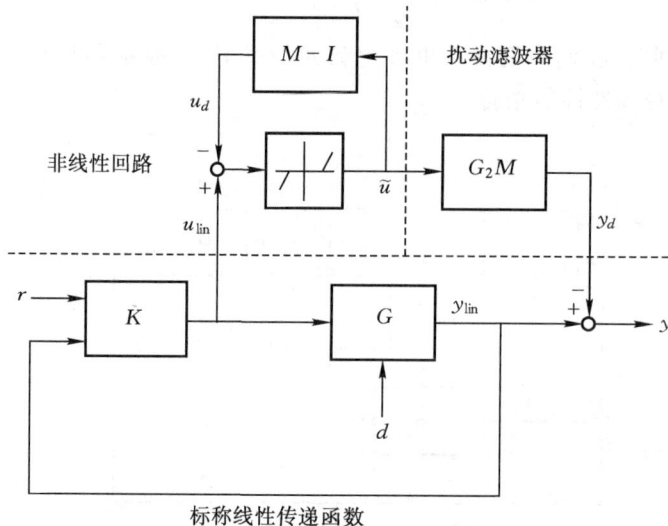

图 12.3 受 $M(s)$调整的抗饱和补偿器的等价表示

详细信息，可参阅 Turner 和 Postlethwaite(2004)以及 Turner 等(2003)的论著。

12.4.2 Lyapunov 稳定性

非线性系统的稳定性比线性系统更加难以确定。Lyapunov 给出了一个充分(但非必要)条件，可参见 Khalil(1996)的论著。

定理 12.1 Lyapunov 定理。 给定正定函数 $V(x)>0\ \forall x\neq 0$ 和自治系统 $\dot{x}=f(x)$，那么，系统 $\dot{x}=f(x)$ 是稳定的，如果

$$\dot{V}(x)=\frac{\partial V}{\partial x}f(x)<0 \quad \forall x\neq 0 \tag{12.84}$$

由于饱和函数的存在，抗饱和系统是非线性的，我们将采用 Lyapunov 定理证明其稳定性。

12.4.3 $\mathcal{L}_2$ 增益

在线性系统中，$\mathcal{H}_\infty$ 范数等价于系统的最大均方根或 rms 能量增益。非线性系统中的等价度量就是所谓的 $\mathcal{L}_2$ 增益，它是 rms 能量增益的一个界。特别地，如果

$$\| y \|_2 < \gamma \| u \|_2 + \beta \tag{12.85}$$

则称输入为 $u(t)$，输出为 $y(t)$ 的非线性系统具有值为 γ 的 $\mathcal{L}_2$ 增益。其中，β 是一个正常数，$\|(\cdot)\|_2$ 表示向量的标准时域 2 范数($\mathcal{L}_2$ 范数)。因此，系统的 $\mathcal{L}_2$ 增益可以理解为相对于输入大小，系统所显示出的输出大小的度量。

12.4.4 扇形界

饱和函数定义为

$$\mathrm{sat}(u)=[\mathrm{sat}_1(u_1),\cdots,\mathrm{sat}_m(u_m)]^{\mathrm{T}} \tag{12.86}$$

而 $\mathrm{sat}_i(u_i)=\mathrm{sign}(u_i)\times\min\{|u_i|,\bar{u}_i\}$，$\bar{u}_i>0\ \forall i\in\{1,\cdots,m\}$，其中的 $\bar{u}_i$ 表示第 i 个饱和限制。由此可知，死区函数可以定义为

$$\mathrm{Dz}(u)=u-\mathrm{sat}(u) \tag{12.87}$$

容易验证饱和函数 $\mathrm{sat}_i(u_i)$ 满足如下不等式：

$$u_i\mathrm{sat}_i(u_i)\geqslant \mathrm{sat}_i^2(u_i) \tag{12.88}$$

或者，对于某些 $w_i>0$，

$$\mathrm{sat}_i(u_i)[u_i-\mathrm{sat}_i(u_i)]w_i\geqslant 0 \tag{12.89}$$

成立。引入对角阵 $W>0$，并集合所有关于 i 的不等式，可得

$$\mathrm{sat}(u)^{\mathrm{T}}W[u-\mathrm{sat}(u)]\geqslant 0 \tag{12.90}$$

类似地，对于一些对角阵 $W>0$，

$$\mathrm{Dz}(u)^{\mathrm{T}}W[u-\mathrm{Dz}(u)]\geqslant 0 \tag{12.91}$$

成立，该不等式将被用来推导抗饱和补偿器综合方程。

12.4.5 全阶抗饱和补偿器

术语“全阶”抗饱和补偿器与“全阶”$\mathcal{H}_\infty$ 控制器的含义类似；也就是说，该补偿器和对象具有相同的阶数。本节将重点讲述全阶抗饱和补偿器的综合，关于低阶和静态抗饱和综合问题，请参阅 Turner 和 Postlethwaite(2004)的论著。

假设将 $G_2(s)$ 因式分解为 $G_2(s)=N(s)M(s)^{-1}$，即选择抗饱和参数 $M(s)$ 作为 $G_2(s)$ 互质分解的一部分，具体请见 4.1.5 节或 Zhou 等(1996)的论著。对于这种情况，可以由下式给出算子 $\mathscr{T}_p: u_{lin} \mapsto y_d$：

$$\mathscr{T}_p \triangleq \begin{cases} \dot{x}_p = (A_p + B_pF)x_p + B_p\tilde{u} \\ u_d = Fx_p \\ y_d = (C_p + D_pF)x_p + D_p\tilde{u} \\ \tilde{u} = \mathrm{Dz}(u_{lin} - u_d) \end{cases} \tag{12.92}$$

矩阵 F 决定了 $G_2(s)$ 的互质分解，而该分解反过来又影响抗饱和补偿器的性能。因此，全阶抗饱和综合的目的是寻找一个合适的矩阵 F，使得在出现饱和时，系统闭环性能仍然良好。

12.4.6　抗饱和综合

我们需要选择 F(因此还有 $M(s)$)，使得 $\mathscr{T}_p$ 内部稳定，并具有充分小的 $\mathcal{L}_2$ 增益。可以验证(见 Turner 和 Postlethwaite(2004)的论著)，如果选择 Lyapunov 函数 $V(x)=x_p^{\mathrm{T}}Px_p>0$，并确保

$$\dot{V}(x) + y_d^{\mathrm{T}}y_d - \gamma^2 u_{lin}^{\mathrm{T}}u_{lin} < 0 \tag{12.93}$$

那么，算子 $\mathscr{T}_p$ 肯定内部稳定，并具有值为 γ 的 $\mathcal{L}_2$ 增益。因此，利用 $\mathscr{T}_p$ 的表达式，不等式(12.93)可写为

$$z^{\mathrm{T}}\begin{bmatrix} \bar{A}^{\mathrm{T}}P + P\bar{A} + \bar{C}^{\mathrm{T}}\bar{C} & PB_p + \bar{C}^{\mathrm{T}}D_p & 0 \\ * & D_p^{\mathrm{T}}D_p & 0 \\ * & * & -\gamma^2 I \end{bmatrix} z < 0 \tag{12.94}$$

其中

$$\bar{A} = A_p + B_pF \tag{12.95}$$

$$\bar{C} = C_p + D_pF \tag{12.96}$$

$$z = [x_p^{\mathrm{T}} \quad \tilde{u}^{\mathrm{T}} \quad u_{\mathrm{lin}}^{\mathrm{T}}]^{\mathrm{T}} \tag{12.97}$$

然而，根据死区的扇形界，还可以得到

$$2\tilde{u}^{\mathrm{T}}W[u_{lin} - Fx_p - \tilde{u}] \geqslant 0 \tag{12.98}$$

我们将利用 S 方法合并不等式(12.94)和(12.98)。首先需要注意的是，不等式(12.98)可以写作

$$z^{\mathrm{T}}\begin{bmatrix} 0 & -F^{\mathrm{T}}W & 0 \\ * & -2W & W \\ * & * & 0 \end{bmatrix} z \geqslant 0 \tag{12.99}$$

为使得不等式(12.99)更加整齐，我们在不等式(12.98)中添加了因子 2；如若不然，不等式(12.99)中将出现几个因子 1/2。利用前文描述的 S 方法，将不等式(12.94)和(12.99)合并起来，可得

$$\begin{bmatrix} \bar{A}^{\mathrm{T}}P + P\bar{A} + \bar{C}^{\mathrm{T}}\bar{C} & PB_p + \bar{C}^{\mathrm{T}}D_p - F^{\mathrm{T}}W\tau & 0 \\ * & -2W\tau + D_p^{\mathrm{T}}D_p & W\tau \\ * & * & -\gamma^2 I \end{bmatrix} < 0 \tag{12.100}$$

请注意，τ 仅出现在和 W 相邻的位置，所以可以定义一个新变量 $V=W\tau$，并在下文中采用它。应用 Schur 补，可得

$$\begin{bmatrix} \bar{A}^{\mathrm{T}}P+P\bar{A} & PB_p-F^{\mathrm{T}}V & 0 & \bar{C}^{\mathrm{T}} \\ * & -2V & V & D_p^{\mathrm{T}} \\ * & * & -\gamma I & 0 \\ * & * & * & -\gamma I \end{bmatrix}<0 \tag{12.101}$$

接下来，利用合同变换 $\mathrm{diag}(P^{-1},V^{-1},I,I)$，进一步得到

$$\begin{bmatrix} P^{-1}A_p^{\mathrm{T}}+A_pP^{-1}+P^{-1}F^{\mathrm{T}}B_p^{\mathrm{T}}+B_pFP^{-1} & B_pV^{-1}-P^{-1}F^{\mathrm{T}} & 0 & P^{-1}C_p^{\mathrm{T}}+P^{-1}F^{\mathrm{T}}D_p^{\mathrm{T}} \\ * & -2V^{-1} & I & V^{-1}D_p^{\mathrm{T}} \\ * & * & -\gamma I & 0 \\ * & * & * & -\gamma I \end{bmatrix} \tag{12.102}$$

最后，定义新变量 $Q=P^{-1}$，$U=V^{-1}$，$L=QF$，得到

$$\begin{bmatrix} QA_p^{\mathrm{T}}+A_pQ+L^{\mathrm{T}}B_p^{\mathrm{T}}+B_pL & B_pU-QF^{\mathrm{T}} & 0 & QC_p^{\mathrm{T}}+L^{\mathrm{T}}D_p^{\mathrm{T}} \\ * & -2U & I & UD_p^{\mathrm{T}} \\ * & * & -\gamma I & 0 \\ * & * & * & -\gamma I \end{bmatrix}<0$$

这是一个关于 $\gamma>0$、L，以及对角形 $Q>0$、$U>0$ 的 LMI。为得到 F，可计算 $F=Q^{-1}L$，这就使得我们能够构建抗饱和补偿器。

关于以上及类似公式的应用，请参阅 Turner 和 Postlethwaite(2004)以及 Herrmann 等(2003a;2003b)的论著。

12.5 结　论

为求解具有本章所描述类型的凸 LMI 优化问题，近年提出了一些高效的内点算法。本章描述了控制中的主要(一般)LMI 问题以及相关的工具和技巧，它们能将 LMI 问题转化为合适的形式以充分利用现有算法，特别是 Matlab 中的相关算法。正如全书所给出的，在所有的例子中，我们只使用了 Matlab 代码。当然，还存在其它一些 LMI 软件，在这里，我们推荐 YALMIP(http://control.ee.ethz.ch/~joloef/yalmip.php)，它具有与其它可获得的免费软件的接口，这是特别有用的。在本章中，我们试图为增进对 LMI 功能和作用的理解，提供一些基本要点，对于更多细节，可参见 Boyd 等(1994)的论著。需要提醒的是，LMI 的计算复杂度较高，比如，肯定高于采用传统方法求解 Riccati 方程的复杂度。尽管如此，LMI 方法开辟了求解那些传统方法不能解决的问题的新途径。

第13章

案例研究

本章给出三个案例研究用以说明一些重要的实际问题，即：$\mathcal{H}_\infty$ 混合灵敏度设计中的权函数选择、扰动抑制、输出选择、两自由度 $\mathcal{H}_\infty$ 回路整形设计、病态对象、μ 分析和 μ 综合。

13.1 引　言

完整的工业控制系统设计过程通常包括以下步骤：

1. 对象建模：确定对象的数学模型。数学模型可利用辨识技术由实验数据获得，也可由描述对象动态特性的物理方程获得，或者由这两种方法共同来获得。
2. 对象输入-输出的能控性分析：其目的是发现期望的闭环性能，以及对于"好"控制存在的内在限制；帮助决定初始控制结构，以及该初始控制结构是否能成为性能权函数的初始选择。
3. 控制结构设计：决定对哪些变量进行控制，对哪些变量进行量测，以及这些变量之间应有的关系。
4. 控制器设计：用公式化的数学设计问题来描述工程设计问题，并综合相应的控制器。
5. 控制系统分析：通过分析和仿真，按性能指标或设计人员的期望来评估控制系统。
6. 控制器实现：实现控制器，几乎可以肯定的是用软件实现计算机控制，这里要注意强调诸如抗饱和、无扰转换等重要问题。
7. 控制系统试运行：其目的是让控制器在线工作；进行现场测试；在确信被控对象能够完全运行之前，进行必要的修改。

本书主要集中于步骤 2、3、4 和 5。本章我们将给出三个案例研究，用以展示一些想法，以及可在这些步骤中采用的许多实用技术。这些案例研究的目的，并不是为了给考虑中的应用建立"最佳"控制器，而是为了解释本书中某些特定的技术。

案例研究 1 设计的直升机控制律用来抑制大气湍流。对于 S/KS 的 $\mathcal{H}_\infty$ 混合灵敏度设计问题，建模时将阵风扰动作为附加输入。非线性仿真的结果表明，这可以显著改进标准 S/KS 设计。为了解更多关于 $\mathcal{H}_\infty$ 控制用于高级直升机飞行控制的信息，建议读者参阅 Walker 和

Postlethwaite(1996)的论著，他们描述了高性能直升机飞行控制系统的设计和地面驾驶的模拟测试。最初的飞行测试结果由 Postlethwaite 等人(1999)给出。

案例研究 2 把两自由度$\mathcal{H}_\infty$回路整形方法应用于一个高性能航空发动机鲁棒控制器的设计，从而说明了两自由度$\mathcal{H}_\infty$回路整形方法的应用和实用性。在案例 2 中将给出非线性仿真结果，并将描述有效的控制结构设计(输入-输出选择)工具，及其在案例研究 2 中的应用。对于航空发动机的这部分设计工作，已经有了进一步的发展，并形成了多模控制器的基础，前英国国防研究局(现为 QinetiQ)已经在 Pyestock 的 Rolls-Royce 公司 Spey 发动机的试验设备上将其实现，并成功地完成了测试(Samar，1995)。

最后一个案例研究是关于理想化蒸馏塔的控制问题。此处采用的模型虽然非常简单，但足以说明要控制病态对象的困难程度，以及模型不确定性的不利影响。从该例还可看出，结构奇异值 μ 对于鲁棒分析似乎是一个强有力的工具。

案例研究 1、2 和 3 分别以 Postlethwaite 等人(1994)，Samar 与 Postlethwaite(1994)，以及 Skogestad 等人(1998)的论著为基础。

13.2 直升机控制

该案例研究用于说明在$\mathcal{H}_\infty$混合灵敏度设计中，为了提高扰动抑制性能应该怎样选择权函数以及应该怎样修改设计问题。

13.2.1 问题描述

在该案例研究中，设计控制器的目的是为了减小大气湍流对直升机的影响。消弱阵风影响不仅对于驾驶员工作负荷的减轻非常重要，而且能够允许在恶劣天气条件下进行有创意的操纵。此外还可以减小振动，这有助于延长机身和组件的使用寿命，提高乘客舒适度。

在旋翼机飞行器控制系统设计中，鲁棒稳定性和性能已经研究了若干年，采用了 $\mathcal{H}_\infty$ 优化方法(Yue and Postlethwaite，1990；Postlethwaite and Walker，1992)、特征结构配置法(Manness and Murray-Smith，1992；Samblancatt et al.，1990)、滑模控制法(Foster et al.，1993)，以及 H_2 设计(Takahashi，1993)等方法。这些早期的$\mathcal{H}_\infty$控制器设计是特别成功的(Walker 等人，1993)，并在驾驶模拟中得以验证。这些设计中已经使用了扰动的频率信息以限制系统的灵敏度，但总体上一直没有对大气湍流的影响予以明确考虑。因此，通过考虑扰动特征的实时信息，以及它们对真实直升机的影响情况，应该有可能改善整体性能。下面我们将说明这一点。

为了仿真，我们将采用在 Bedford(Padfield，1981)原国防研究局(现 QinetiQ)的非线性直升机模型，并将其称为有理化直升机模型(RHM)。最近在 RHM 中已经包含了湍流发生器模块，这使得控制器设计可以在线测试其扰动抑制性能。应当注意到，阵风模型以一种复杂的形式影响直升机方程，并且在 RHM 代码中是自含的。但是为了设计，可以想象阵风以非常简单的方式影响这个模型。

我们将首先重复 Yue 和 Postlethwaite (1990)的设计，该设计使用了一个没有明确考虑大气湍流的 S/KS $\mathcal{H}_\infty$混合灵敏度问题描述。然后为达到设计的目的，将阵风作为一种扰动包含在直升机模型的速度状态中，而且把这个扰动作为 S/KS 设计问题的一个附加输入。由此产生的控制器，在消除大气湍流方面，比早期的标准 S/KS 设计有实质性的改善。关于直升机飞行控制，包括飞行试验的 $\mathcal{H}_\infty$ 优化方面的最新参考资料，将在13.2.6节的小结中给出。

13.2.2 直升机模型

用在我们工作中的飞机模型是对 Westland Lynx 公司一架双引擎多用途军用直升机的描述，该飞机总重量大约9000磅(4000千克)，带有四叶半刚性主旋翼。未增扩的飞机是不稳定的，表现出单主旋翼直升机的交叉耦合特点。除了基础刚体、发动机及执行器部件之外，该模型还包括2阶旋翼翼动和离线使用的圆锥模式。这个模型还有一个优点，就是具有基本相同的代码，既可以用于实时驾驶仿真，也可以用于基于工作站的离线质量评估。

描述直升机运动的方程很复杂，很难建立其高精度的方程。例如，很难建立旋翼动力学模型，因此鲁棒设计方法对于直升机高性能控制是很关键的。这个案例研究的出发点，就是为了获得一个8阶微分方程，用以对悬停飞机小摄动刚性运动进行建模，相应的状态空间模型是

$$\dot{x} = Ax + Bu \tag{13.1}$$

$$y = Cx \tag{13.2}$$

从前言中给出的互联网址可得到经适当尺度变换后系统的矩阵 A、B、C，刚体的8个状态向量 x 在表13.1中给出。

表13.1 直升机状态向量

状 态	描 述
θ	俯仰姿态
ϕ	滚动姿态
p	滚动角速率(体轴)
q	俯仰角速率(体轴)
ξ	偏航角速率
v_x	前进速度
v_y	横向速度
v_z	垂直速度

该模型是开环不稳定的，有一对复数 RHP 极点位于 0.23 ± 0.55rad/s。输出由4个主被控输出组成

- 升沉速度 $\dot{H}$
- 俯仰角 θ
- 滚动角 ϕ
- 航向角速率 $\dot{\psi}$

（以上四项构成 y_1）

同时也包括两个附加(体轴)的量测量

- 滚动角速率 p
- 俯仰角速率 q

（以上两项构成 y_2）

在该案例建模时，执行器(通常典型地按一阶滞后建模)作为单位增益，因此控制器(或者手动控制的飞行员)将输出作为直升机输入的四个叶片角度的希望值。这些叶片角度是

- 主旋翼整体
- 纵向旋转
- 横向旋转
- 尾旋翼整体

（以上四项合称 u）

其中每一个叶片角度的作用可简要描述如下：主旋翼整体等量地改变主旋翼的所有叶片，或者简单地说就是控制升降。纵向旋转和横向旋转输入分别改变主旋翼叶片的角度，使其不同，从而使升力矢量倾斜产生纵向和横向运动。尾旋翼用来平衡主旋翼产生的扭矩，以阻止直升机打转，同时它还用来产生横向运动。假设直升机输入和输出是解耦的，则这个描述对于了解直升机如何工作是有用的，但是实际上直升机的动态特性是高度耦合的，也是不稳定的，并且关于某些工作点也显示出非最小相位的特性。

我们感兴趣的是全权控制器的设计，即插在驾驶员和驱动系统之间的控制器能够完全控制主旋翼和尾旋翼叶片的角度。在传统直升机中，通常控制器仅有有限的控制权，大多数时间留给驾驶员来闭合回路（手动控制）。而采用全权控制器，驾驶员仅提供参考指令。

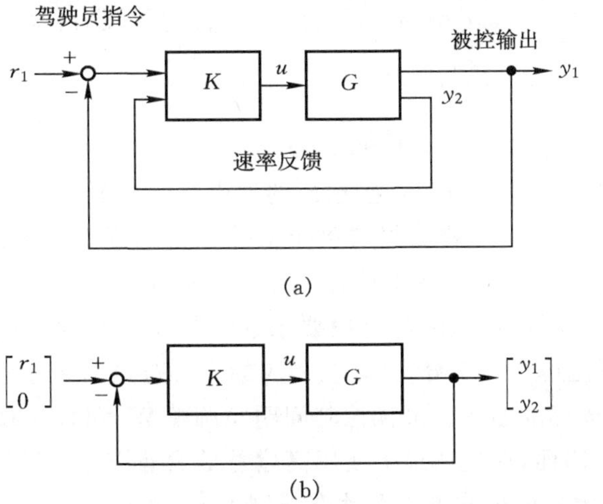

图13.1 直升机控制结构(a)实现图;(b)标准单自由度构成

现在要对图 13.1 所示的单自由度控制器进行设计。注意，在标准单自由度构成中，由于速率反馈信号的存在，驾驶员的参考指令 r_1 被一个零向量增广。这些零表示没有关于 $y_2 = [p \quad q]^T$ 的先验性能指标。

13.2.3 $\mathcal{H}_\infty$混合灵敏度设计

现在考虑图 13.2 所示的 $\mathcal{H}_\infty$ 混合灵敏度设计问题。可以将其作为前面在第 9 章讨论的跟踪问题（见图 9.11），只不过这里多了一个附加的权函数 W_3。W_1 和 W_2 是回路整形权函数，而 W_3 是基于信号的。优化问题就是求取一个镇定控制器 K，使如下代价函数最小化

$$\left\| \begin{bmatrix} W_1 S W_3 \\ W_2 K S W_3 \end{bmatrix} \right\|_\infty \tag{13.3}$$

这个代价函数是 Yue 和 Postlethwaite(1990) 在直升机控制这一背景下提出来的。他们的控制器在 Bedford DRA 的飞行驾驶模拟器中得到成功测试，因此我们建议在此使用相同的权函

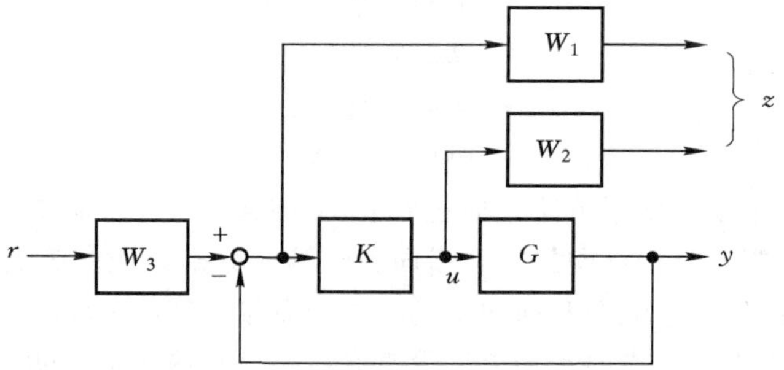

图 13.2 S/KS 混合灵敏度最小化

数。设计权函数 W_1、W_2 和 W_3 选择如下

$$W_1 = \mathrm{diag}\left\{0.5\frac{s+12}{s+0.012}, 0.89\frac{s+2.81}{s+0.005}, 0.89\frac{s+2.81}{s+0.005}, 0.5\frac{s+10}{s+0.01}, \frac{2s}{(s+4)(s+4.5)}, \frac{2s}{(s+4)(s+4.5)}\right\} \tag{13.4}$$

$$W_2 = 0.5\frac{s+0.0001}{s+10}I_4 \tag{13.5}$$

$$W_3 = \mathrm{diag}\{1,1,1,1,0.1,0.1\} \tag{13.6}$$

Yue 和 Postlethwaite(1990)进行这些选择的理由总结如下：

$W_1(s)$(性能权函数)的选择：要获得对每个被控输出的跟踪精度，要求灵敏度函数要小。这就要求在与被控输出相关的权函数中选择一个 s^{-1} 环节，使得控制器有积分作用。但是并不认为有必要要求稳态误差为零，因此可以要求这些权函数在低频段产生 500 的有限增益。(注意，无论如何 W_1 不能包含纯积分，否则在相应的广义对象 P 不能被反馈控制器 K 镇定的场合，就不能很好地形成标准的 $\mathcal{H}_\infty$ 最优控制问题。)调整 W_1 可以发现，高频段有限的衰减对于减小超调是有益的。因而，在主通道上使用高增益低通滤波器，可以把跟踪精度提高到大约 6 rad/s。在大约 10 rad/s 处的未建模旋翼动态限制了 W_1 的带宽。对于直升机的 4 个输入，我们只期望能够独立控制 4 个输出。由于速率反馈的量测量，灵敏度函数 S 是一个 6×6 的矩阵，因此它的奇异值中的两个(对应 p 和 q)在所有频率处总是接近于 1。在这些通道做的所有事情，就是要在穿越频率 4 到 7 rad/s 附近改善扰动抑制性能，在 W_1 最后两个元素中使用 2 阶带通滤波器能够达到这一点。

$W_2(s)$(输入权函数)的选择：在每一个通道中使用相同的一阶高通滤波器，具有 10 rad/s 的转折频率，用来限制高频段的输入幅值，从而限制闭环带宽。可提高 W_2 的高频增益以限制快速执行机构的移动。W_2 的低频增益设定约为 −100dB，以确保在低频段由 W_1 主导代价函数。

$W_3(s)$(设定点滤波器)的选择：W_3 是对参考输入 r 的权函数。我们选择了一个常值矩阵，此矩阵对每个输出指令有单位权值，但对虚构速率指令的权值为 0.1。在速率上减小的加权(并不直接被控)对这些输出能有一些扰动抑制，但它们不会显著影响代价函数。设置 W_3 的主要目的，就是迫使对每一个主要信号具有同样良好的跟踪效果。

对于利用上述权值函数设计的控制器，S 和 KS 的奇异值曲线如图 13.3(a)和(b)所示。这些图形正如前面提到的，具有一般形状和设计带宽，在驾驶仿真中被控系统性能良好。大气湍流的影响稍后在设计第二个控制器之后加以说明，在第二个控制器设计中要显式包括扰动抑制。

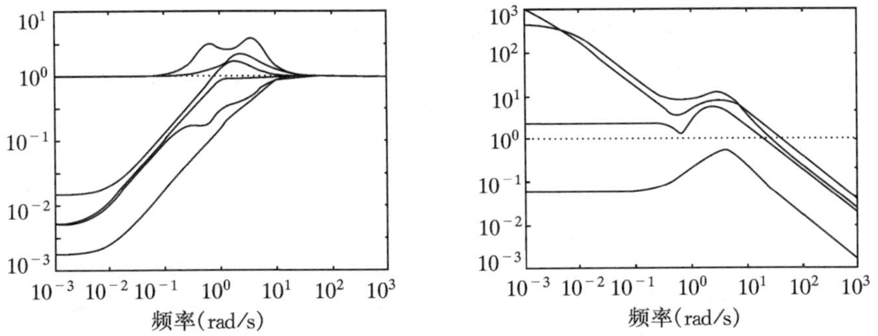

(a) S　　(b) KS

图 13.3　S 和 KS 的奇异值（S/KS 设计）

13.2.4 扰动抑制设计

在下面的设计中，我们假定大气湍流可以用阵风速度分量来模拟，它通过下面方程中的 $d=[d_1 \quad d_2 \quad d_3]^{\mathrm{T}}$ 来摄动直升机的速度状态 v_x、v_y 和 v_z。该摄动系统可表示为

$$\dot{x} = Ax + A\begin{bmatrix}0\\d\end{bmatrix} + Bu \tag{13.7}$$

$$y = Cx \tag{13.8}$$

我们定义 $B_d \triangleq$ 矩阵 A 的第 6、7 和 8 行，然后可得到

$$\dot{x} = Ax + Bu + B_d d \tag{13.9}$$

$$y = Cx \tag{13.10}$$

其传递函数可表示为

$$y = G(s)u + G_d(s)d \tag{13.11}$$

其中 $G(s)=C(sI-A)^{-1}B$，$G_d(s)=C(sI-A)^{-1}B_d$。我们所要解决的设计问题如图 13.4 所示，这个优化问题就是求取一个镇定控制器 K，使得如下代价函数最小

$$\left\| \begin{bmatrix} W_1SW_3 & -W_1SG_dW_4 \\ W_2KSW_3 & -W_2KSG_dW_4 \end{bmatrix} \right\|_\infty \tag{13.12}$$

式(13.12)是从 $\begin{bmatrix}r\\d\end{bmatrix}$ 到 z 传递函数的 $\mathcal{H}_\infty$ 范数。这很容易纳入一般控制构成，并用标准的软件求解。这里注意到，如果我们设 W_4 为 0，

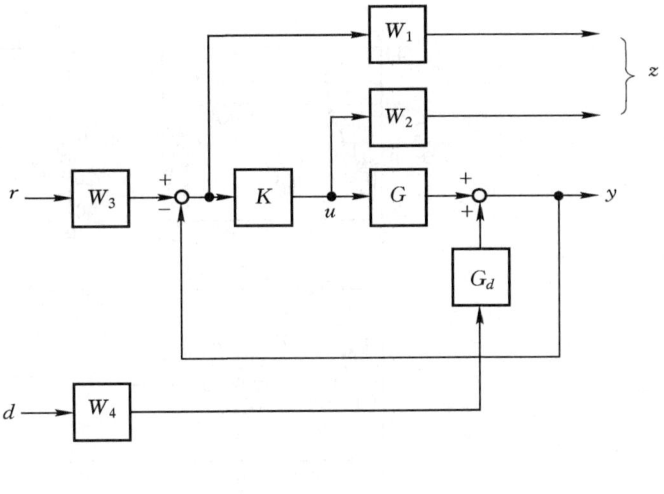

图 13.4　扰动抑制设计

这个问题就转变为前一小节的 S/KS 混合敏感度设计问题。为了综合这个控制器，我们采用与 S/KS 设计一样的权函数 W_1、W_2 和 W_3，同时选择 $W_4=\alpha I$ 来增强扰动抑制，其中 α 是一标量参数。在进行多次迭代后，最终取 $\alpha=30$。对于 α 的这一取值，S 和 KS 的奇异值曲线如图 13.5(a)和(b)所示，它们与 S/KS 设计时的曲线相当相似，但是正如下一小节将要看到的，这将在抑制强风方面有重大改进。同时，由于 G_d 与 G 有相同的动态特性，W_4 又是一个常数矩阵，因此扰动抑制控制器就具有与 S/KS 设计相同的维数。

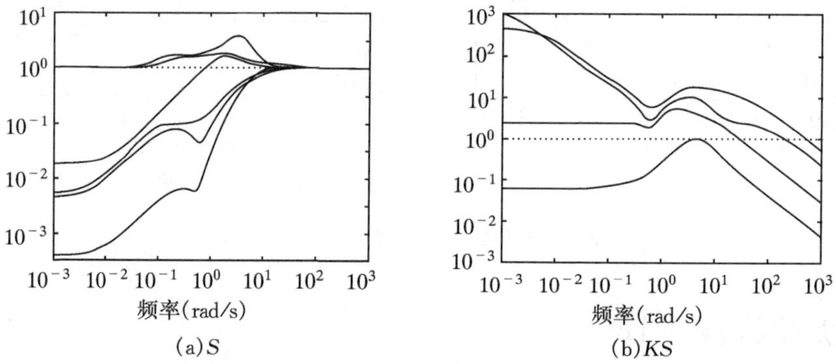

图 13.5　S 和 KS 的奇异值(扰动抑制设计)

13.2.5　两种设计中扰动抑制性能比较

为了比较两种设计的扰动抑制性能，我们把两个控制器在 RHM 非线性直升机模型上进行了仿真，在该模型考虑了大气湍流的统计离散阵风模型(Dahl and Faulkner，1979)。按此仿真工具，在悬停时不产生阵风，因此需要把非线性模型的向前飞行速度调整到 20 节(在 100 英尺即 30 米高度)，来观测湍流对 4 个被控输出的影响。我们知道这两个设计都是基于悬停的线性化模型，因此在 20 节条件下的测试也证明了控制器的鲁棒性。我们在阵风的各种变化下进行了测试，结果表明这种扰动抑制设计明显优于 S/KS 设计。

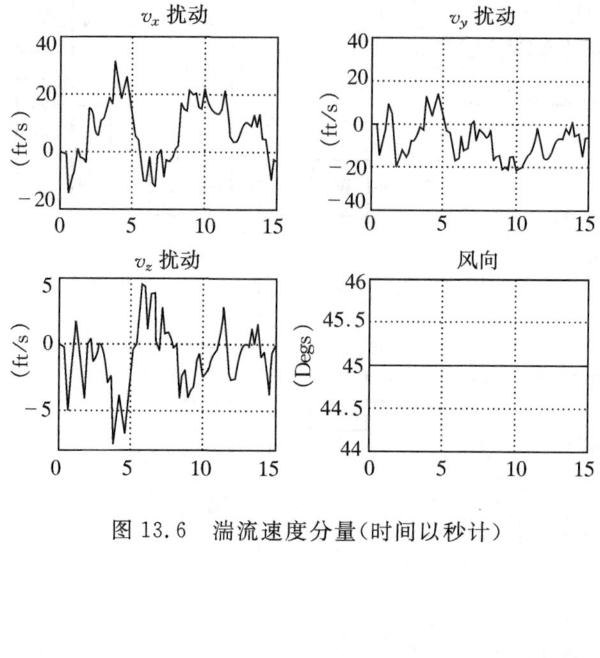

图 13.6　湍流速度分量(时间以秒计)

在图 13.6 中，我们展示了由 RHM 生成的典型阵风。对于 S/KS 设计和扰动抑制设计，阵风对被控输出的影响分别如图 13.7 和 13.8 所示。与 S/KS 设计相比较，扰动抑制控制器将湍流对升降速度的影响几乎平分在俯仰姿态角和滚动姿态角上，而对航向角速率影响的变化很小。

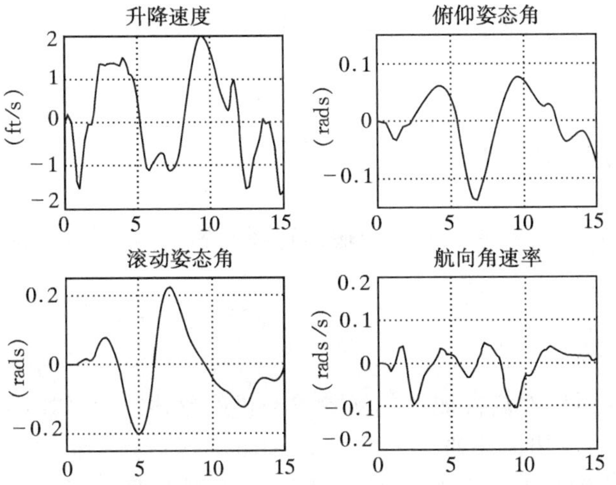

图 13.7　S/KS 设计对湍流的响应(时间以秒计)

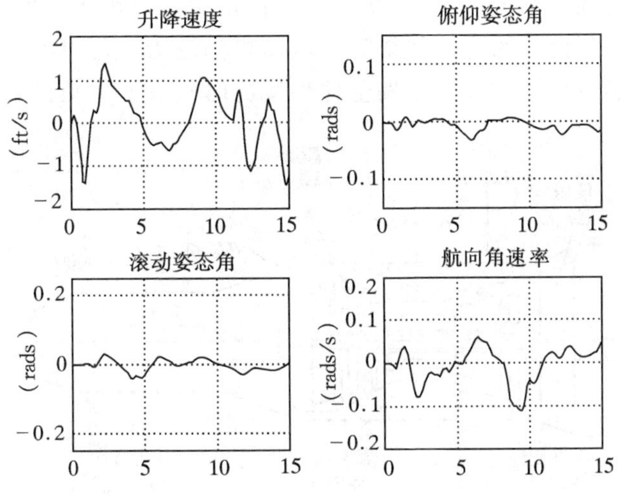

图 13.8　扰动抑制设计对湍流的响应(时间以秒计)

13.2.6　小结

这两种控制器的设计具有相同的维数，并且具有相似的频域特性。但是通过将对湍流活动的认识结合到第二个设计中，扰动抑制就有了可观的改进。由于湍流对升降速度的影响减小了一半，则由俯仰姿态角和滚动姿态角表明，驾驶员的工作负荷有可能大幅度减小，并容许以更高的精确度来完成更多创意操纵，而乘客的舒适性和安全性也同样得到提升。

这个研究主要想说明，在控制器设计中包含扰动信息是有益的。这个案例研究也展示了 $\mathcal{H}_\infty$ 混合灵敏度设计的权函数选择方法。要理解 $\mathcal{H}_\infty$ 如何成功应用在 Bell 205 悬翼直升机的飞行试验中，请参见 Postlethwaite 等人(1999)、Smerlas 等人(2001)、Prempain 和 Postlethwaite(2004)，以及 Postlethwaite 等人(2005)的论著。在 2004 年进行的一系列飞行试验，所有的操纵测试都获得了一级(最高)操作质量等级。直至本书出版时，结果仍在不断刷新。关于更多飞行控制案例，以及鲁棒多变量控制的有用性说明，参见 Bates 和 Postlethwaite(2002)的论著。

13.3 航空发动机控制

在此案例研究中，我们把各种工具用于输出选择问题，并阐明两自由度 $\mathcal{H}_\infty$ 回路整形设计方法的应用。

13.3.1 问题描述

该案例研究用来探讨针对高性能燃气涡轮发动机的鲁棒多变量控制器设计和控制结构设计问题，先进控制技术的应用。要研究的是 Rolls-Royce 公司的 Spey 发动机，该发动机是用在现代军用飞机中的双轴再热涡扇发动机。这种发动机有两个压缩机：一个是低压压缩机(LP)或称风扇，另一个是高压(HP)或称核心压缩机，如图 13.9 所示。核心压缩机出口处的高压气流燃烧，并容许部分气流膨胀后穿过高压和低压涡轮机，由此驱动这两个压缩机运转。气流最终在喷嘴出口处膨胀为大气压力，从而为飞机推进产生推力。发动机效率和产生的推力取决于两个压缩机产生的压力比。如果穿过压缩机的压力比超过某个最大值，则不能保持前向压力且气流会反转方向。在实际中发生这种情况时气流变成负的，但仅仅只造成瞬时影

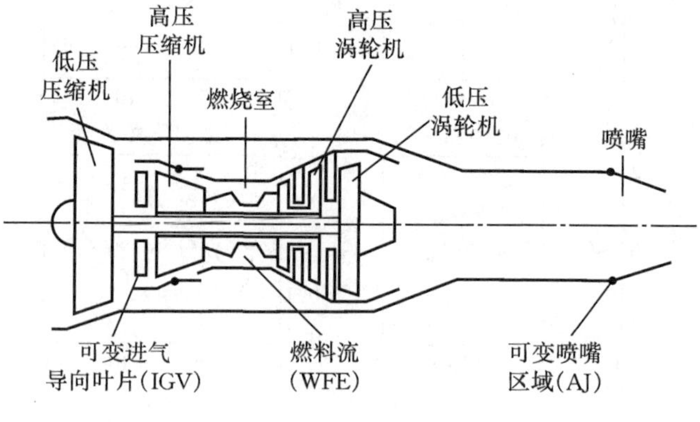

图 13.9 航空发动机示意图

响。当反向压力自己消失，而正向气流重新建立时，如果气流条件并未改变，压力积聚再次造成气流反转。于是，气流以很高的频率前后反转，这种现象称为喘振。喘振造成额外的空气动力学振动，并会在整个机器上传播，因此必须不惜一切代价避免这种情况发生。然而，为了更好的性能和更高的效率，压缩机必须工作在接近其喘振线的区域。因此，控制系统的首要目的，就是要控制发动机推力，同时调节压缩机喘振的裕量。但是，发动机推力和两个压缩机的

喘振裕量这些参数并不能直接量测。然而,有大量能表征这些参数的可用量测量。因此,我们的第一个任务,就是从这些可用的量测量中,选择那些在某种意义上对控制目的更好的量。这就是在第10章讨论过的输出选择问题。

下一步就是设计鲁棒多变量控制器,使发动机在整个运行期间能提供令人满意的性能。因为航空发动机是一个高度非线性系统,正常情况是在几个不同的工作点上设计几个不同的控制器,然后按照飞行包线进行调度。还有,航空发动机中有大量的参数,除了主要用于控制的参数外,其它参数也要保持在规定的安全界限内,如涡轮机叶片温度等。被控和/或被限的参数个数超过可用的输入数量,因此并不能同时独立控制所有这些参数。这个问题的解决办法是设计一些可调度的控制器,为不同的输出变量组设计不同的控制器,控制器可以根据在任何给定时间最重要的限制条件在其间进行切换。切换通常通过最低风门或最高风门来完成,风门的作用是把最合适的控制器输出传输到对象输入。这样,可以设计一个可切换的增益调度控制器,覆盖整个运行区间和所有可能的结构。在 Postlethwaite 等人(1995)的论著中,为这里所研究的 Spey 发动机设计了一个数字多模调度控制器。在他们的研究中,增益调度并不要求满足设计指标。下面我们将介绍对发动机主要输出的鲁棒控制器设计,采用的是两自由度 $\mathcal{H}_\infty$ 回路整形方法,同样的方法用在 Postlethwaite 等人(1995)的设计中,并对 Spey 发动机进行了成功的实现和测试。

13.3.2 控制结构设计:输出选择

Spey 发动机有3个输入:燃油流量(WFE)、可变面积的喷嘴(AJ)和可变角度的进气口导向叶片(IGV),即

$$u = [\ \mathrm{WFE} \quad \mathrm{AJ} \quad \mathrm{IGV}\ ]^{\mathrm{T}}$$

在此项研究中,共有6个可用的输出量测量

$$y_{\mathrm{all}} = [\ \mathrm{NL} \quad \mathrm{OPR1} \quad \mathrm{OPR2} \quad \mathrm{LPPR} \quad \mathrm{LPEMN} \quad \mathrm{NH}\ ]^{\mathrm{T}}$$

这些将由下文给出描述。对于这6个可用输出量测量的每1个,查询表提供了其作为工作点函数的期望的最优值(设定值)。然而,利用3个输入只能独立控制3个输出,于是我们首先面临的问题便是:控制哪3个输出?

发动机推力(被控制的参数之一)可以由低压压缩机的轴转速(NL)、高压压缩机的出口压力与发动机的入口压力比(OPR1),或发动机的整体压力比(OPR2)来定义。我们将从这3个量测量中选择1个最适合控制的量:

- **发动机推力**:从 NL、OPR1、OPR2(输出1、2、3)中选择1个。

类似地,低压压缩机的喘振裕量,可以由低压压缩机的压力比(LPPR),或其出口马赫数的量测值(LPEMN)来表示。我们要在这2个量测量中选择1个:

- **喘振裕量**:从 LPPR、LPEMN(输出4、5)中选择1个。

此项研究中我们将不考虑高压压缩机喘振裕量的控制,或其它与发动机温度限制有关的结构参数。我们选择的第3个输出是高压压缩机的轴转速(NH),这对于把发动机保持在安全限度以内同样重要。(NH 实际上是高压压缩机的轴转速除以总入口温度的平方根所得到的一个无量纲量,尺度变换后将使 NH 变为在标准温度 288.15K 下最大轴转速的一个百分比。)

• **轴转速**:选择 NH(输出 6)。

现已将可用的输出细分为 3 个子集,并决定从每个子集中选择 1 个输出。这就产生了 6 个候选输出集,如表 13.2 所示。

现在需要使用第 10 章给出的一些工具来解决输出选择问题。在这一点上需要强调,对于对象物理特性的透彻理解是十分重要的,而且有些量测量可能要根据其实用性事先进行筛选。下面的分析将使用一个具有 15 个状态的线性发动机模型(是在最大推力 87%点上由非线性模型推导而来)。该模型可从因特网上获得(在前言中表述过),这个模型连同执行器的动态特性在内,对于控制器设计来说,得到的是一具有 18 个状态的对象模型。用于此案例中的非线性模型由位于 Pyestock 的英国国防研究局(现在称为 QinetiQ)提供,并得到 Rolls-Royce 军用航空发动机有限公司的许可。

尺度变换。某些将要用于控制结构选择的工具,依赖于采用的尺度变换。因此,在做出比较之前对输入和候选量测量进行尺度变换是至关重要的,这样也可以进一步调整为设计目的而提出的问题。这里采用在 9.4.2 节描述的尺度变换方法。对输出的尺度变换,不希望使得对每个输出的交叉耦合具有相同的幅值。我们已经选择了对与推力相关的输出量的尺度变换,使其变换后量测量的每个单位代表 7.5%的最大推力。这样尺度变换后每一个输出量的单位阶跃量对应于推力(最大)的 7.5%的量。与喘振裕量相关的输出量经尺度变换后,使得一个单位对应于 5%的喘振裕量。如果设计的控制器在尺度变换后的输出量(对单位参考阶跃)之间提供小于 10%的相互作用,那么对于喘振裕量 5%的阶跃量,我们就能得到 0.75%或者更小的推力变化;而对于推力 7.5%的阶跃量,我们就能得到 5%或更小的喘振裕量变化。最终输出的 NH(是经过尺度变换的变量)要进一步进行尺度变换(除以 2.2),使得 NH 的单位变化,对应于 NH 的 2.2%的变化。输入量根据其预计操作范围的 10%进行尺度变换。

表 13.2　对于 6 个候选输出集的 RHP 零点和最小奇异值

集合号	候选被控输出	RHP 零点 <100 rad/s	$\underline{\sigma}(G(0))$
1	NL,LPPR,NH(1、4、6)	无	0.060
2	OPR1,LPPR,NH(2、4、6)	无	0.049
3	OPR2,LPPR,NH(3、4、6)	30.9	0.056
4	NL,LPEMN,NH(1、5、6)	无	0.366
5	OPR1,LPEMN,NH(2、5、6)	无	0.409
6	OPR2,LPEMN,NH(3、5、6)	27.7	0.392

稳态模型。按照上述尺度变换,稳态模型 $y_{\text{all}} = G_{\text{all}} u$ (所有候选输出包含在内),而相应的非方 RGA 矩阵 $\Lambda = G_{\text{all}} \times G_{\text{all}}^{\dagger T}$ 由下式给出:

$$G_{\mathrm{all}}=\begin{bmatrix}0.696 & -0.046 & -0.001\\ 1.076 & -0.027 & 0.004\\ 1.385 & 0.087 & -0.002\\ 11.036 & 0.238 & -0.017\\ -0.064 & -0.412 & 0.000\\ 1.474 & -0.093 & 0.983\end{bmatrix}\quad \Lambda(G_{\mathrm{all}})=\begin{bmatrix}0.009 & 0.016 & 0.000\\ 0.016 & 0.008 & -0.000\\ 0.006 & 0.028 & -0.000\\ 0.971 & -0.001 & 0.002\\ -0.003 & 0.950 & 0.000\\ 0.002 & -0.000 & 0.998\end{bmatrix} \tag{13.13}$$

对应于 $G_{\mathrm{all}}(0)=U_0\Sigma_0V_0^{\mathrm{H}}$ 的奇异值分解为：

$$U_0=\begin{bmatrix}0.062 & 0.001 & -0.144 & -0.944 & -0.117 & -0.266\\ 0.095 & 0.001 & -0.118 & -0.070 & -0.734 & 0.659\\ 0.123 & -0.025 & 0.133 & -0.286 & 0.640 & 0.689\\ 0.977 & -0.129 & -0.011 & 0.103 & -0.001 & -0.133\\ -0.006 & 0.065 & -0.971 & 0.108 & 0.195 & 0.055\\ 0.131 & 0.989 & 0.066 & -0.000 & 0.004 & -0.004\end{bmatrix}$$

$$\Sigma_0=\begin{bmatrix}11.296 & 0 & 0\\ 0 & 0.986 & 0\\ 0 & 0 & 0.417\\ 0 & 0 & 0\\ 0 & 0 & 0\\ 0 & 0 & 0\end{bmatrix}\quad V_0=\begin{bmatrix}1.000 & -0.007 & -0.021\\ 0.020 & -0.154 & 0.988\\ 0.010 & 0.988 & 0.154\end{bmatrix}$$

RGA 矩阵的 6 行之和为：

$$\Lambda_{\Sigma}=[0.025\quad 0.023\quad 0.034\quad 0.972\quad 0.947\quad 1.000]^{\mathrm{T}}$$

式(A.85)表明，为了最大化所选输出在对应的 3 个非零奇异值空间上的投影值，我们应该选择第 4、5、6 个输出(对应于 3 个最大的元素)。但是，这种选择并不是 6 个候选输出集合中的任何一个，因为没有直接和发动机推力的输出量(输出量 1、2、3)相关联。

我们现在对 6 个候选输出集合进行详细的输入-输出能控性分析。下文中 $G(s)$是指 3 个输入对 3 个选定输出作用的传递函数矩阵。

最小奇异值。在第 10 章，我们证明了选择被控输出量 y 的合理判据，就是使得 $\|G^{-1}(y-y_{\mathrm{opt}})\|$ 的值小(10.3.3 节)，尤其是在稳态时更是如此。此处 $y-y_{\mathrm{opt}}$ 是 y 对于其最优值的偏差。在稳态时，这个偏差主要来自于(查表)因扰动或在工作点处的未知变化引起的设定点误差。如果我们假设，在以上给定尺度变换下，$|(y-y_{\mathrm{opt}})_i|$ 的幅值对于 6 个输出量的每一个都是类似的(接近 1)，那么我们就应该选择一组输出使得 $G^{-1}(0)$的元素值小，或者换一种说法，使得 $\underline{\sigma}(G(0))$尽可能大(最小奇异值规则；见 10.3.3 节)。表 13.2 列出了对于 6 个候选输出集合的 $\underline{\sigma}(G(0))$。我们的结论是，可以排除第 1、2、3 集合，只考虑第 4、5、6 集合。由这 3 个集合我们发现，$\underline{\sigma}(G(0))$的值介于 0.366 到 0.409 之间，只略微小于 $\underline{\sigma}(G_{\mathrm{all}}(0))=0.417$。

注：这 3 个被排除的集合中都包括输出 4，即 LPPR。有趣的是，这个输出是与增益矩阵 $G_{\mathrm{all}}(0)$ 中最大元素 11.0 密切相关的，并因此与最大的奇异值相对应(从 U 的第一列可以看

出)。这说明,最优选择往往并不与$\bar{\sigma}(G)$相对应。

右半平面零点。RHP零点通过限制开环增益与带宽的乘积,限制了反馈回路可达到的性能。如果这些RHP零点位于期望闭环带宽之内,应该特别引起关注。并且,对于反馈控制选择不同的输出作为被控量,可以在不同的位置造成不同数量的RHP零点。因而,输出量的选择应该使产生的RHP零点数最小,并且尽可能远离虚轴。

表13.2表明,对于所有预期的输出变量组合,RHP零点都应慢于100 rad/s。对于航空发动机的闭环带宽要求大约是10 rad/s,因而应该避免接近此值或更小(接近原点)的RHP零点,以免引起问题。可以看到,变量OPR2引入(相对)慢的RHP零点。也可以观察到,这些零点在更高的推力下会向原点移动。因此,集合3和6并不适用于闭环控制。我们将利用这一点和最小奇异值分析对集合4和5做进一步分析。

相对增益阵列(RGA)。这里考虑有3个输出的方形候选传递函数矩阵$G(s)$的RGA:

$$\Lambda(G(s)) = G(s) \times G^{-\mathrm{T}}(s) \tag{13.14}$$

在第3.4节讨论过,RGA可以在两方面提供有用的信息:一是分析输入输出能控性,二是对输入和输出进行配对。特别地,对于输入输出变量配对,应尽可能使RGA的对角元接近1。进而,如果对象具有很大的RGA元,则闭环控制系统在面临对角输入不确定时,鲁棒性会很差,此时应该采用逆向控制器。由于不确定性,这样的摄动在执行器中是相当普遍的。这样我们希望Λ具有很小的元,并且对于对角占优的Λ,我们希望$\Lambda - I$变小。这两个目标可以合成为一个,即希望有小的RGA数,定义为

$$\text{RGA数} \triangleq \| \Lambda - I \|_{\text{sum}} = \sum_{i=j} |1-\lambda_{ij}| + \sum_{i\neq j} |\lambda_{ij}| \tag{13.15}$$

RGA数越低,控制结构就越好。在按频率计算RGA数之前,我们重新排列了输出变量,使稳态的RGA阵尽可能接近单位阵。

对于6个候选的输出集合,其RGA数如图13.10所示。正如上述最小奇异值分析的那样,我们再一次看到,集合1、2、3是不适合的,而集合4、5是最合适的,但由于其过于相似,以至于不好做出决定性选择。

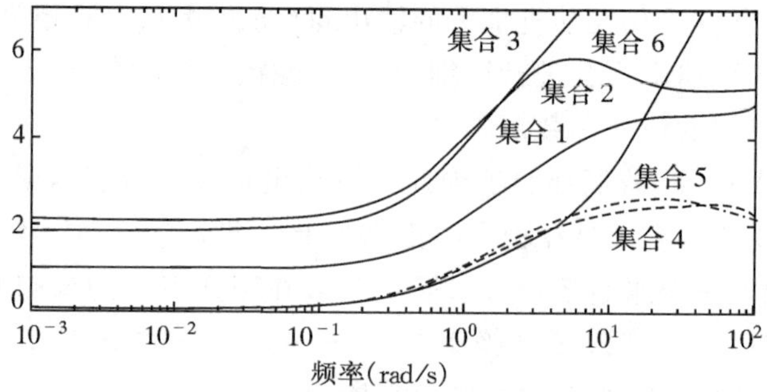

图13.10　RGA数

Hankel奇异值。值得注意的是,集合4、5只在一个输出变量上有差别,在集合4中为NL,而在集合5中为OPR1。因此,为了在二者中作出选择,接下来将考虑三个输入分别与输出NL和输出OPR1之间两个传递函数的Hankel奇异值。Hankel奇异值反映了均衡实现的

状态的联合能控性和能观性(如 11.3 节所述)。我们知道 Hankel 奇异值在状态变换时保持不变,但却与尺度变换有关。

图 13.11 分别给出了对于输出 NL 和 OPR1 两个传递函数的 Hankel 奇异值。OPR1 的 Hankel 奇异值较大,这表明 OPR1 比 NL 有更好的状态能控性和能观测性。或者说,输出 OPR1 比输出 NL 包含了更多的系统内部状态信息。由此可以看出,为了控制目的采用 OPR1 要优于 NL,因此(在没有其它更多信息时)集合 5 是我们的最终选择。

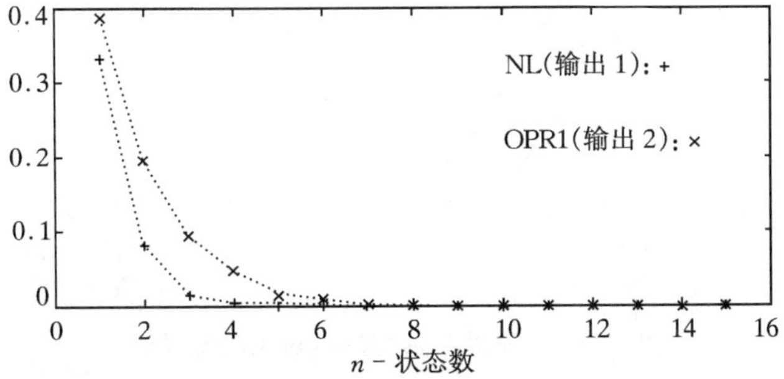

图 13.11 Hankel 奇异值

13.3.3 两自由度$\mathcal{H}_\infty$回路整形设计

9.4.3 节给出的设计过程将被用来设计 3 输入 3 输出对象 G 的两自由度 $\mathcal{H}_\infty$ 回路整形控制器。在网络上可以获得 18 个状态的线性对象模型 G(包括执行器动态特性)。如下面所描述的,这个控制器是基于尺度变换、输出选择,以及输入输出配对的。总结起来,选择的输出(集合 5)是

- y_1 :发动机入口压力 OPR1;
- y_2 :低压压缩机出口马赫数量测量 LPEMN;
- y_3 :高压压缩机轴转速 NH。

而相应的输入为

- u_1 :燃料流量 WFE;
- u_2 :喷嘴面积 AJ;
- u_3 :入口导向叶片角度 IGV。

相应的稳态模型($s=0$)和 RGA 矩阵如下

$$G=\begin{bmatrix}1.076 & -0.027 & 0.004\\ -0.064 & -0.412 & 0.000\\ 1.474 & -0.093 & 0.983\end{bmatrix},\Lambda(G)=\begin{bmatrix}1.002 & 0.004 & -0.006\\ 0.004 & 0.996 & -0.000\\ -0.006 & -0.000 & 1.006\end{bmatrix}\quad(13.16)$$

输入输出配对。输入输出配对是十分重要的,因为这使得两自由度控制构成中预滤波器的设计变得容易,而且简化了权函数的选择。如果采用分散控制方案,配对就更加重要了,这可以洞察对象的运行状况。在第 10 章我们论述过,稳态 RGA 的主对角上应避免出现负元,应该(重新)调整 G 的输出,使 RGA 接近单位阵。对于这里选择的输出集合,由式(13.16)可以看出,输出不需要进行重新调整。也就是说,应该分别用 WFE、AJ 和 IGV 与 OPR1、

LPEMN 和 NH 进行配对。

$\mathcal{H}_\infty$ **回路整形设计。** 我们遵循 9.4.3 节给出的设计步骤。在步骤 1 到 3 中，我们将讨论如何选择前置和后置补偿器，以得到期望的整形对象（回路形状）$G_s = W_2 G W_1$，其中 $W_1 = W_p W_a W_b$；在步骤 4 到 6 中，我们将给出后续的 $\mathcal{H}_\infty$ 设计方法。

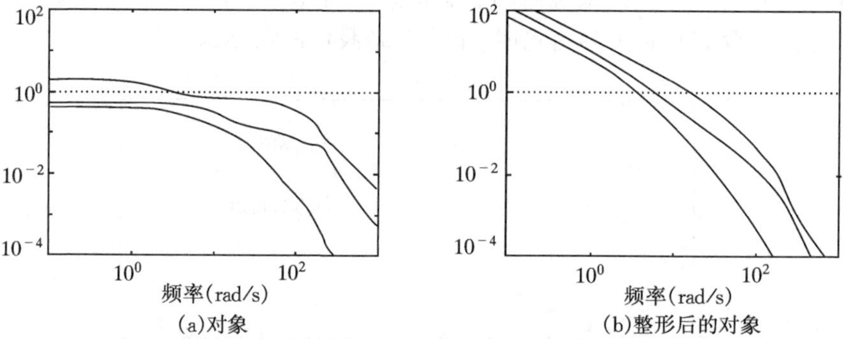

图 13.12 原对象及整形后对象的奇异值

1. 对象的奇异值如图 13.12(a)所示，奇异值图表明需要一个额外的低频增益，以得到良好的稳态跟踪能力和扰动抑制能力。前置补偿器的权函数简单地选为积分器，即 $W_p = I_3/s$，而后置补偿器的权函数选择为 $W_2 = I_3$。
2. 接下来要在 7 rad/s 处排列 $W_2 G W_p$。排列增益 W_a（用在 W_p 之前）就是在给定频率上整形后系统的近似真正逆。这样，为了提供接近 10 rad/s 的闭环带宽，要把穿越点调整到7 rad/s。如果对象在选择的排列频率上具有大的 RGA 元而是病态的话，则不应采用排列方式。在我们的案例研究中，RGA 的元较小(如图 13.10 所示)，因此预计排列并不会引起问题。
3. 附加的增益 W_g 要用在排列增益之前，以便对执行器的使用作某些控制。调整 W_g，使执行器速率的限制不超出对于尺度变换后输出的参考输入和扰动的阶跃速率。根据反复试验，W_g 应该选为 diag(1,2.5,0.3)。这表明第二个执行器（AJ）将以较高速率响应，而第三个执行器(IGV)则以较慢速率响应。这样整形过的对象变成 $G_s = G W_1$，其中 $W_1 = W_p W_a W_g$，其奇异值如图 13.12(b)所示。
4. 对于整形后的对象，式(9.66)中的 $\gamma_{\min}$ 应该取为 2.3，这表明整形后的对象与鲁棒稳定性是一致的。
5. 把 ρ 设定为 1，参考模型 T_{ref} 选为
$$T_{\text{ref}} = \text{diag}\left\{\frac{1}{0.018s+1}, \frac{1}{0.008s+1}, \frac{1}{0.2s+1}\right\}$$
这样在下面的参考输入作用下，第 3 个输出 NH 要慢于其它两个输出。
6. 求解式(9.87)中用 P 定义的标准 $\mathcal{H}_\infty$ 优化问题。采用 γ 迭代，可得到一个 $\gamma = 2.9$ 稍次优的控制器。当接近最优时在控制器中会引入非常快的极点，如果要把控制器离散化，那么就可能需要非常高的采样速率。选择一个稍次优的控制器能够缓和这个问题，并且也能改善 $\mathcal{H}_2$ 性能。预滤波器最终经过尺度变换能与稳态模型完美匹配。这个控制器（带权函数 W_1 和 W_2）具有 27 个状态变量。

13.3.4 分析与仿真结果

图 13.13 给出了线性被控对象模型的阶跃响应。由图可知，系统解耦很好，只有不到

10%的相互作用。虽然在此没有明确说明,经过分析控制输入和执行器信号都处在指定的限制范围内。输出端的扰动阶跃响应也满足问题的指标。注意,这里因为控制器结构有两个自由度,因此可以为对输出的参考输入信号和对输出传递函数的扰动信号赋予不同的带宽。

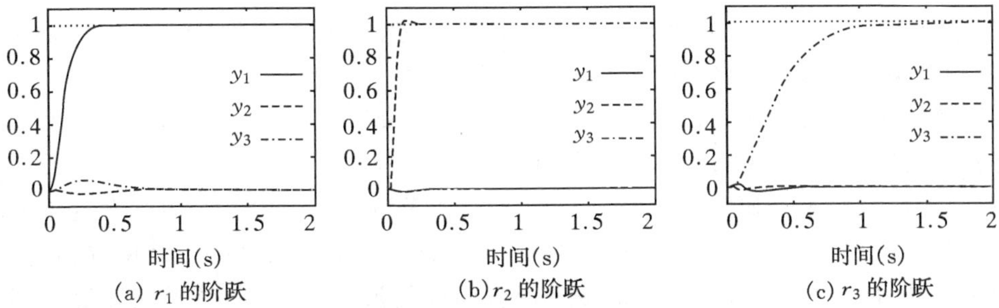

图 13.13 参考输入的阶跃响应

现在分析闭环系统的鲁棒特性。图 13.14(a)给出了灵敏度函数的奇异值,其峰值小于 2(实际是 1.44 = 3.2 dB),这很令人满意。图 13.14(b)给出了 $T=(I-GW_1K_2)^{-1}GW_1K_2$ 和 $T_I=(I-W_1K_2G)^{-1}W_1K_2G$ 的最大奇异值,两者都有较小的峰值,并且在高频段快速趋于零。由 9.2.2 节知,这表明对同时带有乘性输出和乘性输入的对象摄动会有好的鲁棒性。

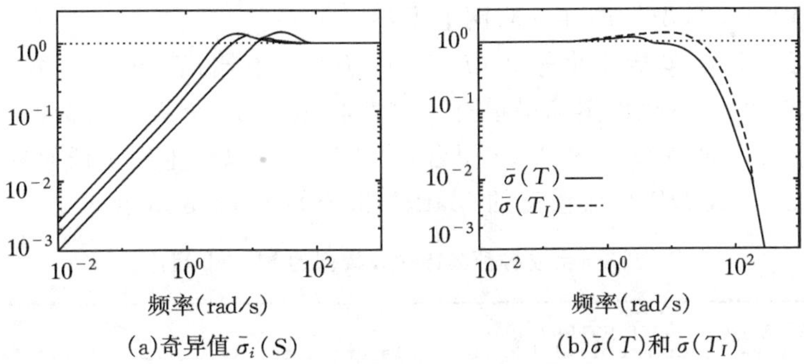

图 13.14 灵敏度和互补灵敏度函数

非线性仿真结果如图 13.15 所示,仿真是针对每一个尺度变换后的输出,同时施加参考输入信号进行的。实线表示参考输入,点划线表示输出。由图可知,该控制器在相互作用较小时具有良好的性能。

13.3.5 小结

这个案例研究表明,两自由度 $\mathcal{H}_\infty$ 回路整形设计容易应用于复杂工程系统。控制结构设计的某些工具已经成功地应用于航空发动机设计中。这里应强调的是,一个好的控制结构选择是十分重要的,它会得到比较简单的控制器,而且通常也是一个比较简单的设计练习。

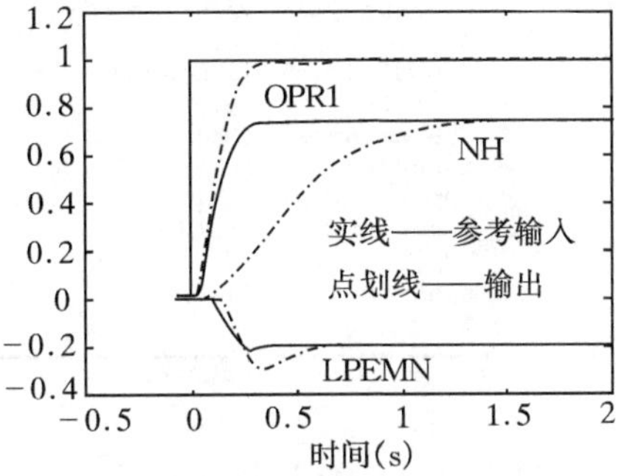

图 13.15 非线性仿真结果

13.4 蒸馏过程

一个典型的蒸馏塔如10.4.2节的图10.6所示。总的5×5控制问题已在例10.8(见10.4.2节)中讨论过,建议读者先阅读这一部分。下面讨论常用的LV和DV构成,它们是部分被控系统,其中有关液位和压力的三个回路已经闭合。

对于蒸馏塔控制问题的一般讨论,读者也可参考Shinskey(1984)、Skogestad和Morari(1987a)的论著,以及Skogestad(1997)的综述报告。

本书中,我们一直都在研究一个特别高纯度的二元精馏塔,该塔有40个理论级(39个理想塔板和1个再沸器)和1个总冷凝器。这就是Skogestad等人(1990)论著中提出的"塔A"。其中给料是由两种相对挥发性为1.5的成分混合而成的液体混合剂,这种液体混合剂的体积克分子浓度相等。假设压力p是常量(使用V_T作为输入对p进行完美控制)。调节变量(如回流和再蒸发速率)能够使得每个产品名义上的纯度为99%(y_D和x_B)。所有级的标称滞留时间为$M_i^*/F=0.5$ min,再沸器和冷凝器也是如此。可以用一个简单的线性关系来为液流动态特性建模,即$L_i(t)=L_i^*+(M_i(t)-M_i^*)/\tau_L$,其中$\tau_L=0.063$ min(这个值用于所有塔板),液流动态特性对控制来说很重要。该模型没有包含执行器和量测量的动态特性。由此导出了一个82个状态的模型。由于两个产品成分之间的强相互作用,这个蒸馏过程很难控制。更多的信息,包括蒸馏塔稳态概况均能在互联网上得到。

在互联网上可以获得包括4个输入(L、V、D、B)、4个输出(y_D、x_B、M_D、M_B)、2个扰动(F、z_F)和82个状态的完整线性蒸馏塔模型。这些状态是41个级中每级的摩尔分数和液体滞留时间。将2个液位回路(M_D和M_B)闭合,这个模型可以产生用于任何构成(LV、DV等)的模型。生成LV、DV及DB构成模型的Matlab指令如表13.3所示。

表13.3 生成各种蒸馏构成模型的Matlab程序

```
% Uses Matlab Robust control toolbox
% G4: State-space model (4 inputs, 2 disturbances, 4 outputs, 82 states)
% Level controllers using D and B (P-controllers; bandwidth = 10 rad/min):
Kd = 10; Kb = 10;
% Now generate the LV-configuration from G4 using sysic:
systemnames = 'G4 Kd Kb';
inputvar = '[L(1); V(1); d(2)]';
outputvar = '[G4(1);G4(2)]';
input_to_G4 = '[L; V; Kd; Kb; d ]';
input_to_Kd = '[G4(3)]';
input_to_Kb = '[G4(4)]';
sysoutname ='Glv';
cleanupsysic='yes'; sysic;
%
% Modifications needed to generate DV-configuration:
Kl = 10; Kb = 10;
systemnames = 'G4 Kl Kb';
inputvar = '[D(1); V(1); d(2)]';
input_to_G4 = '[Kl; V; D; Kb; d ]';
input_to_Kl = '[G4(3)]';
input_to_Kb = '[G4(4)]';
sysoutname ='Gdv';
%
```

续表 13.3

```
% Modifications needed to generate DB-configuration:
Kl = 10; Kv = 10;
systemnames = 'G4 Kl Kv';
inputvar = '[D(1); B(1); d(2)]';
input_to_G4 = '[Kl; Kv; D; B; d ]';
input_to_Kl = '[G4(3)]';
input_to_Kv = '[G4(4)]';
sysoutname ='Gdb';
```

我们在后面给出的 5 状态 LV 模型是用上述 82 状态的模型降阶得来的。这个模型也可在互联网上获取。

这一蒸馏过程在全书中被用作说明性示例，为了防止不必要的重复，我们将简要总结前面已经完成的工作，并会提及一些习题和例题的细节。这个模型的稳态特性，包括温度量测量的选择，都已在例 10.8 和 10.9 中讨论过。

13.4.1 理想化的 *LV* 模型

下列蒸馏过程的理想化模型由 Skogestad 等人(1988)原创提出，本书的例题采用了这个模型

$$G(s) = \frac{1}{75s+1}\begin{bmatrix} 87.8 & -86.4 \\ 108.2 & -109.6 \end{bmatrix} \tag{13.17}$$

在该模型中，输入为回流(L)和再蒸发流量(V)，被控输出是塔顶和塔底的产品成分(y_D 和 x_B)。对于蒸馏过程而言，这是一个相当粗糙的模型，但是它却能给难以控制的病态过程提供一个绝好的例子，病态主要是由输入的不确定性造成的。

请读者注意，本书下述各个地方都用到了模型式(13.17)：

例 3.5(见 3.3.4 节)：SVD 分析。作为频率函数的奇异值如图 3.7(b)所示。

例 3.6(见 3.3.4 节)：讨论过程的物理特性，解释方向性。

例 3.14(见 3.4.4 节)：条件数 $\gamma(G)$是 141.7，RGA 的第 1,1 个元素 $\lambda_{11}(G)$是 35.1(所有频率上)。

启发性例 2(第 3.7.1 节)：用逆基控制器引入鲁棒性问题，此控制器仿真采用了 20% 的输入不确定性。

习题 3.10(见 3.7.2 节)：鲁棒 SVD 控制器设计。

习题 3.11(见 3.7.2 节)：既有输入又有输出不确定性的逆基控制器。

习题 3.12(见 3.7.2 节)：尝试利用 McFarlane-Glover 的 $\mathcal{H}_\infty$ 回路整形方法来“鲁棒化”逆基设计。

例 6.8(见 6.10.2 节)：带前馈控制的输入不确定性灵敏度(RGA)。

例 6.11(见 6.10.4 节)：带逆基控制器的输入不确定性灵敏度、灵敏度峰值(RGA)。

例 6.14(见 6.10.6 节)：元素到元素不确定性灵敏度(相对于辨识)。

例 8.1(见 8.2.1 节)：传递函数各元素之间不确定性耦合。

8.11.3 节中的例子：对于鲁棒特性，μ 解释了启发性例 2 中的不良性能。

8.12.4 节中的例子：采用 DK 迭代设计 μ 最优控制器。

另外，读者应该了解本书(Skogestad and Postlethwaite，1996)第 1 版关于稳态时，对于抑

制扰动(在供料速率和供料成分中)来说输入幅值的一个例子。

式(13.17)的模型也是如下两个标志性问题的基础。

原始基准问题。这个原始控制问题是由 Skogestad 等人(1988)作为加权灵敏度的定界问题而建立的,这个峰值界与有界频率的输入不确定性相关。这个问题的最优解是按在 8.12.4 节的例子中单自由度 μ 最优控制器给出的,在该例中得到 μ 的峰值是 0.974(见 8.12.4 节的注 1)。

改进的 CDC 基准问题。原始基准问题的建立是不现实的,在那里对于输入的幅值没有定界,另外,关于性能和不确定性的峰值界(根据加权 $\mathcal{H}_\infty$ 范数)是在频域给出的,而很多工程师认为时域指标更现实。因此,Limebeer(1991)建议采用如下 CDC 指标。为此将对象集合 Π 定义为

$$\widetilde{G}(s)=\frac{1}{75s+1}\begin{bmatrix}0.878 & -0.864\\ 1.082 & -1.096\end{bmatrix}\begin{bmatrix}k_1\mathrm{e}^{-\theta_1 s} & 0\\ 0 & k_2\mathrm{e}^{-\theta_2 s}\end{bmatrix}$$

$$k_i\in[0.8\quad 1.2],\ \theta_i\in[0\quad 1.0] \tag{13.18}$$

从物理角度而言,这意味着具有 20%的增益不确定性,以及每个输入通道至少 1 分钟的延迟。这个指标对于每个对象 $\widetilde{G}\in\Pi$ 需达到的指标如下:

S1:闭环稳定性。

S2:对于在通道 1,$t=0$ 时刻的单位阶跃量,对象输出 y_1(跟踪)和 y_2(相互作用)应该满足:

- $y_1(t)\geqslant 0.9$,对 $\forall t\geqslant 30$ min;
- $y_1(t)\leqslant 1.1$,对 $\forall t$;
- $0.99\leqslant y_1(\infty)\leqslant 1.01$;
- $y_2(t)\leqslant 0.5$,对 $\forall t$;
- $-0.01\leqslant y_2(\infty)\leqslant 0.01$。

在通道 2 的单位阶跃量需要达到相同的要求。

S3:$\bar{\sigma}(K_y\widetilde{S})<0.316$, $\forall\omega$;

S4:$\bar{\sigma}(\widetilde{G}K_y)<1$,对 $\omega\geqslant 150$。

这里应注意,也可能采用两自由度控制器,而 K_y 涉及到控制器的反馈对象。在实际应用中,指标 S4 由 S3 间接满足。同时要注意,不确定性描述 $G_p=G(I+w_I\Delta_I)$,其中 $w_I=(s+0.2)/(0.5s+1)$(在本书中用于很多例子中),仅仅允许 0.9 分钟的时间延迟误差。为了得到包含式(13.18)中不确定性的权函数 $w_I(s)$,我们可以采用 7.4.5 节中描述的方法,如式(7.36)或式(7.37),其中设定 $r_k=0.2$,$\theta_{\max}=1$。

满足式(13.18)中 CDC 问题指标的几个设计方案也已经提出来了,如由 Limebeer 等人(1993)给出的两自由度 $\mathcal{H}_\infty$ 回路整形设计方案,以及 Whidborne 等人(1994)对此的扩展方案。而两自由度 μ 最优设计方案是由 Lundström 等人(1999)提出来的。

13.4.2 详细的 *LV* 模型

本书中我们曾使用过蒸馏过程的 5 状态动态模型,这一模型包括了液流动态行为(除了成分的动态行为之外)和扰动。这个 5 状态模型是由 82 状态的详细模型降阶而来。系统对于两种扰动的稳态增益由式(10.96)给出。

这个 5 状态模型在低频段与式(13.17)类似,但在高频段的交互作用较小。之所以在高频段交互作用小是因为液流动态特性使响应解耦所致,从而使 $G(j\omega)$ 在高频段呈上三角形状。图 13.16 对此影响作了说明,图中奇异值和 RGA 元的幅值都是频率的函数。作为比较,对于式(13.17)中的简化模型,在所有频率上(不仅在稳态情况下)都令 RGA 的元 $\lambda_{11}(G)=35.1$。这意味着,在穿越频率处的控制比简化模型式(13.17)所期望的更容易。

基于 5 状态模型的应用有:

例 10.9(见 10.4.2 节):为改善主(成分)变量的能控性,选择次要的(温度)量测量。

10.23 节中的举例:分散控制的能控性分析。

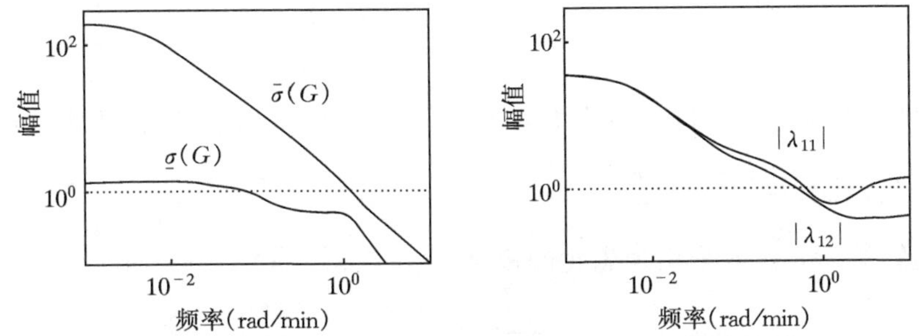

(a)奇异值 (b)RGA 元

图 13.16 详细的蒸馏塔 5 状态模型

5 状态模型的详细描述。状态空间实现为

$$G(s) \overset{S}{=} \left[\begin{array}{c:c} A & B \\ \hdashline C & 0 \end{array}\right], \quad G_d(s) \overset{S}{=} \left[\begin{array}{c:c} A & B_d \\ \hdashline C & 0 \end{array}\right] \tag{13.19}$$

其中

$$A=\begin{bmatrix} -0.005131 & 0 & 0 & 0 & 0 \\ 0 & -0.07366 & 0 & 0 & 0 \\ 0 & 0 & -0.1829 & 0 & 0 \\ 0 & 0 & 0 & -0.4620 & 0.9895 \\ 0 & 0 & 0 & -0.9895 & -0.4620 \end{bmatrix},$$

$$B=\begin{bmatrix} -0.629 & 0.624 \\ 0.055 & -0.172 \\ 0.030 & -0.108 \\ -0.186 & -0.139 \\ -1.23 & -0.056 \end{bmatrix}$$

$$C=\begin{bmatrix} -0.7223 & -0.5170 & 0.3386 & -0.1633 & 0.1121 \\ -0.8913 & 0.4728 & 0.9876 & 0.8425 & 0.2186 \end{bmatrix},$$

$$B_d = \begin{bmatrix} -0.062 & -0.067 \\ 0.131 & 0.040 \\ 0.022 & -0.106 \\ -0.188 & 0.027 \\ -0.045 & 0.014 \end{bmatrix}$$

尺度变换。对此模型进行尺度变换，使幅值 1 对应于：每个输出（y_D 和 x_B）的 0.01 摩尔分数单位，两个输入（L 和 V）的标称输送液流速率以及每个扰动（进料速率 F 和进料成分 z_F）的 20%变化。注意，用此模型计算得出的稳态增益与前面例子中的结果略有差异。

注：Green 和 Limebeer(1995)给出了类似的 8 状态动态 LV 模型，也设计了 $\mathcal{H}_\infty$ 回路整形控制器。

习题 13.1* 利用式(13.19)的模型，基于 8.12.4 节的 DK 迭代，重做 μ 最优设计。

13.4.3 理想化的 *DV* 模型

最后，我们针对 DV 构成采用理想化的模型

$$G(s) = \frac{1}{75s+1}\begin{bmatrix} -87.8 & 1.4 \\ -108.2 & -1.4 \end{bmatrix} \tag{13.20}$$

在本例中，条件数 $\gamma(G)=70.8$ 仍较大，但是 RGA 元则较小(约为 0.5)。

例 6.9(见 6.10.2 节)：灵敏度峰值界表明，逆基控制器关于对角线输入不确定性仍然是鲁棒的。

例 8.9(见 8.9 节)：在为对角控制器鲁棒稳定性计算 μ 值时，对角和满元素矩阵输入不确定性之间的区别是显著的。

注：在实际中，因为在推导式(13.20)时假定液位控制器不是一个完美控制器，所以 DV 构成可能并不像上述例子中表现的那么好。

13.4.4 蒸馏案例的进一步研究

应用互联网上的全蒸馏模型，可能形成多个案例研究(项目)的基础，这可能包括输入-输出能控性分析、控制器设计、鲁棒性分析和闭环仿真等。可以考虑下列情况：

1. 4 输入 4 输出模型；
2. LV 构成(已在本书被扩展研究)；
3. DV 构成(见前一小节)；
4. DB 构成(见 6.11.2 节习题 6.16)。

后 3 个模型均是由 4×4 模型通过闭合两个液位回路而产生的(参见表 13.3 中的 Matlab 文件)，从而得到了 2 输入 2 输出(除了两个扰动量之外)的部分被控对象。

注：对于 DV 和 DB 构成，生成的模型很强地依赖于液位回路的调整，因此可以考虑把严苛液位控制(表 13.3 中 $K=10$)的两种情况分开，或采用松弛调整液位控制(相应于 5 分钟的时间常数选择 $K=0.2$)。也可将液位控制调整作为不确定性的来源来考虑。这个模型并不包括执行器和量测装置的动态特性，因此也可以把这个考虑成不确定性的一个来源。

13.5 结 论

本章的案例研究，用以说明本书讨论的很多技术的实用性和简便性。对于现实问题的考虑，其目的在于解释技术，而不是提供“最优的”解决方案。

直升机问题练习了在 $\mathcal{H}_\infty$ 混合灵敏度设计中如何选择权函数；同时也看到了扰动信息是怎样容易地考虑到设计问题中来的。

在航空发动机研究中，我们应用了多种工具来解决输出选择的问题，然后设计了两自由度 $\mathcal{H}_\infty$ 回路整形控制器。

最后一个案例研究，主要是对贯穿全书的多个有关蒸馏过程的例题和习题进行了集中讨论，旨在说明控制病态对象的困难，以及模型不确定性的不利影响。在鲁棒分析中，结构奇异值扮演了重要角色。

现在您应该由此直接到附录 B，去独立完成您自己的项目，并完成测试样题。

祝您好运！

附录 A　矩阵论和范数

本附录的主要内容涵盖了本书的背景材料，而且应该在阅读第 3 章之前学习这部分内容。

研究了本附录之后，读者应该觉得熟悉很多数学工具的知识，包括特征值、特征向量和奇异值分解等；读者也应该熟练掌握各种向量、矩阵、信号和系统范数之间的区别，同时应该知道如何使用这些范数来度量性能。

主要参考资料是：Strang(1976)、Horn 和 Johnson(1985)关于矩阵论，以及 Zhou 等人(1996)关于范数的理论。

A.1　基本知识

我们从下面复标量开始

$$c = \alpha + \mathrm{j}\beta,\text{其中 } \alpha = \mathrm{Re}\, c \text{ 为实部}, \beta = \mathrm{Im}\, c \text{ 为虚部}$$

为了得到其幅值 $|c|$，我们对复标量乘以其共轭 $\bar{c} \triangleq \alpha - \mathrm{j}\beta$，并取其平方根得

$$|c| = \sqrt{\bar{c}c} = \sqrt{\alpha^2 - \mathrm{j}^2\beta^2} = \sqrt{\alpha^2 + \beta^2}$$

下述为一个 m 维的复数列向量 a

$$a = \begin{bmatrix} a_1 \\ a_2 \\ \vdots \\ a_m \end{bmatrix}$$

其中 a_i 为复标量，而 a^{T}(转置) 用作表示行向量。

现在我们考虑由元素 $a_{ij} = \mathrm{Re}\, a_{ij} + \mathrm{jIm}\, a_{ij}$ 组成的 $l \times m$ 维复矩阵 A，其中 l 是其行数(当把 A 视为算子时，这就是“输出”的个数)，而 m 是列数(“输入”的个数)。在数学上，如果 A 是复矩阵，我们记作 $A \in \mathbb{C}^{l \times m}$；如果 A 是实数矩阵，我们记作 $A \in \mathbb{R}^{l \times m}$。注意，我们可以将含 m 个元素的列向量 a 看做 $m \times 1$ 矩阵。

矩阵 A 的转置记作 A^{T} (其元素变为 a_{ji})；共轭矩阵记作 $\bar{A}$ (其元素为 $\mathrm{Re}\ a_{ij} - \mathrm{jIm}\ a_{ij}$)；共轭转置矩阵(Hermit 伴随矩阵)记作 $A^{\mathrm{H}} \triangleq \bar{A}^{\mathrm{T}}$ (其元素为 $\mathrm{Re}a_{ji} - \mathrm{jIm}a_{ji}$)；矩阵的迹记作 $\mathrm{tr}A$ (对角线元素之和)；行列式记作 $\det A$。根据定义，非奇异矩阵 A 的逆记作 A^{-1}，并满足 $A^{-1}A = AA^{-1} = I$，逆矩阵通过下式给出

$$A^{-1} = \frac{\mathrm{adj}\, A}{\det A} \tag{A.1}$$

其中，$\mathrm{adj}\, A$ 称为 A 的伴随矩阵(或者称为“古典伴随”矩阵)，它是 A 的余子式 c_{ij} 的转置矩阵，

而

$$c_{ij} = [\mathrm{adj}\,A]_{ji} \triangleq (-1)^{i+j}\det A^{ij} \tag{A.2}$$

此处 A^{ij} 是去掉矩阵的第 i 行和第 j 列构成的子阵。例如，对于一个 2×2 阵，我们有

$$A = \begin{bmatrix} a_{11} & a_{12} \\ a_{21} & a_{22} \end{bmatrix}, \qquad \det A = a_{11}a_{22} - a_{12}a_{21};$$

$$A^{-1} = \frac{1}{\det A}\begin{bmatrix} a_{22} & -a_{12} \\ -a_{21} & a_{11} \end{bmatrix} \tag{A.3}$$

同时还有

$$(AB)^{\mathrm{T}} = B^{\mathrm{T}}A^{\mathrm{T}},\ (AB)^{\mathrm{H}} = B^{\mathrm{H}}A^{\mathrm{H}} \tag{A.4}$$

若假定逆矩阵都存在，还有

$$(AB)^{-1} = B^{-1}A^{-1} \tag{A.5}$$

若 $A^{\mathrm{T}} = A$，则称 A 为对称阵；若 $A^{\mathrm{H}} = A$，则称 A 为 Hermit 阵。

如果一个矩阵的对称部分 $(A + A^{\mathrm{H}})$ 的特征值全部为正，或对于所有的非零向量 x 都有 $x^{\mathrm{H}}(A + A^{\mathrm{H}})x > 0$，则称矩阵 A 是正定的。如果 A 是 Hermit 阵，则正定条件就简化为 $x^{\mathrm{H}}Ax > 0$，这可简单记作 $A > 0$。类似地，对于 Hermit 阵 A，其半正定（$A \geqslant 0$）的条件是 $x^{\mathrm{H}}Ax \geqslant 0$。对于一个半正定矩阵 A，其矩阵平方根 $A^{1/2}$ 满足 $A^{1/2}A^{1/2} = A$。

A.1.1 一些有用的矩阵恒等式

引理 A.1 矩阵求逆引理。 设矩阵 A_1, A_2, A_3, A_4 具有合适的维数，使得 $A_2A_3A_4$ 和 $(A_1 + A_2A_3A_4)$ 有意义；同时假定下式中的逆矩阵存在，那么

$$(A_1 + A_2A_3A_4)^{-1} = A_1^{-1} - A_1^{-1}A_2(A_4A_1^{-1}A_2 + A_3^{-1})^{-1}A_4A_1^{-1} \tag{A.6}$$

证明：用式 $A_1 + A_2A_3A_4$ 右乘（或左乘）(A.6)，两边均为单位矩阵。 □

引理 A.2 分块矩阵求逆。 如果 A_{11}^{-1} 和 X^{-1} 存在，则

$$\begin{bmatrix} A_{11} & A_{12} \\ A_{21} & A_{22} \end{bmatrix}^{-1} = \begin{bmatrix} A_{11}^{-1} + A_{11}^{-1}A_{12}X^{-1}A_{21}A_{11}^{-1} & -A_{11}^{-1}A_{12}X^{-1} \\ -X^{-1}A_{21}A_{11}^{-1} & X^{-1} \end{bmatrix} \tag{A.7}$$

其中，$X \triangleq A_{22} - A_{21}A_{11}^{-1}A_{12}$ 是矩阵 A 中 A_{11} 的 Schur 补阵；同时见式(A.15)。

类似地，若 A_{22}^{-1} 和 Y^{-1} 存在，则

$$\begin{bmatrix} A_{11} & A_{12} \\ A_{21} & A_{22} \end{bmatrix}^{-1} = \begin{bmatrix} Y^{-1} & -Y^{-1}A_{12}A_{22}^{-1} \\ -A_{22}^{-1}A_{21}Y^{-1} & A_{22}^{-1} + A_{22}^{-1}A_{21}Y^{-1}A_{12}A_{22}^{-1} \end{bmatrix} \tag{A.8}$$

其中，$Y \triangleq A_{11} - A_{12}A_{22}^{-1}A_{21}$ 是矩阵 A 中 A_{22} 的 Schur 补阵；同时见(A.16)。

A.1.2 一些行列式恒等式

行列式只对方阵有定义。设 A 为 $n\times n$ 矩阵，如果 $\det A$ 非零，则矩阵是非奇异的。行列式可以归纳定义为 $\det A = \sum_{i=1}^{n} a_{ij}c_{ij}$（沿列展开），或 $\det A = \sum_{j=1}^{n} a_{ij}c_{ij}$（沿行展开），其中，$c_{ij}$ 是指第 ij 个余子式，在式(A.2)给出。按照归纳法，从 1×1 矩阵（一个标量）开始定义，此时 $\det a = a$；同样，对于 2×2 矩阵有 $\det A = a_{11}a_{22} - a_{12}a_{21}$ 等等。从定义出发，我们可以直接得到 $\det A = \det A^{\mathrm{T}}$。于是，行列式其它一些恒等式如下：

1. 设 A_1, A_2 是方阵，而且具有相同维数，则

$$\det(A_1A_2)=\det(A_2A_1)=\det A_1\cdot\det A_2 \tag{A.9}$$

2. 设 c 为复标量，A 为 $n\times n$ 矩阵，则

$$\det(cA)=c^n\det(A) \tag{A.10}$$

3. 设 A 为非奇异矩阵，则

$$\det A^{-1}=\frac{1}{\det A} \tag{A.11}$$

4. 设 A_1，A_2 是维数适当的矩阵，使得 A_1A_2 以及 A_2A_1 均为方阵（但 A_1，A_2 本身不需要为方阵），则

$$\det(I+A_1A_2)=\det(I+A_2A_1) \tag{A.12}$$

这实际上是式(A.14)给出的 Schur 公式的特例，等式(A.12)在控制领域是有用的，原因是它能得出 $\det(I+GK)=\det(I+KG)$ 的结论。

5. 三角阵或分块三角阵的行列式就是对角块行列式的乘积，即

$$\det\begin{bmatrix}A_{11} & A_{12}\\ 0 & A_{22}\end{bmatrix}=\det\begin{bmatrix}A_{11} & 0\\ A_{21} & A_{22}\end{bmatrix}=\det(A_{11})\cdot\det(A_{22}) \tag{A.13}$$

6. **Schur 公式**　分块矩阵的行列式：

$$\begin{aligned}\det\begin{bmatrix}A_{11} & A_{12}\\ A_{21} & A_{22}\end{bmatrix}&=\det(A_{11})\cdot\det(A_{22}-A_{21}A_{11}^{-1}A_{12})\\ &=\det(A_{22})\cdot\det(A_{11}-A_{12}A_{22}^{-1}A_{21})\end{aligned} \tag{A.14}$$

其中，我们假定 A_{11} 和 A_{22} 是非奇异的。

证明：注意，若 A_{11} 是非奇异的，则 A 可以分解如下：

$$\begin{bmatrix}A_{11} & A_{12}\\ A_{21} & A_{22}\end{bmatrix}=\begin{bmatrix}I & 0\\ A_{21}A_{11}^{-1} & I\end{bmatrix}\begin{bmatrix}A_{11} & 0\\ 0 & X\end{bmatrix}\begin{bmatrix}I & A_{11}^{-1}A_{12}\\ 0 & I\end{bmatrix} \tag{A.15}$$

其中 $X=A_{22}-A_{21}A_{11}^{-1}A_{12}$。通过利用公式(A.9)和式(A.13)计算行列式，则式(A.14)的第一部分已经得到证明。类似的，如果 A_{22} 是非奇异的，则

$$\begin{bmatrix}A_{11} & A_{12}\\ A_{21} & A_{22}\end{bmatrix}=\begin{bmatrix}I & A_{12}A_{22}^{-1}\\ 0 & I\end{bmatrix}\begin{bmatrix}Y & 0\\ 0 & A_{22}\end{bmatrix}\begin{bmatrix}I & 0\\ A_{22}^{-1}A_{21} & I\end{bmatrix} \tag{A.16}$$

其中 $Y=A_{11}-A_{12}A_{22}^{-1}A_{21}$。同样，可以得出式(A.14)的后半部分。 □

A.2　特征值和特征向量

定义 A.1　特征值和特征向量。 设 A 是一个 $n\times n$ 方阵，特征值 λ_i，$i=1,2,\cdots,n$ 是如下 n 阶特征方程的解

$$\det(A-\lambda I)=0 \tag{A.17}$$

对应于特征值 λ_i 的(右)特征向量 t_i 就是如下方程的非零解

$$(A-\lambda_i I)t_i=0\Leftrightarrow At_i=\lambda_i t_i \tag{A.18}$$

相应的左特征向量 q_i 满足

$$q_i^{\mathrm{H}}(A-\lambda_i I)=0\Leftrightarrow q_i^{\mathrm{H}}A=\lambda_i q_i^{\mathrm{H}} \tag{A.19}$$

当我们说特征向量时，我们指的是右特征向量。

注1 注意，如果 t 是一个特征向量，则对任意常数 α，αt 也是一个特征向量。因此，通常把特征向量标准化，使其具有单位长度，即 $t_i^{\mathrm{H}} t_i = 1$。

注2 由式(A.19)我们可以得到 $A^{\mathrm{H}} q_i = \bar{\lambda}_i q_i$，因此，对于计算来讲，我们可从 A^{H} 的右特征向量得到左特征向量 q_i。然而请注意，这里用到了特征值的共轭 $\bar{\lambda}_i$，所以对于 A 与 A^{H} 来说，复特征值的顺序可能不同。

注3 特征值有时也被称作特征增益。A 的特征值集合也称为 A 的谱。A 的特征值的最大绝对值就是 A 的谱半径

$$\boxed{\rho(A) \triangleq \max_i |\lambda_i(A)|} \tag{A.20}$$

特征向量有一个重要的结论：互异特征值对应的特征向量总是线性独立的。对于重特征值，情况可能不总是这样。也就是说，并非所有 $n \times n$ 矩阵都有 n 个线性独立的特征向量(即所谓"有缺陷"矩阵)。

特征向量可以集中起来作为矩阵 T 的列，特征值 $\lambda_1, \lambda_2, \cdots, \lambda_n$ 则是矩阵 Λ 的对角元素

$$T = \{t_1, t_2, \cdots, t_n\}; \quad \Lambda = \mathrm{diag}\{\lambda_1, \lambda_2, \cdots, \lambda_n\} \tag{A.21}$$

我们可以把式(A.18)写成 $AT = T\Lambda$ 的形式。如果特征向量是线性独立的，使得 T^{-1} 存在，那么 A 可以"对角化"为如下形式

$$\Lambda = T^{-1} A T \tag{A.22}$$

如果特征值是互异的，这总是成立的。而对其它情况如 $A = I$，可能也会成立。对于互异的特征值，其左右特征向量是相互正交的，我们能对 Q 的列进行尺度变换，使其相互正交

$$q_i^{\mathrm{H}} t_j = \begin{cases} 1, & \text{如果 } i = j \\ 0, & \text{如果 } i \neq j \end{cases}$$

然后，我们对矩阵 A 有如下对左右特征向量的二元展开或谱分解

$$A = \sum_{i=1}^{n} \lambda_i t_i q_i^{\mathrm{H}} \tag{A.23}$$

注：特征值不是互异(即有重特征值)的情况在理论上和计算上都更加复杂。幸运的是，从实际的观点来看，只要理解了互异特征值的情况就足够了。

A.2.1 特征值的特性

矩阵 A 的特征值有以下特性：

1. 矩阵 A 特征值的总和等于 A 的迹(对角线上元素之和)：$\mathrm{tr}A = \sum_i \lambda_i$；
2. 矩阵 A 特征值的乘积等于 A 行列式的值：$\det A = \prod_i \lambda_i$；
3. 上三角或下三角阵的特征值与其对角元素相等；
4. 实矩阵的特征值是实数或共轭复数对；
5. A 和其转置 A^{T} 有相同的特征值(但一般情况下有不同的特征向量)；
6. 当且仅当 A 的所有特征值非零，其逆阵 A^{-1} 存在且其特征值为 $1/\lambda_1, \cdots, 1/\lambda_n$；
7. 矩阵 $A + cI$ 的特征值为 $\lambda_i + c$；
8. 当 k 为整数时，矩阵 cA^k 的特征值为 $c\lambda_i^k$；
9. 假定 A 为 $l \times m$ 矩阵，B 为 $m \times l$ 矩阵，则 $l \times l$ 的矩阵 AB 和 $m \times m$ 矩阵 BA 有相同的非零

特征值；更具体地说，假设 $l>m$，那么矩阵 AB 和 BA 有 m 个相同的特征值，而 $l-m$ 个特征值为零；

10. 在相似变换下特征值保持不变，即 A 和 DAD^{-1} 有相同的特征值；
11. 特征向量组成的矩阵 T 可对角化矩阵 A（见式(A.22)）和矩阵 $(I+A)^{-1}$（证明：$T^{-1}(I+A)^{-1}T=(T^{-1}(I+A)T)^{-1}=(I+\Lambda)^{-1}$）；
12. Gershorin 定理：$n\times n$ 矩阵 A 的特征值位于复平面内 n 个圆的并集上，圆心是 a_{ii}，半径是 $r_i=\sum_{j\neq i}|a_{ij}|$（第 i 行非对角元素之和），而这些特征值也位于另外 n 个圆的并集上，圆心仍是 a_{ii}，而半径是 $r'_i=\sum_{j\neq i}|a_{ji}|$（第 i 列非对角元素之和）；
13. Hermit 矩阵（因此还有对称矩阵）的特征值是实数；
14. 一个 Hermit 矩阵正定（$A>0$）的条件是，当且仅当其所有特征值为正数。

从上述特性我们可以得知

$$\lambda_i(S)=\lambda_i((I+L)^{-1})=\frac{1}{\lambda_i(I+L)}=\frac{1}{1+\lambda_i(L)} \tag{A.24}$$

在本书中，我们有时感兴趣的是实矩阵 A 的特征值，而在其它情况下，一个复传递函数矩阵的特征值是在一个给定的频率上求值，如在式(A.24)中的 $L(\mathrm{j}\omega)$。意识到这种差异是很重要的。

A.2.2 状态矩阵的特征值

考虑用线性微分方程描述的系统

$$\dot{x}=Ax+Bu \tag{A.25}$$

除非 A 是对角阵，这是一个耦合的微分方程组。为简单起见，我们假定矩阵 A 的特征向量 t_i 是线性独立的，并引入新的状态向量 $z=T^{-1}x$，即 $x=Tz$，然后我们得到

$$T\dot{z}=ATz+Bu\Leftrightarrow\dot{z}=\Lambda z+T^{-1}Bu \tag{A.26}$$

按照新的状态变量 z，这是一个解耦的微分方程组。每一状态 z_i 的自由解（即在 $u=0$ 条件下）是 $z_i=z_{0i}\mathrm{e}^{\lambda_i t}$，其中 z_{0i} 是 $t=0$ 时刻的状态。如果 λ_i 为实数则可看出，当且仅当 $\lambda_i<0$，对应的模态是稳定的（即当 $t\to\infty$ 时 $z_i\to 0$）。如果 $\lambda_i=\mathrm{Re}\,\lambda_i+\mathrm{jIm}\,\lambda_i$ 为复数，那么 $\mathrm{e}^{\lambda_i t}=\mathrm{e}^{\mathrm{Re}\lambda_i t}(\cos(\mathrm{Im}\,\lambda_i t)+\mathrm{j}\sin(\mathrm{Im}\,\lambda_i t))$，当且仅当 $\mathrm{Re}\,\lambda_i<0$，对应的模态是稳定的（即当 $t\to\infty$ 时 $z_i\to 0$）。事实上，由于真实物理状态 $x=Tz$ 肯定是实数，那么新的状态 z_i 是复数无关紧要。因此，一个线性系统是稳定的，当且仅当其状态矩阵 A 所有特征值的实部都小于零，即位于开左半平面。

A.2.3 传递函数的特征值

传递函数矩阵的特征值 $\lambda_i(L(\mathrm{j}\omega))$ 作为频率的函数，有时称为特征轨迹。在一定程度上说，这些特征值把 $L(\mathrm{j}\omega)$ 推广为一个标量系统。在第 8 章我们用 $\lambda_i(L)$ 来研究 $M\Delta$ 结构的稳定性，其中 $L=M\Delta$。在该段内容中，谱半径 $\rho(L(\mathrm{j}\omega))=\max_i|\lambda_i(L(\mathrm{j}\omega))|$ 更重要。

A.3 奇异值分解

定义 A.2 酉阵。 一个(复)矩阵 U 如果满足

$$U^{\mathrm{H}} = U^{-1} \tag{A.27}$$

那么这个矩阵称为酉阵。

酉阵所有特征值的绝对值都等于 1,而且所有的奇异值(由下面的定义看出)都为 1。

定义 A.3 SVD。 任一个 $l \times m$ 的复矩阵 A 都可利用奇异值分解(SVD)将其分解为

$$A = U\Sigma V^{\mathrm{H}} \tag{A.28}$$

其中 $l \times l$ 阵 U 和 $m \times m$ 阵 V 都是酉阵,而 $l \times m$ 阵 Σ 包含一个对角阵 Σ_1,具有实的非负奇异值 σ_i 递减排列如下

$$\Sigma = \begin{bmatrix} \Sigma_1 \\ 0 \end{bmatrix}; \quad l \geqslant m \tag{A.29}$$

或

$$\Sigma = [\Sigma_1 \quad 0]; \quad l \leqslant m \tag{A.30}$$

其中

$$\Sigma_1 = \mathrm{diag}\{\sigma_1, \sigma_2, \cdots, \sigma_k\}; \quad k = \min(l, m) \tag{A.31}$$

且

$$\bar{\sigma} \equiv \sigma_1 \geqslant \sigma_2 \geqslant \cdots \geqslant \sigma_k \equiv \underline{\sigma} \tag{A.32}$$

酉阵 U 和 V 是 A 的列空间和行空间构成的正交基。V 的列向量记为 v_i,称为右奇异向量或输入奇异向量;U 的列向量记为 u_i,称为左奇异向量或输出奇异向量。我们定义 $\bar{u} \equiv u_1$,$\bar{v} \equiv v_1$,$\underline{u} \equiv u_k$,$\underline{v} \equiv v_k$。

注意,式(A.28)中的分解并不唯一。例如,对于一个方阵,其 SVD 选择为 $A = U'\Sigma V'^{\mathrm{H}}$,其中 $U' = US$, $V' = VS$, $S = \mathrm{diag}\{e^{j\theta_i}\}$,并且 θ_i 为任意的实数;然而奇异值 σ_i 却是唯一的。

奇异值就是 AA^{H} 和 $A^{\mathrm{H}}A$ 的 $k = \min(l, m)$ 个最大特征值的正平方根。我们有

$$\sigma_i(A) = \sqrt{\lambda_i(A^{\mathrm{H}}A)} = \sqrt{\lambda_i(AA^{\mathrm{H}})} \tag{A.33}$$

同时,U 和 V 的列分别是 AA^{H} 和 $A^{\mathrm{H}}A$ 的单位特征向量。为了推导式(A.33),我们有

$$AA^{\mathrm{H}} = (U\Sigma V^{\mathrm{H}})(U\Sigma V^{\mathrm{H}})^{\mathrm{H}} = (U\Sigma V^{\mathrm{H}})(V\Sigma^{\mathrm{H}}U^{\mathrm{H}}) = U\Sigma\Sigma^{\mathrm{H}}U^{\mathrm{H}} \tag{A.34}$$

由于 U 是酉阵且满足 $U^{\mathrm{H}} = U^{-1}$,则等价地有

$$(AA^{\mathrm{H}})U = U\Sigma\Sigma^{\mathrm{H}} \tag{A.35}$$

由此可以看出 U 是 AA^{H} 特征向量组成的矩阵,$\{\sigma_i^2\}$ 是其特征值。同样地,V 是 $A^{\mathrm{H}}A$ 特征向量组成的矩阵。

A.3.1 秩

定义 A.4 一个矩阵的秩等于该矩阵非零奇异值的个数。若 A 的秩为 r,且 $r < k = \min(l, m)$,则称矩阵 A 为亏秩矩阵,且对 $i = r+1, \cdots, k$,奇异值 σ_i 为零。一个亏秩的方阵是奇异阵(非方阵总是奇异阵)。

给一个矩阵左乘或右乘一个非奇异矩阵,它的秩保持不变。进而,对于一个 $l \times m$ 矩阵 A 和 $m \times p$ 的矩阵 B,它们乘积 AB 的秩可按如下定界(Sylvester 不等式):

$$\mathrm{rank}(A) + \mathrm{rank}(B) - m \leqslant \mathrm{rank}(AB) \leqslant \min(\mathrm{rank}(A), \mathrm{rank}(B)) \tag{A.36}$$

A.3.2 2×2 矩阵的奇异值

一般来讲，奇异值必须通过数值计算才能得到。然而对于 2×2 矩阵，很容易得到一个解析表达式。由式(A.33)，$\sigma_i(A)=\sqrt{\lambda_i(A^{\mathrm{H}}A)}$，我们引入

$$b \triangleq \mathrm{tr}(A^{\mathrm{H}}A)=\sum\nolimits_{i,j}|a_{ij}|^2,\quad c\triangleq \det(A^{\mathrm{H}}A)$$

于是，矩阵特征值的总和等于它的迹，而特征值的乘积等于行列式的值，所以有

$$\lambda_1+\lambda_2=b,\quad \lambda_1\cdot\lambda_2=c$$

对 λ_1,λ_2 求解，并利用 $\sigma_i(A)=\sqrt{\lambda_i(A^{\mathrm{H}}A)}$ 则有

$$\bar{\sigma}(A)=\sqrt{\frac{b+\sqrt{b^2-4c}}{2}};\ \underline{\sigma}(A)=\sqrt{\frac{b-\sqrt{b^2-4c}}{2}} \tag{A.37}$$

例如 $A=\begin{bmatrix}1 & 2\\ 3 & 4\end{bmatrix}$，则 $b=\sum|a_{ij}|^2=1+4+9+16=30$，$c=(\det A)^2=(-2)^2=4$。于是可以得到 $\bar{\sigma}(A)=5.465$，$\underline{\sigma}(A)=0.366$。注意，对于 2×2 奇异矩阵（$\det A=0$，$\underline{\sigma}(A)=0$），我们可以得到 $\bar{\sigma}(A)=\sqrt{\sum|a_{ij}|^2}\triangleq\|A\|_F$（Frobenius 范数），这实际上是式(A.127)的特例。

A.3.3 矩阵逆的 SVD

由于我们有 $A=U\Sigma V^{\mathrm{H}}$，假设 A 是一个 $m\times m$ 的非奇异矩阵，那么有

$$A^{-1}=V\Sigma^{-1}U^{\mathrm{H}} \tag{A.38}$$

这就是 A^{-1} 的 SVD，但奇异值的顺序却是反过来的。若 $j=m-i+1$，则从式(A.38)得到

$$\sigma_i(A^{-1})=1/\sigma_j(A),\ u_i(A^{-1})=v_j(A),\ v_i(A^{-1})=u_j(A) \tag{A.39}$$

特别地有

$$\bar{\sigma}(A^{-1})=1/\underline{\sigma}(A) \tag{A.40}$$

A.3.4 奇异值不等式

奇异值可对特征值的大小定界（见式(A.117)）：

$$\underline{\sigma}(A)\leqslant|\lambda_i(A)|\leqslant\bar{\sigma}(A) \tag{A.41}$$

由 SVD 的定义知，下面的结论是显然的

$$\bar{\sigma}(A^{\mathrm{H}})=\bar{\sigma}(A),\ \bar{\sigma}(A^{\mathrm{T}})=\bar{\sigma}(A) \tag{A.42}$$

另一个重要特性将在下面证明（见式(A.98)）：

$$\bar{\sigma}(AB)\leqslant\bar{\sigma}(A)\bar{\sigma}(B) \tag{A.43}$$

对于一个非奇异矩阵 A（或 B），基于 $\bar{\sigma}(AB)$，我们有一个更小的界

$$\underline{\sigma}(A)\bar{\sigma}(B)\leqslant\bar{\sigma}(AB)\quad(\text{或 }\bar{\sigma}(A)\underline{\sigma}(B)\leqslant\bar{\sigma}(AB)) \tag{A.44}$$

对于非奇异矩阵 A 和 B，基于最小奇异值，我们有一个更小的界

$$\underline{\sigma}(A)\underline{\sigma}(B)\leqslant\underline{\sigma}(AB) \tag{A.45}$$

对于分块矩阵 $M=\begin{bmatrix}A\\ B\end{bmatrix}$ 或 $M=[A\quad B]$，下面的不等式是有用的

$$\max\{\bar{\sigma}(A), \bar{\sigma}(B)\} \leqslant \bar{\sigma}(M) \leqslant \sqrt{2}\max\{\bar{\sigma}(A), \bar{\sigma}(B)\} \tag{A.46}$$

$$\bar{\sigma}(M) \leqslant \bar{\sigma}(A) + \bar{\sigma}(B) \tag{A.47}$$

$$\underline{\sigma}(M) \leqslant \min\{\underline{\sigma}(A), \underline{\sigma}(B)\} \tag{A.48}$$

对一个分块对角矩阵，下面的不等式是极其重要的

$$\bar{\sigma}\begin{bmatrix} A & 0 \\ 0 & B \end{bmatrix} = \max\{\bar{\sigma}(A), \bar{\sigma}(B)\} \tag{A.49}$$

另一个重要的结论是 Fan 定理(Horn and Johnson，1991，p. 140 and p. 178)

$$\sigma_i(A) - \bar{\sigma}(B) \leqslant \sigma_i(A+B) \leqslant \sigma_i(A) + \bar{\sigma}(B) \tag{A.50}$$

而式(A.50)的两个特殊情况是

$$|\bar{\sigma}(A) - \bar{\sigma}(B)| \leqslant \bar{\sigma}(A+B) \leqslant \bar{\sigma}(A) + \bar{\sigma}(B) \tag{A.51}$$

$$\underline{\sigma}(A) - \bar{\sigma}(B) \leqslant \underline{\sigma}(A+B) \leqslant \underline{\sigma}(A) + \bar{\sigma}(B) \tag{A.52}$$

由关系式(A.52)可得到

$$\underline{\sigma}(A) - 1 \leqslant \underline{\sigma}(I+A) \leqslant \underline{\sigma}(A) + 1 \tag{A.53}$$

结合(A.40)和(A.53)两式，我们能够得到一个对估计闭环系统放大量有用的关系式：

$$\underline{\sigma}(A) - 1 \leqslant \frac{1}{\bar{\sigma}(I+A)^{-1}} \leqslant \underline{\sigma}(A) + 1 \tag{A.54}$$

A.3.5 SVD 作为秩 1 矩阵之和

设 $l \times m$ 矩阵 A 的秩为 r，我们可以考虑 SVD 把 A 分解成 r 个 $l \times m$ 矩阵，且每个矩阵的秩都为 1，则有

$$A = U\Sigma V^{\mathrm{H}} = \sum_{i=1}^{r} \sigma_i u_i v_i^{\mathrm{H}} \tag{A.55}$$

从 $r+1$ 到 $k = \min(l,m)$，剩余矩阵的奇异值均为 0，对总和没有贡献。第 1 个也是最重要的子矩阵由 $A_1 = \sigma_1 u_1 v_1^{\mathrm{H}}$ 给出。现在我们考虑余下的矩阵

$$A^1 = A - A_1 = A - \sigma_1 u_1 v_1^{\mathrm{H}} \tag{A.56}$$

那么有

$$\sigma_1(A^1) = \sigma_2(A) \tag{A.57}$$

也就是说，A^1 最大的奇异值等于原矩阵第 2 大奇异值。这表明，相应于 $\sigma_2(A)$ 的方向，就是第二重要方向，如此等等。

A.3.6 矩阵 A+E 的奇异性

由式(A.52)左边的不等式得

$$\bar{\sigma}(E) < \underline{\sigma}(A) \Rightarrow \underline{\sigma}(A+E) > 0 \tag{A.58}$$

并且 $A+E$ 是非奇异的。另外，总存在满足 $\bar{\sigma}(E) = \underline{\sigma}(A)$ 的矩阵 E，使得 $A+E$ 是奇异的。例如，选择 $E = -\underline{u}\,\underline{\sigma}\,\underline{v}^{\mathrm{H}}$，见式(A.55)。因而，最小奇异值 $\underline{\sigma}(A)$ 是对矩阵 A 接近奇异或者亏秩程度的一种度量。这种测试通常用作数值分析，这也是鲁棒性测试中一个重要的不等式。

A.3.7 简化型 SVD

由于有 $r = \mathrm{rank}(A) \leqslant \min(l,m)$ 个非零奇异值，并且只有非零奇异值对总体结果才有贡献，所以 A 的 SVD 有时可以写成如下形式的简化型 SVD：

$$A^{l\times m}=U_r^{l\times r}\Sigma_r^{r\times r}(V_r^{m\times r})^{\mathrm{H}} \tag{A.59}$$

其中，矩阵U_r和V_r只包含了前面介绍的矩阵U和V的前r列。这里我们用$A^{l\times m}$的记法表示A是一个$l\times m$的矩阵。简化型 SVD 用来计算伪逆，见式(A.62)。

注： 目前用在 Matlab 中的“简化型 SVD”，并不完全如式(A.59)给出的那种形式，而是在Σ中用m代替r。

A.3.8 伪逆(广义逆)

考虑一个线性方程组

$$y=Ax \tag{A.60}$$

其中，y是一个$l\times 1$的向量，A是一个$l\times m$的矩阵，对式(A.60)的一个最小二乘解，就是一个$m\times 1$的向量x，使得$\|x\|_2=\sqrt{x_1^2+x_2^2+\cdots+x_m^2}$是在对$\|y-Ax\|_2$最小化中所有向量的一个最小化向量。按照矩阵$A$的伪逆(Moore-Penrose 广义逆)，这个解给定为

$$x=A^{\dagger}y \tag{A.61}$$

这个伪逆可以由$A=U\Sigma V^{\mathrm{H}}$的 SVD 得到

$$A^{\dagger}=V_r\Sigma_r^{-1}U_r^{\mathrm{H}}=\sum_{i=1}^{r}\frac{1}{\sigma_i(A)}v_iu_i^{\mathrm{H}} \tag{A.62}$$

其中r是A的非零奇异值的个数，则有

$$\underline{\sigma}(A)=1/\bar{\sigma}(A^{\dagger}) \tag{A.63}$$

注意，任意矩阵A，即使是奇异方阵和非方阵，其伪逆$A^{\dagger}$都存在；而且伪逆满足

$$AA^{\dagger}A=A\ \text{且}\quad A^{\dagger}AA^{\dagger}=A^{\dagger}$$

注意以下情况(这里A的秩为r)：

1. $r=l=m$，即A是非奇异阵。这种情况下$A^{\dagger}=A^{-1}$是逆阵；
2. $r=m\leqslant l$，即A是列满秩阵。这是“常见的最小二乘问题”，我们希望对$\|y-Ax\|_2$最小化，其解是

$$A^{\dagger}=(A^{\mathrm{H}}A)^{-1}A^{\mathrm{H}} \tag{A.64}$$

   在这种情况下$A^{\dagger}A=I$，因此$A^{\dagger}$是A的*左逆*矩阵。
3. $r=l\leqslant m$，即A是行满秩阵。在这种情况下，式(A.60)有无数个解，求取使$\|x\|_2$最小化的一个解，可得到

$$A^{\dagger}=A^{\mathrm{H}}(AA^{\mathrm{H}})^{-1} \tag{A.65}$$

   在这种情况下$AA^{\dagger}=I$，因此$A^{\dagger}$是A的*右逆*矩阵。
4. $r<k=\min(l,m)$(一般情况)。在这种情况，AA^{H}和$A^{\mathrm{H}}A$都是亏秩的；我们必须利用式(A.62)得到伪逆矩阵。在这种情况下，A既没有左逆，也没右逆矩阵。

主成分回归(PCR)

我们注意到，如果最小的非零奇异值σ_r很小，则式(A.62)中的伪逆将对噪声非常敏感，而且可能会“爆裂”。在 PCR 方法中，人们利用$q\leqslant r$个前面的奇异值就能与噪声区分，因而避免这种情况的发生。PCR 的伪逆矩阵变为

$$A_{\mathrm{PCR}}^{\dagger}=\sum_{i=1}^{q}\frac{1}{\sigma_i}v_iu_i^{\mathrm{H}} \tag{A.66}$$

注： 这在概念上类似于把 Hankel 奇异值用于模型降阶。

A.3.9 条件数

本书中，矩阵的条件数用比率定义如下

$$\gamma(A) = \sigma_1(A)/\sigma_k(A) = \bar{\sigma}(A)/\underline{\sigma}(A) \tag{A.67}$$

其中，$k = \min(l,m)$。一个矩阵具有很大的条件数，则认为是病态的。这个定义使得亏秩矩阵具有无限多个条件数。对于非奇异矩阵，我们由式(A.40)得到

$$\gamma(A) = \bar{\sigma}(A) \cdot \bar{\sigma}(A^{-1}) \tag{A.68}$$

也可以采用非奇异矩阵条件数的其它定义，例如

$$\gamma_p(A) = \| A \|_p \cdot \| A^{-1} \|_p \tag{A.69}$$

其中 $\| A \|_p$ 表示任意的矩阵范数。如果我们采用 2 范数(最大奇异值)，则由此可得到式(A.68)。由式(A.68)和式(A.43)，对于非奇异矩阵我们得到

$$\gamma(AB) \leqslant \gamma(A)\gamma(B) \tag{A.70}$$

最小化条件数可以在所有可能的尺度变换范围内对条件数进行最小化来得到，我们有

$$\gamma^*(A) \triangleq \min_{D_I, D_O} \gamma(D_O A D_I) \tag{A.71}$$

其中 D_I 和 D_O 是(复)对角型矩阵。如果仅仅在一边进行尺度变换，我们就可以得到输入和输出的最小条件数：

$$\gamma_I^*(A) \triangleq \min_{D_I} \gamma(A D_I)\ ; \quad \gamma_O^*(A) \triangleq \min_{D_O} \gamma(D_O A) \tag{A.72}$$

如式(A.79)和式(A.80)所示，最小条件数和 RGA 矩阵的范数密切相关。

注： 为了计算这些最小条件数，我们定义

$$H = \begin{bmatrix} 0 & A^{-1} \\ A & 0 \end{bmatrix} \tag{A.73}$$

然后，根据 Braatz 和 Morari(1994)的证明，我们有

$$\sqrt{\gamma^*(A)} = \min_{D_I, D_O} \bar{\sigma}(DHD^{-1}), \quad D = \mathrm{diag}\{D_I^{-1}, D_O\} \tag{A.74}$$

$$\sqrt{\gamma_I^*(A)} = \min_{D_I} \bar{\sigma}(DHD^{-1}), \quad D = \mathrm{diag}\{D_I^{-1}, I\} \tag{A.75}$$

$$\sqrt{\gamma_O^*(A)} = \min_{D_O} \bar{\sigma}(DHD^{-1}), \quad D = \mathrm{diag}\{I, D_O\} \tag{A.76}$$

这些凸优化问题可以利用求结构奇异值的上界 $\mu_{\mathrm{up}}(H)$ 的软件来求解，见式(8.87)和例 12.4。在计算 $\mu_{\mathrm{up}}(H)$ 时，对于 $\gamma^*(A)$，我们采用结构 $\Delta = \mathrm{diag}\{\Delta_{\mathrm{diag}}, \Delta_{\mathrm{diag}}\}$，对于 $\gamma_I^*(A)$，采用结构 $\Delta = \mathrm{diag}\{\Delta_{\mathrm{diag}}, \Delta_{\mathrm{full}}\}$，而对于 $\gamma_O^*(A)$，采用结构 $\Delta = \mathrm{diag}\{\Delta_{\mathrm{full}}, \Delta_{\mathrm{diag}}\}$。

A.4 相对增益阵列

相对增益阵列(Ralative Gain Array，简记为 RGA)是由 Bristol(1966)提出来的，参见 3.4 节。它的许多性质也是由 Bristol 描述的，但是直到 1985 年 Grosdidier 等人(1985)才对其进行了严格证明。一个复 $m \times m$ 非奇异矩阵 A 的 RGA 也是一个 $m \times m$ 的复矩阵，记为 RGA(A)或 $\Lambda(A)$，具体可定义为

$$\text{RGA}(A) \equiv \Lambda(A) \triangleq A \times (A^{-1})^{\mathrm{T}} \tag{A.77}$$

其中运算符×表示元素对元素相乘(Hadamard 或 Schur 乘积)。如果 A 是实矩阵,那么 $\Lambda(A)$ 也是实矩阵。在 MATLAB 中计算 RGA 的时候,使用指令 `rga=a.*pinv(a).'`;见表 3.1。例:

$$A_1 = \begin{bmatrix} 1 & -2 \\ 3 & 4 \end{bmatrix},\ A_1^{-1} = \begin{bmatrix} 0.4 & 0.2 \\ -0.3 & 0.1 \end{bmatrix},\ \Lambda(A_1) = \begin{bmatrix} 0.4 & 0.6 \\ 0.6 & 0.4 \end{bmatrix}$$

A.4.1 RGA 的代数性质

如果把 RGA 的元素写成如下形式,可以直接得出后面的性质

$$\lambda_{ij} = a_{ij} \cdot \widetilde{a}_{ji} = a_{ij} \frac{c_{ij}}{\det A} = (-1)^{i+j} \frac{a_{ij} \det A^{ij}}{\det A} \tag{A.78}$$

其中 $\widetilde{a}_{ji}$ 表示矩阵 $\widetilde{A} \triangleq A^{-1}$ 的第 ji 个元素,A^{ij} 表示矩阵 A 删除第 i 行第 j 列后得到的矩阵,而 $c_{ij} = (-1)^{i+j}\det A^{ij}$ 表示矩阵 A 的第 ij 个余因子。

对于任何的 $m\times m$ 非奇异矩阵 A,下面的性质成立:

1. $\Lambda(A^{-1}) = \Lambda(A^{\mathrm{T}}) = \Lambda(A)^{\mathrm{T}}$;
2. 矩阵 A 任意行和列的置换,导致在 RGA 中同样的置换,即 $\Lambda(P_1AP_2) = P_1\Lambda(A)P_2$,其中 P_1 和 P_2 是置换矩阵(置换矩阵指每一行和每一列中仅有一个 1,其它元素都是 0);对任意置换矩阵有 $\Lambda(P) = P$;
3. RGA 中每行(每列)的元素之和为 1,即 $\sum_{i=1}^{m}\lambda_{ij} = 1$ 且 $\sum_{j=1}^{m}\lambda_{ij} = 1$;
4. 如果 A 是一个下三角或上三角矩阵,则 $\Lambda(A) = I$;特别地,一个对角阵的 RGA 是一个单位阵;
5. RGA 是尺度变换保持不变的,因此 $\Lambda(D_1AD_2) = \Lambda(A)$,其中 D_1 和 D_2 是对角阵;
6. RGA 是对矩阵中元素对元素不确定性灵敏度的一种度量,更精确地说,如果矩阵 A 中单个元素由 a_{ij} 变化到 $a'_{ij} = a_{ij}(1-1/\lambda_{ij})$,则矩阵 A 变为奇异阵,见定理 6.6;
7. RGA 的范数和式(A.71)中定义的最小化条件数 γ^* 密切相关,对于一个 2×2 的矩阵(Grosdidier et al.,1985)和一个 3×3 的实矩阵(Liang,1992)有

$$\gamma^* + 1/\gamma^* = \|\Lambda\|_m \tag{A.79}$$

一般情况下,对于任意大小的(复)矩阵(Nett and Manousiouthakis,1987)有

$$\gamma^* + 1/\gamma^* \geqslant \|\Lambda\|_m \tag{A.80}$$

这里 $\|\Lambda\|_m \triangleq 2\max\{\|\Lambda\|_{i1}, \|\Lambda\|_{i\infty}\}$,是 RGA 中最大行或列之和的 2 倍(在A.5.2节定义矩阵范数)。式(A.80)表明,一个具有很大 RGA 元素的矩阵,总有一个很大的最小化条件数。相反的论断也猜想过(Nett and Manousiouthakis,1987),但是 Liang(1992)给出了反例,证明对于 4×4 及以上的矩阵这个猜想不成立,这个反例是:

$$A = \begin{bmatrix} 1 & -1 & -1 & 1 \\ 1 & 1 & 1 & 1 \\ 1 & 1 & -1 & -1 \\ 1 & -1 & 1 & -1 \end{bmatrix} \begin{bmatrix} k & 0 & 0 & 0 \\ 0 & k & 0 & 0 \\ 0 & 0 & 1 & 0 \\ 0 & 0 & 0 & 1 \end{bmatrix} \begin{bmatrix} 1 & 1 & 1 & -1 \\ -1 & 1 & 1 & 1 \\ 1 & -1 & 1 & 1 \\ 1 & 1 & -1 & 1 \end{bmatrix} = 2\begin{bmatrix} k & 1 & -1 & -k \\ 1 & k & k & 1 \\ -1 & k & k & -1 \\ k & -1 & 1 & -k \end{bmatrix}$$

有 $\gamma^*(A) = \gamma(A) = k$(可以任意大),但是对任意的 k 所有的 RGA 元素是 0.25;因此 $\|\Lambda(A)\|_m = 2$;

8. 矩阵 ADA^{-1} 的对角线元素，是按照 RGA 相应行元素给出的（Skogestad and Morari，1987c；Nett and Manousiouthakis，1987）；而对任意对角矩阵 $D=\mathrm{diag}\{d_i\}$，我们有

$$[ADA^{-1}]_{ii} = \sum_{j=1}^{m}\lambda_{ij}(A)d_j \tag{A.81}$$

$$[A^{-1}DA]_{ii} = \sum_{i=1}^{m}\lambda_{ij}(A)d_i \tag{A.82}$$

9. 按照性质 3，Λ 至少有一个特征值和一个奇异值等于 1。

一些性质的证明：性质 3：由于 $AA^{-1}=I$，所以有 $\sum_{j=1}^{m}a_{ij}\hat{a}_{ji}=1$。由 RGA 的定义可以得出 $\sum_{j=1}^{m}\lambda_{ij}=1$。性质 4：如果矩阵是上三角的，那么对于 $i>j$，有 $a_{ij}=0$；则对于 $j>i$，有 $c_{ij}=0$，而且所有 RGA 的非对角元素为 0。性质 5：我们令 $A'=D_1AD_2$，那么有 $a'_{ij}=d_{1i}d_{2j}a_{ij}$，且 $\hat{a}'_{ij}=\frac{1}{d_{2j}}\frac{1}{d_{1i}}\hat{a}_{ij}$，从而得到性质 5。性质 6：可以通过任意行或列展开来计算行列式的值，例如对于第 i 行展开得 $\det A=\sum_i(-1)^{i+j}a_{ij}\det A^{ij}$；当用 a'_{ij} 代替 a_{ij}，用 A' 表示 A 时，通过对第 i 行展开来计算 A' 的行列式，利用式(A.78)得到

$$\det A' = \det A - \underbrace{(-1)^{i+j}\frac{a_{ij}}{\lambda_{ij}}\det A^{ij}}_{\det A} = 0$$

性质 8：矩阵 $B=ADA^{-1}$ 的第 ii 个元是 $b_{ii}=\sum_j d_j a_{ij}\hat{a}_{ji}=\sum_j d_j\lambda_{ji}$。 □

例 A.1

$$A_2=\begin{bmatrix}56 & 66 & 75 & 97\\ 75 & 54 & 82 & 28\\ 18 & 66 & 25 & 38\\ 9 & 51 & 8 & 11\end{bmatrix};\quad \Lambda(A_2)=\begin{bmatrix}6.16 & -0.69 & -7.94 & 3.48\\ -1.77 & 0.10 & 3.16 & -0.49\\ -6.60 & 1.73 & 8.55 & -2.69\\ 3.21 & -0.14 & -2.77 & 0.70\end{bmatrix} \tag{A.83}$$

在这个例子中，$\gamma(A_2)=\bar{\sigma}(A_2)/\underline{\sigma}(A_2)=207.68/1.367=151.9$，$\gamma^*(A_2)=51.73$（利用式(A.74)数值计算得到），$\gamma_I^*(A_2)=118.70$，$\gamma_O^*(A_2)=92.57$。更进一步，$\|\Lambda\|_m=2\max\{22.42,19.58\}=44.84$，因此式(A.80)是满足的。矩阵 A_2 是非奇异的，而 RGA 的第 1,3 个元素为 $\lambda_{13}(A_2)=-7.94$。由性质 6 知，如果第 1,3 个元素受干扰从 75 变为 $75(1-1/(-7.94))=84.45$，则矩阵 A_2 变为奇异阵。

关于 RGA 性质的更多例子已经在 3.4 节给出。

A.4.2 非方阵的 RGA

利用式(A.62)定义的伪逆 $A^\dagger$，RGA 可以推广到一般 $l\times m$ 非方矩阵 A。我们有

$$\Lambda(A)=A\times(A^\dagger)^{\mathrm{T}} \tag{A.84}$$

对于非方阵，RGA 的性质 1（转置和逆）和性质 2（置换）仍然成立，但其余的性质并不适用于一般情况。然而，如果 A 是一个行满秩或列满秩的矩阵，则部分性质还可适用。

1. A 行满秩。即 $r=\mathrm{rank}(A)=l$（也就是说，A 至少有像输出一样多的输入，并且输出是线性无关的），在这种情况下，$AA^\dagger=I$，下面的性质成立：

(a) RGA 与输出的尺度变换无关，也就是说 $\Lambda(DA)=\Lambda(A)$；

(b) RGA 每行元素之和为 1，即 $\sum_j^m\lambda_{ij}=1$；

(c)RGA 第 j 列元素之和是 V_r 中第 j 行 2 范数的平方，即

$$\sum_{i=1}^{l}\lambda_{ij} = \| e_j^{\mathrm{T}} V_r \|_2^2 \leqslant 1 \tag{A.85}$$

这里 V_r 包含了 G 的前 r 个输入奇异向量，而 e_j 是关于输入 u_j 的 $m\times 1$ 基向量，$e_j = [0\cdots 0\ 1\ 0\cdots 0]^{\mathrm{T}}$，其中 1 出现在第 j 个位置；

(d)矩阵 $B=ADA^{\dagger}$ 的对角线元素 $b_{ii} = \sum_{j=1}^{m} d_j a_{ij}\hat{a}_{ji} = \sum_{j=1}^{m} d_j\lambda_{ij}$，其中$\hat{a}_{ji}$表示 $A^{\dagger}$ 的第 ji 个元素，D 是任意对角阵。

2. A 列满秩。即 $r = \mathrm{rank}(A) = m$（也就是说，A 的输入没有输出那么多，且输入是线性无关的），在这种情况下，$A^{\dagger}A = I$，下面的性质成立：

(a)RGA 与输入的尺度变换无关，也就是说 $\Lambda(AD) = \Lambda(A)$；

(b)RGA 每列元素之和为 1，即 $\sum_{i}^{l}\lambda_{ij} = 1$；

(c)RGA 第 i 行元素之和是 U_r 中第 i 行 2 范数的平方，即

$$\sum_{i=1}^{m}\lambda_{ij} = \| e_i^{\mathrm{T}} U_r \|_2^2 \leqslant 1 \tag{A.86}$$

这里 U_r 包含了G 的前r 个输出奇异向量，e_i 是关于输出 y_i 的 $l\times 1$ 基向量；$e_i = [0\cdots 0\ 1\ 0\cdots 0]^{\mathrm{T}}$，其中 1 出现在第 i 个位置；

(d)矩阵 $B = A^{\dagger}DA$ 的对角线元素 $b_{jj} = \sum_{i=1}^{l}\hat{a}_{ji}d_i a_{ij} = \sum_{i=1}^{l} d_i\lambda_{ij}$，其中$\hat{a}_{ji}$表示 $A^{\dagger}$ 的第 ji 个元素，D 是任意对角阵。

3. 一般情况。对于一个既不是行满秩又不是列满秩的一般方形或非方的矩阵，恒等式(A.85)和(A.86)仍然适用。

对于这种情况，任意矩阵的秩等于其 RGA 元素之和。设 $l\times m$ 矩阵 G 的秩为 r，则

$$\sum_{i,j}\lambda_{ij}(G) = \mathrm{rank}(G) = r \tag{A.87}$$

式(A.85)和(A.86)的证明：我们将对于一般情况来证明这些恒等式。G 的 SVD 可以写为 $G = U_r\Sigma_r V_r^{\mathrm{H}}$（这是式(A.59)的简化型 SVD)，这里 Σ_r 是可逆的。我们有 $g_{ij} = e_i^{\mathrm{H}}U_r\Sigma_r V_r^{\mathrm{H}}e_j$，$[G^{\dagger}]_{ji} = e_j^{\mathrm{H}}V_r\Sigma_r^{-1}U_r^{\mathrm{H}}e_i$，$U_r^{\mathrm{H}}U_r = I_r$，$V_r^{\mathrm{H}}V_r = I_r$，其中 I_r 表示$r\times r$ 单位阵；对于式(A.86)的行之和，我们有

$$\begin{aligned}\sum_{j=1}^{m}\lambda_{ij} &= \sum_{j=1}^{m} e_i^{\mathrm{H}}U_r\Sigma_r V_r^{\mathrm{H}}e_j e_j^{\mathrm{H}}V_r\Sigma_r^{-1}U_r^{\mathrm{H}}e_i \\ &= e_i^{\mathrm{H}}U_r\Sigma_r V_r^{\mathrm{H}}\underbrace{\sum_{j=1}^{m} e_j e_j^{\mathrm{H}}}_{I_m}V_r\Sigma_r^{-1}U_r^{\mathrm{H}}e_i = e_i^{\mathrm{H}}U_r U_r^{\mathrm{H}}e_i = \| e_i^{\mathrm{H}}U_r \|_2^2\end{aligned}$$

类似方法可以证明式(A.85)的列之和。 □

注：Chang 和 Yu(1990)提出把 RGA 推广到非方阵，他们还陈述了大部分性质，虽然从某种意义上说这种陈述并不完善。更一般和更精确的描述见于 Cao 等人(1995)的论著。

A.5 范数

对一个向量、矩阵、信号或者系统，如果仅用一个数值来总体度量其大小是十分有用的。为了达到这个目的，我们采用一种函数，谓之范数。最常用的范数就是 Euclid 向量范数，$\| e \|_2 = \sqrt{|e_1|^2 + |e_2|^2 + \cdots + |e_m|^2}$。简单地说，就是两点 y 和 x 之间的距离，其中 $e_i = y_i -$

x_i 表示在第 i 个坐标上的差值。

定义 A.5 e(可以是向量、矩阵、信号或系统)的范数是一个实数,记作 $\|e\|$,满足下列性质:

1. 非负性:$\|e\| \geqslant 0$;
2. 绝对性:$\|e\| = 0 \Leftrightarrow e = 0$(对半范数我们有 $\|e\| = 0 \Leftarrow e = 0$);
3. 齐次性:$\|\alpha \cdot e\| = |\alpha| \cdot \|e\|$,对所有的复数标量 α 均成立;
4. 三角不等式:

$$\|e_1 + e_2\| \leqslant \|e_1\| + \|e_2\| \tag{A.88}$$

更精确地说,e 是定义在复数域$\mathbb{C}$上的向量空间 V 中的一个元素,上面所列性质对于 $\forall e$,e_1,$e_2 \in V$,$\forall \alpha \in \mathbb{C}$ 均成立。

在本书中,我们考虑四个不同对象的范数(在四个不同向量空间的范数):

1. e 是一个常向量;
2. e 是一个常矩阵;
3. e 是一个时变信号 $e(t)$,对于每个固定时刻 t,e 都是一个常标量或常向量;
4. e 是一个"系统",一个传递函数 $G(s)$ 或冲击响应 $g(t)$,对于每个固定的 s 或 t,e 是一个常标量或矩阵。

情况 1 和情况 2 涉及空间范数,现在问题是我们如何对这些通道进行平均或求和;情况 3 和情况 4 涉及函数范数或称时间范数,是希望对时间或频率的函数进行"平均"或"求和"。注意,前两个是有限维范数,而后两个是无限维范数。

注:关于范数的记法。 读者应该注意到,在各种文献中关于范数的记法是不一致的,所以应该仔细以免混淆。首先,尽管空间范数和时间范数有本质的区别,但都采用同样的符号,一般都使用 $\|\cdot\|$,这里我们也采用这种记法。其次,相同的记法经常用来表述完全不同的范数;例如无穷范数 $\|e\|_\infty$,如果 e 是一个常向量,那么 $\|e\|_\infty$ 是向量中最大元(对此,我们常用 $\|e\|_{\max}$ 表示);如果 $e(t)$ 是一个时域标量信号,那么 $\|e(t)\|_\infty$ 是时变函数 $|e(t)|$ 的峰值;如果 E 是一个常阵,那么 $\|E\|_\infty$ 是矩阵的最大元(我们经常用 $\|A\|_{\max}$ 表示);其它的作者可能用 $\|E\|_\infty$ 来描述最大的矩阵行之和(我们用 $\|E\|_{i\infty}$ 来表示)。最后,如果 $E(s)$ 是一个稳定的真系统(传递函数),那么 $\|E\|_\infty$ 就是 $\mathcal{H}_\infty$ 范数,即 E 的最大奇异值的峰值,$\|E(s)\|_\infty = \max_\omega \bar{\sigma}(E(\mathrm{j}\omega))$(这就是本书中我们常采用的$\infty$范数)。

A.5.1 向量范数

考虑有 m 个元素的向量 a,即向量空间为 $V = \mathbb{C}^m$。为了说明不同的范数,我们将分别计算如下向量的范数

$$b = \begin{bmatrix} b_1 \\ b_2 \\ b_3 \end{bmatrix} = \begin{bmatrix} 1 \\ 3 \\ -5 \end{bmatrix} \tag{A.89}$$

我们针对如下向量 p 范数考虑三种特殊的范数

$$\|a\|_p = \left(\sum_i |a_i|^p\right)^{1/p} \tag{A.90}$$

其中必须有 $p \geqslant 1$,以满足三角不等式(范数的性质 4);这里 a 是一个由元素 a_i 组成的列向量,其中 $|a_i|$ 表示复标量 a_i 的绝对值。

向量 1 范数（或求和范数）。有时也称为“出租车范数”；在 2 维空间中，它表示沿着“街道”（纽约风格）两地之间的距离；我们有

$$\|a\|_1 \triangleq \sum_i |a_i| \qquad (\|b\|_1 = 1+3+5 = 9) \tag{A.91}$$

向量 2 范数（Euclid 范数）。这是最常见的向量范数，相应于两点之间的最短距离

$$\|a\|_2 \triangleq \sqrt{\sum_i |a_i|^2} \qquad (\|b\|_2 = \sqrt{1+9+25} = 5.916) \tag{A.92}$$

Euclid 范数满足性质

$$a^H a = \|a\|_2^2 \tag{A.93}$$

这里 a^H 表示矢量 a 的复共轭转置。

向量∞范数（或最大范数）。该范数就是向量中的最大元幅值，我们记作 $\|a\|_{\max}$，则

$$\|a\|_{\max} = \|a\|_\infty \triangleq \max_i |a_i| \qquad (\|b\|_{\max} = |-5| = 5) \tag{A.94}$$

由于不同的向量范数之间仅仅相差常数因子，因此我们经常说它们是等价的。例如，对于一个有 m 个元素的向量

$$\|a\|_{\max} \leqslant \|a\|_2 \leqslant \sqrt{m}\|a\|_{\max} \tag{A.95}$$

$$\|a\|_2 \leqslant \|a\|_1 \leqslant \sqrt{m}\|a\|_2 \tag{A.96}$$

向量范数之间的区别如图 A.1 所示，该图针对 $m=2$ 的情况，给出了 $\|a\|_p = 1$ 的轮廓线。

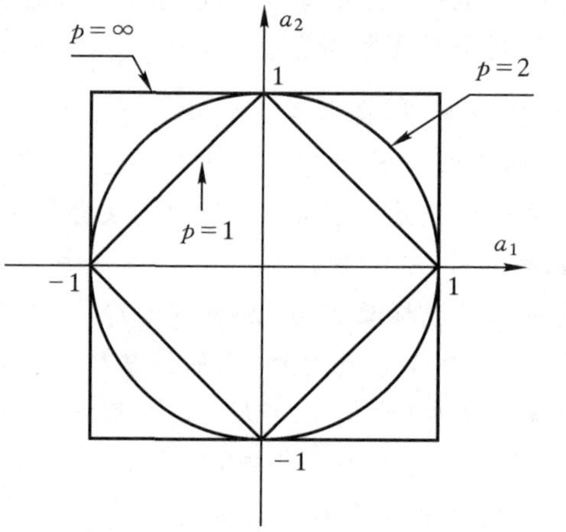

图 A.1　向量 p 范数的轮廓：对于 $p=1,2,\infty$，$\|a\|_p=1$
（数学上，单位球在 $\mathbb{R}^2$ 上有三个不同的范数。）

A.5.2　矩阵范数

考虑 $l\times m$ 常阵 A，矩阵 A 可能表示系统 $G(s)$ 的频域响应 $G(\mathrm{j}\omega)$，而 $G(s)$ 有 m 个输入和 l 个输出。为了数值说明，我们将用下面 2×2 矩阵作为例子：

$$A_0 = \begin{bmatrix} 1 & 2 \\ -3 & 4 \end{bmatrix} \tag{A.97}$$

定义 A.6　矩阵的范数 $\|A\|$ 称为**矩阵范数**，除了满足定义 A.5 中的四个性质外，还要满足乘法性质（也称为一致性条件）：

$$\| AB \| \leqslant \| A \| \cdot \| B \| \tag{A.98}$$

当组合系统时，式(A.98)是非常重要的，它也形成了小增益定理的基础。注意，存在一些矩阵的范数(满足范数的四个性质)，但不是矩阵范数(不满足式(A.98))；这些范数有时被称为广义矩阵范数。本书中唯一考虑的广义矩阵范数就是最大元素范数 $\| A \|_{\max}$。

我们首先讨论由向量 p 范数直接推广的三种范数：

求和矩阵范数。该范数是元素幅值之和

$$\| A \|_{\text{sum}} = \sum_{i,j} |a_{ij}| \quad (\| A_0 \|_{\text{sum}} = 1+2+3+4 = 10) \tag{A.99}$$

Frobenius 矩阵范数(或 Euclid 范数)。该范数是元素幅值平方和的平方根

$$\| A \|_F = \sqrt{\sum_{i,j} | a_{ij} |^2} = \sqrt{\text{tr}(A^{\text{H}}A)} \quad (\| A_0 \|_F = \sqrt{30} = 5.477) \tag{A.100}$$

迹 tr 是对角线元素求和，A^{H} 表示 A 的复共轭转置。在控制中，Frobenius 矩阵范数是很重要的，它常用于对通道求和，例如，当采用 LQG 最优控制时就是这种情况。

最大元范数。该范数是最大元的幅值

$$\| A \|_{\max} = \max_{i,j} | a_{ij} | \quad (\| A_0 \|_{\max} = 4) \tag{A.101}$$

由于上式不满足式(A.98)，所以它不是矩阵范数。不过应该注意到 $\sqrt{lm} \| A \|_{\max}$ 是一个矩阵范数。

上述三种范数有时分别称为 1 范数、2 范数和∞范数，但本书并不采用这种记法，以避免与下文介绍的更为重要的诱导 p 范数混淆。

诱导矩阵范数

诱导矩阵范数是十分重要的，因为它和系统中的信号放大有很密切的联系。考虑下面在图 A.2 中表示的方程：

$$z = Aw \tag{A.102}$$

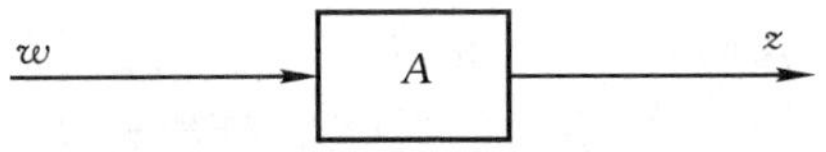

图 A.2　式(A.102)的表示

我们可以认为 w 是输入向量，z 是输出向量，考虑按比率 $\| z \| / \| w \|$ 定义矩阵 A 的“放大倍数”或“增益”。我们对所有可能输入方向的最大化增益感兴趣，这将由下式定义的诱导范数给出

$$\| A \|_{ip} \triangleq \max_{w \neq 0} \frac{\| Aw \|_p}{\| w \|_p} \tag{A.103}$$

其中 $\| w \|_p = (\sum_i | w_i |^p)^{1/p}$ 表示向量的 p 范数。换句话说，我们在寻找向量 w 的方向，使得比率 $\| z \|_p / \| w \|_p$ 最大化。因此，诱导范数给出矩阵最大可能的“放大功率”。下面等价的定义也经常采用：

$$\| A \|_{ip} = \max_{\| w \|_p \leqslant 1} \| Aw \|_p = \max_{\| w \|_p = 1} \| Aw \|_p \tag{A.104}$$

对于诱导的 1 范数、2 范数和∞范数，下面的恒等式成立：

$$\| A \|_{i1} = \max_j (\sum_i |a_{ij}|) \quad (\text{最大列之和}) \tag{A.105}$$

$$\| A \|_{i\infty} = \max_i (\sum_j |a_{ij}|) \quad (\text{最大行之和}) \tag{A.106}$$

$$\| A \|_{i2} = \bar{\sigma}(A) = \sqrt{\rho(A^{\text{H}}A)} \quad (\text{奇异值或谱范数}) \tag{A.107}$$

其中谱半径为 $\rho(A) = \max_i | \lambda_i(A) |$ 就是矩阵 A 的最大特征值。注意，矩阵的诱导 2 范数等

于其(最大)奇异值,经常称为谱范数。对于式(A. 97)的例子我们有

$$\| A_0 \|_{i1} = 6 \;;\; \| A_0 \|_{i\infty} = 7 \;;\; \| A_0 \|_{i2} = 5.117 \tag{A. 108}$$

定理 A. 3 所有诱导范数 $\| A \|_{ip}$ 都是矩阵范数,因而满足乘法性质:

$$\| AB \|_{ip} \leqslant \| A \|_{ip} \cdot \| B \|_{ip} \tag{A. 109}$$

证明:考虑下面一组方程

$$z = Av \;,\quad v = Bw \quad \Rightarrow \quad z = ABw \tag{A. 110}$$

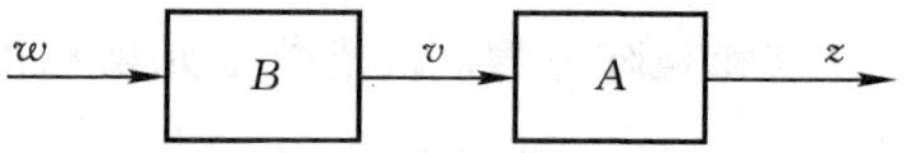

图 A. 3 式(A. 110)的表示

图 A. 3 对其进行了说明。由诱导范数的定义,我们首先引入 $v = Bw$,然后用 $\| v \|_p \neq 0$ 乘以分子和分母,最后对包括 w 和 v 的每一项分别进行最大化,则有

$$\| AB \|_{ip} \triangleq \max_{w\neq 0} \frac{\| A \overbrace{Bw}^{v} \|_p}{\| w \|_p} = \max_{w\neq 0} \frac{\| Av \|_p}{\| v \|_p} \cdot \frac{\| Bw \|_p}{\| w \|_p} \leqslant \max_{v\neq 0} \frac{\| Av \|_p}{\| v \|_p} \cdot \max_{w\neq 0} \frac{\| Bw \|_p}{\| w \|_p}$$

由诱导范数的定义可得式(A. 109)。 □

乘法性质的含义

就矩阵范数而言,对于任意维数的矩阵 A 和 B,只要乘积 AB 存在,乘法性质 $\| AB \| \leqslant \| A \| \cdot \| B \|$ 总成立。特别地,当我们选择 A 和 B 为向量时,该性质也成立。根据该结论,可知

1. 选择 B 为一个向量,即 $B = w$,那么对于任意矩阵范数,由式(A. 98)可得

$$\| Aw \| \leqslant \| A \| \cdot \| w \| \tag{A. 111}$$

   我们说"矩阵范数 $\| A \|$ 与其相应的向量范数 $\| w \|$ 是相容的"。很显然,由式(A. 103)知,任何诱导的矩阵 p 范数与其相应的向量 p 范数是相容的。类似地,Frobenius 范数和 2 范数是相容的(由于当 w 是一个向量时,$\| w \|_F = \| w \|_2$)。

2. 由式(A. 111),还可以得出,对于任意矩阵范数,有

$$\| A \| \geqslant \max_{w\neq 0} \frac{\| Aw \|}{\| w \|} \tag{A. 112}$$

   注意,诱导范数的定义使得式(A. 112)以等式成立。而性质 $\| A \|_F \geqslant \bar{\sigma}(A)$ 成立是因为 $\| w \|_F = \| w \|_2$。

3. 同时选择 $A = z^{\mathrm{H}}$ 和 $B = w$ 为向量,然后利用 Frobenius 范数或式(A. 98)中的诱导 2 范数(奇异值),我们得到 Cauchy-Schwarz 不等式

$$| z^{\mathrm{H}} w | \leqslant \| z \|_2 \cdot \| w \|_2 \tag{A. 113}$$

   其中 z 和 w 是同维的列向量,$z^{\mathrm{H}} w$ 是向量 z 和 w 的 Euclid 内积。

4. 内积还可以用来定义向量 z 和 w 之间的夹角 ϕ

$$\phi = \cos^{-1}\left(\frac{| z^{\mathrm{H}} w |}{\| z \|_2 \cdot \| w \|_2} \right) \tag{A. 114}$$

   注意按此定义,ϕ 介于 0°和 90°之间。

A. 5. 3 谱半径

谱半径 $\rho(A)$ 是矩阵 A 最大特征值的幅值

$$\rho(A) = \max_i |\lambda_i(A)| \tag{A.115}$$

这不是一个范数,因为它不满足定义 A.5 中范数的性质 2 和 4。例如,对于

$$A_1 = \begin{bmatrix} 1 & 0 \\ 10 & 1 \end{bmatrix}, A_2 = \begin{bmatrix} 1 & 10 \\ 0 & 1 \end{bmatrix} \tag{A.116}$$

我们有 $\rho(A_1) = 1$ 和 $\rho(A_2) = 1$;然而,$\rho(A_1 + A_2) = 12$,且 $\rho(A_1A_2) = 101.99$,这既不满足三角不等式(范数的第 4 个性质),也不满足式(A.98)中的乘法性质。

尽管谱半径不是一个范数,但它却提供了关于任何矩阵范数的下界,这一点很有用。

定理 A.4 对于任何矩阵范数(尤其对于任何诱导范数)

$$\rho(A) \leqslant \| A \| \tag{A.117}$$

证明:由于 $\lambda_i(A)$ 是 A 的特征值,我们有 $At_i = \lambda_i t_i$,t_i 表示特征向量。我们得到

$$|\lambda_i| \cdot \| t_i \| = \| \lambda_i t_i \| = \| At_i \| \leqslant \| A \| \cdot \| t_i \| \tag{A.118}$$

(最后的不等式是根据式(A.111))。因此对于任何矩阵范数有 $|\lambda_i(A)| \leqslant \| A \|$,并且这对所有的特征值都成立,结果得证。 □

对于式(A.97)的矩阵,我们得到 $\rho(A_0) = \sqrt{10} \approx 3.162$,它比所有的诱导范数($\| A_0 \|_{i1} = 6$,$\| A_0 \|_{i\infty} = 7$,$\bar{\sigma}(A_0) | = 5.117$)都小,同时也比 Frobenius 范数($\| A \|_F = 5.477$)以及求和范数($\| A \|_{sum} = 10$)要小。

式(A.117)的一个简单物理解释是,特征值仅按某个方向(由特征向量给出)对矩阵增益进行度量,因而必然小于矩阵范数。后者允许按任何方向对矩阵增益进行度量,因而产生最大增益,参看式(A.112)。

A.5.4 矩阵范数的一些关系式

矩阵 A 的各种范数是密切联系的,这一点可以从下面的来自 Golub 和 van Loan(1989, p. 15)以及 Horn 和 Johnson(1985, p. 314)的不等式看出。假定 A 是一个 $l \times m$ 的矩阵,那么

$$\bar{\sigma}(A) \leqslant \| A \|_F \leqslant \sqrt{\min(l,m)}\, \bar{\sigma}(A) \tag{A.119}$$

$$\| A \|_{max} \leqslant \bar{\sigma}(A) \leqslant \sqrt{lm}\, \| A \|_{max} \tag{A.120}$$

$$\bar{\sigma}(A) \leqslant \sqrt{\| A \|_{i1} \| A \|_{i\infty}} \tag{A.121}$$

$$\frac{1}{\sqrt{m}} \| A \|_{i\infty} \leqslant \bar{\sigma}(A) \leqslant \sqrt{l}\, \| A \|_{i\infty} \tag{A.122}$$

$$\frac{1}{\sqrt{l}} \| A \|_{i1} \leqslant \bar{\sigma}(A) \leqslant \sqrt{m}\, \| A \|_{i1} \tag{A.123}$$

$$\max\{\bar{\sigma}(A), \| A \|_F, \| A \|_{i1}, \| A \|_{i\infty}\} \leqslant \| A \|_{sum} \tag{A.124}$$

所有的这些范数,除了 $\| A \|_{max}$ 之外都是矩阵范数,并且满足式(A.98)。不等式是严苛的,也就是说,存在使等式成立的任何维数的矩阵。注意,由式(A.120)知,矩阵的最大奇异值和其最大元是紧密联系的,因此 $\| A \|_{max}$ 可以用来对 $\bar{\sigma}(A)$ 进行简单快捷的估计。

Frobenius 范数和最大奇异值(诱导 2 范数)的重要性质,就是关于酉变换保持不变。也就是说,对于酉阵 U_i,满足 $U_iU_i^H = I$,我们有

$$\| U_1AU_2 \|_F = \| A \|_F \tag{A.125}$$

$$\bar{\sigma}(U_1AU_2) = \bar{\sigma}(A) \tag{A.126}$$

从矩阵 $A = U\Sigma V^H$ 的 SVD 和式(A.125)，我们得到 Frobenius 范数和奇异值 $\sigma_i(A)$ 之间一个非常重要的关系式是

$$\|A\|_F = \sqrt{\sum_i \sigma_i^2(A)} \tag{A.127}$$

Perron-Frobenius 定理应用于方阵 A，则有

$$\min_D \|DAD^{-1}\|_{i1} = \min_D \|DAD^{-1}\|_{i\infty} = \rho(|A|) \tag{A.128}$$

这里 D 是一个对角“尺度变换”矩阵，$|A|$ 表示矩阵 A 所有的元素都被相应的元素幅值替换，而 $\rho(|A|) = \max_i |\lambda_i(|A|)|$ 是 Perron 根(Perron-Frobenius 特征值)。Perron 根大于或等于谱半径，即 $\rho(A) \leqslant \rho(|A|)$。

A.5.5　Matlab 中的矩阵和向量范数

下面是用于矩阵的 Matlab 指令：

$\bar{\sigma}(A) = \|A\|_{i2}$	`norm(A,2) or max(svd(A))`
$\|A\|_{i1}$	`norm(A,1)`
$\|A\|_{i\infty}$	`norm(A,'inf')`
$\|A\|_F$	`norm(A,'fro')`
$\|A\|_{sum}$	`sum(sum(abs(A)))`
$\|A\|_{max}$	`max(max(abs(A)))`(这不是矩阵范数)
$\rho(A)$	`max(abs(eig(A)))`
$\rho(\|A\|)$	`max(eig(abs(A)))`
$\gamma(A) = \bar{\sigma}(A)/\underline{\sigma}(A)$	`cond(A)`

用于向量的指令：

$\|a\|_1$	`norm(a,1)`
$\|a\|_2$	`norm(a,2)`
$\|a\|_{max}$	`norm(a,'inf')`

A.5.6　信号范数

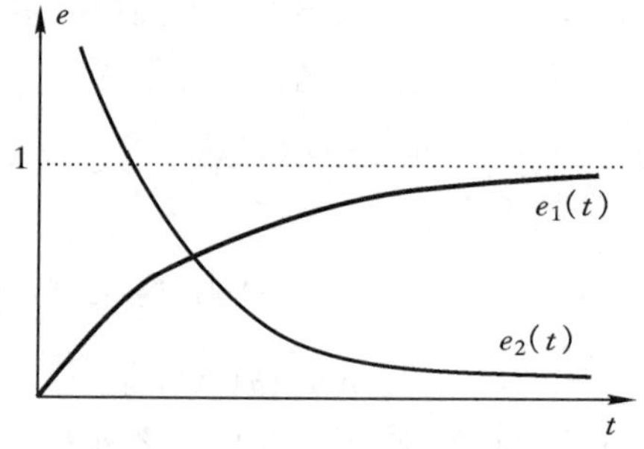

图 A.4　具有完全不同 2 范数和 ∞ 范数的信号

我们考虑随时间变化(或随频域变化)信号 $e(t)$ 的时间范数。与空间范数(向量和矩阵范数)相比较，我们发现时间范数的选择会有很大差别。举例来说，考虑图 A.4 所示的两个信号 $e_1(t)$ 和 $e_2(t)$；对于 $e_1(t)$，∞ 范数(峰值)是 1，即 $\|e_1(t)\|_\infty = 1$；然而由于信号没有衰减，2 范数是无限大，即 $\|e_1(t)\|_2 = \infty$。而对于 $e_2(t)$，反过来是对的。

对于信号，我们可以用两步来计算范数：

1. 在一个给定的时间或频率上，采用向量范数(对于标量信号我们简单地取绝对值)对通道“求和”；
2. 采用时间范数在时间或频率上“求和”。

回顾前面所述，向量范数在其仅有定常系数差别的意义上是等价的。因此，在第1步中，无论我们采用什么范数都没有太大的差别。我们通常对向量和信号使用同样的 p 范数，并由此将一个时变向量的时间 p 范数 $\|e(t)\|_p$ 定义为

$$L_p \text{ 范数：} \|e(t)\|_p = \left(\int_{-\infty}^{\infty} \sum_i |e_i(\tau)|^p d\tau\right)^{1/p} \tag{A.129}$$

下面的信号的时间范数是常用的：

时间上的1范数（积分绝对误差(IAE)，见图A.5)：

$$\|e(t)\|_1 = \int_{-\infty}^{\infty} \sum_i |e_i(\tau)| d\tau \tag{A.130}$$

时间上的2范数（二次范数，积分平方误差(ISE)，信号的“能量”)：

$$\|e(t)\|_2 = \sqrt{\int_{-\infty}^{\infty} \sum_i |e_i(\tau)|^2 d\tau} \tag{A.131}$$

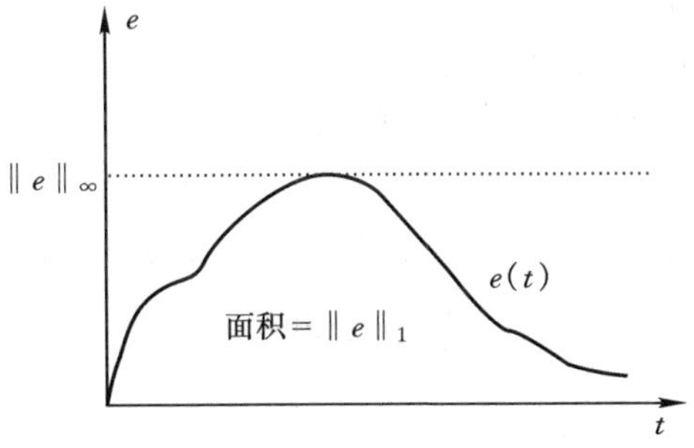

图A.5　信号的1范数和∞范数

时间上的∞范数（时域峰值，见图A.5)

$$\|e(t)\|_\infty = \max_\tau\left(\max_i |e_i(\tau)|\right) \tag{A.132}$$

另外，我们将考虑如下的功率范数或者均方根(rms)范数（因为不满足范数的性质2，这实际上只是个半范数）

$$\|e(t)\|_{\text{pow}} = \lim_{T\to\infty} \sqrt{\frac{1}{2T}\int_{-T}^{T} \sum_i |e_i(\tau)|^2 d\tau} \tag{A.133}$$

注1　在大多数情况下，我们假定 $t<0$ 时 $e(t)=0$，这样积分下界就会变成 $\tau=0$。

注2　为了保证数学上的正确性，我们应该使用 $\sup_\tau$（最小上界）而不是式(A.132)中的 $\max_\tau$，因为实际上可能达不到最大值（比如说 $t=\infty$ 时才出现最大值）。

A.5.7　各种系统范数的信号解释

在第4.10节我们考虑过两个系统范数，即 $\mathcal{H}_2$ 范数 $\|G(s)\|_2 = \|g(t)\|_2$，和 $\mathcal{H}_\infty$ 范数 $\|G(s)\|_\infty$。这里加上本小节的主要原因，是要表明有许多根据信号评价性能的方法，也是要表明在这里 $\mathcal{H}_2$ 和 $\mathcal{H}_\infty$ 范数是非常有效的手段，这的确有助于我们在控制器设计问题中理解如何选择性能权函数。本小节的结果证明需要很好的泛函分析背景知识，可以在 Doyle 等人(1992)、Dahleh 和 Diaz-Bobillo(1995)，以及 Zhou 等人(1996)的论著中找到这些知识。

考虑一个系统 G，输入为 d 而输出为 e

$$e = Gd \tag{A.134}$$

为了得到好的性能，我们可能对于任何容许的输入信号 d，都要求输出信号 e 尽可能“小”，因此我们需要规定：

1. 怎样的 d 是容许的（d 属于哪个集合?)；
2. 我们所描述的“小”究竟是什么意思（我们应该对 e 使用什么范数?)。

一些可能的输入信号集合是：

1. $d(t)$ 由冲击函数 $\delta(t)$ 组成，这就在状态中产生了阶跃变化，从而通常的作法是引入 LQ 目标函数，建立 $\mathcal{H}_2$ 范数。
2. $d(t)$ 是一个零均值的白噪声过程。
3. 具有固定频率的 $d(t)=\sin(\omega t)$，从 $t=-\infty$（对应于稳态的正弦响应）开始。
4. $d(t)$ 是由所有容许频率的正弦函数构成的集合。
5. $d(t)$ 是能量有界的，即 $\|d(t)\|_2\leqslant 1$。
6. $d(t)$ 是功率有界的，即 $\|d(t)\|_{\rm pow}\leqslant 1$。
7. $d(t)$ 是幅值有界的，即 $\|d(t)\|_\infty\leqslant 1$。

前 3 个输入信号集是指定的信号，而后 3 个是有界范数的输入信号类。这里亟需解决的物理问题，就是确定哪一个输入类是最合理的。

对输出信号的度量可以考虑如下范数：
1. 1 范数 $\|e(t)\|_1$；
2. 2 范数（能量）$\|e(t)\|_2$；
3. ∞ 范数（幅值的峰值）$\|e(t)\|_\infty$；
4. 功率范数 $\|e(t)\|_{\rm pow}$。

采用其它范数也是可能的，但是必须再次强调，是由工程问题决定哪一个范数最合适。现在，我们将分别考虑源自输入类定义和输出范数的系统范数。也就是说，我们想要找到合适的系统增益来测试系统的性能。SISO 系统的结果如表 A.1 所示，其中 $d(t)$ 和 $e(t)$ 是标量信号。在这些表中，$G(s)$ 是传递函数，$g(t)$ 则为相应的冲击响应。尤其需注意

$$\mathcal{H}_\infty\text{ 范数：}\quad \|G(s)\|_\infty \triangleq \max_\omega \bar{\sigma}(G(\mathrm{j}\omega)) = \max_{d(t)} \frac{\|e(t)\|_2}{\|d(t)\|_2} \tag{A.135}$$

以及

$$\mathcal{L}_1\text{ 范数：}\quad \|g(t)\|_1 \triangleq \int_{-\infty}^{\infty} g(t)\mathrm{d}t = \max_{d(t)} \frac{\|e(t)\|_\infty}{\|d(t)\|_\infty} \tag{A.136}$$

（其中右边的两个等式不是根据定义，而是由泛函分析得到的重要结果）。我们从表 A.1 和 A.2 可以看出，$\mathcal{H}_2$ 范数和 $\mathcal{H}_\infty$ 范数出现在很多位置上，这对其在控制中的广泛应用奠定了基础。除此以外，如果我们认为 $d(t)$ 是具有任意频率正弦函数的集合，并且使用 2 范数来度量输出（并未在表 A.1 和 A.2 中列出，但在 3.3.5 节讨论过），那么就会得到 $\mathcal{H}_\infty$ 范数。同样地，如果输入是白噪声并且用 2 范数来度量输出，则得到 $\mathcal{H}_2$ 范数。

表 A.1　对于 2 个规定的输入信号和 3 个不同的输出信号范数产生的系统范数

	$d(t)=\delta(t)$	$d(t)=\sin(\omega t)$
$\|e\|_2$	$\|G(s)\|_2$	∞（常用）
$\|e\|_\infty$	$\|g(t)\|_\infty$	$\bar{\sigma}(G(\mathrm{j}\omega))$
$\|e\|_{\rm pow}$	0	$\frac{1}{\sqrt{2}}\bar{\sigma}(G(\mathrm{j}\omega))$

表 A.2 对于 3 组不同的范数有界输入信号和 3 个不同输出范数的系统范数。对角线上的元都是诱导范数

	$\|d\|_2$	$\|d\|_\infty$	$\|d\|_{pow}$
$\|e\|_2$	$\|G(s)\|_\infty$	∞	∞（常用）
$\|e\|_\infty$	$\|G(s)\|_2$	$\|g(t)\|_1$	∞（常用）
$\|e\|_{pow}$	0	$\leqslant \|G(s)\|_\infty$	$\|G(s)\|_\infty$

表 A.1 和表 A.2 中的结果通过采用合适的矩阵和向量范数，可以推广到 MIMO 系统。特别地，如果我们对于 $\mathcal{H}_\infty$ 范数采用 $\|G(s)\|_\infty = \max_\omega \bar{\sigma}(G(j\omega))$，对于 L_1 范数我们采用 $\|g(t)\|_1 = \max_i \|g_i(t)\|_1$，其中 $g_i(t)$ 表示冲击响应矩阵的第 i 行，则表 A.2 对角线上的诱导范数可以推广到 MIMO 情况。事实上，$\mathcal{H}_\infty$ 范数和 L_1 范数都是诱导范数，使其适合在鲁棒性分析中应用，比如说在小增益定理中就会用到。由下面一个真标量系统的定界可以看出，这两个范数是紧密联系的

$$\|G(s)\|_\infty \leqslant \|g(t)\|_1 \leqslant (2n+1)\cdot\|G(s)\|_\infty \tag{A.137}$$

这里 n 是最小实现的状态维数。对于一个多变量 $l\times m$ 系统，我们有如下的推广（Dahleh and Diaz-Bobillo，1995，p. 342）

$$\|G(s)\|_\infty \leqslant \sqrt{l}\cdot\|g(t)_1\| \leqslant \sqrt{lm}\cdot(2n+1)\cdot\|G(s)\|_\infty \tag{A.138}$$

A.6 传递函数矩阵的全通分解

考虑一个对象模型 G，在 z 处具有 N_z 个 RHP 零点，而且分别和输入与输出零点方向 u_z 与 y_z 相关联，那么 G 可以按如下分解

$$G = G^1\mathcal{B}_1 \qquad \mathcal{B}_1 = I - \frac{2\mathrm{Re}(z_1)}{s+\bar{z}_1}\hat{u}_{z_1}\hat{u}_{z_1}^{\mathrm{H}} \tag{A.139}$$

$\hat{u}_{z_1}$ 是 z_1 的输入零点方向。通过这样的分解，z_1 就不是 G^1 的零点了。重复对 G^i，$i=1,\cdots,N_z-1$，应用式(A.139)，则 G 可以被分解为最小相位部分和全通滤波器

$$G = G_{mi}\mathcal{B}_{zi} \qquad \mathcal{B}_{zi} = \prod_{i=1}^{N_z}\left(I - \frac{2\mathrm{Re}(z_i)}{s+\bar{z}_i}\hat{u}_{z_i}\hat{u}_{z_i}^{\mathrm{H}}\right) \tag{A.140}$$

在式(A.140)中，G_{mi} 是一个最小相位传递函数，它带有 G 的关于虚轴镜像的 RHP 零点，而 $\mathcal{B}_{zi}$ 是一个全通滤波器。注意，除了与零点相应的方向首先被分解之外，$\hat{u}_{z_i}$ 与 u_{z_i} 是不同的，因为它是基于 $G^{(i-1)}$ 而不是基于 G 计算得到的。类似地，RHP 零点也可以在系统的输出端进行分解

$$G = \mathcal{B}_{zo}G_{mo} \qquad \mathcal{B}_{zo} = \prod_{i=N_z}^{1}\left(I - \frac{2\mathrm{Re}(z_i)}{s+\bar{z}_i}\hat{y}_{z_i}\hat{y}_{z_i}^{\mathrm{H}}\right) \tag{A.141}$$

当 G 在 p 处有 N_p 个 RHP 极点时，这些极点可以被分解成稳定部分和在输入输出端的全通滤波器：

$$G = G_{si}\mathcal{B}_{pi}^{-1} \qquad \mathcal{B}_{pi}^{-1} = \prod_{i=N_p}^{1}\left(I - \frac{2\mathrm{Re}(p_i)}{s-p_i}\hat{u}_{p_i}\hat{u}_{p_i}^{\mathrm{H}}\right) \tag{A.142}$$

$$G = \mathcal{B}_{po}^{-1} G_{so} \qquad \mathcal{B}_{po}^{-1} = \prod_{i=1}^{N_p} \left(I - \frac{2\mathrm{Re}(p_i)}{s - p_i} \hat{y}_{p_i} \hat{y}_{p_i}^{\mathrm{H}} \right) \tag{A.143}$$

对于 SISO 系统，式(A.140)～式(A.143)可以简化为：

$$\mathcal{B}_{zi} = \mathcal{B}_{zo} = \prod_{i=1}^{N_z} \frac{s - z_i}{s + \bar{z}_i} \tag{A.144}$$

$$\mathcal{B}_{pi}^{-1} = \mathcal{B}_{po}^{-1} = \prod_{i=1}^{N_p} \frac{s + \bar{p}_i}{s - p_i} \tag{A.145}$$

在第 5 章和第 6 章，我们应用 RHP 零点和 RHP 极点的全通分解，导出了重要闭环传递函数的峰值界。$\mathcal{B}_{zi}$、$\mathcal{B}_{zo}$、$\mathcal{B}_{pi}$ 和$\mathcal{B}_{po}$ 总称为 Blaschke 乘积。Blaschke 乘积很多有用的性质可以在 Harve(1998)的论著中找到。

注： 在本书第 1 版(Skogested and Postlethwaite，1996)中，Blaschke 乘积按照用在这儿的更常规的定义的逆来定义。但请注意，在第 1 版中的其它定义对于后续的分析没有影响。

A.7 灵敏度函数分解

考虑两个对象模型，G 是标称模型，而 G' 是替代模型，而且假定同一控制器施加于两个对象，那么相应的灵敏度函数是

$$S = (I + GK)^{-1}, \quad S' = (I + G'K)^{-1} \tag{A.146}$$

A.7.1 输出扰动

假设 G' 相对于 G 要么有一个输出乘性扰动 E_O，要么有一个逆输出乘性扰动 E_{iO}，则 S' 可以根据 S 分解如下：

$$S' = S(I + E_O T)^{-1}\ ;\ G' = (I + E_O)G \tag{A.147}$$

$$S' = S(I - E_{iO}S)^{-1}(I - E_{iO});\ G' = (I - E_{iO})^{-1}G \tag{A.148}$$

对于方形对象，E_O 和 E_{iO} 可以根据给定的 G 和 G' 得到

$$E_O = (G' - G)G^{-1}; E_{iO} = (G' - G)G'^{-1} \tag{A.149}$$

式(A.147)的证明：

$$I + G'K = I + (I + E_O)GK = (I + E_O \underbrace{GK(I + GK)^{-1}}_{T})(I + GK) \tag{A.150}$$

□

式(A.148)的证明：

$$\begin{aligned} I + G'K &= I + (I - E_{iO})^{-1}GK = (I - E_{iO})^{-1}((I - E_{iO}) + GK) \\ &= (I - E_{iO})^{-1}(I - E_{iO} \underbrace{(I + GK)^{-1}}_{S})(I + GK) \end{aligned} \tag{A.151}$$

□

类似的分解可以按互补灵敏度函数写出(Horowitz and Shaked，1975；Zames，1981)。例如，利用 $S - S' = T' - T$ 的事实，把式(A.147)写成 $S = S'(I + E_O T)$，我们得到

$$T' - T = S' E_O T \tag{A.152}$$

A.7.2 输入扰动

对于方形对象，按照输入乘性不确定性 E_I，如下分解是有用的：

$$S' = S(I + GE_I G^{-1} T)^{-1} = SG(I + E_I T_I)^{-1} G^{-1}; \quad G' = G(I + E_I) \tag{A.153}$$

此处 $T_I = KG(I + KG)^{-1}$ 是输入灵敏度函数。

证明：将 $E_O = GE_I G^{-1}$ 带入式(A.147)，并利用 $G^{-1}T = T_I G^{-1}$ 即可得证。 □

另外，我们可以将控制器分解出来，有

$$S' = (I + TK^{-1}E_I K)^{-1} S = K^{-1}(I + T_I E_I)^{-1} KS \tag{A.154}$$

证明：由 $I + G'K = I + G(I + E_I)K$ 开始，将因子 $(I + GK)$ 移至左边。 □

A.7.3 稳定性条件

下面的引理直接来自于广义 Nyquist 定理和式(A.147)的分解。

引理 A.5 假定带有环路传递函数 $G(s)K(s)$ 的负反馈闭环回路系统是稳定的，且假定 $G' = (I + E_O)G$，而 $G(s)K(s)$ 和 $G'(s)K(s)$ 的开环不稳定极点数分别为 P 和 P'；则带有环路传递函数 $G'(s)K(s)$ 的负反馈闭环系统是稳定，当且仅当

$$\mathcal{N}(\det(I + E_O T)) = P - P' \tag{A.155}$$

其中 $\mathcal{N}$ 表示当 s 顺时针方向遍历 Nyquist D 轮廓线时，顺时针环绕原点的次数。

证明：设 $\mathcal{N}(f)$ 表示 $f(s)$ 按 s 顺时针方向遍历 Nyquist D 轮廓线时顺时针环绕原点的次数。对于两个函数环绕的乘积，我们有 $\mathcal{N}(f_1 f_2) = \mathcal{N}(f_1) + \mathcal{N}(f_2)$，这与式(A.150)一起，以及 $\det(AB) = \det A \cdot \det B$，我们得到

$$\mathcal{N}(\det(I + G'K)) = \mathcal{N}(\det(I + E_O T)) + \mathcal{N}(\det(I + GK)) \tag{A.156}$$

为了得到稳定性结论，我们需要由定理 4.9 得到 $\mathcal{N}(\det(I+G'K)) = -P'$，但我们知道 $\mathcal{N}(\det(I+GK)) = -P$，从而得到引理 A.5。这个引理来自 Hovd 和 Skogestad(1994)；类似的结论，至少对于稳定对象，由 Grosdidier 和 Morari(1986)，以及 Nwokah 和 Perez(1991)提出过。 □

换句话说，式(A.155)告诉我们，对于稳定性而言，$\det(I + E_O T)$ 必须提供额外的顺时针环绕次数。如果式(A.155)不满足，带 $G'K$ 的负反馈系统一定是不稳定的。在定理 6.7 中我们已经证明了，如何利用 $s = 0$ 发生的情况信息来确定稳定性。

A.8 线性分块变换

目前在控制文献中用于分析和设计的线性分块变换(LFT)，是由 Doyle(1984)提出来的。考虑维数是 $(n_1 + n_2) \times (m_1 + m_2)$ 的矩阵 P，对其分块如下：

$$P = \begin{bmatrix} P_{11} & P_{12} \\ P_{21} & P_{22} \end{bmatrix} \tag{A.157}$$

矩阵 Δ 和 K 分别具有维数 $m_1 \times n_1$ 和 $m_2 \times n_2$（分别与 P 的上、下分块相对应），对于下和上线性分块变换，我们采用以下记法

$$F_l(P, K) \triangleq P_{11} + P_{12} K (I - P_{22} K)^{-1} P_{21} \tag{A.158}$$

$$F_u(P, \Delta) \triangleq P_{22} + P_{21} \Delta (I - P_{11} \Delta)^{-1} P_{12} \tag{A.159}$$

下标 l 代表下分块，u 代表上分块。下面用 R 表示由 LFT 得到的矩阵函数。

下分块变换 $F_l(P, K)$ 就是传递函数 R_1，R_1 沿着 P 的下半部分环绕（正向）反馈 K，如图 A.6(a)所示。为了看清这一点，图 A.6(a)中的框图可以写成

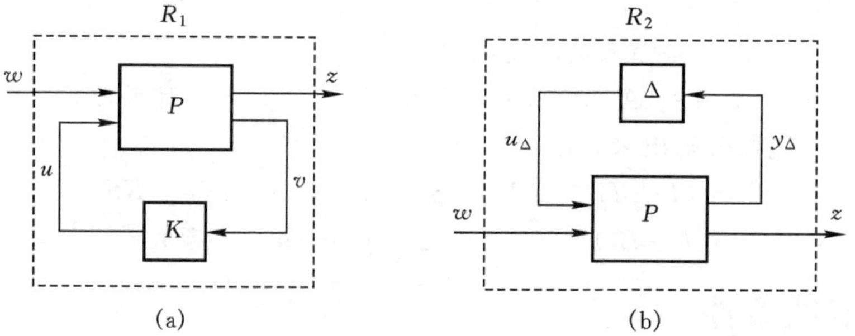

图 A.6 (a) R_1 按照 K 作为下 LFT;(b) R_2 按照 Δ 作为上 LFT

$$z=P_{11}w+P_{12}u;\ v=P_{21}w+P_{22}u;\ u=Kv \tag{A.160}$$

在这些等式中消去 u 和 v 我们得到

$$z=R_1w=F_l(P,K)w=[P_{11}+P_{12}K(I-P_{22}K)^{-1}P_{21}]w \tag{A.161}$$

总之，R_1 写成 P 关于参数 K 的下 LFT。相似地，在图 A.6(b)中，我们说明了上 LFT，$R_2=F_u(P,\Delta)$，R_2 沿着 P 的上半部分环绕(正向)反馈 Δ 得到的。

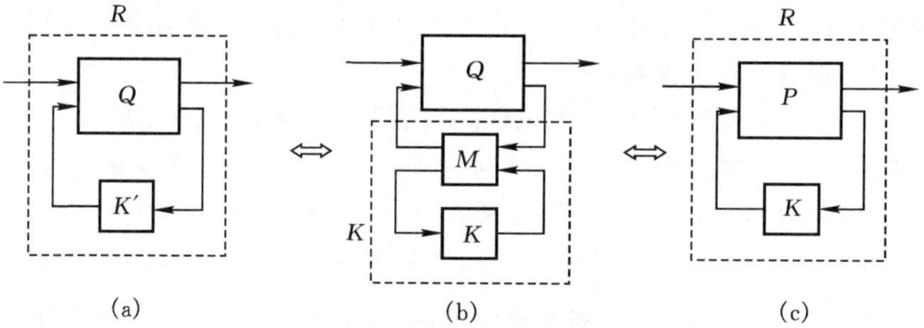

图 A.7 多个 LFT 互联形成单个 LFT

A.8.1 LFT 的相互联接

LFT 的一个重要性质，就是 LFT 间的任意相互联结形成新的 LFT。在图 A.7 中，R 表示为 K' 的下 LFT，也可以是 K 的下 LFT;我们想直接把 R 表示成 K 的 LFT，则有

$$R=F_l(Q,K') \quad 其中 \quad K'=F_l(M,K) \tag{A.162}$$

我们希望得到 P(从 Q 和 M 的角度)，使得

$$R=F_l(P,K) \tag{A.163}$$

我们求得

$$\begin{aligned}P&=\begin{bmatrix}P_{11} & P_{12}\\ P_{21} & P_{22}\end{bmatrix}\\ &=\begin{bmatrix}Q_{11}+Q_{12}M_{11}(I-Q_{22}M_{11})^{-1}Q_{21} & Q_{12}(I-M_{11}Q_{22})^{-1}M_{12}\\ M_{21}(I-Q_{22}M_{11})^{-1}Q_{21} & M_{22}+M_{21}Q_{22}(I-M_{11}Q_{22})^{-1}M_{12}\end{bmatrix}\end{aligned} \tag{A.164}$$

当我们用上 LFT 时，可以对下式应用类似的表达式

$$R=F_u(M,\Delta') \quad 其中 \quad \Delta'=F_u(Q,\Delta) \tag{A.165}$$

我们得到 $R = F_u(P,\Delta)$，其中 P 由式(A.164)按照 Q 和 M 给出。

A.8.2 F_l 和 F_u 之间的关系

很明显，F_l 和 F_u 有紧密的关系。如果我们知道 $R = F_l(M,K)$，然后根据重新排序后的 M 得到的 K 的上变换，就可以直接得到 R。我们有

$$F_u(\widetilde{M},K) = F_l(M,K) \tag{A.166}$$

其中

$$\widetilde{M} = \begin{bmatrix} 0 & I \\ I & 0 \end{bmatrix} M \begin{bmatrix} 0 & I \\ I & 0 \end{bmatrix} \tag{A.167}$$

A.8.3 LFT 的逆

假定所有相关的逆都存在，我们有

$$(F_l(M,K))^{-1} = F_l(\widetilde{M},K) \tag{A.168}$$

其中 $\widetilde{M}$ 是按下式给出

$$\widetilde{M} = \begin{bmatrix} M_{11}^{-1} & -M_{11}^{-1}M_{12} \\ M_{21}M_{11}^{-1} & M_{22} - M_{21}M_{11}^{-1}M_{12} \end{bmatrix} \tag{A.169}$$

这个表达式可以容易由式(A.6)的矩阵求逆引理得到。

A.8.4 按照逆参数的 LFT

按照 K 给出一个 LFT，有可能得到一个按 K^{-1} 的等价 LFT。如果我们假设所有有关的逆都存在，我们有

$$F_l(M,K) = F_l(\hat{M},K^{-1}) \tag{A.170}$$

其中 $\hat{M}$ 由下式给出

$$\hat{M} = \begin{bmatrix} M_{11} - M_{12}M_{22}^{-1}M_{21} & -M_{12}M_{22}^{-1} \\ M_{22}^{-1}M_{21} & M_{22}^{-1} \end{bmatrix} \tag{A.171}$$

由于对于任意方阵 L，$(I+L)^{-1} = I - L(I+L)^{-1}$，易知上述表达式成立。

附录 B　项目工作与测验样题

B.1　项目工作

鼓励学生根据他们正在从事的工作建立自己的项目，否则，项目应由指导教师给出。无论哪种情况，在开始这个项目之前，问题的预备性说明应该得到批准，请参阅下面第一项。

对于控制系统设计而言，Davison(1990)给出了一些有用的标准问题。在第 13 章关于直升机、航空发动机以及蒸馏设备的案例研究中，以及在例 6.17 的化学反应器讨论中，都提供了几个项目的基础。这些模型在互联网上都可以获得。

1. *引言：问题的初步定义*

   (i)用 1 到 2 个方块图对工程问题给出一个简单的描述；

   (ii)简要讨论控制目标；

   (iii)规定外部输入(干扰、噪声、设定值)、调节输入、量测和被控输出(外部输出)；

   (iv)对最重要的模型不确定根源进行描述；

   (v)什么样的特定控制问题是您所期望的，如交互作用、RHP 零点、饱和问题等？

   在开始这个项目之前，不超过三页的预备性说明必须上交，而且要得到批准。

2. *对象模型*。规定所有的参数、运行条件等，得到对象的线性模型。注：您可能需要考虑多于 1 个的工作点。

3. *对象分析*。例如，计算稳态增益矩阵，绘制出增益关于频率的函数曲线，得到零极点(单个环节和整个系统两种情况)，计算 SVD，对方向和条件数进行评估，进行 RGA 分析、干扰分析等。分析是否表明对象很难控制？

4. *控制器的初始设计*。至少设计两种要用的控制器，例如

   (i)分散控制(PID)；

   (ii)集中控制(LQG、LTR、$\mathcal{H}_2$(原则上与 LQG 相同，但选择权函数的方式不同)、$\mathcal{H}_\infty$ 回路整形、$\mathcal{H}_\infty$ 混合灵敏度分析等)；

   (iii)与 PI 控制结合的解耦器。

5. *仿真*。对于闭环系统在时间域中完成仿真。

6. *利用 μ 的鲁棒性分析*。即

   (i)选择合适的性能指标和不确定性权函数；绘制权函数关于频率的曲线；

   (ii)清楚说明对您的问题(利用框图)是如何定义 RP 的；

   (iii)对 NP、RS 和 RP 计算 μ；

   (iv)灵敏度分析。例如，改变权函数(即使得一个通道加快，另一个放慢)，移动不确定性(即

由输入到输出)，通过由对角阵变为满元素矩阵的方法改变 Δ 等。

注：如果从步骤(iii)发现原来的权函数是不合理的，则可能需要返回步骤(i)，重新定义权函数。

7. 选做内容：$\mathcal{H}_\infty$ 或 μ 最优控制器设计。设计一个 $\mathcal{H}_\infty$ 或 μ 最优控制器，观察是否能够改善响应，是否满足 RP；并与以前的设计进行仿真比较。
8. 讨论。讨论主要的结果；您也应该对项目帮助学习的有用程度进行评价，并对项目活动的改善提高提出建议。
9. 结论。

B.2 测验样题

挪威风格的 5 小时测验。

问题 1(35%)：能控性分析

完成能控性分析(计算零极点、RGA($\lambda_{11}(s)$))；检查约束，针对下面 4 个对象，讨论分散控制的使用(配对等)。这里假定这些对象已经进行了合适的尺度变换。

1. 2×2 对象

$$G(s)=\frac{1}{(s+2)(s-1.1)}\begin{bmatrix} s-1 & 1 \\ 90 & 10(s-1) \end{bmatrix} \tag{B.1}$$

2. 带扰动的 SISO 对象：

$$g(s)=200\frac{-0.1s+1}{(s+10)(0.2s+1)};\quad g_d(s)=\frac{40}{s+1} \tag{B.2}$$

3. 两输入单输出对象：

$$y(s)=\frac{s}{0.2s+1}u_1+\frac{4}{0.2s+1}u_2+\frac{3}{0.02s+1}d \tag{B.3}$$

4. 考虑如下由状态方程给出的带有扰动的 2×2 对象：

$$\dot{x}_1=-0.1x_1+0.01u_1$$
$$\dot{x}_2=-0.5x_2+10u_2$$
$$\dot{x}_3=0.25x_1+0.25x_2-0.25x_3+1.25d$$
$$y_1=0.8x_3;\quad y_2=0.1x_3$$

(a)构造一个方块图表示这个系统，其中每个方块均采用 $k/(1+\tau s)$ 形式；

(b)完成能控性分析。

问题 2(25%)：一般控制问题的建立

考虑图 B.1 所示的中和过程，其中在两个阶段加入酸。大部分中和反应是在第一个罐(左边)中发生，使用大量的酸(输入 u_1)以得到大约为 10 的 pH 值(量测 y_1)。在第二个罐中，利用少量的酸(输入 u_2)使 pH 值调整到大约为 7(量测 y_2)。这一描述只给出了实际过程的大致概念，下面将给出解决这一问题需要的所有信息。

该过程的方块图示于图 B.2，其中包括一个扰动、两个输入和两个输出(y_1 和 y_2)。控制的主要目标是保持 $y_2\approx r_2$。另外，我们希望把输入 2 重置到标称值，即希望在低频端有 $u_2\approx$

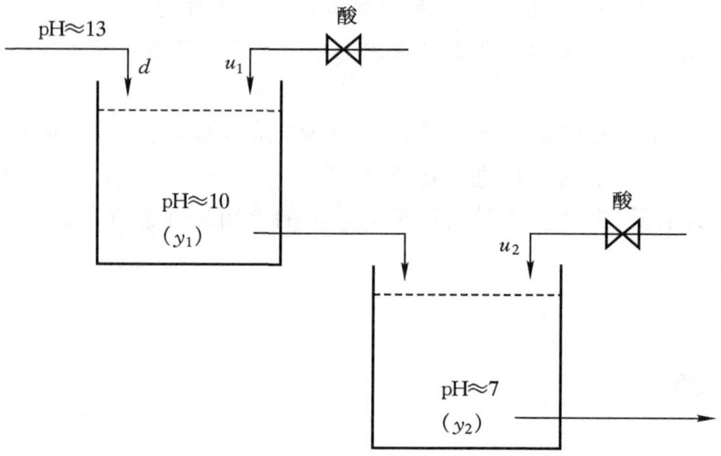

图 B.1 中和过程

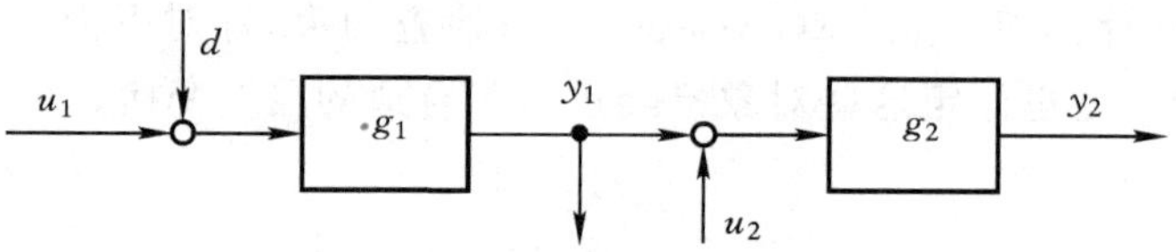

图 B.2 中和过程框图

r_{u_2}。这里注意，对于 y_1，没有特别的控制目标。

(a)定义一般控制问题：即找出 z,w,u,v 和 P（见图 B.3）；

(b)基于 P 定义 $\mathcal{H}_\infty$ 控制问题；简要讨论期望怎样的由 d 到 z 的未加权传递函数；利用这一点来简要说明如何选择性能权函数。

(c)图 B.4 给出了一个实际的基于单回路的简单解决方案。请简要解释这个控制结构中蕴含的思想；并求互连矩阵 P 和广义控制器 $K=\mathrm{diag}\{k_1\quad k_2\quad k_3\}$。注意，在此情况下 y 和 u 是不同的，而 w 和 z 是与(a)中相同的。

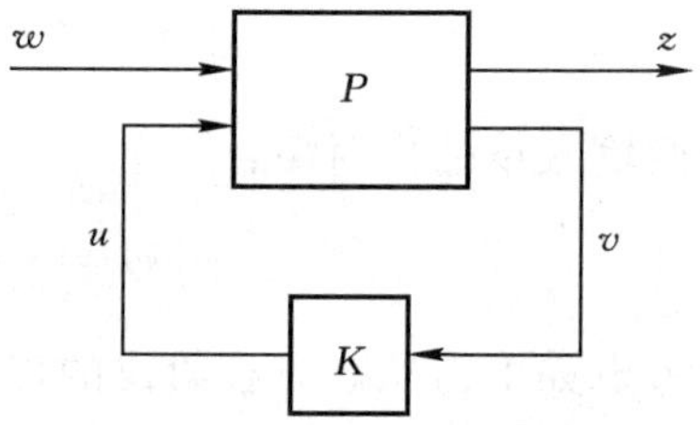

图 B.3 一般控制结构

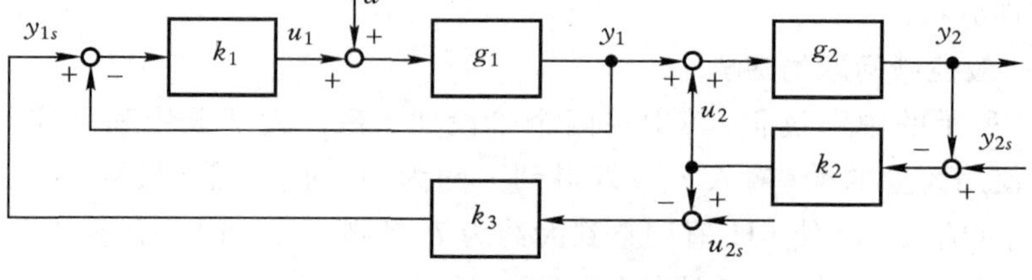

图 B.4 针对中和过程提出的控制结构

问题 3(40%):混合题

对下面的每个问题给出简要回答:

(a)考虑对象

$$\dot{x}(t)=a(1+1.5\delta_a)x(t)+b(1+0.2\delta_b)u(t)\ ;\quad y=x$$

其中 $|\delta_a|\leqslant 1$ 且 $|\delta_b|\leqslant 1$,对于反馈控制器 $K(s)$,推导互连矩阵 M,使其具有鲁棒稳定性;

(b)对于上述情况,利用条件 $\min_D\bar{\sigma}(DMD^{-1})<1$,检查鲁棒稳定性(RS);$D$ 是什么(尽可能地给出少量参数)?在此情况下 RS 条件是严苛的吗?

(c)什么时候条件 $\rho(M\Delta)<1$ 对鲁棒稳定性而言是充分必要条件?基于 $\rho(M\Delta)<1$,推导 RS 条件 $\mu(M)<1$。什么时候后一个条件是充分与必要的?

(d)设

$$G_p(s)=\begin{bmatrix} g_{11}+w_1\Delta_1 & g_{12}+w_2\Delta_2 \\ g_{21}+w_3\Delta_1 & g_{22}\end{bmatrix},\quad |\Delta_1|\leqslant 1,\ |\Delta_2|\leqslant 1$$

当 Δ 是对角阵时,不确定性可表示为 $G_p+G+W_1\Delta W_2$;请确定相应的 $M\Delta$ 结构,并导出 RS 条件。

(e)设

$$G_p(s)=\frac{1-\theta s}{1+\theta s},\quad \theta=\theta_0(1+w\Delta),\quad |\Delta|<1$$

控制器为 $K(s)=c/s$。把这个放到 $M\Delta$ 结构中,求出 RS 条件。

(f)通过反例证明一般情况下,$\bar{\sigma}(AB)$ 并不等于 $\bar{\sigma}(BA)$;在什么条件下 $\bar{\sigma}(AB)=\bar{\sigma}(BA)$?

(g)PRGA 矩阵定义为 $\Gamma=G_{\text{diag}}G^{-1}$,该矩阵与 RGA 的关系是什么?

参考文献

Alstad, V. (2005). *Studies on Selection of Controlled Variables*, PhD thesis, Norwegian University of Science and Technology, Trondheim.

Alstad, V. and Skogestad, S. (2004). Combinations of measurements as controlled variables: Application to a Peltyuk distillation column, *Proceedings of the 7th International Symposium on ADCHEM*, Hong Kong, P. R. China, pp. 249–254.

Anderson, B. D. O. (1986). Weighted Hankel-norm approximation: Calculation of bounds, *Systems & Control Letters* **7**(4): 247–255.

Anderson, B. D. O. and Liu, Y. (1989). Controller reduction: Concepts and approaches, *IEEE Transactions on Automatic Control* **AC-34**(8): 802–812.

Anderson, B. D. O. and Moore, J. B. (1989). *Optimal Control: Linear Quadratic Methods*, Prentice Hall, Upper Saddle River, NJ.

Ariyur, K. B. and Krstic, M. (2003). *Real-Time Optimization by Extremum-Seeking Control*, John Wiley & Sons, Hoboken, NJ.

Balas, G., Chiang, R., Packard, A. and Safonov, M. (2005). *Robust Control Toolbox User's Guide*, 3.0.1 edn, MathWorks, South Natick, MA.

Balas, G. J. (2003). Flight control law design: An industry perspective, *European Journal of Control* **9**(2–3): 207–226.

Balas, G. J., Doyle, J. C., Glover, K., Packard, A. and Smith, R. (1993). *μ-Analysis and Synthesis Toolbox User's Guide*, MathWorks, South Natick, MA.

Balchen, J. G. and Mumme, K. (1988). *Process Control. Structures and Applications*, Van Nostrand Reinhold, New York.

Bates, D. and Postlethwaite, I. (2002). *Robust Multivariable Control of Aerospace Systems*, Delft University Press, The Netherlands.

Bode, H. W. (1945). *Network Analysis and Feedback Amplifier Design*, Van Nostrand, New York.

Boyd, S. and Barratt, C. (1991). *Linear Controller Design — Limits of Performance*, Prentice Hall, Upper Saddle River, NJ.

Boyd, S. and Desoer, C. A. (1985). Subharmonic functions and performance bounds in linear time-invariant feedback systems, *IMA Journal of Mathematical Control and Information* **2**: 153–170.

Boyd, S., Ghaoui, L. E., Feron, E. and Balakrishnan, V. (1994). *Linear Matrix Inequalities in System and Control Theory*, Society for Industrial and Applied Mathematics (SIAM), Philadelphia, PA.

Braatz, R. D. (1993). *Robust Loopshaping for Process Control*, PhD thesis, California Institute of Technology, Pasadena, CA.

Braatz, R. D. and Morari, M. (1994). Minimizing the Euclidean condition number, *SIAM Journal on Control and Optimization* **32**(6): 1763–1768.

Braatz, R. D., Morari, M. and Skogestad, S. (1996). Loopshaping for robust performance, *International Journal of Robust and Nonlinear Control* **6**(8): 805–823.

Braatz, R. D., Young, P. M., Doyle, J. C. and Morari, M. (1994). Computational complexity of μ calculation, *IEEE Transactions of Automatic Control* **AC-39**(5): 1000–1002.

Bristol, E. H. (1966). On a new measure of interactions for multivariable process control, *IEEE Transactions on Automatic Control* **AC-11**(1): 133–134.

Campo, P. J. and Morari, M. (1990). Robust control of processes subject to saturation nonlinearities, *Computers and Chemical Engineering* **14**(4–5): 343–358.

Campo, P. J. and Morari, M. (1994). Achievable closed-loop properties of systems under decentralized control: Conditions involving the steady-state gain, *IEEE Transactions on Automatic Control* **AC-39**(5): 932–942.

Cao, Y. (1995). *Control Structure Selection for Chemical Processes Using Input–output Controllability Analysis*, PhD thesis, University of Exeter.

Chang, J. W. and Yu, C. C. (1990). The relative gain for non-square multivariable systems, *Chemical Engineering Science* **45**(5): 1309–1323.

Chen, C. T. (1984). *Linear System Theory and Design*, Holt, Rinehart and Winston, New York.

Chen, J. (1995). Sensitivity integral relations and design trade-offs in linear multivariable feedback systems, *IEEE Transactions on Automatic Control* **AC-40**(10): 1700–1716.

Chen, J. (2000). Logarithmic integrals, interpolation bounds, and performance limitations in MIMO feedback systems, *IEEE Transactions on Automatic Control* **AC-45**(6): 1098–1115.

Chen, J. and Middleton, R. H. (2003). New developments and applications in performance limitation of feedback control, *IEEE Transactions on Automatic Control* **AC-48**(8): 1297.

Chiang, R. Y. and Safonov, M. G. (1992). *Robust Control Toolbox User's Guide*, MathWorks, South Natick, MA.

Chilali, M. and Gahinet, P. (1996). $\mathcal{H}_\infty$ design with pole placement constraints: An LMI approach, *IEEE Transactions on Automatic Control* **AC-41**(3): 358–367.

Churchill, R. V., Brown, J. W. and Verhey, R. F. (1974). *Complex Variables and Applications*, McGraw-Hill, New York.

Cui, H. and Jacobsen, E. W. (2002). Performance limitations in decentralized control, *Journal of Process Control* **12**(4): 485–494.

Dahl, H. J. and Faulkner, A. J. (1979). Helicopter simulation in atmospheric turbulence, *Vertica* pp. 65–78.

Dahleh, M. and Diaz-Bobillo, I. (1995). *Control of Uncertain Systems. A Linear Programming Approach*, Prentice Hall, Englewood Cliffs, NJ.

Daoutidis, P. and Kravaris, C. (1992). Structural evaluation of control configurations for multivariable nonlinear processes, *Chemical Engineering Science* **47**(6): 1091–1107.

Davison, E. J. (ed.) (1990). *Benchmark Problems for Control System Design*, Report of the IFAC Theory Committee, International Federation of Automatic Control, Laxenberg, Austria.

Desoer, C. A. and Vidyasagar, M. (1975). *Feedback Systems: Input–Output Properties*, Academic Press, New York.

Downs, J. J. and Vogel, E. F. (1993). A plant-wide industrial process control problem, *Computers Chem. Engng.* **17**: 245–255.

Doyle, J. C. (1978). Guaranteed margins for LQG regulators, *IEEE Transactions on Automatic Control* **AC-23**(4): 756–757.

Doyle, J. C. (1982). Analysis of feedback systems with structured uncertainties, *IEE Proceedings, Part D Control Theory and Applications* **129**(6): 242–250.

Doyle, J. C. (1983). Synthesis of robust controllers and filters, *Proceedings of the IEEE Conference on Decision and Control*, San Antonio, TA, USA, pp. 109–114.

Doyle, J. C. (1984). *Lecture Notes on Advances in Multivariable Control*, ONR/Honeywell Workshop, Minneapolis, USA.

Doyle, J. C. (1986). Redondo Beach lecture notes, Internal Report, Caltech, Pasadena, CA.

Doyle, J. C., Francis, B. and Tannenbaum, A. (1992). *Feedback Control Theory*, Macmillan, New York.

Doyle, J. C., Glover, K., Khargonekar, P. P. and Francis, B. A. (1989). State-space solutions to standard $\mathcal{H}_2$ and $\mathcal{H}_\infty$ control problems, *IEEE Transactions on Automatic Control* **AC-34**(8): 831–847.

Doyle, J. C. and Stein, G. (1979). Robustness with observers, *IEEE Transactions on Automatic Control* **AC-24**(4): 607–611.

Doyle, J. C. and Stein, G. (1981). Multivariable feedback design: Concepts for a classical/modern synthesis, *IEEE Transactions on Automatic Control* **AC-26**(1): 4–16.

Eaton, J. W. and Rawlings, J. B. (1992). Model-predictive control of chemical processes, *Chemical Engineering Science* **47**(4): 705–720.

Engell, S. (1988). *Optimale Lineare Regelung*, Vol. 18 of *Fachberichte Messen, Steuern, Regeln*, Springer-Verlag, Berlin.

Enns, D. (1984). Model reduction with balanced realizations: An error bound and a frequency weighted generalization, *Proceedings of the 23rd IEEE Conference on Decision and Control*, Las Vegas, NV, USA, pp. 127–132.

Fernando, K. V. and Nicholson, H. (1982). Singular perturbational model reduction of balanced systems, *IEEE Transactions on Automatic Control* **AC-27**(2): 466–468.

Finsler, P. (1937). Uber das Vorkommen definiter und semi-definiter Formen in Scharen quadratischer Formen, *Comentarii Mathematica Helvetici* **9**: 192–199.

Fisher, W. R., Doherty, M. F. and Douglas, J. M. (1985). Steady-state control as a prelude to dynamic control, *Chemical Engineering Research & Design* **63**: 353–357.

Foss, A. S. (1973). Critique of chemical process control theory, *AIChE Journal* **19**(2): 209–214.

Foster, N. P., Spurgeon, S. K. and Postlethwaite, I. (1993). Robust model-reference tracking control with a sliding mode applied to an ACT rotorcraft, *19th European Rotorcraft Forum*, Italy.

Francis, B. (1987). *A course in $\mathcal{H}_\infty$ control theory*, Vol. 88 of Lecture Notes in Control and Information Sciences, Springer-Verlag, Berlin.

Francis, B. A. and Zames, G. (1984). On $\mathcal{H}_\infty$ optimal sensitivity theory for SISO feedback systems, *IEEE Transactions on Automatic Control* **AC-29**(1): 9–16.

Frank, P. M. (1968a). Vollständige Vorhersage im stetigen Regelkreis mit Totzeit, Teil I, *Regelungstechnik* **16**(3): 111–116.

Frank, P. M. (1968b). Vollständige Vorhersage im stetigen Regelkreis mit Totzeit, Teil II, *Regelungstechnik* **16**(5): 214–218.

Freudenberg, J. S. and Looze, D. P. (1985). Right half planes poles and zeros and design tradeoffs in feedback systems, *IEEE Transactions on Automatic Control* **AC-30**(6): 555–565.

Freudenberg, J. S. and Looze, D. P. (1988). *Frequency Domain Properties of Scalar and Multivariable Feedback Systems*, Vol. 104 of Lecture Notes in Control and Information Sciences, Springer-Verlag, Berlin.

Gahinet, P. and Apkarian, P. (1994). A linear matrix inequality approach to $\mathcal{H}_\infty$ control, *International Journal of Robust and Nonlinear Control* **4**: 421–448.

Gahinet, P., Nemirovski, A., Laub, A. and Chilali, M. (1995). *LMI Control Toolbox*, MathWorks, South Natick, MA.

Georgiou, T. T. and Smith, M. C. (1990). Optimal robustness in the gap metric, *IEEE Transactions on Automatic Control* **AC-35**(6): 673–686.

Gjøsæter, O. B. (1995). *Structures for Multivariable Robust Process Control*, PhD thesis, Norwegian University of Science and Technology, Trondheim.

Glover, K. (1984). All optimal Hankel-norm approximations of linear multivariable systems and their L^∞-error bounds, *International Journal of Control* **39**(6): 1115–1193.

Glover, K. (1986). Robust stabilization of linear multivariable systems: Relations to approximations, *International Journal of Control* **43**(3): 741–766.

Glover, K. and Doyle, J. C. (1988). State-space formulae for all stabilizing controller that satisfy an $\mathcal{H}_\infty$ norm bound and relations to risk sensitivity, *Systems and Control Letters* **11**(3): 167–172.

Glover, K. and McFarlane, D. (1989). Robust stabilization of normalized coprime factor plant descriptions with $\mathcal{H}_\infty$ bounded uncertainty, *IEEE Transactions on Automatic Control* **AC-34**(8): 821–830.

Glover, K., Vinnicombe, G. and Papageorgiou, G. (2000). Guaranteed multi-loop stability margins and the gap metric, *Proceedings of the 39th IEEE Conference on Decision and Control*, Sydney, Australia, pp. 4084–4085.

Goddard, P. (1995). *Performance Preserving Controller Approximation*, PhD thesis, Trinity College, Cambridge.

Golub, G. H. and van Loan, C. F. (1989). *Matrix Computations*, Johns Hopkins University Press, Baltimore, MD.

Goodwin, G. C., Salgado, M. E. and Silva, E. I. (2005). Time-domain performance limitations arising from decentralized architectures and their relationship to the rga, *Int. J. Control* **78**: 1045–1062.

Goodwin, G. C., Salgado, M. E. and Yuz, J. I. (2003). Performance limitations for linear feedback systems in the presence of plant uncertainty, *IEEE Transactions on Automatic Control* **AC-48**(8): 1312–1319.

Govatsmark, M. S. (2003). *Integrated Optimization and Control*, PhD thesis, Norwegian University of Science and Technology, Trondheim.

Grace, A., Laub, A. J., Little, J. N. and Thompson, C. M. (1992). *Control System Toolbox*, MathWorks, South Natick, MA.

Green, M. and Limebeer, D. J. N. (1995). *Linear Robust Control*, Prentice Hall, Upper Saddle River, NJ.

Grosdidier, P. and Morari, M. (1986). Interaction measures for systems under decentralized control, *Automatica* **22**(3): 309–319.

Grosdidier, P., Morari, M. and Holt, B. R. (1985). Closed-loop properties from steady-state gain information, *Industrial and Engineering Chemistry Fundamentals* **24**(2): 221–235.

Haggblom, K. E. and Waller, K. V. (1988). Transformations and consistency relations of distillation control structures, *AIChE Journal* **34**(10): 1634–1648.

Halvorsen, I. J., Skogestad, S., Morud, J. C. and Alstad, V. (2003). Optimal selection of controlled variables, *Industrial & Engineering Chemistry Research* **42**(14): 3273–3284.

Hanus, R., Kinnaert, M. and Henrotte, J. (1987). Conditioning technique, a general anti-windup and bumpless transfer method, *Automatica* **23**(6): 729–739.

Havre, K. (1998). *Studies on Controllability Analysis and Control Structure Design*, PhD thesis, Norwegian University of Science and Technology, Trondheim.

Havre, K. and Skogestad, S. (1998). Effect of RHP zeros and poles on the sensitivity functions in multivariable systems, *Journal of Process Control* **8**(3): 155–164.

Havre, K. and Skogestad, S. (2001). Achievable performance of multivariable systems with unstable zeros and poles, *International Journal of Control* **74**(11): 1131–1139.

Havre, K. and Skogestad, S. (2003). Selection of variables for stabilizing control using pole vectors, *IEEE Transactions on Automatic Control* **AC-48**(8): 1393–1398.

Helton, J. W. (1976). Operator theory and broadband matching, *Proceedings of the 14th Annual Allerton Conference on Communications, Control and Computing*, Monticello, USA.

Herrmann, G., Turner, M. C. and Postlethwaite, I. (2003). Discrete time anti-windup - part 2: Extension to sampled data case, *Proceedings of the European Control Conference, Cambridge, UK* .

Herrmann, G., Turner, M. C., Postlethwaite, I. and Guo, G. (2003). Application of a novel anti-windup scheme to a HDD-dual-stage actuator, *Proceedings of the American Control Conference, Denver, CO, USA* .

Holt, B. R. and Morari, M. (1985a). Design of resilient processing plants V — The effect of deadtime on dynamic resilience, *Chemical Engineering Science* **40**(7): 1229–1237.

Holt, B. R. and Morari, M. (1985b). Design of resilient processing plants VI — The effect of right plane zeros on dynamic resilience, *Chemical Engineering Science* **40**(1): 59–74.

Hori, E. S., Skogestad, S. and Kwong, W. H. (2005). Use of perfect indirect control to minimize the state deviations, *in* L. Puigjaner and A. Espuna (eds), *European Symposium on computer-aided process engineering (ESCAPE) 15, Barcelona, Spain*, Elsevier.

Horn, R. A. and Johnson, C. R. (1985). *Matrix Analysis*, Cambridge University Press, Cambridge.

Horn, R. A. and Johnson, C. R. (1991). *Topics in Matrix Analysis*, Cambridge University Press, Cambridge.

Horowitz, I. M. (1963). *Synthesis of Feedback Systems*, Academic Press, London.

Horowitz, I. M. (1991). Survey of quantitative feedback theory (QFT), *International Journal of Control* **53**(2): 255–291.

Horowitz, I. M. and Shaked, U. (1975). Superiority of transfer function over state-variable methods in linear time-invariant feedback system design, *IEEE Transactions on Automatic Control* **AC-20**(1): 84–97.

Hovd, M. (1992). *Studies on Control Structure Selection and Design of Robust Decentralized and SVD Controllers*, PhD thesis, Norwegian University of Science and Technology, Trondheim.

Hovd, M., Braatz, R. D. and Skogestad, S. (1997). SVD controllers for $\mathcal{H}_2$-, $\mathcal{H}_\infty$-, and μ-optimal control, *Automatica* **33**(3): 433–439.

Hovd, M. and Skogestad, S. (1992). Simple frequency-dependent tools for control system analysis, structure selection and design, *Automatica* **28**(5): 989–996.

Hovd, M. and Skogestad, S. (1993). Procedure for regulatory control structure selection with application to the FCC process, *AIChE Journal* **39**(12): 1938–1953.

Hovd, M. and Skogestad, S. (1994). Pairing criteria for decentralised control of unstable plants, *Industrial & Engineering Chemistry Research* **33**(9): 2134–2139.

Hoyle, D., Hyde, R. A. and Limebeer, D. J. N. (1991). An $\mathcal{H}_\infty$ approach to two degree of freedom design, *Proceedings of the 30th IEEE Conference on Decision and Control*, Brighton, UK, pp. 1581–1585.

Hung, Y. S. and MacFarlane, A. G. J. (1982). *Multivariable Feedback: A Quasi-Classical Approach*, Vol. 40 of Lecture Notes in Control and Information Sciences, Springer-Verlag, Berlin.

Hyde, R. A. (1991). *The Application of Robust Control to VSTOL Aircraft*, PhD thesis, University of

Cambridge.

Hyde, R. A. and Glover, K. (1993). The application of scheduled $\mathcal{H}_\infty$ controllers to a VSTOL aircraft, *IEEE Transactions on Automatic Control* **AC-38**(7): 1021–1039.

Iwasaki, T. and Skelton, R. E. (1994). All controllers for the general $\mathcal{H}_\infty$ control problem: LMI existence conditions and state space formulae, *Automatica* **30**(8): 1307–1317.

Jaimoukha, I. M., Kasenally, E. M. and Limebeer, D. J. N. (1992). Numerical solution of large scale Lyapunov equations using Krylov subspace methods, *Proceedings of the 31st IEEE Conference on Decision and Control, Tucson, AZ, USA*.

Jensen, J. B. and Skogestad, S. (2005). Optimal operation of an Ammonia refrigration cycle, *Technical report*, Norwegian University of Science and Technology, Trondheim, Norway. (Available on book home page).

Johnson, C. R. and Shapiro, H. M. (1986). Mathematical aspects of the relative gain array ($A \circ A^{-T}$), *SIAM Journal on Algebraic and Discrete Methods* **7**(4): 627–644.

Kailath, T. (1980). *Linear Systems*, PrenticeHall, Engelwood Cliffs, NJ.

Kalman, R. E. (1964). When is a linear control system optimal?, *Journal of Basic Engineering — Transaction on ASME — Series D* **86**: 51–60.

Kariwala, V. (2004). *Multi Loop Controller Synthesis and Performance Analysis*, PhD thesis, University of Alberta, Edmonton.

Kariwala, V., Forbes, J. F. and Meadows, E. S. (2003). Block relative gain: Properties and pairing rules, *Industrial & Engineering Chemistry Research* **42**(20): 4564–4574.

Khalil, H. (1996). *Nonlinear Systems*, Prentice Hall, Englewood Cliffs, NJ.

Khargonekar, P. and Rotea, M. A. (1991). Mixed $\mathcal{H}_2/\mathcal{H}_\infty$ control: A convex optimization approach, *IEEE Transactions on Automatic Control* **AC-36**(7): 824–837.

Kline, R. (1993). Harold Black and the negative-feedback amplifier, *IEEE Control Systems Magazine* **13**(4): 82–85.

Kothare, M. V., Balakrishnan, V. and Morari, M. (1996). Robust constrained model predictive control using linear matrix inequalities, *Automatica* **32**(10): 1361–1379.

Kouvaritakis, B. (1974). *Characteristic Locus Methods for Multivariable Feedback Systems Design*, PhD thesis, University of Manchester Institute of Science and Technology, Manchester.

Kwakernaak, H. (1969). Optimal low-sensitivity linear feedback systems, *Automatica* **5**(3): 279–285.

Kwakernaak, H. (1985). Minimax frequency domain performance and robustness optimization of linear feedback systems, *IEEE Transactions on Automatic Control* **AC-30**(10): 994–1004.

Kwakernaak, H. (1993). Robust control and $\mathcal{H}_\infty$-optimization — Tutorial paper, *Automatica* **29**(2): 255–273.

Kwakernaak, H. and Sivan, R. (1972). *Linear Optimal Control Systems*, Wiley Interscience, New York.

Larsson, T. (2000). *Studies on Plantwide Control*, PhD thesis, Norwegian University of Science and Technology, Trondheim.

Larsson, T. and Skogestad, S. (2000). Plantwide control: A review and a new design procedure, *Modeling, Identification and Control* **21**: 209–240.

Laub, A. J., Heath, M. T., Page, C. C. and Ward, R. C. (1987). Computation of system balancing transformations and other applications of simultaneous diagonalization algorithms, *IEEE Transactions on Automatic Control* **AC-32**(2): 115–122.

Laughlin, D. L., Jordan, K. G. and Morari, M. (1986). Internal model control and process uncertainty – mapping uncertainty regions for SISO controller-design, *International Journal of Control* **44**(6): 1675–1698.

Laughlin, D. L., Rivera, D. E. and Morari, M. (1987). Smith predictor design for robust performance, *International Journal of Control* **46**(2): 477–504.

Leon de la Barra S., B. A. (1994). On undershoot in SISO systems, *IEEE Transactions on Automatic Control* **AC-39**(3): 578–581.

Levine, W. (ed.) (1996). *The Control Handbook*, CRC Press, Boca Raton, FL.

Liang, Q. (1992). Is the relative gain array a sensitivity measure?, *IFAC Workshop on Interactions between Process Design and Process Control*, London, UK, pp. 133–138.

Limebeer, D. J. N. (1991). The specification and purpose of a controller design case study, *Proceedings of the IEEE Conference on Decision and Control*, Brighton, UK, pp. 1579–1580.

Limebeer, D. J. N., Kasenally, E. M. and Perkins, J. D. (1993). On the design of robust two degree of freedom controllers, *Automatica* **29**(1): 157–168.

Liu, Y. and Anderson, B. D. O. (1989). Singular perturbation approximation of balanced systems, *International Journal of Control* **50**(4): 1379–1405.

Lundström, P. (1994). *Studies on Robust Multivariable Distillation Control*, PhD thesis, Norwegian University of Science and Technology, Trondheim.

Lundström, P., Skogestad, S. and Doyle, J. C. (1999). Two degrees of freedom controller design for an ill-conditioned plant using μ-synthesis, *IEEE Transactions on Control System Technology* **7**(1): 12–21.

Lunze, J. (1992). *Feedback Control of Large-Scale Systems*, Prentice-Hall, New York, NY.

MacFarlane, A. G. J. and Karcanias, N. (1976). Poles and zeros of linear multivariable systems: A survey of algebraic, geometric and complex variable theory, *International Journal of Control* **24**: 33–74.

MacFarlane, A. G. J. and Kouvaritakis, B. (1977). A design technique for linear multivariable feedback systems, *International Journal of Control* **25**: 837–874.

Maciejowski, J. M. (1989). *Multivariable Feedback Design*, Addison-Wesley, Wokingham.

Manness, M. A. and Murray-Smith, D. J. (1992). Aspects of multivariable flight control law design for helicopters using eigenstructure assignment, *Journal of American Helicopter Society* **37**(3): 18–32.

Manousiouthakis, V., Savage, R. and Arkun, Y. (1986). Synthesis of decentralized process control structures using the concept of block relative gain, *AIChE Journal* **32**: 991–1003.

Marlin, T. (1995). *Process Control*, McGraw Hill, New York.

McFarlane, D. and Glover, K. (1990). *Robust Controller Design Using Normalized Coprime Factor Plant Descriptions*, Vol. 138 of Lecture Notes in Control and Information Sciences, Springer-Verlag, Berlin.

McMillan, G. K. (1984). *pH Control*, Instrument Society of America, Research Triangle Park, NC.

Meinsma, G. (1995). Unstable and nonproper weights in $\mathcal{H}_\infty$ control, *Automatica* **31**(11): 1655–1658.

Meyer, D. G. (1987). *Model Reduction via Factorial Representation*, PhD thesis, Stanford University, Stanford, CA.

Middleton, R. H. (1991). Trade-offs in linear control system design, *Automatica* **27**(2): 281–292.

Middleton, R. H. and Braslavsky, J. H. (2002). Towards quantitative time domain design tradeoffs in nonlinear control, *Proceedings of the American Control Conference*, Anchorage, AK, USA, pp. 4896–4901.

Middleton, R. H., Chen, J. and Freudenberg, J. S. (2004). Tracking sensitivity and achievable $\mathcal{H}_\infty$ performance in preview control, *Automatica* **40**(8): 1297–1306.

Moore, B. C. (1981). Principal component analysis in linear systems: Controllability, observability and model reduction, *IEEE Transactions on Automatic Control* **AC-26**(1): 17–32.

Morari, M. (1983). Design of resilient processing plants III – A general framework for the assessment of dynamic resilience, *Chemical Engineering Science* **38**(11): 1881–1891.

Morari, M. and Zafiriou, E. (1989). *Robust Process Control*, Prentice Hall, Englewood Cliffs, NJ.

Nett, C. N. (1986). Algebraic aspects of linear control system stability, *IEEE Transactions on Automatic Control* **AC-31**(10): 941–949.

Nett, C. N. (1989). A quantitative approach to the selection and partitioning of measurements and manipulations for the control of complex systems, *Presentation at Caltech Control Workshop*, Pasadena, USA, January.

Nett, C. N. and Manousiouthakis, V. (1987). Euclidean condition and block relative gain: Connections, conjectures, and clarifications, *IEEE Transactions on Automatic Control* **AC-32**(5): 405–407.

Nett, C. N. and Minto, K. D. (1989). A quantitative approach to the selection and partitioning of measurements and manipulations for the control of complex systems, Copy of transparencies from talk at *American Control Conference*, Pittsburgh, PA, USA, June.

Niemann, H. and Stoustrup, J. (1995). Special Issue on Loop Transfer Recovery, *International Journal of Robust and Nonlinear Control* **7**(7): November.

Nwokah, O. D. I. and Perez, R. (1991). On multivariable stability in the gain space, *Automatica* **27**(6): 975–983.

Owen, J. G. and Zames, G. (1992). Robust $\mathcal{H}_\infty$ disturbance minimization by duality, *Systems & Control Letters* **19**(4): 255–263.

Packard, A. (1988). *What's New with μ*, PhD thesis, University of California, Berkeley, CA.

Packard, A. and Doyle, J. C. (1993). The complex structured singular value, *Automatica* **29**(1): 71–109.

Packard, A., Doyle, J. C. and Balas, G. (1993). Linear, multivariable robust-control with a μ-perspective, *Journal of Dynamic Systems Measurement and Control — Transactions of the ASME*

115(2B): 426–438.

Padfield, G. D. (1981). Theoretical model of helicopter flight mechanics for application to piloted simulation, *Technical Report 81048*, Defence Research Agency (now QinetiQ), UK.

Perkins, J. D. (ed.) (1992). *IFAC Workshop on Interactions Between Process Design and Process Control*, (London, September), Pergamon Press, Oxford.

Pernebo, L. and Silverman, L. M. (1982). Model reduction by balanced state space representations, *IEEE Transactions on Automatic Control* **AC-27**(2): 382–387.

Poolla, K. and Tikku, A. (1995). Robust performance against time-varying structured perturbations, *IEEE Transactions on Automatic Control* **AC-40**(9): 1589–1602.

Postlethwaite, I., Foster, N. P. and Walker, D. J. (1994). Rotorcraft control law design for rejection of atmospheric turbulence, *Proceedings of IEE Conference, Control 94*, Warwick, UK, pp. 1284–1289.

Postlethwaite, I. and MacFarlane, A. G. J. (1979). *A Complex Variable Approach to the Analysis of Linear Multivariable Feedback Systems*, Vol. 12 of Lecture Notes in Control and Information Sciences, Springer-Verlag, Berlin.

Postlethwaite, I., Prempain, E., Turkoglu, E., Turner, M. C., Ellis, K. and Gubbles, A. W. (2005). Design and flight testing of various $\mathcal{H}_\infty$ controllers for the Bell 205 helicopter, *Control Engineering Practice* **13**: 383–398.

Postlethwaite, I., Samar, R., Choi, B.-W. and Gu, D.-W. (1995). A digital multi-mode $\mathcal{H}_\infty$ controller for the Spey turbofan engine, *3rd European Control Conference*, Rome, Italy, pp. 3881–3886.

Postlethwaite, I., Smerlas, A., Walker, D. J., Gubbels, A. W., Baillie, S. W., Strange, M. E. and Howitt, J. (1999). $\mathcal{H}_\infty$control of the NRC Bell 205 fly-by-wire helicopter, *Journal of American Helicopter Society* **44**(4): 276–284.

Postlethwaite, I. and Walker, D. J. (1992). Advanced control of high performance rotorcraft, *Institute of Mathematics and Its Applications Conference on Aerospace Vehicle Dynamics and Control*, Cranfield Institute of Technology, UK, pp. 615–619.

Prempain, E. and Postlethwaite, I. (2004). Static $\mathcal{H}_\infty$ loop shaping of a fly-by-wire helicopter, *Proceedings of the 43rd IEEE Conference on Decision and Control*, Bahamas.

Qiu, L. and Davison, E. J. (1993). Performance limitations of non-minimum phase systems in the servomechanism problem, *Automatica* **29**(2): 337–349.

Rosenbrock, H. H. (1966). On the design of linear multivariable systems, *Third IFAC World Congress*, London, UK. Paper 1a.

Rosenbrock, H. H. (1970). *State-space and Multivariable Theory*, Nelson, London.

Rosenbrock, H. H. (1974). *Computer-Aided Control System Design*, Academic Press, New York.

Safonov, M. G. (1982). Stability margins of diagonally perturbed multivariable feedback systems, *IEE Proceedings, Part D* **129**(6): 251–256.

Safonov, M. G. and Athans, M. (1977). Gain and phase margin for multiloop LQG regulators, *IEEE Transactions on Automatic Control* **AC-22**(2): 173–179.

Safonov, M. G. and Chiang, R. Y. (1989). A Schur method for balanced-truncation model reduction, *IEEE Transactions on Automatic Control* **AC-34**(7): 729–733.

Safonov, M. G., Limebeer, D. J. N. and Chiang, R. Y. (1989). Simplifying the $\mathcal{H}_\infty$ theory via loop-shifting, matrix-pencil and descriptor concepts, *International Journal of Control* **50**(6): 2467–2488.

Samar, R. (1995). *Robust Multi-Mode Control of High Performance Aero-Engines*, PhD thesis, University of Leicester.

Samar, R. and Postlethwaite, I. (1994). Multivariable controller design for a high performance aero engine, *Proceedings of IEE Conference, Control 94*, Warwick, UK, pp. 1312–1317.

Samar, R., Postlethwaite, I. and Gu, D.-W. (1995). Model reduction with balanced realizations, *International Journal of Control* **62**(1): 33–64.

Samblancatt, C., Apkarian, P. and Patton, R. J. (1990). Improvement of helicopter robustness and performance control law using eigenstructure techniques and $\mathcal{H}_\infty$ synthesis, *16th European Rotorcraft Forum*, Scotland. Paper No. 2.3.1.

Sato, T. and Liu, K.-Z. (1999). LMI solution to general $\mathcal{H}_2$ suboptimal control problems, *Systems and Control Letters* **36**(4): 295–305.

Seborg, D. E., Edgar, T. F. and Mellichamp, D. A. (1989). *Process Dynamics and Control*, John Wiley & Sons, New York.

Sefton, J. and Glover, K. (1990). Pole–zero cancellations in the general $\mathcal{H}_\infty$ problem with reference to a two block design, *Systems & Control Letters* **14**(4): 295–306.

Seron, M., Braslavsky, J. and Goodwin, G. (1997). *Fundamental limitations in filtering and control*, Springer-Verlag, Berlin.

Shamma, J. S. (1994). Robust stability with time-varying structured uncertainty, *IEEE Transactions on Automatic Control* **AC-39**(4): 714–724.

Shinskey, F. G. (1967). *Process Control Systems*, 1st edn, McGraw-Hill, New York.

Shinskey, F. G. (1984). *Distillation Control*, 2nd edn, McGraw-Hill, New York.

Shinskey, F. G. (1996). *Process Control Systems: Application, Design and Tuning*, 4th edn, McGraw-Hill, New York.

Skogestad, S. (1996). A procedure for SISO controllability analysis — with application to design of pH neutralization process, *Computers & Chemical Engineering* **20**(4): 373–386.

Skogestad, S. (1997). Dynamics and control of distillation columns - a tutorial introduction, *Transactions of IChemE (UK)* **75**(A). Plenary paper from symposium Distillation and Absorption 97, Maastricht, Netherlands, September.

Skogestad, S. (2000). Plantwide control: The search for the self-optimizing control structure, *Journal of Process Control* **10**: 487–507.

Skogestad, S. (2003). Simple analytic rules for model reduction and PID controller tuning, *Journal of Process Control* **13**: 291–309. Also see *corrections* in **14**, 465 (2004).

Skogestad, S. (2004a). Control structure design for complete chemical plants, *Computers & Chemical Engineering* **28**: 219–234.

Skogestad, S. (2004b). Near-optimal operation by self-optimizing control: From process control to marathon running and business systems, *Computers & Chemical Engineering* **29**(1): 127–137.

Skogestad, S. and Havre, K. (1996). The use of the RGA and condition number as robustness measures, *Computers & Chemical Engineering* **20**(S): S1005–S1010.

Skogestad, S., Lundström, P. and Jacobsen, E. (1990). Selecting the best distillation control configuration, *AIChE Journal* **36**(5): 753–764.

Skogestad, S. and Morari, M. (1987a). Control configuration selection for distillation columns, *AIChE Journal* **33**(10): 1620–1635.

Skogestad, S. and Morari, M. (1987b). Effect of disturbance directions on closed-loop performance, *Industrial & Engineering Chemistry Research* **26**(10): 2029–2035.

Skogestad, S. and Morari, M. (1987c). Implications of large RGA elements on control performance, *Industrial & Engineering Chemistry Research* **26**(11): 2323–2330.

Skogestad, S. and Morari, M. (1988a). Some new properties of the structured singular value, *IEEE Transactions on Automatic Control* **AC-33**(12): 1151–1154.

Skogestad, S. and Morari, M. (1988b). Variable selection for decentralized control, *AIChE Annual Meeting*, Washington, DC. Paper 126f. Reprinted in *Modeling, Identification and Control*, 1992, Vol. **13**, No. 2, 113–125.

Skogestad, S. and Morari, M. (1989). Robust performance of decentralized control systems by independent designs, *Automatica* **25**(1): 119–125.

Skogestad, S., Morari, M. and Doyle, J. C. (1988). Robust control of ill-conditioned plants: High-purity distillation, *IEEE Transactions on Automatic Control* **AC-33**(12): 1092–1105.

Skogestad, S. and Postlethwaite, I. (1996). *Multivariable Feedback Control: Analysis and Design*, 1st edn, Wiley, Chichester.

Skogestad, S. and Wolff, E. A. (1991). TANKSPILL - A process control game, *CACHE News* **32**: 1–4. Published by CACHE Corporation, Austin, TX, USA.

Smerlas, A., Walker, D. J., Postlethwaite, I., Strange, M. E., Howitt, J. and Gubbels, A. W. (2001). Evaluating $\mathcal{H}_\infty$controllers on the NRC Bell 205 fly-by-wire helicopter, *Control Engineering Practice* **9**(1): 1–10.

Sourlas, D. D. and Manousiouthakis, V. (1995). Best achievable decentralized performance, *IEEE Transactions on Automatic Control* **AC-40**(11): 1858–1871.

Stanley, G., Marino-Galarraga, M. and McAvoy, T. J. (1985). Short cut operability analysis. 1. The relative disturbance gain, *Industrial and Engineering Chemistry Process Design and Development* **24**(4): 1181–1188.

Stein, G. (2003). Respect the unstable, *IEEE Control Systems Magazine* **23**(4): 12–25.

Stein, G. and Athans, M. (1987). The LQG/LTR procedure for multivariable feedback control design,

IEEE Transactions on Automatic Control **AC-32**(2): 105–114.

Stein, G. and Doyle, J. C. (1991). Beyond singular values and loopshapes, *AIAA Journal of Guidance and Control* **14**: 5–16.

Stephanopoulos, G. (1984). *Chemical Process Control*, Prentice Hall, Englewood Cliffs, NJ.

Strang, G. (1976). *Linear Algebra and Its Applications*, Academic Press, New York.

Takahashi, M. D. (1993). Synthesis and evaluation of an $\mathcal{H}_2$ control law for a hovering helicopter, *Journal of Guidance, Control and Dynamics* **16**: 579–584.

Tøffner-Clausen, S., Andersen, P., Stoustrup, J. and Niemann, H. H. (1995). A new approach to μ-synthesis for mixed perturbation sets, *Proceedings of 3rd European Control Conference*, Rome, Italy, pp. 147–152.

Toker, O. and Ozbay, H. (1998). On the complexity of purely complex μ computation and related problems in multidimensional systems, *IEEE Transactions on Automatic Control* **AC-43**(3): 409–414.

Tombs, M. S. and Postlethwaite, I. (1987). Truncated balanced realization of a stable non-minimal state-space system, *International Journal of Control* **46**: 1319–1330.

Tsai, M. C., Geddes, E. J. M. and Postlethwaite, I. (1992). Pole–zero cancellations and closed-loop properties of an $\mathcal{H}_\infty$ mixed sensitivity design problem, *Automatica* **28**(3): 519–530.

Turner, M. C., Herrmann, G. and Postlethwaite, I. (2003). Discrete time anti-windup - part 1: stability and performance, *Proceedings of the European Control Conference, Cambridge, UK* .

Turner, M. C., Herrmann, G. and Postlethwaite, I. (2004). An introduction to linear matrix inequalities in control, *University of Leicester Department of Engineering Technical Report no 02-04* .

Turner, M. C. and Postlethwaite, I. (2004). A new perspective on static and low order anti-windup compensator synthesis, *International Journal of Control* **77**(1): 27–44.

Turner, M. C. and Walker, D. J. (2000). Linear quadratic bumpless transfer, *Automatica* **36**(8): 1089–1101.

Van de Wal, M. (1994). Control structure design for dynamic systems: A review, *Technical Report WFW-94-084*, Eindhoven University of Technology, Eindhoven, The Netherlands.

Van de Wal, M. and de Jager, B. (2001). A review of methods for input/output selection, *Automatica* **37**(4): 487–510.

van Diggelen, F. and Glover, K. (1994a). A Hadamard weighted loop shaping design procedure for robust decoupling, *Automatica* **30**(5): 831–845.

van Diggelen, F. and Glover, K. (1994b). State-space solutions to Hadamard weighted $\mathcal{H}_\infty$ and $\mathcal{H}_2$ control-problems, *International Journal of Control* **59**(2): 357–394.

Vidyasagar, M. (1985). *Control System Synthesis: A Factorization Approach*, MIT Press, Cambridge, MA.

Vidyasagar, M. (1988). Normalized coprime factorizations for non-strictly proper systems, *IEEE Transactions on Automatic Control* **AC-33**(3): 300–301.

Vinnicombe, G. (1993). Frequency domain uncertainty and the graph topology, *IEEE Transactions on Automatic Control* **AC-38**(9): 1371–1383.

Vinnicombe, G. (2001). *Uncertainty and feedback: $\mathcal{H}_\infty$loop-shaping and the ν-gap metric*, Imperial College Press, London.

Walker, D. J. (1996). On the structure of a two degrees-of-freedom $\mathcal{H}_\infty$loop-shaping controller, *International Journal of Control* **63**(6): 1105–1127.

Walker, D. J. and Postlethwaite, I. (1996). Advanced helicopter flight control using two degrees-of-freedom $\mathcal{H}_\infty$ optimization, *Journal of Guidance, Control and Dynamics* **19**(2): March–April.

Walker, D. J., Postlethwaite, I., Howitt, J. and Foster, N. P. (1993). Rotorcraft flying qualities improvement using advanced control, *American Helicopter Society/NASA Conference*, San Francisco, USA.

Wang, Z. Q., Lundström, P. and Skogestad, S. (1994). Representation of uncertain time delays in the $\mathcal{H}_\infty$ framework, *International Journal of Control* **59**(3): 627–638.

Weston, P. and Postlethwaite, I. (2000). Linear conditioning for systems containing saturating actuators, *Automatica* **36**(9): 1347–1354.

Whidborne, J. F., Postlethwaite, I. and Gu, D. W. (1994). Robust controller design using $\mathcal{H}_\infty$ loop shaping and the method of inequalities, *IEEE Transactions on Control Systems Technology* **2**(4): 455–461.

Willems, J. (1970). *Stability Theory of Dynamical Systems*, Nelson, London.

Wolff, E. A. (1994). *Studies on Control of Integrated Plants*, PhD thesis, Norwegian University of Science and Technology, Trondheim.

Wonham, M. (1974). *Linear Multivariable Systems*, Springer-Verlag, Berlin.

Youla, D. C., Bongiorno, J. J. and Lu, C. N. (1974). Single-loop feedback stabilization of linear multivariable dynamical plants, *Automatica* **10**(2): 159–173.

Youla, D. C., Jabr, H. A. and Bongiorno, J. J. (1976). Modern Wiener-Hopf design of optimal controllers, part II: The multivariable case, *IEEE Transactions on Automatic Control* **AC-21**(3): 319–338.

Young, P. M. (1993). *Robustness with Parametric and Dynamic Uncertainties*, PhD thesis, California Institute of Technology, Pasadena, CA.

Young, P. M. (1994). Controller design with mixed uncertainties, *Proceedings of the American Control Conference*, Baltimore, MD, USA, pp. 2333–2337.

Young, P. M. and Doyle, J. C. (1997). A lower bound for the mixed μ problem, *IEEE Transactions on Automatic Control* **42**(1): 123–128.

Young, P. M., Newlin, M. and Doyle, J. C. (1992). Practical computation of the mixed μ problem, *Proceedings of the American Control Conference*, Chicago, USA, pp. 2190–2194.

Yu, C. C. and Fan, M. K. H. (1990). Decentralized integral controllability and D-stability, *Chemical Engineering Science* **45**(11): 3299–3309.

Yu, C. C. and Luyben, W. L. (1987). Robustness with respect to integral controllability, *Industrial & Engineering Chemistry Research* **26**(5): 1043–1045.

Yue, A. and Postlethwaite, I. (1990). Improvement of helicopter handling qualities using $\mathcal{H}_\infty$ optimization, *IEE Proceedings - D Control Theory and Applications* **137**: 115–129.

Zafiriou, E. (ed.) (1994). *IFAC Workshop on Integration of Process Design and Control*, (Baltimore, MD, June), Pergamon Press, Oxford. See also special issue of *Computers & Chemical Engineering*, Vol. **20**, No. 4, 1996.

Zames, G. (1981). Feedback and optimal sensitivity: Model reference transformations, multiplicative seminorms, and approximate inverse, *IEEE Transactions on Automatic Control* **AC-26**(2): 301–320.

Zames, G. and Bensoussan, D. (1983). Multivariable feedback, sensitivity and decentralized control, *IEEE Transactions on Automatic Control* **AC-28**(11): 1030–1035.

Zhou, K., Doyle, J. and Glover, K. (1996). *Robust and Optimal Control*, Prentice Hall, Upper Saddle River, NJ.

Ziegler, J. G. and Nichols, N. B. (1942). Optimum settings for automatic controllers, *Transactions of the A.S.M.E.* **64**: 759–768.

Ziegler, J. G. and Nichols, N. B. (1943). Process lags in automatic-control circuits, *Transactions of the A.S.M.E.* **65**: 433–444.

索　引

E

F

G

H

J

K

L

M

T